Carsten Fräger, Wolfgang Amrhein (Hrsg.)
Handbuch Elektrische Kleinantriebe

Weitere empfehlenswerte Titel

Handbuch Elektrische Kleinantriebe
Band 1: Kleinmotoren, Leistungselektronik
Herausgegeben von: Casten Fräger, Wolfgang Amrhein, 2020
ISBN 978-3-11-056247-7, e-ISBN 978-3-11-056532-4,
e-ISBN (EPUB) 978-3-11-056248-4

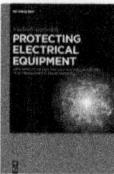

Protecting Electrical Equipment
New Practices for Preventing High Altitude Electromagnetic Pulse
Impacts
Vladimir Gurevich, 2021
ISBN 978-3-11-072309-0, e-ISBN 978-3-11-072314-4,
e-ISBN (EPUB) 978-3-11-072319-9

Maschinenelemente 1–3
Hubert Hinzen
Maschinenelemente 1, 2017
ISBN 978-3-11-054082-6, e-ISBN 978-3-11-054087-1,
e-ISBN (EPUB) 978-3-11-054104-5
Maschinenelemente 2: Lager, Welle-Nabe-Verbindungen,
Getriebe, 2018
ISBN 978-3-11-059707-3, e-ISBN 978-3-11-059708-0,
e-ISBN (EPUB) 978-3-11-059758-5
Maschinenelemente 3: Verspannung, Schlupf und
Wirkungsgrad, Bremsen, Kupplungen, Antriebe, 2019
ISBN 978-3-11-064546-0, e-ISBN 978-3-11-064707-5,
e-ISBN (EPUB) 978-3-11-064714-3

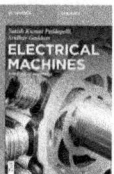

Electrical Machines
A Practical Approach
Satish Kumar Peddapelli, Sridhar Gaddam, 2020
ISBN 978-3-11-068195-6, e-ISBN 978-3-11-068227-4,
e-ISBN (EPUB) 978-3-11-068244-1

Handbuch Elektrische Kleinantriebe

Band 2: Kleinantriebe, Systemkomponenten, Auslegung

Carsten Fräger, Wolfgang Amrhein (Hrsg.)

5., stark überarbeitete, erweiterte und aktualisierte Auflage

DE GRUYTER
OLDENBOURG

Herausgeber

Prof. Dr.-Ing. Carsten Fräger
Hochschule Hannover
Fakultät 2 Mechatronik – Elektrische Antriebe
Ricklinger Stadtweg 120
30459 Hannover
Carsten.Fraeger@HS-Hannover.de

Univ.-Prof. Dr. Wolfgang Amrhein
Johannes Kepler Universität Linz
Institut für Elektrische Antriebe
und Leistungselektronik
Altenberger Str. 69
4040 Linz
Österreich
wolfgang.amrhein@jku.at

ISBN 978-3-11-044147-5
e-ISBN (PDF) 978-3-11-044150-5
e-ISBN (EPUB) 978-3-11-043324-1

Library of Congress Control Number: 2021942118

Bibliografische Information der Deutschen Nationalbibliothek
Die Deutsche Nationalbibliothek verzeichnet diese Publikation in der Deutschen
Nationalbibliografie; detaillierte bibliografische Daten sind im Internet über
http://dnb.dnb.de abrufbar.

© 2022 Walter de Gruyter GmbH, Berlin/Boston
Coverabbildung: Fa. Faulhaber, Schönaich
Satz: VTeX UAB, Lithuania
Druck und Bindung: CPI books GmbH, Leck

www.degruyter.com

Vorwort

Mit der stetig wachsenden Technisierung und Automatisierung haben die elektromagnetischen Kleinantriebe heute eine fast unübersehbare Anwendungsvielfalt erreicht. Die Ursache dafür sind zum einen Fortschritte in der Werkstofftechnik, in der Mikro- und Leistungselektronik sowie in der Regelungs- und Steuerungstechnik, die eine außergewöhnliche Variationsbreite der Antriebsausführungen schaffen. Zum anderen sind es aber auch moderne Berechnungs-, Simulations- und Messverfahren, die zu verbesserten und neuartigen Antrieben führen.

Vielfach gibt es für ein Antriebsproblem mehrere Lösungsmöglichkeiten. Der Anwender von Kleinantrieben muss deshalb über Wissen und Urteilsvermögen verfügen, um die unter den Gesichtspunkten von Funktion, Integration, Bedienung, Zuverlässigkeit, Geräuschen und Schwingungen sowie Beschaffung und Kosten zu realisierende Problemlösung zu erarbeiten. Dieses Buch soll bei der Antriebsauswahl helfen, um die jeweiligen Anforderungen an einen Antrieb optimal mit dem erforderlichen Aufwand zu erfüllen.

Um den kompletten Antrieb in all seinen Facetten erarbeiten zu können, behandelt Band 1 die Komponenten des Antriebs, also die Motoren und die Leistungselektronik. Hier werden relevante Motorarten und Elektronikschaltungen für kleine Leistungen behandelt.

Band 2 behandelt die kompletten Antriebe aus Motoren, antriebsspezifischen Sensoren, Elektronik und mechanischen Übertragungselementen sowie elektromagnetische Linearantriebe, piezoelektrische Antriebe, Elektromagnete und Magnetlager. Besonderes Augenmerk wird den geregelten Antrieben gewidmet. Hierzu gehören die Servoantriebe mit ihrer hochdynamischen Winkel- und Drehzahlregelung, aber auch die drehzahlgeregelten Gleichstrom- und Wechselstromantriebe.

Die Antriebsprojektierung wird anhand von Beispielen dargestellt. Zahlreiche Literaturstellen und die Angabe der wichtigsten Vorschriften und Normen sollen helfen, bei Bedarf tiefer in die Technik und Normung der einzelnen Antriebe einzudringen.

Das Buch ist für Ingenieure gemacht, die zur Lösung von Projektierungsaufgaben Kleinantriebe einsetzen wollen, beispielsweise in der Kfz-Technik, im Werkzeugmaschinenbau, in der Hausgerätetechnik, in der Büro- und Datentechnik, in der Medizin- und Labortechnik sowie in der Robotertechnik.

In der 5. Auflage sind Themen der geregelten Antriebe (Servoantriebe, Sensoren) und der elektromagnetischen Verträglichkeit neu hinzugekommen. Alle bestehenden Kapitel sind aktualisiert und großteils stark überarbeitet worden. Aufgrund der Fülle an neuen Themen und Beiträgen haben sich die Herausgeber in Abstimmung mit dem Verlag entschlossen, das Handbuch Elektrische Kleinantriebe in zwei Bänden herauszugeben.

https://doi.org/10.1515/9783110441505-201

Die Autoren aus Industrie und Hochschule haben ihre Kenntnisse und Erfahrungen in gestraffter Form dargestellt und sich um eine einheitliche Darstellung bemüht. Gleichwohl werden individuelle Schwerpunkte bei den verschiedenen Themen gesetzt.

Hannover, Linz, im November 2021   Carsten Fräger
                                                             Wolfgang Amrhein

Inhalt

Hartmut Janocha und Stefan Seelecke

Wolfgang Amrhein, Wolfgang Gruber, Gerald Jungmayr, Edmund Marth und Siegfried
Silber

Werner Krause

Thomas Roschke, Marcus Herrmann und Carsten Fräger

Eberhard Kallenbach und Gerald Puchner

1 Elektromagnete

Schlagwörter: Eigenschaften, Einsatzgebiete, Magnetkreis, Ausführungsarten, Wirkungsweise

1.1 Elektromagnete als Antriebselemente

Elektromagnete sind einfach aufgebaute, robuste Antriebselemente, die in wachsendem Umfang und großen Stückzahlen im Maschinenbau, der Fahrzeugtechnik und der Automatisierungstechnik eingesetzt werden. Sie dienen insbesondere zur Erzeugung begrenzter Stellwege (0,1...100 mm) oder Stellwinkel (0,1...90°). Oft sind sie nicht als Einzelelement ausgeführt, sondern integraler Bestandteil komplexerer Funktionskomponenten (z. B. von Magnetventilen, Magnetkupplungen, Relais).

Hauptbestandteile der Elektromagnete sind
– *der Anker* als bewegliches Organ,
– *das Joch*, das als Eisenrückschluss dient, und
– *die Erregerspule* (Abb. 1.1).

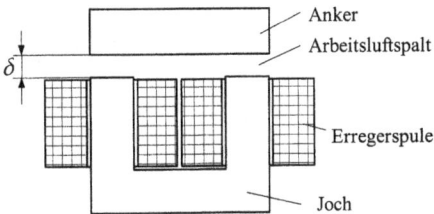

Abb. 1.1: Grundaufbau eines Elektromagneten mit U-förmigem Magnetkreis.

Die *Wirkungsweise von Elektromagneten* beruht auf der Kraftwirkung, die in inhomogenen magnetischen Feldern auf magnetische Grenzflächen ausgeübt wird.[1] Aus der Sicht der Energiewandlung sind es *elektro-magneto-mechanische Energiewandler*, die die zugeführte elektrische Energie über die Zwischenform der magnetischen Energie in mechanische Energie umwandeln, die zur Bewegungserzeugung dient.

Von entscheidender Bedeutung für ihre Wirkungsweise sind die konstruktive Gestaltung des magnetischen Kreises, der Arbeitsluftspalt zwischen Anker und Stator sowie die in Abhängigkeit von der gewünschten Bewegungsform realisierte Führung

---

[1] In einem homogenen B-Feld springt die Feldstärke H an der Grenzfläche verschiedener Werkstoffe. Damit ist das H-Feld inhomogen.

https://doi.org/10.1515/9783110441505-001

bzw. Lagerung des Ankers, die besonders bei Elektromagneten mit Kennlinienbeeinflussung das Entstehen von Magnetkräften senkrecht zur Wirkungsrichtung vermeidet. An den die Arbeitsluftspalte begrenzenden Grenzflächen zwischen Eisen und Luft entstehen die Magnetkraftkomponenten, deren vektorielle Summe am Magnetanker die nach außen wirksame summarische Magnetkraft F_m ergibt. Die Abhängigkeit der Magnetkraft vom Hub bei konstantem Erregerstrom heißt Magnetkraftkennlinie. Sie ist entscheidend für die Anwendung der Elektromagnete und sollte über der Belastungskennlinie $F_{geg} = f(\delta)$ liegen (Abb. 1.2).

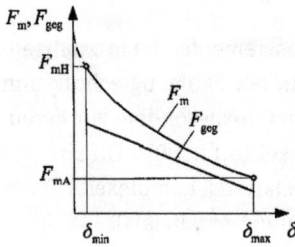

Abb. 1.2: Arbeitsdiagramm eines Elektromagneten für den stationären Fall. F_m Magnetkraft, F_{mA} Anzugskraft, F_{mH} Haltekraft, F_{geg} Gegenkraft.

Die *Arbeitsweise der Elektromagnete* trägt zyklischen Charakter, d. h. der Anker bewegt sich bei Erregung aus einer Anfangslage (δ_{max}) in eine Endlage (δ_{min}) und wird nach Abschalten der Erregung durch Umkehr der Bewegungsrichtung von äußeren Kräften (Federkräfte, Gewichtskräfte, Magnetkraft eines zweiten Elektromagneten) wieder in die Anfangslage zurückbewegt (Abb. 1.3). In den meisten Fällen bewegt der Anker unmittelbar das Wirkelement. Magnetantriebe sind vorzugsweise Direktantriebe (Abb. 1.14).

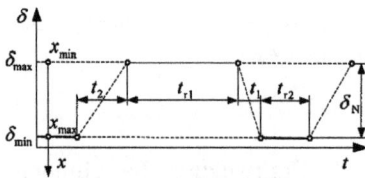

Abb. 1.3: Bewegungsablauf von Elektromagneten. t_{r1}, t_{r2} Rastzeiten, t_1 Anzugzeit, t_2 Abfallzeit.

Für eine zuverlässige und effektive Arbeitsweise der Direktantriebe ist es erforderlich, dass Magnetkraftkennlinien und Kennlinien der Rückstellkräfte gut aufeinander abgestimmt werden.

Durch vielseitige Anwendung und die Notwendigkeit der Anpassung der Elektromagneten an spezielle Bewegungsaufgaben bzw. die funktionelle Integration der Elektromagneten mit anderen Funktionselementen (z. B. den Kontakten von Relais) sind sehr unterschiedliche Magnetarten entstanden, die charakteristische Vor- und Nachteile besitzen.

Elektromagnete kann man z. B. einteilen nach:

- *Art der Erregung* in Gleichstrom-, Wechselstrom- und Impulsmagnete,
- *Kraftwirkung* in Zug-, Stoß-, Dreh-, Schwing- und Haltemagnete,
- *konstruktivem Aufbau* des magnetischen Kreises in U-, E- und Topfmagnete,
- *Länge des Hubes* im Verhältnis zum Ankerdurchmesser in Langhub-, Mittelhub- und Kurzhubmagnete,
- *Anwendung* in Hydraulikmagnete, Schützmagnete, Druckmagnete, Verriegelungsmagnete usw.

Elektromagnete werden im Allgemeinen als Antriebselemente mit begrenztem Hub- oder Winkelbereich in offener Steuerkette betrieben. Ausnahmen sind Proportionalmagnete zum Stellen von Pneumatik- und Hydraulikventilen, die bei höheren Genauigkeitsanforderungen Bestandteil von geregelten Antrieben sind. Die exakte Berechnung von Elektromagneten verlangt die Kenntnis des magnetischen Feldes, der Ausgleichsvorgänge beim Ein- und Ausschalten sowie der Erwärmung. In der Vergangenheit wurden auf Grund von Beschränkungen in der Rechenleistung häufig Netzwerkberechnungen mit Hilfe der Integralparameter des magnetischen Feldes (Φ, ψ, R_m, Θ) durchgeführt [64, 65].

Das einfachste Ersatznetzwerk, das sowohl die elektrischen, magnetischen und mechanischen Erscheinungen qualitativ erfasst, ist die Grundstruktur.

Abbildung 1.4 zeigt die vollständige Grundstruktur von Elektromagneten, die durch Modifikation Gleichstrommagnete, Wechselstrommagnete und polarisierte Elektromagnete zu beschreiben gestattet. Die Beschreibung der polarisierten Elektromagnete ist hierbei auf den magnetischen Reihenkreis bezogen, d. h. Spule und Permanentmagnet sind seriell geschaltet (Abschnitt 1.4, Abb. 1.28). Dies entspricht dem Aufbau vieler polarisierter Haltemagnete.

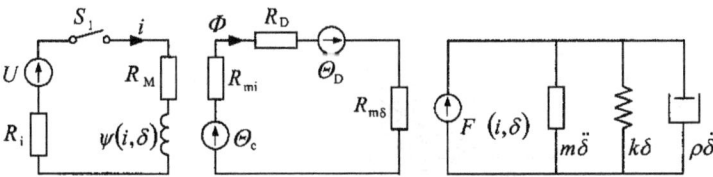

Abb. 1.4: Grundstruktur von Elektromagneten: Neutraler Gleichstrommagnet $\Theta_D = 0$, $R_D = 0$, Wechselstrommagnet $\Theta_D = 0$, $R_D = 0$, $U = \hat{U} \cdot \sin \omega t$, polarisierter Elektromagnet (Reihenkreis) $\Theta_D \neq 0$, $R_D \neq 0$, R_i Innenwiderstand der Spannungsquelle, R_M Widerstand der Spule, $\psi(i, \delta)$ magnetische Flussverkettung der Spule, Θ_e Durchflutung der Spule, R_{mi} magnetischer Widerstand des Magnetkreises, Θ_D Ersatzdurchflutung des Permanentmagneten, R_D magnetischer Widerstand des Permanentmagneten, $R_{m\delta}$ magnetischer Widerstand des Arbeitsluftspalts, $F_m(i, \delta)$ Magnetkraft.

1.2 Gleichstrommagnete

1.2.1 Besonderheiten

Elektromagnete, deren Erregerspule von Gleichstrom durchflossen wird, heißen Gleichstrommagnete. Sie stellen die heute am weitesten verbreitete Magnetart dar, wobei die Vielfalt ihrer Konstruktionsformen und Anwendungsgebiete besonders auffällt.

Vorteile: einfacher Aufbau, hohe Betriebssicherheit, gute Anpassung der Magnetkraftkennlinie an die Belastung durch Kennlinienbeeinflussung oder mit schaltungstechnischen Mitteln, gleichmäßige Schaltzeiten (Abschnitt 1.5.3).

1.2.2 Stationäres Verhalten von Gleichstrommagneten

Energieverhältnisse in nichtlinearen Elektromagneten

Da bei Elektromagneten im Interesse eines günstigen Masse-Leistungsverhältnisses der *magnetische Kreis* mit möglichst kleinen magnetischen Widerständen zu realisieren ist, muss bei den Energiebetrachtungen von einem nichtlinearen Elektromagneten ausgegangen werden, dessen Energiezustand von i und δ abhängt (Abb. 1.5). Wenn der Magnet eingeschaltet wird, findet ein *elektromagnetomechanischer Ausgleichsvorgang* statt, der durch die in der Spule verursachte Gegeninduktionsspannung hervorgerufen wird, die sich aus zwei Anteilen zusammensetzt: einerseits infolge der Stromänderung und andererseits aufgrund der Bewegung.

$$U = iR + \frac{\partial\psi(\delta,i)}{\partial i}\frac{\mathrm{d}i}{\mathrm{d}t} + \frac{\partial\psi(\delta,i)}{\partial\delta}\frac{\mathrm{d}\delta}{\mathrm{d}t} = iR + u_1(t) + u_2(t). \tag{1.1}$$

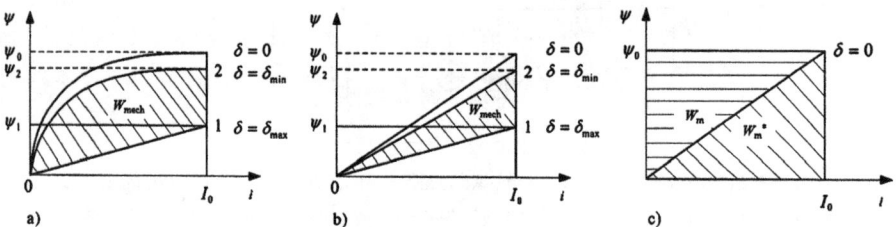

Abb. 1.5: Energiewandlung im Elektromagneten. a) nichtlinearer Fall $W_m \neq W_m^*$, b) linearer Fall, $W_m = W_m^*$, c) Darstellung der Co-Energie W_m^* und der magnetischen Feldenergie für vollständig geschlossenen Magnetkreis, linearer Fall.

Bei in der Anfangsphase ($\delta = \delta_{max}$) festgehaltenem Anker ist $\frac{\partial \psi(\delta,i)}{\partial \delta}\frac{d\delta}{dt} = 0$; es ändert sich nur die in der Spule gespeicherte magnetische Energie W_m.

$$W_m = \int_0^{t_{11}} iu_1 dt = \int_0^{t_{11}} i\frac{\partial \psi}{\partial i}\frac{di}{dt} dt = \int_0^{\psi_1} i\,d\psi. \tag{1.2}$$

Die Fläche $\psi_0 I_0 - \int_0^{\psi_0} i\,d\psi = W_m^*$ stellt die magnetische Co-Energie dar (Abb. 1.5c).

Im ψ–i-Kennlinienfeld wird die magnetische Co-Energie bei offenem Magnetkreis (δ_{max}) durch die Fläche mit den Eckpunkten (0, I_0, 1, 0) bzw. bei geschlossenem Magnetkreis (δ_{min}) durch die Fläche (0, I_0, 2, 0) (Abb. 1.5a,b) dargestellt.

Während der Ankerbewegung von δ max bis δ min wird außerdem dem Elektromagneten die Energie $\Delta\psi I_0$ zugeführt (Fläche $\psi_1 12\psi_2$) und eine mechanische Arbeit frei, die der Fläche mit den Eckpunkten (0, 1, 2, 0) entspricht. In linearen magnetischen Kreisen gilt für den verketteten Fluss $\psi = L(\delta)i$ (Abb. 1.5c). Dann ist wegen

$$\int_0^{\psi_0} i\,d\psi = \int_0^{I_0} \psi\,di = \frac{I_0^2}{2}L(\delta)$$

die magnetische Feldenergie W_m gleich der magnetischen Co-Energie W_m^*.

Magnetkraft des nichtlinearen Gleichstrommagneten

Nach dem Satz der Erhaltung der Energie wird die dem Elektromagneten zugeführte elektrische Energie W_{el} in thermische Verlustenergie W_{therm}, magnetische Feldenergie W_m und mechanische Energie W_{mech} umgewandelt (siehe auch Band 1, Abschnitt 2.6). Für kleine Änderungen gilt:

$$dW_{el} = dW_{therm} + dW_m + dW_{mech}. \tag{1.3}$$

Die im magnetischen Feld gespeicherte Energie ist nach Gleichung (1.2) und Abb. 1.5 eine Funktion von δ und ψ:

$$W_m = W_m(\psi, \delta) = \int_0^{\psi_0} i(\psi, \delta)\,d\psi. \tag{1.4}$$

Für das totale Differenzial ergibt sich

$$dW_m = \frac{\partial W_m}{\partial \delta}d\delta + \frac{\partial W_m}{\partial \psi}d\psi. \tag{1.5}$$

Gleichung (1.4) in (1.5) eingesetzt ergibt

$$dW_m = \frac{\partial}{\partial \delta}\int_0^{\psi_0} i(\psi, \delta)\,d\psi\,d\delta + i(\psi, \delta)\,d\psi. \tag{1.6}$$

Durch Vergleich von Gleichung (1.6) mit (1.3) und unter Beachtung $\mathrm{d}W_{\mathrm{mech}} = F_m\mathrm{d}\delta$ und $\mathrm{d}W_{\mathrm{therm}} = 0$, erhält man für die Magnetkraft

$$F_\mathrm{m} = -\frac{\partial}{\partial\delta}\int_0^{\psi_0} i(\psi,\delta)\mathrm{d}\psi = -\frac{\partial}{\partial\delta}W_\mathrm{m}. \tag{1.7}$$

Die Magnetkraft wirkt der Luftspaltvergrößerung entgegen!

Geht man bei der Ableitung der Magnetkraft von der Co-Energie aus, ergibt sich

$$F_\mathrm{m} = \frac{\partial}{\partial\delta}\int_0^{I_0} \psi(i,\delta)\mathrm{d}i = \frac{\partial}{\partial\delta}W_\mathrm{m}^*. \tag{1.8}$$

Die Gleichungen (1.7) und (1.8) sind allgemein gültig und gleichwertig. Sie berücksichtigen sowohl die Streuung des magnetischen Kreises als auch die Sättigung und bedeuten, dass die in einem Gleichstrommagneten erzeugte Magnetkraft proportional der Änderung der magnetischen Feld- (1.7) bzw. der magnetischen Co-Energie (1.8) ist.

Ziel jeder Magnetdimensionierung ist, die magnetische Co-Energie bezogen auf das Magnetvolumen zu optimieren. Im Idealfall – die Streuung sei bei abgefallenem Anker gleich null und rechteckförmiger ψ–i-Kennlinie des geschlossenen Magnetkreises – ist die umzuwandelnde Energie $W_{\mathrm{mech}}^* = \psi_0 I_0$. Ein Maß, wie weit man sich mit einer konkreten Magnetkonstruktion diesem Idealfall annähert, ist der *magnetische Wirkungsgrad*.

$$\kappa_\mathrm{m} = \frac{W_{\mathrm{mech}}}{\psi_0 I_0}. \tag{1.9}$$

Bei Gleichstrommagneten schwankt der magnetische Wirkungsgrad in einem sehr großen Bereich: $0{,}1 \leq \kappa_\mathrm{m} \leq 0{,}75$.

κ_m hängt von der Magnetkonstruktion, der Größe des Hubes (Arbeitsluftspaltänderung), den parasitären Luftspalten bei angezogenem Anker, der Streuung in der Anfangslage des Ankers, dem verwendeten Magnetmaterial und der Ansteuerung ab.

Für Elektromagnete mit linearen ψ – i-Kennlinienfeldern im Nennhubbereich gilt immer $\kappa_\mathrm{m} < 0{,}5$. Elektromagnete mit nichtlinearen ψ – i-Kennlinien besitzen im Allgemeinen einen höheren magnetischen Wirkungsgrad (Abb. 1.6c).

Besonders bei großen Arbeitsluftspalten sind die ψ – i-Kennlinien der meisten Elektromagnete linear. Dann gilt

$$\psi(\delta,i) = iL(\delta). \tag{1.10}$$

Die Gleichung (1.10) in (1.8) eingesetzt, ergibt

$$F_\mathrm{m} = \frac{\partial}{\partial\delta}\int_0^{i} iL(\delta)\mathrm{d}i = \frac{i^2}{2}\frac{\mathrm{d}L(\delta)}{\mathrm{d}\delta}. \tag{1.11}$$

Setzt man für $L(\delta) = w^2 G_m(\delta)$, erhält man

$$F_m = \frac{i^2 w^2}{2} \frac{dG_m(\delta)}{d\delta} = \frac{\Theta^2}{2} \frac{dG_m(\delta)}{d\delta}. \tag{1.12}$$

$G_m(\delta)$ ist die magnetische Leitfähigkeit des Arbeitsluftspalts.

Mit der Annahme, dass die Erzeugung der Magnetkraft nur an den Grenzflächen des Arbeitsluftspalts stattfindet und der magnetische Spannungsabfall im Eisenkreis zu vernachlässigen ist, kann die Gleichung (1.12) weiter vereinfacht werden und man erhält

$$F_m = \frac{B^2 A_{Fe}}{2\mu_0} \tag{1.13}$$

(siehe auch Band 1, Abschnitt 2.6). Diese Gleichung ist als *Maxwellsche Zugkraftformel* bekannt. Im Vergleich zu den Kraftbeziehungen (1.12) und (1.13) besitzt (1.11) für lineare Magnetsysteme den größten Verallgemeinerungsgrad. So werden z. B. über die Induktivität die Geometrie des magnetischen Kreises und die Streuung miterfasst, wodurch sich synthesefreundliche Beziehungen ergeben. In der einschlägigen Literatur [49] sind für bekannte Magnetkreisformen mathematische Beziehungen für die Induktivität enthalten, die für näherungsweise Berechnungen von *Kraft-Weg-Kennlinien* gut geeignet sind.

Im Zusammenhang mit der Verbesserung des Masse-Leistungs-Verhältnisses von Elektromagneten, der damit verbundenen höheren Ausnutzung des Magnetmaterials und der zunehmenden Anwendung elektronischer Ansteuerschaltungen (Über- bzw. Impulserregung, Abschnitt 1.5.3) nimmt der Einsatz von Gleichstrommagneten mit nichtlinearen $\psi - i$-Kennlinien zu. $\psi - i$-Kennlinienfelder, die auch bei großen Arbeitsluftspalten nichtlinear sind, kann man durch entsprechende Gestaltung des Anker-Ankergegenstück-Systems des Gleichstrommagneten (Kennlinienbeeinflussung mit konstruktiven Veränderungen des Ankergegenstücks bei sonst gleichbleibenden Magnetabmessungen) erzeugen (Abb. 1.6). Zur näherungsweisen Beschreibung des Arbeitswiderstands des *Anker-Ankergegenstück-Systems* lässt sich ein Ersatzschaltbild mit einem nichtlinearen ferromagnetischen Parallelwiderstand $R_{mFe}(\delta, i)$ angeben (Abb. 1.6b). Das Ankergegenstück (Polkern) hat die Aufgabe, den Magnetfluss im Arbeitsluftspalt so zu verteilen, dass über den gesamten Weg des Ankers die gewünschte Kraft entstehen kann. Dies geschieht durch konstruktive Veränderung der Geometrie des Arbeitsluftspalts zwischen Anker und Ankergegenstück (Abb. 1.6a), so dass der magnetische Widerstand $R_m(\delta)$ verändert wird (Abb. 1.6b).

Sind die Kennlinienfelder bekannt – $\psi(\delta, I)$ oder $\Phi(\delta, \Theta)$ –, kann die Berechnung der Magnetkraftkennlinien folgendermaßen durchgeführt werden:

- Approximation der $\Phi - \Theta$- bzw. $\psi - i$-Kennlinienfelder durch geeignete mathematische Funktionen. Berechnung analytischer Ausdrücke für die Magnetkraft nichtlinearer Gleichstrommagnete unter Verwendung von (1.7) und (1.8) [53].
- Näherungsweise Berechnung der Magnetkraft bei Berücksichtigung der Sättigung und Streuung mit Hilfe magnetischer Netzwerke [53, 64, 65].

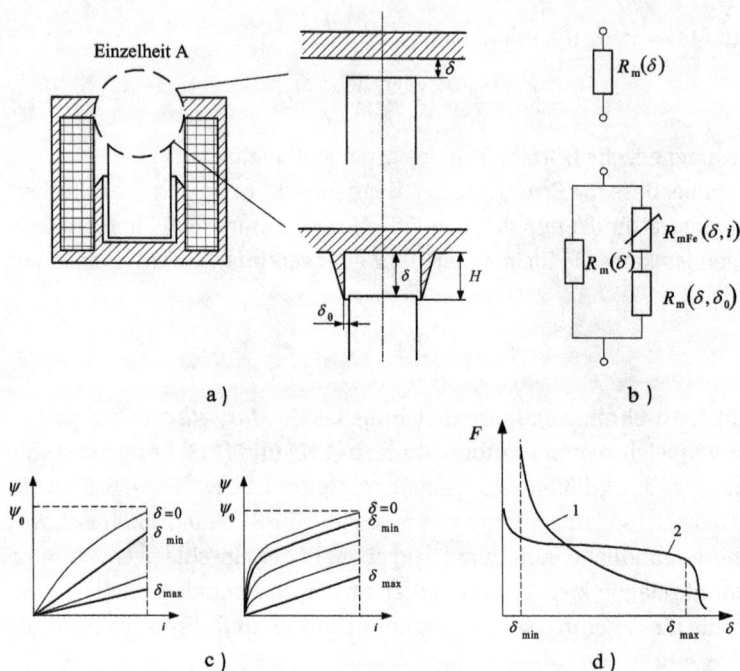

Abb. 1.6: Kennlinienbeeinflussung durch Anker-Ankergegenstück-System des Gleichstrommagneten. a) Konstruktiver Aufbau, oben: ohne Kennlinienbeeinflussung, unten: mit Kennlinienbeeinflussung b) magnetische Ersatzschaltbilder für Anker-Ankergegenstück-Systeme, c) $\psi(i, \delta)$-Kennlinienfelder, links ohne, rechts mit Kennlinienbeeinflussung, d) charakteristische Kraft-Weg-Kennlinien, Kurve 1 ohne Kennlinienbeeinflussung; Kurve 2 mit Kennlinienbeeinflussung.

Kraft-Weg-Kennlinien von Gleichstrommagneten

Sie stellen die Abhängigkeit der Magnetkraft vom Hub mit der Durchflutung bzw. dem Erregerstrom als Parameter dar. Sie sind Grundlage für die Magnetauswahl und Magnetanwendung. Wenn keine besonderen Anforderungen an die Schaltzeiten vorhanden sind, strebt man im Hinblick auf kleine Magnetabmessungen einen hohen statischen Ausnutzungsgrad

$$k = \frac{W_N}{W_{\text{mech}}} \tag{1.14}$$

an. Dabei bedeuten

$W_{\text{mech}} = \int_0^\infty F_m(\delta, i)\mathrm{d}\delta$ die vom Magneten maximal erzeugbare mechanische Energie und

$W_N = \int_{\delta_{\min}}^{\delta_{\max}} F_{\text{geg}}(\delta)\mathrm{d}\delta$ die vom Magneten bei Ankerbewegung von $\delta_{\max}$ nach $\delta_{\min}$ erzeugte Nutzenergie (Abb. 1.2).

Es ist zweckmäßig, Magnete so auszuwählen bzw. zu projektieren, dass deren Kennlinien den statischen Belastungskennlinien weitgehend angepasst sind. Das kann auf konstruktivem Weg (Auswahl der optimalen Magnetgrundform, Veränderung der Geometrie des Ankergegenstücks) bzw. mit schaltungstechnischen Mitteln (Steuerung des Erregerstroms in Abhängigkeit vom Hub) geschehen (Abschnitte 1.5, 1.6).

Gleichstrommagnete ohne Kennlinienbeeinflussung sind Elektromagnete, deren Kraft-Weg-Kennlinien sich unmittelbar aus der Geometrie des magnetischen Kreises ergeben. In Abb. 1.7a ist ein solches Anker-Ankergegenstück-System dargestellt. Für die Leitfähigkeit des Arbeitsluftspalts gilt dann näherungsweise bei kleinem Arbeitsluftspalt

$$G_{m\delta} = \frac{\mu_0 A_{Fe}}{\delta}$$

(1.15)

und für die Magnetkraft nach Gleichung (1.12)

$$F_m = \frac{\Theta^2}{2} \frac{\mu_0 A_{Fe}}{\delta^2}.$$

(1.16)

Nach Gleichung (1.16) nimmt die Magnetkraft mit zunehmendem Arbeitsluftspalt stark ab. Eine solche Kennlinie ist für die meisten Belastungsfälle sehr ungünstig. Man erhält nur einen sehr geringen Ausnutzungsgrad k (0,2...0,3) bei Feder- oder Massebelastung, dessen Maximum außerdem bei sehr kleinen Arbeitsluftspalten liegt (Abb. 1.7b).

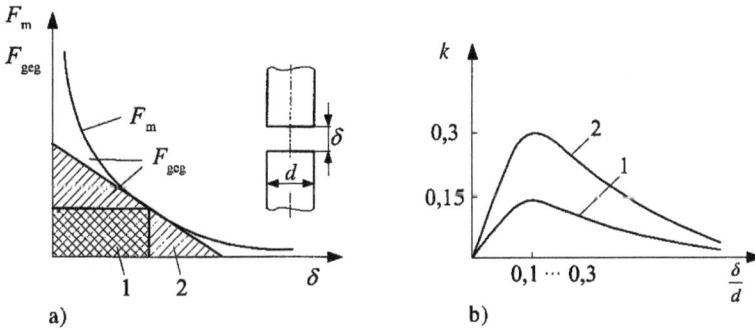

Abb. 1.7: Ausnutzungsgrad k von Gleichstrommagneten ohne Kennlinienbeeinflussung. a) Magnetkraft- und typische Belastungskennlinien, Fläche 1 Gewichtsbelastung, Fläche 2 Federbelastung, b) Abhängigkeit der Magnetausnutzungszahl k bei Gewichtsbelastung (Kurve 1) und Federbelastung (Kurve 2) vom normierten Hub.

Gleichstrommagnete mit Kennlinienbeeinflussung

Eine wesentliche Verbesserung des Ausnutzungsgrades k kann man erreichen, wenn bei gleichbleibenden Hauptabmessungen (Magnetdurchmesser, Magnethöhe) und gleichbleibender Durchflutung die Änderung der magnetischen Leitfähigkeit des Arbeitsluftspalts mit konstruktiven Mitteln beeinflusst wird. Das kann z. B. mit Hilfe von Anker-Ankergegenstück-Systemen geschehen (Abb. 1.6). Auf diese Weise wird die Abhängigkeit des magnetischen Leitwertes des Arbeitsluftspalts und teilweise angrenzender Abschnitte des Ankergegenstücks vom Weg verändert (Abb. 1.6b), wodurch sich eine prinzipiell andere Kraft-Weg-Kennlinie bei sonst gleichbleibenden Hauptabmessungen des Gleichstrommagneten erzeugen lässt. In der Literatur sind verschiedene charakteristische Anker-Ankergegenstück-Anordnungen dargestellt worden [49]. Mit ihnen können die Kraft-Weg-Kennlinien in weiten Grenzen variiert und an den Belastungsfall optimal angepasst werden.

Abbildung 1.8 zeigt, wie man mit Hilfe der Kennlinienbeeinflussung den Ausnutzungsgrad k von 0,3 auf 0,75 steigern und das Optimum zu größeren Luftspalten hin verschieben kann. Durch Verbesserung der Ausnutzungszahl von 0,3 auf 0,75 können Volumenreduzierungen bis auf 50 % erreicht werden. Ein anderer typischer Fall der Kennlinienbeeinflussung liegt z. B. bei Relais vor, wenn zur Erhöhung der Anzugskraft die Polfläche des Kerns im Vergleich zum Eisenkreisquerschnitt wesentlich vergrößert wird.

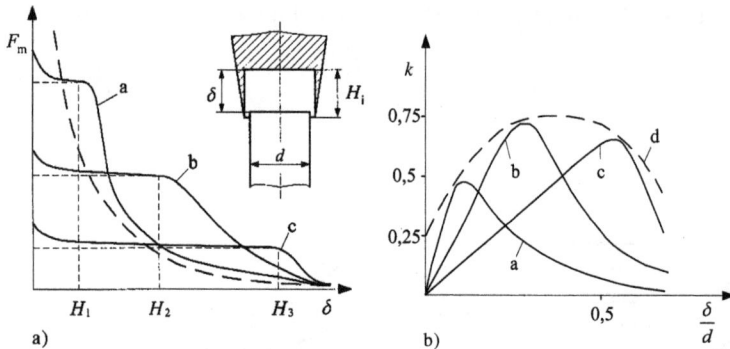

Abb. 1.8: Ausnutzungsgrad k bei Gleichstrommagneten mit Kennlinienbeeinflussung. a) Magnetkraftkennlinien bei unterschiedlichen geometrischen Abmessungen des Anker-Ankergegenstück-Systems, b) Abhängigkeit des Ausnutzungsgrades k vom Hub.

Allerdings ist jede Erhöhung der Anzugskraft am Hubanfang mit Hilfe der Kennlinienbeeinflussung mit einer Absenkung der Magnetkraft bei kleineren Luftspalten bzw. der Haltekraft verbunden, da die mechanische Energie, die während der Bewegung des Ankers über den Nennhub frei wird, näherungsweise konstant ist. Diese ergibt sich aus der Größe der magnetischen Energie und Co-Energie und ist weitgehend unabhängig von der Gestaltung der Kraft-Weg-Kennlinie. Die Flächen unterhalb der verschiedenen Kraft-Weg-Kennlinien bleiben gleich.

$$\int_0^{\delta_{max}} F_{mi}(\delta)d\delta \approx konst. \text{ bei gleicher Durchflutung.} \tag{1.17}$$

In Abb. 1.8a sind bei sonst gleichen Abmessungen drei verschiedene Varianten des Ankergegenstücks dargestellt, abgestimmt auf verschiedene Hublängen H_i. Konstruktiv wird dies mit unterschiedlicher Eintauchtiefe in den Konus des Ankergegenstücks realisiert. Je größer der Hub, desto geringer wird die erreichbare Magnetkraft. Für unterschiedliche Hublängen ergeben sich außerdem unterschiedliche Ausnutzungsgrade. Es ist erkennbar, dass sehr kurze und sehr große Nennhübe im Vergleich zur Baugröße des Magneten den Ausnutzungsgrad reduzieren (Abb. 1.8b).

Neben der Erhöhung des Ausnutzungsgrades k erlaubt die Kennlinienbeeinflussung auch eine Verbesserung der dynamischen Eigenschaften, indem die Beschleunigung zu Beginn der Ankerbewegung vergrößert wird (Abschnitt 1.2.5) (Abb. 1.17).

1.2.3 Dynamisches Verhalten von Gleichstrommagneten

Zunehmend werden z. B. bei Anwendungen in der Kraftfahrzeugindustrie, der Energietechnik und im Maschinenbau höhere Anforderungen an das dynamische Verhalten von Schaltmagneten und Proportionalmagneten gestellt. In solchen Fällen muss während des Entwurfs bzw. der Auswahl der Elektromagnete das dynamische Verhalten berücksichtigt werden.

Unter dem dynamischen Verhalten von Gleichstrommagneten soll nachfolgend die Summe der elektrischen, magnetischen, mechanischen und thermischen Ausgleichsvorgänge beim Ein- und Ausschalten verstanden werden. Den Anwender interessieren dabei besonders folgende Zusammenhänge:
- Abhängigkeit der Ankerstellung von der Zeit ($x = f(t)$),
- Abhängigkeit der Geschwindigkeit von der Ankerstellung oder der Zeit, ($\dot{x} = f(x, t)$),
- Abhängigkeit des Momentanwertes des Spulenstroms von der Zeit ($i = f(t)$), bzw. die
- Abhängigkeit der dynamischen Anzugskraft ($F_{dyn} = f(x, t)$) bei Spannungseinprägung und Stromeinprägung.

Von besonderer Bedeutung für die Anwendung bzw. die Synthese von Magnetantrieben ist das dynamische Gesamtverhalten. Die Ausgleichsvorgänge beim Ein- bzw. Ausschalten eines Elektromagneten teilen sich in je zwei Abschnitte, in denen das dynamische Verhalten aufgrund unterschiedlicher Verkopplung der Differenzialgleichungen bzw. veränderlicher Schaltungsstruktur (Schalter der Transistorstufen, Wirkung

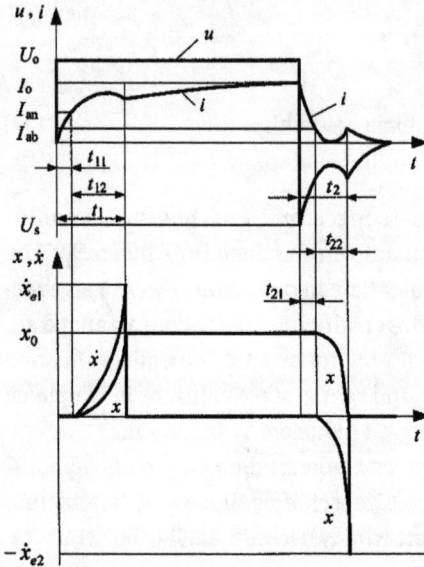

Abb. 1.9: Dynamisches Verhalten von Gleichstrommagneten während eines Schaltzyklusses bei eingeprägter Spannung; t_1 Anzugszeit, t_{11} Anzugsverzug, t_{12} Hubzeit, t_2 Abfallzeit, t_{21} Abfallverzug, t_{22} Rücklaufzeit, U_S Abschaltspannungsspitze.

der Freilaufdioden) verschiedenen Gesetzmäßigkeiten entspricht (Abb. 1.9). Die Anzugszeit t_1 teilt sich auf in den Anzugsverzug t_{11} – Zeit vom Einschalten bis zum Beginn der Ankerbewegung – und die Hubzeit t_{12} – Zeit vom Beginn der Ankerbewegung bis zum Aufprall des Ankers auf das Gegenstück. Analog wird die Abfallzeit t_2 in den Abfallverzug t_{21} – Zeit vom Abschalten des Magneten bis zum Beginn der Ankerrückstellung – und die Rücklaufzeit t_{22} – Zeit vom Beginn der Ankerbewegung bis zur Rückkehr des Ankers in die Ausgangsstellung – eingeteilt.

Das dynamische Verhalten von Gleichstrommagneten kann mit den folgenden Gleichungen beschrieben werden, die sich aus der Grundstruktur Abb. 1.4 ergeben, wenn δ gleich x gesetzt wird:

$$U = iR + \frac{\mathrm{d}\psi(x, i)}{\mathrm{d}t}, \tag{1.18}$$

$$F_\mathrm{m}(x, i) = m\ddot{x} + F_\mathrm{geg}(x) + F(\dot{x}), \tag{1.19}$$

$$F_\mathrm{m}(x, i) = \frac{\partial}{\partial x} \int \psi(x, i)\mathrm{d}i. \tag{1.20}$$

F_m Magnetkraft; $F_\mathrm{geg}(x)$ statische Gegenkraft; $F(\dot{x})$ Reibkraft.

Sie führen im Allgemeinen, auch bei linearen $\psi – i$-Kennlinienfeldern, zu nichtlinearen Differenzialgleichungen, die nicht exakt zu lösen sind, so dass mit Vereinfachungen über geeignete Näherungsverfahren bzw. in zunehmendem Maße rechnergestützt die Berechnung der Dynamik und der Schaltzeiten durchgeführt werden kann [50, 64, 77, 82].

Ausgleichsvorgänge während der Anzugszeit t_1

Im Zeitintervall des Anzugsverzugs dient die zugeführte elektrische Energie dem Aufbau des magnetischen Feldes. Der Magnetanker bewegt sich nicht, es findet nur ein elektromagnetischer Ausgleichsvorgang statt. Die Gleichungen (1.18) und (1.19) sind entkoppelt. Zur Berechnung des Ausgleichsvorgangs genügt (1.18).

Anfangsbedingungen: $x = 0$, $\dot{x} = 0$, $\ddot{x} = 0$ bei $t = 0$, sowie $F_m < F_{geg}$, $0 < t \leq t_{11}$.

Die Zeitdauer des Aufbaus des magnetischen Feldes hängt von der Verkopplung zwischen Strom i und Flussverkettung ψ durch die Induktivität L ab. Weiterhin verzögern die dem Spulenstrom entgegengerichteten Wirbelströme den Feldaufbau. Je größer die statische Gegenkraft (z. B. Haftreibung, Federvorspannung), desto höher ist auch der nötige Anzugsstrom I_{an} sowie die Anzugsverzugszeit t_{11}. Für stillstehenden Magnetanker ist der Stromverlauf unabhängig von der Belastung (Abb. 1.10, Bereich ca. $0\ldots20$ ms).

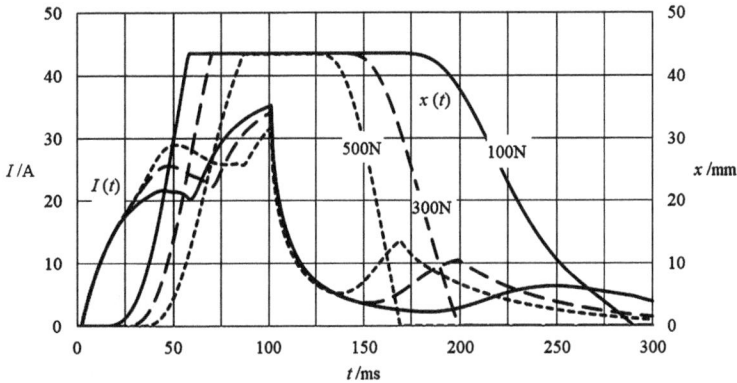

Abb. 1.10: Durch transiente FEM-Berechnung ermittelte Funktionen $I(t)$ und $x(t)$ beim Ein- und Ausschalten eines Elektromagneten mit Nennleistung von 4 kW und 43,5 mm Hub bei unterschiedlicher Gegenkraft, Einfluss der Gegenkraft auf den Anzugs- und Abfallvorgang, Vorspannung der Feder bei Hubanfang 100 N/300 N/500 N, Federkonstante jeweils gleich, Ankermasse, Magnetisierungskennlinie, Wirbelstromeffekte berücksichtigt, Überspannungsschutz durch Freilaufdiode wie Abb. 1.15a, Abschaltung erfolgte vor Erreichen des stationären Endwertes des Stroms bei $t = 100$ ms.

Mit der Bewegung des Magnetankers in der Hubzeit ($F_m > F_{geg}$) tritt zusätzlich eine elektromechanische Wechselwirkung auf, wodurch die Lösung des gesamten Bewegungsdifferenzialgleichungssystems notwendig ist. Dies kann vorteilhaft mittels transienter FEM-Simulation geschehen, mit dem Vorteil, daß alle relevanten elektrischen und mechanischen Einflüsse berücksichtigt werden können. Je größer die statische Gegenkraft ist, desto größer der Anzugsstrom I_{an} (Abb. 1.10 Zeitbereich ca. $20\ldots80$ ms). Nach dem Ende der Ankerbewegung gilt analog:

$$x = 0, \quad \dot{x} = 0, \quad \ddot{x} = 0 \quad \text{bei } t \geq t_1 \quad \text{sowie } F_m \geq F_{geg},$$

und es finden elektromagnetische Ausgleichsvorgänge statt, bis der Strom seinen stationären Endwert I_0 erreicht hat.

Aus (1.18) folgt mit $d\psi(x, i)/dt = 0$: $I_0 = U/R$.

Ausgleichsvorgänge während der Abfallzeit t_2

Der Abfallverzug ist die Zeit, die zum Abbau des magnetischen Feldes benötigt wird, d. h. zur Verringerung der Magnetkraft bis unter die Gegenkraft. In diesem Zeitintervall gelten folgende Bedingungen:

$$\frac{d\psi}{dt} + iR = 0 \quad \text{mit der Anfangsbedingung } I = I_0 \quad \text{bei } t = 0. \tag{1.21}$$

Da sich während dieses Zeitintervalls der Magnetanker nicht bewegt, genügt die Berechnung des elektromagnetischen Ausgleichsvorgangs, d. h. die Lösung von (1.18) bei $U = 0$ mit den Anfangsbedingungen

$$F_m \geq F_{geg}; \quad x = x_0; \quad \dot{x} = 0; \quad \ddot{x} = 0; \quad \psi = \psi_3; \quad i = I_0 \quad \text{bei } t = 0 \quad \text{(vgl. Abb. 1.11)}.$$

Die statische Gegenkraft bestimmt wesentlich den Abfallstrom I_{ab} und damit auch die Zeit des Abfallverzuges (Abb. 1.10). Der Stromverlauf in dieser Zeit ist aber unabhängig von der Gegenkraft (Zeitbereich ca. 100 ... 120 ms in Abb. 1.10). Auch beim Abschalten wirken die Wirbelströme der Feldänderung entgegen, weshalb der Abfallverzug länger dauert, je größer der Wirbelstromeinfluss ist (Abb. 1.13).

Da der magnetische Kreis während des Abfallverzugs geschlossen ist, muss im Allgemeinen mit einem nichtlinearen Zusammenhang von ψ und i gerechnet werden. Wegen der Hysteresis der Magnetisierungskennlinie und der damit verbundenen Remanenzinduktion unterscheidet sich bei guten Magnetkreisen die ψ – i-Kennlinie bei abnehmendem Strom von der bei zunehmendem Strom, was tendenziell zu kleineren Abfallströmen führt (Abb. 1.11).

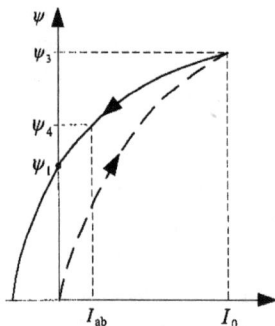

Abb. 1.11: ψ – i-Kennlinie mit Remanenzeffekt.

Die Dauer der elektromagnetischen Ausgleichsvorgänge bis zum Erreichen der Abfallbedingung $F_m < F_{geg}$ kann sehr stark durch Maßnahmen zur Bedämpfung der Abschaltspannungsspitze U_S (Abb. 1.15) beeinflusst werden.

Die Rücklaufzeit ist die Zeit, die der Anker benötigt, um unter der Wirkung von Rückstellkräften aus dem angezogenen Zustand des Magnetankers in den Anfangs-zustand zu gelangen. Bei Magneten ohne Kennlinienbeeinflussung (sehr hohe Hal-tekraft F_H) kann näherungsweise angenommen werden, dass die Rückstellbewegung erst dann einsetzt, wenn $i = 0$ ist, so dass keine elektromechanische Wechselwirkung mehr auftritt. Dann ist der Rückstellvorgang ein rein mechanischer Vorgang und es gilt

$$t_{22} = \sqrt{\frac{2mx_0}{F_{\text{gegm}}}}.$$
(1.22)

Dabei bedeuten m Masse der beweglichen Teile, F_{gegm} Mittelwert der wirkenden Gegenkraft, x_0 Ankerweg.

Bei Magneten mit Kennlinienbeeinflussung tritt hingegen eine elektromechani-sche Wechselwirkung auf, die stärker ist, je schneller die Rückstellbewegung erfolgt (Abb. 1.10 Zeitbereich >120 ms, Verläufe $I(t)$). Auch die Rücklaufzeit ist stark von der Bedämpfung der Abschaltspannungsspitze abhängig. Mit besserer Bedämpfung wird grundsätzlich die Rückstellbewegung verzögert und die Rückstellzeit vergrößert [49].

Transiente Simulation des dynamischen Verhaltens
Hierbei wird das Differenzialgleichungssystem der Bewegung ohne starke Vereinfa-chungen gelöst. Effektive Berechnungsmethoden für das dynamische Verhalten las-sen sich auch auf der Grundlage von Netzwerkmodellen ableiten [64]. Praktisch wer-den Berechnungen des dynamischen Verhaltens heute einfach durch transiente Be-rechnung mittels professioneller FEM-Software durchgeführt.

1.2.4 Einfluss der Wirbelströme auf das dynamische Verhalten von Gleichstrommagneten

In jedem magnetischen Körper mit einer elektrischen Leitfähigkeit $\kappa > 0$ werden bei Flussänderung Wirbelströme erzeugt, die zu einer Verringerung der Geschwindigkeit des Auf- und Abbaus des magnetischen Feldes und damit zu einer Beeinträchtigung des dynamischen Verhaltens (z. B. zu einer Vergrößerung der Schaltzeiten t_1, t_2) füh-ren. Diese in allen Betriebsfällen auftretende Erscheinung wird besonders spürbar im Betriebsfall extreme Schnellwirkung (Abb. 1.19, Bereich III). Bei Elektromagneten, die mit hoher Schaltfrequenz arbeiten, z. B. Magnete für Einspritzventile und schnell schaltende Hydraulikmagnete, ist dieser Einfluss von vornherein bei der Synthese (Wahl der günstigsten Magnetkreisgrundform, optimale Auswahl des Magnetmate-rials) zu berücksichtigen. Die Berechnung des Wirbelstromeinflusses kann per FEM für alle Magnetkreisformen mit entsprechenden Softwarepaketen auf gängigen PCs durchgeführt werden [76].

a)

b)   c)

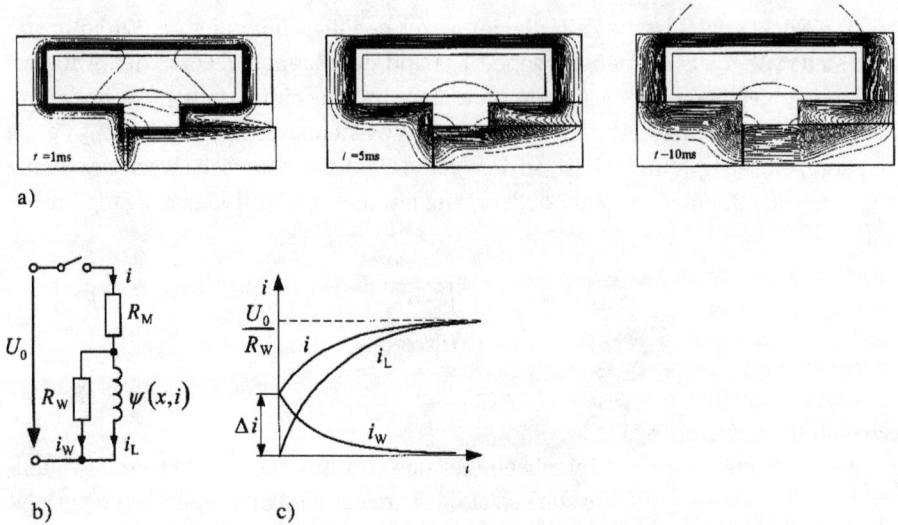

Abb. 1.12: Einfluss der Wirbelströme auf den Feldaufbau. a) Verzögertes Eindringen des B-Feldes in den Magnetkreis (Stromsprung), b) Ersatzschaltbild, c) Stromverlauf (Spannungssprung).

Die Wirkung der Wirbelströme (Abb. 1.12) auf den zeitlichen Verlauf der Magnetkraft kann näherungsweise durch einen Parallelwiderstand R_W zur Spuleninduktivität nachgebildet werden (Abb. 1.12b). Durch die Wirkung des Widerstands R_W wird die zeitliche Änderung des durch die Induktivität fließenden und die Magnetkraft hervorrufenden Stroms i_L verkleinert. Der Anzugsstrom I_{an} wächst mit der elektrischen Leitfähigkeit des Materials durch die Rückwirkung der Wirbelströme (Abb. 1.13, $t_{11} \approx 20\,\text{ms}$). Ebenso vergrößert sich die Anzugverzugs- und Hubzeit. Beim Ausschaltvorgang werden Abfallverzug und Rücklaufzeit deutlich verlängert.

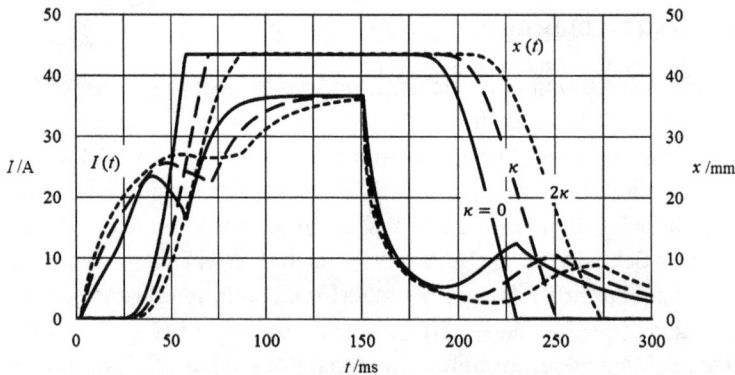

Abb. 1.13: Funktionen $I(t)$ und $x(t)$ des Elektromagneten nach Abb. 1.10 mit Federvorspannung 300 N, Einfluss der elektrischen Leitfähigkeit der Bauteile des Magnetkreises, $\kappa = 2 \cdot 10^6\,S/m$ bei sonst gleichen Parametern.

Effektive Maßnahmen zur Reduzierung von Wirbelströmen sind
–   Herstellung des Magnetkreises aus geblechtem Material,
–   Schlitzen von rotationssymmetrischen Teilen,
–   Verwendung von Magnetmaterialien mit geringer elektrischer Leitfähigkeit, sowie
–   Auswahl geeigneter Konstruktionsformen für Elektromagnete.

Je schneller der Feldaufbau bzw. Feldabbau für einen Anwendungsfall sein soll, umso wichtiger wird die Senkung der spezifischen elektrischen Leitfähigkeit des Magnetmaterials.

1.2.5 Maßnahmen zur Beeinflussung des dynamischen Verhaltens von Gleichstrommagneten

Elektromagnetantriebe werden bis auf wenige Ausnahmefälle (z. B. Proportionalmagnete für Hydraulikventile) in offener Steuerkette betrieben (Abb. 1.14).

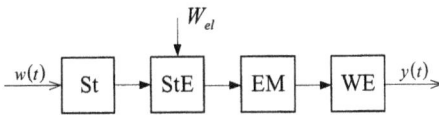

Abb. 1.14: Grundstruktur eines Magnetantriebes. St Steuereinrichtung, StE Stellelement, EM Elektromagnet, WE Wirkelement.

Die dynamische Ausgangsgröße $y(t)$ hängt sowohl von der Eingangsgröße $w(t)$ als auch von den Eigenschaften aller in Reihe geschalteten Elemente der Steuerstrecke ab. Damit ergeben sich für die gezielte Beeinflussung der dynamischen Eigenschaften folgende Möglichkeiten:
–   Vorgabe einer optimalen Steuergröße $w(t)$ (z. B. optimale Stromfunktion für minimale Verlustleistung),
–   Wahl einer entsprechenden Ansteuerschaltung für das Stellelement (Abschnitt 1.5), sowie
–   Auswahl bzw. konstruktive Gestaltung des Elektromagneten mit Kennlinienbeeinflussung (Abb. 1.8, Abschnitt 1.5).

Die beiden letztgenannten Maßnahmen sind besonders dann anzuwenden, wenn die Steuerung des Elektromagneten nur mittels kontaktbehafteter Schalter möglich ist.

Mit Einsatz von Mikrocontrollern wird zunehmend mehr Gebrauch von der Vorgabe einer optimalen Steuergröße gemacht. Durch intelligente Ansteuerschaltungen kann man sowohl den Anzugs- als auch den Rückstellvorgang in weiten Grenzen beeinflussen. Bei der Steuerung von Flachbett-Strickmaschinen ist es zum Beispiel möglich, den zeitlichen Verlauf des Magnetfeldes eines Permanent-Haftmagneten im Sub-Millisekundenbereich zu steuern, um die Synchronisation der Magnetkraft mit den mechanischen Bewegungen des Schlittens zu garantieren. Der zeitliche Verlauf des

Rückstellvorgangs hängt vom Abbau des magnetischen Feldes nach dem Abschalten der Erregerspule von der Energiequelle und damit von den leitenden Wegen ab, die nach dem Abschalten noch vorhanden sind.

Bedämpfung der Abschaltspannungen

Elektromagnete besitzen hohe Induktivitäten und sind dadurch beim Abschalten der Erregung Quellen hoher Überspannungen [50], die z. B. in benachbarten elektronischen Schaltungen Störungen hervorrufen können. Durch geeignete schaltungstechnische Maßnahmen müssen diese Abschaltüberspannungen auf einen zulässigen Wert begrenzt werden (EMV). Eine Störschutzbeschaltung soll bei raumsparendem Aufbau eine möglichst gute Dämpfung bewirken, geringe Leistungsverluste aufweisen, eine einfache Kontrolle der Funktionsfähigkeit ermöglichen und die Reaktionszeiten des beschalteten Elektromagneten nur wenig beeinflussen. Diese Anforderungen erfüllen die realen Anordnungen in unterschiedlicher Weise. In [50, 60, 88] werden Hinweise für technisch sinnvolle Störschutzbeschaltungen gegeben. Abbildung 1.15 zeigt die Grundschaltung eines Elektromagneten, die durch unterschiedliche Störschutzelemente ergänzt werden kann (Varianten a bis d):

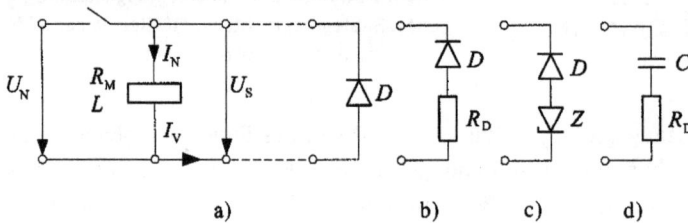

Abb. 1.15: Bedämpfung der Abschaltspannungsspitze. a) Grundschaltung mit Diode, b) Diode und Widerstand, c) Diode mit gegengeschalteter Z-Diode, d) RC-Glied.

- *Diode (sog. Freilauf- oder Dämpfungsdiode)*: Während die Anzugzeit durch die Diode nicht verändert wird, erhöht sich die Abfallzeit beträchtlich. Die Sperrspannung der Diode soll mindestens $1{,}5U_N$ betragen und der zulässige Durchlassstrom nicht unter $1{,}5I_N$ liegen. Eine Abschaltüberspannung tritt nicht auf. Die durch den Sperrstrom der Diode bedingten Verluste sind minimal und im Allgemeinen vernachlässigbar.
- *Diode in Reihe mit einem Widerstand R*: Wird $R \approx R_M$ gewählt, tritt nur eine maximale Abschaltüberspannung $U_{smax} \approx -U_N$ auf; die Rücklaufzeit wird in diesem Fall im Vergleich zur Variante mit Diode ohne Widerstand bereits deutlich reduziert (Kraft-Weg-Kennlinien für verschiedene Widerstände: Abb. 1.16).

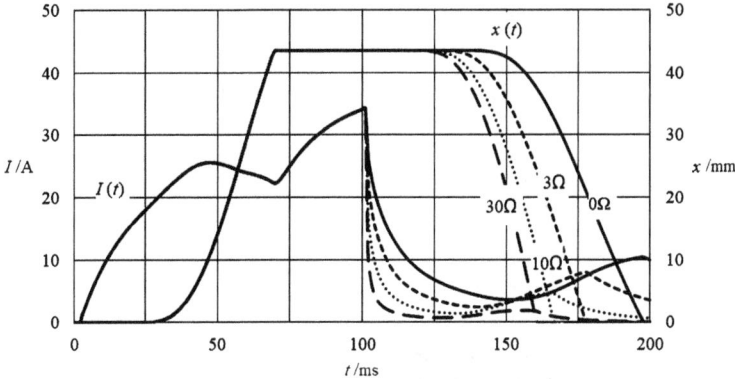

Abb. 1.16: Funktionen $I(t)$ und $x(t)$ des Elektromagneten nach Abb. 1.13, Einfluss verschiedener Bedämpfungselemente für die Abschaltspannungsspitze auf das Schaltverhalten, Widerstands-Dioden-Kombination nach Abb. 1.15b, $R_D = 0\,\Omega \ldots 30\,\Omega$.

– *Diode mit gegengeschalteter Z-Diode*: Mit dieser Variante werden einstellbare Abschaltüberspannungen $U_s \approx U_z$ realisiert. Die Zeit bis zum Stromwert null beträgt

$$t_0 = \frac{L}{R_M} \ln\left(1 - \frac{1}{U_{smax}/U_N}\right).$$

Bei einer Z-Spannung $U_z = U_N$ ergibt sich $U_{smax} = -U_z = -U_N$; beide Dioden müssen für den Nennstrom I_N bemessen werden.

– *RC-Glied*: Die Bemessung erfolgt im Allgemeinen in der Weise, dass nach dem Abschalten der Spule eine gedämpfte Schwingung entsteht: $R = (0{,}2 \ldots 1)R_M$, $C \approx L/4R_M^2$. Es gilt $U_{smax} \approx -\frac{U_N}{R_M}\sqrt{\frac{L}{C}}$.
R und C müssen kurzzeitig den Strom I_N führen können, und der Kondensator C (wegen Stromrichtungswechsel kein Elektrolyt-Kondensator!) muss die zwei- bis dreifache Nennspannung vertragen.

Dynamisches Verhalten von Gleichstrommagneten mit Kennlinienbeeinflussung

Gleichstrommagnete ohne Kennlinienbeeinflussung mit dem charakteristischen starken Anstieg der Kraft am Hubende haben ein bei Gewichtsbelastung ungünstiges dynamisches Verhalten. Die Geschwindigkeit des Ankers nimmt am Hubende sehr stark zu, so dass der Anker mit hoher Geschwindigkeit auf das Gegenstück prallt. Abbildung 1.17 zeigt mit Kurve 1 den Verlauf der Geschwindigkeit eines solchen Magneten. Wird auf konstruktivem Wege eine Veränderung der Kraft-Weg-Charakteristik herbeigeführt (Abb. 1.6), so ändert sich auch der Geschwindigkeitsverlauf. Die Kurven 2, 3 und 4 zeigen den Geschwindigkeitsverlauf des gleichen Magneten, jedoch mit waagerechten Kraft-Weg-Kennlinien und unterschiedlicher Belastung. Trotz einer Erhöhung der mittleren Geschwindigkeit ist die Endgeschwindigkeit wesentlich geringer. Der für

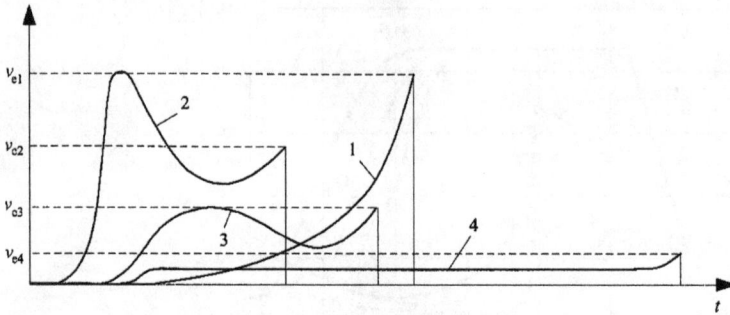

Abb. 1.17: Geschwindigkeitsverläufe von Gleichstrommagneten mit und ohne Kennlinienbeeinflussung (F_N Nennbelastung). 1 ohne Kennlinienbeeinflussung, ohne Belastung, 2 mit Kennlinienbeeinflussung, ohne Belastung, 3 mit Kennlinienbeeinflussung, Gewichtsbelastung $F_{geg} = F_N/2$, 4 mit Kennlinienbeeinflussung, Gewichtsbelastung $F_{geg} = F_N$.

Gleichstrommagnete typische harte Aufschlag des Ankers wird auf diese Weise unterbunden.

Dynamisches Kennlinienfeld von Gleichstrommagneten

Die ständig steigenden Forderungen an das dynamische Verhalten von elektromagnetischen Antrieben erfordern, die dynamischen Eigenschaften bereits zu Beginn des konstruktiven Entwicklungsprozesses (KEP) zu berücksichtigen und die Elektromagnetantriebe nach dynamischen Gesichtspunkten zu optimieren. Deshalb sieht sich der Entwickler genötigt, die dynamischen Eigenschaften zu bewerten. Dabei sind neben einer genauen Kenntnis des dynamischen Verhaltens vorhandener Magnete auch die Kenntnis von Möglichkeiten bzw. Grenzen seiner zielgerichteten Beeinflussung notwendig. Dazu sind Kriterien erforderlich, die eine Beurteilung des „dynamischen Gesamtverhaltens" von Elektromagneten ermöglichen. Da die dynamischen Eigenschaften jedes Elektromagneten stark von der Ansteuerung abhängen, kann eine objektive Bewertung der dynamischen Eigenschaften nur vorgenommen werden, wenn man das dynamische Verhalten im gesamten zulässigen Aussteuerbereich (Betriebsbereich) kennt. Auch der Anwender von Elektromagneten möchte stets wissen, welche dynamischen Eigenschaften der von ihm bei verschiedenen Belastungen und Betriebszuständen eingesetzte Elektromagnet besitzt und welche Möglichkeiten er hat, mit schaltungstechnischen Mitteln bzw. durch Variation der Belastung das dynamische Verhalten in gewünschter Weise zu beeinflussen. Beide Forderungen kann man mit Hilfe des dynamischen Kennlinienfeldes erfüllen (Abb. 1.18).

Im *I. Quadranten* ist die Anzugzeit des Elektromagneten in Abhängigkeit von der eingeprägten normierten Spannung (t_{1u}) und vom eingeprägten normierten Strom (t_{1i}) mit der Belastung als Parameter aufgetragen.

t_{1u} ist die längste Anzugzeit, die während des Einschaltvorgangs bei einem vorgegebenen Betriebsfall auftritt, da hier die Spannungsrückwirkung in Gleichung (1.18)

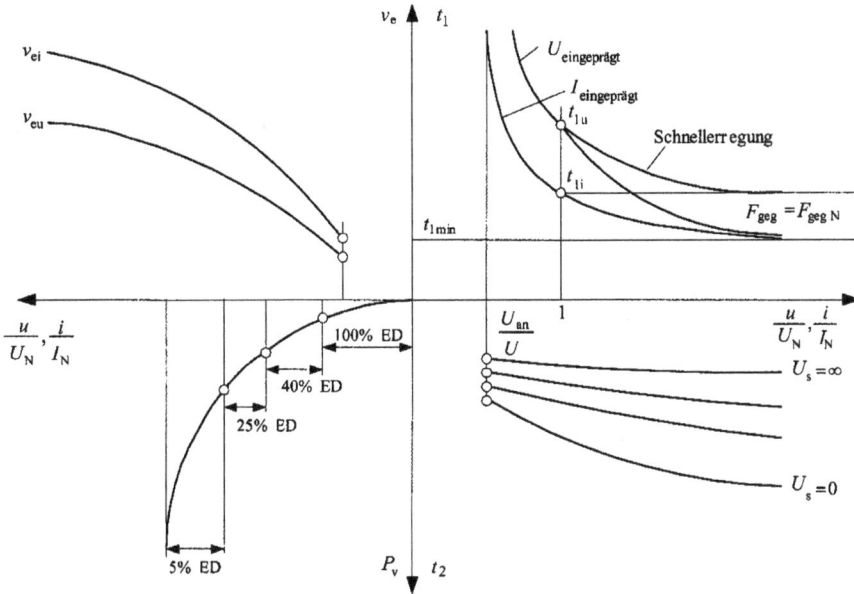

Abb. 1.18: Dynamisches Kennlinienfeld von Gleichstrommagneten.

hervorgerufen durch $\frac{\mathrm{d}\psi(x,i)}{\mathrm{d}t} = \frac{\partial\psi}{\partial x}\frac{\partial x}{\partial t} + \frac{\partial\psi}{\partial i}\frac{\partial i}{\partial t}$ am größten ist. t_{1i} ist die kürzeste Anzugzeit, die beim entsprechenden Betriebsfall auftreten kann, da in diesem Grenzfall
die Spannungsrückwirkung aufgrund des eingeprägten Erregerstroms nicht wirksam
wird. Wenn der Erregerstrom eingeprägt wird, geht t_{11} gegen 0, wenn keine Wirbelströme auftreten, und der mechanische Bewegungsablauf sowie die Hubzeit können
allein mit Hilfe von Gleichung (1.19) berechnet werden, wobei für die Magnetkraft, die
bei dem eingeprägten Strom auftretende statische Magnetkraft F_{m} eingesetzt werden
kann. Die Differenz $t_{1u} - t_{1i} = \Delta t_1$ ist ein Maß für die Möglichkeit der Verringerung
der Anzugzeit mit Hilfe einer Schnellerregungsschaltung (Übergang vom Betriebsfall
eingeprägte Spannung in den Betriebsfall eingeprägter Strom).

Wie man aus den Abhängigkeiten $t_{1u} = f(u/U_N)$, $t_{1i} = f(i/I_N)$ erkennt, nähern
sich die Kurven in Abhängigkeit von der Belastung dem Grenzwert $t_{1\min}$, der allein mit
schaltungstechnischen Maßnahmen, d. h. mit Hilfe des elektrischen Eingangssignals,
nicht unterschritten werden kann. Die kürzeste, mit einem vorgegebenen Magneten
erreichbare Anzugzeit $t_{1\min\mathrm{gr}}$ ergibt sich bei unbelastetem Anker.

Im *II. Quadranten* des dynamischen Kennlinienfeldes ist die Ankerendgeschwin-
digkeit v_e in Abhängigkeit von der normierten eingeprägten Erregerspannung v_{eu} und
vom normierten eingeprägten Erregerstrom v_{ei} aufgetragen. v_e ist ein Maß für die beim
Aufschlag des Ankers auf das Ankergegenstück freiwerdende kinetische Energie $W_{\ddot{u}}$,
die in der Regel maßgebend für Prellschwingungen und Verschleiß ist und deshalb
begrenzt werden sollte, soweit man diese freiwerdende kinetische Energie nicht für
die Ausführung eines Arbeitsvorgangs benötigt (z. B. Drucken, Stanzen).

Die im *III. Quadranten* dargestellte Abhängigkeit der im Magneten auftretenden Verlustleistung und die Angabe der Bereiche für die relativen Nenneinschaltdauern (ED %) sind notwendig für die Anwendung des Magneten hinsichtlich der thermischen Belastung. Man kann daraus die zulässige Steigerung der Verlustleistung des Magneten bei Verringerung der Einschaltdauer ermitteln und durch Projektion der Arbeitspunkte im *I. Quadranten* den Einfluss dieser Leistungssteigerung auf die Schaltzeiten ermitteln. Schließlich lässt sich aus der im *IV. Quadranten* dargestellten Abhängigkeit von $t_2 = f\,(u/U_N)$ mit U_s (U_s – Abschaltspannungsspitze, Abb. 1.9) als Parameter die Veränderung der Abfallzeit t_2 in Abhängigkeit von der normierten Erregerspannung und der Amplitude der durch Bedämpfungselemente bestimmten Abschaltspannungsspitze U_s erkennen. Diese Zusammenhänge sind besonders für den Anwender von schnellwirkenden Elektromagneten von großer Bedeutung, die mit elektronischen Schaltern geschaltet werden, da im Interesse eines optimalen dynamischen Verhaltens stets ein Kompromiss zwischen der Bedämpfung der Abschaltspannungsspitze auf schaltungstechnisch zulässige Werte und der Verlängerung der Abfallzeit geschlossen werden muss.

Einteilung der Elektromagnetantriebe bezüglich ihrer dynamischen Eigenschaften. Elektro-magneto-mechanische Antriebe lassen sich bezüglich ihrer dynamischen Eigenschaften mit Hilfe des dynamischen Kennlinienfeldes in drei Betriebsbereiche einteilen (Abb. 1.19). Die drei Betriebsbereiche sind wie folgt definiert:

Bereich I: $\frac{t_{1u}-t_{1i}}{t_{1i}} \geq 1$ Antrieb mit vorwiegend elektrischer Trägheit,

Bereich II: $1 > \frac{t_{1u}-t_{1i}}{t_{1i}} \geq 0{,}1$ Antrieb mit elektro-mechanischer Trägheit (Schnellwirkung),

Bereich III: $\frac{t_{1u}-t_{1i}}{t_{1i}} < 0{,}1$ Antrieb mit vorwiegend mechanischer Trägheit (extreme Schnellwirkung).

Das dynamische Kennlinienfeld ist auch sehr gut geeignet, den Einfluss der Wirbelströme auf das dynamische Verhalten darzustellen (Abb. 1.20) [61].

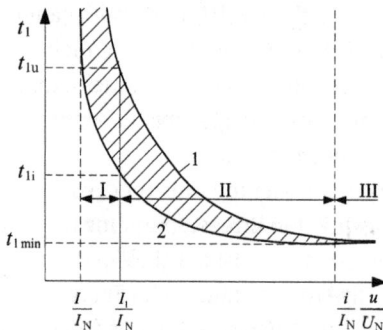

Abb. 1.19: Einteilung von Gleichstrommagneten nach dynamischen Gesichtspunkten. Kurve 1 eingeprägte Spannung, Kurve 2 eingeprägter Strom.

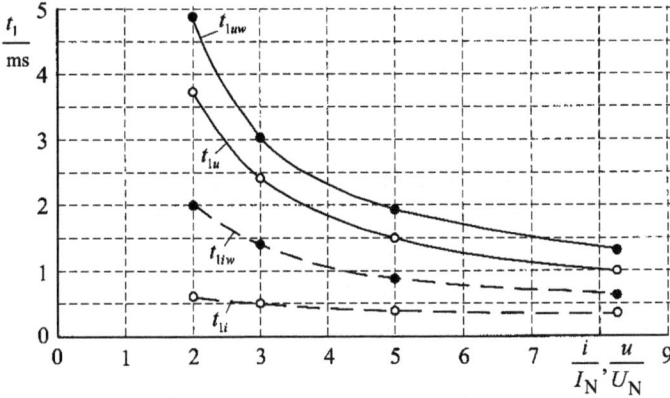

Abb. 1.20: Wirbelstromeinfluss auf die Anzugzeit t_1. t_{1u} eingeprägte Spannung ohne Wirbelströme, t_{1uw} eingeprägte Spannung mit Wirbelströmen, t_{1i} eingeprägter Strom ohne Wirbelströme, t_{1iw} eingeprägter Strom mit Wirbelströmen.

1.3 Wechselstrommagnete

Wechselstrommagnete sind Elektromagnete, deren Erregerspulen von Wechselstrom durchflossen werden, wodurch ein magnetischer Wechselfluss entsteht.[2] Wechselstrommagnete haben wesentlich andere funktionelle Eigenschaften als Gleichstrommagnete:

- Die Magnetkraft ist zeitabhängig.
- Der Effektivwert des Erregerstroms ist abhängig von der Ankerstellung. Das führt zu einer geringeren Änderung der Magnetkraft über den Hub, kann aber auch eine thermische Überlastung der Erregerspule bei Verklemmen des Ankers in seiner Anfangslage δ_{max} nach sich ziehen, da $I_{an} \gg I_h$ (Abb. 1.21a).

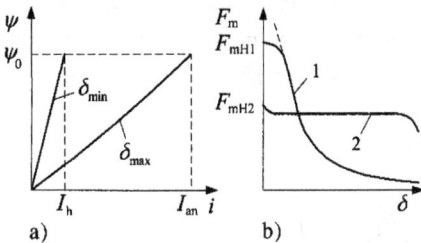

Abb. 1.21: Charakteristische Kennlinien des Wechselstrommagneten. a) $\psi - i$-Kennlinie eines linearen Wechselstrommagneten $\omega L \gg R$, b) Qualitativer Vergleich von Kraftwegkennlinien von Gleich- und Wechselstrommagneten mit gleichen Hauptabmessungen, Kurve 1 Gleichstrommagnet, Kurve 2 Wechselstrommagnet.

---

2 Elektromagnete mit eingebauten Gleichrichtern sind Gleichstrommagnete, auch wenn sie an Wechselspannung angeschlossen werden.

- Entstehung von dauerhaften Wirbelströmen, Wirbelstromverlusten und Hysteresverlusten im Magnetkreis. Deshalb muss entweder der Magnetkreis geblecht werden oder es müssen magnetische Werkstoffe mit einem hohen spezifischen elektrischen Widerstand eingesetzt werden.
- Bei Wechselstrommagneten, die als Stellmagnete arbeiten, sind Maßnahmen zur Erzeugung einer Gleichkomponente der Magnetkraft im angezogenen Zustand erforderlich, damit kein Brummen des Magneten auftritt.
- Die dynamischen Eigenschaften hängen vom Einschaltphasenwinkel α_1 und Ausschaltphasenwinkel α_2 ab (Abb. 1.26 und Abb. 1.28).

Wechselstrommagnete werden mit Vorteil dann eingesetzt, wenn ein Antriebselement benötigt wird, das unmittelbar an das Wechselspannungsnetz angeschlossen werden soll [72] bzw. das zur Erzeugung von mechanischen Schwingungen mit einer Frequenz von 50 bzw. 100 Hz [56] dienen soll.

Bei Wechselstrommagneten mit kleiner Magnetarbeit (ca. Wmech < 10 N·cm) kann eine Lamellierung des Magnetkreises aufgrund der geringen Abmessungen entfallen. In diesem Bereich können Magnete entworfen werden, die bei gleichen geometrischen Abmessungen des magnetischen Kreises – aber geänderten Spulendaten – die gleiche Antriebsaufgabe bei Gleich- und Wechselstromerregung erfüllen (z. B. Magnetventile, Relais).

1.3.1 Berechnung der Magnetkraft von Einphasenwechselstrommagneten

Die Ableitung von mathematischen Beziehungen für die Magnetkraft kann analog zum Gleichstrommagneten mit Hilfe des Energieerhaltungssatzes erfolgen (siehe Abschnitt 1.2.2). Es gelten somit prinzipiell die gleichen Beziehungen für Gleich- und Wechselstrommagnete. Es muss nur berücksichtigt werden, dass der Strom eine zeitabhängige Größe ist. Der überwiegende Teil der Wechselstrommagnete wird so dimensioniert, dass das ψ – i-Kennlinienfeld linear ist. Für die Magnetkraft eines linearen Wechselstrommagneten gilt (siehe auch Abb. 1.22):

$$F_\mathrm{m} = \frac{1}{2}I^2\frac{\mathrm{d}L(\delta)}{\mathrm{d}\delta}.$$

(1.23)

Ist die Spannung eingeprägt, ergibt sich aus (1.23)

$$F_\mathrm{m} = \frac{1}{2}\frac{U^2}{R^2 + [\omega L(\delta)]^2}\frac{\mathrm{d}L(\delta)}{\mathrm{d}\delta}.$$

(1.24)

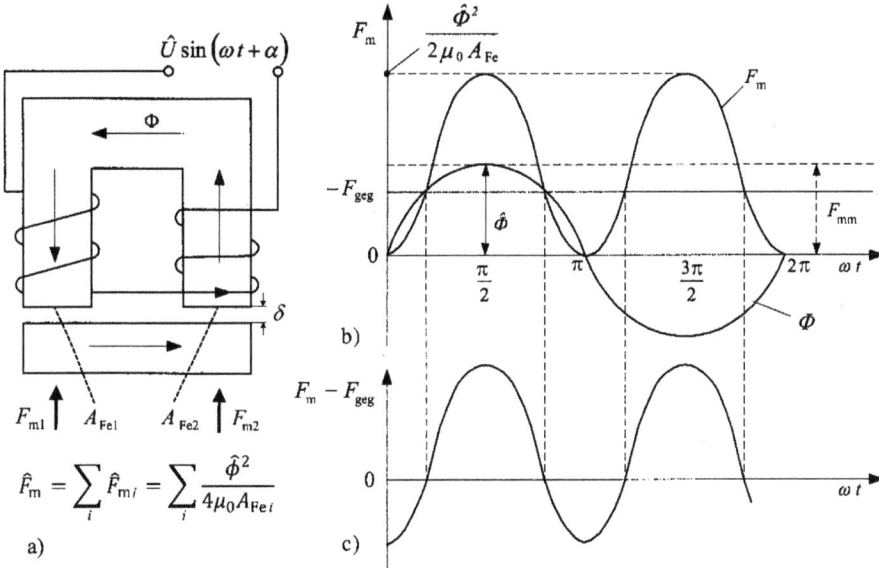

Abb. 1.22: Wechselstrommagnet ohne Kurzschlussring mit zwei Grenzflächen zur Krafterzeugung, $A_{Fe} = A_{Fe1} = A_{Fe2}$. a) Aufbau, b) Zeitabhängigkeit der Magnetkraft, c) Zeitabhängigkeit der am Anker wirkenden Kraft.

Aus Gleichung (1.23) kann man vereinfachend, entsprechend dem Gleichstrommagneten, weiterhin ableiten (siehe auch Band 1, Abschnitt 2.6):

$$F_m = \frac{B(t)^2 A_{Fe}}{2\mu_0}, \tag{1.25}$$

$$F_m = \frac{\phi(t)^2}{2\mu_0 A_{Fe}}. \tag{1.26}$$

Besonders bei größeren Wechselstrommagneten ist der ohmsche Spannungsabfall in der Erregerspule vernachlässigbar klein gegenüber dem induktiven Spannungsabfall. Dann ist bei eingeprägter Spannung der verkettete Fluss unabhängig von der Ankerstellung. Für Wechselstrommagnete gilt dann das in Abb. 1.21a dargestellte charakteristische $\psi - i$-Kennlinienfeld. Vom Wechselstrommagnet wird bei abgefallenem Anker (kleine Induktivität wegen großem Luftspalt δ) nach der Beziehung

$$I(\delta) = \frac{U}{\sqrt{R^2 + [\omega L(\delta)]^2}} \tag{1.27}$$

ein wesentlich größerer Strom (Anzugstrom I_{an}) aufgenommen als im Haltezustand (Haltestrom I_h).

In technisch ausgeführten Magneten gilt

$$I_{an} = 3 \ldots 10 I_h; \quad I_{an} = I(\delta_{max}); \quad I_h = I(\delta_{min}). \tag{1.28}$$

Damit thermische Überlastungen der Erregerspule von Wechselstrommagneten vermieden werden, muss aus diesem Grunde beim Einschalten stets ein vollständiges Anziehen des Magnetankers gesichert werden.

1.3.2 Zeitabhängigkeit der Magnetkraft von Einphasenwechselstrommagneten

Aufgrund des zeitabhängigen magnetischen Flusses entsteht eine zeitabhängige Magnetkraft. Wenn der magnetische Kreis linear ist, hat eine sinusförmige Erregerspannung einen sinusförmigen Erregerstrom und einen sinusförmigen Magnetfluss zur Folge.

$$\phi = \hat{\phi} \sin \omega t. \tag{1.29}$$

Setzt man (1.29) in (1.26) ein, erhält man

$$F_{\mathrm{m}}(t) = \frac{1}{2\mu_0 A_{\mathrm{Fe}}} \hat{\phi}^2 \sin^2 \omega t = \frac{1}{4\mu_0 A_{\mathrm{Fe}}} \hat{\phi}^2 (1 - \cos 2\omega t). \tag{1.30}$$

Die Magnetkraft schwankt mit der doppelten Frequenz des Erregerstroms zwischen den Werten 0 und

$$\frac{\hat{\phi}^2}{4\mu_0 A_{\mathrm{Fe}}}.$$

Dieser zeitliche Verlauf der Magnetkraft (Abb. 1.22) ist sehr ungünstig für die Anwendung des Wechselstrommagneten als Stellglied. Wenn z. B. am Hubende Gegenkräfte F_{geg} auftreten, wirkt auf den Magnetanker die Kraft $F_{\mathrm{m}} - F_{\mathrm{geg}}$, die zu Schwingungserscheinungen führen kann (Magnet brummt). Als Folge der dann entstehenden Prellschwingungen kann ein rascher Verschleiß der Polflächen auftreten. Es sind deshalb Maßnahmen notwendig, um Schwingungserscheinungen zu beseitigen. Das Ziel besteht darin, eine so große Gleichkomponente der Magnetkraft am Hubende zu erzeugen, dass die resultierende Kraft $F_{\mathrm{m}} - F_{\mathrm{geg}}$ nicht negativ wird und der Anker am Ankergegenstück festgehalten wird. Folgende Maßnahmen sind dazu geeignet:

- Anbringung eines Kurzschlussrings an den Magnetpolen im Arbeitsluftspalt bei Einphasenwechselstrommagneten, bzw.
- Anbringen mehrerer räumlich verteilter Wicklungen, die an unterschiedlichen Bereichen der Polflächen phasenverschobene Kräfte erzeugen.

Beide Maßnahmen müssen zur Erzeugung von phasenverschobenen Kräften führen, die am Anker addiert werden.

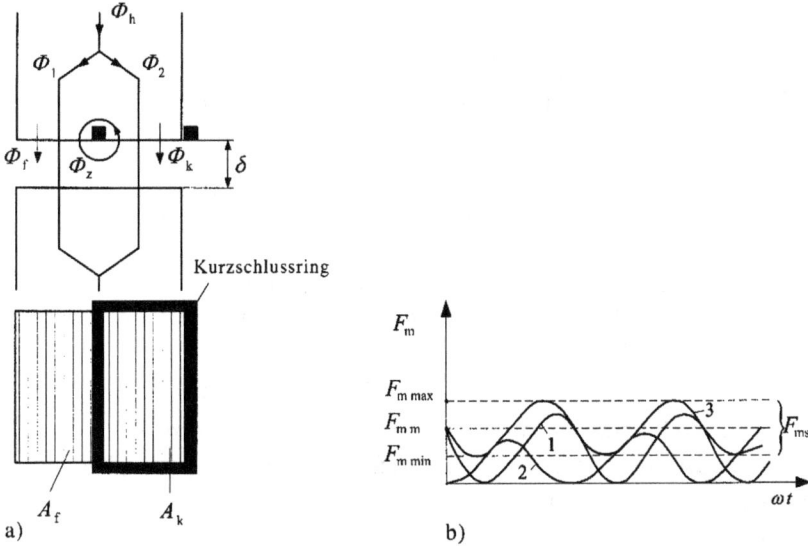

Abb. 1.23: Verlauf der magnetischen Flüsse eines Einphasenwechselstrommagneten mit Kurzschlussring. a) Flussverlauf und Flächenaufteilung am Magnetpol, b) Zeitabhängigkeit der Magnetkraft bei $\delta = 0$, Kurven 1, 2 Magnetkräfte der Teilflächen A_f, A_k, Kurve 3 Summe der Teilkräfte.

Magnetkraft des Einphasenwechselstrommagneten mit Kurzschlussring

In Abb. 1.23 ist der Magnetpol eines Einphasenwechselstrommagneten mit Kurzschlussring dargestellt. Durch den vom Kurzschlussring hervorgerufenen Fluss ϕ_z entstehen durch Addition zu den Teilflüssen ϕ_1 und ϕ_2 zwei phasenverschobene Flüsse im Luftspalt:

$$\phi_f = \hat{\phi}_f \cos(\omega t + \varphi_{fk}), \tag{1.31}$$

$$\phi_k = \hat{\phi}_k \cos \omega t. \tag{1.32}$$

Wenn man die phasenverschobenen Kräfte der Teilflächen A_f und A_k addiert, erhält man folgende Beziehungen für die resultierende Magnetkraft F_{mg}

$$F_{mg} = \frac{1}{4\mu_0}\left[\frac{\hat{\phi}_f^2}{A_f} + \frac{\hat{\phi}_k^2}{A_k} + \frac{\hat{\phi}_f^2}{A_f}\cos(2\omega t + \varphi_{fk}) + \frac{\hat{\phi}_k^2}{A_k}\cos 2\omega t\right], \tag{1.33}$$

d. h., die Magnetkraft setzt sich zusammen aus einem Gleichglied

$$F_{mm} = \frac{1}{4\mu_0}\left[\frac{\hat{\phi}_f^2}{A_f} + \frac{\hat{\phi}_k^2}{A_k}\right] \tag{1.34}$$

und einem Schwankungsglied

$$F_{mS} = \frac{1}{4\mu_0}\left[\frac{\hat{\phi}_f^2}{A_f}\cos(2\omega t + \varphi_{fk}) + \frac{\hat{\phi}_k^2}{A_k}\cos 2\omega t\right]. \tag{1.35}$$

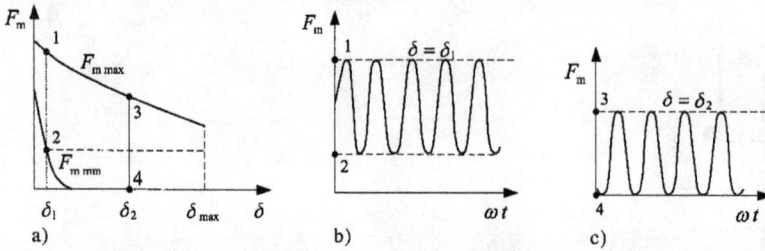

Abb. 1.24: Wirkung des Kurzschlussrings im Spaltpolmagneten. a) Kurve 1 $F_{\text{mmax}} = f(\delta)$, Kurve 2 $F_{\text{mmin}} = f(\delta)$, b) zeitabhängige Magnetkraft bei dem Arbeitsluftspalt δ_1, c) zeitabhängige Magnetkraft bei dem Arbeitsluftspalt δ_2.

Der zeitliche Verlauf der Gesamtkraft F_{mg} ist in Abb. 1.24 dargestellt. Für die Anwendung optimal ist die vollständige Unterdrückung des Schwankungsgliedes F_{ms} nach Gleichung (1.35). Das bedeutet:

$$\frac{\hat{\phi}_{\text{k}}^2}{A_{\text{k}}} = \frac{\hat{\phi}_{\text{f}}^2}{A_{\text{f}}} \quad \text{und} \quad \varphi_{\text{fk}} = 90°.$$

Diese beiden Bedingungen lassen sich unter realen Verhältnissen mit Kurzschlussring nicht gleichzeitig erreichen. Mit zunehmendem δ geht φ_{fk} gegen null. Der Kurzschlussring wirkt nur bei kleinen Arbeitsluftspalten, d. h. bei angezogenem Anker (Abb. 1.24a) in gewünschter Weise. Darin ist auch die Ursache zu sehen, dass bereits bei geringer Zunahme des Arbeitsluftspalts δ die Gleichkomponente der Magnetkraft F_{mmin} stark abnimmt und z. B. bei Verschmutzung der Polflächen oder Verschleiß Brummerscheinungen auftreten können.

1.3.3 Magnetkraft des Dreiphasenwechselstrommagneten

Der prinzipielle Aufbau eines Dreiphasenwechselstrommagneten ist in Abb. 1.25 dargestellt.

Wenn dieser Magnet an ein symmetrisches Dreiphasennetz angeschlossen wird, sind die durch die einzelnen Schenkel des magnetischen Kreises fließenden Flüsse

$$\phi_1 = \hat{\phi}\sin\omega t, \quad \phi_2 = \hat{\phi}\sin\left(\omega t - \frac{2}{3}\pi\right), \quad \phi_3 = \hat{\phi}\sin\left(\omega t - \frac{4}{3}\pi\right).$$

Setzt man diese Beziehungen für die Magnetflüsse in (1.26) ein und addiert die an den einzelnen Polflächen entstehenden Kräfte, so gilt $F_{\text{mg}} = F_1 + F_2 + F_3$.

$$F_{\text{mg}} = \frac{\hat{\phi}^2}{2\mu_0 A_{\text{Fe}}}\left[3 - \cos 2\omega t - \cos\left(2\omega t - \frac{4}{3}\pi\right) - \cos\left(2\omega t - \frac{8}{3}\pi\right)\right], \quad (1.36)$$

$$F_{\text{mg}} = \frac{3\hat{\phi}^2}{2\mu_0 A_{\text{Fe}}} = F_{\text{mm}}. \quad (1.37)$$

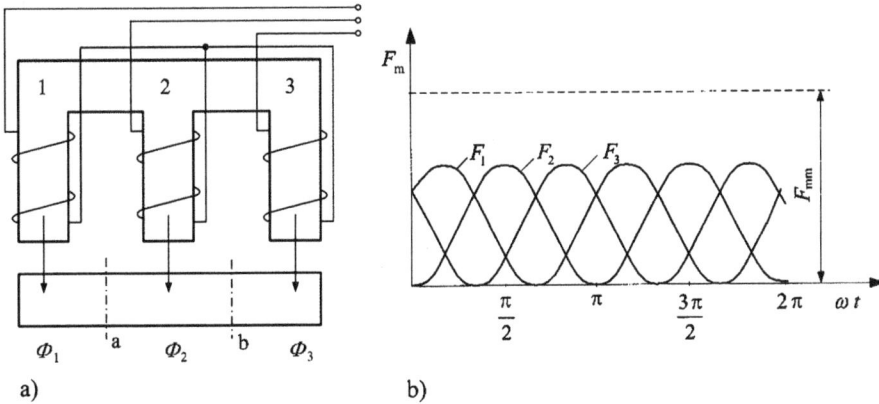

Abb. 1.25: Dreiphasenwechselstrommagnet. a) Aufbau, b) zeitlicher Verlauf der Magnetkraft.

Durch die phasenverschobenen Flüsse, die an unterschiedlichen Orten sinusförmige Kräfte erzeugen, entsteht unter den Bedingungen eines symmetrischen Dreiphasennetzes eine konstante Magnetkraft, deren Welligkeit nicht vom Arbeitsluftspalt δ abhängt. Durch die unterschiedlichen Angriffspunkte der Teilkräfte kann es zu Kippbewegungen bzw. Geräuschanregungen kommen, dessen ungeachtet ist die Gesamtkraft konstant.

1.3.4 Dynamisches Verhalten von Wechselstrommagneten

Die Berechnung des dynamischen Verhaltens kann mit Hilfe von den Gleichungen (1.18) und (1.19) durchgeführt werden, wenn man für $u(t) = \hat{U} \sin(\omega t + \alpha)$ setzt und die Zeitabhängigkeit der Magnetkraft berücksichtigt.

$$\hat{U} \sin(\omega t + \alpha) = iR + \frac{\mathrm{d}\psi}{\mathrm{d}t}, \tag{1.38}$$

$$m\ddot{x} + F(\dot{x}) + F_{\mathrm{geg}}(x) = F_{\mathrm{m}}(t). \tag{1.39}$$

Dabei sei $\alpha = \alpha_1$ der Einschaltphasenwinkel der Erregerspannung, wenn der Einschaltvorgang und $\alpha = \alpha_2$ der Ausschaltphasenwinkel, wenn der Ausschaltvorgang betrachtet wird. Zur Berechnung des Anzugsverzuges t_{11} genügt die Integration von Gleichung (1.38).

Im Falle eines linearen magnetischen Kreises erhält man mit der Anfangsbedingung $u = \hat{U} \sin \alpha_1$ und $i = 0$ bei $t = 0$.

$$\frac{i}{\hat{I}} = \sin(\omega t + \alpha_1 - \varphi) - \mathrm{e}^{\frac{-t_{11}}{\tau}} \sin(\alpha_1 - \varphi) \tag{1.40}$$

$$\text{mit } \hat{I} = \frac{\hat{U}}{\sqrt{R^2 + [\omega L(\delta)]^2}}; \quad \varphi = \tan^{-1} \frac{\omega L_0}{R}.$$

Die Abhängigkeit des Erregerstromes von α_1 hat große Schwankungen von t_{11} zur Folge. Zum Zeitpunkt t_{11} gilt

$$\frac{I_{an}}{\hat{I}} = \sin(\omega t_{11} + \alpha_1 - \varphi) - e^{\frac{-t_{11}}{\tau}} \sin(\alpha_1 - \varphi). \tag{1.41}$$

Man erkennt daraus, dass $t_{11} = f(\alpha_1)$ ist (Abb. 1.26). Diese Gleichung lässt sich nicht ohne weiteres nach t_{11} auflösen, so dass eine verallgemeinerte Aussage nur in einigen Sonderfällen möglich ist. Wenn $\alpha_1 - \varphi = 0$, erhält man

$$t_{11} = \frac{\sin^{-1} \frac{I_{an}}{\hat{I}}}{2\pi f}, \tag{1.42}$$

d. h. je nach Größe der Belastung und damit I_{an} kann t_{11} im Bereich $0 \leq t_{11} \leq \frac{1}{4f}$ liegen.

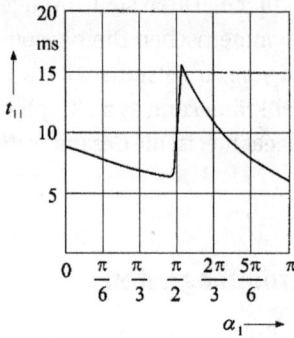

Abb. 1.26: Abhängigkeit des Anzugsverzuges t_{11} von a_1.

Wenn $\omega L \gg R$ ist, gilt

$$\frac{I_{an}}{\hat{I}} = \sin\left(\omega t_{11} + \alpha_1 - \frac{\pi}{2}\right) \tag{1.43}$$

und es ergibt sich

$$t_{11} = \frac{\sin^{-1} \frac{I_{an}}{\hat{I}} - \alpha_1 + \frac{\pi}{2}}{2\pi f}. \tag{1.44}$$

In [58] wird der Einfluss der Geometrie des magnetischen Kreises auf die Anzugs-verzugszeit t_{11} untersucht.

Berechnung der Hubzeit t_{12} mittels PC: Genaue Berechnungen des dynamischen Verhaltens von Wechselstrommagneten während der Ankerbewegung lassen sich gut computergestützt durchführen. Für Wechselstrommagnete mit einem linearen $\psi - I$-Kennlinienfeld sind Rechenprogramme und Untersuchungsergebnisse in [59] enthalten.

Durch die Zeitabhängigkeit der Magnetkraft ergeben sich während des Ausgleichsvorgangs wesentlich kompliziertere Übergangsprozesse für die einzelnen Größen als bei Gleichstrommagneten. Beim Einsatz ist besonders die starke Abhängigkeit der Hubzeit t_{12} vom Einschaltphasenwinkel α_1 zu beachten (Abb. 1.27).

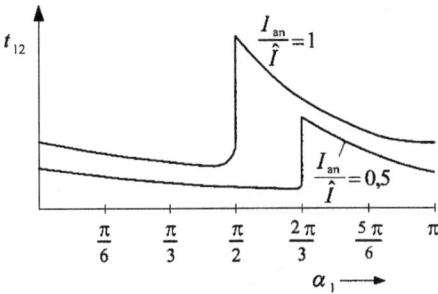

Abb. 1.27: Anzugszeit t_{12} als Funktion von α_1.

Berechnung des Abfallverzuges t_{21}: Beim Abschalten des Wechselstrommagneten hängt der Abfallverzug wesentlich von der Größe des Flusses ab, der zum Zeitpunkt des Abschaltens im Magnetkreis vorhanden ist, d. h. von α_2. Wenn leitende Wege mit dem Widerstand R für den Spulenstrom nach dem Abschalten der Erregerspannung vorhanden sind, gilt

$$\phi = \phi_0 e^{\frac{-t}{\tau}} \quad \text{mit } \tau = \frac{L}{R}. \tag{1.45}$$

Mit $\phi_0 = \hat{\Phi} \sin \alpha_2$ erhält man

$$\phi = \hat{\phi} \sin \alpha_2 e^{\frac{-t}{\tau}} \tag{1.46}$$

bzw.

$$t_{21} = \ln \frac{\hat{\phi} \sin \alpha_2}{\phi_R}. \tag{1.47}$$

Dabei ist ϕ_R der Rückstellfluss. Der Abfallverzug liegt nach (1.47) im Bereich

$$0 \le t_{21} \le \tau \ln \frac{\hat{\phi}}{\phi_R}. \tag{1.48}$$

Nach der Trennung des Wechselstrommagneten vom Netz verhält er sich wie ein Gleichstrommagnet.

Berechnung der Rücklaufzeit t_{22}: Für die Berechnung von t_{22} gelten die gleichen Aussagen wie für den Gleichstrommagneten. Da bei Wechselstrommagneten das Prinzip der Kennlinienbeeinflussung nicht angewendet wird, kann man annehmen, dass die Rückstellbewegung erst dann beginnt, wenn $i = 0$ ist.

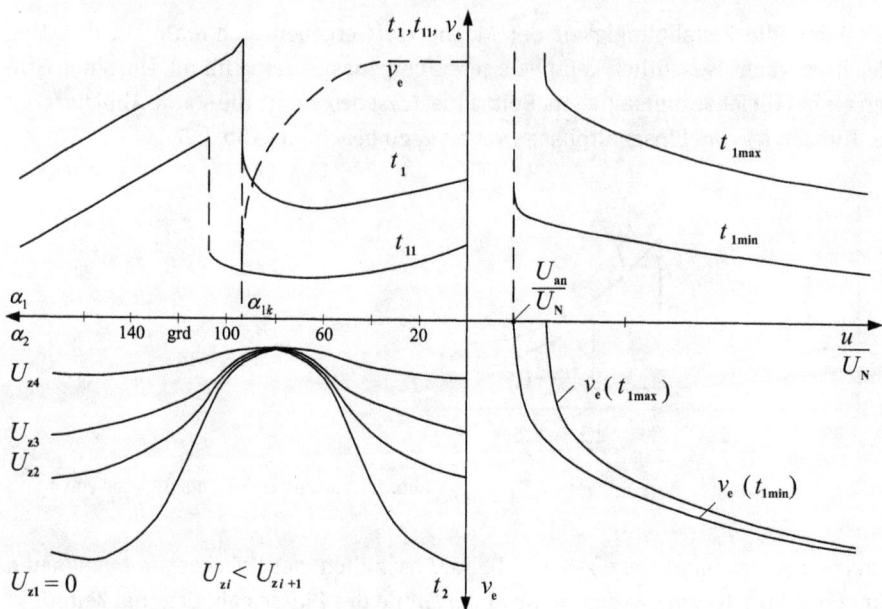

Abb. 1.28: Dynamisches Kennlinienfeld von Wechselstrommagneten.

Dynamisches Kennlinienfeld von Wechselstrommagneten: Für die Anwendung und für die Beurteilung der Eigenschaften des Wechselstrommagneten als Stellelement können ähnlich dem Gleichstrommagneten die wichtigsten dynamischen Eigenschaften in einem dynamischen Kennlinienfeld summarisch zusammengefasst werden (Abb. 1.28). Aufgrund des großen Einflusses des Einschaltphasenwinkels α_1 und des Ausschaltphasenwinkels α_2 auf die dynamischen Eigenschaften ist eine Modifikation des dynamischen Kennlinienfeldes im Vergleich zum Gleichstrommagneten erforderlich [57].

1.4 Polarisierte Elektromagnete

1.4.1 Besonderheiten

Polarisierte Elektromagnete enthalten in ihrem Magnetkreis neben einer oder mehreren Erregerspulen und Weicheisen-teilen zur Führung des magnetischen Flusses auch Teile, die magnetische Feldenergie speichern und in bestimmten Arbeitszuständen als Quellen magnetischer Energie Kräfte erzeugen. Die funktionellen und strukturellen Eigenschaften der polarisierten Elektromagnete werden wesentlich von der Wechselwirkung zwischen dem Spulenfluss und dem Dauermagnetfluss geprägt.

Mit der Entwicklung von temperaturstabilen Dauermagnetmaterialien mit hohem Energieinhalt, Korrosionsbeständigkeit und Verfügbarkeit sind werkstoffseitig immer bessere Voraussetzungen vorhanden, um die spezifischen Eigenschaften polarisierter Elektromagnete zu verbessern, ihre Abmessungen zu verkleinern und ihr Anwendungsgebiet zu erweitern. Neben den klassischen Einteilungskriterien wie Magnetkreisgrundform, Lage des Arbeitsluftspalts und Bewegungsform des Ankers, Anwendungszweck sind die für polarisierte Elektromagnete speziellen Einteilungskriterien, wie die Art der Flussführung sowie das Arbeitspunktspiel von Bedeutung. Nach der Art der Flussführung teilt man sie ein in polarisierte Elektromagnete mit [68]

– polarisiertem Reihenkreis (Abb. 1.29a),
– polarisiertem Parallelkreis (Abb. 1.29b) oder
– polarisiertem Brückenkreis (Abb. 1.29c).

Nach der Art des Arbeitspunktspiels der energiespeichernden Kreisteile teilt man sie ein in polarisierte Elektromagnete mit

– remanentmagnetischem Kreis oder
– dynamisch-permanentmagentischem Kreis [62].

1.4.2 Magnetkraft polarisierter Elektromagnete mit einem Reihenkreis

Die Berechnung der Magnetkraft von polarisierten Elektromagneten kann analog der Berechnung der Magnetkraft neutraler Elektromagnete vorgenommen werden, wenn in der Netzwerkdarstellung alle Dauermagnetteile durch aktive Zweipole – bestehend aus der permanentmagnetischen Ersatzspannungsquelle Θ_D und dem magnetischen Innenwiderstand R_D – ersetzt werden. Für den polarisierten Reihenkreis ergibt sich dann ein vereinfachtes Ersatzschaltbild (Abb. 1.30).

Zur Ermittlung von Θ_D und R_D des entsprechenden Dauermagnetteils geht man zweckmäßigerweise von der materialspezifischen Entmagnetisierungskennlinie des ausgewählten Dauermagnetmaterials aus und errechnet unter Berücksichtigung der geometrischen Abmessungen des Magnetkreises die kreisspezifische ϕ – Θ-Kennlinie des polarisierten Magnetkreises und stellt sie als aktiven Zweipol dar. Aus dem Ersatzschaltbild erhält man für den magnetischen Fluss mit Hilfe der Maschengleichung

$$\Theta_D + \Theta_e = \phi\left(R_{mi} + R_D + \frac{1}{G_{m\delta} + G_{m\sigma}}\right), \tag{1.49}$$

$$\phi = \frac{\Theta_D + \Theta_e}{R_{mi} + R_D + R_{m\delta}^*}, \tag{1.50}$$

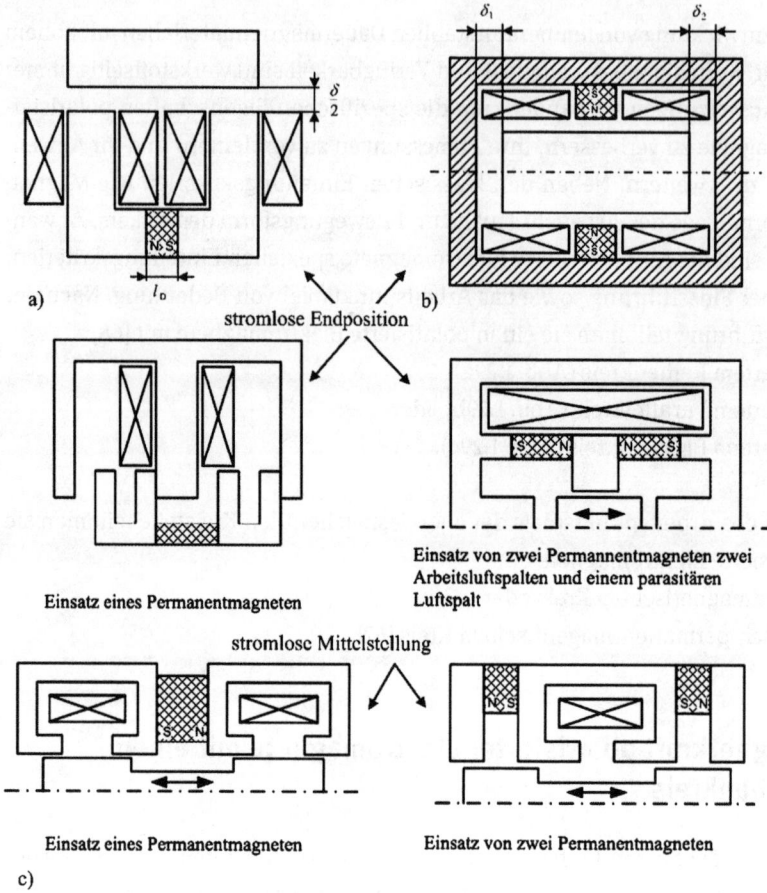

Abb. 1.29: Grundformen polarisierter Elektromagnete. a) polarisierter Reihenkreis, b) polarisierter Parallelkreis, c) polarisierter Brückenkreis.

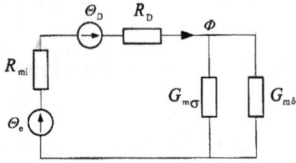

Abb. 1.30: Magnetisches Ersatzschaltbild eines polarisierten Reihenkreises nach Abb. 1.29a. $G_{m\sigma}$ Streuleitwert.

mit $R^*_{m\delta} = \frac{1}{G_{m\delta}+G_{m\sigma}}$. Setzt man (1.50) in (1.8) ein, erhält man für die Magnetkraft des polarisierten Elektromagneten

$$F_m = \frac{(\Theta_D + \Theta_e)^2}{2} \frac{1}{(R_{mi} + R_D + R^*_{m\delta})^2} \frac{dR^*_{m\delta}}{d\delta}. \tag{1.51}$$

Aus Gleichung (1.51) lassen sich folgende, im Vergleich zu neutralen Elektromagneten, interessante Eigenschaften ablesen:

- Leistungslose Erzeugung einer Magnetkraft, insbesondere der Haltekraft.
- Verringerung der Erregerleistung bei gleichen Haltekräften, da nur der Erregerstrom Verlustleistung erzeugt bzw. Erhöhung der Magnetkraft bei gleicher Verlustleistung.
- Zur Kompensation des Dauermagnetfeldes beim Abschalten ist eine Änderung der Stromrichtung des Erregerstroms notwendig (bipolare Ansteuerung, Abb. 1.31b).
- Bei bestimmten Magnetkreisen (Magnetkreise vom Brückentyp) ist es außerdem möglich, eine von der Richtung des Erregerstroms abhängige Ankerstellung zu erzeugen und gegebenenfalls die Ansprechleistung zu senken. Die Herabsetzung der Ansprechleistung ist wichtig für den Aufbau empfindlicher Relais.

In Abb. 1.31 sind die Kraft-Weg-Kennlinien und der zeitliche Verlauf des Erregerstroms eines Haftmagneten dargestellt. Mit polarisierten Gleichstrommagneten lassen sich, wie in [61] nachgewiesen wurde, auch kürzere Anzugszeiten im Vergleich zu entsprechenden neutralen Elektromagneten erreichen.

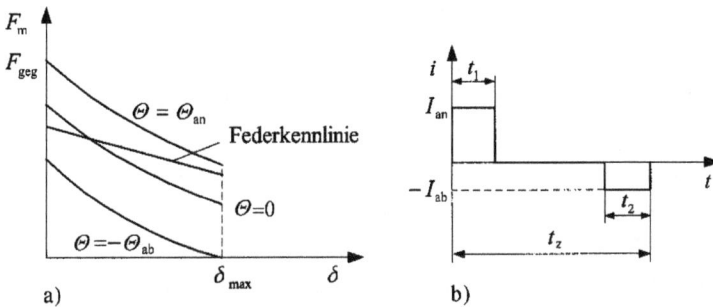

Abb. 1.31: Polarisierter Reihenkreis. a) Kraftwegkennlinien, b) Verlauf der Ansteuerimpulse, $\Theta_{an} = I_{an}w$; $\Theta_{ab} = I_{ab}w$.

1.4.3 Anwendung von polarisierten Elektromagneten

Typische Anwendungsfälle polarisierter Elektromagnete sind
- polarisierte Magnetantriebe mit leistungsloser Selbsthaltung,
- polarisierte Magnetantriebe, die als Impulsantriebe arbeiten und neben geringem Volumen (Abb. 1.32) auch den Vorteil besitzen, dass bei Spannungsabfall die vorhandene Position beibehalten wird (Sicherheitsschaltung),
- polarisierter Relaisantrieb zur Realisierung extrem empfindlicher Relais und Relais zur Anzeige der Richtung des Erregerstroms– der magnetische Kreis dieser Relais besteht im Allgemeinen aus einer Parallelschaltung zweier magnetischer Kreise – und
- Antriebe für Auslöse- und Sperrschalter mit extrem kurzen Abschaltzeiten.

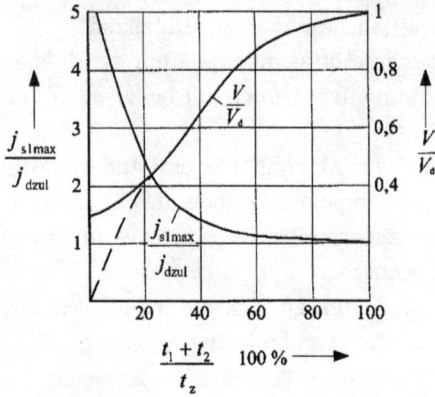

Abb. 1.32: Abhängigkeit des Magnetvolumens V und der zulässigen Stromdichte von der Einschaltdauer bei gleicher Magnetarbeit. V Magnetvolumen, V_d Magnetvolumen bei 100 % ED, j_{dzul} zulässige Stromdichte bei Dauerbetrieb, j_{s1max} zulässige Stromdichte im Kurzzeitbetrieb, t_1 Dauer des Einschaltstromimpulses, t_2 Dauer des Abschaltimpulses, t_z Zykluszeit (Abb. 1.31b).

1.5 Anwendung der Elektromagnete

1.5.1 Elektromagnetantriebe als mechatronische Baugruppe

Aufgrund ihrer vielfältigen und weit konfigurierbaren Funktionalität sind die Einsatzmöglichkeiten von Elektromagneten nahezu unbegrenzt. Fast keine Maschine, Transportmittel oder Produktionsanlage existiert ohne Elektromagnete. Für die Projektierung von Magnetantrieben ergibt sich hieraus die Notwendigkeit einer funktionellen, strukturellen und systembezogenen Beschreibung.

Für standardisierte Nutzungsbedingungen kann man Elektromagnete auf dem Markt auch als Massenprodukt finden. Mehrere Hersteller haben Kataloge von Standardmagneten, die meist bei vorgegebener Baugröße, Nennleistung, Einschaltdauer und Magnethub eine garantierte Kraft erzeugen. Diese Geräte sind dazu ausgelegt, möglichst breit gefächerten Anwendungserfordernissen zu genügen. Eine grundlegende Standardisierung gibt es mit [84]. Dies trägt dem Wunsch nach austauschbaren Produkten sowie nach Standardprodukten für spezifische Anwendungen Rechnung.

Optimierte Maschinensysteme benötigen eine spezifische Definition der Funktionsparameter und Randbedingungen für den Magnetantrieb, die alle Aspekte der Antriebsaufgabe beschreibt. Auch die zulässigen Rückwirkungen des Antriebs auf die Maschine werden festgelegt. Das ist die Grundlage, um applikationsspezifische, optimierte Antriebe mit technisch maximaler Funktionalität oder auch minimale Kosten zu realisieren – oder aber eine gewichtete Mischung aus beidem.

Aus Sicht der Projektierung sind Elektromagnete niemals als Einzelelement zu betrachten, da erhebliche Wechselwirkungen zwischen Stellelement, Elektromagnet und Wirkelement zu berücksichtigen sind (Abb. 1.14). Als Elektromagnetantrieb erfüllen sie zwar eine definierte Bewegungsfunktion, vereinen dabei aber Elemente der Informationstechnik, Elektronik und Mechanik (Abb. 1.33).

	Leistungs-Stellglied:	Antriebs-element:	Wirk-element:
Relevante Größen	$AC \rightarrow DC$ $P(\delta, t)$ U-/I-Regler	$F(\delta, t)$ t_1, t_2 V, ϑ	$F(\delta, t)$ $\delta(t)$ V, ϑ

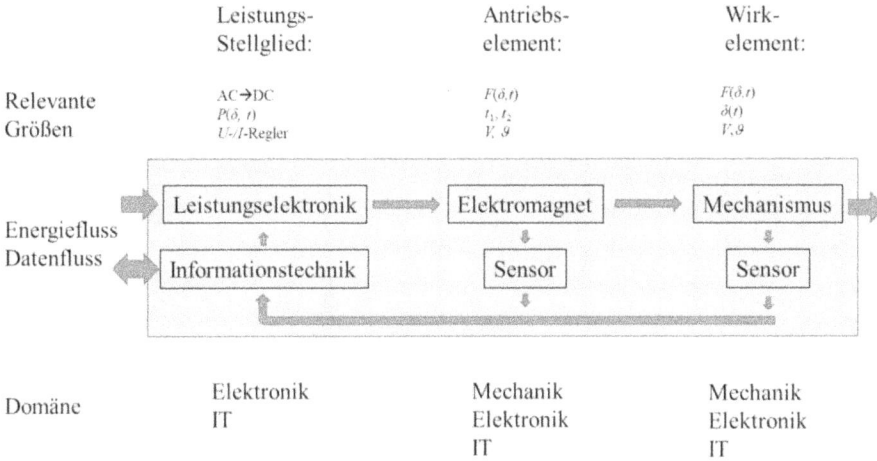

Energiefluss Datenfluss	Leistungselektronik → Elektromagnet → Mechanismus ↑ ↓ ↓ Informationstechnik ← Sensor Sensor	

Domäne	Elektronik IT	Mechanik Elektronik IT	Mechanik Elektronik IT

Abb. 1.33: Elektromagnetantriebe als mechatronische Baugruppe aus Leistungselektronik, Informationstechnik (IT), Sensorik, Elektromagnet und Mechanik.

1.5.2 Bauformen und Funktionen von Elektromagneten

Die Funktionen von Elektromagnetantrieben kann man grundsätzlich klassifizieren (Tabelle 1.1). Entsprechend der benötigten Funktionen lassen sich Antriebssysteme definieren, die eine angepasste Magnetkreisstruktur und Bauform für die jeweilige Anwendung besitzen. Ebenso ergeben sich die Hauptparameter des Elektromagneten je nach Anwendung und Grundfunktion. Nach diesen Hauptparametern erfolgt die domänenspezifische Auslegung bzw. die Systemoptimierung. Die erweiterten Funktionsparameter stellen wichtige Rahmenbedingungen für die Auslegung dar (Tabelle 1.2).

Bauformen von Elektromagneten: Grundsätzlich unterscheidet man zwischen der Topf-, UI- und EI-Form (Abb. 1.34). Die Topfform ist dadurch charakterisiert, dass die Spule in einem Topf eingebettet ist, d. h. allseitig vom Magnetkreis umgeben ist. Hierbei entsteht immer ein parasitärer Luftspalt, der den magnetischen Widerstand des Magnetkreises erhöht. Grundsätzlich kann der Topfmagnet aus massivem Rund- oder Vierkantstahl oder auch einem sogenannten Rahmen (auch Bügelmagnet) bestehen (Abb. 1.35).

Die flache Topfform ist für Haftmagnete, elektromagnetische Bremsen und Kupplungen geeignet. Hier ist meist keine Ankerführung nötig, entsprechend ist der Anker als flache Platte ausgebildet. Die längere Topfform wird vorrangig für Hubmagnete angewendet, sie bietet die Möglichkeit der Ankerführung. Auch zur Kennlinienbeeinflussung bedarf es der längeren Bauform.

EI- bzw. UI-Bauformen sind für Haft- und Schwingmagnete geeignet. Hierbei sind bei Haftmagneten ebenfalls wieder flache Bauformen bevorzugt, da der bei höheren Varianten vergrößerte magnetische Streufluss die erreichbare Haltekraft im Verhältnis zum Volumen verschlechtert. UI-Magnete werden auch als sogenannte Klappan-

Tab. 1.1: Zusammenhänge zwischen Grundfunktion, Magnetkreisstruktur und Bauform des Elektromagneten sowie Beschreibung möglicher Systemfunktionen.

Grundfunktion	Magnetkreisstruktur	Bauform	Antriebssystem	Anwendungsbeispiel
Halten	Topf mit/ohne Permanentmagnet EI/UI-Form	Flach, mit Ankerplatte, minimaler Restluftspalt ca. 0,05 mm, kein Arbeitsluftspalt	Abdrückfeder gegen Remanenz, Spannung umpolbar Halten bzw. Lösen durch Energiezufuhr oder -abschaltung	Türhaltemagnete (Brandschutz) (Abb. 1.36) Haltemagnete für Fluchtwegsicherungen
Halten/Schalten	Topf mit/ohne Permanentmagnet	Sehr flach, mit Ankerplatte Arbeitsluftspalt δ ca. 1 mm, $F - \delta$-Kennlinie konstruktiv beeinflusst	Elektronische Regelung (U, I) Über- bzw. Impulserregung Rückstellfeder, Spannung umpolbar	Elektromagnetkupplung Federdruckbremse (Abb. 1.37) Permanentmagnetbremse (Abb. 1.38)
Schalten (Ein/Aus)	Topf/Rahmen	Lang, mit gelagertem Anker Lagergestaltung entspr. Schaltzahl-Anforderung $F - \delta$-Kennlinie konstruktiv beeinflusst	Elektronische Regelung (U, I) Über- bzw. Impulserregung Rückstellfeder Lageerkennung (Hall-Sensor, Mikroschalter, ...) Temperaturüberwachung	Magnetventile (Abb. 1.43) Auslösemagnete (Trigger) (Abb. 1.44) Bremsmagnete für Aufzüge Magnetische Verriegelung (Abb. 1.40)
Stellen (proportional)	Topf	Lang, mit gelagertem Anker Lagergestaltung entspr. Schaltzahl-Anforderung $F - \delta$-Kennlinie konstruktiv beeinflusst	Wegmessung mit Rückkopplung zum Stellelement Stromregelung Wegabhängige Gegenkraft (Feder) zur Definition der Position	Magnetventil (proportional)
Schwingen	EI/UI- Form	Flache Ankerplatte oder Blechpaket, ohne Anschlag	Rückstellfeder zur kontinuierlichen Rückstellung Meist AC Antrieb Schwingfähiges, elektromagnetisch angeregtes Mehrmassensystem	Schwingantrieb für Vibrationsförderer (Abb. 1.42) Rüttelantriebe (Abb. 1.41)

Tab. 1.2: Haupt- und erweiterte Funktionsparameter von Elektromagneten.

Anwendungsbeispiele	Grundfunktion	Bevorzugte Bauform	Beschreibung	Hauptparameter	Erweiterte Funktionsparameter
Haftmagnet – **Elektro-Haftmagnet** (HM) (Abb. 1.35e, Abb. 1.36) – **Permanent-Elektro-Haftmagnet** (PEHM)	**Halten**	Topf, EI, UI, rund oder eckig, flach	Erzeugung einer Magnetkraft auf ein ferromagnetisches Bauteil über einen Luftspalt zum Fixieren Magnetkraft wird mit elektrischer Energie erzeugt (HM) oder mit Permanentmagnet (PEHM), Neutralisierung der Kraft beim PEHM durch elektrische Energie	F_H, V, δ	P_H, P_A, F_r, ϑ, ED
Elektromagnetische Bremse – **Federdruckbremse** (FD-Bremse) in AC/DC-Elektromotoren, Servomotoren für z. B. Aufzugsantriebe, Kranapplikationen und Applikationen mit explosionsgefährdeter Umgebung, (Abb. 1.37) – **Permanentmagnetbremse** (PE-Bremse) in Servomotoren für z. B. Robotik, Medizintechnik und Werkzeugmaschinen, (Abb. 1.38)	**Schalten/Halten**	Topf, flach, rund, großer Durchmesser, polarisiert oder neutral	Bremse, bei der die Wirkung eines elektromagnetischen Feldes zum Aufheben der durch Federkraft (FD-Bremse) oder durch Magnetkraft eines permanentmagnetischen Feldes (PE-Bremse) erzeugten Bremswirkung genutzt wird. Ausführungen mit Reibscheibe und Ankerplatte (FD-Bremse) oder nur mit Ankerplatte (PE-Bremse). Reibscheibe (bei FD-Bremse) bzw. Ankerplatte (bei PE-Bremse) drehsteif mit Welle des Motors verbunden. Ankerplatte wird durch Federkraft auf die Reibscheibe (bei FD-Bremse) bzw. durch die Magnetkraft auf die Magnetpole (bei PE-Bremse) gedrückt und dadurch die Bremswirkung erreicht. Axiales Verschieben der Ankerplatte öffnet die Bremse	M, P, d, δ	F, V, r_m, W_{Schalt}

Tab. 1.2: (fortgesetzt).

Anwendungsbeispiele	Grundfunktion	Bevorzugte Bauform	Beschreibung	Hauptparameter	Erweiterte Funktionsparameter
Auslösemagnet – **Triggermagnet** z. B. für elektrische Schaltgeräte oder Verbrennungskraftmaschinen (Abb. 1.44), Freigabe einer Verriegelung	**Halten/Schalten**	Topf, lang, polarisiert oder neutral, Rahmenbauform	Magnetanker ist mit Feder gespannt und wird permanentmagnetisch gehalten, durch Kompensation bzw. Abschalten des Feldes im Arbeitsluftspalt löst die Feder den Anker aus. Meist mechanische Rückstellung	F_H, V, F, δ	P_A, P_H, ED, ϑ, t_1, t_2, S
Impulsgeber – **Schalterbetätigung, Weichenstellung** (Abb. 1.39) – **Dosierpumpenantrieb**	**Schalten**	Topf, AC oder DC, massiv oder EI/UI-Form geblecht (AC)	Magnet soll einen möglichst starken, schnellen Schlagimpuls erzeugen, hohe Leistungsdichte, meist kurze ED oder C-Entladung, linearer oder rotatorischer Antrieb	F, δ, v, t_1, S	V, L, P_{max}
Schaltgeräteantrieb – **Stopperantrieb** in Automatisierungsanlagen, (Abb. 1.40) – **Luftklappenantrieb**	**Schalten/Halten**	Topf, polarisiert oder neutral, massiv oder geblecht, evtl. Kennlinienanpassung	Magnet soll eine Schaltbewegung ausführen und die Endposition halten, ggf. auch in beide Wirkungsrichtungen, oft verkürzte ED, linearer oder rotatorischer Antrieb	F_H, F, δ, t_1, P, S	V, ϑ, ED, t_2
Proportionalmagnet (Abb. 1.43) – **Ventilmagnet** zur Stoßdämpferregelung, Kraftstoffeinspritzventil (Abb. 1.43)	**Stellen**	Topf, mit Kennlinienanpassung	Ventilantrieb mit Proportionalität $\delta \sim I$, Wegmessung integriert Feder, Stromregelung, Dither zur Reduktion der Haftreibung, meist druckdichte Magnetanker-Baugruppe	F_R, $F \sim I$, P_{max}	V, ϑ

Tab. 1.2: (fortgesetzt).

Anwendungsbeispiele	Grundfunktion	Bevorzugte Bauform	Beschreibung	Hauptparameter	Erweiterte Funktionsparameter
Elektromagnetischer Rüttler, Wurfvibrator Antrieb für Fördertopf, Förderrinne, (Abb. 1.41, 1.42)	**Schwingen**	UI, geblecht	Magnet erzeugt eine dauerhaft pulsierende Kraft zur Anregung eines Feder-Masse Schwingers, lineare oder bogenförmige Schwingwege	f, f_0, U, m, P	V, ϑ

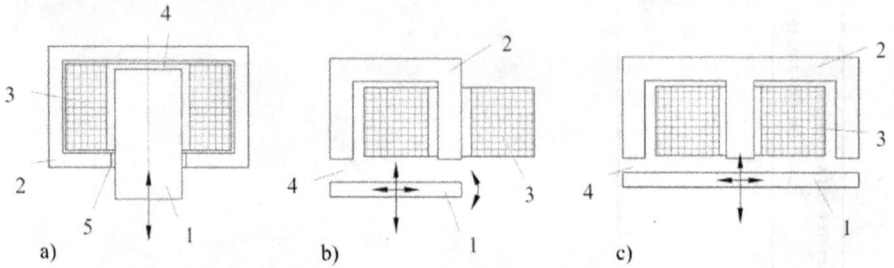

Abb. 1.34: Magnetkreisgrundformen mit Hauptbestandteilen und möglicher Bewegungsrichtung des Ankers [50]. a) Topfmagnet, b) UI-Magnet, c) EI-Magnet, 1 Anker, 2 Magnetkreis, 3 Erregerspule, 4 Arbeitsluftspalt, 5 parasitärer Luftspalt.

Abb. 1.35: Verschiedene Ausprägungsformen des Topfmagnetgehäuses. a) U-Blechbügel, b) C-Blechbügel, c) geschlossener Rahmen, d) massives Gehäuse, e) flacher Topf. Quelle: Kendrion.

kermagnete mit einseitig drehbar gelagertem Anker und entsprechend bogenförmiger Bewegung ausgeführt (Abb. 1.34b). EI- und UI-Magnete sind auch besonders für Wechselstromanwendungen relevant, da sie leicht aus Elektroblech hergestellt werden können. Die Anzahl der Schenkel bietet auch die Möglichkeit, mehrere Spulen im Magnetkreis zu platzieren.

1.5.3 Ausführungsformen und Applikationsbeispiele

1.5.3.1 Türhaltemagnet für Brandschutztüren (Abb. 1.36)

Brandschutztüren in Gebäuden werden durch sogenannte Türhaltemagnete offengehalten, damit sie den normalen Verkehr nicht behindern. Bei Ausbruch eines Brandes wird der Magnet durch die Brandschutzanlage abgeschaltet, wodurch ein meist federgetriebener Türschließer die Tür schließt und dadurch die Ausbreitung des Feuers hemmen soll.

Wichtig ist, dass der Elektromagnet mit Spule (4) und Magnetgehäuse (5) bei allen denkbaren auftretenden Fehlerfällen (z. B. Drahtbruch, Verlust der Eingangsspannung usw.) in einen sicheren Zustand wechselt, was bedeutet, daß die Haltekraft soweit reduziert wird, dass die Federkraft die Ankerplatte abreißen kann. Spezielle Be-

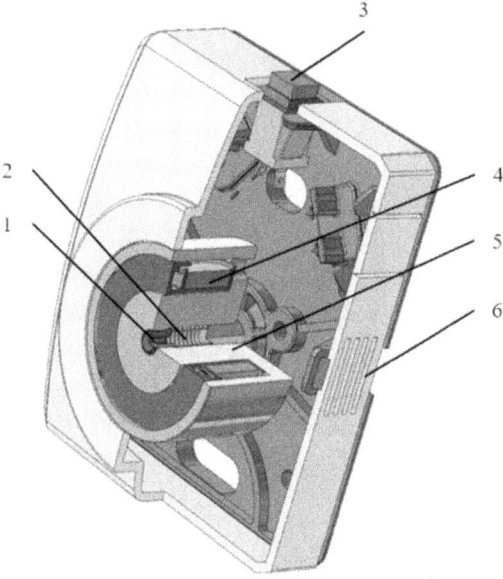

Abb. 1.36: Türhaltemagnet für Brandschutztüren. 1 Abdrückbolzen, 2 Feder, 3 Tastschalter, 4 Spule, 5 Magnetgehäuse, 6 Gehäuse zur Wandbefestigung. Quelle: Kendrion.

achtung findet deshalb die Größe der Resthaltekraft (Remanenz). Ein integrierter Abdrückbolzen (1), ebenfalls federgetrieben, reduziert die Resthaltekraft auf das erforderliche Maß. Über einen Handtaster (3) kann das System für Wartungsarbeiten abgeschaltet werden.

1.5.3.2 Federdruckbremse (Abb. 1.37) [89]

Elektromagnetische Bremsen in Antriebssystemen erzeugen Brems- und Haltemomente im Antriebsstrang und erfüllen damit sowohl funktionelle als auch Sicherheitsanforderungen (Bsp.: Aufzugsbremse). Bei Federdruckbremsen entsteht das Bremsmoment infolge der Federkräfte, die die Ankerscheibe (1) gegen den Rotor (6) bzw. die Reibbeläge (8) drücken (Reibschluss). Eine Magnetkraft, erzeugt durch die Spule (2) und das magnetische Feld im Magnetgehäuse (4) zieht die Ankerplatte zurück und öffnet die Bremse.

Es gibt Einflächen-, Einscheiben-, und Mehrscheibenausführungen (Lamellen) sowie DC-, AC-, und Drehstromvarianten. Als Betriebsarten unterscheidet man Halten (Fixieren einer unbewegten Last), Abbremsen (einer bewegten Last) und Notstopp. In speziellen Ausführungen kann über den Spulenstrom auch das Bremsmoment eingestellt werden.

Die Anwendungen sind vielfältig: in Servomotoren und allgemein als Bremse in AC/DC-Elektroantrieben (Kranapplikationen, Aufzugsantriebe, auch Antriebe in explosionsgefährdeter Umgebung).

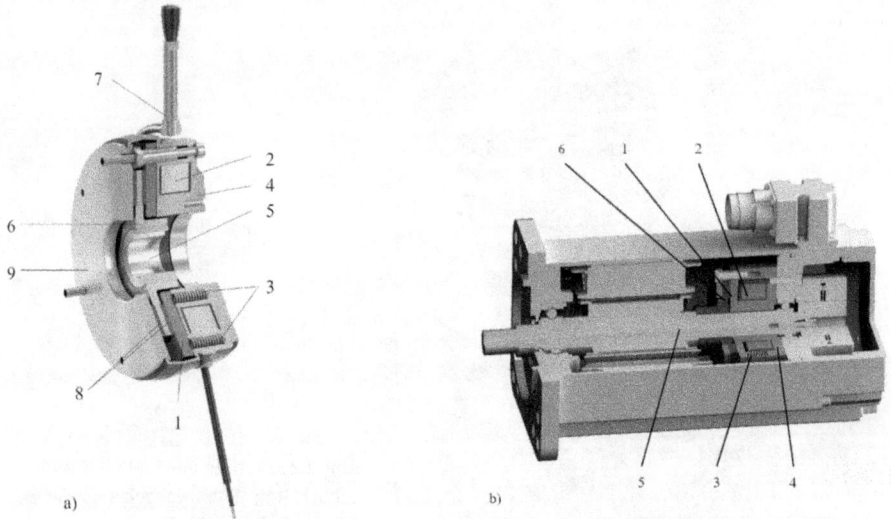

Abb. 1.37: Einscheiben-Federdruckbremse einzeln. a) 1 Ankerscheibe, 2 Spule, 3 Druckfedern, 4 Magnetgehäuse, 5 Nabe, 6 Rotor, 7 Handlüftung, 8 Reibbeläge, 9 Flansch, eingebaut im Motor. b) 1 Ankerscheibe, 2 Spule, 3 Druckfeder, 4 Magnetgehäuse, 5 Motorwelle, 6 Rotor. Quelle: Kendrion.

1.5.3.3 Permanentmagnetbremse (Abb. 1.38) [89]

Bei Permanentmagnetbremsen entsteht das Bremsmoment stromlos infolge Reibung der Reibscheibe (3) auf den Polflächen des Magnetgehäuses (4) (Reibungspaarung Stahl/Stahl). Die erforderliche Anzugskraft erzeugen die Permanentmagnete (2).

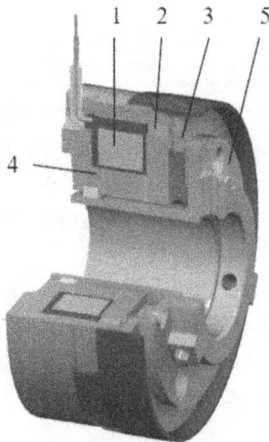

Abb. 1.38: Permanentmagnetbremse. 1 Spule, 2 Permanentmagnet, 3 Reibscheibe (Anker), 4 Magnetgehäuse, 5 Flanschnabe. Quelle: Kendrion.

Der Spulenstrom ist so gerichtet, dass das permanente Magnetfeld im Arbeitsluftspalt zwischen Magnetgehäuse und Reibscheibe (Anker) neutralisiert wird. Mittels zusätzlicher Ankerfeder wird dann der Reibschluss vollkommen gelöst.

Permanentmagnetbremsen sind sehr kompakt, besitzen eine hohe Dynamik und werden vorzugsweise als Haltebremse (mit Notstoppfunktion) eingesetzt. In dieser Anwendung sind sie nahezu verschleißfrei und eignen sich gut zur Integration in Robotersysteme und Servoantriebe, z. B. für Automatisierungstechnik, Medizintechnik und Werkzeugmaschinen.

1.5.3.4 Drehmagnet zur Weichenstellung (Abb. 1.39)

Logistiksysteme zur Sortierung von Postsendungen benötigen leistungsfähige Stellelemente, um schnell und präzise Stückgüter mittels Weichenstellung in die vorgesehenen Kanäle lenken zu können. Hierzu eignen sich Drehmagnete mit hoher Stellgeschwindigkeit und gedämpftem Endanschlag (7). Der Weichenflügel (2) wird vom drehbaren Anker (mit Magnetachse) (5) angetrieben. Drehmagnete besitzen einen festgelegten Drehwinkel anstelle des Hubweges bei linearen Hubmagneten. Drehmagnete können neutral oder polarisiert aufgebaut sein. Der dargestellte polarisierte Drehmagnet hat den Vorteil, die Endpositionen stromlos zu halten. Der Magnetkreis aus Stator (3), Spulen (4) und Anker (5) mit Permanentmagneten (6) ähnelt dem des Synchronmotors mit begrenztem Drehwinkel.

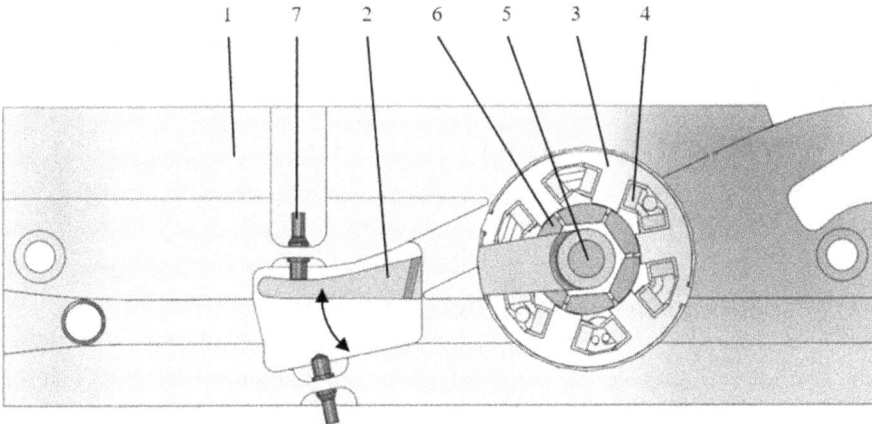

Abb. 1.39: Drehmagnet nach elektromotorischem Prinzip zum Sortieren von Postsendungen in automatisierten Postsortieranlagen. 1 Montageplatte, 2 Weichenflügel, 3 Stator, 4 Spulen, 5 Anker mit Drehachse, 6 Dauermagnete (am Anker fixiert), 7 Anschlagdämpfer. Quelle: Kendrion.

1.5.3.5 Stoppermagnet (Abb. 1.40)

In automatisierten Produktionslinien werden Werkstückträger bei Bedarf durch sogenannte Stopper angehalten. Die oft verwendeten hydraulischen oder pneumatischen
Stopper haben den Vorteil des geringen Platzbedarfs für das Wirkelement, da die elektromechanische Energiewandlung bereits in Kompressor bzw. Pumpe erfolgt. Elektromagnete haben demgegenüber den Vorteil, direkt elektrisch steuerbar und außerdem
frei von Leckage zu sein.

Hubmagnet mit Magnetgehäuse (1), Polkern (4), Spule (3) und Anker (2) erzeugen
die Bewegungsenergie für die Sperrklinke (7). Diese ist enormen mechanischen Belastungen ausgesetzt und wird deshalb mittels Kipphebel (5) und Stößel (6) von der
Achse des Elektromagneten entkoppelt. Der Elektromagnet wird elektrisch übererregt
(siehe Abschnitt 1.5.4), um sein Volumen klein zu halten.

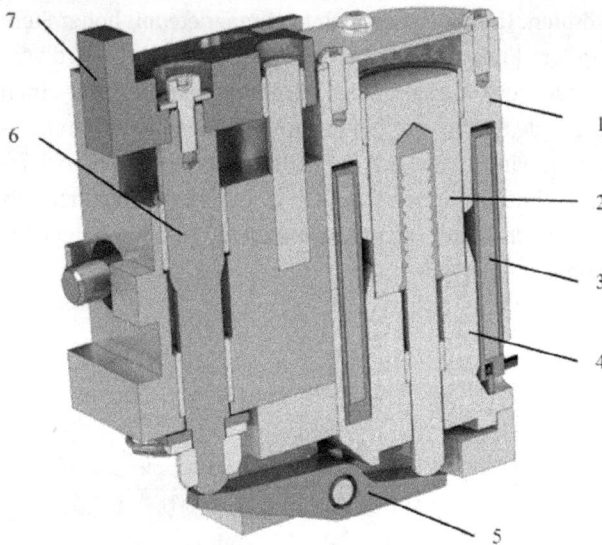

Abb. 1.40: Elektromagnetisch angetriebener Stopper
für Förderbänder. 1 Ma-
gnetgehäuse, 2 Anker
mit Achse, 3 Spule, 4 Polkern, 5 Kipphebel, 6 Stößel,
7 Sperrklinke. Quelle: Kendrion.

1.5.3.6 Elektromagnetischer Rüttler (Abb. 1.41)

Zum Antrieb von Förderanlagen werden Schwingantriebe eingesetzt, die elektromagnetisch pulsierend (AC oder Gleichstromimpulse) angetrieben werden und deren Resonanzfrequenz durch ihr Feder-Masse-Verhältnis bestimmt wird. Das AC-
Erregersystem bestehend aus Spulen (1), Magnetkreis (2) und Anker (4) erzeugt über
den Arbeitsluftspalt (5) Kraftimpulse mit doppelter Netzfrequenz. Die möglichst große Freimasse (3) („frei von Schwingungen") verhindert, dass sich das Erregersystem
mitbewegt, was praktisch nur näherungsweise erreicht wird. Die Nutzmasse (6) ist

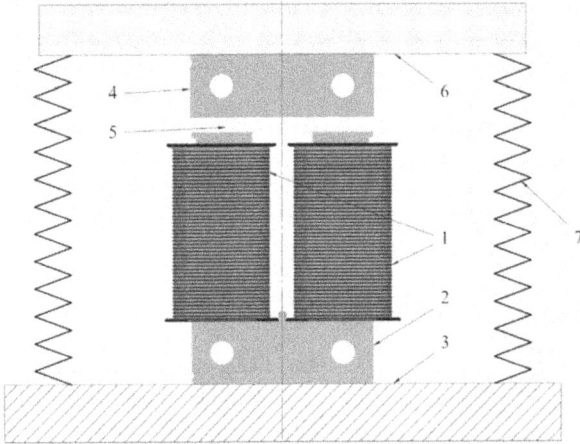

Abb. 1.41: Prinzipdarstellung des elektromagnetischen Rüttlers. 1 Spulen, 2 Magnetkreis, 3 Freimasse (ruhend), 4 Anker, 5 Arbeitsluftspalt, 6 Nutzmasse (schwingend), 7 Federsystem. Quelle Kendrion.

das anzutreibende System. Solche Schwingantriebe sind, in verschiedenen Baugrößen, sehr flexibel einsetzbar. Schwingamplitude und -frequenz sind variabel, sie können über die jeweilige Antriebsaufgabe optimiert werden. Die Ausführung des Erregersystems erfolgt wegen der AC-Ansteuerung fast immer als Blechpaket. Typische Anwendungen sind u. a.

- Antrieb von Förderrinnen und Fördertöpfen,
- Antrieb von Abfüllanlagen und
- Berüttlung von Vorratsbunkern.

1.5.3.7 Wurfvibrator (Abb. 1.42)

Speziell für den Antrieb von Förderrinnen eignet sich der Wurfvibrator. Ankerplatte (2), Spule (4) und Magnetkreis (3) bilden den Elektromagneten, der mit AC betrieben wird. Die integrierte Einweggleichrichtung bewirkt Kraftimpulse mit Netzfrequenz. Der Sockel (5) stellt die Verbindung zur möglichst großen Freimasse her. Der Anstellwinkel der Blattfedern (1) und ihre Einspannung im Sockel (5) und der Ankerplatte (2) führen zur namengebenden „Wurfbewegung" (7) der Ankerplatte, die sich sehr gut zum Transport von Teilen auf einer Förderrinne eignet. Die Nutzmasse besteht aus Ankerplatte, Förderrinne und einem Teil des Transportgutes. Mit austauschbaren Blattfedern in verschiedener Stärke kann der Wurfvibrator an die Nutzmasse angepasst werden (Resonanzabstimmung).

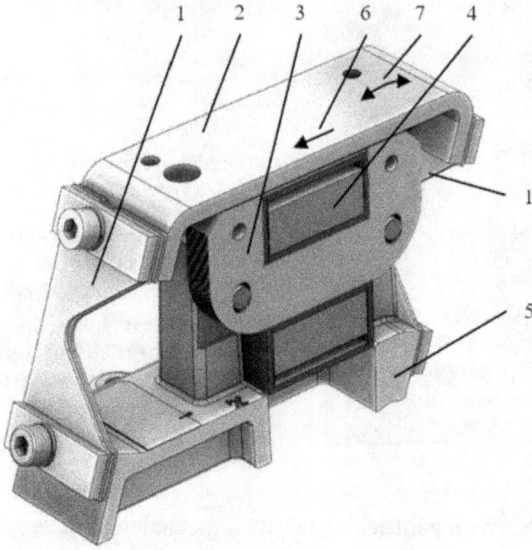

Abb. 1.42: Halbschnitt eines Wurf-
vibrators als Schwingförderantrieb.
1 Blattfeder, 2 Ankerplatte, 3 ge-
blechter Magnetkreis 4 Spule, 5 Sockel, 6 Förderrichtung, 7 Schwingbewegung der Ankerplatte. Quelle
Kendrion.

1.5.3.8 Magnetventil zur Durchflusssteuerung (Abb. 1.43)

Die Dosierung der Kraftstoffmenge in Verbrennungskraftmaschinen muss unter
höchsten Anforderungen eine genaue Dosierung ermöglichen. Ein druckdichter Pro-
portionalmagnet kann den hohen Druck des Einspritzsystems gegen die Umgebung
abdichten und dabei den Volumenstrom des Kraftstoffs mit einem Kugelsitzventil
präzise steuern. Durch Zusammenwirken der Kennlinienbeeinflussung (4) (siehe Abschnitt 1.2.2), der elektronischen Stromregelung und der Feder (8) nimmt der Anker
(2) des Elektromagneten eine stromproportionale Position ein (Kräftegleichgewicht
$F_M(i) = F_F$) und öffnet damit den Durchlass am Ventilsitz (7) definiert und druckunab-

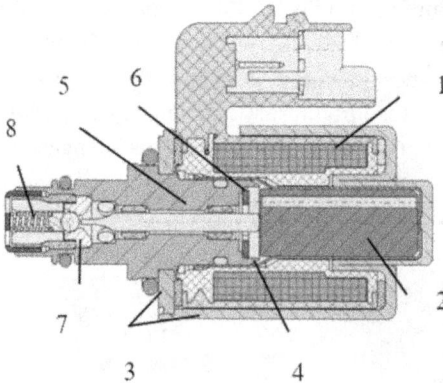

Abb. 1.43: Magnetventil zur Durchflusssteue-
rung. 1 Spule, 2 Anker, 3 Magnetgehäuse,
4 Kennlinienbeeinflussung, 5 Polkern, 6 Distanzscheibe, 7 Dichtsitz, 8 Feder. Quelle:
Kendrion.

hängig. Mit der Distanzscheibe (6) wird verhindert, dass der Magnetanker in den nichtlinearen Bereich der Magnetkraftkennlinie einfährt.

1.5.3.9 Schaltmagnet zur Nockenwellensteuerung (Abb. 1.44)

Moderne Verbrennungskraftmaschinen können aus Gründen der Energieeffizienz und Umweltverträglichkeit Zylinder im Teillastbetrieb abschalten. Dazu wird die Nockenwelle axial verschoben, so dass die Auslassventile dauerhaft geöffnet sind.

Im Ausgangszustand wird der Anker (4) mit dem Stößel (5) am Polkern (3) mittels Permanentmagnet (2) gegen die Federkraft (6) gehalten. Bei Bestromung der Spule (1) wird das permanentmagnetische Feld neutralisiert, wodurch der Anker freigegeben ist und in eine Schaltkulisse einfährt (nicht dargestellt), die die Nockenwellenverschiebung realisiert. Die Rückstellung des Ankers erfolgt mechanisch bis an den Rand des Polkerns, danach zieht der Permanentmagnet den Anker in die Startposition.

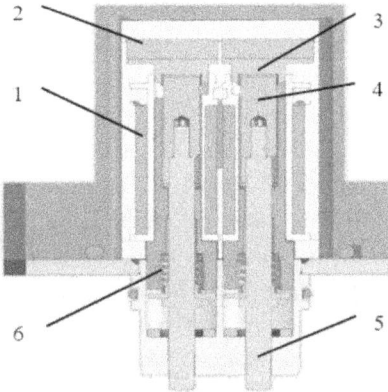

Abb. 1.44: Doppelschaltmagnet zur Nockenwellenverstellung in Verbrennungskraftmaschinen, Anker in Startposition dargestellt. 1 Spule, 2 Permanentmagnet, 3 Polkern, 4 Anker, 5 Stößel, 6 Feder. Quelle: Kendrion.

1.5.4 Elektrische Ansteuerverfahren und ihr Einfluss auf die Funktion des Elektromagneten

Normalbetrieb

In der Regel werden Elektromagnete an einer Versorgungsspannung betrieben, so dass Spannungstoleranzen bzw. der Innenwiderstand der Spannungsquelle und Zuleitungen Einfluss auf das Betriebsverhalten nehmen. Diese werden im Allgemeinen zur toleranzbehafteten Nennspannung zusammengefasst. Für die Funktionalität ist zu berücksichtigen, dass die spezifizierte Temperaturobergrenze der Spule bei Maximalspannung ($\rightarrow$ maximale Leistungsaufnahme) eingehalten werden muss.

Tab. 1.3: Abhängigkeit der Magnetkraft von anderen Einflussgrößen.

Relevante Größe	Abhängig von	Berechnung/Quelle	Beispiel	Erläuterung
I_M	R_{warm}, U_{max}, U_{min}	$I_M = U_{min}/R_{warm}$	$I_M \approx 0{,}6 I_N$ bei $155\,°C$ und $0{,}9 U_N$	Für die Funktion zur Verfügung stehender Magnetstrom
R_{warm}	$\vartheta_{Spulemax}$	$R_{warm} = R_{20}((\vartheta_{Spule} - 20°C)0{,}0039 + 1)$	$R_{warm} \approx 1{,}5 R_{20}$ bei $155\,°C$	Maximalwert des Spulenwiderstands im Betrieb
Thermische Klasse	Materialien	DIN EN60085; (VDE 0301-1):2008-8	Klasse F: $155\,°C$	Maximaltemperatur der Isolierstoffe
U_{max}, U_{min}	Applikation		$\pm 10\,\%$	Spannungstoleranz am Elektromagnet
F_M	I_M	$L = L(\delta, I)$, nichtlinearer Magnetkreis	$F_M \approx 0{,}5 F_N$	Praktisch tatsächlich erreichbare Kraft

Gleichzeitig ist jedoch die projektierte Kraft-Weg-Kennlinie bei Minimalspannung *und* maximaler Spulentemperatur einzuhalten.

Erwärmung und Spannungstoleranz senken die Magnetkraft eines Elektromagneten deutlich unter die Kraft bei Nennbedingungen (Tabelle 1.3). Die Kraft aus einem solchen Elektromagneten liegt bei ca. 50 % der Kraft bei Nennbedingungen (Abb. 1.45)! Die Folgen sind deutliche Unterschiede der Funktion, abhängig von Erwärmungszustand und Betriebsspannung, z. B. bei Magnetkraft, Schaltzeit, Schaltgeräuschen, sowie latente Überdimensionierung (bezogen auf den Nennbetrieb).

Normalbetrieb bei verkürzter Einschaltdauer (ED)

Betrieb des Magneten mit erhöhter Leistung bei gleichzeitiger Verkürzung der Einschaltdauer bezogen auf einen gegebenen Schaltzyklus im Aussetzbetrieb S3 nach [84]. Vorzugswert für den Schaltzyklus sind meist 5 min, für die Einschaltdauer 5 %, 15 %, 25 %, 40 %. Die Ausbeute an Magnetkraft ist deutlich höher als bei Dauerbetrieb (100 %). Je nach sonstiger konstruktiver Gestaltung kann man bei 5 % ED das 4- bis 6-fache an Magnetkraft im Vergleich zum Dauerbetrieb erwarten. Die grundlegenden Zusammenhänge zwischen Nenn- und Warmbetrieb gelten allerdings auch hier wie im Normalbetrieb.

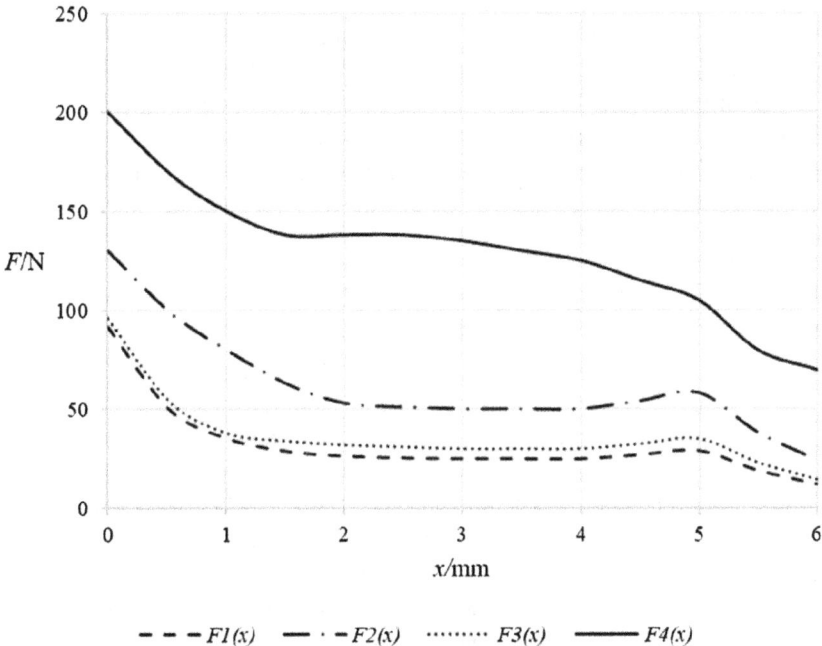

Abb. 1.45: Vergleich der Kennlinien $F(x)$ eines Hochleistungs-Hubmagneten ($35 \times 35 \times 50$ mm, P_N = 20 W) bei verschiedenen Betriebszuständen: Nennbetrieb ($F2(x)$); sowie im Warmzustand mit $0{,}9U_N$ ($F1(x)$), bei Spannungsregelung/Stromregelung ($F3(x)$) und bei Übererregung mit 5 % ED ($F4(x)$).

DC-Spannungsregelung

Die Toleranz der Betriebsspannung wird durch eine Regelung deutlich eingeschränkt. Für eine Resttoleranz von ±2 % und eine mittlere Spulentemperatur von 155 °C fällt die Magnetkraft bei Warmbedingungen auf ca. 60 % im Vergleich zu Nennbedingungen (Abb. 1.45).

DC-Stromregelung

Hierbei ist die Spannung variabel. Der maximal zulässige Strom ergibt sich aus der thermischen Klasse und der Qualität der Wärmeableitung an die Umgebung. Der Magnetkreis wird auf den berechneten Strom optimiert. Dieser Strom kann in jedem Betriebszustand eingeprägt werden. Versorgungsseitig muss immer eine Spannungsreserve vorhanden sein, um den Anstieg des Widerstands infolge Erwärmung ausgleichen zu können.

Vorteil der Stromregelung sind
- beschleunigter Einschaltvorgang,
- maximaler Magnetstrom wird immer erreicht,
- die Magnetkraft ist im Kalt- und Warmzustand gleich, und
- der Magnet kann für die gewünschte Kraft-Weg-Kennlinie optimiert werden.

Mit einer variablen Stromregelung können Elektromagnete in Verbindung mit einem Rückstellelement und/oder einer Wegmessvorrichtung als Stellantrieb eingesetzt werden (Proportionalmagnete). Allerdings wird der maximale Spulenwiderstand bereits bei der Festlegung des Nennstroms berücksichtigt, so dass die Ausbeute an mechanischer Arbeit vergleichbar mit der bei DC-Spannungsregelung ist (Abb. 1.45).

DC-Übererregung

In der Betriebsart Übererregung (Abb. 1.46, Abb. 1.47) wird jeweils nur beim Anzugsvorgang kurzzeitig eine hohe Impulsleistung eingespeist. Zum Halten in der Endposition ist entsprechend weniger elektrische Leistung nötig. Das Umschalten geschieht zeit- oder positionsgesteuert. Meist wird die Magnetkraftkennlinie so abgestimmt, dass die Haltekraft ungefähr der Anzugskraft entspricht. Die Übererregungsleistung leistet nur einen kurzzeitigen Beitrag zur Wärmebilanz, allerdings wächst dieser Beitrag mit steigender Schaltzahl pro Zeit. Deshalb wird bei Übererregung jeweils eine maximale Schaltzahl pro Stunde (S/h) festgelegt, bei der die Summe aus Übererregungs- und Halteenergie das thermische Gleichgewicht auf zulässigem Niveau einstellt. Üblich ist auch die Vorgabe einer minimalen stromlosen Pause, bezogen auf die Schaltzahl pro Stunde. Die Auslegung des Elektromagneten wird im Allgemeinen für die erreichbare Hubarbeit optimiert, so dass mit wachsender Übererregungsleistung bei gegebenem Volumen deutlich größere Eisenquerschnitte und kleinere Spulen im Vergleich zum Normalbetrieb mit 100 % ED verwendet werden.

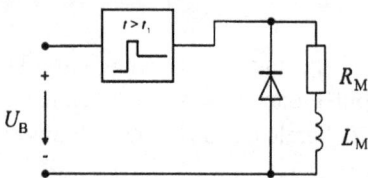

Abb. 1.46: DC-Magnet mit Übererregung.

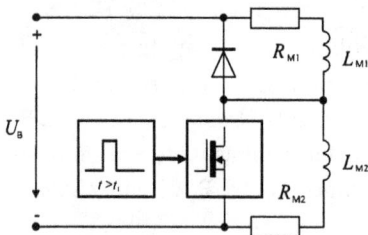

Abb. 1.47: DC-Magnet mit Zweiwicklungsspule zur Übererregung. R_{M1}, L_{M1} Anzugsspule, R_{M2}, L_{M2} Haltespule.

DC-Übererregung mit Spannungsregelung/Stromregelung

Wird die Übererregung mit der Regelung einer der elektrischen Einspeisegrößen kombiniert, wirkt sich dies ähnlich vorteilhaft aus wie bei Regelung im Normalbetrieb

(Abb. 1.45). Es können Toleranzen der Versorgungsspannung bzw. die Erhöhung des Spulenwiderstands infolge Erwärmung ausgeglichen werden. Zusätzlich wird der Bauraum zur Energiewandlung besser ausgenutzt.

Gleichrichter mit Brücke-/Einweg-Umschaltung

Bei Betrieb an einem Brückengleichrichter (siehe Band 1, Kapitel 11 Leistungselektronik) bietet sich diese Form der Übererregung mit fixen Spannungswerten an. Durch die Umschaltung Brücke/Einweg reduziert sich die dem Elektromagneten zugeführte Spannung auf die Hälfte, die Halteleistung auf ca. ein Viertel der Anzugsleistung. Die tatsächlich verfügbare Spannung am Elektromagneten reduziert sich noch um die Flussspannung der Dioden. Als Umschalter bietet sich ein Zeitglied oder eine Endlagenerkennung an. Die Welligkeit der Haltespannung ist trotz der hohen Induktivität der Magnetspule bei angezogenem Anker sehr hoch; es kann zu Stromlücken und damit zum Ablösen des Ankers oder zu Brummen bzw. Klappergeräuschen kommen. Ansonsten gelten alle Erläuterungen zum Normalbetrieb sinngemäß.

DC-Magnet mit Zweiwicklungsspule

Eine weitere Form der Übererregung erhält man durch Aufteilung des Wickelraums in eine niederohmige Anzugsspule und eine hochohmige Haltespule (Abb. 1.47). Für den Anzug des Ankers wird die Haltespule kurzgeschlossen, so dass die gesamte Betriebsspannung über der Anzugspule abfällt. Diese hohe Leistung erzeugt eine große Durchflutung und Anzugkraft. Nach dem Ende der Bewegung wird die Haltespule in Reihe dazugeschaltet, so dass die Leistung und Durchflutung drastisch reduziert werden können. Nachteilig im Vergleich zu anderen Formen der Übererregung ist die schlechte Ausnutzung des Wickelraums für den Anzug.

AC-Spannungsregelung, Spannungs-Frequenzregelung

Bei Schwingantrieben der Fördertechnik ist es sinnvoll, durch Regelung der AC-Spannung die Fördergeschwindigkeit anzupassen. Hierzu werden in der Regel Phasenanschnittsteuerungen verwendet (siehe Band 1, Kapitel 11 Leistungselektronik). Um die Phasenverschiebung der Spannungs- zur Stromgrundschwingung nicht zu beeinflussen, eignen sich vor allem Schaltungen nach dem Prinzip der Sektorsteuerung [83]. Besonders gut können Förderantriebe ebenfalls durch eine Spannungs-Frequenzregelung beeinflusst werden. Dies trägt der Frequenzabhängigkeit der Reaktanz der Spule Rechnung. Da solche Antriebe Feder-Masse-Schwinger darstellen, deren Schwingfrequenz in Relation zur Resonanzfrequenz steht, ist eine gesamtheitliche Systembetrachtung des Verhaltens bei Veränderung der Antriebsfrequenz nötig.

1.6 Entwurf von Elektromagnetantrieben

1.6.1 Entwurfsprozess

Die antriebstechnischen Eigenschaften von Magnetantrieben hängen sowohl von den Eigenschaften des elektromagnetomechanischen Energiewandlers als auch von den anderen Antriebskomponenten, der Steuereinrichtung, dem Stellelement, dem Übertragungselement und dem Wirkelement ab (Abb. 1.14, Abb. 1.33). Der Entwurfprozess von Magnetantrieben muss folgenden Merkmalen Rechnung tragen:

- In Antriebssystemen treten Stoffflüsse, Energieflüsse und Informationsflüsse mit gegenseitiger Abhängigkeit auf.
- Die Zahl der Komponenten und deren funktionelle Verkettung nehmen zu, wodurch der Lösungsraum exponentiell anwächst.
- Da Komponenten verschiedenen Domänen zuzuordnen sind, wächst auch die Heterogenität.
- An Stelle der in der Vergangenheit üblichen Optimierung der Einzelkomponenten sind die Antriebssysteme als Ganzheit zu optimieren, wodurch mechatronische Systeme entstehen, die sich durch ein höheres Innovationspotenzial auszeichnen.

Zurzeit gibt es für die Entwicklung von Magnetantrieben kein allgemeingültiges rechnergestütztes Entwurfsystem, das die Bedingungen der ganzheitlichen Optimierung erfüllt und schnell zum Ziel führt. Allerdings besteht seit 2004 mit der VDI 2206 [71] eine allgemeine Entwicklungsmethodik für mechatronische Systeme, die die Basis für eine domänenübergreifende Entwurfmethodik im Sinne einer Handlungsempfehlung bildet. In der VDI 2206 wird vorgeschlagen, den Entwicklungsprozess mechatronischer Systeme in folgenden drei Etappen durchzuführen:

Systementwurf als konzeptioneller Entwurf, in dem die aus der Funktionsstruktur eines Antriebes abgeleiteten Teilfunktionen F_i entsprechenden Teilstrukturen S_i zugeordnet werden, wobei diese Zuordnung mit Hilfe wissensbasierter Funktions-Struktur-Speicher erfolgen sollte und bereits Gesichtspunkte einer späteren Integration (Volumenintegration, Funktionenintegration) zu berücksichtigen sind.

Domänenspezifischer Entwurf, in dem die Teilstrukturen mit domänenspezifischen Werkzeugen entworfen werden. Hierzu können in der Regel die in den einzelnen Wissensdisziplinen entstandenen Entwurfwerkzeuge gut verwendet werden.

Systemintegration der domänenspezifischen Teilstrukturen zu einem optimalen Ganzen, wobei sowohl funktionelle als auch technologische Aspekte zu berücksichtigen sind.

Infolge der hohen Komplexität der mechatronischen Systeme werden synthesefreundliche Entwurfwerkzeuge benötigt, die domänenübergreifend koppelbar sind und auch Effekte zu berücksichtigen gestatten, die in der Vergangenheit oft vernachlässigt wurden, aber die Eigenschaften der Antriebssysteme beeinflussen (siehe Abschnitt 1.6.3). Das sind z. B. die Berücksichtigung der Nichtlinearität des Magnetkreises (welche die Kraftdichte von Magnetantrieben begrenzt), der Hysterese (die zu einer Krafthysterese bei Proportionalmagneten und Magnetlagern führt) und der Wirbelströme (die Schaltzeiten vergrößern und die Schnellwirkung begrenzen).

1.6.2 Analytische Abschätzung der Haltekraft von Haltemagneten

Entsprechend ihrer Funktion werden Haltemagnete nicht für die Energiewandlung während der Ankerbewegung sondern für den Arbeitspunkt bei geschlossenem Magnetkreis optimiert. Der Restluftspalt spielt die entscheidende Rolle für die erzeugte Haltekraft (Abb. 1.48) und das zu wählende Kupfer-Eisen-Verhältnis. Da die Sättigung des Magnetgehäuses bei üblichen Stählen (z. B. S235JR) mit ca. 1,8 T eine materialspezifische Grenze markiert, liegt die praktische Höchstgrenze der Haltekraft bei ca. 1,3 N/mm² Haftfläche, vgl. Gleichung (1.13). Generell ist der Kupferanteil deutlich kleiner als bei Hubmagneten, was dem Auslegungskriterium „maximale Haltekraft" geschuldet ist.

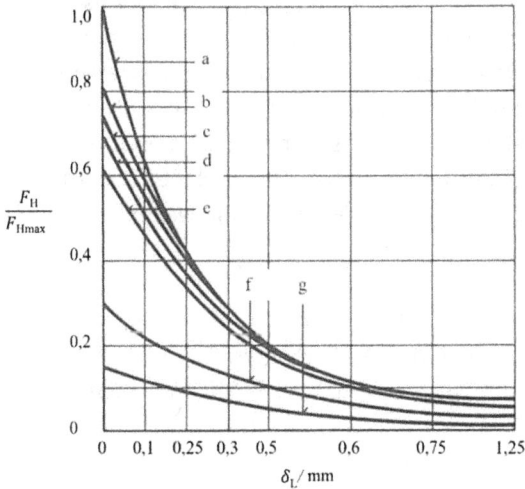

Abb. 1.48: Ungefähre relative Verringerung der Haltekraft F_H eines Haftmagneten in Abhängigkeit vom Restluftspalt δ_L zwischen Ankerplatte und Magnetoberfläche. F_{Hmax} Maximalkraft bei $\delta_L = 0$ mm; Materialien: a) Reineisen, b) S235JR (St37), c) E335 (St60), d) GS (Stahlguss), e) GT (Temperguss), f) GG(Grauguss), g) HSS.

In Abhängigkeit von Oberflächenschutz der Haftfläche, Verschmutzung der Haftfläche (Partikel, Kratzer u.Ä.) kann der Restluftspalt δ_L für den geschlossenen Kreis bis zu mehreren 1/10 mm betragen.

Dann wird im Dauerbetrieb die o. a. maximale Haltekraft nicht erreicht, siehe Abb. 1.48. Mit größerem Restluftspalt verändern sich auch die optimalen Abmessungen für Spule und Magnetkreis. Generell gilt, je größer der Restluftspalt, desto größer ist die optimale Spule im Vergleich zum Gesamtvolumen. Anwendungsspezifische

Haltemagnete müssen auf den zu erwartenden maximalen Restluftspalt dimensioniert werden. Das dem Anwendungsfall genau entsprechende Design-Optimum für Haltemagnete wird durch FEM-Berechnung ermittelt (Abschnitt 1.6.3).

1.6.3 Numerische Feldberechnungsverfahren – FEM

Softwarepakete zur Berechnung von elektromagnetischen Antrieben sind heute soweit anwendungstechnisch entwickelt, dass sie ohne weitere Kenntnis der zugrunde liegenden mathematischen Verfahren verwendet werden können. Das betrifft auch die Simulation des mechatronischen Systems mit allen wesentlichen Effekten, wie
- dem zeitlichen Verlauf der Versorgungsspannung,
- der mechanischen Dämpfung, Reibung, Massenträgheit und externen Kraftwirkung,
- der elektronischen Beschaltung des Elektromagneten und
- den Wirbelströmen.

Optimierungskriterien für Elektromagnete
Elektromagnetische Antriebe werden heute überwiegend domänenspezifisch optimiert. Das bedeutet, dass z. B. Kraft/Hub, Schaltzeit und Ansteuerleistung/Spannungstoleranz vorgegeben werden. Damit sind in den meisten Fällen die wesentlichen funktionsbestimmenden Parameter definiert (siehe Tabelle 1.2). Die Notwendigkeit einer speziellen elektronischen Ansteuerung ergibt sich meist aus diesen Größen in Verbindung mit dem vorgegebenen Bauvolumen (Abb. 1.49). Durch den Konstrukteur sind nach der groben Abschätzung der Hauptabmessungen alle weiteren Detailabmessungen festzulegen, wie z. B.
- Bauform (Tabelle 1.1 und 1.2),
- Ankerdurchmesser und Gehäusewandstärken,
- Spulendraht und Spulenabmessungen sowie Isolierkörper,
- Form und Design von Anker und Ankergegenstück zur Kennlinienbeeinflussung und
- Ankerführung.

Diese Abmessungen bestimmen letztlich die Funktion, speziell die Kraft-Weg-Charakteristik sowie die Schaltzeit des Antriebs. Für impulsgespeiste Elektromagnete ist ebenfalls die Anpassung der Eigenschaften der Energiequelle (R_i, C) und der Spule (R, L) vorzunehmen. Moderne FEM-Simulationssysteme erlauben die Variation der Geometrie, der elektrischen Parameter sowie der mechanischen Lasten zur Optimierung auf vorgegebene Größen. Dabei werden ebenfalls elektronische Ansteuerschaltungen mit in das Simulationsmodell integriert. Allerdings sind einige wesentliche Grundprinzipien bzw. Strategien einzuhalten. Generelle Vorgehensweise:

Einflussgrößen/Eigenschaften/Struktur   *Leistungsparameter*

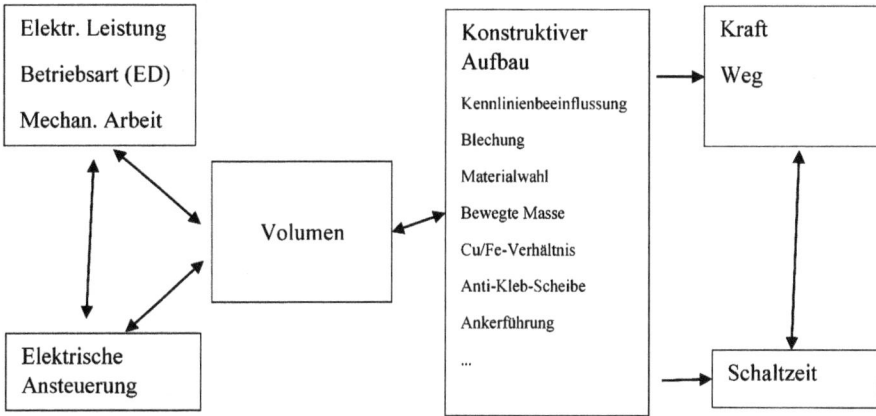

Abb. 1.49: Anforderungen und Einflussgrößen zur Optimierung auf das Volumenminimum.

Preprocessing/Modellierung besteht aus

- der Festlegung des Berechnungstyps nach Art der Symmetrie und Dynamik (Tabelle 1.4 und 1.5),
- der Modellierung des Elektromagneten, des mechanischen und elektronischen Teilsystems (Materialeigenschaften, Beschaltung, Bauelementeparameter, mechanische Elemente, elektrische Eingangsgrößen),
- der Vereinfachung der Magnetgeometrie,

Tab. 1.4: Berechnungstypen nach geometrischen Eigenschaften.

Berechnungstyp nach Geometrie	2-dimensional		3-dimensional
Koordinaten	x-y-Koordinaten	r-z-Koordinaten	x-y-z-Koordinaten
Modell-Symmetrie	Translationssymmetrie	Rotationssymmetrie (Abb. 1.50)	Weder translations- noch rotationssymmetrisch
Beispiele	– Haftstab, – Hubmagnet flach mit großer Breite	– Haftmagnet rund – Hubmagnet rund – Hubmagnet eckig	– Schraubenlöcher, Gehäuseausklinkungen, nicht konzentrische Bauteile, – Berechnung von Querkräften auf Anker

Tab. 1.5: Berechnungstypen nach dynamischen Eigenschaften, angegebene Rechenzeiten gelten für schnellen PC mit ausreichendem Hauptspeicher (Stand 2019).

Berechnungstyp nach Dynamik	stationär	quasistationär	transient
Merkmale	$I(t)$ = konst.	U/I periodisch sinus	Beliebiger Zeitverlauf für $I(t)$
Rechenzeit für ein Modell 2D (typ.)	10 s	10 s	10 min
Rechenzeit für ein Modell 3D (typ.)	20 min	20 min	24 h
Beispiele	Statische Kraft-Hub-Kennlinie, – Optimierung auf Volumenminimum/Hubarbeitsmaximum, – Ermittlung der stationären Induktivität	Sättigung des Magnetkreises bei AC-Betrieb, Größe und Einfluss von Wirbelströmen, Wirbelstromverluste	Schaltzeitberechnung, Bewegungsverlauf $x(t)$, – Betrieb unter Einfluss elektronischer Ansteuerungen (PWM, C-Impulsentladung, Gleichrichter), – Berücksichtigung von Federn, Dämpfung und bewegter Masse

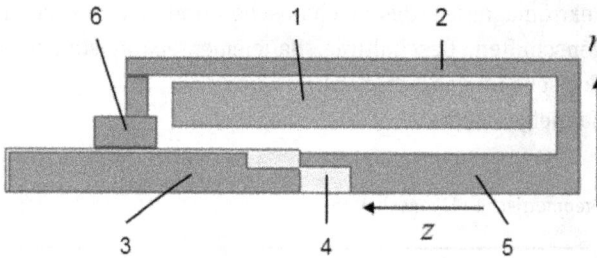

Abb. 1.50: Typisches FEM-Modell eines Elektromagneten mit Rotationssymmetrie (r-z-Koordinaten). 1 Spule, 2 Magnetgehäuse, 3 Anker, 4 Arbeitsluftspalt, 5 Ankergegenstück, 6 Flussleitstück.

– der Definition aller Berechnungsgrößen, z. B. Kraft-Weg-Kennlinie, sowie
– der Bestimmung von Variablen zur Geometrie-, Material- oder Parametervariation.

Berechnung: hierfür müssen Parameter festgelegt werden, wie z. B.
– Genauigkeitskriterien, Abbruchkriterien, Iterationsanzahl und
– die Gitternetzverfeinerung pro Schritt.

Postprocessing:
- Festlegung der Ergebnisdarstellung,
- Ausgabe und Auswertung der Ergebnisse und
- kritischer Vergleich mit gesicherten Messwerten.

Gekoppelte FEM-Analyse eines Gleichstrommagnetantriebs (Abb. 1.51):

FEM-Berechnung eines pulsierend angesteuerten Elektromagneten unter Einbeziehung der elektrischen Ansteuerung und des mechanischen Teilsystems. Die wesentlichen elektrischen Parameter werden im Modell definiert: R, w, U, f. Gleichzeitig gehen die Federkraft, Ankermasse sowie weitere Kräfte und ggf. Dämpfungsgrößen in das Modell ein (Abb. 1.51a). Alle genannten Größen können als Konstante oder Variable vereinbart werden. Der Elektromagnet wird hier an einer Spannungsquelle von 40 V betrieben, welche mit einer Frequenz von 5 Hz pulsiert. Das entspricht der vorgesehenen Betriebsart. In der stromlosen Pause von ca. 100 ms wird der Anker mittels Federkraft in die Anfangsposition zurückgestellt. Als Ergebnisgrößen werden Magnetstrom/induzierte Spannung (Abb. 1.51b) bzw. Ankerweg/Magnetkraft (Abb. 1.51c) abhängig von der Zeit dargestellt.

Die wesentlichen Größen, die aus der FEM-Berechnung ermittelt werden können, sind
- für stationäre 2D-/3D-Berechnungen: Kraft-Weg-Diagramm, Verteilung der magnetischen Flussdichte, magnetische Flussverkettung.
- für transiente Berechnungen: Die Kraft-/Weg-/Strom-Spannung – Zeitdiagramm und Wirbelstromverluste.
- für 3D-Berechnungen: Der Einfluss geometrischer Unsymmetrien auf die Funktion.

Damit wird eine Genauigkeit erreicht, die mit anderen Berechnungsverfahren [64, 65, 66] schwer erreichbar sind.

Größte Fehlerquellen bei FEM-Berechnungen sind
- ungenaue Materialeigenschaften (B-H-Charakteristik, inkl. eventueller Anisotropien),
- schwer modellierbare, fertigungstechnisch bedingte Luftspalte im realen Magnetkreis,
- Luftspalte durch Maß-, Form- und Lagetoleranzen im Magnetkreis, die im Modell vernachlässigt werden,
- Hysterese der Kraft-Weg-Kennlinie aufgrund von Reibung, sowie
- real vorhandene Unsymmetrien, die bei der Modellbildung aufgrund des gewählten Berechnungsmodells vernachlässigt werden.

Bei richtiger Anwendung sind Genauigkeiten von ±5 % bezogen auf die Kraft-Weg-Charakteristik erreichbar. Wegen der vielfältigen Einflussgrößen ist das Berechnungsergebnis stets kritisch zu bewerten. Gängige Bewertungskriterien sind:

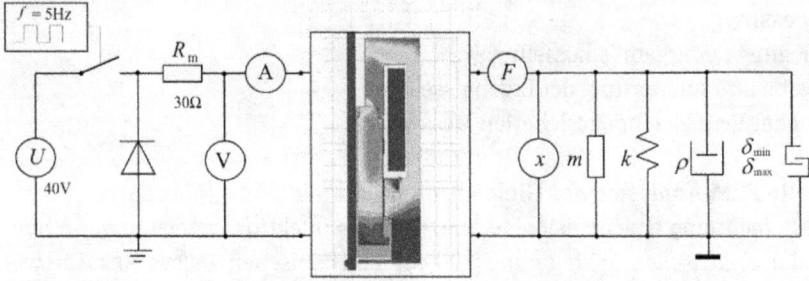

a)

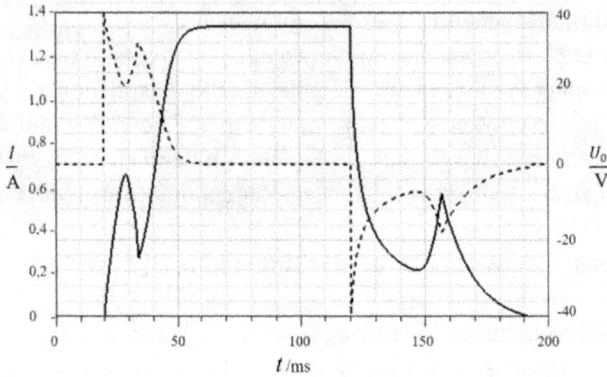

b)

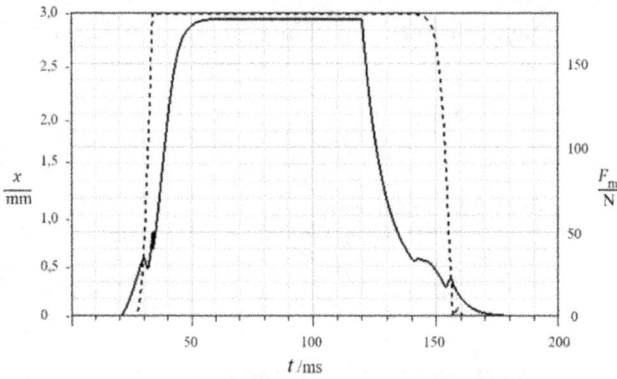

c)

Abb. 1.51: a) Systemmodell eines dynamischen Antriebssystems für eine Pumpe bei einer Taktung von 5 Hz, mit elektrischem und mechanischem Teilsystem sowie dem Elektromagnet als FEM–Modell [87]. V, A, F, x: virtuelle Messpunkte für induzierte Spannung bzw. Magnetkraft; m, k, ρ: Parameter des mechanischen Kreises, $\delta_{min}, \delta_{max}$: Begrenzung der Ankerposition durch die Anwendung, b) berechnete Verläufe induzierte Spannung $U_0(t)$ (gestrichelt), Strom $I(t)$ c) berechnete Verläufe Weg $x(t)$ (gestrichelt), Magnetkraft $F_m(t)$.

– Energieerhaltungssatz erfüllt?
– magnetischer Gesamtwirkungsgrad $\kappa_M \cdot k$ im erwarteten Bereich? (meist nicht >0,3).
– magnetische Flussdichte im erwarteten Bereich? (z. B. nicht großräumig >2 T).

Weitere Beispiele und Erläuterungen siehe [77, 82].

Wolfgang Schinköthe, Hans-Jürgen Furchert und Christoph Schäffel

2 Linear- und Mehrkoordinatenantriebe

Schlagwörter: Eigenschaften, Einsatzgebiete, Ausführungsarten

2.1 Elektrodynamische Linear- und Mehrkoordinatenantriebe

Eine Vielzahl der zu realisierenden technischen Bewegungen sind lineare Bewegungen in einer oder mehreren Achsen. Demzufolge wäre zu erwarten, dass Antriebe zur direkten Erzeugung linearer Bewegungen ebenso weit verbreitet sind wie rotatorische Antriebe. Dies trifft jedoch nur auf Elektromagnete mit Bewegungsbereichen von einigen Millimetern bis hin zu wenigen Zentimetern zu. Zum Erzeugen größerer linearer Bewegungen überwiegen rotatorische Motoren mit nachgeschalteten Getrieben (Rotations-Rotations-Umformern) zum Anpassen von Drehmoment und Drehzahl und anschließendem Rotations-Translations-Umformer zum Umformen der rotatorischen in eine lineare Bewegung (Abb. 2.1a). Dies erlaubt den Einsatz problemneutraler, in hohen Stückzahlen produzierter, kostengünstiger rotatorischer Motoren, die erst über problemspezifische Getriebe an die Bewegungsaufgabe angepasst werden.

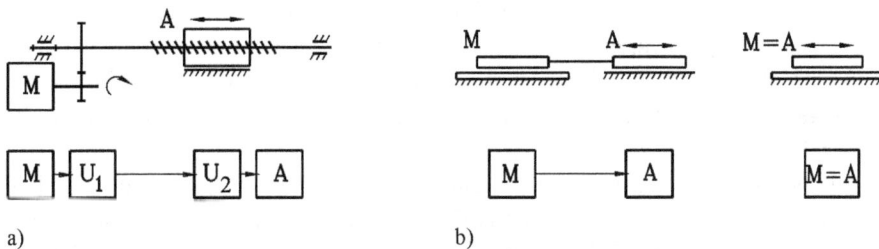

Abb. 2.1: Lineare Antriebssysteme im Vergleich. a) mit rotatorischem Antrieb, b) mit Lineardirektantrieb; A Abtrieb; M Motor; U1, U2 Umformer (Getriebe).

Allerdings bringen gerade diese Bewegungsumformer auch erhebliche Nachteile für das Gesamtsystem. Große zu bewegende Massen, Reibung, Spiel sowie Elastizitäten begrenzen die erzielbare Positioniergenauigkeit und Dynamik. Auch die Kosten der Folgemechanik, deren Geräuschentwicklung oder auch eine Partikelemission durch Verschleiß sind nicht zu vernachlässigen. Bei Lineardirekt- und Mehrkoordinatenantrieben entfallen dagegen mechanische Bewegungsumformer (Abb. 2.1b). Daraus ergeben sich mechanische Vorteile hinsichtlich eines geräuscharmen Betriebs, geringen Verschleißes sowie einer hohen Lebensdauer. Unter regelungstechnischem As-

https://doi.org/10.1515/9783110441505-002

pekt zeichnen sich diese Antriebe durch geringe Elastizitäten und Reibung aus; Spiel in der Bewegungsübertragung tritt nicht auf. Lineardirektantriebe besitzen somit die Voraussetzung für höchste Dynamik und Positioniergenauigkeit. Deshalb führen beispielsweise hohe Anforderungen an Positioniergenauigkeit und Dynamik, manchmal auch Kostenfragen oder gar die Einsatzbedingungen (Reinraumbedingungen) dazu, speziell angepasste Lineardirektantriebe einzusetzen.

Linear- und Mehrkoordinatenantriebe stellen wegen der notwendigen Anpassung an den Bewegungsbereich problemspezifische Antriebe dar, die häufig auch konstruktiv stark in den Gesamtaufbau eines Geräts, insbesondere an der Wirkstelle, integriert sind. Dadurch können einerseits hochdynamische Antriebe mit sehr hoher Positioniergenauigkeit realisiert werden. Problemneutrale Baureihen und damit eine effiziente Fertigung in großen Stückzahlen sind jedoch andererseits noch selten. Nachteilig wirkt sich das schlechte Masse-Leistungs-Verhältnis aus, da derartige Motoren im Allgemeinen so lang wie der Bewegungsbereich gebaut werden müssen. Eine Integration des Direktantriebs in den Gesamtaufbau kann dies in bestimmtem Maße kompensieren. Gegenwärtig ist eine rasche Zunahme des Einsatzes von Linearmotoren zu verzeichnen.

2.1.1 Wirkprinzip und Grundstruktur

Aus den kontinuierlich und diskontinuierlich arbeitenden rotierenden Kleinmotoren lassen sich durch lineare Abwicklung von Stator und Rotor Linearmotoren ableiten [96, 99, 102, 103]. Es gelten dann analoge Beziehungen und Zusammenhänge, so dass auf diese Kapitel verwiesen wird. Asynchron- bzw. Synchronmotoren oder auch Reluktanz- bzw. Hybridschrittmotoren sind als lineare Motoren jedoch in kleinen Leistungsbereichen vergleichsweise selten anzutreffen, bei großen Leistungen ist ihr Einsatz durchaus stark wachsend [105].

Hier sollen zunächst nur Linear- und Mehrkoordinatenantriebe, die nach dem klassischen elektrodynamischen Wirkprinzip arbeiten, vorzugsweise also Gleichstromlinearmotoren ausführlicher dargestellt werden [90, 97]. Diese unterscheiden sich oft erheblich von den rotatorischen Kleinmotoren, beispielsweise durch die meist fehlende Kommutierung, die einsträngige Luftspaltwicklung und die konstruktiv speziell angepasste permanentmagnetische Erregung. Auch Schwenkantriebe, wie sie in Festplattenlaufwerken eingesetzt werden, zählen hierzu. Man könnte sie als Direktantriebe mit gekrümmter Bewegungsbahn charakterisieren.

Wirkprinzip

Elektrodynamische Stelltechnik nutzt die Kraftwirkung auf bewegte Ladungen im magnetischen Feld. Neben der elektrodynamischen Kraftwirkung entstehen in einigen Bauformen zusätzlich Reluktanzkräfte.[1] Basis für die Berechnung bilden die Maxwellschen Gleichungen.

Elektrodynamische Kraftwirkung tritt auf, wenn stromdurchflossene Leiter im Magnetfeld angeordnet sind.[2] Aus der dann vorhandenen Kraftwirkung (Lorentzkraft) auf bewegte Ladungen im quasistationären Magnetfeld folgt für die Kraft auf einen vom Strom i durchflossenen Leiter der kraftwirksamen Leiterlänge l im Magnetfeld mit einer magnetischen Flussdichte B bei senkrecht aufeinander stehender Strom- und Feldrichtung nach Abb. 2.2

$$F = Bli = k_\mathrm{F}i. \tag{2.1}$$

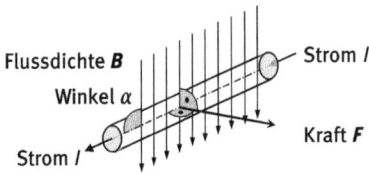

Abb. 2.2: Kraftwirkung auf einen stromdurchflossenen Leiter im Magnetfeld.

Für lineare Antriebe wird $Bl = k_\mathrm{F}$ auch als Kraft- oder Motorkonstante bezeichnet. Bei rotatorischen Motoren definiert man dagegen eine Motor- bzw. Drehmomentkonstante k_M aus der Drehmomentgleichung

$$M = Fr = k_\mathrm{M}i. \tag{2.2}$$

Das *Arbeitsprinzip* soll beispielhaft an einem Tauchspulmotor nach Abb. 2.3 verdeutlicht werden [94]. Der Arbeitsluftspalt nimmt die bewegliche Luftspaltwicklung (Tauchspule) auf, die den Abtrieb bildet. Teile der Spule mit der Windungszahl w^* (die Windungszahl des Spulenabschnitts innerhalb des magnetischen Kreises in Abb. 2.3a) können dabei den magnetischen Kreis umfassen und als zusätzliche elektrische Erregung iw^* wirken, wobei sich die Zahl der wirksamen Windungen für diese sogenannte Ankerrückwirkung bei Bewegung in diesem Beispiel ständig ändert. Bei Kleinmotoren wird das Magnetfeld allgemein durch permanentmagnetische Erregung erzeugt. Dies vermeidet Wärmeverluste, die sonst in der Erregerwicklung zusätzlich zur Erwärmung der bewegten Spule auftreten und abzuführen wären. Elektrische Erregungen mit Reihen- oder Nebenschlusscharakteristik sind jedoch prinzipiell ebenfalls nutzbar.

---

1 Details zur Krafterzeugung s. Band 1, Abschnitt 2.6.
2 s. Band 1, Abschnitt 2.6.1.1.

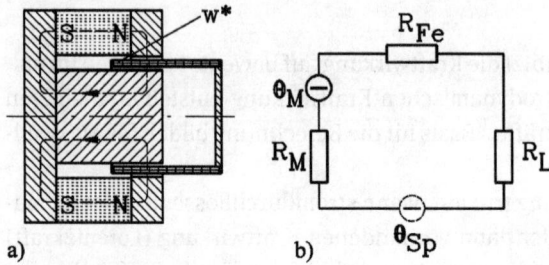

Abb. 2.3: Magnetischer Kreis eines Tauchspulmotors (a) und Ersatzschaltung (b).

Vernachlässigt man Streufelder, liegt ein unverzweigter magnetischer Reihenkreis entsprechend Abb. 2.3b vor.[3] Für den Fluss im Luftspalt gilt dann

$$\Phi = \frac{\Theta_{ges}}{R_{mges}} = \frac{\Theta_M \pm \Theta_{Sp}}{R_{mges}} \quad \text{mit } R_{mges} = \sum R_i. \tag{2.3}$$

Für die Luftspaltinduktion B_L folgt bei vereinfachten magnetischen Widerständen

$$B_L = \frac{\frac{B_r l_M}{\mu_0 \mu_p} \pm iw^*}{A_L \left[\frac{l_M}{\mu_0 \mu_p A_M} + \frac{l_L}{\mu_0 A_L} + \frac{l_{Fe}}{\mu_0 \mu_r A_{Fe}} \right]} \tag{2.4}$$

und somit für die Kraft auf die Spule

$$F = B_L l i. \tag{2.5}$$

Gleichung (2.4) gilt jedoch nur für Magnetwerkstoffe mit linearen Magnetisierungskennlinien bzw. bei nichtlinearen Kennlinien im Bereich oberhalb des Knicks der Kennlinie. In diesem Bereich sollte auch der Arbeitspunkt liegen.

Die Berechnung ist wegen der Vernachlässigung insbesondere der seitlichen Streufelder parallel zum Luftspalt jedoch stark vereinfacht. Diese Streufelder tragen ebenfalls zur Krafterzeugung bei. Sind sie nicht symmetrisch bzw. liegt die Spule nicht symmetrisch in ihnen, führt dies zu Nichtlinearitäten in der Kraft-Weg-Kennlinie. Nichtlinearitäten der Kraft-Strom-Kennlinie resultieren aus der Ankerrückwirkung nach Gleichung (2.4), also aus der zusätzlichen elektromagnetischen Erregung iw^* (Eigenerregung), die zu einer Verstärkung oder Abschwächung der Luftspaltinduktion und somit über Gleichung (2.5) zu einer quadratisch vom Strom i abhängigen Komponente für die Kraftänderung führen.

Reluktanzkräfte bzw. *Kräfte auf Grenzflächen* treten für die Bewegungserzeugung auf, wenn der magnetische Kreis nicht in sich starr ist, bei Bewegung die Luftspaltausdehnung bzw. die Feldverteilung sich ändert oder eisenbehaftete bzw. Magnetläufer zum Einsatz kommen [142].[4] Zur elektrodynamischen Kraftwirkung kommen dann

---

3 magnetischer Kreis s. Band 1, Abschnitt 2.3.
4 s. Band 1, Abschnitte 2.6.1.2, 2.6.1.4 und 2.6.2.6.

Kräfte infolge Reluktanzänderung bzw. Grenzflächenkräfte hinzu, die sich aus dem Maxwellschen Spannungstensor berechnen lassen. Für Kraftwirkungen auf Eisenteile mit senkrecht in den Luftraum austretendem Magnetfeld $B_\perp$ folgt daraus die Maxwellsche Zugkraftformel

$$F = \frac{\mu_r - 1}{2\mu_r\mu_0}AB_\perp^2 \quad \text{bzw. für } \mu_r \gg 1 \quad F \approx \frac{A}{2\mu_0}B_\perp^2. \tag{2.6}$$

Häufig nutzt man jedoch auch den Energiesatz zur Berechnung, der zur Namengebung Reluktanzkraft führte. Die Reluktanzkraft ergibt sich dann aus der wegabhängigen Energie- und damit Reluktanzänderung im magnetischen Kreis bzw. in der Wicklung [62]. Es gilt

$$F_R = \frac{\partial W}{\partial x} = \frac{1}{2}\frac{\partial(Li^2)}{\partial x} = \frac{1}{2}w^2i^2\frac{d}{dx}\left(\frac{1}{R_m}\right) \quad \text{mit der Induktivität } L = \frac{w^2}{R_m}. \tag{2.7}$$

Grundstruktur elektrodynamischer Stelltechnik

Elektrodynamische Antriebe lassen sich in vier Teilsysteme aufgliedern, Abb. 2.4 [62, 127]:

– ein *elektrisches Teilsystem*, bestehend aus Wicklung, zugehöriger Stromversorgung, Ansteuer- bzw. Regeleinrichtungen und erforderlichen Messsystemen
– ein *magnetisches Teilsystem*, bestehend aus permanentmagnetischer oder/und elektrischer Erregung, Flussführungsteilen sowie Arbeitsluftspalten
– ein *mechanisches Teilsystem*, bestehend aus Stütz- und Führungssystemen sowie bewegten Massen, Gegenkräften, Reibkräften und anderen Einflüssen
– ein *thermisches Teilsystem*, bestehend aus elektrischen, magnetischen und mechanischen Komponenten und ihren Wärmeleit-, Konvektions- und Wärmestrahlungscharakteristika sowie den umgebenden Umweltbedingungen

Die Beziehungen zwischen den einzelnen Teilsystemen zeigt zunächst Abb. 2.4. In Abb. 2.5 sind die Wechselwirkungen und Begrenzungen bei elektrodynamischen Systemen sowie die Verkopplungsgleichungen dargestellt.

Das Magnetfeld wird permanentmagnetisch erregt. Die elektrische Verlustleistung entsteht dann nur in der Ankerwicklung. Die Erwärmung dieser Wicklung begrenzt somit den möglichen Strom und damit die Kraft im Dauerbetrieb. P_V entspricht hierbei der elektrischen Verlustleistung an einem ohmschen Widerstand und bewirkt eine Erwärmung, die der thermischen Auslegung des Motors zugrunde liegt [123].

Im Kurzzeit- oder Aussetzbetrieb (s. Abschnitte 8.6.2, 8.6.4 und 8.6.5) und insbesondere dann, wenn die thermischen Begrenzungen wegen der hohen thermischen Trägheit noch nicht wirken, kann die Feldschwächung durch o. g. Ankerrückwirkung iw^* zur Begrenzung werden. Hauptproblem bei der Auslegung von elektrodynamischen Antrieben bleibt jedoch das Abführen der auftretenden Wärmeverlustleistungen.

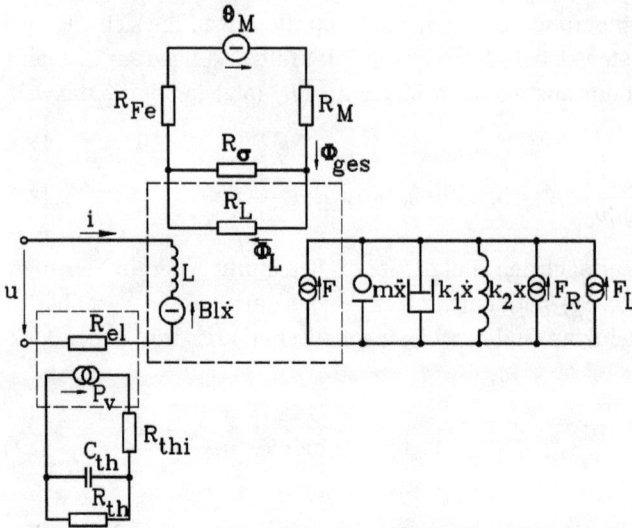

Abb. 2.4: Grundstruktur eines elektrodynamischen Antriebssystems mit den elektrischen, magnetischen, mechanischen und thermischen Teilsystemen.

Die erzeugte Motorkraft dient meistens der Bewegung einer Masse und somit der Überwindung einer Trägheitskraft ($m\ddot{x}$). Als Gegenkräfte können konstante und geschwindigkeitsabhängige Reibkräfte (F_R und $k_1\dot{x}$), Lastkräfte (F_L), und u. U. auch Federkräfte (k_2x), beispielsweise zur Kompensation von Gewichtskräften in vertikalen Anordnungen auftreten. Reluktanz- bzw. Grenzflächenkräfte sind gegebenenfalls zusätzlich vorhanden.

2.1.2 Bauformen elektrodynamischer Linearmotoren

Zur umfassenden Systematisierung elektrodynamischer Linearmotoren müsste man die o. g. Teilsysteme zunächst einzeln betrachten, in ihren Bestandteilen variieren und anschließend die verschiedensten Lösungsansätze für die einzelnen Teilsysteme wieder zu einer Gesamtlösung zusammensetzen.

Wesentliche Unterscheidungskriterien sind
- im mechanischen Teilsystem:
  die Art der bewegten Komponente (bewegte Spule, bewegter Magnet, bewegter Dauermagnetkreis)
  die Geometrie des Aufbaus (rotationssymmetrisch, prismatisch usw.)
- im magnetischen Teilsystem:
  die Art der Erregung (permanentmagnetisch oder elektrisch), wobei die elektrische Erregung im Bereich kleiner Leistungen bedeutungslos ist,
  die Polarität der genutzten Felder (Gleichpol- oder Wechselpolausführung)

$$P_{el} = ui \quad ; \quad u = iR + \frac{d\psi}{dt}$$

$$\Downarrow$$

$$\frac{d\psi}{dt} = Bl\dot{x} + L\frac{di}{dt}$$

$$\Leftarrow$$
$$\Rightarrow$$

Elektrischer Kreis

u,i aus Stromversorgung

R_{el}, L

$$\oint \vec{H}d\vec{s} = iw^*$$

Magnetischer Kreis

Sättigung, bleibende
Schwächung durch
Gegenfeld iw*

μ, H_c, B_r

Gegenfeld, Gleichfeld
durch iw*

$$\Downarrow$$

$$P_v = i^2 R_{el}$$

ϑ_S, ϑ_M

Wicklungstemperatur
Magnettemperatur

$$\Downarrow$$

$$F = B_L li$$

Thermischer Kreis

Erwärmung, Abführung,
Wärmeleitung, Konvektion,
Strahlung

R_{th}

Mechanischer Kreis

Reibung, Gegenkräfte

F

$x, \dot{x}, \ddot{x}$

$$\Downarrow$$

$$P_v = \frac{\vartheta_\ddot{u}}{R_{th}} + C_{th}\frac{d\vartheta_\ddot{u}}{dt}$$

$$\Downarrow$$

$$F = m\ddot{x} + k_1\dot{x} + k_2 x$$
$$+ F_L + F_R \mathrm{sign}(\dot{x})$$

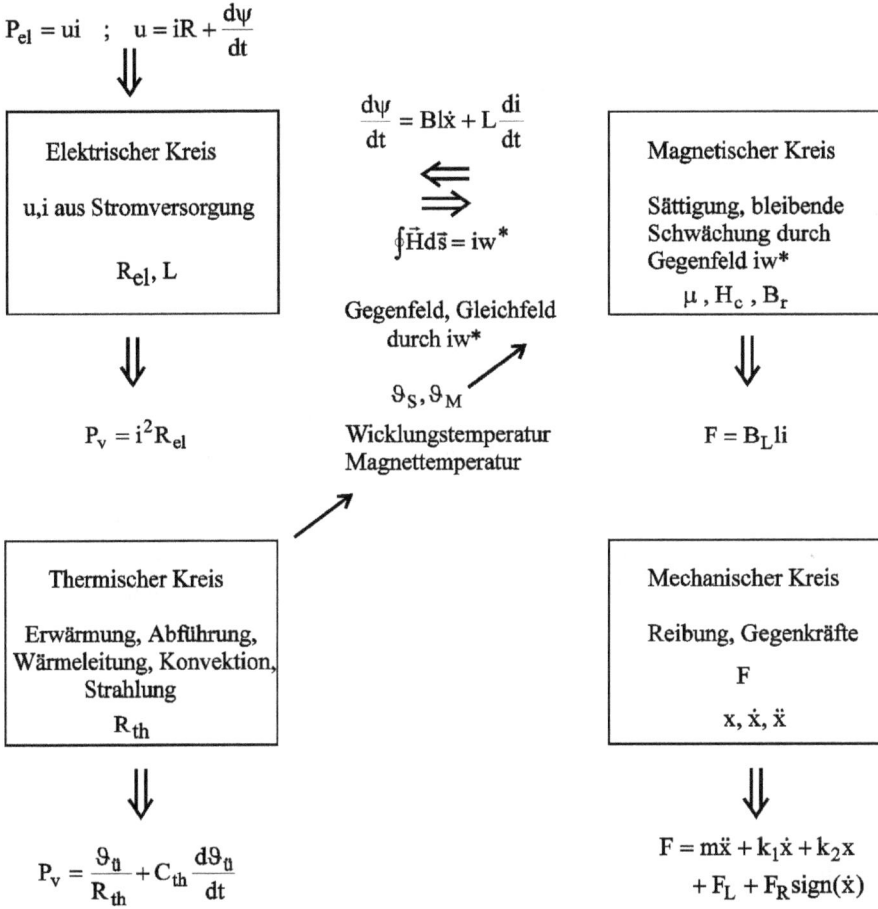

Abb. 2.5: Ausgewählte Wechselwirkungen der vier Teilsysteme eines elektrodynamischen Antriebs.

— im elektrischen Teilsystem:
das Vorhandensein einer Kommutierung,
die Art der Kommutierung (elektronische oder mechanische), wobei die Kommutierung nicht losgelöst von der magnetischen Polarität zu sehen ist

Das thermische Teilsystem soll hier weitgehend unberücksichtigt bleiben. Ebenso wird auf die klassischen mechanischen Komponenten, wie die Führung des Läufers, die auftretenden Reibkräfte, die Realisierung des Kraftangriffes, wirkende Lastkräfte und ähnliche Fragen nicht hier, sondern im Kapitel 7.5 eingegangen. Einerseits werden Linearmotoren oft nur als separate Läufer und Ständer angeboten und externe Führungen im Gerät bzw. eines Verschiebetisches genutzt. Andererseits sind zwischen den bewegten Teilen die aus der Gerätetechnik hinlänglich bekannten Gleit-, Wälz-, aerostatischen oder magnetostatischen Führungen einsetzbar.[5]

2.1.2.1 Bauformen mit bewegten Spulen

Die Anordnung der Feld erzeugenden Permanentmagnete und zugehörigen Flussführungen bzw. Rückschlüsse im feststehenden Stator sowie der stromdurchflossenen Wicklung im Läufer stellt wie bei rotatorischen Motoren zunächst die Standardlösung dar. Der gesamte magnetische Kreis, bestehend aus Permanentmagneten und Flussführungsteilen ist somit im Stator gestellfest. Ein oder mehrere Luftspalte des magnetischen Kreises enthalten bewegliche stromdurchflossene Spulen (Luftspaltwicklungen). Die bewegten Spulen sind im Allgemeinen eisenlos und damit sehr massearm ausgeführt, was hochdynamische Antriebe ermöglicht. Allerdings ist eine Stromzuführung zu beweglichen Teilen (Schleppkabel, Schleifer) erforderlich und mit den entsprechenden Nachteilen verbunden. Eisenrückschlüsse können in diesen Fällen massiv sein, da keine wechselnden, sondern nahezu konstante, permanenterregte Magnetfelder vorhanden sind.

Fest mit der Wicklung verbundene, mitbewegte Flussführungen bzw. Rückschlüsse sind ebenfalls möglich, jedoch erst bei größeren Kräften üblich und bei Kleinantrieben seltener. Zu nennen wären hier Bauformen, bei denen die Wicklung auf einen linear beweglichen Eisenanker aufgebracht oder als Flachspule einseitig mit einer Rückschlussplatte verbunden ist. Dies ermöglicht wegen der guten Wärmeabführung zwar hohe Stromdichten und damit auch große Kräfte, erhöht jedoch die bewegte Masse erheblich. Zu berücksichtigen sind dann zusätzlich Grenzflächen- und Reluktanzkräfte, gegebenenfalls auch Ummagnetisierungs- und Wirbelstromverluste im Eisen [124].

Gleichpolausführungen ohne Kommutierung

Die geometrisch am einfachsten aufgebauten und deshalb auch am weitesten verbreiteten Bauformen mit bewegten Spulen stellen Gleichpol- bzw. Homopolarausführungen ohne Kommutierung dar. Unter Gleichpol- bzw. Homopolarausführung soll dabei verstanden werden, dass sich die Spulen oder die Teilspulen bei der Bewegung stets in einem Magnetfeld gleichbleibender Polarität befinden bzw. mit einem solchen in Wechselwirkung stehen. Eine freitragende oder auf einen Spulenkörper gewickelte, beweglich geführte Spule befindet sich in einem Luftspalt eines permanentmagnetisch erregten Magnetkreises mit massivem Rückschluss und verlässt den Feldbereich bei Bewegung nicht, zumindest nicht vollständig. Eine Kommutierung ist somit nicht

---

5 Gleitführungen s. Abschnitt 7.5.1, Wälzführungen s. Abschnitt 7.5.2, magnetische Lager s. Abschnitt 6.2.

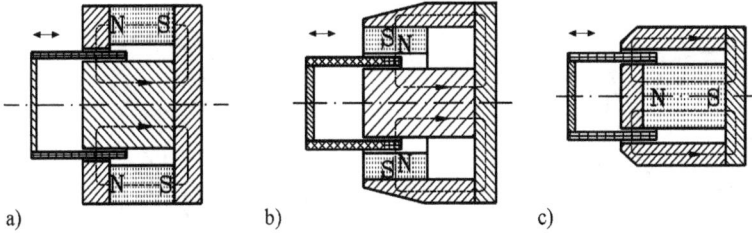

a)   b)   c)

Abb. 2.6: Linearmotoren in Gleichpolausführung mit bewegter, rotationssymmetrischer Zylinderspule (Tauchspulmotor, voice coil motor). a) Langspulsystem, b) Kurzspulsystem, c) Langspulsystem mit Kernmagnet; typische Parameter: $s \leq 100$ mm, $F \leq 100$ N; Einsatzgebiete: Lautsprecher, kurzhubige Positionierantriebe.

erforderlich. Unterschiede ergeben sich vorwiegend aus der geometrischen Gestaltung des mechanischen und elektrischen Kreises. Abbildungen 2.6–2.8 zeigen Grundbauformen [94, 95].

Rotationssymmetrische Anordnungen mit Zylinderspulen (Abb. 2.6) besitzen meist nur einen zylinderförmigen Luftspalt mit einer Spule darin. Axial (a) und radial (b) magnetisierte Ringmagnete oder auch mehrere Magnetsegmente anstelle von radial magnetisierten Ringmagneten, die dann anisotrop realisierbar sind, finden bei außerhalb der Spule angeordneten Magneten Anwendung. Dabei treten deutliche äußere Streufelder auf. Kernmagnetsysteme (c) vermeiden dies.

Kastenspulen (Abb. 2.7) werden bei prismatischem Grundaufbau benötigt, führen aber sonst zu ähnlichen Antriebslösungen. Aus konstruktiven und montagetechnischen Gründen nutzt man in prismatischen Systemen die Kastenspulen jedoch häufig nicht allseitig aus, sondern ordnet sie nur in einer oder zwei parallelen Ebenen in Luftspalten an. Nicht alle Spulenabschnitte können dann zur Krafterzeugung beitragen, Wärmeverlustleistung tritt aber auch in den ungenutzten Abschnitten auf. Die Magnete, insbesondere Hochenergiemagnete, werden meist direkt am Luftspalt gruppiert; konzentrierte, flussaufweitende Anordnungen nicht unmittelbar am Luftspalt (c) sind jedoch ebenfalls möglich. Die konstanten Rückschlussquerschnitte könnten auch entsprechend der Flussbelastung mit unterschiedlichen Querschnitten ausgeführt werden, um Masse zu sparen (vgl. Abb. 2.6b mit Querschnittsverringerung am äußeren Rückschluss).

Bauformen mit ebenen Flachspulen (Abb. 2.8) erfordern wegen der verschiedenen Stromrichtungen zwischen Hin- und Rückleitern einen Polaritätswechsel des magnetischen Feldes innerhalb der Luftspaltausdehnung. Im magnetischen Kreis sind dazu zwei, im Ersatzschaltbild in Reihe liegende Luftspalte mit unterschiedlicher Feldrichtung erforderlich. Auch hier entstehen ungenutzte Spulenabschnitte, vergleichbar mit Wickelköpfen rotierender Motoren. Eine Kommutierung ist nicht erforderlich, da Hin- und Rückleiter bei Bewegung jeweils in einem Feldabschnitt gleicher Polarität verbleiben. Insofern trifft auch hier die Bezeichnung Gleichpolausführung zu.

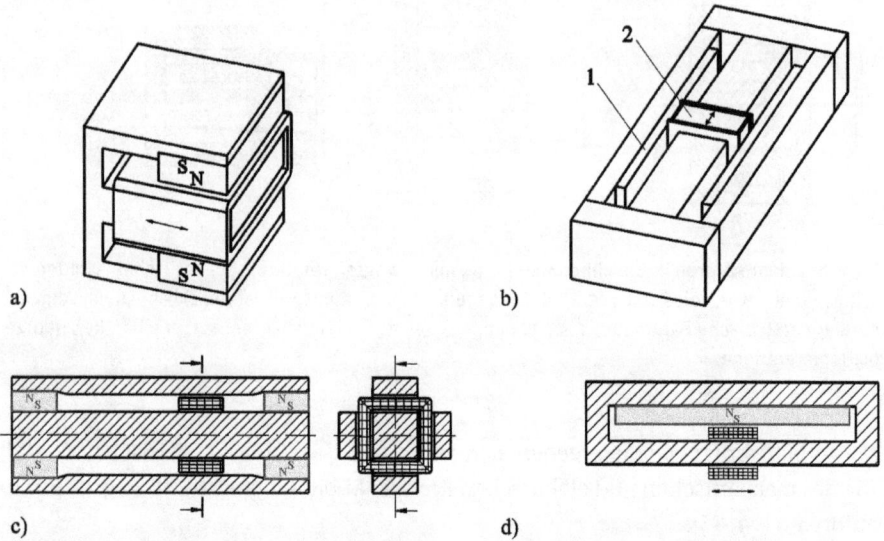

a) b)

c) d)

Abb. 2.7: Linearmotoren in Gleichpolausführung mit bewegter Kastenspule. a) einseitig geöffneter Kreis mit Langspule, b) symmetrischer Aufbau mit Kurzspule, c) flussaufweitende Magnetanordnung, d) unsymmetrischer Magnetkreis; 1 Magnet, 2 bewegte Spule. Typische Parameter: $s \leq 200$ mm, $F \leq 50$ N. Einsatzgebiete: Positionierantriebe, schreibende Messgeräte.

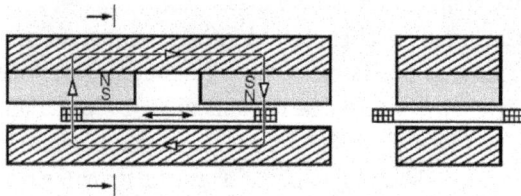

Abb. 2.8: Linearmotor in Gleichpolausführung mit bewegter Flachspule. Typische Parameter: $s \leq 50$ mm, $F \leq 100$ N. Einsatzgebiete: kurzhubige Positionierantriebe.

Abbildung 2.9 zeigt ähnliche Bauformen für Schwenkantriebe [95, 112, 116]. Diese bilden derzeit die Standard-Antriebslösung für die Kopfpositionierung bei Festplattenlaufwerken, insbesondere Bauformen nach Abb. 2.9a. Sie stellen auf einen Kreisbogen angeordnete Linearmotoren dar, sind den Lineardirektantrieben in ihrer Bauform deutlich näher als rotatorischen Direktantrieben. Bei solchen hochdynamischen Antrieben ist auch die Spuleninduktivität von besonderem Interesse. Umfasst die bewegte Spule keine Eisenrückschlüsse, bleibt die Induktivität gering und die elektrische Zeitkonstante folglich klein (Abb. 2.9a). In Abb. 2.9b kommen zusätzliche, meist aus einer Lage Folie bestehende, gestellfeste Kurzschlussringe bzw. -wicklungen auf dem Eisenkern zum Einsatz, um kurze Reaktionszeiten zu sichern. Abbildung 2.10 zeigt eine reale Bauform.

Ein anderes wesentliches Unterscheidungskriterium stellt die Relation zwischen Luftspalt- und Spulenabmessung in Bewegungsrichtung dar. Meist findet man Kurz-

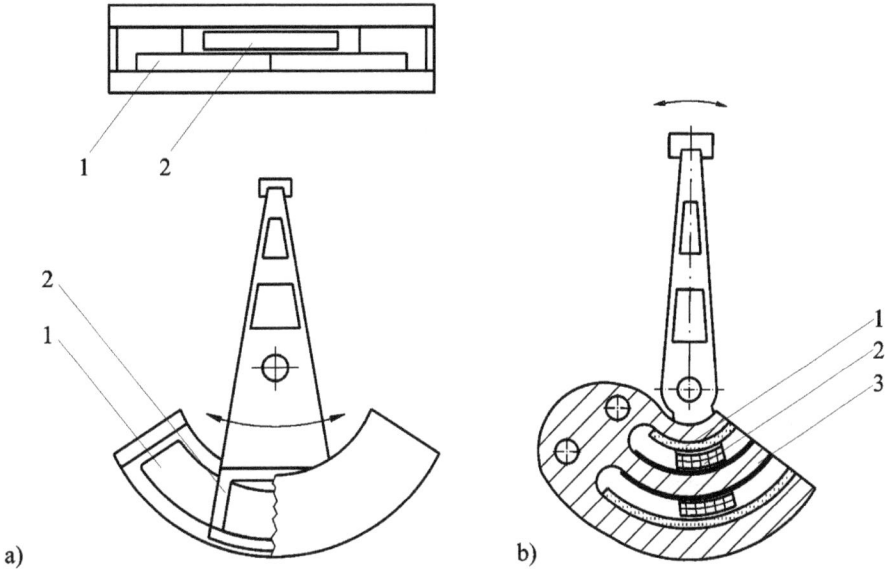

Abb. 2.9: Schwenkantriebe mit Flachspule (a), mit Kastenspule (b). 1 Magnet, 2 bewegte Spule, 3 Kurzschlusswicklung. Typische Parameter: $\varphi \leq 30°$; $F \leq 1\,N$. Einsatzgebiete: Positionierantriebe in Festplatten- bzw. CD- und DVD-Laufwerken.

Abb. 2.10: Realer Schwenkantrieb mit Flachspule in einem Laufwerk der Fa. Seagate, rechts Rückschluss abgehoben, vgl. Abb. 2.9a bzw. Abb. 2.12b.

spulsysteme. Die Spule bleibt bei Bewegung vollständig innerhalb des Luftspalts. Der Bewegungsbereich ergibt sich also aus der Luftspaltausdehnung in Bewegungsrichtung abzüglich der Spulenbreite und eventuell zusätzlicher Abschläge je nach Linearitätsforderungen. Die zugeführte elektrische Energie wird dabei optimal zur Krafterzeugung genutzt, jedoch nicht die magnetische. Der magnetische Kreis und damit der

Stator besitzt dann ein vergleichsweise großes Volumen, da die Luftspaltausdehnung in Bewegungsrichtung größer als der Bewegungsbereich sein muss.

Entgegengesetzt dazu weisen Langspulanordnungen in Bewegungsrichtung den Luftspalt übersteigende Spulenabmessungen auf. Hier soll die Spule bei Bewegung den Luftspalt stets noch vollständig überdecken. Der Bewegungsbereich ergibt sich also aus der Spulenbreite abzüglich der Luftspaltausdehnung in Bewegungsrichtung und gegebenenfalls weiterer Abschläge. Je größer der Bewegungsbereich wird, umso größer fallen die außerhalb des Luftspalts befindlichen Spulenabschnitte aus, die nicht zur Krafterzeugung, aber zur Wärmeverlustleistung beitragen. Praktisch sind außerhalb des Luftspalts nahe diesem jedoch oft erhebliche magnetische Streufelder vorhanden, die so in gewissem Maße auch zur Krafterzeugung beitragen. Im Vergleich zur Kurzspule steht eine deutlich größere Kraft zur Verfügung. Hier werden die magnetische Energie, das Bauvolumen des Motors und insbesondere das Volumen der Permanentmagnete vollständig ausgenutzt, die elektrische Energie jedoch nur unvollständig. Es tritt eine erheblich größere Wärmeverlustleistung auf. Langspulsysteme sind bei hohen Schubkraftforderungen zu empfehlen. Elektrisch gut ausgenutzte Bauformen für hochdynamische Anwendungen mit wenig bewegter Masse werden dagegen meist als Kurzspulsystem ausgeführt. Nichtlinearitäten kennzeichnen jedoch beide Varianten. Eine gezielte Luftspaltgestaltung (Einengungen, Aufweitungen) ermöglicht jedoch eine Linearisierung des Induktionsverlaufs im Luftspalt und damit der Kraft-Weg-Kennlinie.

Gleichpolausführungen mit Kommutierung

Motoren in Langspulanordnung sind prinzipiell auch mit mechanischer Kommutierung durch Schleifkontakte denkbar, um nur innerhalb des Luftspalts befindliche Spulenabschnitte zu bestromen und zusätzliche Wärmeverlustleistung zu vermeiden.[6] Die aufwendigen mechanischen Schleifer und die dadurch bedingten Standzeitprobleme werden aber im Allgemeinen nicht akzeptiert, so dass nichtkommutierte Anordnungen dominieren. Vergleichbare Bauformen sind auch mit elektromagnetischer Erregung realisierbar. Abbildung 2.11 zeigt Bauformen mit elektrischer Erregung mit und ohne mechanischer Kommutierung. Ihre Verbreitung ist jedoch wegen der zusätzlichen Erregerverluste gering.

Anwendungsbeispiele

Aus den Grundbauformen lässt sich nun eine Vielzahl modifizierter oder nach bestimmten Kriterien optimierter Bauformen ableiten. Trotz der Vielzahl von Optimierungsvorschlägen, beispielsweise in der Patentliteratur, bleiben praktische Anwen-

---

6 Kommutatorsystem s. Band 1, Kapitel 3.

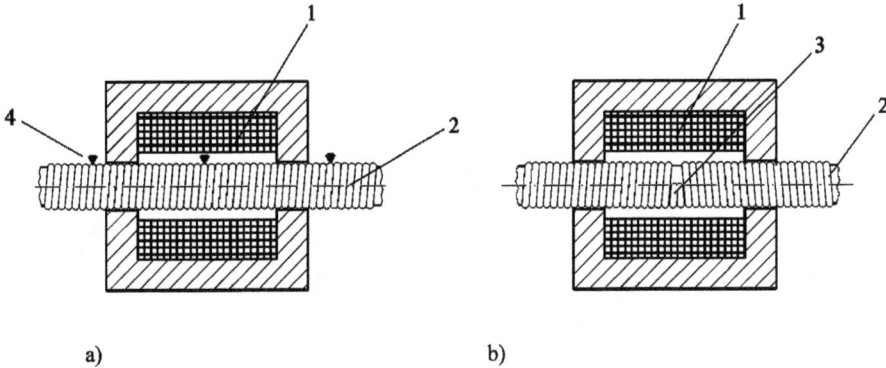

Abb. 2.11: Elektrisch erregte Linearmotoren in Gleichpolausführung a) mit und b) ohne mechanische Kommutierung. 1 Erregerwicklung, 2 Ankerwicklung mit Eisenkern, 3 Umkehr des Wicklungssinns, 4 Bürsten.

dungen jedoch meist nahe an den dargestellten Grundbauformen. Abbildung 2.12 zeigt einige Anwendungsbeispiele.

Vorteile der Gleichpolausführungen ergeben sich vor allem aus dem sehr einfachen Gesamtaufbau des magnetischen, des mechanischen und des elektrischen Teils. Nachteile zeigen sich jedoch bei größeren Bewegungsbereichen. Schon Bewegungsbereiche über 100 mm führen zu vergleichsweise großen Motoren. Da der Stator mindestens so lang wie der Bewegungsbereich ist, wachsen die Luftspaltabmessungen in Bewegungsrichtung proportional, der Luftspaltraum und damit der magnetische Fluss vergrößern sich. Die Flussführungsquerschnitte im magnetischen Rückschluss sind ebenfalls proportional zu erhöhen, da sich das Magnetfeld nur über einen Kreis schließt.

Wechselpolausführungen mit Kommutierung

Die Realisierung größerer Bewegungsbereiche erfordert deshalb den Übergang zur Wechselpol- bzw. Heteropolausführung und damit auch den Einsatz einer lageabhängigen Strangkommutierung, vorzugsweise elektronisch gesteuert. Durch die alternierende Aneinanderreihung magnetischer Teilabschnitte mit jeweils wechselnder Feldrichtung schließt sich der magnetische Fluss jeweils nur über den benachbarten Abschnitt und nicht über die gesamte Motorlänge, die Rückschluss- und damit Motorquerschnitte bleiben klein.

Die *Grundbauformen* der magnetischen Kreise aus den Abbildungen 2.6–2.8 können prinzipiell auch als Wechselpolausführung aneinandergereiht werden. Das Wicklungssystem besteht dann aus mindestens zwei mechanisch verbundenen Kurzspulen bzw. zwei Strängen. Abbildung 2.13 zeigt den prinzipiellen Aufbau. Abbildung 2.14 zeigt praktisch genutzte Bauformen mit eisenloser Wicklung und elektronischer Kom-

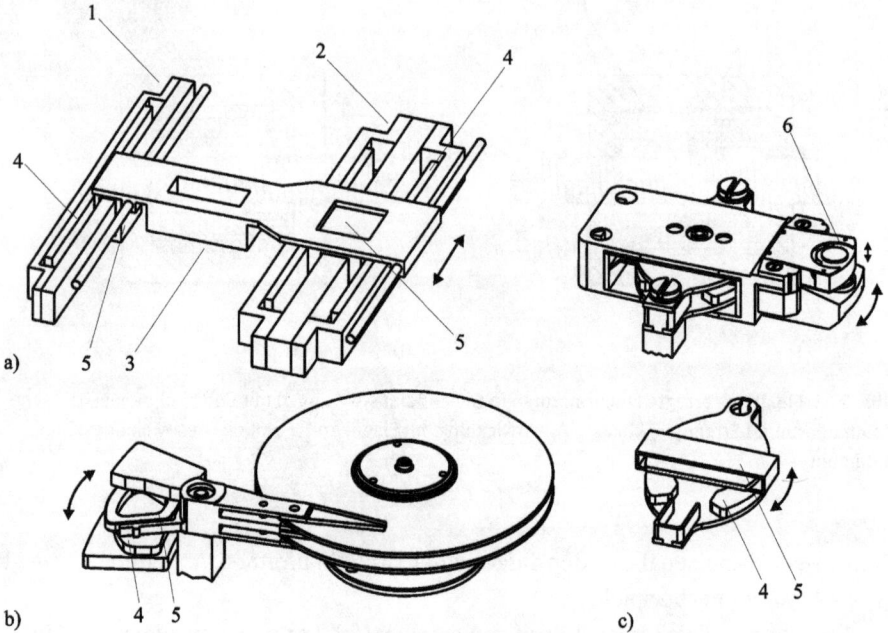

Abb. 2.12: Typische Anwendungen elektrodynamischer Linearmotoren (vereinfacht). a) Linearmotor und als Tachogenerator genutzter Linearmotor in einem CD-Player, b) Schwenkantrieb in einem Festplattenlaufwerk, c) Schwenkantrieb eines CD-ROM-Laufwerkes, unten Schwenkmotor separat; 1 Tachogenerator, 2 Linearmotor, 3 Lesekopfschacht, 4 Magnete, 5 bewegte Spulen, 6 integrierter parallelfedergeführter Tauchspulmotor für die z-Bewegung der Optik.

mutierung[7] [128]. In den Abbildungen sind nur teilweise deutliche Abstände zwischen den Magneten zu erkennen. Diese Zwischenräume stellen ein Optimierungsproblem und eine Frage des Optimierungskriteriums dar. Zu enge Abstände der Magnete führen zu Schwächungen benachbarter Magnete, zu weite Abstände vergrößern die Baulänge.

Da wiederum ein konstantes, permanentmagnetisch erregtes Feld im Stator vorliegt, kann auch hier der Statorrückschluss massiv ausgeführt werden. Allerdings muss jede Teilspule bzw. jeder Strang nun Luftspalte einer Feldrichtung verlassen und in entgegengesetzte Feldgebiete einfahren. Das erfordert die Umkehr der Stromrichtung in jedem Strang durch eine lageabhängige mechanische, bürstenbehaftete oder vorzugsweise elektronische, bürstenlose Kommutierung. Zusätzlich sind dabei meist auch mehrere, zueinander und zur Polteilung versetzte Stränge (überlappende Kommutierung) erforderlich, um den Übergang eines Stranges in neue Luftspaltabschnitte überbrücken zu können. Fährt ein Strang über eine Feldgrenze, muss min-

---

7 elektronisch kommutierte Motoren s. Band 1, Kapitel 8.

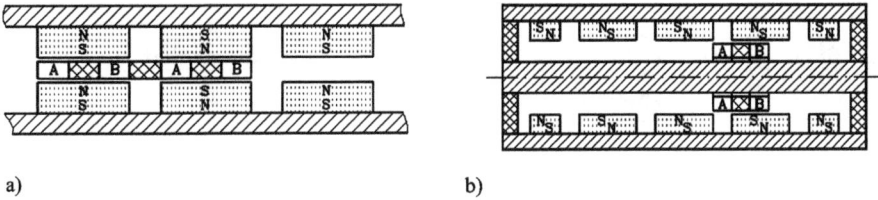

a)   b)

Abb. 2.13: Prinzipieller Aufbau von Linearmotoren mit bewegter Spule in Wechselpolausführung mit Flachspulen (a), mit Kastenspulen (b). A, B Wicklungsstränge; typische Parameter: s entsprechend der Bewegungsaufgabe, $F \leq 200$ N. Einsatzgebiete: Positionieraufgaben.

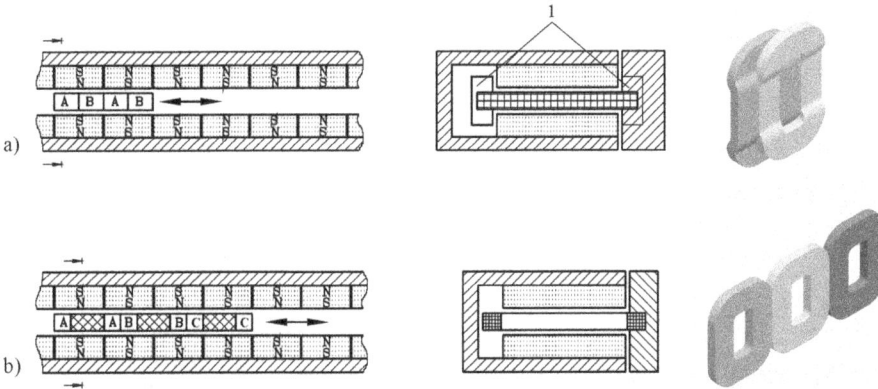

a)

b)

Abb. 2.14: Praktisch genutzte Bauformen von Linearmotoren in Wechselpolausführung mit bewegter eisenloser Wicklung (Flachspulen) [128] mit zweisträngiger Wicklung mit ausgeprägten Wickelköpfen (a), mit dreisträngiger Wicklung ohne ausgeprägte Wickelköpfe, jedoch mit Wicklungszwischenräumen (b). 1 ausgeprägte Wickelköpfe, A, B, C Wicklungsstränge; typische Parameter: $s \leq 1000$ mm (auch größer), $F \leq 1000$ N. Einsatzgebiete: Positionieraufgaben, besonders im Maschinenbau.

destens ein zweiter Strang noch vollständig in einem Luftspaltabschnitt im Eingriff sein.

Zwei- oder dreisträngige Wicklungen sind üblich. Die Stränge können dabei ineinander verschachtelt sein und somit wegen des jeweils über den nächsten Strang geführten vorhergehenden Stranges ausgeprägte Wickelköpfe besitzen. Dies erlaubt eine Aneinanderreihung der einzelnen Stränge ohne Leerräume. Sie können jedoch auch unverschachtelt, nebeneinander und somit ohne ausgeprägte Wickelköpfe gestaltet sein, was die Fertigung vereinfacht, jedoch Leerräume innerhalb eines Stranges erfordert. Diese Leerräume werden dann meist für Wickelkörper genutzt.

Der Strom ist möglichst mit fließenden Übergängen umzuschalten. Meist setzt man eine lageabhängige sinus- oder trapezförmige Kommutierung ein. Die Kommutierung wird vom Wegmesssignal oder durch Hallsensoren gesteuert. Ausgehend von der sinusförmigen Kommutierung werden derartige Bauformen von einigen Herstellern auch als elektronisch kommutierte AC-Synchron-Linearmotoren, betrieben im

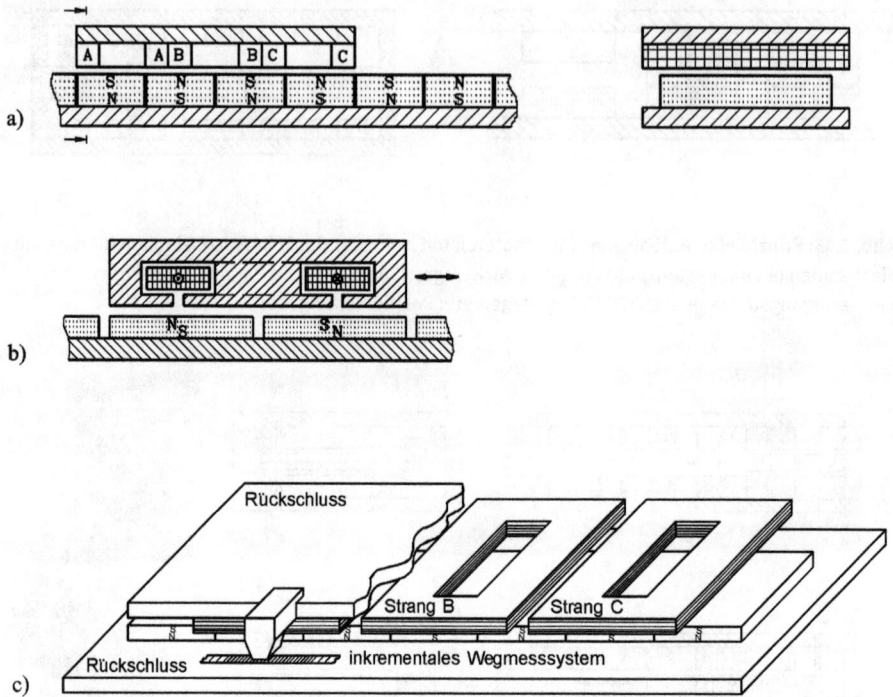

Abb. 2.15: Linearmotoren in Wechselpolausführung mit eisenbehaftetem Läufer. a) unsymmetrische Anordnung mit dreisträngiger eisenbehafteter Wicklung, b) Prinzip einer genuteten Wicklung (weitere Stränge nicht dargestellt), c) Ausführungsbeispiel zu a; A, B, C Wicklungsstränge. Typische Parameter: $s \leq 1000$ mm (auch größer), $F \leq 1000$ N. Einsatzgebiete: Positionieraufgaben, besonders im Maschinenbau.

Gleichstrom-Servo-Modus, oder als AC-Servomotoren bzw. einfach als Synchronmotoren bezeichnet.

Der feststehende Stator kann dem geforderten Bewegungsbereich in der Länge angepasst werden, während das bewegte Spulensystem gegenüber dem Bewegungsbereich vergleichsweise klein und massearm bleibt. Wegen des größeren Bewegungsbereichs gestaltet sich die Stromzuführung zur Spule über flexible Leitungen oder auch Schleifkontakte nun etwas aufwendiger.

Bei größeren Kräften sind neben den eisenlosen auch eisenbehaftete Läufer in meist unsymmetrischer Anordnung üblich, Abb. 2.15 [128]. Dadurch entstehen jedoch auch erhebliche Grenzflächenkräfte als Anziehungs- bzw. Normalkräfte zwischen Läufer und Stator, die einerseits von der Führung abzufangen sind, andererseits bei Gleit- oder Wälzführungen starke Reibkräfte erzeugen. Die Anziehungs- bzw. Normalkräfte erreichen durchaus den zehnfachen Wert der Schubkräfte. Der Rückschluss im Läufer wird wegen der Wirbelströme hier meist geblecht ausgeführt. Beim Überqueren von magnetischen Polübergängen durch den Läufer treten deutliche magnetische Rastkräfte in der Größenordnung 5...10 % der Schubkräfte auf [121, 122]. Die unsymmetrische, einseitige Anordnung führt auch zu kräftigen Streufeldern in der Umgebung. Speziell an den Enden des Bewegungsbereichs und bei ungleichmäßig verteilter ferromagnetischer Masse in der Umgebung des Läufers treten zusätzlich Reluktanzkräfte auf. Bei sehr großen Kräften kommen derartige Motoren auch mit Luft-, Wasser- oder Ölkühlung zur Anwendung. Sie werden meist als Einbaulösung ohne eigene Führung angeboten. Der Übergang von Kleinantrieben zu vergleichsweise großen elektrischen Maschinen ist hier fließend.

2.1.2.2 Bauformen mit bewegten Magneten

Die elektrodynamische Kraftwirkung tritt zwischen elektrischem und magnetischem Teilsystem auf, demzufolge können auch Teile des magnetischen Kreises beweglich und das Spulensystem gestellfest angeordnet werden. Allerdings ist der magnetische Kreis dann nicht mehr in sich starr. Durch Relativbewegungen innerhalb des magnetischen Kreises treten Reluktanzkräfte bzw. Kräfte auf Grenzflächen und auch Ummagnetisierungen im Eisenrückschluss und damit u. U. erhebliche Dämpfungen auf [124].

Vorteile:
- keine Stromzuführung zu beweglichen Teilen (auch die Maßverkörperung des Messsystems sollte dann am Läufer angeordnet sein und nicht der Aufnehmer),
- bessere Wärmeabfuhr, da die Wicklungen dann an bzw. auf Rückschlussteilen liegen,
- u. U. existiert eine definierte Position des stromlosen Läufers durch Reluktanzkräfte.

Nachteile:
- große Verlustleistung, speziell bei der meist anzutreffenden Langspulausführung bzw. bei Strangkommutierung,
- zusätzliche radiale Reluktanzkräfte auf Führungen, wenn keine ausgleichenden rotationssymmetrischen oder doppelten Anordnungen verwendet werden,
- zusätzliche axiale Reluktanzkräfte führen zu rücktreibenden Kräften und verstärkten Nichtlinearitäten,
- Dämpfungserscheinungen durch Hystereseverluste.

Gleichpolausführungen ohne Kommutierung

Durch Tausch der bewegten und gestellfesten Teile lassen sich aus den bisher gezeigten Motoren Lösungen mit bewegten Magneten realisieren [91]. Die Vielzahl und Komplexität möglicher Bauformen ist praktisch jedoch auf vergleichsweise einfache Anordnungen eingeschränkt (Abb. 2.16). Es gelten sinngemäß die gleichen Ausführun-

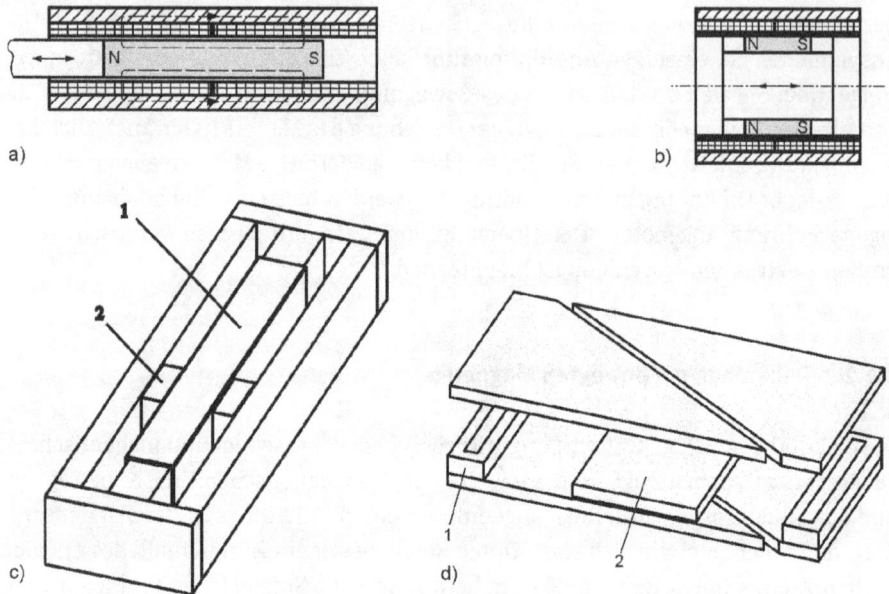

Abb. 2.16: Linearmotoren mit bewegten Magneten in Gleichpolausführung (ohne Kommutierung).
a) Grundprinzip [98, 107], b) Bauform mit freiem Mitteldurchgang (hier für eine Optik [98, 111]),
c) prismatischer Aufbau [90], d) Bauform mit konzentrierten Wicklungen [90, 91]; 1 Wicklung, 2 Magnet. Typische Parameter: $s \leq 100$ mm, $F \leq 50$ N. Einsatzgebiete: Stell- und Positioniersysteme.

gen wie bei bewegten Spulen. Da Magnete stets Dipole sind, kommen hier vorwiegend beidseitig offene Systeme und nicht einseitige, wie z. B. bei Tauchspulmotoren, zur Anwendung. Gegebenenfalls ist dann eine Umkehr des Wicklungssinns in der Mitte der Spule erforderlich. Durch die Nutzung hochenergetischer Magnetwerkstoffe mit geringem Volumen oder auch kunststoffgebundener Magnete können die bewegten Massen klein gehalten und auch stark miniaturisierte Motoren realisiert werden (mit konventionellen Technologien bis ca. 2 mm Außendurchmesser in der Bauform nach Abb. 2.16a). Da sich die Magnete innerhalb der Spulenausdehnung bewegen, sind die Spulen in Bewegungsrichtung größer als die Länge der bewegten Magnete. Es handelt sich somit meist um Langspulsysteme mit vergleichsweise hoher Verlustleistung. Auch Bauformen mit konzentrierten Wicklungen wurden vorgeschlagen [90, 91].

Wechselpolausführungen mit Kommutierung

Die Realisierung größerer Bewegungsbereiche erfordert auch hier den Übergang zu Wechselpolausführungen und damit den Einsatz einer vorzugsweise elektronischen Strangkommutierung (Abb. 2.17 und 2.18) [125, 128]. Im Vergleich zu Motoren mit bewegten Spulen ist der konstruktive und fertigungstechnische Aufwand sowie der Kupfereinsatz für die Realisierung einer mehrsträngigen linearen Statorwicklung entlang

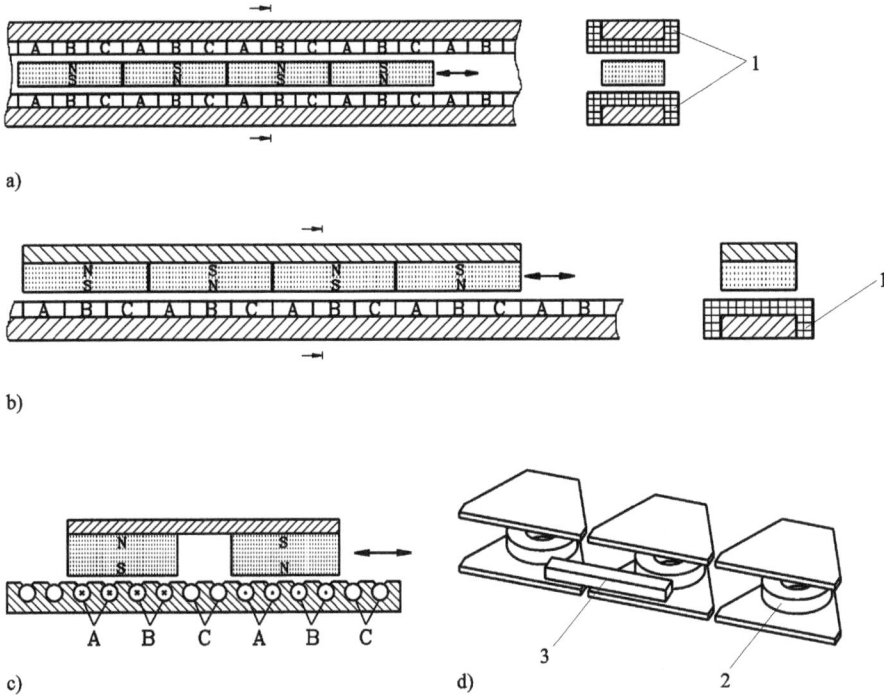

Abb. 2.17: Linearmotoren mit bewegten Magneten in Wechselpolausführung (mit Kommutierung) in Flachbauweise. a) Dreisträngiger Linearmotor, b) dreisträngiger Linearmotor mit einseitigem, unsymmetrischem Aufbau und mitbewegtem Rückschluss, c) dreisträngiger Linearmotor mit genuteter, feststehender Wicklung und mitbewegtem Rückschluss, d) Linearmotor mit konzentrierten Wicklungen und nur einem bewegten Magneten [91]; 1 ausgeprägte Wickelköpfe, 2 Wicklung, 3 Magnet; A, B, C Wicklungsstränge. Typische Parameter: $s \leq 200$ mm, $F \leq 500$ N. Einsatzgebiete: Positionieraufgaben, auch im Maschinenbau.

des gesamten Bewegungsbereichs jedoch erheblich höher als der Aufwand für eine alternierende Magnetanordnung im Stator. Dies trifft insbesondere auf die Gestaltung der Wickelköpfe bei flachen Bauformen zu [93], in Abb. 2.17a,b im Querschnitt zu erkennen. Ansonsten gelten jedoch die bei kommutierten Motoren mit bewegten Spulen getroffenen Aussagen sinngemäß. Prinzipiell lassen sich auch hier Bauformen mit konzentrierten Wicklungen (Abb. 2.17d) einsetzen. Die auftretenden Anziehungskräfte führen insbesondere bei unsymmetrischen Bauformen wieder zu starken Normal- und damit Reibkräften.

Rotationssymmetrische Motoren mit fest auf oder in einem ferromagnetischen Zylinder angeordneten, elektronisch kommutierten Zylinderspulen und bewegten Dauermagneten im Läufer sind ebenfalls möglich (Abb. 2.18). Es treten dann keine kraftunwirksamen Wickelköpfe und keine Leerräume in den Spulen auf, allerdings gestalten sich die Stromzuführungen durch die Mittelachse hindurch bei Abb. 2.18a oder b

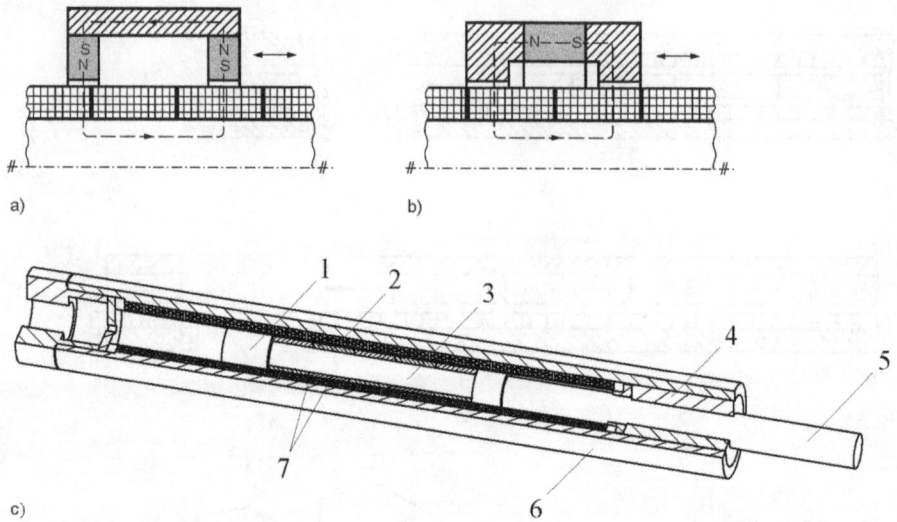

Abb. 2.18: Linearmotoren mit bewegten Magneten und mitbewegten Rückschlussteilen in rotations-symmetrischer Bauform, elektronisch kommutiert mit außen liegenden Permanentmagneten mit radialer Magnetisierung (a), mit außen liegenden Permanentmagneten mit axialer Magnetisierung (b), mit innen liegenden Permanentmagneten mit radialer Magnetisierung (auch Bauformen mit axial magnetisierten Magneten sind möglich [101, 106, 109, 128]) (c); 1 Führung, 2 bewegte, radial magnetisierte Ringmagnete bzw. Magnetsegmente, 3 mitbewegter Rückschluss, 4 Führungsbuch-se, 5 Abtrieb, 6 feststehender Rückschluss, 7 mehrsträngige, elektronisch kommutierte Wicklung. Typische Parameter: $s \leq 100$ mm, $F \leq 200$ N. Einsatzgebiete: Positionieraufgaben.

schwieriger. Auch die Führung des Läufers auf den Spulen ist dort aufwendig. Im Läu-fer sind neben dem Dauermagnet auch Rückschlussteile mitbewegt, auf die entste-henden Probleme wurde bereits hingewiesen. Der dargestellte rotationssymmetrische Aufbau ist jedoch bezüglich der Anziehungskräfte infolge Grenzflächenkräften annä-hernd im Gleichgewicht. Ummagnetisierungsverluste treten allerdings auf [124].

2.1.2.3 Bauformen mit bewegten Dauermagnetkreisen

Prinzipiell lassen sich alle Dauermagnetkreise, die für bewegte Spulen konzipiert sind, auch beweglich gegenüber den dann zum Ständer gehörenden, fest angeord-neten Spulen ausführen. Es gibt aber nur wenige zweckmäßige, weil massearme Magnetkreisstrukturen für die Bewegung. Bauformen mit bewegtem Dauermagnet-kreis im Läufer gegenüber fest im Ständer angeordneten Spulen haben den Vorteil gegenüber bewegten Dauermagneten, dass Grenzflächenkräfte als Anziehungskräfte nur zwischen gegeneinander unbewegten Körperflächen auftreten. Eine Ausnahme entsteht bei der Aufteilung des Eisenrückschlusses in einen unbewegten und einen bewegten Teil. Schleppkabelfreiheit des Läufers wird auch bei bewegten Dauermagnetkreisen erreicht, jedoch ist die zu bewegende Läufermasse, speziell bei größeren Bewegungsbereichen, relativ groß gegenüber den sonst bewegten Spulen oder Dauermagneten. Man kann nun je nach Größe des Bewegungsbereichs Anordnungen ohne und mit kommutierten Spulen aufbauen.

Gleichpolausführungen ohne Kommutierung

Bewegte Dauermagnetkreise mit Gleichpolanordnungen und nichtkommutierten Spulen können zweckmäßig nur für kleine Bewegungswege bis ca. 50 mm wegen der sonst zu großen bewegten Masse realisiert werden. Die bewegte Masse setzt sich aus der Eisenrückschlussmasse und der relativ großen Dauermagnetmasse für den gesamten Bewegungsbereich über der feststehenden Spule zusammen. Prinzipiell sind alle bereits behandelten Bauformen in Gleichpolausführung ohne Kommutierung mit Rund-, Flach- oder Kastenspulen nach Abb. 2.6–2.8 auch zum Aufbau von Motoren mit bewegten Dauermagnetkreisen geeignet. Allerdings sollten dann die Eisenquerschnitte minimiert werden, um die bewegten Massen klein zu halten. Denkbar sind dazu beispielsweise Verjüngungen an Stellen mit geringer Flussbelastung und insgesamt eine hohe Eisenausnutzung. Die Bedeutung derartiger Bauformen ist jedoch gering, weshalb nicht weiter darauf eingegangen werden soll.

Wechselpolausführungen mit Kommutierung

Für größere Hübe sind auch hier Wechselpolausführungen erforderlich. Diese sind von größerem Interesse und sollen deshalb an einem Beispiel erläutert werden (Abb. 2.19). Ein massearmer Läufer kann bei verschachtelten Flachspulen im Ständer realisiert werden, wobei jeweils zwei Spulen so ausgebildet und angeordnet sind,

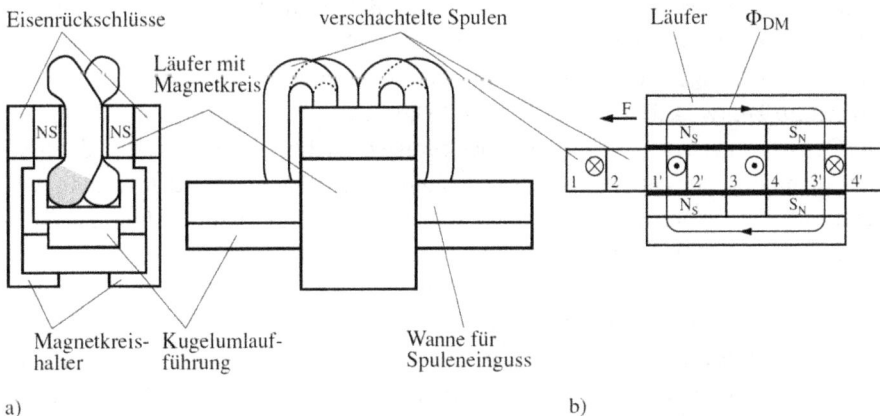

a)   b)

Abb. 2.19: Elektrodynamischer Linearmotor mit bewegtem Dauermagnetkreis und verschachtelten, kommutierten Flachspulen (a) und Schema zur Kraftentstehung (b) bei Bestromung der Spulen 1 und 3.

dass keine Öffnung zwischen den Spulensträngen bleibt. Das garantiert neben der optimalen Raumausnutzung auch Schleppkabelfreiheit des Läufers und gute Wärmeabführung von den Spulen an die umgebende Luft, da die Spulen nur an einer Seite mit den Spulenköpfen z. B. in einer kleinen flachen Wanne mit Epoxidharz eingegossen werden. Die Herstellung der Spulen erfordert jedoch besondere Vorrichtungen, damit die Spulenköpfe umeinander geführt werden können. Abbildung 2.19 zeigt einen derartigen Motor, bei dem die Spulen mit der Aluminiumwanne an der Führungsschiene einer Kugelumlaufführung befestigt sind und der Dauermagnetkreis am Läufer dieser Einrichtung. Es sind jedoch auch die anderen bekannten Führungsarten (Gleit-, Wälz-, aerostatische und Magnetführung) anwendbar.[8]

Weitere Vorteile dieser Variante sind die mögliche Modularisierbarkeit für verschiedene Hübe und Kräfte je nach Anzahl und Länge der Spulen entsprechend der verwendeten Führungsschienenlänge und die freie Zugänglichkeit des Läufers für Lastankopplungen. Das Kommutierungsregime wird von dem für die Regelung notwendigen Messsystem, bei dem die Maßverkörperung am Läufer und der Messkopf am Ständer befestigt sind, abgeleitet. Dadurch ist der Läufer vollkommen schleppkabelfrei. Zweckmäßig ist eine überlappende Kommutierung, damit keine großen Krafteinbrüche oder -spitzen im Kraft-Weg-Verlauf auftreten.

2.1.3 Bauformen integrierter elektrodynamischer Mehrkoordinatenantriebe mit Einmassenläufern für xy-, $x\varphi$-, $xy\varphi$- und $xy\varphi z$- Bewegungen

Mehrkoordinatenantriebe realisieren Bewegungen in mehreren Koordinaten ohne Bewegungsumformer mit einem mehr oder weniger kompakten Einmassenläufer im Gegensatz zu angetriebenen Kreuztischen mit Dreh- und Hubaufsätzen, bei denen mehrere über Führungen bzw. Lagerungen gekoppelte Massen relativ zueinander bewegt werden. Vielgestaltige Bauformen von Gleichstrom-Mehrkoordinatenmotoren sind seit 1979 entwickelt worden [138, 142, 143, 145, 148, 152, 162, 163]. Abbildung 2.20 zeigt Strukturen von Mehrkoordinatenbewegungseinrichtungen nach [149]. Als Dreh- und Hubaufsatz kann ein integrierter $x\varphi$-Motor nach [132, 133] benutzt werden, wie er seit Mitte der 1980er Jahre entwickelt worden ist [161] und womit die Idee eines US-Patents von 1971 [151] weiterentwickelt wurde.

Durch die *Integration der Motorbaugruppen* für mehrere Koordinaten entstehen sehr komplexe elektromagnetomechanische Strukturen, die im Wesentlichen auf Grundstrukturen von Linearmotoren aufbauen. Wege bis zu 200 mm und mehr können ohne Kommutierung mit Zwei- bzw. Dreikoordinatenmotoren realisiert werden,

---

8 Gleitführungen s. Abschnitt 7.5.1, Wälzführungen s. Abschnitt 7.5.2, magnetische Lager s. Abschnitt 6.2.

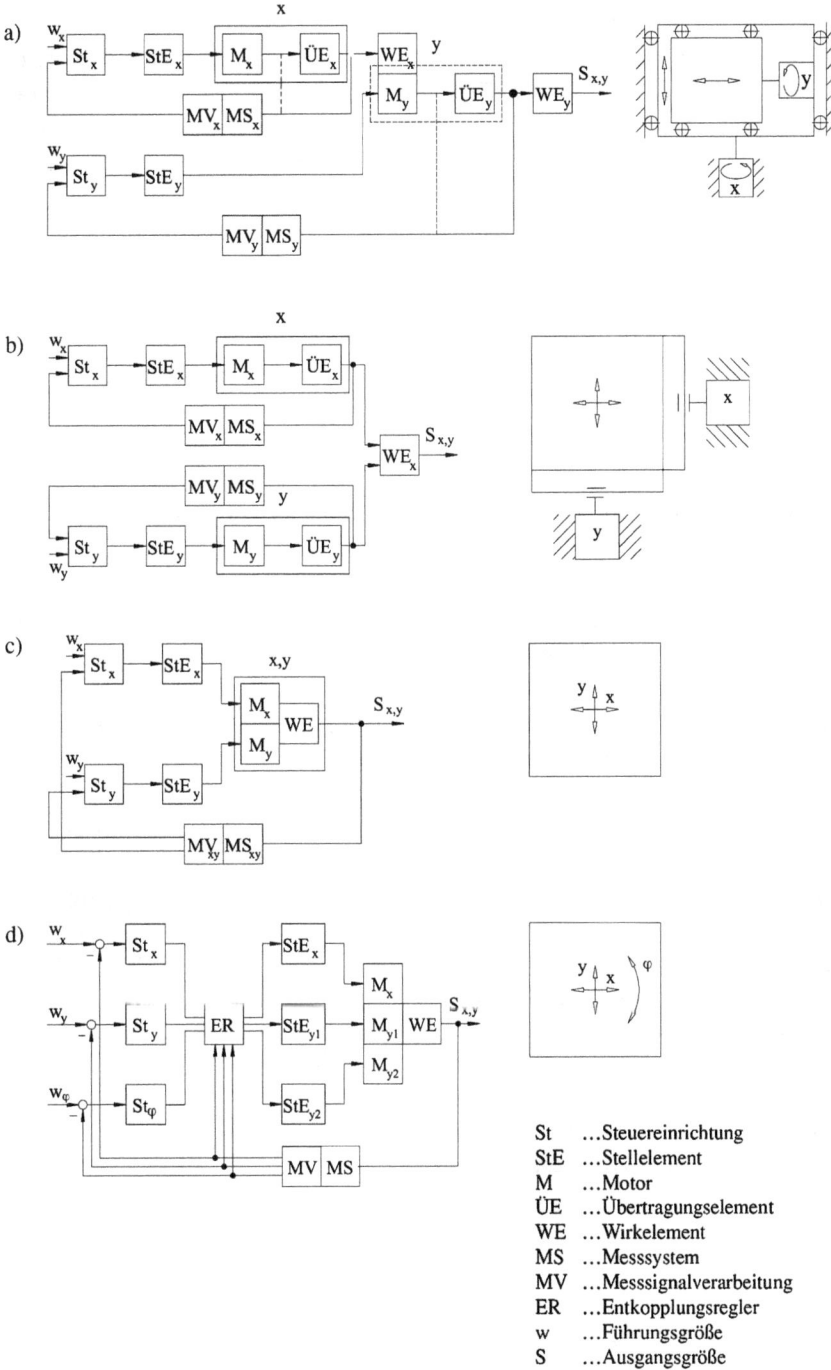

Abb. 2.20: Strukturen von Mehrkoordinatenbewegungseinrichtungen nach [149]. a) Seriell-, b) parallel-, c) *xy* integriert-, d) *xyφ* integriert-angetrieben.

z. B. xy, $x\varphi$, $xy\varphi$ bzw. $xyz\varphi$. Die integrierte 4. Koordinate z kann nur in einem sehr kleinen Bereich von einigen μm bis zu einigen mm ausgeführt werden, z. B. durch die Druckänderung in einer aerostatischen Führung, die veränderte Anziehungskraft (geregelt) bei einer Magnetführung oder die Auslenkung einer federnd aufgehängten Funktionsfläche durch eine seriell angeordnete lineare Motorbaugruppe. Die zuletzt genannte Variante ist dann kein echter integrierter Vierkoordinatenmotor.

Das *Grundprinzip* der Zwei- und Mehrkoordinatenmotoren besteht in der Anordnung von Spulen mit langen Spulenköpfen oder sehr großen Magnetpolen, z. B. für die Bewegung einer Tischplatte in zwei Koordinaten, die garantieren, dass die Spulen mit den Magnetpolen nicht aus dem Wirkbereich der Lorentzkraftentstehung kommen. Eine gute Unterscheidungsmöglichkeit ist durch die verwendete Spulengeometrie, die die weitere Bauform sehr prägt, gegeben.

2.1.3.1 Elektrodynamische Mehrkoordinatenmotoren mit Flachspulen

Flachspulanordnungen ohne Eisenkern gestatten eine sehr flache Gesamtbauweise und vermeiden Störkräfte in Form von Reluktanzkräften und der Reluktanzkraft gleichgerichteter Lorentzkräfte infolge Eigenerregung. Zweckmäßig werden Flachspulen in symmetrischer Anordnung einzeln oder in zu kommutierenden Gruppen beweglich im Läufer oder fest im Stator (dann mit beweglichen Dauermagneten oder Dauermagnetkreisteilen) angeordnet. Im Läufer wird auch meist die Maßverkörperung für ein Mehrkoordinatenmesssystem integriert, um Orts-, Geschwindigkeits- und Beschleunigungsinformationen für die Lage- und Bewegungsregelung ohne Schleppkabel gewinnen zu können.

Auch die Führungselemente für Gleit-, Wälz-, aerostatische oder Magnetführung [154] werden meist im Läufer angeordnet, weil sie weniger zu bewegende Masse besitzen als die Führungsflächenkörper für größere Wege, obwohl bei aerostatischer und gegebenenfalls auch bei Magnetführung dann Schleppschläuche bzw. -kabel vorhanden sind, die immer Störkräfte erzeugen.

Bauformen mit bewegten Spulen

Mehrkoordinatenmotoren mit bewegten Flachspulen können für alle Bewegungsaufgaben von xy bis $xy\varphi z$ realisiert werden. Im Folgenden soll die abgekürzte Schreibweise MKM für Mehrkoordinatenmotor und MKA für Mehrkoordinatenantrieb benutzt werden.

In Abb. 2.21 ist das Prinzip eines elektrodynamischen Mehrkoordinatenmotors für $xy\varphi$-Bewegung mit integrierten Flachspulen im Läufer gezeigt [138]. Hierbei sind jeweils für eine Koordinatenrichtung zwei Flachspulen in großem Abstand im Läufer über fest am ferromagnetischen Ständer befestigten, entgegengesetzt magnetisierten Dauermagnetpaaren angeordnet, so dass jeder längere Spulenstrang der rechteckigen

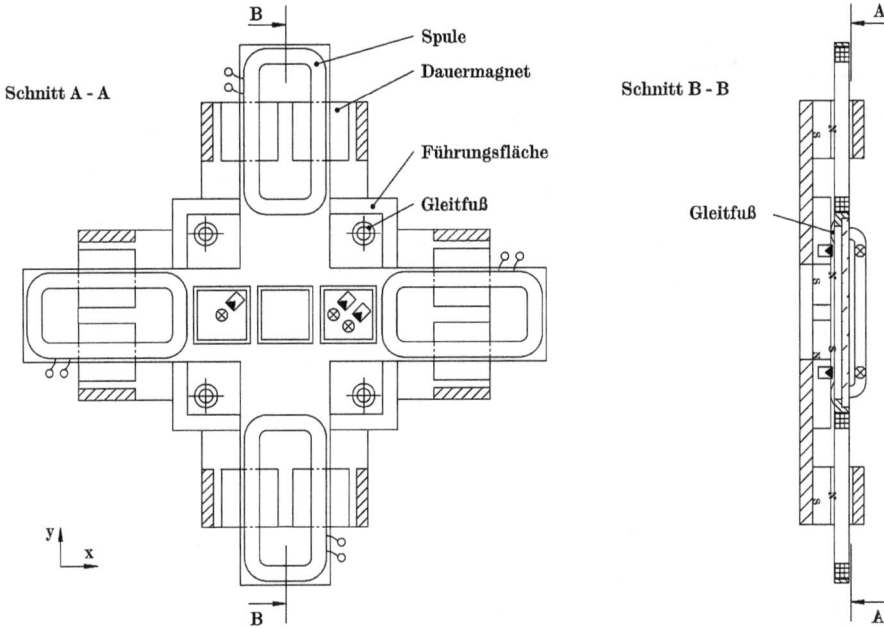

Abb. 2.21: Prinzip eines elektrodynamischen MKM für $xy\varphi$-Bewegung mit Flachspulen.

Flachspule zur Lorentzkrafterzeugung beiträgt und die großen Spulenköpfe, die keine Kraft erzeugen, die orthogonale Verschiebung über den Dauermagnetpaaren für die Zweikoordinatenbewegung ermöglichen. Über den Spulenpaaren sind ferromagnetische Eisenrückschlussteile so angeordnet, dass sie in Verbindung mit der ferromagnetischen Grundplatte den Eisenrückschluss und mit den Dauermagnetpaaren die Magnetkreise, bestehend aus Dauermagnet, Eisenrückschluss und Luftspalt, für die bewegten Spulen bilden.

Bei unterschiedlicher Bestromung der beiden für eine Bewegungskoordinate vorgesehenen Flachspulen werden unterschiedliche Kräfte in den einzelnen Spulen und damit ein Drehmoment für eine kleine Drehbewegung $\Delta\varphi$ erzeugt. Diese Drehbewegung muss mit einem Messsystem gleichzeitig mit der xy-Bewegung des Läufers mit hoher Auflösung erfasst und nach einer sehr schnellen Signalverarbeitung mit Signalprozessoren einer verkoppelten Mehrgrößenregelung zugeführt werden. Ungewollte Verdrehungen des Läufers müssen auf $\varphi = 0$ ausgeregelt und kleine gewollte Drehwinkel müssen auf vorgegebene Werte der Läuferlage eingeregelt werden. Das Messsystem kann zweckmäßig für die Erfassung der $xy\Delta\varphi$-Bewegungen aus einer im Läufer angeordneten optischen Kreuzrastermaßverkörperung mit einer optoelektronischen Auflichtabtastung im Ständer zur Vermeidung von Schleppkabeln bestehen [158, 159]. Hierbei werden y_1 und y_2 in einem Basisabstand b aufgenommen und erfassen so die Verdrehung des Läufers. Außerdem wird aus x_1 und y_1 die lineare Verschiebung ermittelt. Berücksichtigt werden muss bei der Signalverarbeitung, dass sich das Sensorsi-

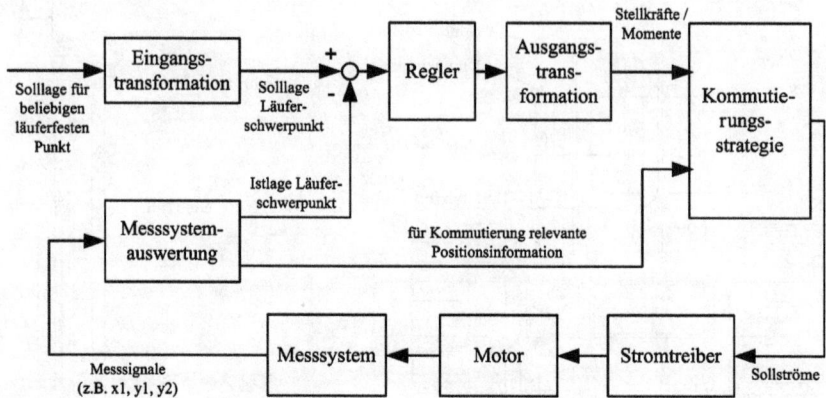

Abb. 2.22: Wirkstruktur der Positionsregelung.

gnal bis ca. 3° Verdrehung fast linear auswertbar verkleinert, wenn bestimmte Abtastrastergeometrien im Verhältnis zur Maßverkörperungsrastergeometrie eingehalten werden [159]. Siehe dazu auch Abb. 2.40.

Die Abtastköpfe haben Linienraster als Abtastgeometrie. Die Wirkstruktur der Positionsregelung für einen Mehrkoordinatenantrieb wird in Abb. 2.22 gezeigt. Sie umfasst die Messsystemauswertung, die eigentliche Regelung und die Kommutierungsstrategie. Die Kommutierungsstrategie berücksichtigt auch Nichtlinearitäten des elektromagnetischen Teilsystems, so dass der Regler (jeweils ein Regler für jeden Freiheitsgrad) selbst für ein lineares System ausgelegt werden kann.

Die Ausregelungsmöglichkeit der Verdrehung um $\Delta\varphi$ ist unbedingt notwendig, weil neben den Drehmomenten durch Schleppkabeleinflüsse bei bewegten Spulen auch die entstehenden Kräfte bei außermittiger Lage des Läufers zum Stator mit seiner festen Dauermagnetanordnung nicht im Schwerpunkt des Läufers angreifen und somit ein Drehmoment erzeugen. Dieser Fehlereinfluss ist bei bewegten Spulen nur durch entsprechende Krümmung der kraftwirksamen Spulenstränge um den Schwerpunkt des Läufers oder durch Verwendung großer Magnetpolflächen zu beseitigen, so dass die kraftwirksamen Spulenstrangteile nie die Lage zum Läuferschwerpunkt verändern. In Abb. 2.23 sind diese Verhältnisse durch Kombination beider Möglichkeiten gezeigt. Man kann jedoch auch Zweikoordinatenbewegungen mit anderen Spulenanordnungen erzeugen. Im Abb. 2.24 ist eine Variante dargestellt [138, 141].

Die zuletzt dargestellte Bauform kann eine Zweikoordinatenbewegung mit mechanischer Verdrehsicherung realisieren. Als mechanische Verdrehsicherung für alle bisher genannten und gezeigten Prinzipien können Parallelkurbelgetriebe (Pantograph) oder Kreuzschubführungen eingesetzt werden. Allerdings sind dann die Vorteile der reinen Einmassenbewegung ohne mechanische Reibung in den Verdrehsicherungen nicht mehr vorhanden. Jedoch wird die Regelung dann wieder einfacher, weil die Bewegungskoordinaten mechanisch wie beim Kreuztisch entkoppelt sind.

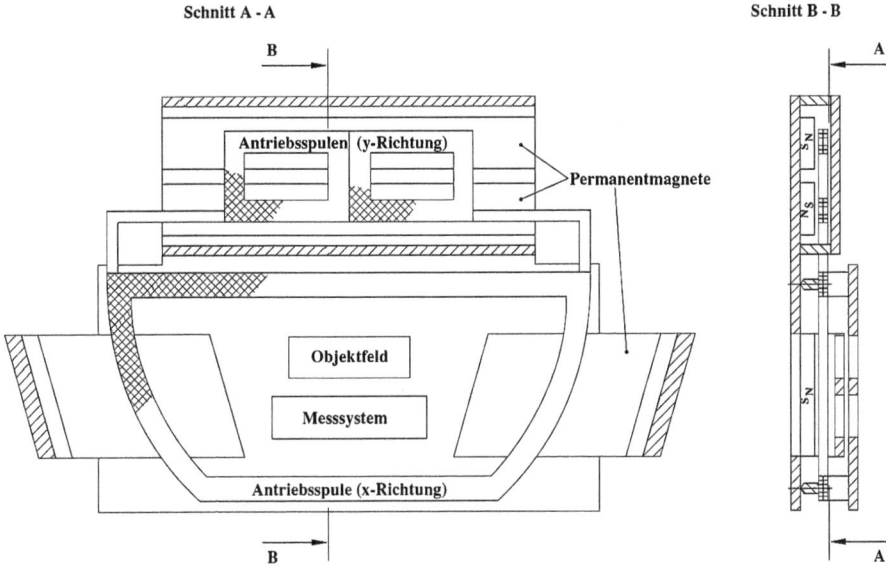

Abb. 2.23: Prinzip eines elektrodynamischen MKM mit der Kombination von langen Magnetpolen für zwei Spulen der *y*-Koordinate und einer gekrümmten Spule für die *x*-Koordinate.

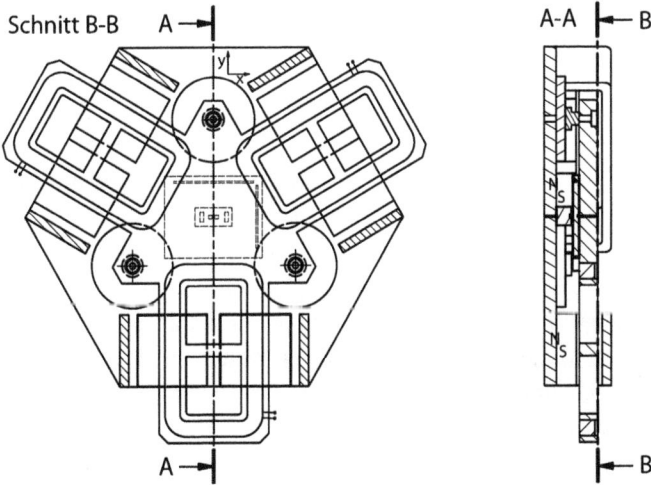

Abb. 2.24: Prinzip eines elektrodynamischen Zweikoordinatenmotors mit drei Antriebsspulen im Läufer.

Für manche Bewegungsaufgaben sind *große Drehwinkel* bis 360° notwendig. Große Drehwinkel sind nur mit ganz anderen Bauformen bezüglich der Spulen und der verwendeten Messsysteme realisierbar [139]. Mit bewegten Flachspulen zeigt Abb. 2.25 eine sehr flache Bauform mit einem Messsystem. Hierbei sind zwei Lagen von jeweils

Schnitt A - A   B | Schnitt B - B   A

Messsystem   obere Spulen
              untere Spulen
              Dauermagnete

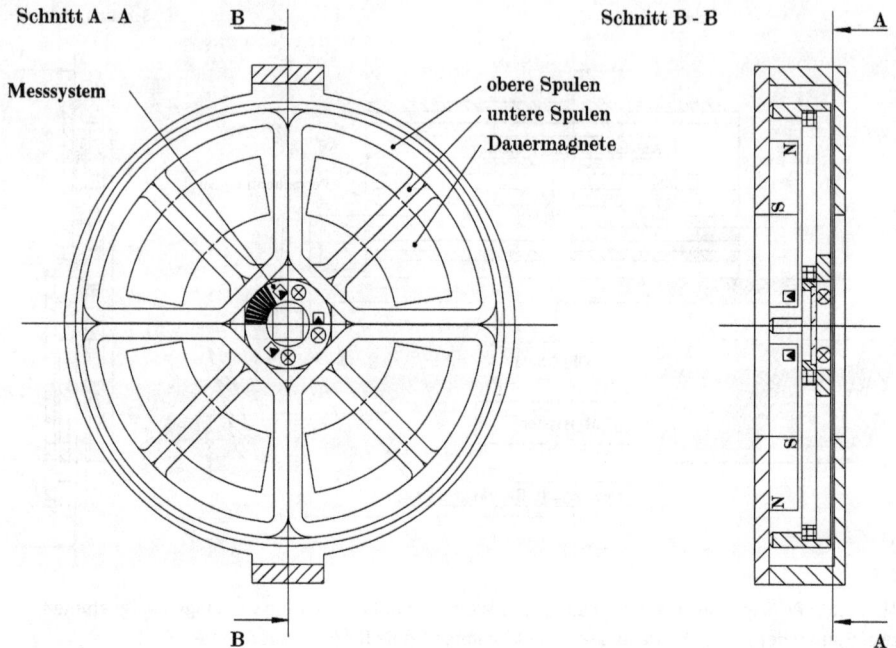

B   A

Abb. 2.25: Prinzip eines elektrodynamischen MKM mit Flachspulen für eine $xy\varphi$-Bewegung (Drehung bis 360°).

um 45° versetzten 90°-Sektorspulen ohne Spitze im Läufer über einem in Wechselpolausführung auf der ferromagnetischen Statorplatte angeordneten unterbrochenen Dauermagnetring in einer Läuferfassung befestigt. In der freien Mitte des Läufers ist ein spezielles Messsystem [129, 167] angeordnet, das aus einem Radialrasterkranz ohne Mitte als Maßverkörperung und drei unter 90° zur Abtastung im Ständer angeordneten CCD-Zeilen besteht. Das Messsystem stellt ein Dreikoordinatenmesssystem für die gleichzeitige x-, y-, φ-Messung (φ bis 360°) dar. Hierbei muss mit sehr schnellen Signalprozessoren gearbeitet werden, um in Echtzeit die notwendigen Steuerinformationen für die Lage- und Geschwindigkeitsregelung gewinnen zu können.

Insgesamt können die Läufer in der $xy\varphi$-Ebene mittels Gleit-, Wälz-, aerostatischer oder Magnetführung in konstantem Abstand zum Ständer so geführt werden, dass ausreichend konstante Messwertamplituden durch die inkrementellen [137, 159] oder absoluten [160] Messwertgeber gewonnen werden.

Für die Gleitreibungspaarung eignet sich PTFE-Stahl mit relativ großem und geschwindigkeitsabhängigem Reibungskoeffizienten, wodurch eine Dämpfung von Schwingungen und eine gute Positioniergenauigkeit erreicht werden. Allerdings ist der Verschleiß des PTFEs relativ groß. Große Hoffnungen werden bei Gleitreibungspaarungen auf Schmiermittel aus Fullerenen gesetzt [131], die einen sehr niedrigen und langzeitkonstanten Reibungswert ermöglichen sollen. Wälzführungen mit speziellen Kugelrollen [142] oder besser mit einfacher Paarung Kugel–Ebene bei bestimmten Belastungsbedingungen ohne Käfig sind ebenfalls bekannt.[9]

Aerostatische Führungen sind problemlos herzustellen, da die Luftführungselemente und Tragluftelemente kommerziell verfügbar sind [154] und die Drucklufterzeugung sehr leise realisiert wird. Als Nachteil sind bisher noch die Schleppschlauchstörkräfte anzusehen, wenn die Luftzuführung zum Läufer erfolgt. Magnetführungen für geringe Massen erfordern einen höheren Aufwand.[10]

Für größere Bewegungswege können die Spulen mit übergroßen Spulenköpfen ausgestattet und in Serie angeordnet sowie kommutiert werden. Besser, weil masseärmer, ist allerdings die Anordnung von nur zwei hintereinanderliegenden und zu kommutierenden Spulen an jeder Seite über einer Wechselpolanordnung von Dauermagneten in großer Zahl [159].

Da die Masse des Läufers bei größeren Bewegungsbereichen infolge der dann notwendigen großen kraftunwirksamen Spulenköpfen relativ groß ist, muss die Verwendung hochenergetischer Dauermagnete mit geringerer Masse im Läufer als Möglichkeit zur Verbesserung der Dynamik geprüft werden.

Bauformen mit bewegten Magneten

Bauformen mit bewegten Dauermagneten sind zweckmäßig nur mit aerostatischen oder Magnetführungen auszustatten, da die großen Anziehungskräfte zu hohe Reibkräfte bei Gleit- und Wälzführungen hervorrufen würden. In Abb. 2.26 ist das Prinzip eines elektrodynamischen Mehrkoordinatenmotors für $xy\varphi$-Bewegung mit Dauermagneten im Läufer dargestellt. Die feste Anordnung der Spulen im Ständer und der Dauermagneten im Läufer entspricht nur einer Vertauschung dieser Bauelemente gegenüber Abb. 2.21. Die Luftführungselemente bzw. die Tragluftelemente müssen an der Eisenrückschluss-Oberplatte befestigt werden, da hier der sehr geringe Luftspalt die Anzugkraftrichtung ergibt, und der Läufer muss entsprechend der Bewegungsfläche glatte, ebene Bereiche an der Oberseite aufweisen.

Für die Messsystemanordnung gilt das Gleiche wie bei bewegten Spulen, d. h. die Maßverkörperung ist im Läufer und die Abtastanordnung im Ständer befestigt. Daraus ergibt sich die absolut beste Anordnung bezüglich Schleppkabel- und Schleppschlauchfreiheit.

Für große Bewegungsbereiche kann auch wieder, umgekehrt wie bei bewegten Spulen, eine große Zahl von fest im Stator angeordneten Spulen hintereinanderliegend jeweils kommutiert werden, wenn die beiden im Läufer auf jeder Seite befestigten entgegengesetzt polarisierten Dauermagneten sich am entsprechenden Ort befinden. Damit ist diese Bauform optimal bezüglich der bewegten Masse auch bei großen Wegen, und auch die Kosten für hochenergetische Dauermagneten bleiben gering. Der

---

9 Führungen s. Abschnitt 7.5.
10 Magnetlager s. Abschnitt 6.1.

Schnitt B - B   Schnitt A - A

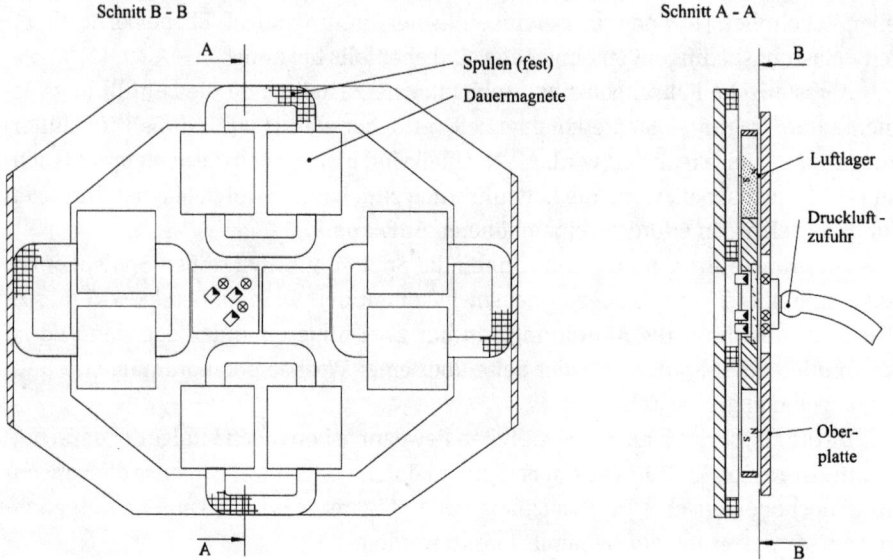

Abb. 2.26: Prinzip eines elektrodynamischen MKM für $xy\varphi$-Bewegung mit bewegten Dauermagneten.

einzige Nachteil dieser Bauform ist für große Bewegungsbereiche durch ungleichmäßige Abstützung des Läufers bei Ortsveränderung gegeben, was sich wie Wanderlasten auswirkt. Bei porösen Luftzuführungselementen statt Düsen und Verteilerkanälen ist eine großflächigere Führung vorhanden.

Bauformen mit bewegten Dauermagnetkreisen

Zum gescherten Dauermagnetkreis gehören der Dauermagnet, der Eisenrückschluss und der Arbeitsluftspalt für die Spulenanordnung. Der Eisenrückschluss kann in die unbewegte Grundplatte (Stator) und das bewegte Joch mit den beiden entgegengesetzt magnetisierten Dauermagneten aufgeteilt werden. Die bewegten Teile besitzen eine relativ geringe Masse, weil die Länge des Jochs nur die Magneten und den Abstand dazwischen überbrückt, und die Dicke des Jochs von der magnetischen Induktion der Dauermagneten abhängt (Abb. 2.27). Beides ist außer vom Material des Dauermagneten und seiner Magnetisierung nur von der Luftspalthöhe infolge der Spulendicke plus Führungsspiel abhängig, und die Dauermagnetbreite ist von der gewählten Spulenstrangbreite abhängig. Es ist dann die Dicke des Jochs

$$d_{Fe} = \frac{B_L}{B_{zulFe}} b_{DM}. \tag{2.8}$$

Bei einer Flussdichte im Luftspalt von $B_L = 0{,}6$ T und einer zulässigen magnetischen Flussdichte im Eisen von $B_{zulFe} = 1{,}8$ T und $b_{DM} = 20$ mm ist die minimale Dicke des Eisens $d_{Femin} = 6{,}67$ mm.

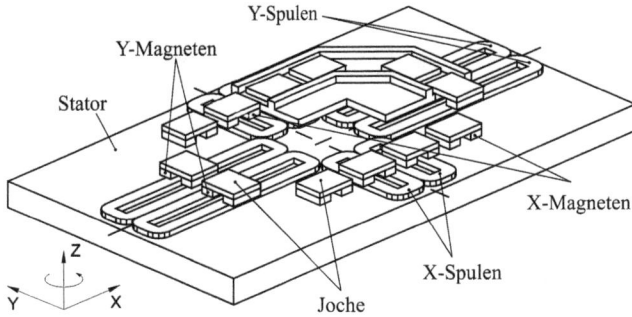

Abb. 2.27: Bauform eines elektrodynamischen Mehrkoordinatenmotors mit bewegtem Dauermagnetkreisteil nach [159].

Die in Abb. 2.27 gezeigte Struktur hat sich in Verbindung mit dem bereits genannten Zweikoordinatenauflichtlängenmesssystem nach [159] und einer aerostatischen Führung und der entsprechenden Mehrgrößenregelung hervorragend bewährt. Der Drehwinkel ist hier auf ca. 1,5° begrenzt, und es werden eine Wegauflösung im Nanometerbereich und eine Positioniergenauigkeit besser als 1 μm erreicht. Die Kraft-Weg-Kennlinien wurden durch eine von der Ortskoordinatenerfassung des Messsystems abgeleiteten Kommutierung auf nur ca. 1 % Kraftschwankung optimiert.

Der einzige Nachteil bei dieser Bauform ist der vorhandene Schleppschlaucheinfluss. Dieser Nachteil kann mit einer aktiven magnetischen Führung beseitigt werden [153]. Hierbei wird der Läufer mit Hilfe von drei Topfmagneten und drei am Läufer befestigten Eisenplatten, die zusammen einen Magnetkreis bilden, in der Schwebungshöhe regelbar geführt. Der Abstand der Eisenplatten als Anker zu den Topfmagnetjochen wird durch drei Wirbelstromsensoren erfasst und den Regelkreisen der z-Koordinate zugeführt. Damit ist ein völlig freischwebender Läufer mit sechs Freiheitsgraden realisiert. Ebenfalls kann die Aufgabe durch die gleichzeitige Erzeugung von xz-Kräften für den Vortrieb und die magnetische Führung mit einem Halbach-Array und entsprechenden Statorspulen nach [146, 168] oder einer Anordnung nach Auer [156] gelöst werden. Abbildung 2.28 zeigt diese Anordnungen nach [147, 152] und [156], wobei im Bildteil (b) am Läufer die Spiegel für eine interferometrische Messwerterfassung dargestellt sind.

2.1.3.2 Elektrodynamische Mehrkoordinatenmotoren mit Kastenspulen

Unter Kastenspulen sollen die rechteckigen Formen von Rahmenspulen verstanden werden. Kastenspulen sind für Mehrkoordinatenmotoren geeignet, weil lange Spulenköpfe für die Zweikoordinatenbewegung realisiert werden können; dies ist mit kreisförmigen Spulen nicht möglich.

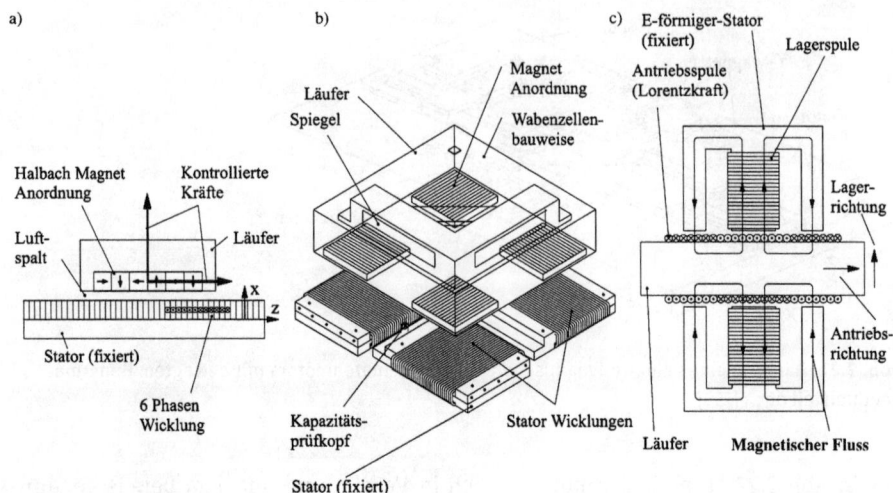

Abb. 2.28: Anordnungen zur gleichzeitigen Erzeugung von Vortriebs- und Tragekräften.

Die *Krafterzeugung* erfolgt bei Kastenspulen nicht wie bei Flachspulen orthogonal zur zentralen Spulenachse sondern parallel bzw. fluchtend, und die Spulen umfassen immer einen Eisenkern. Man unterscheidet U-, E- und Z-förmige sowie geschlossene Eisenkreise. Bei zweiseitiger Spulenausnutzung für minimale Eisenrückschlussdicken werden oft E-förmige Eisenkreise benutzt. Durch die Scherung des Eisenkreises werden die Eisenrückschlussdicken infolge des dann größeren magnetischen Widerstands und entsprechend geringerem magnetischem Fluss geringer, aber es treten Reluktanzkräfte auf [142]. Neben dieser Reluktanzkraft, die immer zum geschlossenen Ende des Eisenkreises gerichtet ist, tritt eine Lorentzkraft durch den von der Spule selbst erzeugten Magnetfluss auf, die auch immer in Richtung des geschlossenen Endes des Eisenkreises gerichtet ist [142]. Diese Kräfte können als Störkräfte bezeichnet werden, weil sie unabhängig von der Stromrichtung in der Spule immer nur in diese eine Richtung wirken. Beide Störkräfte sind quadratisch vom Strom abhängig und deshalb können sie die durch den dauermagnetischen Fluss erzeugte Lorentzkraft bedeutend in einer Richtung schwächen, sogar aufheben und bei weiterer Vergrößerung des Stroms die entgegengesetzte Kraftrichtung erzeugen [144], vgl. auch Abschnitt 2.1.4.

In Abb. 2.29a ist die Änderung der Zusatzmagnetflussverteilung der Spule als Funktion von der Lage der Kastenspule gezeigt. Bei entgegengesetzter Stromrichtung ergibt sich die entgegengesetzte Magnetflussrichtung bei gleicher Verteilungsänderung des dann vorhandenen Gegenfeldes zum Dauermagnetfeld. Die sich ergebenden Kraft-Weg- und Kraft-Strom-Kennlinien sind in den Bildteilen (b) und (c) dargestellt. Die Reluktanzkraft infolge der Feldverteilungsänderung kann durch die Gleichung (2.7) für die wegabhängige Energieänderung des magnetischen Feldes ausgedrückt werden.

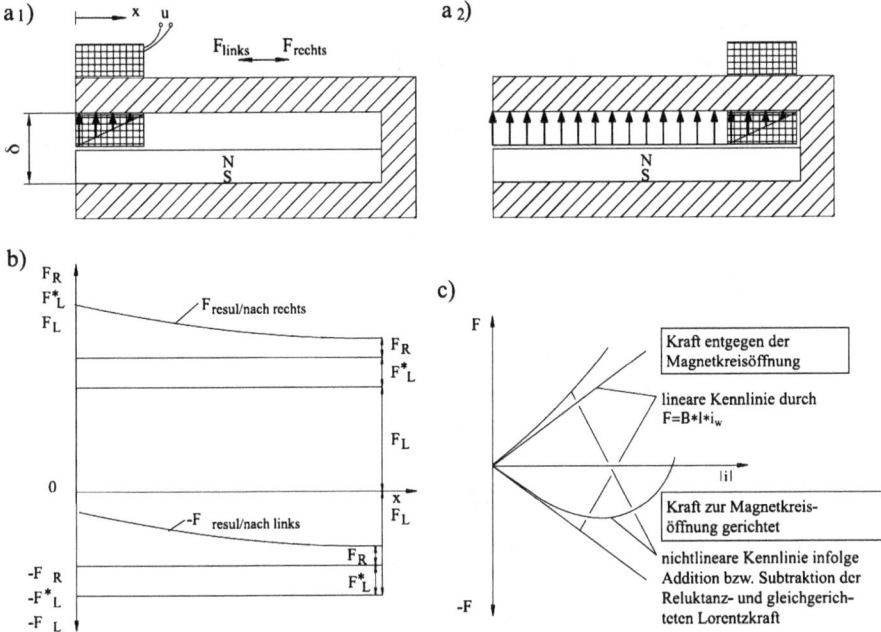

Abb. 2.29: Änderung der Zusatzmagnetfeldverteilung in Abhängigkeit von der Lage der Kastenspule (a1 und a2) und dazugehörige Kraft-Weg- sowie Kraft-Strom-Kennlinien (b und c).

Die der Reluktanzkraft gleichgerichtete Lorentzkraft infolge Eigenerregung kann durch die Gleichung (2.4) eingesetzt in (2.5) oder näherungsweise durch Setzen von $(\mu_{rFe} \to \infty, \mu_{rDM} \to 1)$ mit der Gleichung

$$F_L^* = \frac{\mu_0 i^2 w^2 b_{Fe}}{2\delta} \tag{2.9}$$

berechnet werden, wobei δ die Luftspalt- und Dauermagnetdicke ist. Die Reluktanzkraft F_R ist nichtlinear vom Weg abhängig, und die gleichgerichtete Lorentzkraft infolge Eigenerregung ist fast konstant. Beide Störkräfte treten in solchen gescherten Anordnungen immer gemeinsam auf. Diese Störkräfte können bei Nichtbeachtung zu bedeutenden Abweichungen der Kraft-Weg-Kennlinien führen, wie in Abb. 2.29b schematisch dargestellt ist.

Die Störkräfte sind durch Doppel- und Z-Anordnungen minimierbar und können durch weitere Kombinationen mit ähnlichen Strukturen und Kraftspeichern (Federn) kompensiert bzw. zu gewünschten Kraft-Weg-Kennlinien optimiert werden [142]. Will man diese Störkräfte annähernd vermeiden und nimmt man bei nicht zu großen Windungszahlen (für kleine Kräfte) und für größere Wege über 50 mm die dann große Eisenrückschlussdicke in Kauf, so kann man geschlossene Eisenrückschlusskreise im Dauermagnetkreis für die fast reine dauermagnetische Erregung benutzen.

Bauformen mit bewegten Spulen

Eine ausgereifte Bauform mit bewegten Kastenspulen und mechanischer Verdrehsperre hat sich schon früh wegen der einfachen Regelung bei mechanisch entkoppelten Systemen auf dem Markt eingeführt. In Abb. 2.30 ist dieses System schematisch dargestellt.

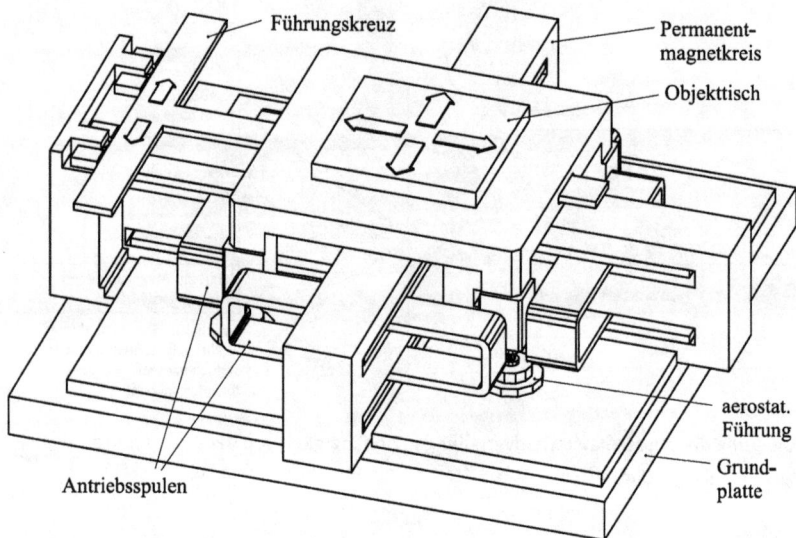

Abb. 2.30: Mehrkoordinatenmotor mit Kastenspulen, E-förmigen Eisenrückschlüssen und mechanischer Verdrehsperre nach [150].

Für zweiseitige Spulenausnutzung werden bei dieser Bauform E-förmige Eisenrückschlüsse und als mechanische Drehsperre eine Kreuzschubführung verwendet. Es werden vier mit einer Tischplatte verbundene, symmetrisch angeordnete Kastenspulen mit großen Spulenköpfen für einen Bewegungsbereich von $100 \times 100 \text{ mm}^2$ verwendet. Die Spulen sind freitragende epoxidharzvergossene oder aus Backlackdraht bestehende Spulen ohne Spulenkörper, die auch aus Kupfer- oder Aluminiumfolien bzw. als Multilayer-PCB hergestellt werden können. Die Stromzuführung erfolgt über Schleppkabel, und die Tischplatte ist aerostatisch auf Führungsflächen in Ständern geführt, wobei die Luftzuführung über einen Schleppschlauch erfolgt. Durch die mechanische Drehsperre sind die Schleppzuführungen aber unkritisch. Allerdings erzeugt die Reibung in der mechanischen Verdrehsicherung und die außermittig angreifenden Motorkräfte bei außerzentrischer Lage der Tischplatte drehmomentenerzeugende Störkräfte und -momente, die von der Verdrehsicherung aufgenommen werden müssen.

Als Messsystem wird ein einfaches Zweikoordinatenmesssystem mit Kreuzrastermaßverkörperung unter der Tischplatte, die von einem im Ständer angeordneten

Zweikoordinatenauflichtabtastkopf abgetastet wird, verwendet. Hier könnte prinzipiell auch das in [135] kommerziell angebotene Zweikoordinatenmesssystem eingesetzt werden.

Die Steuerung besteht aus zwei Systemen, dem Transputersystem und dem antriebsspezifischen System.[11] „Das Transputersystem übernimmt von einem PC mit RS-Schnittstelle die Bahndaten für den Tisch. Der Transputer steuert die Bewegungsimpulse für beide Antriebsachsen, synchronisiert die Achsen und verarbeitet Kontroll- und Fehlerinformationen. Weiterhin steuert der Transputer die Kommunikation mit dem Bediener, der seine Informationen über Tastatur eingibt. Das antriebsspezifische System besteht aus zwei Servoreglermodulen. In jeder Achse ist ein konfigurierbarer abtastzeitfreier Kaskadenregler integriert, der Lage- und Geschwindigkeitsregelung des Tisches realisiert" [134].

Die technischen Daten des Tisches sind in [134] angegeben. Insgesamt sind die Zweikoordinatenmotoren durch die Kastenspulen in einer E-förmigen Eisenrückschlussanordnung bauraumaufwendig. Man kann aber bei U-förmiger Eisenrückschlussanordnung unter Verzicht auf bessere Spulenausnutzung auch flachere Bauformen realisieren.

Um gleichzeitig noch die φ-Koordinate realisieren zu können, wird in Abb. 2.31 eine gekrümmte dreiteilige U-förmige Eisenrückschlussanordnung in einem Kreis angeordnet [140]. Damit kann eine Drehbewegung in einem Winkelbereich von $\varphi \approx 100°$ ausgeführt werden.

Um außerdem die, z. B. für Mikroskopfokussierung, wichtige z-Bewegung auch bei Gleit- oder Wälzführung ausführen zu können, wird in diesem Prinzip die bewegte Funktionsfläche federnd aufgehängt (Membranfeder) und mittels einer im Läufer angeordneten Linearmotorbaugruppe eine Auslenkung der Funktionsfläche bis zu einigen mm erreicht.

Als Messsytem für die $xy\varphi$-Bewegung kann auch wieder das bereits beschriebene Messsystem mit Radialrasterkranz und CCD-Abtastung als echtes $xy\varphi$-Messsystem benutzt werden. Für die z-Lageregelung kann ein lineares Messsystem bzw. bei der Mikroskopfokussierung ein Mikroskopbildschärfeanalysator, der die notwendige richtige Lage des Untersuchungsobjekts automatisch einzuregeln gestattet, verwendet werden.

Die $xy\varphi$-Bewegung muss mit einer Mehrgrößenregelung und die z-Bewegung mit einem einfachen analogen oder digitalen Servoregler realisiert werden. Es sind Schleppkabel und bei aerostatischer Führung noch Schleppschläuche als Störeinflüsse vorhanden.

---

[11] Transputer: Parallelrechnersystem aus Prozessoren mit eigenem Speicher und Kommunikationshardware für den effizienten Datenaustausch untereinander.

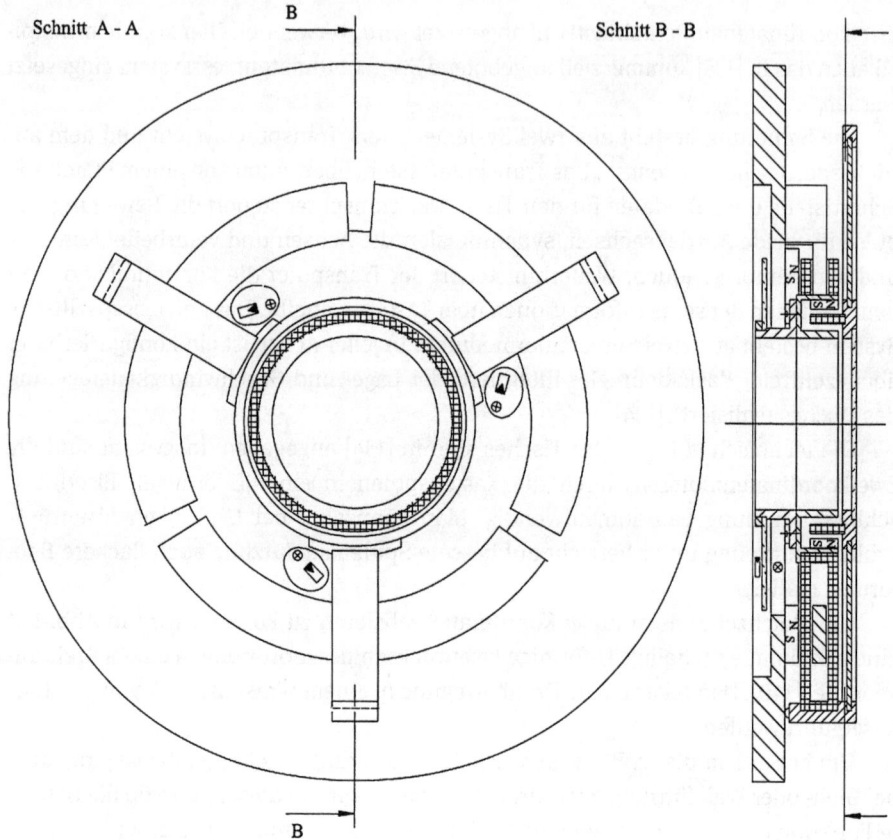

Schnitt A - A   B   Schnitt B - B

B

Abb. 2.31: Prinzip eines elektrodynamischen Mehrkoordinatenmotors mit bewegten Kastenspulen für *xyφz*-Bewegung.

Bauformen mit bewegten Magneten

Die Bauformen mit bewegten Dauermagneten erfordern einen relativ großen Bauraum und viel statische Eisenmasse für größere Wege. Um die Eisenrückschlüsse für große Wege nicht zu groß werden zu lassen, muss mit kommutierten Spulen in Gegenerregung gearbeitet werden, damit der magnetische Fluss der Spulenerregung im Eisen möglichst gut kompensiert wird.

Bauformen mit bewegten Dauermagnetkreisen

Auch bei Kastenspulen wäre die zu bewegende Gesamtmasse der Dauermagnetkreise für größere Bewegungsbereiche über 50 mm und Kräften über 5 N schon sehr groß. Bei kleineren Wegen und Kräften ist diese Variante durchaus praktikabel [142]. Hier kann deshalb die gleiche Massereduzierung wie bei den Flachspulbauformen in Abschnitt 2.1.3.1 durch Aufteilung des Eisenkreises in einen unbewegten und einen bewegten Teil, der auch die Dauermagneten enthält, vorgenommen werden.

2.1.3.3 Elektrodynamische Mehrkoordinatenmotoren mit Zylinderspulen und gekrümmten Flachspulen für eine $x\varphi$-Bewegung

Die bereits im einleitenden Abschnitt 2.1.3 erwähnten $x\varphi$-Motoren (Dreh-Schub-Motoren) [133, 161] sind für Dreh-Hub-Bewegungen aus dem klassischen Tauchspulmotor ableitbar. Der Läufer besitzt eine Zylinderspule für die x-Bewegung und zwei gekrümmte Flachspulen für die φ-Bewegung, die in entsprechenden Arbeitsluftspalten von Permanentmagnetkreisen angeordnet sind. Die Flachspulen müssen entsprechend der Drehung kommutiert werden, wobei die Kommutierungssignale von einem integrierten inkrementalen $x\varphi$-Messsystem abgeleitet sind. Die Stromzuführungen zu den Spulen sind als Schleppkabel ausgeführt. Die Lagerung des Läufers kann mit Gleit-, Wälz-, magnetischen und aerostatischen Baugruppen realisiert werden. Die Abbildungen 2.32 und 2.33 zeigen $x\varphi$-Motoren im Schnitt nach [132, 133, 161], die getrennte als auch gleiche Luftspalte für die x- und φ-Spulen aufweisen.

Das benötigte Messsystem ist nicht handelsüblich. Als Maßverkörperung dient ein transmittierend-reflektierendes Kreuzraster auf einem Glaszylinder [137]. Die Abtastung kann optoelektronisch im Auf- oder Durchlicht wie bei den ebenen xy-Messsystemen erfolgen, wobei das Abtastraster eine an den Maßverkörperungszylinder angepasste Krümmung und orthogonale Linienraster für die x- und φ-Koordinate haben muss.

Die Regelung sollte als Mehrgrößenregelung ausgeführt werden, obwohl hier jedoch nur zwei Größen verkoppelt sind. Allerdings können auch beide Bewegungen nacheinander getrennt geregelt ausgeführt werden, wobei von Referenzmarken als Nullpunktgeber ausgegangen wird [161]. Die Leistungsparameter des φ-Antriebs sind in [161] angegeben.

2.1.4 Betriebsverhalten elektrodynamischer Linear- und Mehrkoordinatenmotoren

Das Betriebsverhalten von Linear- und Mehrkoordinatenmotoren soll wegen des dominierenden Einsatzes permanentmagnetisch erregter Systeme nur für diese betrachtet werden. Für den statischen und quasistatischen Betrieb reicht dabei eine Eingrenzung auf die Grundbauformen nichtkommutierter Gleichpolausführungen aus.

Zylinderspule für Axialbewegung

gekrümmte Flachspule für
φ Bewegung

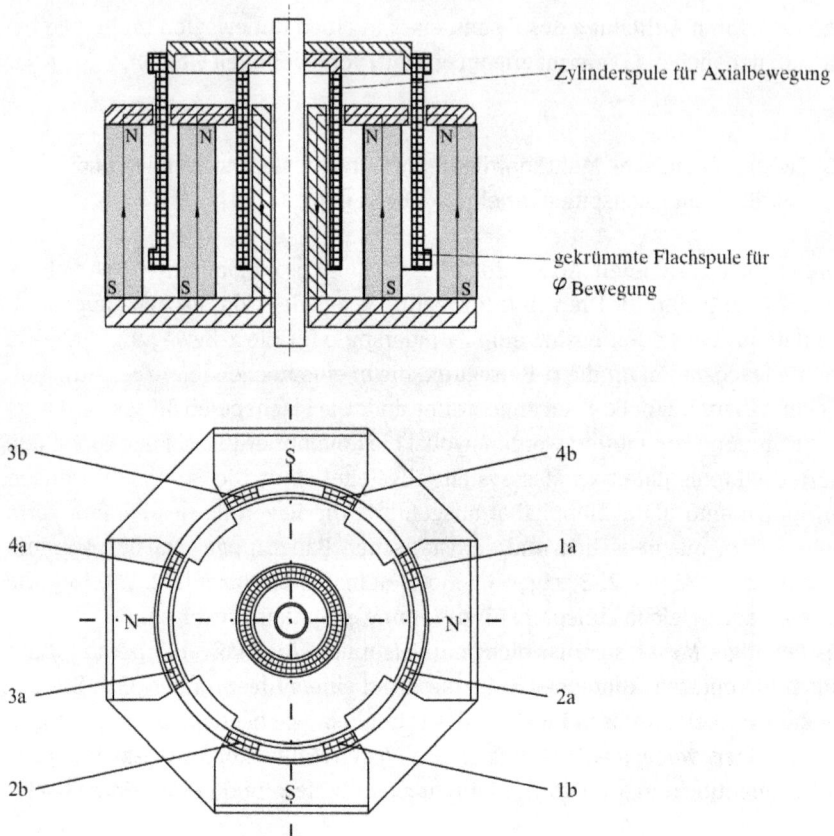

Abb. 2.32: $x\varphi$-Motor nach [132] mit zwei separaten Luftspalten für die Dreh- und Schubwicklung. 1, 2, 3, 4 Wicklungsstränge für die φ-Bewegung (gekrümmte Flachspulen).

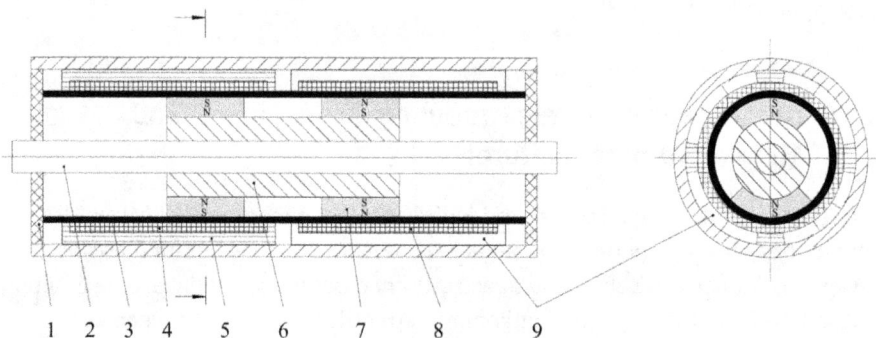

Abb. 2.33: $x\varphi$-Motor nach [161] mit einem gemeinsamen Luftspalt für beide Antriebswicklungen. 1 Deckel; 2 Antriebswelle; 3 Gleitlagerbuchse; 4, 8 Schubwicklungen; 5, 9 Drehwicklungen; 6 innerer Rückschluss; 7 Magnete.

2.1.4.1 Stationärer und quasistationärer Betrieb permanenterregter Motoren

Das *permanentmagnetische Erregerfeld* ist bei den Grundbauformen nahezu konstant. Deutliche Luftspalt- und damit Luftfeldänderungen treten nur bei Systemen mit veränderlichem Luftspalt oder bewegten Magneten auf. Große Luftspaltänderungen mit der Gefahr einer irreversiblen Teilentmagnetisierung sind bei Montage und Demontage zu erwarten, z. B. beim Ausbau eines Permanentmagnetläufers. Temperatureinflüsse auf den Permanentmagneten und damit auf die Luftspaltinduktion B_L lassen sich aus den Temperaturkoeffizienten der Remanenz $T_K(B_r)$ ermitteln. Bei Hartferriten ist der Temperaturkoeffizient der Koerzitivfeldstärke $T_K(H_{cB})$ zu dem der Remanenz $T_K(B_r)$ gegenläufig.[12] Bei vergleichsweise stark gescherten magnetischen Kreisen besteht bei zeitweiliger Abkühlung dann ebenfalls die Gefahr einer irreversiblen Teilentmagnetisierung. Stärkere Temperatureinflüsse zeigt das elektrische Teilsystem durch den Temperaturkoeffizienten des Leitermaterials (z. B. $T_{K\,Cu} = 0{,}39\,\%/\mathrm{K}$). Dies wird im Allgemeinen durch eine Stromregelung kompensiert. Ankerrückwirkungen führen zur Schwächung oder Erhöhung des Arbeitspunktes entsprechend Gleichung (2.4). Auch hier besteht bei nichtlinearen Entmagnetisierungskennlinien die Gefahr einer irreversiblen Teilentmagnetisierung. Die Amplitude des Spulenstroms im Kurzzeit- bzw. Aussetzbetrieb wird dadurch begrenzt.

Die *Induktion im Arbeitsluftspalt* ist nur im mittleren Bereich annähernd konstant. Zu den Luftspalträndern sind deutliche Absenkungen zu erwarten (Abb. 2.34a). Die Kraft-Weg- und Kraft-Strom-Kennlinien weisen entsprechende Nichtlinearitäten auf (Abb. 2.34b,c). Die Kraft-Weg-Kennlinien fallen im Allgemeinen wegen der Induktionsabsenkung an den Luftspalträndern ab, wegen der integrierenden Wirkung der Spule jedoch nicht in gleichem Maße wie der Induktionsverlauf. Die Kraft-Strom-Kennlinien zeigen in beiden Bewegungsrichtungen eine entgegengesetzte Beeinflussung (Gleichfeld- und Gegenfeldeinfluss je nach Stromrichtung). Dies resultiert aus einer quadratisch vom Strom abhängigen Kraftkomponente, (2.4) und (2.5). Bei sehr großen Strömen (Kurzzeitbetrieb) könnte sogar eine Kraftumkehr die Folge sein, was praktisch jedoch kaum auftritt.

Reluktanzkräfte bzw. *Kräfte auf Grenzflächen* in magnetischen Feldern treten bei Systemen mit veränderlichen Luftspalten oder bewegten Magneten zusätzlich auf. Abbildung 2.35 verdeutlicht die Wirkung der Reluktanzkräfte an einem Motor mit bewegten Magneten entsprechend dem in Abb. 2.16a vorgestellten Grundprinzip qualitativ [98]. Bei Auslenkung aus der Mittellage entstehen rücktreibende Reluktanzkräfte auf den Magnetläufer. Da diese nicht von der Stromrichtung, sondern nur von der Auslenkungsrichtung abhängen, führt dies praktisch zur Abschwächung der Kraft bei Bewegung aus der Mittellage heraus und zur Verstärkung bei hereinführender Bewegung. Sie treten zusätzlich zu den oben dargestellten Nichtlinearitäten auf.

---

12 Eigenschaften von Permanentmagneten s. Band 1, Abschnitt 2.5.2.

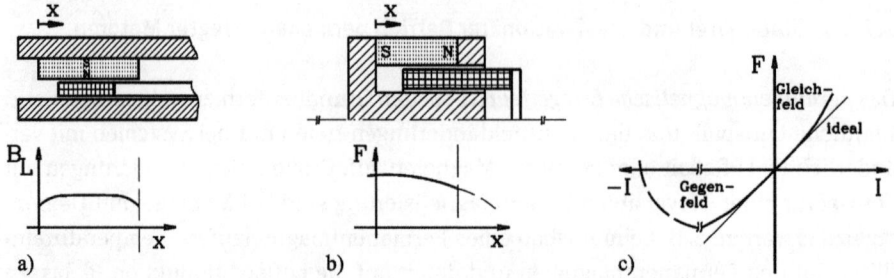

Abb. 2.34: Charakteristische Nichtlinearitäten bei elektrodynamischen Linearmotoren (Beispiele, qualitativ) der Induktion im Arbeitsluftspalt eines Flachspulmotors (a), einer Kraft-Weg-Kennlinie eines Tauchspulmotors durch nichtkonstante Luftspaltinduktion (b), der zugehörigen Kraft-Strom-Kennlinie des Tauchspulmotors durch Feldüberlagerung (c).

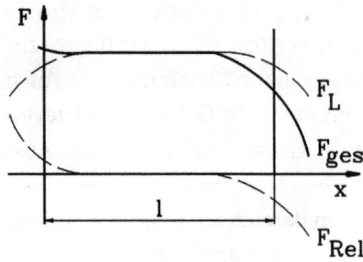

Abb. 2.35: Kräfte an einem Motor mit bewegten Magneten (qualitativ). F_L Lorentzkraft, F_{Rel} Reluktanzkraft (Grenzflächenkraft), F_{ges} resultierende Kraftwirkung.

2.1.4.2 Dynamischer Betrieb

Für permanentmagnetisch erregte Linearmotoren gelten analog zu rotatorischen permanentmagnetisch erregten Gleichstrommotoren charakteristische Motor- und Bewegungsgleichungen, die die vier Teilsysteme miteinander verknüpfen. Diese Gleichungen sind bereits in Abb. 2.5 enthalten.

Motoren in Gleichpolausführung realisieren nur geringe Hübe. Stationäre Betriebszustände werden nur kurzzeitig erreicht. Es dominieren Positioniervorgänge mit Beschleunigungs- und Bremsphasen sowie das Halten angefahrener Positionen. Stationäre Kennlinien, vergleichbar den Drehzahl-Drehmoment- und Leistungs- bzw. Wirkungsgrad-Kennlinien bei rotatorischen Motoren sind deshalb wenig gebräuchlich. Bei Wechselpolausführungen mit Kommutierung können derartige Kennlinien bei genügend großem Bewegungsbereich analog den permanent erregten rotatorischen Gleichstrommotoren bzw. bei der eher seltenen elektrischen Erregung analog Reihen- oder Nebenschlussmotoren dargestellt werden. Hinzu kommen bei Wechselpolausführungen noch Einflüsse durch die Kommutierung bzw. dadurch bedingte wellige Kraftverläufe. Diese sind bei den rotatorischen Motoren bereits dargestellt.

Linearisiert man die Kraft-Weg- und Kraft-Strom-Kennlinien und vernachlässigt zunächst nichtlineare Haft- und Gleitreibungskräfte F_R, stationäre Lastkräfte F_L, Re-

Tab. 2.1: Ausgewählte Weg-Übertragungsfunktionen $G(s)$ von Linearmotoren (ohne Reib-, Last- und Reluktanzkrafteinfluss, vereinfacht für $T_{el} \ll T_{mech}$).

1. Motor mit Federkraft

a) bei Spannungseinprägung

b) bei Stromeinprägung

$$G_u(s) = \frac{\frac{Bl}{Rk_2}}{(1+sT_1)(1+2DTs+s^2T^2)}$$

$$G_i(s) = \frac{\frac{Bl}{k_2}}{1+2DTs+s^2T^2}$$

$$T_1 = \frac{L}{R}; \quad T = \sqrt{\frac{m}{k_2}}; \quad D = \frac{1}{2}\frac{k_1 + \frac{(Bl)^2}{R}}{\sqrt{k_2 m}}$$

$$T = \sqrt{\frac{m}{k_2}}; \quad D = \frac{1}{2}\frac{k_1}{\sqrt{k_2 m}}$$

2. Motor ohne Federkraft

a) bei Spannungseinprägung

b) bei Stromeinprägung

$$G_u(s) = \frac{\frac{Bl}{R(k_1 + (Bl)^2/R)}}{s(1+sT_1)(1+sT_2)}$$

$$G_i(s) = \frac{\frac{Bl}{k_1}}{s(1+sT_1)}$$

$$T_1 = T_{el} = \frac{L}{R}; \quad T_2 = T_{mech} = \frac{m}{k_1 + \frac{(Bl)^2}{R}}$$

$$T_1 = \frac{m}{k_1}$$

luktanzkräfte F_{Rel} sowie die Kommutierung, lassen sich die Übertragungsfunktionen der Antriebe durch Laplace-Transformation aus obigen Gleichungen ermitteln und Signalflusspläne zur Verdeutlichung der Rückwirkungen aufstellen [94]. Tabelle 2.1 enthält ausgewählte Weg-Übertragungsfunktionen. Abbildung 2.36 zeigt für einen Motor mit Federgegenkraft bei Spannungseinprägung den zugehörigen Signalflussplan. Durch entsprechende Vereinfachungen sind für alle anderen möglichen Belastungskonstellationen Signalflusspläne ableitbar.

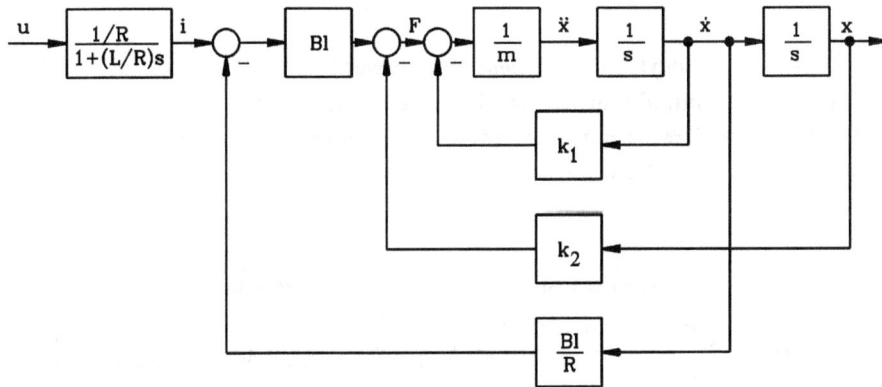

Abb. 2.36: Signalflussplan eines elektrodynamischen Linearmotors mit Federgegenkraft bei Spannungseinprägung (vereinfacht für $T_{el} \ll T_{mech}$).

Bei Spannungseinprägung wirken sowohl die elektrische Zeitkonstante als auch die mechanische Zeitkonstante infolge der bei Bewegung der Spule induzierten Gegenspannung dämpfend auf die Bewegung. Bei Stromeinprägung entfallen die Wirkungen der Spuleninduktivität und der bewegungsinduzierten Gegenspannung $wBl\dot{x}$. Bei

Motoren mit Federgegenkraft treten auch Schwingglieder mit dem bekannten Übertragungsverhalten auf [94]. Zusätzlich zu den o. g. Gleichungen und Übertragungseigenschaften kommen bei Systemen mit bewegten Magneten bzw. solchen mit bewegten Flussführungsteilen Ummagnetisierungs- oder Hystereseverluste als weitere dämpfende Wirkungen hinzu [124].

2.1.5 Ansteuerung elektrodynamischer Linear- und Mehrkoordinatenmotoren

Von ihrem Bewegungsverhalten her sind elektrodynamische Linear- und Mehrkoordinatenmotoren kontinuierliche Antriebe und entsprechen rotatorischen permanentmagnetisch erregten Gleichstrommotoren. Für Positionieraufgaben ist ein geschlossener Regelkreis erforderlich, da elektrodynamische Antriebe keine internen Maßverkörperungen besitzen. Hier kann also weitgehend auf die entsprechenden Kapitel verwiesen werden. Es sollen lediglich ausgewählte Beispiele für Lineardirektantriebe und die Besonderheiten bei Mehrkoordinatenantrieben näher erläutert werden. Den häufigsten Einsatzfall elektrodynamischer Linearmotoren bilden dabei Positionieranwendungen. Nur diese seien nachfolgend ausgeführt [62, 92].

2.1.5.1 Ansteuerung elektrodynamischer Linearmotoren

Regelkreise für elektrodynamische Linearmotoren werden meist, wie von rotatorischen Motoren her bekannt, als kaskadierte Regelkreise aufgebaut.[13] Abbildung 2.37 zeigt eine typische Regelkreisstruktur, wie sie bei Positioniersystemen mit elektrodynamischen Linearmotoren oft zur Anwendung kommt.

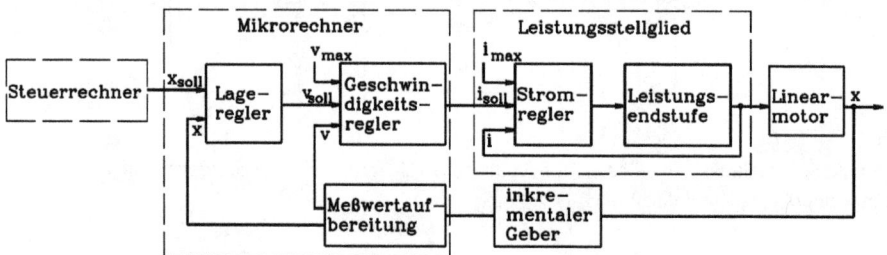

Abb. 2.37: Kaskadierter Regelkreis mit Mikrorechnerregler.

---

13 Regler s. Band 1, Abschnitt 11.3.

Eine *unterlagerte Stromregelung* dient der Verbesserung der Reaktionszeiten durch Kompensation der bewegungsinduzierten Gegenspannung und der elektrischen Zeitkonstante sowie gegebenenfalls der Unterdrückung von Nichtlinearitäten der Kräfte infolge temperaturabhängiger Änderungen des Wicklungswiderstandes.

Eine *Geschwindigkeitsregelung* wird bei hochdynamischen Systemen dazu überlagert angeordnet, sofern ein Geschwindigkeitssignal mit vertretbarem Aufwand ableitbar ist. Die äußere Regelschleife stellt einen Lageregelkreis dar. Hier kommen meist PI- oder PID-Regler zum Einsatz, für die unterlagerten Schleifen oft P-Regler. Komplexere Reglerstrukturen nehmen aber zu. Prinzipiell lassen sich Regler dabei sowohl analog als auch, wie in Abb. 2.37 angedeutet, digital realisieren. Aus Gründen der erforderlichen Rechengeschwindigkeit werden die Stromregelungen derzeit meist analog und die Lageregelung digital ausgeführt, während für eine zusätzliche Geschwindigkeitsregelung je nach Rechnerleistung beides üblich ist. Übergeordnet dazu erfolgt eine aus der Anwendung resultierende Sollwertvorgabe und -berechnung meist durch einen Hostrechner.

Als *Stellglied für den Strom* und damit die Motorkraft ist zunächst nur ein Leistungs-Servoverstärker erforderlich, der insbesondere bei kleinen Leistungen und Forderungen nach ruhigem Lauf zum Einsatz kommt. Wegen der hohen Verlustleistungen an dessen Endstufen wird bei größeren Leistungen eine getaktete Leistungsstellung durch einen pulsweitenmodulierten Pulssteller (PWM) bevorzugt.[14] Da deren Endstufen nur im Schalterbetrieb arbeiten, bleiben die Leistungsverluste klein. Die Rechtecksignale der Pulsweitenmodulation erzeugen bei üblichen Betriebsfrequenzen von 20...35 kHz jedoch u. U. Störimpulse in einem großen Frequenzspektrum, die EMV-Probleme schaffen.[15] Auch im Motorstillstand ohne Kraft ($I = 0$) tritt bei Pulstellerbetrieb eine Verlustleistung auf, da zwar der Strommittelwert null wird, jedoch eine ständige periodische Stromänderung um null mit der Taktfrequenz erfolgt. Insbesondere bei den hier häufig anzutreffenden Antriebswicklungen mit sehr kleinen Induktivitäten, z. B. bei Flachspulen, ist diese periodische Stromänderung nicht mehr zu vernachlässigen ($P_{el} \sim i^2$). Das Stellglied übernimmt oft zusätzliche Aufgaben wie Stromregelung, Übertemperatur- und Betriebsspannungsüberwachungen, bei kommutierten Systemen auch die Kommutierung, meist gesteuert durch das Wegsignal oder Hallsensoren.

Lineare Messsysteme für Bewegungsaufgaben zur Erfassung von Position und evtl. Geschwindigkeit sind möglichst direkt am Abtrieb anzubringen. Dazu eignen sich vorzugsweise relative oder absolute Inkrementalmaßstäbe und interferometrische Wegaufnehmer, wobei aus der Zählfrequenz auch Geschwindigkeitsinformationen zu gewinnen sind.[16] Die erzielbaren Auflösungen gehen dann bis in den nm-Bereich bei ho-

---

14 Leistungselektronik s. Band 1, Kapitel 11.
15 EMV s. Band 1, Kapitel 13.
16 Sensoren s. Kapitel 5.3.

her Absolutgenauigkeit, die Kosten sind jedoch noch erheblich. Analoge Wegaufnehmer mit den aus dem analogen Arbeitsprinzip resultierenden Nachteilen sind kostengünstiger, aber nur für kleine Bewegungsbereiche sinnvoll, beispielsweise induktive Wegaufnehmer nach dem Differenzialtransformator- oder Differenzialdrosselprinzip. Es lassen sich Auflösungen von 1 μm und besser bei kleinen Messlängen und eingeschränkten Absolutgenauigkeiten erzielen.

Die *Positioniergenauigkeiten* von Lineardirektantrieben hängen vorwiegend vom Messsystem und den Reibverhältnissen ab und reichen beispielsweise bei interferometrischer Wegmessung und aerostatischer Führung bis in den nm-Bereich. Auch magnetische Schwebeführungen sind möglich, um Reibkräfte zu minimieren [126]. Eine umfassende allgemeine Darstellung der Ansteuerung und Regelung von Lineardirektantrieben ist an dieser Stelle nicht möglich, an zwei Beispielen sollen jedoch Lösungsansätze für oben dargestellte Problemkreise verdeutlicht werden.

Beispiel 1: Analoges Stellglied für Linearmotoren

Analoge Leistungsstellglieder für nichtkommutierte Motoren kleiner Leistung sind als sogenannte Voice Coil Motor Driver [113] in Form von ICs verfügbar. Derartige Stellglieder kommen vorzugsweise für Schwenkantriebe in Festplatten- oder CD/DVD-ROM-Laufwerken zum Einsatz. Im Schaltkreis sind meistens eine Reihe wichtiger Hilfsfunktionen zusätzlich integriert, so beispielsweise eine Stromregelung, eine Betriebsspannungsüberwachung, ein Kopfrückzug im Havariefall mit einstellbarem Rückzugsstrom bei Zusammenbruch der Betriebsspannung unter Nutzung der im rotatorischen Plattenstapelmotor induzierten Gegenspannung, eine Kurzschlussüberwachung sowie eine Umschaltung der Stromregelung zwischen Spursuch- und Folgemodus. Mit den auf der Festplatte aufgezeichneten Positionsinformationen als Wegsignal kann bei Einsatz eines Mikrorechnerreglers dann mit nur wenigen Bauelementen ein hochdynamisches, sehr genaues und auch kostengünstiges Positioniersystem realisiert werden.

Beispiel 2: Regelung eines Motors mit bewegtem Magneten unter Nutzung einer integrierten Wegsignalerzeugung

Ein weiteres Beispiel soll verdeutlichen, dass bei mittleren Genauigkeits- und Dynamikforderungen auch Lageinformationen, in anderen Fällen auch Geschwindigkeitsinformationen aus dem Motor selbst gewonnen werden können. Dies verringert wegen des Wegfalls zusätzlicher Messsysteme den Gesamtaufwand und die Kosten erheblich, eröffnet dadurch neue Ansätze zur Miniaturisierung. Der Kerngedanke besteht darin, die Induktivitätsänderung in zwei Teilspulen des Motors bei Verschiebung des Läufers als wegproportionales Signal zu erfassen [100, 101, 110, 114, 115].[17] Abbildung 2.38

---

[17] Sensoren s. Kapitel 5.3.

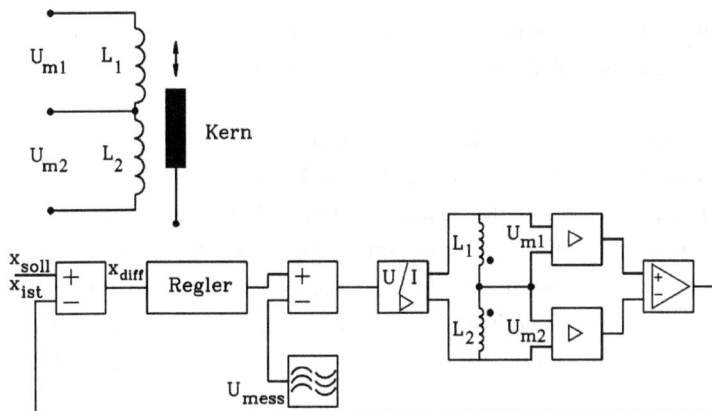

Abb. 2.38: Regelkreis eines Motors mit bewegten Magneten mit integrierter Wegsignalerzeugung durch Einprägung einer Messwechselspannung in das analoge Stellglied [110, 115].

zeigt die prinzipielle Schaltung eines Regelkreises mit integrierter Wegsignalerzeugung.

Zum Einsatz kommen hierbei Motorbauformen mit bewegten Magneten, beispielsweise nach Abb. 2.16a oder b. Die Spule und der magnetische Rückschluss eines solchen Motors sind ortsfest. Die Feldrichtungen an den beiden Enden des bewegten Magneten und damit die Richtungen des Luftspaltfeldes sind entgegengesetzt, eine Stromrichtungsumkehr zwischen den beiden magnetischen Polen durch eine Umkehr der Wicklungsrichtung der Spule oder bei gleichem Wicklungssinn durch Auftrennung in zwei Teilspulen mit entgegengesetzter Bestromung ist deshalb erforderlich. Jede der beiden Teilspulen erstreckt sich dabei über die halbe Länge des Rückschlusses.

Diese beiden Teilspulen lassen sich als Wegmesssystem nutzen, wenn überlagert zum Motorstrom ein hochfrequentes Signal, wie bei Differenzialdrosselmesssystemen als Trägerfrequenz üblich, eingeprägt und über eine Brückenschaltung ausgewertet wird. Zum Einsatz kommt hier ein analoger Leistungsverstärker als Stellglied. Durch die Verschiebung des Läufers, dessen relative Permeabilität größer als eins sein muss, aus einem Spulenteil heraus ergibt sich eine Verkleinerung der Impedanz dieser Teilspule. Im selben Maße wie sich der Läufer aus der einen Teilspule heraus bewegt, bewegt er sich in die andere Teilspule hinein und erhöht dort die Impedanz. Die Differenz der Impedanzen der beiden Teilspulen (Wechselspannungsteiler) wird erfasst und als wegproportionales Signal aufbereitet. Das Spulensystem des Motors nutzt man dabei multifunktional als Mess- und Antriebswicklung. Um ein getrenntes Abgreifen der Messspannung über den Teilspulen zu ermöglichen, ist eine Mittelanzapfung an der Verbindung der beiden Teilspulen aus dem Motor herausgeführt. In der Messschaltung werden die Wechselspannungen gefiltert, verstärkt und anschließend elektronisch subtrahiert, um Gleichfeldstörungen zu beseitigen. Das nach der Subtraktion der beiden Teilspannungen erhaltene Signal stellt ein Wegsignal für die absolute Position des Läufers dar. Mit diesem Wegsignal kann dann ein geschlossener Regelkreis realisiert werden.

Abbildung 2.39 zeigt ein Blockschaltbild einer ähnlichen Lösung, jedoch unter Einsatz eines Pulsstellers. Hier wird keine zusätzliche Messfrequenz eingekoppelt, sondern die bereits relativ hohe Schaltfrequenz des Pulsstellers ausgenutzt und zu festgelegten Zeitpunkten der Induktivitätsunterschied aus einer Messung des Spannungsanstiegs der Mittenspannung ermittelt [101]. Die Wegauflösung beträgt typischerweise 0,1...0,5 % des Messbereichs, die Absolutgenauigkeit ist von der Fertigungsgenauigkeit der Spulen abhängig und erreicht im quasistatischen Betrieb ca. 1 %.

2.1.5.2 Ansteuerung elektrodynamischer Mehrkoordinatenmotoren

Mehrkoordinatenmotoren ohne mechanische Verdrehsicherung stellen ein verkoppeltes Mehrgrößensystem dar, das mit einer Mehrgrößenregelung geregelt werden muss. Ist eine mechanische Verdrehsicherung vorhanden, so kann jede Koordinate für sich gleichzeitig oder aber auch hintereinander mit den bereits für elektrodynamische Linearmotoren angegebenen Reglern bezüglich der Lage und der Geschwindigkeit geregelt werden.

Mehrgrößenregler stellen hohe dynamische Anforderungen an die zu verwendenden informationsverarbeitenden elektronischen Baugruppen. Deshalb werden hierfür schnelle Signalprozessoren eingesetzt, die die von den Mehrkoordinatenmesssystemen erfassten Informationen der xy-, $xy\Delta\varphi$-, $xy\varphi$- und $x\varphi$-Messsysteme in Echtzeit verarbeiten können. $\Delta\varphi$ soll dabei für kleine Winkelbereiche stehen. Diese Mehrkoordinatenmesssysteme sind die Grundlage der Mehrgrößenregelung, und deshalb sollen sie hier noch einmal ergänzend zu den Ausführungen im Abschnitt 2.1.3, in dem sie bereits für die Funktionserläuterung beschrieben wurden, behandelt werden.

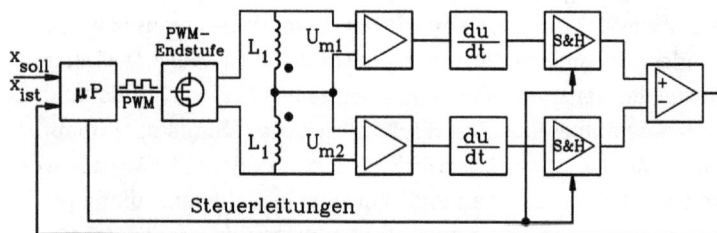

Abb. 2.39: Regelkreis eines Motors mit bewegten Magneten mit integrierter Wegsignalerzeugung bei Einsatz eines Pulsstellers [101].

Mehrkoordinatenmesssysteme für die Regelung

Für Mehrkoordinatenantriebe mit Bewegungsbereichen $> 10\,\text{mm} \times 10\,\text{mm}$ werden meist Messsysteme mit relativen oder absoluten Maßverkörperungen in zwei Koordinaten und auch interferometrische Mehrkoordinatenmesssysteme verwendet. Am verbreitetsten sind inkrementale Kreuzrastermaßverkörperungen mit Referenzspuren für zwei Koordinaten auf speziellen silikatischen Trägern mit Auf- oder Durchlichtabtastung mittels optoelektronischen Beleuchtungsquellen (LED) und Sensoren (z. B. Fotodioden oder Fototransistoren) (Abb. 2.40) [155]. Kommerziell angeboten wird u. a. ein inkrementales Zwei-Koordinaten-Messgerät für einen Messbereich von 68 mm×68 mm mit einer Auflösung von 0,01 µm und einer Genauigkeit von ±2 µm [135]. Die Maßverkörperung besitzt eine Zweikoordinaten-DIADUR-Phasengitterteilung unter 45° zu den Koordinatenrichtungen auf Glas mit einer Teilungsperiode von 8 µm und einer Signalperiode von 4 µm sowie die Referenzmarke 3 mm nach Messbeginn für jede Koordinate.

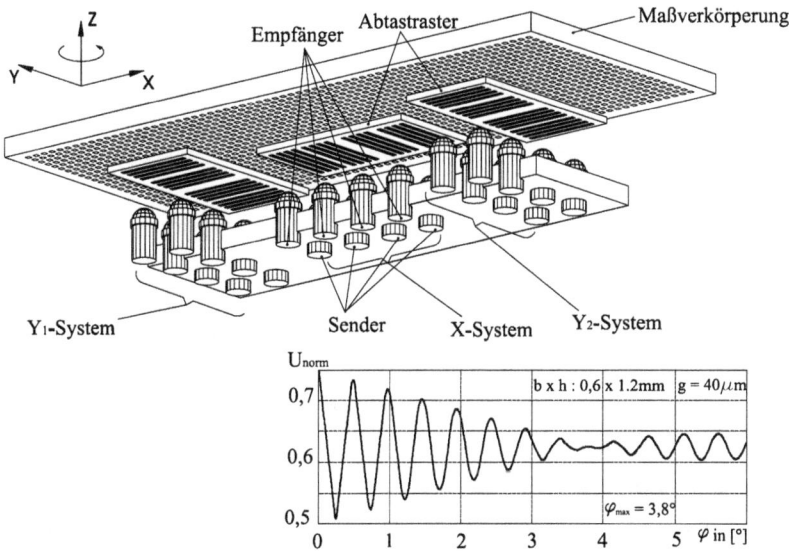

Abb. 2.40: Prinzipielle Anordnung eines $xy\Delta\varphi$-Messkopfes nach [159] und Verkleinerung der Messwertamplitude bei Verdrehung des Läufers.

Neuere Entwicklungen von x-, xy- und $xy\Delta\varphi$-Messsystemen sind durch [130, 136, 164] und [166] in letzter Zeit bekannt geworden. In [164] ist auch ein interessantes laserinterferometrisches $xy\Delta\varphi$-Messsystem mit Positioniergenauigkeiten von 30 nm (für 12 mm) und einem Kippwinkel von maximal 10′ im Bewegungsbereich von bis zu 300×300 mm beschrieben. Abbildung 2.41 zeigt das Prinzip dieses Messsystems.

Speziell für die $xy\Delta\varphi$-Messwerterfassung von Dreikoordinatenantrieben ist von [136] und [130] ein als 2D-Epiflex-Modul bezeichnetes Messsystem mit Referenz-

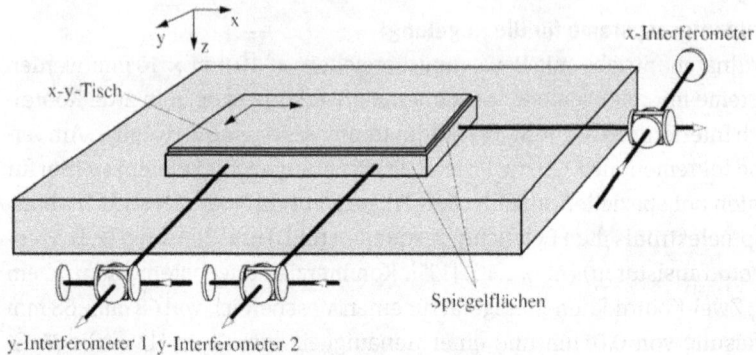

Abb. 2.41: Laserinterferometrisches $xy\Delta\varphi$-Messsystem nach [164].

markenerfassung entwickelt worden, das im Auflicht arbeitet. Mit der benutzten Fotodiodenarray-Anordnung wird eine fehlerverkleinernde Mehrfachabtastung zur Sicherung höchster Auflösungen durch Interpolation der analogen Messsignale erreicht. Die Referenzdetektoren bestehen aus Einzelfotodioden, die Einzelstrich-Referenzmarken abtasten. Für verschiedene Anordnungsvarianten der drei Einzelaufnehmer sind Interpolationsfaktoren bis 4000 angegeben, wodurch Auflösungen von 0,01 µm und 0,068″ (je nach Basisabstand) bei 40 µm Rasterkonstante erreicht werden.

In [166] sind bei den sogenannten Transformationsmesssystemen (mit CCD-Zeilenabtastung) Absolutkodierungen in der Variantenbetrachtung zu finden.

Für große Drehwinkel bis 360°, wie sie mit dem in Abb. 2.25 dargestellten Prinzip realisiert werden, können für die gleichzeitige Erfassung der $xy\varphi$-Koordinaten Messsysteme mit einer Maßverkörperung aus einem Radialrasterkranz und einer Abtastung mit 3 unter 90° angeordneten CCD-Zeilen verwendet werden [129, 167]. In Abb. 2.42 ist das Messsystem schematisch dargestellt.

Mehrgrößenregelung für die Mehrkoordinatenbewegung

Die *Leistungsparameter von Mehrkoordinatenantrieben* werden wesentlich von der Steuerung beeinflusst. Neben den bereits bei der Prinzipbeschreibung erläuterten Steuerungen soll deshalb hier auf die neuesten bekanntgewordenen Ergebnisse eingegangen werden. In Abb. 2.43 ist die Hardwarestruktur des Steuerungssystems nach [157] dargestellt.

Die große Anzahl analoger Ausgänge gestattet die getrennte Ansteuerung von mindestens acht Spulen, wie sie für verschiedene angegebene Prinzipien notwendig sind, bei denen Drehmomente für die Verdrehausregelung erzeugt werden. Als Stromendstufen können kommerzielle getaktete Endstufen mit Ausgangsströmen bis ±20 A bei reduzierter Verlustleistung verwendet werden.

„Das Regelungskonzept basiert auf einer speziellen, zeitdiskreten, linearquadratischen Regelung mit Zustandsschätzung auf der Basis eines inkrementellen Modells,

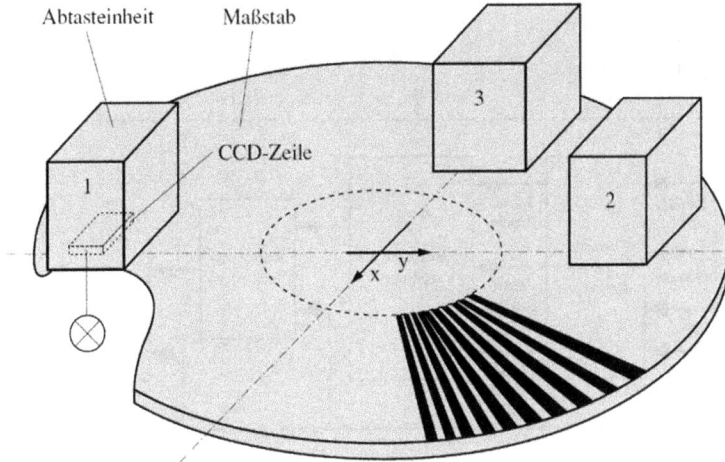

Abb. 2.42: Messanordnung für gleichzeitige Erfassung der Koordinaten $xy\varphi$ nach [167].

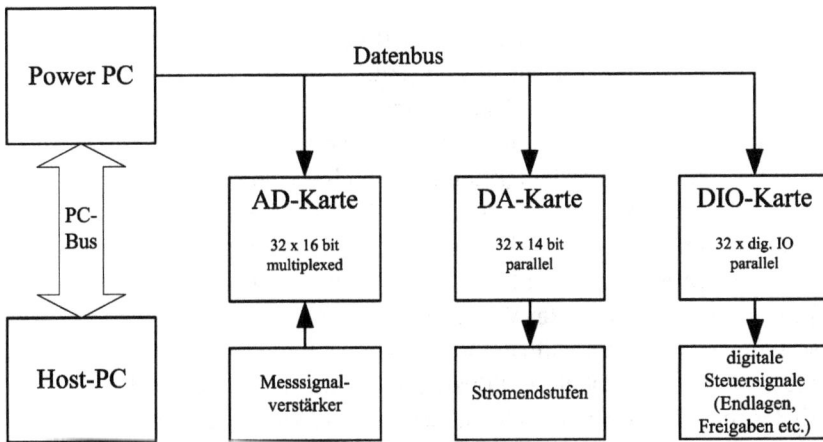

Abb. 2.43: Hardwarestruktur eines Mehrkoordinatensteuerungssystems nach [157] (dSpace-System DS1005 mit IO-Boards).

die durch ihren integralen Anteil bleibende Regelabweichungen durch die Kompensation auftretender Störkräfte eliminiert. Dabei werden auch Stellgrößenbeschränkungen berücksichtigt" [157]. In Abb. 2.44 ist die Regelstruktur für ein Antriebssystem mit mehreren Freiheitsgraden dargestellt.

Das *Regelungskonzept* kombiniert die Vorteile eines Zustandsreglers mit der Robustheit und den Eigenschaften eines klassischen PID-Reglers und zielt auf drei entkoppelte Koordinaten. Das Entkopplungskonzept schließt dabei verschiedene Unterstützungsebenen ein, die den realen Antrieb in drei virtuelle Einzelkoordinaten, sichtbar durch Steuerungsalgorithmen, umwandelt.

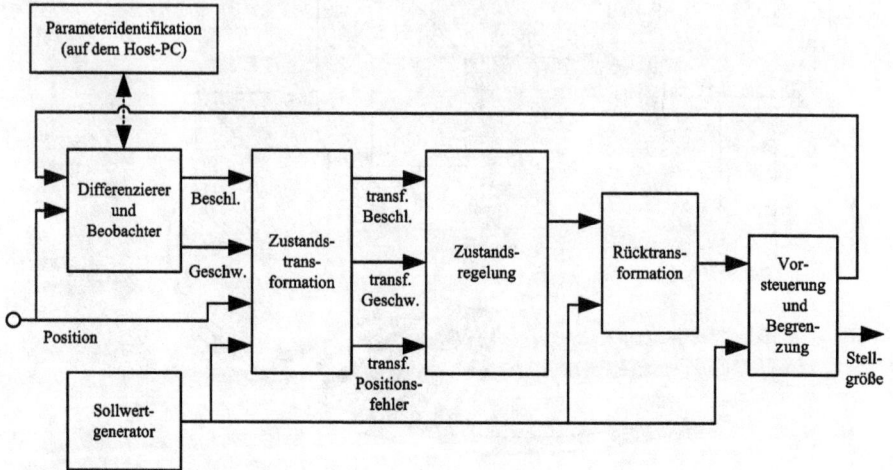

Abb. 2.44: Reglerstruktur für ein Antriebssystem mit mehreren Freiheitsgraden.

Die in Abb. 2.44 dargestellte Reglerstruktur basiert auf einem PID-Regler mit Zustands-schätzung auf der Basis eines inkrementellen Modells. Die Regelung ist eine Zustands-regelung, sie benötigt als Eingangssignal die momentane Position des Läufers (x, y, φ, z) sowie die vom Sollwertgenerator eines Host-PC erzeugten Daten. Diese umfassen die Sollposition, die Sollgeschwindigkeit und die Sollbeschleunigung.

In Abb. 2.45 ist die Kopplungsstruktur nach [157] dargestellt. Neben hochdynami-schen Positioniervorgängen sind mit den Mehrkoordinatenantrieben auch Bahnbe-wegungen auszuführen. Dafür wurde ein sehr effektives Bahnregelungskonzept ent-worfen [157]. Es ist das Prinzip der Vektorregelung. Es basiert darauf, dass sich jede Bahnbewegung entlang einer Sollbahn in eine Zielrichtung und eine Fehlerrichtung zerlegen lässt. In Abb. 2.46 ist dieses Prinzip für eine Kreisbahn dargestellt [157].

Hierbei ist eine Transformation in ein bewegliches Koordinatensystem erforder-lich. Nach der Regelung im beweglichen Koordinatensystem der Sollbahn werden die erforderlichen Kräfte wieder in das feste Koordinatensystem des MKA zurücktrans-formiert. Der Rechenaufwand ist im Vergleich zu mehrachsigen Bahngeneratoren mit inverser Kinematik relativ klein. Die Ergebnisse sind mindestens gleichwertig, da die Geschwindigkeit auf der Bahn und die Abweichung von der Bahn unmittelbar geregelt werden, was in Versuchen bestätigt wurde [157]. Ein derartiges System der Nanopositionier- und Nanomesstechnik mit einem speziellen Mehrkoordinatenan-trieb gestattet z. B., einen Kreis von 25 nm Durchmesser mit einer Bahnabweichung von weniger als 1,8 nm abzufahren [187, 188].

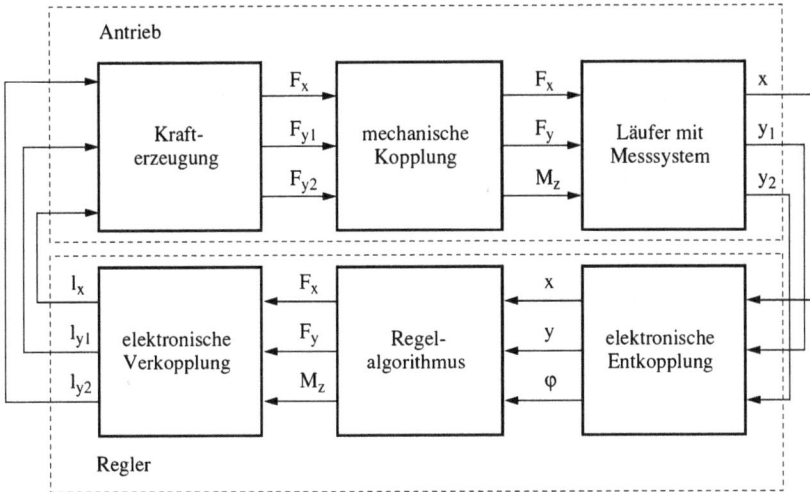

Abb. 2.45: Kopplungsstruktur eines Dreikoordinatenantriebs nach [157].

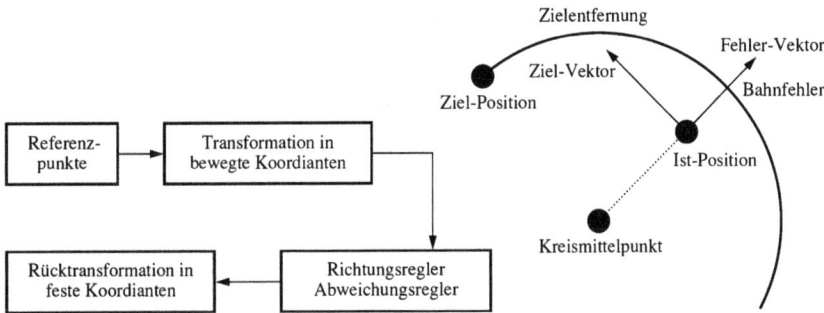

Abb. 2.46: Konzept der Vektorregelung am Beispiel der Kreisbahn nach [157].

2.1.6 Linear- und Mehrkoordinatenantriebe nach dem Asynchronmotorprinzip

Linear- und Mehrkoordinatenantriebe können prinzipiell auch nach dem Asynchron-motor-Prinzip und damit analog den rotatorischen Drehfeldmotoren realisiert wer-den.[18] Diese werden dann als Wanderfeldmotoren bezeichnet. Als Kleinantriebe wer-den diese Motoren seltener genutzt, trotzdem soll hier kurz auf diese Gruppe von Antrieben eingegangen werden. Die Grundstruktur eines Wanderfeldmotors ist in Abb. 2.47 nach [96] dargestellt.

---

18 Asynchronmotoren s. Band 1, Kapitel 6.

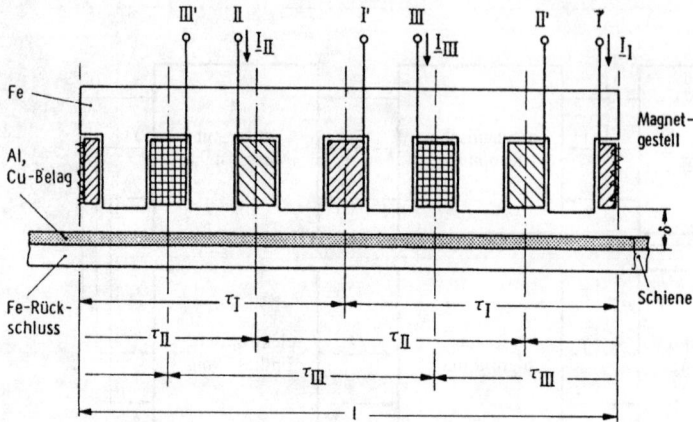

Abb. 2.47: Dreisträngiger zweipoliger Asynchronlinearmotor nach [96].

Die Anordnung kann auch mit zweiseitigem Induktorkamm ausgeführt werden, wobei dann der Eisenrückschluss unnötig ist. Es treten dann keine Anziehungskräfte zwischen Primärteil und Sekundärteil, jedoch zwischen beiden Primärteilen auf. Wegen der hohen Anziehungskräfte gegenüber der Lorentztangentialkraft bei einseitigem Induktorkamm mit Eisenrückschluss im Sekundärteil sind entsprechende kraftaufnehmende Führungen, z. B. Luftlager, für die bewegten Teile notwendig. Genau wie beim Prinzip des rotatorischen Asynchronmotors induziert das magnetische Wanderfeld des Primärteils im Sekundärteil entsprechende Wechselspannungen, die dort richtungsgleiche Ströme hervorrufen, die wiederum in Wechselwirkung mit dem Magnetfeld Lorentzkräfte erzeugen, die eine tangentiale Bewegung eines beweglichen Motorteils asynchron zum Wanderfeld hervorrufen können. Je nach festgehaltenem Teil kann sowohl das Primärteil oder das Sekundärteil bewegt werden. Bei bewegtem Primärteil sind Schleppkabel oder schleifende Stromzuführungen notwendig.

Die relative Differenz zwischen der Geschwindigkeit des Wanderfeldes und der Geschwindigkeit des bewegten Teils wird wie beim rotatorischen Asynchronmotor als Schlupf bezeichnet.

$$s = \frac{v_{\text{wanderf}} - v}{v_{\text{wanderf}}}. \tag{2.10}$$

Die Wanderfeldgeschwindigkeit beträgt $v_{\text{wanderf}} = \tau \cdot z \cdot f$, wobei τ die Polteilung, d. h. der Abstand der Zähne im Primärteil, z die Anzahl der Zähne zwischen zwei Flussmaxima und f die Frequenz der anliegenden Wechselspannung ist. Für die induktive Übertragung der Leistung auf das Sekundärteil gilt für die Luftspaltleistung

$$P_\delta = P_{\text{mech}} + P_{\text{Verl/Sek}}. \tag{2.11}$$

Mit $P_{\text{mech}} = F \cdot v$ und $P_{\text{Verl/Sek}} = s \cdot P_\delta$ wird die erzeugte Kraft auf das zu bewegende Teil

$$F = \frac{P_\delta}{v_{\text{wanderf}}}. \tag{2.12}$$

In Abb. 2.48 sind die Betriebskennlinien eines dreisträngigen Einfach-Induktorkamms mit $U = 380\,\text{V}$, $f = 50\,\text{Hz}$ und $P_S = 500\,\text{VA}$ nach [96] dargestellt, bei denen die flache Kraft-Kennlinie, der geringe Wirkungsgrad sowie der kleine Leistungsfaktor $\cos\varphi$ deutlich sind.

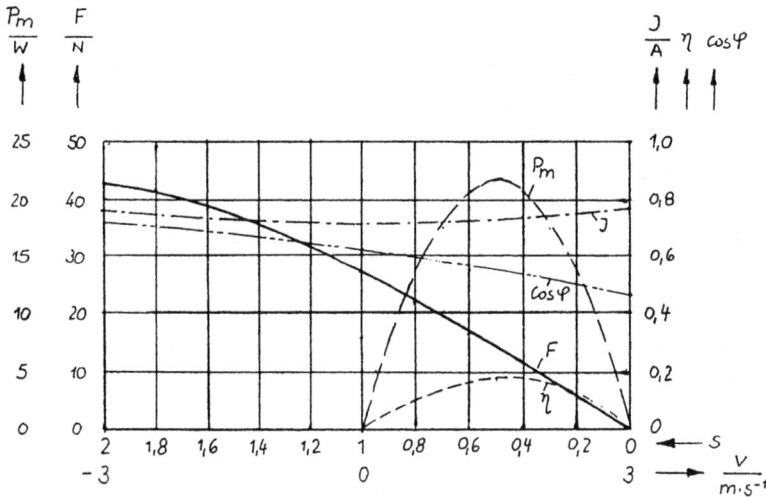

Abb. 2.48: Betriebskennlinien eines Wanderfeldmotors nach [96] für eine Einschaltdauer von 25 % (wegen der immer vorhandenen Erwärmung des Sekundärteils).

Wenn der Induktor und das Sekundärteil zu konzentrischen Ringen geformt sind, werden die Leiter in den Nuten zu Scheibenspulen, die durch ferromagnetische Ringe (geblecht) getrennt sind sowie ein Rückschlussjoch besitzen, und das Sekundärteil ist ein Eisenrohr mit Cu-Belag. Diese Struktur wird als Polysolenoid bezeichnet [96] und wird insbesondere bei „Verriegelungs-, Tast- und Schubfunktionen im Kurzzeitbetrieb" angewendet.

Insgesamt sind lineare Asynchronmotoren für einfache Antriebe geeignet, die sich nicht synchron mit dem Wanderfeld bewegen und bei denen auch lastabhängige Geschwindigkeitsänderungen nicht stören. Mit entsprechenden Steuer- und Regeleinrichtungen ist aber eine Geschwindigkeitsänderung unterhalb der synchronen Wanderfeldgeschwindigkeit möglich. In neueren Arbeiten [174] werden verschiedene bekannte Regelungsverfahren wie die feldorientierte Regelung mit PI-Stromreglern und Entkopplungsnetzwerken u. a. m. untersucht und auch ein neueres Verfahren, das als „Kombination von flachheitsbasierter Internal-Model-Control (IMC)-Strom und IMC-Geschwindigkeitsregelung" bezeichnet wird, bei linearen Asynchronmotoren angewendet.

Bei diesen Regelungsverfahren, insbesondere für die Anwendung in Positionierantrieben, müssen notwendigerweise Weg- und Geschwindigkeitsmessverfahren entsprechender Auflösung und Messunsicherheit eingesetzt werden, wie sie bereits in diesem Kapitel (Abschnitte 2.1.5.1 und 2.1.5.2) behandelt worden sind.

In seinem 1982 veröffentlichten Buch über Drehstromlinearmotoren hat Budig [172] schon neben der detaillierten Beschreibung der Strukturen und deren Funktion für lineare Bewegungen auch auf die technischen Erweiterungsmöglichkeiten für die Realisierung von Zweikoordinatenmotoren hingewiesen. Die Erweiterung auf Zwei- oder Mehrkoordinatenbewegungen durch eine entsprechende Strukturierung des Primärteils mit Spulen und Eisenkreisen für mehrere Kraftrichtungen ist naheliegend, zumal heute nach über 30-jähriger Erfahrungszeit mit Mehrkoordinatenantrieben auf Gleichstromlinearmotorbasis auch andere Motorarten für neue Anwendungsfälle in Betracht gezogen werden sollten.

Für die Mehrkoordinatenantriebstechnik sind in den letzten Jahren verschiedene Entwicklungen bekannt geworden, die das Asynchronmotorprinzip benutzen [175, 176, 178]. Jedoch fallen dabei die relativ große Masse des Primärteils, wenn dieses bewegt werden soll, die großen Anziehungskräfte gegenüber den Vorschubkräften, wenn nur ein einseitiges Primärteil dem Sekundärteil gegenüber angeordnet ist und die geringe Auflösung und Positioniersicherheit bei den verwendeten optischen 2D-Maussensoren auf.

Die Vorteile eines Mehrkoordinatenantriebssystems nach dem Asynchronmotorprinzip bestehen in dem nur durch die Abmessungen des Primärteils beschränkten Bewegungsbereich und dem einfachen unstrukturierten Sekundärteil sowie der möglichen Mehrfachanordnung von Primärteilen gegenüber dem Sekundärteil, wodurch kostengünstige, großflächige Transportsysteme ermöglicht werden.

2.1.7 Kommerziell angebotene Systeme

Linear- und Mehrkoordinatenmotoren werden im Allgemeinen als problemspezifische Antriebe realisiert. Weil Bewegungsumformer fehlen, müssen sie entsprechend dem vorgesehenen Bewegungsbereich ausgelegt werden. Eine problemspezifische Entwicklung bis hin zu einer starken Integration in den Gesamtaufbau des Gerätes ist also naheliegend. Eine Vielzahl in dieser Form umgesetzter, spezieller Antriebslösungen mit Linear- und Mehrkoordinatenmotoren ist somit kommerziell nur eingeschränkt verfügbar bzw. fest an die jeweiligen Geräte- bzw. Systemhersteller gebunden, beispielsweise Festplatten- oder CD/DVD-Laufwerke. Bestimmte Grundbauformen, vorzugsweise kommutierter Wechselpolsysteme, werden jedoch zunehmend in Baureihen angeboten. Sie lassen sich leicht durch Aneinanderreihung weiterer

Teilsysteme an andere Baulängen anpassen. Auch nichtkommutierte Linear- und spezielle Mehrkoordinatenmotoren sind in gewissem Umfang kommerziell verfügbar.

Zusammenfassend seien die Vor- und Nachteile der beschriebenen Lineardirekt- und Mehrkoordinatenantriebe nochmals dargestellt. Bei Lineardirekt- und Mehrkoordinatenantrieben fehlen mechanische Bewegungsumformer. Daraus ergeben sich mechanische Vorteile hinsichtlich eines geräuscharmen Betriebs, geringen Verschleißes sowie einer potenziell hohen Lebensdauer. Unter regelungstechnischem Aspekt weisen diese Antriebe kein Spiel sowie geringe Elastizitäten und Reibung auf. Die bewegten Läufer sind meist sehr massearm. Elektrodynamische Antriebssysteme zeichnen sich außerdem durch einen relativ einfachen Motoraufbau mit vergleichsweise geringen mechanischen Genauigkeitsanforderungen aus. Die erreichbare Positioniergenauigkeit ist nur vom Messsystem abhängig, mechanische Reibung zunächst ausgeklammert (aerostatische oder magnetische Führung). Lineardirekt- und Mehrkoordinatenantriebe besitzen somit die Voraussetzung für höchste Dynamik und Positioniergenauigkeit. Für Stellaufgaben sind natürlich zusätzlich Messsysteme und ein geschlossener Regelkreis erforderlich, die den Aufwand, insbesondere den elektronischen, deutlich erhöhen.

Nachteilig wirkt sich hingegen das schlechte Masse-Leistungs-Verhältnis aus, da derartige Motoren so lang wie der Bewegungsbereich sind. Eine Integration des Direktantriebs in den Gesamtaufbau kann dies in gewissem Maße kompensieren. Beim Vergleich mit rotatorischen Antrieben ist jedoch immer das gesamte Antriebssystem zu berücksichtigen, also einschließlich Führung und erforderlichem Rotations-Translations-Umformer.

2.2 Lineare und planare Hybridschrittmotoren

2.2.1 Lineare Hybridschrittmotoren

Im Maschinenbau und in der Automatisierungstechnik ist gegenwärtig im Zusammenhang mit der Entwicklung immer leistungsfähigerer Steuerungen ein starker Trend zu Lineardirektantrieben zu beobachten, weil größere Verfahrwege, bessere dynamische Eigenschaften, genauere Positionierungen, bessere Integrierbarkeit in Maschinen und Gerätesystemen im Vergleich zu Linearantrieben mit Rotations-Translations-Umsetzern erreicht werden können.

Das Wirkprinzip eines linearen Hybridschrittmotors nach Sawyer [189] ist in Abbildung 2.49 dargestellt.

Sind die beiden Erregerspulen (Phasen) nicht erregt, schließt sich der Dauermagnetfluss Φ_p über die Schenkel der beiden Magnetkreise. Die beiden Erregerspulen sind so ausgelegt, dass bei Erregung der Dauermagnetfluss in einem Pol verstärkt und in dem anderen geschwächt wird. Die dabei entstehenden Antriebskräfte (tangentia-

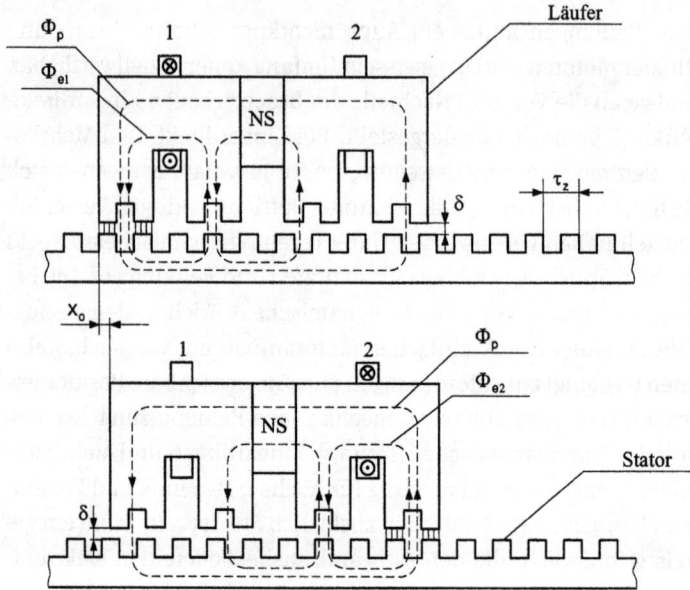

Abb. 2.49: Funktionsweise des linearen Hybridschrittmotors.

le Magnetkräfte) können nun in Abhängigkeit von der jeweiligen Ankerstellung und der Spulenerregung eine definierte Verschiebung des Läufers in der Bewegungsrichtung x hervorrufen.[19] Werden die Erregerspulen jeweils einzeln mit Stromimpulsen erregt, entstehen Schrittfolgen, die bei zweiphasigen Hybridschrittmotoren einer halben Zahnbreite bzw. einer viertel Polteilung τ_z entsprechen (Abb. 2.49) und dazu führen, dass sich die Zähne der Pole gegenüberstehen, die vom größten Fluss durchströmt werden. Das sei der angenommene Ausgangspunkt in Abb. 2.49 obere Skizze.

Wird nun die Erregerspule 1 abgeschaltet und die Spule 2 eingeschaltet, so ist im rechten Pol des Magneten 2 der maximale Fluss (Φ_p und der Spulenfluss Φ_{e2} addieren sich), während sich im linken Pol des Magneten 2 die Flüsse z. T. kompensieren. Der Anker wird durch die entstehende Tangentialkraft um die Schrittweite x_0 nach rechts verschoben (Abb. 2.49). Durch Umpolung der Stromrichtung in der Wicklung 1 kann der nächste Schritt erzeugt werden usw. An den Polen entstehen nicht nur Tangentialkräfte F_t, sondern auch Normalkräfte F_n, die bis zu zehnmal größer als die Tangentialkräfte werden können.

Die Tangential- und Normalkräfte sind umso größer, je kleiner der Luftspalt δ zwischen den Läufer- und Ständerpolen ist. Die Qualität der Ankerführungen ist deshalb entscheidend für die Parameter des Linearmotors. Die relativ großen Normalkräfte erfordern im Fall einer mechanischen Führung sehr steife Konstruktionen. Die besten

---

19 zur Krafterzeugung s. Band 1, Abschnitt 2.6.

Ergebnisse wurden bisher mit Luftführungen erzielt. Die hohen magnetischen Normalkräfte sind im Hinblick auf eine hohe Steifigkeit der Luftführung sogar vorteilhaft. Die Luftführung hat weiterhin den Vorteil, dass keine mechanische Reibung und kein mechanischer Verschleiß auftreten können. Allerdings erfordert die Bereitstellung von Druckluft eine Luftleitung zum Läufer und führt wegen der endlichen Steifigkeit der Luftführungen bei Schwankungen der Normalkräfte zu Schwingungen des Läufers im Nanometer- bis Mikrometerbereich. Unter normalen technologischen Fertigungsbedingungen stellen sich in Abhängigkeit von der Ebenheit und der Rauhigkeit der Stator- und der Ankerführungsfläche Luftspalte $\delta = 10 \ldots 20\,\mu m$ ein.

Für die Abhängigkeit der Magnetkraft F_m des Linearschrittmotors von der Verschiebung x kann man in erster Näherung bei Aussteuerung des magnetischen Kreises im linearen, nicht gesättigten Bereich einen sinusförmigen Verlauf annehmen:

$$F_m = -F_k \sin \frac{2\pi x}{\tau_z} \qquad (2.13)$$

F_k ist die Amplitude der Kippkraft (s. Abb. 2.56). Für die konstruktiv bedingte Schrittweite x_0 erhält man bei einer Phasenzahl $m_p = 2$ bei einer Zahnteilung τ_z für den Motor nach Abb. 2.49:

$$x_0 = \frac{\tau_z}{2m_p} = \frac{\tau_z}{4} \qquad (2.14)$$

In Abb. 2.50 ist die konstruktive Ausführung eines linearen Hybridschrittmotors mit Luftlagerung dargestellt. Die Zahnnuten sind mit einem nichtmagnetischen Werkstoff verfüllt, damit glatte Flächen für die Luftführung entstehen. Technische Parameter von kommerziell angebotenen Linear-Hybridschrittmotoren sind in Tabelle 2.2 aufgeführt.

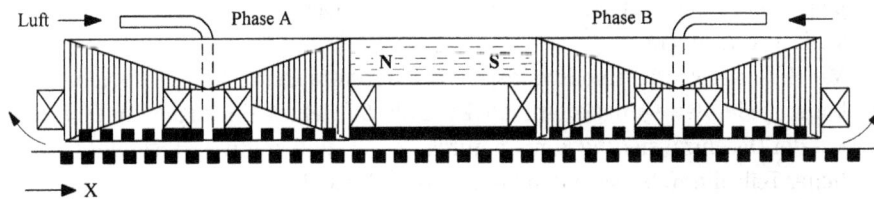

Abb. 2.50: Konstruktiver Aufbau eines linearen Hybridschrittmotors mit Luftführung.

Die Linear-Hybridschrittmotoren haben folgende Vorteile im Vergleich zu klassischen Linearantrieben bestehend aus Rotationsschrittmotoren mit Rotations-Translations-Umsetzern [191]:
– Die Antriebseigenschaften sind unabhängig vom Bewegungsbereich. Der Bewegungsbereich wird durch die Läufer- und Ständerabmessungen bestimmt und kann nahezu beliebig vergrößert werden.

Tab. 2.2: Technische Parameter von linearen Hybridschrittmotoren.

Bewegungsbereich	bis 2 m (durch Statorlänge begrenzt)
Kippkraft F_k	20...1000 N
Kippkraft F_k pro bewegte Läufermasse m	90...120 N/kg
maximale Geschwindigkeit v_{max}	2,5 m/s
Führungsgenauigkeit in Bewegungsrichtung	5 μm/300 mm

- Die Beschleunigung $\frac{F}{m}$ und die Resonanzfrequenz f_r hängen nicht von der Läufer-länge ab.
- Die statische Positionierungenauigkeit ist unabhängig von der Schrittzahl (Positionierweg) und der Schrittfrequenz (Positioniergeschwindigkeit). Sie hängt von der Genauigkeit der Zahnstruktur und von der Ansteuerung ab (elektronische Schrittteilung).

Die günstigen Antriebseigenschaften der linearen Hybridschrittmotoren haben dazu geführt, dass von Herstellern mehrere Ausführungsformen in Form von flexibel einsetzbaren Modulen entwickelt worden sind, die spezifische Eigenschaften besitzen (s. Tabelle 2.3).

Linearmotoren als Antriebselemente in Direktantrieben sind im Vergleich zu Rotationsmotoren immer poblemspezifisch auszuwählen und mit einer geeigneten Steuerungsauslegung an den Anwendungsfall anzupassen. Dieser Forderung kann man mit weitgehend standardisierten Antriebsmodulen in hervorragender Weise gerecht werden. Für den Maschinenentwickler bieten sich mit den Bewegungsmodulen die Möglichkeiten, folgende Vorteile zu nutzen [196]:

- Durch mechanische Kopplung (Reihenschaltung, Parallelschaltung) von Modulen kann eine große Bewegungsvielfalt realisiert werden, die eine verbesserte Anpassung des Bewegungssystems an eine vorgegebene technologische Aufgabenstellung ermöglicht.
- Mit Hilfe der Antriebsmodule lassen sich dezentralisierte Antriebssysteme aufbauen. Jeder Bewegungskoordinate kann ein Antriebsmodul zugeordnet werden.
- Mit der Dezentralisierung können durch den Wegfall kraftübertragender beweglicher Teile die zu bewegenden Massen einer Maschine wesentlich reduziert werden, sodass höhere Geschwindigkeiten und Genauigkeiten realisiert werden können.
- Die Antriebsmodule bieten somit die Möglichkeit, in Abhängigkeit vom Einsatzfall kostengünstigere Maschinen mit verbesserten technischen Parametern zu entwickeln. Allerdings muss im Sinne eines mechatronischen Entwurfs (siehe Kapitel 8) der Einsatz von Linearmotoren von Anfang an beim Entwurf des Gesamtsystems mit berücksichtigt werden, wenn das Potenzial der Linearmotoren auch voll ausgeschöpft werden soll. So ist z. B. infolge größerer Beschleunigungen mit den Linearschrittmotoren der Ständer von Maschinen steifer auszulegen.

Tab. 2.3: Bauformen von linearen Hybridschrittmotoren.

Nr.	Ausführungsform	Bemerkung
1		– lineares Grundmodul – flache Konstruktion – durch Veränderung der Läuferlänge kann Kipp-kraft F_k bei gleichbleibender Beschleunigung erhöht werden
2		– gute Längsführung – Schutz gegen Verdrehung – Verdoppelung der Kippkraft bei gleicher Läufer-länge im Vergleich zu Ausführung 1
3		– sehr gute Längsführung – Schutz gegen Verdrehung – Verdreifachung der Kippkraft bei gleicher Läu-ferlänge im Vergleich zu Ausführung 1
4		– sehr gute Längsführung – Vervierfachung der Kippkraft bei gleicher Läu-ferlänge im Vergleich zu Ausführung 1 – hohe Beschleunigung – besonders geeignet für vertikale Anordnungen

Die Entscheidung, ob ein Linearschrittmotor oder ein Rotationsschrittmotor mit einem Rotations-Translations-Umsetzer die optimale Antriebslösung darstellt, hängt vom Einzelfall ab und muss sorgfältig untersucht werden. Ein Vergleich ausgewählter Eigenschaften beider Antriebsarten zeigt Tabelle 2.4. Es stehen heute auch erprobte Simulationsprogramme zur Beschreibung des dynamischen Verhaltens linearer Hybridschrittmotore zur Verfügung [192, 195], die in die Gesamtsimulation eines Antriebssystems mit einbezogen werden können.

2.2.2 Mehrkoordinatenhybridschrittmotoren

Durch Volumenintegration von zwei oder mehreren Hybridschrittmotormodulen mit einem Bewegungsfreiheitsgrad $F = 1$ können kompakte Antriebsmodule mit einem Bewegungsfreiheitsgrad $F > 1$ aufgebaut werden. Abbildung 2.51 zeigt ein solches Zweikoordinatenmodul. Der Vorteil dieser kompakten Mehrkoordinatenantriebsmodule besteht vor allem darin, dass gewünschte Bewegungsformen (X-Y-Bewegungen

Tab. 2.4: Vergleich von linearen Positioniersystemen mit rotatorischen und linearen Schrittmotoren.

Annahme:

Rotatorischer Schrittmotor mit der Phasenzahl m_P, dessen Rotationsbewegung von einem idealen Rotations-Translations-Umsetzer mit veränderlichem Übersetzungsverhältnis $\ddot{u}$ in eine lineare Bewegung umgewandelt wird (Antrieb I),

Linearer Schrittmotor, dessen Läufer das gleiche Eisenvolumen und die gleiche aktive Läufermasse wie der Rotationsschrittmotor besitzt (Antrieb II)

Antrieb I

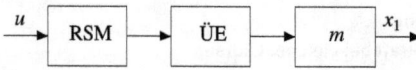

Anrieb II

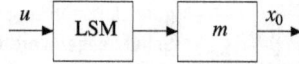

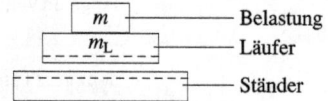

Belastung
Läufer
Ständer

RSM: Rotatonsschrittmotor
ÜE: Rotations-Translations-Umsetzer
m: Massebelastung

- φ_0 Schrittwinkel des rotatorischen Schrittmotors
- $\ddot{u} = \frac{x_1}{\varphi_0}$ Übersetzungsverhältnis des Rotations-Translations-Umsetzers
- x_1 äquivalente Schrittweite beim Schrittwinkel φ_0
- $C_{magn}^* = \frac{C_{magn}}{\ddot{u}}$ Steifigkeit der schrittförmigen Linearbewegung
- $F_k^* = \frac{M_k}{\ddot{u}}$ Kippkraft steigt mit fallendem $\ddot{u}$

LSM: Linearschrittmotor
m_L: Läufermasse
m: Massebelastung

- x_0 Schrittweite des Linearschrittmotors
- $\ddot{u} = 1$, Linearschrittmotor ist direkt mit der Last gekoppelt
- Schrittweite des Schrittmotors wird mittels elektronischer Schrittteilung reduziert
- bei elektronischer Schrittteilung bleiben Steifigkeit C_{magn} und Kippkraft F_k näherungsweise unverändert
- höhere Geschwindigkeiten als Antrieb I
- größere Ausregelzeiten als Antrieb I

Antrieb II ist grundsätzlich schneller bei kleinen Schrittweiten als Antrieb I, aber empfindlicher gegen Belastungs- bzw. Störgrößenschwankungen. Antrieb II muss problemspezifisch optimiert werden.

---

bzw. Bahnkurven) durch Steuerung der Bewegungsabläufe der integrierten Einzelmodule flexibel erzeugt werden können.

Der Ständer des X-Y-Moduls wird von einer Grundplatte (1) gebildet, deren aktive Schicht aus weichmagnetischem Material besteht, die mit einer Zahnstruktur versehen ist. Der Anker besteht aus mindestens zwei orthogonal angeordneten Linearmodulen (2), die so angeordnet sind, dass Drehmomente möglichst vermieden werden.

Zur Kompensation der Drehmomente sind in der Regel vier Linearmodule symmetrisch zum Läuferschwerpunkt angeordnet. Selbstverständlich können auch Linearmodule mit Rotationsmodulen integriert werden, wodurch Z-Φ-Module entstehen (Abb. 2.52). Schließlich können durch Kombination mehrerer Kompaktmodule Bewegungseinheiten mit Bewegungsfreiheitsgraden $F = 4 \ldots 6$ aufgebaut werden, die flexi-

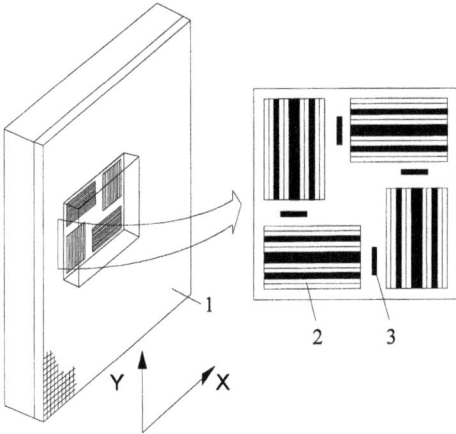

Abb. 2.51: Konstruktiver Aufbau eines X-Y-Hybridschrittmotors mit Luftführung, 1 Grundplatte, 2 Läufermodul, 3 Luftdüse.

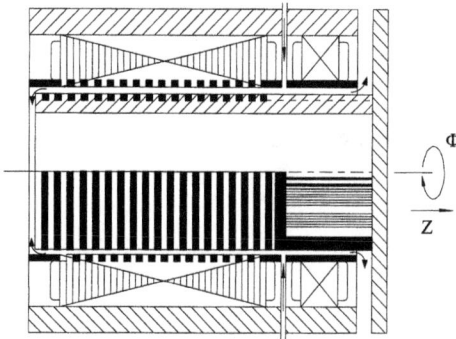

Abb. 2.52: Konstruktiver Aufbau eines Z-Φ-Hybridschrittmotors mit Luftführung.

bel angepasst werden können. In Abb. 2.53 ist eine solche Antriebseinheit mit einem Freiheitsgrad $F = 4$ dargestellt.

Für die Funktion der integrierten Module ist die geometrische Anordnung der krafterzeugenden Flächen sehr bedeutsam. In Tabelle 2.5 sind drei verschiedene Ausführungsformen von planaren Flächenschrittmotoren mit ihren wichtigsten Eigenschaften dargestellt.

2.2.3 Dynamische Eigenschaften von linearen Hybridschrittmotoren

Für die Anwendung von Schrittmotoren ist die Kenntnis des dynamischen Verhaltens unter konkreten Einsatzbedingungen von Bedeutung. Da lineare Schrittmotoren direkt mit der Belastung gekoppelt sind, tritt eine stärkere Rückwirkung der Last auf das dynamische Verhalten auf als bei Rotationsschrittmotoren mit einem hochübersetzenden Getriebe, das die Belastungseinflüsse reduziert.

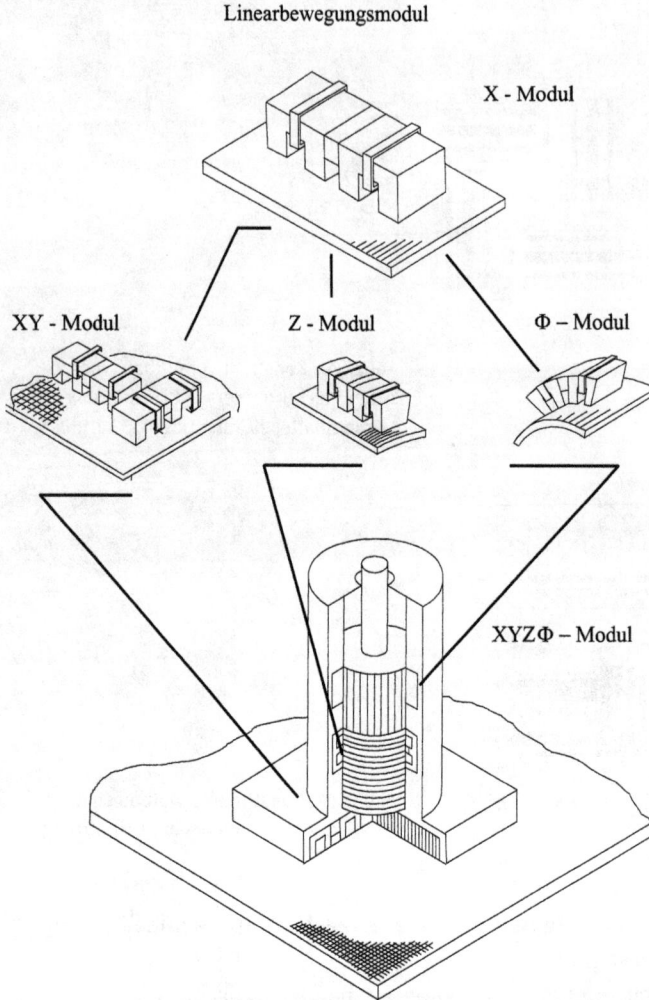

Abb. 2.53: Kombination von Modulen zu einem X-Y-Z-Φ-Modul, Freiheitsgrad $F = 4$.

Im Vergleich zur Berechnung des dynamischen Verhaltens von z. B. Gleichstrommotoren[20] muss bei Schrittmotoren, die in offener Steuerkette betrieben werden, zusätzlich überprüft werden, ob sie sich schrittfehlerfrei bewegen, denn nur dann sind sie für Positionieraufgaben geeignet. Es treten bei linearen Schrittmotoren ähnliche Verhältnisse wie bei Rotationsschrittmotoren auf (Abb. 2.54). Der Betrieb muss innerhalb der Grenzkennlinien für den Start-Stopp-Bereich bzw. für den Betriebsfrequenzbereich erfolgen.

---

20 Permanentmagnet-Gleichstrommotoren s. Band 1, Kapitel 4.

Tab. 2.5: Varianten und technische Parameter von Flächenschrittmotoren.

Nr.	Konstruktionsform	Eigenschaften
1		– L_{AX}, L_{AY} und Ankermasse m_A sind unabhängig von X_m und Y_m – X_m und Y_m bestimmen nur die Abmessungen L_{GX} und L_{GY} der gezahnten Grundfläche – infolge der Zahnstruktur (Kreuzung der Nuten) gilt für Kraftdichte und Beschleunigung: $f_A = 4 \ldots 6 \cdot 10^3 \ \frac{N}{m^2}$ $a_m = 40 \ldots 50 \ \frac{m}{s^2}$ – Stabilität gegenüber äußeren Gegenmomenten geringer als bei den Ausführungen 2 und 3
2		– L_{AX}, L_{AY} und Ankermasse m_A hängen von X_m und Y_m ab, Bewegungfläche ist dadurch begrenzt – Kraftdichte und Beschleunigung: $f_A = 6 \ldots 12 \cdot 10^3 \ \frac{N}{m^2}$ $a_m = 80 \ldots 1000 \ \frac{m}{s^2}$ – höhere Stabilität gegenüber äußeren Gegenmomenten als bei Ausführung 1 – Arbeitsraum kann als „Fenster" ausgebildet werden – bei großen X_m und Y_m wird die Dynamik schlechter als bei Ausführung 1
3		– L_{AX}, L_{AY} und Ankermasse m_A hängen von X_m und Y_m ab – Kraftdichte: $f_A = 6 \ldots 12 \cdot 10^3 \ \frac{N}{m^2}$ – höhere Stabilität gegenüber äußeren Gegenmomenten als bei Ausführung 1 – Bewegungsfläche ist begrenzt

– a_m: maximale Beschleunigung
– m_A: Ankermasse
– f_A: Nutzkraft je Fläche
– X_m, Y_m: maxlmale Verschlebungen in x- und y-Richtung
– L_{GX}, L_{GY}: Längen der gezahnten bzw. genuteten Grundfläche aus weichmagnetischem Material in x- und y-Richtung, Gestellabmessungen
– L_{AX}, L_{AY}: Längen des Ankers in x- und y-Richtung
– A: Umrandung der Arbeitsfläche, bezogen auf den Mittelpunkt des Ankers

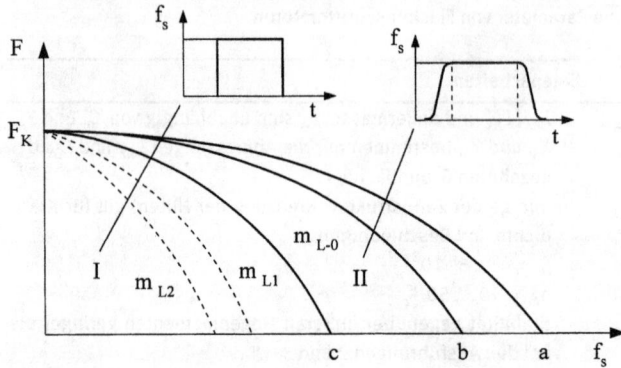

Abb. 2.54: Schrittmotorcharakteristik eines linearen Hybridschrittmotors, I Start-Stop-Frequenzbereich, II Betriebsfrequenzbereich, m_L Läufermasse, m_{Li} Läufermasse plus Zusatzmasse, $m_{L1} < m_{L2}$, a) Betriebsfrequenz-Grenz-Kennlinie bei eingeprägtem Strom, b) Betriebsfrequenz-Grenzkennlinie bei eingeprägter Spannung, c) Start-Stop-Frequenz-Grenzkennlinie.

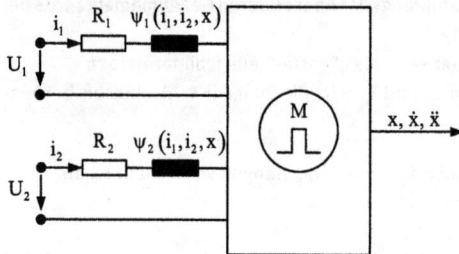

Abb. 2.55: Ersatzschaltbild eines linearen Zweiphasenhybridschrittmotors.

Für das in Abb. 2.55 dargestellte Ersatzschaltbild für den Zweiphasenhybridschritt-motor lässt sich folgendes Differenzialgleichungssystem zur Berechnung des dynamischen Verhaltens angeben:

$$u_1 = i_1 R_1 + \frac{d}{dt}\Psi_1(i_1, i_2, x), \tag{2.15}$$

$$u_2 = i_2 R_2 + \frac{d}{dt}\Psi_2(i_1, i_2, x), \tag{2.16}$$

$$F_{m1} + F_{m2} = m\ddot{x} + K\dot{x} + F_{geg}(x), \tag{2.17}$$

mit den Magnetkräften[21]

$$F_{m1} = \frac{\partial}{\partial x}\int_{i=0}^{i_1}\Psi_1(i, x)di, \quad F_{m2} = \frac{\partial}{\partial x}\int_{i=0}^{i_2}\Psi_2(i, x)di. \tag{2.18}$$

---

21 detaillierte Darstellung der Gleichungen für die Magnetkraft s. Abschnitt 1.2.2 und Band 1, Abschnitt 2.6.

Infolge der Zahnstruktur und/oder der permanentmagnetischen Teile des magnetischen Kreises sind die Ψ-i-Kennlinien nichtlinear und magnetisch verkoppelt. Außerdem werden in Abhängigkeit vom Ansteuerregime oft die einzelnen Phasen zeitlich versetzt und überlappend angesteuert (z. B. im Fall der elektronischen Schrittteilung). Das heißt, die Verkopplung der Differenzialgleichungen kann sich von Takt zu Takt ändern.

Es ist deshalb häufig zweckmäßig, in Abhängigkeit von der speziellen Konstruktion des Schrittmotors, vom Einsatzfall und dem Ansteuerregime von problemspezifischen Näherungslösungen auszugehen. In [189] wird z. B. von den stationären Kraft-Weg-Kennlinien einer erregten Phase ausgegangen und berücksichtigt, dass die durch die Ankerbewegung erzeugte induzierte Spannung $u(\dot{x})$ wie eine geschwindigkeitsabhängige Reibkraft wirkt. Wenn gilt

$$u(\dot{x}) = K_{\mathrm{m}}\dot{x} \,, \tag{2.19}$$

kann (2.17) durch folgende Näherungsbeziehung ersetzt werden:

$$F_{\mathrm{m}} = m\ddot{x} + (K + K_{\mathrm{m}})\dot{x} + F_{\mathrm{geg}}(x) \,. \tag{2.20}$$

Wird weiterhin angenommen, dass die stationäre Kraft einer Phase sinusförmig verläuft

$$F_{\mathrm{m}} = -F_{\mathrm{k}} \sin\left(\frac{2\pi x}{\tau_{\mathrm{z}}}\right) \,, \tag{2.21}$$

so kann für kleine Argumente näherungsweise die stationäre Kraft-Weg-Kennlinie durch eine Gerade mit einer Steigung $-C_{\mathrm{magn}}$ ersetzt werden:

$$C_{\mathrm{magn}} = \frac{2\pi F_{\mathrm{k}}}{\tau_{\mathrm{z}}} \,, \tag{2.22}$$

$$F_{\mathrm{m}} \approx -C_{\mathrm{magn}}x \quad \text{für kleine } x \,. \tag{2.23}$$

Mit dieser Vereinfachung kann die Übertragungsfunktion für den Linearschrittmotor abgeleitet werden [198]. Die Übertragungsfunktion entspricht der eines Proportionalsystems mit Verzögerung zweiter Ordnung:

$$G(s) = \frac{1}{1 + 2DT_{\mathrm{M}}s + T_{\mathrm{M}}^2 s^2} \tag{2.24}$$

mit der komplexen Veränderlichen $s = \sigma + j\omega$ der Laplace-Transformation und

$$T_{\mathrm{M}} = \sqrt{\frac{m}{C_{\mathrm{magn}}}} \,, \tag{2.25}$$

$$D = \frac{K + K_{\mathrm{M}}}{\sqrt{mC_{\mathrm{magn}}}} \,. \tag{2.26}$$

Mit Hilfe dieser Übertragungsfunktion kann die Übergangsfunktion für den Start-Stopp-Betrieb sowie für den Betriebsfrequenzbereich berechnet werden [189]. Außerdem lässt sich die Resonanzfrequenz berechnen:

$$f_r = \frac{1}{2T_M\pi}\sqrt{1 - D^2} \ . \tag{2.27}$$

Bei Linearschrittmotoren mit Luftführungen können Eigenresonanzen bereits bei niedrigen Schrittfrequenzen auftreten, die im Betrieb zu vermeiden sind. Bei Hochlaufsteuerung ist dieser Frequenzbereich schnell zu durchlaufen.

2.2.4 Prinzip der elektronischen Schrittteilung

Die Ansteuerung der Schrittmotoren im Grundschrittbetrieb (die Schrittweiten, die der Motor zurücklegt, entsprechen der konstruktiven Schrittweite x_0) hat folgende Nachteile:

- Die durch die Konstruktion festgelegte Schrittweite ist für viele Anwendungsfälle zu groß und begrenzt die Positioniergenauigkeit.
- Im Bereich geringer Geschwindigkeiten geht der Motor praktisch in den Einzelschrittbetrieb über. Dabei treten stark gedämpfte Schwingungen auf, die sich störend auswirken können.

Ein wirksames Mittel, um diese Nachteile zu beseitigen, ist die elektronische Schrittteilung. Das Grundprinzip der elektronischen Schrittteilung besteht darin, durch gleichzeitige Erregung beider Erregerwicklungen und Steuerung der Amplituden der Erregerströme die Nullstellen der resultierenden $F(x, i)$-Kennlinien zwischen den Nullstellen I und II zu verschieben, die entstehen, wenn beide Phasen 1 und 2 einzeln erregt werden. Abbildung 2.56 zeigt die Kraft-Weg-Kennlinien für die beiden Phasen.

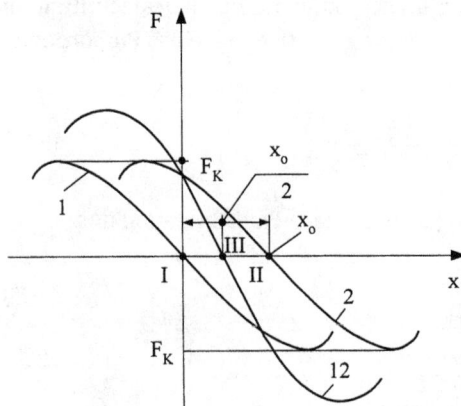

Abb. 2.56: Prinzip der elektronischen Schrittteilung durch Bestromung beider Phasen.

Die resultierende Kraft-Weg-Kennlinie ergibt sich durch Addition der beiden Kennlinien:

$$F_{12} = k_1 F_1 + k_2 F_2 \, . \tag{2.28}$$

Durch entsprechende Wahl der Faktoren k_1 und k_2 ergeben sich die verschiedenen Kennlininen in Abb. 2.56:
- Kennlinie F_1: $k_1 = 1$, $k_2 = 0$,
- Kennlinie F_2: $k_1 = 0$, $k_2 = 1$,
- Kennlinie F_{12} bei Schritthalbierung: $k_1 = 1$, $k_2 = 1$,
- Mikroschrittbetrieb bei $0 < k_1 < 1$, $0 < k_2 < 1$.

Da die Schrittmotoren im Bemessungsbetrieb in der Regel kurz unterhalb der Sättigung der Magnetkreise arbeiten, kann eine wirksame Steuerung nur erzielt werden, wenn die Phasenströme reduziert werden. Erhöht man die Phasenströme wesentlich über den Bemessungsbereich der Ströme hinaus, entstehen infolge der Sättigung des Eisenkreises stark verzerrte $F(x, i)$-Kennlinien, die von der Sinusform deutlich abweichen.

Unter realen Bedingungen kann in offener Steuerkette mit der elektronischen Schrittteilung eine erhöhte Schrittauflösung, aber keine oder nur eine begrenzte Verbesserung der Positioniergenauigkeit erzielt werden. Eine Verbesserung der Positioniergenauigkeit kann entweder durch Kalibrierung der Phasenströme [191] oder durch einen geschlossenen Regelkreis erreicht werden. Für den zuletzt genannten Fall gibt es mehrere Lösungsmöglichkeiten:
- Es wird ein Wegsensor als selbstständiges Bauelement in den Antriebsregelkreis eingebaut, Sensoren s. Kapitel 5.
- Es wird ein Sensor in den Magnetkreis des Hybridschrittmotors integriert, der ein Signal liefert, aus dem ein Wegsignal berechnet werden kann [193].
- Aus den Strom- und Spannungseingangssignalen wird ein Weg- oder Geschwindigkeitssignal ermittelt [199].

2.2.5 Lineare Hybridschrittmotoren als magnetisch nichtlineare Antriebselemente

Da Hybridschrittmotoren im Interesse höherer Kraftdichten immer stärker ausgesteuert werden, reicht ein lineares Modell oft nicht mehr aus, um insbesondere die dynamischen Eigenschaften des Schrittmotors ausreichend genau zu beschreiben.

Es muss deshalb auf nichtlineare Modelle zurückgegriffen werden, die die nichtlinearen $F_m(x, i)$-Kennlinien und nichtlinearen $\Psi(x, i)$-Kennlinien beschreiben. Außerdem ist es erstrebenswert, bei hohen Schrittfrequenzen auch die auftretenden Wirbelströme und Hysteresisverluste zu ermitteln.

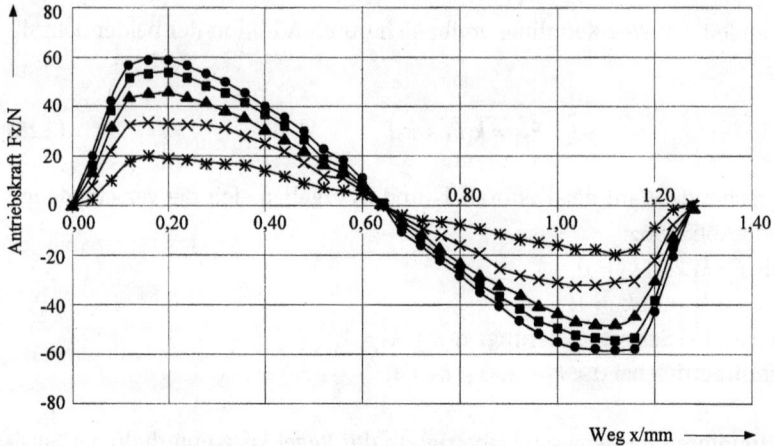

Abb. 2.57: Stationäre Kraft-Weg-Kennlinien bei Erregung der Phase eines linearen Hybridschrittmotors (Parameter Phasenstrom), ermittelt durch FEM-Berechnung [200].

In [192] wird ein solches Modell vorgestellt, das gute Simulationsergebnisse liefert. Während die Ummagnetisierungsverluste mittels Couloumb'scher Reibung nachgebildet werden, wird der Einfluss der Wirbelströme durch einen Wirbelstromverlustwiderstand R_w erfasst, der im Ersatzschaltbild parallel zur Induktivität geschaltet ist (Ersatzschaltbild s. Abb. 1.12 in Abschnitt 1.2.4). Die Berechnung der nichtlinearen $F_m(x, i)$-Kennlinien und der nichtlinearen $\Psi(x, i)$-Kennlinien kann mit numerischen Feldberechnungsprogrammen bei Variation von i und x vorgenommen werden, wenn die Geometrien des Schrittmotors sowie die magnetischen Kennwerte der magnetischen Materialien bekannt sind.

Die Ergebnisse der Feldberechnung werden in Form von Matrizen dargestellt. Jede Matrix stellt eine Look-up-Tabelle dar, die die Kurverscharen in Form von Stützpunkten enthält. Abbildung 2.57 zeigt beispielhaft den Verlauf der $F_m(x, i)$-Kennlinien, die von einer Erregerspule des Schrittmotors bei unterschiedlichen Amplituden der Erregerströme hervorgerufen werden [200]. Man erkennt sowohl die Abweichung der Kennlinien von der Sinusform als auch den Einfluss der Sättigung auf die Kraftamplitude.

Auf der Basis der Feldberechnungen können nichtlineare Zustandsmodelle abgeleitet werden, die in Simulationssysteme integriert werden können. Insbesondere bei stärkeren Erregungen der magnetischen Kreise der Hybridschrittmotoren und größeren Schrittfrequenzen ergeben sich damit deutlich bessere Simulationsergebnisse für das dynamische Verhalten [194, 195, 201].

Hartmut Janocha und Stefan Seelecke

3 Piezoelektrische Antriebe

Schlagwörter: Eigenschaften, Einsatzgebiete, Ausführungsarten, Wirkungsweise

3.1 Physikalischer Effekt

3.1.1 Einführung

Bei bestimmten Kristallen wie z. B. *Quarz* besteht ein physikalischer Zusammenhang zwischen mechanischer Kraft und elektrischer Ladung. Werden die Ionen des Kristallgitters durch äußere Belastung elastisch gegeneinander verschoben, so tritt nach außen hin eine resultierende *elektrische Polarisation* auf, die sich in Form von Ladungen auf den Kristallflächen nachweisen lässt. Diese Erscheinung wurde von den Brüdern Jacques und Pierre Curie im Jahre 1880 erstmals wissenschaftlich erklärt. Sie wird als *direkter piezoelektrischer Effekt* bezeichnet und bildet die Grundlage von *Piezosensoren*. Der Effekt ist umkehrbar und heißt dann *inverser* (auch: *reziproker*) *piezoelektrischer Effekt*. Legt man eine elektrische Spannung beispielsweise an ein scheibenförmiges, kreisrundes Piezoelement, so tritt infolge des inversen piezoelektrischen Effekts eine Änderung sowohl der Dicke als auch des Durchmessers auf. Diese Eigenschaft ermöglicht den Aufbau von piezoelektrischen Aktoren und Antrieben [208].

Mit Aktoren oder Antrieben, die den inversen Piezoeffekt nutzen, lässt sich das Anwendungsfeld elektromagnetischer Kleinantriebe erheblich erweitern. Hierbei können ihre folgenden Eigenschaften wichtige Entscheidungskriterien sein.

Steuerung erfolgt mit elektrischen Feldern. Elektrische Felder sind im Allgemeinen mit geringerem Aufwand realisierbar als magnetische Felder. Dies vereinfacht den Aktoraufbau und unterstützt Miniaturisierungsbestrebungen. Mit der Steuergröße elektrisches Feld vermeidet man außerdem, dass ein Magnetfeld entsteht oder der Aktor durch ein solches beeinflusst wird (wichtig beispielsweise bei bestimmten Anwendungen im medizinischen Bereich).

Geringe elektrische Steuerleistung. Piezoaktoren benötigen lediglich im dynamischen Betrieb elektrische Leistung; im Stillstand werden Auslenkungen nahezu leistungslos gehalten.

Schnelle Reaktion. Ansprechzeiten bis hinab in den Mikrosekundenbereich und Beschleunigungen von mehr als dem tausendfachen der Erdschwerebeschleunigung sind realisierbar.

Hohe Wegauflösung. Der inverse Piezoeffekt ist ein Festkörpereffekt und ermöglicht daher den Aufbau von Stelleinrichtungen mit Wegauflösungen im Sub-Nanometerbereich (siehe Abschnitt 3.6).

https://doi.org/10.1515/9783110441505-003

Erzeugung großer Kräfte. Kommerziell verfügbare Piezoaktoren können (Blockier-)Kräfte bis zu mehreren zehntausend Newton erzeugen (siehe Abschnitt 3.3.1, Stapelaktoren).

Kein Verschleiß. Der inverse Piezoeffekt ist ein reiner Festkörpereffekt, daher sind die Aktorbewegungen spiel- und reibungsfrei (kein Stick-slip-Effekt).

Reinraum- und vakuumgeeignet. Piezoaktoren benötigen keine Schmiermittel, und die üblicherweise eingesetzten Keramiken erzeugen weder Abrieb noch gasen sie aus. Mit speziellen Ausführungen ist der Einsatz bis zu Umgebungsdrücken von 10^{-9} hPa möglich.

Kryogene Arbeitstemperaturen. Der inverse Piezoeffekt ist bis zu Temperaturen nahe dem absoluten Nullpunkt nutzbar (unter Reduzierung der technischen Spezifikationen).

Nicht jeder piezoelektrische Aktor oder Antrieb vereint sämtliche dieser Eigenschaften in sich. Dieses Kapitel hat daher das Ziel, die Funktion, den Aufbau und die Spezifikationen der wichtigsten, kommerziell verfügbaren Aktor- und Antriebsvarianten so zu beschreiben, dass der Leser sich eine klare Vorstellung von ihrem jeweiligen Einsatzpotenzial machen kann.

3.1.2 Analytische Beschreibung

In der analytischen Beschreibung des *Piezoeffekts* durch lineare Zustandsgleichungen sind die elektrische Flussdichte (Verschiebungsdichte) D, die elektrische Feldstärke E, die mechanische Dehnung S und die mechanische Spannung T miteinander verknüpft. Welche der Größen als unabhängige Variablen gewählt werden (eine elektrische und eine mechanische), hängt von der jeweiligen Aufgabenstellung ab. Häufig wird folgende Möglichkeit genutzt:

$$D = dT + \varepsilon^{T}E, \tag{3.1a}$$

$$S = s^{E}T + d_{t}E. \tag{3.1b}$$

In diesem Gleichungssystem liefert die piezoelektrische *Ladungskonstante* d eine Aussage über die Stärke des Piezoeffekts; ε^{T} ist die Permittivität (Dielektrizitätskonstante) bei T = konst. und s^{E} die *Elastizitätskonstante* bei E = konst. Die vorkommenden Größen sind Tensoren 1. bis 4. Stufe. Eine Vereinfachung ist unter Nutzung der Symmetrieeigenschaften von Tensoren möglich. Üblicherweise wird dann das kartesische Koordinatensystem in Abb. 3.1a vereinbart, bei dem die Achse 3 stets in Richtung der elektrischen Polarisation P weist. Alle materialabhängigen Größen lassen sich nun durch Matrizen (= Tensoren 2. Stufe) beschreiben (dann ist d_{t} in Gleichung (3.1b) die Transponierte zur Matrix d in Gleichung (3.1a)), deren Elemente mit Doppelindizes gekennzeichnet werden. So bezeichnet bei ε^{T} der erste Index die Richtung von D, der zweite die Richtung von E, bei s^{E} sind es entsprechend T und S, und bei

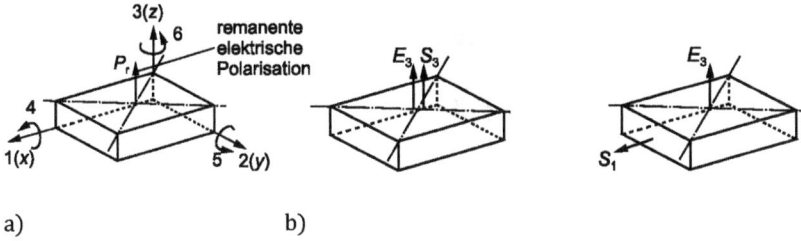

Abb. 3.1: Definition der Achsenrichtungen in Piezomaterialien. a) Die Ziffern 4, 5 und 6 kennzeichnen Scherungen an den Achsen 1, 2 und 3 bzw. x, y und z; b) links Longitudinaleffekt (d_{33}-Effekt), rechts Transversaleffekt (d_{31}-Effekt).

d sind es E und S. Das Beispiel in Abb. 3.1b basiert auf der bei Piezoaktoren üblichen Voraussetzung, dass die verursachende Feldstärke in Polarisationsrichtung 3 wirkt. Die resultierende Dehnung weist im linken Teilbild ebenfalls in Richtung 3 (*Longitudinaleffekt*), im rechten Teilbild hingegen wirkt sie in Richtung 1 (*Transversaleffekt*). Diese beiden Ausprägungen des Piezoeffekts werden mit Hilfe der Ladungskonstanten d_{33} bzw. d_{31} quantifiziert.

Aus den piezoelektrischen Konstanten lässt sich eine wichtige Kenngröße von Piezomaterialien berechnen, der *Kopplungsfaktor k*. Beispielsweise gilt für den Kopplungsfaktor des Longitudinaleffekts

$$k_{33} = \frac{d_{33}}{\sqrt{s_{33}^{\mathrm{E}} \varepsilon_{33}^{\mathrm{T}}}}. \tag{3.2}$$

Da k^2 dem Verhältnis der gespeicherten mechanischen Energie zur gesamten gespeicherten Energie entspricht, sind für den Bau von Piezoaktoren mit hoher Ausdehnungseffizienz Substanzen mit großem k erforderlich.

Bei ferroelektrischen Materialien addiert sich zum linearen Piezoeffekt nach Gleichung (3.1) eine vom Quadrat der elektrischen Feldgrößen abhängige Dehnung. Dieser Dehnungsanteil ist bei den üblichen Materialien vernachlässigbar klein. Er kann aber gezielt gezüchtet werden und erreicht dann die Stärke des linearen Piezoeffekts. Dieser sogenannte elektrostriktive Effekt ist unabhängig von der Polarität der Steuerspannung. Die entsprechende Kennlinie $S(E)$ zeigt eine äußerst geringe Hysterese. Der Effekt ist langzeitstabil (kaum Kriechen, gut reproduzierbar), andererseits ist der Arbeitstemperaturbereich auf etwa 20 °C begrenzt. Der elektrostriktive Effekt hat für den Wandlerbau derzeit untergeordnete Bedeutung.

3.2 Piezoelektrische Bauelemente

3.2.1 Piezoelektrische Werkstoffe

Piezoelektrische Werkstoffe können in die Gruppen der natürlich vorkommenden und der synthetisch hergestellten Einkristalle wie *Quarz* oder *Turmalin*, in Polymere wie *Polyvinylidenfluorid* (*PVDF*) und *polykristalline Keramiken* eingeteilt werden.

Für Piezoaktoren werden überwiegend Sinterkeramiken, insbesondere *Blei-Zirkonat-Titanat* (*PZT*)-Verbindungen eingesetzt. Nach dem Sintern sind die Orientierungen der Weiss-Bezirke in einem Keramikkörper (d. h. die Bereiche mit einheitlichen Dipolausrichtungen) statistisch verteilt. Folglich verhält sich der makroskopische Körper isotrop und hat keinerlei piezoelektrische Eigenschaften. Erst durch Anlegen eines starken elektrischen Gleichfeldes werden die polaren Bereiche nahezu vollständig ausgerichtet („Polarisation"). Diese Ausrichtung bleibt nach Abschalten des Polarisationsfeldes weitgehend erhalten, d. h. der Keramikkörper zeigt dann eine *remanente Polarisation* P_r, die mit einer bleibenden Längenänderung S_r des Körpers verbunden ist (vgl. Abb. 3.2).

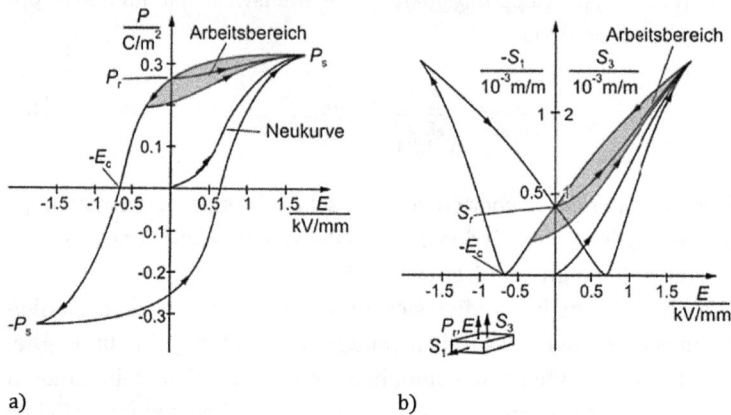

a)   b)

Abb. 3.2: Kennlinienverläufe für typische Piezokeramiken bei $T = 0$. a) Kennlinie $P(E)$, b) Aktor-Kennlinie $S(E)$; der aktorische Betriebszyklus beginnt im Punkt $E = 0$, S_r. Die kleinen getönten Flächen beschreiben den Unipolar-, die großen den (unsymmetrischen) Bipolarbetrieb.

PZT-Keramiken sind chemisch inaktiv und mechanisch hoch belastbar, aber spröde, und damit spanend schlecht zu bearbeiten. Die zulässigen Druckspannungen sind wesentlich höher als die Zugspannungen (Tabelle 3.1). Bei ausgeprägter Zugbeanspruchung müssen die Elemente daher mechanisch vorgespannt werden (Abb. 3.6). Einige für den Aktorbau wichtige Kennwerte von *Piezokeramiken* und von *Quarz* unterscheiden sich erheblich. Während z. B. bei Quarz $k_{11} = 0,09$ ist, erreicht man bei Keramiken

Tab. 3.1: Einige Kennwerte der PZT-Keramiken PIC 151 und PIC 255 (Multilayerkeramik) [223].

		PIC 151	PIC 255	Einheit
Ladungskonstante	d_{31}	−210	−180	10^{-12} m/V
	d_{33}	500	400	10^{-12} m/V
	d_{15}		500	10^{-12} m/V
Relative Permittivitätszahl	$\varepsilon_{11}^{T}/\varepsilon_0$	1980	1650	
	$\varepsilon_{33}^{T}/\varepsilon_0$	2400	1750	
Elastizitätskonstante	s_{11}^{E}	15,0	16,1	10^{-12} m^2/V
	s_{33}^{E}	19,0	20,7	10^{-12} m^2/V
Kopplungsfaktor	k_{31}	0,38	0,35	
	k_{33}	0,69	0,69	
Druckfestigkeit	T_p	>600	>600	N/mm^2
Zugfestigkeit	T_t	80	80	N/mm^2
Curie-Temperatur	ϑ_c	250	350	°C
Dichte	ϱ	7,8	7,8	10^3 kg/m^3

Werte bis etwa $k_{33} = 0,7$. Nachteilig sind allerdings die gegenüber Einkristallen größere Temperaturabhängigkeit der Kennwerte, das *Kriechen* und die geringere Langzeitstabilität der Materialeigenschaften.

PZT-Keramik gehört zu den *Ferroelektrika*, deren statisches Verhalten hysteresebehaftet ist, siehe Abb. 3.2. Charakteristische Kurvenpunkte der Kennlinie $P(E)$ in Abb. 3.2a sind die *Sättigungspolarisation* P_s, die *remanente elektrische Polarisation* P_r und die *Koerzitivfeldstärke* $-E_c$. Für den Aktorbetrieb ist die Kennlinie $S(E)$ der polarisierten Keramik, die sogenannte *Schmetterlingskurve*, maßgebend, (Abb. 3.2b). Die erzielbare Maximaldehnung wird durch Sättigung und Umpolarisierung begrenzt. Es muss Vorsorge getroffen werden, dass im Betrieb eine *Depolarisierung* aufgrund elektrischer, thermischer und mechanischer Überlastung vermieden wird. Beispielsweise verliert eine Piezokeramik schon bei Arbeitstemperaturen weit unterhalb ihrer *Curie-Temperatur* ϑ_C (materialabhängig 120...500°C, bei *Multilayer-Keramik* (siehe Abschnitt 3.2.2) 80...220°C) allmählich die Piezoeigenschaften und verhält sich oberhalb ϑ_C wie ein normales Dielektrikum bzw. paraelektrisch. Die Betriebstemperatur von Piezowandlern sollte darum höchstens $\vartheta_C/2$ erreichen. Sofern die Betriebsspannung in speziellen Anwendungen entgegen der Polarisationsrichtung gepolt wird, darf sie nur etwa 20 % der Nennspannung betragen, andernfalls kann elektrische *Depolarisierung* auftreten.

Piezokeramiken können neben dem *Piezoeffekt*, der *Ferroelektrizität* und ihren mechanisch-thermischen Festkörpereigenschaften noch weitere Effekte zeigen. So treten bei Ferroelektrika aufgrund von Temperaturänderungen Polarisations- und Feldstärkeänderungen auf, die zu Ladungen an den Oberflächen und zu elektrischen Feldstärken im Material führen können. Besonders bei niederfrequenten Anwendungen kann sich diese sogenannte *Pyroelektrizität* störend bemerkbar machen.

3.2.2 Piezokeramische Elemente

Piezokeramische Elemente werden heute überwiegend als Platten oder Scheiben mit quadratischen, kreisförmigen oder ringförmigen Querschnitten und Dicken zwischen 0,2 und einigen mm angeboten, und zwar mit und ohne metallene Elektroden. Überwiegend wird der *Longitudinaleffekt* realisiert (vgl. Abb. 3.3a), der aufgrund des hohen d_{33}-Wertes einen großen Wirkeffekt aufweist. Beim *Transversaleffekt* hängt der Aktorhub – außer von der d_{31}-Konstante – auch von den Materialabmessungen ab, wobei der Einfluss des Quotienten s/l auf Hub und Steifigkeit gegenläufig ist, vgl. Abb. 3.3b. Neben diesen beiden Effekten wird – seltener – ein *Schereffekt* aktorisch genutzt, der durch die Ladungkonstante d_{15} gekennzeichnet ist. Während bei den genannten Effekten die steuernde elektrische Feldstärke in Richtung der remanenten Polarisation angelegt wird, stehen die beiden Vektorgrößen beim Schereffekt senkrecht aufeinander.

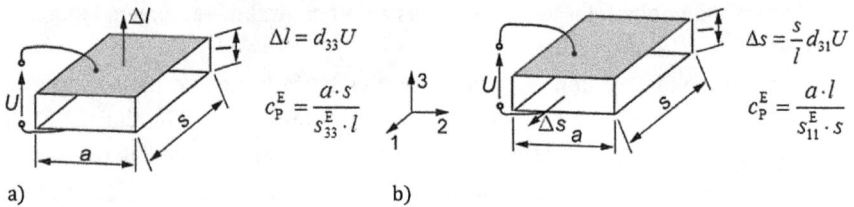

$$\Delta l = d_{33} U$$

$$c_P^E = \frac{a \cdot s}{s_{33}^E \cdot l}$$

$$\Delta s = \frac{s}{l} d_{31} U$$

$$c_P^E = \frac{a \cdot l}{s_{11}^E \cdot s}$$

a)　　　　　　　　　　　b)

Abb. 3.3: Inverser Piezoeffekt in polarisierter Keramik. Die Spannung U wird in Polarisationsrichtung angelegt. a) Longitudinaleffekt, b) Transversaleffekt (c_P^E: Steifigkeit des Piezomaterials bei E = konst.)

Seit den 1980er Jahren gewinnen *Multilayer-Keramiken* an Bedeutung. Hierbei wird die so genannte grüne, einige 10 µm dicke Keramikfolie in Stücke geschnitten, die per Siebdruck mit einer Elektrodenpaste versehen werden, ähnlich wie Vielschichtkondensatoren. Die Stücke werden dann vielfach übereinander geschichtet, gepresst und gesintert. Auf diese Weise bilden sie quasi einen monolithischen Block, der als Einzelwandler oder Grundelement eines Stacks verbaut wird (Abb. 3.4). Mit Multilayer-Keramiken erreicht man bereits bei Nennspannungen von 40 V und weniger die maximalen Feldstärken („*Niedervoltaktoren*") und erzielt die gleichen Dehnungen wie mit herkömmlichen Piezokeramiken bei Spannungen im kV-Bereich [215, 221, 223].

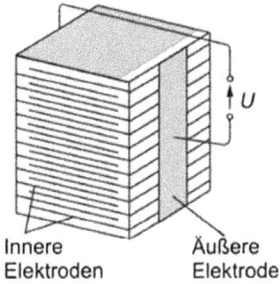

Innere Elektroden   Äußere Elektrode   **Abb. 3.4:** Grundsätzlicher Aufbau eines Stacks (d_{33}-Effekt) mit Multilayer-Piezokeramik.

Darüber hinaus gibt es piezoelektrische Polymere als Folien mit Dicken von einigen 10 µm. Solche Polymere sind schon seit 1924 bekannt. Ein wichtiger Meilenstein war jedoch die Entdeckung des piezoelektrischen Effekts in *Polyvinylidenfluorid* (*PVDF*) im Jahre 1969. Piezoelektrische PVDF-Filme werden hergestellt, indem man das Material mechanisch zieht und elektrisch polarisiert. Der Ziehprozess umfasst Extrudier- und Streckvorgänge, wobei der Film gleichzeitig einem starken Polarisationsfeld ausgesetzt wird. Für die *Ladungskonstanten* von PVDF gilt $d_{33} \approx -30$ pC/N; der Kopplungsfaktor k_{33} beträgt ungefähr 0,2 und die Curie-Temperatur liegt bei 110 °C.

Sehr dünne piezoelektrische Filme für Anwendungen in der Mikroaktorik werden vorzugsweise mit Hilfe von Sputtertechniken realisiert. Häufig eingesetzte Materialien sind ZnO, ZnS oder AlN, die auf geeigneten Substraten, beispielsweise in Form von Biegebalken und Membranen, aufgebracht werden, wobei auch *Multilayer-Anordnungen* erzeugt werden können. Eine starke Anisotropie der Wachstumsraten führt zu einer ausgeprägten Orientierung der polykristallinen Schichten, so dass die piezoelektrischen Kenngrößen bei optimalen Abscheidebedingungen nahezu die Werte von polarisierter Keramik erreichen.

3.3 Piezoantriebe mit begrenzter Auslenkung

Einfache Piezoantriebe nutzen den inversen piezoelektrischen Effekt unmittelbar, wobei die entsprechenden Piezoelemente unterhalb ihrer niedrigsten Eigenfrequenz (siehe Abschnitt 3.3.1), d. h. *quasistatisch* betrieben werden. Solche Antriebe können entweder mit den am Markt verfügbaren *Piezokeramiken* vom Anwender selbst aufgebaut werden oder er greift auf das vielfältige Angebot gehäuster Wandler in Form konfektionierter Typenreihen zurück. Abbildung 3.5 vermittelt einen Eindruck vom Lieferspektrum eines führenden Herstellers von Piezowandlern.

Abb. 3.5: Ausführungsbeispiele für Piezo-wandler (Quelle: Physik Instrumente [223]).

3.3.1 Stapeltranslatoren

Aufbau. Bei dieser Bauart besteht der aktive Teil des Wandlers aus einer Vielzahl dünner Keramikscheiben, meistens mit Dicken zwischen 0,2 und 1 mm, auf denen sich metallene Elektroden, z. B. aus Nickel oder Kupfer, für die Zuführung der Betriebsspannung befinden. Die Scheiben werden paarweise mit entgegengesetzter Polarisationsrichtung übereinander geschichtet und verklebt, anschließend wird der Stapel gegen äußere Einflüsse mit elektrisch hochisolierenden Materialien (meistens polymerische Beschichtung, besonders hochwertig: keramische Ummantelung) hermetisch abgeschlossen. In anderen Ausführungen werden die im vorangegangenen Abschnitt vorgestellten *Multilayer-Keramiken* eingesetzt.

Abbildung 3.6 zeigt, dass der Stapel elektrisch parallel und mechanisch in Reihe geschaltet ist; sein Stellweg ist die Summe aus den Dickenänderungen Δl der Einzelelemente. Das angelegte Feld und die erzeugte Dehnung verlaufen in Polarisationsrichtung; es wird also die *Ladungskonstante* d_{33} genutzt (*longitudinaler Effekt*). Eine Federvorspannung – meist durch Dehnungsschrauben oder wie in Abb. 3.6 durch geschlitzte Rohrfedern realisiert – sorgt dafür, dass der Wandler auch für Zugkräfte einsetzbar ist.

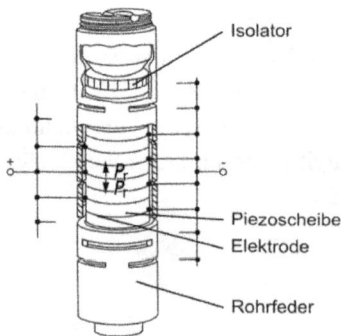

Abb. 3.6: Ausführungsbeispiel für einen Stapeltranslator (P_r: Remanente Polarisation).

Statisches und dynamisches Verhalten. Mit den Gleichungen (3.1) lässt sich zeigen, dass man den Eingang eines idealen piezoelektrischen Wandlers als elektrischen Kondensator mit der Kapazität C und seinen Ausgang als mechanische Feder mit der Steifigkeit c_P auffassen kann. Abbildung 3.7a beschreibt dies für den d_{33}-Wandler, doch gilt die Aussage prinzipiell für alle Piezowandler. Da im Realen C immer verlustbehaftet und c_P stets massebehaftet ist, hat der Amplitudengang $|u/F|$ (sensorischer Betrieb) eine elektrisch bestimmte untere Grenzfrequenz f_g und eine mechanisch bedingte Eigenfrequenz f_0. Im aktorischen Betrieb liegt am (elektrischen) Eingang eine Spannung, d. h. C wird ständig nachgeladen, so dass f_g beim Amplitudengang $|\Delta l/u|$ nicht zum Tragen kommt (Abb. 3.7b).

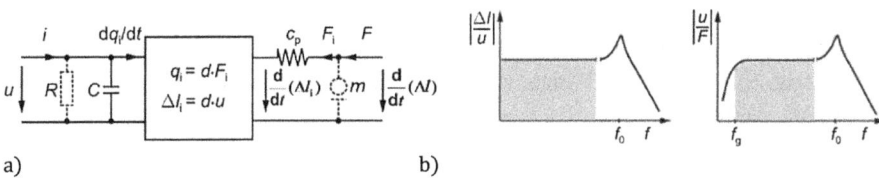

a)   b)

Abb. 3.7: Stapeltranslator. a) Elektromechanisches Ersatzschaltbild, b) Amplitudengänge des aktorischen (links) und sensorischen (rechts) Übertragungsverhaltens. Getönte Flächen: Quasistatische Arbeitsbereiche.

Einen leicht handhabbaren analytischen Ausdruck für das statische aktorische Übertragungsverhalten des Piezowandlers erhält man aus Gleichung (3.1b), indem man die dort vorkommenden Zustandsgrößen durch ihre vektoriellen bzw. skalaren Entsprechungen Δl, F und u ersetzt, oder unmittelbar aus dem Ersatzschaltbild (Abb. 3.7a), sofern die Trägheitswirkungen der Masse m unberücksichtigt bleiben:

$$F = c_\mathrm{P}(\Delta l - d \cdot u). \tag{3.3}$$

Abbildung 3.8a stellt den Graph $F(\Delta l)$ mit u als Parameter dar. Man erkennt zwei ausgezeichnete Arbeitspunkte: Im unbelasteten Fall ($F = 0$, Leerlauf) erfolgt – abhängig vom jeweiligen Betrag der angelegten Spannung – die größtmögliche Auslenkung, die als Leerlaufhub Δl_L bezeichnet wird. Wird der Aktor hingegen fest eingespannt ($\Delta l = 0$), so erzeugt er die sogenannte *Klemm-* oder *Blockierkraft* F_B; das ist die maximal mögliche Kraft, die bei der jeweiligen Steuerspannung entstehen kann. Im Allgemeinen betreibt man den Aktor zwischen diesen beiden Extrempunkten. Dabei können zwei Lastarten auftreten, was Abb. 3.8b für den Fall beschreibt, dass der Aktor jeweils mit der Spannung u_max unipolar angesteuert wird.

– Die Last ist konstant, z. B. eine Gewichtskraft F_G. Abbildung 3.8b zeigt, dass dann die Aktorauslenkung unabhängig von F_G konstant bleibt und sich lediglich der Nullpunkt der Auslenkung um Δl_0 verschiebt.

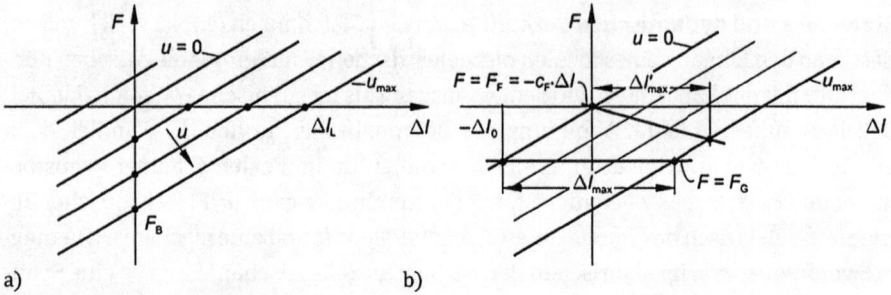

Abb. 3.8: Statische Kennlinien $F(\Delta l)$ eines Stapeltranslators. a) Prinzipieller Verlauf, b) Einfluss verschiedenartiger Belastungen.

– Die Last ist wegabhängig, z. B. eine Federkraft $F_F = -c_F \Delta l$. Abbildung 3.8b zeigt, dass der Nullpunkt unabhängig von F_F erhalten bleibt, die Aktorauslenkung aber auf $\Delta l'_{max}$ reduziert wird.

Abbildung 3.9 verdeutlicht dieses Verhalten in Form des Funktionals $\Delta l(u)$ unter Berücksichtigung der Kennlinien-Darstellung in Abb. 3.2b. Der nichtlineare Verlauf erinnert daran, dass das den Abb. 3.7 und 3.8 zugrunde gelegte lineare Verhalten („*Kleinsignalbetrieb*") für den aktorrelevanten *Großsignalbetrieb* lediglich eine Näherung ist.

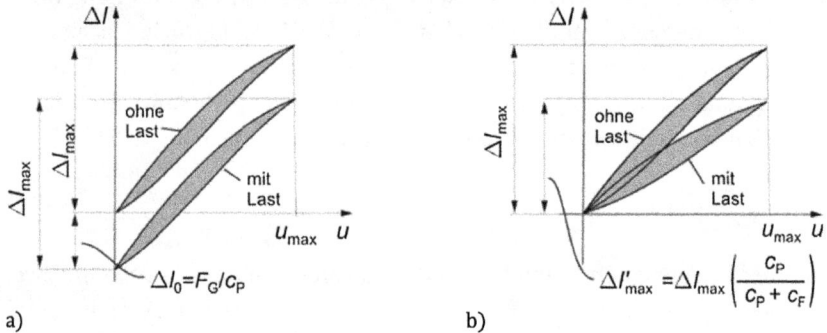

Abb. 3.9: Statische Kennlinien $\Delta l(u)$ eines Stapeltranslators. a) Konstante Last, b) wegabhängige Last.

Für den hier betrachteten *quasistatischen Betrieb* lassen sich Piezoaktoren als schwach gedämpfte PT$_2$-Glieder beschreiben, deren Arbeitsfrequenzbereich durch die erste *Eigenfrequenz*

$$f_0 = \frac{1}{2\pi} \sqrt{\frac{c_{eff}}{m_{eff}}} \tag{3.4}$$

begrenzt wird, wobei die effektiv bewegte Masse m_{eff} bei einseitiger Befestigung des unbelasteten Wandlers gleich $m/3$ (m: Wandlermasse) und bei Belastung durch eine Masse M gleich $M + m/3$ ist [205]. Die effektive Steifigkeit c_{eff} setzt sich aus den Steifigkeiten von Wandler, c_P, und Last, c_F, zusammen. Bei kommerziellen *Stapeltranslatoren* liegt f_0 im kHz-Bereich. Als Erfahrungswert gilt, dass marktübliche Wandler bis maximal 80 % ihrer *Eigenfrequenz* betrieben werden können.

Aufgrund seines kapazitiven Eingangsverhaltens (vgl. Abb. 3.7a) tritt bei einem piezoelektrischen Aktor lediglich während des Ausdehnungsvorgangs ein elektrischer Energiefluss auf. Dieser ist mit einer Ladungsverschiebung und daher mit einem Strom

$$i = C\frac{du}{dt} \qquad (3.5)$$

verbunden. Man beachte, dass die in Gleichung (3.5) implizit enthaltene Voraussetzung C = konst. bei *Piezoaktoren* nur näherungsweise erfüllt ist, da die Wandlerkapazität mit wachsender Aussteuerung zunimmt. Bei Betrieb mit Konstantstrom I folgt aus Gleichung (3.5) die Zeitdauer zum Aufbau der Spannung u an der Piezokeramik zu

$$t = C\frac{u}{I}. \qquad (3.6)$$

Diese Zeitspanne verhält sich direkt proportional zur Kapazität des Wandlers und umgekehrt proportional zum Steuerstrom; das ist wichtig für die Auslegung der erforderlichen *Steuerelektronik*, vgl. Abschnitt 3.5.1.

Für sinusförmige Ansteuerung erhält man aus Gleichung (3.6) die Stromamplitude

$$\hat{i} = \omega \cdot C \cdot \hat{u}, \qquad (3.7)$$

die ein elektronischer Verstärker zum Umladen der Keramikkapazität aufbringen muss. Weil die Kapazität von Piezotranslatoren – bei gleichen Außenabmessungen – proportional zum Quadrat der Anzahl der Keramikschichten zunimmt, erreichen die Kapazitätswerte von Multilayer-Translatoren den µF-Bereich, und der Lade- oder Umladestrom kann entsprechend Gleichung (3.7) wesentlich größer werden als bei üblichen Translatoren, deren Kapazitäten im nF-Bereich liegen (vgl. Tabelle 3.2).

Aus Gleichung (3.7) lässt sich auch die obere Frequenzgrenze für den Fall abschätzen, dass ein Verstärker den maximalen Ausgangsstrom $i = i_{max}$ liefern kann. Zu berücksichtigen ist ferner, dass aufgrund der Hysterese (Abb. 3.2) im dynamischen Betrieb elektrische Wirkleistung in Wärme umgesetzt wird, was unter extremen Betriebsbedingungen zu thermischer *Depolarisierung* der Keramik führen kann.

3.3.2 Streifentranslatoren

Im Unterschied zur Stapelbauweise wird hier der *Transversaleffekt* und damit die d_{31}-Konstante genutzt. Der Effekt ist umso stärker ausgeprägt, je größer der Quotient

Tab. 3.2: Kennwerte einiger handelsüblicher Piezoaktor-Bauarten (Kleinsignalbetrieb).

	Translatoren (gestapelt)	Translatoren (Multilayer)	Biegeelemente (Parallelbimorph)	Hybridwandler (Bauart APA®)	Einheit
Stellweg	$5\ldots300^1$	$2\ldots30\,(230)^2$	$\pm85\ldots\pm1500$	$4\ldots2000$	µm
Länge	$8\ldots250$	$4\ldots40\,(150)$	$20\ldots70$	$9\ldots214$	mm
Querschnitt	$(7^2\ldots60^2)\times\pi/4$	$2\times2\ldots10\times10$ (15×15)	$7,5\times0,4\ldots8\times1,8$	$8\times4\ldots57\times25$	mm²
Blockierkraft	$650\ldots80000$	$170\ldots3600$ (9500)	$0,15\ldots2$	$3\ldots1600$	N
Steifigkeit	$20\ldots2000$	$7\ldots350$ (3000)	$0,007\ldots0,1$	$0,004\ldots20$	N/µm
Resonanzfrequenz	$5\ldots130$	$7\ldots250$	$0,08\ldots1$	$0,08\ldots5$	kHz
Elektr. Kapazität	$0,01\ldots27$	$0,02\ldots12\,(65)$	$6\ldots34$	$0,05\ldots110$	µF
Betriebsspannung	$0\ldots+1000$	$-20\ldots+120$	$\pm30\ldots\pm150$	$-20\ldots+150$	V
Umgebungstemp.	$-20\ldots+85$	$-40\ldots+150$	$-20\ldots+150$	$-40\ldots+80$	°C

[1]Lesebeispiel: „Stellweg 5…300 µm" bedeutet, dass bei kommerziell angebotenen Stapeltranslatoren das Spektrum der Nennstellwege ungefähr von 5 bis 300 µm reicht.
[2]Die Klammerwerte gelten für Multilayer-Translatoren mit Längen > 40 mm; sie werden aus 2 bis 3 mm dicken Multilayer-Elementen („Piezo-Chips") gestapelt.

s/l des Piezoelements ist, vgl. Abb. 3.3b. Dies führt auf streifenförmige Elemente mit geringer Steifigkeit, deshalb schichtet man wie bei den Stapelwandlern mehrere Streifen zu einem sogennanten Laminat und verbessert auf diese Weise die mechanische Stabilität gegen Ausknicken. Die Anwendung des Transversaleffekts ergibt flache Wandler, die sich proportional zur angelegten Spannung verkürzen, da d_{31} negativ ist. In Tabelle 3.2 findet man einige typische Kennwerte, Abb. 3.5 zeigt im Vordergrund ein Ausführungsbeispiel.

3.3.3 Biegeelemente

Biegeelemente nutzen ebenfalls den *Transversaleffekt*. Sie können beispielsweise aus einem Federmetall und einer darauf befestigten PZT-Keramik bestehen (*Unimorph*, seltener als *Monomorph* bezeichnet). Erfährt die Keramik eine Längenänderung, während der Metallträger seine Länge beibehält, gleicht das Element das unterschiedliche Dehnungsverhalten aus, indem es sich – phänomenologisch vergleichbar einem *Thermobimetall* – biegt.

In der Ausführung als Disk-Translatoren sind die Elemente kreisförmige Scheiben von wenigen Zentimetern Durchmesser, die Stellwege bis einige 100 µm ermöglichen, s. Abb. 3.5 Mitte. Bei einem kommerziellen Aktorkonzept sind zwei oder mehr nebeneinander liegende Keramikstreifen abwechselnd auf den Vorder- und Rückseiten der Zinken eines gabelförmigen Metallträgers angebracht. Die einfachste Ausführung besteht aus zwei Keramikstreifen auf einem U-förmigen Metallträger (Abb. 3.10a). Dar-

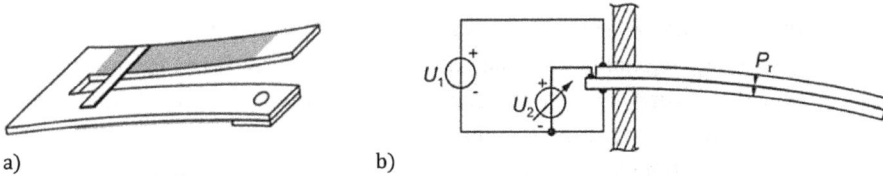

a)   b)

Abb. 3.10: Biegewandler. a) Unimorph (nach Unterlagen von Servocell Ltd., Harlow/England), b) Parallelbimorph. U_1: Konstante Versorgungsspannung, U_2: Steuerspannung ($U_2 < U_1$).

über hinaus existieren Bauformen mit drei oder vier Zinken, um größere Kräfte und Stellwege zu erzeugen.

Das typische Biegeelement ist ein Verbund zweier piezoelektrischer Keramikstreifen ohne oder mit inaktiver Zwischenlage: *Bimorph* bzw. *Trimorph*. Dabei kann man jeweils zwei Ausführungsformen unterscheiden. Beim *Parallelbimorph* bzw. *-trimorph* sind die Keramiken gleichsinnig polarisiert, und die Steuerspannung wird in Polarisationsrichtung angelegt (Abb. 3.10b). Bei $U_2 = U_1/2$ stellt sich die neutrale Lage des Biegers ein. Der *Serienbimorph* bzw. *-trimorph* besteht hingegen aus zwei entgegengesetzt polarisierten Keramikstreifen, so dass – beim Trimorph – die beiden Piezokeramiken immer in Polarisationsrichtung betrieben werden.

Im Vergleich zu Translatoren haben Biegeelemente eine größere Auslenkung, geringere Steifigkeit, kleinere *Blockierkraft* und eine niedrigere Eigenfrequenz (vgl. Tabelle 3.2).

3.3.4 Tubusse

Hierbei handelt es sich um rohrförmige Piezokeramiken mit metallisierten Innen- und Außenflächen (Abb. 3.11). Bei *Tubussen* wird der *Transversaleffekt* genutzt. Stimmt die Polarität der Steuerspannung U mit der Polarisationsrichtung überein, kontrahiert der Tubus in axialer und radialer Richtung, da d_{31} negativ ist (die Zunahme der Wanddicke d – d_{33}-Effekt! – wird vernachlässigt).

Tubusse finden Anwendung beispielsweise als Klemmvorrichtung für Präzisionswellen oder als miniaturisierter *Pumpenantrieb* in *Tintenstrahldruckern*, wobei durch Überlagerung der radialen und axialen Deformierung ein volumetrischer Effekt zustande kommt.

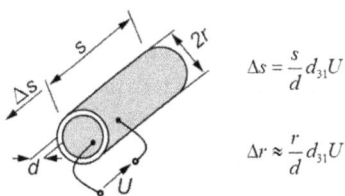

$$\Delta s = \frac{s}{d} d_{31} U$$

$$\Delta r \approx \frac{r}{d} d_{31} U$$

Abb. 3.11: Piezowandler in Tubusform.

Bei einer speziellen Ausführung ist die äußere Elektrode parallel zur Tubusachse in vier gleich große Segmente unterteilt, so dass der Tubus sich bei entsprechender elektrischer Ansteuerung senkrecht zu seiner Achse in orthogonalen Achsrichtungen biegt; eine Ansteuerung der inneren Elektrode bewirkt die Bewegung in z-Richtung. Derartige Aktoren kommen beispielsweise in der Rastertunnelmikroskopie zur mehrachsigen Führung der Abtastspitze zum Einsatz.

3.3.5 Piezowandler mit Wegübersetzung

Bei *Piezowandlern* mit *Wegübersetzung* wird die piezoelektrisch erzeugte Dehnung durch konstruktive Maßnahmen vergrößert, wobei zu beachten ist, dass die Steifigkeit einer solchen Anordnung grundsätzlich mit dem Quadrat des Übersetzungsverhältnisses abnimmt und wesentlich kleiner ist als bei der Stapelbauweise.

Solcherart aufgebaute Wandler für Stellwege bis 1 mm und mit Kräften von einigen 10 N werden beispielsweise mit *Festkörpergelenken* (Biegezonen) gefertigt, die als elastische Gelenke kleine Winkeländerungen spielfrei in Parallelbewegungen umsetzen. Abbildung 3.12a zeigt das Prinzip; ein Ausführungsbeispiel ist in Abb. 3.5 (Mitte) zu sehen.

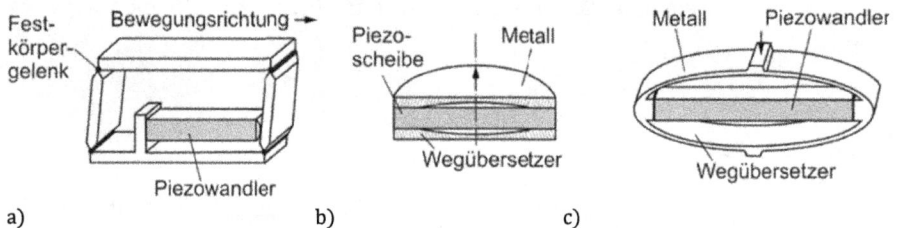

a)   b)   c)

Abb. 3.12: Mechanische Wegübersetzungen. a) Ausführung mit Festkörpergelenken (Hybridwandler), b) Moonie-Wandler, c) Piezoaktor mit Wegverstärkung (Amplified Piezo Actuator, APA®).

Während beim *Stellwegvergrößerer* in Abb. 3.12a die Werkstoffbereiche mit hoher Elastizität lokal begrenzt sind, nutzen die Ausführungen in Abb. 3.12b und c das globale elastische Verhalten von metallenen Werkstoffen. Der so genannte *Moonie-Wandler* in Abb. 3.12b besteht aus einer piezoelektrischen Scheibe, die zwischen zwei Metallkappen geklemmt ist. Beim Anlegen einer Steuerspannung in axialer Richtung kommen sowohl der *Longitudinal-* als auch der *Transversaleffekt* zur Wirkung, wobei die Kappenform dafür sorgt, dass die kleine radiale Scheibendehnung in einen viel größeren Stellweg senkrecht dazu umgesetzt wird [212]. Abbildung 3.12c zeigt eine Ausführung, in der ein Piezotranslator und damit der d_{33}-Effekt zur Anwendung kommt [223].

Einen völlig anderen Lösungsansatz für die Wegübersetzung beschreibt Abb. 3.13. Dort sind *hydraulische Kraft-Weg-Transformatoren* nach dem Zwei-Kolben-Prinzip dar-

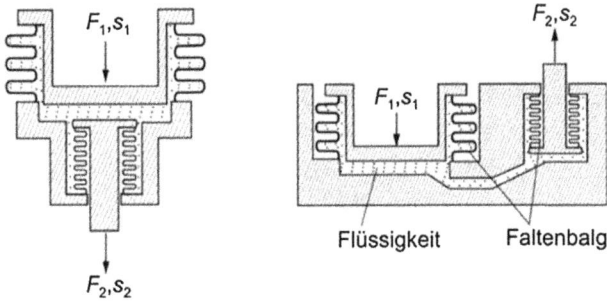

Abb. 3.13: Hydrostatische Wegübersetzungen.

gestellt. Ihre Leckagefreiheit wird dauerhaft gewährleistet, indem die beiden hydro-statisch wirksamen Durchmesser von je einem Faltenbalg gebildet werden. Durch die besondere konstruktive Ausführung ist ferner dafür gesorgt, dass das eingeschlosse-ne Ölvolumen klein ist, wodurch die Steifigkeit der Anordnung groß wird und die Drift über dem Arbeitstemperaturbereich gering bleibt.

Üblicherweise werden mit den vorgestellten Prinzipien Übersetzungsverhältnis-se bis etwa 10 realisiert. Größere Werte sind konstruktiv zwar möglich, führen aber schnell zu einem schlechteren dynamischen Verhalten des Gesamtsystems.

In Tabelle 3.2 sind typische Kennwertbereiche von Piezowandlern in Stapelbau-weise und anderen Bauarten zusammengestellt. Die zugrunde liegenden Daten stam-men aus unterschiedlichen Quellen, wobei die jeweiligen Messbedingungen häufig unbekannt sind. Daher sollten die Zahlenangaben eher als Orientierungshilfe verstan-den werden. Zudem können speziell bei OEM-Varianten einzelne Kennwerte deutlich von den Werten der hier berücksichtigten Standardwandler abweichen.

3.4 Piezoantriebe mit unbegrenzter Auslenkung

Unter Anwendung des inversen Piezoeffekts lassen sich auch wesentlich größere Translationen oder Rotationen verwirklichen als bisher beschrieben. Viele Lösun-gen beruhen darauf, dass man die Weg- oder Winkelinkremente eines Läufers bzw. Rotors, die mit Hilfe piezoelektrischer Vorschub- und Klemmelemente erzeugt wer-den, in schneller Folge so lange aufsummiert, bis der gewünschte Gesamtweg bzw. -winkel erreicht ist. Dafür gibt es zwei unterschiedliche Realisierungsmöglichkeiten: Bei der einen wird der Läufer oder Rotor unmittelbar durch Piezoelemente bewegt, die deutlich unterhalb der niedrigsten *Eigenfrequenz* des Gesamtsystems betrieben werden (*Wurm- und Schreitantriebe* sowie *Trägheitsantriebe*). Im anderen Fall die-nen Piezoelemente dazu, in einem ortsfesten, meist quaderförmigen Stator resonante Schwingungen zu erzeugen, durch die der Läufer oder Rotor in Bewegung versetzt wird (*Stehwellen-Ultraschallmotoren*).

Einige Antriebslösungen basieren auch auf einer kontinuierlichen Bewegung des Rotors, indem der Kontakt zwischen diesem und dem piezoelektrisch angeregten Stator ständig aufrecht erhalten bleibt. Hierzu werden ringförmige Statoren entweder unterhalb ihrer niedrigsten Eigenfrequenz (z. B. *Piezo Actuator Drive*) oder in Resonanz betrieben (*Wanderwellen-Ultraschallmotoren*). Alle genannten Antriebe werden nachfolgend beschrieben; ihnen ist gemeinsam, dass sie nichtmagnetisch sind und vakuumtauglich ausgeführt werden können, sowie Weg-/Winkelauflösungen teilweise bis in den Sub-Nanometerbereich ermöglichen.

3.4.1 Wurm- und Schreitantriebe

Inchworm-Motor

Abbildung 3.14 beschreibt das Prinzip des *Inchworm-Motors*, der 1975 erstmals kommerziell angeboten wurde. Eine glatte Welle (Läufer), die axial positioniert werden soll, wird von drei Piezotubussen umschlossen (d_{31}-Effekt). Die beiden äußeren Elemente sitzen mit sehr kleinem Spiel auf der Welle. Werden diese Elemente elektrisch angesteuert, so klemmen sie die Welle fest. Der mittlere Tubus hat großes radiales Spiel und dehnt sich beim Verringern der Spannung in axialer Richtung, d. h. dieses Element sorgt für den Vorschub.

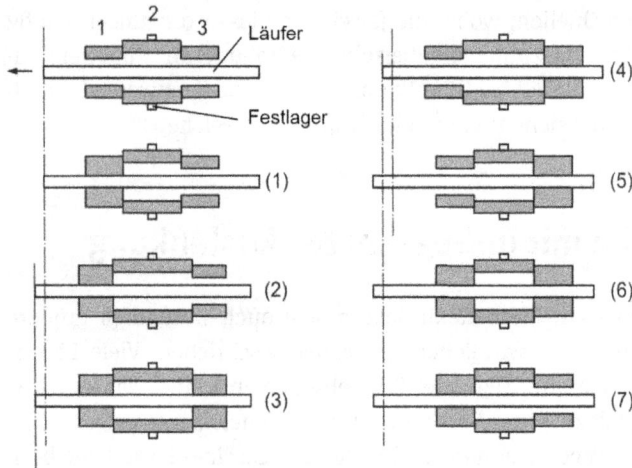

Abb. 3.14: Inchworm-Motor. Bewegungsablauf des Wurmmotors (nach Unterlagen der Fa. Burleigh, Fishers NY/USA).

Der Bewegungsablauf wird von einer elektronischen Steuerung wie folgt koordiniert. Zunächst klemmt Tubus 1 die Welle (Schritt 1), Zylinder 2 dehnt sich (2) und schiebt dabei die Welle nach links. Nun klemmt Tubus 3 die Welle ebenfalls (3), danach öffnet

Tubus 1 wieder (4). Die Welle wird jetzt von Tubus 3 gehalten, und Zylinder 2 verkürzt sich wieder (5). Nun klemmt Tubus 1 die Welle (6) und Tubus 3 öffnet sich (7). Der Zylinder 2 dehnt sich wieder und der Ablauf beginnt von neuem. Am Beispiel dieses Motors sollen zwei grundsätzliche, mit der Piezoaktorik verknüpfte Probleme und ihre Lösungen kurz vorgestellt werden.

Bei der ursprünglichen Inchworm-Ausführung wurden Piezotubusse und somit der d_{31}-Effekt verwendet. Damit ändern sich beim Anlegen einer elektrischen Spannung sowohl Länge als auch Durchmesser der Keramiken, vgl. Abb. 3.14. Dies führt dazu, dass jeder Klemmvorgang der beiden äußeren Piezoelemente auch unerwünschte axiale und laterale Bewegungen des Läufers verursacht, die als *Glitches* bezeichnet werden und einige zehntel Mikrometer groß sind. Eine Verbesserung brachte der Einsatz gestapelter Piezoringe, also die Nutzung des d_{33}-Effekts, in Verbindung mit einer speziell geformten Spannhülse. Hierdurch konnten die Glitches auf weniger als 50 nm reduziert werden [204].

Die Schubkraft des Inchworm-Motors wird durch die von den äußeren Klemmelementen übertragene Reibkraft begrenzt. Diese kann nicht beliebig vergrößert werden, denn die ursächliche Klemmkraft, die während der Läuferbewegung ständig zu- und abgeschaltet wird, führt zu hohen dynamischen Zugspannungen in der PZT-Keramik, die Ermüdungsrisse herbeiführen können und hierdurch die Lebensdauer des Motors verkürzen. Mit Hilfe konstruktiver Maßnahmen lassen sich jedoch die gefährlichen Zugspannungen in Druckspannungen umwandeln, deren zulässigen Maximalwerte um mehr als eine Größenordnung über denen der Zugspannungen liegen (vgl. Tabelle 3.1).

Schließlich muss die Passung zwischen Läufer und äußeren Piezoelementen sehr genau eingehalten werden; sie ist temperaturabhängig und unterliegt Verschleiß. Da die Verbindung reibschlüssig ist, kann eine präzise Positionierung nur im geschlossenen Wirkungsablauf in Verbindung mit einem Wegsensor erfolgen. Diese Eigenschaften und Probleme haben letztlich dazu geführt, dass der Inchworm-Motor heute nicht mehr angeboten wird; an seine Stelle sind andere Prinzipien und Produkte getreten.

LEGS®-Motor

Der *Piezo-LEGS-Motor* gehört zur Gruppe der Schreitantriebe (*walk drive*). Seine Grundelemente bestehen aus Multilayer-Stacks gemäß Abb. 3.4. Zwei elektrisch isolierte, mechanisch jedoch fest miteinander verbundene Stacks bilden ein sogenanntes Bein (leg). Abbildung 3.15a zeigt, wie durch Anlegen von unipolaren elektrischen Spannungen gleichen oder unterschiedlichen Betrags an die beiden Hälften des Beins sowohl Längs- als auch Biegemoden erzeugt werden können (dunklere Tönung $\hat{=}$ höhere Spannung). Demzufolge führen die Spannungen $u_r(t)$ und $u_1(t)$ in Abb. 3.15b zu einer geschlossenen, elliptischen Bewegung des Stabendes, was im selben Bildteil angedeutet ist.

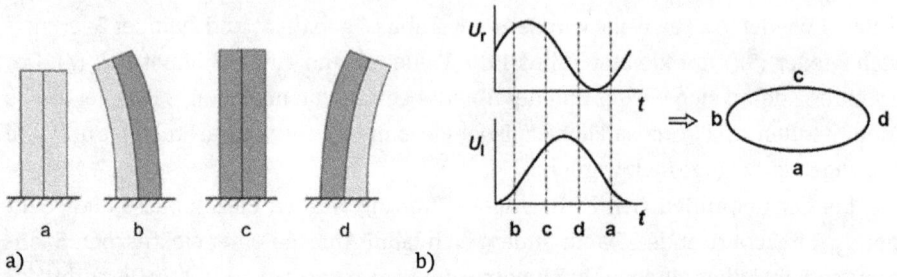

Abb. 3.15: Piezo LEGS-Motor. a) Auslenkungen bei unterschiedlicher Ansteuerung, b) Erzeugung eines geschlossenen Bewegungsablaufs. Nach [224].

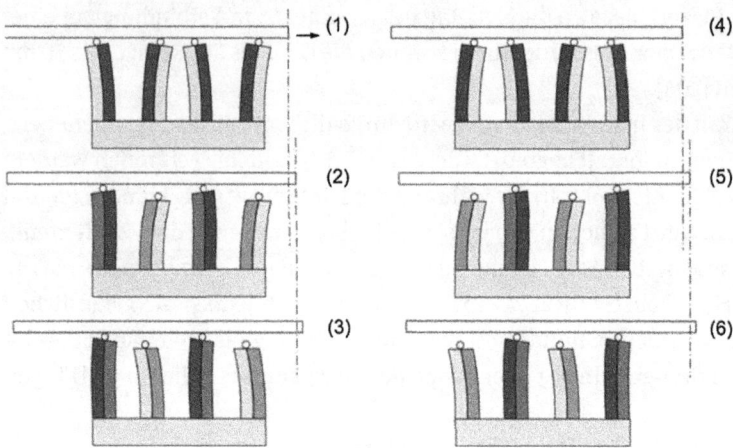

Abb. 3.16: Piezo-LEGS-Motor. Bewegungsablauf des Schreitantriebs. Nach [224].

Abbildung 3.16 erläutert, wie mit vier Beinen eine Vorschubbewegung zustande kommt. Jeweils zwei Beine bilden ein Paar, das gleichsinnig angesteuert wird und sich folglich synchron bewegt. Ein zweites Paar ist „auf Lücke" verschränkt zum ersten angebracht und wird insgesamt gegensinnig zu diesem angesteuert. Hierdurch kommen zeitversetzte, elliptische Bewegungen der Stabenden zustande, durch die ein Läufer, der von Federn auf die Stäbe gedrückt wird, in kleinen Schritten translatorisch transportiert wird. Dies zeigt Abb. 3.16 in einzelnen Sequenzen, wobei die jeweils wirksame Spannung betragsmäßig umso größer ist, je dunkler die Elemente getönt sind. Zu berücksichtigen ist, dass die maximale (elektrische) Betriebsfrequenz deutlich unterhalb der (mechanischen) *Eigenfrequenzen* des Läufers bleiben muss, um stets den Kraftschluss zwischen den Reibpartnern zu gewährleisten.

LEGS-Motoren werden als Baureihen sowohl für translatorische als auch für rotatorische Bewegungen angeboten. Die Linearmotoren decken hierbei folgende Bereiche ab: Verfahrwege 13...80 mm, Haltekräfte 7...450 N, maximale Geschwindigkeiten

0,3...16 mm/s. Die rotatorischen Motoren umfassen Haltemomente 30...90 mNm und Drehfrequenzen 0...170°/s [224].

Bei dem als NEXLINE®-Motor bezeichneten Schreitantrieb eines anderen Herstellers werden zwei unterschiedliche Aktoreffekte genutzt. Im unteren Bereich der Beine kommt jeweils der translatorische Piezoeffekt (d_{33}-Effekt) für die Klemmung des Läufers zur Anwendung, im oberen der Schereffekt (d_{15}-Effekt) für die Schubbewegung. Dieser Piezomotor hat einen Verfahrweg von 20 mm und eine maximale Geschwindigkeit von 1 mm/s; seine Stell- und Haltekräfte liegen bei 600 N bzw. 800 N. Eine Konstruktionsvariante desselben Herstellers (NEXACT®-Motor) ist ähnlich dem LEGS-Motor aufgebaut und ermöglicht Stellwege bis 125 mm; die Stellkraft erreicht 10 N, und die Maximalgeschwindigkeit beträgt 10 mm/s [223].

Für den schrittweisen Betrieb dieser Piezomotoren sorgt jeweils ein spezieller digitaler Controller (vgl. Abschnitt 3.5.2). Die Schrittweite beträgt wenige Mikrometer, wobei jeder Schritt elektronisch in eine große Anzahl sehr kleiner Weginkremente unterteilbar ist. Auf diese Weise ermöglichen Schreitantriebe einerseits (theoretisch) unbegrenzte Verfahrwege, andererseits werden – mit Unterstützung entsprechender Wegsensoren (siehe Abschnitt 3.6.1) – Auflösungen im Sub-Nanometerbereich realisiert.

3.4.2 Trägheitsantriebe

Ebenfalls schrittweise arbeiten *Trägheitsantriebe* (*inertial drives* oder *stick slip drives*), die seit den 1980er Jahren bekannt sind. Sie nutzen die Differenz zwischen Haft- und Gleitreibung in Verbindung mit der Trägheit des Läufers bzw. Rotors. Zu Beginn eines Arbeitszyklus wird der Läufer vom Aktor langsam vorangeschoben, indem die Antriebskraft durch Haftreibung übertragen wird. Anschließend zieht sich der Aktor mit einer schnellen Bewegung in seine Ausgangslage zurück, wobei aufgrund der Trägheit des Läufers die Haftreibung aufgehoben wird, so dass der Läufer dieser Bewegung nicht folgen kann. Der Hub bleibt daher erhalten, und mit dem nächsten Arbeitszyklus wird ein weiterer Bewegungsschritt addiert.

Picomotor™

Eine Realisierung des Trägheitsprinzips ist der *Picomotor*, der im Wesentlichen aus einer Feingewindespindel in einem zweigeteilten Muttergewinde („Gewindebacken") besteht (s. Abb. 3.17). Der (hier nicht dargestellte) Piezoaktor sorgt für eine gegenläufige Bewegung der beiden Gewindebacken. Eine sägezahnförmige Steuerspannung am Aktor führt dann dazu, dass die Spindel während des langsamen Flankenanstiegs mitgenommen wird und sich dreht; beim schnellen Flankenabfall verharrt sie hingegen in ihrer Position.

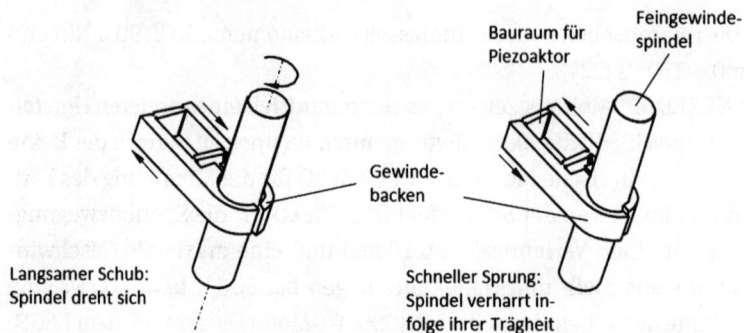

Abb. 3.17: Picomotor: Funktionsprinzip. Quelle: New Focus, Inc., San Jose/USA [218].

Der Picomotor wird in unterschiedlichen Größen mit maximalen Stellwegen 12,7... 50,8 mm angeboten. Sein kleinstmöglicher Winkelschritt bewirkt eine translatorische Bewegung der Schraube um 30 nm. Dabei wird ein Drehmoment von etwa 18 mNm bzw. eine Schubkraft von ca. 22 N erzeugt. Bei der maximalen Ansteuerfrequenz von 2 kHz beträgt die Vorschubgeschwindigkeit 1,2 mm/min; dieser Wert verringert sich jedoch mit wachsender Last. Anwendungsfelder dieses Motors sind Feinpositionierungen und verstellbare Halterungen in optischen und mechanischen Systemen, speziell in der Kälte- und Vakuumtechnik [218].

3.4.3 Piezo Actuator Drive (PAD)

Der *Piezo Actuator Drive* (*PAD*) – nach seinem Erfinder auch *Kappel-Motor* genannt – basiert auf folgendem Antriebskonzept: In der Grundausführung sind zwei Stapelaktoren, die räumlich um 90° versetzt sind, fest mit einem Metallring verbunden. Diese Anordnung bildet den Stator, der eine Welle – den Rotor – umschließt (Abb. 3.18a). Steuert man die beiden Piezoaktoren quasistatisch mit zwei sinusförmigen Wechselspannungen gleicher Amplitude und gleicher Frequenz an, die jedoch um 90° phasenversetzt sind, entsteht eine kreisende Bewegung des elastischen Antriebsrings (*Lissajous-Figur*) [207].

Da zwischen Ring und Welle ein ständiger Kontakt erhalten bleibt, entsteht eine kontinuierliche Rotation. Die Drehrichtung wird durch das Vorzeichen der Phasenverschiebung festgelegt; die Drehzahl ist durch die Frequenz des Steuersignals bestimmt. Die maximale Betriebsfrequenz des Motors wird vor allem durch die Eigenfrequenzen der Aktoren und die zulässigen Verlustleistungen in der Aktorkeramik begrenzt. Eine Besonderheit dieses Piezomotors besteht darin, dass gleichzeitig der direkte piezoelektrische Effekt zur sensorischen Erfassung sowohl des äußeren Lastmoments als auch innerer Reibmomente genutzt wird (dieser sogenannte Self-sensing-Effekt wird ausführlich in [205] behandelt).

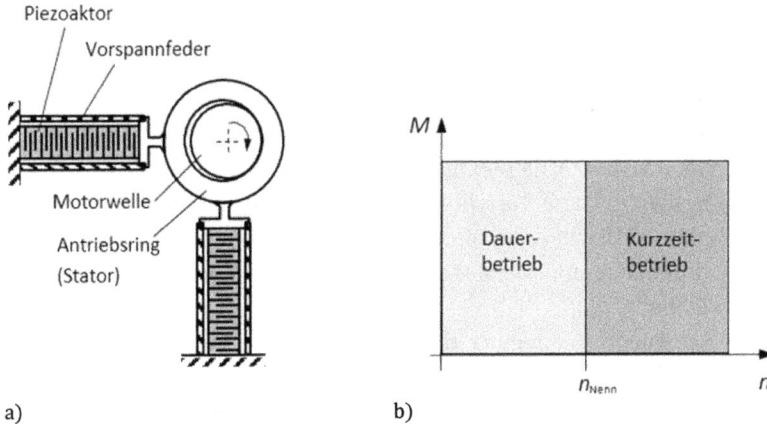

Abb. 3.18: Piezo Actuator Drive (PAD). a) Funktionsprinzip (Mikroverzahnung nicht dargestellt), b) Drehmoment-Drehzahl-Kennlinie des Typs PAD 7200. Nach [221].

Bei einer Weiterentwicklung dieses Motors wurde mit Hilfe von Mikroverzahnungen am Außendurchmesser der Welle und am Innendurchmesser des Rings eine formschlüssige Kraftübertragung zwischen Stator und Rotor realisiert. Das Nenn-Drehmoment beträgt 4 Nm, der Drehzahlbereich $60 \ldots 337 \, \text{min}^{-1}$. Wie Abb. 3.18b zeigt, ist das Motormoment weitgehend drehzahlunabhängig, und im ausgeschalteten Zustand verfügt der Motor über ein großes Haltemoment. Der Wirkungsgrad erreicht 40 %, und die Winkelauflösung wird mit $< 2''$ angegeben. Anwendungsmöglichkeiten sieht man in der Medizingerätetechnik, der Robotik, der Luft- und Raumfahrt sowie in der Automatisierungstechnik [221].

3.4.4 Ultraschallmotoren

Der Arbeitsfrequenzbereich der bisher beschriebenen piezoelektrischen Antriebe liegt unterhalb ihrer niedrigsten Eigenfrequenz, die durch die mechanischen Eigenschaften der verwendeten PZT-Keramik festgelegt wird. Im Unterschied hierzu werden bei Ultraschallmotoren (*ultrasonic motors*) gerade die resonanten Vibrationen eines piezoaktorisch angeregten Schwingers genutzt. Die hiermit verbundene Hubvergrößerung ermöglicht es, mit kleineren Steuerspannungen zu arbeiten und/oder größere Geschwindigkeiten zu erzielen.

Die entsprechende Resonator-Anordnung bildet den ortsfesten Teil des Motors und wird als Stator bezeichnet. Eine geeignete elektronische Schaltung sorgt dafür, dass der Stator zu mechanischen Schwingungen im Ultraschallbereich veranlasst wird. Die erzeugten Frequenzen liegen üblicherweise zwischen 20 und 150 kHz, wobei die Amplituden sich im Mikrometer- und Sub-Mikrometerbereich bewegen. Folglich sind die Schwingungen des Resonators für den Menschen unmittelbar weder hör- noch sichtbar.

Auch bei Ultraschallmotoren ist der Verschleiß in der Berührungsstelle zwischen Resonator und Rotor ein Problem, da er die Lebensdauer des Antriebs stark beeinflusst. Abhilfe schaffen z. B. verschleißmindernde Oberflächenvergütungen oder weiche Zwischenlagen, die das harte Aufschlagen des Resonators auf den Rotor abmildern, sowie große Kontaktflächen, um punktuelle Belastungen zu mindern. Da die Kraftübertragung durch Reibung (*friction*) erfolgt, werden die Motoren auch als *Friktionsmotoren* bezeichnet.

Je nach der Schwingungsanregung des Stators unterscheidet man zwischen Stehwellen- und Wanderwellenmotoren. Beide Prinzipien zur Erzeugung der Rotor- oder Läuferbewegung und einige verfügbare Ausführungen werden im Folgenden erläutert.

3.4.4.1 Stehwellen-Ultraschallmotoren

Bei *Stehwellen-Ultraschallmotoren* (*standing wave ultrasonic motors*) werden die mechanischen Wellen an den Körperbegrenzungen der meist stab- oder plattenförmigen Resonatoren so reflektiert, dass sich stehende Wellen ausbilden. Entsprechende Motoren, die in den 1970er Jahren in der ehemaligen Sowjetunion entwickelt worden sind, werden auch als Vibrations- oder Mikrostoßantriebe bezeichnet, da die Schwingbewegung des Stators in Form von Mikropulsen auf den Rotor oder Läufer übertragen wird. Die Bewegung setzt sich aus Weginkrementen im Nano- oder Mikrometerbereich zusammen und geschieht trotz der stoßweisen Anregung des Rotors aufgrund seiner Trägheit sehr gleichmäßig.

Man unterscheidet zwischen Resonatoren, die ausschließlich monomodal (z. B. zu Längsschwingungen) angeregt werden, und solchen, bei denen die Überlagerung von – mindestens – zwei Eigenformen unterschiedlichen Typs und/oder verschiedener Ordnung zu einer elliptischen Bewegung der Resonatorenden führt (*bimodaler Resonator*).

Monomodaler Resonator. Der Knoten der Längsschwingung befindet sich in der Mitte eines – beispielsweise – stabförmigen Resonators; dort wird letzterer auch vibrationsarm fixiert. An den Stabenden liegen die Maxima der Auslenkungen („$\lambda/2$-Resonator"). Ein Ende wird exzentrisch gegen den Rotor gedrückt. Aufgrund der Expansion (Bewegung A, vgl. Abb. 3.19a) trifft das Resonatorende gegen den vergleichsweise harten Rotor. Wegen des exzentrischen Angriffspunktes und deutlich verstärkt durch das Abschrägen des Resonatorendes weicht die Spitze aus (Bewegung B). Es entsteht eine Bewegung tangential zum Rotor, die über Reibschluss dessen Antrieb bewirkt. Bei der folgenden Kontraktion öffnet sich der Kontakt zwischen Rotor und Stator, und die elastische Deformation der Spitze bildet sich zurück. Bei diesem Funktionsprinzip ist lediglich eine Drehrichtung möglich.

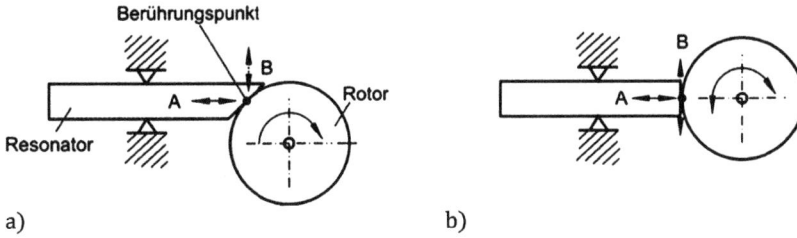

Abb. 3.19: Funktionsprinzipien – Stehwellen-Ultraschallmotoren. a) Monomodaler Motor mit längs-schwingendem Resonator, b) bimodaler Motor mit einer Längs- (A) und einer Biegeschwingung (B) des Resonators.

Bimodaler Resonator. In diesem Fall werden ein Längs- und ein Biegemode des Stabes überlagert. Der longitudinale Mode bewirkt die in Abb. 3.19b angedeutete Bewegung A, der Biegemode die Bewegung B. Wenn beide Frequenzen in einem ganzzahligen Verhältnis stehen, ergibt die Überlagerung eine geschlossene Bewegung des Resonatorendes (*Lissajous-Figur*), durch die ein zentrisch angesetzter Rotor „sanft" angetrieben wird. Über die Phasenlage der beiden Schwingungen können dann sowohl die Drehrichtung des Rotors als auch seine Drehzahl eingestellt werden. Die beiden Schwingungen müssen dabei unabhängig voneinander anregbar sein. Aufgrund der Abweichungen eines realen Resonators von der idealen Form sind die Schwingungsmoden jedoch gekoppelt und werden deshalb im Normalfall eine Schwebungsbewegung durchführen. Dieser Punkt ist ein Zentralproblem bei Resonatoren, die gleichzeitig in mehreren Moden angeregt werden.

Mit dem nachfolgend beschriebenen, bimodalen Antrieb wird ein drehrichtungsumkehrbarer Ultraschallmotor verwirklicht, der einphasig angesteuert werden kann [202]. Die oben angesprochene, unerwünschte Modenkopplung wird vermieden, indem man durch gezielte Beeinflussung der Stabform die Eigenfrequenzen des Längs- und des Biegemodes, die von je einem Piezowandler angeregt werden, auf das Verhältnis 1:2 abstimmt. Abbildung 3.20a zeigt die beiden Schwingungsmoden des Resonators als Ergebnis von FEM-Simulationen.

Die *Ansteuerelektronik* des Motors ist in Abb. 3.20b prinzipiell dargestellt. Die beiden sinusförmigen, phasengekoppelten Steuerspannungen werden elektronisch addiert und mit einem Leistungsverstärker auf die notwendige Amplitude gebracht. Die Ausgangsspannung des Verstärkers wird gleichermaßen an die Piezokeramiken zur Erzeugung der *Längs-* und der *Biegeschwingung* gelegt; aufgrund des großen Frequenzunterschieds reagiert jeder Piezowandler immer nur auf die passende spektrale Komponente.

Elliptec-Motor™
Eine kommerziell angebotene Ausführung des Stehwellen-Ultraschallmotors ist der *Elliptec-Motor* in Abb. 3.21a. Hierbei wird ein 5 mm hoher Multilayer-Stack (vgl.

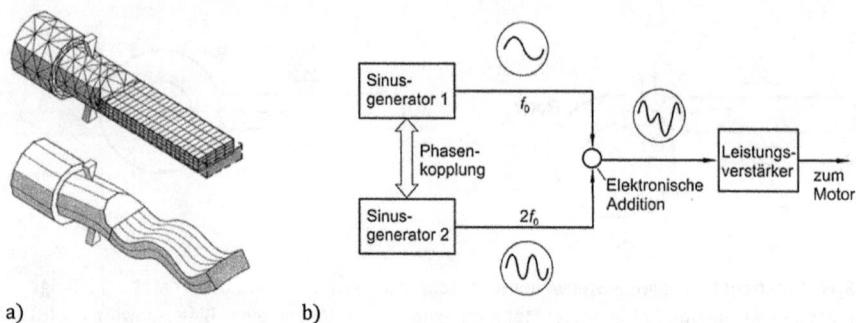

a)   b)

Abb. 3.20: Bimodaler Stehwellen-Ultraschallmotor. a) FEM-Simulation einer Längsschwingung (24 kHz) und einer Biegeschwingung (48 kHz), b) elektrische Ansteuerung (nach [202]).

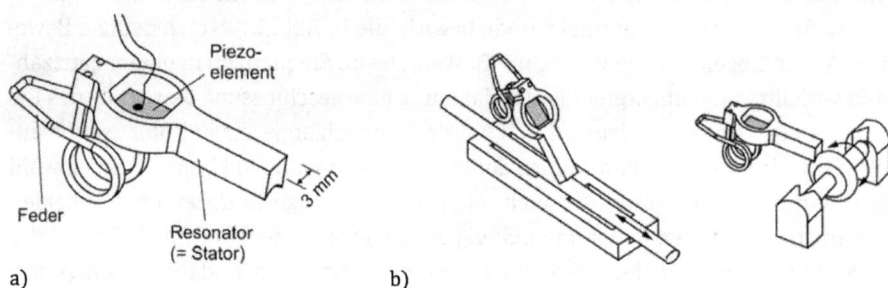

a)   b)

Abb. 3.21: Elliptec-Motor. a) Prinzipieller Aufbau, b) Einsatz als translatorischer (links) und rotatorischer (rechts) Antrieb. Nach [227].

Abb. 3.4) von einer einfachen Treiberelektronik zu Ultraschallschwingungen angeregt. Es entstehen ein Hauptmode mit Längs- und Biegeanteilen sowie ein schwach ausgeprägter Nebenmode. Diese veranlassen die Spitze eines speziell geformten Schwingers zu einer elliptischen Bahnbewegung. Wird diese Spitze, z. B. mit einer Feder, entweder gegen einen beweglichen Läufer oder einen Rotor gedrückt, ergeben sich translatorische bzw. rotatorische Bewegungen (Abb. 3.21b).

Ein Umschalten der Betriebsfrequenz, z. B. von 79 auf 97 kHz, führt zu einem Wechsel des Hauptmodes und damit zu einer Richtungsumkehr der Motorbewegung. Die Spannungsamplitude an der *Piezokeramik* beträgt 6 ... 8 V, die Stromaufnahme bis 400 mA (geschwindigkeitsabhängig). In einem Geschwindigkeitsbereich von 0–300 mm/s werden Schubkräfte von max. 0,5 N erreicht. Die Schrittweite liegt bei 10 μm, die Reaktionszeit ist <0,1 ms, und die Länge des Motors (ohne Feder) wird mit 20 mm angegeben [227].

PILine-Motor®

Eine Abart des stabförmigen Schwingers ist in Abb. 3.22 zu sehen. Als Resonator (Stator) dient hier eine rechteckförmige piezoelektrische Platte, die in y-Richtung polari-

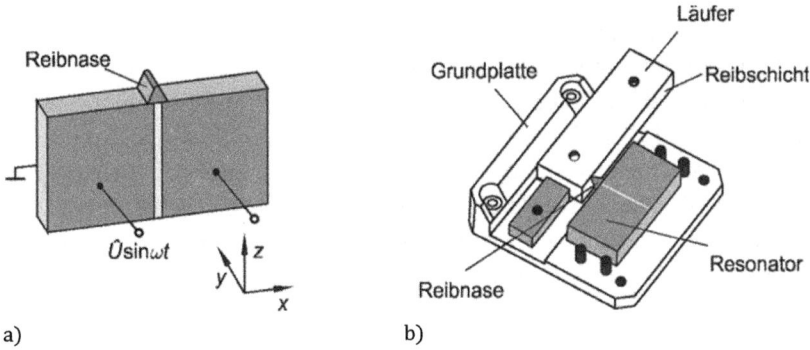

Abb. 3.22: PILine-Motor. a) Aufbau und Ansteuerung des Resonators, b) Gesamtaufbau des Linear-antriebs. Nach [213].

siert ist. Auf der Vorderseite hat sie zwei separate Elektroden und auf der Rückseite eine gemeinsame Gegenelektrode. Steuert man beispielsweise die linke Plattenhälf-te mit einer sinusförmigen Spannung geeigneter Frequenz an (die andere Hälfte ist passiv, vgl. Abb. 3.22a), so wird im Keramikkörper ein Eigenmode angeregt, und das Ergebnis ist eine monomodale stehende Welle in der x-, z-Ebene. Die hieraus resultie-rende Bewegungsbahn der sogenannten Reibnase verläuft linear und ist um 45° gegen die positive x-Richtung gedreht; mithin schieben die von ihr produzierten Mikrostöße den Läufer in Abb. 3.22b nach rechts oben. Eine Richtungsumkehr erfolgt, indem die rechte Plattenhälfte angesteuert wird (die linke Hälfte ist dann passiv), wodurch sich der Winkel zwischen Reibnasen-Trajektorie und x-Richtung auf 135° ändert [213].

Das PILine-Konzept wird bei einer Baureihe miniaturisierter Positioniertische (Li-neartische und Rotationstische) für den selbsthemmenden Antrieb übernommen. Die Stellwege und Drehwinkel der Standardprodukte werden mit 18 mm bzw. >360° ange-geben, die maximalen Haltekräfte und Haltemomente erreichen 2 N bzw. 0,3 Nm, und die höchste Geschwindigkeit oder Drehfrequenz beträgt 200 mm/s bzw. 720°/s [223]. Anwendungsmöglichkeiten dieser Antriebe werden u. a. in den Bereichen Automoti-ve, Computerperipherie, Spielwaren und Optik gesehen.

Squiggle-Motor

Zur selben Kategorie von Piezomotoren gehört auch der seit 2006 vermarktete *Squig-gle-Motor*, bei dem ein rohrförmiger, mit einem Innengewinde versehener Resona-tor eine winzige Gewindespindel umfasst. Zwei orthogonale Biegemoden, die von d_{31}-Piezowandlern auf der Außenfläche des Resonators erzeugt werden, bewirken eine Taumelbewegung des Resonators, die sich in eine Rotation und Vorschubbewe-gung der Spindel umsetzt.

Der kleinste Motor einer Baureihe zeichnet sich durch Abmessungen von 2,8 × 2,8 × 6 mm^3 und eine maximale Haltekraft von 200 mN aus; die Resonanzfrequenz beträgt ca. 170 kHz. Der Motor wird im Rahmen sogenannter M3-Module vermarktet.

Zusammen mit einem Hall-Sensor (Wegauflösung 0,5 µm) und einer hochintegrierten Controller-Elektronik bildet er ein weggeregeltes Mikropositioniersystem. Die vollständige Baugruppe hat ein Volumen von weniger als 3 cm^3; die Betriebsspannung von lediglich 3,3 V ermöglicht den Batteriebetrieb [220]. Das Modul wird beispielsweise in professionellen Kameras zur Positionierung der Linsen im Zoom oder/und Autofokus eingesetzt; darüber hinaus lassen sich mit ihm die verschiedenartigsten kundenspezifischen Anwendungen wie mehrachsige Lineartische oder Mikromanipulatoren konfigurieren (siehe auch Abschnitt 3.6.2).

3.4.4.2 Wanderwellen-Ultraschallmotoren

Bei Wanderwellen-Motoren werden zwei Moden derselben Art (z. B. Biegeschwingungen) und derselben Ordnung in einem Stator überlagert, so dass eine umlaufende Welle entsteht. Da Wanderwellen nur entlang eines unbegrenzten Kontinuums existieren, haben die Statoren die Form von geschlossenen, kreisförmigen Scheiben oder Ringen. Durch die Wanderwelle werden die Oberflächenpunkte des Stators auf elliptischen Bahnen bewegt. Hieraus resultiert ein Transporteffekt, so dass ein Rotor, der durch Federkraft gegen den Stator gedrückt wird, entgegen der Fortpflanzungsrichtung der Wanderwelle reibschlüssig mitgenommen wird. Weil der Umlaufsinn der Wanderwelle umkehrbar ist, besitzt dieser Motor zwei Drehrichtungen. Durch die kontinuierlich durchlaufende Wanderwelle bewegt sich der Rotor bzw. Läufer im Gegensatz zu anderen Piezomotoren ebenfalls kontinuierlich und nicht in Mikroschritten.

Ein funktionaler Zusammenhang zwischen der Erregerfrequenz des Stators, die mit seiner Resonanzfrequenz übereinstimmen sollte, und der Drehfrequenz des Rotors, d. h. der Motordrehzahl, lässt sich mit Hilfe der Plattentheorie von G. R. Kirchhoff herleiten. Hiernach erhält man die Drehfrequenz, indem die Erregerfrequenz – neben anderen Größen – mit dem Quotienten von *Amplitude der Statorschwingung* zu *Statorradius* multipliziert wird. Weil der entsprechende Zahlenwert stets sehr klein ist (die Schwingamplitude erreicht nur einige zehntel µm, der Statorradius liegt hingegen im mm-Bereich), folgt im Ergebnis eine Frequenzreduktion um den Faktor 10^{-3} bis 10^{-4}. Da also die Motordrehzahl von der Schwingungsamplitude des Stators abhängt, lässt sich hierüber die Drehzahl steuern. Dazu kann man entweder die Spannungsamplituden an den Piezoelementen ändern oder die Erregerfrequenz geringfügig verstimmen; letztgenannte Methode geht allerdings zu Lasten des Motorwirkungsgrades [203].

Piezoelektrische Wanderwellen-Motoren sind nicht als Ersatz für herkömmliche Elektromotoren anzusehen, sondern eher als eine sinnvolle Ergänzung. Die wesentlichen Eigenschaften von Wanderwellen-Motoren im Vergleich zu Motoren, die auf dem elektromagnetischen Prinzip basieren, sind in Tabelle 3.3 zusammengestellt.

Tab. 3.3: Vor- und Nachteile von Wanderwellen-Ultraschallmotoren.

Vorteile	Nachteile
– Reaktionszeiten im unteren ms-Bereich aufgrund kleiner Trägheitsmomente des Rotors – Drehmomente größer als bei elektromagnetischen Motoren gleicher Baugröße – niedrige Drehzahl ohne Getriebe möglich – große Haltemomente im ausgeschalteten Zustand (d. h. ohne Energiezufuhr) – leiser und ruckfreier Betrieb – keine magnetischen Streufelder – gleiches Grundkonzept für rotatorische und translatorische Antriebe	– Betriebsverhalten abhängig von Reibschluss zwischen Resonator und Rotor (Einfluss von Überlast, Verschleiß, Temperatur, …) – für Dauerlauf-Anwendungen weniger geeignet

Shinsei-Motor

Zu den bekanntesten Wanderwellen-Motoren gehört der sogenannte *Shinsei-Motor*, bei dem eine umlaufende Biegewelle aus zwei Biegemoden generiert wird. Hierzu sind auf der Unterseite des Stators zwei kreisringförmige Piezosegmente („Anregungsbereiche 1 und 2", siehe Abb. 3.23a) appliziert, die um $\lambda/4$ versetzt sind und deren remanente Polarisation jeweils im Abstand $\lambda/2$ das Vorzeichen wechselt (Hell-dunkel-Bereiche). Der Statorring ist elektrisch auf Masse gelegt, während die Elektrodenflächen der beiden Piezosegmente jeweils mit einer Wechselspannung beaufschlagt werden. Auf diese Weise erzeugt man mit Hilfe des d_{31}-Effekts zwei stehende Biegewellen. Die gewünschte Wanderwelle entsteht, wenn die beiden sinusförmigen Spannungen um 90° phasenverschoben sind. Ein (nicht dargestellter) Piezosensor in der Lücke „$3\lambda/4$" zwischen den Anregungsbereichen 1 und 2 erfasst für Regelungszwecke das Schwingungsverhalten des Stators.

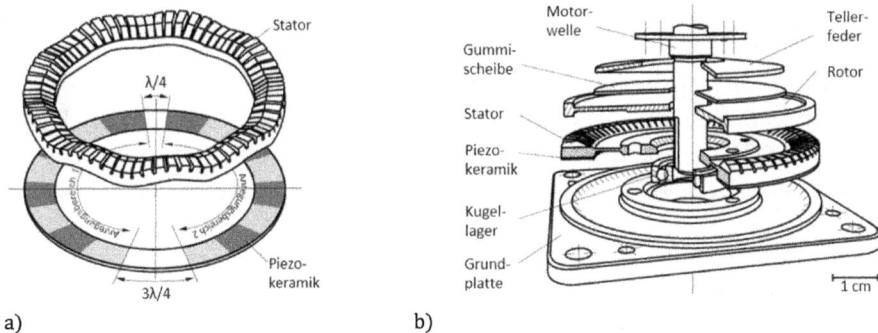

a)   b)

Abb. 3.23: Wanderwellen-Motor. a) Statorring (im angeregten Zustand dargestellt) mit Piezowandler, b) Motortyp USR-60 (Shinsei Corp., Tokyo/Japan [226]).

Abbildung 3.23b stellt den Aufbau des Motortyps USR-60 dar. Im Betrieb liegt der Rotor auf den Wellenbergen des Stators und dreht sich entgegen der Wellenumlaufrichtung. Die zwischen Stator und Rotor erforderliche Vorspannkraft wird mit Hilfe einer Teller-feder eingestellt. Der Motor benötigt konstante Versorgungsspannungen (Sinus/Kosi-nus) von 130 V. Im Nennbetrieb schwingt der Stator mit seiner Resonanzfrequenz von etwa 40 kHz, dies entspricht einer Drehzahl von 100 min^{-1}; sie kann durch Verstim-men der Erregerfrequenz verändert werden. Das Nenn-Drehmoment beträgt 0,5 Nm, als Nenn-Ausgangsleistung wird 0,5 W bei einem Wirkungsgrad von 30 % angegeben. Die Drehmoment-Drehzahl-Kennlinie ist in Abb. 3.24 dargestellt [226]. Bekannt gewor-den sind Anwendungen u. a. als Antrieb für die Scharfeinstellung in Spiegelreflexka-meras und Camcordern, sowie der Einsatz in Robotern und Positioniereinrichtungen.

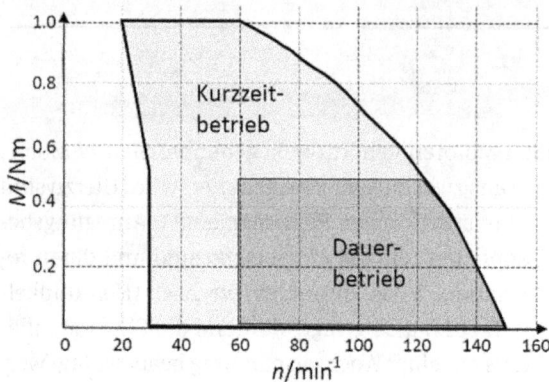

Abb. 3.24: Wanderwellen-Motor. Drehmoment-Drehzahl-Kennlinie des Typs USR-60. Nach [226].

3.4.5 Einige Auswahl- und Entwurfskriterien

Die von herkömmlichen Elektromotoren bekannte Drehmoment-Drehzahl- oder Kraft-Geschwindigkeit-Kennlinie ist auch ein probates Hilfsmittel für die Vorauswahl des bestgeeigneten Piezomotors. Abbildung 3.25 zeigt im Vergleich die stilisierten Kenn-linienverläufe der beschriebenen Funktionsprinzipien. Die deutlich hervortretenden Unterschiede im Betriebsverhalten lassen sich wie folgt begründen.

Schreitantriebe nutzen einen Hauptvorteil von Piezoaktoren, nämlich die Fähig-keit, große Kräfte zu erzeugen. Bei diesem Motorprinzip werden stets mehrere Akto-ren nacheinander quasistatisch angesteuert. Der Aufbau solcher Motoren ist daher verhältnismäßig komplex, und ihre Bewegung erfolgt relativ langsam (Maximalge-schwindigkeit etwa 10...20 mm/s); andererseits lassen sich Positioniergenauigkeiten im nm-Bereich erzielen.

Trägheitsantriebe arbeiten ebenfalls im quasistatischen Bereich; daher sind die Weginkremente klein, wodurch auch dieses Motorprinzip langsam ist. Trägheitsmo-toren sind den Schreit- und Ultraschallmotoren bezüglich maximal erreichbarer Kraft

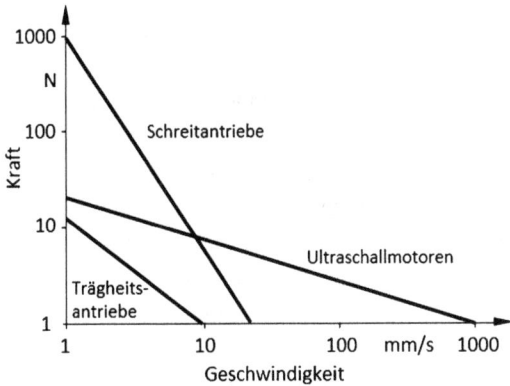

Abb. 3.25: Kraft-Geschwindigkeit-Kennlinien von verschiedenartigen Piezoantrieben. Nach [211].

und Geschwindigkeit zwar unterlegen (vgl. Abb. 3.25), ihre einfache Struktur und der übersichtliche Antriebsmechanismus erleichtern jedoch Miniaturisierungsbestrebungen.

Ultraschallmotoren nutzen den Resonanzbetrieb, d. h. die Schwingungsamplituden des Stators sind größer als im quasistatischen Betrieb und man erreicht wesentlich höhere Geschwindigkeiten (bis etwa 10^3 mm/s). Um stabile Bewegungen zu erhalten, muss der Resonator (Stator) optimal fixiert werden (siehe unten). Wie bei den Trägheitsmotoren wird die Maximalkraft von Ultraschallmotoren durch den Wert des Reibungskoeffizienten in der Kontaktzone bestimmt.

Vor dem Entwurf eines Piezomotors sind viele, teilweise sich widersprechende Bedingungen und Anforderungen sorgfältig abzuwägen, und Detaillösungen sind optimal aufeinander abzustimmen, um schließlich ein weitestgehend ausgereiftes, konkurrenzfähiges Produkt auf dem Markt etablieren zu können. Einige grundsätzliche technische Probleme werden abschließend kurz angesprochen.

Reibkontakt. Damit die Kontaktflächen von Stator und Rotor wenig verschleißen, sind ebene und glatte Oberflächen wünschenswert. Andererseits braucht man hohe Reibkoeffizienten (d. h. eine gewisse Oberflächenrauheit), damit die Übertragung der Statorbewegungen auf den Rotor möglichst wirkungsvoll ist. Diese gegensätzlichen Anforderungen – glatte Oberflächen für geringen Verschleiß und hoher Reibkontakt für gute Kraftübertragung – erfordern Kompromisse bezüglich der Eigenschaften des Kontaktmaterials. Durch die Nichtlinearitäten der tribologischen Effekte wird der ohnehin komplizierte Kontaktmechanismus noch unübersichtlicher.

Mechanische Vorspannung. Integriert man den Piezomotor in das Zielsystem, so ist der Rotor gegen den Stator derart vorzuspannen, dass unter allen vorgesehenen Betriebsbedingungen der erforderliche Reibschluss zwischen den beiden Elementen gewährleistet ist. Werden große Vorschubkräfte gewünscht, ist eine entsprechend hohe Vorspannung erforderlich. Eine zu große Vorspannung kann allerdings die Gleichmäßigkeit der Rotorbewegung beeinträchtigen, so dass Präzisionsanwendungen des

Motors erschwert werden. Darüber hinaus können die Statorvibrationen unerwünschte Schwingungen im Zielsystem nach sich ziehen.

Befestigung des Stators. In Ultraschallmotoren ist die mechanische Verbindung des Stators (Resonator) mit der Basisstruktur (Grundplatte) so zu gestalten, dass einerseits der Resonator seine Vibration weitestgehend ungehindert erzeugen und auf den Rotor übertragen kann, und andererseits ein möglichst geringer Anteil der Schwingenergie an die Basisstruktur „verloren geht". Die konstruktive Lösung dieses Problems muss demnach sehr unterschiedliche Forderungen vereinen. Ein naheliegender Entwurfsansatz beruht darauf, den Resonator genau in Knotenpunkten seiner Eigenmoden zu fixieren.

Diese wenigen Beispiele zeigen, dass der Erfolg oder Misserfolg eines Motorentwurfs von vielen Details abhängt. Die angesprochenen Probleme und ihre Lösungen erfordern daher Wissen aus den unterschiedlichsten technischen Disziplinen – beispielsweise lässt sich die Temperaturabhängigkeit von bestimmten Kennwerten einer Piezokeramik durch Wahl eines geeigneten Werkstoffs auffangen, man kann sie aber oft auch durch Maßnahmen in der Steuerelektronik kompensieren.

3.5 Steuerelektronik für Piezoantriebe

Für den Betrieb von Piezoaktoren sind elektronische *Leistungsverstärker* unabdingbar. Die in Frage kommenden Konzepte sind u. a. dadurch festgelegt, dass *Piezoaktoren* im Wesentlichen kapazitive Lasten darstellen. Sie erfordern Verstärker, die über konstanten Amplitudengang und linearen Phasengang in einem hinreichend breiten Frequenzgang verfügen. Eine sehr geringe Rauschspannung an ihrem Ausgang ist die wesentliche Voraussetzung für eine hohe Positionsauflösung.

3.5.1 Leistungsverstärker

Wenn die kurzen Reaktionszeiten von Piezowandlern voll zur Wirkung kommen sollen, müssen die elektronischen *Leistungsverstärker* bei hohen Spannungen kurzzeitig auch große Ströme liefern können, vgl. Gleichungen (3.6) und (3.7). In der Praxis haben sich hierfür zwei Möglichkeiten bewährt: *Spannungsansteuerung* und *Ladungsansteuerung*. Beide Arten der Ansteuerung sind mit spezifischen Vor- und Nachteilen behaftet, daher setzt die Wahl des „besten" Verstärkers eine genaue Kenntnis der Anwendung einschließlich des elektrischen und mechanischen Verhaltens der Piezolast voraus. Die Erfahrung zeigt, dass Spannungsverstärker im Allgemeinen einfacher und universeller einsetzbar sind [205].

Bei Leistungsverstärkern ist zu unterscheiden, ob ein *Schalt-* oder ein *Analogverstärker* zum Einsatz kommen soll. Die für Piezowandler wichtigen Eigenschaften

Tab. 3.4: Vergleich unterschiedlicher Verstärkerarten für quasistatisch betriebene Piezoantriebe.

Kriterium	Analoger Klasse-A-Verstärker	Analoger Klasse-C-Verstärker	Schaltender Verstärker
Verluste in den Leistungs-transistoren	auch im Ruhezustand sehr hoch	bei Ansteuerung hoch	sehr niedrig
Rückspeisung der gespeicherten Feldenergie	nicht möglich	nicht möglich	möglich
Restwelligkeit des Ausgangssignals	extrem gering	sehr gering	hoch
Verhältnis Puls-/Dauerstrom[1]	typisch 3,14 (π)	bis 100	1
Dynamik im Kleinsignalbereich[2]	extrem hoch	sehr hoch	gering
Belastung des Aktors[3]	sehr gering	sehr gering	hoch
Elektromagnetische Verträglichkeit	sehr gut	sehr gut	schlecht, aktiv störend
Lastbereich[4](C_A/C_{ANenn})	100	100	etwa 5

[1]wichtig für die maximale Flankensteilheit einzelner Rechteckpulse bei gegebenem Bauvolumen
[2]ohne Ansprechen der Maximalstrombegrenzung
[3]Belastung durch Anteile des Aktorstroms, die nicht vom Eingangssignal herrühren, wie Stromrippel und diskontinuierlicher Ladestrom
[4]Variationsbereich der Lastkapazität C_A um den Nennwert, ohne dass eine Änderung der Regelparameter des Verstärkers vorgenommen werden muss

dieser Verstärkerarten sind in Tabelle 3.4 vergleichend gegenübergestellt, wobei Spannungsverstärker zugrunde gelegt sind. Wichtige Unterscheidungsmerkmale sind die Güte („Restwelligkeit") des Spannung-Zeit-Verlaufs am Verstärkerausgang und der Verstärker-Wirkungsgrad. Das erstgenannte Kriterium erfüllen Analogverstärker besser, beim zweiten liegen Schaltverstärker vorn. Diese eröffnen darüber hinaus die Möglichkeit, durch Rückspeisung der im Wandler gespeicherten Feldenergie den Wirkungsgrad des Gesamtsystems (Aktor einschl. Verstärker) zu verbessern, siehe das folgende Beispiel.

Abbildung 3.26 zeigt den Geräteplan eines *Schaltverstärkers* zur *Spannungssteuerung* von Piezoaktoren. Ein Sensor misst die Spannung am Aktor. Diese Regelgröße wird mit dem Eingangssignal *u* verglichen. Aus der Sollwert-Istwert-Differenz bildet ein analoger Dreipunktregler die Stellgröße. Das Stellsignal gelangt über zwei Optokoppler, die eine potenzialfreie Ansteuerung ermöglichen, an die Treiberstufen. Diese interne Spannungsregelung ist nicht zu verwechseln mit einer kommerziell häufig angebotenen, zusätzlichen Option, bei der ein Messverstärker für kapazitive oder DMS-Wegsensoren im Zusammenspiel mit einem ebenfalls gehäuseintegrierten Regler den Closed-loop-Betrieb des Piezoantriebs ermöglicht (siehe Abschnitt 3.6.1).

Die beiden Leistungstransistoren T_1 und T_2 arbeiten im verlustarmen Schaltbetrieb. Zum Aufladen der Aktorkapazität C_A wird T_1 geöffnet, und ein Strom beginnt durch die Induktivität L in die Last C_A zu fließen. Zu einem vom Regelalgorithmus

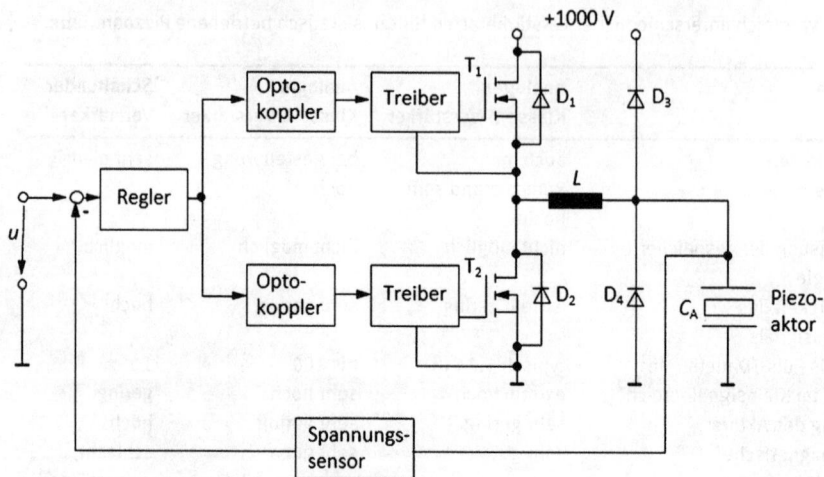

Abb. 3.26: Geräteplan eines Schaltverstärkers zur Spannungsansteuerung von Piezoaktoren.

vorgegebenen Zeitpunkt wird T_1 gesperrt. Der Stromfluss durch die Spule bleibt zunächst erhalten, und der Stromkreis schließt sich nun über die Diode D_2 und die Last C_A, die hierdurch weiter aufgeladen wird. Sofern der Regler nicht eingreift, nimmt dieser Strom auf null ab, bis die in der Drosselspule gespeicherte Energie vollständig in den Piezowandler übertragen worden ist.

Zum Entladen der Wandlerkapazität C_A wird zuerst der Transistor T_2 gesperrt. Die an C_A liegende Spannung bewirkt einen Strom durch die Induktivität L, hierdurch wird C_A entladen. Wenn der Regler T_2 sperrt, wird L den Strom zunächst aufrechterhalten und durch D_1 in einen Zwischenspeicher zurückführen, bis entweder die Energie vollständig übertragen worden ist oder der Regler den Transistor T_2 erneut einschaltet. Die Dioden D_3 und D_4 schützen den Aktor, indem sie ein Überschreiten der Betriebsspannung des Verstärkers ebenso verhindern wie den Aufbau einer negativen Spannung am Aktor.

3.5.2 Controller

Unter Controller werden elektronische Steuerungssysteme für den Betrieb von piezoelektrischen Antrieben verstanden. Auf der Basis digitaler Signalprozessoren verfügen sie über ausgeprägte Rechenfähigkeiten und ermöglichen es damit dem Anwender, beispielsweise unterschiedliche Frequenzfiltertypen zu programmieren, diverse Spannung-Zeit-Verläufe zu generieren und Positionswerte oder Systemkonfigurationen zu speichern. Des Weiteren ist ein sogenanntes Interfacemodul für die Kommunikation zwischen Anwender und Controller zuständig, wobei dessen Bedienung manuell oder durch einen übergeordneten Rechner über genormte digitale Schnittstellen erfolgt. Schließlich finden im Controllergehäuse beispielsweise bis zu sechs Piezoverstärker-Einschübe Platz, wobei eine entsprechende Software für die koordinierte Bewegung der zugehörigen Achsen sorgt [223, 225].

Mit Hilfe der herstellerseits implementierten Rechenalgorithmen lässt sich auf alle wesentlichen Parameter eines Piezoantriebs Einfluss nehmen. Beispielsweise erlauben Controller die automatische Anpassung von Servoparametern an sich ändernde Lasten oder sie bewirken die Kompensation von Nichtlinearitäten, indem sie reale nichtlineare Kennlinien durch Polynome höherer Ordnung nachbilden und einem Linearisierungsverfahren zuführen. Piezoantriebe mit einem sogenannten ID-Chip im Stecker ermöglichen dem Controller deren Identifizierung und damit das automatische Laden ihrer Betriebsparameter.

3.5.3 Linearisierung des Aktor-Übertragungsverhaltens

Sollen mit Piezoaktoren möglichst große Auslenkungen erzielt werden, ist der Großsignalbetrieb unverzichtbar. Dann aber machen sich die nachteiligen Hystereseeigenschaften (Nichtlinearität und Mehrdeutigkeit der Ausgang-Eingang-Kennlinien des Aktors, vgl. Abb. 3.2) mit wachsender Amplitude des Steuersignals immer stärker bemerkbar. Die Verfahren zur Linearisierung des Übertragungsverhaltens von Piezoaktoren lassen sich den folgenden drei Kategorien zuordnen:
- Regelung der Ausgangsgröße des Aktors,
- inverse Steuerung in offener Wirkungskette,
- Ladungssteuerung statt Spannungssteuerung.

Die Regelung der aktorischen Ausgangsgröße, also der Aktorbetrieb im geschlossenen Wirkungsablauf, ist eine vielfach angewandte und bewährte Methode zur weitgehenden Kompensation des Hystereseeinflusses; die konkrete Vorgehensweise ist aus der Regelungstechnik bekannt (Abb. 3.28 zeigt ein Beispiel). Die zweite Möglichkeit besteht darin, die Hysterese in offener Wirkungskette, d. h. sensorlos und inhärent stabil, mittels einer inversen Steuerung zu kompensieren. Grundlage dieser Methode ist ein möglichst genaues Modell der auftretenden Nichtlinearitäten, das darüber hinaus für den Entwurf von echtzeitfähigen Steuerungsstrategien gut geeignet sein soll [209].

Abbildung 3.27a beschreibt den prinzipiellen Aufbau einer *inversen Steuerung*. Kernstück ist der Kompensator Γ^{-1} eines mathematischen Modells Γ der hysteresebehafteten Nichtlinearität W. Als Beispiel stellt Abb. 3.27b für einen Piezoaktor die Operatoren Γ und Γ^{-1} dar, die mit der sogenannten modifizierten Prandtl-Ishlinskii-Methode synthetisiert wurden [205]. Mit Hilfe eines entsprechenden Filters lässt sich der Linearitätsfehler der Signalübertragung infolge von Hysterese um eine Zehnerpotenz und mehr reduzieren. Ein hardwaremäßig realisierter, digitaler Kompensator unter Einsatz eines FPGA (field programmable gate array) ermöglicht für Signale bis 1 kHz einen praktisch hysteresefreien Aktorbetrieb; das Steuersignal $y_s(t)$ wird dabei

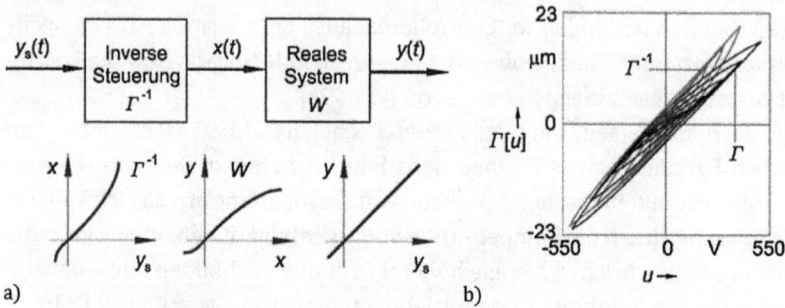

Abb. 3.27: Inverse Steuerung. a) Grundsätzlicher Aufbau, b) Modell Γ und Kompensator Γ^{-1} für einen Piezoaktor.

vor seiner Verarbeitung im Kompensator mit 2,5 MHz abgetastet und mit 14 Bit aufgelöst [206].

Die letztgenannte Linearisierungsmethode nutzt den Umstand, dass bei Piezoaktoren zwischen der Auslenkung und der elektrischen Ladung des Wandlers ein zwar nicht ideal linearer, aber doch einigermaßen eindeutiger funktionaler Zusammenhang besteht. Ein Nachteil dieser Methode ist jedoch, dass die zur Bestimmung der Ladung vorzunehmende elektronische Integration des Lade- und Entladestroms infolge des endlichen Isolationswiderstands der Wandlerkapazität immer mit einem Fehler behaftet ist, der mit der Zeit ansteigt.

3.6 Realisierungsbeispiele

Die folgenden Beispiele sollen den Leser in die Lage versetzen, die Möglichkeiten und Grenzen der heute verfügbaren piezoelektrischen Antriebe einschätzen zu können. Dazu werden zwei kommerzielle Produkte aus dem Bereich *Präzisionspositionierung* vorgestellt.

3.6.1 Positioniertisch

Bei der *Spannungsansteuerung* von Piezowandlern ist der Absolutwert der Dehnung aufgrund der Kennlinienhysterese nicht eindeutig bekannt. Dieses Verhalten beeinträchtigt die Genauigkeit von Positionierantrieben dann nicht, wenn die Position oder der Weg exakt gemessen wird. Andere Lösungen beruhen auf einer *inversen Steuerung* (vgl. Abschnitt 3.5.3) oder einer *Positionsregelung*. Letztgenannte Aufgabe setzt eine Steuerung in geschlossenem Wirkungsablauf (closed loop) voraus, erfordert also einen Wegsensor zur Erfassung der Istwerte und einen Regler, der die Spannung für den Wandler entsprechend der Sollwert-Istwert-Differenz steuert, siehe Abb. 3.28.

Vorteile des geschlossenen Wirkungsablaufs sind hysteresefreie Positionierung, hohe absolute Stellgenauigkeit, keine Driftbewegung, stabile Position trotz wechselnder Kräfte und extrem große Steifigkeit.

Zur Erfassung von Istwegen mit Auflösungen im Bereich einiger zehn nm werden Dehnungsmessstreifen (DMS) oder auch induktive Sensoren eingesetzt. Auflösungen im Sub-Nanometerbereich lassen sich mit kapazitiven Sensoren realisieren, sofern der maximale Verfahrweg einige zehntel mm nicht überschreitet. Bei längeren Wegen kommen optische Interferometer zum Einsatz (z. B. nach dem Mach-Zehnder-Prinzip), die beispielsweise mit einer Gitterkonstanten von 0,25 μm und einer 2000-fachen elektronischen Interpolation Wegauflösungen im Pikometerbereich ermöglichen.

Die exakte Führung von Läufern und Tischen über Wege bis zu einigen zehntel mm erfolgt meistens mit Festkörpergelenken (flexures). Diese nutzen die elastische Verformbarkeit von metallenen Werkstoffen. Sie sind haft- und gleitreibungsfrei, arbeiten geräuschlos und ohne Verschleiß und zeichnen sich durch hohe Belastbarkeit und Steifigkeit aus. Wenn die Verfahrwege länger sind, werden beispielsweise hochpräzise Kreuzrollen- oder Kugelumlaufführungen verwendet.

Abbildung 3.28 zeigt das Prinzip von 2-Achsen-Positioniersystemen in seriellkinematischer und parallel-kinematischer Ausführung. Im Unterschied zu *Seriell-Kinematiken*, bei denen jedem Bewegungsfreiheitsgrad genau ein Aktor und ein Sensor zugeordnet sind, wirken bei *Parallel-Kinematiken* alle Aktoren unmittelbar auf eine zentrale, bewegte Plattform. Damit lässt sich identisches dynamisches Verhalten für die x- und y-Achsen erzielen. Parallelkinematik ermöglicht darüber hinaus die Anwendung von „Parallelmetrologie". Hiermit können alle geregelten Freiheitsgrade gleichzeitig überwacht und dadurch Führungsfehler in Echtzeit kompensiert werden. Die Vorteile sind deutlich bessere Bahntreue, Wiederholgenauigkeit und Ablaufebenheit [216, 223].

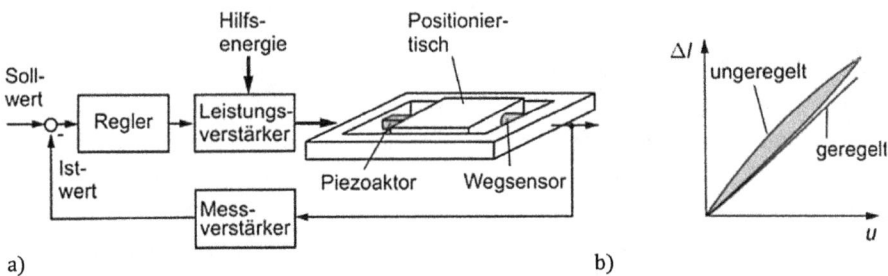

Abb. 3.28: Ein-Achsen-Positioniertisch mit Piezowandler in geschlossenem Wirkungsablauf. a) Geräteplan, b) statische Wandlerkennlinie.

Bei einem kommerziell verfügbaren, parallel-kinematischen 6-Achsen-Positioniersystem wirken die Piezoaktoren über integrierte Festkörpergelenke auf die zentrale Plattform. Deren Position wird mit vier kapazitiven Wegsensoren direkt erfasst, vergl.

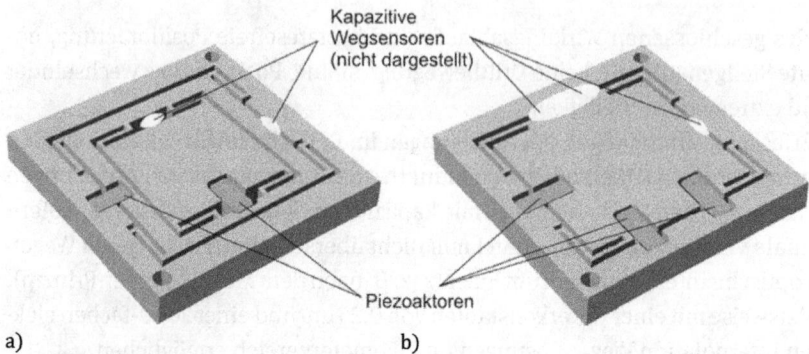

Abb. **3.29:** Zwei-Achsen-Positioniersystem. a) Seriell-Kinematik, b) Parallel-Kinematik. Nach [223].

Abb. 3.29. Die Stellwege betragen jeweils 100 mm in x- und y-Richtung und 10 mm in z-Richtung bei einer Wegauflösung von < 0,3 nm. Im positionsgeregelten Betrieb ist die Linearitätsabweichung typisch 0,03 %, und es wird eine Wiederholgenauigkeit von ±2 nm angegeben. Als Last sind 2 kg zulässig. Dieser *Feinpositioniertisch* gehört zur Spitze des heute technisch Machbaren [223].

Anwendungsbeispiele für Feinpositioniertische sind die Rasterelektronenmikroskopie, das hochgenaue Ausrichten von Masken und Wafern in der Halbleiterindustrie sowie die Oberflächenstrukturanalyse und Mikromanipulation.

3.6.2 Hexapod

Eine spezielle mehrachsige parallel-kinematische Positioniereinrichtung bilden die sogenannten Hexapoden (dt. Sechsfüßer). Aus dem Prinzipbild (Abb. 3.30) ist ersichtlich, dass hierbei sechs „Füße" auf ein und dieselbe Plattform wirken. Durch motorisches Ein- und Ausfahren der Füße lässt sich die Plattform in alle Richtungen verstellen. Solche Hexapoden gibt es mit Stellwegen von wenigen zehntel bis zu einigen hundert mm; die zulässigen Lasten reichen – abhängig von der Baugröße – bis etwa 2 t. Entsprechend vielfältig sind die sechs Achsantriebe, gebräuchlich sind z. B. bürstenlose DC- oder AC-Servomotoren mit Kugelumlaufführung, magnetische Direktantriebe (Voice-coil-Prinzip) oder piezoelektrische Antriebe. Ein typenübergreifendes Kennzeichen dieser Bauart ist, dass der Anwender mit Hilfe komplexer Koordinatentransformationen als Teil der mitgelieferten Controller-Software in der Lage ist, alle Positionen der Plattform wie gewohnt im kartesischen Koordinatenraum vorzugeben. Darüber hinaus ist es möglich, für die Plattform beliebige virtuelle Drehpunkte, sogenannte Pivotpunkte, zu definieren.

Anwendungsbeispiele sind die räumliche Ausrichtung von optischen Fasern oder von Teleskopspiegeln, der Einsatz in Prüfeinrichtungen für gyroskopische Sensoren oder die Positionierung kompletter Karosserien in der Automobilproduktion. Eine

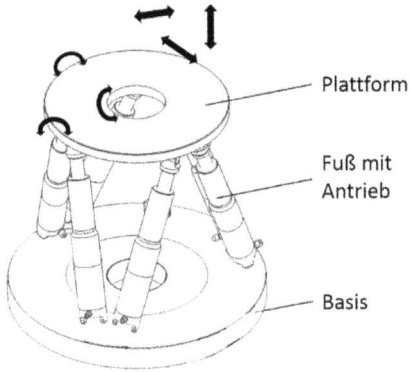

Plattform

Fuß mit
Antrieb

Basis

Abb. 3.30: Grundsätzliche Struktur von Hexapoden.

spezielle Anwendung ist in der Medizintechnik die Positionierung von Patienten für Diagnose und Therapie. Ein Hexapod für den Einsatz in der rechnerunterstützten Chirurgie hat eine Höhe von 90 mm und einen Durchmesser von 100 mm und kann Lasten bis ca. 1,5 kg über lineare Wege bis 1,5 mm und Winkel bis 2° bewegen. Als Antriebe werden sechs NEXLINE-Motoren (siehe. Abschnitt 3.4.1) eingesetzt, wobei achsenintegrierte, inkrementelle Wegsensoren eine Auflösung bis 0,1 µm ermöglichen. Dieses Hexapod wird mit vollständig nicht-magnetischen Eigenschaften angeboten, da beispielsweise eine gewünschte MRI-Kompatibilität den Verzicht auf magnetische Werkstoffe und elektromagnetische Antriebe voraussetzt [223]. Das derzeit wohl kleinste Hexapod hat einen Außendurchmesser von 25 mm; es wird von sechs Squiggle-Motoren angetrieben (siehe Abschnitt 3.4.4.1) und bewirkt in einem handgeführten Gerät für mikrochirurgische Eingriffe die Kompensation des Handtremors [220].

Carsten Fräger

4 Servoantriebe

Schlagwörter: Servoantriebsaufbau, Eigenschaften, Kenngrößen, Anwendungen, Regelung, Gleichstrommotor, Asynchronmotor, Synchronmotor

4.1 Übersicht

Servoantriebe dienen dazu, einer vorgegebenen Sollbewegung mit einer geringen Abweichung zu folgen. Dies sind in der Regel Positionssollwerte in Form von Sollwegen $s_{\mathrm{soll}}(t)$ oder Sollwinkeln $\varphi_{\mathrm{soll}}(t)$.

Dazu sind eine Messung der Istwerte und eine Regelung zum Vergleich der Soll- und Istwerte erforderlich. Abbildung 4.1 zeigt den typischen Aufbau von Servoantrieben. Sie haben die Elemente eines mechatronischen Systems:

– **Aktuator:** Gleichstrom-, BLDC- oder BLAC-Motor, Asynchron- oder Synchronmotor mit Leistungselektronik; ggf. Haltebremse zum Halten der Position im stromlosen Zustand
  – *Gleichstrommotoren* ($\rightarrow$ Band 1, Kapitel 4),
  – *Asynchronmotoren* ($\rightarrow$ Band 1, Kapitel 6),
  – *Synchronmotoren* ($\rightarrow$ Band 1, Kapitel 7),
  – *BLDC-/BLAC-Motoren* ($\rightarrow$ Band 1, Kapitel 8),
  – *Leistungselektronik* ($\rightarrow$ Band 1, Kapitel 11),
  – *Bremsen* ($\rightarrow$ dieser Band, Kapitel 1, und Kapitel 7).
– **Sensoren:** Strom-, Drehzahl- und Winkelsensor oder Geschwindigkeits- und Wegsensor (siehe Kapitel 5);
– **Regler:** häufig kaskadierter PID-Regler,[1] ggf. mit nichtlinearen oder adaptiven Elementen zur Kompensation von Nichtlinearitäten oder zeitvarianten Parametern, bei hohen Anforderungen auch Zustandsregler und Beobachter;
– **Mechanik:** Umsetzung der Motorbewegung in die von der Maschine benötigte Bewegung, Erfassung der Bewegung für die Sensoren (Mechanik siehe Kapitel 7, Sensoren siehe Kapitel 5);
– **Sollwertgenerierung:** Berechnung der Sollwerte für Weg und Geschwindigkeit bzw. Winkel und Drehzahl.

Servoantriebe sind zum einen elektronisch geregelte Antriebe für Anwendungen in Produktionsmaschinen und Automatisierungslösungen mit hohen bis sehr hohen Anforderungen an die Dynamik, die Stellbereiche und/oder die Genauigkeit der Bewe-

---

1 PID-Regler: Regler mit Proportional-, Integral- und Differential-Anteil.

https://doi.org/10.1515/9783110441505-004

gung. Sie werden heute häufig mit Drehstromantrieben und Pulswechselrichtern aufgebaut. Es kommen sowohl drehende Maschinen als auch Linearmotoren zur Anwendung. Aufbau und Eigenschaften von Servoantrieben werden z. B. in [230, 231, 232, 233, 234] beschrieben.

Zum anderen werden Servoantriebe mit geringeren Anforderungen an die Genauigkeit als Lenkhilfe und zur Ventil- und Klappenverstellung verwendet. Die Anwendungen reichen von Kraftfahrzeuganwendungen bis hin zu Ventil- und Klappenverstellungen für Hydraulik und Pneumatik in Industrie- und Haushaltsanwendungen.

Einfache Servoantriebe werden im Modellbau für Positionieranwendungen und für Lenkungen für Straßen- und Wasserfahrzeuge verwendet. Bei diesen Anwendungen stehen weniger Genauigkeit und Dynamik als vielmehr geringe Kosten für einfache Positionieranwendungen im Vordergrund.

Servoantriebe zeichnen sich durch den Gesamtaufbau des Antriebs und seine dynamischen Eigenschaften aus. Für die Motoren, die Leistungselektronik, die Sensoren, die Mechanik sowie für Steuerung und Regelung kommen die gleichen Prinzipien wie für Standardanwendungen zum Einsatz. Die Komponenten sind jedoch für hohe Dynamik und Genauigkeit ausgelegt.

Dies bedeutet, dass die Motoren im Gegensatz zu Standardanwendungen für dynamische Anwendungen mit geringen Rotordurchmessern und großen Rotorlängen gebaut werden. Zur Steigerung der Genauigkeit werden oft größere Nut-Zahlen als bei Standardanwendungen eingesetzt. Für eine genaue Positionsregelung ist in der Regel ein genauer Winkelsensor erforderlich.

Die folgenden Abschnitte zeigen Anwendungen, Aufbau und Eigenschaften der unterschiedlichen Arten von Servoantrieben.

4.2 Anwendungen für Servoantriebe

Servoantriebe werden sowohl für dynamische Positionieranwendungen, präzise Bewegungen aber auch für einfache Positionieraufgaben eingesetzt. Im Folgenden werden typische Anwendungen dargestellt:
- in *Produktionsmaschinen* (→ Abschnitte 4.2.1 und 4.2.2),
- bei der *Ventil-* und *Klappenverstellung* (→ Abschnitt 4.2.3),
- in *Kraftfahrzeugen* (→ Abschnitt 4.2.4),
- in der *Bürotechnik* (→ Abschnitt 4.2.5),
- im *Modellbau* (→ Abschnitt 4.2.6).

Diese Bandbreite an unterschiedlichen Anwendungen und den sehr unterschiedlichen Anforderungen schlägt sich in einer Vielzahl unterschiedlicher Konzepte für Servoantriebe nieder. Hier finden sich kurze Hinweise auf die typischerweise eingesetzten Antriebe. Der Aufbau der verschiedenen Antriebe wird im Abschnitt 4.3 dargestellt.

4.2.1 Dynamische Positionieranwendungen in Produktionsmaschinen

In vielen modernen Produktionsmaschinen müssen Teile oder Werkzeuge schnell positioniert werden. Eine hohe Genauigkeit in der Zielposition ist gefordert.

Während der Bewegung ist häufig eine höhere Abweichung der Istwerte von den Sollwerten zulässig. Bei der Bewegung sind besonders eine hohe Beschleunigung und Geschwindigkeit gefordert.

Typische Anwendungen sind
- *Verpackungsmaschinen*: Positionierung der zu verpackenden Güter und der Verpackungsteile, Aufkleber usw.,
- *Bestückungsmaschinen* für die Elektronikproduktion: Aufbringen von Lötpaste auf den Leiterkarten, Positionierung der Bauelemente,
- *Handhabungs- und Montagemaschinen*: Positionierung der Bauteile an die Montageposition, Klemmen, Schrauben, Kleben oder Pressen in der Montageposition,
- *Sägen, Pressen*: Positionieren des Materials in die Bearbeitungsposition,
- *Bohrmaschinen*: Positionieren des Materials oder des Werkzeugs an die Bearbeitungsposition,
- *Roboter* für Positionieranwendungen,
- *Spiegelverstellungen* für Laserschweißanlagen,
- *Punktschweißanlagen*.

Die Antriebe sind meistens dynamische Servoantiebe mit kontinuierlicher Regelung und Getriebe zur Anpassung der Motordrehzahl an die Bewegung der Maschine. Sie weisen einen schlanken Rotor mit geringer Massenträgheit auf. Die Motoren zeichnen sich durch hohe Maximaldrehmomente und hohe Winkelbeschleunigungen aus. Es kommen dynamische Ausführungen der folgenden Servoantriebe zur Anwendung:
- *bürstenloser Permanentmagnetmotor BLDC, Getriebe* (→ Abschnitt 4.3.3),
- *Permanentmagnetmotor mit Sinusspannung BLAC, Getriebe* (→ Abschnitt 4.3.4),
- *Permanentmagnetmotor mit Sinusspannung BLAC als Direktantrieb* (→ Abschnitt 4.3.5),
- *Permanentmagnet-Linearmotor mit Sinusspannung als Direktantrieb* (→ Abschnitt 4.3.6),
- *Asynchronmotor* mit Sinusspannung, *Getriebe* (→ Abschnitt 4.3.7).

Für besonders dynamische Bewegungen werden auch Direktantriebe verwendet:
- *Permanentmagnetmotor mit Sinusspannung BLAC als Direktantrieb* (→ Abschnitt 4.3.5),
- *Permanentmagnet-Linearmotor mit Sinusspannung als Direktantrieb* (→ Abschnitt 4.3.6).

4.2.2 Präzise Anwendungen in Produktionsmaschinen

Bei der Produktion besteht häufig die Forderung nach genauen Bewegungen entlang einer Bahn. Hier liegt der Schwerpunkt auf der Einhaltung des zeitlich geforderten Positionsverlaufs und Verlaufs der Geschwindigkeit der Bewegung und nicht auf dem Erreichen einer hohen Beschleunigung oder Geschwindigkeit. Die Geschwindigkeit wird durch den Bearbeitungsprozess bestimmt, z. B. das Auftragen einer Kleberaupe oder das Schneiden mit einem Laser.

Typische Anwendungen sind

- *Schweißmaschinen* für Bahnschweißen, Reibschweißen: die Schweißnaht muss einer vorgegebenen Bahn folgen, das Schweißwerkzeug muss dabei zusätzlich einen vorgegebenen Winkel zur Werkstückoberfläche einhalten;
- *Laserschneidanlagen*: der Schnitt muss einem vorgegebenen Verlauf folgen, der Laserstrahl muss senkrecht zur Werkstückoberfläche stehen;
- *Wasserstrahlschneidanlagen*: der Schnitt muss einem vorgegebenen Verlauf folgen, der Laserstrahl muss besonders bei dicken Materialien oder Stapeln von Material senkrecht zur Werkstückoberfläche stehen;
- *Druckmaschinen*, besonders für den Mehrfarbendruck: die Bewegung der Druckwalze muss mit den Druckmarken synchronisiert werden, so dass alle Farben passend zueinander gedruckt werden;
- *Werkzeugmaschinen*, z. B. Drehmaschinen, Fräsmaschinen: der Vorschub muss gleichmäßig erfolgen, so dass eine gute Oberfläche erzielt wird, bei bestimmten Aufgaben, z. B. Gewindeschneiden, ist eine Synchronisation zweier Bewegungen erforderlich;
- *Plotter*: der Stift muss einer vorgegebenen Bahn folgen, häufig müssen zwei Bewegungen synchronisiert werden;
- *Klebemaschinen*: beim Auftragen von Klebstoffraupen muss der Klebstoff in vorgegebener Menge auf einer vorgegebenen Bahn aufgebracht werden;
- *fliegende Sägen, lineare Querschneider*: das zu schneidende Material bewegt sich kontinuierlich, der Schnitt muss synchron mit der Bewegung des Materials erfolgen, nach dem Schnitt muss die Säge wieder in die Startposition zurückfahren;
- *rotative Querschneider*: das zu schneidende Material bewegt sich kontinuierlich, der Schnitt durch die rotierende Messerwalze muss synchron mit der Bewegung des Materials erfolgen, bei dickem Material muss ggf. die Drehzahl der Messerwalze während des Schnitts variiert werden, nach dem Schnitt muss die Messerwalze auf die nächste Schnittposition synchronisiert werden.

Die Antriebe sind typischerweise bürstenlose Motoren mit Leistungs- und Steuerelektronik sowie Inkrementalgeber, Sin-Cos-Geber oder Resolver und Getriebe. Sie zeichnen sich durch genaue Sensoren und einen sehr guten Gleichlauf aus. Es sind präzise Ausführungen der folgenden Antriebe:

- *bürstenloser Permanentmagnetmotor BLDC, Getriebe* (→ Abschnitt 4.3.3),
- *Permanentmagnetmotor mit Sinusspannung BLAC, Getriebe* (→ Abschnitt 4.3.4),
- *Permanentmagnetmotor mit Sinusspannung BLAC als Direktantrieb* (→ Abschnitt 4.3.5),
- *Permanentmagnet-Linearmotor mit Sinusspannung als Direktantrieb* (→ Abschnitt 4.3.6),
- *Asynchronmotor* mit Sinusspannung, *Getriebe* (→ Abschnitt 4.3.7).

Für spezielle Anwendungen mit hohen Anforderungen an die Genauigkeit oder anderen speziellen Anforderungen werden auch getriebelose Direktantriebe eingesetzt:
- *Permanentmagnetmotor mit Sinusspannung BLAC als Direktantrieb* (→ Abschnitt 4.3.5),
- *Permanentmagnet-Linearmotor mit Sinusspannung als Direktantrieb* (→ Abschnitt 4.3.6).

4.2.3 Ventilverstellungen, Klappenverstellungen, Leitradeinstellungen an Turbinen

Ventile und Klappen zur Einstellung von Flüssigkeitsströmen oder Gasströmen sollen in modernen Produktionsmaschinen häufig automatisch eingestellt werden. Das gleiche gilt für Leiträder und Flügelverstellungen in Turbinen für Generatoren.

Dazu erhält der Servoantrieb Sollwinkel zur Einstellung der Ventile, Klappen oder Leiträder von der übergeordneten Steuerung und Regelung. Die Sollwinkel können sich dabei ggf. dynamisch ändern, wenn mit den Verstellungen Schwingungen im Strömungssystem unterdrückt oder gedämpft werden sollen.

Die Verstellung erfolgt in der Regel langsam, so dass nur vergleichsweise kleine Leistungen für die Servoantriebe erforderlich sind. Die Motoren treiben die Ventile/Klappen über Getriebe an. Die Positionsmessung erfolgt indirekt am Motor oder direkt an der Mechanik.

Abhängig von der erforderlichen Lebensdauer kommen sowohl bürstenbehaftete als auch bürstenlose Antriebe zum Einsatz:
- *Permanentmagnet-Gleichstrommotor* (→ Abschnitt 4.3.2),
- *bürstenloser Permanentmagnetmotor BLDC, Getriebe* (→ Abschnitt 4.3.3),
- *Permanentmagnetmotor mit Sinusspannung BLAC, Getriebe* (→ Abschnitt 4.3.4),
- *Asynchronmotor* mit Sinusspannung, *Getriebe* (→ Abschnitt 4.3.7).

Hinweis: Alternativ werden auch Schrittmotoren ohne Rückführung eingesetzt. In diesem Fall findet aber keine Überwachung des tatsächlichen Drehwinkels statt. So kann es zu Fehleinstellungen bei Schrittfehlern kommen (siehe Band 1, Kapitel 10).

4.2.4 Anwendungen im Kraftfahrzeug

Die Hauptanwendungen für Servoantriebe in Kraftfahrzeugen sind:
– *Servolenkung*: Unterstützung der Lenkbewegung des Fahrers, Lenkung bei Assistenzsystemen, z. B. Parkassistent, Spurhalteassistent,
– *Klappenverstellungen* am Verbrennungsmotor: Zuluft und Abgasrückführung.

Die Servolenkung moderner Kraftfahrzeuge erfolgt mit elektrischen Servoantrieben. Die Lenkbewegung des Fahrers wird dabei durch den Servoantrieb unterstützt. Dazu wird die Bewegung des Lenkrads bzw. der Lenksäule erfasst und zur Steuerung des Servoantriebs verwendet. So wirkt der Servoantrieb unterstützend bei der Lenkung.

Darüber hinaus werden die Servoantriebe eingesetzt, um die Lenkung unabhängig von der Lenkbewegung des Fahrers vorzunehmen. Dies erfolgt z. B. bei den Einparkassistenten und bei den Spurhalteassistenten sowie bei autonom fahrenden Fahrzeugen. Das Assistenzsystem ermittelt den Sollwinkel für die Lenkung. Der Servoantrieb setzt diesen Sollwinkel in die Lenkbewegung um.

Moderne Verbrennungskraftmaschinen haben eine aufwendige Verstellung der Frischluft und der Abgasrückführung. Dazu sind in den Luftkanal mehrere Klappen eingebaut, die abhängig von der Gaspedalstellung, der aktuellen Motortemperatur, dem Ladedruck des Turboladers, der Abgastemperatur, der Frischlufttemperatur, der Drehzahl und anderer Größen verstellt werden.

Dazu erhalten die einzelnen Antriebe Winkelsollwerte. Die Antriebe verstellen die Klappen so, dass Winkelsoll- und -istwert innerhalb gewisser Grenzen übereinstimmen.

Als Antriebe kommen Permanentmagnet-Gleichstrommotoren mit Kommutator sowie bürstenlos kommutierte Motoren in Frage:
– *Permanentmagnet-Gleichstrommotor, Getriebe* (→ Abschnitt 4.3.2),
– *bürstenloser Permanentmagnetmotor BLDC, Getriebe* (→ Abschnitt 4.3.3).

Der Winkelistwert wird durch Potentiometer oder Inkrementalgeber bestimmt.

4.2.5 Drucker, Plotter, Scanner

In Druckern und Plottern werden Servoantriebe zur schnellen und exakten Positionierung des Druckkopfes eingesetzt. Häufig kommen hierfür permanentmagneterregte Gleichstrommotoren mit Inkrementalgeber zum Einsatz, die von Gleichstromstellern gespeist werden:
– *Permanentmagnet-Gleichstrommotor, Getriebe* (→ Abschnitt 4.3.2).

Bei höheren Anforderungen an die Lebensdauer werden bürstenlos kommutierte Motoren eingesetzt:
- *bürstenloser Permanentmagnetmotor BLDC, Getriebe* (→ Abschnitt 4.3.3).

4.2.6 Modellbau

Im Modellbau werden einfache Servoantriebe zur gezielten Bewegung von Komponenten eingesetzt. Dabei gibt es zwei grundsätzliche Anwendungsbereiche:
- *Lenkung und Steuerung von Fahrzeugen*: Lenkung von Landfahrzeugen, Ruderverstellung von Wasserfahrzeugen, Flügel- und Klappenverstellung bei Flugzeugen;
- *Bewegung von Komponenten* zur Nachbildung von Bewegungen aus der Realität: bewegte Personen oder Tiere, öffnen und schließen von Toren und Schranken, bewegen von Kränen, Schiffsaufbauten u. ä.

Diese Anwendungen erfordern überwiegend keine hohen Betriebsdauern. Die Verstellgeschwindigkeiten sind eher gering. Daher kommen durchweg Permanentmagnet-Kommutator-Gleichstrommotoren mit Getriebe zum Einsatz:
- *Stellservoantrieb* (→ Abschnitt 4.3.1),
- *Permanentmagnet-Gleichstrommotor* (→ Abschnitt 4.3.2).

Bei den Anwendungen zur Lenkung und Steuerung ist in der Regel nur ein geringes Getriebespiel zulässig. Dies wird häufig dadurch erreicht, dass der Antrieb durch elastische Elemente vorgespannt wird (siehe Abschnitt 4.3.1).

Bei vielen Anwendungen zur Nachbildung der Bewegungen aus der Realität werden hingegen nur geringe Forderungen an die Genauigkeit gestellt, so dass einfache Motoren, Getriebe und Steuerungen zum Einsatz kommen.

4.3 Aufbau und Eigenschaften von Servoantrieben

Servoantriebe sind geregelte Antriebe aus Motor, Leistungselektronik, Sensorik, Steuerung und Regelung. Die meisten Servoantriebe sind rotierende Antriebe mit Drehzahl- und Winkelregelung. Den typischen Aufbau eines Servoantriebs aus Steuerung, Überwachung, Regler, Leistungselektronik, Motor, Getriebe, Sensoren und Haltebremse zeigt Abb. 4.1.

In vielen Anwendungsfällen muss eine Position eines Servoantriebs beibehalten werden, auch wenn der Antrieb z. B. durch Störungen abgeschaltet wird. Das betrifft insbesondere Antriebe, die Werkzeuge oder Werkstücke in der Vertikalachse bewegen. Zur Realisierung dieser Haltefunktion im abgeschalteten Zustand werden häufig Bremsen direkt in den Servoantrieb integriert. Als Bremsen kommen sowohl Federkraftbremsen als auch Permanentmagnetbremsen jeweils mit elektrischer Lüftung

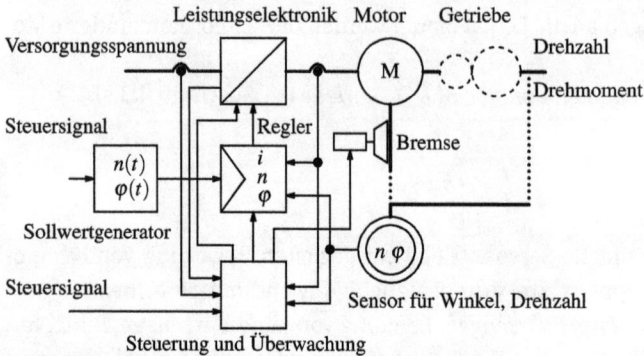

Abb. 4.1: Servoantrieb, allgemeiner Aufbau aus Steuerung, Überwachung, Regler, Leistungselektronik, Motor, Getriebe, Sensoren und Haltebremse.

in Betracht (Federdruckbremsen s. Abschn. 1.5.3.2 und Abb. 1.37, Permanentmagnetbremsen s. Absch. 1.5.3.3 und Abb. 1.38).

Vielfach wird die Drehbewegung des Motors über ein Getriebe an die Drehzahl der Arbeitsmaschine angepasst oder in eine Linearbewegung umgesetzt. Die Getriebe werden häufig als spielarme und drehsteife Getriebe ausgeführt, z. B. als Planetengetriebe. Für kompakte Bauformen werden Getriebe und Motor integriert, d. h. die Motorwelle trägt das Getrieberitzel und der Motor bildet die Eingangsstufe des Getriebes.

Daneben gibt es auch Direktantriebe, die ohne Getriebe die von der Maschine benötigte Drehzahl erzeugen (Abschnitt 4.3.5). Ferner werden für spezielle Anwendungen Linear-Direktantriebe eingesetzt, bei denen der Motor direkt eine Linearbewegung ausführt (Abschnitt 4.3.6).

Die *Komponenten bilden ein abgestimmtes mechatronisches System*, das als funktionale Einheit zusammenwirkt. *Servoantriebe unterscheiden sich von Standardantrieben* durch folgende Eigenschaften:

- *Servoumrichter*
  - hoher Maximalstrom,
  - integrierte Geschwindigkeits- und Lageregelung bzw. Drehzahl- und Winkelregelung,
  - kleine Taktzeiten und hohe Grenzfrequenzen.
- *Motoren*
  - schlanke Bauform,
  - hohe Leistungsdichte,
  - hohe Überlastbarkeit,
  - integrierte Sensoren für Weg und Geschwindigkeit bzw. Drehzahl und Winkelposition.
- *Getriebe*
  - geringes Verdrehspiel,
  - hohe Steifigkeit,

- hohe Überlastbarkeit,
- hohe Wechselfestigkeit.
- *Sensoren*
  - hohe Auflösung und Genauigkeit,
  - Winkelinformation,
  - z. T. absolute Winkelinformation.

Der Servoumrichter versorgt den Servomotor mit den für die Bewegung erforderlichen Strömen und Spannungen. Dazu enthält der Servoumrichter neben der Leistungselektronik eine hochdynamische Regelung für Strom, Geschwindigkeit und Position.

Ferner gehören eine Auswerteelektronik für den Lagegeber des Motors sowie eine Schnittstelle zur Kommunikation mit der Maschinensteuerung zum Servoumrichter. Grundsätzlich gehören Überwachungseinrichtungen gegen Kurzschluss, Überlast oder Übertemperatur zur Ausstattung eines Servoumrichters.

Häufig bietet der Servoumrichter auch einen gewissen Umfang an Steuerungsfunktionen zur Bewegungsführung und zur Steuerung eines Teils der Maschine.

Die mechanischen Getriebe zur Drehzahlanpassung oder zur Umsetzung in die Linearbewegung sind gegenüber Standardlösungen meistens mit geringerem Spiel und höherer Belastbarkeit zur Übertragung der starken Drehmomentänderungen mit Lastwechseln ausgelegt.

Der Servomotor für rotative Servoantriebe ist ein BLDC-Motor oder BLAC-Synchronmotor oder Drehstrom-Asynchronmotor häufig in schlanker Bauform und mit hoher Überlastbarkeit. Damit wird ein hohes Beschleunigungsvermögen erreicht. Zur Rückführung der Geschwindigkeit und der Lage besitzt der Servomotor einen integrierten Winkelsensor.

Die Steuerelektronik des Servogeräts ermittelt aus den Signalen des Winkelsensors den Drehwinkel und die Drehzahl-/Winkelgeschwindigkeit des Motors.

Eine optional integrierte Bremse im Motor dient dazu, die Position des Motors auch im stromlosen Zustand, z. B. nach Abschalten der Maschine, festzuhalten, so dass insbesondere Achsen für vertikale Bewegungen in ihrer Position bleiben.

Je nach Anwendung kommen unterschiedliche Arten von Servoantrieben zum Einsatz. Folgende Servoantriebe werden in den nächsten Abschnitten in ihrem Aufbau dargestellt:
- Stellservoantrieb: *Permanentmagnet-Gleichstrommotor* mit Kommutator, *Getriebe, elektronischer Schalter mit 3-Punkt-Regler, Potentiometer* zur Messung des Winkel-Istwertes (→ Abschnitt 4.3.1),
- *Permanentmagnet-Gleichstrommotor* mit Kommutator, *Getriebe, Gleichstromsteller* mit Pulsweitenmodulation, *PI-Regler, Inkrementalgeber* zur Messung des Winkel-Istwertes (→ Abschnitt 4.3.2),
- *bürstenloser Permanentmagnetmotor BLDC, Getriebe, Blockumrichter* mit Pulsmodulation, *PI-Regler, Inkrementalgeber mit Kommutierungssignalen* zur Messung des Winkel-Istwertes und zur Steuerung der Kommutierung (→ Abschnitt 4.3.3),

- *Permanentmagnetmotor mit Sinusspannung BLAC, Getriebe, Pulsumrichter, Regler mit Vektorsteuerung, Resolver, Inkrementalgeber* oder *Sin-Cos-Geber* zur Messung des Winkel-Istwertes, der Drehzahl und zur Steuerung der Kommutierung (→ Abschnitt 4.3.4),
- *Permanentmagnetmotor mit Sinusspannung BLAC als Direktantrieb* ohne Getriebe, *Pulsumrichter, Regler mit Vektorsteuerung, Resolver, Inkrementalgeber* oder *Sin-Cos-Geber* zur Messung des Winkel-Istwertes, der Drehzahl und zur Steuerung der Kommutierung (→ Abschnitt 4.3.5),
- *Permanentmagnet-Linearmotor mit Sinusspannung als Direktantrieb, Pulsumrichter, Regler mit Vektorsteuerung, Inkrementalgeber* oder *Sin-Cos-Geber* zur Messung des Positions-Istwertes, der Geschwindigkeit und zur Steuerung der Kommutierung (→ Abschnitt 4.3.6),
- *Asynchronmotor* mit Sinusspannung, *Getriebe, Pulsumrichter, Regler mit Vektorsteuerung, Resolver, Inkrementalgeber* oder *Sin-Cos-Geber* zur Messung des Winkel-Istwertes, der Drehzahl und zur Steuerung der Kommutierung (→ Abschnitt 4.3.7).

Am Markt gibt es weitere Antriebsausprägungen, die die Elemente der hier behandelten Antriebe enthalten, aber etwas anders ausgeprägt sind. Dies können z. B. andere Sensoren für die Drehzahl- und Winkelerfassung oder andere Ausführungen der Leistungselektronik sein.

4.3.1 Stellservoantrieb – Gleichstrommotor, Getriebe, 3-Punkt-Regler

Kennzeichen des Stellservoantriebs:
- geringe Dynamik,
- keine kontinuierliche Regelung,
- Winkelpositionierung,
- kostengünstig, einfacher Aufbau.

4.3.1.1 Aufbau

Der Stellservoantrieb besteht aus einem permanentmagneterregten Gleichstrommotor, der über Transistoren an eine Gleichspannung geschaltet werden kann (Aufbau und Eigenschaften Gleichstrommotor siehe Band 1, Kapitel 4). Typischerweise treibt der Gleichstrommotor über ein Getriebe einen Hebel an, mit dem die Bewegung in der Anlage ausgeführt wird (Abb. 4.2). Die Komponenten sind häufig zu einer kompakten Einheit aus Elektronik, Motor und Mechanik zusammengebaut. Die Elektronik ist inklusive der Leistungstransistoren als integrierte Schaltungen verfügbar, die nur weni-

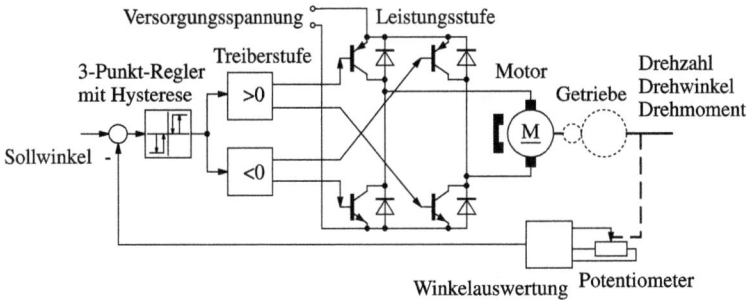

Abb. 4.2: Servoantrieb, Aufbau Stellservoantriebe mit Gleichstrommotor, H-Brücke zum Schalten der Spannung, Getriebe, Potentiometer zur Winkelmessung, 3-Punkt-Regler zur Ansteuerung der H-Brücke, hier mit Bipolartransistoren dargestellt, alternativ MOS-FET.

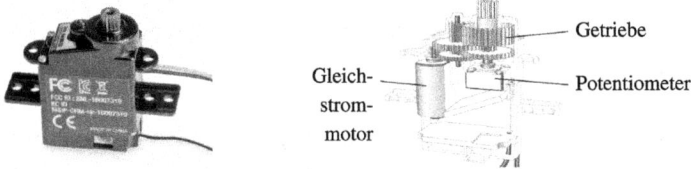

Abb. 4.3: Servoantrieb: Gleichstrommotor, Getriebe, Elektronik und Sensor am Getriebeausgang als integrierte Einheit in einem gemeinsamen Gehäuse, $b \times l \times h = 11\,\text{mm} \times 20\,\text{mm} \times 20{,}5\,\text{mm}$, links Außenansicht, rechts innerer Aufbau, $U_N = 6\,\text{V}$, $M_0 = 12\,\text{Ncm}$, $I_0 = 430\,\text{mA}$, $\omega = 40°/0{,}04\,\text{s}$. (Werkbild Graupner).

ge weitere Bauteile benötigen (siehe Band 1, Kapitel 11, [254]). Abbildung 4.3 zeigt einen solchen kompakten Servoantrieb mit Gleichstrommotor, Getriebe, Elektronik und Sensor am Getriebeausgang als integrierte Einheit.

Die Positionsmessung erfolgt über ein Potentiometer am Getriebeausgang/Hebel (siehe Kapitel 5.3.1). Die Spannung am Potentiometer ist ein Maß für den Drehwinkel. Der Regler vergleicht die Sollposition mit der Stellung des Potentiometers. Er ist als unstetig arbeitender 3-Punkt-Regler mit Hysterese aufgebaut.

Ist die Stellung des Potentiometers im Zielbereich, bleiben die Transistoren gesperrt, so dass kein Strom fließt und der Gleichstrommotor stromlos ist. Weicht die Position vom Zielbereich ab, wird der Motor in der einen oder anderen Richtung an Spannung gelegt und bewegt so den Hebel und das Potentiometer, bis der Zielbereich erreicht ist.

Alternativ werden auch Sensoren am Zahnrad des Getriebes zur Erfassung der Position verwendet. In diesem Fall ist das ohnehin vorhandene Zahnrad gleichzeitig die Maßverkörperung für die Position.

4.3.1.2 Typische Eigenschaften

Die Stellservoantriebe zeichnen sich durch geringe Kosten und einen einfachen Aufbau aus. Sie zeigen aber auch klare Nachteile beim Einsatz.

Eigenschaften der Antriebe sind
- *geringe Kosten*,
- *einfacher Aufbau*,
- *geringe Genauigkeit* durch Reglerfenster, Getriebespiel und Teilungsfehler, Verbesserung der Genauigkeit durch Vorspannung mit einer Feder möglich,
- *geringe Lebensdauer* durch Kohlebürstenverschleiß des Motors, Verschleiß des Getriebes und Verschleiß des Potentiometers,
- *keine Geschwindigkeitseinstellung*, Geschwindigkeit ist von der aktuellen Versorgungsspannung abhängig,
- *Temperaturabhängigkeit der Position* durch Temperaturgang des Potentiometers und der Elektronik.

Die Kenngrößen der Antriebe zeigt Tabelle 4.1. Da der Regler als 3-Punkt-Regler aufgebaut ist, arbeitet das System nicht kontinuierlich. Daher finden sich bei diesen Antrieben keine sonst üblichen Angaben für dynamische Systeme, wie Grenzfrequenzen o. ä.

Tab. 4.1: Stellservoantriebe: typische Eigenschaften.

Größe	Symbol	Einheit	typische Bereiche, Anmerkungen
Drehwinkelbereich	$\varphi_{bereich}$	°	40 ... 270°, Drehwinkel von einem zum anderen Anschlag
Stelldrehmoment	M_{stell}	Ncm	20 ... 500 Ncm, Drehmoment im Stillstand, wird häufig für verschiedene Speisespannungen angegeben
Speisespannung	U	V	3 ... 12 V, typ. 6 V, Auslegung für Akku-Speisung
Stellzeit	T	s	0,02 ... 0,5 s, Zeit zur Verdrehung, z. B. für 40° oder über den gesamten Drehwinkelbereich ohne Belastung
Verstellgeschwindigkeit	ω	°/s	500 ... 2000 °/s, hängt von der aktuellen Versorgungsspannung ab
Spiel/Lose	$\Delta\varphi_{lose}$	°	Getriebespiel
Fensterbreite des Reglers	$\Delta\varphi_{fenster}$	°	entsteht durch den Bereich, in dem der Regler den Motor stromlos lässt
Genauigkeit	$\Delta\varphi$	°	berücksichtigt alle Fehler aus der Getriebelose, der Fensterbreite, dem Teilungsfehler des Getriebes und dem Messfehler des Potentiometers

4.3.2 Gleichstromservoantrieb – PM-Gleichstrommotor, Getriebe, Gleichstromsteller, Regler

Eigenschaften des Gleichstromservoantriebs:
- hohe Dynamik,
- kontinuierliche Regelung,
- Winkelpositionierung, Drehzahlregelung,
- kostengünstig, einfacher Aufbau,
- Kohlebürstenverschleiß.

Ein Anwendungsbeispiel ist in Kapitel 8.12.2 für einen Rollenheber dargestellt.

4.3.2.1 Aufbau

Die Gleichstromservoantriebe bestehen zur Leistungsübertragung und für die Sensorik und Regelung aus folgenden Komponenten (siehe Abb. 4.4):
- *Permanentmagnet-Gleichstrommotor* mit Kommutator (siehe Band 1, Kapitel 4),
- *Getriebe* zur Anpassung der Drehzahl und ggf. Umwandlung der Drehbewegung in eine translatorische Bewegung (siehe Kapitel 7),
- *Gleichstromsteller* mit Pulsweitenmodulation (siehe Band 1, Kapitel 11.2.4),
- *Inkrementalgeber* (siehe Kapitel 5.3.6.1) zur Winkelmessung und zur Drehzahlmessung, alternativ auch Resolver (siehe Kapitel 5.3.4),
- *Regler*, bevorzugt als digitaler Regler aufgebaut (siehe Band 1, Kapitel 11.3.1).

Meistens werden *Permanentmagnet-Gleichstrommotoren mit Eisenblechpaket* mit Wicklung in Nuten eingesetzt (Aufbau und Eigenschaften siehe Band 1, Kapitel 4).

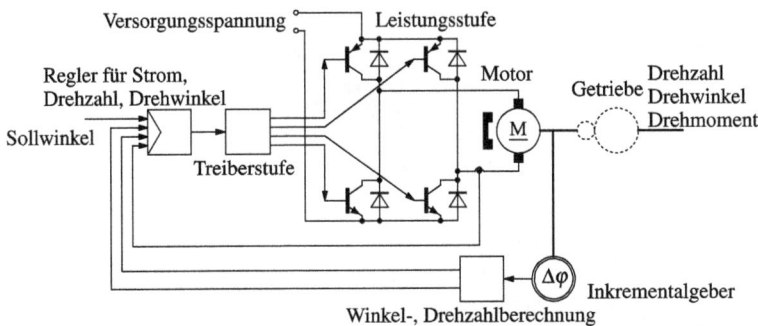

Abb. 4.4: Gleichstromservoantrieb, Aufbau Servoantriebe mit Gleichstrommotor, H-Brücke mit PWM, Getriebe, Inkrementalgeber zur Drehzahl- und Winkelmessung, Regler zur Ansteuerung der H-Brücke, hier mit Bipolartransistoren dargestellt, alternativ mit MOS-FET.

Bei besonderen Anforderungen an die Dynamik und das Gleichlaufverhalten kommen auch *Gleichstrommotoren mit nutenloser Glockenankerwicklung/eisenlosem Läufer* zum Einsatz (Aufbau und Eigenschaften siehe Band 1, Kapitel 4.1.5). Diese Motoren haben eine sehr kleine Ankerinduktivität, so dass der Strom durch den Regler sehr schnell gestellt werden kann. Dies birgt aber die Gefahr, dass hohe Stromschwankungen auftreten. Daher sind oftmals Leistungselektroniken mit hohen Pulsfrequenzen für die PWM[2] erforderlich. Die Motoren mit nutenloser Wicklung haben kein Rastmoment, so dass sie nur geringe Drehmomentschwankungen aufweisen.

Die Positionsmessung erfolgt meistens mit *Inkrementalgebern* am Motor (siehe Kapitel 5.3.6.1). Aus den Signalen des Inkrementalgebers werden sowohl der Winkelistwert als auch die Drehzahl ermittelt. Alternativ kommen auch Resolver (siehe Kapitel 5.3.4) zum Einsatz. Aus der Winkelinformation am Motor wird mit Hilfe der Getriebeübersetzung indirekt die Position am Getriebeausgang bestimmt.

Das Getriebe dient damit nicht nur zur Leistungsübertragung, sondern auch zur indirekten Positionsmessung (siehe Kapitel 7). Teilungsfehler und die Getriebelose machen sich damit als Positionsfehler bemerkbar. Die Getriebelose begrenzt zusätzlich die erreichbare Verstärkung der Regelkreise (Details siehe Abschnitt 4.3.4.3).

Die Regelung ist überwiegend als Kaskadenregler für die drei Regelkreise Strom, Drehzahl und Winkel mit PI- oder PID-Reglern aufgebaut (Regler siehe Band 1, Kapitel 11.3.1).

Für Gleichstromservoantriebe werden bis Leistungen von ca. 40 W komplette integrierte Schaltungen angeboten, die sowohl die Regelung, die Ansteuerung, die Überwachung und den Leistungsteil enthalten. Die Schalttransistoren sind dann häufig als MOS-FET ausgeführt (siehe Band 1, Kapitel 11.2.4, [254]).

Abbildung 4.5 zeigt einen Gleichstromservoantrieb mit Inkrementalgeber zur Verwendung in Tintenstrahldruckern. Der Antrieb ist in die Mechanik mit einem Schneckengetriebe integriert. Aufgrund des Einbaus in das Gehäuse des Tintenstrahldruckers kann in diesem Fall auf einen Schutz des Inkrementalgebers verzichtet werden.

Abb. 4.5: Gleichstromservoantrieb, Servoantriebe mit Gleichstrommotoren mit Inkrementalgeber zur Drehzahl- und Winkelmessung in offener Ausführung mit Teilscheibe und Lichtschranke, z. B. zur Verwendung in Tintenstrahldruckern, links: Schnecken-Welle, Inkrementalgeber mit hoher Auflösung, transparente Kunststoffscheibe/-folie, aufgedrucktes Strichmuster, rechts: Kunststoffscheibe mit Durchbrüchen. (Werkbild Johnson Electric).

---

2 PWM: Pulsweitenmodulation.

4.3.2.2 Typische Eigenschaften

Die Gleichstromservoantriebe eignen sich für dynamische Anwendungen mit kleinen Leistungen und begrenzter Lebensdauer. Sie weisen folgende Eigenschaften auf:

- *begrenzte Lebensdauer* durch Verschleiß an den Kohlebürsten und am Kommutator;
- *einfache Leistungselektronik* (siehe Band 1, Kapitel 11.2.4), für kleine Leistungen als komplette integrierte Schaltung verfügbar [254], daher einfach in der Anwendung;
- *einfacher Aufbau der Regelung*;
- *hohe Beschleunigungen* und *kurze Hochlaufzeiten*, besonders bei Verwendung von Motoren mit Glockenanker;
- *Getriebe* hat Einfluss auf die *Positioniergenauigkeit*, Getriebelose begrenzt Verstärkung.

Tabelle 4.2 listet die typischen Leistungsbereiche und Eigenschaften auf, Grenzfrequenzen und Zeitkonstanten der Regelkreise und Erläuterungen zu den dynamischen Kenngrößen siehe Abschnitt 4.4.

Durch die Nuten im Ankereisenblechpaket entstehen Rastmomente. Die begrenzte Nut-Zahl mit der Folge diskreter Durchflutungen führt ferner zu Drehmomentschwankungen aus dem Ankerstrom und dem Permanentmagnetfeld. Beide Mechanismen werden bei Servoantrieben auch bei kleinen Leistungen häufig durch Schrägung des Ankerblechpakets und hohe Nutzahlen in ihren Auswirkungen begrenzt.

4.3.2.3 Regelung

Die Regelung des Gleichstromservoantriebs ist überwiegend als Kaskadenregler aufgebaut, z. B. mit Drehzahl- und Winkelregelung oder mit Strom-, Drehzahl- und Winkelregelung. Häufig erfolgt zusätzlich eine Vorsteuerung der Drehzahl und des Stroms sowie der Spannung aus der induzierten Spannung und dem Strom (siehe Band 1, Kapitel 11.3.1).

Abbildung 4.6 zeigt in vereinfachter Form den gesamten Antrieb mit dem Regler, der Elektronik, dem Motor und der Mechanik. In dem Blockschaltbild sind Nichtlinearitäten und Stellgrößenbeschränkungen nicht berücksichtigt.

Der Sollwinkel φ_{soll} wird zunächst bei Bedarf mit einem Tiefpass gefiltert. So werden Störungen durch Sollwertsprünge oder ähnliches reduziert. Der Winkelregler vergleicht den Sollwinkel φ_{soll} mit dem gemessenen Winkel φ_{mess} und erzeugt mit seinem P- oder PI-Verhalten den Sollwert der Drehzahl n_{soll} bzw. der Winkelgeschwindigkeit ω_{soll}.

Die Differenz aus Drehzahl- bzw. Winkelgeschwindigkeitssollwert und -messwert $\Delta n = n_{\text{soll}} - n_{\text{mess}}$ bzw. $\Delta \omega = \omega_{\text{soll}} - \omega_{\text{mess}}$ ergibt mit einem PI- oder PID-Regler den

Tab. 4.2: Gleichstromservoantriebe mit bürstenbehafteten Permanentmagnet-Gleichstrommotoren: typische Eigenschaften.

allgemeine Eigenschaften

- begrenzte Lebensdauer durch Verschleiß an den Kohlebürsten und am Kommutator
- einfache Leistungselektronik, für kleine Leistungen als komplette integrierte Schaltung verfügbar (siehe Band 1, Kapitel 11.2.4, [254])
- einfacher Aufbau der Regelung
- hohe Beschleunigungen und kurze Hochlaufzeiten, besonders bei Motoren mit Glockenanker
- Getriebe hat Einfluss auf die Positioniergenauigkeit, Getriebelose begrenzt Verstärkung
- keine Drehzahlerhöhung durch Feldschwächung möglich

Größe	Symbol	typische Werte, Anmerkungen	
Bemessungsgrößen		eisenbehafteter Anker	Glockenanker
Leistung	P_N	$0{,}02 \ldots 200\,\text{W}$	$0{,}1 \ldots 100\,\text{W}$
Drehmoment	M_N	$0{,}02 \ldots 500\,\text{mNm}$	$0{,}6 \ldots 200\,\text{mNm}$
Drehzahl	n_N	$2000 \ldots 20.000\,\frac{1}{\text{min}}$	$2000 \ldots 5000\,\frac{1}{\text{min}}$
Spannung	U_N	$6 \ldots 90\,\text{V}$	$12 \ldots 48\,\text{V}$
Maximalgrößen		eisenbehafteter Anker	Glockenanker
Drehmoment	M_{max}	$\approx 2 \cdot M_N$	$\ldots 10 \cdot M_N$
Drehzahl	n_{max}	$\ldots 30.000\,\frac{1}{\text{min}}$	
dynamische Kenngrößen		eisenbehafteter Anker	Glockenanker
Massenträgheit	J_{mot}	$0{,}3 \ldots 3\,\text{kgcm}^2$	$0{,}005 \ldots 0{,}2\,\text{kgcm}^2$
Hochlaufzeit	T_h	$5 \ldots 60\,\text{ms}$	$1 \ldots 5\,\text{ms}$
Maximaltaktrate	z_{max}	$3 \ldots 14\,\frac{1}{\text{s}}$	$10 \ldots 200\,\frac{1}{\text{s}}$
dynamische Kennzahl	C_{dyn}	$\ldots 2400\,\frac{\text{kg\,m}^2}{\text{s}^4}$	$\ldots 3000\,\frac{\text{kg\,m}^2}{\text{s}^4}$
Ankerzeitkonstante	T_a	$2 \ldots 4\,\text{ms}$	$0{,}01 \ldots 0{,}3\,\text{ms}$
elektromechanische Zeitkonstante	T_m	$10 \ldots 20\,\text{ms}$	$2{,}5 \ldots 7\,\text{ms}$
Zeitkonstanten und Grenzfrequenzen der Regelkreise siehe Abschnitt 4.4			
Genauigkeit/Auflösung			
Winkelsensor Genauigkeit	$\Delta\varphi$	$2 \ldots 25'$	
Winkelsensor Auflösung	$\Delta\varphi$	$1 \ldots 25'$	

Stromsollwert i_{soll}. Der Drehzahlwert n_{mess} bzw. die Winkelgeschwindigkeit ω_{mess} wird dabei oft aus der Differentiation des Drehwinkels ermittelt. Alternativ kann auch die z. B. mit einem Tachogenerator gemessene Drehzahl verwendet werden (in Abb. 4.6 gestrichelt eingezeichnet).

Der Stromregler mit PI- oder PID-Verhalten liefert den Spannungssollwert u_{soll} für die Leistungselektronik. Die Leistungselektronik als Gleichstromsteller mit Pulsweitenmodulation wird hier als Proportionalglied mit Totzeit nachgebildet.

Die Ausgangsspannung u_a des Gleichstromstellers versorgt den Anker des Gleichstrommotors. Der Spannung u_a des Gleichstromstellers wirken die induzierte Spannung u_i und die Bürstenübergangsspannung $u_{bü}$ sowie der ohmsche Spannungsabfall u_R entgegen. Im Blockschaltbild Abb. 4.6 wird dies durch das PT1-Glied für den Ankerkreis und die Drehzahlrückführung für die induzierte Spannung erfasst.

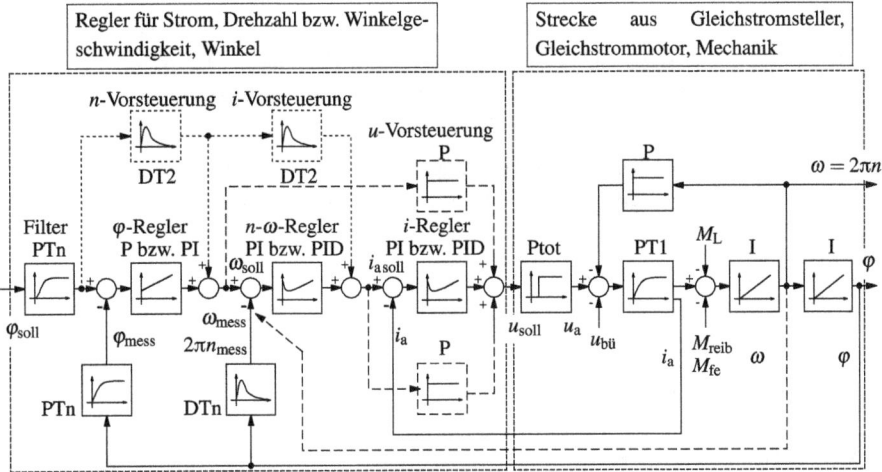

Abb. 4.6: Servoantrieb, Regelung Gleichstrom-Servoantrieb mit Kaskadenregler für Strom i_a, Drehzahl n bzw. Winkelgeschwindigkeit ω und Winkel φ, Vorsteuerung der Drehzahl und des Stroms sowie der Spannung.

Die Ausgangsgrößen des Gleichstrommotors sind der Strom i_a, der auf den Stromregler zurückgeführt wird, und das Motordrehmoment M_{mot}, das auf die Mechanik wirkt. Nach Abzug von Lastdrehmoment M_L, Reibmoment M_{reib} und Eisenverlustdrehmoment M_{fe} entsteht das Beschleunigungsmoment M_b, das die Massenträgheiten des Motors J_{mot} und der Arbeitsmaschine J_L beschleunigt.

Durch Integration der Winkelbeschleunigung entstehen die Winkelgeschwindigkeit ω bzw. Drehzahl n und durch Integration der Winkelgeschwindigkeit entsteht der Drehwinkel φ. Der gemessene Drehwinkel wird auf den Winkelregler zurückgeführt. So entsteht der geschlossene Regelkreis für den Drehwinkel mit den inneren Regelkreisen für Drehzahl- bzw. Winkelgeschwindigkeit und Strom.

Zur Verbesserung der Dynamik wird bei Bedarf eine Vorsteuerung eingesetzt. Im Blockschaltbild Abb. 4.6 sind zwei Teile der Vorsteuerung dargestellt: zum einen die Vorsteuerung der Drehzahl und des Stroms aus dem Sollwinkel, zum anderen die Vorsteuerung der Spannung mit der induzierten Spannung und dem ohmschen Spannungsabfall.

Zur Vorsteuerung der Drehzahl (punktierte Komponenten) wird aus dem Sollwinkel durch Differentiation der Drehzahlwert gebildet und direkt auf den Drehzahlregler geführt. Ferner wird der Drehzahlwert differenziert und zur Vorsteuerung des Stromreglers verwendet. Auf diese Weise können die inneren Regelkreise schon reagieren, bevor sich eine deutliche Regeldifferenz zwischen Sollwinkel und Istwinkel aufgebaut hat. So reagiert das System schneller auf Sollwertänderungen. Die Grenzfrequenz des geschlossenen Regelkreises wird dadurch für das Führungsverhalten angehoben.

Die Vorsteuerung der Spannung mit der induzierten Spannung und dem ohmschen Spannungsabfall sorgt dafür, dass bei Drehzahl- und Stromänderungen der Stromregler nur minimal eingreifen muss, da ein großer Teil der erforderlichen Spannung schon über die Vorsteuerung vorgegeben wird. Auch dadurch reagiert das System schneller und die Grenzfrequenz des geschlossenen Regelkreises steigt an.

So ist die Vorsteuerung ein gutes Mittel, um die Dynamik eines Antriebs zu verbessern, ohne die Leistungskomponenten verändern zu müssen. Mit Rücksicht auf den Gleichlauf und die Stabilität des geschlossenen Systems kann in der Realität nur eine teilweise Vorsteuerung vorgenommen werden, die aber trotzdem das Verhalten deutlich verbessert.

4.3.3 Bürstenloser Gleichstromservoantrieb BLDC – bürstenloser Permanentmagnetmotor, Getriebe, Blockumrichter, Regler

Kennzeichen des BLDC-Servoantriebs mit bürstenlosem Motor und Kommutierungselektronik:
– hohe Dynamik,
– kontinuierliche Regelung,
– Winkelpositionierung, Drehzahlregelung,
– hohe Lebensdauer.

4.3.3.1 Aufbau

Servoantriebe mit Permanentmagnetmotoren zur Speisung mit blockförmigen Strömen setzen sich aus folgenden Komponenten zusammen (siehe Abb. 4.7 mit Bipolartransistoren und separatem Chopper bzw. Abb. 4.8 mit MOS-FET, die gleichzeitig die Pulsweitenmodulation übernehmen):
– *BLDC-Motor* – bürstenloser Permanentmagnetmotor mit *trapezförmiger induzierter Spannung* (siehe Band 1, Kapitel 8),
– *Getriebe* zur Anpassung der Drehzahl und ggf. Umwandlung der Drehbewegung in eine translatorische Bewegung (siehe Kapitel 7),
– *Blockwechselrichter mit Pulsweitenmodulation* zur Spannungsstellung, Ansteuerung mit dem Winkelsensor mit Kommutierungsinformation (siehe Band 1, Kapitel 11.2.6),
– *Winkelsensor mit Kommutierungsinformation*, häufig Inkrementalgeber zur Winkelmessung und zur Drehzahlmessung mit zusätzlichen Kommutierungssignalen (siehe Kapitel 5.3.6.1), alternativ auch Resolver (siehe Kapitel 5.3.4),
– *Regler*, in der Regel als digitaler Regler aufgebaut (siehe Band 1, Kapitel 11.3.2).

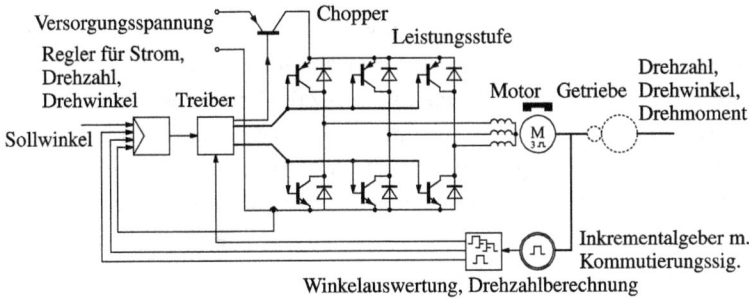

Abb. 4.7: Servoantrieb, Aufbau Servoantriebe mit bürstenlosem Gleichstrommotor (BLDC), Wechselrichter mit Blockkommutierung aus Bipolartransistoren, Pulsweitenmodulation zur Spannungsstellung mit separatem Transistor, Getriebe, Inkrementalgeber mit Kommutierungssignalen zur Kommutierungssteuerung sowie Drehzahl- und Winkelmessung, Regler zur Ansteuerung des Choppers und des Wechselrichters.

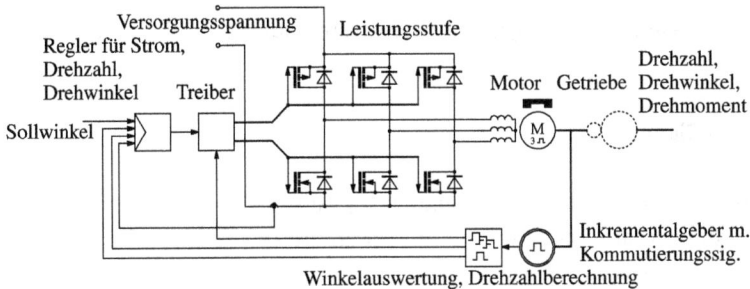

Abb. 4.8: Servoantrieb, Aufbau Servoantriebe mit bürstenlosem Gleichstrommotor (BLDC), Wechselrichter mit Blockkommutierung und Pulsweitenmodulation zur Spannungsstellung mit MOSFET, Getriebe, Inkrementalgeber mit Kommutierungssignalen zur Kommutierungssteuerung sowie Drehzahl- und Winkelmessung, Regler zur Ansteuerung des Choppers und des Wechselrichters.

Meistens werden Motoren mit Eisenblechpaket mit dreisträngiger Zahnspulen-Wicklung in Nuten eingesetzt (Aufbau und Eigenschaften siehe Band 1, Kapitel 8.2.1, Zahnspulenwicklung siehe [246]). Alternativ kommen verteilte Wicklungen zum Einsatz [1].

Nutenlose Wicklungen werden verwendet, um besonders kleine Statorinduktivitäten zu realisieren und um Rastmomente zu vermeiden (Aufbau und Eigenschaften siehe Band 1, Kapitel 8.2.1). Durch die kleine Induktivität kann der Strom sehr schnell von einem Strang zum nächsten kommutieren und der Regler kann den Strom sehr schnell auf den erforderlichen Wert einstellen. Allerdings birgt das auch die Gefahr von starken Stromschwankungen. Die Leistungselektronik muss daher meistens mit einer hohen Pulsfrequenz für die PWM ausgeführt werden.

Für die Winkelmessung werden z. B. Inkrementalgeber mit Kommutierungssignalen eingesetzt. Das Inkrementalgebersignal dient zur Winkelbestimmung und über die

Mechanik indirekt auch zur Positionsbestimmung am Getriebeausgang. Die Kommutierungssignale sind für die Ansteuerung des Wechselrichters erforderlich. Aus dem Winkelsignal wird durch Differenzieren auch das Drehzahlsignal gewonnen.

Das Getriebe überträgt nicht nur die Leistung, sondern dient auch zur indirekten Positionsmessung am Getriebeausgang bzw. in der Arbeitsmaschine. Ungenauigkeiten des Getriebes, wie Teilungsfehler, Getriebelose und Elastizität, machen sich daher auch in der Positioniergenauigkeit bemerkbar. Die Getriebelose begrenzt zusätzlich die erreichbare Verstärkung der Regelkreise (Details siehe Abschnitt 4.3.4.3).

Die Regelung ist oftmals als Kaskadenregler aufgebaut, i-Regler als innerer Regelkreis, n-ω-Regler als mittlerer Regelkreis und φ-Regler als äußerer Regelkreis.

Für die Antriebe sind bis etwa 40 W komplette integrierte Schaltungen verfügbar, die sowohl die Regelung, die Ansteuerung, die Überwachung und die Leistungsschalter enthalten [253]. Meistens werden MOS-FET für die Schaltungen eingesetzt (siehe Band 1, Kapitel 11.2.3 und 11.2.6). Sie sind häufig mit einem Modulationsverfahren ausgestattet, das eine kontinuierliche Kommutierung von einem Strang zum nächsten vorsieht, so dass Kommutierungseinbrüche im Drehmoment verringert werden.

4.3.3.2 Typische Eigenschaften

Die bürstenlosen Antriebe mit Blockkommutierung eignen sich für dynamische und genaue Anwendungen mit hohen Anforderungen an die Lebensdauer. Die Antriebe zeichnen sich durch folgende Eigenschaften aus:
- *hohe Lebensdauer*,
- *übersichtliche Elektronik*, für kleine Leistungen als *komplette integrierte Schaltung* verfügbar [253], daher einfach in der Anwendung,
- *einfache Regelung*,
- *aufwendiger Winkelsensor* mit Kommutierungssignalen,
- *hohe Beschleunigungen* und *kurze Hochlaufzeiten*,
- *Getriebe* hat Einfluss auf die *Positioniergenauigkeit*, Getriebelose begrenzt Verstärkung.

Besonderes Augenmerk erfordert die Kommutierung des Stroms von einem Strang zum nächsten. Während der Kommutierung kann es zu Drehmomenteinbrüchen kommen, z. B. wenn die Spannung während der Kommutierung des Stroms begrenzt wird und damit die Kommutierung verzögert erfolgt oder der Gesamtstrom einbricht. Für Anwendungen mit hohen Anforderungen an die Drehmomentqualität ist eine besonders sorgfältige Auslegung der Motoren für die Kommutierung und eine gute Abstimmung der Motoren mit der Elektronik erforderlich.

Die typischen Eigenschaften sind in Tabelle 4.3 zusammengefasst, Grenzfrequenzen und Zeitkonstanten der Regelkreise und Erläuterungen zu den dynamischen Kenngrößen siehe Abschnitt 4.4.

Tab. 4.3: BLDC-Servo, bürstenlose Permanentmagnetmotoren mit Blockkommutierung: typische Eigenschaften.

allgemeine Eigenschaften

- hohe Lebensdauer
- übersichtliche Elektronik, für kleine Leistungen als komplette integrierte Schaltung verfügbar (siehe Band 1, Kapitel 11.2.6, [253])
- einfacher Aufbau der Regelung
- hohe Beschleunigungen und kurze Hochlaufzeiten
- Drehmomentschwankungen durch Kommutierungseinbrüche
- Getriebe hat Einfluss auf die Positioniergenauigkeit, Getriebelose begrenzt Verstärkung
- keine Drehzahlerhöhung durch Feldschwächung möglich

Größe	Symbol	typische Werte, Anmerkungen
Bemessungsgrößen		
Leistung	P_N	$5 \dots 2000\,\text{W}$
Drehmoment	M_N	$0{,}02 \dots 10\,\text{Nm}$
Drehzahl	n_N	$2000 \dots 6000\,\frac{1}{\text{min}}$
Spannung	U_N	$5 \dots 230\,\text{V}$
Maximalgrößen		
Drehmoment	M_{max}	$2 \dots 3 \cdot M_N$
Drehzahl	n_{max}	$\dots 20.000\,\frac{1}{\text{min}}$
dynamische Kenngrößen		
Massenträgheit	J_{mot}	$0{,}01 \dots \text{kgcm}^2$
Hochlaufzeit	T_h	$2 \dots 30\,\text{ms}$
Maximaltaktrate	z_{max}	$4 \dots 60\,\frac{1}{\text{s}}$
dynamischer Kennwert	C_{dyn}	$5000 \dots 100.000\,\frac{\text{kg m}^2}{\text{s}^4}$
Zeitkonstanten und Grenzfrequenzen der Regelkreise siehe Abschnitt 4.4		
Genauigkeit/Auflösung		
Winkelsensor Genauigkeit	$\Delta\varphi$	$2 \dots 15'$
Winkelsensor Auflösung	$\Delta\varphi$	$1 \dots 5'$

4.3.3.3 Regelung

Die Regelung des bürstenlosen BLDC-Servoantriebs ist genauso aufgebaut wie beim Gleichstrom-Servoantrieb. Die Grundstruktur ist überwiegend ein Kaskadenregler mit Strom-, Drehzahl- und Winkelregelung. Zusätzlich ist noch eine Kommutierungssteuerung erforderlich. Häufig erfolgt zusätzlich eine Vorsteuerung der Drehzahl und des Stroms sowie eine Vorsteuerung der Spannung aus der induzierten Spannung und dem Strom.

Abbildung 4.9 zeigt in vereinfachter Form den gesamten Antrieb mit dem Regler, der Elektronik, dem Motor und der Mechanik. In dem Blockschaltbild sind Nichtlinearitäten und Stellgrößenbeschränkungen nicht berücksichtigt.

Zur Reduzierung von Störungen wird bei Bedarf der Sollwinkel φ_{soll} zunächst mit einem Tiefpass PTn gefiltert. Der Winkelregler (P- oder PI-Regler) vergleicht den Soll-

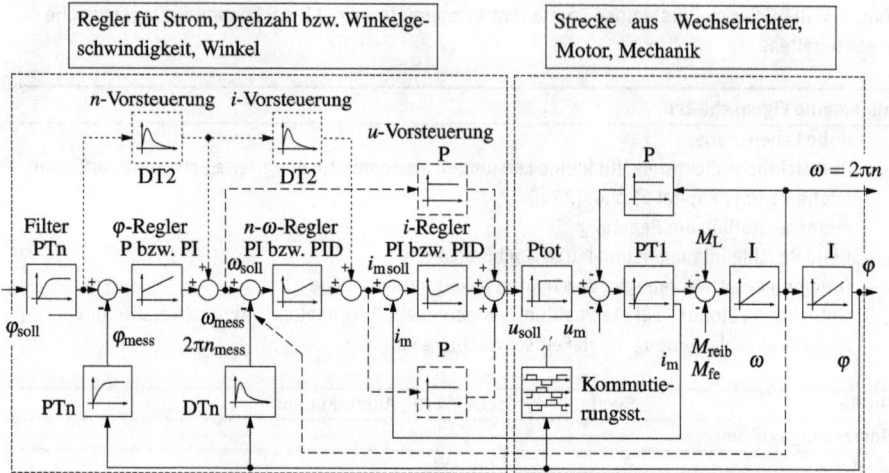

Abb. 4.9: Servoantrieb, Regelung BLDC-Servoantrieb mit Kaskadenregler für Strom i_m, Drehzahl n bzw. Winkelgeschwindigkeit ω und Winkel φ, Vorsteuerung der Drehzahl und des Stroms sowie der Spannung.

winkel φ_{soll} mit dem gemessenen Winkel φ_{mess} und erzeugt den Sollwert der Drehzahl n_{soll} bzw. der Winkelgeschwindigkeit ω_{soll}.

Der Stromregler erzeugt aus der Differenz von Drehzahl- bzw. Winkelgeschwindigkeitssoll- und -messwert $\Delta n = n_{soll} - n_{mess}$ bzw. $\Delta\omega = \omega_{soll} - \omega_{mess}$ den Stromsollwert i_{soll} (PI- oder PID-Regler). Der Drehzahlwert n_{mess} bzw. die Winkelgeschwindigkeit ω_{mess} wird dabei vorzugsweise aus der Differentiation des Drehwinkels ermittelt. Alternativ kann auch die z. B. mit einem Tachogenerator gemessene Drehzahl verwendet werden (in Abb. 4.9 gestrichelt eingezeichnet).

Der PI- oder PID-Stromregler liefert den Spannungssollwert u_{soll} für die Leistungselektronik. Die Leistungselektronik als Blockstrom-Wechselrichter oder als Wechselrichter mit Pulsweitenmodulation wird hier als Proportionalglied mit Totzeit nachgebildet.

Die Ausgangsspannung u_m des Wechselrichters versorgt die Statorwicklung des Motors. Der Spannung u_m des Wechselrichters wirken die induzierte Spannung u_i und der ohmsche Spannungsabfall u_R entgegen. Im Blockschaltbild Abb. 4.9 wird dies durch das PT1-Glied für die Statorwicklung und die Drehzahlrückführung für die induzierte Spannung erfasst.

Die Ausgangsgrößen des Gleichstrommotors sind der Strom i_m, der auf den Stromregler zurückgeführt wird, und das Motordrehmoment M_{mot}, das auf die Mechanik wirkt. Nach Abzug von Lastdrehmoment M_L, Reibmoment M_{reib} und Eisenverlustdrehmoment M_{fe} entsteht das Beschleunigungsmoment M_b, das die Massenträgheiten des Motors J_{mot} und der Arbeitsmaschine J_L beschleunigt.

Die Winkelgeschwindigkeit ω bzw. Drehzahl n sind das Integral der Winkelbeschleunigung. Die Integration der Winkelgeschwindigkeit liefert den Drehwinkel φ. Der gemessene Drehwinkel wird auf den Winkelregler zurückgeführt. So entsteht die Kaskadenregelung mit dem äußeren Regelkreis für den Drehwinkel mit den inneren Regelkreisen für Drehzahl bzw. Winkelgeschwindigkeit und Strom.

Die Dynamik wird bei Bedarf durch eine Vorsteuerung verbessert. Im Blockschaltbild Abb. 4.9 sind zwei Teile der Vorsteuerung dargestellt: auf der einen Seite die Vorsteuerung der Drehzahl und des Stroms aus dem Sollwinkel, auf der anderen Seite die Vorsteuerung der Spannung mit der induzierten Spannung und dem ohmschen Spannungsabfall der Motorwicklung.

Die Vorsteuerung der Drehzahl (punktierte Komponenten in Abb. 4.9) erfolgt dadurch, dass aus dem Sollwinkel durch Differentiation der Drehzahlwert gebildet und direkt auf den Drehzahlregler geführt. Weiter wird der Drehzahlwert differenziert und zur Vorsteuerung des Stromreglers verwendet. Dadurch arbeiten die inneren Regelkreise schon, bevor sich eine deutliche Regeldifferenz zwischen Sollwinkel und Istwinkel aufgebaut hat. So reagiert das System schneller auf Sollwertänderungen. Die Grenzfrequenz und die Bandbreite des geschlossenen Regelkreises für das Führungsverhalten nehmen dadurch zu.

Die Spannungsvorsteuerung mit der induzierten Spannung und dem ohmschen Spannungsabfall sorgt dafür, dass bei Drehzahl- und Stromänderungen der Stromregler nur minimal eingreifen muss, da ein großer Teil der erforderlichen Spannung schon über die Vorsteuerung eingestellt wird. Auch dadurch reagiert das System schneller und die Grenzfrequenz des geschlossenen Regelkreises steigt an.

Durch die Vorsteuerung wird die Dynamik eines Antriebs verbessert, ohne dass die Leistungskomponenten verändert werden müssen. In realen Antrieben kann mit Rücksicht auf den Gleichlauf und die Stabilität des geschlossenen Systems nur eine teilweise Vorsteuerung vorgenommen werden. Trotzdem verbessert die Vorsteuerung die dynamische Leistungsfähigkeit des Antriebs deutlich.

4.3.4 Synchronmotor-Servoantrieb BLAC – Permanentmagnetmotor mit Sinuskommutierung, Getriebe, Pulsumrichter, Regler mit Vektorsteuerung

Eigenschaften der BLAC-Servoantriebe mit sinusförmigen Spannungen und Strömen:
- sehr hohe Dynamik,
- kontinuierliche Regelung,
- Winkelpositionierung, Drehzahlregelung,
- hohe Lebensdauer,
- sehr guter Gleichlauf.

Ein Anwendungsbeispiel ist in Kapitel 8.12.3 für einen rotativen Querschneider dargestellt.

4.3.4.1 Aufbau

Servoantriebe mit Permanentmagnetmotoren mit sinusförmiger Spannung setzen
sich aus folgenden Komponenten zusammen (siehe Abb. 4.10 mit IGBT, alternativ
auch mit MOS-FET):
- *Synchronmotor, BLAC-Motor* – bürstenloser Permanentmagnetmotor mit sinusförmiger induzierter Spannung (siehe Band 1, Kapitel 7 und 8),
- *Getriebe* zur Anpassung der Drehzahl und ggf. Umwandlung der Drehbewegung
  in eine translatorische Bewegung (siehe Kapitel 7),
- *Pulswechselrichter mit Pulsweitenmodulation* zur Speisung mit sinusförmiger
  Spannung, Ansteuerung mit der Kommutierungsinformation vom Winkelsensor
  (siehe Band 1, Kapitel 11.2.6),
- *Winkelsensor mit absoluter Winkelinformation* innerhalb einer doppelten Polteilung $360°/p$ oder mehr, häufig Inkrementalgeber oder Sin-Cos-Geber zur Winkelmessung und zur Drehzahlmessung mit zusätzlichen Kommutierungsinformationen (siehe Kapitel 5.3.6), alternativ auch Resolver (siehe Kapitel 5.3.4),
- *Regler*, meistens als digitaler Regler aufgebaut (siehe Band 1, Kapitel 11.3.2).

Meistens werden Motoren mit Eisenblechpaket mit dreisträngiger Zahnspulen-
Wicklung in Nuten eingesetzt (Aufbau und Eigenschaften siehe Band 1, Kapitel 7.3
und 8.2.1, Zahnspulenwicklung siehe [246]). Alternativ kommen verteilte Wicklungen
zum Einsatz [1].

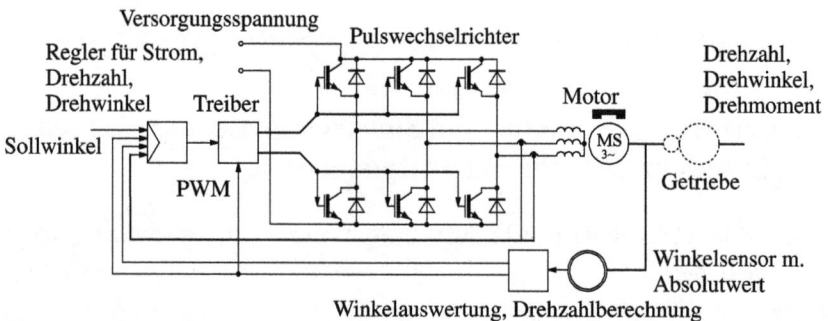

Abb. 4.10: Servoantrieb, Aufbau Servoantrieb mit Synchronmotor, Pulswechselrichter, Getriebe,
Geber zur Drehzahl- und Winkelmessung, Regler zur Ansteuerung des Wechselrichters, hier mit IGBT
dargestellt, alternativ auch mit MOS-FET.

Die Massenträgheitsmomente von Synchronservomotoren sind im Laufe der Zeit kontinuierlich reduziert worden [245, 244]. Dadurch eignen sich die Servomotoren für hochdynamische Anwendungen mit häufigen Beschleunigungs- und Bremsvorgängen. Bei der Auslegung von Antrieben müssen ggf. die Drehmomente zur Beschleunigung der Motormassenträgheit berücksichtigt werden [236, 237, 240]. Auslegung von dynamischen Servoantrieben s. Kapitel 8.

Nutenlose Wicklungen werden verwendet, um besonders kleine Statorinduktivitäten zu realisieren und um Rastmomente zu vermeiden (Aufbau und Eigenschaften siehe Band 1, Kapitel 8.2.1). Durch die kleine Induktivität ist der induktive Spannungsabfall sehr klein und der Regler kann den Strom sehr schnell auf den erforderlichen Wert einstellen.

Die Kühlung erfolgt meistens selbstgekühlt über die natürliche Konvektion, Wärmestrahlung und Wärmeleitung des Motors an die Umgebung. Abbildung 4.11 zeigt einen Servomotor mit Selbstkühlung.

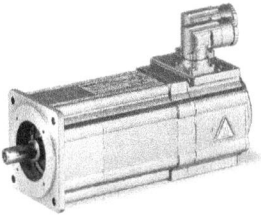

$$P_N = 1900\,\text{W}$$
$$n_N = 6000\,\tfrac{1}{\text{min}}$$
$$M_N = 3\,\text{Nm}$$
$$M_0 = 5,5\,\text{Nm}$$
$$M_{max} = 20\,\text{Nm}$$
$$J_{mot} = 1,9\,\text{kgcm}^2$$
$$\eta = 91\,\%$$

$$T_{min} = 6\,\text{ms}$$
$$z_{max} = 19,5\,\tfrac{1}{\text{s}}$$
$$C_{dyn} = 115000\,\tfrac{\text{kgm}^2}{\text{s}^4}$$

Abb. 4.11: Permanentmagnet-Synchron-Servomotor, Anschluss mit Steckverbindern, Selbstkühlung: Oberflächenkühlung mit natürlicher Konvektion, integrierter Resolver. (Werkbild Lenze).

Für die Winkelmessung werden häufig Inkrementalgeber oder Sin-Cos-Geber mit Kommutierungsinformationen oder Resolver eingesetzt. Das Winkelgebersignal dient zur Winkelbestimmung und über die Mechanik indirekt auch zur Positionsbestimmung am Getriebeausgang. Die Kommutierungssignale sind für die Ansteuerung des Wechselrichters mit sinusförmigen Spannungssollwerten erforderlich. Aus dem Winkelsignal wird durch Differenzieren auch das Drehzahlsignal gewonnen. Ein Schnittbild eines Servomotors mit integriertem Resolver zeigt Abb. 4.12. Die Motorlagerung ist gleichzeitig Lager für den Resolver.

In vielen Anwendungen wird gefordert, dass der Servomotor im stromlosen Zustand seine Position behält. Dazu wird in den Motor eine Haltebremse integriert (siehe Abb. 4.12). Sie wird von der Servoelektronik mit angesteuert, so dass sie nur im Stillstand des Motors einfällt. Dadurch unterliegt die Bremse im normalem Betrieb keinem Verschleiß durch das Bremsen. Lediglich bei Not-Stopps bei Betriebsstörungen bremst sie den drehenden Antrieb und zeigt in diesem Fall Verschleiß an den Reibkörpern.

Das Getriebe überträgt nicht nur die Leistung, sondern dient auch zur indirekten Positionsmessung am Getriebeausgang bzw. in der Arbeitsmaschine. Ungenauigkei-

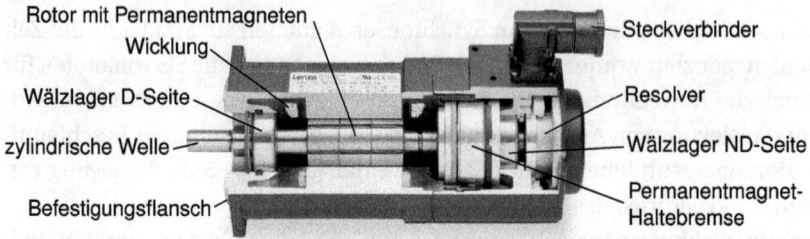

Abb. 4.12: Permanentmagnet-Synchron-Servomotor, Schnittbild, Anschluss mit Steckverbindern, Oberflächenkühlung mit natürlicher Konvektion, integrierte Bremse, integrierter Resolver. (Werkbild Lenze).

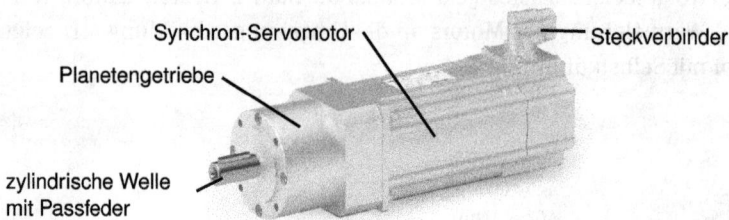

Abb. 4.13: Permanentmagnet-Synchron-Servomotor mit direkt angebautem Planetengetriebe, Anschluss mit Steckverbindern, Oberflächenkühlung mit natürlicher Konvektion, integrierter Resolver. (Werkbild Lenze).

ten des Getriebes wie Teilungsfehler, Getriebelose und Elastizität machen sich daher auch in der Positioniergenauigkeit bemerkbar. Die Getriebelose begrenzt zusätzlich die erreichbare Verstärkung der Regelung (Details siehe Abschnitt 4.3.4.3).

Daher werden vielfach spielarme Getriebe und spielfreie Verbindungen zwischen Motor und Getriebe eingesetzt. Besonders kompakte Konstruktionen entstehen dann, wenn Motor und Getriebe direkt miteinander verbunden sind und der Motor schon das Ritzel für die erste Getriebestufe trägt. Eine Einheit aus Servomotor und spielarmen Planetengetriebe zeigt Abb. 4.13.

Bei mittleren Anforderungen an die Genauigkeit und Dynamik werden Stirnradgetriebe und Kegelgetriebe eingesetzt. Bei hohen Anforderungen kommen Planetengetriebe zum Einsatz, ggf. in besonders spielarmer Ausführung. Zur Realisierung von sehr hohen Übersetzungen mit hoher Steifigkeit und nahezu verschwindendem Spiel kommen spezielle Getriebe wie z. B. Zykloidengetriebe zur Anwendung.

Bei kleinen Drehmomenten kommen zur Vermeidung des Verdrehspiels auch Getriebe mit durch Federn vorgespannten Zahnrädern zum Einsatz. Dabei ist ein Zahnrad fest mit der Welle verbunden, ein zweites Zahnrad ist drehbar auf der Welle gelagert und wird gegenüber dem ersten Zahnrad durch Federn verspannt. Dadurch greift das Zahnradpaar spielfrei in das Ritzel ein.

Die Regelung ist typischerweise als Kaskadenregler aufgebaut, i-Regler als innerer Regelkreis, n-ω-Regler als mittlerer Regelkreis und φ-Regler als äußerer Regelkreis. Die Stromregelung erfolgt dabei häufig in d-q-Komponenten. Die Strangströme werden dazu in das d-q-System umgerechnet. Die Spannungssollwerte im d-q-System werden in das reale U-V-W-Wicklungssystem umgerechnet und als Sollwerte auf den Pulswechselrichter gegeben.

Über den d-Strom kann eine Feldschwächung zur Erweiterung des Drehzahlbereichs realisiert werden (siehe Band 1, Kapitel 8.3.3, [242, 241, 239]). Der negative d-Strom wirkt dabei dem Permanentmagnetfeld entgegen, so dass die Gesamtspannung reduziert wird. So kann der Drehzahlbereich mit Betrieb an der Spannungsgrenze zu hohen Drehzahlen erweitert werden.

Für die Antriebe sind bis etwa 40 W komplette integrierte Schaltungen verfügbar, die sowohl die Regelung, die Ansteuerung, die Überwachung und den Pulswechselrichter mit den Leistungsschaltern enthalten (siehe Band 1, Kapitel 11.2.6, [253]).

4.3.4.2 Typische Eigenschaften

Die Servoantriebe mit Permanentmagnetmaschinen mit sinusförmiger Spannung eignen sich für hochdynamische und genaue Anwendungen. Da außer den Lagern keine Verschleißteile verbaut sind, besitzen sie eine hohe Lebensdauer. Die sinusförmigen Spannungen und Ströme vermeiden Drehmomentschwankungen durch Kommutierungseinbrüche. Die Antriebe zeichnen sich durch folgende Eigenschaften aus:

- *hohe Lebensdauer*,
- *komplizierte Elektronik* mit aufwendiger Regelung und umfangreichem Pulswechselrichter, als komplette integrierte Schaltung verfügbar [253], daher einfach in der Anwendung,
- *aufwendige Regelung* mit relativ vielen Parametern,
- *aufwendige Winkelsensoren*,
- *hohe Beschleunigungen* und *kurze Hochlaufzeiten*,
- *Erweiterung des Drehzahlbereichs* durch *Feldschwächung möglich* [239, 241, 242],
- *Getriebe* hat Einfluss auf die *Positioniergenauigkeit*, Verstärkung durch Getriebelose begrenzt.

Spannungsoberschwingungen und Rastmomente der Servomotoren verschlechtern das Gleichlaufverhalten [243, 238, 235]. Daher wird bei der Auslegung der Servomotoren auf einen geringen Oberschwingungsgehalt der Spannung geachtet, indem die Geometrie der Permanentmagnete für einen geringen Oberfeldgehalt optimiert wird und die Wicklung so ausgelegt wird, dass die verbleibenden Oberfelder keine nennenswerten Spannungen in der Wicklung induzieren können. Ferner werden die Rastmomente durch Wahl enger Nutschlitze und ggf. Schrägung des Stators reduziert.

Tab. 4.4: Servoantriebe mit Permanentmagnet-Synchronmotoren / BLAC, Sinuskommutierung: typische Eigenschaften.

allgemeine Eigenschaften

- hohe Lebensdauer
- komplizierte Elektronik mit komplizierter Regelung und umfangreichem Pulswechselrichter, als komplette integrierte Schaltung verfügbar [253]
- aufwendige Regelung
- aufwendige Winkelsensoren
- hohe Beschleunigungen und kurze Hochlaufzeiten
- Erweiterung des Drehzahlbereichs durch Feldschwächung möglich
- Getriebe hat Einfluss auf die Positioniergenauigkeit, Verstärkung durch Getriebelose begrenzt

Größe	Symbol	typische Werte, Anmerkungen
Bemessungsgrößen		
Leistung	P_N	$20 \dots$ W
Drehmoment	M_N	$0{,}1 \dots$ Nm
Drehzahl	n_N	$2000 \dots 6000 \; \frac{1}{min}$
Spannung	U_N	$120 \dots 400$ V
Maximalgrößen		
Drehmoment	M_{max}	$2 \dots 5 \cdot M_N$
Drehzahl	n_{max}	$\dots 20.000 \; \frac{1}{min}$
dynamische Kenngrößen		
Massenträgheit	J_{mot}	$0{,}01 \dots$ kgm^2
Hochlaufzeit	T_h	$2 \dots 30$ ms
Maximaltaktrate	z_{max}	$4 \dots 60 \; \frac{1}{s}$
dynamischer Kennwert	C_{dyn}	$5000 \dots 100.000 \; \frac{kg\,m^2}{s^4}$
Zeitkonstanten und Grenzfrequenzen der Regelkreise siehe Abschnitt 4.4		
Genauigkeit/Auflösung		
Winkelsensor Genauigkeit	$\Delta\varphi$	$1 \dots 15'$
Winkelsensor Auflösung	$\Delta\varphi$	$0{,}5 \dots 15'$

Tabelle 4.4 zeigt zusammenfassend die typischen Eigenschaften. Grenzfrequenzen und Zeitkonstanten der Regelkreise und Erläuterungen zu den dynamischen Kenngrößen siehe Abschnitt 4.4.

4.3.4.3 Regelung Servoantriebe mit Permanentmagnet-Synchronmotoren, BLAC

Die Regelung des bürstenlosen Permanentmagnet-Synchron-Servoantriebs/BLAC-Servoantriebs ist für den Winkel- und Drehzahlregelkreis wie beim Gleichstrom-Servoantrieb aufgebaut. Die Grundstruktur ist meistens ein Kaskadenregler mit Strom-, Drehzahl- und Winkelregelung (siehe Abb. 4.14).

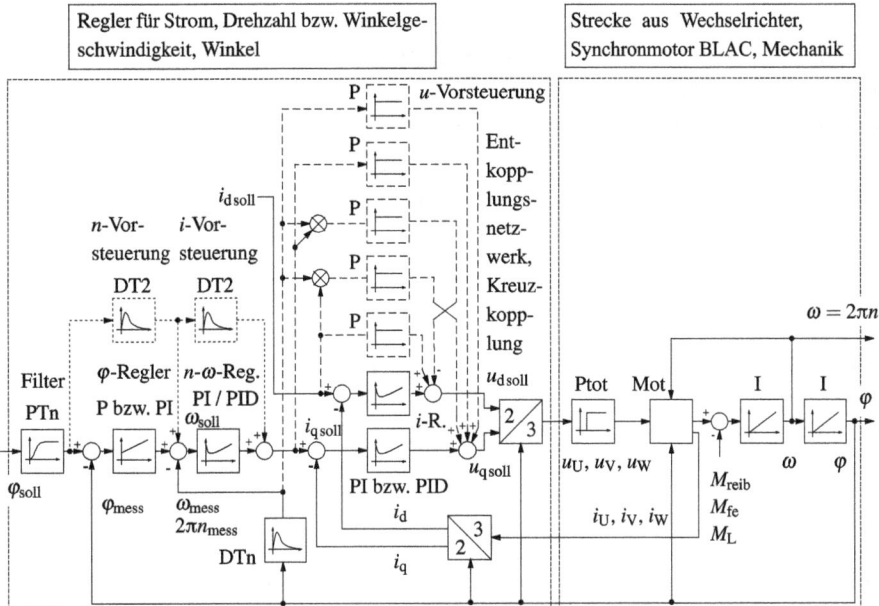

Abb. 4.14: Servoantrieb, Regelung Synchron-Servoantrieb mit Sinuskommutierung/BLAC-Servoantrieb mit Kaskadenregler für Strom i_q, Drehzahl n bzw. Winkelgeschwindigkeit ω und Winkel φ, Vorsteuerung der Drehzahl und des Stroms sowie der Spannung.

Zur Reduzierung von Störungen wird bei Bedarf der Sollwinkel φ_{soll} zunächst mit einem Tiefpass PTn gefiltert. Der Winkelregler (P- oder PI-Regler) vergleicht den Sollwinkel φ_{soll} mit dem gemessenen Winkel φ_{mess} und erzeugt den Sollwert der Drehzahl n_{soll} bzw. der Winkelgeschwindigkeit ω_{soll}.

Der Geschwindigkeitsregler erzeugt aus der Differenz von Drehzahl- bzw. Winkelgeschwindigkeitssoll- und -messwert $\Delta n = n_{soll} - n_{mess}$ bzw. $\Delta \omega = \omega_{soll} - \omega_{mess}$ den Stromsollwert $i_{q\,soll}$ (PI- oder PID-Regler). Der Drehzahlwert n_{mess} bzw. die Winkelgeschwindigkeit ω_{mess} wird dabei meistens aus der Differentiation des Drehwinkels ermittelt. Alternativ kann auch die z. B. mit einem Tachogenerator gemessene Drehzahl verwendet werden (gestrichelt eingezeichnet).

Die Stromregelung erfolgt typischerweise in d-q-Komponenten: der d-Strom $i_{d\,soll}$ ist ohne Feldschwächung gleich Null, der q-Strom $i_{q\,soll}$ ist proportional zum geforderten Drehmoment.

Die Stromregelung ist typischerweise als PI- oder PID-Regler ausgeführt. Der Stromreglerausgang liefert die Spannungssollwerte $u_{d\,soll}$ und $u_{d\,soll}$ in d- und q-Achse. Eine Winkeltransformation wandelt dann die d-q-Komponenten in das reale U-V-W-System mit den Spannungssollwerten $u_{U\,soll}$, $u_{V\,soll}$ und $u_{W\,soll}$ für die Pulsweitenmodulation um.

Die Leistungselektronik als Wechselrichter mit Pulsweitenmodulation wird hier als Proportionalglied mit Totzeit nachgebildet. Die Ausgangsspannungen versorgen den Synchronservomotor.

Die Ausgangsgrößen des Synchronservomotors sind die drei Strangströme und das Motordrehmoment M_{mot}, das auf die Mechanik wirkt. Für die Stromregelung werden die drei Strangströme i_U, i_V und i_W zurückgeführt. In vielen Fällen werden nur zwei Ströme gemessen und der dritte Strom aus den beiden anderen berechnet, z. B. $i_W = -i_U - i_V$. Die drei Strangströme werden in das d-q-System transformiert. Die so gebildeten Ströme i_d und i_q werden in den Stromregler zurückgeführt.

Nach Abzug von Lastdrehmoment M_L, Reibmoment M_{reib} und Eisenverlustdrehmoment M_{fe} vom Motormoment M_{mot} entsteht das Beschleunigungsmoment M_b, das die Massenträgheiten des Motors J_{mot} und der Arbeitsmaschine J_L beschleunigt.

Die Winkelbeschleunigung wird zur Winkelgeschwindigkeit ω bzw. Drehzahl n aufintegriert. Der Drehwinkel φ entsteht aus dem Integral der Winkelgeschwindigkeit. Der gemessene Drehwinkel wird im Winkelregler mit dem Sollwinkel verglichen. Die Drehzahl- bzw. die Winkelgeschwindigkeit wird durch Differenzieren des Winkels berechnet und auf den Drehzahlregelkreis zurückgeführt. So entsteht mit den Rückführungen von Winkel und Winkelgeschwindigkeit die Kaskadenregelung mit dem äußeren Regelkreis für den Drehwinkel mit den inneren Regelkreisen für Drehzahl- bzw. Winkelgeschwindigkeit und Strom.

Durch das Getriebespiel wird der Motor bei Lastwechseln zeitweise von der Last getrennt: während kurzer Zeiten haben die Zahnflanken keinen Kontakt miteinander und übertragen kein Drehmoment zwischen Motor und Last. Bei solchen Lastwechseln wirkt dann im Regelkreis temporär nur die Massenträgheit des Motors. Dies führt dazu, dass bei Getrieben mit deutlichem Spiel die Verstärkung des Drehzahlregelkreises durch das Leerlaufverhalten des Antriebs begrenzt wird. Die Folge ist eine relativ schlechte Dynamik und niedrige Grenzfrequenz für den Gesamtantrieb mit Last. Ähnliche Effekte treten bei elastischen Kupplungen zwischen Motor und Last auf. Zur Abhilfe werden daher vielfach spielarme Getriebe und/oder drehsteife Kupplungen eingesetzt.

Die regelungstechnische Behandlung solcher Probleme wird z. B. in [249, 250] dargestellt. Komplexere Mechaniken mit mehreren Elastizitäten werden in [248] behandelt. Für die Regelung werden bei Bedarf Beobachter zur Ermittlung der aktuellen Massenträgheit der Last eingesetzt [247]. Bei Bedarf wird mit der Regelung eine aktive Schwingungsdämpfung vorgenommen [251].

Eine Vorsteuerung wird eingesetzt, um die Dynamik des Antriebs zu verbessern. Ziel ist dabei eine möglichst große Bandbreite des geschlossenen Regelkreises [252], so dass der Servoantrieb schnell auf Sollwertänderungen reagiert. Abbildung 4.14 zeigt die Teile der Vorsteuerung: die Vorsteuerung der Drehzahl und des Stroms aus dem Sollwinkel sowie die Vorsteuerung der Spannung mit der induzierten Spannung, der induktiven Spannung an der Statorinduktivität und dem ohmschen Spannungsabfall der Statorwicklung.

Zur Vorsteuerung der Drehzahl (gepunktete Komponenten in Abb. 4.14) wird der Drehzahlwert aus der Ableitung des Sollwinkels gebildet und direkt auf den Drehzahlregler geführt. Ferner wird der Drehzahlwert differenziert und auf den Stromregler zur Vorsteuerung geführt. Auf diese Weise können die inneren Regelkreise schon reagieren, bevor zwischen Sollwinkel und Istwinkel eine deutliche Regeldifferenz entsteht. So reagiert das System schneller auf Sollwertänderungen. Die Bandbreite des geschlossenen Regelkreises wird dadurch für das Führungsverhalten vergrößert.

Ferner erfolgt eine Vorsteuerung der Spannungen in d- und q-Achse aus der rotativ induzierten Spannung des Permanentmagnetfeldes und den Stromsollwerten in d- und q-Achse (in Abb. 4.14 gestrichelt dargestellt). Das zugehörige Netzwerk sorgt für eine Kreuzkopplung zwischen d-Spannung und q-Strom bzw. q-Spannung und d-Strom. Die Spannungsvorsteuerung sorgt dafür, dass bei Drehzahl- und Stromänderungen der Stromregler nur minimal eingreifen muss, da ein großer Teil der erforderlichen Spannung schon über die Vorsteuerung eingestellt wird. Auch dadurch reagiert das System schneller und die Grenzfrequenz des geschlossenen Regelkreises steigt an.

Die Vorsteuerung ein ein wirksames Mittel, um die dynamischen Eigenschaften eines Antriebs zu verbessern, ohne die Leistungskomponenten verändern zu müssen. Damit der Gleichlauf und die Stabilität des geschlossenen Systems nicht verschlechtert werden, kann in der Realität nur eine teilweise Vorsteuerung vorgenommen werden. Trotzdem verbessert die Vorsteuerung deutlich die Bandbreite und die Grenzfrequenz des geregelten Antriebs.

Der Drehzahlbereich der Synchronmaschine am Umrichter ist durch die Spannungsgrenze begrenzt. Durch Feldschwächung kann der Drehzahlbereich erweitert werden (Band 1, Kapitel 8.3.3, [239, 241, 242]). Zur Ausnutzung des Feldschwächbetriebs wird auch der d-Strom geregelt. Er erhält einen negativen Sollwert zur Absenkung der Spannung und damit zur Erhöhung der Drehzahl.

Viele Anwendungen für Servoantriebe haben hohe Anforderungen an die Qualität der Bewegung und die Dynamik. Daher werden häufig *Erweiterungen in der Regelung* eingesetzt:
- *Adaption der Reglerparameter* an den aktuellen Betriebszustand, z. B. aktuelle Drehzahl oder geforderte Winkelbeschleunigung
- *nichtlineare Kennlinien* zur Nachbildung von Sättigung und anderen Effekten im Motor,
- *Anpassung temperaturabhängiger Maschinenparameter* an die aktuell gemessene Temperatur, z. B. Widerstand der Statorwicklung und induzierte Spannung durch die Permanentmagnete des Rotors
- *Beobachter* zur Schätzung weiterer Größen und Parameter, z. B. Reibdrehmoment
- *Zustandsregler*, ggf. als Ergänzung zum Kaskadenregler, zur Verbesserung der Dynamik,

- *Kompensation von Rastmomenten* und *elektromagnetischen Drehmomentschwankungen* durch Korrekturfunktionen,
- *Kompensation von Fehlern des Winkelsensors* durch Korrekturfunktionen.

4.3.5 Servodirektantrieb – Permanentmagnet-Synchron-Direktantriebsmotor/BLAC, Pulsumrichter, Regler mit Vektorsteuerung

Kennzeichen des Direktantriebs mit BLAC-Servomotor:
- sehr hohe Dynamik,
- kontinuierliche Regelung,
- Winkelpositionierung, Drehzahlregelung,
- hohe Lebensdauer,
- sehr guter Gleichlauf,
- sehr hohe Grenzfrequenz.

Kapitel 8.12.3 zeigt ein Anwendungsbeispiel für einen rotativen Querschneider.

4.3.5.1 Aufbau

Servodirektantriebe mit Permanentmagnetmotoren mit sinusförmiger Spannung haben fast die gleichen Komponenten wie die oben dargestellten Servoantriebe mit Permanentmagnet-Synchronmotoren. Es fehlt lediglich das Getriebe. Stattdessen sind die Motoren für kleine Drehzahlen und hohe Drehmomente ausgelegt. Sie setzen sich aus folgenden Komponenten zusammen (siehe Abb. 4.15 mit IGBT, alternativ auch mit MOS-FET):

- *Synchronmotor, BLAC-Motor* – bürstenloser Permanentmagnetmotor mit *sinusförmiger induzierter Spannung* (siehe Band 1, Kapitel 7, 8),
- *Pulswechselrichter mit Pulsweitenmodulation* zur Speisung mit sinusförmiger Spannung, Ansteuerung mit dem Winkelsensor (siehe Band 1, Kapitel 11.2.6),
- *Winkelsensor mit absoluter Winkelinformation* innerhalb einer doppelten Polteilung $360°/p$ oder mehr, häufig Inkrementalgeber oder Sin-Cos-Geber zur Winkelmessung und zur Drehzahlmessung mit zusätzlichen Kommutierungsinformationen (siehe Kapitel 5.3.6), alternativ auch Resolver (siehe Kapitel 5.3.4),
- *Regler*, meistens als digitaler Regler aufgebaut (siehe Band 1, Kapitel 11.3.2).

Es werden überwiegend Motoren mit Eisenblechpaket mit dreisträngiger Zahnspulen-Wicklung in Nuten eingesetzt (siehe Band 1, Kapitel 7.3, 8.2.1). Alternativ kommen verteilte Wicklungen zum Einsatz [1].

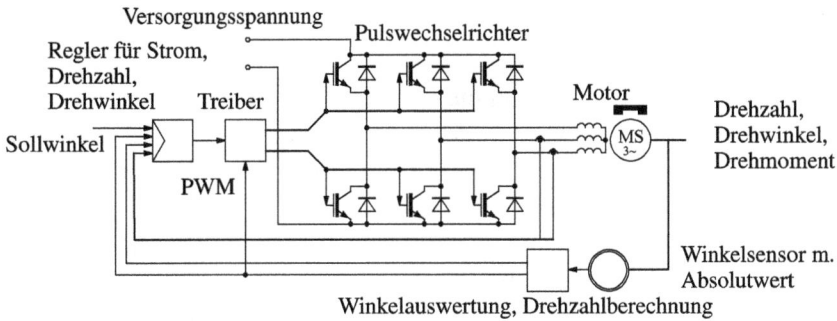

Abb. 4.15: Servoantrieb, Aufbau Servodirektantrieb mit Synchronmotor, Pulswechselrichter, Geber zur Drehzahl- und Winkelmessung, Regler zur Ansteuerung des Wechselrichters.

Für die Winkelmessung werden häufig Inkrementalgeber oder Sin-Cos-Geber mit Kommutierungsinformationen eingesetzt. Es kommen auch Winkelsensoren mit Riemenübersetzung gegenüber der Rotordrehung zum Einsatz. Die Elastizitäten und Ungenauigkeiten des Riemens machen sich aber negativ in der Genauigkeit der Winkelmessung bemerkbar.

Das Winkelgebersignal dient zur Winkelbestimmung an der Motorwelle und wegen des fehlenden Getriebes auch zur Winkelbestimmung an der Mechanik. Die Kommutierungssignale sind für die Ansteuerung des Wechselrichters mit sinusförmigen Spannungssollwerten erforderlich. Aus dem Winkelsignal wird durch Differenzieren auch das Drehzahlsignal gewonnen.

Da das Getriebe bei dieser Variante entfällt, entfallen auch die negativen Einflüsse des Getriebes, wie z. B. Getriebelose und Teilungsfehler. In der Regel sind sehr hohe Verstärkungen erreichbar, da die Begrenzung der Verstärkung durch die Getriebelose entfällt.

Die Regelung ist überwiegend als Kaskadenregler aufgebaut, i-Regler als innerer Regelkreis, n-ω-Regler als mittlerer Regelkreis und φ-Regler als äußerer Regelkreis. Die Stromregelung erfolgt dabei meistens in d-q-Komponenten. Die Strangströme werden dazu in das d-q-System umgerechnet. Die Spannungssollwerte im d-q-System werden in das reale U-V-W-Wicklungssystem umgerechnet und als Sollwerte auf den Pulswechselrichter gegeben.

Über den d-Strom kann eine Feldschwächung zur Erweiterung des Drehzahlbereichs realisiert werden. Der negative d-Strom wirkt dabei dem Permanentmagnetfeld entgegen, so dass die Gesamtspannung reduziert wird. So kann der Drehzahlbereich mit Betrieb an der Spannungsgrenze zu höheren Drehzahlen erweitert werden.

Für die Antriebe sind bis etwa 40 W komplette integrierte Schaltungen verfügbar, die sowohl die Regelung, die Ansteuerung, die Überwachung und den Pulswechselrichter mit den Leistungsschaltern enthalten (siehe Band 1, Kapitel 11.2.6, [253]). In der Regel werden in diesen Schaltungen MOS-FET eingesetzt.

4.3.5.2 Typische Eigenschaften

Die Servodirektantriebe mit Permanentmagnetmaschinen mit sinusförmiger Spannung eignen sich für hochdynamische und genaue Anwendungen, bei denen die Einflüsse des Getriebes eliminiert werden sollen. Die Motoren werden daher mit kleinen Drehzahlen und hohen Drehmomenten ausgeführt.

Da außer den Lagern keine Verschleißteile verbaut sind, besitzen sie eine hohe Lebensdauer. Die sinusförmigen Spannungen und Ströme vermeiden Drehmomentschwankungen durch Kommutierungseinbrüche. Eigenschaften der Antriebe sind

- *kleine Drehzahl, hohes Drehmoment,*
- *hohe Lebensdauer,*
- *komplizierte Elektronik* mit aufwendiger Regelung und umfangreichem Pulswechselrichter, als komplette integrierte Schaltung verfügbar [253], daher einfach in der Anwendung,
- *aufwendige Regelung* mit relativ vielen Parametern,
- *sehr aufwendige Winkelsensoren,*
- *hohe Beschleunigungen* und *kurze Hochlaufzeiten,*
- *Erweiterung des Drehzahlbereichs* durch *Feldschwächung möglich.*

Tabelle 4.5 zeigt zusammenfassend die typischen Eigenschaften. Grenzfrequenzen und Zeitkonstanten der Regelkreise und Erläuterungen zu den dynamischen Kenngrößen siehe Abschnitt 4.4.

4.3.5.3 Regelung Servodirektantriebe mit Permanentmagnet-Synchronmotoren/BLAC

Die Regelung des bürstenlosen Direktantriebs mit Permanentmagnet-Synchronmotoren ist genauso aufgebaut wie für Servoantriebe mit Permanentmagnet-Synchronmotoren mit Getriebe. Die Grundstruktur ist häufig ein Kaskadenregler mit Strom-, Drehzahl- und Winkelregelung. Der Regler ist in Abschnitt 4.3.4.3 beschrieben und in Abb. 4.14 dargestellt.

Da Servodirektantriebe häufig in speziellen Anwendungen mit sehr hohen Anforderungen an die Qualität der Bewegung eingesetzt werden, kommen besonders häufig erweiterte Regelungen zum Einsatz:

- *Adaption der Reglerparameter* an den aktuellen Betriebszustand, z. B. Anpassung der Verstärkungsfaktoren an den aktuellen Betriebszustand aus Drehzahl und Drehmoment sowie geforderter Winkelbeschleunigung
- *nichtlineare Kennlinien* zur Nachbildung von Sättigung und anderen Effekten im Motor,

Tab. 4.5: Servodirektantrieb, bürstenlose Permanentmagnetmotoren mit Sinuskommutierung ohne Getriebe: typische Eigenschaften.

allgemeine Eigenschaften

- kleine Drehzahl und hohes Drehmoment
- hohe Lebensdauer
- komplizierte Elektronik mit aufwendiger Regelung und umfangreichem Pulswechselrichter, als komplette integrierte Schaltung verfügbar [253]
- aufwendige Regelung
- sehr aufwendige Winkelsensoren
- hohe Beschleunigungen und kurze Hochlaufzeiten
- Erweiterung des Drehzahlbereichs durch Feldschwächung möglich

Größe	Symbol	typische Werte, Anmerkungen
Bemessungsgrößen		
Leistung	P_N	$30 \ldots 2000\,\text{W}$
Drehmoment	M_N	$2 \ldots 500\,\text{Nm}$
Drehzahl	n_N	$50 \ldots 1000\,\frac{1}{\text{min}}$
Spannung	U_N	$200 \ldots 400\,\text{V}$
Maximalgrößen		
Drehmoment	M_{max}	$2 \ldots 5 \cdot M_N$
dynamische Kenngrößen		
Massenträgheit	J_{mot}	$0{,}3 \ldots\,\text{kgm}^2$
Hochlaufzeit	T_h	$0{,}2 \ldots 1\,\text{ms}$
Maximaltaktrate	z_{max}	$70 \ldots 200\,\frac{1}{\text{s}}$
Zeitkonstanten und Grenzfrequenzen der Regelkreise siehe Abschnitt 4.4		

- *Anpassung temperaturabhängiger Maschinenparameter* an die aktuell gemessene Temperatur, z. B. Wicklungswiderstand und Drehmomentfaktor bzw. Faktor für die induzierte Spannung
- *Beobachter* zur Schätzung weiterer Größen und Parameter, z. B. Reibdrehmoment, aktuelle bewegte Massenträgheit der Last
- *Zustandsregler*, ggf. als Ergänzung zum Kaskadenregler, zur Verbesserung der Dynamik,
- *Kompensation von Rastmomenten* und *elektromagnetischen Drehmomentschwankungen* durch Korrekturfunktionen.

4.3.6 Synchronmotor-Servolinearantrieb – Permanentmagnet-Linearmotor, Pulsumrichter, Regler mit Vektorsteuerung

Eigenschaftes des Servolinearantriebs mit Permanentmagnet erregtem Synchronmotor

– sehr hohe Dynamik,
– kontinuierliche Regelung,
– Wegpositionierung, Geschwindigkeitsregelung,
– aufwendig, hohe Kosten.

4.3.6.1 Aufbau

Servolinearantriebe werden fast ausnahmslos mit permanentmagneterregten Synchronlinearmotoren aufgebaut (Linearmotoren siehe Kapitel 2). Sie treiben die Arbeitsmaschine, z. B. den Schlitten einer Werkzeugmaschine, direkt ohne eine mechanische Übersetzung an. Weitere Informationen zum Aufbau der Linearmotoren in Kapitel 2 und [232]. Sie bestehen aus folgenden Komponenten (s. Abb. 4.16):

– *Permanentmagnet-Linearmotor* (siehe Kapitel 2),
– *Pulsumrichter mit Pulsweitenmodulation* (siehe Band 1, Kapitel 11.2.6),
– *Regler mit Vektorsteuerung* (siehe Band 1, Kapitel 11.3.2),
– *Wegsensor als Inkrementalgeber* oder *Sin-Cos-Geber* zur Messung des Positions-Istwertes, der Geschwindigkeit und zur Steuerung der Kommutierung (siehe Kapitel 5.3.6),
– *Linearführung* (siehe Kapitel 7),
– *Energie- und Steuerkette* zum Anschluss des bewegten Wicklungsteils.

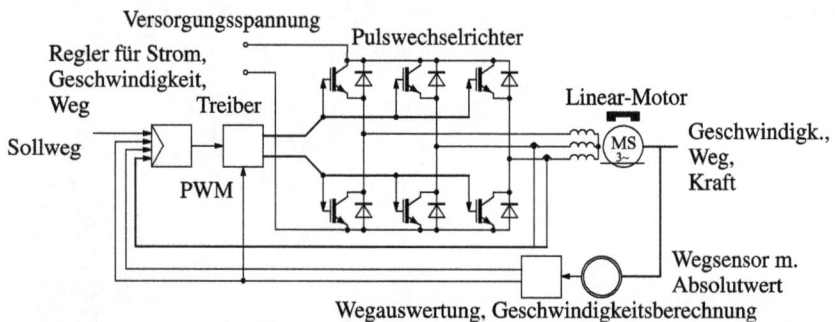

Abb. 4.16: Servoantrieb, Aufbau Servolinearantriebe mit Synchronmotor, Pulswechselrichter, Geber zur Geschwindigkeits- und Wegmessung, Regler zur Ansteuerung des Wechselrichters.

Der Linearmotor mit Permanentmagneten wird meistens als Motor mit einem langen Magnetteil und einem kurzen, bewegten Wicklungsteil aufgebaut. Der Magnetteil besteht aus mehreren axial aneinander montierten Modulen. So lassen sich beliebig lange Verfahrwege aufbauen.

Der Wicklungsteil besteht häufig aus einer in Nuten eingelegten Zahnspulenwicklung. Für spezielle Anwendungen werden auch nutenlose Wicklungen eingesetzt. Zur Wärmeabfuhr wird bei Bedarf eine Wasserkühlung für die Wicklung verwendet. Die Wasserführung erfolgt über Schläuche in der Energie- und Steuerkette.

Die Linearführung wird häufig als Kugelumlaufführung ausgeführt. Sie wird durch die starken magnetischen Anziehungskräfte zwischen Magnet- und Wicklungsteil belastet. Zum Schutz der Magneten und der Wicklung ist eine bewegliche Abdeckung der Magnetteile erforderlich. Andernfalls würden ferromagnetische Partikel, wie z. B. Stahlspäne und ähnliches in den Motor eindringen und für eine schnelle Zerstörung des Antriebs sorgen.

4.3.6.2 Typische Eigenschaften

Linearmotoren lassen sich sehr gut regeln, da sie ohne elastische Elemente direkt mit der Arbeitsmaschine verbunden sind. Dadurch lassen sich hohe Verstärkungen und damit ein gutes Stör- und Führungsverhalten erreichen.

Durch den Aufbau mit einem in Axialrichtung unterbrochenen Magnetfeld entstehen Anteile im Magnetfeld, die den Gleichlauf negativ beeinflussen. Dies macht sich z. B. in relativ hohen *Rastkräften* bei Motoren mit Nuten bemerkbar. Viele Linearmotoren haben Rastkräfte, die mehr als 5 % der Dauerkraft ausmachen.

Die *Linearführung* wird durch die Anziehungskräfte zwischen Magnetteil und Wicklungsteil sehr stark belastet. Zum Schutz vor ferromagnetischen Spänen ist eine aufwendige Abdeckung erforderlich. Dies führt zu unattraktiv hohen Kosten für die Führungen und Abdeckungen oder zu geringer Lebensdauer.

Die *Wegmessung* ist sehr kostenintensiv. Häufig werden Linearmaßstäbe eingesetzt, die inkrementelle Signale oder Sin-Cos-Signale haben. Zusätzlich werden Kommutierungsinformationen benötigt.

Da keine mechanische Übersetzung der Motorbewegung in die Bewegung der Anlage vorhanden ist, sind die Linear-Direktantriebe häufig deutlich *schwerer und teurer als vergleichbare rotative Antriebe mit Getriebeübersetzung*.

Der *Wirkungsgrad* von Linearmotoren ist häufig deutlich kleiner als der von rotativen Motoren gleicher Leistung. Daher ist ggf. eine Wasserkühlung des Wicklungsteils vorzusehen.

Die *mechanischen Bauteile* an den Linearmotoren *begrenzen die Lebensdauer*: Zum einen ist die Linearführung sehr großen Kräften ausgesetzt, so dass sie nur eine begrenzte Lebensdauer hat. Zum anderen weist die Energie- und Steuerkette einen

Tab. 4.6: Servolinearantrieb, Permanentmagnet-Linearmotoren mit Sinuskommutierung: typische Eigenschaften.

allgemeine Eigenschaften

- sehr gut zu regeln, sehr hohe Grenzfrequenzen der geschlossenen Regelkreise möglich
- in der Regel schwerer als rotierende Antriebe
- relativ hohe Rastkräfte, Kompensation in der Regelung/Steuerung möglich
- begrenzte Lebensdauer der Linearführung
- begrenzte Lebensdauer der Abdichtung
- begrenzte Lebensdauer der Energie-/Steuerkette
- häufig Wasserkühlung

Größe	Symbol	typische Werte, Anmerkungen
Bemessungsgrößen		
Leistung	P_N	$20\ldots$ W
Kraft	F_N	$10\ldots$ W
Geschwindigkeit	v_N	$1\ldots12\ \frac{m}{s}$
Spannung	U_N	$200\ldots400$ V
Maximalgrößen		
Kraft	F_{max}	$2\ldots8\cdot F_N$
Geschwindigkeit	v_{max}	$20\ \frac{m}{s}$
dynamische Kenngrößen		
bewegte Masse	m_{mot}	$0,5\ldots$ kg
Hochlaufzeit	T_h	$1\ldots30$ ms
Maximaltaktrate	z_{max}	$4\ldots60\ \frac{1}{s}$
Zeitkonstanten und Grenzfrequenzen der Regelkreise siehe Abschnitt 4.4		

deutlichen Verschleiß auf. Dies betrifft sowohl die Kette selber als auch die in der Kette verlegten elektrischen Leitungen.

Tabelle 4.6 gibt zusammenfassend die typischen Eigenschaften der Servolinearantriebe wieder. Grenzfrequenzen und Zeitkonstanten der Regelkreise und Erläuterungen zu den dynamischen Kenngrößen siehe Abschnitt 4.4.

4.3.6.3 Regelung Servolinearantrieb mit Permanentmagnet-Synchronmotoren

Die Regelung des Servolinearantriebs mit Permanentmagnet-Synchronmotoren ist genauso aufgebaut wie für Servoantriebe mit Permanentmagnet-Synchronmotoren mit Getriebe. Die Grundstruktur ist typischerweise ein Kaskadenregler mit Strom-, Drehzahl- und Winkelregelung.

Der Regler ist in Abschnitt 4.3.4.3 beschrieben und in Abb. 4.14 dargestellt. Für die Linearantriebe müssen nur die rotativen Größen durch translatorische Größen ersetzt werden:

- Winkel $\varphi \rightarrow$ *Weg s*,

- Winkelgeschwindigkeit ω, Drehzahl n → *Geschwindigkeit v*,
- Drehmoment M → *Kraft F*.

Da Servolinearantriebe häufig in speziellen Anwendungen mit sehr hohen Anforderungen an die Qualität der Bewegung eingesetzt werden, kommen besonders häufig erweiterte Regelungen zum Einsatz:
- *Adaptive Regler* mit Anpassung der Reglerparameter an den aktuellen Betriebszustand, z. B. von der Geschwindigkeit und der Kraft abhängige Verstärkungsfaktoren
- *nichtlineare Kennlinien* zur Nachbildung von Sättigung und anderen Effekten im Motor,
- *Anpassung temperaturabhängiger Maschinenparameter* an die aktuell gemessene Temperatur, z. B. Wicklungswiderstand und Kraftfaktor bzw. Faktor für die induzierte Spannung,
- *Beobachter* zur Schätzung weiterer Größen und Parameter, z. B. Reibkräfte der Linearführung, aktuelle bewegte Masse der Last
- *Zustandsregler*, ggf. als Ergänzung zum Kaskadenregler, zur Verbesserung der Dynamik,
- *Kompensation von Rastkräften* und *elektromagnetischen Kraftschwankungen* durch Korrekturfunktionen.

4.3.7 Asynchronmotor-Servoantrieb, Getriebe, Pulsumrichter, Regler mit feldorientierter Regelung

Eigenschaften des Asynchron-Servoantriebs:
- hohe Dynamik,
- kontinuierliche Regelung,
- Winkelpositionierung, Drehzahlregelung,
- hohe Lebensdauer,
- sehr guter Gleichlauf.

4.3.7.1 Aufbau

Servoantriebe mit Asynchronmaschinen werden je nach Anforderungen an die Leistungsdichte und Dynamik mit speziellen Asynchron-Servomotoren oder mit Standardasynchronmotoren aufgebaut. Sie bestehen im Wesentlichen aus folgenden Komponenten (s. Abb. 4.17):
- *Asynchronmotor* in spezieller schlanker Ausführung oder Standardmotor, normalerweise dreisträngig, Käfigläufer (siehe Band 1, Kapitel 6, insbesondere 6.4.1, 6.5.1),

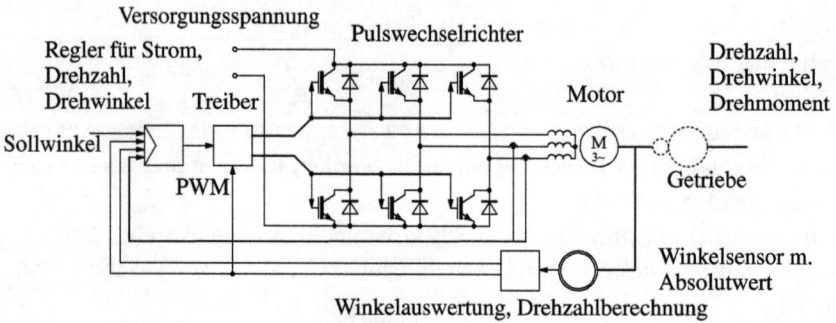

Abb. 4.17: Servoantrieb, Aufbau Servoantriebe mit Asynchronmotor, Pulswechselrichter, Getriebe, Geber zur Drehzahl- und Winkelmessung, Regler zur Ansteuerung des Wechselrichters.

- *Getriebe* zur Anpassung der Drehzahl und ggf. Umwandlung der Drehbewegung in eine translatorische Bewegung (siehe Kapitel 7),
- *Pulswechselrichter mit Pulsweitenmodulation* zur Speisung mit sinusförmiger Spannung, Ansteuerung mit dem Winkelsensor und dem Motormodell (siehe Band 1, Kapitel 11.2.6),
- *Winkelsensor*, häufig *Inkrementalgeber* oder *Sin-Cos-Geber* zur Winkelmessung und zur Drehzahlmessung (siehe Kapitel 5.3.6), alternativ *Resolver* (siehe Kapitel 5.3.4,
- *Regler*, meistens als digitaler Regler aufgebaut (siehe Band 1, Kapitel 11.3.3).

Die Motoren sind *dreisträngige Asynchronmaschinen mit Käfigläufer*, überwiegend mit Aluminium-Druckgussläufern. Vielfach werden Blechschnitte wie für Standardasynchronmotoren verwendet. Die Blechpakete werden jedoch länger paketiert, so dass schlanke Läufer mit geringer Massenträgheit entstehen. Abbildung 4.18 zeigt einen Asynchron-Servomotor in schlanker, trägheitsarmer Ausführung mit Oberflächenkühlung.

Alternativ werden auch Standardasynchronmotoren mit Winkelsensor eingesetzt, wenn die Anforderungen an die Drehmomentdichte und die Dynamik der Antriebe nicht so hoch sind.

$$P_N = 800\,\mathrm{W}$$
$$n_N = 3950\,\tfrac{1}{\min}$$
$$M_N = 2\,\mathrm{Nm}$$
$$M_0 = 2{,}3\,\mathrm{Nm}$$
$$M_{max} = 10\,\mathrm{Nm}$$
$$J_{mot} = 2{,}4\,\mathrm{kgcm^2}$$

$$T_{min} = 10\,\mathrm{ms}$$
$$z_{max} = 11\,\tfrac{1}{s}$$
$$C_{dyn} = 20000\,\tfrac{\mathrm{kgm^2}}{\mathrm{s^4}}$$

Abb. 4.18: Asynchron-Servomotor, Anschluss mit Steckverbindern, Oberflächenkühlung mit natürlicher Konvektion, integrierter Resolver. (Werkbild Lenze).

Die *Kühlung* erfolgt je nach Anforderung an die Drehmomentdichte:
- *selbstgekühlt* über die natürliche Konvektion, Wärmestrahlung und Wärmeleitung,
- *fremdbelüftet oberflächengekühlt* mit einem axial angebauten Fremdlüfter über die Gehäuseoberfläche,
- *fremdbelüftet durchzugsbelüftet* mit axial oder radial angebauten Fremdlüftern, die die Kühlluft durch den Motor hindurch blasen,
- seltener auch *Eigenlüfter* oder *Wasserkühlung* des Stators.

Für die Winkelmessung werden meistens Resolver, Inkrementalgeber oder Sin-Cos-Geber eingesetzt. Das Winkelgebersignal dient zur Winkelbestimmung und über die Mechanik indirekt auch zur Positionsbestimmung am Getriebeausgang. Aus dem Winkelsignal wird durch Differenzieren auch das Drehzahlsignal gewonnen.

Das Getriebe sorgt für eine Leistungsübertragung von der Motordrehzahl zur Drehzahl bzw. Geschwindigkeit der Arbeitsmaschine. Ferner dient das Getriebe auch zur indirekten Positionsmessung am Getriebeausgang bzw. in der Arbeitsmaschine. Ungenauigkeiten des Getriebes wie Teilungsfehler, Getriebelose und Elastizität machen sich daher auch in der Positioniergenauigkeit bemerkbar (Details siehe Abschnitt 4.3.4.3). Die Getriebelose begrenzt zusätzlich die erreichbare Verstärkung der Regelung. Wegen der höheren Massenträgheit der Asynchronmaschinen im Vergleich zu Synchronmaschinen ist dieser Effekt aber weniger stark ausgeprägt.

Trotzdem werden zur Verbesserung der Regelungseigenschaften vielfach spielarme Getriebe und eine spielfreie Verbindung zwischen Motor und Getriebe eingesetzt. Besonders kompakte Konstruktionen entstehen dann, wenn Motor und Getriebe direkt miteinander verbunden sind und der Motor schon das Ritzel für die erste Getriebestufe trägt.

Bei mittleren Anforderungen an die Genauigkeit und Dynamik werden Stirnradgetriebe und Kegelgetriebe eingesetzt. Bei hohen Anforderungen kommen Planetengetriebe zum Einsatz, ggf. in besonders spielarmer Ausführung.

Die Regelung ist typischerweise als Kaskadenregler aufgebaut, i-Regler als innerer Regelkreis, n-ω-Regler als mittlerer Regelkreis und φ-Regler als äußerer Regelkreis. Die Stromregelung erfolgt dabei häufig flussorientiert. In Anlehnung an Synchronmaschinen wird oft die Bezeichnung „d-q-Komponenten" für die Regelungsgrößen verwendet. Die Strangströme werden dazu in das d-q-System umgerechnet. Die Spannungssollwerte im d-q-System werden in das reale U-V-W-Wicklungssystem umgerechnet und als Sollwerte auf den Pulswechselrichter gegeben.

Der d-Strom ist der Magnetisierungsstrom der Maschine. Über eine Reduzierung des d-Stroms wird eine Feldschwächung zur Erweiterung des Drehzahlbereichs realisiert.

4.3.7.2 Typische Eigenschaften

Servoantriebe mit Asynchronmaschinen eignen sich für Anwendungen ab ca. 1 Nm, 100 W. Der typische Leistungsbereich beginnt bei etwa 500 W. Gegenüber Antrieben mit Permanentmagnet-Synchronmotoren weisen sie höhere Massenträgheitsmomente, Massen und Volumen sowie geringere Kosten auf. Der Kostenvorteil und die höheren Massenträgheiten sind vorteilhaft bei Anwendungen mit geringeren Anforderungen die Dynamik. Dann können einfacher Standardgetriebe verwendet werden und so für eine weitere Kostenreduktion sorgen.

Die Antriebe sind besonders bei Verwendung von Resolvern extrem robust gegenüber allen möglichen externen Einflüssen wie Schwingungen, Überspannungen, Übertemperatur, Strahlung usw.

Die Antriebe sind durch folgende Eigenschaften gekennzeichnet:
- *keine Rastmomente*, so dass auch bei Teillast eine geringe relative Drehmomentschwankung realisiert werden kann;
- *kein stationäres Bremsmoment bei Wicklungskurzschluss* nach abklingen des Motorstroms;[3]
- Es kann ein *extrem weiter Feldschwächbereich* realisiert werden, da der Magnetisierungsstrom vom Umrichter kontrolliert wird;
- *hohe Lebensdauer*;
- *extrem robust*;
- *höhere Masse und Massenträgheit* als PM-Motoren;
- *komplizierte Elektronik* mit aufwendiger Regelung und umfangreichem Pulswechselrichter, für kleine Leistungen als komplette integrierte Schaltung verfügbar [256], daher einfach in der Anwendung;
- *aufwendige Regelung* mit relativ vielen Parametern, darunter temperaturabhängiger Schlupf bzw. Rotorwiderstand;
- *aufwendige Winkelsensoren*;
- *hohe Beschleunigungen* und *kurze Hochlaufzeiten*;
- *Getriebe* hat Einfluss auf die Positioniergenauigkeit, Verstärkung durch Getriebelose begrenzt.

Tabelle 4.7 zeigt zusammenfassend die typischen Eigenschaften von Servoantrieben mit Asynchron-Servomotoren und Standardmotoren. Grenzfrequenzen und Zeitkonstanten der Regelkreise und Erläuterungen zu den dynamischen Kenngrößen siehe Abschnitt 4.4.

---

3 Im Gegensatz dazu tritt bei der PM-Synchronmaschine im Kurzschluss ein stationärer Kurzschlussstrom auf, der zu einem Bremsdrehmoment führt.

Tab. 4.7: Servoantriebe mit Asynchronmotoren: typische Eigenschaften.

allgemeine Eigenschaften

- keine Rastmomente, so dass auch bei Teillast eine geringe relative Drehmomentschwankung realisiert werden kann
- kein stationäres Bremsdrehmoment bei Wicklungskurzschluss
- es kann ein extrem weiter Feldschwächbereich realisiert werden, da der Magnetisierungsstrom vom Umrichter kontrolliert wird.
- hohe Lebensdauer
- extrem robust
- höhere Masse und Massenträgheit als PM-Motoren
- komplizierte Elektronik mit aufwendiger Regelung und umfangreichem Pulswechselrichter, als komplette integrierte Schaltung verfügbar [256], daher einfache Anwendung
- aufwendige Regelung
- aufwendige Winkelsensoren
- hohe Beschleunigungen und kurze Hochlaufzeiten
- Getriebe hat Einfluss auf die Positioniergenauigkeit, Verstärkung durch Getriebelose begrenzt

Größe	Symbol	typische Werte, Anmerkungen	
Bemessungsgrößen		Servoasynchronmotor	Standardmotor
Leistung	P_N	500... W	60... W
Drehmoment	M_N	2... Nm	0,2... Nm
Drehzahl	n_N	2000...6000 $\frac{1}{min}$	1400...3000 $\frac{1}{min}$
Spannung	U_N	230...400 V	230...400 V
Maximalgrößen		Servoasynchronmotor	Standardmotor
Drehmoment	M_{max}	2...5 · M_N	2...3 · M_N
Drehzahl	n_{max}	30.000 $\frac{1}{min}$	6000 $\frac{1}{min}$
dynamische Kenngrößen		Servoasynchronmotor	Standardmotor
Hochlaufzeit	T_{min}	7...20 ms	15...40 ms
Maximaltaktrate	z_{max}	3...15 $\frac{1}{s}$	3...9 $\frac{1}{s}$
dynamischer Kennwert	C_{dyn}	12.000...50.000 $\frac{kg\,m^2}{s^4}$	6000...30.000 $\frac{kg\,m^2}{s^4}$
Zeitkonstanten und Grenzfrequenzen der Regelkreise siehe Abschnitt 4.4.1			
Genauigkeit/Auflösung			
Winkelsensor Genauigkeit	$\Delta\varphi$	1...15'	1...15'
Winkelsensor Auflösung	$\Delta\varphi$	1...5'	1...5'

4.3.7.3 Regelung Servoantriebe mit Asynchronmotoren

Die Regelung des Asynchron-Servoantriebs ist für den Winkel- und Drehzahlregelkreis wie beim Gleichstrom-Servoantrieb aufgebaut. Die Grundstruktur ist häufig ein Kaskadenregler mit Strom-, Drehzahl- und Winkelregelung (siehe Abb. 4.19). Für den Asynchronmotor ist die Regelung noch um die Vorgabe der Drehspannung und die Berücksichtigung des Schlupfes mit der Rotorfrequenz f_R bzw. -kreisfrequenz ω_R erweitert.

Der Sollwinkel φ_{soll} wird zunächst zur Reduzierung von Störungen mit einem Tiefpass PTn gefiltert. Der Winkelregler (P- oder PI-Regler) vergleicht den Sollwinkel φ_{soll}

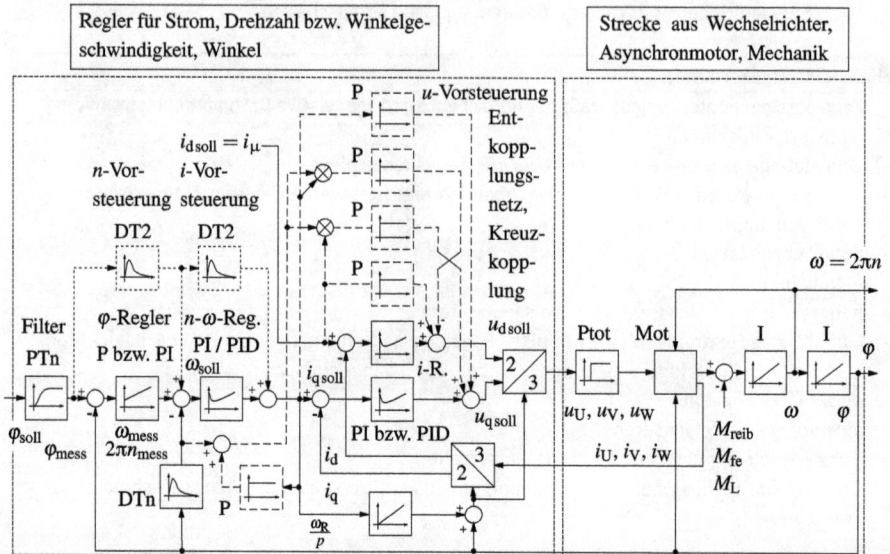

Abb. 4.19: Servoantrieb, Regelung Asynchron-Servoantrieb mit Kaskadenregler für Strom i_q, Drehzahl n bzw. Winkelgeschwindigkeit ω und Winkel φ, Vorsteuerung der Drehzahl und des Stroms sowie der Spannung.

mit dem gemessenen Winkel φ_{mess} und erzeugt den Sollwert der Drehzahl n_{soll} bzw. der Winkelgeschwindigkeit ω_{soll}.

Der Geschwindigkeitsregler erzeugt aus der Differenz von Drehzahl- bzw. Winkelgeschwindigkeitssoll- und -messwert $\Delta n = n_{\mathrm{soll}} - n_{\mathrm{mess}}$ bzw. $\Delta\omega = \omega_{\mathrm{soll}} - \omega_{\mathrm{mess}}$ den Stromsollwert für den Drehmoment bildenden Anteil $i_{q\,\mathrm{soll}}$ (PI- oder PID-Regler). Der Drehzahlwert n_{mess} bzw. die Winkelgeschwindigkeit ω_{mess} wird dabei meistens aus der Differentiation des Drehwinkels ermittelt. Alternativ kann auch die z. B. mit einem Tachogenerator gemessene Drehzahl verwendet werden (gestrichelt eingezeichnet).

Die Stromregelung erfolgt typischerweise in d-q-Komponenten: der d-Strom ist gleich dem Magnetisierungsstrom $i_{d\,\mathrm{soll}} = I_\mu$, der q-Strom $i_{q\,\mathrm{soll}}$ ist proportional zum geforderten Drehmoment.

Die Stromregelung ist typischerweise als PI- oder PID-Regler ausgeführt. Der Stromreglerausgang liefert die Spannungssollwerte $u_{d\,\mathrm{soll}}$ und $u_{q\,\mathrm{soll}}$ in d- und q-Achse. Eine Winkeltransformation wandelt dann die d-q-Komponenten in das reale U-V-W-System mit den Spannungssollwerten $u_{U\,\mathrm{soll}}$, $u_{V\,\mathrm{soll}}$ und $u_{W\,\mathrm{soll}}$ für die Pulsweitenmodulation um. Dabei wird der Schlupf durch die Addition der Schlupffrequenz zur Frequenz und des Schlupfwinkels zum Transformationswinkel berücksichtigt.

Die Leistungselektronik als Wechselrichter mit Pulsweitenmodulation wird hier als Proportionalglied mit Totzeit nachgebildet. Die Ausgangsspannungen versorgen den Asynchronmotor.

Die Ausgangsgrößen des Asynchron-Servomotors sind die drei Strangströme und das Motordrehmoment M_{mot}, das auf die Mechanik wirkt. Für die Stromregelung werden die drei Strangströme i_U, i_V und i_W zurückgeführt. In vielen Fällen werden nur zwei Ströme gemessen und der dritte Strom aus den beiden anderen berechnet, z. B. $i_W = -i_U - i_V$. Die drei Strangströme werden in das d-q-System transformiert. Die so gebildeten Ströme i_d und i_q werden in den Stromregler zurückgeführt.

Nach Abzug von Lastdrehmoment M_L, Reibmoment M_{reib} und Eisenverlustdrehmoment M_{fe} vom Motormoment M_{mot} entsteht das Beschleunigungsmoment M_b, das die Massenträgheiten des Motors J_{mot} und der Arbeitsmaschine J_L beschleunigt.

Durch das Getriebespiel wird der Motor bei Lastwechseln zeitweise von der Last getrennt. Die Getriebezähne haben dann keinen Kontakt miteinander. Bei solchen Lastwechseln wirkt dann im Regelkreis temporär nur die Massenträgheit des Motors. Dies führt dazu, dass bei Getrieben mit deutlichem Spiel die Verstärkung des Drehzahlregelkreises durch das Leerlaufverhalten des Antriebs begrenzt wird. Die Folge ist eine relativ schlechte Dynamik und eine niedrige Grenzfrequenz für den Gesamtantrieb mit Last. Zur Abhilfe werden daher vielfach spielarme Getriebe und drehsteife Kupplungen eingesetzt (Details siehe Abschnitt 4.3.4.3). Wegen der größeren Massenträgheit der Asynchronmotoren gegenüber PM-Motoren ist der Effekt weniger stark ausgeprägt, als bei PM-Motoren.

Das Integral der Winkelbeschleunigung ergibt die Winkelgeschwindigkeit ω bzw. Drehzahl n. Die Integration der Winkelgeschwindigkeit liefert den Drehwinkel φ. Der gemessene Drehwinkel wird für den Winkelregler verwendet. Die Drehzahl- bzw. die Winkelgeschwindigkeit wird aus der Ableitung des Winkels gewonnen und auf den Drehzahlregelkreis zurückgeführt.

So entsteht der geschlossene Kaskadenregler mit dem äußeren Regelkreis für den Drehwinkel. Die inneren Regelkreise enthalten die Drehzahl- bzw. Winkelgeschwindigkeit und den Strom.

Zur Vergrößerung der Grenzfrequenz und der Bandbreite wird bei Bedarf eine Vorsteuerung eingesetzt. Abbildung 4.19 zeigt zwei Teile der Vorsteuerung: die Vorsteuerung der Drehzahl und des Stroms aus dem Sollwinkel sowie die Vorsteuerung der Spannung mit der induzierten Spannung aus dem Magnetisierungsstrom, der induktiven Spannung an der Statorinduktivität und dem ohmschen Spannungsabfall.

Die Drehzahlvorsteuerung (punktierte Komponenten) erfolgt mit dem Drehzahlwert, der aus der Ableitung des Sollwinkels gebildet wird. Der Drehzahlwert wird nochmals differenziert und zur Vorsteuerung des Stromreglers verwendet. Auf diese Weise können die inneren Regelkreise schon reagieren, bevor zwischen Sollwinkel und Istwinkel eine deutliche Regeldifferenz entsteht. So reagiert das System schneller auf Sollwertänderungen. Die Bandbreite des geschlossenen Regelkreises wird dadurch für das Führungsverhalten deutlich vergrößert.

Weiter erfolgt eine Vorsteuerung der Spannungen in den d- und q-Achsen aus der rotativ induzierten Spannung des Magnetisierungsstroms und den Stromsollwerten in den d- und q-Achsen (in Abb. 4.19 gestrichelt dargestellt). Das zugehörige Netzwerk mit der Kreuzkopplung sorgt für eine gegenseitige Beeinflussung von d-Spannung und q-Strom bzw. q-Spannung und d-Strom. Die Spannungsvorsteuerung sorgt dafür, dass bei Drehzahl- und Stromänderungen der Stromregler nur minimal eingreifen muss, da ein großer Teil der erforderlichen Spannung schon über die Vorsteuerung eingestellt wird. Auch dadurch reagiert das System schneller und die Grenzfrequenz des geschlossenen Regelkreises steigt an.

Mit der Vorsteuerung wird die Dynamik eines Antriebs verbessert, ohne dass Änderungen an den Leistungskomponenten erforderlich sind. Mit der Vorsteuerung sollen natürlich der Gleichlauf und die Stabilität des geschlossenen Systems nicht negativ beeinflusst werden. Daher kann in der Realität nur eine teilweise Vorsteuerung vorgenommen werden. Trotzdem verbessert die Vorsteuerung das dynamische Verhalten deutlich.

Der Drehzahlbereich der Asynchronmaschine am Umrichter ist durch die Spannungsgrenze begrenzt. Durch Feldschwächung kann der Drehzahlbereich erweitert werden. Zur Ausnutzung des Feldschwächbetriebs wird auch der d-Strom geregelt. Er erhält einen kleineren Sollwert zur Absenkung der Spannung und damit zur Erhöhung der Drehzahl.

Viele Anwendungen für Servoantriebe haben hohe Anforderungen an die Qualität der Bewegung und die Dynamik. Daher werden häufig Erweiterungen in der Regelung eingesetzt:

- *Adaption der Reglerparameter* an den aktuellen Betriebszustand; z. B. Anpassung der Reglerverstärkung an die aktuelle Drehzahl und das aktuelle Drehmoment, Anpassung des Magnetisierungsstroms an die aktuelle Spannung des Wechselricherzwischenkreises
- *nichtlineare Kennlinien* zur Nachbildung von Sättigung und anderen Effekten im Motor, z. B. Abhängigkeit der induzierten Spannung vom Magnetisierungsstrom;
- *Anpassung temperaturabhängiger Maschinenparameter* an die aktuell gemessene Temperatur, besonders Berücksichtigung der *Rotortemperatur* und des *Rotorwiderstandes*; auch Statorwiderstand
- *Beobachter* zur Schätzung weiterer Größen und Parameter; z. B. Rotortemperatur, Reibung, magnetischer Fluss
- *Zustandsregler*, ggf. als Ergänzung zum Kaskadenregler, zur Verbesserung der Dynamik;
- *Kompensation von elektromagnetischen Drehmomentschwankungen* durch Korrekturfunktionen;
- *Kompensation von Fehlern des Winkelsensors* durch Korrekturfunktionen.

4.4 Stationäre und dynamische Kenngrößen für Servoantriebe

Servoantriebe sollen in vielen Anwendungen einer vorgegebenen Sollbewegung möglichst genau folgen. Die Anwendungen sind durch die Zykluszeit des Bearbeitungsprozesses und die geforderte Genauigkeit der Bewegung gekennzeichnet.

Dies führt zu folgenden Fragen, die durch geeignete Kennwerte beantwortet werden sollen:

- *Genauigkeit*: Ist der Servoantrieb in der Lage den Sollwerten der Bewegungssteuerung mit einer definierten Genauigkeit zu folgen?
- *Leistungsfähigkeit*: Kann der Servoantrieb die Leistung zur Beschleunigung und Positionierung der Maschine mit der geforderten Zykluszeit/Taktrate zur Verfügung stellen?

Daher werden Servoantriebe durch Kennwerte für das quasistationäre Verhalten, die Genauigkeit und das dynamische Verhalten beschrieben; Kenngrößen für das dynamische Verhalten siehe IEC 61800-4 [228].

Die Kenngrößen eines Servoantriebs sind dementsprechend neben den Bemessungsgrößen für den stationären Betrieb die Maximalwerte für Drehmoment und Strom sowie Abtastzeiten und Grenzfrequenzen der Regelkreise und die Genauigkeiten der Komponenten. Daraus abgeleitet gibt es dynamische Kenngrößen zur Bewertung und Antriebe für den Anwendungsfall:

- *Bemessungsgrößen*, stationärer Betrieb, siehe Abb. 4.20:
  - Drehzahl n_N,
  - Drehmoment M_N,
  - Leistung $P_N = 2\pi \cdot n_N \cdot M_N$,
  - Haltedrehmoment M_0 (dauerhaft zulässiges Drehmoment im Stillstand, in der Regel größer als das Bemessungsdrehmoment M_N),
  - Spannung U_N,
  - Strom I_N,
  - Wirkungsgrad η_N,
  - ggf. Leistungsfaktor $\cos \varphi_N$.
- *Maximalgrößen*, siehe Abb. 4.20:
  - Maximaldrehzahl n_{max} (erreichbare Drehzahl hängt von der speisenden Spannung ab),
  - Maximaldrehmoment M_{max} (erreichbares Drehmoment hängt vom verfügbaren Strom der Leistungselektronik ab),
  - Maximalstrom I_{max}.
- *Bremsendaten*, siehe Abb. 4.20:
  - Bremsenhaltedrehmoment M_{Br} (entsteht aus der Haftreibung der Reibkörper, in der Regel größer als das Haltedrehmoment des Motors),

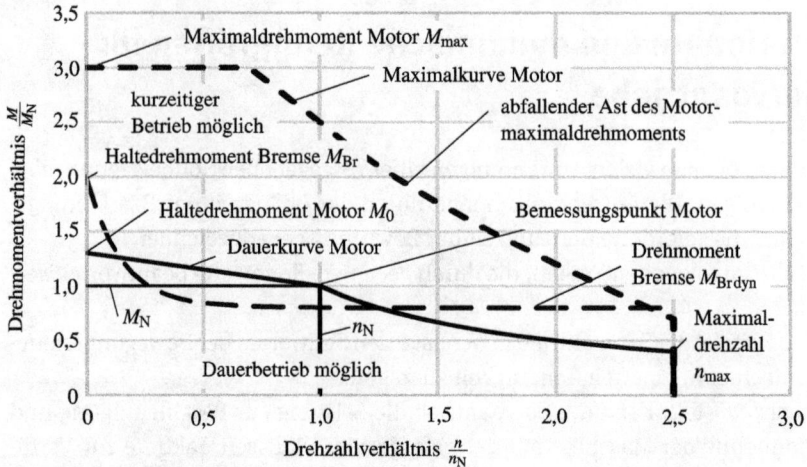

Abb. 4.20: Kenndaten für Servoantriebe, prinzipielle Grenzen für Drehzahl und Drehmoment, Bremsendrehmoment: Dauerkurve aus Haltedrehmoment M_0 und Bemessungsdrehmoment M_N bis zur Maximaldrehzahl n_{max} Maximalkurve aus Maximaldrehmoment M_{max} bis zur Maximaldrehzahl n_{max} Haltedrehmoment M_{Br} und dynamisches Drehmoment $M_{Br\,dyn}$ der Bremse.

- dynamisches Bremsdrehmoment $M_{Br\,dyn}$ (ist meistens deutlich kleiner als das Haltedrehmoment M_{Br}),
- Bremsenspannung U_{br},
- Bremsenstrom I_{br}.
- *statische Genauigkeit*:
  - Winkelgenauigkeit $\Delta\varphi_{sensor}$ und -auflösung $\Delta\varphi_{sensor\,aufl}$ des Sensors,
  - Winkelgenauigkeit $\Delta\varphi_{getriebe}$ des Getriebes.
- *Größen für das dynamische Verhalten*:
  - Massenträgheitsmoment J_{mot},
  - minimale Hochlaufzeit auf Bemessungsdrehzahl T_{min}, s. Abschnitt 4.4.2,
  - Maximaltaktrate z_{max}, s. Abschnitt 4.4.3,
  - dynamischer Kennwert C_{dyn}, s. Abschnitt 4.4.4, Herleitung und Auslegung mit dem dynamischen Kennwert s. [229].
  - Abtastzeiten der Regelkreise und der Sollwertvorgabe T_I, T_n, T_φ, T_{set}, s. Abschnitt 4.4.1,
  - Grenzfrequenzen der Regelkreise $f_{g\,I}$, $f_{g\,n}$, $f_{g\,\varphi}$, s. Abschnitt 4.4.1.

Mit diesen Größen ist für viele Anwendungen schon eine Zuordnung des Servoantriebs zu den Anforderungen der Maschine möglich. Ein Dauerbetrieb des Antriebs ist unterhalb der Dauerkurve aus Haltedrehmoment M_0, Bemessungsdrehmoment M_N und dem abfallenden Ast bis zur Maximaldrehzahl n_{max} möglich (Abb. 4.20). Die Dauerkurve hängt von den aktuellen Kühlbedingungen (Umgebungstemperatur, Aufstellungshöhe) ab. Einzelheiten sind im Kapitel 8 dargestellt.

Ein kurzzeitiger Betrieb ist unterhalb der Maximalkurve aus Maximaldrehmoment M_{max} und dem abfallenden Ast bis zur Maximaldrehzahl n_{max} möglich (Abb. 4.20). Die Maximalkurve hängt vom Maximalstrom und der maximalen Ausgangsspannung des Umrichters ab. Das Haltedrehmoment der Bremse ist meistens höher als das Haltedrehmoment des Motors. Das Bremsendrehmoment nimmt mit der Drehzahl stark ab. Dies muss bei der Notstoppfunktion berücksichtigt werden.

4.4.1 Abtastzeiten, Zykluszeiten und Bandbreiten der Regelung

Um eine schnelle dynamische Reaktion des Antriebs zu erreichen, sind kurze Abtastzeiten bzw. Zykluszeiten für die Sollwertvorgabe und die Regelkreise erforderlich. Letztlich sind eine *Sollwertzykluszeit* und eine *Zykluszeit des Lageregelkreises* von etwa

$$T_{set} = T_\varphi \leq 1000\,\mu s = 1\,ms \tag{4.1}$$

erforderlich. Dies ist keine absolute Grenze; längere Zeiten führen aber häufig zu Schwierigkeiten bei der Realisierung von dynamischen Bewegungen.

Der Geschwindigkeitsregler muss deutlich schneller als der Lageregelkreis arbeiten, etwa um den Faktor 4. Für die maximale *Zykluszeit des Geschwindigkeitsreglers* gilt in etwa

$$T_n \leq 250\,\mu s\,, \quad T_n \leq \frac{1}{4}T_\varphi\,. \tag{4.2}$$

Auch dies ist keine absolute Grenze. Normalerweise sorgt eine Zykluszeit in dieser Größe aber für ein gutes dynamisches Verhalten des Geschwindigkeitsregelkreises.

Entsprechend [228] wird das dynamische Verhalten durch die Kennwerte Antwortzeit T_R (response time), Anstiegszeit (rise time) und Einschwingzeit (settling time) beschrieben. Die Antwortzeit T_R ist eine besonders gut zu verwendende Größe.

Für konkrete Antriebe liegt die *Antwortzeit* T_{RI} für den *Stromregelkreis* unter 0,7 ms. Die Anforderung ist etwa

$$T_{RI} \leq 1000\,\mu s = 1\,ms\,. \tag{4.3}$$

Größere Antwortzeiten führen leicht zu Schwingungsproblemen oder einem zu langsamen Antwortverhalten bei dynamischen Bewegungen.

Die Antwortzeit ist eng mit der Regelungsbandbreite verknüpft. Die Bandbreite ist der Frequenzbereich, in dem sich die Verstärkung und der Phasengang innerhalb der Grenzen ± 3 dB und $\pm 90°$ bewegen. Die *Bandbreite des Stromregelkreises* kann grob aus der Antwortzeit mit der Gleichung

$$f_{-3dB\,I} \approx \frac{1}{2 \cdot T_{RI}} \cdots \frac{1}{2,5 \cdot T_{RI}} \geq 400\,Hz \tag{4.4}$$

bestimmt werden, wenn die Antwortzeit für einen Anstieg auf 90 % des Endwerts gilt. Die Gleichung basiert auf dem dominierenden PT2-Verhalten des geschlossenen Regelkreises mit einer großen und einer kleinen Zeitkonstante.

Die überlagerten *Regelkreise für Drehzahl n* und *Winkel φ* dürfen eine jeweils etwa dreifache Antwortzeit haben und damit etwa ein Drittel der Bandbreite. Für einen dynamischen Antrieb gilt damit für den *Geschwindigkeitsregelkreis*:

$$T_{Rn} \leq 3\,\text{ms}\,, \tag{4.5}$$

$$f_{-3\text{dB}\,n} \geq 150\,\text{Hz}\,. \tag{4.6}$$

Entsprechend gilt für den *Winkelregelkreis*:

$$T_{R\,\varphi} \leq 10\,\text{ms}\,, \tag{4.7}$$

$$f_{-3\text{dB}\,\varphi} \geq 50\,\text{Hz}\,. \tag{4.8}$$

Diese Werte gelten für einen Antrieb, der ohne Stellgrößenbeschränkungen arbeitet. Dies bedeutet, dass weder Maximalstrom, noch Maximaldrehmoment, Maximaldrehzahl oder Maximalspannung während der Bewegung erreicht werden.

Für die Einstellung der Regelkreise sind die Zeitkonstanten der Maschine wichtige Kenngrößen. Für die Gleichstrommaschine sind dies die Ankerzeitkonstante T_a und die elektromechanische Zeitkonstante T_m [233]:

$$T_a = \frac{L_a}{R_a}\,, \tag{4.9}$$

$$T_m = \frac{R_a J_{\text{mot}}}{(c\Phi_q)^2} = \frac{R_a J_{\text{mot}}}{K_T^2}\,. \tag{4.10}$$

4.4.2 Minimale Hochlaufzeit

Bei den typischen dynamischen Bewegungen für Servoantriebe mit häufigen Drehzahländerungen benötigt der Antrieb bereits für die eigene Beschleunigung ein Drehmoment. Die kürzeste Hochlaufzeit T_{min} beschreibt die dynamische Leistungsfähigkeit, wenn das gesamte Drehmoment alleine für die Beschleunigung der Motormassenträgheit verwendet wird. Die Erwärmung des Motors bleibt hierbei unberücksichtigt. Dies ergibt mit dem Maximaldrehmoment M_{max} die minimale Hochlaufzeit für rotierende Antriebe

$$T_{\text{min}} = \frac{2 \cdot \pi \cdot n_N \cdot J_{\text{mot}}}{M_{\text{max}}}\,. \tag{4.11}$$

Entsprechend gilt für Linearantriebe

$$T_{\text{min}} = \frac{v_N \cdot m_{\text{mot}}}{F_{\text{max}}}\,. \tag{4.12}$$

Für Servoantriebe für dynamische Anwendungen gilt als Anhaltswert

$$T_{\min} \leq 15\,\text{ms}\,. \tag{4.13}$$

Abbildung 4.21 zeigt die minimale Hochlaufzeit für verschiedene Motorarten in Abhängigkeit vom Bemessungsdrehmoment. PM-Synchron-Servomotoren zeigen die kürzesten Hochlaufzeiten. Die Daten variieren je nach konkretem Motor sehr stark: es werden sowohl Motoren mit eher großen Massenträgheitsmomenten (Katalogangabe häufig „high-inertia") als auch mit geringen Massenträgheitsmomenten (Katalogangabe häufig „low-inertia") angeboten.

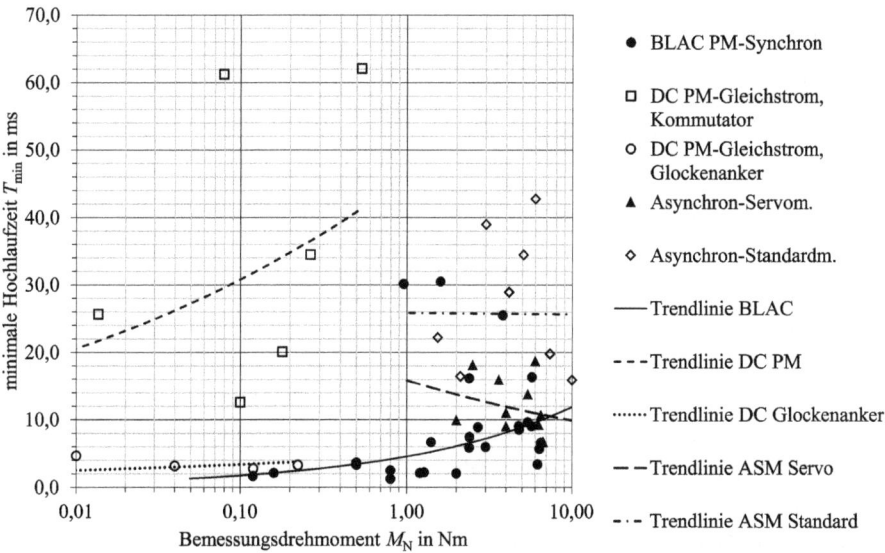

Abb. 4.21: Minimale Hochlaufzeit auf Bemessungsdrehzahl $T_{\min}(M_{\text{N}})$ für PM-Synchron-Servomotoren, DC-PM-Kommutatormotoren, Asynchron-Servomotoren, Asynchron-Standardmotoren.

Abbildung 4.22 zeigt die minimale Hochlaufzeit für verschiedene Antriebsarten in Abhängigkeit von der Bemessungsleistung. Es werden BLAC-PM-Synchronmotoren mit Direktantrieben mit ihrer kleinen Bemessungsdrehzahl und Linearantrieben verglichen. Dabei zeigen rotierende PM-Synchron-Direktantriebe sehr kleine Hochlaufzeiten. Dies hat seinen Grund darin, dass die Motoren auf eine kleine Drehzahl beschleunigen und daher schon nach kurzer Zeit die Bemessungsdrehzahl erreichen.

Auch bei den Linearmotoren gibt es einzelne Linearmotoren, die extrem hohe Maximalkräfte bei kleiner bewegter Masse besitzen und so kürzeste Hochlaufzeiten liefern. Die minimale Hochlaufzeit berücksichtigt nur das dynamische Verhalten. Die thermische Belastung bleibt hier unberücksichtigt.

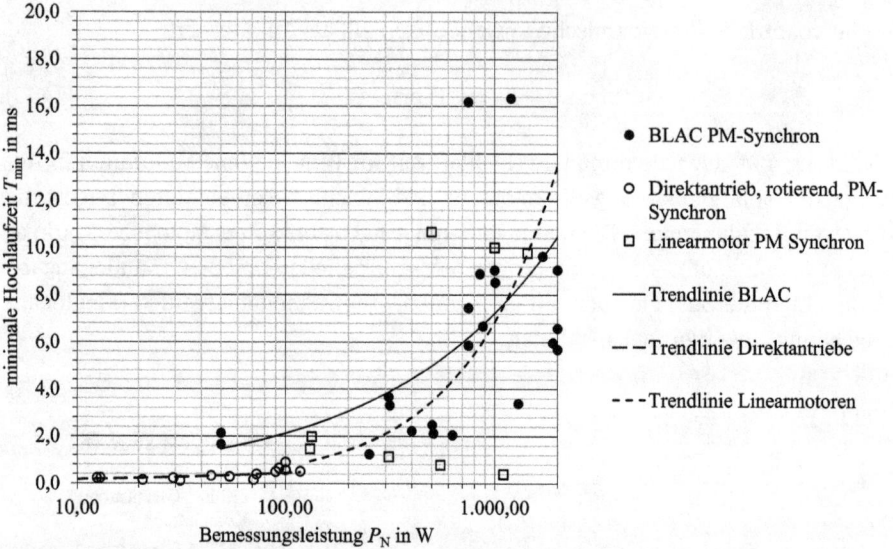

Abb. 4.22: Minimale Hochlaufzeit auf Bemessungsdrehzahl $T_{min}(P_N)$ für PM-Synchron-Servomotoren, DC-PM-Kommutatormotoren, Asynchron-Servomotoren, Asynchron-Standardmotoren.

4.4.3 Maximaltaktrate

Die Erzeugung eines Drehmoments zieht Verluste im Motor nach sich. Damit erwärmt sich der Antrieb alleine durch die Bewegung ohne ein Drehmoment an die Maschine abzugeben. Dies wird mit der Maximaltaktrate z_{max} bzw. der minimalen Zykluszeit $T_{z\,min} = 1/z_{max}$ berücksichtigt.

Betrachtet man einen zyklischen Betrieb mit der Zykluszeit $T_{z\,min}$ bzw. der Taktrate z_{max}, bei dem der Motor ununterbrochen auf Bemessungsdrehzahl beschleunigt und wieder in den Stillstand abbremst, muss der Antrieb ständig das Drehmoment

$$M_b = J_{mot} \cdot \alpha = J_{mot} \cdot \frac{2 \cdot \pi \cdot n_N}{\frac{T_{z\,min}}{2}} = 4\,\pi\,n_N J_{mot}\, z_{max} \tag{4.14}$$

aufbringen. Es gibt eine maximale Taktrate z_{max} und eine minimale Zykluszeit $T_{C\,min}$, bei der der Motor schon alleine aus der Beschleunigung der eigenen Massenträgheit seine zulässige Temperatur erreicht. Diese Maximaltaktrate ist durch das zulässige Dauerdrehmoment bei diesem Beschleunigungszyklus bestimmt. Zur Abschätzung der Maximaltaktrate wird das zulässige Dauerdrehmoment aus dem Bemessungsdrehmoment M_N oder aus Haltedrehmoment M_0 und Bemessungsdrehmoment M_N bestimmt:

$$M_{mot\,eff} = \frac{2}{3} \cdot M_0 + \frac{1}{3} \cdot M_N . \tag{4.15}$$

Damit ergibt sich die Maximaltaktrate, bei der der Motor alleine durch die Beschleunigung der eigenen Massenträgheit J_{mot} schon thermisch voll ausgelastet ist, für $M_b = M_{mot\,eff}$ zu

$$z_{max} = \frac{1}{T_{z\,min}} = \frac{M_{mot\,eff}}{4\,\pi\,n_N\,J_{mot}} \quad \text{bzw.} \quad z_{max} = \frac{1}{T_{z\,min}} = \frac{M_N}{4\,\pi\,n_N\,J_{mot}} \quad \text{bei} \quad M_N = M_0\,.$$

$$(4.16)$$

Abbildung 4.23 zeigt die Maximaltaktrate $d_{max\,mot}$ für verschiedene Motorreihen. Deutlich ist zu erkennen, dass die PM-Synchron-Servomotoren bei gleichem Drehmoment eine wesentlich höhere Maximaltaktrate als Asynchron-Servomotoren und Asynchron-Standardmotoren haben. Besonders hohe Werte weisen dabei fremdbelüftete PM-Synchronservomotoren auf. Generell ist die Maximaltaktrate bei großen Leistungen kleiner als bei kleinen Leistungen.

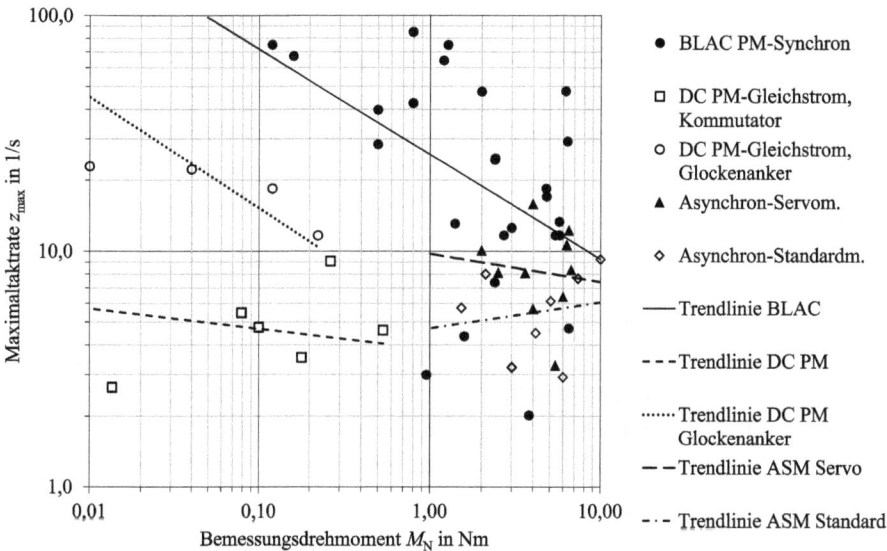

Abb. 4.23: Maximaltaktrate $z_{max}(M_N)$ für PM-Synchron-Servomotoren, DC-PM-Kommutatormotoren, Asynchron-Servomotoren, Asynchron-Standardmotoren (für den Vergleich berechnet mit M_N).

Den Vergleich mit Direktantriebsmotoren zeigt Abb. 4.24. Wegen der kleinen Drehzahl bei rotativen Direktantriebsmotoren bzw. der Angabe mit Kraft und Geschwindigkeit bei Linearmotoren wird hier die Maximaltaktrate z_{max} über der Leistung P_N aufgetragen. Die rotierenden Direktantriebsmotoren weisen dabei sehr hohe Maximaltaktraten auf. Dies liegt daran, dass die Motoren nur auf eine kleine Drehzahl beschleunigen und daher in sehr kurzer Zeit die Bemessungsdrehzahl erreichen.

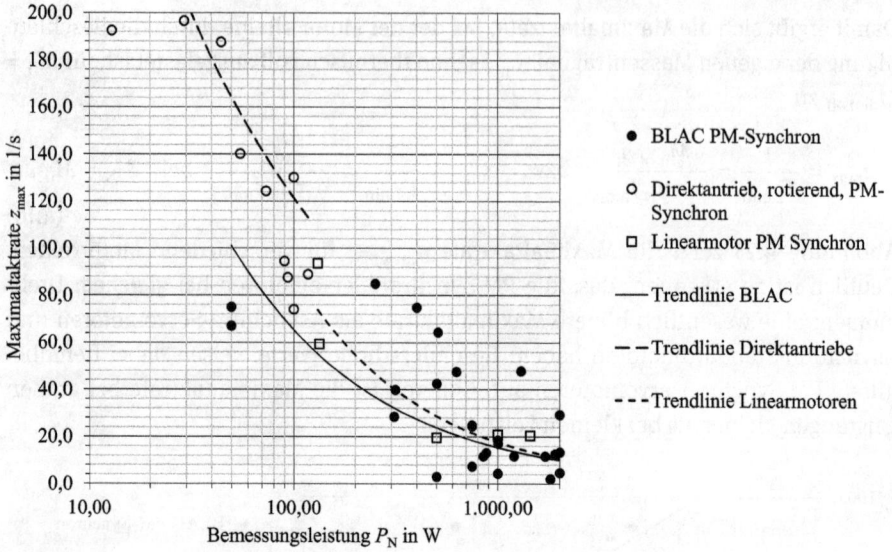

Abb. 4.24: Maximaltaktrate $z_{max}(P_N)$ für PM-Synchron-Servomotoren, rotative Direktantriebsmotoren und Linearmotoren (für den Vergleich berechnet mit M_N bzw. F_N).

4.4.4 Dynamischer Kennwert

Eine andere Größe zur Beschreibung des Beschleunigungsvermögens von Antrieben ist der dynamische Kennwert C_{dyn} [230], Herleitung des dynamischen Kennwerts und Antriebsauslegung s. [229]. Er hängt vom Dauerdrehmoment und von der Massenträgheit des Motors ab. Da das Dauerdrehmoment häufig von der Drehzahl abhängt, ergeben sich verschiedene dynamische Kennwerte für einen Motor:

$$C_{dyn\,N} = \frac{M_N^2}{J_{mot}}, \quad C_{dyn\,0} = \frac{M_0^2}{J_{mot}}, \tag{4.17}$$

$$C_{dyn\,eff} = \frac{M_{mot\,eff}^2}{J_{mot}} \quad \text{bzw.} \quad C_{dyn\,eff} = \frac{M_N^2}{J_{mot}} \quad \text{bei} \quad M_N = M_0. \tag{4.18}$$

Mit dem dynamischen Kennwert ist die Antriebsauswahl möglich, wenn ein merklicher Teil des Motordrehmoments zur Beschleunigung des Motormassenträgheitsmoments J_{mot} benötigt wird.[4] Er beschreibt die Beschleunigungsfähigkeit eines Motors, wenn der Motor über ein Getriebe mit der Übersetzung i mit der zu beschleunigenden Last gekoppelt wird. Daher ist der dynamische Kennwert C_{dyn} nicht für drehende Di-

---

4 Der dynamische Kennwert eignet sich für die Auslegung von Antrieben mit hohen Beschleunigungen, weniger für Anwendungen mit geringen Beschleunigungen, bei denen das Lastdrehmoment dominierend ist (Auslegung mit dem dynamischen Kennwert s. Kapitel 8).

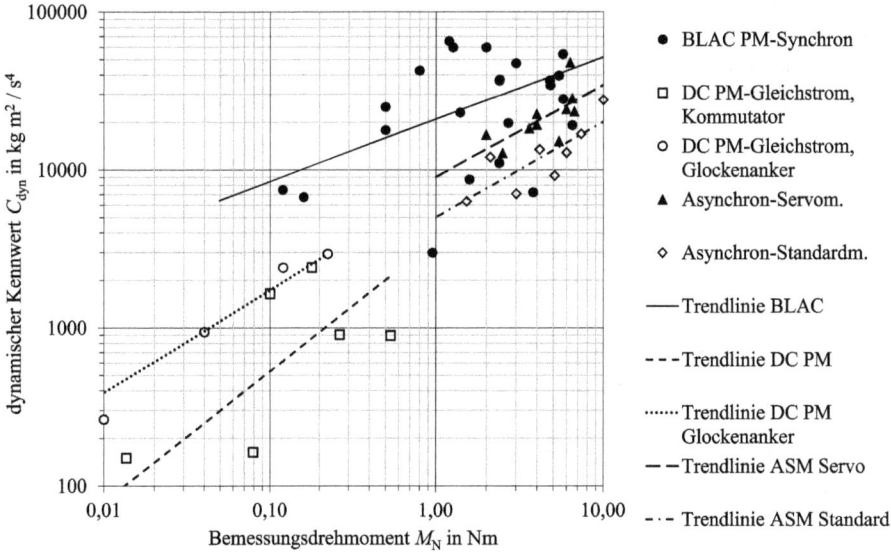

Abb. 4.25: Dynamischer Kennwert $C_{\text{dyn N}}(M_N)$ für PM-Synchron-Servomotoren, DC-PM-Kommutatormotoren, Asynchron-Servomotoren, Asynchron-Standardmotoren (für den Vergleich berechnet mit M_N).

rektantriebe und Lineardirektantriebe geeignet, da bei Direktantrieben kein Getriebe zur Anpassung zwischen Motor und Last eingesetzt wird.

In Kapitel 8 (Auslegung und Projektierung) wird in Abschnitt 8.11 die Antriebsauslegung mit dem dynamischen Kennwert im Detail beschrieben. Ein Beispiel für einen hochdynamischen Servoantrieb zeigt das Vorgehen der Auslegung am konkreten Fall eines rotativen Querschneiders (siehe Kapitel 8.12.3).

Abbildung 4.25 zeigt den dynamischen Kennwert $C_{\text{dyn N}}$ für unterschiedliche Motorarten. Der dynamische Kennwert steigt mit der Motorgröße bzw. mit dem Bemessungsdrehmoment an, d. h., große Motoren sind bei entsprechender Wahl der Getriebeübersetzung in der Lage, eine Last stärker zu beschleunigen als kleine Motoren.

Die höchsten dynamischen Kennwerte werden mit Permanentmagnet-Synchronmotoren mit Hochenergiemagneten erreicht, z. B. NdFeB- oder SmCo-Magnete. Sie zeichnen sich durch geringes Massenträgheitsmoment und hohe Drehmomentdichte aus, so dass mit ihnen die dynamischsten Antriebe realisiert werden können.

Zur Erläuterung der dynamischen Kenngröße C_{dyn} wird hier eine reine Beschleunigungsanwendung betrachtet (Betrachung mit Lastdrehmoment s. [229]), bei der eine Last mit der Massenträgheit J_L während der Zykluszeit T_C auf die Drehzahl n_L beschleunigt und wieder in den Stillstand abgebremst wird. Für diesen Betrieb ist ein Drehmoment

$$M_L = \alpha_L J_L = \frac{2\pi n_L}{\frac{T_C}{2}} J_L, \quad \text{mit} \quad \alpha_L = \frac{2\pi n_L}{\frac{T_C}{2}} \tag{4.19}$$

erforderlich. Der Motor muss für diesen Beschleunigungsvorgang mit der Getriebe-übersetzung i das Drehmoment

$$M_{\text{mot}} = \frac{1}{i}\alpha_L J_L + i\alpha_L J_{\text{mot}} \tag{4.20}$$

aufbringen. Das minimale Drehmoment wird bei der Übersetzung

$$i_{\text{opt}} = \sqrt{\frac{J_L}{J_{\text{mot}}}} \tag{4.21}$$

benötigt.[5] Die kürzeste Zykluszeit $T_{C\,\text{min}}$ wird erreicht, wenn der Motor an der thermischen Grenze betrieben wird: $M_{\text{mot}} = M_{\text{mot-eff}}$.

Einsetzen der Beschleunigung α_L (4.19) und der optimalen Übersetzung i_{opt} (4.21) in Gleichung (4.20) führt für den Betrieb an der thermischen Grenze zu folgender Beziehung:

$$M_{\text{mot eff}} = \frac{1}{\sqrt{\frac{J_L}{J_{\text{mot}}}}} \cdot \frac{2\pi n_L}{\frac{T_{C\,\text{min}}}{2}} \cdot J_L + \sqrt{\frac{J_L}{J_{\text{mot}}}} \cdot \frac{2\pi n_L}{\frac{T_{C\,\text{min}}}{2}} \cdot J_{\text{mot}} \cdot \tag{4.22}$$

Separieren der Motorgrößen in Gleichung (4.22) für den Betrieb an der thermischen Grenze führt auf den dynamischen Kennwert (Details zur Herleitung mit Lastdrehmoment s. [229])

$$C_{\text{dyn}} = \frac{M_{\text{mot eff}}^2}{J_{\text{mot}}} = \frac{64\pi^2 n_L^2 J_L}{T_{C\,\text{min}}} \cdot \tag{4.23}$$

Die *minimale Zykluszeit* $T_{C\,\text{min}}$ berechnet sich dann bei optimaler Wahl der Übersetzung zu

$$T_{C\,\text{min}} = \frac{64\,\pi^2\,n_L^2 J_L}{C_{\text{dyn}}} \quad \text{mit der Getriebeübersetzung} \quad i = i_{\text{opt}} = \sqrt{\frac{J_L}{J_{\text{mot}}}} \cdot \tag{4.24}$$

Eine *Reduzierung der Zykluszeit* ist durch Wahl eines *Motors mit größerer dynamischer Kenngröße* möglich, soweit die Übersetzung entsprechend angepasst werden kann.

4.4.5 Zusammenfassung der dynamischen Kenngrößen

Tabelle 4.8 führt typische Eigenschaften für rotierende Servoantriebe im Drehmomentbereich bis 10 Nm auf. Zum Vergleich sind die Daten von Standardantrieben angegeben. Die Werte der Tabelle können sinngemäß für Linearbewegungen übertragen werden.

---

5 Berechnung von i_{opt} mit $\frac{dM_{\text{mot}}}{di} = 0$.

Tab. 4.8: Eigenschaften rotierender Servoantriebe und Standardantriebe im Drehmomentbereich bis 10 Nm.

Größe	Ausdruck	Werte für rotierende Antriebe (Anhaltswerte)	
		Standardantrieb	Servoantrieb
Überlastbarkeit	$\frac{M_{max}}{M_0}$	$1,6\ldots2$	$2\ldots5$
Zykluszeit Sollwerte und Lageregelung	$T_{set\,\varphi}$	$1\ldots10\,ms$	$\leq 1\,ms$
Bandbreite geschlossener Stromregelkreis	$f_{-3\,dB\,I} \approx \frac{1}{2\cdot T_{RI}} \cdots \frac{1}{2,5\cdot T_{RI}}$		$T_{RI} \leq 1\,ms$ $f_{-3\,dB\,I} \geq 400\,Hz$
Bandbreite geschlossener Geschwindigkeitsregelkreis	$f_{-3\,dB\,n} \approx \frac{1}{2\cdot T_{R\,n}} \cdots \frac{1}{2,5\cdot T_{R\,n}}$		$T_{R\,n} \leq 3\,ms$ $f_{-3\,dB\,n} \geq 150\,Hz$
Bandbreite geschlossener Lageregelkreis	$f_{-3\,dB\,\varphi} \approx \frac{1}{2\cdot T_{R\,\varphi}} \cdots \frac{1}{2,5\cdot T_{R\,\varphi}}$		$T_{R\,\varphi} \leq 10\,ms$ $f_{-3\,dB\,\varphi} \geq 50\,Hz$
minimale Hochlaufzeit	$T_{min} = \frac{2\cdot\pi\cdot n_N\cdot J_{mot}}{M_{max}}$	$15\ldots40\,ms$	$1\ldots30\,ms$
Maximaltaktrate	$z_{max\,mot} = \frac{\frac{2}{3}\cdot M_0 + \frac{1}{3}\cdot M_N}{4\cdot\pi\cdot n_N\cdot J_{mot}}$	$3\ldots10\,s^{-1}$	$5\ldots100\,s^{-1}$
dynamischer Kennwert	$C_{dyn} = \frac{M_{mot\,eff}^2}{J_{mot}}$	$6000\ldots20000\ \frac{kg\,m^2}{s^4}$	$8000\ldots60000\ \frac{kg\,m^2}{s^4}$
Genauigkeit des Winkelsensors	$\Delta\varphi$		$0,5\ldots10\,arcmin$

mit den Größen

Maximaldrehmoment	M_{max}
Haltedrehmoment	M_0
Bemessungsdrehmoment	M_N
Motormassenträgheitsmoment	J_{mot}
Bemessungsdrehzahl	n_N
Antwortzeit Stromregler	T_{RI}
Antwortzeit Drehzahlregler/Geschwindigkeitsregler	$T_{R\,n}$
Antwortzeit Winkelregler/Wegregler	$T_{R\,\varphi}$

Carsten Fräger und Wolfgang Amrhein

5 Sensoren für elektrische Antriebe

Schlagwörter: Temperatursensor, Drehzahlsensor, Winkelsensor, Tacho, Inkrementalgeber, Resolver, Absolutwertgeber

Sensoren werden in elektrischen Antrieben für die Überwachung und Regelung eingesetzt. Die Sensoren für die Regelung elektrischer Antriebe werden z. B. in [230, 234, 269, 270] dargestellt. Je nach konkreter Antriebsaufgabe sind die Sensoren in den Motoren integriert oder auch an der bewegten Mechanik montiert.

Für die *Überwachung der Antriebe gegen thermische, elektrische und mechanische Überlastungen* werden folgende Sensoren verwendet:
- Temperatursensoren zum Schutz der Motoren gegen zu hohe Temperaturen der Komponenten, insbesondere der Wicklungen,
- Stromsensoren zum Schutz gegen zu hohe Ströme, insbesondere um Magnete gegen Entmagnetisierung zu schützen, und zum Schutz gegen zu hohe Temperaturen infolge zu hoher Ströme,
- Drehzahlsensoren zum Schutz gegen zu hohe Drehzahlen mit Zerstörung des Rotors durch Fliehkräfte.

Die Sensoren zur Überwachung müssen häufig nur ein binäres Ausgangssignal liefern, also einen Signalzustand für den Betrieb im zulässigen Bereich und einen anderen Signalzustand für den Betrieb im nichtzulässigen Bereich mit der Folge der Abschaltung des Antriebs.

Im Gegensatz dazu müssen die *Sensoren für die Regelung* einen kontinuierlichen Messwert liefern. Häufig werden die Sensoren für die Regelung mit einer geeigneten Auswerteelektronik auch für die Überwachung eingesetzt. Folgende Sensoren werden in elektrischen Antrieben für die Regelung eingesetzt:
- Temperatursensoren zur Anpassung der Reglerparameter an temperaturabhängige Motorgrößen, z. B. Wicklungswiderstand, Remanenzflussdichte der Magneten,
- Stromsensoren zur Rückführung des Iststroms in den Regelkreis, indirekte Bestimmung des Drehmoments aus dem Zusammenhang zwischen Strom und Drehmoment,
- Spannungssensoren zur Steuerung der Pulsweitenmodulation,
- Drehzahlsensoren für die Drehzahlregelung,
- Winkelsensoren für die Winkelregelung, indirekte Lageregelung durch Berücksichtigung der mechanischen Übersetzung zwischen Motorwelle und Bewegung in der Maschine, durch Differenzieren des Winkels auch Bestimmung der Drehzahl bzw. Geschwindigkeit.

https://doi.org/10.1515/9783110441505-005

Ferner sind Winkelsensoren für den Betrieb der bürstenlosen feldgeführten Permanentmagnetmotoren erforderlich. Für die Kommutierung des Stroms muss die Winkellage des Polrades/Rotors und damit die Flussorientierung bekannt sein, damit der Motor ein gleichmäßiges Drehmoment erzeugen kann.

Die Bestimmung der Rotorlage/des Rotorwinkels kann beispielsweise optisch über inkrementelle oder absolute Winkelencoder, magnetisch über Resolver, Hallsensoren oder magnetoresistive Winkelgeber oder sensorlos unter Auswertung von Motorspannungs- und -stromsignalen erfolgen. Bei der Wahl der Messmethode sind neben mechanischen und thermischen Kriterien insbesondere auch die Anforderungen des Motors und der Applikation an die Winkelauflösung und -genauigkeit zu berücksichtigen.

So sind für die Kommutierung der blockförmigen Spannungs- oder Stromkurven des bürstenlosen Gleichstrommotors entsprechend den Ausführungen aus Band 1, Kapitel 8, lediglich im Bereich der Schaltflanken Winkelinformationen erforderlich. Es genügen somit für ein- oder mehrsträngige Motoren schaltende Hallsensoren, um die Signale zur Kommutierung zur Verfügung zu stellen. Wird der bürstenlose Gleichstrommotor als Servoantrieb ohne Zwischenschaltung eines Getriebes eingesetzt, reicht die Winkelauflösung der motorinternen schaltenden Hallsensoren meistens nicht aus, so dass zur Winkelerkennung analoge Hallsensoren (evtl. mit diametral magnetisiertem Hilfsmagnet), MR-Sensoren, oder andere hochauflösende Winkelgeber wie Resolver, optische bzw. magnetische Inkrementalgeber oder optische Absolutgeber (mit Codescheibe) verwendet werden.

Eine vergleichsweise hohe Winkelauflösung wird auch für den Betrieb der permanentmagneterregten Motorausführungen BLAC für die Erzeugung der sinusförmigen Spannungs- oder Stromkurven benötigt. Bei hauptsächlich stationärem Betrieb mit konstanter Drehzahl bietet es sich, um Mehrkosten für hochauflösende Winkelgeber zu sparen, unter Umständen an, die Winkelinformationen für den sinusförmigen Betrieb des Motors zwischen den Schaltflanken der Hall-Signale durch Interpolation zu ermitteln. Ein solches Verfahren kann zum Beispiel sehr gut bei Antrieben im Lüfterbereich angewendet werden, um störende Kommutierungsgeräusche zu unterdrücken. Die Sinuswerte zur Erzeugung der Stromkurvenform werden zur Verkürzung der Rechenzeit im Allgemeinen in normierter Form in einer Speichertabelle abgelegt, winkelabhängig ausgelesen und mit der Steueramplitude multipliziert.

5.1 Temperatursensoren

Temperatursensoren dienen in elektrischen Antrieben in der Hauptsache dem thermischen Schutz der Maschinen [18]. Bei Kleinantrieben ist dies fast ausschließlich der Schutz der Statorwicklung vor thermischer Überlastung. Dies kann mit Temperatursensoren mit binärem Verhalten kostengünstig erreicht werden (Abschnitte 5.1.1, 5.1.2).

Bei geregelten Antrieben mit hohen Anforderungen an das Laufverhalten und die Regelung werden Temperatursensoren eingesetzt, um temperaturabhängige Parameter in der Regelung nachzuführen. Hierfür sind kontinuierlich arbeitende Sensoren erforderlich (Abschnitte 5.1.3, 5.1.4). Durch Vergleich der Temperatur mit einem zulässigen Grenzwert werden die kontinuierlich arbeitenden Sensoren auch zum Schutz vor thermischer Überlastung eingesetzt.

Im Folgenden werden die für Kleinmaschinen verwendeten Sensoren zum Schutz gegen zu hohe Temperaturen und zur Verbesserung der Regelung dargestellt.

5.1.1 Temperaturschalter

Temperaturschalter sind mechanische Schalter, die bei Überschreiten einer oberen Schalttemperatur ϑ_o schalten, meistens öffnen. Bei Unterschreiten der unteren Schalttemperatur ϑ_u schalten sie wieder zurück. Zwischen der oberen und unteren Schalttemperatur ist eine Hysterese von ca. $5 \ldots 15\,K$. Dadurch ist gewährleistet, dass der Antrieb nach Abschalten erst abkühlt, bevor er wieder einschaltet.

Die Temperaturschalter werden üblicherweise direkt in die Wicklung eingebaut. So ist ein inniger thermischer Kontakt mit der Wicklung gewährleistet.

In vielen Fällen ist der Temperaturschalter in Reihe mit der Wicklung des Motors geschaltet, so dass bei Überschreiten der oberen Schalttemperatur der Motor direkt ausgeschaltet wird. Der Temperaturschalter übernimmt also sowohl die Funktion des Sensors als auch des Schaltelements.

Diese Art der Schaltung ist besonders einfach und kostengünstig. Es lassen sich alle Motoren für den Anschluss an Wechselstrom mit Statorwicklung überwachen. Häufig wird die Temperatur einer Wicklung stellvertretend für alle Wicklungen des Motors zur Überwachung herangezogen (Beispiel Abb. 5.1a):

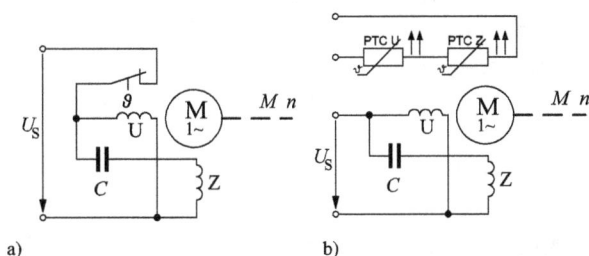

a)   b)

Abb. 5.1: Temperaturschutz Motoren: a) ein Temperaturschalter an Strang U zum Schutz des gesamten Motors in Reihe mit der Versorgung geschaltet, b) zwei PTC in Reihe zum Schutz der Stränge U und Z.

- ein Strang einer zweisträngigen Asynchronmaschine oder Synchronmaschine für alle Stränge,
- die Erregerwicklung im Stator von Einphasen-Wechselstrommotoren für Stator- und Rotorwicklung.

Sind die Temperaturen der verschiedenen Wicklungsstränge in einzelnen Betriebspunkten stark unterschiedlich, z. B. bei Asynchronmotoren mit Anlaufkondensator, können zum umfassenden Schutz mehrere Schalter in Reihe geschaltet werden.

Den Vorteilen der Temperaturschalter stehen ein paar Nachteile gegenüber:

- *Vorteile Temperaturschalter*
  - Abschaltung des Motors ohne weitere Komponenten,
  - Hysterese,
  - einfacher Einbau in die Statorwicklung,
  - Reihenschaltung mehrerer Temperaturschalter für die Überwachung mehrerer Stränge möglich.
- *Nachteile*
  - relativ groß, daher für kleine Motoren z. T. nicht einsetzbar,
  - relativ große thermische Zeitkonstante, daher eingeschränkter Schutz bei kleinen Motoren mit geringer thermischer Zeitkonstante,
  - nicht bei Motoren, die nur über eine Rotorwicklung verfügen, anwendbar.

5.1.2 Kaltleiter PTC

Kaltleiter sind temperaturabhängige Widerstände, die bei niedrigen Temperaturen einen kleinen Widerstand haben. Bei der Kenntemperatur der Kaltleiter steigt der Widerstand deutlich auf ein Vielfaches an. Abbildung 5.2 zeigt beispielhaft Kennlinien für PTC mit den Kenntemperaturen $\vartheta_n = 100\,°C$, $130\,°C$, $150\,°C$. In der Nähe der Kenntemperatur steigt der Widerstand von wenigen $100\,\Omega$ auf mehrere $k\Omega$ an.

Die PTC werden häufig mit einer Auswerteelektronik überwacht. Bei Überschreiten eines eingestellten Widerstandswertes wird der Motor abgeschaltet. Die Auswerteelektronik ist typischerweise Teil der elektronischen Versorgung des Motors. Da der Widerstand in der Nähe der Kenntemperatur sehr stark ansteigt, ist eine sehr einfache Auswerteelektronik möglich.

Bei kleinen Leistungen kann der PTC auch in Reihe mit dem zu schützenden Motor geschaltet werden. Dann treten aber relativ hohe Verluste im PTC auf, die den Motor zusätzlich erwärmen.

In vielen Fällen wird die Temperatur einer Statorwicklung stellvertretend für die Temperatur aller Wicklungen zum Schutz des Motor genommen:

- ein Strang einer mehrsträngigen Asynchronmaschine oder Synchronmaschine für alle Stränge,

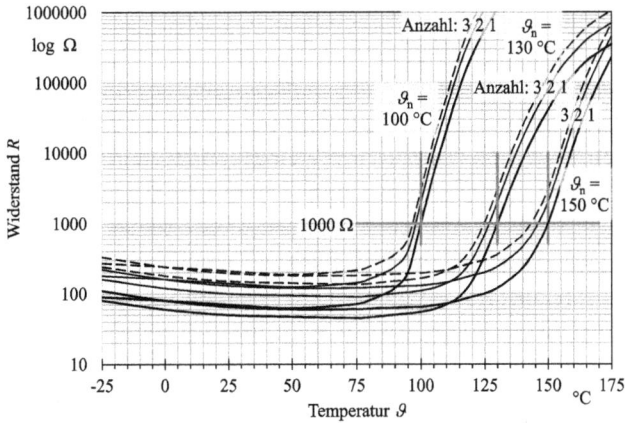

Abb. 5.2: Kaltleiter, PTC: beispielhafte Kennlinien für Kaltleiter mit den Kenntemperaturen ϑ_n = 100 °C, 130 °C, 150 °C, jeweils ein Kaltleiter sowie zwei und drei Kaltleiter in Reihe.

- die Erregerwicklung im Ständer von Einphasen-Wechselstrommotoren für Stator- und Rotorwicklung.

Sind in einzelnen Betriebspunkten die Temperaturen in den verschiedenen Wicklungssträngen stark unterschiedlich, z. B. bei Asynchronmotoren mit Anlaufkondensator, können zum umfassenden Schutz mehrere PTC in Reihe geschaltet werden (Beispiel Abb. 5.1b).

Dadurch, dass der Widerstand bei der Kenntemperatur sehr stark ansteigt, kann die Auswerteelektronik typischerweise bis zu drei in Reihe geschaltete PTC auswerten. Abbildung 5.2 zeigt die Kennlinien bei Reihenschaltung von zwei bzw. drei PTC. Zwar steigt der Widerstand bei der Kenntemperatur auf den zwei- bzw. dreifachen Wert an, die Temperatur, bei der der Gesamtwiderstand 1000 Ω erreicht, ändert sich jedoch um nur ≈ 5 °C. So lässt sich einfach ein Temperaturschutz für mehrere Teile eines Motors durch Reihenschaltung von mehreren PTC erreichen.

Die PTC zeichnen sich durch folgende Eigenschaften für den Schutz der Motoren gegen zu große Temperaturen aus:
- *Vorteile PTC*
  - kleine Sensoren, auch für kleine Motoren geeignet,
  - kleine thermische Zeitkonstante,
  - Reihenschaltung mehrerer PTC für die Überwachung mehrerer Stränge oder Wicklungen möglich.
- *Nachteile*
  - separate Verdrahtung und separate Auswerteelektronik erforderlich, daher sinnvoll bei Kleinantrieben mit Leistungselektronik,
  - keine kontinuierliche Temperaturmessung möglich,
  - kein Schutz von Motoren möglich, die nur über eine Rotorwicklung verfügen.

5.1.3 Heißleiter NTC

NTC sind temperaturabhängige Widerstände mit einem negativen Temperaturkoeffizienten, d. h. der Widerstand nimmt mit steigender Temperatur ab. Die Kennlinie zeigt dabei einen kontinuierlichen Verlauf, so dass aus dem Widerstand die Temperatur ermittelt werden kann.

Die NTC werden mit einer Auswerteelektronik überwacht. Bei Unterschreiten eines eingestellten Widerstandswertes wird der Motor abgeschaltet. Aus dem Widerstandswert wird die aktuelle Temperatur ermittelt, so dass mit der Temperatur Parameter der Regelung nachgeführt werden können und ggf. frühzeitig eine Warnung für eine drohende Abschaltung gegeben werden kann, bevor der Antrieb abgeschaltet werden muss. Die Auswerteelektronik ist normalerweise Teil der elektronischen Versorgung des Motors.

Die Temperatur einer Statorwicklung wird zum Schutz des Motors stellvertretend für die Temperatur aller Wicklungen genommen:
- ein Strang einer mehrsträngigen Asynchronmaschine oder Synchronmaschine für alle Stränge,
- die Erregerwicklung im Stator von Einphasen-Wechselstrommotoren für Stator- und Rotorwicklung.

Unterscheiden sich die Temperaturen in den verschiedenen Wicklungssträngen in einzelnen Betriebspunkten stark voneinander, z. B. bei Asynchronmotoren mit Anlaufkondensator, werden ggf. mehrere NTC mit getrennten Auswertungen eingesetzt. Eine Reihenschaltung mehrerer NTC kann nicht zum umfassenden Schutz verwendet werden, da dann nur eine mittlere Temperatur ermittelt wird.

Die NTC zeichnen sich durch folgende Eigenschaften für den Schutz der Motoren gegen zu große Temperaturen aus:
- *Vorteile NTC*
  - kleine Sensoren, auch für kleine Motoren geeignet,
  - kleine thermische Zeitkonstante,
  - kontinuierliche Temperaturbestimmung möglich.
- *Nachteile*
  - separate Verdrahtung und separate Auswerteelektronik erforderlich, daher sinnvoll bei Kleinantrieben mit Leistungselektronik,
  - keine Reihenschaltung zum Schutz mehrerer Wicklungsteile möglich,
  - kein Schutz von Motoren möglich, die nur über eine Rotorwicklung verfügen.

5.1.4 Widerstände und Halbleiterfühler mit etwa linearem Temperaturverhalten

Neben den oben genannten Temperatursensoren PTC und NTC werden Halbleitersensoren und temperaturabhängige Widerstände mit etwa linearem Temperaturverhalten eingesetzt. Beispiele für Sensoren mit etwa linearem Temperaturverhalten:
– Widerstand PT100, PT1000,
– Halbleitersensor KTY.

Für Kleinantriebe kommen diese Sensoren aber in vielen Fällen aus Kostengründen nicht in Betracht.

Anwendungsfälle bei kleinen Leistungen sind eher hochwertige Antriebe, z. B. Servoantriebe, bei denen die Sensoren zur kontinuierlichen Temperaturmessung eingesetzt werden. So lassen sich temperaturabhängige Parameter in der Regelung nachführen, z. B. Wicklungswiderstände oder magnetische Flüsse von Permanentmagneten. Darüber hinaus ist eine frühzeitige Warnung vor einer zu großen Wicklungstemperatur möglich, bevor der Antrieb abschalten muss.

5.2 Drehzahlsensoren

Die Drehzahl von Antrieben wird häufig aus Platz- und Kostengründen indirekt bestimmt. Es werden der Antrieb selber oder ein Winkelsensor als Drehzahlsensor verwendet. So ist in der Regel kein separater Drehzahlsensor erforderlich. Gegebenenfalls werden bürstenlose Permanentmagnetmotoren anstatt Gleichstrommotoren oder Asynchronmotoren mit integriertem Drehzahlsensor eingesetzt, um den separaten Sensor zu sparen und insgesamt zu einem kostengünstigeren Antrieb zu kommen.

– *Bürstenbehaftete Gleichstrommotoren*: Die induzierte Spannung ist proportional zur Drehzahl. Sie wird aus der Ankerspannung durch Abzug der Bürstenübergangsspannung und des ohmschen Spannungsabfalls gewonnen. So lässt sich ohne zusätzlichen Sensor aus der Ankerspannung und dem Ankerstrom die Drehzahl mit guter Genauigkeit ermitteln. Im dynamischen Fall mit Stromänderungen muss ggf. auch der induktive Spannungsabfall über die Ankerinduktivität berücksichtigt werden. Einige bürstenbehaftete Gleichstrommotoren weisen deutliche Schwankungen des Ankerstroms durch die Kommutierung auf. Die Frequenz der Schwankungen ist proportional zur Drehzahl. Bei diesen Motoren kann die Drehzahl aus der Frequenzanalyse des Ankerstroms bestimmt werden.

– *Bürstenlose Permanentmagnetmotoren ohne Kommutierungsgeber*: Die Frequenz der induzierten Spannung ist proportional zur Drehzahl. Die Steuerelektronik ermittelt die Kommutierungszeitpunkte aus dem Verlauf der Spannung. Aus der Kommutierungsfrequenz wird die Drehzahl ermittelt. So lässt sich ohne zusätzlichen Sensor der Mittelwert der Drehzahl präzise bestimmen. Drehzahlschwankungen um den Mittelwert herum lassen sich bei bekannter Spannungsform zwischen den Kommutierungszeitpunkten aus dem Spannungsverlauf mit guter Genauigkeit bestimmen.

– *Bürstenlose Permanentmagnetmotoren mit Kommutierungsgeber*: Aus der Frequenz der Kommutierungssignale wird die Drehzahl ermittelt. So lässt sich ohne zusätzlichen Sensor der Mittelwert der Drehzahl präzise bestimmen. Drehzahlschwankungen um den Mittelwert herum lassen sich bei bekannter Spannungsform zwischen den Kommutierungszeitpunkten aus dem Spannungsverlauf mit guter Genauigkeit bestimmen.

– *Asynchronmotoren ohne Winkelgeber*: Aus der Frequenz der Statorspannung ist die synchrone Drehzahl bekannt. Mit dem Motorstrom kann der Schlupf abgeschätzt werden. Aus Schlupf und Statorfrequenz wird die Drehzahl mit guter Genauigkeit bestimmt.

– *Motoren mit Winkelsensor*: Die Winkelgeschwindigkeit und die Drehzahl werden aus der Ableitung des Drehwinkels gewonnen. Je nach Art des Winkelsensors kommen unterschiedliche Verfahren zum Einsatz. Die einzelnen Verfahren werden im Abschnitt 5.3 für die einzelnen Sensoren dargestellt.

Darüber hinaus werden folgende Drehzahlsensoren an elektrischen Antriebe verwendet:
– bürstenbehaftete Gleichstromtachogeneratoren,
– bürstenlose Wechselstromtachogeneratoren.

5.2.1 Bürstenbehaftete Gleichstromtachogeneratoren

Gleichstromtachogeneratoren sind genauso aufgebaut wie permanentmagneterregte Gleichstrommotoren (siehe Abb. 5.3, weiteres s. Band 1, Kapitel 4). Die induzierte Spannung ist proportional zur Drehzahl, so dass durch Spannungsmessung die Drehzahl bestimmt werden kann:

$$n = \frac{1}{K_E} U \,. \tag{5.1}$$

Um eine gute Genauigkeit der Drehzahlmessung zu haben, werden folgende Punkte für Gleichstromtachogeneratoren beachtet:

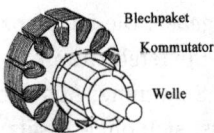

Abb. 5.3: Gleichstromtachogenerator, Rotor mit Kommutator.

– Kommutator-Bürsten-Kombination mit geringer Bürstenspannung, z. B. hoher Metallanteil in den Bürsten, folglich aufwendig, teuer;
– Magnete mit geringem Temperaturgang, geringe Tachotemperatur;
– geringe Welligkeit der Spannung durch hohe Nutzahl und Spannungsglättung, folglich aufwendig, teuer.

Meistens werden die Gleichstromtachogeneratoren mit einem kurzen Blechpaket ausgeführt, um den benötigten Einbauraum gering zu halten.

5.2.2 Bürstenlose Wechselstromtachogeneratoren

Wechselstromtachogeneratoren haben einen Permanentmagnetläufer. Im Stator ist eine Ringwicklung mit Klauenpolen (Abb. 5.4, weitere Informationen siehe Band 1, Abschnitt 7.3.1). Die Frequenz und die Höhe der induzierten Spannung sind proportional zur Drehzahl. Die Drehzahl lässt sich also aus der Spannung und/oder aus der Frequenz bestimmen:

$$n = \frac{1}{p}f \quad \text{bzw.} \quad n = \frac{1}{K_E}U \,. \tag{5.2}$$

Zur Drehzahlbestimmung wird die Wechselspannung gleichgerichtet und geglättet.

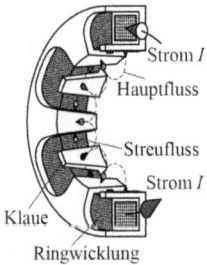

Abb. 5.4: Wechselstromtachogenerator mit Ringwicklung und Klauenpolen (Permanentmagnetrotor nicht dargestellt).

5.3 Winkelsensoren, Wegsensoren

Winkelsensoren dienen zur kontinuierlichen Messung des Drehwinkels des Motors zur Rückmeldung des Winkels an den Winkelregler. Ferner wird die Winkelinformation bei permanentmagneterregten Maschinen mit trapezförmiger oder sinusförmiger Spannung zur Kommutierung genutzt. Aus dem Winkelsignal wird häufig durch Differentiation die Winkelgeschwindigkeit bzw. Drehzahl gewonnen, so dass ein separater Drehzahlgeber entfallen kann.

Für translatorische Bewegungen mit Linearmotoren werden entsprechend Wegsensoren eingesetzt. Wegsensoren arbeiten z. T. mit sehr ähnlichen Prinzipien wie Winkelsensoren. In den folgenden Abschnitten werden daher ggf. Angaben zu den entsprechenden Wegsensoren gemacht, wenn das Funktionsprinzip auch für Wegsensoren verwendet wird.

Die Winkel- und Wegsensoren werden zum einen nach ihrer *Maßverkörperung* eingeteilt:

- *winkelabhängige/wegabhängige Widerstände* (→ Potentiometer, Abschnitt 5.3.1),
- *Wicklungsverteilung* (→ Resolver, Abschnitt 5.3.4.1),
- *winkelabhängige/wegabhängige Induktivitäten* (→ Reluktanzresolver, Zahnradgeber Abschnitt 5.3.4.2),
- *winkelabhängige/wegabhängige Kapazitäten* (→ 5.3.2),
- *optische Maßverkörperung* durch Strichscheiben oder Lochscheiben (→ Optische Inkrementalgeber und Absolutgeber, Abschnitt 5.3.6),
- *magnetische Maßverkörperung* durch Magnetscheiben, Magnetringe (→ Hall-Sensoren, AMR-Sensoren und GMR-Sensoren, Abschnitt 5.3.5).

Zum anderen erfolgt eine Einteilung nach der *Art der Winkelinformation*, die der Sensor zur Verfügung stellt [260]:

- *Inkrementalgeber*: Die Winkelinformation wird mit Winkelinkrementen $\Delta\varphi$ bereit gestellt (→ Zahnradgeber, Abschnitt 5.3.4.2, optische Inkrementalgeber, Abschnitt 5.3.6.1, magnetische Inkrementalgeber, Abschnitt 5.3.5);
- *Inkrementalgeber mit Kommutierungsinformation*: Zusätzlich zu den inkrementellen Winkelschritten $\Delta\varphi$ wird eine absolute Information zur Steuerung des Wechselrichters geliefert (→ optische Sensoren, Abschnitt 5.3.6.2, magnetische Sensoren, Abschnitt 5.3.5);
- *Absolutwertgeber single-turn*: Die Winkelinformation steht absolut innerhalb einer Umdrehung zur Verfügung (→ Resolver, Abschnitt 5.3.4.1, optische Sensoren, Abschnitt 5.3.6.3, magnetische Sensoren, Abschnitt 5.3.5);
- *Absolutwertgeber multi-turn*: Die Winkelinformation steht absolut innerhalb vieler Umdrehungen zur Verfügung (→ optische Sensoren, Abschnitt 5.3.6.4).

Bei *inkrementellen Winkelgebern* liefert der Winkelgeber mit seinen Ausgangssignalen die Winkelinformation durch Impulse, die jeweils ein Winkelinkrement $\Delta\varphi$ repräsentieren. Die aktuelle Position wird ausgehend von einer Referenzposition durch Zählen der Impulse und damit der Winkelinkremente gebildet. Zur Bildung der Referenzposition stellt der Winkelgeber einen Referenzimpuls zur Verfügung, der einmal je Umdrehung ausgegeben wird.

Die Winkelinkremente können alternativ durch digitale Signale oder durch kontinuierliche Sinus- bzw. Cosinussignale zur Verfügung gestellt werden. Im letzteren Fall ist eine Interpolation innerhalb einer Sinus-Periode bzw. Cosinus-Periode möglich, so dass eine höhere Auflösung des Winkelsignals erreicht wird.

Inkrementelle Winkelgeber mit Kommutierungssignalen stellen zusätzlich eine Information zur Ansteuerung des Wechselrichters zur Verfügung. Diese Winkelinformation steht absolut zur Verfügung, d. h. es ist keine Drehbewegung zum Finden eines Referenzimpulses o. ä. erforderlich. Bei Winkelgebern für Motoren mit Blockkommutierung sind dies digitale Signale zur Ansteuerung des Blockwechselrichters. Für Motoren mit Sinuskommutierung werden häufig sinus- bzw. cosinusförmige Signale mit der Periode einer Umdrehung ausgegeben, mit denen durch Interpolation die Winkelinformation zur Ansteuerung des Wechselrichters hinreichend genau ermittelt werden kann.

Absolutwertgeber single-turn liefern den Drehwinkel innerhalb einer Umdrehung absolut, d. h. es ist keine Drehung bis zu einem Referenzimpuls notwendig, um eine Referenzposition zu finden. Dazu wird in vielen Fällen eine Maßverkörperung eingebaut, die sich nur einmal je Umdrehung wiederholt.

Alternativ werden auch quasi-absolute Geber angeboten, die eine Batteriepufferung haben und die auch im ausgeschalteten Betrieb weiter inkrementelle Signale zählen und speichern. Die daraus gebildeten absoluten Winkelinformationen werden dann an die Steuerung weitergegeben.

Absolutwertgeber multi-turn können zusätzlich die Anzahl der Umdrehungen auswerten und so eine absolute Winkelinformation innerhalb einer vorgegebenen Zahl und Umdrehungen, z. B. 4096, zur Verfügung stellen. Dazu enthalten die Absolutwertgeber multi-turn in der Regel ein Messgetriebe, das weitere Sensoren zum Zählen der Impulse enthält.

Alternativ werden auch quasi-absolute multi-turn-Geber angeboten, die eine Batteriepufferung haben und die auch im ausgeschalteten Betrieb weiter inkrementelle Signale oder Umdrehungen zählen und speichern. Die daraus gebildeten absoluten Winkelinformationen über viele Umdrehungen werden dann an die Steuerung weitergegeben.

Die Winkelinformation von Absolutwertgebern wird in den meisten Fällen über eine serielle Schnittstelle an die Regelung und Steuerung des Wechselrichters gesendet. Datenschnittstellen sind z. B. EnDat, SSI, Profibus-DP, Profinet, Hiperface, Biss [260, 261].

5.3.1 Potentiometer

Kennzeichen Sensoren mit Potentiometer:
- *Winkelsensor*, absolute Winkelinformation,
- *Wegsensor*, absolute Weginformation.

Bei *Winkelsensoren nach dem Potentiometerprinzip* wird mit dem Drehwinkel ein Schleifkontakt auf einer Widerstandsbahn bewegt. Den prinzipiellen Aufbau zeigt Abb. 5.5a. Abbildung 5.5b zeigt das zugehörige Schaltbild. Der Widerstand wird je

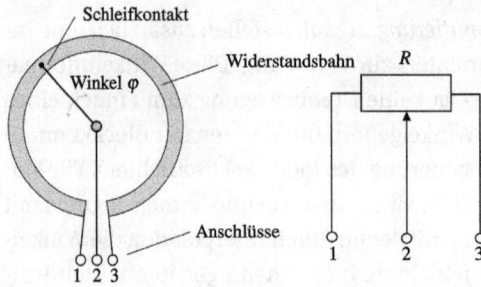

Abb. 5.5: Winkelsensor-Potentiometer. a) Aufbauprinzip b) Schaltbild.

nach Ausführung als Widerstandsbahn, z. B. als Kohlenstoffschicht, Metallschicht oder aus einem gewickelten Draht gebildet.

Nach dem gleichen Prinzip werden auch *Wegsensoren* aufgebaut. Der Widerstand R zwischen den Anschlüssen 1 und 3 ist konstant und nicht vom Drehwinkel φ abhängig. Die Widerstände zwischen den Anschlüssen 1 und 2 sowie 2 und 3 hängen jedoch vom Drehwinkel ab und werden zur Winkelmessung herangezogen. Ist der Drehwinkel des Schleifkontakts vom Anschluss 1 bis zum Anschluss 3 insgesamt φ_{ges} und der Winkel φ zwischen Anschluss 1 und der Schleifkontaktstellung, gelten folgende Zusammenhänge:

$$R_{12} = R \frac{\varphi}{\varphi_{ges}}, \tag{5.3}$$

$$R_{23} = R - R_{12}. \tag{5.4}$$

Die Winkelauswertung erfolgt dadurch, dass das Potentiometer an den Anschlüssen 1 und 3 mit einer Spannung U gespeist wird und die Spannung U_1 an den Anschlüssen 1 und 2 gemessen wird (Schaltbild siehe Abb. 5.6). Der Winkel ergibt sich dann zu

$$\varphi = \frac{R_1}{R} \varphi_{ges} = \frac{U_1}{U} \varphi_{ges}. \tag{5.5}$$

Eine temperaturabhängige Änderung des gesamten Widerstands macht sich kaum im Winkelergebnis bemerkbar, da sich sowohl R als auch R_1 in gleicher Weise mit der Temperatur ändern.

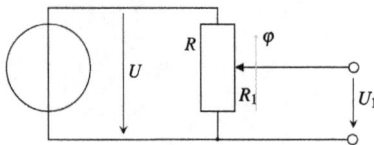

Abb. 5.6: Winkelsensor-Potentiometer, Schaltbild zur Auswertung mit Spannungsquelle.

Die Sensoren mit Potentiometer haben folgende Eigenschaften:
- sehr kostengünstig,
- absolute Winkelinformation innerhalb des Messbereichs,
- verschleißbehaftet, Lebensdauer bis zu mehreren Millionen Drehungen,
- gesamter Drehwinkel $\varphi_{ges} = 60 \dots 358\,°$,
- für größere Drehwinkel werden Untersetzungsgetriebe verwendet,
- Widerstand $R \approx 100\,\Omega \dots 50\,k\Omega$,
- Linearität:
  - Kohleschichtwidertände $\pm 1 \cdots \pm 5\,\%$,
  - Drahtwiderstände $\pm 0{,}15 \cdots \pm 0{,}5\,\%$,
  - $\rightarrow$ Winkelgenauigkeit bis $\pm 0{,}5\,°$,
- als Wegsensoren verfügbar für Wege von $10 \dots 500\,mm$.

Der Verschleiß und die Lebensdauer begrenzen die Anwendungsgebiete. Typische Anwendungen sind z. B.
- Ventile für Wasser, Öl ...,
- Klappen für Luft, z. B. Kfz, Raumbelüftung,
- Servoantriebe für Modellbau.

Als *Beispiel für die Lebensdauer* dient die *Verstellung eines Ventils*:
- Verstellung etwa alle 20 s,
- Betriebszeit von 16 h je Tag,
- Betrieb von 5 Tagen pro Woche.

Bei einer Lebensdauer des Potentiometer von $2 \cdot 10^6$ Drehungen ist die *Lebenserwartung ca. 2,5 Jahre.*

Ist eine hohe Zuverlässigkeit gefordert, z. B. im Kfz zur Klappenverstellung am Verbrennungsmotor, werden Potentiometer mit Bahnen aus leitfähigem Kunststoff eingesetzt. Ferner werden die Potentiometer redundant als Doppelpotentiometer eingesetzt (Abb. 5.7). Wenn ein Potentiometer Kontaktprobleme zeigt, äußert sich das durch stark schwankende Spannungen und Widerstände zwischen dem Schleifer und den Enden. In dem Fall kann weiterhin die Position über das noch intakte Potentiometer ausgewertet werden. Ferner kann eine Warnung an den Fahrer ausgegeben werden, dass eine Wartung erforderlich ist.

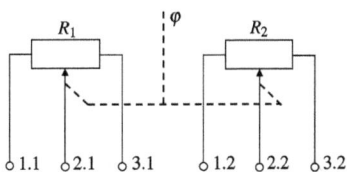

Abb. 5.7: Winkelsensor-Potentiometer, redundante Ausführung mit zwei mechanisch gekoppelten Potentiometern.

5.3.2 Kapazitive Sensoren

Eigenschaften kapazitiver Sensoren:
– *Winkelsensor*, absolute oder inkrementelle Winkelinformation,
– *Wegsensor*, absolute Weginformation.

Kapazitiv arbeitende Sensoren nutzen die Abhängigkeit der Kapazität von geometrischen Größen oder von Materialgrößen aus. Die einfachste Anwendung ist die Wegmessung kleiner Abstände. Den Grundaufbau zeigt Abb. 5.8. Dazu wird die Elektrode 1 gegenüber dem bewegten Objekt angebracht. Das bewegte Objekt trägt die Elektrode 2. Zwischen den beiden Elektroden ist z. B. Luft mit $\varepsilon_{Luft} \approx \varepsilon_0$. Die Kapazität zwischen den beiden Elektroden ergibt sich mit der Elektrodenfläche A und dem Abstand s zu

$$C = \frac{\varepsilon_0 A}{s} \; . \tag{5.6}$$

Wird die Kapazität entsprechend Abb. 5.9 an eine Spannungsquelle mit der Frequenz f geschaltet, fließt der Strom

$$I = 2\pi f C U = 2\pi f \frac{\varepsilon_0 A}{s} U \; . \tag{5.7}$$

Der Abstand s lässt sich also aus der Spannung U, der Frequenz f und dem Strom I bestimmen:

$$s = 2\pi f \varepsilon_0 A \frac{U}{I} \; . \tag{5.8}$$

Nach diesem Grundprinzip arbeiten auch die weiteren vorgestellten kapazitiven Sensoren.

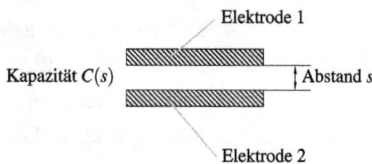

Abb. 5.8: Kapazitiver Wegsensor, Grundaufbau zur Abstandsmessung zwischen den beiden Elektroden, die eine wegabhängige Kapazität $C(s)$ bilden.

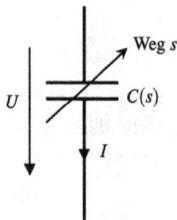

Abb. 5.9: Kapazitiver Wegsensor, Grundschaltung zur Abstandsmessung zwischen den beiden Elektroden nach Abb. 5.8.

5.3.2.1 Bewegtes Dielektrikum zwischen zwei Elektroden

Abbildung 5.10 zeigt das Messprizip mit einem bewegten Dielektrikum mit der Dielektrizitätszahl ε_r. Betrachtet man rechteckige Elektroden mit der Breite b und der Fläche A sowie dem Abstand d, ergibt sich die Kapazität $C(s)$ in Abhängigkeit vom Weg s, mit dem das Dielektrikum zwischen die Elektroden geschoben ist, zu

$$C(s) = \varepsilon_0 \left(\frac{A}{d} + (\varepsilon_r - 1)\frac{bs}{d} \right) . \tag{5.9}$$

Der kapazitive Strom im Kondensator kann gemäß Abb. 5.11 zur Wegbestimmung herangezogen werden:

$$I = 2\pi f C(s) U \tag{5.10}$$

$$\rightarrow \quad s = \frac{\frac{I}{2\pi f U \varepsilon_0} - \frac{A}{d}}{(\varepsilon_r - 1)\frac{b}{d}} . \tag{5.11}$$

Die Anordnung mit bewegtem Dielektrikum hat mehrere Vorteile gegenüber der Variante mit bewegten Elektroden:
- die Elektroden stehen fest, so dass keine beweglichen Leitungen erforderlich sind;
- es lassen sich auch lange Wege messen;
- statt eines festen bewegten Dielektrikums kann auch eine Flüssigkeit z. B. zur Füllstandsmessung verwendet werden.

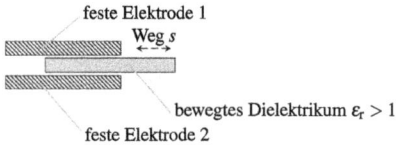

Abb. 5.10: Kapazitiver Wegsensor, Wegmessung mit einem bewegten Dielektrikum.

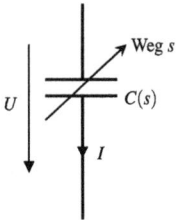

Abb. 5.11: Kapazitiver Wegsensor, Grundschaltung zur Wegmessung des bewegten Dielektrikums nach Abb. 5.10.

5.3.2.2 Drei Elektroden mit bewegtem Dielektrikum

Die bisher beschriebenen kapazitiven Sensoren mit bewegtem Dielektrikum nach Abb. 5.10 haben den Nachteil, dass der Abstand der Elektroden und die Dicke des Dielektrikums stark in die Wegmessung eingehen. Diese Einflüsse lassen sich durch eine Differenzanordnung entsprechend Abb. 5.12 reduzieren.

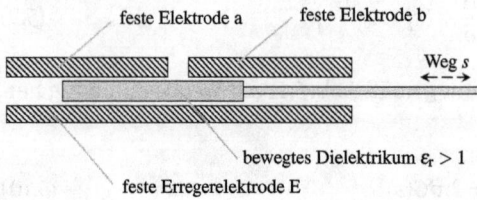

Abb. 5.12: Kapazitiver Wegsensor, Aufbau mit bewegtem Dielektrikum und zwei Kapazitäten.

Zwischen insgesamt drei festen Elektroden befindet sich das Dielektrikum. Es werden zwei Kapazitäten C_a und C_b jeweils zwischen den Elektroden a und b sowie der Elektrode E gebildet.

Für den Fall rechteckiger Elektroden mit der Breite b und der Fläche A sowie dem Abstand d, ergeben sich die Kapazitäten $C_a(s)$ und $C_b(s)$ in Abhängigkeit vom Weg s, mit dem das Dielektrikum zwischen die Elektroden geschoben wird. Wählt man den Koordinatenursprung für den Weg s so, dass bei $s = 0$ das Dielektrikum jeweils die Hälfte der Elektroden a und b bedeckt, gilt für die Kapazitäten C_a und C_b:

$$C_a(s) = \varepsilon_0 \left(\frac{A}{2d} + \varepsilon_r \frac{A + 2bs}{2d} \right) , \tag{5.12}$$

$$C_b(s) = \varepsilon_0 \left(\frac{A}{2d} + \varepsilon_r \frac{A - 2bs}{2d} \right) . \tag{5.13}$$

Die beiden wegabhängigen Kapazitäten kann man z. B. mit der Schaltung des kapazitiven Spannungsteilers nach Abb. 5.13 zur Wegmessung auswerten. Die Spannung U_b am Kondensator b ergibt sich dann zu

$$U_b = \frac{C_a}{C_a + C_b} U_{ges} . \tag{5.14}$$

Mit den Gleichungen (5.12) und (5.13) ergeben sich folgende Beziehungen:

$$\frac{U_b}{U_{ges}} = \frac{1}{2} + \frac{\varepsilon_r}{1 + \varepsilon_r} \cdot \frac{bs}{A} , \tag{5.15}$$

$$s = \left(\frac{U_b}{U_{ges}} - \frac{1}{2} \right) \cdot \frac{1 + \varepsilon_r}{\varepsilon_r} \cdot \frac{A}{b} . \tag{5.16}$$

Der Weg lässt sich aus dem Spannungsverhältnis ohne Kenntnis des Abstands d berechnen. Der Abstand d beeinflusst daher kaum die Wegmessung.

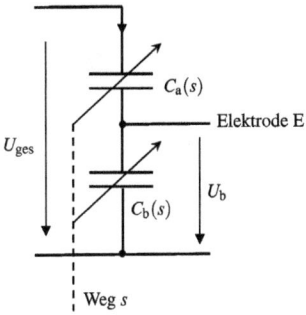

Abb. 5.13: Kapazitiver Wegsensor, Schaltung kapazitiver Spannungsteiler zur Wegmessung des bewegten Dielektrikums nach Abb. 5.12.

5.3.2.3 Bewegte Elektrode gegenüber drei Elektroden

Die Wegmessung kann auch mit einer bewegten Elektrode erfolgen, die nicht angeschlossen ist. Abbildung 5.14 zeigt den Aufbau. Die Erregerelektrode E und die bewegte Elektrode bilden eine konstante Kapazität C_E. Die Elektroden a und b bilden mit der bewegten Elektrode die wegabhängigen Kapazitäten $C_a(s)$ und $C_b(s)$. Der Aufbau kann natürlich auch rotierend zur Winkelmessung verwendet werden. Die Auswertung kann z. B. mit den Schaltungen nach Abb. 5.15 oder 5.16 erfolgen.

Bei Abb. 5.15 wird die Spannung U_b zur Wegbestimmung oder Winkelbestimmung herangezogen. Die Schaltung in Abb. 5.16 nutzt die Abhängigkeit der Ströme I_a und I_b vom Weg bzw. vom Winkel aus.

Eine Anordung zur Winkelmessung zeigt Abb. 5.17. Die Erregerelektrode E hat einen kreisförmigen Aufbau. Die Erregerelektrode und die drehende Elektrode bilden

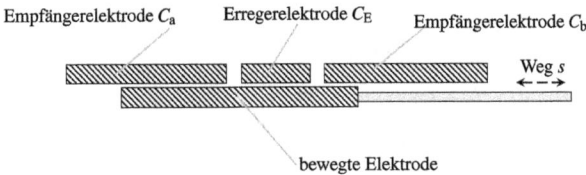

Abb. 5.14: Kapazitiver Wegsensor mit bewegter Elektrode.

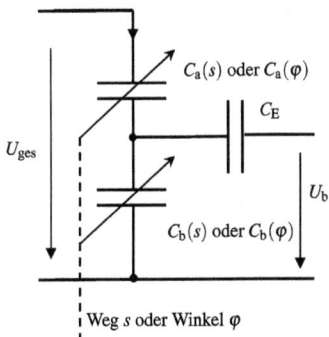

Abb. 5.15: Kapazitiver Wegsensor, Grundschaltung 1 zur Wegmessung der bewegten Elektrode nach Abb. 5.14.

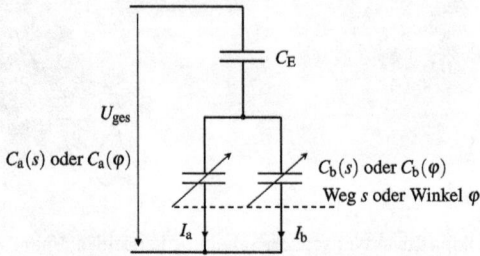

Abb. 5.16: Kapazitiver Wegsensor, Grundschaltung 2 zur Wegmessung der bewegten Elektrode nach Abb. 5.14.

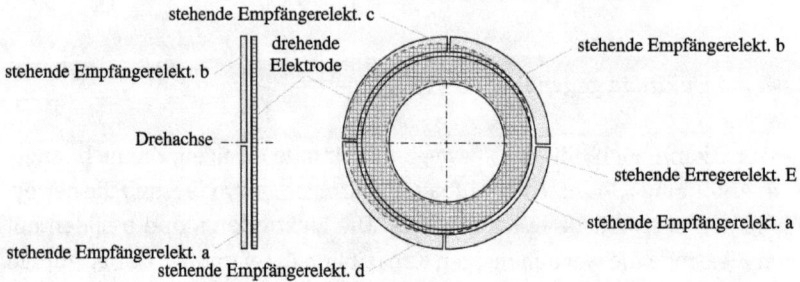

Abb. 5.17: Kapazitiver Winkelsensor mit einer Erregerelektrode und vier Empfängerelektroden, absolute Winkelmessung innerhalb einer Umdrehung. Die Abhängigkeit der Kapazität vom Drehwinkel wird mit der Geometrie der Elektroden vorgegeben.

eine drehwinkelunabhängige Kapazität C_E. Zwischen der drehenden Elektrode und den vier Empfängerelektroden a bis d bilden sich drehwinkelabhängige Kapazitäten. Durch geeignete Formgebung der Elektroden kann die Abhängigkeit z. B. sinus- bzw. cosinusförmig vom Winkel sein:

$$C_a = C_0 + \hat{C} \cos \varphi \,, \tag{5.17}$$

$$C_b = C_0 + \hat{C} \sin \varphi \,, \tag{5.18}$$

$$C_c = C_0 - \hat{C} \cos \varphi \,, \tag{5.19}$$

$$C_d = C_0 - \hat{C} \sin \varphi \,. \tag{5.20}$$

Die Auswertung kann z. B. mit einer Schaltung entsprechend Abb. 5.18 erfolgen. Die Summe der vier Kapazitäten ist konstant, so dass auch ein winkelunabhängiger Strom fließt:

$$C_a + C_b + C_c + C_d = 4C_0 \,, \tag{5.21}$$

$$I_{ges} = 2\pi f C_{ges} U_{ges} \quad \text{mit} \quad C_{ges} = \frac{4C_0 C_E}{4C_0 + C_E} \,. \tag{5.22}$$

Die vier Ströme ergeben sich mit den Kapazitäten zu

$$I_a = \frac{C_a}{4C_0} I_{ges} = \frac{C_0 + \hat{C} \cos \varphi}{4C_0} I_{ges} \,, \tag{5.23}$$

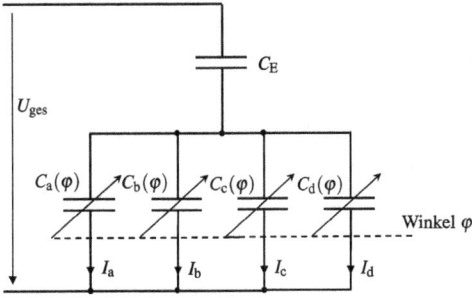

Abb. 5.18: Kapazitiver Winkelsensor, Schaltung zur Winkelbestimmung des Sensors nach Abb. 5.17.

$$I_b = \frac{C_b}{4C_0} I_{ges} = \frac{C_0 + \hat{C} \sin \varphi}{4C_0} I_{ges} , \tag{5.24}$$

$$I_c = \frac{C_c}{4C_0} I_{ges} = \frac{C_0 - \hat{C} \cos \varphi}{4C_0} I_{ges} , \tag{5.25}$$

$$I_d = \frac{C_d}{4C_0} I_{ges} = \frac{C_0 - \hat{C} \sin \varphi}{4C_0} I_{ges} . \tag{5.26}$$

Die Differenzen der Ströme hängen dann vom Cosinus bzw. Sinus des Drehwinkels ab, so dass mit dem Arcustangens der Winkel bestimmt werden kann:

$$I_{cos} = I_a - I_c = \frac{2\hat{C}}{4C_0} I_{ges} \cos \varphi , \tag{5.27}$$

$$I_{sin} = I_b - I_d = \frac{2\hat{C}}{4C_0} I_{ges} \sin \varphi , \tag{5.28}$$

$$\varphi = \arctan \frac{I_{sin}}{I_{cos}} = \arctan \frac{I_b - I_d}{I_a - I_c} . \tag{5.29}$$

So lässt sich der Winkel mit dem kapazitiven Sensor absolut innerhalb einer Umdrehung bestimmen. Durch Elektroden mit einer größeren Anzahl von Perioden lassen sich höhere Auflösungen erreichen, da dann die Ströme eine stärkere Abhängigkeit vom Drehwinkel haben. In der Praxis werden z. T. Elektroden mit einer Periode je Umdrehung und zusätzlich Elektroden mit z. B. 32 Perioden je Umdrehung in einem Sensor kombiniert, um eine absolute Winkelbestimmung innerhalb einer Umdrehung mit einer höheren Auflösung zu kombinieren.

5.3.3 Elektromagnetische Sensoren

Kennzeichen elektromagnetischer Sensoren:
- *Winkelsensor*, absolute oder inkrementelle Winkelinformation,
- *Wegsensor*, absolute oder inkrementelle Weginformation.

Bei elektromagnetischen Sensoren wird die Abhängigkeit der Induktivität L bzw. der Impedanz Z einer Spule oder der Gegeninduktivität zwischen verschiedenen Spulen vom Weg oder vom Drehwinkel zur Positionsbestimmung genutzt. Die elektromagnetischen Sensoren werden in einer großen Zahl unterschiedlicher Varianten am Markt angeboten. Das hängt damit zusammen, dass praktisch alle Metallkörper die Induktivität bzw. Impedanz einer Spule beeinflussen können. Dies gilt sowohl für ferromagnetische Körper als auch für nicht ferromagnetische Metalle:

– ferromagnetische Körper wie Eisen, Stahl, Ferrit usw. erhöhen die Induktivität/Impedanz;
– nicht ferromagnetische Metalle wie Alu, Kupfer, Messing, Zink usw. sorgen durch ihre Wirbelströme bei magnetischen Wechselfeldern für eine reduzierte Induktivität/Impedanz.

Dadurch lassen sich viele bewegte Teile einer Maschine, die für die Funktion der Maschine ohnehin erforderlich sind, auch zur Positionsmessung verwenden. Verschiedene Sensoren nach diesen Prinzipien werden im Folgenden dargestellt.

Eine spezielle Rolle spielen die Resolver. Diese eignen sich zur genauen Winkelmessung. Sie werden in ihren verschiedenen Ausführungen in einem separaten Abschnitt dargestellt (5.3.4).

5.3.3.1 Elektromagnetische Positionssensoren mit bewegtem Kern

Anwendung und Eigenschaft des Sensors mit bewegtem Kern:
– *Wegsensor*, absolute Weginformation.

Bei diesen Sensoren wird die Wirkung eines bewegten Kerns auf die Induktivität L bzw. Impedanz Z einer feststehenden Spule zur Wegmessung ausgenutzt. Der Kern kann dabei in eine Spule eintauchen (Abb. 5.19) oder sich außerhalb der Spule befinden.

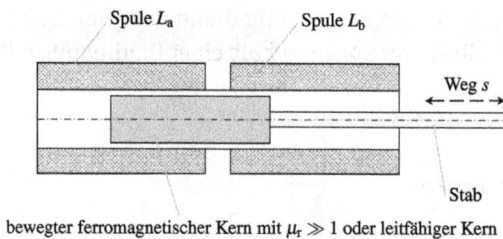

bewegter ferromagnetischer Kern mit $\mu_r \gg 1$ oder leitfähiger Kern

Abb. 5.19: Induktiver Wegsensor mit zwei Spulen: Aufbau mit Kern, der in die Spulen eintaucht.

Wegabhängige Induktivität bzw. Impedanz
Abbildung 5.19 zeigt den Aufbau eines Wegsensors mit zwei Spulen. Der Kern ändert in dem gezeigten Beispiel bei der Bewegung die Induktivität bzw. Impedanz der beiden

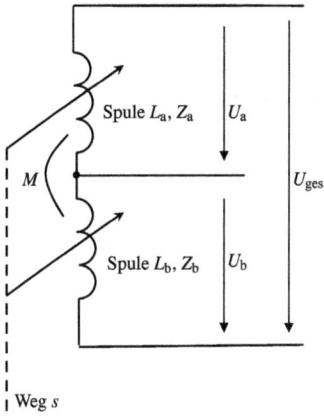

Abb. 5.20: Induktiver Wegsensor mit zwei Spulen: Schaltbild zum Aufbau nach Abb. 5.19.

Spulen entgegengesetzt. Dadurch werden Abweichungen von der Linearität, Temperatureinflüsse und Einflüsse der Pemeabilität bzw. Leitfähigkeit des Kerns auf die Positionsmessung reduziert, da diese Einflüsse auf beide Spulen in gleicher Weise wirken.

Die beiden Spulen haben vom Weg s abhängige Induktivitäten $L_a(s)$ und $L_b(s)$ bzw. Impedanzen $Z_a(s)$ und $Z_b(s)$. Die Positionsauswertung kann z. B. mit einem induktiven Spannungsteiler entsprechend Abb. 5.20 erfolgen. Die Spannungen U_a und U_b an den Spulen ergeben sich dann in etwa zu

$$U_a \approx \frac{Z_a}{Z_a + Z_b} U_{ges} \,, \tag{5.30}$$

$$U_b \approx \frac{Z_b}{Z_a + Z_b} U_{ges} \,. \tag{5.31}$$

Dabei wird angenommen, dass die beiden Impedanzen ein etwa gleiches Verhältnis von Real- und Imaginärteil haben und die Gegeninduktivität M keinen nennenswerten Einfluss auf das Spannungsverhältnis hat.

Bildet man das Verhältnis der beiden Spannungen, fällt die Eingangsspannung aus der Berechnung heraus:

$$k_L(s) = \frac{U_a}{U_b} = \frac{Z_a(s)}{Z_b(s)} \,. \tag{5.32}$$

Sind z. B. aus einer Berechnung oder Messung die Funktion $k_L(s)$ bzw. die Umkehrfunktion $k_L^{-1}(s)$ bekannt, lässt sich aus dem gemessenen Spannungsverhältnis der Weg s_{mess} bestimmen:

$$s_{mess} = k_L^{-1}\left(\frac{U_a}{U_b}\right) \,. \tag{5.33}$$

So lässt sich bei bekannter Abhängigkeit des Spannungsverhältnisses vom Weg aus den gemessenen Spannungen der Weg bestimmen.

Wegabhängige Gegeninduktivität

Die Abhängigkeit der Gegeninduktivität vom Weg lässt sich ebenfalls für die Wegmessung einsetzen. Abbildung 5.21 zeigt den Grundaufbau mit einer Erregerspule und zwei Empfängerspulen. Das Ersatzschaltbild ist in Abb. 5.22 dargestellt. Für den bewegten Kern wird vorzugsweise ferromagnetisches Material mit $\mu_r \gg 1$ eingesetzt. Es eignet sich bei bestimmten Anwendungen auch elektrisch leitfähiges Material. Da die Empfängerspulen praktisch keinen Strom führen, hat der temperaturabhängige Widerstand der Spulen nahezu keinen Einfluss auf das Messergebnis.

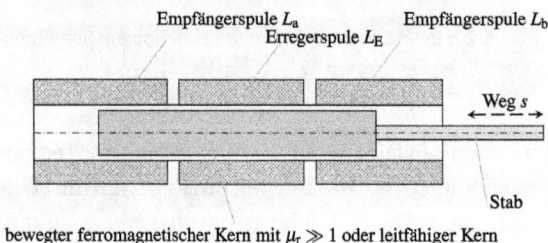

Abb. 5.21: Induktiver Wegsensor mit Gegeninduktivität zwischen den Spulen: Aufbau.

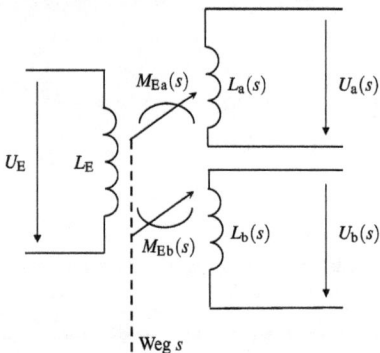

Abb. 5.22: Induktiver Wegsensor mit Gegeninduktivität zwischen den Spulen: Schaltbild zum Aufbau nach Abb. 5.21.

Durch die Gegeninduktivitäten $M_{a-e}(s)$ und $M_{b-e}(s)$ werden in den Empfängerspulen wegabhängige Spannungen durch den Strom I_e in der Erregerwicklung induziert:

$$U_a = 2\pi f M_{Ea}(s) I_e \,, \tag{5.34}$$

$$U_b = 2\pi f M_{Eb}(s) I_e \,. \tag{5.35}$$

Bildet man das Verhältnis der Spannungen, fällt der Erregerstrom heraus:

$$k_M(s) = \frac{U_a}{U_b} = \frac{M_{Ea}(s)}{M_{Eb}(s)} \,. \tag{5.36}$$

Wenn aus einer Berechnung oder Messung die Funktion $k_M(s)$ bzw. die Umkehrfunktion $k_M^{-1}(s)$ bekannt ist, lässt sich aus dem gemessenen Spannungsverhältnis s_{mess} bestimmen:

$$s_{mess} = k_M^{-1}\left(\frac{U_a}{U_b}\right). \tag{5.37}$$

Der Weg wird so bei bekannter Abhängigkeit des Spannungsverhältnisses vom Weg aus den gemessenen Spannungen bestimmt.

5.3.3.2 Zahnradgeber

Eigenschaften der Zahnradgeber:
- *Winkelsensor*, inkrementelle Winkelinformation,
- *Wegsensor*, inkrementelle Weginformation.

Beim Zahnradgeber wird die Verzahnung eines ohnehin vorhandenen Metall-Zahnrades als Maßverkörperung genutzt. Das Grundprinzip entspricht dem Aufbau mit einer variablen Induktivität nach Abb. 5.19. Den bewegten Kern bilden dabei entsprechend Abb. 5.23 die Zähne des Zahnrads. Sie beeinflussen als bewegter ferromagnetischer Kern die Induktivität der fest montierten Spulen a und b.

Alternativ kommen auch Lochscheiben, Lüfterräder o. ä. zum Einsatz. Besonders vorteilhaft ist der Geber dann, wenn als Maßverkörperung ohnehin vorhandene Bauteile benutzt werden können.

Für *Wegsensoren* werden entsprechend Zahnstangen oder Lochstreifen als Maßverkörperung benutzt. Dem Zahnrad mit z Zähnen stehen zwei Spulen a und b mit dem Winkelversatz

$$\Delta\varphi_{a-b} = \frac{\pi}{2z} + \frac{2\pi}{z}g = \frac{90\,°}{z} + \frac{360\,°}{z}g\,, \quad g = 0,1,2,3\ldots \tag{5.38}$$

gegenüber (Abb. 5.23). Aufgrund der Rückwirkung des Zahnrades auf das Magnetfeld der Spulen durch Wirbelströme oder den magnetischen Leitwert ändert sich die Impedanz der Spulen mit dem Drehwinkel. Die Impedanz kann z. B. aus der Spannung

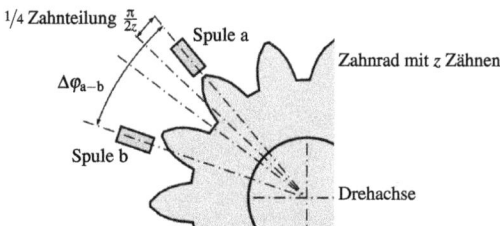

Abb. 5.23: Zahnradgeber, induktiver Winkelssensor mit variabler Induktivität der Spulen a und b.

an einer Spule bei Speisung mit einem Wechselstrom ermittelt werden:

$$Z = \frac{U}{I} \,.$$ (5.39)

Die Impedanz ist häufig in etwa sinusförmig vom Drehwinkel abhängig. Durch den Winkelversatz der beiden Spulen entstehen eine Abhängigkeit vom Sinus und vom Cosinus des Drehwinkels φ:

$$Z_a \approx Z_0 + \Delta Z \, \sin z\varphi \,,$$ (5.40)

$$Z_b \approx Z_0 + \Delta Z \, \cos z\varphi \,.$$ (5.41)

Der Winkel wird dann aus dem Arcustangens der Impedanzschwankungen bestimmt:

$$\varphi_{mess} = \frac{1}{z} \arctan\left(\frac{Z_a - Z_0}{Z_b - Z_0}\right) \,.$$ (5.42)

Die Impedanz Z_0 geht in die Berechnung mit ein und stellt eine Fehlerquelle dar. Durch die Ergänzung zweier weiterer Spulen c und d mit dem Winkelversatz

$$\Delta\varphi_{ab-cd} = \frac{\pi}{z} + \frac{2\pi}{z}g = \frac{180°}{z} + \frac{360°}{z}g \,, \quad g = 0, 1, 2, 3 \ldots$$ (5.43)

ergeben sich für die Spulen c und d die Impedanzverläufe

$$Z_c \approx Z_0 - \Delta Z \, \sin z\varphi \,,$$ (5.44)

$$Z_d \approx Z_0 - \Delta Z \, \cos z\varphi \,.$$ (5.45)

Der Winkel wird dann aus dem Arcustangens der Differenzen der Impedanzschwankungen bestimmt:

$$\varphi_{mess} = \frac{1}{z} \arctan\left(\frac{Z_a - Z_c}{Z_b - Z_d}\right) \,.$$ (5.46)

Die Impedanz Z_0 fällt dann heraus und hat keinen Einfluss auf die Genauigkeit.

Der große Vorteil des Zahnradgebers besteht darin, dass die Maßverkörperung von ohnehin vorhandenen genauen Komponenten genommen wird. Der Winkel kann allerdings nur innerhalb einer Zahnteilung absolut bestimmt werden, so dass sich die Kommutierungssignale für bürstenlose Permanentmagnet-Motoren nicht gewinnen lassen.

5.3.4 Resolver

Eigenschaft Resolver:
- *Winkelsensor*, absolute Winkelinformation innerhalb einer doppelten Polteilung.

Resolver nutzen zur Winkelbestimmung ein winkelabhängiges Übersetzungsverhältnis zwischen einer Referenzwicklung und zwei Statorwicklungen. Zur Verwirklichung der winkelabhängigen Übersetzung werden zum einen Resolver mit Rotorwicklung und zum anderen Resolver mit variabler Reluktanz im Rotor eingesetzt:

- *Resolver mit Rotorwicklung*: größer, teurer, genauer (→ Abschnitt 5.3.4.1),
- *Resolver mit Reluktanzläufer*: kleiner, kostengünstiger, weniger genau (→ Abschnitt 5.3.4.2).

Die Funktion und der Aufbau der Resolver wird z. B. in [257, 258, 259] unter der damals gebräuchlichen Bezeichnung Drehmelder dargestellt. Die Winkelbestimmung erfolgt für beide Resolverarten in gleicher Weise (siehe Abschnitte 5.3.4.3, 5.3.4.4). Es erfolgen z. Zt. Entwicklungen zur Verbesserungen der Eigenschaften und Senkung der Kosten, z. B. [268].

5.3.4.1 Resolver mit Rotorwicklung

Aufgrund ihrer mechanischen und thermischen Robustheit (Temperatureinsatzbereich teilweise bis 220 °C) werden für anspruchsvolle Servoapplikationen, sowie zum Betrieb von Motorausführungen für sinusförmige Ansteuerungen, gerne Resolver eingesetzt. Abbildung 5.24 [262] zeigt einen real ausgeführten Resolver mit einem Durchmesser von 20,5 mm ohne eigene Lagerung zum Einbau in Motoren. Es sind sowohl kleinere als auch größere Ausführungen mit und ohne eigene Lagerung am Markt verfügbar.

Die Resolver in Abb. 5.24 sind mit Wicklungen in Nuten in einem ferromagnetischen Blechpaket dargestellt. Die Winkelabhängigkeit der Gegeninduktivitäten wird durch die Blechpaketgeometrie und die Wicklungsverteilung in den Nuten festgelegt. Dadurch lassen sich genaue Winkelmessungen mit $\Delta\varphi = 5 \dots 20'$ erreichen.

Abb. 5.24: Resolver mit Rotorwicklung: Winkelsensor ohne eigene Lagerung zum Einbau in Motoren, Speed $s = 1$, $d \times l = 20{,}32\,\text{mm} \times 18\,\text{mm}$. Links: Rotor und Stator getrennt, Mitte: Rotor und Stator zusammengesteckt, rechts: Längsschnitt durch Stator und Rotor. (Werkbild Bomatec, Tamagawa Seiki).

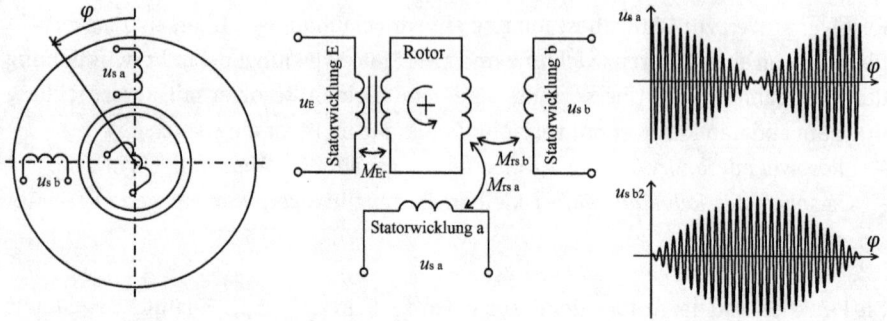

Abb. 5.25: Resolver. Links: Schematischer Aufbau des Resolvers; Mitte: Elektrisches Ersatzschaltbild; rechts: Rotorwinkelabhängige Statorspannungen u_{s1} und u_{s2}, winkelabhängige Größe des Trägerfrequenzsignals [262].

Der Resolver ist, wie in Abb. 5.25 gezeigt, nach dem Drehtransformatorprinzip aufgebaut. Die Rotorwicklung ist einsträngig und führt zu sinus- bzw. cosinusförmig vom Drehwinkel abhängigen Signalübertragungen zu den beiden Strängen der Statorwicklung. Dies drückt sich in winkelabhängigen Gegeninduktivitäten zwischen Rotorwicklung und Statorwicklungen aus:

$$M_{rs\,a} = M\,\cos(s\varphi)\,, \tag{5.47}$$

$$M_{rs\,b} = M\,\sin(s\varphi)\,. \tag{5.48}$$

Die Rotorwicklung ist über einen winkelunabhängig arbeitenden Drehtransformator mit der Statorwicklung E magnetisch gekoppelt.

Es werden in der Mehrzahl zweipolige Resolver eingesetzt: Polpaarzahl $p = 1$, auch bezeichnet als Speed $s = p = 1$. Bei Resolvern sind beide Begriffe Polpaarzahl und Speed gebräuchlich:

– Die Polpaarzahl p gibt an, wie oft sich das Magnetfeld entlang des Umfangs wiederholt.
– Die Größe Speed s gibt an, wie oft sich die gemessenen Signale an den Wicklungen bei einer Umdrehung wiederholen.

Bei den hier betrachteten Resolvern mit einer drehwinkelabhängigen Kopplung der Rotor- und Statorwicklung sind beide Größen identisch: $s = p$. Neben zweipoligen Resolvern werden aber auch höherpolige Resolver verwendet, die sich durch eine bessere Genauigkeit auszeichnen.

Die Winkelauswertung kann mit dem Vorwärtsverfahren (Abschnitt 5.3.4.3) durch Speisung der Transformator-/Rotorwicklung oder mit dem Rückwärtsverfahren (Abschnitt 5.3.4.4) durch Speisung der beiden Statorwicklungen erfolgen. Die Auswerteelektronik kann mit Hardware, z. B. [265], oder durch Softwarelösungen, z. B. [266], aufgebaut werden.

Mit beiden Auswerteverfahren sind ohne besonderen Aufwand mit Hilfe handelsüblicher Resolver und integrierter Auswerteschaltungen Auflösungen von 12 Bit/5′ und besser für das absolute Winkelsignal erreichbar. Die Winkelgenauigkeit ist etwa

$$\Delta\varphi = 5\ldots 20'. \tag{5.49}$$

Mit einer Fehlerkorrektur, die die gemessene Fehlerkurve als Korrekturfunktion enthält, kann der Fehler reduziert werden, so dass Genauigkeiten von

$$\Delta\varphi_{\mathrm{korr}} = 2\ldots 5' \tag{5.50}$$

erreicht werden.

Resolver zeichnen sich vor allem durch eine hohe Zuverlässigkeit sowie durch hohe mechanische und thermische Robustheit aus. Für viele Anwendungen im Low-Cost-Bereich sind sie allerdings, wenn diese speziellen Eigenschaften nicht gefordert werden, zu kostenintensiv.

Das gleiche Prinzip wird aber auch mit Luftspulen angewendet. Die Luftspulen werden dann z. B. als gedruckte Leiterbahnen auf Leiterplatten realisiert. Abbildung 5.26 zeigt getrennt die stehende und drehende Leiterplatte. Den Zusammenbau zeigt Abb. 5.27. Die Speisung erfolgt dann sehr hochfrequent mit Signalen im MHz-Bereich. Die Winkelabhängigkeit der Gegeninduktivitäten wird durch die Gestaltung der einzelnen Leiterbahnwindungen und die Reihenschaltung verschiedener Leiterbahnwindungen eingestellt.

Wegen der hohen Frequenzen ist die Auswerteelektronik direkt auf der gleichen Leiterkarte aufgebracht. Die gesamte Einheit, bestehend aus Sensor, Ansteuer- und Auswerteelektronik, hat beispielsweise Abmessungen von etwa 20 mm × 35 mm, baut also sehr kompakt und lässt sich als Winkelsensor gut in das Gerät integrieren. Die Winkelgenauigkeit mit der direkt montierten Elektronik beträgt ca. $\Delta\varphi \approx 2{,}5°$ bei einem Drehwinkelbereich von 120°. Abbildung 5.28 zeigt das Ersatzschaltbild für vier Empfängerwicklungen mit den winkelabhängigen Gegeninduktivitäten.

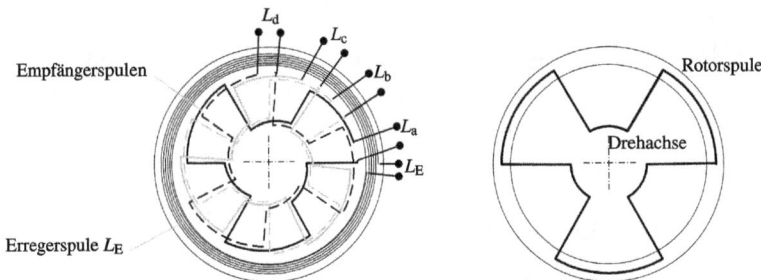

Abb. 5.26: Resolver mit Leiterplatten. a) Stehende Leiterplatte mit der Erregerspule und den Empfängerspulen, Anpassung der Winkelabhängigkeit der Gegeninduktivität durch Wahl der Windungsweite und Reihenschaltung mehrerer Windungen, b) rotierende Leiterplatte mit der in sich kurzgeschlossenen Windung.

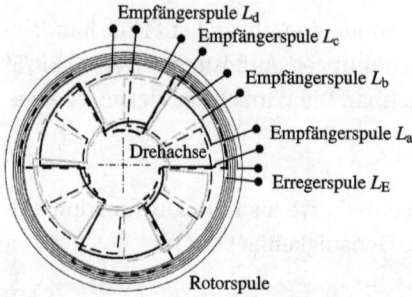

Abb. 5.27: Resolver mit Leiterplatten: stehende Leiterplatte mit der Erregerspule und den Empfängerspulen sowie rotierende Leiterplatte mit der in sich kurzgeschlossenen Windung.

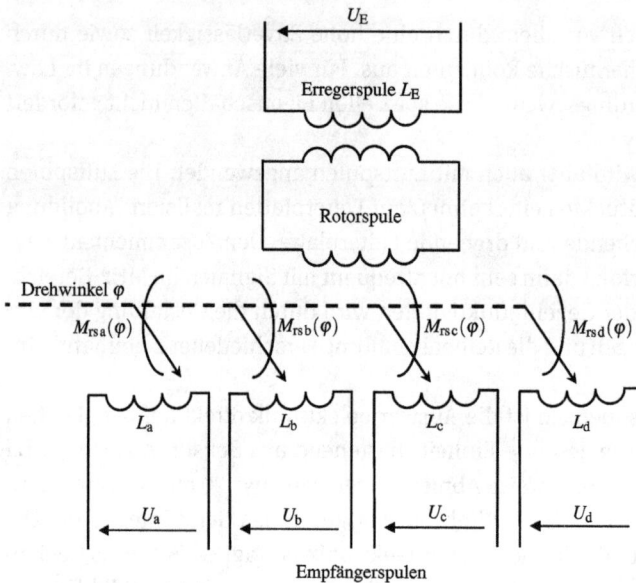

Abb. 5.28: Resolver mit Leiterplatten: Ersatzschaltbild mit winkelabhängigen Gegeninduktivitäten und vier Empfängerspulen.

Die Auswertung der Signale zur Winkelmessung erfolgt bei Resolvern, die auf Leiterplatten aufgebaut sind, mit dem Vorwärtsverfahren, das auch für Resolver mit Wicklungen im Blechpaket verwendet wird (Abschnitt 5.3.4.3).

5.3.4.2 Reluktanzresolver, Resolver ohne Rotorwicklung

Beim Reluktanzresolver wird die winkelabhängige Gegeninduktivität zwischen den Wicklungen durch die variable Reluktanz des Rotors erzeugt [263, 267]. Abbildung 5.29 zeigt einen Resolver mit einer Leitwertschwankung im Rotor mit Speed $s = 3$. Die Winkelabhängigkeit der Gegeninduktivitäten wiederholt sich dreimal je Umdrehung.

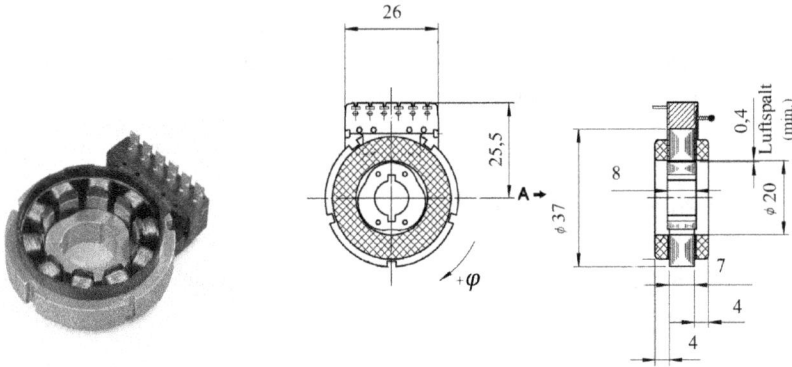

Abb. 5.29: Reluktanzresolver: Winkelsensor ohne eigene Lagerung mit Speed $s = 3$, $d \times l =$ 37 mm × 15 mm, links: Rotor und Stator zusammengesteckt, Mitte: Axialansicht mit Darstellung des Reluktanzläufers, links: Längsschnitt (Werkbild Bomatec, Tamagawa Seiki).

Im Stator befindet sich zum einen eine einsträngige Referenzwicklung. Mit ihr wird bei der Vorwärtsauswertung ein Magnetfeld im Resolver erzeugt. Der Rotor erzeugt durch seine Kontur einen ungleichmäßigen Luftspalt. Dieser winkelabhängige Luftspalt führt zu winkelabhängigen Magnetfeldern.

Zum anderen trägt der Stator eine zweisträngige Empfängerwicklung. Die winkelabhängigen Magnetfelder führen zur Induktion von winkelabhängigen Spannungen in der Empfängerwicklung. Dies wird durch winkelabhängige Gegeninduktivitäten zwischen der Referenzwicklung und den beiden anderen Wicklungen ausgedrückt:

$$M_{\mathrm{rs\,a}} = M \cos(s\varphi) \,, \tag{5.51}$$

$$M_{\mathrm{rs\,b}} = M \sin(s\varphi) \,. \tag{5.52}$$

Die Auswertung liefert innerhalb einer Teilung $360°/s$ eine absolute Winkelinformation. Daher ist die Bildung von Kommutierungssignalen für Permanentmagnetmaschinen mit einer Polpaarzahl p möglich, die ein Vielfaches von s ist. Da der Rotor keine Wicklung trägt, ist der Aufbau besonders klein und kostengünstig. Die Genauigkeit ist mit $\Delta\varphi \approx 45'$ jedoch schlechter als bei Resolvern mit Rotorwicklung.

5.3.4.3 Winkelbestimmung mit dem Vorwärtsverfahren, Speisung der Transformator-/Rotorwicklung

Beim Vorwärtsverfahren wird die einsträngige Rotorwicklung gespeist, und die in den beiden Statorsträngen induzierten Spannungen werden für die Winkelbestimmung ausgewertet. Über den Trafo mit zwei Ringspulen in Stator und Rotor wird zunächst ein hochfrequentes sinusförmiges Spannungssignal u_{r} mit der Trägerfrequenz f_{T} auf den Rotor übertragen (Abb. 5.25). Es kommen sowohl sinusförmige als auch rechteckförmige Spannungen zum Einsatz. Typische Trägerfrequenzen sind $f_{TF} = 4 \ldots 12\,\text{kHz}$. Hier wird eine sinusförmige Spannung betrachtet:

$$u_{\mathrm{r}} = \hat{U}_{\mathrm{r}} \sin(\omega_{TF}\, t) = \hat{U}_{\mathrm{r}} \sin(2\pi f_{TF}\, t) \,. \tag{5.53}$$

Die so induzierte Rotorspannung speist eine zweite (meist) zweipolige (Speed $s = 1$) oder höherpolige, verteilte Rotorwicklung mit sinusförmiger Feldausbildung. Wegen der rotorwinkelabhängigen Gegeninduktivitäten zwischen Rotorwicklung und Statorwicklung

$$M_{\mathrm{rs\,a}} = M \cos(s\varphi) \,, \tag{5.54}$$

$$M_{\mathrm{rs\,b}} = M \sin(s\varphi) \tag{5.55}$$

werden in den beiden um 90° versetzten Statorwicklungen Spannungen u_{s1} und u_{s2} induziert, deren Hüllkurve einer Sinus- bzw. einer Cosinus-Funktion folgt.

$$u_{\mathrm{s\,a}} = k\hat{U}_{\mathrm{r}} \sin(\omega_{TF}\, t) \cdot \cos(s\varphi) \,, \tag{5.56}$$

$$u_{\mathrm{s\,b}} = k\hat{U}_{\mathrm{r}} \sin(\omega_{TF}\, t) \cdot \sin(s\varphi) \,. \tag{5.57}$$

Die Spannungen werden gleichgerichtet/demoduliert und so die Amplituden $\hat{U}_{\mathrm{s\,a}}$ und $\hat{U}_{\mathrm{s\,b}}$ der Statorspannungen gebildet. Aus den Amplituden kann der Winkel mit der Arcustangens-Funktion ermittelt werden:

$$\varphi = \frac{1}{s} \arctan\!\left(\frac{\hat{U}_{\mathrm{s\,b}}}{\hat{U}_{\mathrm{s\,a}}} \right) . \tag{5.58}$$

Am Markt werden integrierte Auswerteschaltungen angeboten, die sowohl das Trägerfrequenzsignal bilden als auch die Demodulation und Winkelberechnung vornehmen. Zur Reduzierung von Störungen werden zusätzliche Filter bei der Demodulation verwendet. Die Winkelberechnung erfolgt häufig digital. Ebenso werden die Filter z. T. digital realisiert.

5.3.4.4 Winkelbestimmung mit dem Rückwärtsverfahren, Speisung der Statorwicklungen

Beim Rückwärtsverfahren werden die beiden Statorwicklungen mit zwei Spannungen so gespeist, dass die Rotorspannung zu Null wird. Es kommen sowohl sinusförmige als auch rechteckförmige Spannungen zum Einsatz. Typische Frequzen sind $f_{TR} = 4 \ldots 12\,\text{kHz}$ [262, 264].

Die Gegeninduktivitäten zwischen Statorwicklung und Rotorwicklung ändern sich mit dem Sinus bzw. Cosinus des Winkels

$$M_{\mathrm{rs\,a}} = M \cos(s\varphi) \,, \tag{5.59}$$

$$M_{rsb} = M \sin(s\varphi) \qquad (5.60)$$

und induzieren im Rotor ein Spannung

$$U_r = 2\pi f_{TF} M_{rsa} I_{sa} + 2\pi f_{TF} M_{rsb} I_{sb} = 2\pi f_{TF} M(I_{sa} \cos(s\varphi) + I_{sb} \sin(s\varphi)) . \qquad (5.61)$$

Die beiden Statorwicklungen werden mit zwei Strömen unterschiedlicher Amplitude gespeist, so dass die Rotorspannung zu Null wird (das Vorzeichen der Ströme gibt die Phasenlage zueinander an):

$$0 = I_{sa} \cos(s\varphi) + I_{sb} \sin(s\varphi) \quad \rightarrow \quad \varphi = -\frac{1}{s} \arctan\left(\frac{I_{sb}}{I_{sa}}\right) . \qquad (5.62)$$

Die Amplituden der beiden Ströme werden mit einem Nachlaufregler gebildet, der bei einer Rotorspannung ungleich Null die beiden Ströme so nachstellt, dass die Rotorspannung wieder zu Null wird. Damit der Nachlaufregler die Vorzeicheninformation bekommt, erfolgt die Gleichrichtung der Rotorspannung z. B. mit einer Multiplikation mit der Statorspannung. Abbildung 5.30 zeigt das entsprechende Blockschaltbild mit dem Nachlaufregler. Die Nachlaufregelung liefert sowohl den gemessenen Winkel φ_{mess} als auch die Winkelgeschwindigkeit ω_{mess} und die Drehzahl n_{mess}.

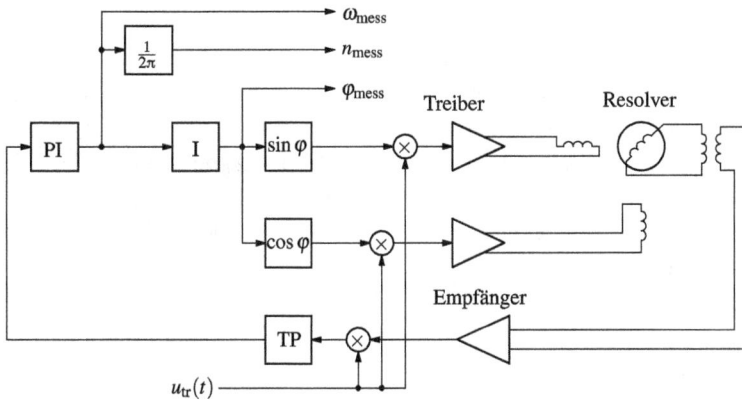

Abb. 5.30: Resolver: Blockschaltbild zur Rückwärtsauswertung des Resolvers mit Nachlaufregler. PI: Proportional-Integralregler, TP: Tiefpass, I: Integrierer.

5.3.5 Permanentmagnetische Sensoren

Kennzeichen permanentmagnetischer Sensoren:
- *Winkelsensor*, inkrementelle Winkelinformation,
- *Wegsensor*, inkrementelle Weginformation.

Für die Messung von Rotorpositionen und Rotorwinkeln werden in elektrischen Antrieben neben den bereits genannten Prinzipien sehr häufig magnetische Sensoren mit Permanentmagneten eingesetzt. Diese erweisen sich in der Anwendung innerhalb ihres Spezifikationsbereichs vergleichsweise robust und zuverlässig und erlauben im Allgemeinen kostengünstige und Platz sparende integrierte Lösungen. So reicht in BLDC-Motoren mit über den Rand des Statorblechpakets hinausreichenden Permanentmagnetpolen teilweise bereits die Auswertung des stirnseitigen magnetischen Streufeldes, um aus dem Polwechsel des Permanentmagnetrotors das Umschaltsignal für die elektrische Kommutierung zu ermitteln.

Für *Wegsensoren* werden magnetisierte Bänder oder Stäbe verwendet. Es werden z. B. Kunststoffbänder mit ferromagnetischer Füllung oder ferromagnetische Metallfolien auf eine feste Unterlage geklebt und mit mit einem Strichmuster aufmagnetisiert.

Das am häufigsten verwendete Bauelement zur Abtastung des Magnetfeldes ist seit vielen Jahren der Hallsensor. Er wird bei BLDC-Motoren meist in einer integrierten Version mit digitalem Komparatorverstärkerausgang eingesetzt, um eine direkte Ansteuerung der Kommutierungselektronik zu ermöglichen (Abschnitt 5.3.5.1).

Für BLAC-Anwendungen und für die kontinuierliche Winkelmessung in Servoapplikationen kommen immer mehr magnetoresistive Sensoren, auch MR-Sensoren genannt, zur Anwendung. Sie weisen in der Regel nicht nur eine hohe Messempfindlichkeit auf, sondern eignen sich z. T. auch für einen erweiterten Temperatureinsatzbereich (Abschnitte 5.3.5.2 und 5.3.5.3).

Die Entdeckung des anisotropen magnetoresistiven Effekts erfolgte bereits 1857 durch William Thomson. Jedoch erst viel später, ab Ende der 1960er Jahre, kamen die ersten MR-Sensoren zu ihrem technischen Einsatz. Viele der heute bekannten Prinzipien wurden erst in den letzten Jahren erforscht, einige davon zur Serienreife entwickelt. Zu den wichtigsten zählen der AMR-Effekt (anisotrope magnetoresistive effect), der GMR-Effekt (giant magnetoresistive effect), der TMR-Effekt (tunnel magnetoresistive effect), der CMR-Effekt (collosale magnetoresistive effect) und der GMI-Effekt (giant magnetic inductance effect).

5.3.5.1 Hall-Sensoren

Bei Winkelsensoren mit Hall-Sensoren wird der Hall-Effekt in einem Permanentmagnetfeld ausgenutzt. Dazu wird ein mehrpoliges Permanentmagnetrad mit der Welle verbunden. Rund um das Magnetrad sind Hall-Sensoren montiert.

Die Hall-Sensoren liefern an ihrem Ausgang eine Spannung, die dem Speisestrom und dem Magnetfeld proportional ist. So können mit der Ausgangsspannung die Größe des Magnetfeldes und bei einem winkelabhängigen Magnetfeld der Winkel bestimmt werden.

Zur Verwendung in elektrischen Antrieben werden integrierte Schaltungen angeboten, die sowohl das Hall-Element als auch die Auswertung und Verstärkung des Signals beinhalten. Dabei kommen grundsätzlich zwei Arten zum Einsatz:
- Sensoren mit Schaltverhalten,
- Sensoren mit kontinuierlichem Verhalten.

Sensoren mit Schaltverhalten liefern am Ausgang nur eine Information über die Polarität des Magnetfeldes. Sie eignen sich besonders für Motoren mit Blockkommutierung zur Ansteuerung des Leistungsteils (BLDC). In diesem Fall werden drei Sensoren eingesetzt. Sie liefern der Ansteuerelektronik die Informationen zur Ansteuerung des Wechselrichters.

Sensoren mit kontinuierlichem Verhalten eignen sich für Motoren mit Sinuskommutierung (BLAC). Es werden typischerweise zwei Sensoren eingesetzt. Durch Auswerten der kontinuierlichen Spannungen wird der Winkel so genau bestimmt, dass eine ausreichend gute Kommutierung möglich ist. In vielen Fällen reicht die grobe Winkelinformation auch zur Positionierung der Antriebe aus.

5.3.5.2 AMR-Sensoren

AMR-Sensoren verwenden ferromagnetische Werkstoffe (Nickel-Eisen), die die Eigenschaft haben, ihren elektrischen Widerstand in Abhängigkeit eines äußeren magnetischen Feldes zu ändern. Abbildung 5.31 beschreibt das zugrunde liegende Funktionsprinzip. Ohne äußeres Feld zeigt die Magnetisierungsrichtung des anisotropen ferromagnetischen Materials in Stromrichtung. Bei Anlegen eines äußeren Feldes H_{ext} verdreht sich der Magnetisierungsvektor M_0 um einen Winkel φ. Bei entsprechend hohem Feld (typischerweise $H > 100\,\frac{kA}{m}$) richtet sich der Magnetisierungsvektor vollständig in Richtung des äußeren Feldes aus (M_1) und folgt diesem bei einer Rotationsbewegung. Der Zusammenhang für die Änderung des elektrischen Widerstands kann mit der nichtlinearen Funktion

$$R = R_0 + \Delta R_0 \cos^2 \varphi \qquad (5.63)$$

beschrieben werden. Hierbei beträgt ΔR_0 typischerweise etwa 2–3 % von R_0.

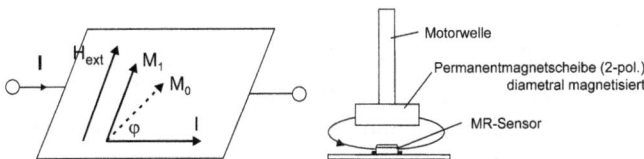

Abb. 5.31: Magnetische Sensoren. Links: Der anisotrope magnetoresistive Effekt; rechts: Aufbau der Sensoranordnung.

Um sowohl eine Temperaturkompensation wie auch einen vergrößerten Auswertebereich realisieren zu können, werden in den Winkelsensoren meistens zwei um $45°$ versetzte Sensorbrückenschaltungen integriert. Die Wheatstone-Brücken liefern zwei (temperaturabhängige) Ausgangssignale A_1 und A_2,

$$A_1(\varphi, T) = A_0(T) \sin 2\varphi \,, \tag{5.64}$$

$$A_2(\varphi, T) = A_0(T) \cos 2\varphi \,, \tag{5.65}$$

aus denen – gleiches Brückenverhalten vorausgesetzt – mit der Funktion

$$\varphi = \frac{1}{2} \arctan\left(\frac{A_1}{A_2}\right) \tag{5.66}$$

der Rotorwinkel φ bestimmt werden kann. Der Winkelauswertebereich beträgt $180°$ und kann entsprechend Gleichung (5.66) als temperaturkompensiert betrachtet werden.

Da die Sensoren den Winkel absolut innerhalb von $180°$ liefern, kann mit ihnen auch die Kommutierungsinformation für bürstenlose Permanentmagnet-Maschinen mit trapezförmiger oder sinusförmiger Spannung gewonnen werden, wenn die Polpaarzahl $p \geq 2$ bzw. die Polzahl $2p \geq 4$ ist.

Häufig wird auch eine hochpolige Magnetspur bzw. Magnetteilungstrommel mit s Polpaaren verwendet, um eine hohe Winkelauflösung zu erreichen [260]. Mit der Interpolation innerhalb einer halben Teilungsperiode werden eine hohe Genauigkeit und Auflösung erreicht.

Die Winkelgeschwindigkeit bzw. Drehzahl wird aus der Ableitung des Winkels gewonnen:

$$\omega = \frac{\mathrm{d}}{\mathrm{d}t}\varphi \,, \quad n = \frac{\omega}{2\pi} \,. \tag{5.67}$$

Häufig erfolgt dies durch eine numerische Differentiation mit einem DT2-Verhalten. Damit liefern die AMR-Sensoren sowohl den Winkel als auch die Drehzahl für die Regelung der Antriebe.

5.3.5.3 GMR-Sensoren

Den GMR-Sensoren liegt ein quantenmechanischer Effekt zugrunde. Der Effekt wurde erstmals von Peter Grünberg und Albert Fert in unabhängiger Arbeit entdeckt. Bei den verwendeten Strukturen handelt es sich um aufeinander liegende abwechselnd ferromagnetische (z. B. Nickel-Eisen, Kobalt-Eisen) und nichtferromagnetische Schichten (z. B. Kupfer, Ruthenium, Aufbau in Abb. 5.32).

Die Schichtdicken der nichtferromagnetischen Schichten betragen hierbei nur einige nm. Ohne die Einwirkung eines äußeren Magnetfeldes sind die Magnetisierungen

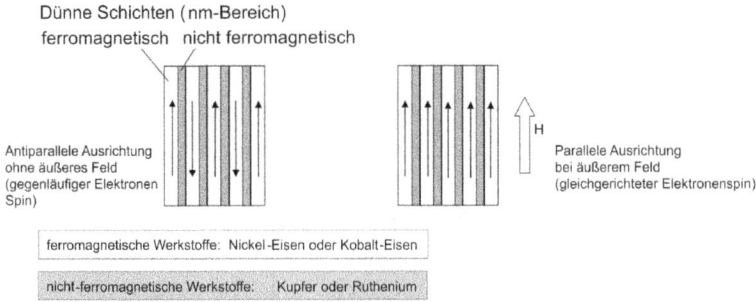

Abb. 5.32: Magnetische Sensoren: Magnetisierungsrichtungen in den ferromagnetischen Lagen der GMR-Struktur.

der benachbarten ferromagnetischen Schichten antiparallel ausgerichtet (gegenläufiger Elektronenspin, Abb. 5.32 links). Wird nun ein äußeres Magnetfeld angelegt, richten sich die Magnetisierungen parallel aus (gleichgerichteter Elektronenspin, Abb. 5.32 rechts).

Hierbei verringert sich der elektrische Widerstand der nichtferromagnetischen Substratstruktur infolge der Wechselwirkung zwischen den Schichten um bis zu 17 % (bei Nickel-Eisen) bzw. 50 % (bei Kobalt-Eisen). Aufgrund der im Vergleich zu den AMR-Materialien großen Änderungen trägt der Effekt die Bezeichnung „Giant". Ebenso wie der AMR-Effekt ist der GMR-Effekt unabhängig vom Vorzeichen des magnetischen Feldes. Der Aufbau der Sensoranordnung kann, wie in Abb. 5.31 rechts für den AMR-Sensor gezeigt, gewählt werden.

Da die Sensoren den Winkel absolut innerhalb von 180° liefern, kann mit ihnen auch die Kommutierungsinformation für bürstenlose Permanentmagnet-Maschinen mit trapezförmiger oder sinusförmiger Spannung gewonnen werden, wenn die Polpaarzahl $p \geq 2$ bzw. die Polzahl $2p \geq 4$ ist. Häufig wird auch eine hochpolige Magnetspur bzw. Magnetteilungstrommel mit s Polpaaren verwendet, um eine hohe Winkelauflösung zu erreichen [260]. Mit der Interpolation innerhalb einer halben Teilungsperiode werden eine hohe Genauigkeit und Auflösung erreicht.

Die Winkelgeschwindigkeit bzw. Drehzahl wird aus der Ableitung des Winkels gewonnen:

$$\omega = \frac{\mathrm{d}}{\mathrm{d}t}\varphi \,, \quad n = \frac{\omega}{2\pi} \,. \tag{5.68}$$

Häufig erfolgt dies durch eine numerische Differentiation mit einem DT2-Verhalten. Damit liefern die GMR-Sensoren sowohl den Winkel als auch die Drehzahl für die Regelung der Antriebe.

5.3.6 Optische Sensoren

Eigenschaften optischer Sensoren:
– *Winkelsensoren*, inkrementelle oder absolute Winkelinformation,
– *Wegsensoren*, inkrementelle oder absolute Weginformation.

Bei optischen Sensoren ist die Maßverkörperung eine drehbare Scheibe mit einem Strichmuster mit definiertem Reflektions- oder Durchlassverhalten. Die Geber haben eine Beleuchtungseinrichtung, oftmals LEDs und Lichtempfänger in Form von Phototransistoren oder Photodioden, alternativ auch Photoarrays.

Für *Wegsensoren* werden Glasmaßstäbe eingesetzt, die ein Strichmuster als Maßverkörperung tragen.

Die Auswertung der Signale der optischen Empfänger zu klar definierten Ausgangssignalen erfolgt in der Regel direkt im Winkelgeber. Abbildung 5.33 rechts zeigt die Strichscheibe und die Auswertelektronik für einen Inkrementalgeber in offener Ausführung.

Es werden unterschiedliche Ausführungen für optische Sensoren unterschieden:
– *Inkrementalgeber* (→ Abschnitt 5.3.6.1),
– *Inkrementalgeber mit Kommutierungssignalen* (→ Abschnitt 5.3.6.2),
– *Absolutwertgeber single-turn* (→ Abschnitt 5.3.6.3),
– *Absolutwertgeber multi-turn* (→ Abschnitt 5.3.6.4).

Für Kleinantriebe werden vielfach Sensoren ohne eigene Lagerung eingesetzt. Das Motorlager übernimmt dann auch die Lagerung der Strichscheibe. Abbildung 5.33 zeigt entsprechende Sensoren.

Abb. 5.33: Inkrementalgeber. Links: Geber ohne eigene Lagerung zum Aufstecken auf die Motorwelle, rechts: Geber mit separater Strichscheibe zur Montage auf der Motorwelle. (Werkbild Dr. Johannes Heidenhain GmbH).

5.3.6.1 Inkrementalgeber, inkrementelle optische Encoder

Inkrementalgeber oder inkrementelle optische Encoder können ebenso wie magnetische Encoder insbesondere im unteren und mittleren Winkelauflösungsbereich (typische Impulszahlen für optische Encoder: 64 . . . 1024 Impulse/Umdrehung, es sind jedoch auch höhere Auflösungen verfügbar) eine preisgünstige und teilweise auch eine raumsparende Alternative zu den Resolverlösungen sein. Das gilt besonders bei offenen Ausführungen, bei denen das Motorlager auch die Lagerung des Inkrementalgebers übernimmt und der Geber durch das Motorgehäuse oder ein anderes umgebendes Gehäuse gegen Verschmutzung geschützt ist. Entsprechende Inkrementalgeber zeigt Abb. 5.33. Eine Anwendung mit einem Gleichstrommotor ist in Abb. 4.5, Kapitel 4, für die Anwendung in einem Tintenstrahldrucker zu sehen. Bei höheren Auflösungen und Genauigkeiten steigen die Kosten jedoch rasch an, so dass sie dann oft wesentlich teurer als Resolverlösungen sind.

Aufgrund der integrierten Elektronik sind die zulässigen Temperaturbereiche weitaus geringer als bei Resolvern (typischerweise $-20 \ldots +100\,°C$). Weitere Nachteile sind die größere Empfindlichkeit gegenüber mechanischen Vibrationen, Schock, Verschmutzungen und das Fehlen einer absoluten Winkelinformation zum Einschaltzeitpunkt. Diese liegt erst vor, wenn der Indeximpuls nach spätestens einer Umdrehung eintritt.

Inkrementalgeber mit Rechtecksignalen

Die Winkelsignalbildung erfolgt über zwei Spuren einer Encoderscheibe, die über eine darunter liegende Blende mit drei Lichtkanälen A, B, C abgetastet werden. Der Kanal C liefert pro Umdrehung ein Indexsignal bzw. einen Referenz- oder Null-Impuls, die beiden anderen Kanäle erzeugen zwei elektrisch um $90\,°$ versetzte Signale.

Für die Encoderscheibe werden verschiedene Ausführungen verwendet:
- *Glasscheiben* mit Strichmuster, sehr genau aber hohe Kosten;
- *Kunststoffscheiben oder Folien* mit Strichmuster, robust gegenüber Vibrationen, geringe Kosten, temperaturempfindlich;
- *Metallscheiben* mit Lochmuster, robust gegenüber Vibrationen und hohen Temperaturen.

Die aufgrund der Lichtstreuung meist in etwa sinusförmigen Spannungen der Lichtdetektoren werden über eine integrierte Komparatorschaltung zu Rechtecksignalen verarbeitet und der Auswerteelektronik der Antriebsschaltung zugeführt. Abbildung 5.34 zeigt den prinzipiellen Aufbau eines Encoders und die Winkelsignale der drei zugehörigen Kanäle. Bei einer Flankenauswertung der Signale von Kanal A und B kann die Impulszahl pro Umdrehung vervierfacht werden. Aus der Phasenfolge der beiden Kanäle ergibt sich die Drehrichtung.

Zur Erhöhung der Störsicherheit werden häufig zusätzlich invertierte Signale A− und B− zu dem beiden Spuren A+ und B+ übertragen. Die Spannungsverläufe zeigt Abb. 5.35. Die kapazitiven Ströme in der Anschlussleitung des Sensors heben sich dann für die jeweils inversen Signale A+ und A− bzw. B+ und B− gegenseitig auf, so dass eine Störung der jeweils anderen Kanäle reduziert wird. Darüber hinaus ist bei

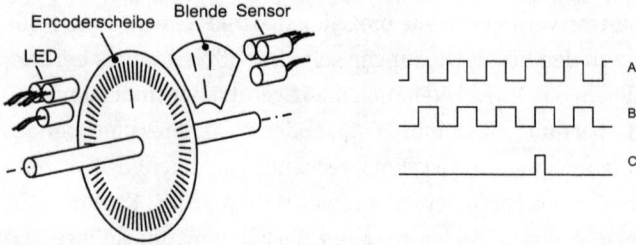

Abb. 5.34: Inkrementalgeber. Links: Prinzipieller Aufbau eines inkrementellen Encoders; rechts: Ausgangssignale der beiden um 90° versetzten Kanäle A und B sowie des Indexkanals C.

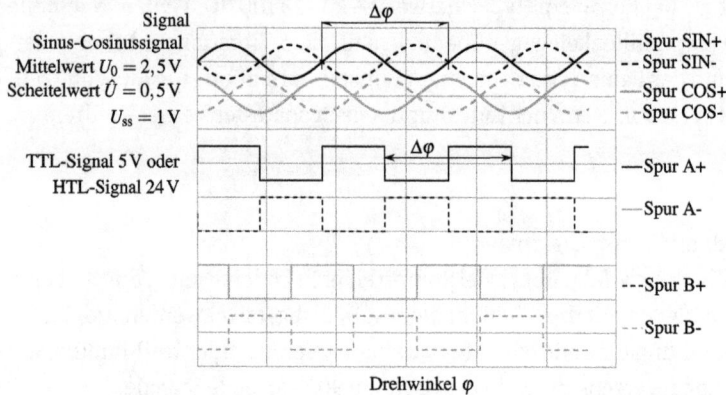

Abb. 5.35: Vergleich der Signalverläufe bei Rechtsignalen mit A-B-Spur und Sin-Cos-Signalen.

inversen Signalen eine Redundanz vorhanden, so dass ein Ausfall eines Signals durch Ausfall der Elektronik oder Unterbrechung der Leitung gut erkannt werden kann.

Statt einer separaten Strichscheibe kann auch ein ohnehin vorhandenes Zahnrad als Maßverkörperung genutzt werden. Es ist jedoch zu beachten, dass ein Zahnrad u. U. verschleißt und durch Schmierstoffablagerungen nach längerer Betriebszeit die optische Erfassung der Lücken zwischen den Zähnen behindert werden kann.

Inkrementalgeber mit Sin-Cos-Signalen

Bei den Gebern mit Sin-Cos-Signalen werden keine Rechtecksignale sondern sinusförmige Spannungen an die Auswerteelektronik ausgegeben. Abbildung 5.35 zeigt den Vergleich zwischen Rechtecksignalen und den sinusförmigen Signalen. Typischerweise werden ein Sinus- und ein Cosinussignal mit z Perioden je Umdrehung jeweils mit positivem und negativem Vorzeichen und einer überlagerten Gleichspannung zur Verfügung gestellt:

$$u_{\cos+} = U_0 + \frac{1}{2}U_{ss} \cos z\varphi , \quad u_{\cos-} = U_0 - \frac{1}{2}U_{ss} \cos z\varphi , \tag{5.69}$$

$$u_{\text{sin}+} = U_0 + \frac{1}{2}U_{\text{ss}} \sin z\varphi \,, \quad u_{\text{sin}-} = U_0 - \frac{1}{2}U_{\text{ss}} \sin z\varphi \,, \tag{5.70}$$

$$\text{typischerweise:} \quad U_0 = 2,5\,\text{V} \,, \quad U_{\text{ss}} = 1\,\text{V} \,.$$

Durch die überlagerte Gleichspannung bewegen sich die Ausgangsspannungen vollständig im positiven Bereich. Dadurch können die Ausgangsspannungen mit einer einfachen Versorgungsspannung von 5 V erzeugt werden. Es ist keine negative Versorgungsspannung erforderlich. Weiter ist durch die überlagerte Gleichspannung auf der Empfängerseite ein Leitungsbruch oder ein Kontaktproblem zwischen Sensor und Empfänger leicht feststellbar, da in solch einem Fall die Spannung auf 0 V zusammmbricht und kleiner als die zu erwartende Minimalspannung von $U_0 - \frac{1}{2}U_{\text{ss}} = 2\,\text{V}$ ist.

Mit dem Arkustangens lässt sich aus diesen Spannungen der Winkel innerhalb der Teilung ermitteln. Der gesamte Winkel berechnet sich aus der Anzahl n der Winkelinkremente und dem Winkel innerhalb einer Teilung:

$$\varphi_{\text{teil}} = \frac{1}{z} \arctan\left(\frac{u_{\text{sin}+} - u_{\text{sin}-}}{u_{\text{cos}+} - u_{\text{cos}-}} \right) \,, \tag{5.71}$$

$$\varphi = \varphi_{\text{teil}} + n\,\Delta\varphi \,, \quad \Delta\varphi = \frac{360^\circ}{z} = \frac{2\pi}{z} \,. \tag{5.72}$$

Durch die Interpolation innerhalb einer Teilung wird die Auflösung deutlich verbessert. Damit sind höhere Verstärkungen in der Regelung möglich.

Aus der Ableitung des Drehwinkels werden Winkelgeschwindigkeit und Drehzahl ermittelt. Durch die Interpolation des Winkels innerhalb einer Teilung lässt sich ein gutes Drehzahlsignal ermitteln.

$$\omega = \frac{\text{d}}{\text{d}t}\varphi \,, \quad n = \frac{\omega}{2\pi} \,. \tag{5.73}$$

Häufig erfolgt dies durch eine numerische Differentiation mit einem DT2-Verhalten. Damit liefern die Sin-Cos-Sensoren sowohl den Winkel als auch die Drehzahl für die Regelung der Antriebe.

Da die Sensoren kein absolutes Winkelsignal liefern, können die Kommutierungsinformationen für Permanentmagnetmotoren mit Block- oder Sinuskommutierung nicht direkt gewonnen werden. Entweder werden zusätzliche Spuren aufgebracht, die die Kommutierungsinformation beinhalten (Abschnitt 5.3.6.2), oder die Motoren werden bis zum ersten Referenzimpuls durch Einprägen eines hohen Stroms gesteuert gedreht. Nach Erkennen des Referenzimpulses ist die absolute Winkelinformation bekannt, und die Kommutierungssignale können gebildet werden.

5.3.6.2 Inkrementalgeber, Inkrementelle optische Encoder mit Kommutierungsignalen

Für den Betrieb von Permanentmagnetmotoren mit Block- oder Sinuskommutierung ist eine Information für die Kommutierung der Motoren erforderlich.

Blockkommutierung
Bei Motoren mit Blockkommutierung sind dies die Flanken innerhalb einer Periode $2\pi/p$ zur Ansteuerung der sechs Transistoren (Bipolartransistoren, MOS-FET, IGBT). Dazu wird auf die Strichscheibe eine zusätzliche Kodierung aufgebracht, die die Information für die Schaltflanken beinhaltet. Die Kodierung wird ebenfalls optisch ausgewertet.

Sinuskommutierung
Für Motoren mit Sinuskommutierung ist ein kontinuierliches Winkelsignal erforderlich, mit dem der absolute Winkel mit einer für die Kommutierung ausreichenden Genauigkeit ermittelt werden kann. Dazu erhalten die Sensoren eine weitere Sin-Cos-Spur, die eine Periode je Umdrehung hat. Damit kann der Winkel für die Kommutierung direkt ermittelt werden. Dieser Mechanismus wird auch für Absolutwertgeber single-turn verwendet (Abschnitt 5.3.6.3).

5.3.6.3 Optische Absolutwertgeber single-turn

Absolutwertgebern single-turn liefern die Winkelinformation innerhalb einer Umdrehung direkt nach dem Einschalten, ohne dass eine Drehbewegung des Sensors erforderlich ist. Diese Information wird dann zur Positionierung und ggf. zur Kommutierung von permanentmagneterregten bürstenlosen Motoren mit Block- oder Sinuskommutierung genutzt.

Es kommen im Wesentlichen zwei Verfahren bei optischen Gebern zum Einsatz:
– Codierung der absoluten Winkelinformation auf einer oder mehreren Spuren,
– eine Sin-Cos-Spur mit einer Periode je Umdrehung und eine weitere Sin-Cos-Spur mit z Perioden je Umdrehung.

Codierung der absoluten Winkelinformation auf einer oder mehreren Spuren
Der Winkelgeber hat eine Strichkodierung auf einer oder mehreren Spuren mit zugehörigen optischen Sensoren. Die Codierung ist so aufgebaut, dass aus den Signalen der Sensoren direkt der Winkel innerhalb einer Umdrehung berechnet werden kann.

Die Winkelinformation wird mit einer seriellen Datenübertragung an die Auswerteelektronik gegeben.

Sin-Cos-Spur mit einer Periode je Umdrehung und Sin-Cos-Spur mit z Perioden
Der Sensor hat zwei Sin-Cos-Spuren. Die eine Spur hat eine Periode je Umdrehung und liefert folgende Signale:

$$u_{1\cos+} = U_0 + \frac{1}{2}U_{ss} \cos\varphi, \quad u_{1\cos-} = U_0 - \frac{1}{2}U_{ss} \cos\varphi, \tag{5.74}$$

$$u_{1\sin+} = U_0 + \frac{1}{2}U_{ss} \sin\varphi\,, \quad u_{1\sin-} = U_0 - \frac{1}{2}U_{ss} \sin\varphi\,, \tag{5.75}$$

$$\text{typischerweise:} \quad U_0 = 2,5\,\text{V}\,, \quad U_{ss} = 1\,\text{V}\,.$$

Aus diesen Spannungen wird mit dem Arkustangens der Winkel innerhalb einer Umdrehung ermittelt:

$$\varphi_1 = \arctan\left(\frac{u_{1\sin+} - u_{1\sin-}}{u_{1\cos+} - u_{1\cos-}}\right). \tag{5.76}$$

Die Genauigkeit dieser Sin-Cos-Spur und der Auswertung muss so gut sein, dass eine eindeutige Zuordnung zur Periode der zweiten Spur mit z Perioden möglich ist:

$$\Delta\varphi_1 < \frac{2\pi}{z} = \frac{360°}{z}\,. \tag{5.77}$$

Der Winkel innerhalb der Periode wird durch Auswerten der Sin-Cos-Spannungen der Spur mit z Perioden gewonnen:

$$u_{z\cos+} = U_0 + \frac{1}{2}U_{ss} \cos z\varphi\,, \quad u_{z\cos-} = U_0 - \frac{1}{2}U_{ss} \cos z\varphi\,, \tag{5.78}$$

$$u_{z\sin+} = U_0 + \frac{1}{2}U_{ss} \sin z\varphi\,, \quad u_{z\sin-} = U_0 - \frac{1}{2}U_{ss} \sin z\varphi\,, \tag{5.79}$$

$$\varphi_z = \frac{1}{z} \arctan\left(\frac{u_{z\sin+} - u_{z\sin-}}{u_{z\cos+} - u_{z\cos-}}\right). \tag{5.80}$$

Der gesamte Winkel wird dann aus den beiden Winkelinformationen der beiden Spuren berechnet:

$$\varphi_{\text{mess}} = \Delta\varphi_z \cdot \text{ganzzahl}\left(\frac{\varphi_1}{\Delta\varphi_z}\right) + \varphi_z \quad \text{mit} \quad \Delta\varphi_z = \frac{2\pi}{z} = \frac{360°}{z}\,. \tag{5.81}$$

Diese Zusammensetzung des Winkels aus dem groben Anteil innerhalb einer Umdrehung und dem hochaufgelösten Winkel innerhalb einer Periode führt zu einem hochgenauen Winkelsignal. Es eignet sich zur Positionierung und zur Kommutierung von bürstenlosen Permanentmagnetmotoren.

Aus dem Winkelsignal lässt sich durch Differenzieren die Winkelgeschwindigkeit bzw. Drehzahl gewinnen:

$$\omega = \frac{\text{d}}{\text{d}t}\varphi\,, \quad n = \frac{\omega}{2\pi}\,. \tag{5.82}$$

Häufig erfolgt dies durch eine numerische Differentiation mit einem DT2-Verhalten. Damit liefern die Sin-Cos-Sensoren sowohl den Winkel als auch die Drehzahl für die Regelung der Antriebe.

5.3.6.4 Optische Absolutwertgeber multi-turn

Die Absolutwertgeber multi-turn liefern die Winkelinformation nicht nur innerhalb einer Umdrehung sondern können auch die verschiedenen Umdrehungen unterscheiden. Sie sind aus zwei Teilen zusammengesetzt:
– *Absolutwertgeber single-turn* nach Abschnitt 5.3.6.3,
– *Getriebe zur Untersetzung der Drehung* und Sensoren zum *Ermitteln der einzelnen Umdrehungen.*

Der Gesamtwinkel ergibt sich aus der Summe des Winkels φ_{mess1} innerhalb einer Umdrehung und der Anzahl u der Umdrehungen:

$$\varphi_{mess} = 2\pi u + \varphi_{mess1} = 360\degree u + \varphi_{mess1} \,. \tag{5.83}$$

Es sind Winkelbereiche bis zu 8192 Umdrehungen absolut üblich. Dadurch kann beispielsweise eine Anlage ohne Referenzfahrten sofort mit der Produktion beginnen.

Wolfgang Amrhein, Wolfgang Gruber, Gerald Jungmayr,
Edmund Marth und Siegfried Silber

6 Magnetlagertechnik

Schlagwörter: Eigenschaften, Ausführungsarten, Einsatzgebiete, Wirkungsweise, Regelung

6.1 Einleitung

Mit Hilfe von magnetischen Kräften können Rotoren berührungsfrei gelagert werden. Dadurch ergeben sich einzigartige Eigenschaften wie
- keine mechanische Reibung,
- Verschleißfestigkeit,
- Schmiermittelfreiheit, oder
- die Möglichkeit einer hermetischen Kapselung des Rotors.

Magnetgelagerte Antriebe eröffnen somit neue Einsatzfelder, die durch konventionell gelagerte Antriebe nicht oder nur sehr eingeschränkt erreichbar sind (Abschnitt 6.3).

In den letzten Jahren ist es in wichtigen Bereichen gelungen, den fertigungstechnischen Aufwand dieser Systeme z. T. deutlich zu reduzieren und damit einhergehend eine größere Marktakzeptanz zu erzielen. Nach heutigem Stand der Technik und unter Berücksichtigung des stetig sinkenden Preis-Leistungs-Verhältnisses elektronischer Komponenten kann davon ausgegangen werden, dass die Magnetlagertechnik in Zukunft vermehrt in industrielle Sonderanwendungen einfließt – dies allerdings ohne die Anwendungsbreite und das bei Standardapplikationen niedrige Preisniveau der Gleit- und Wälzlagertechnik zu erreichen.

Magnetgelagerte Antriebe stellen komplexe mechatronische Systeme mit hohen F&E-Anforderungen dar. Für die Auslegung magnetgelagerter Motoren ist es in der Regel erforderlich, unterschiedliche ineinandergreifende fachliche Disziplinen einzubinden. Hierzu werden insbesondere Kenntnisse der elektrischen Antriebstechnik, Regelungstechnik, Elektronik, Sensorik und der Rotordynamik benötigt. Die Funktionsprinzipien, welche Magnetlagern zugrunde liegen, sind z. T. sehr unterschiedlich.

6.2 Ausführungsarten von Magnetlagern

Magnetlager können in zwei große Klassen eingeteilt werden: in aktive und passive Systeme. Eine Übersicht ist in Abbildung 6.1 dargestellt.

https://doi.org/10.1515/9783110441505-006

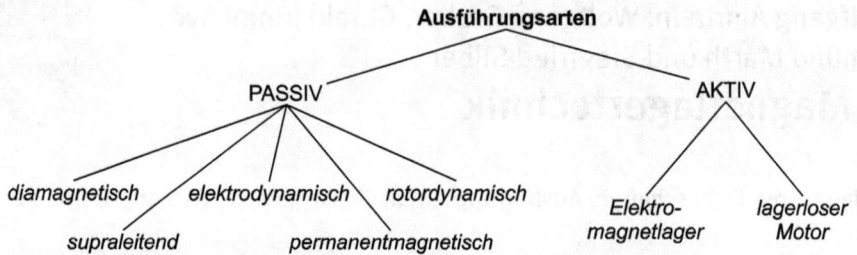

Abb. 6.1: Einteilung magnetischer Stabilisierungsmethoden.

6.2.1 Passive Stabilisierung

Unter dem Begriff passive Magnetlager versteht man Magnetlager, die zur Ausübung der Lagerfunktion in einem oder mehreren Freiheitsgraden keine aktive Regelung der Rotorposition benötigen. Für eine solche passive Stabilisierung gibt es mehrere Möglichkeiten, welche im Folgenden kurz vorgestellt werden.

Diamagnetische Stabilisierung

Stoffe mit einer magnetischen Suszeptibilität $\chi < 0$ nennt man diamagnetisch. Bei diamagnetischen Körpern wird ein externes Magnetfeld aus dem Inneren des Diamagneten verdrängt. Der diamagnetische Körper strebt dadurch zum Minimum der (externen) magnetischen Flussdichte – es entsteht eine abstoßende Kraftwirkung. In Kombination mit dem Gravitationsfeld ist dadurch ein stabiles Schweben möglich [272]. Selbst bei den Stoffen mit der stärksten diamagnetischen Ausprägung wie Graphit oder Bismut ($\chi \approx -10^{-4}$) lassen sich jedoch nur sehr geringe Kräfte und Steifigkeiten erzielen. Mögliche Anwendungen im Bereich sehr kleiner mechatronischer Systeme werden in [271] präsentiert. Eine kleine Auswahl an diamagnetischen Stoffen ist in Tabelle 6.1 zu finden.

Tab. 6.1: Auswahl an diamagnetischen und supraleitenden Stoffen.

Diamagnetische Stoffe		Supraleitende Stoffe	
Stoff	Suszeptibilität χ	Stoff	Sprungtemperatur
Graphit	$-4{,}5 \cdot 10^{-4}$	HgTiBaCaCuO	$-135\,°C$
Bismut	$-1{,}7 \cdot 10^{-4}$	BiSrCaCuO	$-163\,°C$
Gold	$-3{,}4 \cdot 10^{-5}$	YBaCuO	$-181\,°C$
Zink	$-1{,}6 \cdot 10^{-5}$	LaBaCuO	$-238\,°C$
Wasser	$-9{,}1 \cdot 10^{-6}$		

Supraleitende Stabilisierung

Unter Supraleitung versteht man den Effekt, dass unterhalb einer kritischen Temperatur der elektrische Widerstand spezieller Materialien verschwindet. Wird ein im supraleitenden Zustand befindlicher Stoff in ein externes Magnetfeld gebracht, so verdrängen die durch die Bewegung induzierten Ströme das externe Feld vollkommen aus dem Inneren des Supraleiters. Das Material verhält sich wie ein idealer Diamagnet mit $\chi = -1$. Ebenso wird das Magnetfeld aus dem Inneren verdrängt, wenn ein stationärer Supraleiter in einem externen Magnetfeld durch Abkühlen in den supraleitenden Zustand gebracht (aktiviert) wird. Dieser Effekt wird nach seinen Entdeckern Meissner-Ochsenfeld-Effekt genannt. In technischen Hochtemperatursupraleitern wird üblicherweise nicht das gesamte Feld verdrängt. Durch Fehlstellen im Material bilden sich Schläuche aus, in welchen der Fluss geführt wird. Beim Aktivieren eines Supraleiters in einem externen Magnetfeld wird in diesen Flussschläuchen das Feld quasi eingefroren [279]. Diese Eigenschaft wird als „flux pinning" bezeichnet und erlaubt es, neben abstoßenden auch anziehende Kräfte zu erzeugen. Es lässt sich somit eine Stabilisierung in allen räumlichen Freiheitsgraden realisieren. Hochtemperatur-Supraleiter weisen ihre supraleitenden Eigenschaften bereits bei Temperaturen unterhalb von $-140\,°C$ auf (Tabelle 6.1).

Trotz ihrer passiven Natur (die Stabilisierung erfolgt ohne aktive Regelung der Lagerkräfte) sind supraleitende Lager – bedingt durch den teilweise erheblichen Aufwand der Kühlung – eher als ausfallsichere Alternative zu aktiven Magnetlagern zu sehen. Aktuelle Forschungen befassen sich vor allem mit dem Einsatz supraleitender Lager in Schwungradspeichern und Magnetschwebebahnen [286].

Elektrodynamische Stabilisierung

Die elektrodynamische Stabilisierung beruht auf induzierten Strömen, welche durch ein zeitlich veränderliches Magnetfeld hervorgerufen werden und entsprechend der Lenzschen Regel ihrer Ursache entgegenwirken. Es findet also, wie bei der diamagnetischen Stabilisierung, eine Feldverdrängung mit abstoßender Kraftwirkung statt, wobei der Stromfluss in diesem Fall verlustbehaftet ist (ohmsche Verluste). Untersucht werden elektrodynamische Lager beispielsweise für Schwungradspeicher oder Turbomolekularpumpen, wobei der Forschungsschwerpunkt oft auf der Minimierung der konzeptbedingten Wirbelstromverluste liegt [276]. Wesentlich ist auch, dass sich die Tragkraft beziehungsweise Steifigkeit erst ab einer gewissen Drehzahl einstellt und somit für den Hochlauf zusätzliche Konzepte erforderlich sind. Der Einsatz in industriellen Anwendungen ist dadurch stark eingeschränkt.

Permanentmagnetische Stabilisierung

Bei der permanentmagnetischen Stabilisierung wird die Wechselwirkung zwischen mindestens zwei Magneten oder zwischen Magneten und ferromagnetischen Materialien ausgenützt (siehe auch Band 1, Kapitel 2.5). Dadurch lassen sich mit einem sehr geringen konstruktiven Aufwand Lager mit beträchtlichen Steifigkeitswerten und statischer Tragwirkung realisieren. Für den Fall, dass keine ferromagnetischen Komponenten beteiligt sind, kann das Lager sogar als nahezu verlustlos angesehen werden.

Maßgeblich wurden die Einsatzmöglichkeiten permanentmagnetischer Lager vom Fortschritt bei der Entwicklung immer besserer Magnetwerkstoffe geprägt. Insbesondere durch die Klasse der Seltenerdmagnete (Samarium-Kobald – SmCo, seit ca. 1965, Neodym-Eisen-Bor – NdFeB, seit ca. 1982) sind leistungsfähige Lagerstellen mit ausreichendem Schutz gegen Entmagnetisierung machbar.

Eine wesentliche Einschränkung der permanentmagnetischen Lagerung liegt darin, dass keine statische Stabilisierung in allen translatorischen Freiheitsgraden möglich ist. Es verbleibt also mindestens ein translatorischer Freiheitsgrad, welcher über eine andere Methode stabilisiert werden muss (z. B. magnetisch aktive Lagerung). Permanentmagnetische Ringlager sowie permanentmagnetisch teil-stabilisierte Systeme werden in Kapitel 6.4 behandelt.

Rotordynamische Stabilisierung

Im stationären Zustand lassen sich nie alle translatorischen Freiheitsgrade rein permanentmagnetisch stabilisieren. Im dynamischen Fall gelingt es jedoch, über die Kopplung von Radial- und Kippschwingungen in Kombination mit der Präzessionsbewegung des Rotors eine vollständig permanentmagnetische Stabilisierung zu realisieren [278].

Da der stabile Bereich auf einen engen Lage- und Drehzahlbereich des Rotors eingeschränkt ist und die erzielbaren Steifigkeiten ausgesprochen gering sind, beschränkt sich der praktische Nutzen zur Zeit auf ein kommerziell vertriebenes Spielzeug, das Levitron®.

6.2.2 Aktive Stabilisierung

Im Gegensatz zu den passiven Magnetlagern wird bei aktiven Magnetlagersystemen der Schwebezustand des Rotors elektronisch geregelt. Dementsprechend bestehen aktive Magnetlager aus einer Sensorik, einem Aktor und einer Leistungselektronik mit Datenverarbeitung. Wesentlich für den Fortschritt und die Verbreitung von aktiven Magnetlagern ist somit die Entwicklung im Bereich der Leistungselektronik und Signalverarbeitung.

Für den Bereich der Kleinantriebe sind zwei aktive Magnetlagersysteme von besonderer Bedeutung: die Gruppe der Elektromagnetlager sowie die Gruppe der lagerlosen Motoren. Während bei Elektromagnetlagern reine Tragkräfte erzeugt werden, können beim lagerlosen Motor durch entsprechende Auslegung und Regelung Tragkräfte und Antriebsmomente realisiert werden.

Auf Ausführungsformen und die genaue Funktionsweise von Elektromagnetlagern sowie lagerloser Motoren wird in Kapitel 6.5 genauer eingegangen.

6.2.3 Aktive vs. passive Stabilisierung

Wesentliche Vorteile der aktiven Lagerung:
- Die Dynamik des Systems (Steifigkeit, Dämpfung) kann innerhalb der technisch-physikalischen Grenzen der Elektronik frei vorgegeben werden.
- Der Rotor kann im Rahmen der Messgenauigkeit der Sensorik exakt positioniert werden.
- Störgrößen wie z. B. die Unwucht können im Betrieb kompensiert werden.
- Prozessdatenerfassung (z. B. zur Schadensfrüherkennung) ist im Allgemeinen ohne große Zusatzmaßnahmen möglich.

Aufgrund der hohen Anzahl an Komponenten und der Gesamtkomplexität aktiver Systeme ergeben sich jedoch zwangsläufig Nachteile in Bezug auf Zuverlässigkeit und Systemkosten.

Ein Hauptproblem passiver Konzepte ist die fehlende Dämpfung, welche über zusätzliche Komponenten eingebracht werden muss. Außerdem sind die für technische Anwendungen notwendigen Betriebssteifigkeiten teilweise nicht realisierbar. Auch eine belastungsunabhängige exakte Positionierung des Rotors ist nicht möglich. Bei elektrodynamischen Lagern kommt noch hinzu, dass sie keine statische Steifigkeit besitzen. Die herausragenden Stärken passiver Magnetlagerkonzepte liegen in
- der mechanischen Robustheit,
- den geringen Herstellkosten, sowie
- einer beinahe unschlagbaren Betriebssicherheit.

Schlussendlich ist es von der Art der Anwendung und den entsprechenden Anforderungen abhängig, welche Art der Magnetlagerung zwingend erforderlich, möglich und/oder finanzierbar ist.

6.3 Anwendungsgebiete

Die Vorzüge der Magnetlagertechnik kommen insbesondere dort zum Tragen, wo konventionelle Lager an ihre technischen Grenzen stoßen. Dies trifft beispielsweise auf Anwendungen im Pumpen- oder Gebläsebereich zu, in denen eine Kontaminierung des geförderten Mediums mit Lagerfetten oder Gleitdichtungsabsonderungen durch hermetisch gekapselte, lagerlose und gleitdichtungsfreie Pumpen verhindert werden soll. Hierzu zählen medizinische Blutpumpen sowie Pumpen für die Halbleiter-,

Chemie- oder Pharmaindustrie. Eine besondere Bedeutung hat auch das Marktsegment der magnetgelagerten Turbomolekularpumpen für den Einsatz in der Hochvakuumtechnik mit Enddrücken bis zu etwa 10^{-10} mbar erhalten. Letztere werden in Ätz-, CVD-Verfahren[1] und bei der Ionenimplantation in Bereichen der Halbleitertechnik sowie in der Elektronenstrahlmikroskopie, bei der Gasanalyse oder zur Herstellung von Flachbildschirmen und optischen Schichten eingesetzt.

Weitere Beispiele mit hohen Anforderungen an den Drehzahlbereich sind Ultrazentrifugen für mechanische Trennverfahren in der Biochemie, Molekularbiologie, Virologie oder Diagnostik, Fräs- oder Schleifspindeln für erwärmungsarme hochpräzise Werkstückbearbeitungen, Turbokompressoren und -expander sowie Hochgeschwindigkeitsantriebe in Spinnmaschinen.

6.4 Passive Magnetlagersysteme

Der überwiegende Teil der industriell im Einsatz befindlichen Magnetlager sind aktive Systeme. Durch deren hohe Komplexität und den somit verbundenen Kosten werden sie jedoch nur in Nischenmärkten eingesetzt. Eine Reduktion der Systemkosten und somit eine Erweiterung des Einsatzfeldes der Magnetlagertechnik ist durch eine Reduktion aktiver Komponenten möglich. Sofern es die Anwendung erlaubt,[2] ist es durch eine zumindest teilweise passive Stabilisierung möglich, kostengünstige und ausgesprochen betriebssichere Systeme zu entwickeln. Aus der einleitenden Übersicht (Abschnitt 6.2.1) zeigt sich, dass – aufgrund der statischen Tragwirkung, des geringen konstruktiven Aufwandes und der erzielbaren Steifigkeiten – für industrielle Anwendungen wie Lüfter, Pumpen oder Textil-Spinnantriebe vor allem permanentmagnetische Lagerstellen geeignet erscheinen.

Diese werden in den folgenden Abschnitten nun etwas genauer unter die Lupe genommen. Für nähere Informationen zu den anderen passiven Stabilisierungsmethoden sowie für ein weiterführendes Studium sei auf [274, 277, 280, 283] verwiesen.

6.4.1 Der Magnet als Hochtemperatursupraleiter

Die derzeit stärksten Permanentmagnete werden aus einer Legierung aus Neodym, Eisen und Bor hergestellt (siehe auch Band 1, Kapitel 2.5). Diese Magnete erreichen Koerzitivfeldstärken von über 1100 kA/m. Das Magnetfeld eines axial magnetisierten

---

1 Chemical Vapor Decomposition: Dabei wird aus einem Gas eine Feststoffkomponente auf ein Substrat abgeschieden und dieses dadurch beschichtet.
2 Insbesondere dürfen keine strengen Anforderungen an die Positionsgenauigkeit des Rotors gestellt werden.

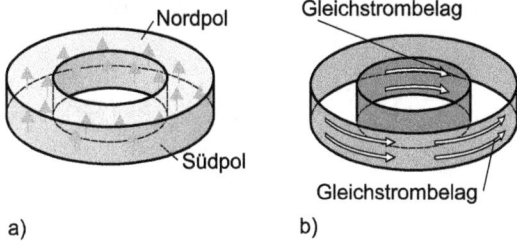

Beispiel:

Werkstoff NdFeB (Vacodym 745 HR)
B_r = 1,44 T
H_{cB} = 1115 kA/m

Gleichstrombelag:
1115 A pro mm Magnethöhe.

Abb. 6.2: a) Axial magnetisierter Ringmagnet; b) ein identisches Magnetfeld kann durch zwei Strombeläge an den Mantelflächen erzeugt werden.

NdFeB-Rings kann auch durch einen Gleichstrombelag an seinen Mantelflächen (innen und außen) erzeugt werden. Abbildung 6.2a zeigt einen Magnetring mit axialer Magnetisierung. Wird an den beiden Mantelflächen ein entsprechend hoher Gleichstrom eingeprägt (Abb. 6.2b) wird ein identisches Magnetfeld erzeugt. Für den Werkstoff Vacodym 745 HR beträgt dieser Strom 1115 A pro mm Magnethöhe. Für das Magnetfeld eines 10 mm hohen Magnetrings aus Vacodym 745 HR benötigt man somit einen Strom von 11,15 kA. Während ein Permanentmagnet das Magnetfeld vollkommen verlustfrei zur Verfügung stellt, würde eine Nachbildung des Magneten mit dünnen ringförmigen Kupferspulen zu hohen thermischen Überlastungen führen. Einzig mit ebenfalls verlustfreien, supraleitenden Werkstoffen können Gleichstrombeläge dieser Größenordnung erreicht werden.

6.4.2 Grundanordnungen permanentmagnetischer Ringlager

Ein permanentmagnetisches Lager besteht aus mindestens einem am Stator und einem am Rotor befestigten permanentmagnetischen Ring. Es können sowohl Radiallager (Abb. 6.3) als auch Axiallager (Abb. 6.4) realisiert werden, wobei die Kraftwirkung entweder abstoßend (repulsiv) oder anziehend (attraktiv) ist. Neben den gezeigten Magnetisierungsrichtungen axial und radial können permanentmagnetische Lager auch mit einer Halbach-Magnetisierung [284] realisiert werden.

Beim permanentmagnetischen Radiallager (Abb. 6.3) bewirkt eine radiale Auslenkung des Rotors aus der Mittellage eine rückstellende Magnetkraft, die den Rotor wieder zentriert. Die Höhe der stabilisierenden Kraft ist proportional zur radialen Auslenkung des Rotors. Im Gegensatz zu aktiven Magnetlagern ist somit eine gewisse Auslenkung des Rotors zur Aufbringung der radialen Lagerkraft notwendig. Passive permanentmagnetische Lager eignen sich infolgedessen besonders für Anwendungen, die keine hohen Anforderungen an die Rotorposition wie z. B. Ventilatoren oder Pumpen stellen.

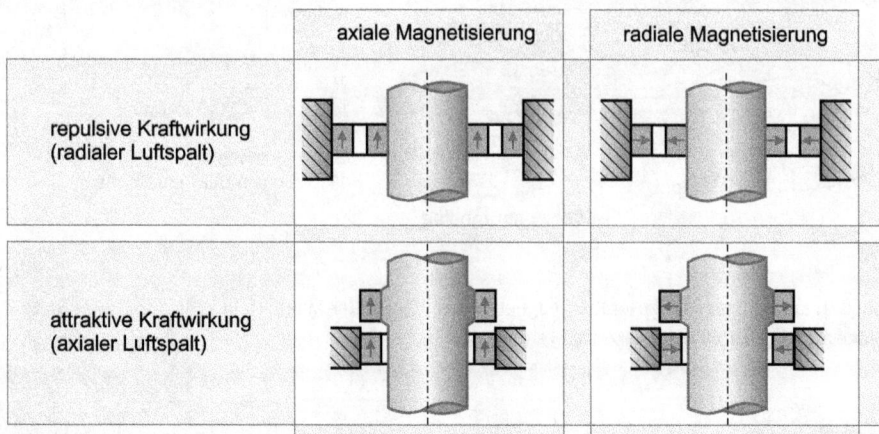

Abb. 6.3: Permanentmagnetische Radiallager (instabil in axialer Richtung).

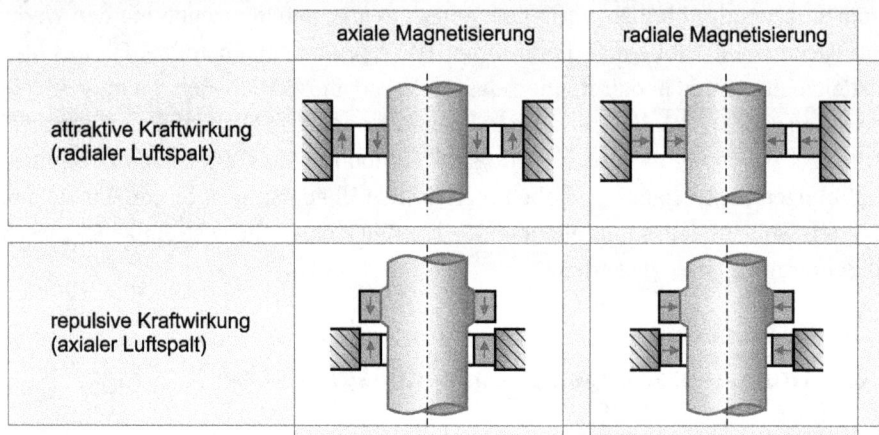

Abb. 6.4: Permanentmagnetische Axiallager (instabil in radialer Richtung).

Bei repulsiven Radiallagern (obere Zeile von Abb. 6.3) ist die Mittenposition des Rotors eine kräftefreie Gleichgewichtslage. In axialer Richtung ist diese Lage jedoch labil: Bei einer axialen Verschiebung treibt die Magnetkraft den Rotor weiter aus seinem Gleichgewicht. Bei den in der unteren Zeile von Abb. 6.3 gezeigten attraktiven Radiallagern wirkt auf den Rotor eine Kraft nach unten. Diese Axialkraft kann durch eine zweite, symmetrisch angeordnete Lagerstelle kompensiert werden.

6.4.3 Eigenschaften permanentmagnetischer Ringlager

Stabilität für $\mu_r = 1$
Das Stabilitätsverhalten von permanentmagnetischen Lagern wird über die translatorischen Steifigkeiten k_x, k_y, k_z beschrieben:

$$k_x = -\frac{\partial F_x}{\partial x}, \quad k_y = -\frac{\partial F_y}{\partial y}, \quad k_z = -\frac{\partial F_z}{\partial z}.$$

Ein positiver Steifigkeitswert ($k > 0$) repräsentiert somit eine stabilisierende und ein negativer Steifigkeitswert ($k < 0$) eine destabilisierende Wirkung. Durch die ringförmige Struktur und die daraus resultierende Rotationssymmetrie gilt für die radiale Steifigkeit $k_r = k_x = k_y$.

Einen wichtigen Aspekt für das Verständnis passiv permanentmagnetisch gelagerter Systeme stellt das Earnshaw-Theorem dar [275]. Es besagt, dass $k_x + k_y + k_z = 0$ ist. Für rotationssymmetrische Anordnungen gilt somit

$$2k_r + k_z = 0 \quad (\mu_r = 1). \tag{6.1}$$

Die Gleichung gilt für Konfigurationen ohne magnetisch leitfähige Komponenten (z. B. Eisen) im magnetischen Einflussbereich der Lager ($\mu_r = 1$). Aus Gleichung (6.1) erhält man die wesentlichen Zusammenhänge permanentmagnetischer Ringlager:
- Ein permanentmagnetisches Radiallager ($k_r > 0$) ist in axialer Richtung instabil ($k_z = -2k_r$),
- Ein permanentmagnetisches Axiallager ($k_z > 0$) ist in radialer Richtung instabil ($k_r = -\frac{k_z}{2}$).

Obige Zusammenhänge sowie Gleichung (6.1) gelten für einzelne Lagerstellen, jedoch auch für beliebige Anordnungen bestehend aus mehreren permanentmagnetischen Lagern (es gelten dann die entsprechenden Summensteifigkeiten). Für eine vollständige magnetische Lagerung muss der instabile Freiheitsgrad somit anderwärtig stabilisiert werden, zum Beispiel durch ein aktives Magnetlager. Bezüglich der Kipp- und Koppelsteifigkeit ist dem Earnshaw-Theorem keine Aussage zu entnehmen.

Stabilität bei $\mu_r > 1$
Die Zusammenhänge des vorigen Abschnitts gelten nur, wenn für alle beteiligten Körper $\mu_r = 1$ gilt. Eine passive Stabilisierung lässt sich jedoch auch durch Magnete in Kombination mit magnetisch leitfähigem Material ($\mu_r > 1$) realisieren. In einem solchen Fall gilt

$$2k_r + k_z < 0 \quad (\mu_r > 1). \tag{6.2}$$

Dies bedeutet, dass bei einer gegebenen stabilisierenden Wirkung die destabilisierende Komponente stärker ausgeprägt ist als bei einer rein permanentmagnetischen

Anordnung. Die passive Stabilisierungswirkung von in einem Eisenkreis befindlichen Permanentmagneten wird zum Beispiel bei radial aktiv gelagerten Scheibenläufern zur Stabilisierung des axialen Freiheitsgrades sowie der Kippbewegungen eingesetzt (Abschnitt 6.5.2).

Kraft und Steifigkeit bei axialer Verschiebung

Für den Fall eines repulsiven Radiallagers zeigt Abb. 6.5a die Axialkraft F_z in Abhängigkeit der axialen Verschiebung z [281].

Nur für kleine Auslenkungen z ist die Kraftberechnung $F_z = k_z z$ mit einer konstanten Steifigkeit k_z zulässig. Wie Abb. 6.5b zeigt, nimmt bei repulsiven permanentmagnetischen Lagern mit der axialen Verschiebung auch die Radialsteifigkeit k_r ab. Das dargestellte Doppelringlager verliert sogar seine radial stabilisierende Wirkung, wenn der Rotor etwas über die halbe Magnethöhe a ausgelenkt wird (vgl. Abb. 6.6b). Um eine Berührung der Magnetringe von Stator und Rotor zu verhindern, muss sich die Position der mechanischen Anschläge innerhalb des radial stabilisierten Gebiets befinden (Abb. 6.5c). Wird der axiale Freiheitsgrad über ein aktives Magnetlager sta-

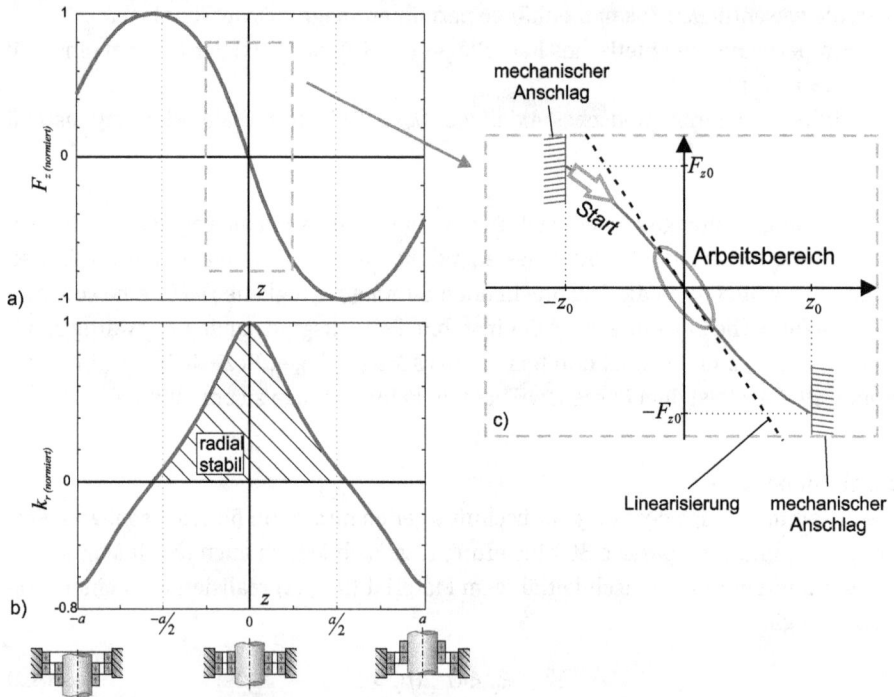

Abb. 6.5: Verhalten eines Radiallagers bei axialer Auslenkung der Magnetringe aus der Mittenlage. a) Axialkraft; b) Radialsteifigkeit; c) Begrenzung der Auslenkung.

bilisiert, so muss dieses den Rotor vom mechanischen Anschlag abheben und im Arbeitsbereich halten.

6.4.4 Stapelung, Skalierung und optimale Auslegung von permanentmagnetischen Radiallagern

Stapelung
Durch Stapelung von Magnetringen kann die radiale Steifigkeit k_r erhöht werden. Abbildung 6.6 zeigt ein repulsives und attraktives permanentmagnetisches Lager mit einer Stapelzahl $n = 2$.

Skalierungsregeln
Die geometrische Beschreibung der Lager erfolgt mit fünf Parametern. Diese sind Magnethöhe a, Magnetbreite b, mittlerer Luftspaltradius r_h, Luftspalt h sowie die Anzahl der Ringsätze n (vgl. Abb. 6.6).

Die Axialkraft und Steifigkeiten sind neben diesen geometrischen Parametern von der Remanenzflussdichte B_r abhängig. Diese geht dabei quadratisch ein:

$$F_z, k_z, k_r \sim B_r^2 \,. \tag{6.3}$$

Die Radialkraft ist bei rotationssymmetrischen Anordnungen (bei zentriertem Rotor) immer gleich Null. Zwischen geometrisch ähnlichen, permanentmagnetischen Lagern existieren Skalierungsregeln. Für die Radialsteifigkeit gilt mit dem Skalierungsfaktor L

$$k_r(L \cdot a, L \cdot b, L \cdot r_h, L \cdot h) = L \cdot k_r(a, b, r_h, h) \,. \tag{6.4}$$

Ein im Vergleich zum Originallager doppelt so großes Lager ($L = 2$) besitzt auch die doppelte Radialsteifigkeit. Zu beachten ist allerdings, dass das Magnetmaterial schlechter ausgenutzt wird, da in diesem Fall die Radialsteifigkeit pro Volumen Magnetmaterial im Vergleich zum Originallager nur ein Viertel beträgt. Tabelle 6.2 zeigt die Skalierungsregeln für die Axialkraft und die translatorischen Steifigkeiten.

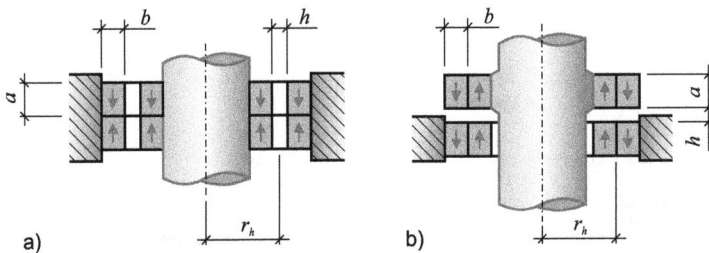

Abb. 6.6: Permanentmagnetisches Doppelringlager in a) repulsiver und b) attraktiver Ausführung und deren geometrische Parameter.

Tab. 6.2: Skalierung von Kraft und Steifigkeiten für geometrisch ähnliche, permanentmagnetische Lager mit dem Skalierungsfaktor L; $(a, b, h, r_h) \rightarrow (L \cdot a, L \cdot b, L \cdot h, L \cdot r_h)$.

	Skalierung	bezogen auf das Magnetvolumen V_m
Axialkraft	$F_z \sim L^2$	$F_z/V_m \sim 1/L$
Axialsteifigkeit	$k_z \sim L$	$k_z/V_m \sim 1/L^2$
Radialsteifigkeit	$k_r \sim L$	$k_r/V_m \sim 1/L^2$

Optimale Ausnutzung des Magnetmaterials

Abbildung 6.7 zeigt drei unterschiedliche Radiallager, wobei der Luftspalt jeweils die gleiche Größe aufweist. Auch das Magnetmaterial sei identisch. Trotz der unterschiedlichen Ringgrößen besitzen die Lager a, b und c die gleiche Radialsteifigkeit k_r. Offensichtlich lässt sich im Hinblick auf die radiale Steifigkeit das Magnetmaterial mit bestimmten Querschnittsgeometrien besser ausnützen.

Die Axialkraft und die Steifigkeiten permanentmagnetischer Lager lassen sich durch analytische Gleichungen für $\mu_r = 1$ exakt ermitteln. Es sei hier auf [280, 282, 284] verwiesen. Eine dimensionslose Darstellung der Radialsteifigkeit erhält man mit

$$k_r^* = k_r \frac{h^2}{V_m} \frac{1}{\sigma_{\text{ref}}} \ . \tag{6.5}$$

V_m ist hierbei das Volumen des Magnetmaterials. Der Referenzdruck σ_{ref} wird als Druck bei einer Luftspaltflussdichte $B = B_r$ definiert, wobei B_r der Remanenzflussdichte des Magnetwerkstoffs entspricht. Für σ_{ref} gilt (siehe auch Band 1, Kapitel 2.6):

$$\sigma_{\text{ref}} = \frac{B_r^2}{2\mu_0} \ . \tag{6.6}$$

Mit der Einführung dimensionsloser geometrischer Größen kann die dimensionslose, radiale Steifigkeit k_r^* nun als Funktion $k_r^* = k_r^*(a/h, b/h, r_h/h, n)$ dargestellt werden. Für viele praktische Ausführungen gilt $r_h \gg h$, in diesen Fällen kann die dimensionslose, radiale Steifigkeit durch die Näherungsfunktion

$$k_r^* \approx k_r^*\left(\frac{a}{h}, \frac{b}{h}, n\right) \tag{6.7}$$

beschrieben werden.

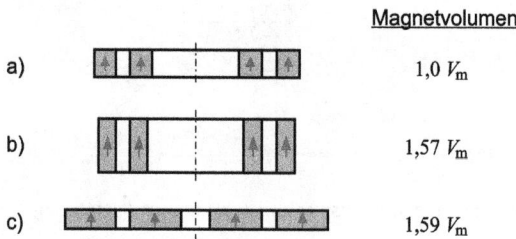

Abb. 6.7: Querschnitt von drei permanentmagnetischen Radiallagern mit gleicher Radialsteifigkeit (maßstäbliche Darstellung).

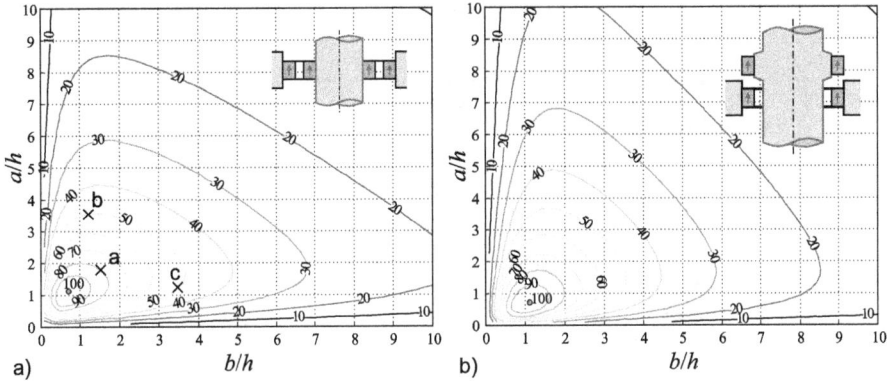

Abb. 6.8: Normierte Radialsteifigkeit k_r^* in Prozent a) für repulsive b) für attraktive Einfachringlager, bei 100 % ist $k_r^* = 0{,}0295$.

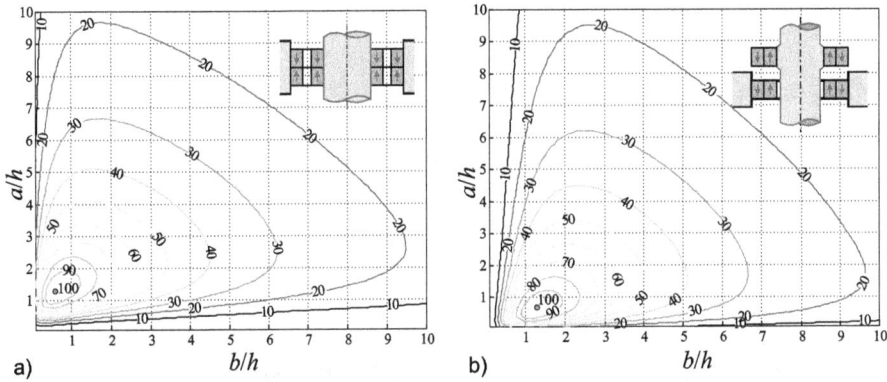

Abb. 6.9: Normierte Radialsteifigkeit k_r^* in Prozent a) für repulsive b) für attraktive Doppelringlager, bei 100 % ist $k_r^* = 0{,}039$.

Die Abbildungen 6.8 und 6.9 sowie Tabelle 6.3 zeigen die normierte radiale Steifigkeit k_r^* von repulsiven und attraktiven Einfach- und Doppelringlagern [281]. In Abb. 6.8a ist dabei die Lage der normierten Steifigkeit k_r^* der drei repulsiven Einfachringlager a, b und c von Abb. 6.7 eingetragen.

Aus dem Vergleich der Diagramme ist erkennbar, dass sich die rechte Kurvenschar aus einer Spiegelung der linken Kurvenschar um die 45°-Achse ergibt (gleicher Achsenmaßstab vorausgesetzt). Die gezeigten repulsiven und attraktiven Anordnungen weisen daher gleiche Werte für die radiale Steifigkeit auf, wenn man bei gleichem mittlerem Luftspaltradius und Luftspalt Ringhöhe und Ringweite vertauscht. Dies gilt sowohl für Einfach- wie auch Mehrfachringanordnungen.

Die normierte maximale Radialsteifigkeit ist beim Doppelringlager um 32 % größer als beim Einfachringlager. Die Lage des Maximums verschiebt sich dabei nur mi-

Tab. 6.3: Lage und Größe der maximalen normierten Radialsteifigkeit k_r^* repulsiver permanentmagnetischer Lager für die Stapelzahlen 1 bis 5.

Stapelzahl n	Normierte Magnethöhe a/h	Normierte Magnetbreite b/h	Maximalwert k_r^*	Prozentuelle Steigerung zu $n = 1$
1	1,01	0,67	0,0295	–
2	1,30	0,65	0,0390	32 %
3	1,45	0,64	0,0405	37 %
4	1,50	0,64	0,0415	41 %
5	1,52	0,64	0,0422	43 %

nimal. Tabelle 6.3 zeigt, dass bei einer Stapelzahl > 2 der Maximalwert der normierten Radialsteifigkeit nur mehr geringfügig ansteigt.

Im Hinblick auf eine optimale Ausnützung des Magnetmaterials lassen sich somit folgende Dimensionierungsrichtlinien für permantmagnetische Lager ableiten:

- Der Luftspalt h ist so klein wie technisch möglich zu wählen. Aus Gleichung (6.5) folgt $k_r = k_r^* \cdot \frac{V_m}{h^2} \cdot \sigma_{\text{ref}}$.
- Die normierte Radialsteifigkeit $k_r^*(a/h, b/h, n)$ soll so groß wie möglich sein.
  - Somit ist eine gestapelte Anordnung ($n \geq 2$) einem Einfachringlager vorzuziehen.
  - Die normierte Magnethöhe a/h und die normierte Magnetbreite b/h soll nahe am Maximum aus Tabelle 6.3 liegen. Bei kleinen Luftspalten, etwa $h < 2\,\text{mm}$, ergeben sich jedoch sehr filigrane Lager, welche in Fertigung und Zusammenbau Probleme verursachen. Oftmals ist deshalb das Erreichen der optimalen Querschnittsgeometrie (a/h und b/h aus Tabelle 6.3) nicht möglich.

6.4.5 Dämpfung

Eine besondere Herausforderung bei allen passiven Stabilisierungskonzepten ist das Einbringen von ausreichend Dämpfung in das System. Während bei aktiven Systemen diese durch entsprechende Regelstrategien in Kombination mit der Tragwirkung realisiert werden kann, müssen bei der passiven Stabilisierung zusätzliche Maßnahmen getroffen werden. Für eine direkte Bedämpfung des Rotors bedarf es dabei einer berührungslos wirkenden Methode.

Eine Möglichkeit dafür ist eine aktive Dämpfereinheit. Dadurch wird jedoch ein Großteil der Vorteile einer passiven Stabilisierung durch den Aufwand der Dämpfung zunichte gemacht. Es verbleibt die hohe Betriebssicherheit der Lagerung an sich.

Eine prädestinierte passive Methode sind Wirbelstromdämpfer. Bei diesen werden durch Schwingungen des Rotors Wirbelströme in Spulen oder elektrisch leitfähigem Material induziert. Dabei wird die Schwingungsenergie um die auftretenden ohmschen Verluste reduziert. Wirbelstromdämpfer wurden bereits mehrfach in passiv gelagerten Drallrädern oder Turbomolekularpumpen eingesetzt [277]. Der Unterschied eines solchen elektrodynamischen Dämpfers zu einem elektrodynamischen Lager (vgl. Abschnitt 6.2.1) besteht darin, dass bei einem Lager die Induktion aus der (exzentrischen) Drehbewegung des Rotors herrührt, wohingegen bei einem Dämpfer diese durch eine Translations- oder Kippbewegung des Rotors hervorgerufen wird. Nachteilig bei Wirbelstromdämpfern ist, dass die auf den Bauraum bezogene Dämpfungswirkung relativ gering ist.

Neben dem Ansatz, den passiv gelagerten Rotor direkt zu bedämpfen, besteht auch die Möglichkeit, Dämpfung über eine mit dem Rotor magnetisch gekoppelte, schwingfähige Masse ins System zu bringen. Den Schwingungen der gekoppelten Masse kann mit Standard-Methoden wie Öldämpfern, Reibdämpfern oder viskoelastischen Dämpfungselementen entgegengewirkt werden. Im einfachsten Fall bedeutet dies, dass das gesamte Rotorsystem dämpfend gelagert wird. Wesentlicher Vorteil dieser Standardmethoden ist, dass die erzielbaren Dämpfungswerte jene eines Wirbelstromdämpfers um ein Vielfaches übersteigen. Für die rotordynamische Analyse und Auslegung ist jedoch das komplexere System eines Mehrmassenschwingers zu betrachten. Grundlegende Untersuchungen haben gezeigt, dass dieser Dämpfungsansatz jenem mit Wirbelströmen tendenziell überlegen ist [285]. Insbesondere viskoelastische Dämpfungselemente bieten hohe Dämpfungswerte bei sehr geringem konstruktivem Aufwand und lassen sich trotz des komplexen Materialverhaltens[3] im Rahmen einer analytischen Auslegung sinnvoll modellieren [273].

6.4.6 Beispiel: Lüfter mit passiver Radial- und Kippstabilisierung

Die Zuverlässigkeit elektronischer Systeme wird maßgeblich von der Betriebstemperatur beeinflusst. Zur Elektronikkühlung werden meist Kompaktlüfter eingesetzt, wobei jedoch die Lebensdauer der Lüfter insbesondere durch deren Wälzlager begrenzt wird. Die Anforderung eines hohen Luftstroms bei geringem Bauraum bedingt große Drehzahlen, wodurch das Problem des Lagerversagens weiter verstärkt wird. Eine wesentliche Verbesserung der Zuverlässigkeit lässt sich durch den Einsatz einer magnetischen Lagerung erreichen.

Abbildung 6.10a zeigt eine kostengünstige Realisierung eines magnetisch gelagerten Lüfters [280]. Vier Freiheitsgrade werden durch das untere und das obere passive Magnetlager (PML) stabilisiert: die Radialbewegungen sowie die Kippbewegungen des Rotors. Der instabile axiale Freiheitsgrad wird durch ein aktives Magnetlager

---

3 Wesentlich ist die Frequenz- und Temperaturabhängigkeit des Materials.

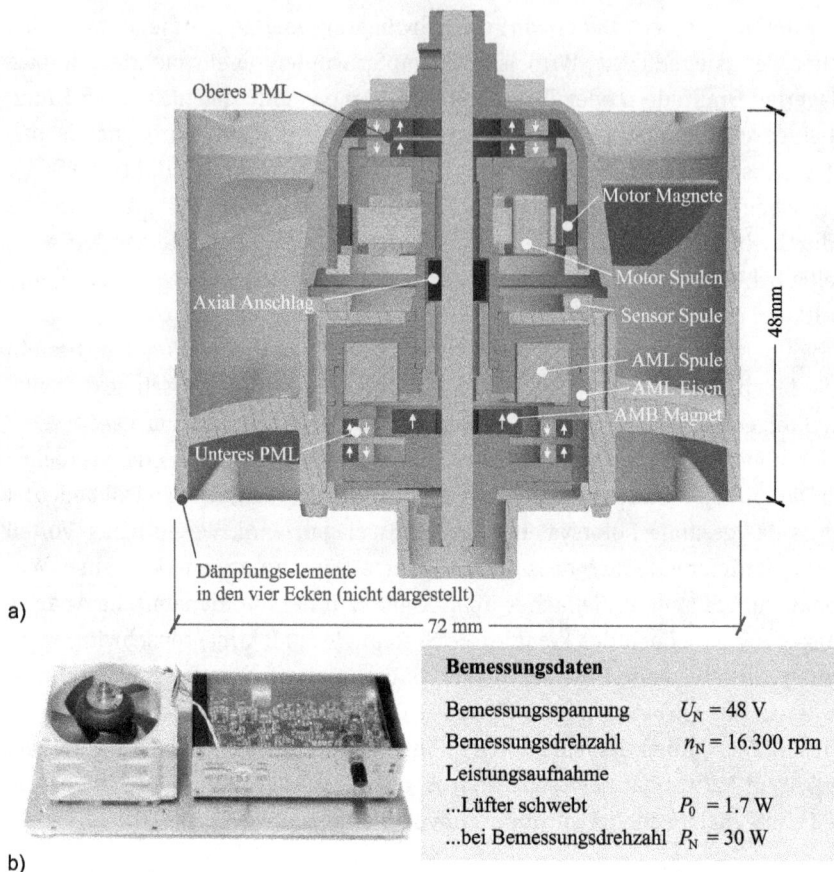

Abb. 6.10: Magnetisch gelagerter Lüfter, wobei die Radial- und Kippbewegungen des Rotors über passive magnetische Lager (PML) und der axiale Freiheitsgrad über ein aktives magnetisches Lager (AML) stabilisiert werden. a) Querschnitt b) Funktionsmuster und Bemessungsdaten.

(AML) stabilisiert. Der verbleibende Freiheitsgrad (die Drehung des Lüfterrades) wird von einem BLDC Motor aktuiert. Die erforderliche Dämpfung wird durch vier Dämpfungselemente in den Ecken des Lüftergehäuses eingebracht.

In Abb. 6.10b sind die Bemessungsdaten eines Funktionsmusters[4] angegeben. Der Strom durch das aktive Magnetlager kann derart geregelt werden, dass sein Mittelwert gleich Null ist. Dadurch ist ein sehr energieeffizienter Betrieb möglich.

---

4 Gemeinsame Entwicklung von ebm-papst St. Georgen, Johannes Kepler Universität Linz – Institut für Elektrische Antriebe und Leistungselektronik und dem Linz Center of Mechatronics (LCM).

6.5 Aktive Magnetlagersysteme

Im Gegensatz zu den passiven Magnetlagern wird bei aktiven Magnetlagersystemen der Schwebezustand des Rotors elektronisch geregelt. Die Vorteile liegen in einer verbesserten Laufruhe sowie in einstellbaren Steifigkeits- und Dämpfungswerten. Über die Elektronik kann somit Einfluss auf das dynamische Systemverhalten genommen werden. So lassen sich durch Verstellen der Steifigkeit beim Hochlauf Rotoreigenresonanzen unterdrücken oder durch eine Verschiebung der Drehachse in die Haupträgheitsachse elektronisch Rotorunwuchten kompensieren.

Für den Bereich der Kleinantriebe sind zwei Magnetlagersysteme von besonderer Bedeutung: die Gruppe der Elektromagnetlager sowie die Gruppe der lagerlosen Motoren. Die folgenden Abschnitte geben einen Überblick über verschiedene Ausführungsarten und ihre Eigenschaften.

6.5.1 Elektromagnetlager

6.5.1.1 Magnetlager mit Gleichstromvormagnetisierung

Elektromagnetlager gibt es in unterschiedlichen Ausführungen. Man unterscheidet radiale, axiale sowie kombinierte Lager, die jeweils als Wechselpollager oder homopolare Lager (mit einheitlichem Flussdichtevorzeichen entlang des Luftspaltumfangs) ausgeführt sein können.

Abbildung 6.11 zeigt den prinzipiellen Aufbau eines „klassischen" Elektromagnetlagers – in diesem Fall ein Wechselpollager – zur Stabilisierung von zwei radialen Freiheitsgraden. Die durchgezogen dargestellten Statorteile stabilisieren den Rotor in x-Richtung, während die gestrichelt dargestellten Komponenten die y-Richtung übernehmen. An den Polflächen greifen im bestromten Zustand orthogonal zur Oberflä-

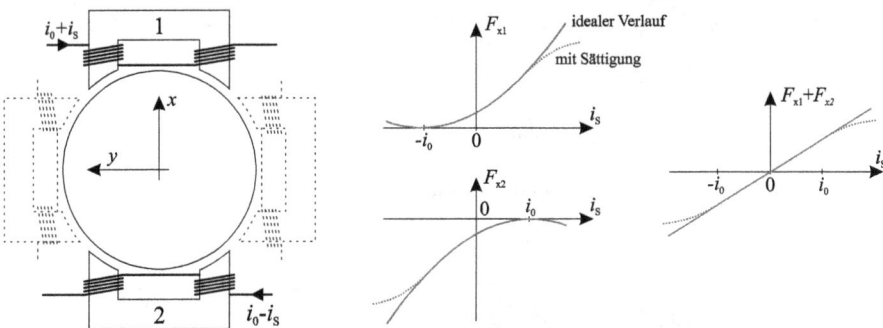

Abb. 6.11: Radiales Elektromagnetlager in Wechselpolausführung: Linearisierung der Kraft-Strom-Kennlinie durch die Einprägung eines Ruhestroms i_0.

che Maxwellkräfte an. Diese zeigen im ungesättigten Bereich auf der Fläche A_δ näherungsweise folgendes quadratische Verhalten hinsichtlich des Luftspaltfeldes B_δ (siehe auch Band 1, Kapitel 2.6)

$$F = \frac{A_\delta}{2\mu_0} B_\delta^2. \tag{6.8}$$

Linearisierung der Kennlinien

Aus der nichtlinearen Kraft-Strom-Funktion, die zudem minimale Werte im Arbeitsbereich um den Nullpunkt aufweist, resultiert ein ungünstiges Regelverhalten. Eine wesentlich verbesserte Kraft-Strom-Charakteristik ergibt sich durch eine Vormagnetisierung des Luftspalts. Dem Steuerstrom i_S wird daher elektronisch ein Ruhestrom i_0 überlagert. Alternativ hierzu kann eine Superposition der Durchflutungen auch über separate, aber magnetisch gekoppelte Steuer- und Vormagnetisierungsspulen erfolgen. Beide Maßnahmen führen, wie Abb. 6.11 zeigt, zu einer weitgehend linearisierten Kennlinie mit erhöhter Steigung. Die Steigung k_i ist für kleine Aussteuerungen um den Nullpunkt näherungsweise konstant und kann über den Ruhestrom i_0 eingestellt werden. In ähnlicher Weise lässt sich die Kraft-Weg-Funktion für kleine Auslenkungen δ_S um die Mittellage für $i_S = 0$ und i_0 = konst. linearisieren. Unter der Annahme konstanter Durchflutung ist es zulässig, analog zur Kraft-Strom-Konstante k_i eine entsprechende Kraft-Weg-Konstante k_δ zu definieren. Für die Kraftwirkung der beiden Elektromagnete gilt

$$F_{x1}(i_S, \delta_S) = \frac{A_\delta}{2\mu_0} B_{\delta 1}^2 = \frac{A_\delta}{2\mu_0} \left(\frac{N(i_0 + i_S)}{2(\delta_0 - \delta_S)} \right)^2,$$

$$F_{x2}(i_S, \delta_S) = -\frac{A_\delta}{2\mu_0} B_{\delta 2}^2 = -\frac{A_\delta}{2\mu_0} \left(\frac{N(i_0 - i_S)}{2(\delta_0 + \delta_S)} \right)^2, \tag{6.9}$$

wobei δ_0 den Luftspalt bei zentrischer Lage der Welle, N die Windungszahl und A_δ die effektive Fläche der Elektromagnete bezeichnet. Die gesamte Lagerkraft in x-Richtung lässt sich für einen eingeschränkten Arbeitsbereich schließlich als folgende lineare Funktion

$$F(i_S, \delta_S) = k_i i_S + k_\delta \delta_S \tag{6.10}$$

darstellen. Dies folgt aus der Linearisierung um die instabile Ruhelage $\delta_S = 0$ und $i_S = 0$

$$F_x(i_S, \delta_S) = F_{x1}(i_S, \delta_S) + F_{x2}(i_S, \delta_S) = \frac{A_\delta N}{8\mu_0} \left(\left(\frac{i_0 + i_S}{\delta_0 - \delta_S} \right)^2 - \left(\frac{i_0 - i_S}{\delta_0 + \delta_S} \right)^2 \right)$$

$$\approx F_x(0, 0) + \frac{dF_x(i_S, 0)}{di_S} i_S + \frac{dF_x(0, \delta_S)}{d\delta_S} \delta_S, \tag{6.11}$$

wobei die Kraft $F_x(0,0)$ verschwindet. Für die Kraft-Strom-Konstante erhält man

$$k_i = \frac{dF(i_S,0)}{di_S} = \frac{A_\delta N}{8\mu_0 \delta_0^2} \frac{d}{di_S}((i_0 + i_S)^2 - (i_0 - i_S)^2) = \frac{A_\delta N}{2\mu_0 \delta_0^2} i_0 \tag{6.12}$$

und für die Kraft-Weg-Konstante ergibt sich mittels Taylorreihenentwicklung

$$\begin{aligned}
k_\delta &= \frac{dF(i_S, \delta_S)}{d\delta_S} = \frac{A_\delta N i_0^2}{8\mu_0} \frac{d}{d\delta_S}\left(\left(\frac{1}{\delta_0 - \delta_S}\right)^2 - \left(\frac{1}{\delta_0 + \delta_S}\right)^2\right) \\
&\approx \frac{A_\delta N i_0^2}{8\mu_0 \delta_0^2} \frac{d}{d\delta_S}\left(\left(1 + \frac{\delta_S}{\delta_0}\right)^2 - \left(1 - \frac{\delta_S}{\delta_0}\right)^2\right) = \frac{A_\delta N i_0^2}{2\mu_0 \delta_0^3}.
\end{aligned} \tag{6.13}$$

Damit die magnetisch erzwungene Auslenkung δ_S der Welle auch in Kraftrichtung zeigt, ist es zweckmäßig, die Vorzeichen der Bewegungsgleichung umgekehrt zur vorangegangenen Stromfunktion zu wählen [287].

Dynamisches Verhalten der Regelstrecke

Das dynamische Verhalten der Regelstrecke in den Hauptachsen wird durch die Beziehung

$$m\ddot{\delta}_S = F(i_S, \delta_S) \tag{6.14}$$

beschrieben und kann unter Berücksichtigung von Gleichung (6.10) in einer Zustandsraumdarstellung als

$$\dot{\mathbf{x}} = \mathbf{Ax} + \mathbf{B}u = \begin{pmatrix} 0 & 1 \\ \frac{k_\delta}{m} & 0 \end{pmatrix}\begin{pmatrix} \delta_S \\ \dot{\delta}_S \end{pmatrix} + \begin{pmatrix} 0 \\ \frac{k_i}{m} \end{pmatrix} i_S \tag{6.15}$$

angeschrieben werden. $\mathbf{x}$ gibt den Zustandsvektor, $\mathbf{A}$ die Systemmatrix, $\mathbf{B}$ den Eingangsvektor und u die Eingangsgröße, die in diesem Fall dem Steuerstrom i_S entspricht, an. Aus den nachfolgenden Blockschaltbildern, Abb. 6.12 und 6.13, erkennt man den destabilisierenden Einfluss der positiven Rückführung des luftspaltabhängigen Kraftterms $k_\delta \delta_S$.

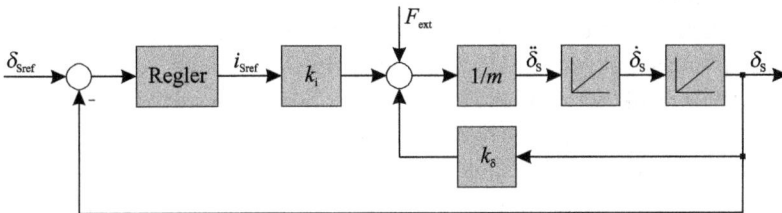

Abb. 6.12: Stromgesteuerte Positionsregelung.

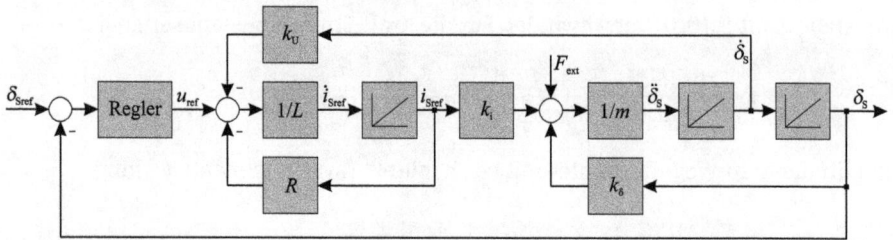

Abb. 6.13: Spannungsgesteuerte Positionsregelung.

Bei spannungsgesteuerten Systemen wird die Bewegungsdifferenzialgleichung durch folgende Spannungsdifferenzialgleichung ergänzt

$$u_S = R i_S + L \frac{d i_S}{dt} + k_u \frac{d \delta_S}{dt}. \tag{6.16}$$

Hierbei wird angenommen, dass in dem betrachteten Lager Steuer- und Ruhestrom zwar in magnetisch gekoppelten, aber elektrisch getrennt ausgeführten Wicklungen fließen. In einer Zustandsraumdarstellung ergibt sich die Zustandsdifferenzialgleichung zu

$$\dot{x} = A x + B u = \begin{pmatrix} 0 & 1 & 0 \\ \frac{k_\delta}{m} & 0 & \frac{k_i}{m} \\ 0 & -\frac{k_u}{L} & -\frac{R}{L} \end{pmatrix} \begin{pmatrix} \delta_S \\ \dot{\delta}_S \\ i_S \end{pmatrix} + \begin{pmatrix} 0 \\ 0 \\ \frac{1}{L} \end{pmatrix} u_S, \tag{6.17}$$

wobei hier die Eingangsgröße u der Steuerspannung u_S entspricht.

Betrachtungen zur Positionsregelung

Zur Sicherstellung der Schwebefunktion muss der destabilisierende Einfluss der Mitkopplung von $k_\delta \delta_S$ über eine positionsabhängige Stromstellung i_S kompensiert werden. Die minimale Reglerverstärkung beträgt hierfür k_δ / k_i. Wie die Signalflussbilder (Abb. 6.12 und 6.13) zeigen, wird die mechanische Strecke durch ein doppelt integrierendes Verhalten charakterisiert, so dass zum Erreichen der Systemstabilität grundsätzlich ein Regler mit PD-Charakteristik genügt. In praktischen Ausführungen erweist sich jedoch der PD-Regler aufgrund des eingeschränkten leistungselektronischen Stellbereichs sowie des bei geschalteten Endstufen z. T. stark ausgeprägten Sensorsignalrauschens weitgehend als ungeeignet. In industriellen Anwendungen kommen häufig PID-Strukturen und in Fällen mit besonderen rotordynamischen Anforderungen auch wesentlich anspruchsvollere Regelkonzepte zum Einsatz.

Die Positionsregelung kann entsprechend Abb. 6.12 und 6.13 sowohl strom- als auch spannungsgesteuert erfolgen. Das Verfahren der Stromsteuerung greift auf einen Stromverstärker zurück und setzt damit eine hohe Dynamik der Leistungsendstufe voraus. Während bei der Stromsteuerung unter Einbeziehung der Streckencharakteristik $F(i_S, \delta_S)$ ein direkter Stelleingriff auf die elektromagnetische Kraft erfolgt, wird bei der Spannungssteuerung das Systemverhalten zusätzlich durch stromabhängige und z. T. temperaturabhängige Lagerparameter beeinflusst. Es ist daher insbesondere für den Bereich höherer Aussteuerungsgrade empfehlenswert, diese Abhängigkeit in dem der Regelung zugrunde liegenden Lagermodell zu berücksichtigen.

Häufig wird die Spannungssteuerung einer Stromsteuerung vorgezogen, da einerseits für die Stromstellung kein hochauflösender Stromsensor benötigt wird und andererseits die Charakteristik der elektrischen Strecke im Regelkonzept bereits Berücksichtigung findet. Die beiden Abbildungen 6.12 und 6.13 zeigen die Grundstruktur der Regelkreise für beide Verfahren [287, 288].

Regelungstechnisch sind für die Auslegung der magnetischen Lagerung von Rotoren nicht, wie bisher behandelt, ein, sondern fünf Freiheitsgrade relevant. Während für die Betrachtung der Rotorbewegung entlang der Wellenlängsachse in der Regel einfache Modelle mit punktförmig konzentrierter Masse genügen, können die Bewegungen längs der oder um die übrigen Achsen aufgrund von Kopplungen durch gyroskopische Effekte oder elastische Strukturen grundsätzlich nicht mehr getrennt voneinander behandelt werden. In einigen Ausführungsfällen gelingt es jedoch, die analytische Behandlung auf näherungsweise entkoppelte Teilsysteme aufzuteilen und somit die regelungstechnischen Strukturen erheblich zu vereinfachen. Für ein ausführliches Studium der rotordynamischen Aspekte wird an dieser Stelle auf die weiterführende Literatur [287, 291] verwiesen.

Radial- und Axiallagerausführungen
Abbildung 6.14 zeigt ein in fünf Freiheitsgraden elektromagnetisch gelagertes Antriebssystem, bestehend aus zwei Radiallagern, einem Axiallager sowie zwei Fanglagern. Letztere stellen in hochtourigen Anwendungen bei einem eventuellen Systemabsturz eine Notlauffunktion bereit.

In Abbildung 6.15 werden zwei Grundausführungen elektromagnetischer Radiallager vorgestellt. Die beiden Varianten unterscheiden sich nicht nur durch die Flussführung in orthogonal zueinander stehenden Ebenen, sondern auch hinsichtlich ihrer Flussausprägung im Luftspalt. Während in dem linken Ausführungsbeispiel das Flussvorzeichen entlang des Statorumfangs wechselt (Wechselpollager), wird mit der

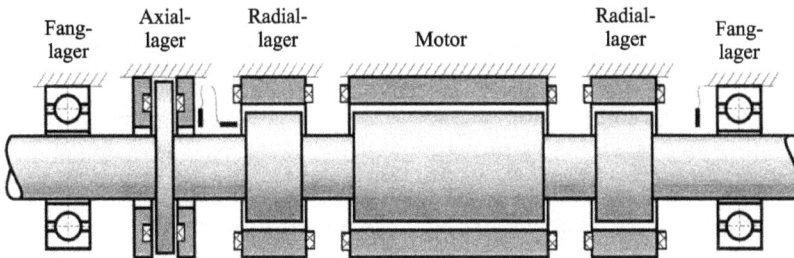

Abb. 6.14: Elektromagnetisch gelagertes Antriebssystem.

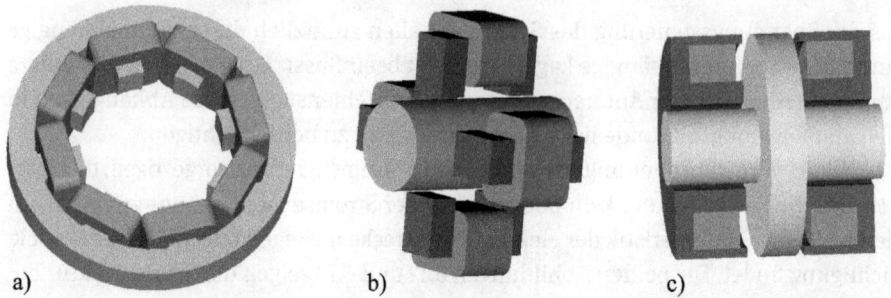

Abb. 6.15: Ausführungsformen von Radial- (a, b) und Axiallagern (c) als Heteropolar- (a) oder Homo-polarlager (b, c).

mittleren Ausführung eine hinsichtlich der Flussrichtung homopolare Verteilung angestrebt. Die Vorzüge des Wechselpollagersliegen in dem fertigungstechnisch einfacheren Design, die des Homopolarlagers in den geringeren Rotorverlusten. Letzteres ist z. B. für Anwendungen mit hohen Drehzahlanforderungen von großem Nutzen. Aufgrund der Pollücken entlang des Umfangs ist jedoch auch die mittlere Ausführung bezüglich der Flussverteilung nicht oberwellenfrei.

Eine typische Ausführungsform für ein elektromagnetisches Axiallager ist in Abb. 6.15 rechts zu sehen. Hierbei handelt es sich um eine homopolare Ausführung mit Ringspulen. Lagerausführungen gemäß Abbildung 6.15a und b werden in der Regel geblecht ausgeführt, um Dynamikeinbußen und Eisenverluste zu begrenzen. Das Axiallager aus Abbildung 6.15c eignet sich in der gezeigten zylindrischen Ausführung weniger gut für Blechungen. Als Alternative kann der Stator in Umfangsrichtung aus einzelnen U-förmigen Blechpaketsegmenten zusammengesetzt und die Ankerplatte spiralförmig gewickelt oder der ferromagnetischen Kreis mit Pulververbundwerkstoffen (soft magnetic composites) ausgeführt werden. Letztere eignen sich besonders gut für dreidimensionale Flussführungen, erfordern allerdings aufgrund der größeren magnetischen Scherung (kleines μ_r) einen erhöhten Durchflutungsbedarf.

6.5.1.2 Magnetlager mit permanentmagnetischer Vormagnetisierung

Die im vorangegangenen Abschnitt behandelte Gleichstromvormagnetisierung ist verlustbehaftet. Dies gilt in besonderem Maße, wenn wie bei hermetisch gekapselten Pumpen (z. B. Spaltrohrpumpen), große Luftspalte magnetisiert werden müssen. Die Ruhestromverluste haben einen erheblichen Anteil an den Gesamtverlusten und tragen somit wesentlich zur Erwärmung des Antriebssystems bei. Eine energietechnisch günstigere Alternative bietet sich mit der Luftspaltvormagnetisierung durch permanentmagnetische Werkstoffe. Mit relativ geringem Materialaufwand lassen sich bei Verwendung von Dauermagnetwerkstoffen sehr hohe Energiedichten erzielen (vgl.

Abschnitt 6.2.1). Aufgrund der Verbindung von Permanent- und Elektromagneten werden solche Systeme auch als hybride Magnetlager bezeichnet.

Homopolares Radiallager

In Hinblick auf kleine Durchflutungsbedarfe für die Kraftentfaltung ist eine parallele Führung von permanentmagnetischen und elektromagnetischen Flüssen von Vorteil (vgl. Abb. 6.16). In seriellen Anordnungen muss die elektrische Durchflutung nicht nur den magnetischen Spannungsbedarf im Luftspalt, sondern auch den Spannungsabfall über den (niederpermeablen) Permanentmagneten decken. Allerdings weisen Anordnungen bei einer Hintereinanderschaltung von elektrischen und permanentmagnetischen Durchflutungen höhere Grenzfrequenzen und daher eine höhere Dynamik auf.

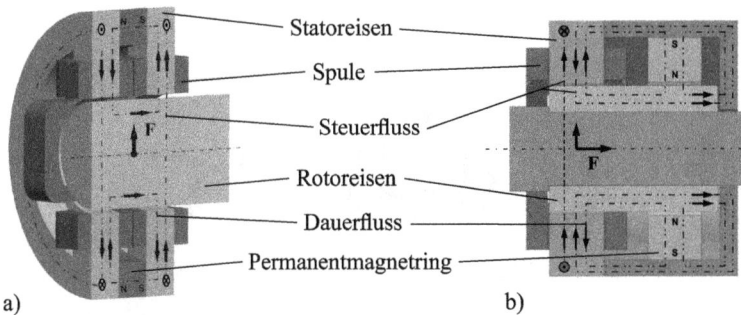

Abb. 6.16: Permanentmagneterregtes Homopolarlager mit schematischer Darstellung des Permanentmagnet- und Steuerflusses ausgeführt als a) Radiallager und b) kombiniertes Lager.

Abbildung 6.16a zeigt die dreidimensional ausgebildeten Flusskreise in einer Homopolarlageranordnung [292]. Während die Hauptflussrichtungen des permanentmagnetischen Kreises in den r-z-Ebenen liegen, fließt der elektromagnetische Steuerfluss in den r-φ-Ebenen des vorderen und hinteren Statorblechpakets. Der axial magnetisierte Permanentmagnet ist magnetisch an die beiden Statorblechpakete angeschlossen. Der Rotor, in diesem Falle die Welle, dient als magnetischer Rückschluss. Durch den Steuerfluss werden die radialen permanentmagnetischen Luftspaltfelder moduliert, wodurch in weiterer Folge die radialen Kräfte entstehen. Abbildung 6.16b stellt eine Erweiterung dieses Konzepts dar. Hier spannt ein radial magnetisierter Permanentmagnet sowohl einen radial als auch einen axial verlaufenden Luftspalt vor [293]. Die Steuerspulen sind wiederum in der Lage, die Luftspaltflüsse zu modulieren, wobei ein ggf. vorhandener Summenstrom in den Lagersträngen axiale Steuerflüsse hervorruft. Mit diesen kann auch die Axialkraft beeinflusst werden. Um in der Grundeinstellung ein axiales Kräftegleichgewicht zu erreichen, werden zwei dieser kombinierten Lager in gespiegelter Anordnung verwendet. So gelingt schließlich die aktive Lagerung von fünf Freiheitsgraden.

Heteropolares Radiallager

Ein mechanisch einfacherer Aufbau lässt sich mit einer heteropolaren Struktur erreichen (nach Abb. 6.17) [289]. In diesem Beispiel liegen die permanentmagnetischen und elektromagnetischen Flusskreise in einer Ebene, sind aber nach wie vor parallel geführt. Die luftspaltseitige Überlagerung der Flusskomponenten findet in den Abschnitten der Wicklungspole in gleicher Weise wie im vorangegangenen Beispiel statt. In der mittleren Grafik in Abb. 6.17 ist die Flussdichteverteilung für eine nach unten wirkende Rotorkraft dargestellt. Der obere Wicklungspol ist in diesem Beispiel aufgrund der gegenläufig gerichteten Flusskomponenten nahezu feldfrei, während die beiden unteren Wicklungspole sehr hohe Flussdichten führen.

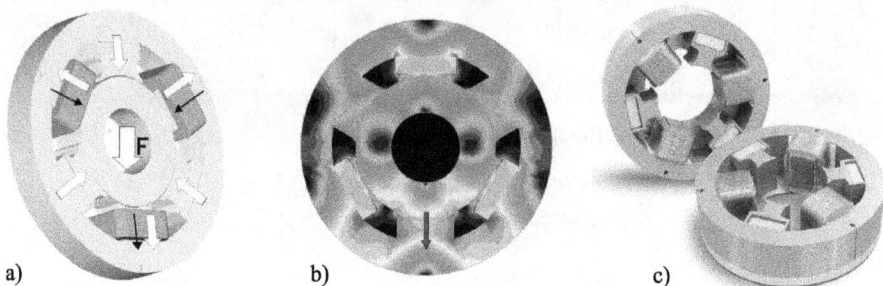

a)   b)   c)

Abb. 6.17: Permanentmagneterregtes Heteropolarlager a) als CAD-Zeichnung mit eingetragenen Flussrichtungen, b) dessen Flussdichteverteilung (gerechnet mit Maxwell 3D, © Ansoft) und c) als industrielle Ausführung. (Quelle: © LTI Motion GmbH).

In Abb. 6.17c ist eine industrielle Ausführung des permanentmagnetisch erregten Heteropolarlagers zu sehen. Die Dauermagnete befinden sich in taschenförmigen Ausnehmungen der Polschenkel. Die seitliche Begrenzung erfolgt hierbei über dünne Sättigungsstege.

Quasi leistungslos statische Kräfte kompensieren

Das Auffangen von quasistatischen Prozesskräften, wie z. B. der Gewichtskraft des Rotors oder der mittleren Radialkraft in Pumpen, erfordert bei konventionellen Magnetlagern z. T. hohe elektromagnetische Gegenkräfte und schränkt den Betriebsbereich der Lager stark ein.

Permanentmagneterregte Radiallager bieten die Möglichkeit, elektronisch den Rotor soweit aus der geometrischen Mitte zu lenken, dass die äußeren Prozesskräfte durch permanentmagnetische Zugkräfte kompensiert werden. Die elektrische Steuerleistung dient in diesem Fall nur noch der Ausregelung geringfügiger Abweichungen aus dem neuen Laufzentrum und ist bei rein statischer Lagerbelastung in vielen Fällen vernachlässigbar klein.

Vom mechanischen zum „intelligenten" Lager

Das magnetische Lager kann nicht nur die Tragfunktion des mechanischen Lagers ersetzen, sondern darüber hinaus auch noch Monitoring-Funktionen übernehmen. Eine kontinuierliche Überwachung des Antriebszustands erleichtert die frühzeitige Diagnose von Störungen sowie die Erhöhung der Prozesssicherheit. Die permanent überwachten Prozessgrößen (Rotorlage, Ströme) können jederzeit Auskunft über den Zustand des Antriebssystems geben. So lassen sich nicht nur Störungen des Lagers, sondern auch Rotorkräfte hervorrufende Störungen des Antriebs oder der Applikation, wie z. B. Wicklungsschlüsse, Pumpenraddeformationen, Unwuchten etc. frühzeitig erkennen [294]. Diese Diagnosefähigkeit ist grundsätzlich bei allen aktiven Magnetlagern gegeben.

6.5.2 Lagerlose Motoren

Die lagerlosen Motoren repräsentieren eine noch vergleichsweise junge Technologie. Neben dem Drehmoment ist ein lagerloser Motor im Stande auch Tragkräfte zu erzeugen, ohne eigens dafür vorgesehene Magnetlager zu besitzen. Die Erzeugung von Kräften und Momenten erfolgt also gemeinsam im Motor selbst. Mittlerweile wurden zu fast allen bürstenlosen Motortypen lagerlose Pendants entwickelt; so gibt es lagerlose Asynchronmotoren [295–297], lagerlose Reluktanzmotoren [298], lagerlose Schrittmotoren [299] und natürlich die große Gruppe der lagerlosen Synchronmotoren [300–302]. Eine sehr gute Einführung in das Gebiet der lagerlosen Motortechnik bietet [291]. Es zeigt, dass seit Anfang der 1990er Jahre weltweit viele Forschungsarbeiten auf diesem Gebiet durchgeführt wurden. Mittlerweile sind auch einige Serienprodukte mit Schwerpunkten in chemischen und medizintechnischen Applikationen entstanden. Die Mehrzahl der lagerlosen Motoren erzeugen neben dem Drehmoment noch die radialen Lagerkräfte. Einige sind auch in der Lage, zusätzlich oder stattdessen Axialkräfte zu erzeugen. Je nachdem, wie viele räumliche Freiheitsgrade stabilisiert werden können, spricht man von ein bis hin zu fünf Freiheitsgraden stabilisierenden lagerlosen Motoren.

Die nun folgenden Betrachtungen gelten stets für lagerlose Motoren, die radiale Tragkräfte erzeugen. Die Theorie kann in ähnlicher Weise aber auch auf Systeme, die andere Freiheitsgrade stabilisieren, übertragen werden.

6.5.2.1 Lagerlose Permanentmagnetmotoren

Bei lagerlosen Motoren mit Permanentmagneterregung weisen das Drehmoment und die Lagerkräfte in einem begrenzten Aussteuerungs- und Auslenkungsbereich typischerweise lineare Abhängigkeiten von den Strangströmen auf, solange man von ungesättigten Materialien ausgehen kann. Dies erlaubt Superposition und vereinfacht die Regelung. Wie bei herkömmlich gelagerten Maschinen sind durch den Einsatz von Permanentmagneten höchste Energiedichten, Wirkungsgrade, Dynamiken aber auch große Luftspalte erreichbar.

Tragkraft- und Drehmomentenerzeugung
Ein wesentliches Merkmal früher lagerloser Motoren ist das in den Motor zusätzlich zu den Antriebswicklungen integrierte Lagerwicklungssystem [295–302]. Um eine weitgehende Entkopplung von Tragkraft- und Drehmomenterzeugung zu erzielen, werden die beiden Wicklungen mit unterschiedlicher Polzahl ausgeführt. Die Festlegung der Polpaarzahlen erfolgt hierbei nach der Beziehung

$$p_{mot} = p_{mag} = p_{lag} \pm 1, \tag{6.18}$$

wobei p_{mag}, p_{mot} und p_{lag} der erzeugten Polpaarzahl der Luftspaltfelder des Permanentmagneten, der Drehmomentenwicklungen und der Lagerwicklungen entsprechen.

Für das Verständnis der Wirkungsweise von lagerlosen Motoren ist die Kenntnis der Kraft- und Drehmomententfaltung von Bedeutung (siehe auch Band 1, Kapitel 2.6). Zur Erläuterung der physikalischen Zusammenhänge eignet sich eine lagerlose Drehfeldmaschine mit einem an der Statorinnenseite verteilten sinusförmigen Ankerstrombelag in besonderer Weise (vgl. Abb. 6.18). Hierbei handelt es sich um eine zweipolige Maschine mit einem zweipoligen sowie einem vierpoligen Drehfeldwicklungssatz.

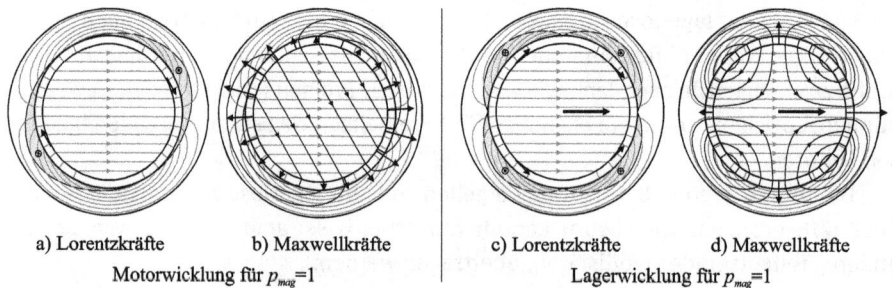

| a) Lorentzkräfte | b) Maxwellkräfte | c) Lorentzkräfte | d) Maxwellkräfte |

Motorwicklung für $p_{mag}=1$　　　　　　Lagerwicklung für $p_{mag}=1$

Abb. 6.18: Lorentz- (a, c) und Maxwellkräfte (b, d) in einer zweipoligen dauermagneterregten Maschine mit nutenloser Wicklung (nutenlose Wicklungen s. Band 1, Abschnitt 8.2.1).

Abbildung 6.18 unterscheidet zwischen zwei Kraftarten: Lorentzkräfte, die aus im Magnetfeld befindlichen Ankerstrombelägen resultieren, sowie Maxwellkräfte, die an der Grenzfläche zweier Medien unterschiedlicher Permeabilitäten entstehen.

Abbildung 6.18a zeigt die Drehmomentbildung infolge der tangentialen Lorentzkraftvektoren. Abbildung 6.18b gibt einen Überblick über die Verteilung der radial angreifenden Maxwellkräfte. In beiden Fällen entsteht für den Fall symmetrischer Anordnungen und Feldverteilungen keine resultierende Radialkraftkomponente. Anders verhält sich das in den Abbildungen 6.18c und d. Sowohl die Lorentz- als auch die Maxwellkräfte summieren sich zu einer resultierenden Radialkraft, verhalten sich aber im Gegensatz zur Konfiguration in Abb. 6.18a drehmomentneutral.[5]

Aus den oben angeführten Darstellungen ist ersichtlich, dass über die beiden sich in ihrer Polpaarzahl um eins unterscheidenden Wicklungssätze eine weitgehend getrennte Steuerung von Drehmoment und Tragkraft erfolgen kann. Gleichung (6.18) lässt sich auf Luftspaltfelder mit höheren Harmonischen verallgemeinert anwenden [303].

Im idealen Fall mit sinusförmigem Permanentmagnetfeld und sinusförmiger Durchflutungsverteilung ergibt sich bei Rotordrehung für konstante Strangströme in der Tragkraftwicklung eine kreisförmige bzw. elliptische Ortskurve des Tragkraftvektors [304]. Im Gegensatz zu der Ansteuerung von Magnetlagern, deren ferromagnetischer Rotor keine magnetisch ausgeprägte Vorzugsrichtung aufweist, ist daher bei lagerlosen Motoren die Durchflutung der Tragkraftwicklung abhängig von der Radiallast und Rotorstellung nachzuführen. Eine Ausnahme bei den lagerlosen Motoren bildet diesbezüglich der lagerlose Folgepolmotor (consequent pole motor), dessen Tragkraftbildung nahezu rotorwinkelunabhängig bleibt [305].

Lagerlose Motoren mit konzentrierten Wicklungen

Wicklungssysteme mit konzentrierten Wicklungen bzw. Zahnspulenwicklungen haben gegenüber Ausführungen mit stark verteilten Wicklungen Kostenvorteile. Allerdings handelt es sich bei diesen Motorausführungen nicht mehr um reine Grundwellenmotoren, sondern um Motoren mit hohem Oberwellengehalt der Flussverkettungen [306–312]. Die Stränge dieser Motoren weisen zudem oftmals die Eigenschaft eines kombinierten Wicklungssystems auf, das heißt, sie sind in der Lage, winkelabhängig sowohl radiale Tragkräfte als auch ein Drehmoment zu erzeugen. Diese zusätzliche Kopplung zwischen Kräften und dem Drehmoment muss im Regelschema aufgelöst werden, erlaubt aber typischerweise eine effizientere Erzeugung von Drehmoment und Tragkraft im Vergleich zu den separierten Wicklungssystemen [313, 314].

---

5 Die bei der gewählten Feldverteilung entstehende gleiche Richtung des Lorentz- und Maxwellgesamtkraftvektors in Abb. 6.18c und d ist hierbei als Sonderfall zu betrachten und grundsätzlich nicht allgemein gütig.

Die allgemeine Tragkraft- und Drehmomentenbildung für lagerlose Motoren lässt sich, lineares Materialverhalten vorausgesetzt, über

$$
\begin{pmatrix} F_{\mathrm{x}}(x_{\mathrm{r}},y_{\mathrm{r}},\varphi_{\mathrm{r}}) \\ F_{\mathrm{y}}(x_{\mathrm{r}},y_{\mathrm{r}},\varphi_{\mathrm{r}}) \\ M_{\mathrm{z}}(x_{\mathrm{r}},y_{\mathrm{r}},\varphi_{\mathrm{r}}) \end{pmatrix} = \begin{pmatrix} \boldsymbol{i}_{\mathrm{s}}^{\mathrm{T}} & \boldsymbol{0}^{\mathrm{T}} & \boldsymbol{0}^{\mathrm{T}} \\ \boldsymbol{0}^{\mathrm{T}} & \boldsymbol{i}_{\mathrm{s}}^{\mathrm{T}} & \boldsymbol{0}^{\mathrm{T}} \\ \boldsymbol{0}^{\mathrm{T}} & \boldsymbol{0}^{\mathrm{T}} & \boldsymbol{i}_{\mathrm{s}}^{\mathrm{T}} \end{pmatrix} \boldsymbol{T}_{\mathrm{Q}}(x_{\mathrm{r}},y_{\mathrm{r}},\varphi_{\mathrm{r}})\boldsymbol{i}_{\mathrm{s}} + \boldsymbol{T}_{\mathrm{L}}(x_{\mathrm{r}},y_{\mathrm{r}},\varphi_{\mathrm{r}})\boldsymbol{i}_{\mathrm{s}} + \boldsymbol{T}_{\mathrm{C}}(x_{\mathrm{r}},y_{\mathrm{r}},\varphi_{\mathrm{r}})
$$

(6.19)

mit dem Strangstromvektor

$$
\boldsymbol{i}_{\mathrm{s}} = \begin{pmatrix} i_1 & i_2 & \cdots & i_{\mathrm{m}} \end{pmatrix}^{\mathrm{T}}
$$

(6.20)

beschreiben. Der Spaltenvektor $\boldsymbol{0}$ hat nur Nullen als Einträge. Die Matrix $\boldsymbol{T}_{\mathrm{Q}}$ gibt jene Kräfte und Drehmomente an, die gänzlich unabhängig von Permanentmagneterregung erzeugt werden, also Reluktanzkräfte und -momente. Der Vektor $\boldsymbol{T}_{\mathrm{C}}$ dagegen enthält Kräfte und Momente, die ausschließlich durch die Permanentmagneterregung hervorgerufen werden, also Nutrastkräfte und -momente. Die Interaktion von Permanentmagnetfeld und Statorbestromung wird von der Matrix $\boldsymbol{T}_{\mathrm{L}}$ beschrieben. Dieser hat bei lagerlosen Motoren typischerweise den dominierenden Anteil an Kraft- und Drehmomentenbildung. In weiterer Folge werden die Terme von (6.19) um den Arbeitspunkt $x_{\mathrm{r}0} = y_{\mathrm{r}0} = 0$ und $\boldsymbol{i}_{\mathrm{s}} = \boldsymbol{0}$ linearisiert und man erhält

$$
\begin{aligned}
\begin{pmatrix} F_{\mathrm{x}}(\varphi_{\mathrm{r}}) \\ F_{\mathrm{y}}(\varphi_{\mathrm{r}}) \\ M_{\mathrm{z}}(\varphi_{\mathrm{r}}) \end{pmatrix} &= \begin{pmatrix} k_{\mathrm{xx}}(\varphi_{\mathrm{r}}) & k_{\mathrm{yx}}(\varphi_{\mathrm{r}}) & 0 \\ k_{\mathrm{xy}}(\varphi_{\mathrm{r}}) & k_{\mathrm{yy}}(\varphi_{\mathrm{r}}) & 0 \\ 0 & 0 & 0 \end{pmatrix} \begin{pmatrix} x_{\mathrm{r}} \\ y_{\mathrm{r}} \\ \varphi_{\mathrm{r}} \end{pmatrix} + \boldsymbol{T}_{\mathrm{m}}(\varphi_{\mathrm{r}})\boldsymbol{i}_{\mathrm{s}} + \boldsymbol{T}_{\mathrm{c}}(\varphi_{\mathrm{r}}) \\
&= \boldsymbol{K}_{\mathrm{x}}(\varphi_{\mathrm{r}})\boldsymbol{x}_{\mathrm{r}} + \boldsymbol{T}_{\mathrm{m}}(\varphi_{\mathrm{r}})\boldsymbol{i}_{\mathrm{s}} + \boldsymbol{T}_{\mathrm{c}}(\varphi_{\mathrm{r}}).
\end{aligned}
$$

(6.21)

Die Einträge in der Steifigkeitsmatrix $\boldsymbol{K}_{\mathrm{x}}$ werden hauptsächlich durch die Magnetisierung des Rotors bestimmt und führen dazu, dass der beschriebene lagerlose Motor in radialer Richtung ein instabiles Verhalten aufweist, welches mit entsprechend geregelten Statorströmen über die Strom-Kraft-Matrix $\boldsymbol{T}_{\mathrm{m}}$ stabilisiert werden muss. Die Steifigkeitsmatrix kann immer als Summe einer konstanten Diagonalmatrix $\boldsymbol{K}_{\mathrm{x,l}}$ und einer nichtlinearen Matrix $\boldsymbol{K}_{\mathrm{x,nl}}(\varphi_r)$ dargestellt werden.

Die Strom-Kraft-Matrix $\boldsymbol{T}_{\mathrm{m}}$ besitzt stets drei Zeilen und m Spalten, wobei m die Strangzahl des Motors angibt. Die rotorwinkelabhängigen Einträge dieser Matrix können analytisch oder über Finite-Elemente-Simulationen ermittelt werden. Bei kombinierten Wicklungen ist die entsprechende Spalte voll besetzt, wogegen bei getrennten Wicklungssystemen entsprechende Nulleinträge vorhanden sind.

Nimmt man zu (6.21) noch die mechanischen Impulssätze sowie den Drallsatz hinzu, erhält man als vollständiges Motormodell

$$
\begin{pmatrix} \dot{\boldsymbol{x}}_{\mathrm{r}} \\ \ddot{\boldsymbol{x}}_{\mathrm{r}} \end{pmatrix} = \begin{pmatrix} \boldsymbol{0}\boldsymbol{0}^{\mathrm{T}} & \boldsymbol{E} \\ \boldsymbol{M}^{-1}\boldsymbol{K}_{\mathrm{x}}(\varphi_{\mathrm{r}}) & \boldsymbol{0}\boldsymbol{0}^{\mathrm{T}} \end{pmatrix} \begin{pmatrix} \boldsymbol{x}_{\mathrm{r}} \\ \dot{\boldsymbol{x}}_{\mathrm{r}} \end{pmatrix} + \boldsymbol{T}_{\mathrm{m}}(\varphi_{\mathrm{r}}) \begin{pmatrix} \boldsymbol{0}\boldsymbol{0}^{\mathrm{T}} \\ \boldsymbol{M}^{-1}\boldsymbol{T}_{\mathrm{m}}(\varphi_{\mathrm{r}}) \end{pmatrix} \boldsymbol{i}_{\mathrm{s}} + \begin{pmatrix} \boldsymbol{0} \\ \boldsymbol{M}^{-1}\boldsymbol{T}_{\mathrm{c}}(\varphi_{\mathrm{r}}) \end{pmatrix},
$$

(6.22)

wobei sich die Massenmatrix aus der Rotormasse m_r und dem axialen Trägheitsmoment des Rotors J_z über

$$M = \begin{pmatrix} m_r & 0 & 0 \\ 0 & m_r & 0 \\ 0 & 0 & J_z \end{pmatrix} \tag{6.23}$$

aufbaut.

Regelung

Die Strom-Kraft-Matrix T_m gibt die Tragkräfte und das Drehmoment an, welche bei einer entsprechenden Bestromung der Motorstränge in Abhängigkeit des Rotorwinkels φ_r auftreten. Für die Regelung ist aber der umgekehrte Zusammenhang von Interesse, der beschreibt, welcher Strangstromvektor der Maschine eingeprägt werden muss, um die gewünschten Tragkräfte und Drehmomente zu erzeugen. Dieser Zusammenhang wird durch die sogenannte Kraft-Strom-Matrix K_m beschrieben. Folglich muss jedenfalls

$$T_m(\varphi_r)K_m(\varphi_r) = E \tag{6.24}$$

gelten. Dieses Gleichungssystem alleine ist für Strangzahlen $m > 3$ allerdings unterbestimmt, was weitere Bedingungen für eine eindeutige Lösung notwendig macht. Eine physikalisch sinnvolle Zusatzbedingung ist die Minimierung der Kupferverluste

$$i_s^T i_s \to \min, \tag{6.25}$$

wodurch man schließlich ein quadratisches Optimierungsproblem mit linearen Randbedingungen erhält, welches u. a. mit Hilfe des Lagrangeschen Operators gelöst werden kann [315]. Als Ergebnis erhält man

$$K_m(\varphi_r) = T_m(\varphi_r)^T (T_m(\varphi_r)T_m(\varphi_r)^T)^{-1} \tag{6.26}$$

für unverschaltete Stränge oder

$$K_m(\varphi_r) = \left(E - \frac{1}{m}\mathbf{1}\mathbf{1}^T\right)T_m(\varphi_r)^T \left(T_m(\varphi_r)\left(E - \frac{1}{m}\mathbf{1}\mathbf{1}^T\right)T_m(\varphi_r)^T\right)^{-1} \tag{6.27}$$

für in Stern verschaltete Motorstränge mit der zusätzlichen Bedingung

$$\mathbf{1}^T i_s = 0, \tag{6.28}$$

wobei $\mathbf{1}$ einen Spaltenvektor bestehend aus lauter Einsen definiert.

Wird nun anstatt linearer Systemeingänge der Stellgrößenvektor

$$i_s = K_m(\varphi_r)\left[\begin{pmatrix} f_x & f_y & m_z \end{pmatrix}^T - \begin{pmatrix} \mathbf{0}\mathbf{0}^T & M \end{pmatrix} K_{x,nl}(\varphi_r)x_r - T_c(\varphi_r)\right] \tag{6.29}$$

für (6.22) verwendet, so verschwindet jede Art von Nichtlinearität und man erhält

$$\begin{pmatrix} \dot{x}_r \\ \ddot{x}_r \end{pmatrix} = \begin{pmatrix} 00^T & E \\ M^{-1}K_{x,l} & 00^T \end{pmatrix} \begin{pmatrix} x_r \\ \dot{x}_r \end{pmatrix} + \begin{pmatrix} 00^T \\ M^{-1} \end{pmatrix} \begin{pmatrix} f_x & f_y & m_z \end{pmatrix}^T. \tag{6.30}$$

Physikalisch kann man diese Linearisierung so interpretieren, dass die neuen Eingänge die elektromagnetisch erzeugten Tragkräfte sowie das Drehmoment (f_x, f_y und m_z) repräsentieren, welche dann über (6.29) in die dafür notwendigen Strangströme umgerechnet werden. Regelungstechnisch kommt hier das Prinzip der nichtlinearen statischen Rückführung von Zustandsgrößen zur Anwendung. Auf das nunmehr lineare Modell können Standard-Regler-Entwurfsverfahren für lineare, zeitinvariante Systeme angewendet werden, die schließlich das System radial stabilisieren bzw. die gewünschte Drehzahl einstellen.

Abbildung 6.19 zeigt das sich ergebende Blockschaltbild der beschriebenen Regelung. Da gängige Leistungselektroniken typischerweise Spannungen anstelle der gewünschten Ströme einprägen, wird noch mit unterlagerten Stromreglern gearbeitet, deren Zeitkonstanten wesentlich kleiner als die der mechanischen Strecke vorausgesetzt werden müssen. Für die exakte Regelung mit Spannungseinprägung sei aufgrund der erhöhten Komplexität an dieser Stelle lediglich auf [316] verwiesen.

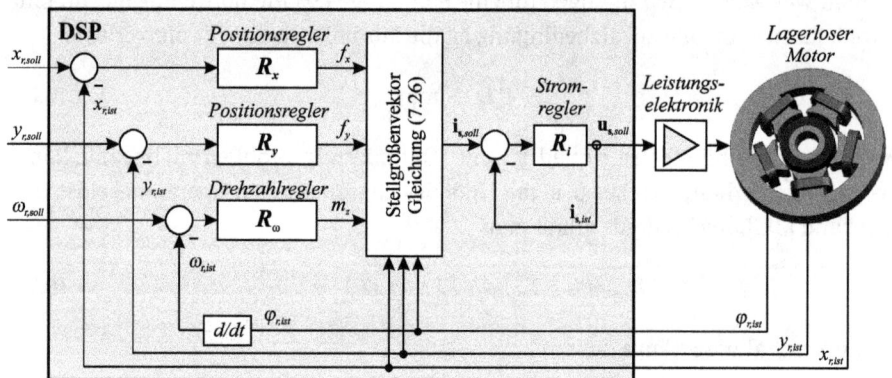

Abb. 6.19: Blockschaltbild der Regelung eines lagerlosen Motors mit spannungseinprägender Leistungselektronik und unterlagerten Stromreglern.

Passive Stabilisierung in drei Freiheitsgraden – der lagerloser Scheibenläufer

Für die berührungsfreie Lagerung eines starren Rotors ist die Stabilisierung von fünf Freiheitsgraden erforderlich. Einige Anwendungen, wie z. B. Pumpen oder Lüfter, erlauben einen scheibenförmigen Rotoraufbau mit im Vergleich zum Durchmesser kleiner axialer Länge (Abb. 6.20). Wird der Rotor durch äußere Störkräfte axial oder in

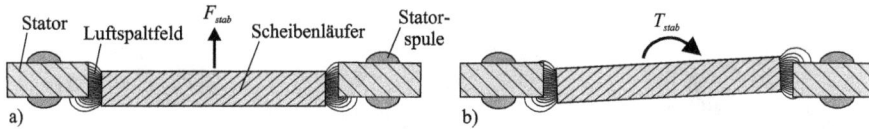

Abb. 6.20: Passive Stabilisierung eines lagerlosen Motors durch permanentmagnetische Reluktanzkräfte in axialer Richtung (a) und in den Kipprichtungen (b).

den Kipprichtungen ausgelenkt, so entstehen durch das permanentmagnetisch vorgespannte Luftspaltfeld jeweils reluktante Rückstellkräfte, die bei entsprechender magnetischer Auslegung den Rotor in den drei Freiheitsgraden passiv stabilisieren. Bei
einem lagerlosen Scheibenmotor genügt daher die Regelung der radialen Rotorlage
für eine vollständige Stabilisierung der Schwebefunktion in den fünf Freiheitsgraden.
Dadurch lassen sich mit vergleichsweise geringem mechanischem und elektrischem
Aufwand sehr kostengünstige Lager-/Antriebskonzepte realisieren [317, 318].

Beispiele praktischer Ausführungen von Scheibenläufermotoren

Die seit Beginn der 1990er Jahre stetig voranschreitende Forschung im Bereich der
lagerlosen Scheibenläufermotoren führte zu einer großen Zahl von Ausführungsformen dieser Motortopologie. Abbildung 6.21 gibt eine Übersicht über die gängigsten
Motortypen. Der einfacheren Darstellung halber sind darin alle lagerlosen Motoren
mit Zahnspulenwicklungen ausgeführt, obwohl die meisten implementierten Systeme mit verteilten und getrennten Wicklungssystemen ausgestattet sind.

Neben den Standardtopologien für Innen- und Außenläufer (Abb. 6.21a und b),
die einen Aufbau wie herkömmlich gelagerte Motoren aufweisen, wird der lagerlose Scheibenläufermotoren oft als sogenannter Tempelmotor (Abb. 6.21c) realisiert. In
dieser Ausführung sind die Statorzähne mit den dazugehörigen Spulen hauptsächlich parallel zur Rotorachse ausgerichtet. Daher nimmt der Gesamtaufbau zwar an Höhe zu, aber die radialen Abmessungen bleiben beschränkt. Zusätzlich ist der Bereich
über dem Rotor beim Tempelmotor frei zugänglich, da die Wicklungsenden axial nicht
über den Rotor hinausragen. Dies bietet zusätzliche konstruktive Freiheitsgrade. Ein
interessantes industrielles Anwendungsbeispiel eines lagerlosen Scheibenläuferan-
triebs in Tempelmotor-Bauform ist in Abb. 6.22 dargestellt. Es handelt sich um eine
lagerlose und gleitdichtungsfreie Pumpe, wie sie für die Förderung von hochreinen
oder chemisch aggressiven Flüssigkeiten benötigt wird [318]. Das Pumpengehäuse ist
hermetisch gekapselt und schließt das magnetisch aufgehängte Pumpenrad ein. In
dieser Pumpe befinden sich separate Wicklungssätze für die Drehmoment- und Tragkraftbildung. Der Pumpenteil ist hermetisch gekapselt und kann, z. B. für hochsteri-
le medizinische Applikationen, durch einfaches Auf- und Abstecken als Wegwerfteil
leicht ausgetauscht werden.

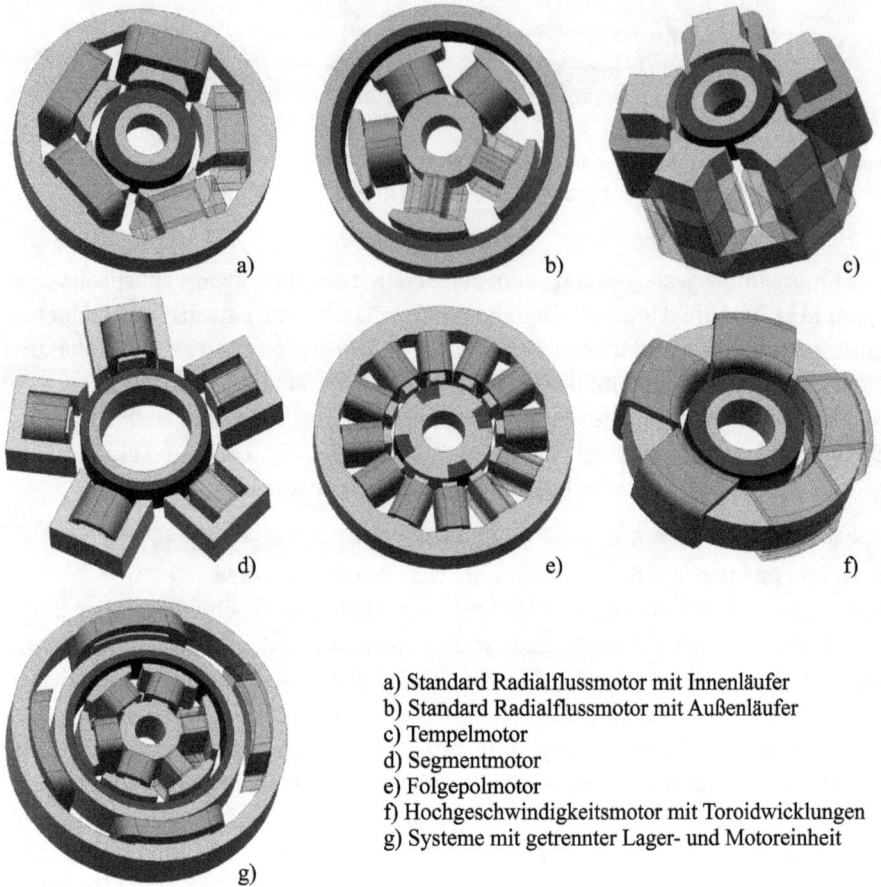

a) Standard Radialflussmotor mit Innenläufer
b) Standard Radialflussmotor mit Außenläufer
c) Tempelmotor
d) Segmentmotor
e) Folgepolmotor
f) Hochgeschwindigkeitsmotor mit Toroidwicklungen
g) Systeme mit getrennter Lager- und Motoreinheit

Abb. 6.21: Verschiedene Ausführungsformen lagerloser Scheibenläufermotoren mit permanentmagneterregten Rotoren, zur einfacheren Darstellung stets mit Zahnspulenwicklungen ausgeführt.

Segmentierte Motoren (Abb. 6.21d) weisen typischerweise eine geringere passive Stabilisierung als vergleichbare ganzumfänglich ausgeführte Systeme auf. Insbesondere bei sehr großen Rotordurchmessern ist jedoch das Einsparungspotential an Statormaterial und damit an Gewicht und Kosten beträchtlich. Zwischen den Segmenten bleibt zudem Platz für Elektronik und Sensorik [304].

Der lagerlose Folgepol-Scheibenläufer-Motor (Abb. 6.21e) ist eine japanische Entwicklung [305] und wird insbesondere an den dortigen Forschungsstätten häufig implementiert. Seine Besonderheit liegt vor allem darin, dass die radiale Tragkraftbildung weitestgehend rotorwinkelunabhängig erfolgt und in dieser Hinsicht also eine ähnliche Charakteristik wie ein permanentmagnetisches vorgespanntes aktives Magnetlager (vgl. Kapitel 6.5.1.2) aufweist. Die Lagerströme müssen daher nicht kommutiert werden, was Vorteile bei hohen Drehzahlen mit sich bringt.

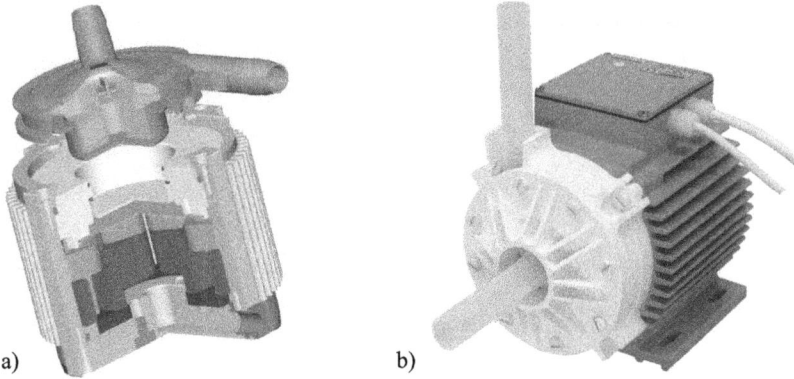

a)　　　　　　　　　b)

Abb. 6.22: Lagerlose und gleitdichtungsfreie Pumpe mit wechselbarem Pumpaufsatz für medizinische Anwendungen (a) und mit höherer Leistung als Chemikalienpumpe (b). (Quelle: © Levitronix GmbH).

Lagerlose Hochgeschwindigkeits-Scheibenläufermotoren erreichen Drehzahlen bis 150.000 min^{-1} und wurden bisher stets als nutenlose Luftspulenmotoren mit Toroidwicklungen ausgeführt [312, 319] (Abb. 6.21f). Diese Topologie erlaubt die bei diesen Drehzahlen notwendige Minimierung der Eisenverluste in Rotor und Stator. Noch höhere Umfangsgeschwindigkeiten scheitern bisher an der mechanischen Festigkeit des Rotors. Der spröde Permanentmagnetrotor muss, um den extremen Fliehkräften standzuhalten, mit einer hochfesten Bandage versehen werden, welche allerdings den magnetischen Luftspalt vergrößert.

Neuere Arbeiten befassten sich auch mit lagerlosen Scheibenläufermotoren, die ohne Permanentmagnete im Rotor auskommen. Dies kann für Anwendungen interessant sein, in denen der Rotor häufig ersetzt werden bzw. dieser in Umgebungen mit sehr hohen Temperaturen arbeiten muss. Das Luftspaltfeld wird in diesem Fall von im Stator verbauten Dauermagneten erzeugt. Zwei Beispiele dafür sind der lagerlosen Reluktanz- [319] und Flussschalt-(Flux-Switching)Scheibenläufermotor [320]. Ersterer weist eine homopolare permanentmagnetische Vormagnetisierung des Luftspaltfeldes auf, wogegen das zweite System ein heteropolares permanentmagnetisches Luftspaltfeld besitzt.

Kennzahlen aufgebauter Scheibenläufermotoren

Der folgende Abschnitt zeigt die ganze Breite der bisher entwickelten Scheibenläufermotoren. Es handelt sich dabei um alle den Autoren bekannten und in der einschlägigen Literatur beschriebene Systeme, deren wesentliche Kenngrößen verfügbar sind und die auch als Prototypen realisiert wurden. Diese Zusammenstellung enthält die Daten von über 60 verschiedenen lagerlosen Scheibenläufermotoren, die in der Zeit von 1995 bis 2016 publiziert wurden [321]. Die folgenden Erläuterungen geben Aufschluss über den abgedeckten Drehzahlbereich, die erreichbaren Drehmomente und die erzielten Lagerkräfte.

Abbildung 6.23 zeigt die Vielzahl der über die Jahre vorgestellten lagerlosen Scheibenläufermotoren. In den frühen Entwicklungsjahren wurden hauptsächlich Systeme mit getrennter Tragkraft- und Drehmomentenwicklung verwendet. In den letzten Jahren kommen dagegen vermehrt auch kombinierte Wicklungssysteme zum Einsatz. Deutlich erkennbar ist die nachhaltige und stetige Entwicklung der lagerlosen Scheibenläufer über die letzten zwei Jahrzehnte, die sich von der annähernd konstanten mittleren Anzahl an Motorneuentwicklungen pro Jahr ableiten lässt.

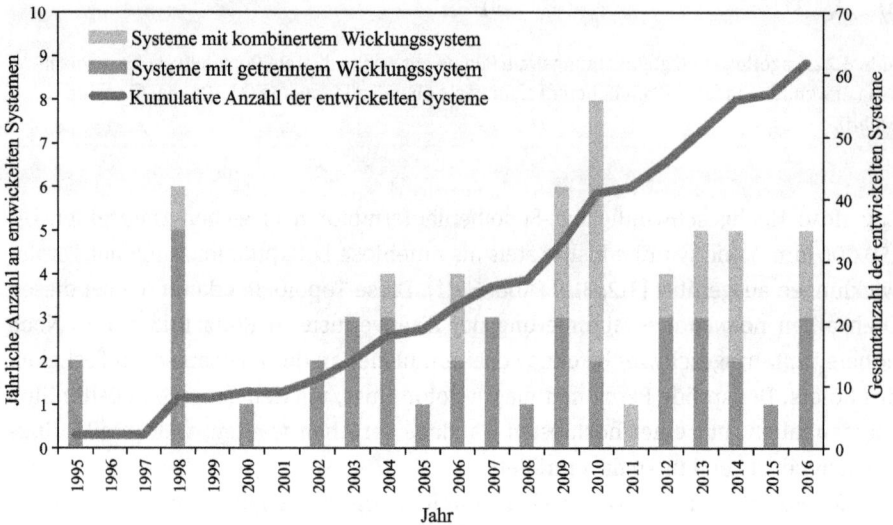

Abb. 6.23: Zeitliche Übersicht über die in der Literatur veröffentlichten lagerlosen Scheibenläufermotor-Prototypen.

Aufgrund der Tatsache, dass die meisten lagerlose Scheibenläufer – insbesondere in den frühen Entwicklungsphasen – für den Einsatz als Zentrifugalpumpen konzipiert wurden, blieben die Drehzahlen stets unter $10.000 \, \text{min}^{-1}$. Das erste System, das signifikant höhere Drehzahlen erreichen konnte, betrifft ein lagerloses Wasserstoffgebläse [322]. An die physikalisch möglichen Drehzahlgrenzen getrieben wurde der lagerlose Scheibenläufer in den beiden Arbeiten [312] und [323]. Es zeigte sich darin, dass schlussendlich nur die mechanische Festigkeit des Rotors, der hohen Zentrifugalkräften ausgesetzt ist, als begrenzender Faktor bleibt. Die bisher höchste erreichte Drehzahl eines lagerlosen Scheibenläufermotors wurde von einer Forschergruppe der ETH Zürich mit $150.000 \, \text{min}^{-1}$ bei einem Rotordurchmesser von 2 cm erreicht. Abbildung 6.24 zeigt den Drehzahlbereich lagerloser Scheibenläufermotoren getrennt nach den Topologien, welche in Abb. 6.21 vorgestellt wurden. Oberflächengeschwindigkeiten bis annähernd 750 km/h bzw. 200 m/s konnten realisiert werden. Erkennbar ist

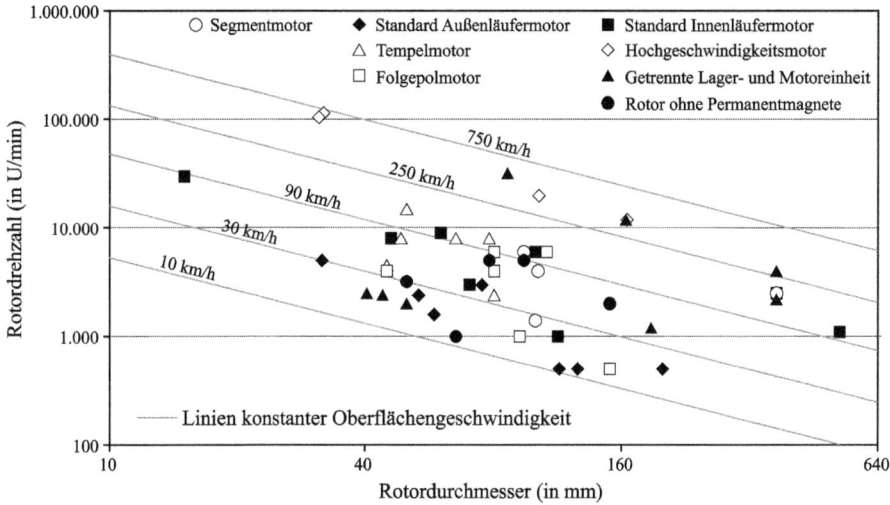

Abb. 6.24: Abgedeckter Drehzahlbereich der implementierten lagerlosen Scheibenläufer.

auch die große Bandbreite der verwendeten Rotordurchmesser von einigen cm bis hin zu einem halben Meter [324].

Die mittlere Schubspannung τ, die auf den Rotor wirkt, ist eine weit verbreitete Kennzahl und ermöglicht, Drehmomente unterschiedlicher Motorbauformen und -größen miteinander zu vergleichen. Das Motormoment M_z errechnet sich aus der mittleren Tangentialkraft F_t, welche auf die Rotormantelfläche A_r wirkt, multipliziert mit dem Hebelarm (der dem Rotorradius r_r entspricht) nach

$$M_z = F_t r_r = \tau A_r r_r = 2\pi r_r^2 l_z \tau, \tag{6.31}$$

wobei l_z die axiale Rotorhöhe beschreibt. Für Abb. 6.25 wurde die Schubspannung der Scheibenläufer-Prototypen mittels

$$\tau = \frac{M_z}{A_r r_r} = \frac{M_z}{2\pi r_r^2 l_z} \tag{6.32}$$

berechnet und über der Rotormantelfläche aufgetragen. Linien konstanter Schubkräfte sind ebenfalls eingetragen, um dem Diagramm auch nichtnormierte Werte entnehmen zu können.

An dieser Stelle sei angemerkt, dass alle betrachteten Scheibenläufermotoren ohne zusätzliche Kühlung auskommen. Würde eine solche vorgesehen, so ließe sich die Drehmomentendichte noch beträchtlich steigern. Typische Werte für die mittlere Schubspannung elektrischer Antriebe verschiedener Klassen werden in [325] angegeben. Daraus geht hervor, dass gekapselte, luftgekühlte Industriemotoren typischerweise mittlere Schubspannungen im Bereich von 1–15 kN/m² aufweisen. Kleinere Maschinen weisen in der Regel geringere mittlere Schubspannungen auf als

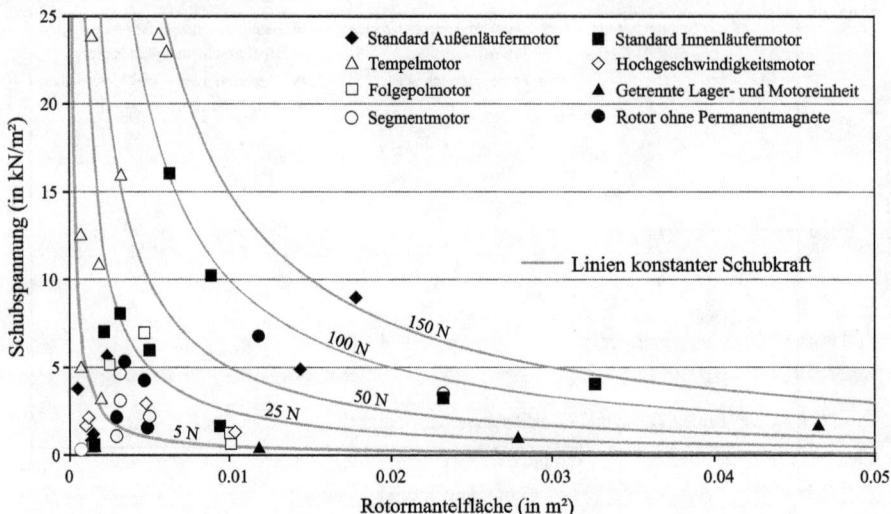

Abb. 6.25: Erreichbares Drehmoment der betrachteten lagerlosen Scheibenläufer.

größere. Industrielle Hochleistungs-Servoantriebe erreichen Werte zwischen 10 und 20 kN/m², während sehr große wassergekühlte Maschinen sogar Werte zwischen 70 und 100 kN/m² erreichen können.

Die lagerlosen Scheibenläufer erreichen Schubdichten bis fast 25 kN/m². Diese Werte sind mit herkömmlich mechanisch gelagerten Standardmotoren durchaus vergleichbar. Die höchsten Werte erzielen lagerlose Tempelmotoren, weil sie konstruktiv besonders viel Platz für die Wicklungen ermöglichen und dadurch hohe Durchflutungen erlauben.

Ein weiterer wichtiger Kennwert lagerloser Motoren ist die Tragkraftkapazität. Daher wurde analog zu den Schubspannungen die Normalspannung

$$\sigma = \frac{F_r}{S_r} = \frac{F_r}{2r_r l_z} \tag{6.33}$$

definiert, wobei F_r die radiale Tragkraft und S_r die laterale Rotorquerschnittsfläche beschreiben. Die ermittelten Normalspannungen aller betrachteten Scheibenläufermotoren sind in Abb. 6.26 enthalten. Die höchsten Spannungen liegen bei Werten um 150 kN/m². Der theoretische Maximalwert der magnetischen Normalspannung wird durch die Materialsättigung begrenzt, kann aus

$$\sigma_{max} = \frac{F_r}{S_r} = \frac{B_{r,max}^2}{2\mu_0} \tag{6.34}$$

berechnet werden und ergibt sich zu 725 kN/m² unter Zugrundelegung einer maximalen Flussdichte $B_{r,max}$ von 1,35 T und der Permeabilität von Vakuum μ_0. Der relativ große Unterschied zwischen erreichter und möglicher Schubspannung liegt in den

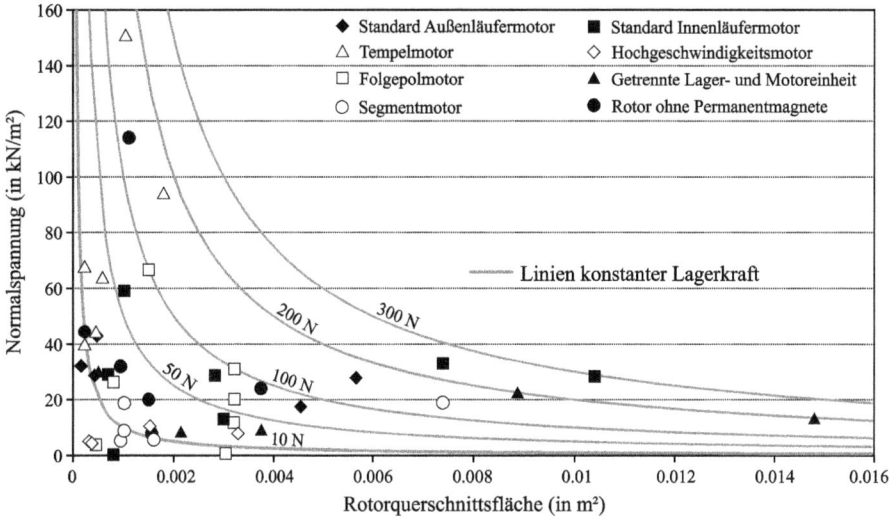

Abb. 6.26: Erzielte Lagerkräfte der ausgewerteten lagerlosen Scheibenläufer.

typischerweise sinusförmigen und daher heteropolar ausgeprägten Luftspaltfeldern. Somit erreicht das magnetische Feld seinen Maximalwert nicht über den gesamten Luftspalt. Zudem wird für die Erzeugung der Kraft meist mit Feldstärkung auf der einen und Feldschwächung auf der anderen Rotorseite gearbeitet, wobei in vielen Fällen bei der Feldschwächung die Vormagnetisierung nicht vollständig kompensiert wird. Beide Effekte führen zu einer Reduktion der erzielbaren Tragkräfte.

Tempelmotoren können die höchsten Normalspannungswerte erzielen. Die Begründung dafür ist dieselbe wie schon bei den Schubspannungen im vorhergehenden Absatz erläutert. Mit einem Wert von über $110\,\text{kN/m}^2$ kann auch der lagerlose homopolare Reluktanzscheibenläufer (der gänzlich ohne Permanentmagneten im Rotor auskommt) [319] bei gegebener Rotorquerschnittsfläche sehr hohe Tragkräfte erzielen.

Werner Krause
7 Mechanische Übertragungselemente

Schlagwörter: Getriebe, Wellen, Kupplungen, Lager, Führungen

Mechanische Übertragungselemente haben die Hauptaufgabe, die von Antriebsele-
menten bereitgestellte Bewegungsenergie den geforderten Parametern anzupassen
und an das nachgeordnete Arbeitsorgan bzw. eine Baugruppe oder ein Gerät weiterzuleiten. Dazu werden vor allem Getriebe, Kupplungen und Wellen einschließlich der
zugehörigen Lager sowie für Linearbewegungen auch Führungen benötigt.

Bei geregelten Antrieben dienen die mechanischen Übertragungelemente auch
der Übertragung der Bewegungsinformation zwischen bewegtem Maschinenteil und
Winkel- oder Wegsensor, Drehzahl- oder Geschwindigkeitssensor. So ist z. B. eine indirekte Wegmessung mit dem im Motor integrierten Winkelsensor möglich (Kapitel 5.2,
5.3).

Bei *Getrieben* steht das Einhalten einer vorgegebenen Übertragungsfunktion im
Vordergrund, die den Zusammenhang zwischen der Bewegung des Antriebs- und des
Abtriebsgliedes darstellt. Sowohl die Eingangs- als auch die Ausgangsgrößen (An- und
Abtrieb) sind mechanische Größen. Getriebe werden deshalb auch als mechanische
Umformer bezeichnet, insbesondere für Drehzahlen und Drehmomente. Darüber hin-
aus können sie ein Getriebeglied so führen, dass es bestimmte Lagen einnimmt bzw.
dass Punkte eines Gliedes vorgegebene Bahnen beschreiben. Man spricht dann von
Führungsgetrieben.

Kupplungen dienen der Verbindung von Wellen zur Übertragung von Drehbewegungen und Drehmomenten. *Wellen* sind Leitungselemente, die zugleich Geräteteile
tragen und deren Gewichts- und Funktionskräfte aufnehmen. Sie werden durch *Lager* abgestützt, die ebenso wie *Führungen* die Lage der zu bewegenden Teile im Raum
absichern.

Nachfolgend werden die in elektrischen Kleinantrieben am häufigsten benötigten
Übertragungselemente in einer Übersicht vorgestellt, um eine zielsichere Auswahl zu
ermöglichen. Deren Berechnung und Gestaltung ist der weiterführenden Literatur zu
entnehmen [326, 327].

Hinweis: Einige Übertragungselemente, z. B. Präzisionsgetriebe, Kleinstkupp-
lungen sowie Lager sind auch in standardisierten Ausführungen handelsüblich [341].
Viele Übertragungselemente werden aber besonders für Großserienanwendungen
speziell an den jeweiligen Anwendungsfall angepasst.

Zu beachten ist, dass alle mechanischen Übertragungselemente wesentlichen
Einfluss auf das Bewegungsverhalten des gesamten Antriebssystems haben. Sie sind
grundsätzlich massebehaftet, Reibungs- und Dämpfungseinflüssen unterworfen so-

https://doi.org/10.1515/9783110441505-007

wie elastisch. Bei ihrer Paarung tritt zudem häufig Spiel auf.[1] Diese Eigenschaften zu erfassen, ist Voraussetzung für die dynamische Analyse der Übertragungselemente und die Beschreibung des Bewegungsverhaltens bereits in der Entwurfsphase.

Die Aufgabe der dynamischen Analyse besteht darin, bei bekannten eingeprägten Kräften und Massenverteilungen die einen vorgeschriebenen Beschleunigungszustand bewirkende Kraft zu ermitteln. Eingeprägte Kräfte sind Nutzkräfte am Arbeitsorgan, Bewegungswiderstände, Gewichts- oder Federkräfte. Sie rufen infolge der durch die Zwangsführungen der einzelnen Glieder gegebenen Bewegungsbeschränkungen in den Koppelstellen, den Gelenken bzw. Lagern, Reaktionskräfte hervor. Entsprechende Wirkungen werden auch durch Trägheitskräfte verursacht, die von den Gliedern als kinetischer Widerstand einer Änderung des Bewegungszustands entgegengesetzt werden.

Trägheitskräfte entstehen bei nichtlinearen Bewegungsfunktionen von Antriebs- oder Übertragungselementen, aber auch bei Schwingungen als Folge von Spiel, elastischen Deformationen und Reibung. Besonders bei hohen Arbeitsgeschwindigkeiten und Resonanzen zwischen Antriebs- und Eigenfrequenzen haben die Schwingungen Bedeutung. Die Modellierung, Simulation und Optimierung des dynamischen Verhaltens von Antriebssystemen sind Aufgaben der Geräte- und Maschinendynamik (Kapitel 8.6.1 und [334]). Mikromechanische Elemente für Mikroantriebe sind ausführlich in [331] beschrieben.

7.1 Getriebe

Getriebe sind mechanische Einrichtungen zum Übertragen von Bewegungen und Kräften oder zum Führen von Punkten eines Körpers auf bestimmten Bahnen. Sie bestehen aus beweglichen, miteinander verbundenen Gliedern, deren gegenseitige Bewegungsmöglichkeiten durch die Art der Gelenke bestimmt wird. Bei diesen sind unterscheidende Aspekte unter anderem

- das Bewegungsverhalten an den Berührungsstellen: Gleit-, Wälz-, Gleitwälzgelenk;
- die Geometrie der Berührung: Punkt-, Linien-, Flächenberührung;
- die Aufrechterhaltung der Paarung: Form- oder Kraftpaarung.

In einem Getriebe ist ein Glied stets Bezugskörper (Gestell), die Mindestanzahl der Glieder und Gelenke beträgt jeweils drei.

---

1 Reibung, Elastizität und Spiel müssen z. B. bei der Auswahl von Servoantrieben mit Getriebe beachtet werden, siehe Kapitel 4.

7.1.1 Getriebearten

Man unterscheidet bezüglich der Funktion Übertragungsgetriebe und Führungsgetriebe. In Übertragungsgetrieben steht die Bewegungsübertragung nach einer Übertragungsfunktion im Vordergrund, die den Zusammenhang zwischen der Bewegung des Antriebs- und des Abtriebsgliedes darstellt. Sowohl Eingangs- als auch Ausgangsgrößen (An- und Abtrieb) sind mechanische Größen. Man bezeichnet deshalb Getriebe auch als mechanische Umformer.

Ein *Übertragungsgetriebe* kann entsprechend Abb. 7.1 symbolisiert werden. Ist die Übertragungsfunktion linear, d. h., $\psi = k\varphi$, spricht man von gleichmäßig übersetzenden Getrieben mit konstanter Übersetzung. Zur *gleichmäßigen Drehzahlübersetzung* sind z. B. neben den *Zahnradgetrieben* (Abschnitt 7.1.2) auch die *Schrauben-* (Abschnitt 7.1.4), *Reibrad-* und *Zugmittelgetriebe* (Seil- und Riemengetriebe, Abschnitt 7.1.3) geeignet. Unter *ungleichmäßig übersetzenden Getrieben* werden alle Getriebe mit nichtlinearer Übertragungsfunktion zusammengefasst, z. B. *Koppel-* (Abschnitt 7.1.5), *Kurven-* (Abschnitt 7.1.6) und *Schrittgetriebe* (Abschnitt 7.1.7). Tabelle 7.1 gibt eine Übersicht über typische Übertragungsfunktionen und Beispiele von zugehörigen Getrieben.

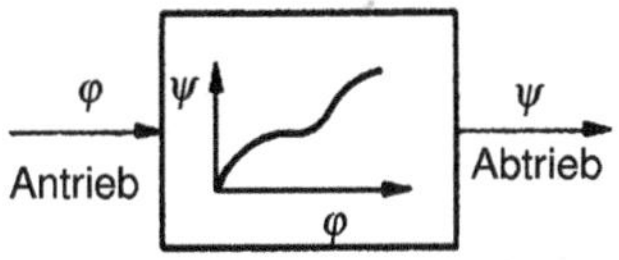

Abb. 7.1: Blockschema von Übertragungsgetrieben.

Bei *Führungsgetrieben* charakterisieren die Form und Lage von Punktbahnen den Verwendungszweck, so dass die Begriffe Antriebs- und Abtriebsglied sowie Übertragungsfunktion im Allgemeinen nicht benutzt werden. Beispiele hierfür sind die Geradführung eines Punktes P durch eine Schubkurbel oder die Kreisschubbewegung eines Körpers K durch eine Parallelkurbel (Abb. 7.2).

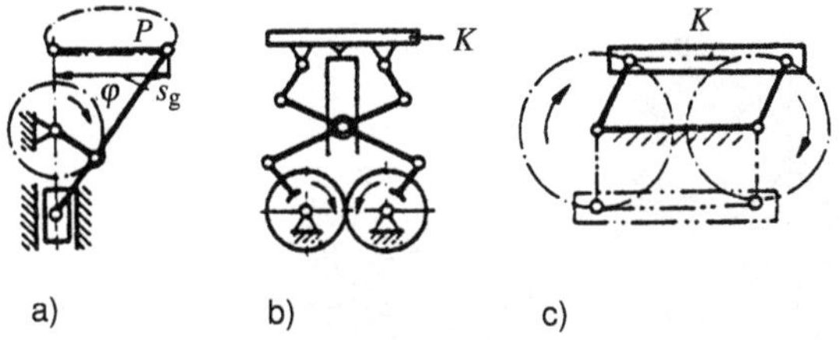

Abb. 7.2: Beispiele von Führungsgetrieben. a) Geradführung eines Punktes P entlang Weg s_g durch zentrische Schubkurbel, b) Geradschubbewegung eines Körpers K durch Getriebe mit symmetrischem Doppelantrieb, c) Kreisschubbewegung eines Körpers K durch Parallelkurbel.

Tab. 7.1: Typische Übertragungsfunktionen und Beispiele von Getrieben [326, 327].

Nr.	Übertragungsfunktion	Form der Abtriebsbewegung	
		Drehen	Schieben
1		Zahnradgetriebe	Schraubengetriebe
2		Doppelkurbel	Bandgetriebe
3		Kurvengetriebe	Schubkurbel
4		Malteserkreuzgetriebe	Kurvenschrittgetriebe
5		Koppelrastgetriebe	Kurvengetriebe
6		Räderkoppelgetriebe	Bandgetriebe

Die Getriebearten können auch nach dem Aufbau, d. h. nach charakteristischen Bestandteilen, eingeteilt werden. Hiernach lassen sich acht Gruppen von Getrieben unterscheiden, die man als Grundgetriebe bezeichnet (Tabelle 7.2).

Tab. 7.2: Ordnung der Übertragungsgetriebe nach charakteristischen Elementen, acht Grundgetriebe.

Getriebegruppe (charakteristische Bestandteile)	Beispiele	Getriebegruppe (charakteristische Bestandteile)	Beispiele
Koppelgetriebe (starre Glieder, Drehgelenke, Schubgelenke) siehe Abschnitt 7.1.5		Keilschubgetriebe (an Keilflächen gepaarte starre Glieder)	
Kurvengetriebe (Kurvenglied, Eingriffsglied, Kurvengelenk) siehe Abschnitt 7.1.6		Schraubengetriebe (Bewegungsschraube, Mutter) siehe Abschnitt 7.1.4	
Zahnradgetriebe (Zahnräder, z. B. Stirn- und Kegelräder, Schnecken) siehe Abschnitt 7.1.2		Zugmittelgetriebe (Riemen, Bänder, Seile, Ketten) siehe Abschnitt 7.1.3	
Reibkörpergetriebe (kraftgepaarte Reibkörper, z. B. Scheiben, Kegel)		Druckmittelgetriebe (gasförmige, flüssige Druckmittel)	

Verschiedene Grundgetriebe kann man durch Hintereinander- oder Parallelschaltung koppeln bzw. in ihrer Wirkung überlagern. Sie werden als kombinierte Getriebe und entsprechend den beteiligten Getriebearten z. B. als Räder-Koppel-Getriebe bezeichnet.

Nachfolgend werden die in Kleinantrieben wichtigsten Getriebe behandelt.

7.1.2 Zahnradgetriebe

Zahnradgetriebe dienen der Umformung von Drehzahlen und Drehmomenten zwischen zwei oder mehreren Wellen. Die Verzahnung der Räder bewirkt eine Formpaarung und ermöglicht dadurch eine zwangläufige und schlupffreie Bewegungs- und Kraftübertragung mit der Übersetzung

$$i = \frac{n_1}{n_2} = \frac{d_2}{d_1} \,. \tag{7.1}$$

Zur Charakterisierung der Bewegungsübertragung dient die mittlere Übersetzung *i* als Quotient der mittleren Drehzahlen bzw. Durchmesser der Räder einer Getriebestufe. Zur Beschreibung der momentanen Ungleichmäßigkeit der Bewegungsübertragung wird die momentane Übersetzung i_0 herangezogen, die sich aus dem Verhältnis der aktuellen Drehzahlen bzw. Winkelgeschwindigkeiten ergibt:

$$i_0 = \frac{n_1(t)}{n_2(t)} = \frac{\omega_1(t)}{\omega_2(t)} \ . \tag{7.2}$$

Index 1: Antriebsrad (Eingang der Getriebestufe), Index 2: Abtriebsrad (Ausgang der Getriebestufe), Drehzahl *n*, Teilkreisdurchmesser *d* der Räder, Winkelgeschwindigkeit *ω*.

7.1.2.1 Einteilung

Ordnungsaspekte für Zahnradgetriebe sind in erster Linie die Gestellanordnung der Räder, die Anzahl der Übersetzungsstufen, die Lage der Achsen und die Grundformen der Radkörper. Zur Einteilung können darüber hinaus aber auch Merkmale herangezogen werden, die sich auf die Verzahnung beziehen, z. B. Evolventen- oder Zykloidenverzahnung, Gerad-, Schrägverzahnung usw.

Gestellanordnung der Räder
Einstufige Zahnradgetriebe sind dreigliedrig und entsprechen der Getriebedefinition (siehe Abschnitt 7.1.1). Sie bestehen aus zwei Rädern (Glieder 1, 2) und der festen Verbindung der Drehachsen, dem Steg s (Glied 3) (Abb. 7.3a) sowie drei Gelenken, den zwei Drehgelenken der Räder und dem Gleitwälzgelenk im Zahneingriff. Steht der Steg still, d. h., ist er mit dem Gehäuse fest verbunden, spricht man von Standgetrieben.

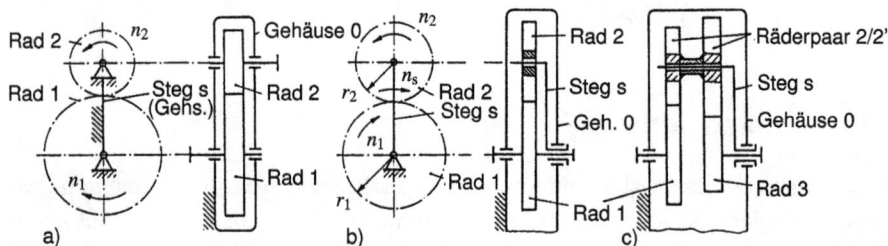

Abb. 7.3: Ableitung der Umlaufrädergetriebe aus Standgetrieben (siehe auch Tabelle 7.4). a) einstufiges Standgetriebe, b) einstufiges Umlaufrädergetriebe, c) zweistufiges Umlaufrädergetriebe (*Hinweis*: Bei Umlaufrädergetrieben greifen die umlaufenden Räder in der Regel in ein innenverzahntes Rad, das mit dem Gehäuse verbunden ist).

Läuft der Steg um, d. h., ist er im Gestell (Gehäuse) selbst drehbar angeordnet, bezeichnet man die Getriebe als Umlaufrädergetriebe, weil mindestens ein Rad mit dem Steg umläuft (Abb. 7.3b, c). Allgemein werden dabei die im Gestell gelagerten Räder als Zentral- oder Sonnenräder bezeichnet. Die auf dem umlaufenden Steg werden Umlauf- oder Planetenräder genannt (daher auch Planetenradgetriebe).

Anzahl der Übersetzungsstufen

Bei einstufigen Zahnradgetrieben werden zwischen Antriebs- und Abtriebswelle Drehzahl und Drehmoment nur einmal umgeformt (Abb. 7.4a), bei mehrstufigen Getrieben dagegen mehrmals. Man unterscheidet zusätzlich, je nachdem, ob Antriebs- und Abtriebsachse fluchten oder nicht, rückkehrende und nicht rückkehrende Getriebe (Abb. 7.4b, c). Ein Sonderfall ist die Räderkette (Abb. 7.5), bei der mehrere außenverzahnte Räder (1 bis 4) in einer fortlaufenden Kette angeordnet sind. Bei ihnen überträgt die gleiche Verzahnung, die die Bewegung vom vorhergehenden Rad übernimmt, diese auch auf das nachfolgende Rad ohne Zwischenübersetzung, kehrt dabei aber die Drehrichtung um. Alle Teilkreise haben die gleiche Umfangsgeschwindigkeit v, so als ob ein Band B hindurchgezogen würde.

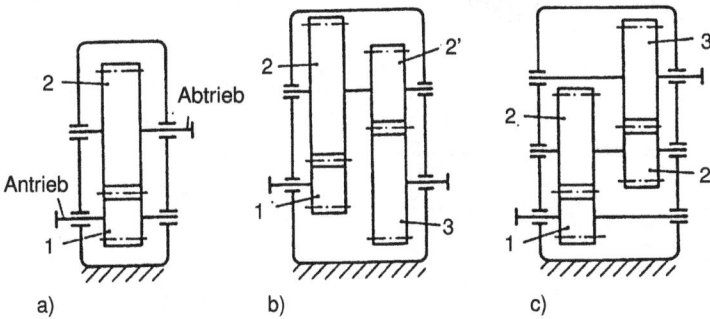

Abb. 7.4: Stirnradgetriebe. a) einstufig, b) zweistufig rückkehrend, c) zweistufig, nicht rückkehrend.

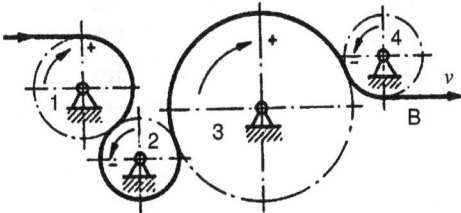

Abb. 7.5: Räderkette.

Lage der Achsen und Grundform der Radkörper

Stirnradgetriebe haben parallele Achsen; geometrische Grundformen der gepaarten Räder sind Zylinder (Abb. 7.6a). Kegelradgetriebe haben sich schneidende Achsen (Abb. 7.6b); Grundformen der Radkörper sind Kreiskegel. Sich kreuzende Achsen liegen sowohl bei Schraubenstirnrad- als auch bei Schneckengetrieben vor. Bei Schneckengetrieben beträgt der Kreuzungswinkel im Allgemeinen 90°. Die geometrischen Grundformen der gepaarten Radkörper sind Zylinder und Globoid (Abb. 7.6c), während bei den Schraubenstirnradgetrieben die Grundform beider Räder ein Zylinder ist (Abb. 7.6d). Ein spezielles Stirnradgetriebe ist das Zahnstangengetriebe (Abb. 7.6e), bei dem eine drehende Bewegung in eine translatorische Bewegung (und umgekehrt) umgeformt wird.

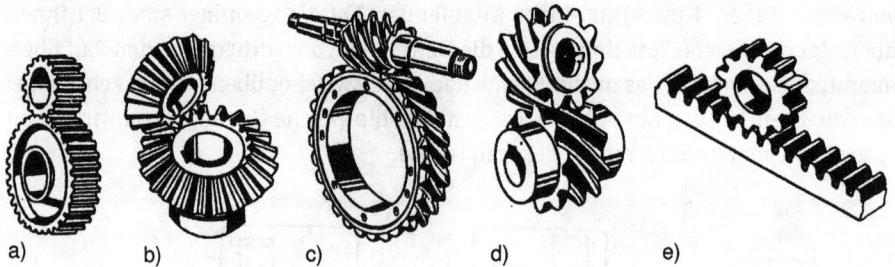

Abb. 7.6: Zahnradgetriebearten. a) Stirnrad-, b) Kegelrad-, c) Schnecken-, d) Schraubenstirnrad-, e) Zahnstangengetriebe (Stirnrad- und Kegelradgetriebe hier mit Geradverzahnung. Eigenschaften von Schrägzahnrädern siehe Erläuterungen zu Abb. 7.9).

7.1.2.2 Zahnräder

Entsprechend der Forderung nach gleichmäßiger Bewegungsübertragung können Aufbau und Gestaltung der Zahnräder nicht willkürlich erfolgen, sondern sind bestimmten kinematischen und geometrischen Bedingungen unterworfen. Diese ergeben sich aus den Grundgesetzen der Verzahnung [326, 327]. Deren Einhaltung sichert sowohl eine konstante momentane Übersetzung i_0 gemäß Gleichung (7.2) als auch eine Profilüberdeckung $\epsilon_\alpha > 1$, d. h., dass spätestens bei Beendigung des Eingriffs eines Flankenpaares das nächstfolgende kinematisch exakt in Eingriff kommt.

Profilformen und Zahnverläufe

Willkürlich geformte Zahnflanken, auch wenn mit ihnen die Grundgesetze der Verzahnung erfüllt werden, sind für die praktische Verwendung nicht sinnvoll. Sie lassen sich vor allem sehr schwierig fertigen. Zweckmäßig sind regelmäßig geformte Flanken. Im Wesentlichen hat nur das Evolventenprofil technische Bedeutung erlangt

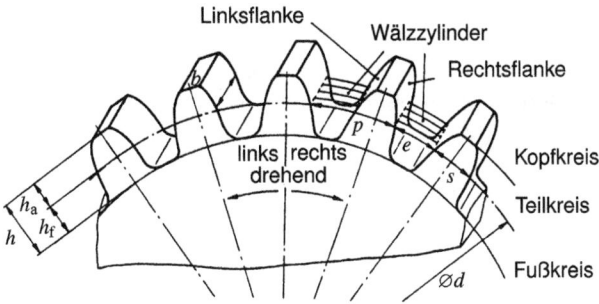

Abb. 7.7: Bestimmungsgrößen an Zahnrädern (Geradverzahnung mit Evolventenprofil).

(Abb. 7.7). Wegen seiner einfachen und genau herstellbaren Form wurde das Zahnstangenprofil mit geraden Flanken als Ausgangsprofil für die Evolventenverzahnung festgelegt und Bezugsprofil genannt. Leitet man daraus das Werkzeug ab, lassen sich alle Räder so damit verzahnen, dass sie unabhängig von der Zähnezahl einwandfrei zusammenarbeiten (siehe auch Abschnitt 7.1.2.3). Lediglich für Getriebe in Uhren und einfachen Geräten sowie für Übersetzungen ins Schnelle gelangen darüber hinaus von der Zykloide abgeleitete Verzahnungen zum Einsatz (Abschnitt 7.1.2.3).

Neben der Profilform ist für die Verzahnung der Verlauf der Flankenlinien von Interesse, der die gebräuchlichen Zahnverläufe bestimmt (Abb. 7.8).

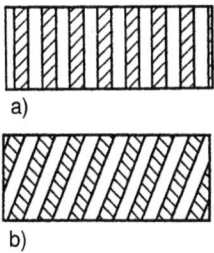

Abb. 7.8: Zahnverläufe. a) Geradzähne, b) Schrägzähne.

Bezeichnungen und Bestimmungsgrößen

Die grundlegenden Begriffe und Bezeichnungen an Zahnrädern sind in DIN ISO 21771 [359] und bisher in DIN 58405 [360] festgelegt und in Abb. 7.7 für Stirnräder mit geraden Zähnen dargestellt. Beim Verzahnen wird der Umfang eines Zahnrads entsprechend der Zähnezahl in z gleiche Teile geteilt. Die Entfernung zwischen zwei aufeinanderfolgenden, gleichgerichteten Flankenflächen der Zähne bezeichnet man als Teilung. Wird sie auf dem Umfang des Teilkreises mit dem Durchmesser d zwischen zwei Rechts- oder Linksflanken gemessen, bezeichnet man die Teilung als Teilkreisteilung p. Zwischen dem Teilkreisdurchmesser d, der Teilung p und der Zähnezahl z besteht folgender Zusammenhang:

$$pz = d\pi \,, \tag{7.3}$$

$$d = \frac{pz}{\pi} .$$ (7.4)

Das Verhältnis $m = \frac{d}{z}$ wird als Modul m bezeichnet (Durchmesserteilung), und man erhält

$$d = mz ,$$ (7.5)

$$p = m\pi .$$ (7.6)

Die Teilung p setzt sich zusammen aus der Zahndicke s und der Lückenweite e:

$$p = s + e .$$ (7.7)

Alle drei Größen werden im Allgemeinen als Bogenlängen auf dem Teilkreis gemessen. Weitere Bestimmungsgrößen sind

- die Zahnkopfhöhe h_a, gemessen vom Teilkreis bis zum Kopfkreis;
- die Zahnfußhöhe h_f, gemessen vom Teilkreis bis zum Fußkreis;
- die Zahnhöhe h, die sich aus Kopf- und Fußhöhe zusammensetzt.

Bei den genormten Verzahnungen werden diese Verzahnungsgrößen modulabhängig angegeben. Für den Modul m sollten nur genormte Werte verwendet werden (Tabelle 7.3). Bei den Grundgrößen von Stirnrädern mit schrägen Zähnen muss zwischen Normalteilung p_n und Stirnteilung p_t unterschieden werden (Abb. 7.9).

Die Normalteilung ist der Abstand zweier Rechts- oder Linksflanken, gemessen auf dem Mantel des Teilzylinders, senkrecht zur Flankenrichtung:

$$p_n = m_n \pi .$$ (7.8)

Die Stirnteilung ist der Abstand zweier Rechts- oder Linksflanken, gemessen im achsensenkrechten Schnitt (Stirnschnitt) des Teilzylinders. Der Zusammenhang zwischen Stirn- und Normalteilung ist durch den Schrägungswinkel β (Abb. 7.9) der Flankenlinie gegeben:

$$p_t = \frac{p_n}{\cos \beta} .$$ (7.9)

Tab. 7.3: Moduln m in mm für Stirnräder (nach DIN 780 [348], Werte der Reihe 1 sind bevorzugt anzuwenden, um Austauschbau zu sichern).

													Moduln m in mm
Reihe 1:	0,05	0,06	0,08	0,1	0,12	0,16	0,2	0,25	0,3	0,4	0,5	0,6	0,7
Reihe 2:	0,055	0,07	0,09	0,11	0,14	0,18	0,22	0,28	0,35	0,45	0,55	0,65	0,75
Reihe 1:	0,8	0,9	1,0	1,25	1,5	2,0	2,5	3	4	5	6	8	10
Reihe 2:	0,85	0,95	1,125	1,375	1,75	2,25	2,75	3,5	4,5	5,5	7	9	

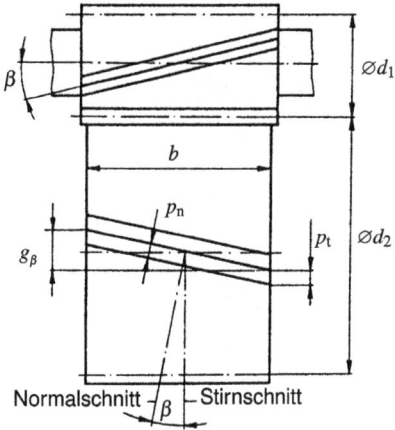

Normalschnitt β — Stirnschnitt

Abb. 7.9: Schrägstirnräder (Sprung g_β in Zeichenebene projiziert).

Entsprechend ist auch zwischen dem Stirnmodul m_t und dem Normalmodul m_n zu unterscheiden:

$$m_t = \frac{m_n}{\cos \beta} \, . \tag{7.10}$$

Der Normalmodul muss ein Wert der genormten Modulreihe nach Tabelle 7.3 sein.

Schrägzahnräder haben sowohl in Bezug auf die Verzahnungsgeometrie als auch hinsichtlich der Kräfteverteilung und des Betriebsverhaltens andere Eigenschaften als Geradzahnräder. So laufen z. B. Zahnradgetriebe mit Schrägzahnrädern ruhiger, weil die Flanken eines Zahnpaares nicht auf einmal, sondern allmählich in Eingriff kommen. Allerdings ist dafür eine ausreichend hohe Genauigkeit der Räder erforderlich. Es erhöht sich zudem die Überdeckung, denn zur Profilüberdeckung ϵ_α kommt die Sprungüberdeckung ϵ_β hinzu [326]. Außerdem wirkt sich die durch den schrägen Zahnverlauf hervorgerufene Axialkraft nachteilig aus, da sie die Lager zusätzlich belastet.

Bezugsprofil

Betrachtet man ein Zahnrad mit unendlich großem Radius, erhält man eine Zahnstange. Bei dieser geht die Evolvente in eine Gerade über, und die Zahnflanken werden Ebenen. Wegen seiner einfachen und genau herstellbaren Form wurde das Zahnstangenprofil als Ausgangsprofil für die Evolventenverzahnung festgelegt und Bezugsprofil genannt. Leitet man daraus das Werkzeug ab, dann lassen sich alle Räder so damit verzahnen, dass sie unabhängig von der Zähnezahl einwandfrei zusammenarbeiten. Um den unterschiedlichen Anforderungen gerecht zu werden, sind zwei Bezugsprofile mit unterschiedlicher Zahnhöhe genormt (Abb. 7.10).

Das Bezugsprofil nach DIN 867 [349] wird bei Moduln $m \geq 1\,\text{mm}$ zumeist im Maschinenbau angewendet. Das Bezugsprofil, bisher nach DIN 58400 [359], gelangt dagegen bei Moduln $m < 1\,\text{mm}$ zum Einsatz und wird den Anforderungen der Massen-

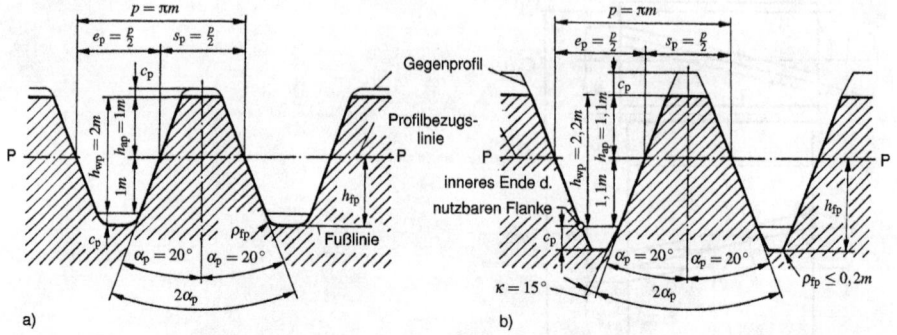

Abb. 7.10: Bezugsprofil mit Gegenprofil. a) nach DIN 867 [349], b) bisher nach DIN 58400 [359] – zugehörige Verzahnwerkzeuge sind handelsüblich.

fertigung (insbesondere ausreichende Profilüberdeckung und großes Zahnkopfspiel auch bei großen Verzahnungstoleranzen) gerecht.

Grenzen der Verzahnungsgeometrie, extrem kleine Zähnezahlen

Bei der Herstellung eines Zahnrads durch Abwälzfräsen kann ein Teil der zur Bewegungsübertragung notwendigen Fußflanke zwischen Grund- und Teilkreis weggeschnitten werden (Abb. 7.11). Dadurch wird der gesamte Zahnfuß geschwächt und die Belastbarkeit des Zahns verringert. Diese nachteilige Erscheinung bezeichnet man als *Unterschnitt*. Die Zähnezahl, bei der gerade noch kein Unterschnitt auftritt, ist die rechnerische *Grenzzähnezahl* z_{min}. In der Praxis kann ohne Verschlechterung der Eingriffsverhältnisse dieser Grenzwert auf $z'_{min} = 5/6 z_{min}$ unterschritten werden. Beim Bezugsprofil mit $h_a = 1,0\,m$ ergeben sich Grenzzähnezahlen von $z_{min} = 17$ bzw. $z'_{min} = 14$ und bei dem Profil mit $h_a = 1,1\,m$ solche von $z_{min} = 19$ bzw. $z'_{min} = 16$.

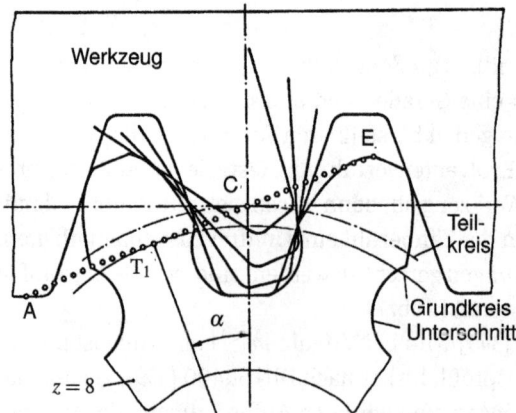

Abb. 7.11: Entstehung des Unterschnitts.

Der Unterschnitt ist bei der Herstellung evolventenverzahnter Räder mittels Abwälzfräser zu vermeiden, wenn das Werkzeug vom Teilkreis des Rades um einen genügend großen Betrag abgerückt wird. Diesen Vorgang bezeichnet man als *Profilverschiebung*. Durch Ausnutzen der für Unterschnitt und Spitzwerden der Zähne bestehenden Grenzen lassen sich damit die in Abb. 7.12 dargestellten Zähnezahlen realisieren.

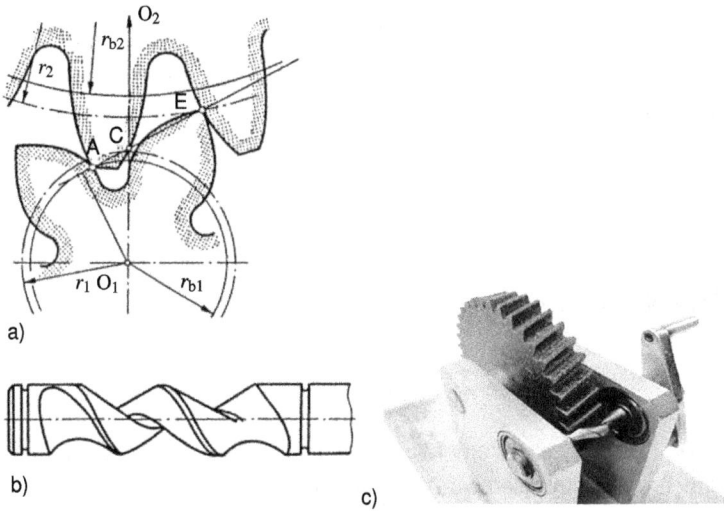

Abb. 7.12: Kleinstmögliche Zähnezahlen. a) $z = 5$ bei Geradverzahnung, b) $z = 1$ bei Schrägverzahnung, c) Paarung eines Ritzels $z_1 = 1$ mit Schrägstirnrad $z_2 = 43$.

Neben dem Vermeiden von Unterschnitt und dem Anpassen des Achsabstands z. B. an einen gegebenen Wert kann die *Profilverschiebung* auch zur Verbesserung der Laufruhe durch Vergrößern der Überdeckung sowie zum Steigern der Tragfähigkeit ausgenutzt werden [326] (siehe auch DIN 3992 [356]).

7.1.2.3 Stirnradgetriebe

Stirnradgetriebe mit Evolventenverzahnung sind die gebräuchlichsten Zahnradgetriebe. Sie werden eingesetzt zur Übertragung von Drehbewegungen und Drehmomenten zwischen parallelen Wellen sowohl bei stark miniaturisierter Bauweise mit Moduln ab 0,05 mm und Leistungen von nur einigen Watt als auch für große Antriebsleistungen und Drehzahlen bis 100 000 1/min. Die Umfangsgeschwindigkeit der Räder kann dabei 200 m/s erreichen [326, 332].

Stirnradgetriebe werden für Übersetzungen bis $i = 8$ als einstufige, bis $i = 35$ als zweistufige und darüber als mehrstufige Getriebe ausgeführt (Abb. 7.3 und 7.4). Das einstufige Getriebe (Abb. 7.4a) hat bei Rädern mit Geradverzahnung einen rechnerischen Achsabstand

$$a_d = m\frac{z_1 + z_2}{2} = \frac{d_1 + d_2}{2} \, .\tag{7.11}$$

Die Übersetzung ergibt sich zu

$$i = \frac{n_1}{n_2} = \frac{d_2}{d_1} = \frac{z_2}{z_1} \, .\tag{7.12}$$

Ein einstufiges Getriebe mit der Übersetzung $i = 1$ zeigt Abb. 8.22 zur Kopplung der beiden Messerwalzen eines rotativen Querschneiders.

Bei *mehrstufigen Getrieben* ist die Gesamtübersetzung das Produkt aus den Teilübersetzungen der einzelnen Stufen:

$$i_{ges} = i_I \cdot i_{II} \cdot i_{III} \cdots\tag{7.13}$$

Für das zweistufige Getriebe nach Abb. 7.4b,c gilt demnach

$$i_{ges} = \frac{n_1}{n_3} = \frac{n_1}{n_2}\frac{n_{2'}}{n_3} = \frac{d_2}{d_1}\frac{d_3}{d_{2'}} = \frac{z_2}{z_1}\frac{z_3}{z_{2'}} \, .\tag{7.14}$$

Die Zahnräder 2 und 2′ sitzen fest auf einer gemeinsamen Welle, deshalb ist $n_2 = n_{2'}$. Ein Beispiel für einen Gleichstromservoantrieb mit einem vierstufigen Getriebe zeigt Abb. 4.3.

Die Aufteilung der Gesamtübersetzung in Teilübersetzungen wird bei mehrstufigen Leistungsgetrieben im Allgemeinen unter der Voraussetzung vorgenommen, dass sich für das Gesamtvolumen aller Räder ein Minimum ergibt [326, 327, 332]. Abbildung 7.13 zeigt ein Beispiel für ein mehrstufiges Getriebe in Steckbauweise mit Metallzahnrädern.

Um die Fertigung von Stirnrädern feinwerktechnischer Laufwerkgetriebe mit im Allgemeinen sehr kleinen zu übertragenen Leistungen zu vereinfachen, wird dagegen eine gleiche Übersetzung der einzelnen Stufen angestrebt. Die Stufenübersetzung i_i eines n-stufigen Getriebes errechnet sich dabei zu

$$i_i = \sqrt[n]{i_{ges}} \, .\tag{7.15}$$

Abb. 7.13: Mehrstufiges Getriebe in Steckbauweise mit Motor, Metallzahnräder. Beispiel zu Tab. 7.4, Nr. 1.2.

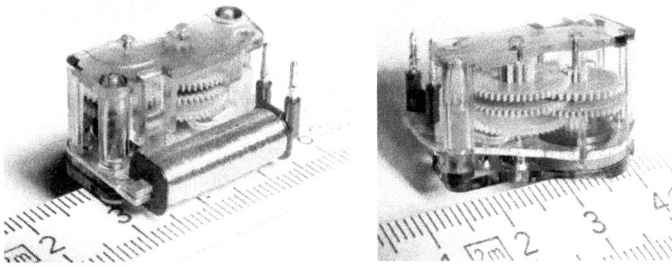

Abb. 7.14: Mehrstufiges Getriebe für eine elektromechanische Zeitschaltuhr, fünf Stufen gezeigt, weitere drei Stufen mit separaten Zahnrädern hier nicht dargestellt. Aufbau als Platinengetriebe mit stehenden Achsen, Kunststoffzahnräder, permanentmagneterregter Wechselstrom-Synchronmotor (Maßstab in cm, Teilstriche in mm). Beispiel zu Tabelle 7.4, Nr. 1.1.

Der Wirkungsgrad je Getriebestufe beträgt abhängig von der Schmierung ca. η = 94...99 % [326, 332].

Ein Beispiel für ein mehrstufiges Getriebe sehr kleiner Leistung für eine elektromechanische Zeitschaltuhr zeigt Abb. 7.14. Der Antrieb erfolgt mit einem permanentmagneterregten Wechselstrom-Synchronmotor. Ein anderes Beispiel zeigt Abb. 4.3 für einen Gleichstromservoantrieb für Modellbauanwendungen. In Kapitel 8.12.4, Abb. 8.24 ist ein hochuntersetztes Stirnradgetriebe für einen energiearmen Antrieb für ein Gasventil dargestellt.

Bei *Umlaufrädergetrieben* sind die Berechnungsformeln komplizierter [326]. Außerdem treten bei diesen Getrieben infolge der relativen Wälzgeschwindigkeiten zusätzliche Wälzleistungen auf, die als „innere Leistungen" wirken und nicht nach außen abgegeben werden. Sie können z. T. ein Vielfaches der Antriebsleistung erreichen und setzen den Wirkungsgrad im Vergleich zu Standgetrieben weiter herab.

Zur Komplettierung von Klein- und Mikromotoren werden häufig *hochübersetzende Stirnradgetriebe* benötigt. Bei Standgetrieben (vgl. auch Abschnitt 7.1.2.1) kommen dabei die Platinen- und insbesondere die Steckbauweise zur Anwendung (Tabelle 7.4, Abb. 7.13, 7.14). Durch den großen Wiederholteilgrad bietet die Steckbauweise zudem den Vorteil einer automatisierten Montage. Bei Umlaufrädergetrieben zeichnet sich vor allem das *Wolfrom-Getriebe* durch gute Übertragungseigenschaften bei kompakter Bauweise aus (Tabelle 7.4, Nr. 2.2).

In Tabelle 7.4, Nr. 2.3 ist ein einstufiges Umlaufrädergetriebe gezeigt, bei dem die Zentralräder ohne Zwischenschalten des Umlaufrades direkt miteinander im Eingriff stehen. Das ist möglich, weil das kleinere außenverzahnte Rad 1 elastisch gestaltet wurde. Der Steg und das Umlaufrad werden hier durch den elliptischen Körper 2, den sogenannten Wellgenerator, repräsentiert, der das elastische Rad 1 an zwei einander gegenüberliegenden Stellen des Umfangs in das gestellfeste Rad 3 drückt. Die Wälzkörper zwischen 1 und 2 vermindern die Reibung.

Tab. 7.4: Bauformen hochübersetzender Stirnradgetriebe.

Nr.	Getriebeart	Eigenschaften
1.	Stirnradgetriebe	

1.1 Platinenbauweise

- Ritzel 1 und Räder 2 starr auf Wellen 3 angeordnet, die drehbar zwischen Platinen 4 gelagert sind, alternativ Lagerung der Kombinationen Ritzel und Rad auf starren Achsen
- Übersetzung $i_{ges} = i_1 \cdot i_2 \cdots i_n$ mit $i_1 = \frac{z_2}{z_1}$ ...
- Vorteile:
  - geringe Lagerreibung
  - flache Bauweise
- Nachteile
  - Baukastensystem mit verschiedenen Übersetzungen schlecht realisierbar, der Wiederholteilgrad ist klein
- Beispiel siehe Abb. 7.14

1.2 Steckbauweise

- Rad-Ritzel-Kombinationen 1, 2 drehbar auf starren, durchgehenden Achsen 3 angeordnet
- Übersetzung $i_{ges} = i_1 \cdot i_2 \cdots i_n$ mit $i_1 = \frac{z_2}{z_1}$ ...
- Vorteile:
  - Baukastensystem mit großer Anzahl gleicher Wiederholteile realisierbar
- Nachteile
  - Durchbiegung der langen Achsen
  - fliegende Lagerung der Abtriebswelle
  - größere Lagerreibungsverluste
- Beispiel siehe Abb. 7.13

2. Stirnrad-Umlaufrädergetriebe (in die Gleichungen sind die Beträge der Zähnezahlen einzusetzen), zur Ableitung der Umlaufrädergetriebe aus Standgetrieben siehe Abb. 7.3

2.1 Umlaufrädergetriebe mit zweistufigem Planetenrad

- Antrieb: Steg s, Planetenräder 2 und $2'$ starr verbunden und drehbar auf dem Steg s angeordnet, Hohlrad 3 gehäusefest, Abtrieb: Hohlrad 1
- Übersetzung $i = \frac{z_1 z_2}{(z_1 - z_2')(z_1 - z_3)}$
- Vorteile
  - hohe Übersetzung in einer Stufe realisierbar
- Nachteile
  - Innenverzahnung erforderlich, Herstellung außer bei Kunststoff-Spritzgussteilen aufwendig
  - je höher die Übersetzung i, desto kleiner der Wirkungsgrad

Tab. 7.4: (fortgesetzt).

Nr.	Getriebeart	Eigenschaften

2.2	Wolfromsches Umlaufrädergetriebe	– Antrieb: Sonnenrad 1, Planetenräder 2 und 2' drehbar auf Steg s angeordnet, Steg s ist nicht momentenbelastet, Hohlrad 3 gehäusefest, Abtrieb: Hohlrad 4
		– Übersetzung $i = \frac{z_2 z_4 (z_1 + z_3)}{z_1 (z_2 z_4 - z_3 z_2')}$
		– Vorteile
		  – hohe Übersetzung in einer Stufe realisierbar
		– Nachteile
		  – Innenverzahnung erforderlich
		  – je höher die Übersetzung i ist, desto kleiner ist der Wirkungsgrad
		– Übersetzung mehrstufiger Getriebe siehe [335]
		– Ausführliche Darstellung zur Werkstoffwahl und konstruktiven Gestaltung siehe [326, 335]
		– weitere Ausführungen siehe Abb. 7.15 und 7.16

2.3	Wellgetriebe, Harmonic drive	– Antrieb: elliptisches Rad 2, Abtrieb: elastisches Rad 1, Hohlrad 3 gestellfest
		– Übersetzung $i = \frac{z_3}{z_3 - z_1}$
		– Vorteile
		  – sehr hohe Übersetzung in einer Stufe realisierbar
		  – kompakte Bauform möglich
		– Nachteile
		  – Innenverzahnung erforderlich
		  – elastisches Rad 1 schwierig herstellbar, erfordert besondere Technologien und Werkstoffe
		– Beispiel siehe Abb. 7.17

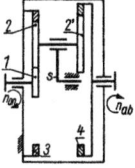

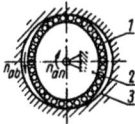

Diese Getriebe wurden mit unterschiedlichen Bauformen unter dem Namen *Wellgetriebe* bzw. *Harmonic drive* bekannt. Sie gewinnen auch in Kleinantrieben zunehmende Bedeutung. Die Übersetzung

$$i = \frac{n_2}{n_1} = \frac{z_3}{z_3 - z_1} \tag{7.16}$$

erreicht Werte bis $i = 320$, kann in Sonderfällen aber noch wesentlich höher liegen. In der dargestellten Lösung muss die minimale Zähnezahldifferenz $z_3 - z_1 = 2$ oder ein Vielfaches von 2 sein. Bei einem Exzenter als Wellgenerator wäre sie 1, bei einem Bogendreieck 3 usw. Mit einem Umlaufrädergetriebe als Wellgenerator erreicht man noch größere Werte. Eine weitere Konstruktion eines einstufigen Umlaufrädergetriebes ist das *Cyclo-Getriebe* [326].

Stirnradgetriebe mit nichtevolventischer Verzahnung haben nur in begrenzten Einsatzgebieten Bedeutung erlangt. Neben der *Zykloidenverzahnung*, die man z. T. noch

in Filmaufzug- und Zahnstangengetrieben nutzt, findet die *Triebstockverzahnung* in einfachen Zählwerken, Spielzeugen usw. Anwendung und die *Kreisbogenverzahnung* (Abb. 7.18) in Produkten mit sehr geringer Antriebsleistung, z. B. in
- Uhren,
- Zeigergetrieben für Manometer,
- Laufwerken für elektromechanische Zeitrelais (Abb. 7.14).

In diesen Anwendungsgebieten wird ein möglichst großer Getriebewirkungsgrad gefordert, der mit dieser Sonderverzahnung besser zu erreichen ist. Außerdem muss eine Verzahnung in mechanischen Uhren auch während eines Zahneingriffs momentengetreu übertragen, was die Evolventenverzahnung nicht ermöglicht [326].

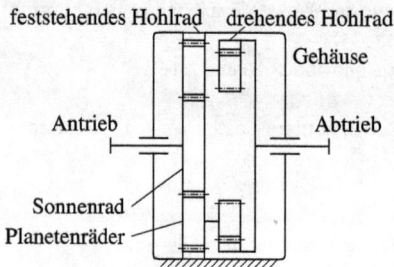

Abb. 7.15: Wolfrom-Getriebe mit Hohlrad am Abtrieb, siehe Tab. 7.4, Nr. 2.2.

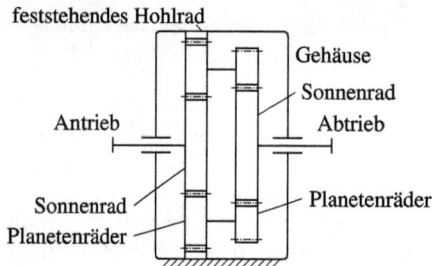

Abb. 7.16: Wolfrom-Getriebe mit Sonnenrad am Abtrieb, siehe Tab. 7.4, Nr. 2.2.

Abb. 7.17: Wellgetriebe mit Umlaufrädern, Beispiel zu Tab. 7.4, Nr. 2.3. Quelle: [326].

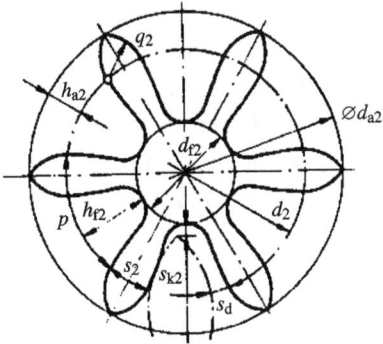

Abb. 7.18: Kreisbogenverzahnung (Uhrwerkverzahnung).

Verzahnungstoleranzen, Getriebepassungen

Je nach Verwendungszweck werden an ein Zahnradgetriebe Anforderungen hinsichtlich ruhigen Laufs, geringen Verschleißes, winkelgetreuer Übertragung der Drehbewegung und Austauschbarkeit der Getriebeelemente gestellt. Hinzu kommt, dass nur eine Getriebemontage ohne Nacharbeit wirtschaftlich ist. Das verlangt tolerierte Getriebeabmessungen und ein Getriebepasssystem. Zum Festlegen einer bestimmten Getriebepassung (Spielpassung) ist neben dem Kopfspiel c (Abb. 7.10), das den Abstand des Kopfkreises vom Fußkreis des Gegenrads angibt, aus fertigungs- und betriebstechnischen Gründen (Herstellungs- und Montageabweichungen, Möglichkeit der Schmierstoffaufnahme usw.) ein definiertes Flankenspiel erforderlich. Man unterscheidet das Drehflankenspiel j_t und das Eingriffsflankenspiel j_n (Abb. 7.19), wobei gilt

$$j_t = \frac{j_n}{\cos \alpha} \tag{7.17}$$

mit dem Eingriffswinkel α, siehe Abb. 7.10 und 7.11.

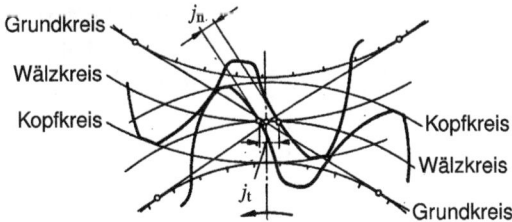

Abb. 7.19: Flankenspiel bei Stirnradgetrieben.

Für Getriebe mit Moduln $m = 0,2 \ldots 3$ mm liegt bisher in DIN 58405 [360] zur Erzeugung eines bestimmten Flankenspiels eine größere Anzahl von Feldern für die Zahnweitenabmaße in Abhängigkeit von der Qualität vor, die mit kleinen Buchstaben h, g, f, e, d usw. gekennzeichnet sind. Die Achsabstandsabmaße sind dem Feld J zugeordnet.

Für Maschinenbaugetriebe mit Moduln $m \geq 1$ mm enthalten DIN 3961 bis 3967 analoge Festlegungen [352]. Bei Laufwerkgetrieben der Feinwerktechnik, bei denen zum Vermeiden von Laufstörungen ein großes Flankenspiel erforderlich ist, sind bei Achsabständen bis 20 mm Mindest-Eingriffsflankenspiele von etwa 20 ... 25 µm, bei Achsabständen bis 125 mm von 35 ... 50 µm nicht zu unterschreiten. Bei Leistungsgetrieben ist das Spiel unter Beachtung der Betriebstemperatur und weiterer Betriebsbedingungen festzulegen [326, 332, 334].

Beispiel für die Bezeichnung, bisher nach DIN 58405 [360]: Paarung der Räder der Qualität 7 mit Zahnweitenabmaß nach Feld *e* in einem tolerierten Achsabstand 7J und vorgeschriebener Abnahme durch Zweiflankenwälzprüfung (Sammelabweichung; Angabe in Kenngrößentabelle der Zeichnung): 7J/7eS.

Werkstoffwahl

Die Auswahl der Zahnradwerkstoffe für Getriebe in Kleinantrieben erfolgt in erster Linie nach wirtschaftlichen Überlegungen. Da der Werkstoff-Kostenanteil bei der Fertigung gegenüber dem Lohnanteil gering ist, sind niedrige Fertigungskosten bei geringem Verschleiß und gute Beständigkeit gegenüber Feuchteeinflüssen usw. für die Wahl der Werkstoffe bestimmend.

Stahl wird verwendet, wenn Zahnräder trotz kleiner Abmessungen eine hohe Festigkeit haben müssen, deren Verbindung mit glatten Wellen durch Übermaßpassung (Presspassung) erfolgen soll oder hohe Herstellungsgenauigkeit und geringer Verschleiß gefordert sind (z. B. Baustähle S275JR bis E360 oder Vergütungsstähle C22E bis C60E, 34Cr4, 42CrMo4); siehe auch Abschnitt 7.6.

Aus *Kupferlegierungen (Messing, Bronze)* fertigt man hauptsächlich langsamlaufende Räder, die im Allgemeinen geringe Kräfte zu übertragen haben. Gegenüber Stahl weisen diese Werkstoffe bessere Verarbeitungseigenschaften und Korrosionsbeständigkeit auf. Außerdem sind sie unmagnetisch (z. B. CuZn40Pb2, CuZn40). Mitunter gelangt auch CuSn6 (Zinnbronze) zur Anwendung, z. B. wegen seiner Beständigkeit in Getrieben, die mit Wasser in Berührung kommen (Wasserzähler usw.), und bei stoßbeanspruchten Zahnrädern.

Kunststoffe weisen eine Reihe von Vorteilen auf [326, 327]. Sie wirken z. B. schwingungsdämpfend und gleichen durch ihren niedrigen Elastizitätsmodul Verzahnungsabweichungen elastisch aus. Die Getriebe laufen geräuscharm, sind aber empfindlich gegen Feuchte- und Temperatureinflüsse, die die Maßhaltigkeit beeinflussen. Wichtigste Vertreter sind die Polyamide (PA) und Polyoximethylene (POM), daneben z. T. auch noch Phenolharzpressstoffe mit Gewebeeinlage (Hartgewebe). Beim Einbau von Hartgeweberädern darf die Betriebstemperatur nicht über 100 °C liegen, und solche Räder dürfen nicht miteinander gepaart werden, da dann erhöhter Verschleiß auftritt. Die Betriebstemperatur von PA und POM soll 80 °C nicht übersteigen. Bei nicht zu hoher Belastung können Polyamidräder miteinander in Eingriff stehen. Abgesehen von

Rädern aus PA und POM sind jedoch für Rad und Gegenrad immer verschiedene Werkstoffe zu verwenden, um Verschleißminderung zu erreichen. Oft wählt man für das Kleinrad (Ritzel) Metall und für das Großrad Kunststoff.

Schmierung

Metallische Zahnräder und solche aus Polyamid mit Moduln $m < 1\,\text{mm}$ und meist geringen Belastungen werden nur einmalig vor der Montage mit Fett oder Öl geschmiert. Ebenso ist für Leistungsgetriebe mit einer Umfangsgeschwindigkeit der Räder $v_u <$ 1 m/s Fett als Schmierung ausreichend. Bei Industriegetrieben mit $v_u \geq 1$ m/s muss man dagegen Tauchschmierung vorsehen, d. h., die Räder tauchen mit der Verzahnung in ein Ölbad im Gehäuse ein. Wegen der großen Vielfalt verfügbarer Schmierstoffe empfiehlt sich bei extremen Betriebsbedingungen die Konsultation von Spezialisten. Der Einfluss der Schmierung auf den Wirkungsgrad ist ausführlich unter anderem in [326, 332] dargestellt.

Tragfähigkeitsberechnung, Wahl der Zähnezahl

Zahnräder sind so zu dimensionieren, dass keine Schadensfälle auftreten (Zahnbruch, Grübchenbildung, Verschleiß oder Fressen), wobei die Lebensdauer von der Wahl des Werkstoffs, seiner Härte und Oberflächengüte, der Flächenpressung, der Schmierung usw. abhängt. Zusätzlichen Einfluss haben die Betriebsbedingungen (z. B. stoßartige Belastungen), Verzahnungsabweichungen und die Deformation der Zähne.

Bereits die Festlegung der Übersetzung i und damit der Zähnezahl z wirkt sich auf die Tragfähigkeit aus, denn eine ganzzahlige Übersetzung in einer Getriebestufe (z. B. $i = 3{,}0$) hat zur Folge, dass stets die gleichen Zahnflanken und damit auch die gleichen Fehlerstellen in Kontakt kommen. Das führt insbesondere bei ungehärteter Verzahnung zu einem ungleichen Flankenverschleiß und bei höheren Umfangsgeschwindigkeiten zu Schwingungserregung. Um dies zu vermeiden, sollten die Übersetzungen der einzelnen Stufen nicht ganzzahlig gewählt werden. Primzahlen für die größere Zähnezahl erfüllen diese Forderung.

Bei metallischen Zahnradwerkstoffen genügt für ungehärtete Stirnräder im Modulbereich unter 1 mm, die in der Herstellung an Verfahren der Massenfertigung gebunden sind und z. B. in Kleinantrieben (geringe Belastung) Verwendung finden, meist eine überschlägige festigkeitsmäßige Dimensionierung nach der Bachschen Beziehung (Abb. 7.20):

$$F_t \leq b\,p\,C_{\text{grenz}} \tag{7.18}$$

$$\text{mit} \quad F_t = \frac{2M_d}{d}, \quad M_d = \frac{P}{2\pi n}, \quad d : \text{Teilkreisdurchmesser} . \tag{7.19}$$

Beim Profil mit $h_a = 1{,}0\,m$ (Abb. 7.10) und der Zahnfußdicke $s_f \approx 0{,}52p$ sowie der Zahnhöhe $\bar{a} \approx 0{,}64p$ gilt bei metallischen Werkstoffen für $C_{\text{grenz}} \approx 0{,}07\sigma_{b\,\text{zul}}$.

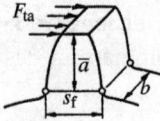

Abb. 7.20: Angenommene Zahnbelastung bei der Überschlagsrechnung nach Bach.

Beim Profil mit $h_a = 1{,}1\,m$ und $s_f \approx 0{,}72p$ sowie der Zahnhöhe $\overline{a} \approx 0{,}82p$ gilt

$$C_{\text{grenz}} \approx 0{,}1\sigma_{b\,\text{zul}} \tag{7.20}$$

$$\text{mit} \quad \sigma_{b\,\text{zul}} = \frac{\sigma_{bW}}{S} \approx (0{,}3\ldots0{,}5)\frac{R_m}{S} \tag{7.21}$$

$$\text{Sicherheitsfaktor} \quad S = 2\ldots4\,. \tag{7.22}$$

Werte σ_{bW} und R_m siehe [326, 327].

Unter der Voraussetzung, dass die Umfangskraft $F_{ta} = \frac{M_d}{r}$ am äußersten Punkt des Zahnkopfes angreift (Abb. 7.20), gilt für das Biegemoment

$$M_b = F_{ta}\overline{a}\,. \tag{7.23}$$

Setzt man die auf den Teilkreis bezogene Kraft F_t in Näherung gleich F_{ta}, gilt mit

$$M_b \leq W_b\sigma_{b\,\text{zul}} \tag{7.24}$$

und dem Widerstandsmoment des Zahnfußquerschnitts

$$W_b = \frac{bs_f^2}{6} \tag{7.25}$$

für die auf den Teilkreis bezogene Kraft

$$F_t \leq \frac{bs_f^2\sigma_{b\,\text{zul}}}{6\overline{a}}\,. \tag{7.26}$$

Betriebsverhalten

Durch die Einführung des Zahnbreitenverhältnisses

$$\lambda = \frac{b}{m} = 5\ldots20 \tag{7.27}$$

kann diese Beziehung auch zur überschlägigen Berechnung des Moduls m herangezogen werden. Mit $p = m\pi$ gilt

$$m \geq \sqrt{\frac{F_t}{\lambda\pi C_{\text{grenz}}}} \geq \sqrt[3]{\frac{2M_d}{z\lambda\pi C_{\text{grenz}}}}\,. \tag{7.28}$$

Bei Schrägstirnrädern ist für p die Stirnteilung $p_t = \frac{m_n\pi}{\cos\beta}$ einzusetzen (m_n: Normalmodul).

Bei Leistungsgetrieben (hohe Belastung) sind dagegen genauere Nachrechnungen der Zahnfußtragfähigkeit und der Zahnflankentragfähigkeit der zunächst ebenfalls überschlägig dimensionierten Räder nach DIN 3990 [355] durchzuführen. Diese sind in [326, 327] den Bedingungen feinwerktechnischer Getriebe entsprechend vereinfacht dargestellt.

Da Kunststoffe (Plastwerkstoffe) im Gegensatz zu Metallen keine Dauerfestigkeit haben, sondern nur eine Zeitfestigkeit, bedürfen daraus gefertigte Räder bei der Tragfähigkeitsberechnung der Beachtung einiger Besonderheiten, z. B. die Abhängigkeit der Festigkeit von der Betriebstemperatur, schlechtere Wärmeleitfähigkeit und größere Deformation, die in [326] dargestellt sind (siehe auch VDI 2736 Thermoplastische Zahnräder [375]).

Geräuschverhalten

Ausgangspunkt für geeignete Maßnahmen zur Lärmminderung sind Messungen (Schalldruck und Frequenzspektrum des Geräuschs) bei verschiedenen Betriebsbedingungen, um daraus auf die hauptsächlichen Geräuschursachen schließen zu können.[2]

Die nachfolgend beschriebenen Ergebnisse von Geräuschuntersuchungen beziehen sich ausschließlich auf die am häufigsten vorkommenden Laufwerkgetriebe mit wälzgefrästen, evolventenverzahnten Geradzahnstirnrädern (Moduln $m < 1$ mm), die aufgrund des Massenbedarfs und den damit verbundenen Fragen der Wirtschaftlichkeit nur eine Herstellung ohne zusätzliche Nacharbeit und auch keinen überdurchschnittlichen Aufwand sowohl bei der Fertigung als auch bei der Montage gestatten und demzufolge durch relativ große Verzahnungsabweichungen charakterisiert sind.

Da der Hauptanteil des Geräuschs bei diesen Zahnradgetrieben in erster Linie von den Fertigungs- und Montagetoleranzen abhängt, muss grundsätzlich festgestellt werden, dass eine wesentliche Lärmminderung ein sehr schwieriges Problem ist. Außerdem ist bekannt, dass es großer Anstrengungen bedarf, einen relativ niedrigen Geräuschpegel, wie er für Kleingetriebe charakteristisch ist, subjektiv merkbar zu senken.

Faktoren, die das Geräusch vermindern, sind neben geeigneter Schmierung u. a. eine kleine Oberflächenrauheit, das Einhalten relativ enger Montagetoleranzen und die Herabsetzung der ungünstigen Wirkung des durch Verzahnungsabweichungen bedingten Kopfkanteneingriffs (kleine Achsabstandsabweichungen, um $\epsilon_\alpha \geq 1$ zu sichern), Anwendung des Kopfüberschneidverfahrens wegen der entstehenden vorteilhaften Kopfkantenrundung. Sie sind gegenüber der Werkstoffpaarung allerdings von untergeordneter Bedeutung [326, 327]. Die Abhängigkeit des Geräuschverhaltens vom

---

2 Geräusche und Schwingungen siehe auch Band 1, Kapitel 12.

resultierenden E-Modul

$$E_{res} = \frac{2E_1 E_2}{E_1 + E_2} \tag{7.29}$$

E_1, E_2 : E-Module der beiden Werkstoffe

verdeutlicht Abb. 7.21. Das Geräuschverhalten verbessert sich deutlich mit abnehmendem Wert E_{res}. Bei $E_{res} > 2\,000$ Mpa wird eine zusätzliche Lärmminderung dann erreicht, wenn das Rad mit dem kleineren E-Modul treibt.[3]

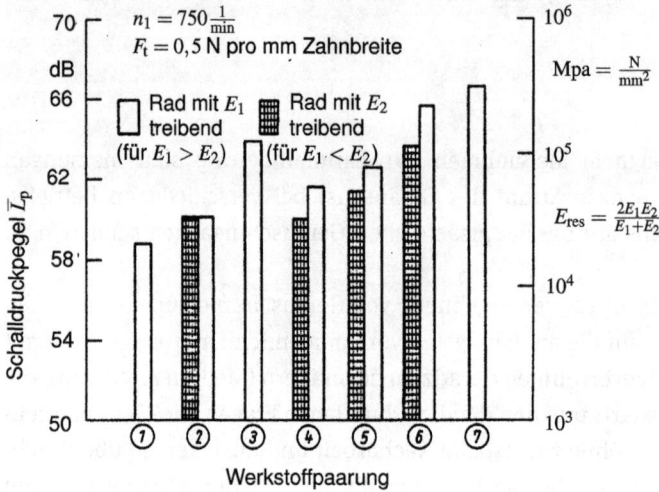

Abb. 7.21: Einfluss der Werkstoffpaarung auf das Geräuschverhalten [326]. Prüfräder: z_1 = 43; z_2 = 61; m = 0,5 mm. Profil mit h_a = 1,0 m. ① PA/PA, ② PA/Hgw – Hgw/PA, ③ Hgw/Hgw, ④ St/PA – PA/St, ⑤ St/Hgw – Hgw/St, ⑥ St/Ms – Ms/St, ⑦ St/St (PA: Polyamid, Hgw: Hartgewebe, St: Stahl, Ms Messing). $\bar{L}_p$ mittlerer Schalldruckpegel, gemessen im Gebiet überwiegenden Direktschalls auf Hüllhalbkugel mit Radius r (r ist durch Messungen zu bestimmen [326, 331]).

Zu beachten ist außerdem, dass der subjektive Lautstärkeeindruck sowohl von der Frequenz als auch von der Dauer des Geräuschs bestimmt wird. Stark impulshaltige oder schwankende Geräusche empfindet man lauter als gleichförmige.[4]

Drehwinkelübertragungsgenauigkeit

Bei einem Stirnradgetriebe ist die Übertragungsfunktion nur dann linear, wenn alle am Aufbau des Getriebes beteiligten Elemente, also die Zahnräder, Wellen, Lager

---

3 Mpa = $\frac{N}{mm^2}$.
4 Subjektives Geräuschempfinden siehe Band 1, Kapitel 12.4.

und Welle-Nabe-Verbindungen, keine Abweichungen und Toleranzen aufweisen. Da dies bei einem realen Getriebe nicht der Fall ist, weicht der Drehwinkel des Abtriebsrades von der Sollstellung ab und es liegt dann eine Übertragungsabweichung vor. Deren Berechnung ist bei mehrstufigen Getrieben kompliziert, da neben den Verzahnungstoleranzen auch die Fertigungsabweichungen der oben genannten Elemente zu beachten sind. Es handelt sich dabei im Allgemeinen um Zufallsgrößen, die einen beliebigen Wert im vorgegebenen Toleranzbereich haben. Damit ist die Übertragungsabweichung ebenfalls eine Zufallsgröße, die sich aus einer sehr langen Toleranzkette ergibt. Für deren Berechnung ist in [326] ein praktikables Berechnungsverfahren angegeben.

Verlustleistung und Wirkungsgrad

Die Verlustleistung eines Stirnradgetriebes setzt sich allgemein aus den Verzahnungs- und Lagerverlusten sowie denen durch Wellenabdichtungsreibung zusammen. In [326] sind dafür Berechnungsverfahren dargestellt sowie Messverfahren und daraus abgeleitet Möglichkeiten zur Bestimmung des Wirkungsgrads beschrieben.

7.1.2.4 Schraubenstirnradgetriebe

Bei Schraubenstirnradgetrieben haben die Flankenlinien der gepaarten Räder im Gegensatz zu Stirnradgetrieben mit schrägverzahnten Rädern gleichen Steigungssinn (beide rechts- oder beide linkssteigend, Abb. 7.22). Der Winkel zwischen den Achsen ist

$$\Sigma = \beta_1 + \beta_2 \, . \tag{7.30}$$

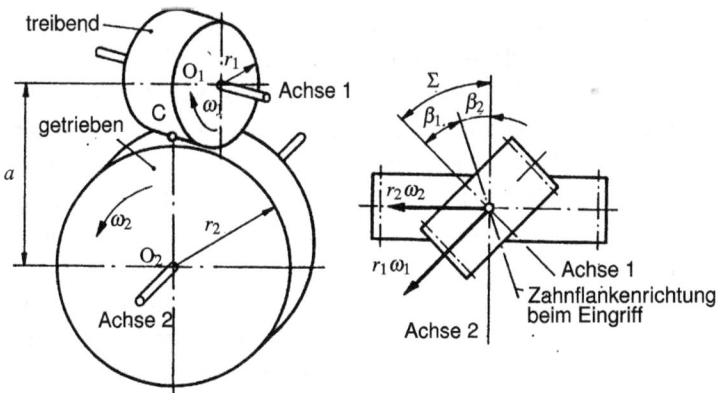

Abb. 7.22: Schraubenstirnradgetriebe [326, 327].

Der Achsabstand a ergibt sich mit den Schrägungswinkeln β_1 und β_2 der Räder zu

$$a = \frac{1}{2}m_n\left(\frac{z_1}{\cos\beta_1} + \frac{z_2}{\cos\beta_2}\right). \tag{7.31}$$

Für die Übersetzung gilt

$$i = \frac{n_1}{n_2} = \frac{z_2}{z_1} = \frac{d_2}{d_1}\frac{\cos\beta_2}{\cos\beta_1}. \tag{7.32}$$

Das bedeutet, dass im Gegensatz zu Stirnradgetrieben mit Schraubenstirnrädern gleichen Durchmessers Übersetzungen $i \neq 1$, z. B. $i = 2$ verwirklicht werden können.

Die Berührungsverhältnisse von zwei in Eingriff stehenden Flanken sind bei Schraubenstirnradgetrieben (Abb. 7.22) wesentlich ungünstiger als bei den gewöhnlichen Stirnradgetrieben. Neben dem Wälzgleiten tritt noch ein Schraubgleiten auf. Entlang der Flanken herrscht Punktberührung. Dies hat eine größere Flächenpressung und damit höheren Verschleiß zur Folge. Im Vergleich zu den Schneckengetrieben sind Schraubenstirnradgetriebe nur für kleinere Leistungen geeignet, jedoch ist ihre Unempfindlichkeit gegen geringe Abweichungen im Achsenkreuzungswinkel und geringe Achsabstandsvergrößerung vorteilhaft.

Der Wirkungsgrad ist stark vom Schrägungswinkel der Räder abhängig. Er kann in einem Bereich von $\eta = 50\ldots95\,\%$ liegen. Die günstigsten Verhältnisse ergeben sich bei

$$\beta_1 = \beta_2 = \frac{\Sigma}{2} = 45°. \tag{7.33}$$

Schraubenstirnradgetriebe können selbstsperrend ausgeführt werden.

Werkstoffwahl, Tragfähigkeitsberechnung

Infolge der Punktberührung und des starken Gleitens dominiert bei Schraubenstirnradgetrieben mit einem Achsenwinkel $\Sigma > 25°$ vorrangig Gleitverschleiß. Dies erfordert den Einsatz verschleißfester Zahnradwerkstoffe und ausreichende Schmierung. Wesentlich ist außerdem eine möglichst glatte Oberfläche der Flanken des härteren Rades. Besonders verschleißfest sind borierte Stahlräder [326, 327, 332, 333].

Bei Gleitgeschwindigkeiten v_g bis 0,5 m/s bzw. Umfangsgeschwindigkeiten v bis 1 m/s ist eine einmalige Schmierung vor Inbetriebnahme, besser aber eine Tauchschmierung in Getriebefett empfehlenswert, bei höheren Gleitgeschwindigkeiten Öl-Tauchschmierung. Fressgefahr lässt sich durch Öle mit leichten EP-Zusätzen (EP: extrem pressure, Hochdruckzusätze) vermeiden. Jedoch kann sich dabei der Gleitverschleiß erhöhen [326].

Die Größe der übertragbaren Leistung ist begrenzt. Es wird deshalb im Allgemeinen analog Abschnitt 7.1.2.3 nur eine überschlägige Tragfähigkeitsberechnung vorgenommen, die für Getriebe in Kleinantrieben als ausreichend anzusehen ist.

Zu Verzahnungstoleranzen für das einzelne Schraubenstirnrad siehe Abschnitt 7.1.2.3. Für Getriebepassungen liegen derzeit noch keine genormten Festlegungen vor.

7.1.2.5 Schneckengetriebe

Wie in Abschnitt 7.1.2.1 bereits erwähnt, können die Radkörper für Schneckengetriebe Zylinder oder Globoide sein. Folgende Kombinationen sind möglich:
- Zylinderschnecke - Globoidrad (Abb. 7.23),
- Zylinderschnecke - Zylinderrad (Stirnrad) (Abb. 7.24, 7.25),
- Globoidschnecke - Zylinderrad (Stirnrad),
- Globoidschnecke - Globoidrad [326, 327].

Beispiele für Gleichstrommotoren mit einer Schnecke direkt auf der Motorwelle zeigen Abb. 4.5 und 7.25. Die Anwendung eines Schneckengetriebes für einen energiearmen Antrieb für ein Gasventil zeigt Kapitel 8.12.4, Abb. 8.25.

Das Kleinrad wird meist als Zylinderschnecke ausgeführt. Sie hat ein trapezähnliches Gewinde mit der Gangzahl g (im Allgemeinen $g = 1 \ldots 5$), die der Zähnezahl z_1 entspricht. Für das Großrad (Schneckenrad) wird im Allgemeinen ein Globoidrad verwendet. In Kleinantrieben genügt jedoch oft ein einfaches Schrägstirnrad, vor allem wenn es sich um niedrig belastete Getriebe handelt.

Darüber hinaus kommen, insbesondere bei untergeordneten Ansprüchen an Belastbarkeit und Genauigkeit sowie auch bei Übersetzungen ins Schnelle, zahlreiche Abarten hinsichtlich der Flankenform der Schnecke und der Gestaltung des Schneckenrades zum Einsatz (Abb. 7.25). In Abb. 7.25a ist die bereits erwähnte Paarung mit einem einfachen schrägverzahnten Stirnrad dargestellt. Abbildung 7.25b und c zeigt Ausführungsformen, bei denen der Schneckenzahn im Achsschnitt die Form eines Trapezes oder Dreiecks hat. Das Rad hat im Stirnschnitt ein sägezahnförmiges Profil mit Neigung in Bewegungsrichtung und etwas abgerundeten Spitzen. Die Schnecke wird meist durch Fräsen mit einem Scheibenfräser mit trapezförmigem Profil oder durch Drehen hergestellt. Die Fertigung des Rades erfolgt durch Abwälzfräsen, bei Blech als Ausgangsmaterial auch mit Schnittwerkzeugen. Bei der Verwendung

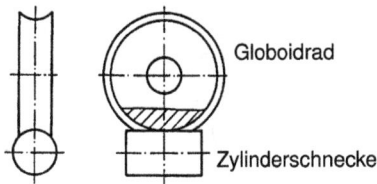

Abb. 7.23: Paarung Zylinderschnecke – Globoidrad.

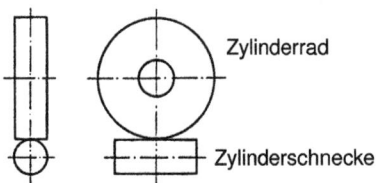

Abb. 7.24: Paarung Zylinderschnecke – Zylinderrad.

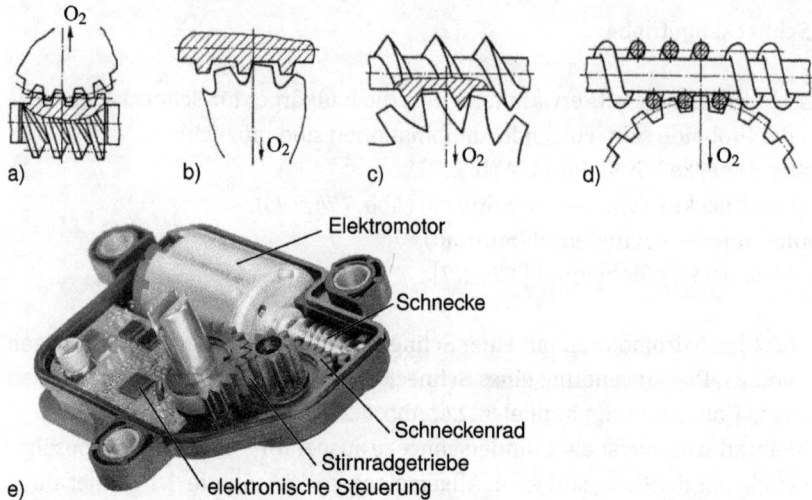

Abb. 7.25: Sonderformen von Zylinderschneckengetrieben. a) Paarung Zylinderschnecke – schräg-verzahntes Stirnrad, b) Schneckenzahn mit trapezförmigem Querschnitt, c) mit dreieckigem Quer-schnitt, d) zylindrischer Schneckenkörper, schraubenförmig mit Draht umwickelt – rundes Drahtpro-fil, e) Beispiel: Antrieb mit Schneckengetriebe und Stirnradgetriebe sowie elektronischer Steuerung als integrierte Einheit in einem Gehäuse. Werkbild Burger.

von Kunststoffen kommt dagegen vorrangig das Spritzgießen zum Einsatz. Abbil-dung 7.25d zeigt eine stark vereinfachte Variante, bei der die Schnecke aus einem zylindrischen Grundkörper und einem schraubenförmig auf ihn gewickelten Draht gebildet wird. Das Schneckenrad kann dabei ebenfalls ein schrägverzahntes Stirnrad oder ein dünnes gestanztes Blechrad sein.

Für die Paarung Zylinderschnecke – Globoidrad bzw. Schrägstirnrad gelten fol-gende Zusammenhänge:

– Achsabstand

$$a = \frac{d_1 + d_2}{2} \; ; \tag{7.34}$$

– Übersetzung

$$i = \frac{n_1}{n_2} = \frac{z_2}{g} = \frac{z_2}{z_1} \; ; \tag{7.35}$$

– Mitten- bzw. Teilkreisdurchmesser

$$d_{m1} = d_1 = \frac{z_1 m_n}{\sin \gamma_m} \; , \quad d_2 = m_t z_2 \; ; \tag{7.36}$$

– Mittensteigungswinkel

$$\tan \gamma_m = \frac{d_2}{u \, d_{m1}} \; , \quad u = \frac{z_2}{z_1} \; . \tag{7.37}$$

Wird $\gamma_m \leq \varrho$ (ϱ: Reibungswinkel), tritt Selbstsperrung auf. Der Modul im Normalschnitt m_n und der Modul im Stirnschnitt m_t sind verknüpft durch

$$m_n = m_t \cos \gamma_m .\qquad(7.38)$$

Dabei muss m_n der Auswahlreihe nach Tabelle 7.3 entsprechen.

Schneckengetriebe werden vorzugsweise für große Übersetzungen ins Langsame eingesetzt:

$$i_{max} = 100 \quad \text{je Getriebestufe.}\qquad(7.39)$$

Sie können höhere Leistungen als z. B. Schraubenstirnradgetriebe übertragen (Abschnitt 7.1.2.4), laufen geräuscharm, sind aber empfindlich gegen Achsabstandsänderungen. Der Wirkungsgrad ist relativ niedrig. Er liegt im Bereich von etwa $\eta = 18\,\%$ bis maximal $\eta = 90\,\%$. Vor allem zu große Achsabstandsabmaße und Achswinkelabweichungen wirken sich negativ aus [326, 332].

Werkstoffwahl, Tragfähigkeitsberechnung
Wegen der großen Gleitgeschwindigkeiten sind bei der Werkstoffwahl ein kleiner Reibwert, hohe Oberflächengüte und geringe Neigung zum Fressen zu beachten. Allgemeine Gesichtspunkte dazu siehe Abschnitt 7.1.2.3.

Schnecken
Sie werden bei kleinen zu übertragenden Leistungen im Allgemeinen aus Baustählen (u. a. S235JR und S275JR) sowie aus Leichtmetall- oder Kupferlegierungen spanend gefertigt bzw. aus Thermoplasten gespritzt. Bei großen stoßartigen Belastungen sind Vergütungsstähle ohne Oberflächenhärtung (u. a. C45, 34CrMo4, 42CrMo4) vorzuziehen. Für Leistungsgetriebe werden Einsatzstähle (z. B. 16MnCr5 oder C15, einsatzgehärtet) sowie die o. g. Vergütungsstähle, jedoch flamm- oder induktionsgehärtet, verwendet [326, 333], siehe auch Hinweise zu Werkstoffangaben in Abschnitt 7.6.

Schneckenräder
Bei den in Kleinantrieben und Geräten zu bevorzugenden einfachen Schrägstirnrädern erfolgen Werkstoffwahl, Schmierung und Gestaltung gemäß Abschnitt 7.1.2.3. Gleiches gilt bei spanend gefertigten Globoidrädern. Jedoch ist zu beachten, dass Räder aus Leichtmetall- oder Zinklegierungen breiter auszuführen sind als solche aus Stahl oder Gusseisen.

Ähnlich wie bei Schraubenstirnradgetrieben ist es meist nicht erforderlich, die Biegebeanspruchung der Schnecken- und Radzähne nachzurechnen, da die Verschleißgrenze die Tragfähigkeit bestimmt. Es wird deshalb bei Kleingetrieben mit $v_g \leq 8$ m/s nur eine überschlägige Tragfähigkeitsberechnung analog Abschnitt 7.1.2.3 vorgenommen.

Zu Verzahnungstoleranzen und Getriebepassungen gibt es in DIN bisher keine Normen. Empfohlen wird, die Toleranzen für Stirnradverzahnungen nach DIN 3961 [352] sowie die bisher nach DIN 58405 [360] genannten Toleranzen als Anhaltswerte zu benutzen (Abschnitt 7.1.2.3).

7.1.2.6 Kegelrad- und Kronenradgetriebe

Die Achsen der Kegelräder eines Kegelradgetriebes schneiden sich unter dem Winkel Σ im Punkt O (Abb. 7.26a), und die Wälzkegel der jeweils miteinander kämmenden Räder berühren sich in der gemeinsamen Mantellinie $\overline{OC}$. Sie rollen bei der Drehung, ohne zu gleiten, aufeinander ab. Mit den Beziehungen in Abb. 7.26a gilt

– Achsenwinkel

$$\Sigma = \delta_1 + \delta_2 ; \tag{7.40}$$

– Übersetzung

$$i = \frac{n_1}{n_2} = \frac{z_2}{z_1} = \frac{r_2}{r_1} = \frac{\sin\delta_2}{\sin\delta_1} . \tag{7.41}$$

Die Teilkegelwinkel δ_1 und δ_2 ergeben sich aus

$$\cot\delta_1 = \frac{\frac{z_2}{z_1} + \cos\Sigma}{\sin\Sigma} , \tag{7.42}$$

$$\cot\delta_2 = \frac{\frac{z_1}{z_2} + \cos\Sigma}{\sin\Sigma} . \tag{7.43}$$

Für den häufig vorkommenden Fall $\Sigma = 90\,°$ vereinfachen sich die Gleichungen zu

$$\tan\delta_1 = \frac{z_1}{z_2} , \tag{7.44}$$

$$\tan\delta_2 = \frac{z_2}{z_1} . \tag{7.45}$$

Wegen der Anordnung der Zähne auf den kegelförmigen Radkörpern sind Teilung, Zahndicke, Lückenweite, Zahnhöhe usw. nicht konstant, sondern ändern sich über die Zahnbreite b (Abb. 7.6b). Der Wirkungsgrad liegt bei etwa $\eta \approx 96\,\%$.

Kinematisch einwandfreier Lauf wird nur erzielt, wenn beide Kegelspitzen im Schnittpunkt der Achsen liegen. Kegelräder müssen deshalb sehr genau gelagert und in Axialrichtung eingestellt werden. Kegelradgetriebe sind für Übersetzungen bis $i = 6$ einsetzbar. Für größere Übersetzungen kommen Kombinationen mit Stirnradgetrieben zur Anwendung (Abb. 7.26b), und zwar bis $i = 40$ als zweistufige und bis $i = 250$ als dreistufige Ausführungen. Für geringe Anforderungen bezüglich Tragfähigkeit und Laufruhe setzt man geradverzahnte Kegelräder ein (Abb. 7.6b). Für hohe Anforderungen werden Kegelräder meist bogenverzahnt sowie gehärtet und in dieser Form

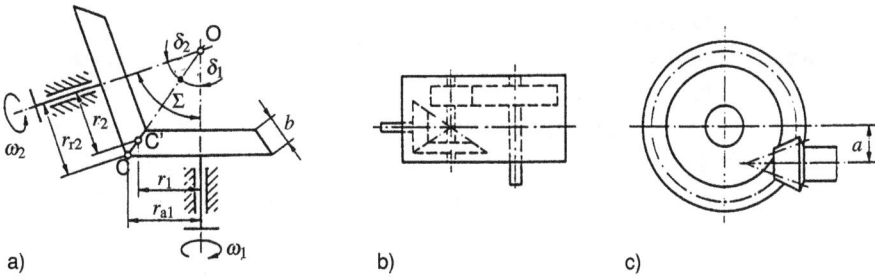

Abb. 7.26: Kegelradgetriebe. a) Bezeichnungen, b) Kegelstirnradgetriebe als Kombination eines einstufigen Stirnradgetriebes mit einem Kegelradgetriebe, c) Schraubenkegelradgetriebe/Hypoidgetriebe mit Achsversetzung a [326, 327].

auch in Schraubenkegelradgetrieben (Hypoidgetrieben) für sich kreuzende Wellen angewendet (Abb. 7.26c). Vorteilhaft ist die erhöhte Laufruhe und die Möglichkeit der beiderseitigen Lagerung des Ritzels; wegen der komplizierten Fertigung und Montage sollte ihre Anwendung in Kleinantrieben ebenso vermieden werden wie die von schrägverzahnten Kegelrädern.

Der Grenzfall eines außenverzahnten Kegelrads, dessen halber Kegelwinkel $90°$ beträgt, ist das *Kegelplanrad* (Abb. 7.27). Seine Bezugsfläche ist eine Ebene senkrecht zur Radachse, und die Verzahnung stellt eine Planverzahnung dar, die sich auf der Stirnfläche des Rades befindet. Die Paarung eines Kegelplanrades mit einem Kegelrad ergibt ein Kegelplanradgetriebe, dessen Achsenwinkel im Allgemeinen $\Sigma = 90° + \delta$ beträgt. Paart man ein Zylinderrad (im Allgemeinen das als gerad- oder schrägverzahntes Stirnrad ausgeführte Ritzel) mit einem Planrad, dessen Verzahnung der Ritzelverzahnung entspricht, entsteht ein Stirnplanradgetriebe. In der Feinwerktechnik bezeichnet man dieses Planrad als *Kronenrad* und das zugehörige Getriebe als *Kronenradgetriebe* (Abb. 7.28), das sehr wirtschaftlich zu fertigen ist.

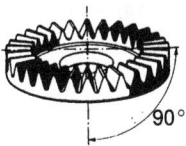

Abb. 7.27: Kegelplanrad.

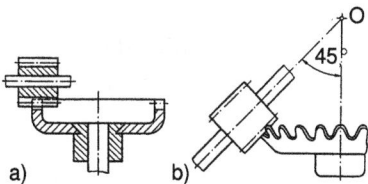

Abb. 7.28: Stirnplanradgetriebe (Kronenradgetriebe) [326]. a) Achswinkel $90°$, b) Achswinkel $45°$.

Werkstoffwahl, Tragfähigkeitsberechnung

Die Auswahl der Werkstoffe und deren Schmierung erfolgen nach den gleichen Gesichtspunkten wie bei Stirnrädern (Abschnitt 7.1.2.3). Ritzel sind mit kurzer Nabe auszuführen, um (bei einseitiger Lagerung) einen kleinen Abstand vom Lager zu erreichen. Bei sehr kleinem Wellendurchmesser sind Ritzelwellen (Ritzel und Welle aus einem Teil) vorzuziehen. Bei Kegelrädern aus Thermoplasten muss deren niedrige Festigkeit Berücksichtigung finden [326].

Für die Tragfähigkeitsberechnung werden äquivalente Stirnräder mit virtuellen Zähnezahlen z_v zugrunde gelegt [326] und die bei Stirnrädern geltenden Beziehungen angewandt (Abschnitt 7.1.2.3).

Festlegungen zu Verzahnungstoleranzen und Getriebepassungen sind nur für Moduln $m \geq 1$ mm in DIN 3965 [352] enthalten. Für Moduln unter 1 mm liegen DIN-Normen nicht vor.

7.1.3 Zugmittelgetriebe

Zugmittelgetriebe finden Anwendung, wenn größere Abstände zwischen An- und Abtriebswelle zu überbrücken sind oder die räumlichen Gegebenheiten andere Getriebearten ausschließen. Sie zeichnen sich gegenüber Zahnradgetrieben durch einen einfachen Aufbau aus und erfordern keinen oder nur geringen Wartungsaufwand. Man unterscheidet zwischen kraftgepaarten (Schnur- und Bandgetriebe, Flachriemen-, Keilriemengetriebe) und formgepaarten Zugmittelgetrieben (Zahnriemen-, Kettengetriebe). Die Einteilung, Anwendung und Eigenschaften der Zugmittelgetriebe zeigt Tabelle 7.5.

Die kraftgepaarten Getriebe, deren Zugmittel ungegliedert sind, arbeiten schwingungs- und stoßdämpfend und laufen geräuscharm, während die formgepaarten Getriebe gegliederte Zugmittel haben, dadurch höhere Leistungen übertragen können und auch keine größere Vorspannung benötigen, so dass Wellen und Lager weniger beansprucht werden. Infolge des Polygoneffekts [326, 327] entsteht aber eine mehr oder weniger große Ungleichmäßigkeit der Drehbewegung. Diese Ungleichmäßigkeit ist z. B. bei Servoantrieben zur Positionierung zu beachten.[5]

Abbildung 7.29 zeigt schematisch die verschiedenen Anordnungen der Zugmittelgetriebe, deren Zugmittel offen (Abb. 7.29a) oder geschlossen (Abb. 7.29b, c, d) ausgebildet und die Getriebeglieder in einer Ebene (Abb. 7.29a, b, c) oder räumlich angeordnet sein können (Abb. 7.29d).

Bei Leistungsgetrieben werden als Zugmittel vorwiegend Flach- und Keilriemen sowie Zahnriemen (Synchronriemen) und Ketten verwendet. Für Getriebe kleiner Leistung und für Führungsgetriebe gelangen auch einfache Schnüre, Seile, Bänder oder

---

[5] Servoantriebe siehe Kapitel 4.

Tab. 7.5: Zugmittelgetriebe – Einteilung, Anwendung und Eigenschaften.

1.	**Zugmittelgetriebe mit Kraftpaarung**	
1.1	Schnur- und Bandgetriebe siehe Abschnitt 7.1.3.1	– geringe Leistungen – fortlaufende Bewegung an einer oder mehreren Wellen mit großem Abstand
1.2	Flachriemengetriebe siehe Abschnitt 7.1.3.1 Abb. 7.32	– große Umfangsgeschwindigkeiten – große Leistungen – sehr guter Wirkungsgrad $\eta = 96\ldots98\,\%$ – schlupfbehaftet
1.3.	Keilriemen- und Rundriemengetriebe siehe Abschnitt 7.1.3.1 Abb. 7.33	– große Leistungen – gegenüber Flachriemen kleinere Lagerbelastungen – größere Übersetzungen als bei Flachriemen möglich – geringerer Wirkungsgrad als Flachriemen, $\eta = 92\ldots96\,\%$ – schlupfbehaftet
2.	**Zugmittelgetriebe mit Formpaarung**	
2.1	Zahnriemengetriebe siehe Abschnitt 7.1.3.2 Abb. 7.34, 7.35, 7.36, 7.37, 7.38, 7.39	– große Umfangsgeschwindigkeiten – große Übersetzungen – Schlupffreiheit – robust, auch bei starker Verschmutzung geeignet – sehr guter Wirkungsgrad $\eta \approx 98\,\%$
2.2	Kettengetriebe siehe Abschnitt 7.1.3.2 Abb. 7.40	– kleine Wellenbelastung, kleine Vorspannung – für kleine und mittlere Umfangsgeschwindigkeiten – Schlupffreiheit – Polygoneffekt → ungleichmäßige Drehbewegung

Drähte zur Anwendung (Tabelle 7.5). Für eine winkeltreue Bewegungsübertragung sind die Zugmittelgetriebe mit Kraftpaarung wegen des auftretenden Schlupfes nicht geeignet.

Bei Verwendung von offenen Zugmitteln, wie in Registriergeräten, Positioniereinrichtungen (Linearachse, s. Abb. 7.38, [328]) und Stelleinrichtungen (Skalentrieb), muss der Befestigung der Zugmittelenden am treibenden und am getriebenen Rad besondere Beachtung geschenkt werden, weil die Einspannstelle die Bewegungsübertragung nicht stören darf (Abb. 7.30). Die zu übertragenden Drehmomente bei

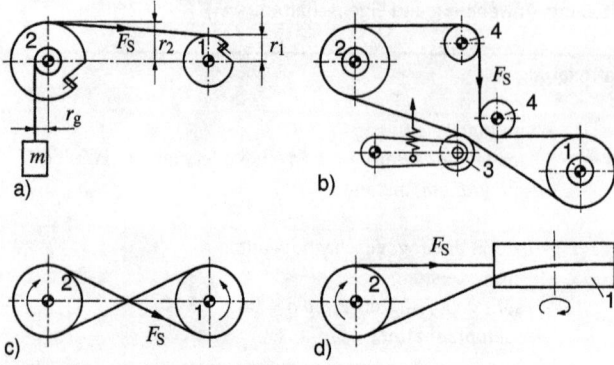

Abb. 7.29: Anordnungs-
möglichkeiten von Zugmit-
telgetrieben [326, 327].
a) ebene Anordnung,
b) mit Umlenk- und Spann-
rolle, c) gekreuzt, d) halb-
gekreuzt. a) offenes Zug-
mittel, b), c), d) geschlossene Zugmittel.

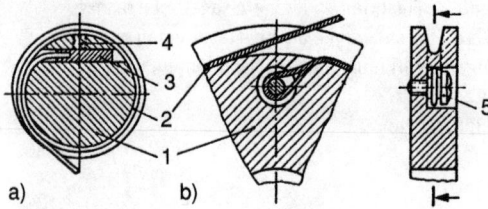

Abb. 7.30: Befestigung von Zugmitteln
am Rad. a) Stahlband, b) Seil; 1 Rad, 2
Zugmittel, 3 Zwischenteil, 4 Gewindestift
bzw. Ansatzschraube.

Getrieben mit geschlossenen Zugmitteln sind vom Umschlingungswinkel abhängig.

Berechnung

Für die geometrischen Abmessungen der Getriebe nach Abb. 7.31 gilt

– Übersetzung bei Kraftpaarung (es tritt Schlupf auf)

$$i = \frac{n_1}{n_2} \approx \frac{d_2}{d_1} \; ; \qquad (7.46)$$

– Übersetzung bei Formpaarung

$$i = \frac{n_1}{n_2} = \frac{z_2}{z_1} \; ; \qquad (7.47)$$

– Trumneigungswinkel

$$\sin \alpha = \frac{d_2 - d_1}{2e} \; ; \qquad (7.48)$$

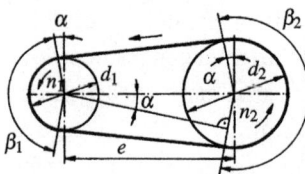

Abb. 7.31: Getriebe mit geschlossenem Zugmittel. e: Achsab-
stand; d_1, d_2: Scheibendurchmesser; α: Trumneigungswinkel;
β: Umschlingungswinkel; 1: treibende Scheibe; 2: getriebene
Scheibe.

– Umschlingungswinkel

$$\beta_1 = 180° - 2\alpha,\qquad\qquad (7.49)$$

$$\beta_2 = 360° - \beta_1;\qquad\qquad (7.50)$$

– Zugmittellänge

$$L = 2e\cos\alpha + \frac{\pi}{2}(d_2 + d_1) + (d_2 - d_1)\pi\frac{\alpha}{180°}.\qquad (7.51)$$

Der Achsabstand e lässt sich nicht geschlossen aus den Gleichungen für den Trumneigungswinkel α und die Zugmittellänge L berechnen, da α unbekannt ist, Näherungsgleichungen für e siehe [326]. Generell ist bei der Konstruktion der Getriebe darüber hinaus auf das ordnungsgemäße Spannen des Zugmittels zu achten. Es kann bei geschlossenen Zugmitteln entweder durch Verändern der Länge oder des Achsabstands sowie durch Spannvorrichtungen (Abb. 7.29b) erzielt werden. Nur bei stark elastischen Materialien (Gummischnüre oder Drahtwendel) sowie bei neuen Bauarten elastischer Flachriemen sind keine besonderen Maßnahmen notwendig.

7.1.3.1 Zugmittelgetriebe mit Kraftpaarung

Schnur- und Bandgetriebe finden in Kleinantrieben dann Anwendung, wenn bei geringen zu übertragenden Leistungen eine fortlaufende Drehbewegung an eine oder mehrere Wellen weiterzuleiten ist, die einen größeren Abstand zueinander haben, bzw. wenn bei Schwenkbewegungen Drehwinkel $\varphi > 360°$ zu realisieren sind, siehe Tabelle 7.5, Nr. 1.1.

Schnüre wendet man für kleine bis mittlere Zugkräfte an. Sie werden aus Hanf (1...3 mm), Darmsaiten (0,7...2 mm) sowie aus Seide und Kunststoff (evtl. umsponnen) hergestellt. Bei größeren Kräften wählt man auch Drahtwendel und Drahtseile sowie Aramid-Fasern. Bänder werden aus gewebter Baumwolle oder Seide, aus Gummi oder, bei geringer zulässiger Dehnung, aus Stahl und bei Korrosionsgefahr z. B. auch aus Phosphorbronze gefertigt.

Flachriemengetriebe gelangen bei großen Umfangsgeschwindigkeiten und Übertragung großer Leistungen zur Anwendung. Sie zeichnen sich durch günstiges elastisches Verhalten (stoß- und schwingungsmindernd) aus, siehe Tabelle 7.5, Nr. 1.2, Abb. 7.32.

Der *Wirkungsgrad* liegt bei $\eta = 96...98\%$. Die Übersetzung ist bis $i = 8$ und bei Verwendung von Spezialriemen bis $i = 15$ ausführbar. Als Riemenwerkstoffe dienen Kunststoffe und Textilien; Abb. 7.32 zeigt den Aufbau von a) Polyamid-Riemen und b) Textilriemen mit der Zugschicht und der Lauffläche.

Keilriemen- und Rundriemengetriebe zeichnen sich gegenüber Flachriemengetrieben dadurch aus, dass das Zugmittel unter der Belastung in die trapezförmige Rille der

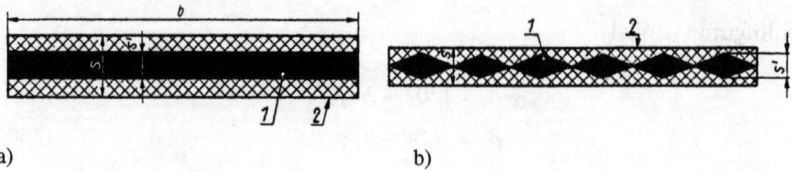

Abb. 7.32: Flachriemen. a) Polyamid-Riemen, b) Textilriemen; 1 Zugschicht, 2 Lauffläche.

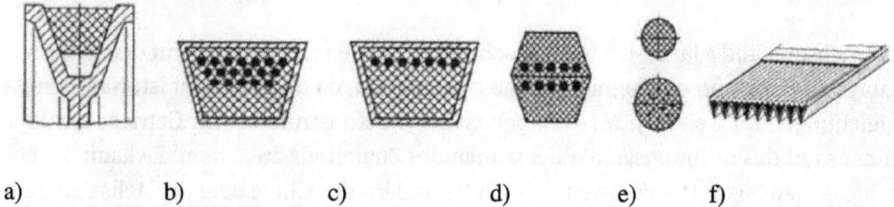

a)   b)   c)   d)   e)   f)

Abb. 7.33: Keilriemen. a) Keilriemenscheibe, b) Normalkeilriemen mit Paketkordausführung, c) Normalkeilriemen mit Kabelkordausführung, d) Doppelkeilriemen, e) Rundriemen, oben ohne Zugsträngen, unten mit Zugsträngen, f) Keilrippen-Riemen, Poly-V-Riemen.

Riemenscheibe hineingezogen wird (Abb. 7.33a, Tabelle 7.5, Nr. 1.3). Infolge der Keilwirkung entstehen dadurch bereits bei relativ geringer Vorspannung große Reibkräfte an den Flanken zur Übertragung des Drehmoments. Die Vorteile sind kleinere Lagerbelastungen und größere Übersetzungen bei kleinen Achsabständen. Die maximale Übersetzung beträgt $i = 15$. Nachteilig gegenüber dem Flachriemen sind die höheren Biegeverluste, die stärkere Walkarbeit und die große Erwärmung. Die zulässigen Riemengeschwindigkeiten sind deshalb bei Keilriemengetrieben niedriger als bei Flachriemengetrieben.

Keilriemen (Abb. 7.33b bis d) bestehen aus Fadensträngen (Kunstseide, Polyesterfasern u. ä.), Zugorganen (Paketkord, Kabelkord) und einem Gummipolster, das die Fadenstränge umhüllt und den Keilriemen profiliert. Eine Mittelstellung zwischen Keil- und Flachriemen nehmen gerippte Riemen (Keilrippenriemen, Poly-V-Riemen) ein (Abb. 7.33f). Sie zeichnen sich durch flache Bauweise und kleine Biegeradien aus und sind damit für kleine Scheibendurchmesser und große Übersetzungen geeignet, z. B. bei Waschmaschinenantrieben.

Das Einsatzgebiet für Keilriemengetriebe ist praktisch unbegrenzt. Es reicht von Kleinantrieben in der Feinwerktechnik und in Haushaltsmaschinen über leichte Antriebe, z. B. Kreiselpumpen und Ventilatoren, bis zu Schwerlastantrieben.

Rundriemen werden ähnlich wie Schnüre aus Gummi oder aus Kunststoffen vorwiegend ohne Zugstränge hergestellt (Abb. 7.33e), wobei spezielle hochelastische Mischungen, z. B. Polychloropren-Kautschuk, sehr alterungsbeständig und abriebfest sind. Bei höheren Belastungen und räumlicher Umlenkung kommen aber auch Riemen mit Zugsträngen (Abb. 7.33e) zum Einsatz. Der *Wirkungsgrad* liegt bei $\eta = 92\ldots96\,\%$.

7.1.3.2 Zugmittelgetriebe mit Formpaarung

Zahnriemengetriebe [326, 328] verbinden die Vorzüge des Riemens (kleine Masse, hohe Umfangsgeschwindigkeit, Geräuscharmut, Wartungsfreiheit) mit denen der Kette (Schlupffreiheit, geringe Vorspannung). Tabelle 7.5, Nr. 2.1 und 2.2 zeigt Zahnriemen und Kette. Die Umfangskraft wird durch Formpaarung übertragen, indem die Riemenzähne in die Zahnlücken der Scheiben eingreifen. Hinsichtlich Aufbau und Technologie lassen sich gegenwärtig zwei Zahnriementypen unterscheiden:

- *Zahnriemen aus Gummi* (Polychloroprene, NBR, HNBR o. ä., Abb. 7.34a) besitzen meist Zugstränge aus Glasfaser oder Aramid. Die Verzahnung ist durch eine spezielle Gewebeschicht vor Abrieb geschützt. Diese mittels Vulkanisationsverfahren hergestellten Riemen sind nach ISO 5296 [363] sowie ISO 13050 [363] und speziellen, der Kfz-Technik vorbehaltenen Normen standardisiert. Die Riemen nach ISO 5296 [363] stehen in sieben Teilungen (Zoll-System) zur Verfügung (Tabelle 7.6, Nr. 1.); handelsüblich sind aber auch weitere Abmessungen.
- *Zahnriemen aus Polyurethan* (Abb. 7.34b) werden mit Zugsträngen aus Stahllitze oder Aramid mittels Gieß- oder Extrusionsverfahren gefertigt. Diese Riemen sind in DIN 7721 [358] festgelegt und werden neben den in Tabelle 7.6, Nr. 2. aufgeführten Teilungen (metrisches System) auch mit weiteren Abmessungen angeboten.

Neben diesen Standardzahnriemen mit Trapezprofil gibt es noch solche mit sogenannten Hochleistungsprofilen (Tabelle 7.6, Nr. 3., Zahnriemenprofile Abb. 7.35). Sie zeichnen sich durch ein vergrößertes Riemenzahnvolumen und verstärkte, biegewilligere Zugstränge aus, was zu einer deutlichen Steigerung der Leistungsfähigkeit führt.

Für die Rollen/Zahnscheiben werden unterschiedliche Ausführungen eingesetzt. Abbildung 7.36 zeigt verschiedene Beispiele ohne und mit Anlaufscheiben. Die Anlaufscheiben sorgen dafür, dass der Zahnriemen nicht seitlich von der Zahnscheibe

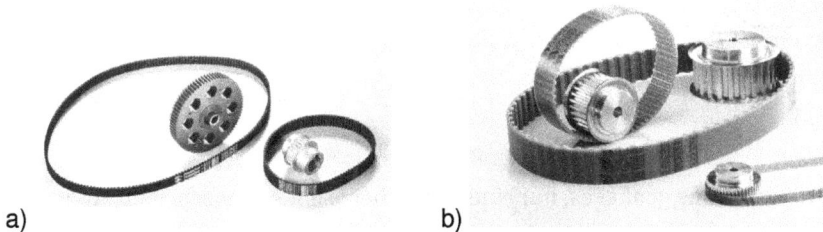

a) b)

Abb. 7.34: Zahnriemen und Zahnscheiben zu Tabelle 7.5. a) Neoprenriemen, b) Polyurethanriemen. Werkbild Walter Flender.

Tab. 7.6: Zahnriemenprofile, genormte und nicht genormte Profile, Darstellung des Profils siehe Abb. 7.35.

1. Zahnriemenprofile nach ISO 5296 [363]		2. Zahnriemenprofile nach DIN 7721 [358]		3. Hochleistungsprofile nach ISO 13050 [363]		4. nicht genormte Hochleistungsprofile	
Teilungs-kurzzei-chen	Zahnrie-mentei-lung p_b mm	Teilungs-kurzzei-chen	Zahnrie-mentei-lung p_b mm	Teilungs-kurzzei-chen	Zahnrie-mentei-lung p_b mm	Teilungs-kurzzei-chen	Zahnrie-mentei-lung p_b mm
MXL	2,032	T 2,5	2,5	H 8M	8,0	HTD 3M	3,0
XXL	3,175	T 5	5,0	H 14M	14,0	HTD 5M	5,0
XL	5,080	T 10	10,0	S 8M	8,0	S 2M	2,0
L	9,525	T 20	20,0	S 14M	14,0	S 3M	3,0
H	12,700			R 8M	8,0	S 4,5M	4,5
X	22,225	*nicht genormt*		R 14M	14,0	S 5M	5,0
XXH	31,750	T2	2,0			RPP 3	3,0
		M	2,032			RPP 5	5,0
						AT3	3,0
						AT5	5,0
						FHT-1	1,0
						FHT-2	2,0
						FHT-3	3,0
						GT3-3MR	3,0
						GT3-5MR	5,0
						OMEGA 2M	2,0
						OMEGA 3M	3,0
						OMEGA 5M	5,0

Hinweise zu nicht genormten Hochleistungsprofilen:
- H, HTD: Kreisform
- S, F, G: Parabolform
- AT: Trapezform
- R, RPP, OMEGA: Parabolform mit Einkerbung an Zahnkopffläche

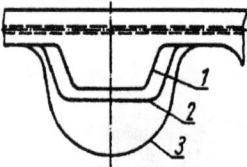

Abb. 7.35: Zahnriemenprofile. 1 T-Profil, 2 AT-Profil, 3 HTD-Profil.

herunterläuft. Häufig genügt es, nur eine Zahnscheibe mit Anlaufscheiben auszustatten.

Zahnriemen werden besonders dann, wenn Forderungen nach schlupffreiem Lauf bestehen, eingesetzt, so z. B. bei Antrieben in Büromaschinen, in der Robotik sowie

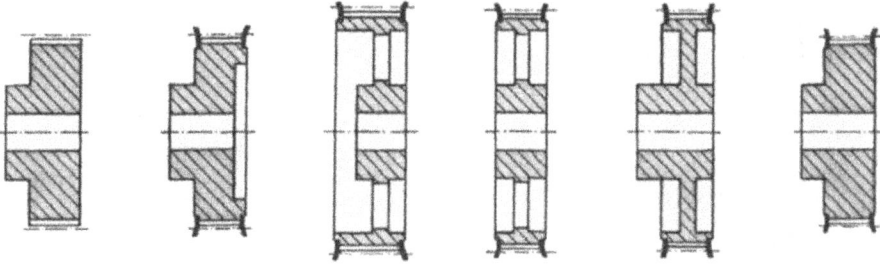

Abb. 7.36: Zahnscheiben, unterschiedliche Ausführungen von Zahnscheiben ohne Anlaufscheibe (ganz links) und mit Anlaufscheiben.

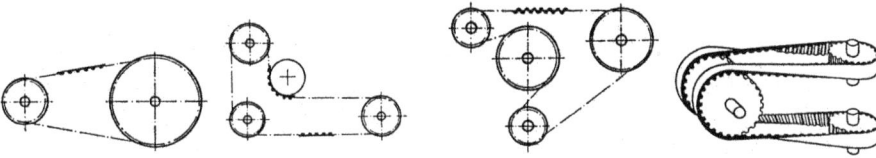

Abb. 7.37: Zahnriemengetriebe, Beispiele für unterschiedliche Anordnungen von Zahnriemengetrieben. Ausführliche Darstellung enthält in [328].

Abb. 7.38: Zahnriemengetriebe zum Antrieb einer Linearachse, Antrieb mit BLAC-Servomotor.

für Steuer- und Regelantriebe bei Übersetzungen bis $i = 10$. Abbildung 7.38 zeigt ein Beispiel für den schlupffreien Antrieb einer Linearachse.

Mit Zahnriemen lassen sich mehrere Wellen mechanisch schlupffrei koppeln. Abbildung 7.39 zeigt ein Beispiel. Zur Vergrößerung der Umschlingung und Sicherstellung einer ausreichenden Riemenvorspannung werden in diesem Beispiel eine Führungsrolle und eine Spannrolle eingesetzt.

Weiter lassen sich mit Zahnriemen auch Winkelgetriebe realisieren. Abbildung 7.37 zeigt neben verschiedenen ebenen Anordnungen auch eine Anordnung mit senkrecht zueinander stehenden Wellen. Der *Wirkungsgrad* beträgt $\eta \approx 98\,\%$ bei Nennbelastung.

Kettengetriebe [326, 332] (Tabelle 7.5, Nr. 2.2) haben ebenfalls den Vorteil, dass sie infolge der Formpaarung schlupffrei arbeiten, dass keine große Vorspannung erfor-

Abb. 7.39: Zahnriemengetriebe mit Spannrolle und Führungsrolle. Quelle: [326].

derlich ist und damit kleine Wellen- und Lagerbelastungen auftreten und dass eine hohe Leistung übertragbar ist. Von Nachteil ist aber, dass infolge des sogenannten Polygoneffekts eine Ungleichmäßigkeit der Drehbewegung entsteht und damit Beschleunigungskräfte und Schwingungen auftreten können. Außerdem sind sie im Allgemeinen nur bei kleineren Umfangsgeschwindigkeiten einsetzbar.

Zu den einfachsten Ketten, die aber nur in untergeordneten Fällen eingesetzt werden, zählt die Ringkette (Abb. 7.40a). Ihre Glieder werden aus Stahl-, Messing- oder Bronzedraht gebogen und je nach geforderter Belastbarkeit offen gelassen oder durch Schweißen bzw. Löten verbunden. Patentketten (Abb. 7.40c) sind aus gestanzten Gliedern zusammengesetzt, die meist aus Messingblech von 0,5 bis 0,8 mm Dicke bestehen. Sie sind nicht so leicht beweglich wie die einfachen Ringketten. Aus Stahl- oder Messingdraht werden auch Hakenketten (Abb. 7.40b) gefertigt, deren Belastbarkeit wegen der offenen Ösen ebenfalls gering ist. Diese einfachen Arten (Abb. 7.40a bis c) werden vorrangig zur Überbrückung größerer Abstände als Zug- oder Tragketten innerhalb eines Geräts, z. T. aber auch mit verzahnten oder unverzahnten Scheiben in offenen Zugmittelgetrieben eingesetzt.

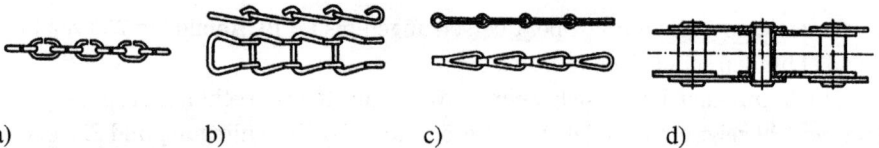

a) b) c) d)

Abb. 7.40: Ketten. a) Ringkette mit offenen Ösen, b) Hakenkette, c) Patentkette, d) Buchsenkette; siehe auch Tabelle 7.5.

Für Leistungsgetriebe kommen Antriebsketten, z. B. Buchsenketten (Tabelle 7.5, Nr. 2.2, Abb. 7.40d), zur Anwendung für Übersetzungen $i = 1 \ldots 5$. Sie werden aber z. T. durch Zahnriemen (Abschnitt 7.1.3.2) verdrängt. Der Wirkungsgrad beträgt etwa $\eta \approx 95\%$.

7.1.4 Schraubengetriebe

Nach der Anzahl der Schraubgelenke unterscheidet man *Einfachschraubengetriebe* mit je einem Schraub-, Dreh- und Schubgelenk sowie *Zweifachschraubengetriebe* (Zwiesel-Schraubengetriebe) mit zwei Schraubgelenken und einem Dreh- oder Schubgelenk, deren Übertragungsfunktion dann durch die Differenz der Steigungen beider Schraubgelenke bestimmt wird. Die daraus mitunter abgeleitete Bezeichnung „Differenzialschraubengetriebe" steht daher nicht in Übereinstimmung mit der gültigen Definition für Differenzialgetriebe und ist zu vermeiden. Nach der Reibungsart im Schraubgelenk ist des weiteren eine Unterteilung in *Gleit-* und *Wälzschraubengetriebe* möglich (Tabelle 7.7).

7.1.4.1 Gleitschraubengetriebe – Einfach-Schraubengetriebe

Gleitschraubengetriebe als Einfach-Schraubengetriebe werden in der Regel mit einem genormten metrischen Gewinde oder Trapezgewinde aufgebaut. Den prinzipiellen Aufbau zeigt Tabelle 7.7, Nr. 1.2. Ein Beispiel, bei dem das Schraubengetriebe integraler Teil des Antriebs mit Schrittmotor ist, zeigt Abb. 10.4 in Band 1.

Durch die Gleitreibung haben Gleitschraubengetriebe einen schlechten Wirkungsgrad von $\eta = 10 \ldots 30\%$. Dadurch sind sie in der Regel selbstsperrend und lassen sich für Positionieraufgaben einsetzen, bei denen eine Position auch ohne Drehmoment vom Antrieb gehalten werden soll. Eine Verbesserung des Wirkungsgrades ist möglich bei Einsatz von Gewinden mit großem Steigungswinkel ψ und kleinem Profilwinkel α. Der Zusammenhang zwischen Steigung P und Steigungswinkel ψ ist durch folgende Gleichung gegeben:

$$P = 2\pi r \tan \psi \,. \tag{7.52}$$

Die Übersetzung i ist durch die Steigung P begrenzt:

$$i = \frac{\varphi_1}{s_2} = \frac{2\pi}{P} = \frac{360°}{P} \,. \tag{7.53}$$

Höhere Übersetzungen sind mit Zweifach-Schraubengetrieben (Abschnitt 7.1.4.2) zu erreichen.

Eine spielfreie Ausführung ist durch Verspannen oder Einläppen [330] möglich. Die Abbildungen 7.41 und 7.42 zeigen verspannte Ausführungen.

Tab. 7.7: Schraubengetriebe, Einteilung und Anwendung.

Getriebeart	Eigenschaften, Anwendungen
1. Gleitschraubengetriebe	einfacher Aufbau, wenige Teile, für hohe Positioniergenauigkeit große Übersetzung erforderlich

1.1 Einfach-Schraubengetriebe

1 Spindel (Antrieb)
2 Mutter (Abtrieb)
3 Gestell

siehe Abschnitt 7.1.4.1, Beispiel in Abb. 10.4, Band 1, Kapitel 10

Aufbau: genormtes metrisches Gewinde oder Trapezgewinde mit Steigung $P = 2\pi r \tan \psi$ [326, 327]
Wirkungsgrad $\eta = 10 \ldots 30\,\%$, dadurch in der Regel selbstsperrend
Übersetzung $i = \frac{\varphi_1}{s_2} = \frac{2\pi}{P} = \frac{360°}{P}$
spielfreie Ausführung durch Verspannen (Abb. 7.41, 7.42) oder Einläppen [330]
Anwendungen:
− Instrumenten- und Apparatebau
− Positioniersysteme
− Büromaschinen
− Messgeräte

1.2 Zweifach-Schraubengetriebe

1 Spindel (Antrieb)
2 Mutter (Abtrieb)
3 Gestell

Spindel mit zwei Gewinden mit unterschiedlicher Steigung
siehe Abschnitt 7.1.4.2

Aufbau: Spindel mit zwei genormten metrischen Gewinden oder Trapezgewinden, Steigungen sind unterschiedlich, ggf. Rechts- ($P_1 > 0$) und Linksgewinde ($P_2 < 0$)
Übersetzung $i = \frac{\varphi_1}{s_2} = \frac{2\pi}{P_1-P_2} = \frac{360°}{P_1-P_2}$
Bei Gewinden mit annähernd gleicher Steigung sind sehr große Übersetzungen möglich.

2. Wälzschraubengetriebe

1 Spindel (Antrieb)
2 Mutter (Abtrieb)
3 Wälzkörper mit Rücklaufkanal

siehe Abschnitt 7.1.4.3
Abb. 7.43 zeigt ein ausgeführtes Beispiel für ein Kugelgewindegetriebe.

Einbaufertige Baugruppen
sehr hoher Wirkungsgrad $\eta = 90 \ldots 95\,\%$
für hohe Präzision geeignet
spielfreie Ausführung durch Doppelmutter
Anwendungen:
− Positioniersysteme
− Messgeräte
− wissenschaftlicher Gerätebau
− Werkzeugmaschinen

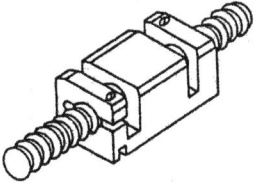

Abb. 7.41: Einfach-Schraubengetriebe, zur Spielreduzierung verspannt.

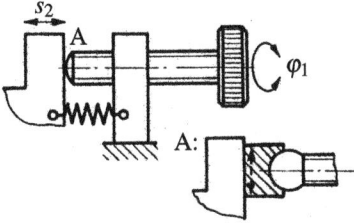

Abb. 7.42: Einfach-Schraubengetriebe, zur Spielreduzierung kraftgepaart.

Folgende *Werkstoffe* werden eingesetzt:
- Spindel: Maschinenbau- und Vergütungsstähle,
- Mutter: Cu-Legierungen, Gusseisen, Kunststoffe.

Gleitschraubengetriebe finden sich z. B. in folgenden Anwendungen:
- Instrumenten- und Apparatebau,
- Positioniersysteme,
- elektrische Höhenverstellungen in Möbeln, Krankenbetten, Schreibtischen,
- Büromaschinen,
- Messgeräte.

7.1.4.2 Gleitschraubengetriebe – Zweifach-Schraubengetriebe

Zweifach-Schraubengetriebe werden mit einer Spindel mit zwei genormten metrischen Gewinden oder Trapezgewinden aufgebaut. Den prinzipiellen Aufbau zeigt Tabelle 7.7, Nr. 1.2. Die Steigungen sind unterschiedlich: $P_1 \neq P_2$. Gegebenenfalls werden ein Rechts- ($P_1 > 0$) und ein Linksgewinde ($P_2 < 0$) verwendet.

Die Übersetzung ergibt sich aus der Differenz der beiden Steigungen P_1 und P_2:

$$i = \frac{\varphi_1}{s_2} = \frac{2\pi}{P_1 - P_2} = \frac{360^\circ}{P_1 - P_2} . \tag{7.54}$$

Bei Gewinden annähernd gleicher Steigung lassen sich sehr große Übersetzungen realisieren, ohne dass die Steigungen der Spindeln zu klein werden. Mit Rechts- und Linksgewinde lassen sich kleine Übersetzungen realisieren, die trotzdem selbstsperrend sind.

Folgende *Werkstoffe* werden eingesetzt:
- Spindel: Maschinenbau- und Vergütungsstähle,
- Mutter: Cu-Legierungen, Gusseisen.

Zweifach-Gleitschraubengetriebe finden sich z. B. in folgenden Anwendungen:
- Instrumenten- und Apparatebau,
- Positioniersysteme,
- Büromaschinen,
- Messgeräte.

7.1.4.3 Wälzschraubengetriebe

Bei Wälzschraubengetrieben erfolgt die Kraftübertragung durch Wälzkörper (Tabelle 7.7, Nr. 2). Dadurch haben diese Getriebe einen sehr hohen Wirkungsgrad von $\eta = 90 \ldots 95\,\%$. Sie sind normalerweise nicht selbstsperrend. Man unterscheidet folgende Bauformen:
- *Kugelgewindegetriebe*
  gut geeignet für genaue Bewegungen, feinwerktechnische Anwendungen, schematische Darstellung siehe Tabelle 7.7, Nr. 2, ausgeführtes Beispiel siehe Abb. 7.43. Spielfreie Ausführung durch Doppelmutter;
- *Rollengewindegetriebe*
  für hohe Belastungen, aber kleine Drehzahlen;
- *Planetenrollengewindegetriebe*
  bis $n = 5000\,^{1}/_{min}$ bei sehr hohen Belastungen [326, 331].

Anwendungen:
- für Anforderungen mit hoher Präzision geeignet,
- Positioniersysteme,
- Messgeräte,
- wissenschaftlicher Gerätebau,
- Werkzeugmaschinen.

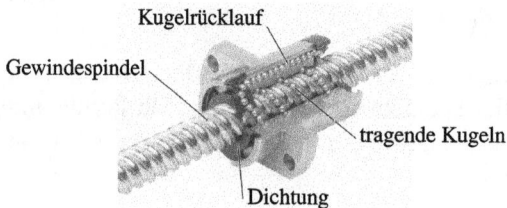

Abb. 7.43: Kugelgewindegetriebe, Darstellung der Kugeln im Eingriff und Rücklauf der Kugeln (Werkbild Eichenberger).

Abbildung 7.43 zeigt ein Kugelgewindegetriebe mit Spindel und Mutter und dem Rücklauf der Kugeln. Zwischen Kugeln und Gewinde besteht eine Punktberührung.

Berechnung
Die Berechnungsgrundlagen für Schraubengetriebe lassen sich aus den Beziehungen und Kräfteverhältnissen am Gewinde ableiten (ausführliche Darstellung in [326]).

7.1.5 Koppelgetriebe

Bei Koppelgetrieben sind entweder im Gestell gelagerte oder auch allgemein eben bzw. raumbeweglich geführte Glieder mittels starrer Koppelglieder über Gelenke verbunden. Sie stehen damit untereinander in zwangläufiger Bewegungs- und Kraftkopplung.

Koppelgetriebe mit vier Gliedern
Grundlegende Bedeutung haben die Getriebe der
- Vierdrehgelenkkette (vier Glieder, vier Drehgelenke, Tabelle 7.8),
- Schubkurbelkette (ein Gelenk ist ein Schubgelenk, Tabelle 7.9),
- Kreuzschubkurbelkette (zwei benachbarte Gelenke sind Schubgelenke),
- Schubschleifenkette (zwei gegenüberliegende Schubgelenke) [326, 329].

Je nachdem, welche Verhältnisse der Gliedlängen l gemäß dem Satz von Grashof

$$l_{min} + l_{max} \gtrless l' + l'' \tag{7.55}$$

verwirklicht sind und welches der Glieder als Gestellglied verwendet wird, entstehen unterschiedliche Getriebetypen (Tabelle 7.8):
- Kurbelschwinge, Doppelkurbel: $l_{min} + l_{max} < l' + l''$;
- Doppelschwinge: $l_{min} + l_{max} \geq l' + l''$;
- Parallelkurbel: $l_{min} + l_{max} = l' + l''$.

Ein Hauptanwendungsgebiet der viergliedrigen Koppelgetriebe ergibt sich aus der Verwirklichung von Übertragungsfunktionen in Mechanismensystemen[6] zwischen zwei im Gestell gelagerten Gliedern. Den Getriebetypen gemäß den Tabellen 7.8 und 7.9 sind jeweils charakteristische Übertragungsfunktionen zugeordnet, die quantitativ durch Variation der Gliedlängen beeinflussbar sind.

---

6 System aus mehreren gekoppelten Gliedern (eines technischen Geräts, einer Maschine ...), das so aufgebaut ist, dass jede Bewegung eines Gliedes eine Bewegung anderer Glieder hervorruft.

Tab. 7.8: Koppelgetriebe der Vierdrehgelenkkette (Auswahl).

Kette

$a = l_{min}, b = l_{max}, c = l', d = l''$

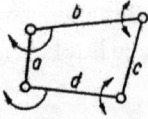

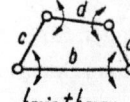 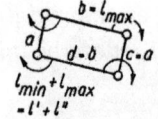

$l_{min} + l_{max} < l' + l''$

$\begin{array}{c} l_{min} + l_{max} \\ > l' + l'' \end{array}$ $\quad l_{min} + l_{max} > l' + l''$ $\quad l_{min} + l_{max} = l' + l''$

Getriebetyp

Kurbelschwinge	Doppelkurbel	Doppelschwinge	Doppelschwinge	Parallelkurbel
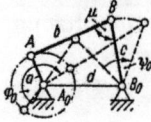	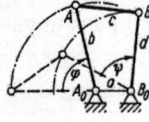	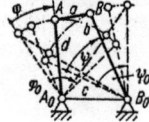	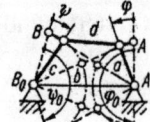	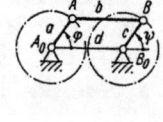

Übertragungsfunktion

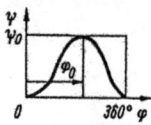	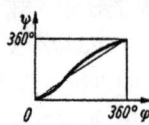	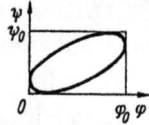	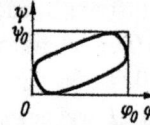	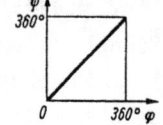

Ein weiteres Anwendungsgebiet erschließt sich mit der technischen Nutzung der Koppelpunktkurven, die von Punkten der Koppeln beschrieben werden, wie z. B. beim Filmgreifergetriebe (Abb. 7.44). Je nach Lage der Punkte in der Koppelebene ergeben sich unterschiedliche Kurven, die mit Hilfe der Rechentechnik analysiert und gezeichnet werden können [329].

Mehrgliedrige Koppelgetriebe

Sie sind anzuwenden, wenn die viergliedrigen Getriebetypen bestimmte Übertragungsverläufe oder Koppelpunktkurvenformen nicht mehr erfüllen können. Es ist zu beachten, dass jede Erhöhung der Anzahl der Glieder sowohl größeren Aufwand als auch eine Vergrößerung der Gelenkspiele, der Elastizitäten im Mechanismus und der Wartungsprobleme (Schmierung, Verschleiß) zur Folge hat [326, 329].

Betriebsverhalten

Die Besonderheit von Koppelgetrieben ergibt sich aus der ungleichmäßigen Übertragungsfunktion, die selbst bei konstanter Drehzahl/Winkelgeschwindigkeit am

Tab. 7.9: Koppelgetriebe der Schubkurbelkette (Auswahl).

Kette

$a = l_{min}$, $b = l_{max}$, Exzentrizität $e < l_{max} - l_{min}$
Allgemein exzentrisch: $e \neq 0$ \qquad Sonderfall zentrisch: $e = 0$

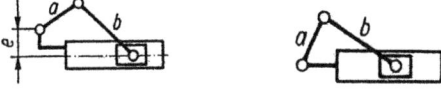

Getriebetyp

Schubkurbel	umlaufende Kurbelschleife	schwingende Kurbelschleife

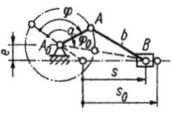

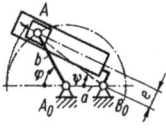

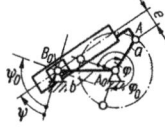

Übertragungsfunktion

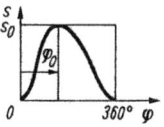

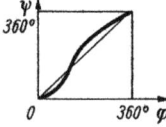

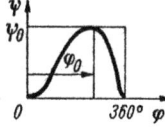

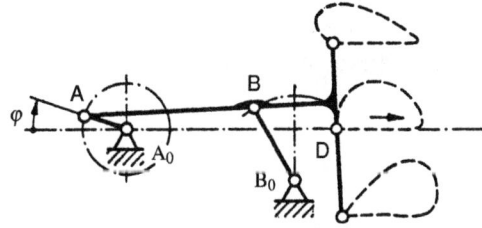

Abb. 7.44: Koppelpunktkurven mit angenäherter Geradführung für eine Filmgreiferentwicklung [326, 329].

Antrieb beschleunigte Bewegungen der übrigen Glieder verursacht. Diese Gegebenheiten bewirken Belastungen von Gliedern und Gelenken, regen zu Schwingungen im Getriebe an, geben wechselnde Belastungen an das Gerätegestell, erzeugen Laufgeräusche und beeinflussen auch den Gleichlauf eines Antriebsmotors auf dem Weg über die Antriebskurbel. Dadurch wird die kinematische Übertragungsfunktion in ihrem Zeitverlauf verändert. Es wurden Kriterien entwickelt, die die für das Laufverhalten verantwortlichen Größen einbeziehen.

Unter quasistatischen Bedingungen kann der Übertragungswinkel μ betrachtet werden, der z. B. bei der Kurbelschwinge zwischen Koppel- und Schwingengerade auftritt (Tabelle 7.7) und bei kleinen Werten ($\mu < 40 \ldots 30°$) eine ungünstige Kraft- und

Bewegungsübertragung anzeigt. Die bessere Beurteilung eines Mechanismus erlaubt das dynamische Laufkriterium [329], das neben den geometrischen Gegebenheiten die Einbeziehung von Geschwindigkeiten und Beschleunigungen sowie von Kräften und Massenwirkungen ermöglicht.

7.1.6 Kurvengetriebe

Kurvengetriebe sind Getriebe mit mindestens einem Kurvenglied, das mit einem benachbarten Getriebeglied durch ein Kurvengelenk verbunden ist. Die Konturen des Kurvengliedes sind entsprechend der geforderten Bewegungsfunktion ausgeführt.

Ordnungsaspekte für Kurvengetriebe sind die geometrische Grundform und die Bewegungsform des Kurvengliedes, die Bewegungsform des Eingriffsgliedes sowie die Gestaltung, das Bewegungsverhalten und die Aufrechterhaltung der Paarung im Kurvengelenk.

Die Grundform der ebenen und räumlichen Kurvengetriebe besteht aus dem Steg, dem Kurvenglied und dem Eingriffsglied. In Abb. 7.45a sind
–   der Steg 1 das Gestell,
–   die Kurvenscheibe 2 das Antriebsglied,
–   der Rollenhebel 3 das Abtriebsglied, welches die Bewegungsfunktion realisiert.

Diese Getriebeform wird vorwiegend als Übertragungsgetriebe eingesetzt. Die Forderungen an die Übertragungsfunktion sind praktisch durch die Herstellbarkeit des Kurvenkörpers und die Verwirklichung eines zuverlässigen, verschleißarmen Abgriffs begrenzt. Die Kurvenkörper sind im Allgemeinen als ebene Scheiben (Abb. 7.45a bis c) oder als Zylinder (Abb. 7.45d) gefertigt; weitere Varianten in [326, 329].

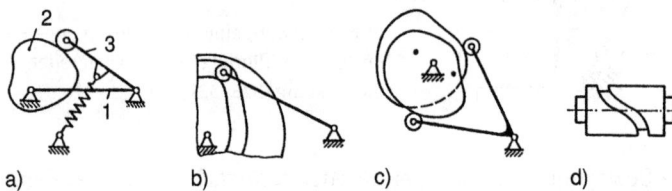

a)   b)   c)   d)

Abb. 7.45: Kurvengetriebe. a) mit Rollenhebel, b) mit Nutkurve, c) Doppelkurve mit Doppelrollenhebel, d) Zylinder- bzw. Trommelkurve mit Nut.

Muss die Übertragungsfunktion in einer Maschine z. B. für die Herstellung unterschiedlicher Produkte geändert werden, wird der Kurvenkörper gewechselt. Es kann aber auch die Übertragungsfunktion mit Servoantrieben (Kapitel 4) durch eine ungleichmäßige Bewegung des Antriebs ohne mechanischen Umbau durch Wahl eines anderen Bewegungsprofils $\varphi(t)$ des Servoantriebs angepasst werden.

Die Paarung zwischen Kurven- und Eingriffsglied muss den Zwanglauf sichern. Der Einsatz von Federn zur Krafterzeugung im Kurvengelenk (Abb. 7.45a) sowie Nut- und Doppelkurven (Abb. 7.45b bis d) sind dafür geeignete Lösungen, ebenso als Gleichdick ausgeführte Kurvenscheiben. Deren Konstruktion ist in [331] beschrieben.

Kurvengetriebe sind vorwiegend als Übertragungsgetriebe für eine gegebene Bewegungsaufgabe zu konstruieren. Diese Aufgabe stellt im Allgemeinen Forderungen für einzelne Bewegungsabschnitte bezüglich der Anfangs- und Endlagen. In Abb. 7.46a ist z. B. eine Übertragungsfunktion vorgegeben, die die Charakteristik einer wechselsinnigen Bewegung mit periodisch wiederkehrenden Rasten hat. Die Verläufe der zwischen den Rastperioden liegenden Bewegungsbereiche ergeben sich aus der notwendigen Verwirklichung von kinematisch-dynamischen Gesetzmäßigkeiten, wenn Stoß- und Ruckfreiheit der Übertragung, geringe Kurvenbelastung und günstiges Übertragungsverhalten mit niedrigen Massenkräften erreicht werden sollen. Im Beispiel sind dementsprechend die Übergangskurven K_1 und K_2 zwischen den Rasten zu bestimmen (Abb. 7.46b) [326, 329].

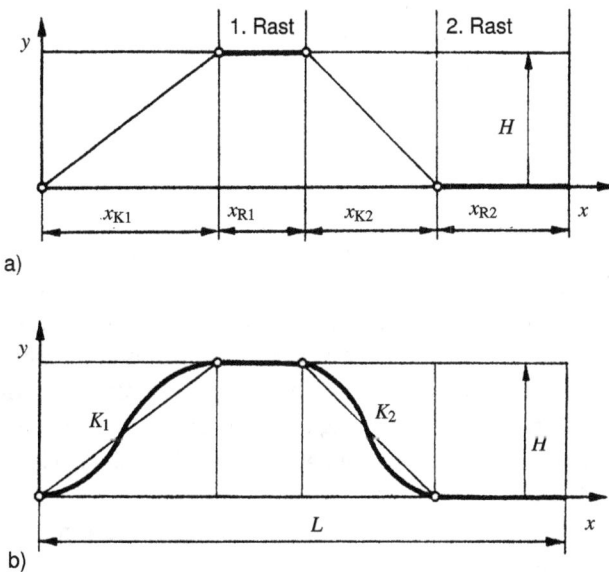

a)

b)

Abb. 7.46: Bewegungsdiagramme. a) mit Vorgabe von Rasten, b) Gesamtfunktion mit Übergangskurvenverlauf K_1, K_2 ($L = \sum x$).

Dafür wurde eine Vielzahl von Übertragungsfunktionen entwickelt (z. B. Potenzfunktionen, Sinoiden), die den unterschiedlichen Anforderungen genügen. Die Auswahl der geeigneten Übertragungsfunktion und deren Umsetzung in die Kurvenkörperform ist die wesentliche Phase der Kurvenkörperkonstruktion. Die weiteren Hauptabmessungen eines Kurvengetriebes sind in bestimmten Grenzen wählbar [326, 329].

Betriebsverhalten
Es wird wesentlich von der projektierten Kurvenform beeinflusst, also von der Gestalt und Folge der Bewegungsabschnitte und deren Übergängen, die durch die Wahl der Übergangskurven mit Rücksicht auf die Übertragungsaufgabe zu gestalten sind. Geringe Beschleunigungsmaxima sowie stoß- und ruckarme Bewegungen sind anzustreben. Die Fertigungsqualität, vor allem die erzielte Oberflächengüte, hat Einfluss auf die Erzeugung von Laufgeräuschen und infolge der bei mangelhafter Oberfläche entstehenden Schwingungen direkten Einfluss auf Verschleiß und Lebensdauer.

7.1.7 Schrittgetriebe

Schrittgetriebe sind ungleichmäßig übersetzende Getriebe, deren Übertragungsfunktion die Charakteristik einer gleichsinnigen Bewegung mit periodisch wiederkehrenden Stillständen hat. Der Stillstand kann momentan oder eine Rast sein. Von Bedeutung in Kleinantrieben sind insbesondere
- Malteserkreuzgetriebe (Abschnitt 7.1.7.1, Tabelle 7.10, Nr. 1),
- Sternradgetriebe (Abschnitt 7.1.7.2, Tabelle 7.10, Nr. 2),
- Kurvenschrittgetriebe (Abschnitt 7.1.7.3, Tabelle 7.10, Nr. 3).

7.1.7.1 Malteserkreuzgetriebe

Das Malteserkreuzgetriebe (Tabelle 7.10, Nr. 1) besteht aus dem Treiber 1, auf dessen Achse der Sperrzylinder 2 befestigt ist, und dem Malteserkreuz 3. Dieser Mechanismus ist eine Anwendung der Kurbelschleife. Die Bewegung des Malteserkreuzes erfolgt bei radial eingreifendem Treiber stoßfrei, aber nicht ruckfrei. Die daraus resultierenden Massenkräfte müssen, speziell bei großen Drehzahlen, durch präzise Fertigung, saubere Oberflächen und geeignete Schmierung beherrscht werden. Durch geeignete Vorschaltgetriebe (Doppelkurbel, Getriebe mit elliptischen Zahnrädern) lässt sich der Ruck vermindern [326, 329].

Das Malteserkreuzgetriebe wird u. a. in folgenden Anwendungen eingesetzt:
- Laborgeräte der Medizintechnik,
- Montagemaschinen,
- Buchdruckmaschinen,
- Scanner, speziell Filmscanner,
- Filmaufnahme- und Filmprojektionsgeräte,
- Automaten für das Filmträgerbonden in der Mikroelektronik,
- Patronenwechselmagazin in Plottern.

In diesen und weiteren Einsatzbereichen interessiert das Schritt-Zeit-Verhältnis v, das gleich dem Verhältnis der Schrittzeit t_s zur Gesamtzeit T (Dauer der Schrittbewegung,

Tab. 7.10: Schrittgetriebe (Auswahl) [331].

Bennung	Aufbau	Anwendung
1. Malteserkreuz-getriebe siehe Abschnitt 7.1.7.1	1 Treiber 2 Zylindersicherung 3 Malteserkreuz	Laborgeräte der Medizintechnik Montagemaschinen Buchdruckmaschinen Scanner, speziell Filmscanner Filmaufnahme- und Filmprojektionsgeräte (35 mm- und 70 mm-Film) Automaten für das Filmträgerbonden in der Mikroelektronik Patronen-Wechselmagazin in Plottern
2. Sternradgetriebe siehe Abschnitt 7.1.7.2	1 Antriebsscheibe mit 2 Triebstockverzahnung 3 Zylindersicherung 4 Sternrad	Verpackungs-, Druck-, Spulenwickelmaschinen und überall dort, wo periodisch Stillstand mit Bewegungsphase bei konstanter Geschwindigkeit im Wechsel erforderlich ist
3. Kurvenschritt-getriebe siehe Abschnitt 7.1.7.3	1 Zylinderkurve 2 verzahntes Rad	mechanische Zähler Spielzeuge und für ähnliche untergeordnete Zwecke

Periode) ist:

$$v = \frac{t_s}{T} \,. \tag{7.56}$$

Beim Malteserkreuzgetriebe ohne Vorschaltgetriebe, also mit ω_{an} = konst., errechnet sich das Schritt-Zeit-Verhältnis auch aus dem Winkel, den der Treiber zum Weiterdrehen des Malteserkreuzes durchläuft, und dem Vollwinkel, also einer Umdrehung des Treibers. Da die Schlitzanzahl z des Malteserkreuzes den Schrittwinkel beeinflusst, kann v für Außenmalteserkreuzgetriebe aus der Beziehung

$$v = \frac{t_s}{T} = \frac{t_s}{t_R + t_s} = \frac{z-2}{2z} \tag{7.57}$$

errechnet werden (t_R: Rastzeit).

Das Malteserkreuzgetriebe weist eine große Geschwindigkeit in der Mitte des Schritts auf. Der Treibereingriff ist nicht ruckfrei. Es erfordert eine präzise Fertigung.

Für die zusammenhängenden Flächen wird Härten und Schleifen sowie eine gute Schmierung empfohlen. Das Schritt-Zeit-Verhältnis ist an die Schlitzanzahl gebunden.

7.1.7.2 Sternradgetriebe

Das Sternradgetriebe (Tabelle 7.10, Nr. 2) besteht aus dem Antriebsrad 1 mit Triebstöcken 2 und Sperrstück 3 sowie dem Sternrad 4, das eine durch zwei Sperrschuhe unterbrochene Verzahnung trägt. Das Schritt-Zeit-Verhältnis dieser Anordnung ist größer als Eins (andere Formen in [329]).

Die Verzahnung kann auch als Evolventenverzahnung ausgeführt werden. Das Schritt-Zeit-Verhältnis ist in weiten Grenzen wählbar. Im mittleren Teil des Schritts herrscht eine konstante Geschwindigkeit.

7.1.7.3 Kurvenschrittgetriebe

Das Antriebselement eines Kurvenschrittgetriebes (Tabelle 7.10, Nr. 3) ist eine Zylinderkurve 1, deren Schrittabschnitt auf einem relativ kleinen Winkel des Zylinders verläuft. Da die Eingriffsverhältnisse zwischen dem Rad 2 und der Zylinderkurve hauptsächlich durch Gleitreibung und ungünstige Berührungsflächen gekennzeichnet sind, weshalb auch der Verschleiß größere Ausmaße annimmt, wird dieses Getriebe nur für untergeordnete Zwecke verwendet.

Je kleiner das Schritt-Zeit-Verhältnis ist, desto größer werden die Kräfte, der Verschleiß und die Klemmgefahr (Selbstsperrung).

7.2 Kupplungen

Kupplungen dienen der Verbindung von Wellen zur Übertragung von Drehbewegungen und Drehmomenten. Das Verbinden der Antriebswelle mit einer weiteren, in Achsrichtung liegenden Abtriebswelle erfolgt wahlweise ständig oder zeitweilig sowie bei konstanter oder veränderlicher Relativlage, indem beide Wellenenden durch drehmomentübertragende Zwischenteile form- oder kraftschlüssig gepaart werden.

Feste Kupplungen finden z. B. Anwendung zum Vereinfachen und Erleichtern der Montage von Baugruppen und erfordern ein exaktes Fluchten sowie einen konstanten axialen Abstand der Wellen. Diese Voraussetzungen sind jedoch selten erfüllt. Deshalb kommen bei Lageabweichungen der Wellen untereinander (axiale, radiale oder Winkelabweichung bzw. Kombinationen, Abb. 7.47) *Ausgleichskupplungen* zum Einsatz, die durch Verwenden von elastischen Elementen häufig auch dem Dämpfen

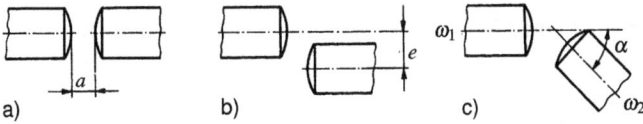

Abb. 7.47: Lageabweichung von Wellen. a) axiale Abweichung *a*, b) radiale Abweichung *e*, c) Winkelabweichung α.

von Drehschwingungen, Drehmomentstößen und Geräuschen dienen können. Kupplungen, die hauptsächlich diesen Zweck erfüllen und insbesondere im Maschinenbau angewendet werden, bezeichnet man auch als *drehelastische Kupplungen*.

Soll die Drehbewegung nur zeitweilig übertragen werden, so finden *Schaltkupplungen* Verwendung, die bei Bedienung von außen als *schaltbare Kupplungen* bezeichnet werden. Geschieht das zeitweilige Ein- und Auskuppeln in Abhängigkeit von den Betriebsparametern, z. B. Drehzahl, Drehmoment, Drehrichtung oder Drehwinkel, so spricht man von *selbstschaltenden* oder *selbsttätigen Kupplungen*.

7.2.1 Feste Kupplungen

Feste Kupplungen dienen der ständigen starren Verbindung von Wellen und sind während des Betriebs nicht lösbar. Hinsichtlich der Struktur unterscheidet man Hülsen- und Schalenkupplungen für kleine Drehmomente sowie Scheibenkupplungen zum Übertragen größerer Drehmomente (Abb. 7.48 und 7.49). Die Dimensionierung von Hülsen- oder Schalenkupplungen, die eine geringe radiale Baugröße ermöglichen, erfolgt abhängig von den gewählten Verbindungselementen (Schrauben-, Stift- oder Klemmverbindung) [326, 327].

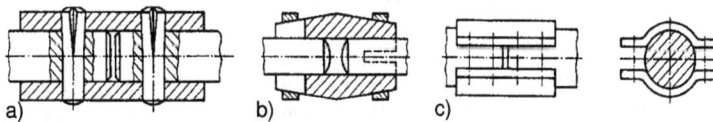

Abb. 7.48: Feste Kupplungen: Hülsen- und Schalenkupplungen. a) Hülsenkupplung mit Querstiften, b) mit geschlitzter Klemmhülse, c) Prinzip der Schalenkupplung.

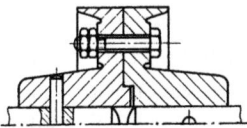

Abb. 7.49: Feste Kupplung: Scheibenkupplung.

Bei der Scheibenkupplung, die im Allgemeinen mit einer Zentrierung versehen ist (Abb. 7.49), wird das Drehmoment meist durch Reibung übertragen, die man mit Durchsteckschrauben erzeugt.

Feste Kupplungen werden in Kleinantrieben und Geräten selten verwendet, da die dazu notwendige Lagegenauigkeit der Wellen oftmals nicht funktionsnotwendig und manchmal auch nicht hinreichend genau realisierbar ist und deshalb im Interesse einer wirtschaftlichen Fertigung nicht angestrebt wird. Sie kommen vorrangig im Maschinen- und Elektromaschinenbau dann zum Einsatz, wenn stoßartige und wechselnde Drehmomente übertragen werden sollen oder wenn große Axialkräfte und Biegemomente auftreten [326, 332].

7.2.2 Ausgleichskupplungen

Bei Ausgleichskupplungen sind die Kupplungsteile so ausgebildet, dass die in Abb. 7.47 dargestellten fertigungs- bzw. montagebedingten, ggf. auch funktionsbedingten Lageabweichungen der Wellen ausgeglichen werden.

Kupplungen mit axialem Ausgleich setzen das Fluchten der Wellen voraus; es können nur axiale Abweichungen (Abb. 7.47a) ausgeglichen werden. In Abb. 7.50a, b sind zwei Ausführungsformen von Hülsenkupplungen mit axialem Ausgleich für geringe Drehmomente dargestellt, die meist keiner festigkeitsmäßigen Berechnung bedürfen bzw. im Bedarfsfall nach den entsprechenden Verbindungselementen zu dimensionieren sind [326, 327]. Prinzipielle Ausführungen von Scheibenkupplungen mit axialem Ausgleich zeigt Abb. 7.51. Bei der drehstarren Bolzenkupplung mit mehreren Mitnehmern (Abb. 7.51b) verteilt sich infolge fertigungsbedingter Abweichungen die zu übertragende Kraft ungleichmäßig auf die Mitnehmerbolzen und führt dadurch zu starken Beanspruchungsschwankungen in Wellen und Lagern, so dass diese Kupplungsart nur in untergeordneten Fällen eingesetzt werden sollte.

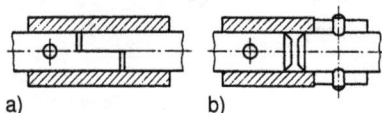

Abb. 7.50: Ausgleichskupplungen: Hülsenkupplungen mit axialem Ausgleich. a) Formschluss durch Querstift und abgeflachte Wellenenden, b) durch zwei Querstifte (Hülse jeweils zur axialen Führung).

Aus dem gleichen Grund nimmt man bei der Berechnung einer solchen Bolzenkupplung auf Flächenpressung und Biegung der Bolzen (Abscherung kann vernachlässigt werden) an, dass nur 75 ... 80 % der Mitnehmer an der Kraftübertragung beteiligt sind.

Die Bolzenkupplung in Abb. 7.51c ist mit wechselseitig angeordneten Mitnehmern versehen, die in eine elastische Zwischenlage aus Gummi oder Kunststoff eingreifen, wodurch zugleich eine Stoß- und Schwingungsdämpfung bewirkt wird.

Kupplungen mit radialem Ausgleich (querbewegliche Kupplungen) sind notwendig, wenn die Wellen um einen Betrag e gegeneinander versetzt sind (Abb. 7.47b) bzw.

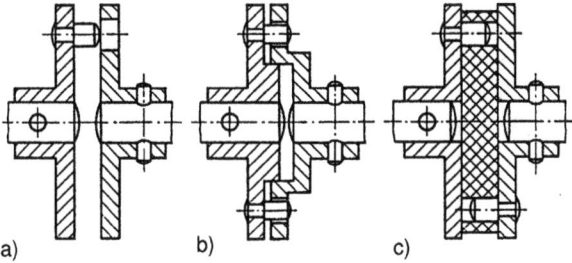

Abb. 7.51: Ausgleichskupplungen: Scheibenkupplungen mit axialem Ausgleich. a) mit einem Mitnehmerbolzen, b) mit mehreren Mitnehmerbolzen und Zentrieransatz, c) mit mehreren Mitnehmerbolzen und elastischer, dämpfender Zwischenlage (Kupplung in Abb. a ausgekuppelt dargestellt).

wenn die Gefahr einer Versetzung im Betrieb besteht. Zum Übertragen kleinster Drehmomente eignet sich oftmals bereits ein Gummi- bzw. Kunststoffschlauch (Abb. 7.52a) oder eine Schraubenfeder (Abb. 7.52b). Die Mitnehmerkupplung in Abb. 7.52c entsteht aus der Bolzenkupplung (Abb. 7.51), wenn dafür gesorgt wird, dass der Mitnehmerbolzen radial gleiten kann. Soll spielfreies Arbeiten in beiden Drehrichtungen gewährleistet sein, müssen beide Mitnehmerflächen federnd ausgebildet werden. Nachteile dieser Kupplung sind der starke Verschleiß durch die ständige Relativbewegung der Kupplungsteile und die Schwankung der Abtriebswinkelgeschwindigkeit ω_2 bzw. der Abtriebsdrehzahl n_2.

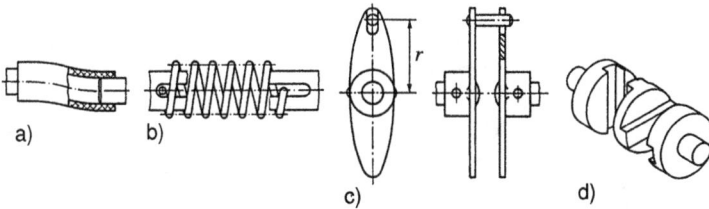

Abb. 7.52: Ausgleichskupplungen mit radialem Ausgleich. a) Gummi- oder Kunststoffschlauch, ggf. mit Schlauchschelle, b) Schraubenfeder, oft auf Wellen auch nur geklemmt, c) Mitnehmerkupplung (spielbehaftet, Spiel nicht dargestellt), d) Kreuzscheibenkupplung (Oldham-Kupplung).

Diese Schwankung lässt sich vermeiden, wenn zwei Mitnehmerkupplungen um 90° versetzt angeordnet werden, wie bei der *Kreuzscheibenkupplung* (Abb. 7.52d), die sich infolge ihrer Formgebung auch zur Übertragung größerer Drehmomente eignet. Es sei jedoch darauf hingewiesen, dass von den hier genannten Kupplungen mit radialem Ausgleich insbesondere die Lösungen nach Abb. 7.52a, b auch zum Ausgleich von Winkelabweichungen und die Lösungen nach Abb. 7.52b bis d zum Ausgleich geringfügiger axialer Abweichungen verwendet werden können.

Winkelbewegliche Kupplungen finden Anwendung zur Verbindung von Wellen, die um einen Winkel α zueinander geneigt sind (Abb. 7.47). Der Fall sich kreuzender Wellen lässt sich auf zwei durch eine Zwischenwelle miteinander verbundene und sich mit dieser schneidenden Wellen zurückführen (Gelenkkupplung, Kardan-Gelenkkupplung siehe Abb. 7.53). Außer den bereits genannten Kupplungen (Abb. 7.52a, b) für geringe Drehmomente kommen als winkelbewegliche Kupplungen unterschiedliche Gelenkkupplungen zum Einsatz. Auch bei dieser Kupplungsart schwankt die Abtriebs-Winkelgeschwindigkeit ω_2 bzw. die Abtriebsdrehzahl n_2, was sich dann durch den Ungleichmäßigkeitsgrad U angeben lässt:

$$U = \frac{\omega_{2\,max} - \omega_{2\,min}}{\omega_1} = \frac{n_{2\,max} - n_{2\,min}}{n_1} = \frac{1}{\cos\alpha} - \cos\alpha . \tag{7.58}$$

Dreht sich die Welle 1 (Abb. 7.53a) mit konstanter Winkelgeschwindigkeit, entsteht an der Welle 2 eine veränderliche Winkelgeschwindigkeit:

$$\omega_1 = \frac{d}{dt}\varphi_1 = \text{konst.}, \tag{7.59}$$

$$\omega_2 = \frac{d}{dt}\varphi_2 \neq \text{konst.} \tag{7.60}$$

In Abb. 7.53b ist das Verhältnis der Winkelgeschwindigkeiten für verschiedene Winkel α dargestellt. Durch geeignetes Hintereinanderschalten zweier Gelenkkupplungen (z. B. für parallel verlaufende Antriebs- und Abtriebswellen, Abb. 7.53c) kann bei symmetrischer Anordnung der Gelenke die Ungleichmäßigkeit beseitigt werden.

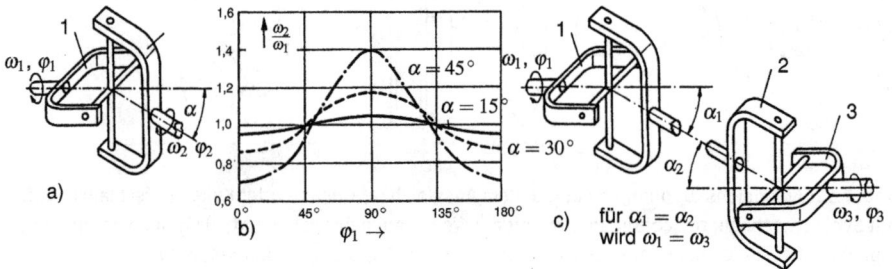

Abb. 7.53: Ausgleichskupplung: Prinzip der Gelenkkupplung (Kardan-Gelenkkupplung). a) einfaches Gelenk, b) Verlauf der Winkelgeschwindigkeit ω beim Einfachgelenk, c) Doppelgelenk.

Kugelgelenkkupplungen entstehen meist durch gelenkige Verbindung zwischen kugelförmigem Innenteil und zylindrischem Außenteil (Abb. 7.54) durch entsprechende Mitnehmer und eignen sich nur für kleine Drehmomente.

Weit verbreitet sind *Faltenbalgkupplungen* (Abb. 7.55 und 7.56) mit an den Naben angelötetem Metallfederrohr (hohe Verdrehsteifigkeit). Ein wichtiges Anwendungsgebiet ist unter anderem das Ankoppeln von *rotatorischen Messsystemen* (Kapitel 5.3). In

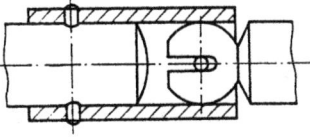

Abb. 7.54: Ausgleichskupplung – Kugelgelenkkupplung.

Abb. 7.55: Ausgleichskupplung. Faltenbalgkupplung mit Naben [341], ausgeführtes Beispiel siehe Abb. 7.56.

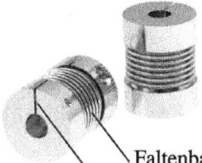

Faltenbalg (Federstahl)
Nabe mit Schlitz und Spannschraube

Abb. 7.56: Faltenbalgkupplung, Naben mit Schlitz und Spannschraube (Werkbild TWK).

Servoantrieben (Kapitel 4) werden Faltenbalgkupplungen zur drehsteifen und spielfreien Übertragung der Drehbewegung des Servomotors eingesetzt.

Bei geringen Winkelabweichungen und zum Ausgleich sehr kleiner axialer Abweichungen lassen sich auch die elastischen Eigenschaften eines kreisförmigen Federrings geringer Breite nutzen (Abb. 7.57). Anstelle eines solchen Rings können auch zwei um 90° versetzte Blattfedern eingesetzt werden. Diese spielfreie Kupplung ist häufig eine kostengünstige Alternative zu Faltenbalgkupplungen.

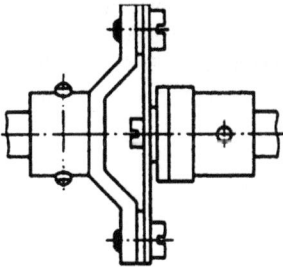

Abb. 7.57: Ausgleichskupplung – Federringkupplung.

Drehelastische Kupplungen sind durch eingebaute elastische Elemente nachgiebig gegenüber dem Drehmoment, so dass sie Stöße und Schwingungen mindern können (Abb. 7.51c).

7.2.3 Schaltkupplungen

Schaltbare Kupplungen sind erforderlich, wenn aus funktionellen Gründen die Übertragung einer Bewegungsgröße unterbrochen werden muss. Die Wellen werden im Allgemeinen durch Form- oder Kraftpaarung verbunden, die Betätigung der Kupplung, d. h. das Verschieben eines Kupplungsteils bzw. das Erzeugen der Andruckkraft erfolgt von außen. Für kleinere Drehmomente wird meist eine mechanische oder elektromagnetische Betätigung gewählt (Elektromagnete siehe Kapitel 1).

Schaltbare Kupplungen mit Formpaarung (Abb. 7.59) zeigen den in Abb. 7.58a bis d dargestellten Verlauf des Drehmoments M_d sowie der Antriebs- und Abtriebsdrehzahl n_1, n_2 beim Einkuppeln. Da ein Drehmomentstoß (ruckartige Beschleunigung) zum Beschädigen der Kupplungs- oder Antriebselemente führen kann, sollten die Kupplungen nur bei Stillstand oder im Gleichlauf geschaltet werden (synchrone Schaltung).

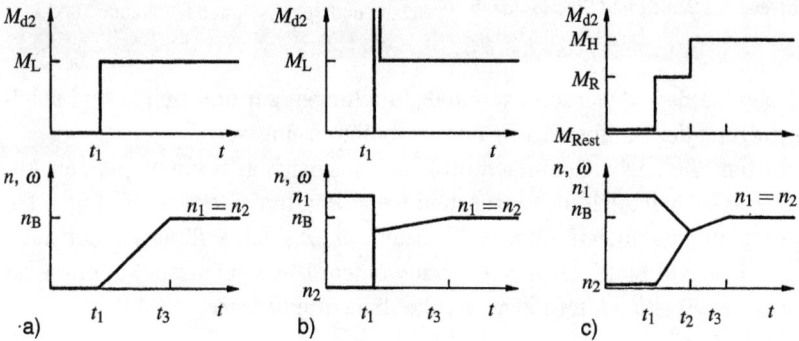

Abb. 7.58: Drehmomenten- und Drehzahlverlauf bei Schaltkupplungen (für nichtgeregelte Antriebe). a) Formpaarung und synchrones Schalten, b) Formpaarung und asynchrones Schalten, c) Kraftpaarung; t_1: Schaltzeitpunkt bei a) und b) bzw. Beginn des Schaltvorganges bei c); t_3: Ende des Schaltvorganges; n_1, n_2: Antriebs- bzw. Abtriebsdrehzahl; n_B: Betriebsdrehzahl; M_{d2}: Drehmoment am Abtrieb; M_H: Haftreib-, M_L: Last-, M_R: Rutsch-, M_{Rest}: Restmoment.

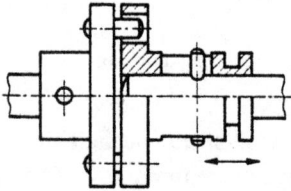

Abb. 7.59: Schaltbare Kupplung mit Formpaarung.

Schaltbare Kupplungen mit Kraftpaarung beschleunigen das abtriebsseitige Kupplungselement innerhalb der Schaltzeit

$$t_S = t_3 - t_1 \tag{7.61}$$

auf die Drehzahl n_B. Dadurch verringert sich die stoßartige Beanspruchung (Abb. 7.58b). Deshalb sind diese Kupplungen auch bei unterschiedlichen Drehzahlen schaltbar (asynchrone Schaltung). Nach dem Schalten überträgt die Kupplung zunächst nur ein Rutschmoment M_R. Durch die zusätzliche Last sinkt n_1 ab, n_2 dagegen steigt. Nach Erreichen des Gleichlaufs bei t_2 kann durch Haftreibung ein größeres Moment M_H zum weiteren Beschleunigen sowie zur Kompensation des Lastmoments übertragen werden (Abb. 7.58c).

Die Kraftpaarung erfolgt hauptsächlich durch Festkörperreibung. Reibflächen sind Kreisringflächen, Kegel- oder Zylindermantelflächen. Die einfachste Reibungskupplung ist die Einscheibenkupplung (Abb. 7.60a). Sie erfordert nur kurze Schaltwege und hat daher, besonders als Trockenkupplung ausgeführt, sehr kurze und genaue Schaltzeiten. Die Reibungswärme wird gut abgeführt. Nachteilig ist der gegenüber anderen Kupplungen größere Durchmesser und das dadurch bedingte größere Massenträgheitsmoment.

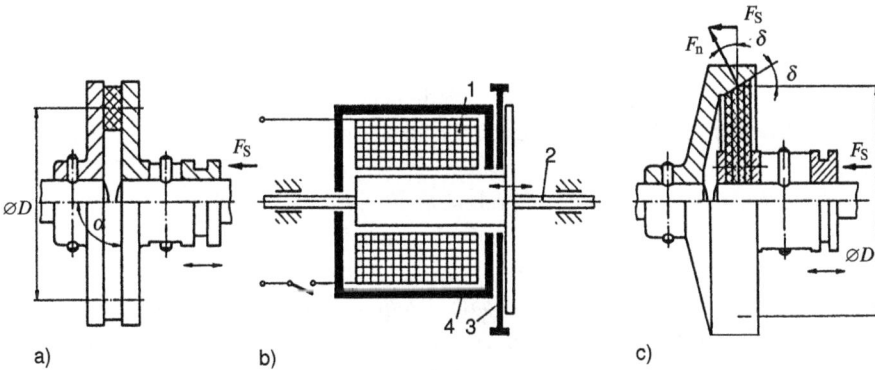

Abb. 7.60: Schaltbare Kupplungen mit Kraftpaarung. a) Einscheibenkupplung, b) Magnetkupplung mit feststehender Spule (Prinzip); 1: Spule; 2: Antrieb; 3: Abtrieb; 4: Spulengehäuse; F_n Normalkraft; F_S Schalt-, Betätigungskraft (magnetische Betätigung siehe Kapitel 1), c) Kegelkupplung.

Einscheibenkupplungen werden als mechanisch, hydraulisch oder pneumatisch betätigte Kupplungen hauptsächlich im Maschinen- und Fahrzeugbau eingesetzt. Als elektromagnetisch betätigte Kupplung (Magnetkupplung) mit meist feststehender Spule (Abb. 7.60b) (manchmal auch mit umlaufender Spule) finden sie vielfältige Anwendungen in Kleinantrieben [326]. Sie sind z. T. auch als Standardprodukte handelsüblich [341].

Kupplungen mit sehr kurzen Schaltzeiten $t_s < 1\,\mathrm{ms}$, wie sie in peripheren Geräten der Datenverarbeitung für sehr kleine Drehmomente benötigt werden, stellen *elektrostatische Schnellschaltkupplungen* sowie *Magnetpulverkupplungen* dar. Zum Übertragen des Drehmoments nutzen sie elektrostatische Kräfte bzw. ein feines magnetisierbares Pulver [326]. Auch direkt in Elektromotoren integrierte oder angeflanschte Magnetkupplungen, sog. Ankerstoppbremsen, gewinnen insbesondere für Positionieraufgaben zunehmend an Bedeutung, um auch im stromlosen Zustand einen exakten Stillstand der Motorwelle sicherzustellen [326].

Mit *Kegelkupplungen* (Abb. 7.60c) können bei gleicher Andruckkraft F_S wegen der kegelig ausgebildeten Reibflächen größere Drehmomente übertragen werden als mit Scheibenkupplungen. Die Berechnung des übertragbaren Drehmoments von Schaltkupplungen mit Kraftpaarung kann nach folgender Beziehung erfolgen:

$$M_d = \frac{D\mu i F_S}{2\sin\delta} \quad \text{(Größen } D, F_S, \delta \text{ siehe Abb. 7.60c).} \tag{7.62}$$

Reibwerte μ für übliche Werkstoffpaarungen in [326, 327].

7.2.4 Selbstschaltende Kupplungen

Bei diesen Kupplungen wird der Schaltvorgang durch Änderung der Betriebsverhältnisse ausgelöst, und zwar hauptsächlich in Abhängigkeit von Drehmoment, Drehzahl, Drehrichtung oder Drehwinkel.

Drehmomentabhängige Kupplungen werden beispielsweise zur Überlastsicherung der Abtriebs- oder Antriebsseite eines Geräts oder einer Maschine eingesetzt. Beispiele sind
– Schrauber, Akkuschrauber mit Drehmomentbegrenzung,
– Bohrmaschinen, speziell auch Handbohrmaschinen.

Eine solche Kupplung ist für ein maximales Drehmoment ausgelegt, bei dessen Überschreiten die Verbindung gelöst wird. Die Kupplungen sind meist als Reibungskupplung (Rutschkupplung, Abb. 7.61a, b) mit fest vorgegebenem oder einstellbarem Drehmoment ausgeführt, wobei die gleichen Berechnungsvorschriften wie für schaltbare Kupplungen zugrunde liegen.

Drehzahlabhängige Kupplungen dienen dem Herstellen bzw. Trennen der Wellenverbindung bei wachsender oder fallender Drehzahl durch Ausnutzen der Fliehkraftänderung. Sie sind beispielsweise dann notwendig, wenn ein Elektromotor ein geringes Anlaufmoment hat und deshalb erst nach Erreichen der Betriebsdrehzahl mit dem Abtrieb verbunden werden darf (Band 1, Kapitel 6 und 7).

Je nachdem, ob die kuppelnde Wirkung unterhalb oder oberhalb einer Betriebsdrehzahl n einsetzen muss, werden Einschaltkupplungen mit $n_{eff} > n$ und Ausschaltkupplungen mit $n_{eff} < n$ unterschieden. Die konstruktive Gestaltung erfolgt prinzi-

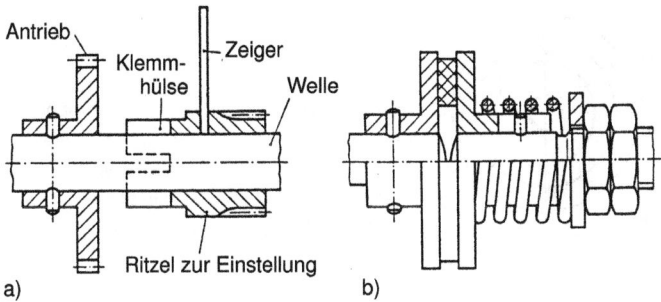

Abb. 7.61: Drehmomentabhängige Kupplungen. a) mit festem Nenndrehmoment durch geschlitzte Klemmhülse (zum Einstellen eines Zeigers), b) Einscheibenkupplung mit einstellbarem Drehmoment durch Änderung der Federvorspannung.

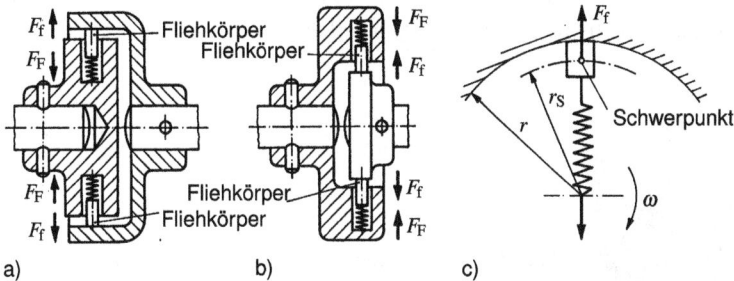

Abb. 7.62: Drehzahlabhängige Kupplungen (Fliehkraftkupplungen). a) Einschaltkupplung, b) Ausschaltkupplung, c) Kräfteverhältnisse, F_f: Flieh-, Zentrifugalkraft; F_F: Federkraft.

piell mit zwei oder mehreren auf dem Umfang verteilten und meist radial beweglichen Fliehkörpern mit der Masse m. Zusammen mit rückstellenden Federn werden die Kupplungshälften über Reibkräfte bei Erreichen der Betriebsdrehzahl verbunden (Einschaltkupplungen, Abb. 7.62a) bzw. unterbrochen (Ausschaltkupplungen, Abb. 7.62b). Aus den Kräfteverhältnissen am Beispiel einer Einschaltkupplung (Abb. 7.62c) lässt sich das Reibmoment M_R ermitteln:

$$M_R = \mu F_{eff} r i = \mu(F_f - F_F) r i \geq M_d . \tag{7.63}$$

Durch Festlegen konstruktiver Bedingungen (z. B. Kupplungsradien r und r_S, Anzahl i der Fliehkörper bzw. Kupplungsbacken, Reibwert μ, Federkraft F_F) ist unter Berücksichtigung von $F_f - F_F$ mit der Fliehkraft

$$F_f = m r_S \omega^2 = 4\pi^2 m r_S n^2 \tag{7.64}$$

eine Dimensionierung der Kupplung möglich [326, 327].

Drehrichtungsabhängige Kupplungen/Freilaufkupplungen gestatten das Übertragen eines Drehmoments nur in einer Drehrichtung und ermöglichen dadurch z. B. das

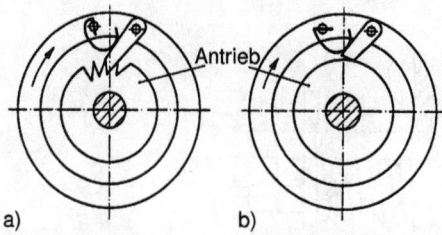

a)   b)

Abb. 7.63: Drehrichtungsabhängige Kupplungen/Freilaufkupplungen mit Feder und Gelenk. a) Zahnrichtgesperre (Beispiel mit in einem Bauteil integrierter Feder und Gelenk siehe Abb. 7.64), b) Reibrichtgesperre.

Vorlaufen des angetriebenen Teils in Antriebsrichtung. Die konstruktive Gestaltung erfolgt meist mit Zahnrichtgesperren (Formpaarung, Abb. 7.63a) oder Reibrichtgesperren (Kraftpaarung, Abb. 7.63b).

Ein Beispiel für eine Kupplung mit Zahnrichtgesperre zeigt Abb. 7.64. Bei diesem Beispiel aus Kunststoff mit drei Zähnen in einem Hohlrad sind die Gelenke, Federn und Zähne sehr kostengünstig in einem Spritzgussteil vereinigt.

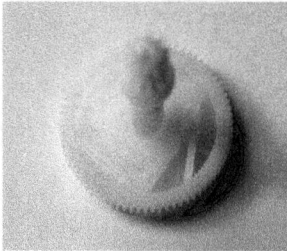

Abb. 7.64: Beispiel drehrichtungsabhängige Kupplung/Freilaufkupplung mit Zahnrichtgesperre aus Kunststoff, drei Zähne in Hohlrad; Zähne, Gelenke und Federn in einem Spritzgussteil integriert.

Bei Zahnrichtgesperren tritt ein Rastgeräusch in Freilaufrichtung auf. Dieses lässt sich durch sogenannte „stumme" Gesperre mit gesteuerter Klinke vermeiden oder durch spezielle Zahnformen zumindest vermindern.

Besonders einfach aufgebaut und deshalb häufig angewendet wird die *Schling-federkupplung* (Abb. 7.65). Welle und Nabe werden dabei durch eine nur an der Nabe befestigte und auf die Welle geschobene Feder verbunden, die einen kleineren Innendurchmesser hat als die Welle. In der einen Drehrichtung wird die Welle dadurch mitgenommen, dass sich die Feder zusammenzieht und auf der Welle verklemmt, während sie sich in der anderen Drehrichtung löst. Das übertragbare Drehmoment ist abhängig von der Gesamtdimensionierung, besonders aber von der Anzahl der Feder-

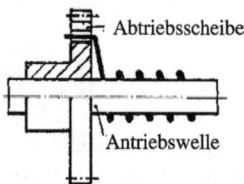

Abb. 7.65: Schlingfederkupplung, drehrichtungsabhängige Kupplung mit besonders einfachem Aufbau.

windungen. Ist Leichtgängigkeit im Freilauf gefordert, wählt man die Differenz zwischen Federinnen- und Wellenaußendurchmesser klein.

Drehwinkelabhängige Kupplungen lösen die Verbindung nach Durchlaufen eines bestimmten Drehwinkels. Sie werden meist als Eintourenkupplung für einen Winkel von 360° ausgelegt und bei kleinen Drehmomenten als Rutschkupplung gestaltet. Vielfach lassen sich derartige Aufgaben aber vorteilhafter mit rotatorischen Schrittmotoren erfüllen.

7.3 Achsen und Wellen

Achsen und Wellen haben die Aufgabe, Gewichtskräfte rotierender Körper sowie Kräfte, die sich aus der Funktion eines Geräts ergeben, aufzunehmen und in Lagern abzustützen. Wellen dienen im Gegensatz zu Achsen noch zur Weiterleitung einer Drehbewegung und eines Drehmoments.

Wellen laufen immer um, während Achsen umlaufend (Radachse bei Wagen, Achse von Außenläufermotoren (Band 1, Kapitel 6.3 und 8.2.3) oder stillstehend (Getriebe in Abb. 7.14, Fahrradachse) ausgeführt sein können. Achsen werden in erster Linie auf Biegung und gegebenenfalls auf Zug oder Druck beansprucht, Wellen dagegen zusätzlich auf Torsion. Infolge der Drehbewegung tritt bei umlaufenden Achsen und bei Wellen selbst bei konstanter Querkraft eine Biegewechselbeanspruchung auf (Umlaufbiegung). Das Drehmoment bei Wellen ist oft veränderlich, wobei Schwellbelastung als Extremfall gelten kann. Nur in wenigen Fällen tritt ein Wechseldrehmoment mit der Umlauffrequenz der Welle auf.
- *Welle*: Drehmomentübertragung,
  Belastung auf Torsion, Biegung, ggf. Zug oder Druck
- *Achse*: keine Drehmomentübertragung,
  Belastung auf Biegung, ggf. Zug oder Druck.

Unter Beachtung der funktionsbedingten Unterschiede erfolgt das Bemessen und Gestalten der Achsen und Wellen nach gleichen Gesichtspunkten. Im Folgenden werden deshalb vereinfachend nur Wellen behandelt.

7.3.1 Entwurfsberechnung

Wesentlichen Einfluss auf die Gestaltung der Wellen haben die angreifenden Kräfte. Sind alle Aktions- und Reaktionskräfte und die daraus resultierenden maximalen Momente nach den Regeln der Statik [326, 327] bestimmt, erfolgt als Ausgangspunkt für die Konstruktion eine Überschlagsrechnung.

Es wird vom Biegemoment und Drehmoment an der am höchsten belasteten Stelle ausgegangen. Für die nach der Gestaltänderungsenergie-Hypothese gebildete Vergleichsspannung bei zusammengesetzter Beanspruchung gilt für Wellen aus Stahl infolge der Biegewechselbeanspruchung und unter Annahme einer Wechselbeanspruchung für Torsion hier mit dem Anstrengungsfaktor $\alpha_0 = 1$, der allgemein in Abhängigkeit von der Kombination verschiedener Belastungsfälle (ruhend, schwellend, wechselnd) und der beiden Spannungsarten aus [326, 327] zu wählen ist:

$$\sigma_v = \sqrt{\sigma_b^2 + 3(\alpha_0 \tau_t)^2} \le \sigma_{\text{büb}} . \tag{7.65}$$

Mit der Biegespannung σ_b und der Schubspannung τ_t durch Torsion

$$\sigma_b = \frac{M_{b\,max}}{W_b} , \tag{7.66}$$

$$\tau_t = \frac{M_d}{W_t} \tag{7.67}$$

sowie dem Widerstandsmoment des Kreisquerschnitts gegen Biegung

$$W_b = \frac{\pi}{32} d^3 \approx \frac{d^3}{10} \tag{7.68}$$

und gegen Torsion

$$W_t = \frac{\pi}{16} d^3 = 2 W_b \approx \frac{d^3}{5} \tag{7.69}$$

folgt daraus mit dem maximalen Vergleichsmoment $M_{v\,max}$:

$$d \approx 2{,}17 \cdot \sqrt[3]{\frac{M_{v\,max}}{\sigma_{\text{büb}}}} . \tag{7.70}$$

Das maximale Vergleichsmoment $M_{v\,max}$ ist unter Beachtung von Gleichung (7.65) mit $\alpha_0 = 1$

$$M_{v\,max} = \sqrt{M_{b\,max}^2 + \frac{3}{4}(\alpha_0 M_d)^2} . \tag{7.71}$$

Liegen die Lagerentfernung und somit Auflagerkräfte und Biegemomente zu Beginn des Entwurfs noch nicht fest, dann muss der erste Anhalt für den erforderlichen Wellendurchmesser allein aus dem durch Leistung und Drehzahl bestimmten Drehmoment ermittelt werden.

Aus $\tau_t = \frac{M_d}{W_t} \le \tau_{\text{tüb}}$ ergibt sich mit dem Widerstandsmoment gegen Torsion des Kreisquerschnitts $W_t \approx \frac{d^3}{5}$

$$d \approx \sqrt[3]{\frac{5 M_d}{\tau_{\text{tüb}}}} , \quad M_d = \frac{P}{2\pi n} . \tag{7.72}$$

$\sigma_{\text{büb}}$ und $\tau_{\text{tüb}}$ stellen in den obigen Beziehungen überschlägige Biege- und Torsionsspannungen dar [326, 327].

Bei *Wellen aus Stahl* wird je nach Gestalt (Kerbwirkung), Werkstoff (Festigkeit) und Lagerstützweite (Verformung) überschlägig

$$\sigma_{\text{büb}} = 30 \ldots 60 \, \text{Mpa}, \tag{7.73}$$

$$\tau_{\text{tüb}} = 12 \ldots 25 \, \text{Mpa} \tag{7.74}$$

gewählt[7] [326, 327].

Mit diesem Wert d aus den Gleichungen (7.70) und (7.72) erfolgt die konstruktive Gestaltung. Die einfachste Form ist dabei eine durchgehende glatte Welle, bei der notwendige Anschläge für Lager usw. durch Spreizelemente realisiert werden [326, 327]. Bei größeren zu übertragenden Leistungen sind Wellen so abzusetzen, dass sie einen Träger gleicher Biegefestigkeit/Werkstoffbelastung einschließen. Abbildung 7.66 zeigt als Beispiel eine gestufte Welle, die die gestrichelte Kurve mit gleicher Werkstoffbelastung umschließt.

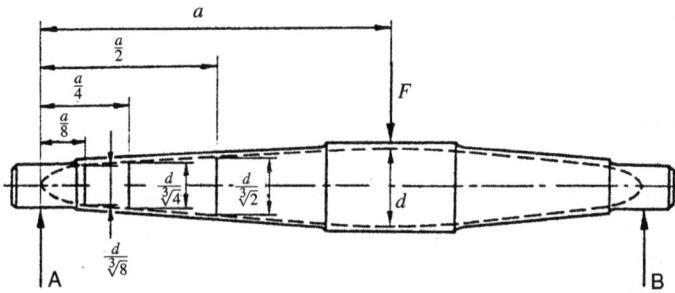

Abb. 7.66: Gestaltung abgesetzter Wellen bei größerer zu übertragender Leistung (bei kleinerer Leistung kommen durchgehende glatte Wellen zum Einsatz). − − Kurve mit Durchmessern für gleiche Werkstoffbelastung, Hinweis: Die Kerbwirkungen an den Absätzen sind hier nicht berücksichtigt.

7.3.2 Nachrechnung

Mit Hilfe des überschlägig errechneten Durchmessers wird die Welle gemäß den Erfordernissen hinsichtlich Lagerung und Anordnung weiterer An- und Abtriebselemente konstruktiv durchgebildet, wobei montage- und fertigungsgerechte Gestaltungsprinzipien zu beachten sind [330]. Dann erfolgt das Nachrechnen der Spannung in allen gefährdeten Querschnitten und das Überprüfen der Verformung (Durchbiegung, Nei-

---

[7] $\text{Mpa} = \frac{\text{N}}{\text{mm}^2}$.

gung in den Lagern). Bei schnelllaufenden Wellen ist außerdem noch eine Schwingungsberechnung erforderlich (z. B. Motoren für Lüfter, Werkzeugmaschinen, Zentrifugen).

7.3.2.1 Nachrechnung der vorhandenen Spannungen

Die Nachrechnung der Spannungen ist an der Stelle des maximalen Biege- oder Vergleichsmoments und bei Schwingungsbeanspruchung infolge periodisch veränderlicher Kräfte oder Umlaufbiegung erforderlich, außerdem an allen Kerbstellen:
- Wellenabsätze,
- Querbohrungen,
- Nuten,
- Einstiche,
- Nabensitze,
- usw.

Ausführliche Darstellungen zur Nachrechnung von Wellen und zur Berücksichtigung der Kerbstellen finden sich in [326, 327, 332].

7.3.2.2 Nachrechnung der Verformung

Durch Verformung kann die Funktion einer Welle oder die der darauf befestigten Funktionselemente, z. B. Lager, Zahnräder, Rotoren von Elektromotoren usw., beeinträchtigt werden. Kritische Fälle sind z. B.
- Wellen in Zahnradgetrieben (Abschnitt 7.1.2, z. B. Abb. 7.4),
- Motorwellen, die das Ritzel für die erste Getriebestufe tragen, besonders bei freifliegender Anordnung (Beispiele für Schneckengetriebe in Abb. 4.5 und 7.25e),
- Wellen mit Winkelsensoren ohne eigene Lagerung (Beispiele siehe Abb. 5.24, 5.29, 5.33),
- Achsen von Außenläufermotoren (Band 1, Kapitel 6.3 und 8.2.3).

Die zulässige Verformung ist deshalb in vielen Fällen begrenzt und kann u. U. für die Dimensionierung der Welle ausschlaggebend sein. Als Maß für die Verformung werden die Durchbiegung f und die Neigung β an bestimmten Stellen der Welle angegeben (Abb. 7.67). Diese Größen lassen sich bei konstantem Durchmesser (zylindrische Welle) mit der Differenzialgleichung der elastischen Linie

$$f'' = -\frac{M_b}{EI} \qquad (7.75)$$

mit dem Flächenträgheitsmoment $\quad I = \frac{\pi}{4}r^4 = \frac{\pi}{64}d^4 \qquad (7.76)$

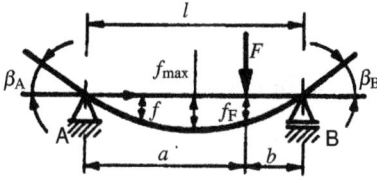

Abb. 7.67: Verformung f durch Querkraft F; f_F: Durchbiegung an der Stelle der Kraft F; f_{max}: maximale Durchbiegung; β_A, β_B: Neigung in den Lagern.

berechnen. Die Lösung der Gleichung für typische Lagerungs- und Belastungsfälle von Wellen ist in [326, 327] angegeben.

Die zulässige Verformung hängt sehr stark vom jeweiligen Anwendungsfall ab, so dass sich verallgemeinerbare Werte nur bedingt angeben lassen. Die *Durchbiegung der Welle* eines Elektromotors darf z. B. nicht mehr als 20 . . . 30 % des theoretisch vorgesehenen Luftspalts δ zwischen Rotor und Stator betragen. Dieser ist wiederum von Motorgröße und Motortyp abhängig. Bei Kleinmotoren mit Leistungen unter 100 W liegt er im Bereich von $\delta = 0{,}05 \ldots 0{,}3\,$mm, teilweise bis 1,0 mm. Genauere Werte zu den verschiedenen Motortypen sind den Kapiteln 4 bis 9 in Band 1 zu entnehmen.

Aus einer *Schrägstellung der Welle* in den Lagern kann eine Überlastung der Lagerstellen folgen (Kantenpressung). Die zulässigen Grenzwerte sind durch die Lagerkonstruktion bedingt, wobei sich Pendellager am günstigsten verhalten (Abschnitt 7.4). Als Richtwerte gelten

- Gleitlager mit feststehendem Lager $\beta_{zul} = 3 \cdot 10^{-4}$ rad;
- Gleitlager mit einstellbarem Lager $\beta_{zul} = 1 \cdot 10^{-3}$ rad;
- Wälzlager (außer Pendellager) $\beta_{zul} = 1 \cdot 10^{-3}$ rad.

Als zulässiger Wert für die Verdrillung gilt bei Wellen aus Stahl allgemein $\varphi_{zul} = 0{,}25\ °/$m.

7.3.2.3 Schwingungsberechnung

Infolge der Elastizität des Werkstoffs und der Eigenmasse der Welle sowie der darauf befestigten Massen stellt ein solches Bauelement ein schwingungsfähiges Feder-Masse-System dar. Beispiele sind der Rotor eines Elektromotors oder die Welle eines Zahnradgetriebes.

Es können Umlaufbiegeschwingungen und zusätzlich Torsionsschwingungen auftreten. Umlaufbiegeschwingungen werden durch die Unwucht der umlaufenden Massen erzeugt. Torsionsschwingungen entstehen infolge periodisch wirkender Drehmomente von seiten des An- oder Abtriebs, z. B.

- Pendelmomente bei *Wechselstrommotoren* mit der doppelten Netzfrequenz (Wechselstromkommutatormotor, Asynchronkondensatormotor, Synchronkondensatormotor) (Band 1, Kapitel 5 bis 7);

– Pendelmomente durch den *Polygoneffekt* bei Kettengetrieben (Abschnitte 7.1.3, 7.1.3.2);
– Pendelmomente durch die ungleichmäßige Übersetzung bei *Gelenkkupplungen* (Abschnitt 7.2.2).

Sie hängen deshalb in Bezug auf Frequenz und Amplitude nicht allein von den unmittelbar auf der Welle befestigten Massen ab, sondern auch von den vor- und nachgeschalteten Feder-Masse-Systemen. Zur Beurteilung des Torsionsschwingungsverhaltens einer Welle muss deshalb das *gesamte Antriebssystem*, einschließlich An- und Abtriebsaggregat, betrachtet werden. Diese Aufgabe fällt der Maschinendynamik zu [334].

Im Folgenden werden nur die Umlaufbiegeschwingungen behandelt. Gelangt die Frequenz der Erregerkräfte in die Nähe der Eigenfrequenz des Systems, dann können die Schwingungsamplituden betriebsgefährdende Ausmaße annehmen. Die Eigenfrequenz ω_0 eines Feder-Masse-Systems mit der Masse m und der Federsteife c nach Abb. 7.68 ist

$$\omega_0 = \sqrt{\frac{c}{m}} \ . \tag{7.77}$$

Die Federsteife einer beiderseitig gelagerten zylindrischen Welle mit dem Flächenträgheitsmoment I nach Gleichung (7.76) und dem Abstand l zwischen den Lagerstellen (Abb. 7.67) lässt sich folgendermaßen berechnen [326, 327]:

$$c = 48 \frac{EI}{l^3} \ . \tag{7.78}$$

Die Drehzahl, bei der Resonanz auftritt, heißt kritische Drehzahl n_{krit}. Sie ist aus ω_0 mit Gleichung (7.79) zu berechnen:

$$n_{krit} = \frac{1}{2\pi} \omega_0 = \frac{1}{2\pi} \sqrt{\frac{c}{m}} \ . \tag{7.79}$$

Besonders niedrige kritische Drehzahlen treten bei dünnen, langen Wellen mit geringer Federsteife c und großer angekoppelter Masse m auf. Das ist bei Elektromotoren besonders bei schlanken Rotoren mit geblechtem Rotorpaket der Fall:

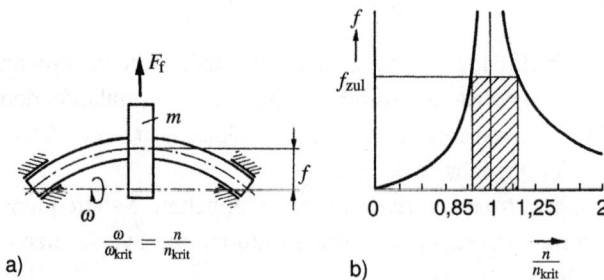

Abb. 7.68: Durchbiegung f bei Wellen. a) Schwerpunktverlagerung, b) Durchbiegung in Abhängigkeit vom Drehzahlverhältnis $\frac{n}{n_{krit}}$; F_f: Fliehkraft; n_{krit}: kritische Drehzahl.

- Gleichstrommotor mit Kommutator (Band 1, Kapitel 4);
- Wechselstrommotor mit Kommutator (Band 1, Kapitel 5);
- Asynchronmotor (Band 1, Kapitel 6);
- Synchronmotor mit Rotorblechpaket (Band 1, Kapitel 7);
- BLDC- und BLAC-Antrieb mit Rotorblechpaket (Band 1, Kapitel 8).

Bei diesen Motoren wird für den Betrieb mit hohen Drehzahlen die Welle ggf. dicker ausgelegt, als es aus Festigkeitsgründen erforderlich wäre, um eine kritische Drehzahl zu erreichen, die höher als die Betriebsdrehzahl ist.

Die kritische Drehzahl kann auch aus der statischen Durchbiegung f_G der Welle durch die Gewichtskraft ermittelt werden:

$$n_{\text{krit}} = \frac{1}{2\pi}\omega_0 = \frac{1}{2\pi}K\sqrt{\frac{g}{f_G}} , \quad g = 9{,}81\,\frac{\text{m}}{\text{s}^2} \quad \text{Fallbeschleunigung} . \tag{7.80}$$

Dabei ist f_G die ausschließlich durch die Gewichtskraft $m \cdot g$ hervorgerufene statische Durchbiegung der beiderseitig frei aufliegenden Welle. Mit dem Lagerfaktor K wird die Ausführung der Lagerung berücksichtigt:
- Lager, die der Neigung der Welle nachgeben können: $K = 1$;
- starre Lager: $K = 1{,}3$.

Folgender *Drehzahlbereich ist unbedingt zu vermeiden*, denn hier treten unerwünscht hohe Schwingungsamplituden auf (Abb. 7.68b):

$$0{,}85 < \frac{n}{n_{\text{krit}}} < 1{,}25 \quad \rightarrow \quad \text{starke Schwingungen.} \tag{7.81}$$

Liegt die Betriebsdrehzahl n_{Betr} über der kritischen Drehzahl, muss beim Hochlauf und beim Auslauf der genannte Bereich schnell durchfahren werden, damit keine hohen Schwingungsamplituden auftreten.

7.3.2.4 Werkstoffwahl

Die Werkstoffwahl erfolgt entsprechend der erforderlichen Festigkeit, wobei für untergeordnete Zwecke im Allgemeinen S275JR, für normale Belastungen E295 bis E360 und für höhere Beanspruchungen Vergütungs- bzw. Einsatzstähle Anwendung finden (Kurzzeichen siehe Abschnitt 7.6). Bei besonderen Betriebsbedingungen kommen aber auch nichtmetallische Werkstoffe zum Einsatz, so z. B. Keramik bei Wellen für kleine Spaltrohrmotoren, die als Pumpenantriebe dienen und deren Läufer sich in der zu fördernden Flüssigkeit drehen (z. B. Aquariumpumpen).

7.4 Lager

Gelenke übernehmen die Aufgabe, die in Antrieben und Geräten sich relativ zueinander bewegenden Teile mit ihren Kraftwirkungen abzustützen und ihre vorgeschriebene Lage im Raum zu sichern. Die Drehgelenke für Rotation werden in ihrer konstruktiven Ausführung als Lager und die Schubgelenke für Translation als Führungen bezeichnet (Abb. 7.69), Abschnitt 7.5. Meist ist für Führungen die Bewegung geradlinig, weshalb man auch von Geradführungen (Abb. 7.69c) spricht [326, 327].

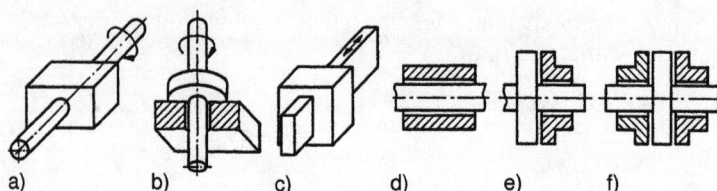

Abb. 7.69: Lagerung und Führung. a) Quer- oder Radiallager, b) Längs- oder Axiallager, c) Führung, d) Loslager, e) Stützlager, f) Festlager.

Bei Lagern unterscheidet man je nach Belastungs- bzw. Abstützrichtung zwischen Quer- und Längslagern bzw. Radial- und Axiallagern (Abb. 7.69a, b). Bei der Lagerkonstruktion ist zu beachten, dass nur die vorgesehenen Bewegungen ermöglicht, alle anderen dagegen sicher verhindert werden. In einem Loslager (Abb. 7.69d) kann neben der Drehbewegung auch eine Längsverschiebung auftreten. Beim Stützlager (Abb. 7.69e) wird diese Verschiebung in einer Richtung und beim Festlager (Abb. 7.69f) in beiden Richtungen verhindert.

Das Führen und Abstützen der bewegten Teile soll möglichst verlustfrei erfolgen. Dem steht die Reibung entgegen. Je nach Art der Relativbewegung werden Gleitreibung beim Gleiten zweier Körper aufeinander und Rollreibung beim Abrollen eines Körpers auf einem anderen sowie demgemäß die Hauptgruppen der *Gleitlager* und *Wälzlager* unterschieden.

Ein wichtiger Gesichtspunkt für den Einsatz von Gleitlagern bei Kleinmotoren können die Kosten sein. Bei vergleichbaren Baugrößen betragen diese nur 20...30 % der von Wälzlagern.

Wälzlager zeichnen sich dagegen durch eine sehr geringe Reibung und eine hohe Lebensdauer auch bei variierenden Drehzahlen aus. Einen Vergleich der Eigenschaften von Gleitlagern und Wälzlagern zeigt Abschnitt 7.4.3.

7.4.1 Gleitlager

Bei Gleitlagern wird der Reibwert μ hauptsächlich beeinflusst durch die Werkstoffpaarung, Oberflächenbeschaffenheit und Art des Schmierstoffs sowie die Gleitgeschwindigkeit.

Für ungeschmierte oder einmalig während der Montage geschmierte Lager ist μ in erster Näherung als konstant anzunehmen mit einem Wert von $\mu = 0,1 \ldots 0,3$ [326]. Für Lager mit ständiger Ölschmierung zeigt Abb. 7.70 die Abhängigkeit des Reibwertes von der Drehzahl n. Bei $n = 0$ liegt Festkörperreibung vor. Mit wachsender Drehzahl steigt der Anteil der Flüssigkeitsreibung (Gebiet der Mischreibung), bis sich bei genügend großer Drehzahl ein lückenloser, tragender Schmierfilm aufbaut.

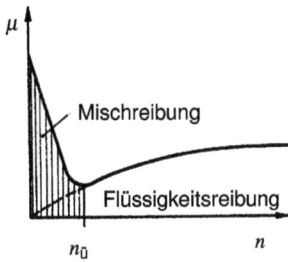

Abb. 7.70: Stribeck-Diagramm, Darstellung verschiedener Reibungszustände.

Die Drehzahl, von der ab völlige Flüssigkeitsreibung herrscht, wird *Übergangsdrehzahl* $n_{\ddot{u}}$ genannt. Die Welle hebt sich dabei von der Lagerbohrung ab (Abb. 7.71). Der Verschleiß in einem solchen Lager wird also vermieden, wenn die Betriebsdrehzahl des Lagers größer als $n_{\ddot{u}}$ ist. Man spricht dann von einem „verschleißlosen" oder *hydrodynamischen Lager*. Die Übergangsdrehzahl kann nach Vogelpohl berechnet werden [326, 327]. Einflussgrößen sind dabei unter anderem Lagerspiel und Lagerdurchmesser sowie die Viskosität des Schmieröls.

Hydrodynamische Schmierung lässt sich in Kleinantrieben und Geräten wegen der geringen Lagerabmessungen und des verhältnismäßig großen Lagerspiels nur

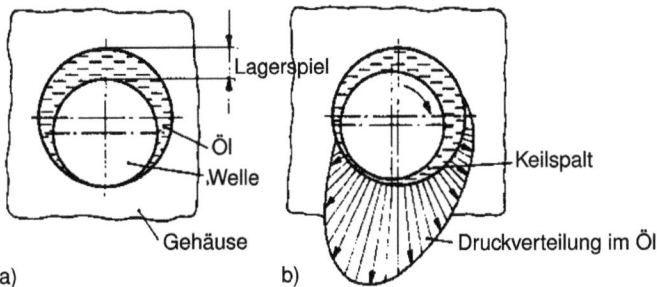

Abb. 7.71: Welle in der Lagerbohrung. a) bei $n = 0$, b) bei der Betriebsdrehzahl.

selten erreichen und setzt Dauerbetrieb voraus. Dies kann z. B. bei Lüftern erreicht werden.[8]

Bei jedem Start und Stopp oder bei jeder Umkehr der Drehbewegung wird das Gebiet der Mischreibung durchlaufen. Oszillierende Bewegungen, Schaltbewegungen, Start-Stopp-Vorgänge, schleichende Einstellbewegungen usw. widersprechen den Bedingungen für eine hydrodynamische Schmierung.

Die Gleitlager in Kleinantrieben sind also vorwiegend *Verschleißlager*. Ihre Laufeigenschaften werden hauptsächlich von der gewählten Werkstoffpaarung und der schmierungsgerechten Gestaltung bestimmt. Im Maschinen- und Elektromaschinenbau dagegen finden hydrodynamische Gleitlager vor allem wegen des ruhigen Laufs und der hohen Lebensdauer Anwendung. Nachfolgend werden deshalb nur Verschleißlager betrachtet, die so zu berechnen und gestalten sind, dass deren möglichst wartungsfreier Betrieb gesichert ist.

7.4.1.1 Bauformen

Reine Axiallager (Abb. 7.69b) werden selten benötigt. Die Axialkräfte entstehen meist bei der seitlichen Führung der Welle und sind gegenüber den radial angreifenden Stützkräften im Allgemeinen zu vernachlässigen. Am häufigsten gelangen Radiallager zur Anwendung. Die Lagerung kann zweistellig (Abb. 7.72) oder bei genügender Breite der Buchse auch einstellig ausgeführt werden (Abb. 7.73). In den meisten Fällen

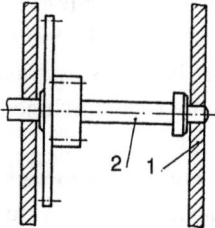

Abb. 7.72: Gleitlagerung, zweistellig. 1: Platine; 2: Welle.

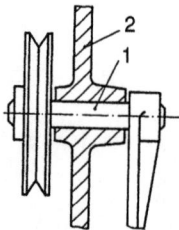

Abb. 7.73: Gleitlagerung, einstellig. 1: Welle; 2: Platine.

---

8 Beispiele für Lüfter siehe Band 1, Asynchronmotoren Abb. 6.1, 6.7, 6.8, Synchronmotoren Abb. 7.2.

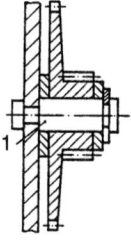

Abb. 7.74: Gleitlagerung auf eingenieteter Achse 1.

dreht sich dabei die Welle und die Lagerbuchse steht fest. Flache Teile, z. B. Zahnräder, Scheiben, Blechhebel u. a., lassen sich aber auch auf einem feststehenden Zapfen lagern (Abb. 7.74).

7.4.1.2 Berechnung

Das Reibmoment ist proportional dem Durchmesser des Lagerzapfens. Reibungsarme Lager haben daher stets dünne Zapfen. Damit wächst aber die Gefahr des Brechens, so dass der Lagerzapfen auf Biegung zu berechnen ist (Abb. 7.75). Aus dem Biegemoment

$$M_b = Fa \le W_b \sigma_{b\,zul} \tag{7.82}$$

und dem Widerstandsmoment gegen Biegung

$$W_b = \frac{\pi d^3}{32} \approx \frac{d^3}{10} \tag{7.83}$$

erhält man den Mindestdurchmesser des Lagerzapfens

$$d_{min} = \sqrt[3]{32\frac{Fa}{\pi\sigma_{b\,zul}}} \approx \sqrt[3]{10\frac{Fa}{\sigma_{b\,zul}}} \,. \tag{7.84}$$

Die Breite ist bei jedem Gleitlager im Hinblick auf Kantenpressung in den Grenzen

$$0{,}3 < \frac{b}{d} < 1{,}25 \tag{7.85}$$

und entsprechend der zulässigen Flächenpressung des Lagerwerkstoffs zu wählen. Die mittlere Flächenpressung im Gleitlager ist

$$p_m = \frac{F}{bd} \le p_{zul} \,. \tag{7.86}$$

Zulässige Werte sind [326, 327] zu entnehmen.

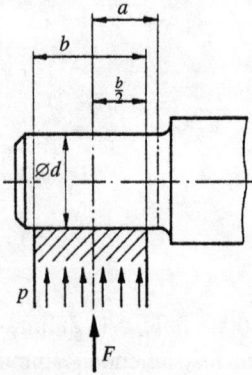

Abb. 7.75: Belastung eines Zapfens mit einer Kraft F, Druck p.

7.4.1.3 Gestaltung

Zapfen haben eine Laufläche und, da auch bei Radiallagern Maßnahmen zur Begrenzung des axialen Spiels sowie zur Aufnahme von Axialkräften getroffen werden müssen, eine Anlage- bzw. Spurfläche (Abb. 7.76). Werden geringe Anforderungen gestellt, genügt für die Aufnahme des Lagerzapfens ein einfaches Lochlager (Abb. 7.77). Für höhere Beanspruchungen werden Lagerbuchsen verwendet.

Während beim einfachen Lochlager die Lagerbreite von der Dicke s des Bauteils, in der sich die Lagerbohrung befindet (Platine, Gehäusewand usw.), abhängt, ermöglicht eine Buchse eine größere Lagerbreite b. Sie wird u. a. durch Einpressen (Abb. 7.78a), Einbetten (Abb. 7.78b) oder Einnieten (Abb. 7.78c) befestigt. Bei eingepressten Kunststoffbuchsen besteht durch den mit der Zeit eintretenden Spannungs-

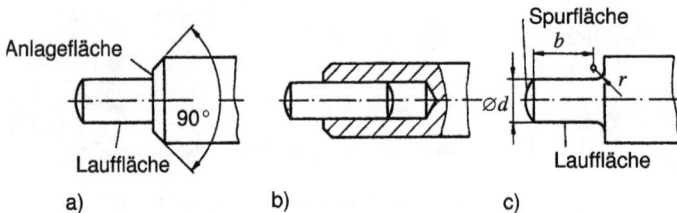

Abb. 7.76: Lagerzapfenformen. a) angedrehter Zapfen mit Anlage- und Laufläche, b) eingepresster Zapfen, c) angedrehter Zapfen mit Spur- und Laufläche.

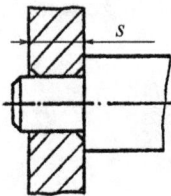

Abb. 7.77: Einfaches Lochlager in einer Platine, Gehäusewand o. ä. mit der Dicke s.

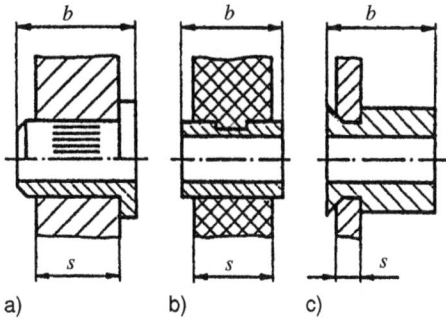

Abb. 7.78: Befestigung der Lagerbuchsen für Gleitlager. a) eingepresst, b) eingebettet, c) eingenietet.

abbau und andere Alterungserscheinungen die Gefahr des Lockerns. Falls sich diese Buchsen nicht zusätzlich formschlüssig sichern lassen, sollten sie eingeklebt werden [326].

7.4.1.4 Werkstoffwahl

Der *Zapfenwerkstoff* soll die größere Härte aufweisen und, um die Neigung zum Verschweißen mit der Lagerbuchse zu mindern, eine andere Zusammensetzung haben als der der Buchsen. Für den Lagerzapfen wird fast ausschließlich Stahl verwendet mit einem Unterschied in der Brinellhärte zur Buchse von $HBW_{Zapfen} = (3 \ldots 5) \cdot HBW_{Buchse}$.

Als *Buchsenwerkstoffe* kommen Metalle (Messing, Zinn- und Aluminiumbronze, Weißmetall) sowie Kunststoffe (Polyamide – PA, Polyoximethylene – POM, Polytetrafluoräthylene – PTFE) zur Anwendung. Beispiele für Kunststoffgleitlager zeigt Abb. 7.79 (ausführliche Darstellung in [326]).

Hingewiesen wird auf Steinlager, bei denen als Lagerwerkstoff Edelstein (Rubin oder Saphir) zur Anwendung kommt. Sie sind für sehr kleine Zapfendurchmesser geeignet ($d \approx 0{,}1 \ldots 2{,}5$ mm), wie man sie u. a. in Uhren, Mikromotoren oder Messgeräten benötigt [326, 327].

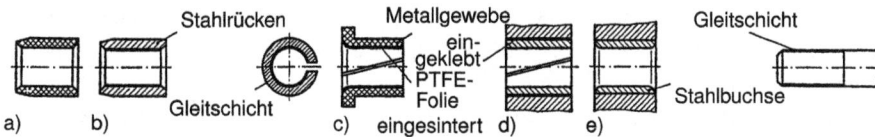

Abb. 7.79: Ausführungen von Kunststoffgleitlagern. a) Massiv-, b) Verbund-, c) Gewebe- oder Faserlager, d) Folienlager, e) Lager mit Gleitschicht [326, 341].

7.4.1.5 Schmierung

Aufgabe des Schmierverfahrens ist es, den Schmierstoff (Öl, Fett, z. T. auch Festkörperschmierstoffe wie MoS_2) in ausreichender Menge zuzuführen. Das setzt den Zugang zur Reibstelle (Bohrung, Nut, Spalt o. ä.) und einen Schmierstoffspeicher voraus. Abbildung 7.80 zeigt einige Beispiele für Verschleißlager.

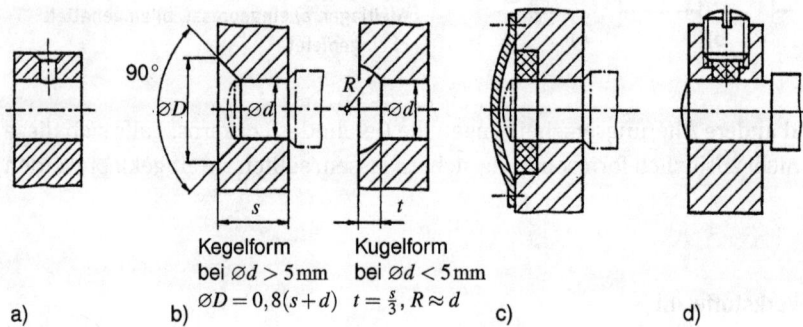

Kegelform | Kugelform
bei $\varnothing d > 5\,\text{mm}$ | bei $\varnothing d < 5\,\text{mm}$
$\varnothing D = 0,8(s+d)$ | $t = \frac{s}{3}, R \approx d$

a)   b)   c)   d)

Abb. 7.80: Gestaltung der Schmierstellen bei Verschleißlagern. a) radiale Bohrung, b) axiale Senkung, c) Filz mit axialer Kappe, c) Filz mit radialer Schraube.

Bereits ein einfaches Ölloch (Abb. 7.80a) oder eine Ölsenkung (Abb. 7.80b) sind gut wirksam, jedoch darf das Öl keine große Kriechneigung haben. Besser sind eine Filzring- (Abb. 7.80c) oder eine Filzpolsterschmierung (Abb. 7.80d), die für Dauerschmierung gut geeignet sind.

7.4.1.6 Sinterlager

Für wartungsfreien Betrieb wurden Sinterlager entwickelt. Lagerwerkstoffe sind Sinterbronze und Sintereisen mit oder ohne Graphitanteil. Der Sinterwerkstoff hat ein Porenvolumen von 17 ... 30 %, das mit niedrigviskosem Öl gefüllt wird. Lagerbuchsen aus diesen Werkstoffen sind in DIN 1850 [395] genormt und können einbaufertig bezogen werden (Abb. 7.81).

Für das Einhalten extrem enger Lagerspiele, wie für geräuscharme Lagerungen erforderlich, empfiehlt sich wegen der sonst entstehenden Fluchtungsschwierigkeiten der Einbau von Kalottenlagern (Abb. 7.81c). Sie können sich aufgrund ihrer balligen Außenfläche genau nach der Fluchtlinie der Welle ausrichten. Eine einfache Konstruktion zeigt ebenfalls Abb. 7.81c). In dem entsprechend der Kalottenform sphärisch gestalteten Gehäuse 1 liegt die eine Hälfte der Lagerbuchse/Kugelkalotte 2 des Lagers, während die andere durch ein Halteblech/einen Federring 3 mit balliger Fläche gehalten wird.

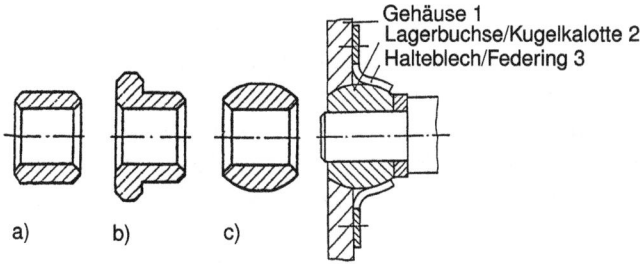

Abb. 7.81: Einbaufertige Lagerbuchsen aus Sintermetall. a) Buchse ohne Bund, b) Buchse mit Bund, c) Kalottenlager.

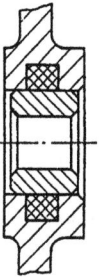

Abb. 7.82: Sinterlager mit Zusatzschmierung durch Filzring.

Ordnet man bei einer Sinterbuchse darüber hinaus noch einen Filzring als zusätzlichen Ölspeicher an (Abb. 7.82), so erhöht sich die Funktionssicherheit.

7.4.2 Wälzlager

Die Reibung der Wälzlager ist wesentlich geringer als die der Gleitlager und praktisch geschwindigkeitsunabhängig, wenn man von Walkverlusten bei fettgeschmierten Lagern absieht, die u. a. vom Füllgrad sowie der Viskosität und Temperartur abhängen. Rollbahnen und Rollkörper müssen allerdings ordnungsgemäß ausgeführt sein. Diese Aufgabe übernimmt in der Regel der Wälzlagerhersteller, der dem Anwender einbaufertige Lager zur Verfügung stellt. Aufgabe des Konstrukteurs ist es, aus dem angebotenen Sortiment aufgrund von Berechnungen den richtigen Lagertyp auszuwählen und die Einbauverhältnisse günstig zu gestalten.

7.4.2.1 Bauformen

Wälzlager bestehen aus zwei Ringen (Innen- und Außenring), von denen der eine mit der sich drehenden Welle und der andere mit dem feststehenden Gehäuse verbunden ist. Zwischen den Ringen befinden sich die Wälzkörper (Kugeln, Zylinder-, Kegel- und

Tonnenrollen oder Nadeln). Zur sicheren Führung und um ein gegenseitiges Berühren auszuschließen, werden die Wälzkörper meist in sog. Käfigen gehalten.

Man unterscheidet zwischen Kugel- und Rollenlagern und, je nach Richtung der Hauptbelastung, zwischen Radial- und Axiallagern. Der weitaus größere Teil der Wälzlager sind Radiallager. Deshalb braucht der Vorsatz „Radial" nur genannt zu werden, wenn die Deutlichkeit dies erfordert. Der Vorsatz „Axial" bei Axiallagern ist immer erforderlich.

Tabelle 7.11 zeigt zwei in Kleinantrieben häufig verwendete Wälzlager: das Rillenkugellager und das Schulterkugellager. Ein Beispiel für die Anwendung von Rillenkugellagern mit Vorspannung zeigt Abb. 4.12 für einen BLAC Servomotor.

Tab. 7.11: Wälzlagerbauformen (Auswahl).

Wälzlagerbauform	Eigenschaften und Anwendung
(Radial-) Rillenkugellager DIN 625 [393] Beispiel siehe Abb. 4.12 für die Anwendung in einem BLAC Servomotor.	Rillenkugellager sind die am meisten verwendeten Wälzlager, weil sie universell einsetzbar sind. Durch die tiefen Laufrillen und die gute Schmiegung zwischen Kugeln und Laufbahn besitzen die Lager eine große Tragfähigkeit auch in axialer Richtung, sogar bei hohen Drehzahlen. Das kleinste genormte Lager hat die Abmessung $d = 3$ mm, $D = 10$ mm und $B = 4$ mm. Rillenkugellager sind selbsthaltend, d. h., dass sie beim Ein- und Ausbau nicht zerlegbar sind.
(Radial-) Schulterkugellager DIN 615 [391]	Schulterkugellager haben im Gegensatz zum Rillenkugellager am Außenring nur auf einer Seite eine Schulter. Sie sind daher einseitig wirkend, nicht selbsthaltend und müssen paarweise eingebaut werden. Sie lassen sich aber wegen ihrer Zerlegbarkeit leicht montieren. Die radiale Tragfähigkeit ist kleiner und die axiale größer als beim Rillenkugellager. Infolge der geringen Schmiegung tritt nur kleine Reibung auf.

Außerdem gibt es Miniaturwälzlager mit einem Außendurchmesser $D < 2$ mm (Abb. 7.83), die nicht genormt, aber handelsüblich sind [331]. Sie sind als Rillenkugellager bis herab zu einem Wellendurchmesser von $d = 0,5$ mm verfügbar. Um die Einbauverhältnisse zu vereinfachen, werden die Lager auch mit Flansch (Abb. 7.83a) hergestellt. Bei noch kleineren Wellendurchmessern (bis 0,2 mm) kann der Innenring entfallen, die Kugeln laufen unmittelbar auf der gehärteten und polierten Welle (Abb. 7.83b). Zur Begrenzung des Axialspiels der Welle können derartige Lager auch mit Spurplatte (Abb. 7.83c) verwendet werden.

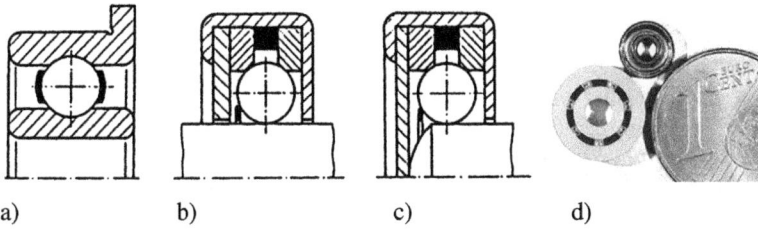

Abb. 7.83: Miniaturrillenkugellager. a) mit Flansch, b) ohne Innenring, c) mit Spurplatte, d) Größenvergleich handelsüblicher Miniaturrillenkugellager (mit Dichtung oben, ohne Dichtung unten) [341].

7.4.2.2 Berechnung

Die erforderliche Lagergröße wird aus der vorhandenen Lagerbelastung, den Betriebsbedingungen, insbesondere auch der Temperatur, und der geforderten Lebensdauer bestimmt. Die Lebensdauer wird dabei für eine konstante Lagertemperatur sowie die äußeren axialen und radialen Krafteinwirkungen angegeben. Jedes Wälzlager hat eine bestimmte Tragfähigkeit. Man unterscheidet zwischen der dynamischen Tragfähigkeit bei umlaufendem Innen- oder Außenring und der statischen Tragfähigkeit bei Stillstand bzw. kleinen Schwenkbewegungen.

Die *dynamische Tragfähigkeit* hängt mit der Lebensdauer zusammen. Die Lebensdauer einer Gruppe gleicher Lager ist definiert als die Anzahl der Umdrehungen, die von 90 % der Lager erreicht oder überschritten wird, bevor die ersten Ermüdungserscheinungen des Werkstoffs bzw. des Schmierstoffs (Fettgerüst) auftreten.

Damit ist zugelassen, dass bis zu 10 % der eingebauten Lager vor dem Erreichen des Lebensdauerwerts ausfallen können. Die nominelle Lebensdauer L_{10} in 10^6 Umdrehungen ist mit $p = 3$ für Kugellager und $p = 10/3$ für Rollenlager nach Gleichung (7.87) zu bestimmen und kann bei konstanter Drehzahl mit Gleichung (7.88) auch in Betriebsstunden ($L_{10\,h}$) umgerechnet werden:

$$L_{10} = \left(\frac{C}{P} \right)^p \quad \text{in } 10^6 \text{ Umdrehungen,} \tag{7.87}$$

$$L_{10\,h} = 10^6 \cdot \frac{L_{10}}{60 \cdot n} \quad \text{in h mit } n \text{ in } 1/\text{min} . \tag{7.88}$$

Die dynamische Tragzahl C des Lagers ist diejenige Lagerbelastung, bei der die nominelle Lebensdauer von L_{10} Umdrehungen erreicht wird. Sie ist einem Wälzlagerkatalog zu entnehmen. Die für C gegebene Definition setzt entweder eine Radialkraft F_r (Radiallager) oder eine Axialkraft F_a (Axiallager) unveränderlicher Größe und Richtung voraus.

Liegen sowohl eine Radial- als auch eine Axialbelastung vor, ist aus diesen beiden Komponenten eine Äquivalentbelastung zu berechnen. Sie entspricht bei Radiallagern einer reinen äquivalenten Radialbelastung $P_r = P$ bzw. bei Axiallagern einer reinen zentrischen äquivalenten Axialbelastung $P_a = P$, unter deren Einwirkung das

Wälzlager die gleiche nominelle Lebensdauer erreichen würde wie unter den tatsächlich vorliegenden Bedingungen.

Die *Äquivalentbelastung P* ergibt sich zu

$$P = XF_r + YF_a \, . \tag{7.89}$$

Die Lagerfaktoren X und Y sind dem jeweiligen Wälzlagerkatalog zu entnehmen [326, 327].

Ist eine kleinere Ausfallwahrscheinlichkeit bzw. eine höhere Überlebenswahrscheinlichkeit gefordert, so wird für die zugehörige Lebensdauer der Faktor a_1 entsprechend Abb. 7.84 berücksichtigt. Mit dem Faktor a_1 ergibt sich die Lebensdauer L_n für eine geringere Ausfallwahrscheinlichkeit n zu

$$L_n = a_1 L_{10} \, . \tag{7.90}$$

Weitere Einflussgrößen wie der Verschmutzungsgrad sind in DIN ISO 281 [398] beschrieben.

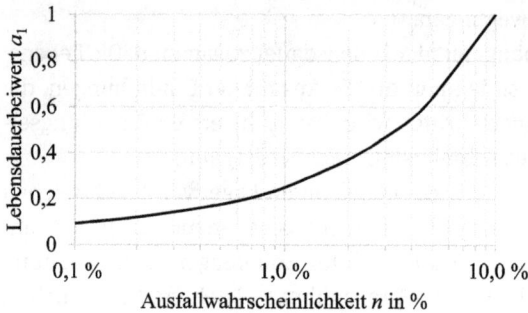

Abb. 7.84: Lebensdauerbeiwert a_1 nach DIN ISO 281 [398] zur Berücksichtigung einer reduzierten Ausfallwahrscheinlichkeit bei Wälzlagern.

7.4.2.3 Einbau

Wird eine Welle in zwei oder mehreren Wälzlagern gelagert, so muss ein Ausgleich der Längenunterschiede (z. B. durch Wärmedehnung und Einbautoleranzen) möglich sein.

Bei Elektroantrieben tritt eine deutliche Wärmedehung besonders bei folgenden Motoren auf:
- Gleichstrom-Kommutator-Motoren mit Permanentmagneten (Band 1, Kapitel 4),
- Asynchronmotoren mit Käfigläufer (Band 1, Kapitel 6).

Sie weisen eine deutlich höhere Temperatur im Rotor als im Stator auf, so dass sich der Rotor im Betrieb deutlich stärker ausdehnt als der Stator. Aber auch die anderen

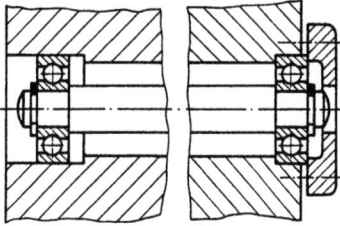

Loslager   Festlager

Abb. 7.85: Prinzipieller Aufbau einer Wälzlagerung mit Los- und Festlager.

Motorarten zeigen bei der Erwärmung unterschiedliche Wärmedehnungen zwischen Stator und Rotor.

In solchen Fällen wird ein Lager fest eingebaut (Festlager), während dieses oder die anderen Lager entweder auf der Welle oder im Gehäuse verschiebbar sein müssen (Loslager, Abb. 7.85). Wird Spielfreiheit gefordert, lassen sich federnde Teile, z. B. Federscheiben, Wellscheiben oder Schraubenfedern, auf der Loslagerseite anordnen. Beispiele sind in [326, 327] enthalten. Abbildung 4.12 zeigt ein ausgeführtes Beispiel mit einem Loslager mit Wellscheibe auf der D-Seite (links) und einem Festlager auf der ND-Seite (rechts).

Richtlinien für Passungen für den Einbau von Wälzlagern (Welle-Lager, Lager-Gehäuse) sind in DIN 5418 [396] enthalten [326, 327].

7.4.2.4 Schmierung und Abdichtung

Meistens werden Wälzlager mit Fett geschmiert, das die Hohlräume des Lagers z. T. ausfüllt. Die Fettmenge richtet sich nach der Drehzahl. Die geringste Reibung wird jedoch bei Ölschmierung erreicht. Dichtungen sorgen dafür, dass der Schmierstoff nicht austritt und die Umgebung verunreinigt und dass das Lager vor Schmutz und Staub geschützt wird. Wenn keine abgedichteten Lager verwendet werden, ist eine andere Dichtung konstruktiv zu verwirklichen. Berührungsfreie Dichtungen sind dabei zwar nicht so wirksam wie schleifende, erhöhen aber nicht das Reibmoment. Beispiele für Lager mit und ohne Dichtung zeigt Abb. 7.83. Ausführliche Darstellung in [326].

7.4.3 Vergleich von Gleitlagern und Wälzlagern

Die Entscheidung zwischen Wälzlagern und Gleitlagern hängt von den Anforderungen für den jeweiligen Anwendungsfall ab. Folgende Aufzählung führt die Vorteile des jeweiligen Lagertyps auf:
- *Vorteile Wälzlager*
  - geringe Reibung ($\mu^* \approx 10^{-3}$), auch beim Anlauf,

- gleichzeitige Aufnahme von Axial- und Radialkräften,
- kurze axiale Baulänge,
- genormte Bauformen,
- durch axiale Anstellung spielfreie Lagerung möglich,
- hohe Lebensdauer auch bei variierender Drehzahl.
- *Vorteile Gleitlager*
  - kleinerer Durchmesser,
  - einfacher Einbau,
  - geräuscharmer Lauf,
  - unempfindlich gegen Stöße,
  - unempfindlich gegen Verschmutzung,
  - in vielen Fällen geringerer Preis,
  - bei konstanter Drehzahl verschleißfreier, hydrodynamischer Lauf möglich.

7.5 Führungen

Führungen sind, von Ausnahmen abgesehen, Geradführungen. Durch eine Führung wird ein Bauteil, das geführte Teil, relativ gegenüber einem als feststehend angenommenen Teil längs einer Leitgeraden beweglich, wenn es mit dem feststehenden Teil unmittelbar oder mittelbar (unter Hinzunahme weiterer Teile) so gepaart wird, dass nur ein Freiheitsgrad der Translation verbleibt. Aus den Begriffen Paarung und Reibung folgen die Unterscheidungs- bzw. Einteilungsmerkmale für Führungen (Abb. 7.86). Danach unterscheidet man

- *Prismenführungen* (Abb. 7.86a, b),
- *Zylinderführungen* (Abb. 7.86c),
- *offene Führungen* (Kraftpaarung) (Abb. 7.86b),
- *geschlossene Führungen* (Abb. 7.86a, c, d),
- *Gleitführungen* (Festkörper- oder Mischreibung) (Abb. 7.86a, c),
- *Wälzführungen* (Wälz- oder Rollreibung) (Abb. 7.86b, d),
- *Federführungen* (innere Materialreibung) (Abb. 7.86e),
- *Strömungsführungen* (Flüssigkeits- oder Gasreibung) (Abb. 7.86f).

Die Gerätetechnik bevorzugt das Merkmal Reibung zur Einteilung von Führungen, da diese ein wichtiges Kriterium der funktionellen Bewertung darstellt.

Nachfolgend werden die in Elektromagneten (Kapitel 1) und Linearantrieben (Kapitel 2 und Abschnitt 4.3.6) oft angewendeten Gleit- und Wälzführungen beschrieben. Zu den weiteren der oben genannten Führungen sind ausführliche Informationen in [326] enthalten.

Führungen, insbesondere Präzisionsführungen, sind generell nach dem Konstruktionsprinzip „Vermeiden von Überbestimmtheiten" [331] zu gestalten. Eine Füh-

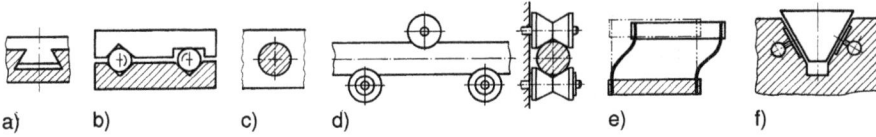

Abb. 7.86: Beispiele für Führungsarten. a) geschlossene Gleit-Prismenführung (Schwalbenschwanz-führung), b) offene prismatische Kugelwälzführung, c) geschlossene Gleit-Zylinderführung ohne Drehsicherung, d) geschlossene, zylindrische Rollenführung, e) Federführung, geschlossene (stoff-gepaarte) Führung, f) Luftführung, offene, prismatische, aerostatische Führung. Gestellfestes Teil ist jeweils schraffiert dargestellt.

rung ist aus zwei Teilen aufgebaut, die so gepaart sind, dass nur ein translatorischer Freiheitsgrad verbleiben soll. Dies bedeutet, dass von den sechs vorhandenen Freiheitsgraden fünf aufgehoben werden müssen, und zwar jeder Freiheitsgrad durch je nur eine Unfreiheit in der jeweiligen Richtung. Nur dadurch entstehen zwangfreie Führungen (ausführliche Darstellung in [326]).

7.5.1 Gleitführungen

Zylindrische Gleitführungen mit oder ohne Drehsicherung und prismatische Gleit-führungen sind in der Gerätetechnik häufig anzutreffen, da sie sich einfach herstellen lassen, große Kräfte aufnehmen können und eine hohe Steifigkeit quer zur Führungs-richtung aufweisen. Ihr grundsätzlicher Nachteil ist der relativ große Bewegungs-widerstand infolge der Gleitreibung (Coulombsche Reibung). Durch geeignete Werk-stoffwahl und zusätzliche Schmierung können Reibung und Stick-Slip-Erscheinungen minimiert werden. Jedoch besteht die Gefahr des Verkantens. Man versteht darunter nicht nur die geometrische Verlagerung des geführten Teils bei nicht mittig angrei-fenden Kräften, sondern auch das Auftreten von Selbstsperrung, also Bewegungsun-fähigkeit bei nicht ausreichend großer Führungslänge (Berechnung der Mindestfüh-rungslänge in [326, 327]).

7.5.1.1 Bauarten

Zylindrische Führungen ohne besondere Genauigkeitsansprüche sind in der einfachs-ten Ausführung besonders leicht zu fertigen. Häufig kommt gezogenes Rundmaterial zum Einsatz (Abb. 7.86c). Grundsätzlich sollte die Führung zweistellig ausgeführt sein (Abb. 7.92). Manche Führungen benötigen funktionell keine Drehsicherung, weisen al-so zwei Freiheitsgrade auf (Abb. 7.86c). Durch federnde Ausführung können sie zudem sehr wirtschaftlich spielfrei bzw. spielarm ausgeführt werden [326]. Beispiele für Elek-tromagnete mit zylindrischer Führung zeigt Abb. 1.35a bis e. Ein Beispiel für die Führung des Ankers einer Federkraftbremse mit mehreren Zylindern zeigt Abb. 1.37. Ein Stopper mit zylindrischer Führung ist in Abb. 1.40 dargestellt.

Die Verbesserung der Güte der Drehsicherung, d. h. Verkleinern der noch möglichen Winkelverdrehung durch das in der Formpaarung vorhandene Spiel, geschieht durch Vergrößern des Abstands der Drehsicherung vom Führungszylinder und führt auf die in der Gerätetechnik häufige Ausführung von Zylinderführungen durch Haupt- (A) und Neben- bzw. Gegenführung (B) (Abb. 7.87). Die zwangfreie Ausbildung erfordert von der Nebenführung theoretisch fünf Freiheitsgrade, die hier praktisch durch kurze Linienberührung nahezu gegeben sind.

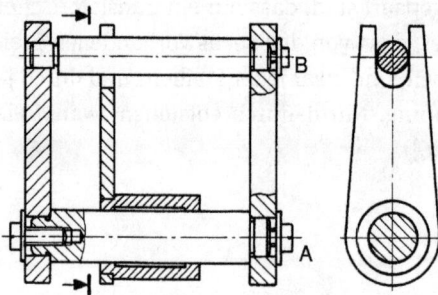

Abb. 7.87: Zylinderführung mit Haupt- (A) und Nebenführung (B).

Einfache geschlossene Flachführungen (Abb. 7.88) lassen keine hohe Genauigkeit zu. Zur Spielbeseitigung werden häufig Nachstellleisten oder die elastische Bauweise eingesetzt [326, 330]. Flachführungen werden im Gegensatz zu Schwalbenschwanzführungen (Abb. 7.89 und 7.90) in der Gerätetechnik selten angewendet. Obwohl letztere mehrfach (Abb. 7.89a: 7-fach) überbestimmt sind, gelingt es, sie entweder durch Nachstellleisten (Abb. 7.89b), mit Abstimmteilen (Abb. 7.90) oder durch besondere Maßnahmen in der Fertigung [326, 330] zu beherrschen.

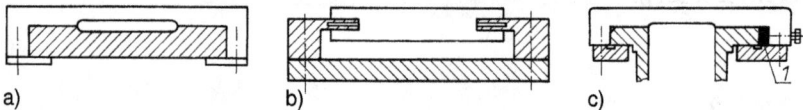

a) b) c)

Abb. 7.88: Flachführungen. a) einfache Flachführung, b) Flachführung in elastischer Bauweise, c) Flachführung mit Nachstellleiste 1.

In offenen Bauformen (Kraftpaarung) und waagerechter Anordnung werden V-Führungen (Abb. 7.91) bevorzugt. Diese Bauweise erlaubt, auf eine Führungsschiene auswechselbar verschiedene Führungskörper aufzusetzen, z. B. PTFE-Gleitstücke [326]. Häufig ist auch eine Sicherung gegen Verlieren (Abb. 7.91b) vorgesehen.

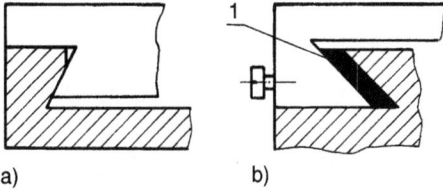

Abb. 7.89: Schwalbenschwanzführungen.
a) ohne, b) mit Nachstellleiste 1.

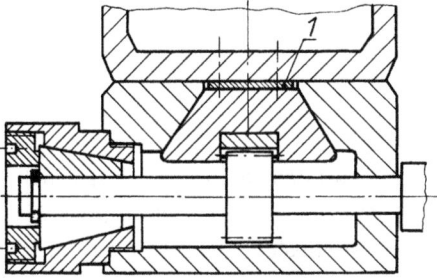

Abb. 7.90: Schwalbenschwanzführung mit Abstimmleiste 1.

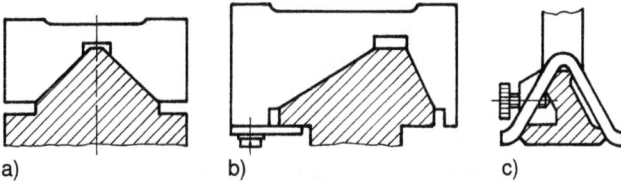

Abb. 7.91: Offene V-Führungen. a) Führung in symmetrischer Ausführung, b) unsymmetrische Ausführung für größere Seitenkräfte, c) Ausführung mit Blech und Profilstab.

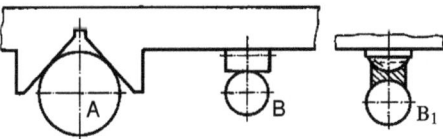

Abb. 7.92: Offene Zylinder-V-Führung. A: Hauptführung; B: Nebenführung mit Punktberührung (gekreuzte Zylinder). B_1: Nebenführung mit fünf Freiheitsgraden durch Elementenpaar-Kombination mit Flächenberührung.

Fertigungstechnisch einfacher, bei etwa gleicher Genauigkeit jedoch geringer belastbar, sind Kombinationen aus V- und Zylinderführung (Abb. 7.92). Wegen der notwendigen Drehsicherung wird die Bauweise Haupt-Neben-Führung (siehe auch Abb. 7.87) bevorzugt, wobei die Hauptführung am Prisma zweistellig auszubilden ist. Die für die Nebenführung B notwendigen fünf Freiheitsgrade bei zwangfreier Ausführung werden durch Punkt-, angenäherte „Punkt"-, mittels Linienberührung oder durch Kombination mehrerer Elementenpaare mit Flächenberührung verwirklicht (Abb. 7.92 B_1).

7.5.2 Wälzführungen

Wälzführungen weisen gegenüber Gleitführungen einen wesentlich geringeren Bewegungswiderstand und Stick-Slip-Effekt auf, sind aber wegen der vorliegenden Hertzschen Pressung weniger belastbar und weniger steif. Sie zeichnen sich gegenüber Gleitführungen jedoch um eine etwa zwei Zehnerpotenzen geringere Reibung aus. Wälzführungen können offen oder geschlossen, prismatisch oder zylindrisch gestaltet sein. In der Gerätetechnik werden geschlossene, prismatische Wälzführungen bevorzugt, wobei man zwei grundsätzlich verschiedene Ausführungsarten unterscheidet:

– Wälzkörperführung (Abb. 7.93a),
– Rollenführungen (Abb. 7.93b).

Bei den *Wälzkörperführungen* (Abb. 7.86b, 7.93a) wird das geführte Teil auf Wälzkörpern (Kugeln, Rollen, Nadeln) direkt gelagert, bei den *Rollenführungen* (Abb. 7.86d, 7.93b) hingegen wird das zu führende Teil auf gestellfesten, gleit- oder wälzgelagerten Rollen angeordnet. Die Unterschiede bestehen darin, dass sich im ersten Fall die Wälzkörper um den halben Führungsweg mitbewegen, beide Teile hochwertige Führungsflächen besitzen müssen, der Bewegungswiderstand und im Allgemeinen auch die Belastbarkeit kleiner sind. Es ist zudem notwendig, die Wälzkörper ähnlich wie in Wälzlagern in Käfigen zu führen. Das Problem des Verkantens hat gegenüber Gleitführungen jedoch nur untergeordnete Bedeutung, da anstelle des Gleitreibwertes μ der wesentlich kleinere Wert μ^* der Rollreibung wirkt (Werte in [326]).

Die relativ geringe Belastbarkeit der Wälzkörperführungen kann durch Erhöhung der Anzahl der Wälzkörper verbessert werden. Da diese, um anteilig gleichmäßig zu

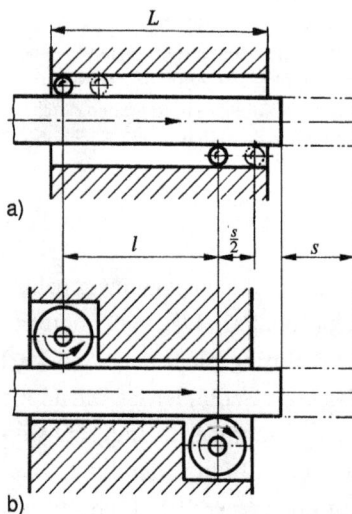

Abb. 7.93: Wälzführungsarten. a) Wälzkörperführung, b) Rollenführung; s: Führungsweg; l: Abstand der Wälzkörper; L: notwendige Führungslänge, $L_{min} \geq l + \frac{1}{2}s$.

tragen, theoretisch identische Durchmesser aufweisen müssen, werden sie oft durch sorgfältiges Sortieren ausgewählt.

7.5.2.1 Bauarten

Offene Wälzkörperführungen werden relativ selten angewendet (Abb. 7.94). Die Ausführungen Abb. 7.94a, b sind überbestimmt und nur durch sehr enge Tolerierung beherrschbar. Die Wälzkörperführung nach Abb. 7.94c ist nach dem Prinzip Haupt-Neben-Führung aufgebaut, sie enthält in der Hauptführung zwei Kugeln (bzw. auch Kugelnester mit mehreren Kugeln) in 4-Punkt-Lagerung und in der Nebenführung eine Kugel (bzw. ein Kugelnest) in 3-Punkt-Lagerung. Das gleiche gilt für Abb. 7.94d, wo zusätzlich nach dem Prinzip „Funktionswerkstoff an Funktionsstelle" [326, 331] Drähte bzw. Bandmaterial aus hochfestem Werkstoff eingelegt sind, so dass für die beiden Führungsteile relativ beliebige Werkstoffe eingesetzt werden können. In allen Fällen ist ein Käfig zweckmäßig.

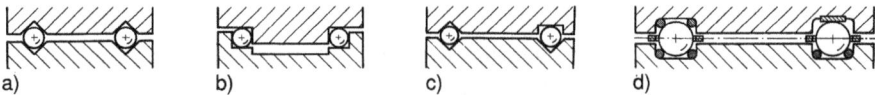

Abb. 7.94: Offene Wälzführungen. a), b) überbestimmte Ausführung, c) statisch bestimmte Ausführung, d) Drahtkugelführung.

Geschlossene Wälzkörperführungen gelangen wegen der Formpaarung dagegen viel häufiger zum Einsatz (Abb. 7.95). Da sie grundsätzlich überbestimmt sind, müssen alle Führungsbahnen parallel angeordnet sein. Man erzielt dies durch Schleifen der vier Bahnen am Innenteil in einer Aufspannung und durch Andrücken, Verschrauben und ggf. Verstiften der beiden Außenleisten. Dieser in der Gerätetechnik sehr verbreitete Typ wird zum Zweck der Spielfreiheit (auch unter Last) und Verbesserung der Steifigkeit häufig bei der Montage vorgespannt, indem man die zuletzt montierte Außenleiste durch definierte Kräfte andrückt und dann befestigt.

Weitere Vorteile dieser geschlossenen Führungen liegen vor allem in der geringen Bauhöhe, im symmetrischen Aufbau, der damit Kräfte aus beliebigen Richtungen senkrecht zur Führungsrichtung aufnehmen kann und beliebige Einbaulagen zulässt

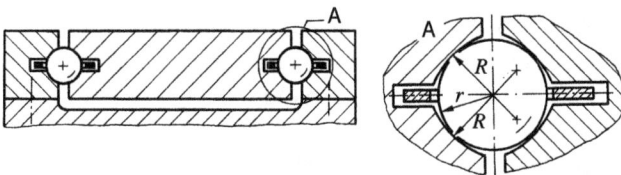

Abb. 7.95: Geschlossene Wälzkörperführung mit Kugeln.

sowie in der fertigungstechnisch relativ einfachen Beherrschung der Überbestimmtheiten. Zur Steigerung der Tragfähigkeit enthalten diese Führungen häufig mehr als vier Kugeln.

Weitere, wegen der Linienberührung höher belastbare aber auch weniger genaue Wälzkörperführungen besitzen Rollen oder Nadeln. Die geschlossene Walzenführung (Abb. 7.96) enthält jeweils gekreuzt angeordnete Rollen. Mit diesen sind zwar sehr hohe Tragfähigkeiten erzielbar, gleichzeitig wächst jedoch der Bewegungswiderstand. Außerdem neigen derartige Führungen zum Klemmen infolge des auch nicht durch Käfige vollständig zu beseitigenden Schränkens (zur Führungsrichtung nicht orthogonale Lage der Wälzkörperachsen).

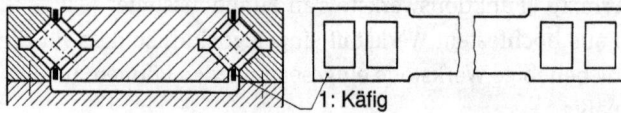

Abb. 7.96: Geschlossene Wälzkörperführung mit Zylinderrollen, jeweils gekreuzt angeordnete Rollen, 1: Käfig.

Die Belastbarkeit einer Wälzkörperführung mit Kugelbüchse (Abb. 7.97) kann man durch Erhöhen der Anzahl der Wälzkörper steigern. Durch die gegeneinander versetzte Anordnung der Kugeln und deren elastische Verformung infolge Vorspannung gleicht man kleine Toleranzen aus.

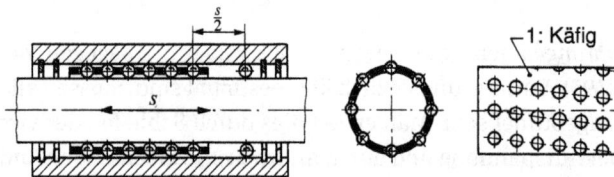

Abb. 7.97: Wälzkörperführung mittels Kugelbüchse; s: Führungsweg; 1: Käfig.

Rollenführungen

Bei diesen Führungen sind die Rollen im Gestell oder im geführten Teil ortsfest gleit- oder wälzgelagert, weshalb nur eines der beiden Teile hochwertige Führungsflächen aufweisen muss. Offene oder geschlossene Rollenführungen mit prismatischen Grundkörpern werden im Allgemeinen nur für untergeordnete Zwecke eingesetzt (Abb. 7.98). Sie gewährleisten nur dann reines Wälzen, wenn keine seitlichen Bordscheiben angewendet werden (Abb. 7.98a), die Rollenachsen parallel zur Lauffläche stehen (Abb. 7.98a, c) und geschränkte Rollen durch exakt zur Führungsrichtung (Leitgeraden) orthogonale Rollenachsen vermieden werden (Abb. 7.98a, b, c). Die zwangfreie Ausführung (Abb. 7.99) der geschlossenen Zylinderführung ohne Drehsicherung der verschiebbaren Stange ist durch zwei axial festgelegte Doppelkegelrollen und

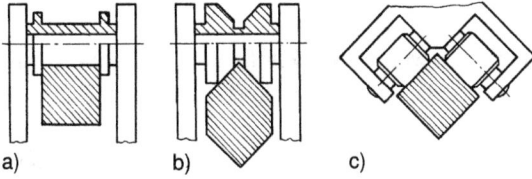

Abb. 7.98: Rollenführungen mit prismatischen Laufflächen.

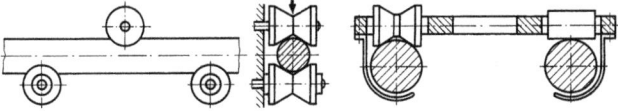

Abb. 7.99: Rollenführung mit zylindrischen Laufflächen; zwangfreie geschlossene Führung.

durch eine axial bewegliche Doppelkegelrolle oder eine axial festgelegte Zylinderrolle gegeben, die zweckmäßig in Pfeilrichtung justierbar oder gefedert angeordnet ist.

Höheren Genauigkeitsansprüchen genügt die Rollenführung in Abb. 7.100, die analog zur Gleitführung in Abb. 7.87 strukturiert ist. Die Hauptführung ist zweistellig mit je drei Rollen ausgeführt. Die Nebenführung enthält nur ein Rollenpaar. Die der Belastung gegenüberliegenden Rollen sind entweder justierbar (z. B. exzentrisch gelagert) oder gefedert bzw. federnd angebracht; solche Führungen sind auch bei Unebenheiten und Konizität der verschiebbaren Stange spielfrei. Als Rollen können unmittelbar Kugellager benutzt werden (Laufrollen). Die Rollen sind bei prismatischen Grundkörpern ballig auszuführen.

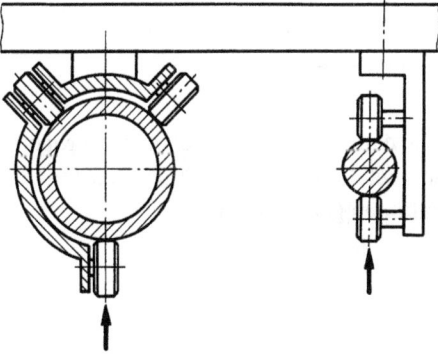

Abb. 7.100: Geschlossene zylindrische Rollenführung.

7.6 Hinweise zu Werkstoffangaben

Werkstoffe werden durch Kurzzeichen oder Werkstoffnummern gekennzeichnet (Bezeichnungen für ausgewählte Stähle siehe Tab. 7.12):

- *Kurzzeichen*

  Mit Buchstaben-Ziffern-Kombinationen werden Werkstoffe kodiert gekennzeich-net, Beispiel: Baustahl S185, Mindeststreckgrenze 185 Mpa,[9] siehe auch [326];
- *Werkstoffnummern*

  Mit 5-stelligen Ziffernkombinationen werden Werkstoffe nach besonderen Kriteri-en gekennzeichnet. Beispiel für die Kennzeichnung von Stahl mit Werkstoffnum-mer nach DIN EN 10027-2 [402]: 1.□□□□

  - 1. Ziffer: Werkstoffhauptgruppe: 1. Stahl,
  - 2. und 3. Ziffer: Stahlgruppennummer,
  - 4. und 5. Ziffer: Zählnummer;

  z. B.: 1.1181 – Vergütungsstahl C35E, 1.0710 – Automatenstahl 15S10 – siehe auch [326].

Bei Werkstoffangaben werden meistens Kurzzeichen verwendet. Eine Übersicht zu neuen und bisherigen Kurzzeichen sowie Werkstoffnummern gibt Tabelle 7.12 wieder.

Tab. 7.12: Kurzzeichen und Werkstoffnummern für ausgewählte Stähle (siehe auch [326, 332]).

Werkstoff-Kurzzeichen		Werkstoffnummer
DIN 17100 [403] alt	DIN EN 10025 [404] neu	DIN EN 10027-2 [402]
St 33	S185	1.0035
St 37-2	S235JR	1.0037
St 44-2	S275JR	1.0044
St 50-2	E295	1.0050
St 60-2	E335	1.0060
St 70-2	E360	1.0070

Bei Gusseisen gelten Kombinationen von Ziffern und Buchstaben, ebenso bei Nichtei-senmetallen nach neuer Normung. Nichteisenmetalle werden nach noch bestehenden alten Normen mit 5-stelligen Ziffernkombinationen gekennzeichnet.

---

9 Mpa $= \frac{N}{mm^2}$.

Thomas Roschke, Marcus Herrmann und Carsten Fräger

8 Auslegung und Projektierung von Antriebssystemen

Schlagwörter: Anforderungen, Umgebungsbedingungen, Betriebsarten, Antriebsauslegung

8.1 Anforderungen an Antriebe und Auslegungskriterien

Die Qualität einer Antriebslösung hängt maßgeblich von der Qualität der Anforderungsdefinition ab. Je exakter man die Erwartungen an den Antrieb beschreiben kann, desto zielgerichteter kann dessen Auslegung und Validierung erfolgen. Neben der technischen Leistungsfähigkeit ist insbesondere bei hohen zu fertigenden Stückzahlen eine kostengünstige Antriebsauswahl erfolgsentscheidend. Allerdings kann eine zu große Menge an Anforderungen (die sogenannte „Eierlegende Wollmilchsau") auch die Findung einer vernünftigen Lösung verzögern, oder gar verhindern.

Im Produktentstehungsprozess kommen in der Regel zunächst unterschiedliche Antriebe in Frage, die auf ihre Eignung überprüft werden müssen (siehe die Antriebsbeispiele in den Abschnitten 8.12.3 und 8.12.4). Die grundlegenden Anforderungen an den Antrieb können mit den folgenden vier Kategorien umfassend erkannt und später überprüft werden:
1. *Funktion unter Normalbedingungen*: Kann der Antrieb die Funktion erfüllen? Liefert er die erforderlichen Drehzahlen, Drehmomente bzw. Leistungen für die Anwendung? Kann er in der vorgesehenen Umgebung betrieben werden? Die Beantwortung erfolgt durch die zulässigen Einsatzbedingungen und die Maximalkennlinien des Antriebs.
2. *Funktion über die Lebenszeit*: Erreicht der Antrieb die geforderte Lebensdauer? Ist die Lebensdauer von Lagerung, Wellen, Verzahnungen und Isolierstoffen ausreichend? Bleibt der Antrieb bei den Betriebsbedingungen unterhalb seiner zulässigen Temperaturerhöhung? Die Beantwortung erfolgt durch die Bemessungsangaben des Motors und ggf. seiner Elektronik zu Lebensdauer, Betriebsart, Aufstellungshöhe, Umgebungstemperatur. Gegebenenfalls müssen abweichende Betriebsspannungen berücksichtigt werden.
3. *Sichere Funktion unter Überlast und absehbare Fehlbedingungen*: Die Klärung dazu erfolgt durch Analyse der Robustheit, Sensitivitätsuntersuchungen und definierte Überlasttests zur Bestimmung der Reserven.

https://doi.org/10.1515/9783110441505-008

4. *Gewährleistung der Funktion durch Anforderungen aus Richtlinien, Montage und übergeordneten Applikationseinheiten*: Absicherung durch *Quality Function Deployment (QFD)* oder System-FMEA mit Kunden und Montagepersonal sowie Normenrecherche und Wettbewerbsanalyse.

Die genannten vier Kategorien sollen gewährleisten, dass der *Antrieb richtig definiert* wird, damit in der Entwicklungsphase der *richtige Antrieb* für die Aufgabe erarbeitet werden kann.

8.1.1 Funktion unter Normalbedingungen

Damit der Antrieb seine Funktion unter den üblicherweise zu erwartenden Einsatzbedingungen erfüllen kann, sind die elektrischen, mechanischen und klimatischen Schnittstellen zu beschreiben. Dazu werden die Ein- und Ausgangsgrößen zwischen der elektrischen Energiequelle einerseits und den mechanischen Größen an der Schnittstelle zum angetriebenen Element andererseits, d. h. dem Wirkelement, festgelegt.

Die Anforderungen, Schnittstellen und Betriebsbedingungen an einen Antrieb können in sieben Gruppen eingeteilt werden:

1. *Steuersignale*: Dazu zählen die Handbetätigung über Schalter, die direkte Betätigung durch Sensoren oder Steuersignale aus einer übergeordneten Steuerhierarchie, z. B. einer SPS,[1] einem Rechner oder einem Bussystem, der Pegel dieser Signale, deren Quelle und damit verbunden die Form der Signale usw.

2. *Stationäre Parameter*: In diese Gruppe gehören Angaben zu den Drehmomenten, Drehzahlen, zur Drehrichtung, zu Stellwinkeln, zu Kräften, zum Lastspiel, zur Speisespannung, zur Netzfrequenz, zur Phasenzahl des Netzes, zu zulässigen Strömen, zur Lebensdauer, zu Lagerbelastungen und zur Blockierfestigkeit.

3. *Dynamische Parameter*: Insbesondere bei Stellantrieben sollten Drehmomentspitzen, Beschleunigungen, Rundlaufschwankungen, elektrische und mechanische Zeitkonstanten, interne wie externe Trägheitsmomente sowie Strom- und Spannungsspitzen bekannt sein.

4. *Umweltforderungen*: Der Antrieb muss in seiner Einsatzumgebung ungestört und störungsfrei arbeiten und darf diese ebenso wenig unzulässig beeinflussen. In diese Gruppe fallen Fragen zu Geräuschen und Schwingungen, zur Schwingungs- und Stoßbeanspruchung, zur EMV-Verträglichkeit,[2] zum Schutzgrad, zur Recyclingfähigkeit, zur Umgebungstemperatur und zu Klimawechseln oder zur Luftfeuchte. Darüber hinaus gibt es sicherheitstechnische Vorschriften (z. B. EU-Richtlinien, Standards), notwendige Approbationen sowie untypische externe

---

1 SPS: Speicherprogrammierbare Steuerung.
2 EMV: Elektromagnetische Verträglichkeit, s. Band 1, Kapitel 13.

Einwirkungen wie Netzrückwirkungen, aggressive Medien und mögliche Wassereinwirkung, auf die in Abschnitt 8.1.4 ausführlicher eingegangen wird.

5. *Designforderungen*: Nicht nur das optische Aussehen nach Form und Farbe kann die Erscheinung des Gesamtantriebs beeinflussen, auch Abmessungen, Anschlussmaße und Massen können vorgegeben sein.

6. *Alleinstellungsmerkmale* bzw. *Kundenwert*: Um gegenüber Marktteilnehmern eine Vorzugsposition zu bekommen, können weitere spezielle Anforderungen definiert werden. Es gilt herauszuarbeiten und auf die technische Ebene zu übersetzen, welchen Wert der Kunde oder Endnutzer mit dem Produkt in Verbindung bringt (z. B. eine gewisse Wertigkeit der Handhabung, ein besonders hohes Sicherheitsbedürfnis, o. ä.).

7. *Kosten*: Ein bestimmender Faktor bei der Entscheidung über die kommerzielle Realisierbarkeit eines Antriebs sind die Kosten in Relation zum möglichen Verkaufspreis. Dabei darf nicht nur der reine Zahlenwert gesehen werden, genauso wichtig sind Stückzahlen, der Service, die technische Zuverlässigkeit, die Garantiebedingungen und das Image des Lieferanten.

Alle diese Anforderungen sollten im Rahmen einer durchgängigen Dokumentation festgehalten sowie mit dem Kunden und den Lieferanten abgestimmt werden (Abschnitt 8.1.5). Es gibt etablierte Methoden und Arbeitsmittel zur systematischen Anforderungsanalyse, zum Beispiel QFD[3] *Compliance* Tabellen, branchenspezifische Checklisten oder die Schnittstellen-FMEA.[4] Je nach Art des Antriebs sind weitere Spezifizierungen möglich. In umfangreichen oder zeitlich langen Projekten lohnt sich der Einsatz von kommerzieller Software für ein klar strukturiertes Anforderungsmanagement.

8.1.2 Funktion über der Lebenszeit

Jedes Produkt und jeder Antrieb soll seine Funktion über einen gewünschten, möglichst langen Zeitraum zuverlässig erfüllen. Die damit verbundenen Anforderungen hängen stark mit der Betriebsweise (Abschnitt 8.3.2) zusammen, denn Verschleißerscheinungen können sowohl im Dauerbetrieb als auch im Aussetzbetrieb die Antriebseigenschaften signifikant verändern. Das hängt maßgeblich von den Einsatzbedingungen wie Temperaturschwankungen, gelegentliche Überlasten, Witterungseinflüssen, der UV-Belastung oder dem Benutzer ab.

Im Anforderungskatalog, der Spezifikation oder dem Pflichtenheft sollten zumindest folgende Lebensdaueraspekte unterschieden und beschrieben werden:

---

3 QFD: Quality Function Deployment.
4 FMEA: Fehlermöglichkeits- und -einflussanalyse.

- Lebensdauer (Einsatzdauer im Feld in Jahren),
- Betriebsstunden oder -zyklen innerhalb der Lebensdauer,
- Betriebsweise und/oder Einschaltdauer,
- Qualifizierungstest zum Nachweis der Eignung für Lebensdauer und Betriebsstunden durch
  - Überhöhung der Betriebszyklen,
  - Überhöhung der Belastung,
  - Variation der Versorgungsspannung,
  - erhöhte Temperaturbereiche bzw. Temperaturwechsel,
  - klimatische Tests o. ä.
- Bestehens- und Versagenskriterien vor und nach den Qualifizierungstests.

Neben den Verschleißerscheinungen an mechanischen Bauteilen und elektrischen Kontakten sind auch Erwärmungsverhalten und Setzungs-/Kriechvorgänge sowie chemische Veränderungen der Werkstoffe über der Lebensdauer zu berücksichtigen. Das betrifft vor allem Kunststoffe und Klebeverbindungen, die entsprechend altern können. Kunststoffe haben über die Funktionssicherheit hinaus auch für die elektrische Sicherheit und das Isolationsvermögen eine hohe Relevanz. Bei elektronisch kommutierten Antrieben[5] oder Antrieben mit elektronischer Spannungsstellung ist insbesondere die Elektronik hinsichtlich ihrer Lebensdauer zu bewerten und zu prüfen. Dabei helfen statistische Zuverlässigkeitsverfahren wie die Weibullanalyse.

8.1.3 Sichere Funktion unter Überlast und absehbaren Fehlbedingungen

Das deutsche Produktsicherheitsgesetz [443] und die europäische Richtlinie fordern die Gewährleistung der Sicherheit für Leib und Leben von Mensch und Tier. Hinzu kommen immer häufiger Anforderungen der funktionalen Sicherheit [411, 432], die über die Sicherstellung der Funktion befinden. Dabei wird der Schwerpunkt auf den sicheren Betrieb nicht nur unter Normalbedingungen und Nennbelastung, sondern auch bei vernünftigerweise vorhersehbarer Fehlbedienung, Missbrauch und Überlast gelegt. Folglich müssen bei der Auswahl eines Antriebs und bei der Konzeption kompletter Systeme auch diese Belange im Rahmen von Anwendungsstudien und Risikobewertungen [431] [420] betrachtet werden.

Um die vorab genannten Aspekte abzufedern, muss jeder Antrieb entsprechende Robustheitsreserven in seinen Betriebsparametern aufweisen. Durch Sensitivitätsanalysen können kritische Pfade identifiziert werden, auf denen leichte Veränderungen an Eingangsgrößen signifikante Auswirkungen auf Betriebsgrößen oder die Funk-

---

5 elektronisch kommutierte Antriebe s. Band 1 Kapitel 8, 9, 10 und 11, Servoantriebe s. Kapitel 4.

tion haben können. In diesen Bereichen ist im Rahmen vernünftigerweise vorhersehbarer Fehlbedingungen entsprechend der bewerteten Risiken eine ausreichende Robustheit essentiell. Diese Reserven müssen durch den Ingenieur eigenständig mittels entsprechender Tests nachgewiesen werden, auch wenn sie nicht explizit in der Kundenspezifikation gefordert sind.

8.1.4 Gewährleistung der Funktion durch Anforderungen aus Richtlinien, Montage und übergeordneten Applikationseinheiten

Die Anforderungen an ein Antriebssystem werden nicht nur durch den Anwender oder den Kunden bestimmt, sondern die Staatengemeinschaft in Europa und auf anderen Kontinenten legt durch Richtlinien oder technische Normen weitere Rahmenbedingungen zur Sicherheit fest.

In der Europäischen Union schaffen EU-Richtlinien die gleiche sicherheitstechnische Basis in allen beteiligten Ländern des EU-Binnenmarktes. Die Richtlinien beinhalten die grundsätzlichen Forderungen an technische Erzeugnisse, damit Menschen, Tiere und Sachwerte durch deren Betrieb keine Schäden erleiden. EU-Richtlinien müssen von den Staaten der Gemeinschaft in nationale Gesetze umgesetzt werden. Damit ist deren Beachtung rechtlich bindend für alle Wirtschaftsakteure. Alle Bereiche, die nicht durch EU-Richtlinien gedeckt sind, sichert in Deutschland das Produktsicherheitsgesetz ab, auch bekannt als das „Gesetz über die Bereitstellung von Produkten auf dem Markt" [443].

Für den Bereich der elektrischen Kleinantriebe sind häufig die folgenden Vorschriften anwendbar, je nach Erzeugnisgruppe können weitere hinzukommen:

- Niederspannungsrichtlinie [442]: für Antriebe mit Nennspannungen ≥50 VAC bzw. ≥75 VDC [442].
- Maschinenrichtlinie [441]: bei Einbau als Antrieb in (Arbeits-)Maschinen im Sinne der MRL ist zu prüfen, ob es sich um eine Komponente oder eine unvollständige Maschine handelt [441].
- EMV-Richtlinie: z. B. für Systeme mit bürstenbehafteten DC-Motoren, aktiven Bauelementen oder Elektronik. Ist aber nur anwendbar, wenn das System als Endgerät verkauft wird [415].[6]
- ATEX: Einsatz im Gas oder in einer Gas- oder Staubumgebung mit der Gefahr von Bränden oder Explosionen [406].[7]
- ROHS-Richtlinie für Elektro- und Elektronikgeräte zur Vermeidung von Blei (Pb), Quecksilber (Hg), Cadmium (Cd), sechswertigem Chrom (Cr VI), zwei Flamm-

---

6 EMV: Elektromagnetische Verträglichkeit, s. Band 1, Kapitel 13.
7 ATEX: fanzösische Abkürzung für explosionsfähige Atmosphären (Atmosphères explosibles).

schutzmitteln (PBB, PBDE) sowie vier Weichmachern (DEHP, BBP, DBP und DIBP) [447]. Eben genannte Stoffe stellen den aktuellen Status dar, denn die Richtlinie wird regelmäßig erweitert und durch delegierte Richtlinien erweitert. Sie ist inzwischen nicht nur in Europa gefordert, sondern auch durch Firmen anderer Kontinente. China hat eine Reihe eigener Verordnungen dazu erlassen [448].

- REACH-Richtlinie für die Registrierung, Bewertung, Zulassung und Beschränkung von Chemikalien [444].
- Konfliktmaterialien nach Verordnung EU2017/821: bezieht sich auf spezielle Materialien (Kassiterit/Zinnerz, Coltan/Tantalerz, Gold, Wolframit/Wolframerz) aus der Demokratischen Republik Kongo und angrenzenden Staaten, wo bewaffnete Auseinandersetzungen mittels dieser Materialien finanziert werden. Deren Einsatz an sich ist nicht verboten, aber die Verordnung regelt die Lieferpraktiken von EU-Importeuren sowie von Hütten und Raffinerien, die Rohstoffe aus Konflikt- und Hochrisikogebieten beziehen. Die US-Regierung verbietet die Benutzung von Materialien aus den genannten Staaten gänzlich [413].

Jedes Antriebssystem benötigt eine Risikobewertung hinsichtlich seiner Gefährdungen und der Anwendbarkeit von Richtlinien. Die Anwendung, d. h. das Festlegen der Grenzen der Maschine durch seine bestimmungsgemäße Verwendung und Fehlanwendung, ist die Basis für die Risikobewertung jedes Produkts. Meist werden neue Produkte aus existierenden abgeleitet, d. h. es ist zu prüfen, ob zu den bekannten Risiken oder Gefährdungen neue hinzukommen. Daraus ergibt sich, welche Richtlinie anzuwenden ist.

Innerhalb der Europäischen Union müssen die meisten technischen Erzeugnisse die Anforderungen diverser Richtlinien erfüllen (Verantwortung des Herstellers oder Händlers), und es dürfen keine Erzeugnisse in Verkehr gebracht (Verantwortung des Importeurs) oder betrieben (Verantwortung des Betreibers) werden, die den Richtlinien widersprechen. Das Einhalten der Bedingungen der EU-Richtlinien drückt sich im CE-Zeichen (für Endprodukte) oder der Einbauerklärung (für Baugruppen) aus. Da die Richtlinienanforderungen sehr allgemein sind, werden durch harmonisierte Normen konkrete technische Anforderungen definiert, die den technischen Stand repräsentieren. Abhängig von der Richtlinie haben manche Standards praktisch verpflichtenden Charakter, da ihre Anforderungen im Rahmen von Approbationen in unabhängigen benannten Stellen (*Notified Body*) geprüft werden. In vielen anderen Fällen können die Normen entsprechend der Risikobewertung selbst gewählt werden. Alternativ kann man auch ohne Zuhilfenahme von Normen durch eigene Berechnungen und Tests die Erfüllung der Richtlinie nachweisen, dies ist aber meist aufwändiger und u. U. auch rechtlich schwächer. Einige wichtige Standards für elektrische Kleinantriebe sind im Literaturverzeichnis aufgeführt. Bei sogenannten C-Normen gilt die Konformitätsvermutung, d. h. die Erfüllung dieser speziellen Produktnormen bedeutet die Einhaltung der zugehörigen Produktrichtlinie.

In den USA gibt es keine Richtlinien, aber mit ANSI, NEMA und UL[8] existieren große Normungsorganisationen, die historisch bedingt viele technische Markteintrittsbedingungen definiert haben. Amerikanische Kunden erwarten oft UL-Zulassungen oder Nachweise. Auch China und andere asiatische Länder definieren vermehrt Regeln für das Inverkehrbringen von Produktion, z. B. CCC und China ROHS.

Eine andere Art der Dokumentation sicherheitstechnischer Forderungen stellen Prüfzeichen und Approbationen dar. In diesem Fall dokumentieren neutrale, amtlich zugelassene Prüfstellen den Sicherheitsstandard für die Erzeugnisse, aber nur auf Wunsch des Kunden. Beispiele in Deutschland sind dafür das VDE- und das GS-Prüfzeichen. Für den Geräteentwickler ist es damit wichtig, dass er bereits bei der Auswahl der Komponenten des Antriebs auf Vorschriften seines späteren Kunden bzw. des Zielmarktes achtet.

Darüber hinaus sind bei der Projektierung auch Anforderungen aus der Montage, z. B. in eine übergeordnete Funktionseinheit zu beachten. Diese lassen sich durch System-FMEAs[9] oder Werksbesuche beim Kunden erarbeiten. Auch Rückwirkungen der übergeordneten Systeme auf den Antrieb sind zu analysieren.

Zusammengefasst ergeben sich vier maßgebliche Punkte für eine umfassende Anforderungsanalyse, die als Basis für eine erfolgreiche Produktentwicklung dient. Die vier genannten Fragen erfassen die Qualitätsfunktionen des Antriebssystems der Wichtigkeit nach, wobei keine ausgelassen werden darf:

1. Was sind im Betrieb und in der Anwendung die kritischsten Szenarien in Bezug auf Sicherheit und Funktion (*Worst Case*)?
2. Was ist maßgeblich für den Einsatz und die Anwendung des Antriebs (unter Vernachlässigung der Kundenspezifikation)? Hier helfen Anwendungsstudien und Benchmarks.
3. Was sind die kommunizierten Kundenanforderungen, d. h. Lastenheft, Spezifikation oder Datenblatt?
4. Welche Differenzierung soll gegenüber anderen Lösungen erreicht werden (*Right to Win*)?

8.1.5 Lastenheft und Pflichtenheft

Alle Anforderungen sollten in einem Lastenheft (*List of Requirements*) [412] bzw. einer Spezifikation münden. Daraus ist ein Pflichtenheft (*Design Intent*) zu entwickeln,

---

8 ANSI: American National Standards Institute,

NEMA: National Electrical Manufacturers Association,

UL: Underwriters Laboraties, Organisation, die Produkte hinsichtlich ihrer Sicherheit untersucht und zertifiziert.

9 FMEA: Fehlermöglichkeits- und -einflussanalyse.

das die konkrete Umsetzung der Anforderungen beschreibt. Übersetzt auf die Methode des *Quality Function Deployment* (QFD) aus Abschnitt 8.1.1 entspricht im QFD [435] die vertikale Anforderungsliste dem Lastenheft (Was soll getan werden?) und die horizontale Beschreibung stellt das Pflichtenheft dar (Wie soll es erreicht werden?). Beide Dokumente sind über die Projektphasen der Antriebsentwicklung fortzuführen, denn oft ergeben sich Änderungswünsche durch neue Erkenntnisse während der Entwicklung. Mit dieser Dokumentation ist diese Änderungshistorie in Nachhinein eindeutig nachvollziehbar, was bei Unstimmigkeiten zwischen Auftraggeber und Auftragnehmer von Vorteil ist und durchaus rechtliche Relevanz haben kann.

8.2 Lösungsweg für Antriebsaufgaben

Bei der Lösung von Antriebsaufgaben ist ein systematisches Vorgehen empfehlenswert. Die nachfolgenden Punkte zeigen einen weit verbreiteten Lösungsweg, der auch im Abschnitt 8.12 bei den Antriebsbeispielen demonstriert wird.

1. Analyse der Antriebsaufgabe und Zusammenstellen der Anforderungen (Abschnitt 8.1);
2. Präzisierung der Aufgabenstellung durch Bestimmen wesentlicher stationärer und dynamischer Parameter;
3. Vergleich und Auswahl des Wirkprinzips (Abschnitte 8.3 und 8.4);
4. Festlegen der Antriebsstruktur sowie Grobdimensionierung (Abschnitt 8.4);
5. Berechnen wesentlicher stationärer und dynamischer Systemeigenschaften, ggf. durch dynamische Mehrkörpersimulation, Netzwerkberechnungen und FEM → weiteres Verfeinern und ggf. Iteration startend ab Punkt 3;
6. Einflussanalyse von Umweltbedingungen und weiterer externer Einflüsse durch Sensitivitätsanalysen;
7. Aufwandsbewertung (technisch, technologisch und finanziell): Anpassen von Lösungsmöglichkeiten und ggf. Iteration startend ab Punkt 3 bis 6;
8. Aufbau eines Prototypen sowie Versuche zum Konzeptnachweis: Iteration startend ab Punkt 3 bis 7 bis zum Erfüllen der Hauptfunktionen durch den Prototypen;
9. Weitere Anpassung des Antriebs und der Montagetechnologie an die Aufgabenstellung durch Design- und Parameteroptimierung, weitere Versuche zur vollständigen Erfüllung des kompletten Anforderungskatalogs. Iteration startend ab Punkt 3 bis 8 bis zur Erfüllung aller Anforderungen;
10. Erstellung der vollständigen Produktunterlagen;
11. Umsetzung und Industrialisierung durch Lieferantenauswahl, Serienwerkzeuge und Produktionslinien.

Im dargestellten Prozess wird deutlich, dass die Entwicklung ein vor allem iterativer Prozess mit mehreren Schleifen ist, die zu jeder Zeit einen Rücksprung bis zu Punkt 3 notwendig werden lassen können. Nach der Nachbildung des stationären und dynamischen Verhaltens (Punkt 5) über Simulationsverfahren [414, 426, 430, 433, 434, 440, 449, 454, 457] erfolgt schrittweise die Kontrolle nach der Realisierbarkeit der Festlegungen über Prüfungen und Tests. Nach jedem folgenden Schritt ist die Frage zu stellen, ob alle vorgegebenen Bedingungen erfüllbar sind. Ist das nicht der Fall, so bestehen folgende Möglichkeiten bzw. Notwendigkeiten, um das Ziel dennoch zu erreichen:
– Der betreffende nicht realisierte Parameter ist in gewissen Grenzen korrigierbar.
– Bestimmte Abschnitte der Struktur sind zu ändern.
– Ein anderes Wirkprinzip ist zu wählen.

Diese Schritte stellen jeweils die oftmals üblichen Rückführungen dar, die in der obigen Prozessfolge als Iterationen angemerkt sind. Eine weitere Option kann sein, gewisse Anforderungen zu hinterfragen. Dies ist nur gemeinsam mit dem Kunden möglich. Nur bei sicherheitsrelevanten Punkten (vergl. Abschnitt 8.1.4) dürfen in den Schritten 2 bis 4 des Lösungsweges keine Abstriche gemacht werden.

8.3 Systematik typischer Antriebsaufgaben

8.3.1 Systematik nach der Bewegung

Die Vielzahl von Antriebsaufgaben kann hinsichtlich der Bewegung in vier Klassen gruppiert werden. Charakteristikum einer Klasse sind gemeinsame Parameter, die für diese Antriebsaufgabe eine dominierende Rolle spielen. In Tabelle 8.1 sind den einzelnen Klassen von Antriebsaufgaben wesentliche Parameter zugeordnet, unabhängig davon, welche Art von Antriebsmotoren eingesetzt werden. Innerhalb einer Klasse ist es auch gleichgültig, ob eine rotatorische oder translatorische Bewegung zu realisieren ist.

Die in den vorangegangenen Abschnitten beschriebenen Antriebselemente können hinsichtlich ihrer Drehzahl-Drehmoment-Kennlinien in vier Klassen eingeteilt werden (Abb. 8.1):
(a) Beim *Synchronverhalten* ist die Drehzahl unabhängig von der Belastung bis zu einem Maximaldrehmoment synchron mit dem Erregerfeld.[10]
(b) *Nebenschlussverhalten* bedeutet einen geringen Drehzahlabfall über der Belastung, von Leerlauf bis Bemessungslast nicht mehr als 20 %.[11]

---

10 Synchronmotoren s. Band 1, Kapitel 7, Schrittmotoren s. Band 1, Kapitel 10.
11 Gleichstrommotoren s. Band 1, Kapitel 4, Asynchronmotoren s. Band 1, Kapitel 6.

Tab. 8.1: Antriebsaufgaben mit ihren wesentlichen Parametern und zugehörigen Betriebsarten.

Klasse der Antriebsaufgabe	wesentliche Parameter	Betriebsarten	Beispiele
Konstante Drehzahl	– geringfügig variable Drehzahl – Gleichlauf – Schleichdrehzahl	– Synchronbetrieb – Asynchronbetrieb – Drehzahlregelung – Gleichlaufregelung	– CD-Antrieb – Festplattenantrieb → Beispiel 8.12.8 – Lüfter – Pumpen → Beispiele 8.12.1, 8.12.9 – Wickelantriebe – Trommelantriebe → Beispiel 8.12.10
Punkt-zu-Punkt Steuerung	– Positioniergenauigkeit – minimale Positionierzeit – maximale Drehzahl	– Positionierbetrieb – Gruppenschrittbetrieb bei Schrittantrieben	– XY-Positioniertische – Drucker – Dosierpumpen → Beispiel 8.12.6 – Bonderautomaten – Bestückungsautomaten – Positionierer → Beispiel 8.12.2
Bahnsteuerung	– Positionsgenauigkeit während der Bewegung – maximales Beschleunigungsvermögen	– zeitoptimales Positionieren – Nachlaufregelung – schwingungsarmes Positionieren	– XY-Schreiber – Roboterantriebe – Fahrtenschreiber – Bahnschweißen – Werkstück- und Werkzeugpositionierungen – Klebeautomaten – Querschneider → Beispiel 8.12.3
Reversierbetrieb	– Reversierfrequenz – Resonanzfrequenz	– Reversierbetrieb	– Nähmaschinen – Lichtzeichenköpfe – Elektrowerkzeuge

(c) Beim *Reihenschlussverhalten* fällt die Drehzahl sehr stark mit der Belastung, von Leerlauf bis Bemessungslast um mehr als 50 %. Diese Motoren eignen sich gut für hohe Anlaufdrehmomente.[12]

(d) *Stellmotorverhalten* repräsentiert einen in etwa linearen Zusammenhang zwischen Drehzahl und Drehmoment und die Kennlinie kann bis zum Stillstand genutzt werden. Oft werden die Maximalwerte für die Drehzahl bzw. das Drehmoment durch spezielle Randbedingungen begrenzt (gestrichelte Linien in Abb. 8.1).

---

12 Reihenschlussmotoren s. Band 1, Kapitel 5.

Gleiche Zusammenhänge bestehen für alle äquivalenten Linearmotoren. Dabei ist die Drehzahl durch die Geschwindigkeit und das Drehmoment durch die Kraft zu ersetzen.

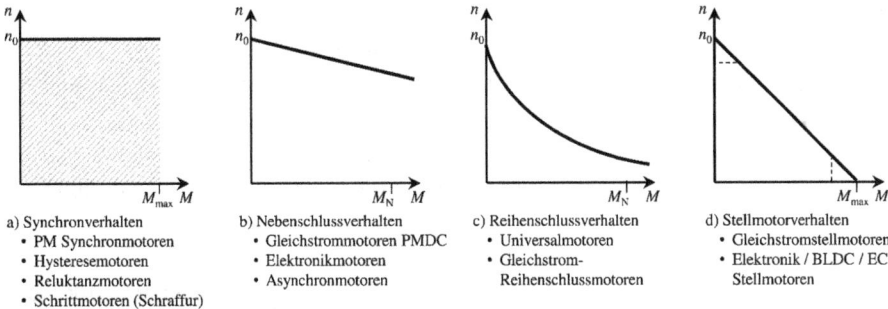

a) Synchronverhalten
- PM Synchronmotoren
- Hysteresemotoren
- Reluktanzmotoren
- Schrittmotoren (Schraffur)

b) Nebenschlussverhalten
- Gleichstrommotoren PMDC
- Elektronikmotoren
- Asynchronmotoren

c) Reihenschlussverhalten
- Universalmotoren
- Gleichstrom-Reihenschlussmotoren

d) Stellmotorverhalten
- Gleichstromstellmotoren
- Elektronik / BLDC / EC Stellmotoren

Abb. 8.1: Klassifizierung der Drehzahl-Drehmoment-Kennlinien rotierender Motoren.

Schrittantriebe weisen prinzipiell ein Synchronverhalten auf (Kennlinientyp a), denn ihre Betriebskennlinien (Band 1, Kapitel 10) sind die Grenzkurven, innerhalb derer alle Kombinationen von Frequenz bzw. Drehzahl und Drehmoment zulässig sind. Alle in Abb. 8.1 gezeigten Kennlinien gelten für den Betrieb am starren Netz. Werden die Motoren über eine Ansteuerelektronik betrieben, so lassen sich damit die Eingangsgrößen Spannung, Strom und Frequenz variabel gestalten und damit jede der Kennlinien im Rahmen der zur Verfügung stehenden Leistung weitestgehend beliebig verändern. So können über Chopper- oder Phasenanschnittsteuerungen die Kennlinien von Dauermagnet-Gleichstrom-Kommutatormtoren (Band 1, Kapitel 4) als auch von Kommutatorreihenschlussmotoren/Universalmotoren (Band 1, Kapitel 5) einfach beeinflusst werden. Ebenso lassen sich Asynchron- (Band 1, Kapitel 6) und Synchronmotoren (Band 1, Kapitel 7) durch Frequenzstellung oder Phasenanschnittsteuerungen in Drehzahl und Drehmoment variabel beeinflussen. BLDC- und BLAC-Motoren (Band 1, Kapitel 8) haben durch die integrierte Elektronik von vornherein vielfältige Möglichkeiten der Kennliniengestaltung.

8.3.2 Systematik nach der Betriebsweise

Für diese Betrachtung stehen die thermische Stabilität sowie Verschleißfragen im Vordergrund und damit die Lebensdauer eines Antriebs. In den drei für Kleinantriebe maßgebenden Standards [11, 12] und [421] sind dazu einige Festlegungen getroffen.

Der *Bemessungsbetrieb* definiert die Gesamtheit aller elektrischen und mechanischen Größen, wie sie vom Hersteller festgelegt und auf dem Leistungsschild des Antriebs angegeben sind und mit denen dieser die vereinbarten Bedingungen erfüllt. Ausgehend davon lassen sich verschiedene Betriebsarten festlegen, von denen für

Kleinmotoren der Dauerbetrieb S1 (s. Abschnitt 8.6.3), der Kurzzeitbetrieb S2 (s. Abschnitt 8.6.4) und der Aussetzbetrieb S3 (s. Abschnitt 8.6.5) bzw. S6 (s. Abschnitt 8.6.7) sowie der periodische Betrieb S8 (s. Abschnitt 8.6.8) relevant sind.

Bei jeder Energieumformung treten Verluste auf, die in Wärme umgesetzt werden. Hauptwärmequellen sind

- die Wicklungen (Stromwärmeverluste durch den elektrischen Strom),
- der Magnetkreis (Ummagnetisierungsverluste durch magnetische Wechselflüsse und Wirbelströme),
- Lager und Rotoroberflächen (Lager- und Luftreibungsverluste),
- Kommutator-Bürsten-System (Verluste durch den Stromübergang und die Bürstenreibung).

Die Baugruppen einer elektrischen Maschine können thermisch folgendermaßen beurteilt werden:

- Metallteile (Wicklungskupfer, Eisenkreis, Gehäuse) sind im üblichen Temperaturbereich thermisch unkritisch.
- Magnete haben abhängig vom jeweiligen Arbeitspunkt zulässige Einsatztemperaturen (Band 1, Kapitel 2), oberhalb derer sich irreversible Entmagnetisierungserscheinungen bemerkbar machen, z. B. liegen sie für NdFeB-Magnete typischerweise bei $100 \dots 150\,°C$. Darunter weisen Selten-Erden-Dauermagnete im Allgemeinen bei entsprechender Magnetkreisauslegung reversible Eigenschaftsänderungen auf, deren Gradienten dB/dT und dH/dT im Datenblatt der Hersteller angegeben sind.
- In Lagern können sich bei zu hohen Temperaturen die Schmierungsbedingungen drastisch ändern (Trockenlauf und Fressen, Abschnitt 7.4) bzw. kann sich der Schmierstoff irreversibel verändern. Schmierstoffe (Öle und Fette) zeigen bei höheren Temperaturen ein ausgeprägtes Alterungsverhalten, das zum Ausfall eines Antriebs führen kann.
- Alle Kunststoffe (z. B. Wicklungsisolierung und Spulenkörper) sind empfindlich gegenüber Temperaturbeanspruchungen. Oberhalb bestimmter Temperaturen können irreversible Veränderungen auftreten (Versprödung, Kriechen, ...) und damit zum Ausfall der Maschine führen. Elastomere (Dichtungen) weisen bei erhöhten Temperaturen ein signifikantes thermisches Setzverhalten auf und frieren bei Kälte ein (Glasübergangstemperatur).
- Klebeverbindungen zeigen eine Reduzierung der Klebefestigkeit mit steigender Temperatur, Alterung des Klebstoffs und Reduzierung der Klebefestigkeit mit der Zeit, besonders bei hohen Temperaturen.

Zur besseren Einordnung der thermischen Standfestigkeit werden die elektrischen Maschinen und ihre Komponenten in *Thermische Klassen* [419] eingeteilt. Damit garantiert der Hersteller der Maschine, dass bei Einhalten der Bemessungsbedingungen die einzelnen Wärmequellen die Bauteile nicht unzulässig beanspruchen und damit die angegebene Lebensdauer erreicht wird. Zum Beispiel bedeutet die thermische Klasse 105 (vormals „A"), dass bei dauerhafter Wicklungstemperatur von 105 °C die Isolationsfestigkeit des Drahtes in 20 000 h um maximal 50 % nachlässt [409]. Das wiederum bedeutet auch, dass eine seltene kurzzeitige leichte Überhitzung über die angegebene thermische Klasse hinaus möglich ist, ohne unmittelbar einen Ausfall zu generieren. Die Grenzen dazu sind in Robustheitstests zu ermitteln.

Die in der elektrischen Maschine auftretende Verlustleistung führt durch die Wärmespeicherung in den Komponenten (Wärmekapazität) zu einer Übertemperatur ΔT gegenüber der Umgebungs- bzw. Kühlmitteltemperatur ϑ_u. Sobald der Antrieb eine höhere Temperatur als die Umgebung erreicht, beginnt über die Oberfläche eine Wärmeabgabe an die Umgebung. In der realen Maschine sind die tatsächlichen Wärmequellen räumlich verteilt, und es gibt eine Wärmeleitung zwischen den einzelnen Maschinenteilen und eine unterschiedliche Wärmeabgabe an den Oberflächenabschnitten. Aus den verschiedenen Wärmetransportmechanismen ergibt sich ein typischer zeitlicher Verlauf der Übertemperatur für verschiedene Betriebsarten (Abb. 8.2).

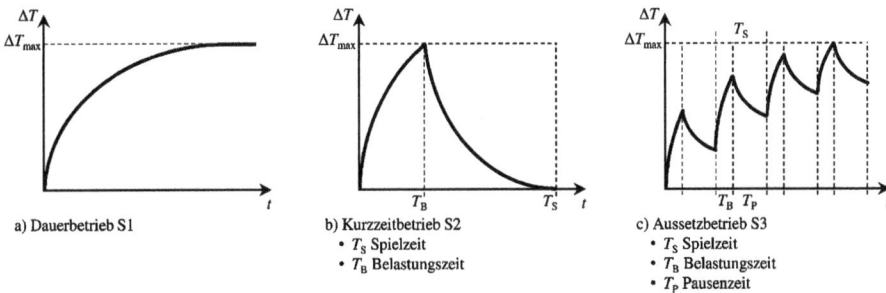

Abb. 8.2: Betriebsarten nach EN 60034-1 [11] mit Erwärmungsverlauf, Einzelheiten s. Abschnitte 8.6.3 bis 8.6.8.

Der *Dauerbetrieb* (Betriebsart S1) definiert eine konstante Belastung über eine solche Dauer, so dass der thermische Beharrungszustand der Maschine erreicht wird (Abb. 8.2a), Details in Abschnitt 8.6.3. Im *Kurzzeitbetrieb* (Betriebsart S2) ist die Dauer der Belastung zu kurz, um das thermische Gleichgewicht zu erreichen. In der nachfolgenden Pause ist der Antrieb abgeschaltet und die Maschinentemperatur sinkt wieder auf die Temperatur der Umgebung ab (Abb. 8.2b), ausführliche Darstellung in Abschnitt 8.6.4. Der *Aussetzbetrieb* (Betriebsart S3) ist eine Folge von gleichen Lastspielen mit Belastung und Temperaturerhöhung sowie Lastpausen mit Temperaturabsenkung (Abb. 8.2c), Details siehe Abschnitt 8.6.5. Aus dem Vergleich der Temperaturverläufe in Abb. 8.2 ist zu ersehen, dass im Kurzzeit- und im Aussetzbetrieb eine Belastung über die *Betriebszeit* T_B hinaus zum Überschreiten der zulässigen Maximaltemperatur ΔT_{max} führt. Ursache sind die gegenüber dem Dauerbetrieb der gleichen Maschine höheren Verluste. Höhere Verluste bedeuten aber eine größere Belastung und damit eine höhere Ausnutzung der Maschine. Wichtig ist das Einhalten der *relativen Einschaltdauer* $T_{ON\%}$ (duty cycle) und der *Spieldauer* T_S (duty cycle time). Die Einschaltdauer $T_{ON\%}$ ist definiert als

$$T_{ON\%} = k_{ED} = \frac{T_B}{T_S}, \qquad (8.1)$$

Die Hersteller von Antriebsmotoren geben üblicherweise sowohl Betriebsart als auch Einschaltdauer auf dem Typenschild an. Sind keine besonderen Angaben zum Motor vorhanden, ist eine Einschaltdauer von $T_{ON\%}$ 100 %, d. h. Dauerbetrieb anzunehmen, jedoch mit einer Temperaturmessung bzgl. der thermischen Klasse zu bestätigen.

Die Bestimmung der Temperaturerhöhung kann über direkte Messmethoden mit Thermoelementen oder Laserthermometer erfolgen. Dabei ist auf die Wahl des Messpunktes als auch die Eignung des Verfahrens für die zu messende Oberfläche zu achten. Die höchste Temperatur in elektrischen Maschinen hat meist die Wicklung, so dass die Temperaturerhöhung hier sehr gut indirekt über den elektrischen Widerstand ermittelt werden kann (mittlere Wicklungstemperatur, lokale höhere Temperaturen an Kontaktierungsstellen o. ä. sind möglich). Weiterhin sind bei jeder Temperaturmessung die Umgebungsbedingungen konstant zu halten und zudem Fremdeinflüsse durch offene Fenster, Ventilatoren im Klimaschrank usw. zu vermeiden. Zudem spielen die Abmessungen und Materialeigenschaften der Anschlussleitungen sowie Montageelemente eine bedeutsame Rolle. Diese können als relativ zum Antrieb wesentliche Wärmequellen oder -senken wirken und das Messergebnis massiv beeinflussen.

Im Rahmen der Antriebsauslegung sind verschiedenste Maßnahmen möglich, um die Übertemperatur gering zu halten. Ausgehend von Designaspekten wie speziellen Oberflächenstrukturen (Kühlrippen) über Änderung des Antriebskonzepts (geringere Stromaufnahme) bis hin zu ausgewählten Materialien mit hohem Wärmeleitwert gibt es unterschiedliche Möglichkeiten. Es ist zu beachten, dass thermisch gut leitfähige Kunststoffe oft Graphit enthalten und damit potentiell elektrisch leitfähig sind, d. h. nur ungenügende elektrisch isolierende Eigenschaften haben. Eine Alternative ist die Zwangskühlung durch Eigenventilatoren oder Wasserkreisläufe (z. B. bei Pumpenantrieben).

Wie bereits in Abschnitt 8.1.3 ausgeführt, sind neben der Nennbelastung auch Überlastbedingungen zu prüfen, ggf. vorab zu simulieren. Unzulässig hohe Temperaturen durch Überlast können die Lebensdauer stark verkürzen. Risiken durch Temperatureffekte sollten in der Design FMEA betrachtet und gemindert werden.

8.4 Aspekte der Antriebsauswahl

8.4.1 Übersicht möglicher Antriebe

Um zu einer ersten Einschätzung für mögliche Antriebe einer Bewegungsaufgabe zu kommen, kann entsprechend Abschnitt 8.2 aus den ersten beiden Punkten des vorgeschlagenen Lösungswegs ein Anforderungskatalog erstellt werden.

1. Analyse der Antriebsaufgabe und Zusammenstellen der Anforderungen (Abschnitt 8.1),
2. Präzisierung der Aufgabenstellung durch Bestimmen wesentlicher stationärer und dynamischer Parameter.

Die Zuordnung von Anforderungen zu passenden Antriebsausführungen wie beispielsweise in Tabelle 8.2 liefert eine erste Auswahl geeigneter Antriebe, die anschließend nachzurechnen sind.

8.4.2 Thermische Randbedingungen

Es ist möglich, einen Motor für Dauerbetrieb (Betriebsart S1, $T_{\mathrm{ON\%}} = 100\%$) im Kurzzeit- oder Aussetzbetrieb zu belasten und dadurch höher auszunutzen. Bei Wechselstrommotoren über etwa 10 W und allen Gleichstrommotoren wächst der Strom und damit die Temperatur mit dem geforderten Drehmoment an. Der mögliche Einfluss auf die Drehzahl ergibt sich aus der Motorcharakteristik. Bei Wechselstrommotoren unter ca. 10 W und Schrittmotoren hat das Drehmoment keinen oder fast keinen Einfluss auf die Höhe des Stroms. Eine höhere Ausnutzung des Motors ist hier nur durch Speisung mit höherer Spannung zu erzielen. Für alle größeren Motoren besteht diese Möglichkeit ebenfalls.

Ohne gesonderte Angaben des Herstellers ist von einer maximalen Umgebungstemperatur von 40 °C auszugehen. Höhere Temperaturen schränken die Belastbarkeit des Motors ein, niedrigere Temperaturen gestatten eine höhere als die Bemessungslast. Die Erwärmung des Motors ist proportional der Verlustleistung und umgekehrt proportional dem Wärmeabgabevermögen. Liegt die Umgebungstemperatur eines Motors während des Betriebs unter sonst unveränderten Kühlbedingungen bei 80 °C statt bei 40 °C, und handelt es sich um einen Motor der Thermischen Klasse 130, so muss die Verlustleistung um den Faktor $(130-80)/(130-40) = 0{,}55$ gesenkt werden. Beispielsweise bei einem permanenterregten Gleichstrommotor, dessen Drehmoment dem Strom direkt und dessen Verluste dem Quadrat des Stroms proportional sind, bedeutet das eine Reduzierung des zulässigen Drehmoments auf $\approx 75\%$ des Bemes-

Tab. 8.2: Motorprinzipien für spezifische Anforderungen an Antriebssysteme.

Merkmal	Anforderung	mögliches Motorprinzip
Lebensdauer		
	Kleine Lebensdauer (einige 100 Stunden)	– alle Motoren geeignet, mit Gleitlager
	Hohe Lebensdauer	– bürstenlose Antriebe, mit Wälzlager, Gleitlager mit hydrodynamischer Schmierung
Einbauvolumen, Leistungsdichte, Drehmomentdichte		
	Geringes Einbauvolumen, hohe Leistungsdichte	– PMDC-, BLDC-, BLAC-Motoren mit Hochenergie-magneten (Band 1, Kapitel 2)
		– Motoren mit hoher Drehzahl und Getriebe zur Drehzahlanpassung
		– Direktantriebe bei mittleren bis hohen Drehzahlen
		– Piezoelektrische Antriebe (Kapitel 3)
		– Elektromagnete (Kapitel 1)
	Großes Einbauvolumen zulässig	– Asynchronmaschinen (Band 1, Kapitel 6)
		– PMDC-Motoren mit Ferritmagneten (Band 1, Kapitel 4)
		– Reluktanzmotoren (Band 1, Kapitel 9)
Drehzahlverhalten (vgl. Abb. 8.1)		
	Variation der Drehzahl	– Stell- und Servomotoren, s. Kapitel 4
		– Motor- u. Leistungselektronik (Band 1, Kapitel 11)
	Konstante Drehzahl	– Synchronmotor am starren Netz (Band 1, Kapitel 7)
		– Motor- u. Leistungselektronik mit Drehzahlregelung
		– Schritt- oder Reluktanzmotoren (Band 1, Kapitel 9, 10)
	Etwa konstante Drehzahl	– PMDC Motor (Band 1, Kapitel 4)
		– Asynchronmotor (Band 1, Kapitel 6)
	Weiche Drehmoment-Drehzahl-Kennlinie	– Reihenschlussmotor (Band 1, Kapitel 5)
		– Universalmotor (Band 1, Kapitel 5)
		– Asynchron- oder Synchronmotor mit Leistungselektronik und passender Kennliniensteuerung (Band 1, Kapitel 6, 7, 11)
Geräuschverhalten		
	Geringe Geräusche	– Bürstenlose Antriebe (Band 1, Kapitel 6, 7, 8, 10)
		– Asynchronantriebe (Band 1, Kapitel 6)
	Kleine Geräusche bei variabler Drehzahl	– Synchronmotor- u. Leistungselektronik mit hoher Pulsfrequenz (Band 1, Kapitel 7)
	Hohe Geräusche zulässig	– Bürstenbehaftete Motoren (Gleichstrom- u. Universalmotor, Band 1, Kapitel 4, 5)
		– Asynchronmotor- u. Leistungselektronik (Band 1, Kapitel 6)

Tab. 8.2: (fortgesetzt).

Merkmal	Anforderung	mögliches Motorprinzip
Gleichlaufverhalten		
	Geringe Drehmomentschwankungen	– Gleichstrommotoren mit hoher Nutzahl und/oder schräger Nutgeometrie (Band 1, Kapitel 4)
		– Asynchron- oder Synchronmotoren mit sinusförmigen Strömen (Band 1, Kapitel 6, 7)
	Größere Drehmomentschwankungen zulässig	– Gleichstrommotoren mit geringer Nutzahl
		– BLDC-Motoren mit wenig Polen
Wirkungsgrad		
	Hoher Wirkungsgrad	– Dauermagnet-Gleichstrommotoren (PMDC) mit Selten-Erd-Magneten (Band 1, Kapitel 2, 4)
		– PM-Synchronmotoren (Band 1, Kapitel 7)
		– BLDC, BLAC (Band 1, Kapitel 8)
	Geringer Wirkungsgrad	– Reihenschlussmotoren (Band 1, Kapitel 5)
		– Asynchronmotoren (Band 1, Kapitel 6)
		– Schrittmotoren (Band 1, Kapitel 10)
		– Reluktanzmotoren (Band 1, Kapitel 7, 9)
Kosten		
	Geringe Kosten (Stückzahlen groß)	– PMDC-Motoren mit Ferritmagneten (Band 1, Kapitel 4)
		– Synchronmotoren mit Ferritmagneten (Band 1, Kapitel 7)
		– Asynchronmotoren (Band 1, Kapitel 6)
		– Klauenpolschrittmotoren (Band 1, Kapitel 10)
		– Kleinmotoren mit hoher Drehzahl und Getriebe zur Drehzahlanpassung
	Höhere Kosten zulässig (Spezialeinsatz oder kleinere Stückzahlen)	– PMDC-Motoren mit Hochenergiemagneten (Band 1, Kapitel 4)
		– Synchronmotoren mit Hochenergiemagneten (Bd. 1, Kapitel 7)
		– BLDC-, BLAC-Motoren (Band 1, Kapitel 8)
		– Hybridschrittmotoren (Band 1, Kapitel 10)
Selbsthalten		
	Selbsthaltedrehmoment erforderlich	– PMDC-Motor mit Hochenergiemagnet und wenigen Nuten, nicht geschrägt (Band 1, Kapitel 4)
		– Schrittmotor mit Permanentmagnet (Band 1, Kapitel 10)
		– Motor mit integrierter Haltebremse und elektrischer Lüftung
		– Motor mit hochuntersetzendem Getriebe, z. B. Schneckengetriebe (Abschnitt 7.1.2.5) oder Schraubengetriebe (Abschnitt 7.1.4)

Tab. 8.2: (fortgesetzt).

Merkmal	Anforderung	mögliches Motorprinzip
	Kein Selbsthaltedrehmoment zulässig	– Asynchronmotor (Band 1, Kapitel 6) – Allgemein niedriguntersetzende Getriebe – Synchronmotor als Direktantrieb ohne Getriebe (Band 1, Kapitel 7)
Positionierung, Regelung		
	Positionierung oder dynamisches Beschleunigen / Abbremsen	– Servoantriebe mit integriertem Sensor: Gleichstrom-, Asynchron- und Synchronmotor mit Leistungselektronik und Regelung (Kapitel 4)
	Einfache Positionierung	– Schrittmotor (Band 1, Kapitel 10) – Synchronmotor am Umrichter mit Haltestrom (Band 1, Kapitel 7)

sungsdrehmoments:

$$M \approx M_\mathrm{N} \cdot \sqrt{\frac{P_\mathrm{v\,zul}}{P_\mathrm{v\,zul\,N}}} \approx M_\mathrm{N} \cdot \sqrt{0,55} \approx 0,75 \cdot M_\mathrm{N}. \tag{8.2}$$

Die Wärme lässt sich besser abführen durch eine Zwangskühlung oder Anbringen von Kühlflächen oder -körpern (Abschnitt 8.3.2).

Am Ende von Abschnitt 8.3.2 wird auf einige Details der Temperaturerhöhung unter verschiedenen Lastkollektiven eingegangen. Ebenso sind Hinweise zur Messung der Übertemperatur genannt. Verschiedene thermische Zeitkonstanten können zu unterschiedlichen Temperaturen über das Antriebssystem führen. Daher sind Messungen bis zum Beharrungszustand (Zeitdauer meist 10 min bis 2 h) unabdingbar. Der thermische Widerstand R_th (in K/W) eines Antriebs lässt sich aus dem Verhältnis von Übertemperatur ΔT zu ohmscher Verlustleistung $P_\mathrm{Cu} = I^2 \cdot R$ bestimmen:

$$R_\mathrm{th} = \frac{\Delta T}{P_\mathrm{Cu}}. \tag{8.3}$$

In erster Näherung ist R_th über einen weiten Umgebungstemperaturbereich (0 °C bis 60 °C) konstant und kann zur Abschätzung der Übertemperatur bei unterschiedlichen Umgebungsbedingungen genutzt werden. Bei Motoren, die einen großen Teil der Wärme über natürliche Konvektion abgeben, sinkt der thermische Widerstand mit steigender Temperaturdifferenz zwischen der Umgebung und der Oberfläche des Motors.

8.4.3 Ansteuerelektronik

Für Einphasen-Asynchron- und -Synchronmotoren mit Betriebskondensator ist bei Betrieb mit erhöhter Spannung der Kondensator in seinem Kapazitätswert nicht zu verändern. Er ist der Wicklung angepasst. Es muss aber die Spannungsfestigkeit des Kondensators beachtet werden.

Bei der Auswahl der Ansteuerelektronik sind insbesondere die Spitzenwerte von Strom und Spannung maßgebend, die durch die Induktivitäten der Motoren schnell beachtliche Werte annehmen können. Chopperfrequenzen sollten über 13 kHz liegen, weil sie damit aus dem Hörbereich des erwachsenen Menschen rücken. Bei Antriebsanwendungen, von denen Kinder betroffen sind, z. B. Haushaltsgeräte, medizinische Geräte, sollten die Choppfrequenzen über 20 kHz liegen. Dies ist in entsprechenden Geräuschuntersuchungen zu bestätigen.[13]

8.4.4 Geräusch und Akustik

Ein zunehmend entscheidendes Kriterium bei der Antriebsentwicklung sind die auftretenden Geräusche.[14] Einerseits kommen immer mehr der Kleinantriebe in immer mehr Lebensbereichen zum Einsatz, die bislang passiv und damit geräuschlos waren. Andererseits steigert die stetige Reduktion der Umgebungsgeräusche die Sensibilität der Menschen darauf. Deshalb befassen sich zunehmend mehr Autoren mit den Ursachen der Geräuschbildung und deren Vermeidung [410, 424, 425, 436, 437] (Band 1, Kapitel 12).

Als Hauptursachen für Geräusche sind zu nennen:
- Geblechte Magnetkreise brummen durch die magnetischen Felder mit doppelter Speisefrequenz, besonders, wenn die Bleche nicht verklebt oder getränkt sind.
- An rotierenden Teilen können Lager- und Ventilationsgeräusche entstehen, die sich mit der Drehzahl steigern.
- Die Unwucht rotierender Teile führt insbesondere bei höheren Drehzahlen zu merklichen Geräuschen mit der Drehfrequenz.
- Am Kommutator-Bürsten-System von Gleichstrommotoren tritt neben der Reibung oft ein Schwingen der Bürsten mit Geräuschentwicklung auf.[15]
- Synchronmotoren und Schrittmotoren fehlt häufig die natürliche Dämpfung (fehlender dämpfender Strom im Rotor). Außerdem sind die Trägheitsmomente ihrer Rotoren gering, so dass sie sehr oft zu Schwingungen neigen.
- Gleichstrom-Kommutatormotoren mit geringen Nutzahlen [408] und Elektronikmotoren mit bis zu drei Wicklungssträngen zeigen starke Drehmomentpulsationen, die sich bei kleinen Drehzahlen als Schwingungen oder Geräusche bemerkbar machen können.

---

13 Geräuschmessungen s. Band 1, Abschnitt 12.4
14 s. Band 1, Kapitel 12.
15 Kommutatorsystem s. Band 1, Kapitel 3.

- Die elektronische Ansteuerung kann beispielsweise bei der Pulsweiten-Modulation durch ungünstige Frequenzen oder Tastverhältnisse bzw. im Chopperbetrieb jeden Motor zu Schwingungen anregen.
- Erhöhte Ausnutzung von Motoren führt zu erhöhter Geräuschbildung.
- Zahnradgetriebe (vgl. Kapitel 7.1.2) verursachen durch das Aufeinanderschlagen der Zähne Geräusche. Eine große Rolle spielen auch die Materialien, die Oberflächenrauigkeit und die Montagetoleranzen. Treten Teilungsfehler an den Zahnrädern, unrunde oder nicht plane Zahnräder auf, so wird dem Grundgeräusch ein ständig wechselndes Geräusch überlagert, das als besonders unangenehm empfunden wird.
- Generell sind Kleinantriebe schwingungsfähige Gebilde, denn sie besitzen rotierende Massen und elestische Elemente (Magnetfeld, Elastizitäten). Somit haben sie eine oder oft mehrere Eigenfrequenzen.

Einige Möglichkeiten der Geräuschreduzierung oder -vermeidung sind
- kein Betrieb in Nähe einer Eigenfrequenz (Resonanzstelle), diese ist vorher zu messen;
- bei Drehzahl- oder Frequenzänderungen Resonanzstellen schnell durchfahren;
- mit Zusatzträgheitsmomenten die Eigenfrequenzen zu kleineren Frequenzen verschieben;
- auswuchten schnelllaufender Antriebe;
- Langsamläufer verwenden (Wegfall Ventilationsgeräusche, kein Getriebe);
- Gleitlager statt Wälzlager einsetzen (Kapitel 7.4.3);
- hohe Ansteuerfrequenzen (>20 kHz) bei der Pulsweiten-Modulation oder im Chopperbetrieb realisieren. Bei Anwendungen im Haushalt oder Medizinbereich mit Rücksicht auf den großen Hörbereich von kleinen Kindern und Haustieren ggf. auch deutlich größer als 25 kHz (Band 1, Kapitel 12.4);
- Elektronikmotoren ohne Kommutator-Bürsten-System anwenden;
- Außenläufermotoren mit hohen Eigenträgheitsmomenten einsetzen;
- Getriebeoptimierung (vgl. Kapitel 7.1.2), u. a. Zahngeometrie, Schrägverzahnung, Eigenfrequenzen der Getriebepaarungen (Zähnezahl), elastische oder dämpfende Zahnradmaterialien, Befettung;
- Kapseln und Dämpfung durch Gehäusedesign und -materialauswahl;
- Beachten der Koppelbedingungen zwischen den mechanischen Baugruppen des Antriebs und vom Antrieb zum Gerät, z. B. dämpfende Kopplung, Reibung, Fluchtung, usw. ohne Berücksichtigung der konkreten Einbaubedingungen gibt es oft gravierende Unterschiede in der Beurteilung der Geräuschqualität.

Zur Lösung einer Geräuschproblematik ist immer der konkrete Antriebsfall zu untersuchen, und es sind alle Komponenten in die Betrachtung einzubeziehen. Durch Kombinationen der Bauteile und -gruppen und die Betriebsweise können Schwingungen und Geräusche reduziert, aber auch deutlich verstärkt werden. Zu beachten ist, dass die Maßnahmen auch mit beträchtlichem Aufwand und hohen Kosten verbunden sein können. Die Spezifikation eines Geräuschpegels und vor allem eines als nicht störend empfundenen Geräusches ist meist nicht eindeutig möglich. Subjektives Empfinden und Messwerte gehen oft auseinander, denn die Rahmenbedingungen und das Messverfahren können die Messwerte stark variieren lassen (zur Geräuschmessung siehe Band 1, Kapitel 12).

Bei der Messung sind beispielsweise Abstand, Bewertungspegel, Messposition und -zeit als auch die Frequenzverteilung (FFT – *Fast Fourier Transformation*) in Betracht zu ziehen [407].

8.5 Vergleich lagegeregelter Gleichstrom- und Schrittantriebe als Servoantriebe

Servoantriebe lassen sich mit lagegeregelten Gleichstrom- oder BLDC-, aber auch mit Schrittantrieben realisieren (Ausführungsarten von Positionierantrieben/Servoantrieben siehe Kapitel 4). Welches Wirkprinzip unter welchen Bedingungen sinnvoller ist, stellt Tabelle 8.3 zusammen [445, 446]. Daraus ergibt sich die Schlussfolgerung, dass das vorrangige Einsatzgebiet der Schrittantriebe bei begrenzten Drehmomenten, nicht zu hohen dynamischen Forderungen mit geringen Auflösungen und kleinen Stellwinkeln bzw. kurzen Belastungszeiten liegt. In diesem Bereich verlangen sie einen geringen gerätetechnischen Aufwand, was sich direkt im Preis widerspiegelt.

Zur Auslegung von Antriebssystemen mit Gleichstrommotoren ist sehr umfangreiche Literatur vorhanden, siehe auch Band 1, Kapitel 4. Entsprechende Ausführungen für Schrittmotoren enthält Band 1, Kapitel 10. Wenn für einen Positionierantrieb die Entscheidung nach dem Wirkprinzip zu treffen ist, dann sind als erstes die notwendigen technischen Parameter mit den erreichbaren Parametern zu vergleichen. Parameter für Servoantriebe/Positionierantriebe zeigt Kapitel 4. Als zweites Kriterium sind die für den Positioniervorgang typischen Grenzwerte heranzuziehen. Dabei ist immer zu berücksichtigen, dass sich die realisierte Dynamik des Antriebs in erster Näherung im materiellen Aufwand widerspiegelt. Schlussendlich muss der bestmögliche Kompromiss zwischen technischer Komplexität und Systemkosten herausgearbeitet werden.

8.6 Leistungsauslegung von Antrieben – thermische Auslegung, Anlauf, Überlast, Lastkollektive

Der Antrieb muss für die Antriebsaufgabe die mechanische Leistung mit den erforderlichen Drehzahlen und Drehmomenten bereitstellen. Dies gilt sowohl für den stationären Betrieb als auch für den Anlauf und für dynamische Bewegungen. Dieser As-

Tab. 8.3: Kennzeichen, Vor- und Nachteile von lagegeregelten Gleichstromantrieben und Schrittantrieben.

Kennzeichen / Parameter	Lagegeregelter Gleichstromantrieb	Schrittantrieb
Regelung	– geschlossener Regelkreis	– offene Steuerkette
minimaler Stellwinkel	– 0,0025°	– 0,36° ohne Zusatzmaßnahmen
		– 0,0144° im Mikroschrittbetrieb
Stellwinkel praktisch	– ≥ 0,036°	– ≥ 0,36°
Drehmoment	– für Kleinantriebe unbegrenzt	– ≤100 cNm typisch (ggf. bis zu 1000 cNm)
Drehzahl/Frequenz	– 20.000 min^{-1} Kommutatormotoren	– 800 min^{-1} (5.000°/s) Startbereich
	– 100.000 min^{-1} Elektronikmotoren	– 7.500 min^{-1} (45.000°/s) Betriebsbereich
Betriebsverhalten	– lineare Kennlinien Drehzahl-Drehmoment sowie Strom-Drehmoment	– feste Frequenzen erlauben konstante Drehzahlen
	– kleine elektrische Zeitkonstante, Mechanik dominiert dynamisch	– Startfrequenz abhängig von Last
– große Stellwinkel		
– kleine Stellwinkel		
EMV-Verhalten	– kritisch bei Kommutatormotoren	– Ansteuerelektronik beachten
Lebensdauer	– 5.000 h Kommutatormotoren	– 25.000 h
	– 25.000 h Elektronikmotoren	
Vorteile	– bis zu 10-fach höhere Auflösung	– kein Regelkreis nötig
	– etwa 5-fach höhere Dynamik	– Positionierung per Rastmoment (Selbsthemmung) und Schrittanzahl
	– im Bereich Kleinantriebe unbegrenztes Drehmoment (maximal in Stillstand)	– kein Überhitzen im Stillstand
	– besserer Wirkungsgrad (bis zu 90 %)	– Klauenpolschrittmotoren kostengünstig
Nachteile	– höherer Elektronikaufwand (bis zu drei Regelkreise: Strom, Drehzahl und Lage)	– geringere Dynamik
	– Lebensdauer bei Kommutatorantrieben deutlich geringer	– geringere Auflösung
	– EMV Störaussendung besonders bei Kommutatormotoren kritisch (Schrittantriebe und EC-Motoren gleich)	– kleiner Wirkungsgrad (runter bis <10 %)
	– Kosten in etwa linear steigend mit der Dynamik	– Schwingungen des Rotors abhängig von Steuerfrequenz

pekt wird in Abschnitt 8.1 unter dem Punkt „Funktion unter Normalbedingungen" kurz behandelt. In Abschnitt 8.3.2 wird schon der Einfluss der Betriebsweise angerissen (Dauerbetrieb, Kurzzeitbetrieb, periodischer Betrieb). Abschnitt 8.4.2 geht kurz auf das Thema Umgebungsbedingungen ein.

Im Folgenden wird die Auslegung zur Bereitstellung der Leistung, der Drehzahlen und Drehmomente im Detail behandelt. Dabei werden auch abweichende Umgebungs- und Betriebsbedingungen wie z. B. Umgebungstemperatur oder Spannungsversorgung behandelt. Die verschiedenen Einflüsse werden zur rechnerischen Auslegung im Einzelnen betrachtet und für die Leistungsauslegung und die thermische Auslegung berücksichtigt.

Für eine ordungsgemäße Funktion unter den für die Anwendung definierten Bedingungen muss ein Antrieb folgende beiden Kriterien zur Bereitstellung der Antriebsleistung erfüllen:

– *Bereitstellung der maximal geforderten Antriebsgrößen → Maximalgrößenauslegung für Anlauf, Überlast, Beschleunigungsvorgänge*

Der Antrieb muss die geforderten Drehmomente und Drehzahlen zur Verfügung stellen, d. h. alle Betriebspunkte müssen innerhalb der Maximalgrenzen des Antriebs liegen. Dies betrifft alle Drehmomente und Drehzahlen bei rotativen Antrieben bzw. alle Geschwindigkeiten und Kräfte bei translatorischen Antrieben einschließlich der Anlaufdrehmomente bzw. -kräfte.

Gegebenenfalls müssen Kräfte bzw. Drehmomente zur Beschleunigung der eigenen Trägheit des Antriebs berücksichtigt werden.

Kleinste und größte Betriebsspannungen sowie ggf. Temperatureinflüsse auf die Maximalgrenzen des Antriebs müssen ebenfalls beachtet werden.

Die Beurteilung erfolgt anhand der Maximalgrößen, die der Antrieb unter den Betriebsbedingungen zur Verfügung stellen kann.

– *Einhalten zulässiger Temperaturen des Antriebs → thermische Auslegung*

Der Antrieb muss die Drehmomente und Drehzahlen bzw. Kräfte und Geschwindigkeiten für die geforderten Betriebsdauern zur Verfügung stellen können, ohne bei den zu erwartenden Umgebungsbedingungen zu heiß zu werden. Das heißt, dass während des Betriebs z. B. die zulässigen Temperaturen der Isolierstoffe der Wicklung und der Schmierstoffe der Lager nicht längerfristig überschritten werden dürfen.

Bei häufigen Beschleunigungen müssen auch die Kräfte bzw. Drehmomente zur Beschleunigung der eigenen Trägheit des Antriebs berücksichtigt werden, wenn sie für die Erwärmung des Antriebs relevant sind.

Bei höheren Umgebungstemperaturen oder größeren Aufstellungshöhen müssen diese Einflüsse auf die Erwärmung berücksichtigt werden. Dies betrifft z. B. Konsumgüter, deren Aufstellungsort je nach Anwender sehr unterschiedlich sein kann.

Die Beurteilung erfolgt anhand der Angaben für den Bemessungsbetrieb des Antriebs.

Wegen der größeren Verbreitung drehender Antriebe gegenüber translatorischen Antrieben werden im Folgenden alle Beziehungen für rotative Bewegungen, also für Drehzahlen und Drehmomente, angegeben. Die Beziehungen gelten aber sinngemäß ebenso für translatorische Bewegungen.

Die *Leistungsauslegung* wird zusammen mit den Einflussfaktoren für die beiden grundsätzlichen Betriebsweisen mit etwa konstanter Drehzahl und veränderlicher Drehzahl behandelt:

- *etwa konstante Drehzahl* (Abschnitt 8.7)
  - Betriebsarten S1, S2, S3, S6;
  - feste Spannung und Frequenz;
- *Betriebspunkte unterschiedlicher Drehzahl* (Abschnitt 8.9)
  - Betriebsarten S1, S2, S3, S6;
  - Leistungselektronik;
  - veränderliche Spannung/Frequenz;
- *periodischer Betrieb mit unterschiedlichen Drehzahlen* (Abschnitt 8.10)
  - Betriebsart S8;
  - geringe Bedeutung der Drehmomente für die Beschleunigung der Massenträgheit des Antriebs;
  - Leistungselektronik;
  - veränderliche Spannung/Frequenz;
- *dynamischer periodischer Betrieb, zeitabhängige Drehzahl* (Abschnitt 8.11)
  - Betriebsart S8, dynamische Beschleunigungen und Verzögerungen;
  - große Bedeutung der Drehmomente für die Beschleunigung der Massenträgheit des Antriebs;
  - Leistungselektronik;
  - veränderliche Spannung/Frequenz.

Die Ermittlung der Lastdremomente und die Berücksichtigung der Umgebungsbedingungen und Betriebsweisen wird in den folgenden Abschnitten dargestellt.

8.6.1 Ermittlung von Lastdrehmoment, Leistung, Massenträgheit und Beschleunigungsdrehmoment

Der Antrieb soll die Lastmaschine antreiben, d. h. er muss das Drehmoment, die Drehzahl und die Leistung für die Lastmaschine bereitstellen. In vielen Fällen besteht eine Lastmaschine aus mehreren mechanisch gekoppelten Komponenten, die alle einen Beitrag zum gesamten erforderlichen Lastdrehmoment und zur gesamten Massenträgheit liefern.

Die Komponenten können z. B. die verschieden schnell drehenden Teile eines mechanischen Übersetzungsgetriebes sein. Es gehören aber auch durch Zahnriemen, Hebel oder Kurvenscheiben translatorisch bewegte Teile wie Lastaufnahmen, Schneiden, Prägestempel und ggf. bewegte Werkstücke dazu. Abbildung 8.3 zeigt den prinzipiellen Aufbau einer Maschine mit einer Antriebswelle mit der Drehzahl n_{Last} und verschiedenen bewegten Massenträgheiten J_i und Massen m_j.

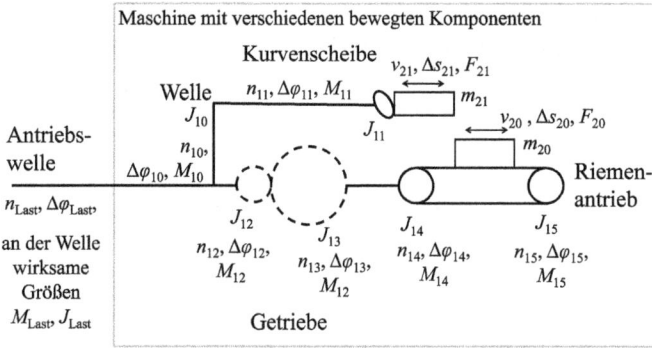

Abb. 8.3: Prinzipaufbau einer Maschine mit Antriebswelle und verschiedenen bewegten Massen und Massenträgheiten.

Mit folgenden Beziehungen werden die einzelnen Belastungen und bewegten Massen zu einem gesamten Lastdrehmoment M_{Last} und einer gesamten Massenträgheit J_{Last} zusammengefasst.

Es wird unterstellt, dass die Maschine über eine Antriebswelle mit der Drehzahl n_{Last} angetrieben wird. Die mechanische Kopplung der einzelnen Komponenten der Maschine führt dazu, dass bei der Drehzahl n_{Last} die einzelnen Komponenten jeweils die Drehzahlen n_i bzw. die Geschwindigkeiten v_j haben. An den einzelnen Komponenten greifen die Drehmomente M_i bzw. Kräfte F_j an.

Dabei können die zur Antriebsdrehzahl n_{Last} gehörenden Drehzahlen n_i und Geschwindigkeiten v_j zur Berücksichtigung der Übersetzung zu den einzelnen Komponenten benutzt werden. Alternativ können die zu einem Drehwinkel $\Delta\varphi_{\text{Last}}$ gehörenden Drehwinkel $\Delta\varphi_i$ und Wege Δs_j verwendet werden. Für das Lastdrehmoment M_{Last} ergeben sich daraus folgende Beziehungen:

– Berechnung des Lastdrehmoments aus Drehzahlen und Geschwindigkeiten:

$$n_{\text{Last}} \leftrightarrow n_i \, , \, v_j$$

$$M_{\text{Last}} = \frac{1}{n_{\text{Last}}} \cdot \left(\sum_i \frac{1}{\eta_i} n_i M_i + \frac{1}{2\pi} \sum_j \frac{1}{\eta_j} v_j F_j \right) ; \tag{8.4}$$

– Berechnung des Lastdrehmoments aus Drehwinkeln und Wegen:

$$\Delta\varphi_{\text{Last}} \leftrightarrow \Delta\varphi_i \, , \, \Delta s_j$$

$$M_{\text{Last}} = \frac{1}{\Delta\varphi_{\text{Last}}} \cdot \left(\sum_i \frac{1}{\eta_i} \Delta\varphi_i M_i + \sum_j \frac{1}{\eta_j} \Delta s_j F_j \right) . \tag{8.5}$$

Die erforderliche Leistung ist damit

$$P_{\text{Last}} = 2\pi \, n_{\text{Last}} \, M_{\text{Last}} \, . \tag{8.6}$$

Für die thermische Auslegung sind die Leistung und das *Lastdrehmoment im Betrieb* (Dauerbetrieb S1, Kurzzeitbetrieb S2 usw., siehe Abschnitt 8.6.2) relevant. Dieses Drehmoment $M_{\text{Last Betrieb}}$ wird aus dem Lastdrehmoment bei Betriebsdrehzahl $n_{\text{Last Betrieb}}$ bestimmt. Dazu gehört die Leistung

$$P_{\text{Last Betrieb}} = 2\pi \, n_{\text{Last Betrieb}} \, M_{\text{Last Betrieb}} \, . \tag{8.7}$$

Das *Anlaufdrehmoment* $M_{\text{Last anl}}$ wird aus dem Lastdrehmoment beim Anlauf ermittelt. Hier müssen häufig Reibkräfte durch die Haftreibung der Komponenten beachtet werden.

Das *maximal auftretende Lastdrehmoment* ist für die Antriebsauswahl wichtig und wird daher aus den Lastdrehmomenten bestimmt:

$$M_{\text{Last max}} = \max(M_{\text{Last}}) \, . \tag{8.8}$$

Für den Fall, dass die Beschleunigung der Arbeitsmaschine wichtig für die Antriebsauslegung ist, werden alle bewegten Massenträgheiten J_i und Massen m_j der Maschine zu einer gesamten Massenträgheit J_{Last} zusammengefasst. Die Berechnung erfolgt mit den gleichen Zusammenhängen zwischen den Drehzahlen und Geschwindigkeiten bzw. den Drehwinkeln und Wegen wie für die Drehmomente (siehe Gleichungen (8.4) und (8.5)) mit folgenden Gleichungen:

– Berechnung der Lastmassenträgheit aus Drehzahlen und Geschwindigkeiten:

$$n_{\text{Last}} \leftrightarrow n_i \, , \, v_j$$

$$J_{\text{Last}} = \frac{1}{n_{\text{Last}}^2} \cdot \left(\sum_i n_i^2 J_i + \frac{1}{4\pi^2} \sum_j v_j^2 \, m_j \right) ; \tag{8.9}$$

– Berechnung der Lastmassenträgheit aus Drehwinkeln und Wegen:

$$\Delta\varphi_{\text{Last}} \leftrightarrow \Delta\varphi_i \, , \, \Delta s_j$$

$$J_{\text{Last}} = \frac{1}{\Delta\varphi_{\text{Last}}^2} \cdot \left(\sum_i \Delta\varphi_i^2 J_i + \sum_j \Delta s_j^2 \, m_j \right) . \tag{8.10}$$

Bei der Beschleunigung der Massen und Massenträgheiten muss das Beschleunigungsdrehmoment natürlich auch die Verluste in den Übertragungselementen decken. Dies kann durch einen Erhöhungsfaktor k_{J} bei der Berechnung der Beschleunigungsdrehmomente berücksichtigt werden:

$$k_{\text{J}} = \frac{J_{\text{Last} \, \eta}}{J_{\text{Last}}} \quad \text{mit}$$

$$J_{\text{Last }\eta} = \frac{1}{n_{\text{Last}}^2} \cdot \left(\sum_i \frac{1}{\eta_i} n_i^2 J_i + \frac{1}{4\pi^2} \sum_j \frac{1}{\eta_j} v_j^2 m_j \right) \quad \text{aus Drehzahlen,} \qquad (8.11)$$

$$J_{\text{Last }\eta} = \frac{1}{\Delta\varphi_{\text{Last}}^2} \cdot \left(\sum_i \frac{1}{\eta_i} \Delta\varphi_i^2 J_i + \sum_j \frac{1}{\eta_j} \Delta s_j^2 m_j \right) \quad \text{aus Drehwinkeln.} \qquad (8.12)$$

Bei ungleichmäßigen Übersetzungen sind das Lastdrehmoment und die Massenträgheit vom Drehwinkel und damit von der Zeit abhängig. Zu diesen ungleichmäßig übersetzenden Getrieben gehören z. B.
- Koppelgetriebe (Kapitel 7.1.5),
- Kurvengetriebe (Kapitel 7.1.6),
- Schrittgetriebe (Kapitel 7.1.7).

Genauso kann das Lastdrehmoment von der Drehzahl abhängig sein. Allgemein können Lastdrehmoment und Massenträgheit Funktionen von Winkel, Drehzahl und Zeit sein:

$$M_{\text{Last}} = M_{\text{Last}}(\varphi_{\text{Last}}, n_{\text{Last}}, t) , \quad J_{\text{Last}} = J_{\text{Last}}(\varphi_{\text{Last}}, n_{\text{Last}}, t) . \qquad (8.13)$$

Das Drehmoment $M_{\text{b Last}}$ zur Beschleunigung einer konstanten Massenträgheit J_{Last} der Arbeitsmaschine ergibt sich aus der Winkelbeschleunigung α_{Last} an der Antriebswelle bzw. aus der Drehzahländerung:

$$M_{\text{b Last}} = k_J J_{\text{Last}} \alpha_{\text{Last}} = 2\pi k_J J_{\text{Last}} \frac{\mathrm{d}}{\mathrm{d}t} n_{\text{Last}} \approx 2\pi k_J J_{\text{Last}} \frac{\Delta n_{\text{Last}}}{\Delta t} . \qquad (8.14)$$

Ist die Massenträgheit eine Funktion der Zeit, berechnet sich das Beschleunigungsdrehmoment $M_{\text{b Last}}$ aus der Änderung des Drehimpulses L_{Last}:

$$L_{\text{Last}} = k_J \, 2\pi \, n_{\text{Last}} J_{\text{Last}} , \qquad (8.15)$$

$$M_{\text{b Last}} = \frac{\mathrm{d}}{\mathrm{d}t} L_{\text{Last}} = k_J \, 2\pi J_{\text{Last}} \frac{\mathrm{d}}{\mathrm{d}t} n_{\text{Last}} + k_J \, 2\pi \, n_{\text{Last}} \frac{\mathrm{d}}{\mathrm{d}t} J_{\text{Last}} . \qquad (8.16)$$

Diese Drehimpulsänderung durch die Änderung der Massenträgheit spielt z. B. bei Kurvengetrieben oder Robotern eine Rolle.

8.6.2 Betriebsarten – Übersicht zu genormten Betriebsarten

Für häufig vorkommende Anwendungsfälle sind in IEC 60034-1 [11] Betriebsarten S1 bis S10 genormt.

Tabelle 8.4 gibt die Betriebsarten im Einzelnen wieder. Die Betriebsarten beschreiben dabei Dauerbetriebe (S1, S10), kurzzeitigen Betrieb (S2) und verschiedene periodische Betriebsweisen (S3, S4, S5, S6, S7 und S8) sowie einen nichtperiodischen Betrieb (S9).

Tab. 8.4: Betriebsarten nach IEC 60034-1 [11].

Betriebs-art	Beschreibung	Details in Abschnitt	Auslegungs-beispiel in Abschnitt
S1	**Dauerbetrieb mit konstanter Belastung** Der Antrieb gibt bei konstanter Drehzahl eine konstante Leistung ab. Die Betriebszeit ist so lang, dass der Antrieb den thermischen Beharrungszustand mit etwa konstanter Temperatur erreicht.	8.6.3, 8.7, 8.9	8.12.1
S2	**Kurzzeitbetrieb** Der Antrieb wird für eine kurze Zeit T_E eingeschaltet und gibt dann bei konstanter Drehzahl eine konstante Leistung ab. Die Betriebszeit reicht nicht aus, um den thermischen Beharrungszustand zu erreichen. Nach der Einschaltdauer wird der Antrieb abgeschaltet und kann sich wieder abkühlen. Die Zeit zum Abkühlen ist so lang, dass die Motortemperaturen weniger als 2 K von der Umgebungs- bzw. Kühlmitteltemperatur abweichen.	8.6.4, 8.7, 8.9	8.12.1
S3	**periodischer Aussetzbetrieb** Der Antrieb wird periodisch mit der Zykluszeit T_Z für die Zeit T_E eingeschaltet und für die Zeit T_A ausgeschaltet, hat also stromlose Wicklungen. Er arbeitet jeweils bei konstanter Drehzahl mit konstanter Leistung. Die Einschaltzeit T_E ist so kurz, dass der Antrieb nicht den thermischen Beharrungszustand erreicht. Die Verluste beim Anlauf haben keinen merklichen Einfluss auf die Erwärmung.	8.6.5, 8.7, 8.9	8.12.1, 8.12.2
S4	**periodischer Aussetzbetrieb mit Einfluss des Anlaufvorgangs** Wie S3, jedoch werden die erhöhten Verluste während des Anlaufvorgangs berücksichtigt.	8.6.6	–
S5	**periodischer Aussetzbetrieb mit Einfluss des Anlaufvorgangs und der elektrischen Bremsung** Wie S4, jedoch werden die Verluste durch eine elektrische Bremsung berücksichtigt.	8.6.6	–
S6	**ununterbrochener periodischer Betrieb** Der Antrieb arbeitet ununterbrochen mit konstanter Drehzahl. Dabei arbeitet er periodisch mit der Zykluszeit T_Z während der Zeit T_A im Leerlauf bzw. während der Zeit T_E mit konstanter Leistung. Es gibt während des Lastspiels keinen Stillstand mit stromlosen Wicklungen.	8.6.7, 8.7, 8.9	–

Tab. 8.4: (fortgesetzt).

Betriebs-art	Beschreibung	Details in Abschnitt	Auslegungs-beispiel in Abschnitt
S7	**ununterbrochener periodischer Betrieb mit elektrischer Bremsung** Der Antrieb arbeitet unterbrochen periodisch mit einer Folge aus Anlauf, Betrieb mit konstanter Belastung und Bremsung. Es tritt keine Stillstandszeit mit stromlosen Wicklungen auf.	–	–
S8	**ununterbrochener periodischer Betrieb mit Last- und Drehzahländerungen** Der Antrieb durchläuft ein periodisches Lastspiel mit der Zykluszeit T_Z mit unterschiedlichen Drehmomenten $M(t)$ und Drehzahlen $n(t)$. Während des Lastspiels gibt es keinen Stillstand mit stromlosen Wicklungen. Dieser Betrieb kommt besonders bei Antrieben mit elektronischer Drehzahlverstellung zum Tragen.	8.6.8, quasista-tionär: 8.10, dyna-misch: 8.11	8.12.3
S9	**Betrieb mit nichtperiodischen Last- und Drehzahländerungen**	–	–
S10	**Betrieb mit einzelnen konstanten Belastungen** Die einzelnen konstanten Belastungen sind so lang, dass die Maschine wie in der Betriebsart S1 den thermischen Beharrungszustand erreicht.	–	–

Die Betriebsarten S1 bis S7 beziehen sich auf Betriebsweisen mit im Wesentlichen konstanter Drehzahl bzw. Stillstand. Der Einfluss der Betriebsarten S1, S2, S3 und S6 auf die Antriebsauslegung wird in den folgenden Abschnitten 8.6.3–8.6.7 behandelt.

Die Betriebsarten S8 bis S10 schließen den Betrieb mit variierender Drehzahl ein. Speziell der periodische Betrieb S8 mit Last- und Drehzahländerungen wird unter verschiedenen Bedingungen im Abschnitt 8.6.8 zu drehzahlveränderbaren Antrieben behandelt.

Vielfach werden die Bemessungsdaten für Dauerbetrieb S1 angegeben. Die tatsächliche Betriebsweise entspricht aber einer anderen Betriebsart Sx. In diesem Fall erfolgt eine Umrechnung der zulässigen Leistung bzw. des Drehmoments auf die Betriebsart Sx mit dem Faktor k_{Sx}:

$$P_{Sx} = P_{S1} \cdot k_{Sx} \qquad \text{Leistung bei der jeweiligen Betriebsart,} \qquad (8.17)$$

$$M_{Sx} = M_{S1} \cdot k_{Sx} \qquad \text{Drehmoment bei der jeweiligen Betriebsart.} \qquad (8.18)$$

Die Faktoren k_{Sx} gibt häufig der Hersteller an. In den Abschnitten 8.6.4, 8.6.5 und 8.6.7 werden Gleichungen zur näherungsweisen Berechnung der Faktoren angegeben. Für Standardfälle gibt Tabelle 8.5 Anhaltswerte für die Faktoren k_{Sx} für Kurzzeitbetriebe

Tab. 8.5: Anhaltswerte für die Faktoren der Betriebsarten S2, S3 und S6 bei einer Zykluszeit von $T_Z = 10$ min im Vergleich mit dem Dauerbetrieb S1.

Betriebsart S2		Betriebsart S3			Betriebsart S6		
Einschaltdauer	Faktor	relative Einschaltdauer	Faktor		relative Einschaltdauer	Faktor	
T_E min	k_{S2}	k_{ED}	k_{S3}		k_{ED}	k_{S6}	
10	1,4 …1,5	15 %	1,4 …1,5		15 %	1,5 …1,6	
30	1,15 …1,2	25 %	1,3 …1,4		25 %	1,4 …1,5	
60	1,07 …1,1	40 %	1,15 …1,2		40 %	1,3 …1,4	

mit Einschaltdauern von $T_E = 10 \ldots 60$ min bzw. periodische Betriebe mit Lastspieldauern von $T_Z = 10$ min an. Dabei ist die relative Einschaltdauer k_{ED} das Verhälnis von Einschaltzeit zu Zykluszeit:

$$k_{ED} = \frac{T_E}{T_Z} \quad \text{relative Einschaltdauer.} \tag{8.19}$$

Die Werte gelten für eigenbelüftete Motoren, bei denen der Lüfter zur Kühlung vom Motor selber angetrieben wird. Die Kühlung ist also im Betrieb besser als im Stillstand der Motoren. Daher sind die Faktoren beim ununterbrochenen Betrieb S6 größer als beim Aussetzbetrieb S3.

Durch konsequente Betrachtung der tatsächlichen Betriebsweise lassen sich für die relevante Betriebszeit durchaus 50 % mehr Leistung aus dem gleichen Antrieb holen bzw. kann der Antrieb eine Nummer kleiner und kostengünstiger gewählt werden.

Kann für die Anwendung nicht sicher gestellt werden, dass tatsächlich nur ein Kurzzeitbetrieb oder ein periodischer Betrieb vorliegt, empfiehlt es sich, einen Temperatursensor zum Schutz des Motors gegen Übertemperatur einzubauen (siehe Kapitel 5.1).

8.6.3 Betriebsart S1 – Dauerbetrieb mit konstanter Belastung

Im Dauerbetrieb S1 wird der Motor eingeschaltet und liefert für lange Zeit bei konstanter Drehzahl eine konstante Leistung und ein konstantes Drehmoment (siehe Tabelle 8.4). Die Temperatur steigt von der Umgebungstemperatur bis zur Beharrungstemperatur an.

Von einem Dauerbetrieb kann man z. B. in folgenden Anwendungen ausgehen:
- Lüfter für Heizung, Klima;
- Lüfter für Geräte im industriellen Einsatz;
- Pumpen für Heizung, Warmwasser;
- Förderbänder;

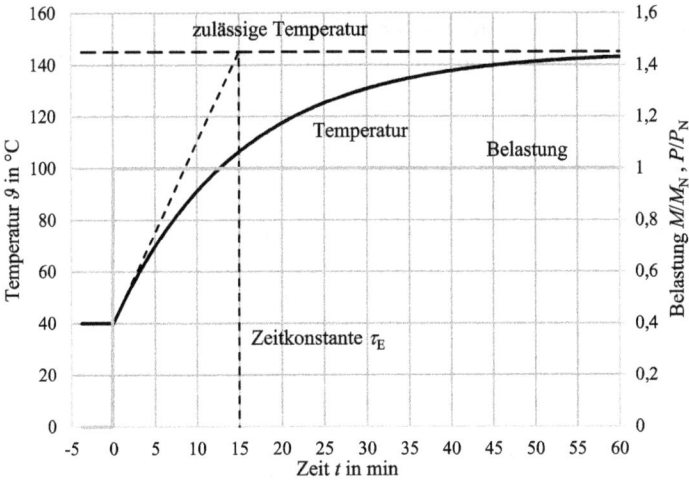

Abb. 8.4: Erwärmung im Dauerbetrieb S1, Einkörpermodell mit einer thermischen Zeitkonstanten, Umgebungstemperatur 40 °C, zulässige Temperatur 145 °C, Zeitkonstante 15 min.

- Antriebe zum kontinuierlichen Betrieb in Produktionsanlagen;
- Uhrantriebe;
- Kühl- und Gefrieraggregate bei Betrieb bei höchster Temperaturdifferenz;
- Staubsauger;
- Festplattenantriebe.

Abbildung 8.4 zeigt den Erwärmungsvorgang im Dauerbetrieb. Dabei wird vereinfachend von einem Einkörpermodell mit nur einer thermischen Zeitkonstanten τ_E ausgegangen.

Die Betriebsart S10 beschreibt eine Zusammenstellung von mehreren Dauerbetrieben S1, die alle vom Antrieb erfüllt sein müssen. Das können z. B. verschiedene Dauerbetriebe bei unterschiedlichen Spannungen und/oder Frequenzen oder bei verschiedenen Kombinationen von Aufstellungshöhe und Umgebungs-/Kühlmitteltemperatur sein.

Man kann einen Dauerbetrieb annehmen, wenn die tatsächliche Betriebszeit größer als die vierfache thermische Zeitkonstante ist:

$$T \geq 4\tau_E \quad \rightarrow \text{Dauerbetrieb.} \tag{8.20}$$

Dabei muss in der Regel die kürzeste thermische Zeitkonstante betrachtet werden, die die Erwärmung temperaturkritischer Komponenten beschreibt. Das sind in der Regel der Wickelkopf und die elektrischen Anschlüsse des Motors.

Die thermischen Zeitkonstanten liegen in der Größenordnung $\tau_E \approx 1 \ldots 20$ min. Besonders kleine Zeitkonstanten weisen Antriebe mit freitragenden Wicklungen ohne

Nuten auf, z. B. Gleichstrom-Glockenläufermotoren (Band 1, Kapitel 4.1.5) oder bürstenlose Permanentmagnetmotoren mit nutenloser Wicklung (Band 1, Kapitel 8.2.3).

8.6.4 Betriebsart S2 – Kurzzeitbetrieb

Im Kurzzeitbetrieb S2 wird der Motor eingeschaltet und liefert für eine begrenzte Einschaltzeit T_E bei konstanter Drehzahl eine konstante Leistung (siehe Tabelle 8.4). Die Temperatur steigt von der Umgebungstemperatur an. Noch vor Erreichen der Beharrungstemperatur wird der Antrieb abgeschaltet und kann sich während der Auschaltzeit T_A wieder abkühlen. Die Abkühlphase ist so lang, dass der Motor nur noch eine Temperatur hat, die weniger als 2 K über der Umgebungs- bzw. Kühlmitteltemperatur liegt.

Bei folgenden beispielhaften Anwendungen arbeitet der Antrieb im Kurzzeitbetrieb S2:
- Küchengeräte wie Mixer, Brotschneidemaschine, Mikrowelle ...;
- Elektrorasierer, Elektrozahnbürste, Fön ...;
- Elektrowerkzeuge wie Akkuschrauber, Bohrmaschine, Handkreissäge, Stichsäge, Winkelschleifer ...;
- Entleerungspumpen für Waschmaschine, Spülmaschine;
- Pumpen beim erstmaligen Füllen eines Behälters (danach folgt z. B. ein periodischer Betrieb);
- Kompressoren beim erstmaligen Füllen eines Druckbehälters (danach folgt z. B. ein periodischer Betrieb);
- Starter im Kfz mit Verbrennungsmotor;
- Antriebe für Türschlösser;
- Spiegelverstellung, Scheinwerferverstellung im Kfz;
- Positionsverstellung in Krankenbetten, Zahnarztstühlen;
- Kühl- und Gefrieraggregate beim erstmaligen Herunterkühlen des gesamten Gefrierguts;
- Aktenvernichter, Schredder für den privaten Einsatz.

Ein Beispiel zum Befüllen mit einer Pumpe zeigt Abschnitt 8.12.1.

Abbildung 8.5 zeigt den Erwärmungsvorgang im Kurzzeitbetrieb. Dabei wird vereinfachend von einem Einkörpermodell mit einer Zeitkonstanten τ_E für den Aufheizvorgang und einer Zeitkonstanten τ_A für den Abkühlvorgang des ausgeschalteten Motors ausgegangen.

Zunächst heizt sich der Antrieb während der Einschaltzeit T_E mit der Zeitkonstanten τ_E auf. Bevor die Temperatur die zulässige Temperatur überschreitet, wird der Antrieb abgeschaltet und kühlt sich mit der Zeitkonstanten τ_A ab. Bei eigengekühlten Motoren entfällt auch die Kühlung des Motors durch seinen eigenen Antrieb. Daher ist die Zeitkonstante bei eigengekühlten Motoren beim Abkühlen deutlich größer als

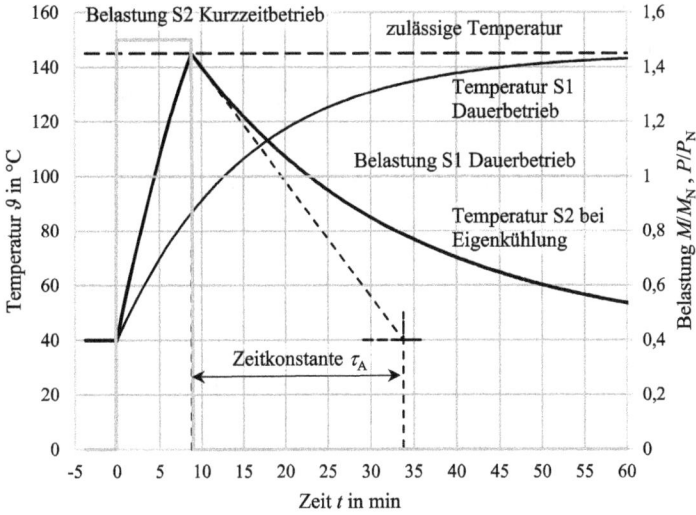

Abb. 8.5: Erwärmung im Kurzzeitbetrieb S2, Einkörpermodell mit einer thermischen Zeitkonstanten τ_E bei Betrieb und einer Zeitkonstanten τ_A im Stillstand, Einschaltzeit 9 min.

beim Aufheizen. Bei fremdgekühlten oder selbstgekühlten Motoren sind die Zeitkonstanten gleich.

Man kann einen Kurzzeitbetrieb annehmen, wenn die tatsächliche Betriebszeit kleiner als die vierfache Zeitkonstante τ_E und die Ausschaltzeit größer als die vierfache Zeitkonstante τ_A ist:

$$T_E \leq 4\tau_E \quad \text{und} \quad T_A \geq 4\tau_A \quad \rightarrow \text{Kurzzeitbetrieb.} \tag{8.21}$$

Dabei muss meistens die kürzeste thermische Zeitkonstante betrachtet werden, die die Erwärmung temperaturkritischer Komponenten beschreibt. Das sind typischerweise der Wickelkopf und die elektrischen Anschlüsse des Motors.

Die thermischen Zeitkonstanten liegen in der Größenordnung $\tau_E \approx 1\ldots 20$ min. Besonders kleine Zeitkonstanten weisen Antriebe mit nutenlosen Wicklungen auf, z. B. Gleichstrom-Glockenläufermotoren (Band 1, Kapitel 4.1.5) oder bürstenlose Permanentmagnetmotoren mit nutenloser Wicklung (Band 1, Kapitel 8.2.3).

Der Antrieb arbeitet nur für eine kurze Einschaltzeit T_E und erwärmt sich auch nur während dieser Zeit. Die Einschaltzeit ist so kurz, dass der Motor noch nicht den thermischen Beharrungszustand erreicht.

Während der Einschaltzeit kann der Antrieb daher mit Rücksicht auf die Erwärmung eine höhere Leistung und ein höheres Drehmoment als im Dauerbetrieb abgeben. Das Verhältnis wird durch den Kurzzeitfaktor k_{S2} berücksichtigt. Zur Bestimmung des Faktors wird unterstellt, dass die Verluste im Antrieb im Wesentlichen mit dem Quadrat des Drehmoments ansteigen: $\Delta P_v \sim M^2$. Für ein Einkörpermodell mit der thermischen Zeitkonstanten τ_E lässt sich der Faktor k_{S2} näherungsweise nach folgender

Beziehung bestimmen.

$$k_{S2} = \frac{M_{S2}}{M_{dauer}} \approx \frac{1}{\sqrt{1 - e^{-\frac{T_E}{\tau_E}}}} \; . \tag{8.22}$$

Bei kleinen Einschaltzeiten $T_E \ll \tau_E$ vereinfacht sich der Ausdruck:

$$k_{S2} \approx \sqrt{\frac{\tau_E}{T_E}} \quad \text{für} \quad T_E \ll \tau_E \; . \tag{8.23}$$

8.6.5 Betriebsart S3 – periodischer Aussetzbetrieb

Im periodischen Aussetzbetrieb S3 wird der Motor eingeschaltet und liefert für eine begrenzte Einschaltzeit T_E bei konstanter Drehzahl eine konstante Leistung (Tabelle 8.4). Die Temperatur steigt von der Umgebungstemperatur an. Noch vor Erreichen der Beharrungstemperatur wird der Antrieb abgeschaltet und kann sich für die Ausschaltzeit T_A abkühlen. Nach der Abkühlphase wird der Motor wieder eingeschaltet. Dieser Ablauf wiederholt sich mit der Zykluszeit T_Z. Häufig wird die Einschaltzeit in Bezug zur Zykluszeit als relative Einschaltdauer k_{ED} angegeben:

$$k_{ED} = \frac{T_E}{T_Z} \; . \tag{8.24}$$

Der periodische Aussetzbetrieb kommt z. B. in folgenden Anwendungen vor:
- Pumpen, die im periodischen Betrieb einen Behälter füllen;
- Kompressoren, die im periodischen Betrieb einen Druckbehälter füllen;
- Tür- und Torantriebe für periodisches Öffnen und Schließen;
- Aufzugantriebe, z. B. Lastenaufzüge;
- Belade- und Entnahmeantriebe an Produktionsmaschinen;
- Kühl- und Gefrieraggregate;
- Warenbänder an Kassen.

Ein Beispiel für einen Pumpenantrieb zeigt Abschnitt 8.12.1. In Abschnitt 8.12.2 ist ein Beispiel für einen Rollenheber mit Gleichstrommotor dargestellt.

Abbildung 8.6 zeigt den Erwärmungsvorgang im periodischen Aussetzbetrieb. Dabei wird vereinfachend von einem Einkörpermodell mit einer Zeitkonstanten τ_E für den Aufheizvorgang und τ_A für den Abkühlvorgang des ausgeschalteten Motors ausgegangen.

Zunächst heizt sich der Antrieb während der Einschaltzeit T_E mit der Zeitkonstanten τ_E auf. Bevor die Temperatur die zulässige Temperatur überschreitet, wird der Antrieb abgeschaltet und kühlt sich mit der Zeitkonstanten τ_A ab. Bei eigengekühlten Motoren entfällt auch die Kühlung des Motors durch den vom Motor angetriebenen Lüfter.

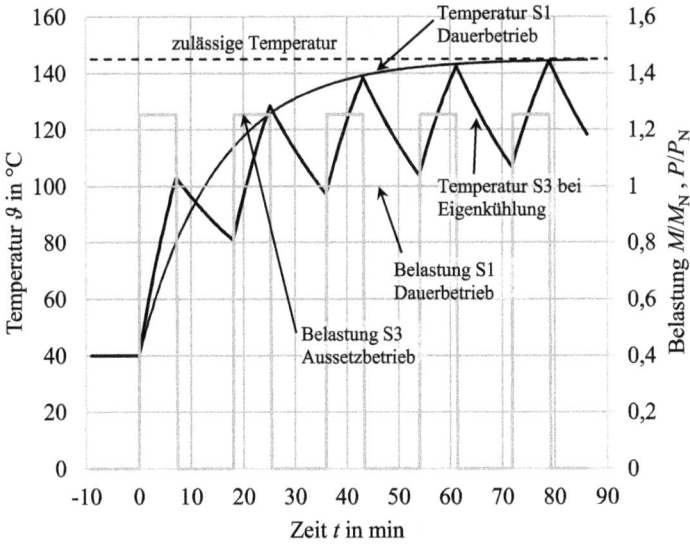

Abb. 8.6: Erwärmung im Aussetzbetrieb S3 im Vergleich zum Dauerbetrieb S1, Einkörpermodell mit einer thermischen Zeitkonstanten τ_E im Betrieb und einer Zeitkonstanten τ_A im Stillstand.

Daher ist die Zeitkonstante bei eigengekühlten Motoren beim Abkühlen deutlich größer als beim Aufheizen. Bei fremdgekühlten oder selbstgekühlten Motoren sind die Zeitkonstanten hingegen gleich groß.

Mit dem erneuten Einschalten heizt sich der Antrieb wieder auf. Nach einiger Zeit variiert die Temperatur periodisch zwischen einem Maximalwert und einem Minimalwert.

Man kann einen Aussetzbetrieb annehmen, wenn die tatsächliche Einschaltzeit T_E kleiner als die vierfache Zeitkonstante ist:

$$T_E \leq 4\tau_E \quad \rightarrow \text{Aussetzbetrieb.} \tag{8.25}$$

Dabei muss in der Regel die kürzeste thermische Zeitkonstante betrachtet werden, die die Erwärmung temperaturkritischer Komponenten beschreibt. Das sind häufig der Wickelkopf und die elektrischen Anschlüsse des Motors.

Für die thermischen Zeitkonstanten gilt in etwa $\tau_E \approx 1\ldots20\,\text{min}$. Gleichstrom-Glockenläufermotoren (Band 1, Abschnitt 4.1.5), bürstenlose Permanentmagnetmotoren mit nutenloser Wicklung (Band 1, Abschnitt 8.2.3) oder andere Antriebe mit freitragenden, nutenlosen Wicklungen weisen besonders kleine Zeitkonstanten auf.

Der Antrieb arbeitet nur während der Einschaltzeit T_E. Danach wird der Antrieb wieder ausgeschaltet und kann während der Zeit T_A abkühlen. Während der Einschaltzeit kann der Antrieb daher mit Rücksicht auf die Erwärmung eine höhere Leistung und ein höheres Drehmoment als im Dauerbetrieb abgeben. Das Verhältnis wird durch den Aussetzbetriebsfaktor k_{S3} berücksichtigt. Dabei wird unterstellt, dass die Verluste in etwa mit dem Quadrat des Drehmoments ansteigen: $\Delta P_v \sim M^2$. Für ein Einkörper-modell lässt sich der Faktor k_{s3} näherungsweise nach folgender Beziehung mit den beiden Zeitkonstanten τ_E und τ_A bestimmen:

$$k_{S3} = \frac{M_{S3}}{M_{dauer}} \approx \sqrt{\frac{1 - e^{-\frac{\tau_A}{\tau_A}} \cdot e^{-\frac{\tau_E}{\tau_E}}}{1 - e^{-\frac{\tau_E}{\tau_E}}}} \;. \tag{8.26}$$

In der Praxis ist es oft schwierig, die thermische Zeitkonstante τ_A vom Hersteller zu erhalten. Hier kann aber eine Abschätzung, z. B. $\tau_A \approx 2\tau_E$ weiterhelfen.

Für fremdgekühlte oder selbstgekühlte Antriebe sind die beiden Zeitkonstanten näherungsweise gleich: $\tau_E = \tau_A$. Der Faktor vereinfacht sich dann mit der Zykluszeit $T_Z = T_E + T_A$ zu

$$k_{S3} \approx \sqrt{\frac{1 - e^{-\frac{T_Z}{\tau_E}}}{1 - e^{-\frac{T_E}{\tau_E}}}} \quad \text{für } \tau_E \approx \tau_A \;. \tag{8.27}$$

Für kleine Zykluszeiten $T_Z \ll \tau_E$ lässt sich der Faktor weiter vereinfachen:

$$k_{S3} \approx \sqrt{\frac{T_Z}{T_E}} \quad \text{für } T_Z \ll \tau_E \;. \tag{8.28}$$

8.6.6 Betriebsarten S4 und S5 – periodischer Aussetzbetrieb mit Einfluss des Anlaufvorgangs und der elektrischen Bremsung

Die Betriebsarten S4 und S5 entsprechen im Wesentlichen der Betriebsart S3 nach Abschnitt 8.6.5. Es werden aber zusätzlich die Verluste beim Anlauf (S4) und bei der elektrischen Bremsung (S5) berücksichtigt.

Bei den hier betrachteten Kleinantrieben spielt die Erwärmung durch die Verluste beim Anlauf und bei der Bremsung oft nur eine untergeordnete Rolle, so dass sie in vielen Fällen vernachlässigt werden können. Die Zusammenhänge werden im Folgenden erläutert.

Beim Einschalten sorgt der Motor dafür, dass die Leistung für den Arbeitsprozess bereitgestellt wird. Darüber hinaus stellt er aber auch die Arbeit für die gespeicherte kinetische Energie in den bewegten Massen der Arbeitsmaschine und in der Massenträgheit des Motors zur Verfügung. Diese Energie berechnet sich zu

$$E_{kin} = \frac{1}{2} J_{ges} \omega_{mot}^2 = \frac{1}{2} J_{ges} (2\pi n_{mot})^2 = 2\pi^2 n_{mot}^2 J_{ges} \tag{8.29}$$

$$\text{mit} \quad J_{ges} = J_{mot} + \frac{1}{i_{get}^2} J_{Last} \;. \tag{8.30}$$

Tab. 8.6: Temperaturerhöhung durch die Verluste beim Anlauf. Beispielhafte Werte für kleine Asynchronmotoren (1 ~ und 3 ~), Synchronmotor, Gleichstrommotor und BLDC. Bei der elektrischen Bremsung sind die Verluste und die Temperaturerhöhung ähnlich groß.

Motorart	Span-nung	Fre-quenz	Lei-stung	Dreh-zahl	Wir-kungs-grad	Mas-sen-trägheit	Be-triebs-zeit	rel. Tempe-raturer-höhung
	U_N	f_N	P_N	n_N	η_N	J_{mot}	T_v	$\frac{\Delta\vartheta_v}{\Delta\vartheta_N}$
	V	Hz	W	1/min		kgcm^2	s	
ASM 3~, Bg. 56M	400	50	90	1300	0,66	1,1	0,44	0,15 %
ASM 3~, Bg. 63M	400	50	180	1320	0,61	3,6	0,60	0,20 %
ASM 3~, Bg. 71S	400	50	250	1390	0,72	5,1	1,11	0,37 %
ASM 1~, Bg. 56L	220	60	90	1660	0,49	1,1	0,35	0,12 %
ASM 1~, Bg. 63S	220	50	90	1420	0,52	3,6	0,96	0,32 %
SYM 3~, Bg. 71S	400	50	370	1500	0,77	5,1	1,14	0,38 %
GM, M48	24	–	15	2800	0,78	0,16	3,25	1,08 %
BLDC, 63	24	–	82	2600	0,75	0,20	0,54	0,18 %

Für alle Motoren wird mit folgenden Werten gerechnet:
- Massenträgheitsverhältnis $k_J = 5$
- Verlustfaktor $k_{v\,kin} = 4$
- thermische Zeitkonstante $\tau = 5$ min $= 300$ s

Wird der Motor an einer festen Spannung und Frequenz eingeschaltet, entstehen im Motor zur Bereitstellung der kinetischen Energie Verluste, die so groß sind, wie die kinetische Energie

$$W_{v\,kin} = E_{kin} \, . \tag{8.31}$$

Diese Verluste entstehen z. B. im Rotor der Asynchronmaschine bzw. im Rotor der Gleichstrommaschine beim Einschalten an einer festen Spannung.

Darüber hinaus entstehen z. B. bei der Asynchronmaschine beim Anlauf Verluste in der Statorwicklung und in Gleichstrommaschinen Verluste im Rotoreisen. Diese Verluste W_{vs} machen bei den Motoren, die in Tabelle 8.6 aufgeführt sind, das 1- bis 3-fache der kinetischen Energie aus:

$$W_{vs} \approx 1 \ldots 3 \cdot E_{kin} \, . \tag{8.32}$$

Damit ergeben sich die gesamten Verluste im Motor beim Anlauf zu

$$W_v = W_{vs} + E_{kin} \approx 2 \ldots 4 \cdot E_{kin} \, . \tag{8.33}$$

Bei einzelnen Motoren kann der Anteil auch noch wesentlich höher sein.

Ferner ist der Wirkungsgrad während des Anlaufvorgangs an fester Spannung schlechter als im Bemessungsbetrieb, so dass auch die Bereitstellung der Leistung für den Arbeitsprozess beim Anlaufvorgang zu erhöhten Verlusten im Motor und damit zu einer stärkeren Erwärmung führen.

Diese stärkere Erwärmung während des Anlaufvorgangs kann bei periodischem Einschalten des Motors zu einer merklichen Erwärmung im Betrieb führen, so dass die Leistung bzw. das Drehmoment während der Einschaltphase reduziert werden müssen.

Die Höhe der Erwärmung durch den Anlaufvorgang hängt von der Massenträgheit, der Zeitkonstanten, der Drehzahl und dem Wirkungsgrad ab. Mit den folgenden Gleichungen erfolgt eine Abschätzung für die zusätzliche Temperaturerhöhung durch die Anlaufverluste.

Die Verlustenergie zur Speicherung der kinetischen Energie ergibt sich nach den Gleichungen (8.29)–(8.31). Mit dem Massenträgheitsverhältnis k_J und einem Verlustfaktor k_v zur Berücksichtigung der hohen Verluste, z. B. in der Statorwicklung von Asynchronmaschinen beim Anlauf, ergibt sich die Verlustenergie $W_{v\,kin}$ im Motor zu

$$W_{v\,kin} = 2\pi^2 n_{mot}^2 J_{mot}\, k_J\, k_{v\,kin}\,, \tag{8.34}$$

$$W_v = k_v\, W_{v\,kin} \approx 2\ldots 4 W_{v\,kin}\,, \tag{8.35}$$

$$k_J = \frac{J_{ges}}{J_{mot}}\,. \tag{8.36}$$

Im Bemessungsbetrieb sind die Verluste

$$P_{vN} = \left(\frac{1}{\eta_N} - 1\right) \cdot P_N\,. \tag{8.37}$$

Damit ergibt sich die Betriebszeit T_v, in der im Bemessungsbetrieb die gleichen Verluste wie beim Hochlauf entstehen:

$$T_v = \frac{W_v}{P_{vN}}\,. \tag{8.38}$$

Mit der thermischen Zeitkonstanten τ_E kann hieraus die Temperaturerhöhung $\Delta\vartheta_v$ durch die Anlaufverluste im Verhältnis zur Temperaturerhöhung $\Delta\vartheta_N$ im Bemessungsbetrieb abgeschätzt werden:

$$\frac{\Delta\vartheta_v}{\Delta\vartheta_N} \approx \frac{T_v}{\tau_E}\,. \tag{8.39}$$

Tabelle 8.6 zeigt beispielhafte Werte für einzelne Motoren. Dabei werden jeweils ein Massenträgheitsverhältnis $k_J = 5$ und ein Verlustfaktor $k_v = \frac{W_v}{W_{v\,kin}} = 4$ berücksichtigt. In den betrachteten Fällen ist die Erwärmung durch den Anlauf gering und kann bei Einschaltzeiten von einigen Minuten vernachlässigt werden.

Bei der elektrischen Bremsung wird die kinetische Energie des Antriebs z. T. im Motor in Wärme verwandelt. Die Bremsung kann z. B. durch einen Kurzschluss der

Motorwicklung bei Gleichstrom- und Synchronmotoren erfolgen. Bei Asynchronmotoren kommt die Speisung der Statorwicklung mit Gleichstrom in Betracht. Die elektrische Bremsung führt dann wieder zu einer zusätzlichen Temperaturerhöhung des Motors, die in etwa so groß ist wie die zusätzliche Temperaturerhöhung durch die Anlaufverluste.

Bei den beispielhaft in Tabelle 8.6 dargestellten Motoren ist die Erwärmung durch das elektrische Bremsen gering und kann in der Regel vernachlässig werden. Beim Einschalten größerer Massenträgheiten mit hohen Drehzahlen können die Verluste aber zu einer spürbaren zusätzlichen Erwärmung führen. Dies muss dann im Einzelfall besonders bei einer großen Zahl von Einschaltungen oder Bremsungen ermittelt werden.

8.6.7 Betriebsart S6 – ununterbrochener periodischer Betrieb mit Aussetzbelastung

Im periodischen Betrieb mit Aussetzbelastung S6 wird der Motor eingeschaltet und arbeitet mit etwa konstanter Drehzahl. Für eine begrenzte Einschaltzeit T_E wird er mit konstantem Drehmoment/konstanter Leistung belastet. Danach arbeitet er für die Zeit T_A im Leerlauf. Es tritt keine Stillstandszeit mit stromloser Wicklung auf.

Der Vorgang wird periodisch mit der Zykluszeit $T_Z = T_E + T_A$ wiederholt (siehe Tabelle 8.4). Die Temperatur steigt von der Umgebungstemperatur an. Noch vor Erreichen der Beharrungstemperatur wird der Antrieb entlastet und kann sich im Leerlauf abkühlen. Nach der Abkühlphase wird der Motor wieder belastet. Häufig wird die Einschaltzeit in Bezug zur Zykluszeit als relative Einschaltdauer k_{ED} angegeben:

$$k_{ED} = \frac{T_E}{T_Z} .$$

$$(8.40)$$

Der periodische Aussetzbetrieb kommt z. B. in folgenden Anwendungen vor:
- Pumpenantriebe, die mit Schaltkupplungen mit der Pumpe gekuppelt werden und im periodischen Betrieb einen Behälter füllen;
- Sägen, die periodisch Werkstücke sägen und in den Lücken zwischen zwei Teilen leer laufen;
- Aktenvernichter, Schredder;
- kurze Förderbänder, die periodisch Waren oder Werkstücke aufnehmen.

Hinweis: Die Betriebsart S6 wird auch als Leistungsangabe für drehzahlvariable Antriebe verwendet, die zwar nicht mit konstanter Drehzahl arbeiten, aber periodisch belastet werden.

Abbildung 8.7 zeigt den Erwärmungsvorgang im periodischen Betrieb mit Aussetzbelastung. Dabei wird vereinfachend von einem Einkörpermodell mit einer Zeit-

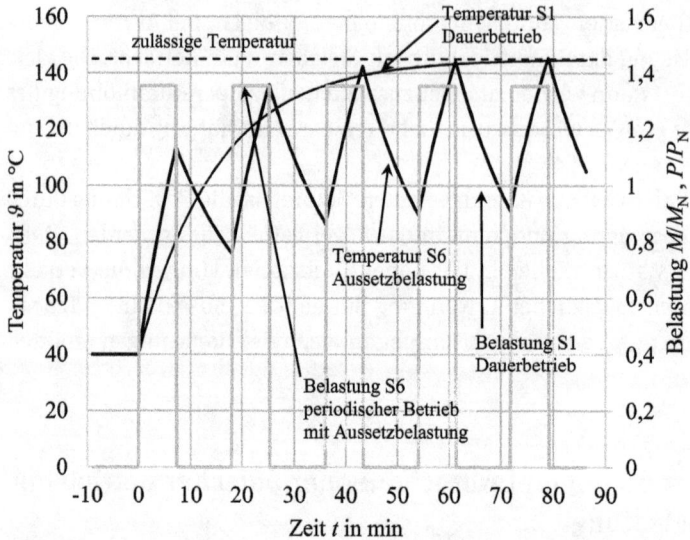

Abb. 8.7: Erwärmung im ununterbrochenen Betrieb mit Aussetzbelastung S6 im Vergleich zum Dauerbetrieb S1, Einkörpermodell mit einer thermischen Zeitkonstanten τ_E, Umgebungstemperatur 40 °C, zulässige Temperatur 145 °C.

konstanten τ_E für den Aufheizvorgang und den Abkühlvorgang des leerlaufenden Motors ausgegangen.

Zunächst heizt sich der Antrieb während der Einschaltzeit T_E mit der Zeitkonstanten τ_E auf. Bevor die Temperatur die zulässige Temperatur überschreitet, wird der Antrieb entlastet und kühlt sich im Leerlauf mit der Zeitkonstanten τ_E ab. Die Kühlwirkung bleibt auch im Leerlauf erhalten, so dass die Zeitkonstanten für das Aufheizen und Abkühlen gleich sind.

Mit dem erneuten Belasten heizt sich der Antrieb wieder auf. Nach einiger Zeit variiert die Temperatur periodisch zwischen einem Maximalwert und einem Minimalwert.

Man kann einen periodischen Betrieb mit Aussetzbelastung annehmen, wenn die tatsächliche Einschaltzeit T_E kleiner als die vierfache thermische Zeitkonstante ist:

$$T_E \leq 4\tau_E \quad \rightarrow \text{ periodischer Betrieb mit Aussetzbelastung.} \tag{8.41}$$

Dabei muss in der Regel die kürzeste thermische Zeitkonstante betrachtet werden, die die Erwärmung temperaturkritischer Komponenten beschreibt. Das sind meistens der Wickelkopf und die elektrischen Anschlüsse des Motors.

Die thermischen Zeitkonstanten liegen in der Größenordnung $\tau_E \approx 1 \ldots 20\,\text{min}$. Antriebe mit freitragenden Wicklungen ohne Nuten weisen besonders kleine Zeitkonstanten auf. Dies sind z. B. Gleichstrom-Glockenläufermotoren (siehe Band 1, Abschnitt 4.1.5) oder bürstenlose Permanentmagnetmotoren mit nutenloser Wicklung (siehe Band 1, Abschnitt 8.2.3).

Der Antrieb gibt nur während der Zeit T_E Leistung ab. Danach arbeitet der Antrieb im Leerlauf und kann während der Zeit T_A abkühlen. Während der Zeit T_E kann der Antrieb daher mit Rücksicht auf die Erwärmung eine höhere Leistung und ein höheres Drehmoment als im Dauerbetrieb abgeben. Das Verhältnis wird durch den Aussetzbetriebsfaktor k_{S6} berücksichtigt. Der Faktor wird im folgenden für den Fall angegeben, dass die Verluste im Wesentlichen mit dem Drehmoment quadratisch ansteigen: $\Delta P_v \sim M^2$. Für ein Einkörpermodell lässt er sich näherungsweise nach folgender Beziehung mit der Zeitkonstanten τ_E bestimmen:

$$ k_{S6} = \sqrt{\frac{1 - e^{-\frac{T_Z}{\tau_E}}}{1 - e^{-\frac{T_E}{\tau_E}}}} \ . \tag{8.42} $$

Darin ist T_Z die Zykluszeit $T_Z = T_E + T_A$. Für kleine Zykluszeiten $T_Z \ll \tau_E$ lässt sich der Faktor vereinfachen:

$$ k_{S6} \approx \sqrt{\frac{T_Z}{T_E}} \quad \text{für} \quad T_Z \ll \tau_E \ . \tag{8.43} $$

8.6.8 Betriebsart S8 – ununterbrochener periodischer Betrieb mit Last- und Drehzahländerungen

Die Betriebsart S8 beschreibt einen ununterbrochenen periodischen Betrieb mit einzelnen konstanten Belastungen. Der Betrieb erfolgt sowohl mit verschiedenen Drehzahlen als auch Drehmomenten. Es tritt im periodischen Betrieb kein Stillstand mit stromlosen Wicklungen auf. Typischerweise bestehen die Antriebe aus Motor und Leistungselektronik:

- Gleichstrommotor mit Gleichspannungssteller (Band 1, Kapitel 4),
- Asynchronmotor mit Wechselrichter (Band 1, Kapitel 6),
- Synchronmotor mit Wechselrichter BLAC (Band 1, Kapitel 7 und 8),
- Permanentmagnetantrieb BLDC (Band 1, Kapitel 8),
- Reluktanzmotor mit Wechselrichter (Band 1, Kapitel 9),
- Servoantriebe (Kapitel 4).

Ein Antriebsbeispiel für einen BLAC-Synchronmotor mit Wechselrichter wird in Abschnitt 8.12.3 behandelt.

Abbildung 8.8 zeigt die Betriebsgrenzen solcher Antriebe. Es gibt einen weiten Drehzahl- und Drehmomentbereich, in dem der Antrieb dauerhaft arbeiten kann, ohne zu heiß zu werden (Bereich unter der Linie M_{dauer}). Weiter gibt es zwischen der Dauerkennlinie M_{dauer} und der Maximalkennlinie M_{max} einen Bereich, in dem der Antrieb nur kurzzeitig betrieben werden kann, ohne zu heiß zu werden. Sowohl die Dauergrenze als auch die Maximalgrenze sind Funktionen der Drehzahl.

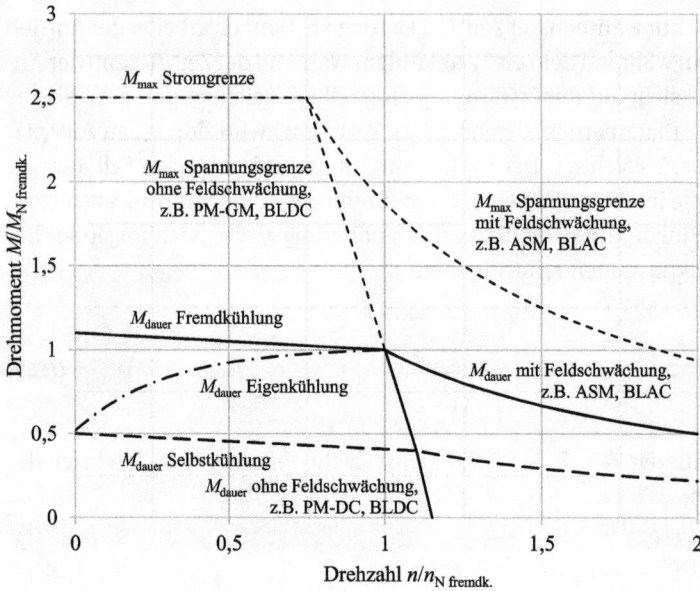

Abb. 8.8: Betriebskennlinien für Antriebe mit Spannungs- und ggf. Frequenzstellung durch Leistungselektronik, Antriebe mit und ohne Feldschwächbereich.

Der tatsächliche periodische Betrieb kann sowohl Betriebspunkte innerhalb des Dauerbereichs als auch außerhalb des Dauerbereichs enthalten. Zur Klärung, ob ein Betrieb thermisch zulässig ist, werden die einzelnen Betriebspunkte in eine äquivalenten Dauerbelastung umgerechnet. Mit dieser äquivalenten Belastung kann bewertet werden, ob der Antrieb unterhalb seiner zulässigen Temperatur bleibt.

Die einzelnen Betriebspunkte sind durch die jeweilige Drehzahl n_i und das Drehmoment M_i gekennzeichnet. Hierbei ist zwischen stationären Betriebspunkten mit konstanter Drehzahl und Beschleunigungs- oder Verzögerungsphasen mit veränderlicher Drehzahl zu unterscheiden. Hier wird zunächst vereinfachend der Fall betrachtet, dass der Antrieb direkt mit der Arbeitsmaschine gekoppelt ist, also keine Getriebeübersetzung vorhanden ist:

- stationäre Betriebspunkte:

$$n_i = n_{\text{Last}\,i} \,, \tag{8.44}$$

$$M_i = M_{\text{Last}}(n_{\text{Last}\,i}) \,; \tag{8.45}$$

- Beschleunigungen/Verzögerungen von der Drehzahl $n_{\text{Last}\,i-1}$ zur Drehzahl $n_{\text{Last}\,i}$ in der Zeit Δt_i:

$$n_i = \frac{1}{2}(n_{\text{Last}\,i-1} + n_{\text{Last}\,i}) \quad \text{(Mittelwert der Drehzahl)}, \tag{8.46}$$

$$M_i = \frac{1}{2}(M_{\text{Last}}(n_{\text{Last}\,i-1}) + M_{\text{Last}}(n_{\text{Last}\,i})) + 2\pi\,(J_{\text{Last}} + J_{\text{mot}})\frac{n_{\text{Last}\,i} - n_{\text{Last}\,i-1}}{\Delta t_i} \,. \tag{8.47}$$

Bei Beschleunigungen/Verzögerungen müssen also die Beschleunigungsdrehmomente für die Lastmassenträgheit J_{Last} und für die Massenträgheit des Antriebs J_{mot} berücksichtigt werden.

8.6.8.1 Antrieb mit linearer Dauerbetriebskennlinie, kurze Zykluszeit

Bei selbstgekühlten und fremdgekühlten Antrieben besteht vielfach ein im Wesentlichen linearer Zusammenhang zwischen Drehzahl und Dauerdrehmoment. Abbildung 8.9 zeigt die prinzipiellen Zusammenhänge zwischen Drehmoment und Drehzahl sowie verschiedene Betriebspunkte.

Die Verluste im Motor lassen sich in der Hauptsache in zwei Anteile aufteilen:
- ein nur von der Drehzahl abhängiger Anteil $P_{vn} \sim n$;
- ein nur vom Drehmoment abhängiger Anteil $P_{vM} \sim M^2$.

Die Gesamtverluste lassen sich dann vereinfacht folgendermaßen für die einzelnen Betriebspunkte (n_i, M_i) angeben:

$$P_{v\,i} = K_n|n_i| + K_M M_i^2 \ . \tag{8.48}$$

Für die Erwärmung des Antriebs sind bei kurzen Zykluszeiten $T_Z \ll \tau_E$ die mittleren Verluste maßgebend. Die mittleren Verluste ergeben sich aus den einzelnen Verlust-

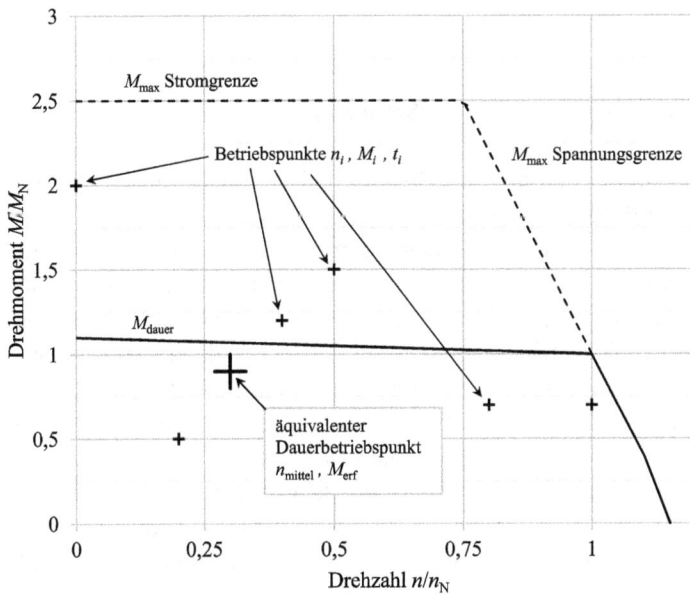

Abb. 8.9: Äquivalenter Dauerbetriebspunkt beim periodischen Betrieb mit Last- und Drehzahländerungen S8 und linearem Zusammenhang zwischen Dauerdrehmoment und Drehzahl.

leistungen und den jeweiligen Betriebsdauern Δt_i zu

$$\overline{P}_\mathrm{v} = \frac{1}{T} \sum_i P_{\mathrm{v}\,i}\,\Delta t_i = \frac{1}{T} \sum_i K_\mathrm{n}|n_i|\,\Delta t_i + K_\mathrm{M} M_i^2\,\Delta t_i = K_\mathrm{n} \frac{1}{T} \sum_i |n_i|\,\Delta t_i + K_\mathrm{M} \frac{1}{T} \sum_i M_i^2\,\Delta t_i \,.$$

$$(8.49)$$

Die erste Summe ist die mittlere Drehzahl und die zweite Summe das Quadrat des effektiven Drehmoments:

$$\overline{P}_\mathrm{v} = K_\mathrm{n} n_\mathrm{mittel} + K_\mathrm{M} M_\mathrm{eff}^2 \quad \text{mit}$$

$$n_\mathrm{mittel} = \overline{|n_i|} = \frac{1}{T} \sum_i |n_i|\,\Delta t_i \,, \tag{8.50}$$

$$M_\mathrm{eff} = \sqrt{\overline{M_i^2}} = \sqrt{\frac{1}{T} \sum_i M_i^2\,\Delta t_i} \,. \tag{8.51}$$

Alle einzelnen Betriebspunkte (n_i, M_i) können also zu einem thermisch äquivalenten Dauerbetriebspunkt $(n_\mathrm{mittel}, M_\mathrm{eff})$ zusammengefasst werden.

Abbildung 8.9 zeigt die Grenzen des Antriebs, die einzelnen Betriebspunkte und den äquivalenten Dauerbetriebspunkt. Der Betrieb ist bei kurzer Zykluszeit $T_\mathrm{Z} \ll \tau_\mathrm{E}$ thermisch in Ordnung, wenn der äquivalente Dauerbetriebspunkt $(n_\mathrm{mittel}, M_\mathrm{eff})$ innerhalb der Dauerbetriebsgrenzen, also unterhalb der Dauerbetriebskurve M_dauer liegt.

Der Auslegungsvorgang mit der Verwendung des Effektivdrehmoments M_eff und weiterer Einflussgrößen Umgebungstemperatur/Kühlmitteltemperatur ϑ_u, der Aufstellungshöhe h_NN und einer abweichenden Versorgungsspannung wird in Abschnitt 8.10 im Einzelnen dargestellt.

8.6.8.2 Antrieb mit nichtlinearer Dauerbetriebskennlinie, kurze Zykluszeit

Bei Antrieben mit Eigenlüfter und bei Antrieben mit Feldschwächbereich hängt die Dauerbetriebskurve nichtlinear von der Drehzahl ab. Ein prinzipielles Beispiel zeigt Abbildung 8.10. Im Bereich unterhalb der Bemessungsdrehzahl steigt die Kühlluftmenge durch den Eigenlüfter mit der Drehzahl an, so dass der Antrieb mit steigender Drehzahl ein größeres Dauerdrehmoment abgeben kann. Oberhalb der Bemessungsdrehzahl geht das Magnetfeld in der Maschine zurück, so dass für das gleiche Drehmoment ein höherer Strom mit höheren Stromwärmeverlusten in der Wicklung erforderlich ist. Daher geht mit steigender Drehzahl im Feldschwächbereich das erreichbare Dauerdrehmoment trotz steigender Kühlluftmenge zurück.

Die thermische Belastung kann mit der effektiven Belastung b_eff ermittelt werden. Für jeden Betriebspunkt (n_i, M_i) mit der Betriebszeit Δt_i wird die Belastung b_i als Verhältnis von tatsächlichem Drehmoment zu dauernd zulässigem Drehmoment gebildet. Aus den einzelnen Belastungen wird dann die effektive Belastung bestimmt:

$$b_i = \frac{M_i}{M_{\mathrm{dauer}\,i}} = \frac{M_i}{M_\mathrm{dauer}(n_i)} \,, \tag{8.52}$$

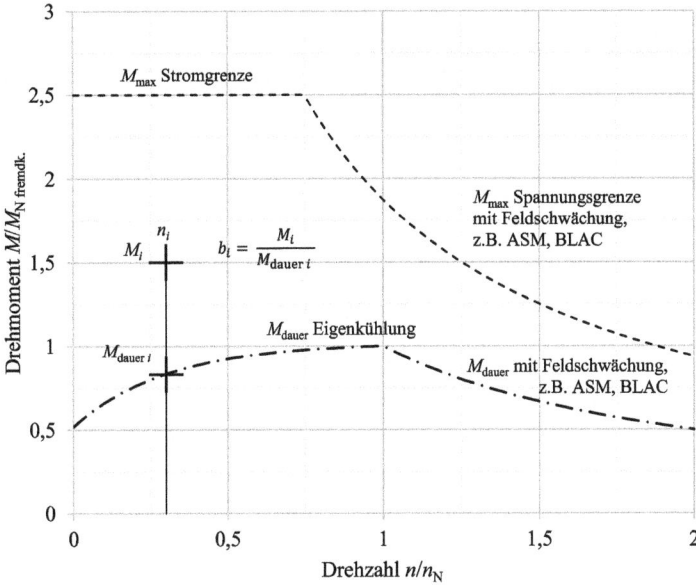

Abb. 8.10: Berücksichtigung der Belastung bei nichtlinearem Zusammenhang zwischen Dauerdrehmoment und Drehzahl.

$$b_{\text{eff}} = \sqrt{\frac{1}{T} \sum_i b_i^2 \, \Delta t_i} \,. \tag{8.53}$$

Der Auslegungsvorgang mit der Verwendung der effektiven Belastung b_{eff} und weiteren Einflussgrößen Umgebungstemperatur/Kühlmitteltemperatur ϑ_u, der Aufstellungshöhe h_{NN} und einer abweichenden Versorgungsspannung wird in Abschnitt 8.10 im Einzelnen dargestellt.

8.6.8.3 Antrieb mit linearer oder nichtlinearer Dauerbetriebskennlinie, lange Zykluszeit

Wenn die Zykluszeit T_Z in die Größenordnung der Zeitkonstante τ_E kommt, treten während des periodischen Lastspiels merkliche Temperaturschwankungen auf. Dies ist etwa ab folgender Grenze zu erwarten:

$$2T_Z \geq \tau_E \,. \tag{8.54}$$

Abbildung 8.11 zeigt exemplarisch den Temperaturverlauf bei periodischer Belastung mit einer großen Zykluszeit. Die Forderung ist, dass die höchste Temperatur kleiner als die zulässige Temperatur ist.

Der Temperaturverlauf für eine Belastungsphase für die Zeit Δt_i mit dem Betriebspunkt (n_i, M_i) baut entsprechend einer e-Funktion auf der vorangegangenen Tem-

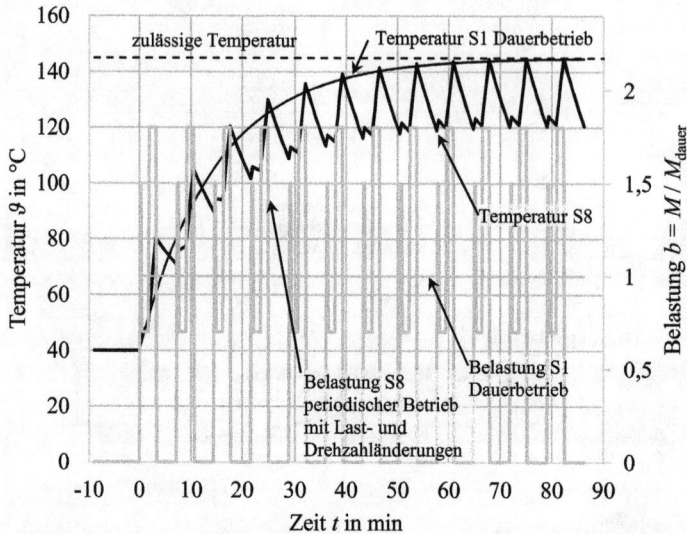

Abb. 8.11: Erwärmung beim periodischen Betrieb mit Last- und Drehzahländerungen S8.

peratur auf. Ist das Drehmomenet M_i größer als das dauernd zulässige Drehmoment $M_{\text{dauer}\,i}$, ist also $b_i > 1$, so steigt die Temperatur entsprechend einer e-Funktion mit negativem Exponenten an. Ist $b_i < 1$ fällt die Temperatur nach einer e-Funktion ab.

Am Ende des Zyklus herrscht dann wieder die gleiche Temperatur wie am Anfang. Wie in Abb. 8.11 dargestellt, schwankt die Temperatur zwischen einem Maximal- und einem Minimalwert.

Für die thermische Bewertung muss daher die Reihenfolge der einzelnen Belastungen berücksichtigt werden. Dies kann für die Näherung mit einem Einkörpermodell und im Wesentlichen mit dem Quadrat des Drehmoments ansteigenden Verlusten mit folgenden Gleichungen umgesetzt werden.

Für die N einzelnen Betriebspunkte (n_j, M_j) wird zunächst die jeweilige Belastung b_j ermittelt. Daraus werden die thermischen Belastungen u_i am Ende eines jeweiligen Belastungszeitraums bestimmt. Die thermische Belastung u_0 zu Beginn des Lastspiels berechnet sich zu

$$u_0 = \frac{1}{e^{\frac{T_Z}{\tau_E}} - 1} \cdot \sum_{j=1}^{N} e^{\frac{t_j}{\tau_E}} \cdot \left(1 - e^{-\frac{\Delta t_j}{\tau_E}}\right) \cdot b_j^2 \,, \tag{8.55}$$

$$\text{mit} \quad t_j = \sum_{k=1}^{j} \Delta t_k \,, \quad T_Z = \sum_{k=1}^{N} \Delta t_k \,. \tag{8.56}$$

Für jedes folgende Zeitintervall berechnet sich die thermische Belastung u_i aus dem Wert des vorhergehenden Zeitintervalls:

$$u_i = u_{i-1} \cdot e^{-\frac{\Delta t_i}{\tau_E}} + \left(1 - e^{-\frac{\Delta t_i}{\tau_E}}\right) \cdot b_i^2 \,. \tag{8.57}$$

Alternativ kann die thermische Belastung auch für jedes Zeitintervall direkt aus den ganzen Belastungen berechnet werden:

$$u_i = \frac{1}{e^{\frac{T_Z}{\tau_E}} - 1} \left(e^{\frac{T_Z}{\tau_E}} \cdot \sum_{j=1}^{i-1} e^{\frac{t_j}{\tau_E}} \cdot \left(1 - e^{-\frac{\Delta t_j}{\tau_E}}\right) \cdot b_j^2 + \sum_{k=i}^{N} e^{\frac{t_k}{\tau_E}} \cdot \left(1 - e^{-\frac{\Delta t_k}{\tau_E}}\right) \cdot b_k^2 \right).$$ (8.58)

Für die thermische Belastung des Antriebs ist der Maximalwert relevant:

$$u_{max} = \max(u_i).$$ (8.59)

Der Auslegungsvorgang mit der Verwendung der thermischen Belastung $u_{max} = \max(u_i)$ und weiterer Einflussgrößen Umgebungstemperatur/Kühlmitteltemperatur ϑ_u, der Aufstellungshöhe h_{NN} und einer abweichender Versorgungsspannung wird in Abschnitt 8.10 im Einzelnen dargestellt.

8.6.9 Einfluss der Umgebungstemperatur bzw. Kühlmitteltemperatur

Die Umgebungstemperatur bzw. Kühlmitteltemperatur hat Einfluss auf die Möglichkeit des Antriebs, seine Verlustwärme abzugeben. Daher besteht bei hoher Umgebungs- bzw. Kühlmitteltemperatur die Gefahr, dass der Motor im Inneren zu hohe Temperaturen erreicht, die die Lebensdauer der Komponenten reduzieren.

Bei schlechteren Kühlbedingungen ist daher die erreichbare Dauerleistung kleiner als unter normalen Bedingungen. Dies wird für die Umgebungs- bzw. Kühlmitteltemperatur durch einen Faktor k_ϑ berücksichtigt.

Hinweis: Gegebenenfalls wird zur Berücksichtigung der Temperatur und der Aufstellungshöhe (Abschnitt 8.6.10) ein Gesamtfaktor $k_{\vartheta h} = k_\vartheta \cdot k_h$ angegeben.

Hohe Umgebungstemperaturen kommen z. B. bei folgenden Anwendungen vor:
- Kraftfahrzeug, insbesondere Antriebe in der Nähe von Verbrennungsmotoren oder Antriebe, die intensive Wärmestrahlung von der Straße bekommen;
- Lüfterantriebe in Öfen;
- Pumpenantriebe für Heizung und Warmwasser;
- Glasverarbeitungsmaschinen;
- Kunstoffverarbeitungsmaschinen;
- Stahlherstellung, Gießerei.

Die Daten elektrischer Antriebe gelten in der Regel für Kühlmittel- bzw. Umgebungstemperaturen ϑ_u bis 40 °C. Die hier betrachteten Kleinantriebe werden in der Regel auf folgende Arten gekühlt:
- natürliche Konvektion mit der Umgebungsluft,
- erzwungene Konvektion mit der Umgebungsluft,

– Wärmeleitung zu den Maschinenteilen, die ihrerseits die Wärme an die Umgebungsluft abgeben,
– Wärmestrahlung an die Umgebung.

In den genannten Fällen ist die Umgebungstemperatur maßgebend für die Wärmeabgabe der Antriebe. Im Normalfall können die Antriebe ihre Bemessungsleistung P_N bzw. ihr Bemessungsdrehmoment M_N bis zu einer Umgebungstemperatur von $\vartheta_u =$ 40 °C bereitstellen.

Die zulässige Dauerleistung bzw. das Dauerdrehmoment sind bei Umgebungstemperaturen $\vartheta_u >$ 40 °C gegenüber den Bemessungsgrößen reduziert. Die Ursache ist, dass bei höherer Umgebungstemperatur und gleicher Wicklungstemperatur der Antrieb nur noch eine geringere Verlustleistung an die Umgebung abgeben kann. Damit kann der Antrieb aber auch nur noch ein geringeres Drehmoment bzw. eine geringere Leistung bei gleicher Wicklungstemperatur erzeugen.

Der Einfluss der Umgebungs- bzw. Kühlmitteltemperatur wird durch den Faktor k_ϑ erfasst.[16] Die zulässigen Dauergrößen ergeben sich dann näherungsweise zu

$$P_{\text{dauer}\,\vartheta} = k_\vartheta \cdot P_{\text{dauer}\,40\,°C} \quad \text{Dauerleistung,} \tag{8.60}$$

$$M_{\text{dauer}\,\vartheta} = k_\vartheta \cdot M_{\text{dauer}\,40\,°C} \quad \text{Dauerdrehmoment.} \tag{8.61}$$

Die Faktoren k_ϑ können aus Tabellen oder Kennlinien der Hersteller für die jeweilige Umgebungstemperatur entnommen werden. Für eine erste Auslegung gibt Tabelle 8.7 Anhaltswerte für k_ϑ wieder. Die zugehörige Gleichung lautet:

$$k_\vartheta = 1 - \frac{\vartheta_u - 40\,°C}{100\,°C} \quad \text{für} \quad \vartheta_u \geq 40\,°C. \tag{8.62}$$

In vielen Anwendungsfällen kann nicht sichergestellt werden, dass der Antrieb innerhalb der vorgesehenen Umgebungstemperaturen und Dauerleistungen betrieben wird. Zum Schutz des Antriebs vor vorzeitigem Ausfall ist dann ggf. ein Übertemperaturschutz im Antrieb vorzusehen (Temperatursensoren s. Abschnit 5.1).

Tab. 8.7: Faktor k_ϑ zur Berücksichtigung der Umgebungstemperatur bzw. Kühlmitteltemperatur.

Kühlmitteltemperatur, Umgebungstemperatur ϑ_u	40 °C	45 °C	50 °C	55 °C	60 °C
Faktor k_ϑ	1,00	0,95	0,90	0,85	0,80

---

[16] *Hinweis*: Die Umgebungstemperatur ϑ_u hat keinen Einfluss auf die Maximalwerte. Dieser Faktor wird daher nur für die Dauergrößen angewendet.

8.6.10 Einfluss der Aufstellungshöhe über Meereshöhe

Die Aufstellungshöhe h_{NN} über Meereshöhe hat Einfluss auf die Möglichkeit des Antriebs, seine Verlustwärme abzugeben, da in großen Höhen die Dichte der Luft kleiner und damit ihre Möglichkeit zur Wärmeabfuhr geringer als auf Meereshöhe sind. Das gleiche gilt für den Betrieb in Umgebungen mit geringem Luftdruck.

Die Daten elektrischer Antriebe gelten in der Regel für Aufstellungshöhen h_{NN} bis 1000 m über Meereshöhe. Bei größeren Aufstellungshöhen oder Betrieb in Umgebungen mit geringem Luftdruck besteht daher die Gefahr, dass der Motor im Inneren zu hohe Temperaturen erreicht, die die Lebensdauer der Komponenten reduzieren.

Bei Antrieben mit Leistungselektronik tritt ein weiterer Effekt bei großen Aufstellungshöhen auf: Die kosmische Höhenstrahlung in den Bergen ist deutlich größer als bei geringen Aufstellungshöhen. Sie reduziert die Lebensdauer der Leistungselektronik.

Große Aufstellungshöhen kommen z. B. bei folgenden Anwendungen vor:
- Kraftfahrzeuge;
- Konsumgüter mit unbekanntem Anwendungsort: Küchenmaschinen, Haushaltsmaschinen, Fön, Rasierer ...;
- Elektrowerkzeuge;
- Produktionsmaschinen bei Aufstellung im Gebirge, insbesondere Holzverarbeitung, Papierherstellung, Bergbau;
- Landmaschinen, Baumaschinen, Forstmaschinen.

In Verkehrsflugzeugen wird in der Kabine ein Luftdruck eingestellt, der etwa einer Höhe von h_{NN} = 2500 m über Meereshöhe entspricht. Bei Produkten, die in der Flugzeugkabine arbeiten sollen, ist diese Höhe zu berücksichtigen.

Bei Aufstellungshöhen h_{NN} > 1000 m über Meereshöhe ist die Kühlwirkung der Luft durch die geringere Luftdichte vermindert. Bei gleicher Wicklungstemperatur kann der Antrieb daher nur noch weniger Verluste an die Umgebung abführen. Das führt dazu, dass der Antrieb auch nur noch ein geringeres Drehmoment bzw. eine geringere Kraft erzeugen kann, ohne zu heiß zu werden. Die erreichbare Dauerleistung ist damit kleiner als unter normalen Bedingungen. Die verminderte Kühlwirkung bei größeren Aufstellungshöhen wird näherungsweise durch den Faktor k_h berücksichtigt.[17] Gegebenenfalls wird ein Gesamtfaktor $k_{\vartheta h} = k_\vartheta \cdot k_h$ angegeben, der auch die Umgebungstemperatur berücksichtigt (Abschnitt 8.6.9). Die Dauerleistung bzw. das Dauerdrehmoment ergeben sich mit dem Faktor k_h zu

$$P_{\text{dauer h}} = k_h \cdot P_{\text{dauer 1000 m}} \qquad \text{Dauerleistung,} \qquad (8.63)$$

---

17 Hinweis: Die Aufstellungshöhe h_{NN} hat keinen Einfluss auf die Maximalwerte. Dieser Faktor wird daher nur für die Dauergrößen angewendet.

Tab. 8.8: Faktor k_h zur Berücksichtigung der Aufstellungshöhe über Meereshöhe.

Aufstellungshöhe h_{NN} über NN	1000 m	2000 m	3000 m	4000 m	5000 m
Faktor k_h	1,00	0,95	0,90	0,85	0,80

$$M_{\text{dauer h}} = k_h \cdot M_{\text{dauer 1000 m}} \quad \text{Dauerdrehmoment.} \tag{8.64}$$

Der Faktor k_h kann aus Tabellen oder Kennlinien der Hersteller entnommen werden. Für eine erste Auslegung gibt Tabelle 8.8 Anhaltswerte für k_h wieder. Die zugehörige Gleichung für den Faktor k_h lautet:

$$k_h = 1 - \frac{h - 1000\,\text{m}}{20\,000\,\text{m}} \quad \text{für} \quad h_{NN} > 1000\,\text{m} . \tag{8.65}$$

Der Einfluss der Aufstellungshöhe ist für Antriebe, die vorwiegend durch Konvektion gekühlt werden, größer, als für Antriebe, die ihre Verlustwärme zu einem deutlichen Anteil durch Strahlung oder Wärmeleitung abgeben.

In vielen Anwendungsfällen kann nicht sichergestellt werden, dass der Antrieb innerhalb der vorgesehenen Aufstellungshöhen und Dauerleistungen betrieben wird. Zum Schutz des Antriebs vor vorzeitigem Ausfall ist dann ggf. ein Übertemperaturschutz im Antrieb vorzusehen (Temperatursensoren s. Abschnitt 5.1).

8.7 Auslegung für den Betrieb mit fester Drehzahl – Betrieb an fester Spannung und Frequenz – Betriebsarten S1, S2, S3, S6 für einzelne Betriebspunkte

In vielen Fällen wird für die Anwendung nur eine in etwa konstante Drehzahl benötigt. Dafür eignet sich der Betrieb von Gleichstrommotoren an fester Spannung und von Asynchronmotoren (Beispiel siehe Abschnitt 8.12.1) und Synchronmotoren an fester Spannung und Frequenz. Abbildung 8.12 zeigt die prinzipiellen Betriebskennlinien der Motoren.

Dabei werden für die Auslegung drei Betriebsbereiche der Kennlinien betrachtet:
- *Anlauf.* Der Bereich vom Stillstand bis zum dauerhaften oder periodischen Betrieb wird nur kurz durchlaufen. Für die Antriebsauslegung ist wichtig, dass in diesem Bereich das Motordrehmoment immer größer als das benötigte Drehmoment der Arbeitsmaschine ist. Dann ist gewährleistet, dass der Anlauf zuverlässig funktioniert und der Antrieb schnell bis zur Betriebsdrehzahl hochläuft. Gleichzeitig darf das Drehmoment aber auch nicht so groß sein, dass z. B. mechanische Übertragungselemente überlastet werden.

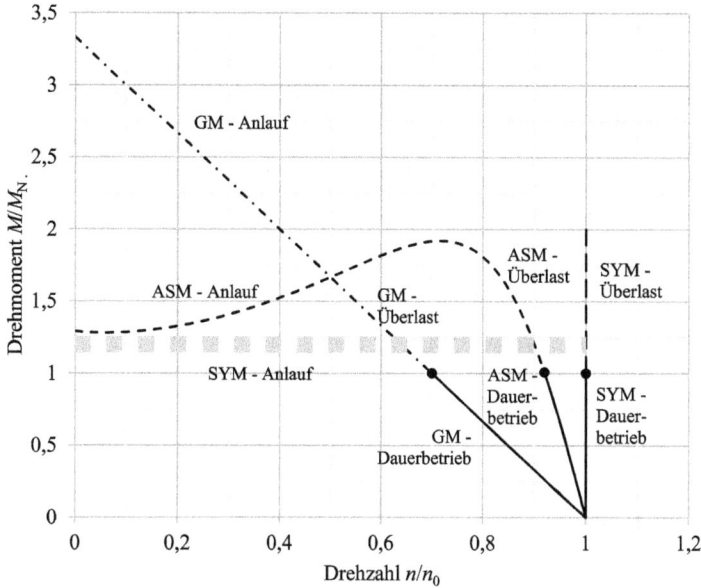

Abb. 8.12: Betriebskennlinien bei fester Spannung und Frequenz für Gleichstrommaschine, Asynchronmaschine und Synchronmaschine.

- *Überlast.* Dieser Bereich wird sporatisch oder periodisch im Betrieb genutzt. Es muss gewährleistet sein, dass bei allen zu erwartenden Drehmomenten der Arbeitsmaschine im Betrieb, der Motor ein höheres Drehmoment liefern kann, als die Arbeitsmaschine benötigt, so dass die Drehzahl in etwa konstant bleibt.
- *Dauerbetrieb.* In diesem Bereich zwischen Leerlauf und Dauerbetriebspunkt kann der Antrieb dauerhaft betrieben werden, ohne zu heiß zu werden. Die von der Arbeitsmaschine benötigte Leistung im Dauerbetrieb S1 oder periodischem Betrieb muss in diesem Bereich liegen (Betriebsarten siehe Tabelle 8.4 und Abschnitte 8.6.3–8.6.7).

8.7.1 Einfluss von Spannung und Frequenz auf die Betriebsdaten

Bei von den Bemessungsdaten abweichender Frequenz $f \neq f_N$ und/oder Spannung $U \neq U_N$ ändern sich die Betriebsbereiche der Motoren. Dies wird im Folgenden für die drei Antriebsarten Gleichstrommotor, Asynchronmotor und Synchronmotor dargestellt. Details zu den Motoren finden sich in Band 1.[18]

---

[18] Gleichstrommotor: Band 1, Kapitel 4, Asynchronmotor: Band 1, Kapitel 6, Synchronmotor: Band 1, Kapitel 7.

8.7.1.1 Gleichstrommotor

Die Leerlaufdrehzahl n_0, der Anlaufstrom I_A bzw. Haltestrom $I_H = I_A$ und das Anlaufdrehmoment M_A bzw. Haltedrehmoment[19] $M_H = M_A$ ändern sich etwa proportional zur Ankerspannung U_a. Bei einer abweichenden Ankerspannung $U_a' \neq U_N$ ergeben sich folgende Änderungen:

$$n_0' = \frac{U_a'}{U_N}n_0 = k_{n0}\,n_0\,, \quad k_{n0} = \frac{U_a'}{U_N}\,, \tag{8.66}$$

$$M_A' = \frac{U_a'}{U_N}M_A = k_A\,M_A\,, \quad k_A = \frac{U_a'}{U_N}\,, \tag{8.67}$$

$$M_{dauer}' \approx M_N = k_M\,M_N\,, \quad k_M = 1\,, \tag{8.68}$$

$$n_{mot}' = n'(M_{dauer}') \approx n_N + n_0' - n_0 = k_n \cdot n_N\,,$$

$$k_n = \frac{n_N + n_0' - n_0}{n_N} = 1 + (k_{n0} - 1)\frac{n_0}{n_N}\,, \tag{8.69}$$

$$P_{dauer}' = k_n\,P_N \tag{8.70}$$

Bei kleinerer Spannung sinken also die Leistung, die Drehzahl und das Anlaufdrehmoment.

8.7.1.2 Asynchronmotor

Die Synchrondrehzahl n_0 ist proportional zur Frequenz f. Mit der Frequenz f und der Motorspannung U ändern sich aber auch das Magnetfeld in der Maschine und damit das Kippmoment M_{kipp}, das Anlaufdrehmoment M_A und das Satteldrehmoment M_S sowie das Dauerdrehmoment M_{dauer}. Es gelten in etwa folgende Zusammenhänge (Einzelheiten zu Asynchronmotoren in Band 1, Kapitel 6):

$$n_0' = \frac{f'}{f_N}n_0 = k_{n0}\,n_0\,, \quad k_{n0} = \frac{f'}{f_N}\,, \tag{8.71}$$

$$M_{kipp}' \approx \left(\frac{U'}{U_N}\frac{f_N}{f'}\right)^2 \cdot M_{kipp} = k_{Mkipp}M_{kipp}\,, \quad k_{Mkipp} = \left(\frac{U'}{U_N}\frac{f_N}{f'}\right)^2\,, \tag{8.72}$$

$$M_{dauer}' \approx \left(\frac{U'}{U_N}\frac{f_N}{f'}\right) \cdot M_N = k_M\,M_N\,, \quad k_M = \left(\frac{U'}{U_N}\frac{f_N}{f'}\right)\,, \tag{8.73}$$

$$n_{mot}' = n'(M_{dauer}') \approx \frac{f'}{f_N}n_0 - (n_0 - n_N)\left(\frac{U_N}{U'}\frac{f'}{f_N}\right) = k_n\,n_N\,,$$

---

19 Einzelheiten in Band 1, Kapitel 4. Hier werden Haltedrehmoment und Anlaufdrehmoment $M_H = M_A$ gleichbedeutend für das Drehmoment im Stillstand verwendet.

$$k_n = \frac{f'}{f_N}\frac{n_0}{n_N} - \left(\frac{n_0}{n_N} - 1\right)\left(\frac{U_N}{U'}\frac{f'}{f_N}\right), \tag{8.74}$$

$$M_A' \approx \left(\frac{U'}{U_N}\frac{f_N}{f'}\right)^2 \cdot M_A = k_{MA}\,M_A\,, \quad k_{MA} = \left(\frac{U'}{U_N}\frac{f_N}{f'}\right)^2, \tag{8.75}$$

$$M_S' \approx \left(\frac{U'}{U_N}\frac{f_N}{f'}\right)^2 \cdot M_S = k_{MA}\,M_S\,, \tag{8.76}$$

$$P_{dauer}' = k_n\,k_M\,P_N\,. \tag{8.77}$$

Die Dauerleistung geht bei kleinerer Spannung zurück. Bei kleinerer Spannung oder höherer Frequenz sinken die erreichbaren Drehmomente. Dies ist z. B. bei Motoren mit Bemessungsdaten für den Betrieb in Europa, beim Betrieb in den USA, Kanada und Teilen Südamerikas zu beachten (Beispiel in Abschnitt 8.12.1):

- Europa: $f_N = 50\,\text{Hz}$, $U_N = 230\,\text{V}$;
- USA, Kanada: $f' = 60\,\text{Hz}$, $U' = 230\,\text{V}$. Ungefähre Änderung der Daten:
  - Steigerung der Drehzahl um den Faktor $k_{n0} = 1{,}2$ bzw. $+20\,\%$;
  - Reduktion des Anlauf-, Sattel- und Kippmoments mit dem Faktor $k_{MA} = 0{,}69$ bzw. $-31\,\%$;
  - Reduktion des Dauerdrehmoments mit dem Faktor $k_M = 0{,}83$ bzw. $-17\,\%$. *Hinweis*: wegen der besseren Kühlwirkung von Eigenlüftern bei höheren Drehzahlen kann der Faktor k_M im Einzelfall größer sein;
  - gleichbleibende Dauerleistung.

Die Zusammenhänge zeigt Abb. 8.13 anhand der Drehzahl-Drehmoment-Kennlinien.

8.7.1.3 Synchronmotor

Die Synchrondrehzahl n_0 ist proportional zur Frequenz f. Mit der Frequenz f und der Motorspannung U ändern sich aber auch das Magnetfeld in der Maschine und damit das Kippmoment M_{kipp}, das Anlaufdrehmoment M_A und das Satteldrehmoment M_S sowie das Dauerdrehmoment M_{dauer}. Es gelten in etwa folgende Zusammenhänge (Einzelheiten zu Synchronmaschinen in Band 1, Kapitel 7):

$$n_{mot}' = n_0' = \frac{f'}{f_N}n_0 = k_n\,n_0\,, \quad k_n = k_{n0} = \frac{f'}{f_N}, \tag{8.78}$$

$$M_{kipp}' \approx \left(\frac{U'}{U_N}\frac{f_N}{f'}\right) \cdot M_{kipp} = k_{Mkipp}\,M_{kipp}\,, \quad k_{Mkipp} = \frac{U'}{U_N}\frac{f_N}{f'}, \tag{8.79}$$

$$M_{dauer}' \approx M_N = k_M\,M_N\,, \quad k_M = 1\,, \tag{8.80}$$

$$M_A' \approx \left(\frac{U'}{U_N}\frac{f_N}{f'}\right)^2 \cdot M_A = k_{MA} \cdot M_A\,, \quad k_{MA} = \left(\frac{U'}{U_N}\frac{f_N}{f'}\right)^2, \tag{8.81}$$

$$M_S' \approx \left(\frac{U'}{U_N}\frac{f_N}{f'}\right)^2 \cdot M_S = k_{MA}\,M_S\,, \tag{8.82}$$

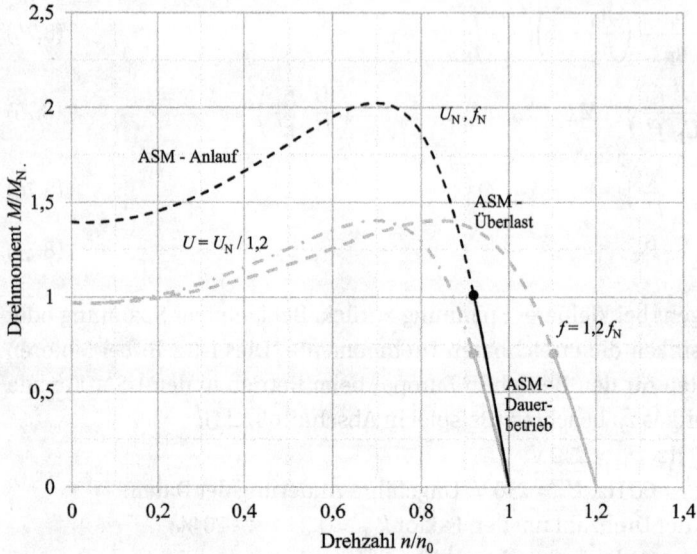

Abb. 8.13: Einfluss von Betriebsspannung und Frequenz auf die Betriebskennlinien von Asynchron-maschinen.

$$P'_{\text{dauer}} = k_{\text{n}}\, P_{\text{N}} \,. \tag{8.83}$$

Bei kleinerer Spannung oder höherer Frequenz reduzieren sich also die erreichbaren Drehmomente. Dies ist z. B. beim Betrieb von Motoren in den USA, Kanada und Teilen Südamerikas zu beachten:

- Europa: $f = 50\,\text{Hz}$, $U = 230\,\text{V}$;
- USA, Kanada: $f = 60\,\text{Hz}$, $U = 230\,\text{V}$. Ungefähre Änderung der Daten:
  - Steigerung der Drehzahl um den Faktor $k_{\text{n}} = 1{,}2$ bzw. +20 %;
  - Reduktion des Anlauf-, Sattelmoments mit dem Faktor $k_{\text{MA}} = 0{,}69$ bzw. −31 %;
  - Reduktion des Kippmoments mit dem Faktor $k_{\text{Mkipp}} = 0{,}83$ bzw. −17 %;
  - Steigerung der Dauerleistung um den Faktor $k_{\text{n}} = 1{,}2$ bzw. +20 %.

8.7.2 Antriebswahl nach der Leistung

Die grobe Auswahl passender Antriebe kann nach der Dauerleistung des Antriebs und der Betriebsart der Anwendung erfolgen. Dazu werden die erforderliche Leistung und die relevanten Faktoren für Betriebsart, Umgebungsbedingungen und Betriebsbedingungen bestimmt:

- Leistung im Betrieb nach Abschnitt 8.6.1, Gleichung (8.5);
- Betriebsart: Wahl einer passenden Betriebsart für die Anwendung (Abschnitt 8.6.2, Tabelle 8.4) und Bestimmung des Faktors k_{Sx} für die Betriebsart (ggf. Anhaltswerte aus Tabelle 8.5):

- – Dauerbetrieb S1: $k_{Sx} = 1$;
- – Kurzzeitbetrieb S2: $k_{Sx} = k_{S2}$ nach Abschnitt 8.6.4;
- – Aussetzbetrieb S3: $k_{Sx} = k_{S3}$ nach Abschnitt 8.6.5;
- – Betrieb mit Aussetzbelastung S6: $k_{Sx} = k_{S6}$ nach Abschnitt 8.6.7;
- – Berücksichtigung einer Umgebungstemperatur $\vartheta_u > 40\,°C$: Faktor k_ϑ nach Abschnitt 8.6.9;
- – Berücksichtigung einer Aufstellungshöhe $h_{NN} > 1000$ m oder eines verminderten Luftdrucks: Faktor k_h nach Abschnitt 8.6.10;
- – Berücksichtigung abweichender Betriebsspannung oder Frequenz mit den Faktoren k_n und k_M nach Abschnitt 8.7.1;
- – Wahl eines Sicherheitsfaktors k_S, typische Werte sind $k_S = 1,2 \dots 1,5$;
- – wenn ein Getriebe zwischen Antrieb und Last vorgesehen wird, Bestimmung des Getriebewirkungsgrades η_{get}.

Hieraus ergibt sich die Anforderung an die Antriebsleistung im Dauerbetrieb:

$$P_N \overset{!}{\geq} \frac{k_S}{k_{Sx}\, k_\vartheta\, k_h\, k_n\, k_M\, \eta_{get}} \cdot P_{Last\,Betrieb} \cdot \tag{8.84}$$

8.7.3 Wahl der Übersetzung zwischen Antrieb und Arbeitsmaschine

In der Regel sorgt ein Getriebe mit der Übersetzung i_{get} für eine Anpassung der Motordrehzahl an die benötigte Drehzahl der Arbeitsmaschine n_{Last}.

Wird der Antrieb bei Bemessungsspannung und -frequenz der in Frage kommenden Motoren betrieben, ergibt sich die Übersetzung des Getriebes aus der Bemessungsdrehzahl. Weichen die Versorgungsspannung und/oder -frequenz von den Bemessungsdaten ab, wird der Faktor für die Drehzahl der in Frage kommenden Antriebe z. B. nach Abschnitt 8.7.1 ermittelt.

Die Übersetzung des Getriebes zwischen Antrieb und Maschine ergibt sich dann zu

$$i_{get} = \begin{cases} \dfrac{n_N}{n_{Last}} & \text{für } U = U_N, \quad f = f_N \\ \dfrac{k_n\, n_N}{n_{Last}} & \text{sonst.} \end{cases} \tag{8.85}$$

Bei Schrittmotoren und Synchronmotoren muss die Stabilität des Antriebs bei der gewählten Übersetzung geprüft werden (Band 1, Kapitel 10.3.7).

8.7.4 Auslegung für den Anlauf

Der Antrieb muss für den gesamten Anlauf ein Drehmoment aufbauen, das größer als das Lastdrehmoment M_{Last} in diesem Drehzahlbereich zwischen Stillstand und Betriebspunkt ist. Ferner soll der Anlauf in einer definierten Hochlaufzeit T_h abgeschlossen sein.

Diese Anforderungen sollen häufig auch bei Unterspannung erfüllt sein. Daher werden bei zu erwartender Unterspannung die Faktoren k_{MA} und k_{Mkipp} nach Abschnitt 8.7.1 für die kleinste zu berücksichtigende Spannung ermittelt.

Daraus ergeben sich die Anforderungen an das Drehmoment beim Anlauf $M_{A\,erf}$ und das mittlere Drehmoment beim Hochlauf $M_{A\,mittel\,erf}$:

$$M_{A\,erf} = \frac{1}{i_{get}\eta_{get}} M_{Last}(n = 0) \,, \tag{8.86}$$

$$M_{A\,mittel\,erf} = \frac{1}{i_{get}\eta_{get}} \left(M_{Last} + 2\pi \frac{n_{Last}}{T_h} J_{Last} \right) . \tag{8.87}$$

Die Anforderung an den Antrieb ist mit dem Sicherheitsfaktor k_S für das Anlaufdrehmoment M_A:

$$M_A \overset{!}{\geq} \frac{k_S}{k_{MA}} M_{A\,erf} \,. \tag{8.88}$$

Bei Asynchron- und Synchronmaschinen gilt die Anforderung für das Satteldrehmoment M_S:

$$M_S \overset{!}{\geq} \frac{k_S}{k_{MA}} M_{A\,erf} \,. \tag{8.89}$$

Für den gesamten Hochlauf muss das Drehmoment der Asynchronmaschine bzw. Synchronmaschine größer als das geforderte mittlere Hochlaufdrehmoment sein:

$$M_{A\,mittel} \overset{!}{\geq} \frac{k_S}{k_{MA}} M_{A\,mittel\,erf} \,. \tag{8.90}$$

Bei Gleichstrommaschinen muss entsprechend das Drehmoment im Anlauf größer als das notwendige Anlaufdrehmoment und im abfallenden Bereich der Kennlinie im Mittel größer als das erforderlche mittlere Drehmoment für den Anlauf sein:

$$M_A \overset{!}{\geq} \frac{k_S}{k_{MA}} M_{A\,erf} \,, \tag{8.91}$$

$$M_{A\,mittel} \overset{!}{\geq} \frac{k_S}{k_{MA}} M_{A\,mittel\,erf} \,. \tag{8.92}$$

Wegen der etwa linearen Drehzahl-Drehmoment-Kennlinie der Gleichstrommaschine (Abb. 8.12), können die beiden Forderungen zu folgender Anforderung zusammengefasst werden:

$$M_A \overset{!}{\geq} \frac{k_S}{k_{MA}} \cdot \max(M_{A\,erf}, \quad 2 \cdot M_{A\,mittel\,erf}) \,. \tag{8.93}$$

8.7.5 Auslegung für Überlast

Der Antrieb muss bei gelegentlichen Überlasten mit dem maximalen Lastdrehmoment $M_{\text{Last max}}$ die Drehzahl der Arbeitsmaschine in etwa konstant halten können. Dies führt für Synchron- und Asynchronmaschinen mit dem Sicherheitsfaktor k_S für das Drehmoment zu folgender Forderung für das Kippmoment:

$$M_{\text{kipp}} \overset{!}{\geq} \frac{k_S}{k_{\text{Mkipp}}} \frac{1}{i_{\text{get}} \, \eta_{\text{get}}} M_{\text{Last max}} . \tag{8.94}$$

Bei Gleichstrommaschinen ist die Überlastbedingung in der Regel erfüllt, wenn der Anlauf nach den obigen Bedingungen erfüllt ist.

Kann kein ausgewählter Antrieb die Anforderungen erfüllen, muss ggf. mit einer anderen Motorausführung, z. B. mit anderer Polzahl oder anderer Drehzahl mit einer anderen Übersetzung die Auslegung wiederholt durchlaufen werden.

8.8 Antriebe mit Drehzahländerung – Einfluss der Spannung auf die Betriebsdaten

Für viele Anwendungsfälle werden Antriebe mit veränderlicher Drehzahl benötigt, um die für unterschiedliche Betriebszustände jeweils erforderliche Drehzahl effizient zur Verfügung zu stellen. Hierfür werden Antriebe aus Motor und Leistungselektronik eingesetzt. Dies können z. B. sein

– Permanentmagnet Gleichstrommotoren mit Gleichspannungssteller (Band 1, Kapitel 4 und 11],
– Asynchronmotoren mit Frequenzumrichter (Band 1, Kapitel 6 und 11),
– Synchronmotoren mit Frequenzumrichter (Band 1, Kapitel 7 und 11),
– elektronisch kommutierte Permanentmagnetmotoren BLAC und BLDC (Band 1, Kapitel 8 und 11),
– Geschaltete Reluktanzmotoren (Band 1, Kapitel 9),
– Servoantriebe (Kapitel 4).

Abbildung 8.8 zeigt die prinzipiellen Betriebskennlinien für den Dauerbetrieb und das Maximaldrehmoment für Antriebe mit und ohne Feldschwächung sowie mit Fremdkühlung, Eigenkühlung und Selbstkühlung.

Die Leistungselektronik wird aus dem speisenden Netz versorgt. In vielen Fällen hat die Leistungselektronik im hier betrachteten Leistungsbereich einen Gleichspannungszwischenkreis, der vom Netz über einen Gleichrichter gespeist wird. Dabei sind zwei Fälle zu unterscheiden:

– Die Gleichspannung des Zwischenkreises wird geregelt und ist damit weitestgehend unabhängig von Netzspannungsänderungen. Die Kennlinien des Antriebs sind innerhalb der zulässigen Spannungsgrenzen unabhängig von der Netzspannung.

– Der Zwischenkreis wird aus dem Netz mit einem ungesteuerten Gleichrichter gespeist und nicht geregelt. Die Zwischenkreisspannung ändert sich in Abhängigkeit von der Netzspannung. Die Betriebskennlinien sind von der Netzspannung abhängig.

Abbildung 8.14 zeigt den Einfluss der Netzspannung auf die prinzipiellen Kennlinien des Antriebs für die beiden Fälle 100 % Versorgungsspannung, z. B. 230 V, und reduzierte Versorgungsspannung von 80 %, z. B. 185 V. Im Fall der geregelten Zwischenkreisspannung gilt immer die 100 %-Kurve.

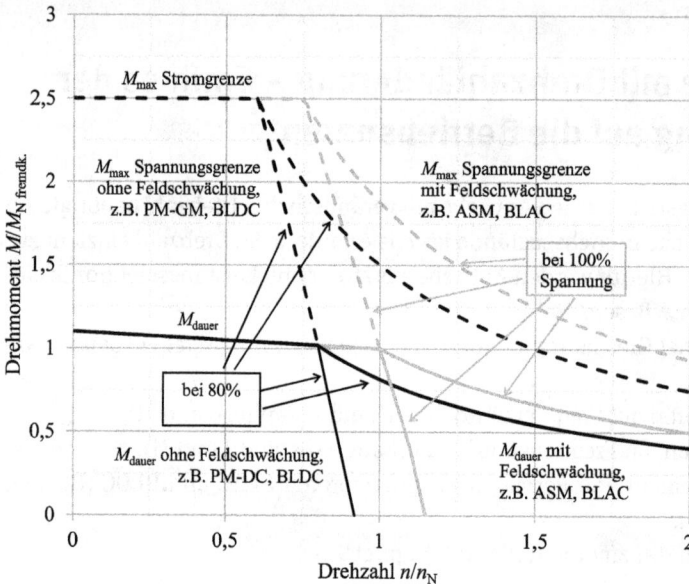

Abb. 8.14: Einfluss der Versorgungsspannung auf die Betriebskennlinien von Antrieben mit Leistungselektronik.

Wenn die Zwischenkreisspannung nicht geregelt ist, reduziert sich die erreichbare Drehzahl mit verminderter Versorgungspannung. Bei kleinen Abweichungen von der Bemessungsspannung kann der Einfluss im Wesentlichen als Stauchung der Drehzahlgrenze n_{grenze} an der Spannungsgrenze berücksichtigt werden:

$$n'_{grenze} = k_n \, n_{grenze} \cdot \qquad (8.95)$$

Es gibt hingegen praktisch keinen Einfluss auf das Maximaldrehmoment an der Strom-
grenze und das Dauerdrehmoment:

$$k_{\mathrm{M}} = 1 \,, \tag{8.96}$$

$$k_{\mathrm{M\,max}} = 1 \,. \tag{8.97}$$

Der Einfluss auf die Drehzahlgrenze ist dabei stärker als die Änderung der Versorgungsspannung. Als Beispiel wird ein Antrieb mit einem Frequenzumrichter zum Anschluss an das Einphasennetz betrachtet.
–   Bemessungseingangsspannung: $U_{\mathrm{NE}} = 230\,\mathrm{V}$, 1 ~;
–   Bemessungsausgangsspannung: $U_{\mathrm{NA}} = 170\,\mathrm{V}$, 3 ~.

Der Spannungsabfall im Umrichter entsteht durch die Spannungsabfälle an netzsei-
tigen Entstörelementen, durch die Spannungsabfälle entlang der Leistungshalbleiter
und durch den Spannungsrückgang der Zwischenkreisspannung beim Entladen des
Zwischenkreiskondensators, wenn der Netzgleichrichter keinen Strom führt. Dieser
Spannungsabfall ist im Beispiel $\Delta U = 60\,\mathrm{V}$ im Wesentlichen unabhängig von der Versorgungsspannung.
    Bei einer Spannungsminderung am Eingang um 20 % ergeben sich folgende Span-
nungen:
–   Eingangsspannung 80 %: $U_{\mathrm{E}}' = 185\,\mathrm{V}$, 1 ~, −20 %;
–   Ausgangsspannung: $U_{\mathrm{A}}' = U_{\mathrm{E}}' - \Delta U = 125\,\mathrm{V}$, 3 ~, −25 %.

Die erreichbare Drehzahl an der Spannungsgrenze ist etwa proportional zu Ausgangsspannung, so dass in diesem Beispiel gilt:
–   das Verhältnis der Eingangsspannungen $\frac{U_{\mathrm{E}}'}{U_{\mathrm{NE}}} = 0{,}80$;
–   das Verhältnis der Drehzahlen und der Ausgangsspannungen $k_{\mathrm{n}} \approx \frac{U_{\mathrm{A}}'}{U_{\mathrm{NA}}} = 0{,}75$.

Die Eingangsfrequenz hat kaum Einfluss auf die Ausgangsspannung eines Gleich-
spannungsstellers oder eines Umrichters. Hierfür sind zwei gegenläufige Effekte verantwortlich:
–   Spannungsabfall beim Entladen des Zwischenkreiskondensators während der
    Zeiten, in denen der Netzgleichrichter keinen Strom führt: $\Delta U_{\mathrm{d}} \sim \frac{1}{f}$;
–   Spannungsabfall an Entstörelementen auf der Netzseite, insbesondere Drosseln:
    $\Delta U_{\mathrm{L}} \sim f$.

Bei Leistungselektronik zum Anschluss an das Einphasennetz überwiegt häufig der
erste Anteil, d. h. mit steigender Netzfrequenz steigen die erreichbare Ausgangsspannung und Drehzahl etwas an. Bei Gleichrichtern zum Betrieb am Drehstromnetz überwiegt dagegen oft der zweite Anteil, so dass mit steigender Netzfrequenz die erreichbare Ausgangsspannung und Drehzahl leicht zurückgehen.

8.9 Antriebsauslegung für die Betriebsarten S1, S2, S3, S6

Für viele Anwendungen elektrischer Antriebe werden einzelne Betriebspunkte mit unterschiedlichen Drehzahlen und Drehmomenten jeweils im Dauerbetrieb S1, Kurzzeitbetrieb S2 oder periodischen Betrieb benötigt. Beispiele für Anwendungen drehzahlveränderlicher Antriebe mit einzelnen Dauerbetriebspunkten, Kurzzeitbetrieben oder periodischen Betriebspunkten sind

- Pumpen für variierende Fördermengen, z. B. Heizung, Warmwasser, Kurzzeitbetrieb beim Hochfahren oder Füllen der Anlage mit größter Fordermenge und anschließendem Dauerbetrieb mit unterschiedlichen Fördermengen;
- Lüfter für Heizung, Klima, Kurzzeitbetrieb beim anfänglichen Aufheizen oder Herunterkühlen und anschließendem Dauerbetrieb bei unterschiedlichen Drehzahlen;
- Gerätelüfter mit hohen Anfoderungen an Geräuscharmut oder Energiebedarf;
- Druckmaschinen für unterschiedliche Materialien und Druckgeschwindigkeiten;
- Transportbänder mit unterschiedlichen Arbeitsgeschwindigkeiten.

Die Auslegung erfolgt ähnlich wie die Auslegung bei Betrieb mit fester Spannung und Frequenz (Abschnitt 8.7). Es handelt sich um mehrere Dauerbetriebe S1, Kurzzeitbetriebe S2 oder periodische Betriebe S3, S6, die alle für sich erfüllt sein müssen.

8.9.1 Antriebswahl nach der Leistung

Die grobe Auswahl passender Antriebe kann nach der Dauerleistung des Antriebs und der Betriebsart der Anwendung erfolgen. Dazu werden die erforderliche Leistung und die relevanten Faktoren für Betriebsart, Umgebungsbedingungen und Betriebsbedingungen für jeden Betriebspunkt i bestimmt:

- Leistung $P_{\text{Last Betrieb } i}$ im Betrieb (Gleichung (8.5));
- Betriebsart: Wahl einer passenden Betriebsart für die Anwendung (Tabelle 8.4) und Bestimmung des Faktors $k_{\text{Sx} i}$ für die Betriebsart (ggf. Anhaltswerte aus Tabelle 8.5):
  - Dauerbetrieb S1: $k_{\text{Sx} i} = 1$;
  - Kurzzeitbetrieb S2: $k_{\text{Sx} i} = k_{\text{S2}}$ (Abschnitt 8.6.4);
  - Aussetzbetrieb S3: $k_{\text{Sx} i} = k_{\text{S3}}$ (Abschnitt 8.6.5);
  - Betrieb mit Aussetzbelastung S6: $k_{\text{Sx} i} = k_{\text{S6}}$ (Abschnitt 8.6.7);
- Berücksichtigung einer Umgebungstemperatur $\vartheta_{\text{u}} > 40\,^\circ\text{C}$: Faktor $k_{\vartheta i}$ (Abschnitt 8.6.9);
- Berücksichtigung einer Aufstellungshöhe $h_{\text{NN}} > 1000$ m oder eines verminderten Luftdrucks: Faktor $k_{\text{h} i}$ (Abschnitt 8.6.10);

- Berücksichtigung abweichender Betriebsspannung oder Frequenz mit dem Faktor k_{ni} (Abschnitt 8.8), Faktor für das Drehmoment $k_M = 1$;
- Wahl eines Sicherheitsfaktors k_S, typische Werte sind $k_S = 1{,}2 \ldots 1{,}5$;
- wenn ein Getriebe zwischen Antrieb und Last vorgesehen wird, Bestimmung des Getriebewirkungsgrades η_{get}.

Hieraus ergibt sich die Anforderung an die Antriebsleistung im Dauerbetrieb:

$$P_N \overset{!}{\geq} \frac{k_S}{k_{Sxi}\, k_\vartheta\, k_{hi}\, k_{ni}\, k_M\, \eta_{get}} \cdot P_{\text{Last Betrieb}\, i} \quad \text{für alle Betriebspunkte } i\,. \tag{8.98}$$

8.9.2 Wahl der Übersetzung zwischen Antrieb und Arbeitsmaschine

In vielen Fällen sorgt ein Getriebe mit der Übersetzung i_{get} für eine Anpassung der Motordrehzahl an die benötigte Drehzahl der Arbeitsmaschine n_{Last}. Hier muss die Übersetzung so gewählt werden, dass alle geforderten Betriebspunkte im Dauerbetriebsbereich des Antriebs sind. Aus der höchsten geforderten Lastdrehzahl wird die größte zulässige Getriebeübersetzung ermittelt:

$$i_{get\,max} = \min\!\left(\frac{k_{ni}\, n_N}{n_{Last\,i}} \right) \quad \text{für alle Betriebspunkte } i\,. \tag{8.99}$$

Die minimale Getriebeübersetzung ergibt sich aus den geforderten Drehmomenten:

$$i_{get\,min} = \min\!\left(\frac{k_S \cdot M_{Last\,i}}{k_{Sxi}\, k_\vartheta\, k_{hi}\, k_M\, \eta_{get} \cdot M_N} \right) \quad \text{für alle Betriebspunkte } i\,. \tag{8.100}$$

Die Übersetzung i_{get} wird so gewählt, dass sie zwischen den Grenzen $i_{get\,min}$ und $i_{get\,max}$ und alle Betriebspunkte innerhalb des Dauerbereichs liegen:

$$i_{get} \geq i_{get\,min}\,, \tag{8.101}$$

$$i_{get} \leq i_{get\,max}\,, \tag{8.102}$$

$$M_{dauer}(i_{get} \cdot n_{Last\,i}) \geq \frac{k_S}{k_{Sxi}\, k_\vartheta\, k_{hi}\, k_M\, \eta_{get}} \cdot M_{Last\,i} \quad \text{für alle Betriebspunkte } i\,. \tag{8.103}$$

Aus dem zulässigen Übersetzungsbereich wird eine eher hohe Übersetzung gewählt, da in dem Fall in der Regel die Gesamtverluste geringer ausfallen und die Überlastbarkeit höher ist.

8.9.3 Auslegung für den Anlauf

Der Antrieb muss für den gesamten Anlauf ein Drehmoment aufbauen, das größer als das Lastdrehmoment M_{Last} in diesem Drehzahlbereich ist. Ferner soll der Anlauf in einer definierten Hochlaufzeit T_h abgeschlossen sein.

Daraus ergibt sich die Anforderung an das Drehmoment beim Anlauf und Hochlauf:

$$M_{\text{max erf}} = \frac{1}{i_{\text{get}}\eta_{\text{get}}}\left(M_{\text{Last}} + 2\pi\frac{n_{\text{Last}}}{T_{\text{h}}}J_{\text{Last}} \right).$$ (8.104)

Die Anforderung an den Antrieb ist mit dem Sicherheitsfaktor k_{S} für das Anlaufdrehmoment M_{A}:

$$M_{\text{max}} \overset{!}{\geq} k_{\text{S}}M_{\text{A erf}}.$$ (8.105)

8.9.4 Auslegung für Überlast

Der Antrieb muss bei gelegentlichen Überlasten mit dem maximalen Lastdrehmoment $M_{\text{Last max}}$ die Drehzahl der Arbeitsmaschine in etwa konstant halten können. Dies führt mit dem Sicherheitsfaktor k_{S} für das Drehmoment zu folgender Forderung für das Maximaldrehmoment:

$$M_{\text{max}} \overset{!}{\geq} k_{\text{S}}\frac{1}{i_{\text{get}}\,\eta_{\text{get}}}M_{\text{Last max}}.$$ (8.106)

Kann kein ausgewählter Antrieb die Anforderungen erfüllen, muss ggf. mit einer anderen Antriebsausführung mit einer anderen Übersetzung die Auslegung wiederholt durchlaufen werden.

8.10 Antriebsauslegung für den periodischen Betrieb mit variabler Drehzahl und Belastung S8

Einige elektronisch gesteuerte Antrieben durchfahren eine periodische Abfolge quasistationärer Betriebspunkte. Es handelt sich um die Betriebsart S8 periodischer Betrieb mit Drehzahl- und Laständerungen (Abschnitte 8.6.2 und 8.6.8). Die Betriebspunkte liegen z. T. innerhalb der Dauerbetriebsgrenzen des Antriebs und z. T. zwischen Maximalbetriebsgrenzen und Dauerbetriebsgrenzen (Beispiel in Abschnitt 8.12.3).

Für die Beschleunigung und Verzögerung muss der Antrieb zusätzliche Drehmomente zur Verfügung stellen. Dabei ist aber das Beschleunigungsdrehmoment, das der Antrieb für die Beschleunigung der eigenen Massenträgheit benötigt, klein gegenüber dem Beschleunigungsdrehmoment für die Massenträgheiten der Arbeitsmaschine. Dadurch hat die Massenträgheit des Antriebs nur einen deutlichen Einfluss auf das erforderliche Maximaldrehmoment, aber kaum auf das erforderliche Dauerdrehmoment des Antriebs. In diesen Fällen kann die Übersetzung zwischen Antrieb und Maschine aus den quasistationären Betriebspunkten bestimmt werden.

Beispiele für Anwendungen drehzahlveränderlicher Antriebe in der Betriebsart S8 mit quasistationären, periodischen Drehzahl- und Laständerungen sind

- Roboterantriebe (Knickarmroboter, Scara-Roboter, kartesischer Roboter ...),
- Handhabungsmaschinen zum Montieren von Komponenten zu einer Einheit,
- Wickelmaschinen,
- fliegende Sägen zum Vereinzeln von kontinuierlich produziertem Material,
- rotierende Querschneider zum Vereinzeln von kontinuierlich produziertem Material,
- Belade- und Entnahmestationen,
- Werkzeugmaschinen,
- Laserbearbeitungsmaschinen.

Hinweis: Die genannten Anwendungen gibt es z. T. auch mit sehr dynamischen Betriebsweisen (z. B. Roboter, Montagemaschinen, Querschneider). Die Auslegung erfolgt in dem Fall mit dem dynamischen Kennwert (Abschnitt 8.11).

8.10.1 Antriebswahl nach der Leistung

Die grobe Auswahl passender Antriebe kann nach der äquivalenten Dauerleistung des Antriebs erfolgen. Dazu werden die einzelnen Drehmomente und Drehzahlen der Arbeitsmaschine aus der periodischen Abfolge der Belastungen ermittelt. Für stationäre Betriebspunkte sind das die einzelnen Lastpunkte (n_i, M_i) (Gleichungen (8.44), (8.45)).

Zwischen den einzelnen stationären Betriebspunkten wird die Arbeitsmaschine von einer Drehzahl zu nächsten beschleunigt. Die Beschleunigungsdrehmomente zwischen zwei Betriebspunkten werden mit der Massenträgheit J_{Last} der Arbeitsmaschine nach Abschnitt 8.6.8 bestimmt. Die Gleichungen (8.46) und (8.47) liefern die Werte für Drehzahl und Drehmoment.

Die erforderliche Leistung wird aus den einzelnen Betriebspunkten und den Randbedingungen bestimmt:

- Aus den Drehmomenten wird das effektive Drehmoment M_{eff} nach Gleichung (8.51) berechnet;
- Berücksichtigung einer Umgebungstemperatur $\vartheta_u > 40\,°C$: Faktor k_ϑ nach Abschnitt 8.6.9;
- Berücksichtigung einer Aufstellungshöhe $h_{NN} > 1000\,m$ oder eines verminderten Luftdrucks: Faktor k_h nach Abschnitt 8.6.10;
- Berücksichtigung abweichender Betriebsspannung oder Frequenz mit dem Faktor k_n nach Abschnitt 8.9, Faktor für das Drehmoment $k_M = 1$;
- Wahl eines Sicherheitsfaktors k_S, typische Werte sind $k_S = 1,2 \ldots 1,5$;

– Wenn ein Getriebe zwischen Antrieb und Last vorgesehen wird, Bestimmung des
   Getriebewirkungsgrades η_{get}.

Hieraus ergibt sich die Anforderung an die Antriebsleistung im Dauerbetrieb:

$$P_N \overset{!}{\geq} \frac{k_S}{k_\vartheta\, k_h\, k_n\, k_M\, \eta_{\text{get}}} \cdot 2\pi \cdot \max(n_i) \cdot M_{\text{eff}} \quad \text{für alle Drehzahlen } n_i \, . \tag{8.107}$$

8.10.2 Wahl der Übersetzung zwischen Antrieb und Arbeitsmaschine

Häufig sorgt ein Getriebe mit der Übersetzung i_{get} für eine Anpassung der Motordrehzahl an die benötigte Drehzahl der Arbeitsmaschine n_{Last}. Hier muss die Übersetzung so gewählt werden, dass alle geforderten Betriebspunkte im Maximalbetriebsbereich des Antriebs sind. Aus der höchsten geforderten Lastdrehzahl und der Maximaldrehzahl n_{max} des Antriebs wird die größte zulässige Getriebeübersetzung ermittelt:

$$i_{\text{get max}} = \min\left(\frac{k_n\, n_{\text{max}}}{n_i} \right) \quad \text{für alle Betriebspunkte } i \, . \tag{8.108}$$

Die minimale Getriebeübersetzung ergibt sich aus den geforderten Drehmomenten und dem Maximaldrehmoment M_{max} des Antriebs:

$$i_{\text{get min}} = \min\left(\frac{k_S \cdot \max(M_i)}{k_M\, \eta_{\text{get}} \cdot M_N} \right) \quad \text{für alle Betriebspunkte } i \, . \tag{8.109}$$

Die Übersetzung i_{get} wird so gewählt, dass sie zwischen den Grenzen $i_{\text{get min}}$ und $i_{\text{get max}}$ und alle Betriebspunkte innerhalb des Maximalbereichs liegen:

$$i_{\text{get}} \geq i_{\text{get min}} \, , \tag{8.110}$$

$$i_{\text{get}} \leq i_{\text{get max}} \, , \tag{8.111}$$

$$M_{\text{max}}(i_{\text{get}} \cdot n_{\text{Last}\,i}) \overset{!}{\geq} \frac{k_S}{k_M\, \eta_{\text{get}}} \cdot M_{\text{Last}\,i} \quad \text{für alle Betriebspunkte } i \, . \tag{8.112}$$

Aus dem zulässigen Übersetzungsbereich wird eine eher hohe Übersetzung gewählt, da in dem Fall meistens die Gesamtverluste geringer ausfallen und die Überlastbarkeit höher ist.

8.10.3 Thermische Überprüfung des Antriebs

Die thermische Überprüfung hängt vom Verlauf der Dauerkennlinie des Antriebs und von der Dauer der Lastspieldauer/Zykluszeit T_Z im Verhältnis zur thermischen Zeitkonstanten τ_E des Antriebs ab. Die Unterscheidungen werden in Abschnitt 8.6.8 erläutert. Die thermische Überprüfung wird für die verschiedenen Randbedingungen in den folgenden Abschnitten dargestellt.

8.10.3.1 Kurze Lastspieldauer und linearer Zusammenhang zwischen Drehzahl und Dauerdrehmoment

Die Temperatur ändert sich kaum innerhalb eines Lastspiels, wenn die Lastspieldauer sehr viel kleiner als die thermische Zeitkonstante ist: $T_Z \ll \tau_E$. Bei der Auslegung muss daher nur die mittlere Erwärmung betrachtet werden. Der thermisch äquivalente Betriebspunkt muss unterhalb der Strecke zwischen Haltedrehmoment und Bemessungsdrehmoment liegen (Abbildung 8.9 mit den Betriebspunkten und der Dauerkennlinie).

Mit den folgenden Schritten erfolgt die Überprüfung:
- Berechnung der mittleren Drehzahl n_{mittel} nach Gleichung (8.50);
- Berechnung des Effektivmoments M_{eff} nach Gleichung (8.51);
- Berücksichtigung einer Umgebungstemperatur $\vartheta_u > 40\,°C$: Faktor k_ϑ nach Abschnitt 8.6.9;
- Berücksichtigung einer Aufstellungshöhe $h_{NN} > 1000\,m$ oder eines verminderten Luftdrucks: Faktor k_h nach Abschnitt 8.6.10;
- Berechnung des Dauerdrehmoments bei der mittlerer Drehzahl

$$M_{dauer}(n_{mittel}) = M_0 - (M_0 - M_N)\frac{n_{mittel}}{n_N} \tag{8.113}$$

mit den Antriebsdaten Haltedrehmoment M_0 im Stillstand $n = 0$, Bemessungsdrehmoment M_N, Bemessungsdrehzahl n_N;
- Forderung:

$$M_{eff} \overset{!}{\leq} \frac{k_\vartheta\, k_h}{k_S} M_{dauer}(n_{mittel}) \ . \tag{8.114}$$

8.10.3.2 Kurze Lastspieldauer und nichtlinearer Zusammenhang zwischen Drehzahl und Dauerdrehmoment

Bei sehr kleinen Lastspieldauern $T_Z \ll \tau_E$ ändert sich die Temperatur innerhalb des Lastspiels kaum. Bei der Auslegung muss daher nur die mittlere Erwärmung betrachtet werden.

Die thermisch äquivalente Belastung muss kleiner als die zulässige Belastung bei den Betriebsbedingungen sein. Abbildung 8.10 zeigt die Betriebspunkte und die Belastungen.

Mit folgenden Schritten erfolgt die Überprüfung:

- Berechnung der einzelnen Belastungen b_i nach Gleichung (8.52) für die Betriebspunkte ($\frac{n_i}{k_n}$; M_i) ;
- Berechnung der effektiven Belastung b_{eff} nach Gleichung (8.53);
- Berücksichtigung einer Umgebungstemperatur $\vartheta_u > 40\,°C$: Faktor k_ϑ nach Abschnitt 8.6.9;
- Berücksichtigung einer Aufstellungshöhe $h_{NN} > 1000$ m oder eines verminderten Luftdrucks: Faktor k_h nach Abschnitt 8.6.10;
- Forderung:

$$b_{eff} \overset{!}{\leq} \frac{k_\vartheta\,k_h}{k_S} \,. \tag{8.115}$$

8.10.3.3 Lange Lastspieldauer und linearer oder nichtlinearer Zusammenhang zwischen Drehzahl und Dauerdrehmoment

Wenn die Lastspieldauer T_Z in der Größenordnung der thermischen Zeitkonstante τ_E oder sogar größer ist, ändert sich die Temperatur merklich innerhalb eines Lastspiels. Die Erwärmung muss während der einzelnen Belastungen kleiner als die zulässige Temperatur bleiben. Hierzu werden die Belastungen b_i und die Zeiten Δt_i berücksichtigt. Abbildung 8.10 zeigt die Betriebspunkte und die Belastungen. Den Zeitverlauf der Temperatur bei den Belastungen zeigt Abb. 8.11.

Die Überprüfung erfolgt mit folgenden Schritten:
- Berechnung der einzelnen Belastungen b_i nach Gleichung (8.52) (Abb. 8.10) für die Betriebspunkte ($\frac{n_i}{k_n}$; M_i);
  - bei linearer Dauerbetriebskennlinie:

$$b_i = \frac{M_i}{M_0 - (k_n\,M_N - M_0)\frac{n_i}{n_N}} \,; \tag{8.116}$$

  - sonst aus dem nichtlinearen Zusammenhang für den jeweiligen Antrieb für die Betriebspunkte ($\frac{n_i}{k_n}$; M_i);
- Berechnung der thermischen Belastungen u_i für die einzelnen Belastungsintervalle nach den Gleichungen (8.55) und (8.57) oder (8.58);
- Berücksichtigung einer Umgebungstemperatur $\vartheta_u > 40\,°C$: Faktor k_ϑ nach Abschnitt 8.6.9;
- Berücksichtigung einer Aufstellungshöhe $h_{NN} > 1000$ m oder eines verminderten Luftdrucks: Faktor k_h nach Abschnitt 8.6.10;
- Forderung:

$$u_{max} = \max(u_i) \overset{!}{\leq} \frac{k_\vartheta^2\,k_h^2}{k_S^2} \,. \tag{8.117}$$

Kann kein ausgewählter Antrieb die Anforderungen erfüllen, muss ggf. mit einer anderen Antriebsausführung mit einer anderen Übersetzung die Auslegung wiederholt durchlaufen werden.

8.11 Antriebsauslegung für den dynamischen periodischen Betrieb mit variabler Drehzahl und Belastung S8

Einige Arbeitsmaschinen erfordern eine kontinuierliche Folge von Beschleunigungen und Verzögerungen. Die erforderlichen Beschleunigungsdrehmomente, die der Antrieb für die eigenen Massenträgheit benötigt, bestimmen maßgeblich die Erwärmung des Antriebs (Beispiel in Abschnitt 8.12.3).

Die Übersetzung zwischen Antrieb und Arbeitsmaschine muss dann in Abhängigkeit von der Massenträgheit des Antriebs und den Anforderungen der Arbeitsmaschine so gewählt werden, dass der Antrieb die Drehmomente für die eigene Trägheit und die Arbeitsmaschine bereit stellen kann. Die Übersetzung ist integraler Bestandteil der Auslegung für den dynamischen Betrieb.

Diese Betriebsweise ist typisch für hochdynamische Anwendungen mit Servoantrieben. Beispiele sind
- hochdynamische Handhabungsmaschinen,
- hochdynamische Roboter,
- Wickelmaschinen mit Drahtverlegung,
- rotative Querschneider für kurze Abschnittslängen und große Materialgeschwindigkeiten,
- Scheren für kurze Abschnittslängen und große Materialgeschwindigkeiten,
- Spiegelverstellungen für Laserschneidanlagen, Laserbeschriftungen,
- Positionierer für kleine Massen, z. B. Bestückungsautomaten.

Die maßgebenden Größen für die Auslegung sind das maximale Drehmoment sowie der dynamische Kennwert C_{dyn}, der das thermisch zulässige Drehmoment und die Massenträgheit des Antriebs enthält. In Kapitel 4.4.4 wird der dynamische Kennwert C_{dyn} erläutert. Details finden sich in [229].

Hier wird der dynamische Kennwert C_{dyn} zur Antriebsauslegung verwendet.

8.11.1 Antriebsauswahl mit dem dynamischen Kennwert

Mit dem dynamischen Kennwert C_{dyn} ist eine Antriebsauswahl zu gegebenen Beschleunigungsanforderungen $\alpha_L(t)$ und Drehmomentanforderungen $M_L(t)$ für die

Arbeitsmaschine mit dem Massenträgheitsmoment J_L möglich, ohne dass die Motormassenträgheit J_{mot} oder die Übersetzung i_{get} zwischen Motor und Arbeitsmaschine vorweg bekannt sind.

Für die Antriebsauslegung werden folgende Daten für das Lastspiel mit der Zyklusdauer T_Z als bekannt vorausgesetzt:

- Drehmoment $M_{Last}(t)$
- winkelabhängiger Anteil des Drehmoment $M_{Last\,\varphi}(t)$
- Drehzahl $n_{Last}(t)$
- Winkelbeschleunigung $\alpha_{Last}(t)$

Aus den gegebenen Größen werden die Effektivwerte und Maximalwerte bestimmt. Für kontinuierliche Verläufe ergeben sich $\alpha_{Last\,eff}$, $M_{L\,eff}$ und $M_{L\,\varphi\,eff}$ mit folgenden Gleichungen aus dem gegebenen Bewegungsablauf:

$$M_{Last\,eff} = \sqrt{\frac{1}{T_Z} \int_{t}^{t+T_Z} M_{Last}^2(t)\,dt}\,, \tag{8.118}$$

$$M_{Last\,\varphi\,eff} = \sqrt{\frac{1}{T_Z} \int_{t}^{t+T_Z} M_{Last\,\varphi}^2(t)\,dt}\,, \tag{8.119}$$

$$\alpha_{Last\,eff} = \sqrt{\frac{1}{T_Z} \int_{t}^{t+T_Z} \alpha_{Last}^2(t)\,dt}\,. \tag{8.120}$$

Darin sind T_Z die Zykluszeit des periodischen Lastspiels, $M_{Last\,eff}$ das effektive Drehmoment der Arbeitsmaschine, $\alpha_{Last\,eff}$ die effektive Winkelbeschleunigung der Arbeitsmaschine und $M_{Last\,\varphi\,eff}$ das effektive Drehmoment des Anteils am Lastdrehmoment, der vom Drehwinkel abhängt.

Bei abschnittweise konstanten Werten für Drehmoment und Winkelbeschleunigung können die Integrale durch Summen ersetzt werden:

$$M_{Last\,eff} = \sqrt{\frac{1}{T_Z} \sum_i M_{Last\,i}^2\,\Delta t_i}\,, \tag{8.121}$$

$$M_{Last\,\varphi\,eff} = \sqrt{\frac{1}{T_Z} \sum_i M_{Last\,\varphi\,i}^2\,\Delta t_i}\,, \tag{8.122}$$

$$\alpha_{Last\,eff} = \sqrt{\frac{1}{T_Z} \sum_i \alpha_{Last\,i}^2\,\Delta t_i}\,, \tag{8.123}$$

$$T_Z = \sum_i \Delta t_i\,. \tag{8.124}$$

Hinweise zu den Größen: Bei konstantem Lastdrehmoment oder nur von der Drehzahl abhängigem Lastdrehmoment gilt $M_{Last\,\varphi\,eff} = 0$. Bei reinen Beschleunigungsantrieben ohne nennenswertes Lastdrehmoment sind $M_{Last\,eff} = 0$ und $M_{Last\,\varphi\,eff} = 0$. Zur

Vereinfachung kann in vielen Fällen mit $M_{\text{Last}\,\varphi\,\text{eff}} = M_{\text{Last eff}}$ gerechnet werden, um eine separate Betrachtung des winkelabhängigen Drehmoments zu vermeiden. Im Ergebnis entsteht dann eine kleine Reserve bei der Antriebsauswahl.

Die Maximalwerte ergeben sich zu:

$$n_{\text{Last max}} = \max\left(n_{\text{Last}}(t)\right) \tag{8.125}$$

$$M_{\text{Last max}} = \max\left(M_{\text{Last}}(t) + J_{\text{Last}}\alpha_{\text{Last}}(t)\right) \tag{8.126}$$

Für die Antriebsauswahl muss ein Antrieb folgende Anforderungen für die Dauerleistung, die Maximalleistung und den dynamischen Kennwert erfüllen:

– *Bemessungsleistung, Dauerleistung*:

$$P_{\text{N}} = 2\pi n_{\text{N}} M_{\text{N}} \overset{!}{\geq} P_{\text{Mot dauer erf}} = \frac{k_{\text{S}}}{k_{\vartheta}\,k_{\text{h}}\,\eta_{\text{get}}} P_{\text{Last dauer erf}} \tag{8.127}$$

mit der erforderlichen Dauerleistung $P_{\text{Last dauer erf}}$ für die Last

$$P_{\text{Last dauer erf}} = 2\pi n_{\text{Last max}} \cdot \sqrt{M_{\text{Last eff}}^2 + J_{\text{Last}}^2\alpha_{\text{Last eff}}^2 + 2J_{\text{L}}\alpha_{\text{Last eff}}M_{\text{Last}\,\varphi\,\text{eff}}} \ . \tag{8.128}$$

– Berücksichtigung einer Umgebungstemperatur $\vartheta_{\text{u}} > 40\,°\text{C}$: Faktor k_{ϑ} nach Abschnitt 8.6.9;
– Berücksichtigung einer Aufstellungshöhe $h_{\text{NN}} > 1000\,\text{m}$ oder eines verminderten Luftdrucks: Faktor k_{h} nach Abschnitt 8.6.10;

Diese Anforderung berücksichtigt nur die stationären Drehmomente der Last und nicht die Beschleunigungsdrehmomente. Die Anforderung dient daher zum Ausschluss von Antrieben mit deutlich zu kleiner Dauerleistung.

– *Maximalleistung*:

$$P_{\text{max}} = 2\pi n_{\text{N}} M_{\text{max}} \overset{!}{\geq} P_{\text{Mot max erf}} = \frac{k_{\text{S}}}{\eta_{\text{get}}} P_{\text{Last max erf}} \tag{8.129}$$

mit der erforderlichen Maximalleistung $P_{\text{Last max erf}}$ für die Last

$$P_{\text{Last max erf}} = 2\pi n_{\text{Last max}} M_{\text{Last max}} \ . \tag{8.130}$$

Diese Anforderung berücksichtigt nur die stationären Drehmomente und Beschleunigungsdrehmomente der Last und nicht die Beschleunigungsdrehmomente für den Antrieb. Die Anforderung dient daher zum Ausschluss von Antrieben mit deutlich zu kleiner Maximalleistung.

Hinweis: hier wird zur Vereinfachung angenommen, dass das Maximaldrehmoment M_{max} bis zur Bemessungsdrehzahl n_{N} erzeugt werden kann. Ist das nicht der Fall, muss die konkrete Drehzahl-Drehmoment-Kennlinie der Antriebe betrachtet werden.

Die Maximalleistung kann auch überschlägig aus der maximalen Beschleunigung zu $P_{\text{Last max erf}} \approx \frac{\alpha_{\text{Last max}}}{\alpha_{\text{Last eff}}} P_{\text{Last dauer erf}}$ bestimmt werden.

– *dynamischer Kennwert*:

$$C_{\text{dyn}} = \frac{M_N^2}{J_{\text{mot}}} \overset{!}{\geq} C_{\text{dyn Mot erf}} = \left(\frac{k_S \, k_{\text{get}}}{k_\vartheta \, k_h} \right)^2 \cdot C_{\text{dyn Last erf}} \, . \tag{8.131}$$

Der erforderliche dynamische Kennwert $C_{\text{dyn Last erf}}$ für die Last ergibt sich mit den effektiven Drehmomenten $M_{\text{Last eff}}$ und $M_{\text{Last } \varphi \text{ eff}}$ sowie der Effektivbeschleunigung $\alpha_{\text{Last eff}}$ zu

$$C_{\text{dyn Last erf}} = 2 \, \alpha_{\text{Last eff}} \cdot \left(\sqrt{\alpha_{\text{Last eff}}^2 J_{\text{Last}}^2 + M_{\text{Last eff}}^2 + 2 J_{\text{Last}} M_{\text{Last } \varphi \text{ eff}} \, \alpha_{\text{Last eff}}} \right.$$
$$\left. + \alpha_{\text{Last eff}} J_{\text{Last}} + M_{\text{Last } \varphi \text{ eff}} \right) \tag{8.132}$$

Hinweise zum dynamischen Kennwert: Der dynamische Kennwert ist vom Dauerdrehmoment des Antriebs abhängig. Bei Antrieben, deren Drehmoment von der Drehzahl abhängt, z. B. $M_0 > M_N$, ist damit auch der dynamische Kennwert drehzahlabhängig. Die Überprüfung erfolgt daher ggf. anhand der Kennwerte $C_{\text{dyn 0}}$ im Stillstand und $C_{\text{dyn N}}$ bei Bemessungsdrehzahl:

$$\text{1. Anforderung:} \quad C_{\text{dyn 0}} = \frac{M_0^2}{J_{\text{mot}}} \overset{!}{\geq} C_{\text{dyn Mot erf}} \, , \tag{8.133}$$

$$\text{2. Anforderung:} \quad C_{\text{dyn N}} = \frac{M_N^2}{J_{\text{mot}}} \overset{?}{\geq} C_{\text{dyn Mot erf}} \, . \tag{8.134}$$

Wenn die erste Anforderung nicht erfüllt ist, ist der Antrieb nicht geeignet. Wenn beide Anforderungen erfüllt sind, ist der Antrieb mit Rücksicht auf den dynamischen Kennwert geeignet. Ist nur die erste, aber nicht die zweite Bedingung erfüllt, erfolgt die Prüfung für den dynamischen Kennwert später anhand des Übersetzungsbereichs und der erforderlichen Übersetzung für den dynamischen Kennwert mit dem Dauerdrehmoment für die mittlere Motordrehzahl (Beispielrechnung in Abschnitt 8.12.3.7).

Hinweise zum Sicherheitsfaktor und zum Getriebewirkungsgrad: Der Sicherheitsfaktor k_S wird je nach Genauigkeit des ermittelten Lastdrehmoments und der Massenträgheit der Arbeitsmaschine im Bereich $k_S \approx 1{,}15 \ldots 1{,}5$ angesetzt. Der Getriebewirkungsgrad η_{get} hängt von der vorgesehenen Getriebebauart und Stufenzahl ab.

Der Getriebewirkungsgrad geht bei der Berechnung mit dem dynamischen Kennwert kaum ein, da die Getriebeverluste bei Beschleunigungen zwar ein zusätzliches Drehmoment erfordern, bei Verzögerungen aber unterstützend wirken. Der Gesamteffekt wird mit dem Faktor

$$k_{\text{get}} = \frac{1}{4} \left(2 + \eta_{\text{get}} + \frac{1}{\eta_{\text{get}}} \right) \tag{8.135}$$

berücksichtigt, der bei üblichen Getriebewirkungsgraden in etwa $k_{get} \approx 1$ ist. Die Faktoren zur Berücksichtigung der Kühllufttemperatur k_ϑ und der Aufstellungshöhe k_h werden in den Abschnitten 8.6.9 und 8.6.10 behandelt.

Für die Antriebe, die alle drei Bedingungen erfüllen, muss dann noch überprüft werden, ob die *Getriebeübersetzung in einem zulässigen Bereich* liegt. Für den Fall, dass das Maximaldrehmoment M_{max} des Motor im gesamten Drehzahlbereich $0 \ldots n_N$ zur Verfügung steht, ergeben sich folgende *Forderungen für die Getriebeübersetzung* i_{get}:
- Aus der *Bemessungsdrehzahl* n_N des Antriebs:

$$i_{max\,n} = \frac{n_N}{n_{Last\,max}} \; ; \tag{8.136}$$

- Aus dem *Maximaldrehmoment* M_{max} des Antriebs für das *maximale stationäre Lastdrehmoment*:

$$n_{min\,M} = \frac{M_{Last\,max}}{M_{max}} \; ; \tag{8.137}$$

- Aus dem *Maximaldrehmoment* M_{max} des Antriebs für die *Beschleunigungsvorgänge* mit Berücksichtigung des maximalen Beschleunigungsdrehmoments für die Massenträgheit des Antriebs:

$$a = \frac{M_{max}\eta_{get}}{2\,k_S\,\alpha_{Last\,max}J_{mot}} \; , \tag{8.138}$$

$$b = \frac{\alpha_{Last\,max}J_L + M_{Last\,max}}{\alpha_{Last\,max}J_{mot}} \; , \tag{8.139}$$

$$i_{max\,MJ} = a + \sqrt{a^2 - b} \; , \tag{8.140}$$

$$i_{min\,MJ} = a - \sqrt{a^2 - b} \; ; \tag{8.141}$$

- aus dem *dynamischen Kennwert* C_{dyn} des Antriebs mit Berücksichtigung des effektiven Beschleunigungsdrehmoments für die Massenträgheit des Antriebs:

$$c = \frac{(\frac{k_h k_\vartheta}{k_S k_{get}})^2 C_{dyn} - 2J_{Last}\,\alpha_{Last\,eff}^2 - 2\,\alpha_{Last\,eff}M_{Last\,\varphi\,eff}}{2\alpha_{Last\,eff}^2 J_{mot}} \; , \tag{8.142}$$

$$\text{mit} \quad k_{get} = \frac{1}{4}\left(2 + \eta_{get} + \frac{1}{\eta_{get}}\right) \; , \tag{8.143}$$

$$d = \frac{J_{Last}^2\,\alpha_{Last\,eff}^2 + M_{Last\,eff}^2 + 2J_{Last}\,\alpha_{Last\,eff}M_{Last\,\varphi\,eff}}{\alpha_{Last\,eff}^2 J_{mot}^2} \; , \tag{8.144}$$

$$i_{max\,dyn} = \sqrt{c + \sqrt{c^2 - d}} \; , \tag{8.145}$$

$$i_{min\,dyn} = \sqrt{c - \sqrt{c^2 - d}} \; ; \tag{8.146}$$

Hinweise: Der *Getriebewirkungsgrad* geht bei der Berechnung der Übersezung aus dem dynamischen Kennwert kaum ein, da die Getriebeverluste zwar bei Beschleunigungen ein zusätzliches Drehmoment erfordern, bei Verzögerungen aber unterstützend wirken. Weitere Details siehe oben.

Der *Sicherheitsfaktor* k_S wird häufig im Bereich $1{,}15\ldots1{,}5$ gewählt. Er berücksichtigt Unsicherheiten bei der Bestimmung der einzelnen Belastungsgrößen, z. B. Massenträgheitsmoment, Lastdrehmoment, Reibung usw.

Die Faktoren k_ϑ und k_h berücksichtigen die *Umgebungsbedingungen Kühllufttemperatur und Aufstellungshöhe* (Abschnitte 8.6.9 und 8.6.10).

Insgesamt muss dann die Getriebeübersetzung i_{get} im Bereich

$$i_{get} = i_{min}\ldots i_{max}\,, \tag{8.147}$$

$$i_{min} = \max(i_{min\,M}, i_{min\,MJ}, i_{min\,dyn}) \tag{8.148}$$

$$i_{max} = \min(i_{max\,n}, i_{max\,MJ}, i_{max\,dyn}) \tag{8.149}$$

liegen. Der Antrieb ist nicht geeignet, wenn $i_{min} > i_{max}$ ist.

Mit der gewählten Übersetzung i_{get} ergeben sich dann die erforderliche Drehzahl und das erforderliche Maximaldrehmoment zu

$$n_{mot\,erf} = i_{get}\,n_{L\,max}\,, \tag{8.150}$$

$$M_{mot\,erf} = i_{get}\,\alpha_{L\,max}\,J_{mot} + \frac{1}{i_{get}\,\eta_{get}}M_{L\,max}\,. \tag{8.151}$$

Bei Antrieben, deren Dauerdrehmoment linear von der Drehzahl abhängt, erfolgt ggf. die Nachprüfung mit dem dynamischen Kennwert für die mittlere Drehzahl $n_{Mot\,mittel}$. Dazu werden die mittlere Motordrehzahl, das Dauerdrehmoment und der zugehörige dynamische Kennwert bestimmt:

$$n_{Mot\,mittel} = i_{get}\,n_{Last\,mittel}\,, \tag{8.152}$$

$$M_{dauer}(n_{Mot\,mittel}) = M_0 - (M_0 - M_N)\frac{n_{Mot\,mittel}}{n_N}\,, \tag{8.153}$$

$$C_{dyn}(n_{Mot\,mittel}) = \frac{(M_{dauer}(n_{Mot\,mittel}))^2}{J_{mot}}\,. \tag{8.154}$$

Nachprüfung mit dem dynamischen Kennwert für die mittlere Drehzahl:

$$C_{dyn}(n_{Mot\,mittel}) \overset{!}{\geq} C_{dyn\,Mot\,erf} = \left(\frac{k_S\,k_{get}}{k_\vartheta\,k_h}\right)^2 \cdot C_{dyn\,Last\,erf}\,. \tag{8.155}$$

Mit diesen Beziehungen ist für Anwendungen mit hohen Beschleunigungen eine Auswahl des Antriebs und eine Festlegung der Getriebeübersetzung möglich. Dabei wird in der Auslegung das Drehmoment zur Beschleunigung des Antriebs und die Getriebeübersetzung bei der Antriebsauswahl im dynamischen Kennwert berücksichtigt.

Für *Anwendungen ohne nennenswerte Beschleunigungen* ist der dynamische Kennwert natürlich keine geeignete Größe für die Antriebsauswahl. In solchen Fällen erfolgt eine Auswahl nach Bemessungs- und Maximalleistung mit den oben angegebenen Beziehungen für die drehzahlveränderliche Antriebe.

Für *Direktantriebe ohne Getriebeübersetzung* ist die Auslegung mit dem dynamischen Kennwert ebenfalls kein geeigneter Auslegungsweg, da in diesem Fall die Übersetzung $i = 1$ ja bereits festliegt.

8.12 Beispiele für Antriebsaufgaben

In den nachfolgenden Abschnitten werden einige praktische Antriebsaufgaben beschrieben. Es werden die Auswahl der Antriebsstruktur als auch die Berechnung der Systemparameter durchgeführt. Die Systematik zur Lösung der Antriebsaufgaben orientiert sich an Abschnitt 8.2, insbesondere an den Punkten 1–5 des gezeigten Lösungswegs. Bei der Leistungsauslegung werden die Zusammenhänge aus den Abschnitten 8.6–8.11 berücksichtigt. In den Beispielen werden die unterschiedlichen Anforderungen und Einflussgrößen bei der Lösung der Antriebsaufgaben betrachtet. Dazu gehören z. B. Lebensdauer, Energiebedarf, Umgebungstemperatur, Aufstellungshöhe, Betriebszeiten oder Dynamik der Bewegung.

8.12.1 Pumpenantrieb mit Asynchronmotor in den Betriebsarten S1, S2 und S3

8.12.1.1 Beschreibung der Aufgabe und der Anforderungen

In diesem Beispiel wird der Antrieb einer Pumpe für Wasser mit einem Asynchronmotor behandelt. Es wird ein einfacher und robuster Antrieb für den Anschluss an das Einphasennetz gesucht. Der Motor wird direkt mit der Pumpe zu einer Einheit verbaut. Abbildung 8.15 zeigt ein Beispiel für eine Pumpe für Warm- und Kaltwasser.

Abb. 8.15: Beispiel Pumpenantrieb, Laufrad und Gehäuse einer Pumpe für Warm- und Kaltwasser.

Die Pumpe soll universell einsetzbar sein und dazu folgende Anforderungen erfüllen:
- Anschluss an das Einphasennetz in
  - Europa 230 V, 1 ~, 50 Hz,
  - Nordamerika 230 V, 1 ~, 60 Hz;
- Auslegung für
  - Differenzdruck von $\Delta p = 1{,}5$ bar $= 1500$ hPa,
  - Fördermenge von $Q_{\text{mittel}} = 30\,\frac{\text{dm}^3}{\text{min}}$, ggf. in einem periodischen Betrieb mit einer Zykluszeit $T_Z = 5$ min,
  - Befüllvorgang mit $V = 1000\,\text{dm}^3$,
  - Aufstellungshöhe $h_{\text{NN}} = 0 \ldots 2000$ m,
  - Förderung von Kalt- und Warmwasser, so dass die maßgebliche Umgebungstemperatur am Motor $\vartheta_{\text{u}} = 0 \ldots 50\,°\text{C}$ ist.
- Sicherheitsfaktor $k_S = 1{,}2$;
- Dichte des Wassers $\varrho = 1000\,\frac{\text{kg}}{\text{m}^3}$ (zur Vereinfachung wird einheitlicher Wert für alle Temperaturen verwendet);
- Erdbeschleunigung $g = 9{,}81\,\frac{\text{m}}{\text{s}^2}$;
- zusätzlich soll die mögliche Fördermenge bei einem Sicherheitsfaktor $k_S' = 1{,}1$ ermittelt werden.

Die Pumpenkennlinien zeigt Abb. 8.16. Dort sind die Kennlinien für die Förderhöhe $h(Q)$ und den Pumpenwirkungsgrad $\eta_{\text{pumpe}}(Q)$ für verschiedene Drehzahlen n angegeben. Zur Auswertung der Kennlinien für die Antriebsauslegung wird die geforderte

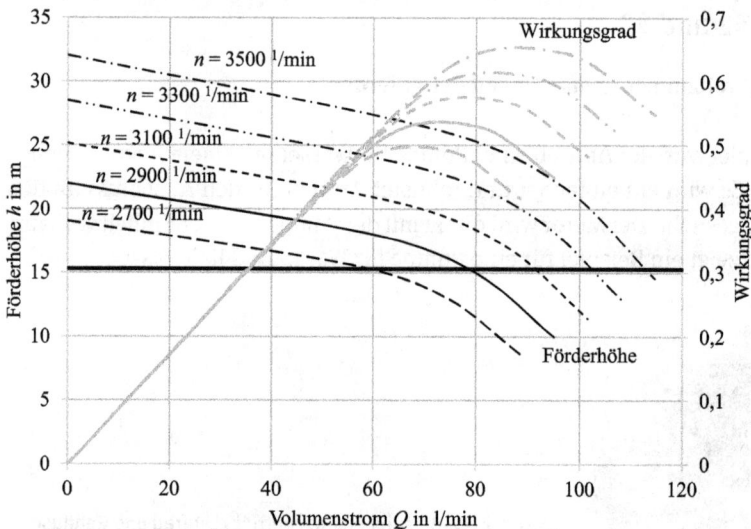

Abb. 8.16: Pumpenantrieb, Kennlinien der Förderhöhe und des Pumpenwirkungsgrads für verschiedene Drehzahlen. Anforderung $\Delta p = 1{,}5$ bar $= 1500$ hpa: waagerechte Linie mit der Förderhöhe $h = 15{,}3$ m.

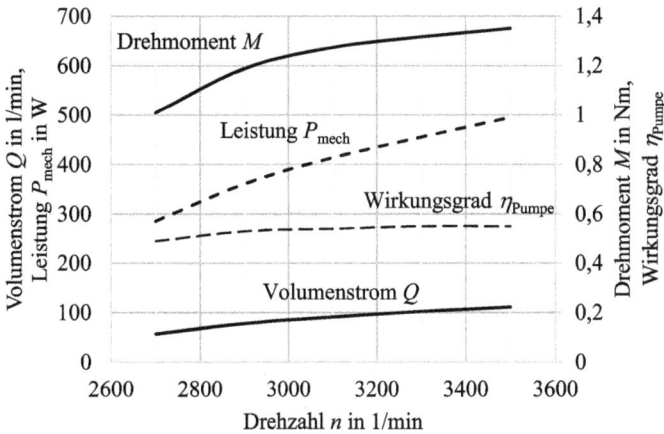

Abb. 8.17: Pumpenantrieb, Kennlinien der Leistung und des Drehmoments. Förderhöhe $h = 15,3$ m.

Druckdifferenz in eine Förderhöhe umgerechnet:

$$\Delta p = h\varrho g \, , \tag{8.156}$$

$$h = \frac{\Delta p}{\varrho g} = 15,3 \text{ m} \, . \tag{8.157}$$

Die Linie $h = 15,3$ m ist in Abb. 8.16 eingetragen. Aus den Schnittpunkten der waagerechten Linie mit den einzelnen Pumpenkennlinien können die Kennlinien in Abhängigkeit von der Drehzahl n ermittelt werden.

Der Volumenstrom $Q(n)$ bei der Förderhöhe $h = 15,3$ m ergibt sich unmittelbar aus den Schnittpunkten in Abb. 8.16. Ebenso lässt sich der Pumpenwirkungsgrad aus dem Diagramm für die einzelnen Schnittpunkte ablesen. Die erforderliche mechanische Motorleistung und das erforderliche Motordrehmoment ergeben sich aus folgenden Beziehungen:

$$P_{\text{mech}} = \frac{Q\varrho gh}{\eta_{\text{pumpe}}} \, , \tag{8.158}$$

$$M = \frac{P_{\text{mech}}}{2\pi n} \, . \tag{8.159}$$

Die Ergebnisse zeigt Abb. 8.17. Mit dieser Kennlinie erfolgt nun die Antriebsauslegung.

8.12.1.2 Präzisierung der Aufgabenstellung sowie Parameterbestimmung

Für die Auslegung des Antriebs wird für die verschiedenen Betriebspunkte das erforderliche Dauerdrehmoment ermittelt. Mit dem maximalen erforderlichen Dauerdrehmoment wird dann ein geeigneter Motor ausgewählt.

Für alle Betriebspunkte müssen die Umgebungsbedingungen berücksichtigt werden. Für die Umgebungstemperatur liefert Tabelle 8.7 den Faktor k_ϑ, und für die Aufstellungshöhe zeigt Tabelle 8.8 den Faktor k_h:

$$\vartheta_u = 0 \ldots 50\,°C \quad \rightarrow \quad k_\vartheta = 0{,}90 \ , \tag{8.160}$$

$$h_{NN} = 0 \ldots 2000\,m \quad \rightarrow \quad k_h = 0{,}95 \ . \tag{8.161}$$

Die Kennlinie Abb. 8.17 ergibt für Drehzahlen von $n = 2800 \ldots 3000\,\frac{1}{min}$ eine Leistung von $P_{mech} = 300 \ldots 400\,W$. Motoren in diesem Leistungsbereich für den Betrieb an 230 V, 1 ∼, 50 Hz haben Bemessungsdrehzahlen von ca. 2800 1/min. Die thermische Zeitkonstante im Betrieb für Motoren dieser Größe mit Eigenlüfter wird zu $\tau_E = 10\,min$ abgeschätzt. Für die thermische Zeitkonstante bei abgeschaltetem Motor wird $\tau_A = 25\,min$ angesetzt. Damit werden die einzelnen Betriebspunkte durchgerechnet.

– *Befüllen bei 230 V, 50 Hz.* Das Befüllen stellt einen Kurzzeitbetrieb S2 dar (Abschnitt 8.6.4). Wegen der geringen bewegten Massen des Motors und der Pumpe sowie des Wassers brauchen die Anlaufverluste für die Auslegung in diesem Fall nicht berücksichtigt zu werden (Erläuterung in Abschnitt 8.6.6).
Die Drehzahl des Motors ergibt den Volumenstrom der Pumpe, das Drehmoment und die Zeit zum Befüllen:

$$n_{50\,Hz} = 2800\,\frac{1}{min} \quad \rightarrow \quad Q_{50\,Hz} = 67\,\frac{1}{min} \ , \quad M_{50\,Hz} = 1{,}2\,Nm \ , \tag{8.162}$$

$$T_{S2\,50\,Hz} = \frac{V}{Q_{50\,Hz}} = 14{,}93\,min \ . \tag{8.163}$$

Mit der thermischen Zeitkonstante ergibt sich der Faktor für den Kurzzeitbetrieb entsprechend Gleichung (8.22):

$$k_{S2,\,50\,Hz} = \frac{1}{\sqrt{1 - e^{-\frac{T_{S2\,50\,Hz}}{\tau_E}}}} = 1{,}136 \ . \tag{8.164}$$

Zusammen mit den Faktoren für die Umgebungsbedingungen wird das mindestens erforderliche Bemessungsdrehmoment des Motors ermittelt:

$$M_{N\,erf\,füllen\,50\,Hz} = \frac{k_S}{k_h k_\vartheta k_{S2\,50\,Hz}} M_{50\,Hz} = 1{,}36\,Nm \ . \tag{8.165}$$

– *Fördern mit mittlerem Volumenstrom bei 230 V, 50 Hz.* Der mittlere Volumenstrom soll $Q_{mittel} = 30\,\frac{1}{min}$ betragen. Beim Betrieb an 50 Hz beträgt der Volumenstrom aber $Q_{50\,Hz} = 67\,\frac{1}{min}$. Die Pumpe wird daher im Aussetzbetrieb S3 betrieben (Abschnitt 8.6.5):

Einschaltzeit: $\quad T_{E\,50\,Hz} = \dfrac{Q_{mittel}}{Q_{50\,Hz}} T_Z = 2{,}24\,min \ , \tag{8.166}$

Ausschaltzeit: $\quad T_{A\,50\,Hz} = T_Z - T_{E\,50\,Hz} = 2{,}76\,min \ . \tag{8.167}$

Mit den Zeiten und Zeitkonstanten werden der Faktor für den Aussetzbetrieb nach Gleichung (8.26) und das erforderliche Bemessungsdrehmoment ermittelt:

$$k_{\text{S3 50 Hz}} = \sqrt{\frac{1 - e^{-\frac{T_{A\,50\,Hz}}{\tau_A}} \cdot e^{-\frac{T_{E\,50\,Hz}}{\tau_E}}}{1 - e^{-\frac{T_{E\,50\,Hz}}{\tau_E}}}} = 1{,}19 \,, \tag{8.168}$$

$$M_{\text{N erf fördern 50 Hz}} = \frac{k_S}{k_h k_\vartheta k_{\text{S3 50 Hz}}} M_{50\,Hz} = 1{,}30 \text{ Nm} \,. \tag{8.169}$$

– *Befüllen bei 230 V, 60 Hz.* Der Motor wird nun bei gleicher Spannung 230 V mit einer höheren Frequenz 60 Hz betrieben. Diese abweichenden Betriebsbedingungen werden nach Abschnitt 8.7.1.2 für Asynchronmaschinen mit den beiden Faktoren k_n und k_M berücksichtigt:

$$k_n = \frac{f'}{f_N} \frac{n_0}{n_N} - \left(\frac{n_0}{n_N} - 1 \right) \left(\frac{U_N}{U'} \frac{f'}{f_N} \right) = 1{,}20 \,, \tag{8.170}$$

$$k_M = \left(\frac{U'}{U_N} \frac{f_N}{f'} \right) = 0{,}833 \,, \tag{8.171}$$

$$n_{60\,Hz} = k_n n_N = 3360 \,\frac{1}{\text{min}} \,. \tag{8.172}$$

Das Befüllen stellt einen Kurzzeitbetrieb S2 dar (Abschnitt 8.6.4). Wegen der geringen bewegten Massen des Motors und der Pumpe sowie des Wassers brauchen die Anlaufverluste für die Auslegung in diesem Fall nicht berücksichtigt zu werden (Erläuterung in Abschnitt 8.6.6).

Die Drehzahl des Motors bestimmt den Volumenstrom der Pumpe, das Drehmoment und die Zeit zum Befüllen:

$$n_{60\,Hz} = 3360 \,\frac{1}{\text{min}} \quad \rightarrow \quad Q_{60\,Hz} = 102 \,\frac{1}{\text{min}} \,, \quad M_{60\,Hz} = 1{,}32 \text{ Nm} \,, \tag{8.173}$$

$$T_{\text{S2 60 Hz}} = \frac{V}{Q_{60\,Hz}} = 9{,}80 \text{ min} \,. \tag{8.174}$$

Mit der thermischen Zeitkonstante ergibt sich der Faktor für den Kurzzeitbetrieb entsprechend Gleichung (8.22):

$$k_{\text{S2 60 Hz}} = \frac{1}{\sqrt{1 - e^{-\frac{T_{S2\,60\,Hz}}{\tau_E}}}} = 1{,}265 \,. \tag{8.175}$$

Zusammen mit den Faktoren für die Umgebungsbedingungen und den Faktor für das Drehmoment bei 60 Hz wird das mindestens erforderliche Bemessungsdrehmoment des Motors berechnet:

$$M_{\text{N erf füllen 60 Hz}} = \frac{k_S}{k_h k_\vartheta k_M k_{\text{S2 60 Hz}}} M_{60\,Hz} = 1{,}76 \text{ Nm} \,. \tag{8.176}$$

- *Fördern mit mittlerem Volumenstrom bei 230 V, 60 Hz.* Der mittlere Volumenstrom soll $Q_{\text{mittel}} = 30 \frac{1}{\text{min}}$ betragen. Beim Betrieb an 60 Hz beträgt der Volumenstrom aber $Q_{60\,\text{Hz}} = 102 \frac{1}{\text{min}}$. Die Pumpe wird daher im Aussetzbetrieb S3 betrieben (Abschnitt 8.6.5):

$$\text{Einschaltzeit:} \quad T_{\text{E}\,60\,\text{Hz}} = \frac{Q_{\text{mittel}}}{Q_{60\,\text{Hz}}} T_Z = 1{,}47 \,\text{min} , \tag{8.177}$$

$$\text{Ausschaltzeit:} \quad T_{\text{A}\,60\,\text{Hz}} = T_Z - T_{\text{E}\,60\,\text{Hz}} = 3{,}53 \,\text{min} . \tag{8.178}$$

Mit den Zeiten und Zeitkonstanten werden der Faktor für den Aussetzbetrieb nach Gleichung (8.26) und das erforderliche Bemessungsdrehmoment ermittelt:

$$k_{\text{S}3\,60\,\text{Hz}} = \sqrt{\frac{1 - e^{-\frac{T_{\text{A}\,60\,\text{Hz}}}{\tau_{\text{A}}}} \cdot e^{-\frac{T_{\text{E}\,60\,\text{Hz}}}{\tau_{\text{E}}}}}{1 - e^{-\frac{T_{\text{E}\,60\,\text{Hz}}}{\tau_{\text{E}}}}}} = 1{,}35 , \tag{8.179}$$

$$M_{\text{N erf fördern}\,60\,\text{Hz}} = \frac{k_{\text{S}}}{k_{\text{h}} k_{\vartheta} k_{\text{M}} k_{\text{S}3\,60\,\text{Hz}}} M_{60\,\text{Hz}} = 1{,}64 \,\text{Nm} . \tag{8.180}$$

- *Insgesamt erforderliches Bemessungsdrehmoment, erforderliche Bemessungsleistung.* Das erforderliche Bemessungsdrehmoment bei 230 V , 50 Hz ergibt sich aus dem maximalen Wert der einzelnen Betriebsweisen. Mit der Bemessungsdrehzahl wird die erforderliche Bemessungsleistung berechnet:

$$M_{\text{N erf}} = \max(M_{\text{N erf füllen}\,50\,\text{Hz}} ; M_{\text{N erf fördern}\,50\,\text{Hz}} ; M_{\text{N erf füllen}\,60\,\text{Hz}} ; M_{\text{N erf fördern}\,60\,\text{Hz}})$$
$$= 1{,}76 \,\text{Nm} , \tag{8.181}$$

$$P_{\text{N erf}} = 2\pi n_{\text{N}} M_{\text{N erf}} = 515 \,\text{W} . \tag{8.182}$$

8.12.1.3 Wirkprinzip, Antriebsstruktur und Dimensionierung

Für den Motor wird ein Asynchronmotor mit Kondensatorhilfsstrang gewählt (siehe Band 1, Kapitel 6.4.3). Es reicht aus, nur einen Betriebskondensator vorzusehen. Ein Anlaufkondensator ist für diese Pumpenanwendung nicht erforderlich. Das Schaltbild zeigt Abb. 8.18.

Diese Motoren lassen sich in dieser Anwendung einfach direkt am Einphasennetz betreiben. Aus den am Markt verfügbaren Motoren kommt ein Motor mit folgenden Daten in Frage:

- Motorbaugröße 71;
- Bemessungsleistung $P_{\text{N}} = 550 \,\text{W}$;
- Bemessungsspannung $U_{\text{N}} = 230 \,\text{V}$;
- Bemessungsfrequenz $f_{\text{N}} = 50 \,\text{Hz}$;
- Bemessungsstrom $I_{\text{N}} = 4{,}2 \,\text{A}$;

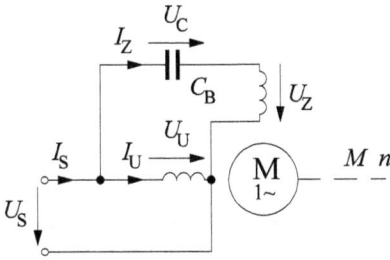

Abb. 8.18: Beispiel Pumpenantrieb: Schaltbild Asynchronmotor mit Kondensatorhilfsstrang, nur Betriebskondensator.

- Bemessungsdrehzahl $n_N = 2810 \frac{1}{\text{min}}$;
- Bemessungsdrehmoment $M_N = 1{,}9$ Nm;
- Betriebskondensator für den Hilfsstrang $C_B = 16\,\mu\text{F}$;
- Masse $m = 8{,}0$ kg.

Dieser Motor erfüllt die Anforderungen an die Bemessungsleistung, so dass er für die verschiedenen Betriebsweisen die Leistung und das Drehmoment zur Verfügung stellen kann. Die Bemessungsdrehzahl entspricht der in der Berechnung angenommenen Drehzahl, so dass die Berechnungen für diesen Motor passen.

Für den Motor wird nun ermittelt, welchen mittleren Volumenstrom er bei einem Sicherheitsfaktor $k_S' = 1{,}1$ bei Betrieb an 50 Hz bzw. 60 Hz erreichen kann. Die erforderlichen Faktoren für den Aussetzbetrieb ergeben sich zu

$$k_{S3\,\text{erf}\,50\,\text{Hz}} = \frac{k_S' M_{50\,\text{Hz}}}{k_h k_\vartheta} = 0{,}74 \,, \tag{8.183}$$

$$k_{S3\,\text{erf}\,60\,\text{Hz}} = \frac{k_S' M_{60\,\text{Hz}}}{k_h k_\vartheta k_M} = 1{,}07 \,. \tag{8.184}$$

Abbildung 8.19 zeigt die Abhängigkeit des Faktors k_{S3} von der Einschaltzeit bei einer Zykluszeit $T_Z = 5$ min mit den Zeitkonstanten des Motors. In der Grafik sind die beiden Werte $k_{S3\,\text{erf}\,50\,\text{Hz}} = 0{,}74$ und $k_{S3\,\text{erf}\,60\,\text{Hz}} = 1{,}07$ eingetragen. Das bedeutet, dass der Motor bei Betrieb an 50 Hz kontinuierlich ohne Ausschaltzeit arbeiten kann. Es handelt sich um den Dauerbetrieb S1 mit abweichenden Betriebsbedingungen (Abschnitt 8.6.3).

Beim Betrieb an 60 Hz ist dagegen die Einschaltzeit auf $T'_{E\,60\,\text{Hz}} = 3{,}4$ min begrenzt. Damit ergeben sich die Volumenströme zu

$$Q_{\text{mittel}\,50\,\text{Hz}} = Q_{50\,\text{Hz}} = 67\,\frac{1}{\text{min}} \,, \tag{8.185}$$

$$Q_{\text{mittel}\,60\,\text{Hz}} = \frac{T'_{E\,60\,\text{Hz}}}{T_Z} Q_{60\,\text{Hz}} = 69\,\frac{1}{\text{min}} \,. \tag{8.186}$$

Der Pumpenantrieb kann also bei beiden Betriebsweisen etwa den gleichen Volumenstrom fördern.

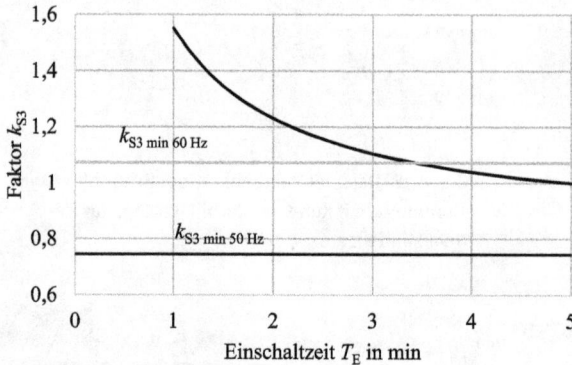

Abb. 8.19: Abhängigkeit des Faktors k_{S3} für den Aussetzbetrieb S3 von der Einschaltzeit bei einer Zykluszeit $T_Z = 5\,\mathrm{min}$ mit den Zeitkonstanten des Motors.

8.12.1.4 Bewertung der Lösung

Mit dem Asynchronmotor mit Kondensatorhilfsstrang steht eine einfache und robuste Antriebslösung für die Pumpe zur Verfügung. Die Auslegung ist so erfolgt, dass die Pumpe universell in Europa und Nordamerika eingesetzt werden kann, ohne dass Änderungen am Motor oder der Schaltung erforderlich sind.

8.12.2 Rollenheber mit Permanentmagnetmotor

8.12.2.1 Beschreibung der Aufgabe und der Anforderungen

In diesem Beispiel werden Rollenheber für Druckmaschinen betrachtet. Das zu bedruckende Papier wird als Rollenware dem Abwickler der Druckmaschine zugeführt. Dazu wird die neue Rolle von einer Hebemechanik aufgenommen und dann in die Abwickelposition angehoben. In der Abwickelposition rastet die Mechanik ein und hält die Rolle.

Die Papierbahn der Rolle wird automatisch an die Papierbahn der vorhergehenden Rolle angeklebt. Dann wird die Rolle kontinuierlich abgewickelt. Rechtzeitig, bevor die Rolle abgewickelt ist, wird die nächste Rolle der Maschine zugeführt. Der Rollenheber ist ein Teil der gesamten Anlage, der in unterschiedlichen Varianten in den verschiedenen Druckmaschinen vorkommt.

In diesem Beispiel wird der Antrieb für den Rollenheber betrachtet. Abbildung 8.20 zeigt den prinzipiellen Aufbau des Rollenhebers mit dem Antrieb. Der Antrieb durchläuft zyklisch folgenden Vorgang:

- aufnehmen der Rolle in der unteren Position,
- anheben der Rolle in die Abwickelposition,
- nach dem Einrasten der Rolle absenken der Mechanik zur Aufnahme der nächsten Rolle,
- warten bis zum Aufnehmen der nächsten Rolle.

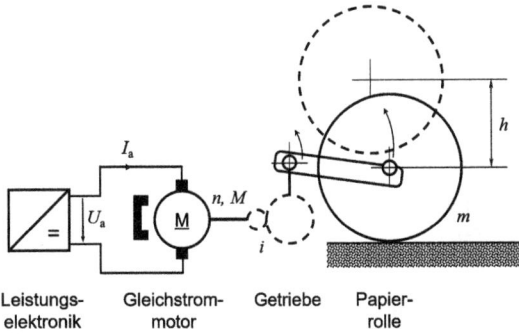

Abb. 8.20: Rollenheber, Aufbauprinzip, Antrieb mit Permanentmagnet Gleichstrommotor.

Der Antrieb für den Rollenheber soll für unterschiedliche Maschinen eingesetzt werden können. Im Einzelnen gelten in diesem Beispiel folgende Anforderungen:
- Rollenmassen $m = 500 \ldots 1400\,\text{kg}$,
- Hubhöhe $h = 300 \ldots 500\,\text{mm}$,
- Zeit zum Anheben der Rolle:
  - $T_E = 30\,\text{s}$ bei $h = 300\,\text{mm}$,
  - $T_E = 45\,\text{s}$ bei $h = 500\,\text{mm}$,
- Papierflächengewicht $\varrho = 80 \ldots 200\,\frac{\text{g}}{\text{m}^2}$,
- Abwickelgeschwindigkeit $v = 200 \ldots 1200\,\frac{\text{m}}{\text{min}}$,
- Papierbreite $b = 300 \ldots 1200\,\text{mm}$,
- Lebensdauer, Einsatzdauer, Gebrauchsdauer der Maschine $T_{\text{gebrauch}} = 8\,\text{a}$ im Zweischichtbetrieb mit einer Einsatzzeit der Druckmaschine von $T_a = 4000\,\text{h}$ pro Jahr;
- relative Betriebszeit der Druckmaschine 70 % (Die restliche Zeit sind Stillstandszeiten zum Einrichten der Maschine);
- maßgebende mittlere Belastung für die Lebensdauerbetrachtung:
  - $m_{\text{mittel}} = 800\,\text{kg}$,
  - $h_{\text{mittel}} = 300\,\text{mm}$,
  - $T_{E\,\text{mittel}} = 30\,\text{s}$,
  - $\varrho_{\text{mittel}} = 80\,\frac{\text{g}}{\text{m}^2}$,
  - $v_{\text{max}} = 1200\,\frac{\text{m}}{\text{min}}$,
  - $b_{\text{mittel}} = 600\,\text{mm}$.

Weiter gelten folgende Randbedingungen:
- Der Antrieb muss bei Störungen die Rolle ein zweites Mal direkt wieder anheben und ggf. wieder in die Ausgangsposition absenken können. Es ergibt sich folgender Ablauf im Störungsfall:
  - anheben der Rolle, motorischer Betrieb,
  - absenken der Rolle, generatorischer Betrieb,

- wiederholtes Anheben der Rolle,
- absenken der Rolle, generatorischer Betrieb;
- Wirkungsgrad der Mechanik einschließlich des Getriebes zur Umsetzung der Motordrehung in die Hubbewegung des Rollenhebers $\eta = 0{,}75$;
- Aufstellungshöhe der Anlagen über Meereshöhe $h_{NN} = 0 \ldots 2000\,\text{m}$;
- Umgebungstemperatur für die Rollenheber $\vartheta_u = 10 \ldots 50\,^\circ\text{C}$;
- Sicherheitsfaktor für die mechanische Leistung $k_S = 1{,}2$;
- Betrieb des Antriebs an einer Gleichspannung $U_= = 24\,\text{V}$;
- Der Antrieb soll drehzahl- bzw. winkelgeregelt arbeiten.

8.12.2.2 Präzisierung der Aufgabenstellung sowie Parameterbestimmung

Aus den Angaben zum Rollenheber wird im ersten Schritt die gesamte Betriebszeit ermittelt. Danach werden die erforderlichen Leistungen und Zeiten für den zyklischen Ablauf bestimmt. Mit den Ergebnissen wird der Antrieb im folgenden Abschnitt 8.12.2.3 konkret ausgewählt.

Gesamte Betriebszeit des Antriebs

Der Antrieb wird zyklisch für die Einschaltzeit T_E eingeschaltet. Die Zykluszeit ergibt sich aus der Zeit, die zum Abwickeln der Papierrolle benötigt wird. Aus den maßgebenden Größen für die Lebensdauerbetrachtung ergeben sich die Zykluszeit T_Z und die Zyklen je Stunde zu

$$T_Z = \frac{m_{\text{mittel}}}{\varrho_{\text{mittel}}\, b_{\text{mittel}}\, v_{\text{max}}} = 833\,\text{s} \,, \tag{8.187}$$

$$\frac{1}{T_Z} = 4{,}32\,\frac{1}{\text{h}} \,. \tag{8.188}$$

Aus der Lebensdauererwartung für die Maschine, dem Zweischichtbetrieb und der relativen Einschaltzeit lässt sich zusammen mit der Zykluszeit und der Einschaltzeit die gesamte Betriebszeit T_{betrieb} berechnen:

$$T_{\text{betrieb}} = 8\,\text{a} \cdot 4000\,\frac{\text{h}}{\text{a}} \cdot 0{,}7 \cdot 4{,}32\,\frac{1}{\text{h}} \cdot 30\,\text{s} = 2903000\,\text{s} = 806\,\text{h} \,. \tag{8.189}$$

Mit dieser Betriebsdauer ist der Einsatz eines *permanentmagneterregten Gleichstrommotors mit mechanischem Kommutatorsystem möglich.*[20]

---

[20] Permanentmagneterregte Gleichstrommotoren: Band 1, Kapitel 4; Kommutatorsystem: Band 1, Kapitel 3.

Erforderliche Maximalleistung

Der Antrieb muss in der Zeit T_E die Masse m um die Höhe h anheben. Dabei muss der Antrieb mechanisch an der Rolle die Arbeit

$$W_{\text{heben}} = mgh \quad \text{mit der Erdbeschleunigung } g = 9{,}81\,\frac{m}{s^2} \qquad (8.190)$$

aufbringen. Die größte Arbeit ergibt sich aus der größten Masse und der größten Höhe. Dazu ist die maximale mechanische Leistung

$$P_{\text{mech}} = \frac{W_{\text{heben}}}{T_E} = \frac{mgh}{T_E} = \frac{1400 \cdot 9{,}81 \cdot 0{,}5}{45}\,W = 153\,W \qquad (8.191)$$

erforderlich. Bei allen anderen Kombinationen von Masse, Höhe und Zeit ist die erforderliche Leistung kleiner. Beim Anheben muss der Motor zusätzlich die Verluste der Mechanik decken. Dagegen werden die Verluste der Mechanik beim Absenken aus der Lageenergie der Rolle gedeckt. Damit ergeben sich die motorische und generatorische Leistung am Motor zu

$$P_{\text{mot}} = \frac{1}{\eta} P_{\text{mech}} = 204\,W\,, \qquad (8.192)$$

$$P_{\text{gen}} = \eta P_{\text{mech}} = 115\,W\,. \qquad (8.193)$$

Der Motor muss also im Stande sein, eine Leistung von 204 W abzugeben. Die Elektronik muss aber auch in der Lage sein, generatorische Leistung aufzunehmen.

Erforderliche Dauerleistung

Der Antrieb absolviert einen zyklischen Betrieb mit der Zykluszeit T_Z. Dabei muss der Antrieb beim Anheben und Absenken der Rolle Leistung aufbringen. Die Leistung beim Absenken der Mechanik ohne Last ist dagegen vernachlässigbar klein. Mit Rücksicht auf die erforderliche Dauerleistung des Antriebs stellt folgender Betriebszyklus mit Störung die höchsten Anforderungen an den Antrieb im zyklischen Betrieb:

- anheben der Rolle mit P_{mot},
- absenken der Rolle mit P_{gen},
- anheben der Rolle mit P_{mot},
- nächster Zyklus nach der Zykluszeit T_Z.

Die Anforderung ist aber noch höher, wenn nach längerem zyklischen Betrieb mit Störung anschließend die Masse wieder abgesenkt und danach die Störung beseitigt werden muss. Daher wird für die erforderliche Dauerleistung des Antriebs folgender Ablauf mit Absenken nach der Störung betrachtet:

- Zykluszeit T_Z,
- anheben der Rolle mit P_{mot}, Zeit T_E,
- absenken der Rolle mit P_{gen}, Zeit T_E,

–   anheben der Rolle mit P_{mot}, Zeit T_E,
–   absenken der Rolle mit P_{gen}, Zeit T_E.

Es handelt sich um einen periodischen Aussetzbetrieb S3 (Abschnitt 8.6.5). Die vier Belastungsphasen können zu einer effektiven Belastung mit der Zeit $4T_E$ zusammengefasst werden. Die größte Effektivbelastung in der Belastungsphase ergibt sich mit den oben genannten Leistungen zu

$$P_{eff} = \sqrt{\frac{1}{4T_E}(P_{mot}^2 T_E + P_{gen}^2 T_E + P_{mot}^2 T_E + P_{gen}^2 T_E)} = \sqrt{\frac{1}{2}(P_{mot}^2 + P_{gen}^2)} = 166\,\text{W} .$$

(8.194)

Zur Berechnung der erforderlichen Dauerleistung wird der Faktor k_{S3} für den hier vorliegenden periodischen Aussetzbetrieb benötigt. Als Antrieb kommt ein Permanentmagnetmotor mit Selbstkühlung in Frage. Bei Motoren mit Selbstkühlung sind die thermischen Zeitkonstanten für das Aufheizen beim Betrieb und Abkühlen beim Stillstand etwa identisch. Der Faktor k_{S3} vereinfacht sich dann mit der einen thermischen Zeitkonstanten $\tau = \tau_E = \tau_A$ entsprechend Gleichung (8.27).

Für den hier eingesetzten Motor (Motorauswahl siehe unten) ist die thermische Zeitkonstante:

$$\tau \approx 8\,\text{min} = 480\,\text{s} .$$

(8.195)

Die kürzeste Zykluszeit ergibt sich für Rollen mit der Masse $m = 1400\,\text{kg}$ aus der höchsten Geschwindigkeit, der größten Materialdichte und der größten Materialbreite zu

$$T_Z = \frac{m}{\varrho v b} = 292\,\text{s} .$$

(8.196)

Damit ergibt sich der Faktor für den S3-Betrieb zu

$$k_{S3} = \sqrt{\frac{1 - e^{-\frac{T_Z}{\tau}}}{1 - e^{-\frac{4T_E}{\tau}}}} = 1{,}21 .$$

(8.197)

Zur Berücksichtigung der Aufstellungshöhe und der Umgebungstemperatur werden die Faktoren k_ϑ und k_h aus den Tabellen 8.7 und 8.8 genommen:

$$k_\vartheta = 0{,}90 , \quad k_h = 0{,}95 .$$

(8.198)

Zusammen mit den Faktoren für Aufstellungshöhe und Umgebungstemperatur sowie dem Sicherheitsfaktor ergibt sich daraus die erforderliche Dauerleistung des Motors:

$$P_{\text{dauer erf}} = \frac{k_S}{k_h k_\vartheta k_{S3}} P_{eff} = 193\,\text{W} .$$

(8.199)

Damit stehen die Informationen zur Auswahl eines geeigneten Antriebs zur Verfügung.

8.12.2.3 Wirkprinzip, Antriebsstruktur und Dimensionierung

Mit den Anforderungen an den Antrieb wird nun der Antrieb konkret ausgewählt. Dabei werden die in den vorangegangenen Abschnitten ermittelten Anforderungen berücksichtigt:
- Drehzahl- bzw. winkelgeregelter Antrieb;
- Betrieb an Gleichspannung $U_= = 24\,V$;
- Motorischer und generatorischer Betrieb;
- Maximalleistung $P_{mot} = 244\,W$;
- Dauerleistung $P_{dauer\,erf} = 192\,W$;
- Betriebszeit $T_{betrieb} = 806\,h$.

Als Antrieb eignet sich ein *permanentmagneterregter Gleichstrommotor mit Kommutator*,[21] der von einer variablen Spannungsquelle (Leistungselektronik) zur Drehzahlstellung gespeist wird. Hier wird ein Gleichstromsteller[22] eingesetzt. Zur Realisierung beider Drehrichtungen und ggf. beider Drehmomentrichtungen beim Rückstellen der Mechanik in die untere Position kommt ein *Vier-Quadranten-Steller*[23] in Betracht.

Für die Drehzahl- und Winkelregelung wird in den Motor ein Winkelgeber eingebaut, der gleichzeitig als Drehzahlsensor dient.[24] Ein Regler steuert die Leistungselektronik so, dass die gewünschte Drehzahl bzw. der gewünschte Drehwinkel eingehalten werden. Das Blockschaltbild in Abb. 8.21 zeigt den Aufbau des Antriebs. Der *Aufbau entspricht einem Gleichstromservoantrieb* (Abb. 4.4).

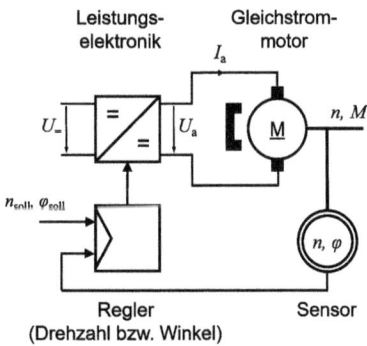

Abb. 8.21: Rollenheber, Antrieb mit Permanentmagnet-Gleichstrommotor, Leistungselektronik, Regelung.

Für die Anwendung wird ein Motor mit den Daten der Tabelle 8.9 gewählt und im Folgenden für die Anwendung geprüft.

---

21 Permanentmagnet Gleichstrommotor: Band 1, Kapitel 4; Kommutatorsystem: Band 1, Kapitel 3.
22 Gleichstromsteller: Band 1, Kapitel 11.2.4.
23 Vier-Quadranten-Steller: Band 1, Abb. 11.17.
24 Drehzahl- und Winkelsensoren: Kapitel 5.2 und 5.3.

Tab. 8.9: Rollenheber, Antrieb mit Permanentmagnet Gleichstrommotor und Leistungselektronik.

Motortyp		M80-80L
Abmessungen, Masse, thermische Zeitkonstante		
Außendurchmesser	d_{mot}	80 mm
Länge	l_{mot}	175 mm
Masse	m_{mot}	3,8 kg
Massenträgheit	J_{mot}	3300 g cm^2
thermische Zeitkonstante	τ	8 min
Bemessungsdaten, Katalogangaben		
Spannung	U_N	24 V
Strom	I_N	11,4 A
Leistung	P_N	235 W
Drehzahl	n_N	3200 1/min
Steilheit der Kennlinie	$\frac{\Delta n}{\Delta M}$	4 $\frac{1}{\mathrm{min}}{\mathrm{Ncm}}$
Maximaldrehmoment	M_{max}	4 Nm
aus den Motordaten berechnete Motorgrößen		
Drehmoment	M_N	0,701 Nm
Ankerwiderstand (Wicklung und Bürstenübergang)	R	0,183 Ω
induzierte Spannung	U_{iN}	22,1 V
Leerlaufdrehzahl	n_{0N}	3480 1/min
elektrische Leistung	P_{elN}	273,6 W
Verlustleistung	P_{vN}	38,6 W
Ankerverluste	P_{vaN}	20,6 W
Reibungs- und Eisenverluste	$P_{v\,fe\,reib\,N}$	18,0 W
Reib- und Eisenverlustdrehmoment	$M_{fe\,reib\,N}$	0,054 Nm
Strom für Reibungs- und Eisenverluste	$I_{fe\,reib\,N}$	0,816 A
Leistungselektronik		
Eingangsspannung	$U_=$	24 V
Spannungsverlust Leistungselektronik	ΔU	2,5 V
Ausgangsspannung Leistungselektronik	$U_{a\,max}$	21,5 V
Betriebspunkt erforderliche Maximalleistung		
Maximalleistung	P_{mot}	244 W
Drehzahl	n	2756 1/min
Drehmoment	M	0,846 Nm
Strom	I	13,7 A
Betriebspunkt erforderliche Dauerleistung		
Dauerleistung	P_{dauer}	192 W
Dauerdrehmoment	M_{dauer}	0,665 Nm
Bewertung Maximalleistung		**ok,** Leistung wird erreicht, Drehmoment ist kleiner als Maximaldrehmoment
Bewertung Dauerleistung		**ok,** Drehmoment ist kleiner als Bemessungsdrehmoment

Aus den Bemessungs- und Katalogangaben für den Gleichstrommotor lassen sich weitere Größen berechnen, die zur Überprüfung des Motors für diesen Einsatzfall verwendet werden.[25] Hier wird die Bürstenspannung zusammen mit dem Wicklungswiderstand der Ankerwicklung in einem resultierenden Ankerwiderstand R zusammengefasst.[26] Aus den Angaben werden folgende ungefähre Größen ermittelt:

- Bemessungsdrehmoment:

$$M_N = \frac{P_N}{2\pi n_N} = 0,701\,\text{Nm} . \tag{8.200}$$

- Leerlaufdrehzahl bei Bemessungsspannung aus der Steilheit des Motors:

$$n_{0N} = n_N + \frac{\Delta n}{\Delta M} M_N = 3480 \, \frac{1}{\text{min}} . \tag{8.201}$$

- induzierte Spannung im Bemessungsbetrieb:

$$U_{iN} = \frac{n_N}{n_{0N}} U_N = 22,1\,\text{V} . \tag{8.202}$$

- elektrische Leistung im Bemessungsbetrieb:

$$P_{elN} = U_N I_N = 273,6\,\text{W} . \tag{8.203}$$

- Verlustleistung im Bemessungsbetrieb:

$$P_{vN} = P_{elN} - P_N = 38,6\,\text{W} . \tag{8.204}$$

- Anker- und Bürstenverluste im Bemessungsbetrieb:

$$P_{vaN} = 2\pi(n_{0N} - n_N)M_N = 2\pi\frac{3480 - 3200}{60}0,701\,\text{W} = 20,6\,\text{W} . \tag{8.205}$$

- Reibungs- und Eisenverluste:

$$P_{vfe\,reib\,N} = P_{vN} - P_{vaN} = 18,0\,\text{W} . \tag{8.206}$$

- Reib- und Eisenverlustdrehmoment:

$$M_{fe\,reib\,N} = \frac{P_{vfe\,reib\,N}}{2\pi n_N} = \frac{18}{2\pi\frac{3200}{60}}\,\text{Nm} = 0,054\,\text{Nm} . \tag{8.207}$$

- Ankerwiderstand:

$$R = \frac{U_N - U_{iN}}{I_N} = 0,183\,\Omega . \tag{8.208}$$

---

25 Gleichungen für Permanentmagneterregte Gleichstrommotoren: Band 1, Kapitel 4.2.
26 Ersatzschaltbild: Band 1, Abb. 4.10.

– Strom für Reibungs- und Eisenverluste:

$$I_{\text{fe reib N}} = \frac{P_{\text{v fe reib N}}}{U_{i\,N}} = 0{,}816\,\text{A} \ . \tag{8.209}$$

Die gesamten Werte zeigt Tabelle 8.9. Mit diesen Werten erfolgt die Überprüfung, ob der Antrieb die geforderte Maximalleistung von P_{mot} = 244 W und die erforderliche Dauerleistung von $P_{\text{dauer erf}}$ = 192 W bereitstellen kann.

Prüfung Maximalleistung
Die Leistungselektronik wird mit $U_=$ = 24 V gespeist. Der Spannungsabfall über die Leistungshalbleiter beträgt ΔU = 2,5 V, so dass noch die maximale Ankerspannung

$$U_{a\,\text{max}} = U_= - \Delta U = 21{,}5\,\text{V} \tag{8.210}$$

zur Versorgung des Gleichstrommotors bleibt.

Um Leistung abzugeben, fließt im Motor der Strom I. Durch den Spannungsabfall entlang des Ankerwiderstands R ergibt sich die induzierte Spannung bei Betrieb mit der maximal verfügbaren Ankerspannung zu

$$U_i = U_{a\,\text{max}} - RI \ . \tag{8.211}$$

Mit der induzierten Spannung und dem Strom für Reibung und Eisenverluste lässt sich die mechanische Leistung berechnen. Für die erforderliche Maximalleistung gilt dann

$$P_{\text{mot}} = U_i(I - I_{\text{fe reib N}}) = (U_{a\,\text{max}} - RI)(I - I_{\text{fe reib N}}) \ , \tag{8.212}$$

$$P_{\text{mot}} = U_{a\,\text{max}}I - U_{a\,\text{max}}I_{\text{fe reib N}} - RI^2 + RII_{\text{fe reib N}} \ . \tag{8.213}$$

Die quadratische Gleichung lässt sich nach dem Strom I auflösen und liefert den Strom für die Maximalleistung P_{mot} = 244 W. Mit dem Strom werden die induzierte Spannung und die Drehzahl sowie das Drehmoment berechnet:

$$I = 13{,}7\,\text{A} \quad \text{(aus der Lösung von Gleichung (8.213))}, \tag{8.214}$$

$$U_i = U_{a\,\text{max}} - RI = 19\,\text{V} \ , \tag{8.215}$$

$$n = \frac{U_i}{U_N}n_{0N} = 2756\,\frac{1}{\text{min}} \ , \tag{8.216}$$

$$M = \frac{P_{\text{mot}}}{2\pi n} = 0{,}846\,\text{Nm} \ . \tag{8.217}$$

Die Werte zeigt Tabelle 8.9. Die erforderliche Maximalleistung kann bereitgestellt werden. Das zugehörige Drehmoment ist kleiner als das zulässige Maximaldrehmoment des Motors, so dass der *Antrieb mit Rücksicht auf die Maximalleistung geeignet* ist.

Prüfung Dauerleistung

Zur Prüfung der Dauerleistung wird das Drehmoment für die erforderliche Dauerleistung $P_{\text{dauer erf}}$ bei der ermittelten Drehzahl n bestimmt:

$$M_{\text{dauer erf}} = \frac{P_{\text{dauer erf}}}{2\pi n} = 0{,}665 \,\text{Nm} < M_{\text{N}} \,. \tag{8.218}$$

Das erforderliche Dauerdrehmoment ist kleiner als das Bemessungsdrehmoment M_{N} des Motors, so dass der *Antrieb mit Rücksicht auf die Dauerleistung geeignet* ist.

8.12.2.4 Bewertung der Lösung

Der gewählte Gleichstromantrieb aus Permanentmagnet-Gleichstrommotor und Gleichstromsteller mit Drehzahl- bzw. Winkelregler erfüllt die Anforderungen für den Einsatz im Rollenheber. Dabei werden die Lebensdauer, die Maximalleistung und die Dauerleistung für den periodischen Aussetzbetrieb betrachtet. Aus den verschiedenen Belastungen für den Rollenheber wird die größte Belastung ausgewählt, die sich in diesem Fall aus der größten Masse und der geringsten Zykluszeit mit der Betrachtung einer Betriebsstörung nach einem längeren Betrieb ergibt.

Für einen Einsatz mit größeren Anforderungen an die Lebensdauer wäre der Einsatz eines bürstenlosen Antriebs sinnvoll. Hier käme z. B. ein BLDC-Antrieb in Betracht (siehe Kapitel 4.3.3 und Band 1, Kapitel 8).

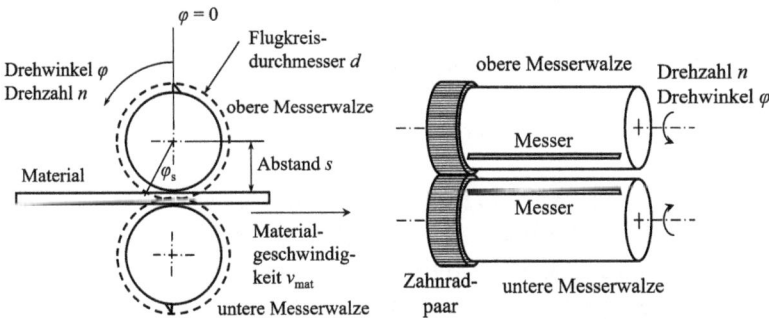

Abb. 8.22: Rotativer Querschneider mit einem Walzenpaar, Kopplung der Walzen über ein Zahnradpaar.

8.12.3 Dynamische Auslegung eines rotativen Querschneiders in Betriebsart S8

8.12.3.1 Beschreibung der Aufgabe und der Anforderungen

Es wird ein Antrieb für einen rotativen Querschneider für Folien und Schaumstoffe behandelt. Rotative Querschneider vereinzeln kontinuierlich produziertes Material, indem durch Walzen mit Messern das Material quer zur Produktionsrichtung geschnitten wird. Häufig werden zwei Walzen verwendet, deren Messer wie bei einer Schere das Material durchtrennen. Abbildung 8.22 zeigt das Walzenpaar eines Querschneiders mit einer oberen und einer unteren Messerwalze. Damit die beiden Messer einen sauberen Schnitt durchführen, sind die Walzen über das Zahnradpaar formschlüssig miteinander gekoppelt. Es kommen Walzen mit einem oder mehreren Messern zum Einsatz. In diesem Beispiel wird ein Querschneider mit einem Messer betrachtet.

Der Schnittvorgang hat folgenden Ablauf:

- Das kontinuierlich produzierte Material kommt mit der Geschwindigkeit v_{mat} in den Querschneider.
- Der Querschneider wartet zunächst für die Zeit t_w mit dem Messer in der oberen Position $\varphi = 0$.
- Wenn von der Steuerung der Befehl zum nächsten Schnitt kommt, beschleunigt der Antrieb die Walzen in der Zeit t_b, so dass sich spätestens beim Winkel φ_b die Messer synchron zum Material mit Materialgeschwindigkeit bewegen. Bis zum Eintauchen des Messers in das Material verbleibt noch ein Drehwinkel $\Delta\varphi$.
- Der Antrieb dreht die Messerwalzen mit konstanter Geschwindigkeit, bis die Messer wieder aus dem Material herauskommen.
- Der Antrieb verzögert die Walzen, so dass die Walzen wieder in der oberen Position $\varphi = 0$ zum Stillstand kommen.
- Der Bewegungsvorgang wird zyklisch wiederholt.

Die Wartezeit t_w hängt von der gewünschten Länge l_{mat} des geschnittenen Materials ab. Bei großen Längen l_{mat} bleibt der Antrieb eine merkliche Zeit in der oberen Position stehen. Bei kurzen Längen verzögert der Antrieb die Walzen nicht bis zum Stillstand, sondern dreht die Walzen durch den oberen Punkt $\varphi = 0$ und synchronisiert für den nächsten Schnitt. Die größte Belastung tritt für den Antrieb auf, wenn er die Walzen bis in den Stillstand bremst und sofort wieder beschleunigt, die Wartezeit also $t_w = 0$ ist. Der Antrieb soll so dimensioniert werden, dass der Querschneider alle Längen des Materials im Dauerbetrieb schneiden kann.

8.12.3.2 Präzisierung der Aufgabenstellung sowie Parameterbestimmung

Für den hier betrachteten Querschneider gelten folgende Daten (Maße siehe Abb. 8.22):

- Materialgeschwindigkeit $v_{\mathrm{mat}} = 2{,}5\,\frac{\mathrm{m}}{\mathrm{s}} = 150\,\frac{\mathrm{m}}{\mathrm{min}}$;
- Durchmesser der Messerwalzen $d_{\mathrm{w}} = 40\,\mathrm{mm}$;
- Flugkreisdurchmesser der Messerwalzen $d = 42{,}5\,\mathrm{mm}$;
- Abstand zwischen Drehachse und Material $s = 19\,\mathrm{mm}$;
- Summe des Massenträgheitsmomentes der Messerwalzen und des Zahnradpaares $J_{\mathrm{Last}} = 2{,}4\,\mathrm{kgcm}^2$;
- Reibmoment der Walzen und der Zahnräder $M_{\mathrm{reib}} = 0{,}15\,\mathrm{Nm}$;
- Drehmoment zum Schneiden des Materials $M_{\mathrm{schnitt}} = 0{,}80\,\mathrm{Nm}$;
- die Walze soll $\Delta\varphi = 10°$ vor Eintauchen des Messers in das Material bereits die Drehzahl für den synchronen Schnitt haben;
- Umgebungstemperatur $\vartheta_{\mathrm{u}} = 15\ldots 35\,°\mathrm{C}$;
- Aufstellungshöhe $h = 0\ldots 2000\,\mathrm{m}$;
- Erwartung an die Lebensdauer der Maschine 5 a bei Einsatz im Zweischichtbetrieb $4000\,\frac{\mathrm{h}}{\mathrm{a}}$ und einer mittleren relativen Betriebszeit von 70 %.

Der Antrieb soll so ausgelegt werden, dass er den Betrieb mit der Wartezeit $t_{\mathrm{w}} = 0$ dauerhaft mit einem Sicherheitsfaktor $k_{\mathrm{S}} = 1{,}2$ für das Drehmoment ermöglicht.

8.12.3.3 Wirkprinzip, Antriebsstruktur und Grobdimensionierung

Die erwartete Lebensdauer der Maschine ergibt die Anforderung an die Betriebszeit des Antriebs zu

$$T_{\mathrm{betrieb}} = 5\,\mathrm{a} \cdot 4000\,\frac{\mathrm{h}}{\mathrm{a}} \cdot 70\,\% = 14000\,\mathrm{h}\,. \tag{8.219}$$

Für diese Lebensdauer kommen bürstenlose Antriebe in Frage, also büstenlose Dauermagnetmotoren oder Asynchronmotoren.

Der Betrieb erfordert eine Drehzahl- und Winkelregelung. Daher wird ein Servoantrieb mit Winkelregelung vorgesehen. Der Antrieb hat den Winkelsensor integriert, so dass mit dem Servoantrieb auch die Positionierung und Drehung der Messerwalzen erfolgen kann, ohne dass ein weiterer Winkelsensor an den Walzen erforderlich ist.

Die Betriebsweise ist durch große Beschleunigungen gekennzeichnet. Für solch einen dynamischen Betrieb kommen vorzugsweise Servoantriebe mit permanentmagneterregten Synchronmotoren BLAC[27] zum Einsatz. Die Motoren können alternativ mit einem Getriebe oder direkt mit der Messerwalze gekoppelt werden.

---

27 Synchronmotoren: Band 1, Kapitel 7; BLAC: Band 1, Kapitel 8, Servoantriebe BLAC s. Kapitel 4.3.4 und 4.3.5.

Damit kommen folgende Alternativen für den Antrieb in Betracht:

-   *Servoantrieb mit Permanentmagnet-Synchronmotor BLAC mit Getriebe* (Aufbau und Kenngrößen: Abb. 4.10);
-   *Servodirektantrieb mit Permanentmagnet-Synchronmotor BLAC* (Aufbau und Kenngrößen: Abb. 4.15).

Im folgenden werden Antriebe für die beiden Alternativen ausgelegt.

8.12.3.4 Berechnung der Drehzahlen, Beschleunigungen und Drehmomente

Im ersten Schritt der Auslegung werden die erforderlichen Drehzahlen, Winkelbeschleunigungen und Drehmomente ermittelt. Nach der Beschreibung für den Querschneider taucht das Messer beim Winkel φ_s in das Material ein. Aus den Daten des Querschneiders ergibt sich der Winkel zu

$$\varphi_s = \arccos\left(-\frac{s}{r}\right) = \arccos\left(-\frac{19}{21{,}25}\right) = 2{,}677 \, \text{rad} = 153{,}4\,° \,, \tag{8.220}$$

$$\text{mit} \quad r = \frac{1}{2}d = 21{,}25\,\text{mm} = 0{,}02125\,\text{m} \,. \tag{8.221}$$

Die Anforderungen besagen, dass der Antrieb beim Winkel φ_b schon $\Delta\varphi$ vor dem Winkel φ_s die Drehzahl erreicht haben soll, mit der sich das Messer synchron zum Material bewegt. Mit dem Winkel $\Delta\varphi$ ergibt sich

$$\varphi_b = \varphi_s - \Delta\varphi = 2{,}503 \, \text{rad} = 143{,}4\,° \,. \tag{8.222}$$

Das Messer soll sich beim Winkel φ_b synchron zum Material bewegen. Daraus ergeben sich die Winkelgeschwindigkeit ω_{max} und Drehzahl n_{max} der Messerwalze am Ende des Beschleunigungsvorgangs:

$$\omega_{\text{Last max}} = -\frac{v_{\text{mat}}}{r \cos \varphi_b} = -\frac{2{,}5\,\frac{\text{m}}{\text{s}}}{0{,}02125\,\text{m} \cdot \cos(2{,}503\,\text{rad})} = 146{,}55\,\frac{\text{rad}}{\text{s}} \,, \tag{8.223}$$

$$n_{\text{Last max}} = \frac{\omega_{\text{max}}}{2\pi} = 23{,}32\,\frac{1}{\text{s}} = 1399\,\frac{1}{\text{min}} \,. \tag{8.224}$$

Der Antrieb muss in der Beschleunigungszeit Δt_b die Messerwalze auf $n_{\text{Last max}}$ bzw. $\omega_{\text{Last max}}$ beschleunigen. Dafür steht der Drehwinkel φ_b zur Verfügung. Die Beschleunigungszeit und die Winkelbeschleunigung $\alpha_{\text{Last max}}$ ergeben sich mit folgenden Beziehungen:

$$\varphi_b = \frac{1}{2}\alpha_{\text{Last max}}\Delta t_b^2 \,, \tag{8.225}$$

$$\omega_{\text{Last max}} = \alpha_{\text{Last max}}\Delta t_b \,, \tag{8.226}$$

$$\rightarrow \quad \Delta t_{b} = \frac{2\varphi_{b}}{\omega_{\text{Last max}}} = \frac{2 \cdot 2{,}503 \, \text{rad}}{146{,}55 \, \frac{\text{rad}}{\text{s}}} = 0{,}0342 \, \text{s} = 34{,}2 \, \text{ms} , \tag{8.227}$$

$$\alpha_{\text{Last max}} = \frac{\omega_{\text{Last max}}}{\Delta t_{b}} = \frac{146{,}55 \, \frac{\text{rad}}{\text{s}}}{0{,}0342 \, \text{s}} = 4291 \, \frac{\text{rad}}{\text{s}^2} . \tag{8.228}$$

Der Antrieb hat den Winkel φ_{b} zur Verzögerung in den Stillstand zur Verfügung. Während des restlichen Winkels φ_{konst} dreht der Antrieb in der Zeit Δt_{konst} mit konstanter Drehzahl $n_{\text{Last max}}$:

$$\varphi_{\text{konst}} = 2\pi - 2\varphi_{b} = 1{,}278 \, \text{rad} = 73{,}21° , \tag{8.229}$$

$$\Delta t_{\text{konst}} = \frac{\varphi_{\text{konst}}}{\omega_{\text{max}}} = \frac{1{,}278 \, \text{rad}}{146{,}55 \, \frac{\text{rad}}{\text{s}}} = 0{,}0087 \, \text{s} = 8{,}7 \, \text{ms} . \tag{8.230}$$

Die Zykluszeit T_{Z} ist die Summe der Zeiten zum Beschleunigen, Drehen mit konstanter Drehzahl und Verzögern:

$$T_{Z} = 2\Delta t_{b} + \Delta t_{\text{konst}} = 0{,}0770 \, \text{s} = 77{,}0 \, \text{ms} . \tag{8.231}$$

Dies ergibt die Taktzahl z für diesen Betrieb und die zugehörige Materiallänge l:

$$z = \frac{1}{T_{Z}} = 12{,}98 \, \frac{1}{\text{s}} = 779 \, \frac{1}{\text{min}} , \tag{8.232}$$

$$l = v \, T_{Z} = 0{,}1926 \, \text{m} = 192{,}6 \, \text{mm} . \tag{8.233}$$

Der Schnitt findet nur zwischen dem Winkel φ_{s} und dem unteren Totpunkt der Messerwalze statt. Die Zeit hierfür ist

$$\Delta t_{\text{schnitt}} = \frac{\pi - \varphi_{s}}{\omega_{\text{Last max}}} = \frac{\pi - 2{,}677 \, \text{rad}}{146{,}55 \, \frac{\text{rad}}{\text{s}}} = 0{,}0032 \, \text{s} = 3{,}2 \, \text{ms} . \tag{8.234}$$

Während der Zeit Δt_{konst0} tritt kein Schnittdrehmoment auf:

$$\Delta t_{\text{konst0}} = \Delta t_{\text{konst}} - \Delta t_{\text{schnitt}} = 0{,}0056 \, \text{s} = 5{,}6 \, \text{ms} . \tag{8.235}$$

Mit den Beschleunigungen, dem Reibmoment und dem Schnittdrehmoment ergeben sich die Drehmomente für die einzelnen Phasen der Bewegung:
- Beschleunigen:

$$M_{b} = \alpha_{\text{max}} J_{\text{Last}} + M_{\text{reib}} = \left(4291 \, \frac{\text{rad}}{\text{s}^2} \cdot 2{,}4 \cdot 10^{-4} \, \text{kgm}^2 + 0{,}15 \, \text{Nm} \right) = 1{,}180 \, \text{Nm} . \tag{8.236}$$

- konstante Drehzahl:

$$M_{k0} = M_{\text{reib}} = 0{,}15 \, \text{Nm} . \tag{8.237}$$

- Schnitt:

$$M_{ks} = M_{reib} + M_{schnitt} = 0,95\,\text{Nm} .\qquad(8.238)$$

- Verzögerung:

$$M_v = M_{reib} - \alpha_{max} J_{Last} = \left(0,15\,\text{Nm} - 4291\,\frac{\text{rad}}{\text{s}^2} \cdot 2,4 \cdot 10^{-4}\,\text{kgm}^2 \right) = -0,880\,\text{Nm} .$$

$$(8.239)$$

Die einzelnen Zeiten, Drehzahlen, Drehmomente und Beschleunigungen sind in Tabelle 8.10 zusammengefasst.

Aus den einzelnen Werten lassen sich nun die Effektivwerte und Maximalwerte bestimmen. Für das Effektivdrehmoment für die vom Winkel abhängigen Drehmomente ist hier nur das Schnittdrehmoment M_{ks} relevant. Bei den anderen Werten gehen auch die anderen Drehmomente ein. Diese Werte sind ebenfalls in Tabelle 8.10

Tab. 8.10: Rotativer Querschneider: Zeiten, Drehzahlen, Winkelbeschleunigungen, Drehmomente für einen Zyklus.

Nr.	Zeit	Drehzahl	mittlere Drehzahl	Winkelbeschleunigung	Drehmomente		
i	Δt_i	$n_{\text{Last}\,i}$	$n_{\text{Last mittel}\,i}$	$\alpha_{\text{Last}\,i}$	$M_{\text{Last}\,i}$	$\alpha_{\text{Last}\,i} J_{\text{Last}}$	$M_{\text{Last}\,i} + \alpha_{\text{Last}\,i} J_{\text{Last}}$
1	$\Delta t_b =$ 34,2 ms	$0 \ldots n_{\text{Last max}} =$ $0 \ldots 1399\,\frac{1}{\text{min}}$	$\frac{1}{2} n_{\text{Last max}} =$ $699,5\,\frac{1}{\text{min}}$	$\alpha_{\text{Last max}} =$ $4291\,\frac{\text{rad}}{\text{s}^2}$	$M_{k0} =$ 0,15 Nm	1,03 Nm	$M_b =$ 1,180 Nm
2	$\Delta t_{\text{schnitt}} =$ 3,2 ms	$n_{\text{Last max}} =$ $1399\,\frac{1}{\text{min}}$	$n_{\text{Last max}} =$ $1399\,\frac{1}{\text{min}}$	0	$M_{ks} =$ 0,95 Nm	0	$M_{ks} =$ 0,95 Nm
3	$\Delta t_{\text{konst0}} =$ 5,6 ms	$n_{\text{Last max}} =$ $1399\,\frac{1}{\text{min}}$	$n_{\text{Last max}} =$ $1399\,\frac{1}{\text{min}}$	0	$M_{k0} =$ 0,15 Nm	0	$M_{k0} =$ 0,15 Nm
4	$\Delta t_b =$ 34,2 ms	$n_{\text{Last max}} \ldots 0 =$ $1399\,\frac{1}{\text{min}} \ldots 0$	$\frac{1}{2} n_{\text{Last max}} =$ $699,5\,\frac{1}{\text{min}}$	$-\alpha_{\text{Last max}} =$ $-4291\,\frac{\text{rad}}{\text{s}^2}$	$M_{k0} =$ 0,15 Nm	-1,03 Nm	$M_v =$ −0,880 Nm

Zykluszeit	Maximaldrehzahl	mittlere Drehzahl	effektive Winkelbeschleunigung	Maximaldrehmoment	Effektivdrehmoment Winkel	Effektivdrehmoment
$T_Z =$ 77,0 ms	$n_{\text{Last max}} =$ $1399\,\frac{1}{\text{min}}$	$n_{\text{Last mittel}} =$ $779\,\frac{1}{\text{min}}$	$\alpha_{\text{Last eff}} =$ $4041\,\frac{\text{rad}}{\text{s}^2}$	$M_{\text{Last max}} =$ 1,180 Nm	$M_{\text{Last}\,\varphi\,\text{eff}} =$ 0,193 Nm	$M_{\text{Last eff}} =$ 0,243 Nm

Hinweis: Die Zeit mit konstanter Drehzahl ohne Schnittdrehmoment wird für die Zeit vor dem Eintauchen des Messers und danach zu einer Zeit t_{k0} zusammengefasst.

dargestellt. Die Werte für die einzelnen Zeitabschnitte werden entsprechend den Gleichungen (8.50), (8.121), (8.122) und (8.123) ausgewertet. Es ergeben sich folgende Werte für den Querschneider:

$$n_{\text{Last mittel}} = \frac{1}{T_Z} \sum_i |n_i|\, t_i = 12{,}98\,\frac{1}{\text{s}} = 779\,\frac{1}{\text{min}} \,, \tag{8.240}$$

$$M_{\text{Last eff}} = \sqrt{\frac{1}{T_Z} \sum_i M_{\text{Last}\,i}^2\, \Delta t_i} = 0{,}24\,\text{Nm} \,, \tag{8.241}$$

$$M_{\text{Last}\,\varphi\,\text{eff}} = \sqrt{\frac{1}{T_Z} \sum_i M_{\text{Last}\,\varphi\,i}^2\, \Delta t_i} = \sqrt{\frac{1}{T_Z} M_{\text{ks}}^2 \Delta t_{\text{ks}}} = 0{,}18\,\text{Nm} \,, \tag{8.242}$$

$$\alpha_{\text{Last eff}} = \sqrt{\frac{1}{T_Z} \sum_i \alpha_{\text{Last}\,i}^2\, \Delta t_i} = 4041\,\frac{\text{rad}}{\text{s}^2} \,. \tag{8.243}$$

8.12.3.5 Antriebe für den rotativen Querschneider

In Abschnitt 8.12.3.3 wird dargestellt, dass für den rotativen Querschneider mit seinem dynamischen Bewegungsablauf Servoantriebe mit Permanentmagnet-Synchronmotoren BLAC in Frage kommen. Für dieses Beispiel stehen die Motoren mit den Daten der Tabelle 8.11 zur Verfügung. Es handelt sich um Servomotoren in fünf unterschiedlichen Baugrößen in jeweils zwei Drehzahlausführungen.

Die Ausführungen mit kleiner Drehzahl sind für die Verwendung als Direktantrieb angegeben. Die Auslegung erfolgt in Abschnitt 8.12.3.6.

Die Ausführungen mit hoher Drehzahl kommen für die Ausführung mit Getriebe in Betracht, die in Abschnitt 8.12.3.7 behandelt wird.

Für alle betrachteten Motoren werden die Aufstellungshöhe und die Umgebungstemperatur nach den Tabellen 8.7 und 8.8 berücksichtigt. Das ergibt die Faktoren

$$\text{Umgebungstemperatur} \quad \vartheta_{\text{u}} = 15\ldots35\,^{\circ}\text{C} \quad \rightarrow \quad k_{\vartheta} = 1{,}0 \,, \tag{8.244}$$

$$\text{Aufstellungshöhe} \quad h_{\text{NN}} = 0\ldots2000\,\text{m} \quad \rightarrow \quad k_{\text{h}} = 0{,}95 \,. \tag{8.245}$$

8.12.3.6 Auslegung Servodirektantrieb mit Permanentmagnet-Synchronmotor BLAC

Bei dieser Lösung für den Queschneider wird der Motor direkt mit der einen Walze des Querschneiders gekoppelt. Das bedeutet, dass der Motor die gleichen Drehzahlen und Winkelbeschleunigungen wie die Messerwalze hat.

Der Ablauf mit veränderlicher Drehzahl und veränderlichem Drehmoment wird zyklisch wiederholt. Es handelt sich um die Betriebsart S8 (Abschnitt 8.6.8). Entsprechend erfolgt die Auslegung nach Abschnitt 8.10.

Tab. 8.11: Rotativer Querschneider: Daten der betrachteten Servoantriebe mit Permanentmagnet-Synchronmotoren BLAC für das Beispiel Querschneider, zwei Drehzahlvarianten je Motorbaugröße.

		Motorbaugröße, Daten für beide Drehzahlausführungen				
		A	B	C	D	E
Bemessungsspannung	U_N	180 V	180 V	180 V	180 V	180 V
Haltedrehmoment	M_0	0,60 Nm	0,90 Nm	1,35 Nm	2,03 Nm	3,04 Nm
Maximaldrehmoment	M_{max}	1,80 Nm	2,70 Nm	4,05 Nm	6,08 Nm	9,11 Nm
Massenträgheitsmoment	J_{mot}	0,101 kgcm^2	0,181 kgcm^2	0,327 kgcm^2	0,588 kgcm^2	1,058 kgcm^2

		Motorausführungen mit niedriger Drehzahl				
		Aa	Ba	Ca	Da	Ea
Bemessungsdrehzahl	n_N	1500 1/min	1500 1/min	1500 1/min	1500 1/min	1500 1/min
Bemessungsdrehmoment	M_N	0,54 Nm	0,81 Nm	1,22 Nm	1,82 Nm	2,73 Nm
Bemessungsleistung	P_N	85 W	127 W	191 W	286 W	429 W
Bemessungsstrom	I_N	0,33 A	0,49 A	0,74 A	1,11 A	1,66 A
Maximalstrom	I_{max}	1,09 A	1,64 A	2,46 A	3,69 A	5,53 A

		Motorausführungen mit hoher Drehzahl				
		Ab	Bb	Cb	Db	Eb
Bemessungsdrehzahl	n_N	6000 1/min	4000 1/min	2500 1/min	1500 1/min	1500 1/min
Bemessungsdrehmoment	M_N	0,36 Nm	0,66 Nm	1,13 Nm	1,82 Nm	2,73 Nm
Bemessungsleistung	P_N	226 W	276 W	295 W	286 W	429 W
Bemessungsstrom	I_N	0,87 A	1,07 A	1,14 A	1,11 A	1,66 A
Maximalstrom	I_{max}	4,37 A	4,37 A	4,10 A	3,69 A	5,53 A

Für den Bewegungsablauf muss der Motor das Reibdrehmoment, Schnittdrehmoment und Drehmoment zum Beschleunigen der Walzen sowie zusätzlich das Drehmoment zum Beschleunigen des Motors selber und der Kupplung zwischen Motor und Walze erzeugen. Mit dem Motormassenträgheitsmoment J_{mot} und dem Massenträgheitsmoment der Kupplung J_{ext} lässt sich das Drehmoment berechnen, das der Motor erzeugen muss:

– Antriebsmassenträgheitsmoment:

$$J_{ant} = J_{mot} + J_{ext} .\tag{8.246}$$

– Beschleunigen:

$$M_{Mot\,b} = M_b + \alpha_{max} J_{ant} .\tag{8.247}$$

– konstante Drehzahl:

$$M_{Mot\,k0} = M_{k0} .\tag{8.248}$$

– Schnitt:

$$M_{\text{Mot ks}} = M_{\text{ks}} \cdot \qquad (8.249)$$

– Verzögerung:

$$M_{\text{Mot v}} = M_{\text{v}} - \alpha_{\text{max}} J_{\text{ant}} \cdot \qquad (8.250)$$

Die Drehmomente sind in Tabelle 8.12 für die einzelnen Antriebe dargestellt. Dabei werden die Motoren mit kleiner Drehzahl Aa, Ba, Ca, Da und Ea für den Direktantrieb betrachtet. Das erforderliche Drehmoment hängt spürbar vom jeweils betrachteten Motor ab.

Mit den Drehmomenten und Zeiten lassen sich für jeden Antrieb das Effektivdrehmoment und die mittlere Drehzahl sowie das Maximaldrehmoment und die Maximaldrehzahl berechnen (siehe auch Abschnitt 8.6.8):

$$M_{\text{Mot max}} = \max(|M_{\text{Mot b}}| \, ; \, |M_{\text{Mot k0}}| \, ; \, |M_{\text{Mot ks}}| \, ; \, |M_{\text{Mot v}}|) \, , \qquad (8.251)$$

$$I_{\text{Mot max}} = \frac{M_{\text{Mot max}}}{M_{\text{max}}} I_{\text{max}} \, , \qquad (8.252)$$

$$n_{\text{Mot max}} = n_{\text{Last max}} \, , \qquad (8.253)$$

$$M_{\text{Mot eff}} = \sqrt{\frac{1}{T_Z} \sum_i \Delta t_i M_{\text{Mot } i}^2}$$

$$= \sqrt{\frac{1}{T_Z}(\Delta t_{\text{b}} M_{\text{Mot b}}^2 + \Delta t_{\text{konst0}} M_{\text{Mot k0}}^2 + \Delta t_{\text{schnitt}} M_{\text{Mot ks}}^2 + \Delta t_{\text{b}} M_{\text{Mot v}}^2)} \, , \qquad (8.254)$$

$$n_{\text{Mot mittel}} = n_{\text{Last mittel}} \cdot \qquad (8.255)$$

Die Werte sind ebenfalls in Tabelle 8.12 für die einzelnen Antriebe aufgeführt.

Für jeden Antrieb erfolgt mit diesen Werten die Prüfung, ob der Motor geeignet ist. Dabei werden die Drehzahl, das Maximaldrehmoment und die thermische Belastung geprüft:

– *Drehzahlüberprüfung*:

$$\text{Forderung:} \quad n_{\text{N}} \overset{!}{\geq} n_{\text{Mot max}} \cdot \qquad (8.256)$$

Hinweis: Hier wird vereinfachend unterstellt, dass der Antrieb im Drehzahlbereich $n = 0 \dots n_{\text{N}}$ sein maximales Drehmoment M_{max} aufbringen kann, sonst muss die Prüfung anhand der konkreten Drehzahl-Drehmoment-Kennlinie erfolgen.

– *Maximaldrehmomentüberprüfung*:

$$\text{Forderung:} \quad M_{\text{max}} \overset{!}{\geq} M_{\text{Mot max}} \cdot \qquad (8.257)$$

Tab. 8.12: Rotativer Querschneider: Auslegung des Direktantriebs mit den Motoren Aa, Ba, Ca, Da und Ea in der Ausführung mit niedriger Drehzahl.

		Motorausführungen mit niedriger Drehzahl				
		Aa	**Ba**	**Ca**	**Da**	**Ea**
Bemessungs-spannung	U_N	180 V	180 V	180 V	180 V	180 V
Haltedrehmoment	M_0	0,60 Nm	0,90 Nm	1,35 Nm	2,03 Nm	3,04 Nm
Maximaldrehmoment	M_{max}	1,80 Nm	2,70 Nm	4,05 Nm	6,08 Nm	9,11 Nm
Massenträgheitsmoment	J_{mot}	0,101 kgcm²	0,181 kgcm²	0,327 kgcm²	0,588 kgcm²	1,058 kgcm²
Bemessungsdrehzahl	n_N	1500 1/min	1500 1/min	1500 1/min	1500 1/min	1500 1/min
Bemessungsdrehmoment	M_N	0,54 Nm	0,81 Nm	1,22 Nm	1,82 Nm	2,73 Nm
Maximalstrom	I_{max}	1,09 A	1,64 A	2,46 A	3,69 A	5,53 A
Massenträgheitsmomente						
Massenträgheit Kupplung	J_{ext}	0,025 kgcm²	0,045 kgcm²	0,082 kgcm²	0,147 kgcm²	0,265 kgcm²
Massenträgheit Antrieb	J_{ant}	0,126 kgcm²	0,227 kgcm²	0,408 kgcm²	0,735 kgcm²	1,323 kgcm²
Motordrehmomente für die einzelnen Abschnitte						
Beschleunigung	$M_{Mot\,b}$	1,23 Nm	1,28 Nm	1,35 Nm	1,50 Nm	1,75 Nm
konstante Drehzahl	$M_{Mot\,k0}$	0,15 Nm	0,15 Nm	0,15 Nm	0,15 Nm	0,15 Nm
Schnitt	$M_{Mot\,ks}$	0,95 Nm	0,95 Nm	0,95 Nm	0,95 Nm	0,95 Nm
Verzögerung	$M_{Mot\,v}$	−0,93 Nm	−0,98 Nm	−1,05 Nm	−1,20 Nm	−1,45 Nm
Werte zur Überprüfung der Eignung der Antriebe						
Maximaldrehmoment	$M_{Mot\,max}$	1,23 Nm	1,28 Nm	1,35 Nm	1,50 Nm	1,75 Nm
Maximalstrom	$I_{Mot\,max}$	0,75 A	0,78 A	0,82 A	0,91 A	1,06 A
Maximaldrehzahl	$n_{Mot\,max}$	1399 $\frac{1}{min}$	1399 $\frac{1}{min}$	1399 $\frac{1}{min}$	1399 $\frac{1}{min}$	1399 $\frac{1}{min}$
Effektivmoment	$M_{Mot\,eff}$	1,04 Nm	1,08 Nm	1,16 Nm	1,29 Nm	1,52 Nm
mittlere Drehzahl	$n_{Mot\,mittel}$	779 1/min	779 1/min	779 1/min	779 1/min	779 1/min
Überprüfung der Anforderungen						
Drehzahl	$n_N \overset{!}{\geq} n_{Mot\,max}$	erfüllt	erfüllt	erfüllt	erfüllt	erfüllt
Maximaldrehmoment	$M_{max} \overset{!}{\geq} M_{Mot\,max}$	erfüllt	erfüllt	erfüllt	erfüllt	erfüllt
thermische Überprüfung						
	$M_{dauer}(n_{Mot\,mittel})$	0,57 Nm	0,85 Nm	1,28 Nm	1,92 Nm	2,88 Nm
	$\frac{k_S}{k_\vartheta k_h} M_{Mot\,eff}$	1,32 Nm	1,37 Nm	1,46 Nm	1,62 Nm	1,92 Nm
$M_{dauer}(n_{Mot\,mittel}) \overset{!}{\geq} \frac{k_S}{k_\vartheta k_h} M_{Mot\,eff}$		nicht erfüllt	nicht erfüllt	nicht erfüllt	erfüllt	erfüllt
alle Anforderungen erfüllt:		**nein**	**nein**	**nein**	**ja**	**ja**

– *thermische Überprüfung*:

$$\text{Forderung:} \quad M_{\text{dauer}}(n_{\text{Mot mittel}}) \overset{!}{\geq} \frac{k_S}{k_\vartheta k_h} M_{\text{Mot eff}} , \tag{8.258}$$

$$M_{\text{dauer}}(n_{\text{Mot mittel}}) = M_0 - (M_0 - M_N) \frac{n_{\text{Mot mittel}}}{n_N} . \tag{8.259}$$

Die Werte sind in Tabelle 8.12 für die einzelnen Antriebe angegeben. Tabelle 8.12 zeigt ebenfalls, welcher Antrieb welche Anforderung erfüllt.

Alle Anforderungen werden von den beiden größten Motoren Da und Ea erfüllt. Die kleineren Motoren Aa, Ba und Ca weisen kein ausreichend hohes Dauerdrehmoment für diese Anwendung auf. Geeignete Antriebe:
– *Antrieb Da*: $M_0 = 2{,}03\,\text{Nm}$, $P_N = 286\,\text{W}$, erforderlicher Maximalstrom der Leistungselektronik $I_{\text{Mot max}} = 0{,}91\,\text{A}$;
– *Antrieb Ea*: $M_0 = 3{,}04\,\text{Nm}$, $P_N = 429\,\text{W}$, erforderlicher Maximalstrom der Leistungselektronik $I_{\text{Mot max}} = 1{,}06\,\text{A}$.

Antrieb Da ist die *sinnvolle Lösung*, da er der kleinere und leichtere Antrieb ist und mit einem geringeren Strom bei gleicher Versorgungsspannung auskommt.

8.12.3.7 Auslegung Servoantrieb mit Permanentmagnet-Synchronmotor BLAC mit Getriebe

Bei dieser Lösung für den Querschneider treibt der Motor die Walzen des Querschneider über ein Getriebe an. Die Wahl der Getriebeübersetzung i_{get} ist damit Teil der Antriebsauslegung.

Der Bewegungsablauf mit veränderlicher Drehzahl und veränderlichem Drehmoment wird zyklisch wiederholt (Betriebsart S8: Abschnitt 8.6.8). Entsprechend erfolgt die Auslegung nach Abschnitt 8.11 mit dem dynamischen Kennwert C_{dyn}.

Für den Bewegungsablauf muss der Motor das Reibdrehmoment, Schnittdrehmoment und Drehmoment zum Beschleunigen der Walzen sowie zusätzlich das Drehmoment zum Beschleunigen des Motors selber und der Kupplung zwischen Motor und Walze erzeugen. Die Berücksichtigung der Beschleunigungsdrehmomente, Massenträgheiten und Lastdrehmomente erfolgt mit dem erforderlichen dynamischen Kennwert $C_{\text{dyn Last erf}}$. Mit den in Abschnitt 8.12.3.4 ermittelten Werten für den Querschneider (Zahlenwerte in Tabelle 8.10) ergeben sich mit den Gleichungen (8.127), (8.129) und (8.131) die erforderliche Dauerleistung und Maximalleistung sowie der erforderliche dynamische Kennwert zu

$$P_{\text{Last dauer erf}} = 2\pi\, n_{\text{Last max}} \cdot \sqrt{\alpha_{\text{Last eff}}^2 J_{\text{Last}}^2 + M_{\text{Last eff}}^2 + 2 J_{\text{Last}} \alpha_{\text{Last eff}} M_{\text{Last}\,\varphi\,\text{eff}}} = 170\,\text{W} , \tag{8.260}$$

$$P_{\text{Last max erf}} = 2\pi\, n_{\text{Last max}}\, M_{\text{Last max}} = 172{,}9\,\text{W}\,, \tag{8.261}$$

$$C_{\text{dyn Last erf}} = 2\,\alpha_{\text{Last eff}} \cdot \Big(\sqrt{\alpha_{\text{Last eff}}^2\, J_{\text{Last}}^2 + M_{\text{Last eff}}^2 + 2 J_{\text{Last}}\, M_{\text{Last }\varphi\text{ eff}}\, \alpha_{\text{Last eff}}}$$

$$+ \alpha_{\text{Last eff}}\, J_{\text{Last}} + M_{\text{Last }\varphi\text{ eff}} \Big)$$

$$= 18\,696\, \frac{\text{N}^2}{\text{kg}^2}\,. \tag{8.262}$$

Der Getriebewirkungsgrad wird zu $\eta_{\text{get}} = 0{,}9$ abgeschätzt. Dies ergibt nach Gleichung (8.135) den Faktor zur Berücksichtigung des Getriebewirkungsgrads in der dynamischen Kenngröße zu

$$k_{\text{get}} = \frac{1}{4}\Big(2 + \eta_{\text{get}} + \frac{1}{\eta_{\text{get}}}\Big) = 1{,}0028\,. \tag{8.263}$$

Mit den Größen k_ϑ und k_h zur Berücksichtigung der Umgebungstemperatur und der Aufstellungshöhe (Abschnitt 8.12.3.5) sowie mit dem Sicherheitsfaktor k_S erhält man die erforderlichen Größen für Dauerleistung, Maximalleistung und dynamischen Kennwert des Antriebs

$$P_{\text{Mot dauer erf}} = \frac{k_\text{S}}{k_\vartheta\, k_\text{h}\, \eta_{\text{get}}}\, P_{\text{Last dauer erf}} = 217\,\text{W}\,, \tag{8.264}$$

$$P_{\text{Mot max erf}} = \frac{k_\text{S}}{\eta_{\text{get}}}\, P_{\text{Last max erf}} = 218\,\text{W}\,, \tag{8.265}$$

$$C_{\text{dyn Mot erf}} = \Big(\frac{k_\text{S}\, k_{\text{get}}}{k_\vartheta\, k_\text{h}}\Big)^2 \cdot C_{\text{dyn Last erf}} = 29997\, \frac{\text{N}^2}{\text{kg}}\,. \tag{8.266}$$

Wegen des großen Anteils an Beschleunigungsphasen an der gesamten Zykluszeit ist die erforderliche Maximalleistung kaum größer als die erforderliche Dauerleistung.

Mit diesen Größen $P_{\text{Mot dauer erf}}$, $P_{\text{Mot max erf}}$ und $C_{\text{dyn Mot erf}}$ kann nun eine erste Auswahl geeigneter Antriebe erfolgen. Die erforderlichen Größen werden dazu mit den Größen der Motoren nach Tabelle 8.11 verglichen. Es wird bewertet, ob die Anforderungen erfüllt sind:

– *Anforderung Dauerleistung*:

$$P_\text{N} \overset{!}{\ge} P_{\text{Mot dauer erf}}\,. \tag{8.267}$$

Hinweis: Diese Anforderung berücksichtigt nur die stationären Drehmomente der Last und nicht die Beschleunigungsdrehmomente. Die Anforderung dient daher zum Ausschluss von Antrieben mit deutlich zu kleiner Dauerleistung.

– *Anforderung Maximalleistung*:

$$P_{\text{max}} = 2\pi n_\text{N} M_{\text{max}} \overset{!}{\ge} P_{\text{Mot max erf}}\,. \tag{8.268}$$

Hinweise: Diese Anforderung berücksichtigt nur die stationären Drehmomente und Beschleunigungsdrehmomente der Last und nicht die Beschleunigungsdrehmomente für den Antrieb. Die Anforderung dient daher zum Ausschluss von Antrieben mit deutlich zu kleiner Maximalleistung.

Hier wird zur Vereinfachung angenommen, dass das Maximaldrehmoment M_{max} bis zur Bemessungsdrehzahl n_N erzeugt werden kann. Ist das nicht der Fall, muss die konkrete Drehzahl-Drehmoment-Kennlinie der Antriebe betrachtet werden.

– *Anforderung dynamischer Kennwert*: Der dynamische Kennwert ist vom Dauerdrehmoment des Antriebs abhängig. Bei Antrieben, deren Drehmoment von der Drehzahl abhängt, z. B. $M_0 > M_N$ ist damit auch die dynamische Kenngröße drehzahlabhängig.

Die Überprüfung erfolgt in diesem Beispiel daher anhand der Kenngrößen $C_{dyn\,0}$ im Stillstand und $C_{dyn\,N}$ bei Bemessungsdrehzahl:

$$1.\ \text{Anforderung:} \quad C_{dyn\,0} = \frac{M_0^2}{J_{ant}} \overset{!}{\geq} C_{dyn\,Mot\,erf}\,, \qquad (8.269)$$

$$2.\ \text{Anforderung:} \quad C_{dyn\,N} = \frac{M_N^2}{J_{ant}} \overset{?}{\geq} C_{dyn\,Mot\,erf}\,. \qquad (8.270)$$

Wenn die erste Anforderung nicht erfüllt ist, ist der Antrieb nicht geeignet. Wenn beide Anforderungen erfüllt sind, ist der Antrieb mit Rücksicht auf die dynamische Kenngröße geeignet. Ist nur die erste, aber nicht die zweite Bedingung erfüllt, erfolgt die Prüfung später mit der gewählten Übersetzung erneut.

Die Ergebnisse zeigt Tabelle 8.13. Nach dieser Prüfung sind die Motoren Cb, Db und Eb geeignet. Motor Bb ist evtl. geeignet. Für diesen Motor muss die Eignung anhand des dynamischen Kennwerts mit der gewählten Übersetzung überprüft werden.

Die weitere Überprüfung erfolgt anhand der Bereiche für geeignete Getriebeübersetzungen i_{get}. Die zulässigen Übersetzungen werden anhand der Drehzahl, des Maximaldrehmoments und des dynamischen Kennwerts ermittelt:

– Maximaldrehzahl: Maximalübersetzung $i_{max\,n}$ nach Gleichung (8.136);
– Maximaldrehmoment ohne Beschleunigung: Minimalübersetzung $i_{min\,M}$ nach Gleichung (8.137);
– Maximaldrehmoment mit Berücksichtigung der Beschleunigung: Maximal- und Minimalübersetzungen $i_{max\,MJ}$ und $i_{min\,MJ}$ nach Gleichungen (8.140) und (8.141);
– dynamischer Kennwert: Maximal- und Minimalübersetzungen $i_{max\,dyn}$ und $i_{min\,dyn}$ nach Gleichungen (8.145) und (8.146).

Die Ergebnisse für die einzelnen Minimal- und Maximalübersetzungen sowie den resultierenden Übersetzungsbereich zeigt Tabelle 8.13.

Für den *Antrieb Bb* wird zur *Überprüfung des dynamischen Kennwerts* die mittlere Drehzahl ermittelt, bei der der dynamische Kennwert des Antriebs dem erforderlichen

Tab. 8.13: Rotativer Querschneider: Auslegung des Getriebeantriebs mit den Motoren Ab, Bb, Cb, Db und Eb in der Ausführung mit hoher Drehzahl.

		Motorausführungen mit hoher Drehzahl				
		Ab	Bb	Cb	Db	Eb
Motordaten – Bemessungs- und Maximaldaten						
Bemessungsspannung	U_N	180 V	180 V	180 V	180 V	180 V
Haltedrehmoment	M_0	0,60 Nm	0,90 Nm	1,35 Nm	2,03 Nm	3,04 Nm
Maximaldrehmoment	M_{max}	1,80 Nm	2,70 Nm	4,05 Nm	6,08 Nm	9,11 Nm
Bemessungsdrehzahl	n_N	6000 1/min	4000 1/min	2500 1/min	1500 1/min	1500 1/min
Bemessungsdrehmoment	M_N	0,36 Nm	0,66 Nm	1,13 Nm	1,82 Nm	2,73 Nm
Bemessungsleistung	P_N	226 W	276 W	295 W	286 W	429 W
Maximalleistung	M_{max}	1131 W	1131 W	1060 W	954 W	1431 W
Maximalstrom	I_{max}	1,09 A	1,64 A	2,46 A	3,69 A	5,53 A
Massenträgheitsmomente						
Massenträgheit Motor	J_{mot}	0,101 kgcm²	0,181 kgcm²	0,327 kgcm²	0,588 kgcm²	1,058 kgcm²
Massenträgheit Kupplung	J_{ext}	0,025 kgcm²	0,045 kgcm²	0,082 kgcm²	0,147 kgcm²	0,265 kgcm²
Massenträgheit Antrieb	J_{ant}	0,126 kgcm²	0,227 kgcm²	0,408 kgcm²	0,735 kgcm²	1,323 kgcm²
Anforderungen Querschneider						
erforderliche Dauerleistung	$P_{Mot\,dauer\,erf}$					217 W
erforderliche Maximalleistung	$P_{Mot\,max\,erf}$					218 W
erforderlicher dynamischer Kennwert	$C_{dyn\,Mot\,erf}$					$29997\,\frac{N^2}{kg}$
dynamische Kennwerte Antriebe						
dynamischer Kennwert	$C_{dyn\,0}$	$28571\,\frac{N^2}{kg}$	$35714\,\frac{N^2}{kg}$	$44643\,\frac{N^2}{kg}$	$55804\,\frac{N^2}{kg}$	$69754\,\frac{N^2}{kg}$
dynamischer Kennwert	$C_{dyn\,N}$	$10286\,\frac{N^2}{kg}$	$19206\,\frac{N^2}{kg}$	$31002\,\frac{N^2}{kg}$	$45201\,\frac{N^2}{kg}$	$56501\,\frac{N^2}{kg}$

Tab. 8.13: (fortgesetzt).

		Motorausführungen mit hoher Drehzahl				
		Ab	**Bb**	**Cb**	**Db**	**Eb**
Erfüllung Dauerleistung, Maximalleistung, dynamischer Kennwert						
Anforderung Dauerleistung		ja	ja	ja	ja	ja
Anforderung Maximaleistung		ja	ja	ja	ja	ja
Anforderung $C_{\mathrm{dyn}\,0}$		nein	ja	ja	ja	ja
Anforderung $C_{\mathrm{dyn}\,N}$		nein	nein	ja	ja	ja
Eignung nach $P_{\mathrm{Mot\,dauer\,erf}}$, $P_{\mathrm{Mot\,max\,erf}}$, $C_{\mathrm{dyn\,Mot\,erf}}$		nein	evtl.	ja	ja	ja
Maximal- und Minimalübersetzungen aus den Drehmomenten und dynamischen Kennwerten						
Drehzahl maximales Lastdrehmoment	$i_{\mathrm{max}\,n}$	–	2,86	1,79	1,07	1,07
	$i_{\mathrm{min}\,M}$	–	0,44	0,29	0,19	0,13
Drehmoment Beschleunigung	$i_{\mathrm{max}\,MJ}$	–	19,65	16,58	13,95	11,71
	$i_{\mathrm{min}\,MJ}$	–	22,71	12,61	7,01	3,89
dynamischer Kennwert	$i_{\mathrm{max\,dyn}}$	–	nicht	4,66	4,21	3,69
	$i_{\mathrm{min\,dyn}}$	–	erfüllt	1,51	0,93	0,59
Maximalübersetzung	i_{max}	–	–	1,79	1,07	1,07
Minimalübersetzung	i_{min}	–	–	1,51	0,93	0,59
Gesamtergebnis						
Eignung insgesamt		**nein**	**nein**	**ja**	**ja**	**ja**
gewählte Übersetzung	i_{gew}	–	–	1,64	1,00	0,79
erforderliches Maximaldrehmoment	$M_{\mathrm{max\,erf}}$	–	–	1,09 Nm	1,63 Nm	2,10 Nm
erforderlicher Maximalstrom	$I_{\mathrm{max\,erf}}$	–	–	1,10 A	0,99 A	1,28 A

Kennwert entspricht. Die Gleichungen (8.152)–(8.154) liefern die maximal mögliche mittlere Motordrehzahl $n_{\mathrm{Mot\,mittel}}$ und die maximale Getriebeübersetzung i_{get} für die Bedingung

$$C_{\mathrm{dyn}}(n_{\mathrm{Mot\,mittel}}) = C_{\mathrm{dyn\,erf}} \quad \rightarrow \quad n_{\mathrm{Mot\,mittel\,max}} = 1254\,\frac{1}{\mathrm{min}}\,, \quad i_{\mathrm{get\,max}} = 1{,}61\,. \quad (8.271)$$

Die Berechnung der Übersetzung aus dem dynamischen Kennwert mit den Gleichungen (8.145) und (8.146) liefert aber die Übersetzung

$$i_{\text{min dyn}} = 3,03 \; > i_{\text{get max}} = 1,61 \; . \tag{8.272}$$

Damit ist der *Antrieb Bb nicht für diese Anwendung geeignet.*

Insgesamt sind die *Antriebe Cb, Db und Eb für diese Anwendung Querschneider geeignet.* Mit dem Maximaldrehmoment des Motors wird der jeweilige Maximalstrom $I_{\text{Mot max}}$ ermittelt.

Motor Cb ist der *kleinste und leichteste Motor,* der die Bedingungen erfüllt. Mit einem Maximalstrom von $I_{\text{max}} = 1,10$ A ist er im Stande den Querschneider anzutreiben.

8.12.3.8 Gesamtbewertung der Lösungen

Für den Querschneider stehen die beiden Ausführungen mit Direktantrieb und Getriebeantrieb zur Verfügung. Für die beiden Ausführungen eignen sind die folgenden Antriebe, die die jeweils kleinsten geeigneten Anriebe darstellen:

- *Direktantrieb BLAC*, Servoantrieb mit permanentmagneterregtem Synchronmotor
  - *Motor Da,*
  - Haltedrehmoment $M_0 = 2,03$ Nm,
  - Bemessungsdrehmoment $M_N = 1,82$ Nm,
  - Bemessungsdrehzahl $n_N = 1500 \, \frac{1}{\text{min}}$,
  - Erforderliches Maximaldrehmoment $M_{\text{max erf}} = 1,50$ Nm,
  - Erforderlicher Maximalstrom $I_{\text{max erf}} = 0,91$ A;
- *Getriebeantrieb BLAC*, Servoantrieb mit permanentmagneterregtem Synchronmotor und Getriebeübersetzung
  - *Motor Cb,*
  - Getriebeübersetzung $i_{\text{get}} = 1,64$,
  - Haltedrehmoment $M_0 = 1,35$ Nm,
  - Bemessungsdrehmoment $M_N = 1,13$ Nm,
  - Bemessungsdrehzahl $n_N = 2500 \, \frac{1}{\text{min}}$,
  - Erforderliches Maximaldrehmoment $M_{\text{max erf}} = 1,09$ Nm,
  - Erforderlicher Maximalstrom $I_{\text{max erf}} = 1,10$ A.

Beide Antriebe sind für die Anwendung geeignet. Sie unterscheiden sich in folgenden Punkten:

- Getriebeantrieb kommt mit kleinerem Motor aus;
- Direktantrieb kommt mit kleinerem Maximalstrom aus;
- Direktantrieb benötigt keine Getriebeübersetzung;
- für den Getriebeantrieb lässt sich hier die Getriebübersetzung einfach über ein Ritzel realisieren, das in das ohnehin vorhandene Zahnrad einer Messerwalze eingreift;

– Direktantrieb lässt sich einfacher regeln, da nur das Getriebespiel zwischen den beiden Messerwalzen und kein zusätzliches Getriebespiel zwischen Motor und Messerwalze auftritt.

Insgesamt sind in diesem Fall beide Varianten attraktive Lösungen. Die Berechnungen zeigen, dass durch die Verwendung einer Getriebestufe der Antrieb kleiner realisiert werden kann. Der Wegfall der Getriebestufe und die einfachere Regelung beim Direktantrieb geben aber den Ausschlag zu Gunsten des Direktantriebs.

Insgesamt favorisierte Lösung: Direktantrieb BLAC, Servoantrieb mit permanentmagneterregtem Synchronmotor entsprechend Kapitel 4.3.5. *Alternative mit kleinerem Motor*: Getriebeantrieb BLAC, Servoantrieb mit permanentmagneterregtem Synchronmotor und Getriebeübersetzung entsprechend Kapitel 4.3.4.

8.12.4 Energiearmer Antrieb für ein autarkes Gasventil

Analyse der Aufgabe und Anforderungen

Es soll ein Antrieb für ein autark funktionierendes Gasventil ohne jede abhängige Energiezufuhr ausgewählt und ausgelegt werden. Das Gasventil ist in einem intelligenten Gaszähler (*Smart Meter*) integriert und unterbricht im Rahmen von *Prepayment*-Tarifen oder bei bestimmten Situationen den Gasfluss, um ihn anschließend wiederherzustellen, siehe Abb. 8.23. Um den Druckabfall im Gasversorgungssystem minimal zu halten, kommt ein Kugelventil zum Einsatz ([422, 423]). Dieses muss in den Bauraum des Zählers passen, innerhalb der Gasumgebung sicher über 15 Jahre operieren und darf dabei nur wenig Energie aus einer in der Zählerelektronik verbauten Batterie verbrauchen. Aus der Applikation ergeben sich folgende Anforderungen:

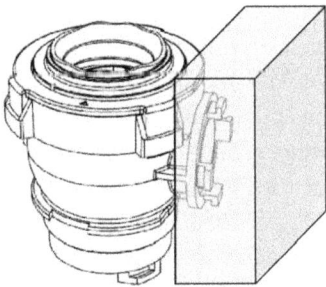

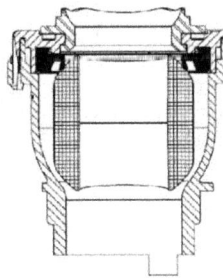

a) angedeuteter Bauraum für das Antribssystem   b) Schnittdarstellung im geöffneten Zustand

Abb. 8.23: Gasventil zum Einsatz in einem intelligenten Gaszähler ohne Antriebssystem (©Johnson Electric).

- minimaler Bauraum,
- Öffnen oder schließen in weniger als 15 s,
- Explosionssicherheit in Gasatmosphäre (Eigensicherheit),
- begrenzte Energiezufuhr aus einem Kondensator, der von einer Batterie geladen wird,
- die untere Kondensatorspannung ist begrenzt, um Sicherheitsfunktionen im Zähler zu realisieren,
- geringe Stromaufnahme, um die Lebensdauer der Batterie zu schonen,
- Endlagenerkennung der Ventilkugel offen oder geschlossen,
- Umgebungseinflüssen wie Temperatur, Gasmedien und Staub standhalten,
- Lebensdauer 15 Jahre.

Präzisierung der Aufgabenstellung sowie Parameterbestimmung

Die Aufzählung der Randbedingungen im voranstehenden Absatz ist zur Auslegung eines Antriebs noch unzureichend. Zur besseren Einordnung werden die Nennbedingungen und Grenzfälle des Einsatzes untersucht. Grundsätzlich resultieren aus der Anwendung im Gaszähler zwei sich widersprechende Zielsetzungen. Zum einen soll ein möglichst energiearmer Antrieb verwendet werden, um bei maximaler Speisespannung noch Explosionssicherheit und Batterielebensdauer zu gewährleisten. Zum anderen muss der Antrieb aber immer noch stark genug sein, um bei minimaler Speisespannung über die Lebensdauer und Temperaturschwankungen sowie weiterer Umwelteinflüssen (Verschmutzung) das Ventil sicher zu betreiben.

Als Energiequelle für den Antrieb wird ein Kondensator mit einer Energie $E_C = 3\,J$ verwendet, der über eine Batterie mit 3,6 V Nennspannung gespeist wird. Die Leerlaufspannung der Batterie beträgt 3,9 V. Deren aktive Spannung sinkt über die Ladezyklen umso schneller, je höher die Ladeströme und je höher die Temperatur sind. Als untere Kondensatorspannung wird 2,8 V festgelegt, um mit diesem Pegel diverse Grund- und Sicherheitsfunktionen in der Gaszählerelektronik abzusichern. Der Gaszähler soll zwischen $-25°C$ und $+55°C$ funktionieren. Er wird mit Erdgas (Gasgruppe IIA nach [417]) durchströmt und kommt in einer Umgebung zum Einsatz, in der gelegentlich explosionsfähige Atmosphären entstehen (die sogenannte Zone 1 nach [418]). Die Kombination für Zone 1 und Gasgruppe IIA ergibt unter Berücksichtigung eines Sicherheitsfaktors $S_{FE} = 1,5$ die maximal Energie von $E_{EX} \leq 320\,\mu J$, die induktiv im Antrieb gespeichert werden darf, um die Anforderungen nach Eigensicherheit bezüglich des Explosionsschutzes zu erfüllen.

Abtriebsseitig wird der Motor durch das Ventil über den gesamten Temperaturbereich mit $M_{GV} \leq 20\,mNm$ belastet. Dieses Drehmoment ist über den Bewegungszyklus nicht konstant, sondern in Form einer Badewanne nur an den Rändern maximal (Ein- und Ausfahren aus der Dichtung). Zum sicheren Öffnen und Schließen soll der Antrieb an der Abtriebsachse 115° fahren, wobei sich das Kugelventil toleranzabhängig zwischen den beiden Endanschlägen um 92–97° dreht. Die zusätzlichen Bewegungsgrade dienen der Kompensation von Spiel und Toleranzen sowie einem sicheren Start. Der Antrieb wird bei jedem Zyklus in eine Blockade im Endanschlag gedreht und erfährt damit eine Stillstandsbestromung. Lebensdauereinflüsse durch Alterung, Verschmutzung oder Verschleiß sind durch den Sicherheitsfaktor S_{FM} = 1,5 berücksichtigt.

Aus den genannten Rahmenbedingungen ergeben weitere charakteristische Kennwerte, anhand derer der Antrieb zu dimensionieren ist:
- mittlere mechanische Leistung: $P_M = M_{GV} \cdot S_{FM} \cdot 115°/15\,s \cdot \pi/180° = 4\,mW$;
- benötigte Energie: $W_M = P_M \cdot 15\,s = 60\,mWs$;
- Gesamtsystemwirkungsgrad: $\eta_{min} = W_M/E_C \geq 2\%$.

Wirkprinzip, Antriebsstruktur und Grobdimensionierung

Die Bauraumvorgaben des Gaszählers verhindern den Einsatz eines Direktantriebs und erfordern die Kombination von Motor und Getriebe. Der Antriebsmotor muss die Diskrepanz zwischen genug Drehmoment/Drehzahl bei unterer Betriebsspannung und geringer induktiver Energie im Stillstand bei maximaler elektrischer Erregung überbrücken. Da die Explosionssicherheit eine Muss-Forderung ist, wird bei der Auslegung zuerst die Eigensicherheit berechnet. Anschließend muss der Motor über Wicklungs- und Getriebeoptimierung unterhalb der Eigensicherheitsschwelle so kräftig wie möglich werden. Dies lässt zwei Ansätze zu:
- Motor mit hoher Drehzahl an hochübersetzendem Getriebe, z. B. DC-Motor oder EC-Motor;
- Motor mit geringer Drehzahl an kleinem Getriebe, z. B. Schrittmotor.

Die Vor- und Nachteile beider Varianten sind in Tabelle 8.14 zusammengestellt.

Zuerst wird die Auslegung des *Antriebssystems mit dem Gleichstrommotor* beschrieben. Der Motortyp wird so ausgewählt, dass er ca. 25 ... 40 % des verfügbaren Bauraums nutzt und zugleich ein hohes Drehmoment pro Bauraum aufweist. Es wird nicht der Motor mit der höchsten Drehzahl eingesetzt, denn das erforderliche Getriebe wäre zu groß. Die Dimensionen und Komponenten des Ventils mit DC Motor und Getriebe zeigt Abb. 8.24.

Entsprechend der Prioritäten erfolgt im ersten Schritt die Analyse der Eigensicherheit. Dazu enthält Tabelle 8.15 verschiedene Wickeldaten und zugehörige Parameter des Motors. Zugleich werden die Kennlinien der letztendlich gewählten Variante mit d_{Cu} = 0,06 mm gezeigt. Die entscheidenden Parameter sind wie folgt definiert:
- Durchmesser Wickeldraht d_{Cu}: nicht beliebig wählbar, sondern in Stufen. Der Drahtquerschnitt bestimmt die Durchflutung (Drehmoment) und die gespeicherte Energie, unabhängig von der Windungszahl.
- Windungszahl und elektrischer Widerstand R_0: hängen auf Basis von d_{Cu} direkt über den Windungsdurchmesser zusammen. Bestimmen die Drehzahl und den elektrischen Widerstand, d. h. die Motorstromstärke und die Erwärmung. Hohe Windungszahl bedeutet geringe Erwärmung (insbesondere im Stillstandsbetrieb)

Tab. 8.14: Mögliche Wirkstrukturen zum Antrieb eines Ventils für Gaszähler.

Wirkstruktur	DC/BLDC Motor mit hochübersetzendem Getriebe	Schrittmotor mit geringübersetzendem Getriebe
Vorteile	– guter Wirkungsgrad Motor – kleiner Motor, viel Platz für das Getriebe – Drehmoment nach Erfordernissen bereitgestellt – Endlagenerkennung über Stromanstieg – einfache Ansteuerung über 2 Leiter	– keine Kommutierung im Gas – keine Korrosion elektrischer Kontakte – Bewegungssteuerung über Schrittanzahl – Geschwindigkeit vorgebbar – Schrittverlusterkennung möglich
Nachteile	– Wirkungsgrad Getriebe ggf. höher – Bürstenfeuer im Gaszähler (Gas ohne Sauerstoff) – Bürsten- und Kommutatorkorrosion (feuchtes Gas mit korrosiven Elementen) – Zeitsteuerung ineffizient – Stillstandsbestromung deutlich über Laufstrom, damit Schwächung Kondensator / Batterie	– Wirkungsgrad und Leistungsdichte schlechter als beim DC-Motor – größerer Motor, erfordert kleineres Getriebe
neutral	– Endlagenerkennung über extra Schalter möglich	– Endlagenerkennung über extra Schalter möglich

und geringe Drehzahl. In erster Näherung kein Einfluss auf Durchflutung und gespeicherte magnetische Energie.

- Kleinster elektrischer Widerstand $R_{min} = 0,9\,R_0 \cdot (1 + \alpha_{Cu}(T_{min} - 20°C))$: bei kältester Temperatur $T_{min} = -25°C$ und unter Beachtung einer Serienstreuung von 10 % ($\alpha_{Cu} = 3,93 \cdot 10^{-3}\,K^{-1}$), zur Berechnung der theoretisch möglichen Maximalstromstärke im Motor.
- Maximale Induktivität L_{max}: wicklungsabhängig.
- Maximaler Strom $i_{Stall} = U_L/R_{min}$ mit der Batterie-Leerlaufspannung $U_L = 3,9\,V$.
- Gespeicherte magnetische Energie $E_{EX} = 0,5\,L_{max} \cdot (1,5\,i_{Stall})^2$: für Zone 1 mit Sicherheitsfaktor $S_{FE} = 1,5$.
- Eckdaten Motor: maximaler Wirkungsgrad η_{max}, maximale Leistung P_{max} und Drehmoment M_{Pmax} bei P_{max}.
- Mindestübersetzung $i_{min} = (M_{GV} \cdot S_{FM})/M_{Pmax}$.
- Mindestwirkungsgrad Getriebe $\eta_{min} = P_M/P_{max}$.

Die Berechnung der Eigensicherheit offenbart, dass der Wickeldraht $d_{Cu} \leq 0,06\,mm$ sein muss, um unter der kritischen Grenze von $E_{EX} \leq 320\,\mu J$ für die Gasgruppe IIA zu bleiben. Ein noch kleinerer Drahtdurchmesser bringt keine Vorteile für das Antriebs-

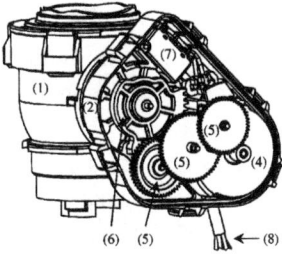

Komponenten
1) Ventilkörper
2) Getriebegehäuse
3) Getriebedeckel (nicht dargestellt)
4) DC Motor mit Ritzel
5) Getriebezahnräder
6) Abtriebsrad und -welle
7) Endlagenschalter
8) Kabelbaum (2x Motor, 2x Schalter)

Abb. 8.24: Gasventil für einen Gaszähler, angetrieben durch einen Gleichstrommotor (© Johnson Electric).

system, da zum einen der Motorwirkungsgrad sinkt (konstante innere Motorverluste bei sinkender Abtriebsleistung), und zum anderen das Getriebe durch die höheren Übersetzungen immer größer wird. Der beim gewählten Draht d_{Cu} = 0,06 mm für einen PMDC Motor untypisch geringe Maximalwirkungsgrad von η_{max} = 35 % resultiert aus der schwachen Wicklung in einem für höhere Drehmomente entwickelten Motor. Wie eingangs beschrieben, verhindert aber der geringe Bauraum die Nutzung eines kleineren schneller laufenden Motors durch das entsprechend große Getriebe.

Tab. 8.15: Wicklungsauslegung und Kennlinien des Gleichstrommotors für das Gaszählerventil.

d_{Cu} mm	Wdg.-zahl	R_0 Ω	R_{min} Ω	L_{max} mH	i_{Stall} mA	E_{EX} µJ	η_{max}	P_{max} mW	M_{Pmax} mNm	i_{min}	η_{min}
0,07	550	38	28,2	20,0	138	430	42 %	64	0,44	68	6 %
0,06	750	71	52,7	37,2	74	229	35 %	31	0,31	97	13 %
0,05	1080	147	109,1	77,1	36	111	27 %	13	0,19	158	31 %

Kennlinien für d_{Cu} = 0,06 mm

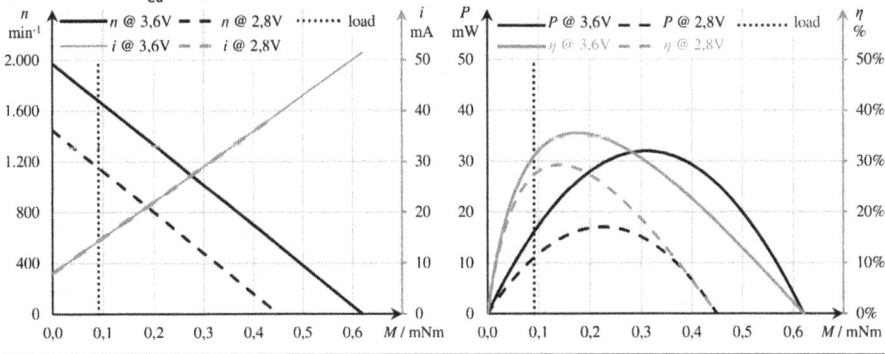

Die Motorkennlinien im unteren Bereich der Tabelle 8.15 zeigen die Eigenschaften bei 3,6 V und 2,8 V. Bei der Auslegung wurde darauf geachtet, dass der Motor bei kleinster Spannung einen möglichst hohen Wirkungsgrad aufweist. Dies ist bei M = 0,14 mNm der Fall, was bei 2,8 V eine Drehzahl n = 1000 min^{-1} zur Folge hat. Aus der maximal zulässigen Laufzeit von 15 s für 115° Drehwinkel am Ventil ergibt sich die höchstzulässige

Getriebeübersetzung $i_{max} = 1000\,min^{-1}/(115°/360° \cdot (15\,s/\,60\,s/\,min)) = 783$. Um Laufzeitreserven zu haben, als auch den Bauraum nicht unnötig zu vergrößern wurde auch unter Berücksichtigung von vorhandenen Serienzahnrädern (Investitionskosten) eine Übersetzung von 500 über 4 Stufen ausgewählt.

Eine äquivalente Grobdimensionierung wird nun für ein *Antriebssystem mit Schrittmotor* durchgeführt, da es nach Tabelle 8.14 auch Vorteile bringen kann. Die Struktur des Antriebs sowie seine Komponenten sind in Abb. 8.25 dargestellt. Für die Auswahl des Motortyps wurde auf maximale Leistungsdichte geachtet. Kleinere Schrittmotoren werden immer ineffizienter, da sie bei starken Dauermagnetrotoren nur geringe Trägheitsmomente bei hohen Rastmomenten aufweisen.

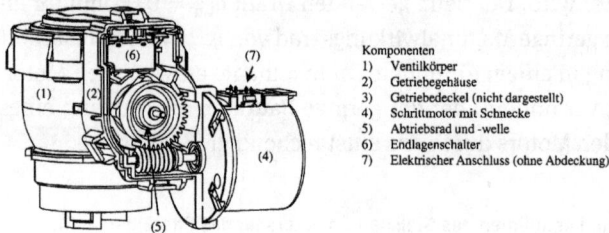

Komponenten
1) Ventilkörper
2) Getriebegehäuse
3) Getriebedeckel (nicht dargestellt)
4) Schrittmotor mit Schnecke
5) Abtriebsrad und -welle
6) Endlagenschalter
7) Elektrischer Anschluss (ohne Abdeckung)

Abb. 8.25: Gasventil für einen Gaszähler, angetrieben durch einen Schrittmotor (© Johnson Electric).

Die Wicklungsauslegung enthält Tabelle 8.16, die in ihrer Struktur der Tabelle 8.15 entspricht. Einzig das bei geringster Spannung maximal erzielbare Drehmoment M_{50Hz} wird bei der für Schrittmotoren üblichen kleinen Schrittfrequenz $f_S = 50\,Hz$ ermittelt. Weiterhin wird i_{Stall} nur für einen Motorstrang angegeben, denn jede der beiden Statorwicklungen speichert magnetische Energie, die eine potentielle Zündquelle im Gas darstellt. Die Kennwerte der Tabelle 8.16 zeigen deutlich, dass der gewählte Schrittmotor gegenüber dem DC Motor deutlich mehr Drehmoment bei gleichzeitig höherer Induktivität und vergleichsweise geringem Wirkungsgrad besitzt. Wie im Band 1, Kapitel 10 über Schrittantriebe erläutert, liegt dies im Wandlerwirkprinzip (Reluktanzmoment vs. elektrodynamisch Moment) begründet.

Um explosionsmäßig eigensicher zu sein, kann nur ein Wickeldraht $d_{Cu} \leq 0,13\,mm$ zum Einsatz kommen. Der 24-polige Schrittmotor hat zwei Ständer und einen Schrittwinkel $\alpha_S = 7,5°$. Mit der langsamsten Schrittfrequenz $f_S = 50\,Hz$ ergibt sich die maximal zulässige Getriebeübersetzung $i_{max} = 50\,Hz \cdot 7,5°/(115°/15\,s) = 49$. Zur Wahrung von Laufzeitreserven sowie unter Berücksichtigung vorhandener Komponenten (Investitionskosten) wird eine Übersetzung von $i = 40$ über eine Schnecke realisiert. Zur Bewältigung des Ventilstellbereichs von 115° sind demzufolge $n_S = 40 \cdot 115°/7,5° = 614$ Schritte nötig. Das Schneckengetriebe dient vor allem der Bauraumreduzierung, denn zum einen passt der Schrittmotor räumlich nicht axial in Richtung der Ventildrehachse. Zum anderen wäre ein Stirnradgetriebe deutlich größer als die Schnecke. Sie muss allerdings gefettet werden, um einen Wirkungsgrad von ca. 45 % zu erreichen (ungefettet 25 ... 30 %).

Tab. 8.16: Wicklungsauslegung und Kennlinien des Schrittmotors für das Gaszählerventil.

d_{Cu} mm	Wdg.-zahl	R_0 Ω	R_{min} Ω	L_{max} mH	i_{Stall} mA	E_{EX} µJ	η_{max}	P_{max} mW	M_{Pmax} mNm	i_{min}	η_{min}
0,14	600	34	25,2	25,1	155	674	20 %	152	6,2	5	3 %
0,13	860	72	53,4	51,5	73	309	18 %	65	4,1	8	6 %
0,12	1250	140	103,9	108,8	38	172	15 %	28	2,9	11	14 %

Kennlinien für $d_{Cu} = 0{,}13$ mm

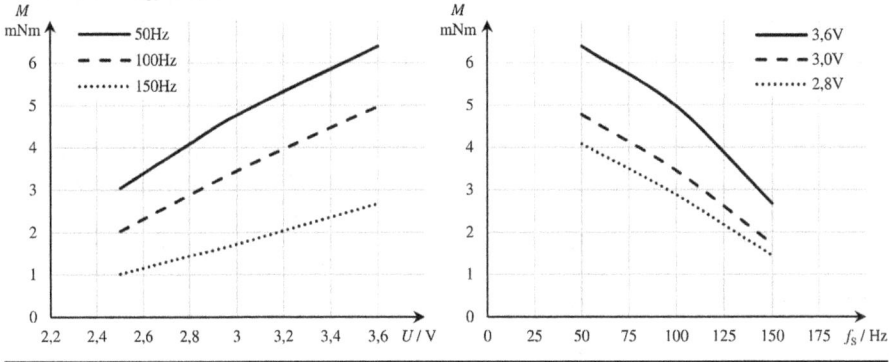

Berechnung der Systemeigenschaften und Gesamteinschätzung

Um beide Antriebskonzepte miteinander zu vergleichen, stellt Tabelle 8.17 die wichtigsten Systemeigenschaften den Anforderungen der Anwendung gegenüber. Beide Antriebe erfüllen die Anforderungen und haben ihre praktische Tauglichkeit in der Realität bewiesen. Im Bauraum, den Drehmomenten und der Betriebszeit zeigen sich keine nennenswerten Unterschiede. Energetisch schneidet der DC Motor deutlich besser ab, da durch den besseren Wirkungsgrad von DC Motor und Stirnradgetriebe die Zählerbatterie signifikant weniger beansprucht wird.

8.12.5 Schnell schaltendes Auslösemodul für eine Sicherheitsvorrichtung

Analyse der Aufgabe und Anforderungen

In diesem Beispiel soll ein schnell schaltendes Auslösemodul für einen Leistungsschalter konzipiert werden. Leistungsschalter sind Sicherungsautomaten zum Ein- und Ausschalten großer Ströme und benötigen einen schnellen Aktuator, um den Strom auch im Fehlerfall unverzüglich abzuschalten zu können. Dabei sollen die Hauptstrombahnen noch vor dem Erreichen der Fehlerstromspitze geöffnet werden. Je zeitiger die Abschaltung erfolgen kann, desto höhere prospektive Kurzschlussströme kann ein Leistungsschalter beherrschen. Deshalb sind sehr schnelle Auslösemechanismen entscheidend für die Leistungsfähigkeit dieser Sicherheitsvorrichtungen.

Tab. 8.17: Systemeigenschaften der Antriebskonzepte für das Gaszählerventil im Vergleich zu den Anforderungen.

Eigenschaft	Anforderung	DC Motor + 4stufiges Stirnradgetriebe ($i = 500$)	Schrittmotor + Schneckengetriebe ($i = 40$)
Drehmoment am Abtrieb	>30 mNm	≥30 mNm	73 mNm bei 2,8 V / 50 Hz 52 mNm bei 2,8 V / 100 Hz
maximale Laufzeit für 115°	<15 s	8,3 s bei 2,8 V	8,1 s[*)]
Wirkungsgrad Antriebssystem	so hoch wie möglich	18 % bei 2,8 V	5 % bei 2,8 V / 50 Hz
		20 % bei 3,6 V	8 % bei 3,6 V / 100 Hz
Maximale Energieaufnahme	<3 Ws	0,34 Ws bei 2,8 V 0,30 Ws bei 3,6 V	2,78 Ws bei 3,6 V [*)]
Mittlerer Laufstrom	so niedrig wie möglich	14 mA	95 mA bei 3,6 V [*)]
Maximaler Betriebsstrom	so niedrig wie möglich	51 mA bei 3,6 V	113 mA bei 3,6 V
Magnetische Energie	<320 µJ	229 µJ	309 µJ
Volumen Bauraum	so klein wie möglich	25,9 cm^3	23,7 cm^3

Bemerkung: [*)] bei Bewegungsprofil 100 × 50 Hz + 414 × 100 Hz + 100 × 50 Hz.

Der zu entwickelnde Antrieb soll in einem Leistungsschalter in höchstens $t = 4$ ms einen Weg von $x_A = 3,5$ mm gegen eine Kraft von $F_A = 8$ N zurücklegen. Die Kraft stellt die Last des übergeordneten Schaltermoduls dar. Leistungsschalter sind üblicherweise aus Kaskaden federvorgespannter Einheiten aufgebaut, denn die Kräfte zum Trennen eines Kurzschlussstroms können durchaus mehrere kN betragen. Als Ansteuerung für das Auslösemodul steht ein auf 10 V geladener Kondensator mit 80 µF Kapazität zur Verfügung, wobei diese Angaben bereits die Grenzwerte darstellen. Vom Anlegen der Kondensatorspannung bis zum vollständigen Ablaufen des Weges $x_A = 3,5$ mm sollen nicht mehr als die erwähnten 4 ms vergehen, damit die folgenden Federkaskaden rechtzeitig ausgelöst werden. Diese sehr starken Federsysteme trennen die stromführenden Kontakte abrupt, so dass auch hohe Schockeinflüsse gegeben sind. Wegen der hohen Nennströme von mehreren kA sind Umgebungstemperaturen bis zu 140 °C möglich.

Präzisierung der Aufgabenstellung sowie Parameterbestimmung

Aus den genannten Bedingungen lassen sich weitere Kenngrößen ableiten und die Aufgabe präzisieren. Die elektrische Quelle liefert mit $C = 80$ μF und $U_0 = 10$ V nach

(8.273) nur sehr wenig Energie:

$$W_{el} \leq \frac{1}{2} C \cdot U_0^2 = 4\,\text{mJ}. \qquad (8.273)$$

Die zu verrichtende mechanische Arbeit aus F_A und x_A ist dagegen beträchtlich größer:

$$W_{mech} \geq F_A \cdot x_A = 28\,\text{mJ}. \qquad (8.274)$$

Diese Diskrepanz verdeutlicht, dass ein direkt agierender Antrieb nicht zur Lösung führt. In Leistungsschaltern sind oft extern vorgespannte Federspeicher üblich, in denen die zu verrichtende mechanische Energie W_{mech} vorgehalten wird. Die Vorspannenergie wird über eine Verklinkung gesichert, die mittels der Eingangsenergie W_{el} zu lösen ist. Wirksamkeit und Effizienz spielen bei der Verklinkungslösung also eine entscheidende Rolle.

Leistungsschalter werden meist in genormten Industrieschränken verbaut, deren Platz eng bemessen ist. Um darüber hinaus auch Materialkosten zu sparen, muss der Antrieb so klein wie möglich werden. Der Temperaturbereich der Anwendung liegt durch den weltweiten Einsatz und die hohen Nennströme bei –25 °C bis +140 °C. Zur Schocksicherheit ist die 50-fache Erdbeschleunigung (50 g) auszuhalten, was kleine bewegte Massen notwendig macht. Der Einsatzzeitraum in der Installation beträgt bis zu 15 Jahren.

Zwei Aspekte sind für die Auslegung des Antriebs von entscheidender Bedeutung. Aufgrund des beschleunigten Vorgangs ist erstens mit statischen oder stationären Betrachtungen keine abschließende Beurteilung der Leistungsfähigkeit möglich. Zweitens müssen zwei dynamische Vorgänge miteinander koordiniert werden: das elektrische Verhalten aufgrund der Kondensatorentladung sowie das mechanische Verhalten durch die per Federn bewegten Massen gegen die spezifizierte Last. Oft sind die elektrischen Zeitkonstanten eine Größenordnung kleiner als die mechanischen Zeitkonstanten. Da in diesem Fall der ganze Auslösevorgang aber innerhalb von 4 ms ablaufen soll, können die elektrischen Zeitkonstanten nicht mehr vernachlässigt werden. Zum Beispiel resultiert aus einem Spulenwiderstand $R_0 = 25\,\Omega$ die Kondensator-Zeitkonstante $\tau_C = C \cdot R_0 = 2\,\text{ms}$. Für die Konzipierung wird daher die Annahme getroffen, dass elektrische und mechanische Abläufe zu gleichen Teilen die Auslösezeit $t_A \leq 4\,\text{ms}$ aufbrauchen, d. h. $t_e = t_m = 1/2 t_A \leq 2\,\text{ms}$. Für den Antrieb muss demzufolge der Spulenwiderstand bei definierter Windungszahl so gering wie möglich sein. Weiterhin müssen die Eisenwiderstände und die bewegten Massen klein bleiben. Das erreicht man durch kompakte Bauformen mit großen Wickeldrahtdurchmessern.

Um diese Aspekte umfassend berücksichtigen zu können, wird die Auslöseeinheit nach der initialen Grobabschätzung mittels dynamischer Simulation ausgelegt und bewertet.

Wirkprinzip, Antriebsstruktur und Grobdimensionierung

Als Antriebsprinzip für den Auslöser wird ein dauermagneterregter Hubmagnet (vgl. Kapitel 1) ausgewählt, wie er in der Leistungsschalterindustrie weit verbreitet ist. Vorteile dieser Lösung sind:

– Die Reluktanzkraft im Magneten liefert hohe statische Haltekräfte für eine gute Schocksicherheit und ermöglicht stark vorgespannte Federn für eine gute mechanische Dynamik [450].

– Das rasche Abfallen der Magnetkraft mit der Öffnung des Arbeitsluftspalts zwischen Anker und Magnetkern im Hubmagnet befördert die mechanische Dynamik weiterhin [451].

– Die magnetische Verriegelung (*magnetic latch*) ist vergleichsweise unempfindlich auf Umgebungseinflüsse (im Vergleich zu mechanischen Verklinkungen, außer Temperatureinfluss).

– Hubmagnete mit Selten-Erd-Magneten weisen hohe Kräfte auf kleinem Bauraum auf.

– Federn können leicht in den Magnetaufbau integriert werden.

Bei der Auslegung sind jedoch folgende nachteilige Einflussgrößen zu beachten:

– Federtoleranz (±5 ... 10 % bei einfachen Druckfedern) und Relaxation (wesentlicher Einfluss auf die Langzeitstabilität, der Richtwert für gute, kaltgesetzte Federn ist 3 % Kraftabfall nach längerer Zeit);

– Temperatureinfluss (v.a. bei hohen Temperaturen: Magnetschwächung wirkt statisch, Wicklungswiderstandserhöhung wirkt dynamisch);

– Sicherheit durch Luftspaltänderungen (geometrische Toleranzen sowie alle schwer berechenbaren Einflüsse, z. B. durch Oberflächenrauheiten, Abrieb im Luftspalt, Verkippung des Ankers, etwa 10 % Reserve sind sinnvoll);

– Toleranzen Permanentmagnet (geometrisch und im Material, ergeben bis zu ±10 % Varianz der Haltekraft).

Die Grobdimensionierung erfolgt in drei Schritten, um anschließend mit dynamischer Simulation verfeinert zu werden:

1. Auslegung der notwendigen Feder,
2. Bestimmung zulässiger bewegter Massen,
3. Hubmagnetdimensionierung.

Schritt 1: Auslegung der notwendigen Feder

Der Hubmagnet muss bei der Auslösung eine definierte mechanische Energie bereitstellen. Diese Energie wird zuvor beim Einschaltvorgang des Leistungsschalters in der Feder gespeichert. Besteht die Forderung nach minimaler Auslöseenergie, sollte die Magnetkraft und damit auch die Federkraft möglichst gering bleiben. Deshalb ist es sinnvoll, die Federkonstante zu minimieren, siehe Tabelle 8.18. Aus der notwendigen

Tab. 8.18: Varianten der Federauslegung für das Auslösemodul.

Variante und Eigenschaften	V1: max. Federrate k_F = 4,6 N/mm, x_0 = 5,7 mm			V2: weiche Feder, max. Kraft k_F = 1,0 N/mm, x_0 = 26,0 mm			V3: weiche Feder, min. Kraft k_F = 1,0 N/mm, x_0 = 13,5 mm		
Feder	Federweg	Federkraft	Energie	Federweg	Federkraft	Energie	Federweg	Federkraft	Energie
(a) verriegelt	5,7 mm	26 N	74 mJ	26,0 mm	26,0 N	337 mJ	13,5 mm	13,5 N	91 mJ
(b) ausgelöst	2,2 mm	10 N	11 mJ	22,5 mm	22,5 N	252 mJ	10,0 mm	10,0 N	50 mJ
Differenz	3,5 mm	16 N	63 mJ	3,5 mm	3,5 N	85 mJ	3,5 mm	3,5 N	41 mJ

mechanischen Arbeit W_{mech} = 28 mJ und dem Ankerhub x_A = 3,5 mm lässt sich die maximale Federrate berechnen:

$$k_F \leq \frac{2W_{mech}}{(x_A)^2} = 4,6 \, \frac{N}{mm}. \tag{8.275}$$

Die mit (8.275) berechnete Federrate stellt eine obere Grenze dar, denn bei größeren Steifigkeiten fällt die Federkraft stärker über dem Hub ab und kann die spezifizierte Last ggf. nicht mehr überwinden. Weichere Federn müssen zwar stärker vorgespannt werden, um die nachfolgend berechnete Ausgangskraft zu erzielen. Da sie aber weniger Kraft verlieren, sind sie energetisch effizienter.

Eine Feder mit der Federrate k_F = 4,6 N/mm erzielt über dem Ankerhub x_A = 3,5 mm einen Krafthub ΔF_F = 16 N. Um die Last F_L = 8 N sicher zu drücken, ist unter Berücksichtigung der Sicherheiten für Federtoleranz S_{FT} = 1,05 und Relaxation S_{FR} = 1,03 eine Ausgangskraft von F_{F0} = $S_{FT}S_{FR}(F_L + \Delta F_F)$ = 26 N erforderlich (siehe Tabelle 8.18 Variante V1). Die Variante V2 in derselben Tabelle ist eine Feder, die wunschgemäß eine deutliche geringere Federrate k_F = 1,0 N/mm aufweist und dadurch bei der gleichen Startkraft über den Ankerhub nur auf 22,5 N abfällt. Dies ermöglicht eine deutlich größere Beschleunigungsarbeit von 85 mJ (+35 %), verglichen mit 63 mJ der Variante V1. Allerdings wird dies durch eine enorme Vorspannung von 26 mm erkauft, wodurch der Bauraum dieser Feder sehr groß gerät. Aus diesem Grund und um die Auslöseenergie gering zu halten, wurde Variante V3 berechnet. Bei ebenso geringer Federrate k_F = 1,0 N/mm hat diese nach dem Ankerhub nur noch die minimal notwendige Kraft, um die Last F_L = 8 N zu überwinden. Damit reduzieren sich die Startkraft auf 13,5 N und die Vorspannung auf 13,5 mm. Aus der verringerten Startkraft folgen unmittelbar eine niedrigere Haltekraft und Durchflutung im Hubmagnet, was der verfügbaren Auslöseenergie entgegenkommt. Allerdings lässt sich nun weniger mechanische Arbeit (−35 %) verrichten, was kleinere bewegte Massen erforderlich macht, die nun im zweiten Schritt der Auslegung ermittelt werden.

Schritt 2: Bestimmung zulässiger bewegter Massen
Da die Varianten V1 und V3 der Tabelle 8.18 Grenzfälle möglicher Federn darstellen, soll die weitere Betrachtung mit diesen beiden Optionen erfolgen. Geht man von einer

gleichmäßig beschleunigten Bewegung aus, dann ergibt sich aus (8.276) innerhalb der mechanischen $t_m \leq 2\,\text{ms}$ Auslösezeit die erforderliche Ankerbeschleunigung zu $a_A \geq 1750\,\text{m/s}^2$.

$$x_A = \frac{1}{2}a_A \cdot t_m^2. \tag{8.276}$$

Als mittlere beschleunigend wirkende Ankerkraft F_A wird 50 % der voll verklinkten Federkraft angenommen, d. h. $F_A = 1/2F_{H0}$. Damit ergeben sich die zulässigen Massen und das erlaubte Eisenvolumen ($\rho_{Fe} = 7,86\,\text{g/cm}^3$), um innerhalb der geforderten Parameter zu bleiben:

- Variante 1: $F_A = 13\,\text{N}$, $m_A \leq 7,4\,\text{g}$, $V_A \leq 944\,\text{mm}^3$;
- Variante 3: $F_A = 6,7\,\text{N}$, $m_A \leq 3,8\,\text{g}$, $V_A \leq 489\,\text{mm}^3$.

Schritt 3: Hubmagnetdimensionierung

Wesentliche Parameter des Hubmagneten sind seine magnetische Haltekraft F_{Mag} als Gegenspieler zur Federkraft, die Spulendaten und die geometrischen Abmessungen. Die Haltekraft muss zusätzlich zur bereits ermittelten Federkraft die Schocksicherheit, den Temperatureinfluss und alle Fertigungsstreuungen gewährleisten. Für die Varianten V1 und V3 sind alle Einflüsse in Tabelle 8.19 zusammengestellt und nachfolgend kurz erläutert. Als Schocksicherheit wurde 50 g (ca. 500 m/s^2) gefordert, was wegen der kleineren Ankermasse zu einem wesentlich geringeren Aufschlag bei der Variante V3 führt. Die Temperaturabhängigkeit der Haltekraft wird insbesondere durch den Temperaturkoeffizienten der Remanenz des Dauermagnetmaterials bestimmt. Für Neodym-Eisen-Bor Werkstoffe gilt $k_\vartheta = -0,11\,\%/\text{K}$, gleichbedeutend mit

Tab. 8.19: Komponenten der Haltekraft des Auslösemagneten sowie grundsätzliche Magnetkreisgeometrie.

Komponente	Symbol / Berechnung	Variante V1	Variante V3
(0) Federkraft für Auslösung	$F_{H0} = F_{F0}$	26,0 N	13,5 N
(1) maximale Federkraft	$F_{H1} = S_{FT} \cdot F_{H0}$	27,3 N	14,1 N
(2) Schocksicherheit 50 g	$F_{H2} = F_{H1} + m_A \cdot 50 \cdot 9,81\,\text{m/s}^2$	30,9 N	16,0 N
(3) Temperatureinfluss 140 °C	$F_{H3} = F_{H2} \cdot (1 - 0,11\,\%/\text{K} \cdot (140°\text{C} - 20°\text{C}))^{-2}$	41,0 N	21,3 N
(4) Magnetmaterial	$F_{H4} = 1,1 \cdot F_{H3}$	45,1 N	23,4 N
(5) Magnetkreistoleranzen	$F_{H5} = 1,1 \cdot F_{H4}$	49,6 N	25,7 N
Haltekraft mindestens	$F_H \geq F_{H5}$	50 N	26 N
Summe Kraftaufschläge	$\Delta F_H = F_H - F_{F0}$	24 N	12,5 N
		(+93 %)	(+93 %)
Ankerdimensionen für 1,2 T			
Ankerquerschnitt	$A_A = F_H \cdot 2\,\mu_0/B_{LS}^2$	87 mm^2	45 mm^2
Ankerdurchmesser	$d_A = \sqrt{4\,A_A/\pi}$	10,5 mm	7,6 mm
Ankerlänge maximal	$h_A = V_A/A_A$	11 mm	11 mm

−0,11 %/K · (140 °C − 20 °C) = −13 % Remanenzverlust im Bereich von 20 °C bis 140 °C. Die Luftspalte im Magnetkreis mindern zwar diesen Einfluss auf die Flussdichte im Arbeitsluftspalt, jedoch wird dieser Wert aus Sicherheitsgründen weiterverwendet. Die Reluktanzkraft ist in erster Näherung quadratisch zur Flussdichte an Eisen-Luft-Grenzflächen, daher müssen $1/(1 − 13 \%)^2 = 132 \%$ der Ausgangskraft durch die Erwärmung eingerechnet werden. Hinzu kommen jeweils 10 % Aufschlag für Dauermagnetmaterial und Luftspalt- bzw. Eisenkreisschwankungen. Alle Einflüsse addieren sich zu einem 93 %-Aufschlag auf die nominelle Federkraft, die eigentlich zur sicheren Auslösung notwendig ist. Damit muss der Hubmagnet ca. das Doppelte als Haltekraft bereitstellen, um die Feder unter allen Bedingungen dauerhaft sicher zu verriegeln. Dies steht in starken Widerspruch zu der Forderung nach minimaler Auslöseenergie, insbesondere bei der Variante V1, deren Sicherheitsaufschlag mit 24 N sehr hoch ist.

Neben den Kraftparametern enthält Tabelle 8.19 im unteren Teil grundlegende Kennwerte des Magnetkreises für den bipolaren Elektromagneten. Basis für die Auslegung ist die Annahme, dass bei Verwendung von energiereichen Neodym-Eisen-Bor Magneten mit einer Remanenz $B_r \approx 1,5$ T im geschlossenen Luftspalt ca. $B_{LS} = 1,2$ T wirksam werden. Um mit der Überschlagsrechnung für Ankerquerschnitt und -länge auf der sicheren Seite zu liegen, wird die maximale Remanenz verwendet.

Mit den Kerndaten des Magneten lässt sich nun der Eisenkreis und auch die Spule dimensionieren. Für die Spule ist im Sinne einer möglichst niedrigen Auslöseenergie auf geringe Windungszahl (geringe Induktivität, schneller Stromanstieg) und geringen elektrischen Widerstand (hohe Durchflutung) zu achten. Für die nachfolgenden Simulationsergebnisse wurde auf existierende Eisenkreise und Spulen zurückgegriffen, die leicht modifiziert worden sind.

Berechnung der Systemeigenschaften durch dynamische Simulation

Zur Einschätzung beider Varianten für den Einsatz im Leistungsschalter werden dynamische Simulationsmodelle genutzt. Es kommt das Programm SimulationX der Firma ESE ITI GmbH [455] zum Einsatz. Es ermöglicht die Simulation über mehrere physikalische Domänen mittels konzentrierter Elemente und seinem netzwerkbasierten Aufbau. Die elektrischen, magnetischen und mechanischen Teilsysteme können einzeln modelliert und über Koppelelemente verbunden werden. Details zur Berechnung und Simulation von Elektromagneten enthält Kapitel 1.

Den Grundaufbau des einzusetzenden Hubmagneten zeigt Abb. 8.26 links [438]. Der rechte Bereich enthält eine Schnittansicht des Hubmagneten mit dem zur Simulation verwendeten magnetischen Netzwerk. Das gesamte Simulationsmodell ist in Abb. 8.27 dargestellt.

Das Simulationsmodell berücksichtigt zudem folgende Effekte, die in der Realität die Leistungsfähigkeit des Antriebs massiv beeinflussen können. Im elektrischen Kreis ist neben dem Kondensator ein Innenwiderstand und ein Freilauf modelliert. In

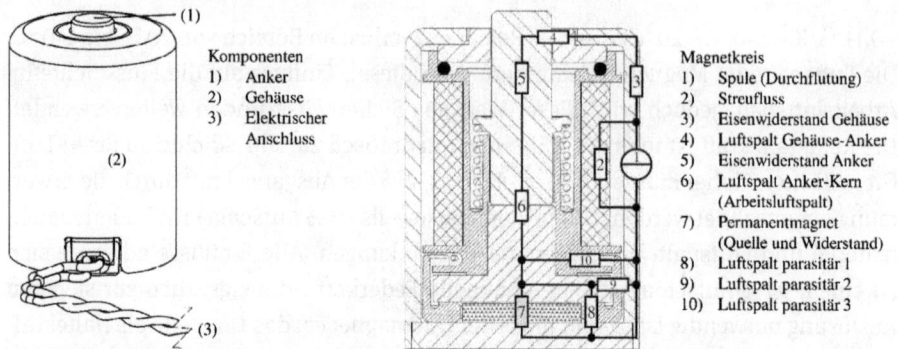

Komponenten
1) Anker
2) Gehäuse
3) Elektrischer Anschluss

Magnetkreis
1) Spule (Durchflutung)
2) Streufluss
3) Eisenwiderstand Gehäuse
4) Luftspalt Gehäuse-Anker
5) Eisenwiderstand Anker
6) Luftspalt Anker-Kern (Arbeitsluftspalt)
7) Permanentmagnet (Quelle und Widerstand)
8) Luftspalt parasitär 1
9) Luftspalt parasitär 2
10) Luftspalt parasitär 3

Abb. 8.26: Grundaufbau Hubmagnet (links) und Querschnitt mit magnetischem Ersatznetzwerk (rechts), © Johnson Electric.

der Magnetik wurde zusätzlich zu den Elementen nach Abb. 8.26 ein Wirbelstromwiderstand eingefügt, denn bei Schaltzeiten unter 2 ms (>50 Hz) sind Wirbelströme nicht mehr vernachlässigbar. Innerhalb der Mechanik ist ein Reibungselement ergänzt, sowie die Last mit einem minimalen Spiel (0,01 mm) angekoppelt. Zusammengefasst haben folgende Parameter einen Einfluss auf die Ankerlaufzeit:

– Last und Ankopplung derselben, ggf. Trägheiten der Last,
– Federenergie,
– bewegte innere Massen (Anker- und Federmasse),
– Reibung (hier geschätzt mit Haftreibung $F_{Rh} = 0,4$ N und Gleitreibung $F_{Rg} = 0,2$ N),
– Abfallzeit der Magnetkraft unter die Federkraft (und ggf. Überwindung Reibkräfte), bestimmt durch die Stromanstiegszeit abhängig von Induktivität und Wirbelströmen.

In Abb. 8.28–8.30 sind die Simulationsergebnisse der Varianten V1 und V3 dargestellt. Abb. 8.28 zeigt deutlich, dass die starke Feder der Variante V1 mit der geringen zur Verfügung stehenden Auslöseenergie nicht betrieben werden kann. Die Grunddaten des Hubmagneten sind korrekt nachgebildet, denn die Haltekraft beträgt $F_{Mag}(20 \text{ ms}) = F_H = 51$ N, wobei die Feder auf etwa $F_{F0} = 26$ N gespannt ist (vgl. Tabelle 8.19). Zirka 1,5 ms nach Zuschalten des Kondensators sinkt die Magnetkraft F_{Mag} unter die grau gestrichelt dargestellte Federkraft F_F in Abb. 8.28 und der Anker bewegt sich ein wenig. Jedoch wirkt unmittelbar die Last $F_L = 8$ N entgegen, so dass die Bewegung wieder gestoppt wird. Dies kommt auch in der resultierenden Anker-Beschleunigungskraft $F_A = F_F - F_{Mag} - F_L$ (schwarz gestrichelt) zum Ausdruck, die kurz vor 22 ms ins Negative dreht. Die Magnetkraft sinkt maximal nur 4,8 N unter die Federkraft, d. h. die Last von 8 N kann nicht bewegt werden. Dieses Ergebnis bestätigt die vorstehenden Überlegungen zu notwendigen kleinen Federraten bei geringen Auslöseenergien.

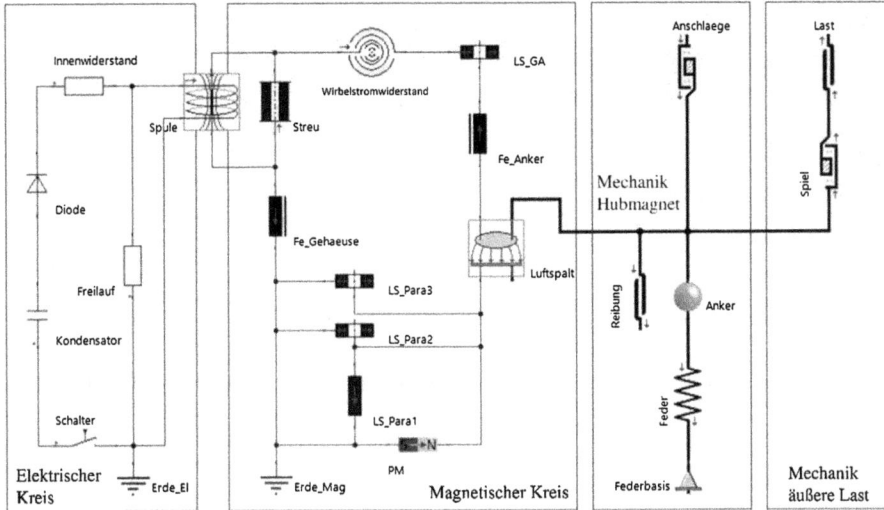

Abb. 8.27: Simulationsmodell des Hubmagneten, ausgeführt in SimulationX, © Johnson Electric.

Ein besseres Ergebnis erzielt der Hubmagnet in der Variante V3 (Abb. 8.29), der mit einer 78 % schwächeren Federrate $k_F = 1,0$ N/mm auch einen 60 % kleineren Magneten und 30 % geringeren Bauraum aufweist. Bei geschlossenem Luftspalt entspricht die magnetische Haltekraft $F_{Mag}(20$ ms$) = F_H = 26$ N der Zielgröße aus Tabelle 8.19 und die Feder ist auf $F_{F0} = 13,5$ N gespannt. Die gewünschte Bewegung über $x_A = 3,5$ mm wird in einer Ankerlaufzeit $t_A = 3,8$ ms absolviert, so dass die Anforderungen knapp erfüllt sind. Der Verlauf der Netto-Ankerkraft F_A in Abb. 8.29 links offenbart jedoch, dass auch in diesem Fall der Anker nach einer kurzen Startbewegung zwischen 20,5 ms und 20,7 ms durch die Last wieder zum Stehen kommt. Zwischen Anker und Last wurde ein Spiel von 0,01 mm modelliert, dass sofort aufgebraucht ist. Erst beim weiteren Absinken der Magnetkraft wird wieder eine positiv beschleunigende Ankerkraft über die Feder erzielt, so dass die tatsächliche Auslösung zwischen 21,3 ms und 23,8 ms stattfindet. In einer weiteren Variante wird versucht, durch ein größeres Spiel zwischen Anker und Last diese 0,8 ms Verzögerung zu vermeiden (Abb. 8.30). Bemerkenswert sind Strom- und Spannungsverlauf des Kondensators im rechten Diagramm der Abb. 8.29. Die Bewegungsinduktion ist so groß, dass der Spannungsabfall zeitweise stoppt und der Strom komplett einbricht.

Um die Totzeit zu verringern und gleichzeitig Massenträgheitseffekte auszunutzen, wurde ein Spiel bzw. Vorlauf von 0,5 mm zwischen Anker und Last eingebracht. Der magnetische Effekt ist doppelt wirksam, denn die Magnetkraft kann bis zum späteren Auftreffen des Ankers auf die Last weiter absinken. Zudem fällt sie noch stärker durch den sich bereits öffnenden Luftspalt. Nachteilig ist, dass der Ankerhub um das eingebrachte Spiel größer werden muss. Zusammengefasst eröffnet diese Variante V3

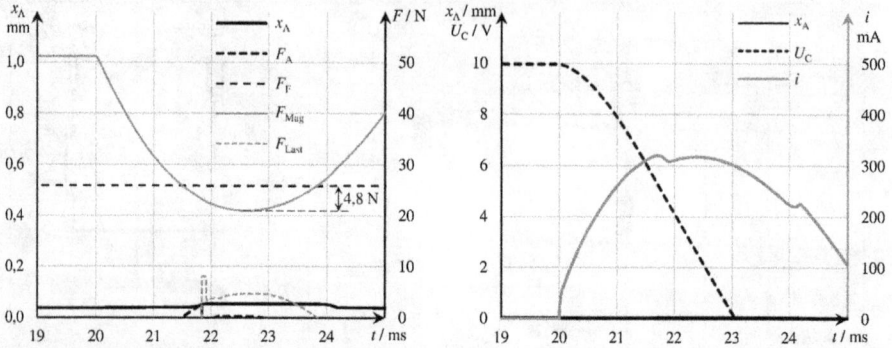

Abb. 8.28: Simulationsergebnis Variante V1 des Hubmagneten: Anker löst nicht ab, daher kein Hub $x_A = 3,5$ mm (steife Feder $k_F = 4,6$ N/mm, Ankermasse $m_A = 4,3$ g, Dauermagnet $d_{PM} = 15$ mm, $h_{PM} = 1,5$ mm, Kondensator $C = 80$ µF, $U_C = 10$ V, Spule $R_0 = 4\,\Omega$ bei 400 Windungen).

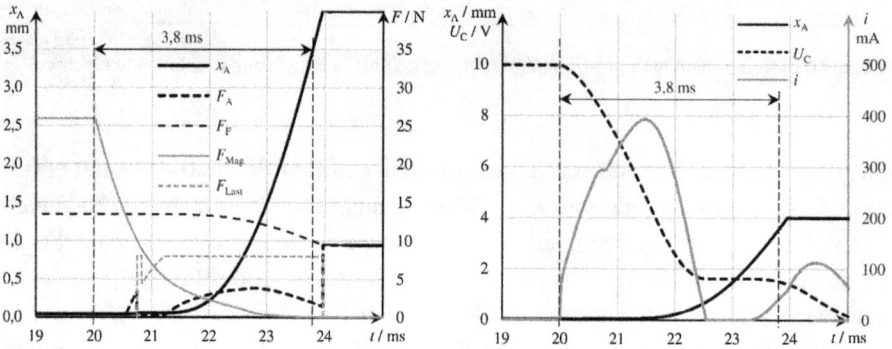

Abb. 8.29: Simulationsergebnis Variante V3 des Hubmagneten: Ankerlaufzeit $t_A = 3,8$ ms über den Hub $x_A = 3,5$ mm (weiche Feder $k_F = 1,0$ N/mm, Ankermasse $m_A = 2,3$ g, Dauermagnet $d_{PM} = 11$ mm, $h_{PM} = 1,2$ mm, Kondensator $C = 80$ µF, $U_C = 10$ V, Spule $R_0 = 3,6\,\Omega$ bei 350 Windungen).

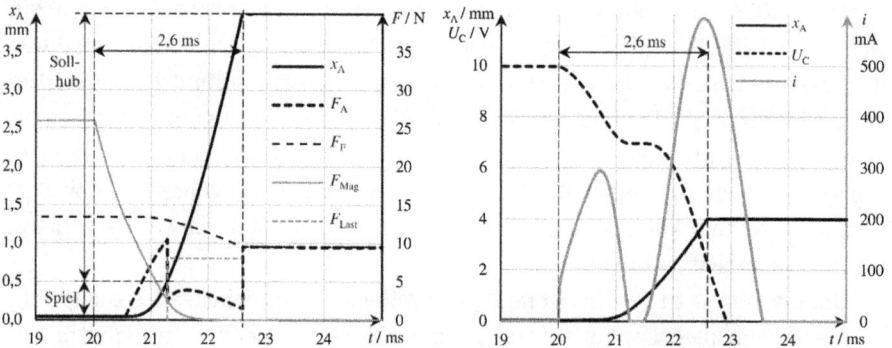

Abb. 8.30: Simulationsergebnis Variante V3 des Hubmagneten mit zusätzlichem 0,5 mm Spiel zwischen Anker und Last: Ankerlaufzeit $t_A = 2,6$ ms über den Hub $x_A = 3,5$ mm (weiche Feder $k_F = 1,0$ N/mm, Ankermasse $m_A = 2,3$ g, Dauermagnet $d_{PM} = 11$ mm, $h_{PM} = 1,2$ mm, Kondensator $C = 80$ µF, $U_C = 10$ V, Spule $R_0 = 3,6\,\Omega$ bei 350 Windungen).

mit Vorlauf durch eine Ankerlaufzeit t_A = 2,6 ms das größte Potential und lässt eine sichere Umsetzung erwarten.

Gesamteinschätzung

Die vollständige Konzeption des Auslöseantriebs für den Leistungsschalter ist durch die zahlreichen Randbedingungen und notwendigen Sicherheitsreserven hier nur vereinfacht dargestellt. Die Variante V3 mit Vorlauf ist nach den Simulationsdaten vielversprechend, doch CAD-Design und Prototypenserien liefern oft noch weitere Restriktionen, so dass die vorhandenen Robustheitsreserven schnell schrumpfen. In der Praxis sind sowohl Hubmagnet-Direktantriebe im Einsatz als auch gleich große Module mit sehr kleinen Hubmagneten und separat ausgeführter Entklinkungsmechanik (ähnlich den erwähnten Kaskaden im Leistungsschalter [439]). Durch das Zusammenspiel von Berechnung, Simulation und Versuch kann die bestmögliche Konfiguration ermittelt und bestätigt werden.

8.12.6 Dosiermodul für eine Insulinpumpe

In der Medizintechnik müssen kleinste Mengen von Medikamenten mit hoher Genauigkeit dosiert werden. Eine typische Anwendung sind Infusionspumpen, die zum Beispiel Blutverdünner wie Heparin intravenös aus Injektionsspritzen (10 ... 200 ml) dosieren. Hier ist die Injektionsrate das Entscheidende, und es wird eine Präzision der Durchflussmenge von 1,0 ... 2,5 % gefordert. Viel genauer müssen Insulinpumpen mit subkutaner Injektion arbeiten, die sich in den letzten Jahren in Verbindung mit der integrierten kontinuierlichen Blutzuckermessung (iCGM – integrated Continuous Glucose Monitoring) zu automatisch geregelten Geräten weiterentwickelt haben. Damit werden z. B. alle 5 Minuten kleinste Mengen von Insulin mit höchsten Anforderungen an die Dosiergenauigkeit verabreicht.

Forderungen an den Dosierantrieb:
- Füllmenge der Pumpe V_p = 2 ml (ml = cm³),
- Maximaler Kolbenhub h_{kmax} = 16 mm,
- Kolbendurchmesser d_k = 13 mm,
- Minimale Dosiermenge V_{min} = 50 nl (nl = 10^{-12} m³),
- Dosierwiederholgenauigkeit ΔV_{min} = 200 nl (nl = 10^{-12} m³),
- Maximale Dosiergeschwindigkeit v_{dmax} = 150 mm³/s,
- Maximale Kraft am Kolben F_{kmax} = 30 N,
- Spindel mit Steigung h_s = 0,3 mm (wählbar),
- Kolbenbewegung vorwärts und rückwärts,
- Minimales Volumen und Gewicht der Dosiereinheit.

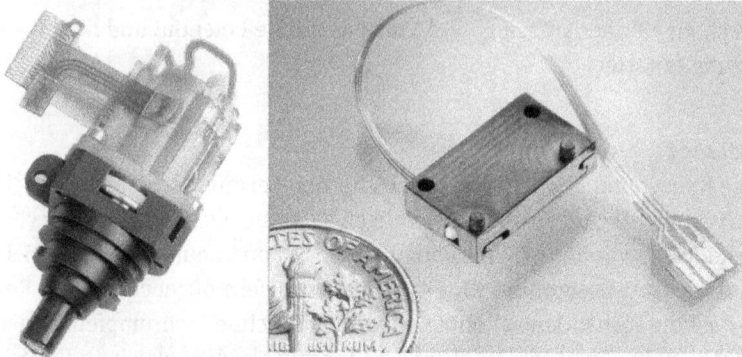

Abb. 8.31: Insulinpumpe. a) Dosiereinheit einer automatisch geregelten Insulinpumpe bestehend aus Piezomotor, Gewindespindel und Encoder (Abmessungen $34 \times 15 \times 11\,\text{mm}^3$) © Johnson Medtech (links). b) Piezolinearmotorplattform Edge, drei Stück 3X Edge Motoren ($9.8 \times 2.4 \times 1.3\,\text{mm}^3$) sind innerhalb der Dosiereinheit verbaut ©Nanomotion (rechts).

Schritt 1: Auslegung des Linearantriebs

Praktisch wird die absolute Dosiergenauigkeit einer Insulinpumpe (s. Abb. 8.31) auch wesentlich von den Abmessungstoleranzen des Insulinreservoirs mitbestimmt. Die oben geforderte Dosierwiederholgenauigkeit wird hier zur Vereinfachung als nur von der Positioniergenauigkeit des Linearantriebs abhängig angenommen. Um diese Dosiergenauigkeit zu erreichen soll die Auflösung des Antriebs mindestens ein Fünftel der minimalen Dosiermenge V_{min} betragen. Ausgehend von dieser Forderung ergibt sich die Mindestauflösung h_{step} als:

$$h_{\text{step}} = \frac{V_{\text{min}}}{5} \cdot \frac{4}{\pi \cdot d_k^2} = 75{,}3\,\text{nm}. \tag{8.277}$$

Eine solche Mindestauflösung des Antriebs erfordert einen Sensor mit mindestens 13.273 Signalen pro mm. Um diese hohe Auflösung zu erreichen wurde eine Gewindespindel mit einer geringen Steigung $h_s = 0{,}3\,\text{mm}$ gewählt, so dass mindestens 3.982 Signale pro Umdrehung erreicht werden müssen. Im Vergleich dazu liefern heutige bürstenlose Miniaturmotoren kleiner Durchmesser mit drei Hallsensoren in Abhängigkeit von der Polzahl 6 oder 12 Signale pro Umdrehung. Mit einer Getriebeübersetzung von 1: 300 können damit beispielsweise 3600 Sensorsignale pro Umdrehung der Getriebewelle zur Verfügung gestellt werden.

Die maximale Geschwindigkeit der Gewindespindel ergibt sich aus

$$v_s = v_{\text{dmax}} \cdot \frac{4}{\pi \cdot d_k^2} = 1{,}1\,\text{mm/s}. \tag{8.278}$$

Das entspricht einer Drehzahl der gewählten Gewindespindel von 226 Umdrehungen pro Minute. Und das erforderliche Drehmoment M_A an der Gewindespindel mit einem Wirkungsgrad von 30 %, um die maximale Kraft F_{kmax} von 30 N mit einem Sicherheitsfaktor von 1,5 zu liefern ist

$$M_A = 1,5 \cdot \frac{F_{kmax} \cdot h_s}{2\pi \cdot \eta} = 7,2\,\text{mNm}. \tag{8.279}$$

Schritt 2: Auswahl des Antriebskonzepts
Der Einsatz in der automatisch geregelten Insulinpumpe mit geschlossenem Regelkreis erfordert bei einer Gerätelebensdauer von 5 Jahren eine enorme Anzahl von Mikrodosiervorgängen (bis zu 300 täglich). Deshalb werden nur elektronisch kommutierte Antriebe berücksichtigt. Um die gewählte Gewindespindel von Schritt 1 anzutreiben, werden drei verschiedene Antriebskonzepte untersucht:
- Miniaturschrittmotor mit Planetengetriebe,
- Bürstenloser Motor mit Planetengetriebe,
- Rotatorischer Piezodirektantrieb.

Ein Schrittmotor mit 10 mm Durchmesser kann mit einer Getriebeübersetzung von nur 1:36 die erforderlichen Drehmomente und Geschwindigkeiten liefern. Allerdings benötigt die geforderte Auflösung einen Mikroschrittbetrieb mit 8 Mikroschritten. Aus Sicherheitsgründen wird ein Sensor dennoch zusätzlich benötigt. Der Schrittantrieb ist mit 24 mm Baulänge inklusive Sensor das am kürzesten bauende Antriebskonzept mit einem relativ großen Durchmesser von 10 mm. Ein bürstenloser Miniaturantrieb mit 8 mm Durchmesser und einschließlich Sensor mit 38 mm Baulänge erfüllt die Anforderungen ebenfalls. Die relativ hohe Getriebeübersetzung von 1:352 unterstützt mit 3 Hallsensoren die geforderte Mindestauflösung unmittelbar.

Der Piezodirektantrieb arbeitet mit drei Piezoelementen direkt auf eine Keramikscheibe, die mit der Mutter der Gewindespindel verbunden ist. Die Auflösung im geregelten Betrieb der Piezoaktoren ist deutlich höher als die geforderte, und es ist nur das Spiel der Gewindespindel in der steifen Übertragungskette. Da der Piezoantrieb ein Hohlmotor ist, lässt sich die Gewindespindel in den Aufbau direkt integrieren und ergibt so bei geringfügig größerem Querschnitt die mit Abstand kompakteste und leichteste Antriebslösung. Beim bürstenlosen Gleichstromantrieb und dem Schrittantrieb muss die Gewindespindel entweder in der Längsachse hinzugefügt, oder mit einer Getriebestufe parallel zum Getriebemotor angeordnet werden.

Gesamteinschätzung
Für automatisch dosierende Insulinpumpen, die im Verbund mit drahtlos gekoppelten, kontinuierlich messenden, elektronischen Blutzuckersensoren arbeiten, werden lineare Positionierauflösungen unter 100 nm benötigt. Damit wird auch in der Positionierwiederholgenauigkeit erstmals eindeutig vom μm-Bereich in den nm-Bereich

gewechselt. Der rotatorische Piezoantrieb mit einer Gewindespindel unterstützt zuverlässig die geforderte Positioniergenauigkeit und führt zur leichtesten und kompaktesten Lösung. Eine Aufstellung von drei verschiedenen Antriebskonzepten und deren Bewertung erlaubt die frühzeitige Fokussierung auf das Konzept mit dem höchsten Potential.

8.12.7 Miniaturantriebe für ein Lungenbiopsiegerät

Beim Verdacht auf bösartige Knoten im Körper wird in der Regel eine Biopsie durchgeführt. Eine hohle Biopsienadel wird in den Knoten geführt um eine kleine Gewebeprobe zu entnehmen. Nach der Untersuchung der Gewebeprobe liegt innerhalb kürzester Zeit eine sichere Aussage zum Gewebe vor, und die besten Entscheidungen zur eventuell notwendigen weiteren Behandlung können getroffen werden. Die Gewebeentnahme durch Biopsie im Gehirn und in der Lunge gehört zu den schwierigsten und wird immer mit bildgebenden Verfahren durchgeführt. Bei der Lungenbiopsie wird meist die Computertomographie (CT) eingesetzt. Auch heute noch werden die meisten Biopsienadeln durch den Arzt per Hand zum Ziel geführt, was bei schwierigen Positionen und langen Nadelwegen bis zu 2 h und über 20 CT-Scans mit der entsprechenden Röntgendosisbelastung bedeutet [459]. Außerdem kann die Prozedur mit manueller Nadelführung erst ab einem Knotendurchmesser von 10–15 mm durchgeführt werden – relativ spät für einen bösartigen Knoten.

Schritt 1: Analyse der Anwendung und Konzeptentwicklung
Da der Oberkörper durch das Atmen immer in Bewegung ist, soll hier der Miniaturroboter zur Biopsienadelführung direkt auf der Haut befestigt werden [428]. Damit kann sich die Biopsienadel frei in einem Nadelfenster mit dem Ein- und Ausatmen des Patienten bewegen. Zur Vorwärtsbewegung wird die Nadel synchron mit dem Atemrhythmus nur kurzzeitig in der Ruhepause nach dem Ausatmen ergriffen und bewegt. Wäre der Roboter fußboden- oder operationstischgestützt, müsste die Oberkörperbewegung ermittelt und die Nadel entsprechend mitbewegt oder in einem wesentlich größeren Bewegungsbereich freigegeben werden.

Äußerst wichtig für den Entwurf von Teilsystemen sind immer die Funktionen, die für das Gesamtsystem ausgeführt werden, die Schnittstellen, und die Randbedingungen. Es ist für den Antriebsentwickler von größter Bedeutung, die Anwendung und das Gesamtsystem zu verstehen, um alle Anforderungen für das Teilsystem richtig ableiten zu können. In der Entwicklung von Motoren und Antrieben sind Drehmomente, Geschwindigkeiten, Positioniergenauigkeiten, Sensoren und Spannungsversorgung oft unter den wichtigsten Spezifikationen zu finden. Diese sind auch hier von Bedeutung; aber es gab andere Anforderungen, die den Antriebsentwurf stärker beeinflusst haben.

Da die Positionseingaben wie Einstichstelle und Zielpunkt für den Biopsieroboter vom Arzt in dem dreidimensionalen computertomografischen Model des Patienten festgelegt werden, darf der Roboter selbst das bildgebende Computertomografieverfahren nicht oder nur minimal beeinflussen, d. h., der Roboter muss innerhalb des für die Bildgebung benutzten Bereichs transparent für Röntgenstrahlen sein. Eine solche Strahlentransparenz läuft im Wesentlichen auf die Vermeidung von Metallteilen oder die Anordnung von nicht strahlungstransparenten Teilen außerhalb der Bildebenen heraus. Im vorliegenden Beispiel hat diese Forderung die Anbauposition der Antriebe definiert und außerhalb oder an den Rand des Scanbereichs bewegt, da elektromagnetische Motoren nicht ganz auf Metalle verzichten können. Außerdem sind deshalb die Getriebe komplett in hochwertigen Konstruktionskunststoffen ausgeführt.

Eine stabile Position im stromlosen Zustand ist für die Bildgebung und die Vermeidung zusätzlicher Erwärmung in Körpernähe ebenfalls entscheidend. Das führte zur Wahl von Antrieben mit großem Selbsthaltemoment, damit die angefahrene Position sicher ohne Bestromung beibehalten wird.

Schritt 2: Dimensionierung des Antriebs

Der Biopsieroboter (s. Abb. 8.32) benötigt drei verschiedenartige Bewegungen mit vier Miniaturantrieben [458, 429]:
-   Drehen des unteren und oberen Bogens zur Nadelausrichtung,
-   Greifen und Andrücken der im Nadelfenster freibeweglichen Biopsienadel,
-   Vorwärts- und Rückwärtsbewegung der Nadel mittels Reibrad.

Die Biopsienadel selbst und die Position des Biopsieroboters auf dem Patienten werden nach der Platzierung auf der Einstichstelle eingescannt und nur registriert, wenn die Abweichung vom Sollwert innerhalb einer zulässigen Toleranz liegt. Die Bewegungstrajektorie für die Nadel wird in Abhängigkeit von der Ausgangslage des Roboters über der Einstichstelle und dem Ziel aus den CT-Daten des Patienten berechnet und zur Motorsteuerung benutzt. Für Kosteneffizienz und zur Vermeidung von Verwechslungen in der Herstellung sollen alle drei obengenannten Bewegungsaufgaben mit einem baugleichen Antrieb abgedeckt werden.

Forderungen an die Antriebe:
-   Maximale Einstechkraft der Biopsienadel $F_{Nmax} = 8.5\,\text{N}$;
-   Experimentell ermittelte sichere Andruckkraft $F_{Asafe} = 35\,\text{N}$;
-   Reibraddurchmesser $d_R = 9\,\text{mm}$;
-   Maximale Nadelschiebergeschwindigkeit $v_{Smax} = 25\,\text{mm/s}$;
-   Auflösung der Positionierantriebe $\Delta\varphi_{step} = 0{,}3°$;
-   Maximales Drehmoment zur Positionierung der Bögen $M_{Bmax} = 100\,\text{mNm}$.

Der Antrieb des Schiebers mit der schnellen Schließbewegung und der mit verschiedenen Biopsienadeln ermittelten und einer hohen Sicherheit beaufschlagten Andruck-

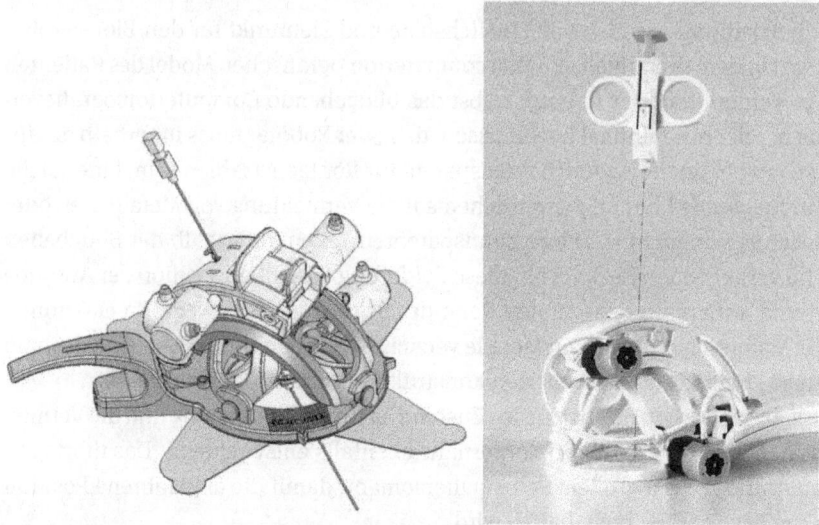

Abb. 8.32: Lungenbiopsie mit patientengestütztem Miniaturroboter. a) Konzept mit zwei Antrieben für die beiden Bögen zur Biopsienadelausrichtung, dem Antrieb zum Greifen der Nadel während der Atempause im Nadelfenster (waggle window) und dem Reibradantrieb zum Vortrieb der Nadel © Johnson Medtech (links). b) Robopsy für die Lungenbiopsie mit einer durchschnittlichen Zielgenauigkeit von 3,6 mm (Zum Größenvergleich: Der Außendurchmesser der Robopsy-Basis misst ca. 11 cm.) © Johnson Medtech (rechts).

kraft erweist sich schnell als der leistungskritischste Fall der drei verschiedenen Bewegungsaufgaben. Das erforderliche Antriebsmoment M_A ist maximal

$$M_A = F_{Asafe} \cdot \frac{d_R}{2} = 157{,}5\,\text{mNm}. \tag{8.280}$$

Mit der maximalen Nadelschiebergeschwindigkeit vSmax ergibt sich die maximale mechanische Leistung P_{Mech} von

$$P_{Mech} = F_{Asafe} \cdot v_{Smax} = 875\,\text{mW}. \tag{8.281}$$

Basierend auf diesen Anforderungen wird ein 20-mm–Schrittmotor mit 18° Schrittwinkel und einem 3-stufigen feststoffgeschmiertem Planetengetriebe mit der Übersetzung von $i = 149$ ausgewählt. Dieser Schrittantrieb liefert im Dauerbetrieb bei 4 min^{-1} Umdrehungen mit 200 mA/Phase (bipolar, stromgesteuert – 200 Hz Motorschrittfrequenz) 340 mNm und bei 30 % Einschaltdauer S2 mit 350 mA/Phase ein Drehmoment von 600 mNm. Bei 40 min^{-1} Umdrehungen am Abtrieb und 2 kHz Schrittfrequenz des Motors werden im Dauerbetrieb immer noch 230 mNm abgegeben.

Schritt 3: Nachrechnung des Antriebs

Nach der Auswahl des Antriebs muss eine Nachrechnung kritischer Anforderungen erfolgen. Für eine hohe Zielgenauigkeit der Biopsienadel wurde eine Auflösung $\Delta\varphi_{step} =$

0,3° am Antrieb der Bögen zur genauen Nadelausrichtung gefordert. Der gewählte Antrieb liefert eine Schrittauflösung an der Getriebewelle von

$$\varphi_{step} = \frac{\alpha_S}{i} = 0{,}12°. \tag{8.282}$$

Der Sicherheitsfaktor snadel für den Nadelschieber und das Andrücken der Biopsienadel an das Reibrad bei 30 % Einschaltdauer beträgt

$$s_{nadel} = \frac{M_{Smax}}{M_A} = 3{,}8. \tag{8.283}$$

Für die schnellen Positionierbewegungen und die Nadelbewegung ist der Sicherheitsfaktor sogar noch höher. Mit dieser hohen Sicherheit konnten Lagesensoren durch eine elektronische Schrittverlustüberwachung ersetzt werden, die mittlerweile bereits in moderne Schrittmotortreiber wie z. B. *Allegro 3981* integriert ist.

Die Position des Biopsieroboters wird ohne Bestromung allein durch das Selbsthaltemoment des Schrittmotors gesichert:

$$M_H = M_{Shold} \cdot i = 89{,}4\ \text{mNm}. \tag{8.284}$$

Gesamteinschätzung

Für den Biopsieroboter wurde ein leistungsfähiger und robuster Schrittantrieb mit hoher Belastbarkeit ausgelegt, der auch für andere Biopsien und größere Nadeln Reserven bietet. Planetengetriebe und Motor laufen feststoffgeschmiert, um ein eventuelles Austreten von Schmiermitteln komplett auszuschließen. Die gewählten Materialien sind durchlässig für Röntgenstrahlen. Alle drei unterschiedlichen Bewegungsaufgaben werden mit einem baugleichen Antrieb abgedeckt. Die Schrittverlustüberwachung zusammen mit den hohen Sicherheitsfaktoren und der Überwachung der Solltrajektorie in den computertomografischen Scandaten erübrigt den Einsatz von Lagesensoren.

8.12.8 Direktantrieb eines Festplattenlaufwerks

Festplatten als magnetische Speichermedien sind immer noch die am meisten verwendeten Datenspeicher in Computern und Servern. Die Speicherplattenbefestigung erfolgt typischerweise unmittelbar auf der Motorwelle. Zum sicheren Beschreiben der Platte und Lesen der Informationen sind hohe Forderungen an die Laufgüte des Motors gestellt.

Forderungen an den Antrieb:
- Drehzahl $n_L = 2400\ \text{min}^{-1}$;
- Lastdrehmoment $M_L = 1\ \text{cNm}$;
- Speisespannung $U_N = 12\ \text{V} \pm 10\ \%$;

- Lastträgheitsmoment J_L = 3500 gcm^2;
- Drehzahlkonstanz $\Delta n_L/n_L$ = 5 ‰ (Langzeitkonstanz);
- Gleichlaufabweichung $\Delta n_{L1}/n_L$ = 0,1 ‰ (innerhalb einer Umdrehung um 360°). Die Gleichlaufabweichung bezieht sich auf die Abweichung der Drehzahl innerhalb einer Umdrehung;
- maximale Anlaufzeit T_a auf Bemessungsdrehzahl n_L T_a = 15 s;
- geringe Abstrahlung elektromagnetischer Felder, da der Motor konstruktiv in unmittelbarer Nähe der Informationselektronik angeordnet ist;
- Betriebslebensdauer L_B = 40 000 h.

Schritt 1: Bestimmung Des einzusetzenden Wirkprinzips

Gleichlaufabweichungen resultieren aus Änderungen des Lastdrehmoments oder des vom Motor erzeugten Drehmoments. Schwankungen des Motordrehmoments wirken als Beschleunigungsmoment. Daher kann aus der geforderten Gleichlaufabweichung die zulässige Schwankung des Motordrehmomentes bestimmt werden.

Nimmt man an, dass die Gleichlaufabweichung näherungsweise nach einer Sinusfunktion verläuft, so treten je Umdrehung ein positives und ein negatives Maximum auf. Als wirksame Zeit für die Drehzahlabweichung ist deshalb die Zeit für eine Viertelumdrehung einzusetzen. Es gilt

$$M_b = J_L \cdot \frac{d\omega}{dt} = J_L \cdot 2\pi \cdot \frac{\Delta n_{L1}}{n_L} \cdot n_L \cdot \frac{4}{T} = \frac{3500 \text{gcm}^2 \cdot 2\pi \cdot 0,1 \cdot 10^{-3} \cdot 2400 \text{ min}^{-1} \cdot 4}{25 \text{ ms}}$$

$$= 0,14 \text{ cNm}. \tag{8.285}$$

Bezogen auf das Bemessungslastmoment sind das

$$\frac{M_b}{M_L} = \frac{0,14 \text{ cNm}}{1,0 \text{cNm}} = 14\,\%. \tag{8.286}$$

Um die geforderte Gleichlaufabweichung von 0,1‰ innerhalb einer Umdrehung für ein fehlerfreies Datenlesen einzuhalten, darf das Drehmoment des Motors um maximal 14 % schwanken. Diese Forderung ist erfahrungsgemäß mit einem Schrittmotor kaum erfüllbar. Deshalb fällt die Entscheidung zugunsten eines bürstenlosen Permanentmagnetmotors.

Schritt 2: Struktur des Antriebssystems

- *Motor*

Die Forderungen nach der Betriebslebensdauer von L_B = 40 000 h und keinerlei Abstrahlung elektromagnetischer Felder kann kein Kommutatormotor erfüllen. Die Betriebskennlinien eines geeigneten Elektronikmotors zeigt Abb. 8.33. Diese Kennlinien gelten für den ungeregelten Betrieb.

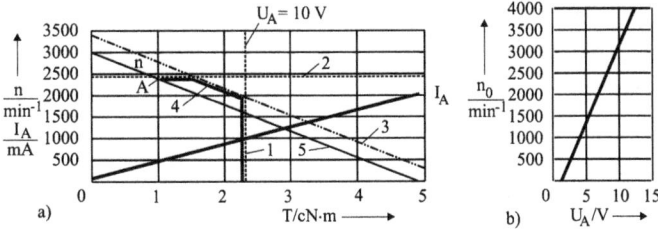

Abb. 8.33: Betriebskennlinien des Elektronikmotors A. a) Drehzahl und Strom als Funktion des Drehmoments: 1 Kennlinie der Strombegrenzung I_{max} = 1 A; 2 Kennlinie der Drehzahlbegrenzung n_L = 2400 min^{-1}; 3 Drehzahl-Drehmoment-Kennlinie bei minimaler Betriebsspannung U_{min} = 10,8 V; 4 Hochlaufkennlinie; 5 Drehzahl-Drehmoment-Kennlinie für U = 10,0 V, A Arbeitspunkt (links). b) Leerlaufdrehzahl als Funktion der Ankerspannung (rechts).

Der Motor benötigt für eine Umdrehung eine Zeit von

$$T = \frac{1}{n_L} = \frac{1}{2400\ \text{min}^{-1}} = 25\ \text{ms}. \tag{8.287}$$

Da die mechanische Zeitkonstante von Motoren mit Innenläufer in der gleichen Größenordnung liegt, wäre zur Realisierung der geforderten Rundlaufabweichung eine aufwendige Regelung notwendig. Entweder das Trägheitsmoment der angetriebenen Festplatte ist ausreichend groß, oder es kommt ein Außenläufermotor mit größerer Rotorträgheit zum Einsatz. Der Elektronikmotor A hat ein Trägheitsmoment J_r = 2500 gcm^2. Die zulässigen Drehmomentschwankungen gemäß (8.285) erhöhen sich damit auf

$$M_b' = M_b \cdot \frac{J_r + J_L}{J_L} = 0{,}14\ \text{cNm} \cdot \frac{(2500 + 3500)\text{gcm}^2}{3500\text{gcm}^2} = 0{,}24\ \text{cNm}. \tag{8.288}$$

Bezogen auf das Bemessungsdrehmoment sind das 24 %, die sich mit einem hochwertigen Elektronikmotor auch ohne Regelkreis unterbieten lassen.

– *Regelkreisstruktur*

Die Langzeitkonstanz ist nur mit einem Drehzahlregelkreis realisierbar. Die Antriebsstruktur zeigt Abb. 8.34.

– *Drehzahlsensor*

Da es nur notwendig ist, die Langzeitkonstanz zu erfassen, ist es ausreichend, das Lagegebersignal für den elektronischen Kommutator auszuwerten und daraus ein analoges Signal zu erzeugen [427].

– *Drehzahlregler*

Die Wahl der Übertragungsfunktion für den Drehzahlregler zum Erzielen bestimmter Eigenschaften des Regelkreises ist ausführlich in [456] beschrieben, so dass hier nicht weiter darauf eingegangen wird.

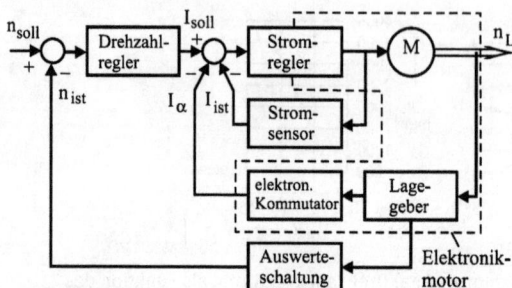

Abb. 8.34: Struktur des Elektronikmotors A mit Drehzahlregelkreis.

– *Leistungsverstärker mit Stromregler*

Die Wahl der Übertragungsfunktion erfolgt ebenfalls nach [456]. Wichtig ist dabei, die Strombegrenzung zu berücksichtigen. Sie hat die Aufgabe, die Leistungsbauelemente des Leistungsverstärkers vor unzulässigen Strömen zu schützen. Gleichzeitig bringt sie einen ökonomischen Effekt. Ohne eine Strombegrenzung beträgt der Anlaufstrom $I_a = 2\,A$, der Nennstrom liegt aber nur bei $I_N = 0,44\,A$. Durch die Strombegrenzung, z. B. auf $I_{max} = 1,0\,A$, können kleinere und damit billigere Bauelemente verwendet werden. Kontrolliert werden muss allerdings, ob die geforderte Anlaufzeit T_a eingehalten wird.

Die Speisespannung des Motors im Arbeitspunkt muss unter der Versorgungsspannung liegen, da sonst kein Reglerbetrieb möglich ist. Die Betriebskennlinien des Motors A gelten für $U_A = 10\,V$.

Schritt 3: Nachrechnung wichtiger Parameter des Antriebs
– *Direktantrieb*

Die magnetischen Speicherplatten sind direkt auf die Motorwelle montiert, so dass keine Umrechnung der Lastparameter notwendig ist.
– *Mechanische Leistung*

Die mechanische Leistung des Antriebs ergibt sich aus

$$P_L = M_L \cdot 2\pi \cdot n_L = 1\,\text{cNm} \cdot \frac{2\pi \cdot 2400\,\text{s}^{-1}}{60} = 2,51\,\text{W}. \tag{8.289}$$

– *Elektrische Leistung*

Die vom Motor im Nennpunkt aufgenommene Leistung beträgt

$$P_{el} = I_A \cdot U_A = 0,44\,\text{A} \cdot 10\,\text{V} = 4,4\,\text{W}. \tag{8.290}$$

– *Wirkungsgrad*

Er errechnet sich zu

$$\eta = \frac{P_\mathrm{L}}{P_\mathrm{el}} = \frac{2{,}51\,\mathrm{W}}{4.4\,\mathrm{W}} = 57{,}1\,\%. \tag{8.291}$$

Sowohl die elektrische Leistung als auch der Wirkungsgrad berücksichtigen nicht die von der Ansteuerelektronik aufgenommene Leistung. Sie beziehen sich nur auf die unmittelbaren Motorgrößen.

– *Ankerwiderstand*

Der Ankerwiderstand bestimmt im Stillstand den Ankerstrom. Entnimmt man Abb. 8.33 den Anlaufstrom, so erhält man

$$R_\mathrm{A} = \frac{U_\mathrm{A}}{I_\mathrm{a}} = \frac{10\,\mathrm{V}}{2\,\mathrm{A}} = 5{,}0\,\Omega. \tag{8.292}$$

– *mechanische Zeitkonstanten des Motors und des Antriebs*

Für den Motor gilt

$$\tau_\mathrm{m} = \frac{\varpi_0 \cdot J_\mathrm{r}}{M_\mathrm{stall}} = \frac{2\pi \cdot 3030\,\mathrm{min}^{-1} \cdot 2500\,\mathrm{gcm}^2}{4{,}8\,\mathrm{cNm}} = 1{,}65\,\mathrm{s} \tag{8.293}$$

und für den Antrieb

$$\tau'_\mathrm{m} = \tau_\mathrm{m} \cdot \frac{J_\mathrm{r} + J_\mathrm{L}}{J_\mathrm{L}} = 1{,}65\,\mathrm{s} \cdot \frac{(2500 + 3500)\,\mathrm{gcm}^2}{3500\,\mathrm{gcm}^2} = 3{.}96\,\mathrm{s}. \tag{8.294}$$

– *Drehzahltoleranzen ohne Regelung*

Der zulässige Spannungsbereich ist mit $U_\mathrm{N} = 12\,\mathrm{V} \pm 10\,\%$ angegeben; das bedeutet: die minimale Versorgungsspannung beträgt $U_\mathrm{min} = 10{,}8\,\mathrm{V}$, die maximale $U_\mathrm{max} = 13{,}2\,\mathrm{V}$. Aus Band 1, Kapitel 8 ist bekannt, dass eine Ankerspannungsänderung eine Parallelverschiebung der Drehzahl-Drehmoment-Kennlinie bewirkt. Aus Abb. 8.33b werden die den Spannungen zugehörigen Leerlaufdrehzahlen entnommen. Man erhält

$$U_\mathrm{A} = 10{,}0\,\mathrm{V}, \quad n_0 = 3030\,\mathrm{min}^{-1},$$
$$U_\mathrm{min} = 10{,}8\,\mathrm{V}, \quad n_\mathrm{0min} = 3285\,\mathrm{min}^{-1},$$
$$U_\mathrm{N} = 12{,}0\,\mathrm{V}, \quad n_\mathrm{0N} = 3670\,\mathrm{min}^{-1},$$
$$U_\mathrm{max} = 13{,}2\,\mathrm{V}, \quad n_\mathrm{0max} = 4050\,\mathrm{min}^{-1}.$$

Die Drehzahlabsenkung vom Leerlauf auf Nennmoment $M_\mathrm{L} = 1{,}0\,\mathrm{cNm}$ beträgt nach Abb. 8.33a $\Delta n = (3030 - 2400)\,\mathrm{min}^{-1} = 630\,\mathrm{min}^{-1}$. Damit kann das Toleranzband der Drehzahl für die Belastung mit dem Nennmoment $M_L = 1{,}0$ cNm und bei zulässiger Spannungstoleranz von $U_N = 12\,\text{V} \pm 10\,\%$ im ungeregelten Betrieb berechnet werden zu

$$n_{L\,\text{ungeregelt}} = n_{0N} - \Delta n \pm \frac{n_{0\,\text{max}} - n_{0\,\text{min}}}{2}$$

$$= (3670 - 630)\,\text{min}^{-1} \pm \frac{(4050 + 3285)\,\text{min}^{-1}}{2}$$

$$= (3040 \pm 383)\,\text{min}^{-1} = 3040\,\text{min}^{-1} \pm 12{,}6\,\%. \tag{8.295}$$

Aus diesem Ergebnis ist zu sehen, dass ein ungeregelter Betrieb die Forderung der Drehzahlkonstanz $\Delta n_L / n_L = 5\,‰$ nicht erreichen lässt. Generell ist zu beachten, dass ein solcher Motor gewählt wird, der bei Lastdrehmoment im ungeregelten Betrieb eine höhere als die geforderte Drehzahl erreicht, da sonst der Regler den Störgrößeneinfluss nicht ausregeln kann.

– *Maximale Anlaufzeit auf Nenndrehzahl*

Im Unterpunkt „Leistungsverstärker mit Stromregler" war unter dem Gesichtspunkt, kleinere und damit preiswertere Bauelemente einzusetzen, der Strom auf $I_{\text{max}} = 1{,}0$ A begrenzt worden. Dies bedingt die Begrenzung der Drehzahl-Drehmoment-Kennlinie; sie ist in Abb. 8.33a gestrichelt eingetragen. Den Hochlaufvorgang auf Nenndrehzahl quasistationär zu betrachten, ist zulässig, da die mechanische Zeitkonstante $\tau'_m = 3{,}96$ s gegenüber der elektrischen Zeitkonstante von $\tau_{el} \approx 5$ ms eindeutig dominiert und damit Ausgleichsvorgänge im elektrischen Kreis keine Rolle spielen.

Der Hochlaufvorgang ist in zwei Abschnitte einzuteilen; zum einen in den Hochlauf mit konstantem Drehmoment und zum anderen in den entlang der stationären Kennlinie. Die Umstellung der Drehmomentgleichung nach der Zeit ergibt

$$T = \int \frac{J_r + J_L}{M_{el} - M_L}\,d\omega. \tag{8.296}$$

Die minimale Spannung am Motor $U_{\text{min}} = 10{,}8$ V ergibt eine Drehzahl-Drehmoment-Kennlinie, die als zweite Kennlinie in Abb. 8.33a eingetragen ist. Im ersten Zeitabschnitt des Hochlaufs beschleunigt der Motor mit konstantem Drehmoment im Fall minimaler Spannung bis zu dieser Kennlinie auf eine Drehzahl von $n_1 = 1770\,\text{min}^{-1}$. Damit lässt sich die Hochlaufzeit errechnen zu

$$T_1 = 2\pi \cdot (J_r + J_L) \int_0^{n_1} \frac{1}{M_{el} - M_L}\,dn$$

$$= 2\pi \cdot (2500 + 3500)\,\text{gcm}^2 \int_0^{1770\,\text{min}^{-1}} \frac{1}{(2{,}4 - 1{,}0)\,\text{cNm}}\,dn = 7{,}95\,\text{s}. \tag{8.297}$$

Im zweiten Abschnitt ($n = 1770 \ldots 2400 \, \text{min}^{-1}$) gilt

$$T_2 = 2\pi \cdot (J_r + J_L) \cdot \frac{n_0}{M_a} \int_{n_1}^{n_L} \frac{1}{\frac{n_0}{M_a}(M_a - M_L) - n} \, dn$$

$$= 2\pi \cdot (J_r + J_L) \cdot \frac{n_0}{M_a} \cdot \left[-\ln \left| \frac{n_0}{M_a}(M_a - M_L) - n \right| \right]_{n_1}^{n_L}$$

$$= 2\pi \cdot (2500 + 3500) \, \text{gcm}^2 \cdot \frac{3285 \, \text{min}^{-1}}{5{,}2 \, \text{cNm}} \cdot \ln \left| \frac{\frac{3285 \, \text{min}^{-1}}{5{,}2 \, \text{cNm}}(5{,}2 - 1) \, \text{cNm} - 1770 \, \text{min}^{-1}}{\frac{3285 \, \text{min}^{-1}}{5{,}2 \, \text{cNm}}(5{,}2 - 1) \, \text{cNm} - 2400 \, \text{min}^{-1}} \right|$$

$$= 4{,}96 \, \text{s}. \tag{8.298}$$

Die gesamte Hochlaufzeit beträgt damit

$$T_a = T_1 + T_2 = 7{,}95 \, \text{s} + 4{,}96 \, \text{s} = 12{,}91 \, \text{s} \tag{8.299}$$

und erfüllt die Forderung $T_a < 15 \, \text{s}$. Damit ist die Zulässigkeit der Strombegrenzung nachgewiesen. Liegt während des Hochlaufvorgangs eine höhere als die minimale Spannung am Motor, so verkürzt sich infolge der höher liegenden Kennlinie im Zeitabschnitt 2 die Hochlaufzeit weiter.

Gesamteinschätzung

Die Nachrechnung wichtiger Parameter hat die Einsetzbarkeit des Elektronikmotors A sowie die Notwendigkeit der Drehzahlregelung nachgewiesen. Der Festplattenantrieb ist ein Beispiel für einen Antrieb mit hohen Forderungen an die Drehzahlkonstanz bei einer fest definierten Drehzahl. Die für die fehlerfreie Datenübertragung erforderliche Gleichlaufkonstanz von besser als 0,1‰ innerhalb einer einzelnen Umdrehung und besser als 5 ‰ über den gesamten Betrieb wird sicher erreicht. Diese hohen Forderungen an den Gleichlauf erfordern einen Motor mit einem Drehmoment, das weitgehend unabhängig vom Drehwinkel ist. Der gewählte bürstenlose Permanentmagnetmotor erfüllt alle Forderungen.

8.12.9 Antrieb einer Schlauchpumpe

Auf ein mit variabler Geschwindigkeit laufendes Bandmaterial ist eine flüssige Masse aufzutragen. Die Beschichtungsdicke muss in Stufen einstellbar, aber unabhängig von der durch technologische Einflüsse bedingten variablen Bandgeschwindigkeit sein. Die Bänder können sehr lang sein, deshalb ist eine kontinuierlich fördernde Pumpe für die Beschichtungsmasse einzusetzen. Die Fördermenge genau zu dosieren gestattet eine Schlauchpumpe, bei der umlaufende Rollen einen flexiblen Schlauch so verformen, dass definierte Kammern das zu fördernde Mittel transportieren (siehe Abb. 8.36).

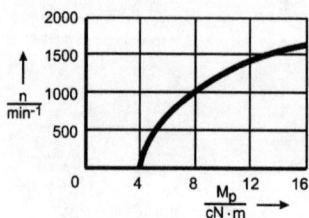

Abb. 8.35: Betriebskennlinie der Schlauchpumpe.

Forderungen an den Antrieb

– Drehzahl der Bandantriebstrommel $n_1 = 1000 \ldots 3000 \text{ min}^{-1}$;
– Bandgeschwindigkeit $v_L = 1 \ldots 3 \text{ m/s}$
– maximale Änderung der Bandgeschwindigkeit $\frac{dv_L}{dt}|_{max} = 0{,}9 \text{ m/s}^2$;
– Bandbreite $b = 1 \text{ m}$;
– Beschichtungsdicke $d = 0{,}05 \ldots 0{,}25 \text{ mm}$;
– Stufung der Beschichtungsdicke $\Delta d = 0{,}05 \text{ mm}$;
– Dichte des Beschichtungsmaterials $\rho = 1{,}2 \text{ g/cm}^3$;
– Fördervolumen der Schlauchpumpe $V_p = 36 \text{ cm}^3/2\pi$;
– Betriebskennlinie der Schlauchpumpe (Abb. 8.35);
– Massenträgheitsmoment der Schlauchpumpe bei voller Füllung $J_P = 85 \text{ gcm}^2$;
– eine Drehrichtung der Schlauchpumpe.

Schritt 1: Untersuchung nach dem einzusetzenden Wirkprinzip

– *Drehzahlstellbereich der Schlauchpumpe*

Er wird aus dem Stellbereich der Bandgeschwindigkeit und der Schichtdicke bestimmt. Er errechnet sich zu

$$\frac{n_{pmax}}{n_{pmin}} = \frac{v_{Lmax}}{v_{Lmin}} \cdot \frac{d_{max}}{d_{min}} = \frac{3\frac{m}{s}}{1\frac{m}{s}} \cdot \frac{0{,}25 \text{ mm}}{0{,}05 \text{ mm}} = 15. \tag{8.300}$$

– *Maximale Fördermenge zum Beschichten*

Sie resultiert aus der bei maximaler Bandgeschwindigkeit aufzubringenden maximalen Schichtdicke. Man erhält

$$V_{max} = v_{Lmax} \cdot b \cdot d_{max} = 3 \text{ m/s} \cdot 1 \text{ m} \cdot 0{,}25 \text{ mm} = 750 \text{ cm}^3/\text{h}. \tag{8.301}$$

– *Maximale Pumpendrehzahl*

Die maximale Fördermenge und die Fördermenge der Schlauchpumpe ergeben die maximale Pumpendrehzahl. Sie errechnet sich zu

$$n_{pmax} = \frac{V_{max}}{V_p} = \frac{750 \text{ cm}^3/\text{s}}{36 \text{ cm}^3} = 1250 \text{ min}^{-1}. \tag{8.302}$$

- *Minimale Pumpendrehzahl*

Aus der maximalen Pumpendrehzahl und dem Drehzahlstellbereich der Schlauchpumpe ergibt sich die minimale Pumpendrehzahl mit

$$n_{\text{pmin}} = n_{\text{pmax}} \cdot \frac{n_{\text{pmin}}}{n_{\text{pmax}}} = 1250 \, \text{min}^{-1} \cdot \frac{1}{15} = 83,3 \, \text{min}^{-1}. \tag{8.303}$$

- *Maximale Pumpenleistung*

Aus Abb. 8.35 folgt für eine Drehzahl von $1250 \, \text{min}^{-1}$ ein Drehmoment $M_{\text{p}} = 10 \, \text{cNm}$. Damit errechnet sich die Leistung wie folgt:

$$P_{\text{pmax}} = M_{\text{p}} \cdot 2\pi \cdot n_{\text{pmax}} = 10 \, \text{cNm} \cdot \frac{2\pi \cdot 1250 \, \text{min}^{-1}}{60} = 13,1 \, \text{W}. \tag{8.304}$$

Drehmoment, Drehzahl und Drehzahlstellbereich sind relativ gering, so dass die Entscheidung getroffen wird, einen Schrittantrieb einzusetzen. Von der Bandantriebstrommel ist ein der Bandgeschwindigkeit proportionales Signal abzuleiten, das den Schrittantrieb steuert. Damit ist der absolute Synchronismus zwischen Bandgeschwindigkeit, Drehzahl der Schlauchpumpe, der Fördermenge und damit der Schichtdicke gegeben.

Schritt 2: Struktur des Antriebssystems
In Abb. 8.36 ist die mit einem Schrittantrieb gewählte Struktur des Antriebs einer Schlauchpumpe dargestellt. Die einzelnen Baugruppen werden im Folgenden näher beschrieben.

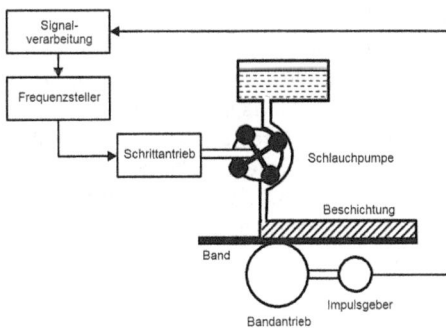

Abb. 8.36: a) Struktur des Antriebs einer Schlauchpumpe mit 180° Umschlingung und 4 Druckrollen, b) Peristaltikpumpe mit festem Schlauchelement, 250° Umschlingung, 3 Druckrollen. ©Johnson Medtech.

– *Impulsgeber*

Der Impulsgeber ist starr mit der Antriebstrommel gekoppelt und erzeugt damit ein Signal, das der Bandgeschwindigkeit direkt proportional ist. Die Wahl der Impulszahl erfolgt so, dass eine direkte Ansteuerung des Schrittmotors möglich ist bzw. nur eine einfache Impulsverarbeitung in Form einer Frequenzteilung zusätzlich aufgebaut werden muss. Da nur eine Bandbewegungsrichtung vorliegt und die Schlauchpumpe eine Drehrichtung hat, wird nur eine Impulsfolge des Impulsgebers benötigt. Gewählt wird eine Impulszahl $i = 400/2\pi$. Es errechnet sich die maximale Messfrequenz aus der Impulszahl des Impulsgebers und der maximalen Drehzahl der Bandantriebstrommel. Man erhält

$$f_{Mmax} = i \cdot n_{1\,max} = 400 \cdot 3000\,min^{-1} = 20\,kHz. \tag{8.305}$$

– *Schrittmotor*

Die Schrittzahl des Schrittmotors soll in einem festen Verhältnis zu dieser Frequenz stehen. Dabei ist natürlich auch von der maximalen Drehzahl der Schlauchpumpe auszugehen. Für diese Aufgabe kann ein Schrittmotor mit $z = 48$ bzw. $\alpha_S = 7{,}5°$ eingesetzt werden. Die Betriebskennlinien des ausgewählten Schrittantriebs D zeigt Abb. 8.37. Weitere wichtige Daten dieses Schrittantriebs sind

– Haltemoment $M_H = 20\,cNm$;
– Positioniergenauigkeit $\Delta\alpha_S = 15'$;
– Rotorträgheitsmoment $J_R = 70\,gcm^2$;
– Resonanzfrequenzen $f_{Res} = 25/75\,Hz$.

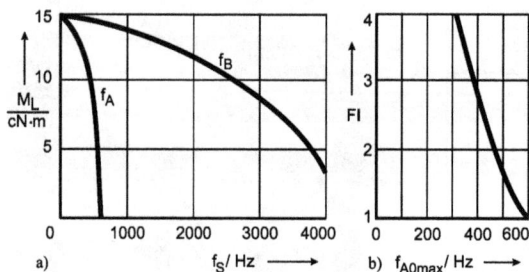

Abb. 8.37: Betriebskennlinien des Schrittantriebs D. a) Betriebskennlinien für Trägheitsfaktor $Fl = 1$, f_A – Start-Stopp-Bereich, f_B – Betriebsfrequenzbereich, b) Korrekturkennlinie für den Start-Stopp-Bereich für Trägheitsfaktoren $Fl > 1$.

Schritt 3: Nachrechnung des Antriebs
- *Maximale Schrittfrequenz des Schrittantriebs*

Durch die direkte Kopplung des Schrittmotors mit der Schlauchpumpe ist das rotatorische Übersetzungsverhältnis $i_R = 1$. Es dann folgt für die maximale Schrittfrequenz

$$f_{Smax} = \frac{360° \cdot n_{pmax}}{\alpha_S \cdot i_R} = \frac{360° \cdot 1250\,\text{min}^{-1}}{7,5° \cdot 1} = 1000\,\text{Hz}. \tag{8.306}$$

Diese Frequenz liegt beim Pumpendrehmoment $M_p = 10\,\text{cNm}$ im Beschleunigungsbereich des Schrittantriebs D.
- *Minimale Schrittfrequenz des Schrittantriebs*

Ebenso errechnet sich die minimale Schrittfrequenz in Hz aus der minimalen Pumpendrehzahl zu

$$f_{Smin} = \frac{360° \cdot n_{pmin}}{\alpha_S \cdot i_R} = \frac{360° \cdot 83,3\,\text{min}^{-1}}{7,5° \cdot 1} = 66,7\,\text{Hz}. \tag{8.307}$$

- *Trägheitsfaktor FI*

Der Trägheits- oder Lastfaktor ergibt sich wie folgt:

$$FI = \frac{J_R + J_P}{J_R} = \frac{(70 + 85)\,\text{gcm}^2}{70\,\text{gcm}^2} = 2,21. \tag{8.308}$$

- *Resonanzfrequenzen*

Die Resonanzfrequenzen des Schrittmotors werden durch äußere Trägheitsmomente reduziert. Mit der folgenden Gleichung errechnet sich die höchste reduzierte Resonanzfrequenz zu

$$f_{Res} = \frac{f_{Res0}}{\sqrt[2]{FI}} = \frac{75\,\text{Hz}}{\sqrt[2]{2,21}} = 50,5\,\text{Hz}. \tag{8.309}$$

Die höchste Resonanzfrequenz hat einen genügend großen Abstand zur kleinsten Schrittfrequenz f_{Smin}, so dass keine Instabilitäten im notwendigen Frequenzbereich auftreten.
- *Maximale Frequenzänderung*

Die maximale Schrittfrequenz f_{Smax} liegt im Beschleunigungsbereich. Da im Beschleunigungsbereich keine beliebig großen Frequenzänderungen möglich sind, muss dieser Wert näher betrachtet werden. Aus der maximalen Änderung der Bandgeschwindigkeit und der maximalen Frequenz des Schrittantriebs, d. h. dem kritischen Betriebsbereich, erhält man die maximale Frequenzänderung für den Schrittantrieb zu

$$\left.\frac{df_S}{dt}\right|_{max} = \left.\frac{dv_L}{dt}\right|_{max} \cdot \frac{f_{Smax}}{v_{Lmax}} = 0,9\,\text{m/s}^2 \cdot \frac{1000\,\text{Hz}}{3\,\text{m/s}} = 300\,\text{Hz/s}. \tag{8.310}$$

Aus Abb. 8.37b erhält man bei dem Trägheitsfaktor $F_I = 2{,}21$ eine maximale Start-Stopp-Frequenz von $f_{A0max(2)} = 430\,\text{Hz}$ sowie beim Trägheitsfaktor $F_I = 1$ eine maximale Start-Stopp-Frequenz von $f_{A0max} = 600\,\text{Hz}$. Die maximale Start-Stopp-Frequenz bei Belastung mit $M_p = 10\,\text{cNm}$ beträgt beim Trägheitsfaktor $F_I = 1$ nach Abb. 8.37a $f_A = 470\,\text{Hz}$. Damit errechnet sich die maximale Start-Stopp-Frequenz für Belastung $M_p = 10\,\text{cNm}$ und Trägheitsfaktor $F_I = 2{,}21$ zu

$$f_{A(2)} = f_A \cdot \frac{f_{A0\,max(2)}}{f_{A0\,max}} = 470\,\text{Hz} \cdot \frac{430\,\text{Hz}}{600\,\text{Hz}} = 337\,\text{Hz}. \tag{8.311}$$

Diese zulässige maximale Start-Stopp-Frequenz ist größer als die maximale Frequenzänderung nach Gleichung (8.310). Deshalb wird der Schrittantrieb fehlerfrei der Änderung der Bandgeschwindigkeit folgen.

Gesamteinschätzung

Die Nachrechnung bestätigt die Einsetzbarkeit des Schrittantriebs D für die Peristaltikpumpe. Da der Schrittantrieb sicher innerhalb seines dynamischen Betriebsbereichs arbeitet, sind zusätzliche Sensoren oder eine elektronische Regelung des Antriebs nicht erforderlich.

Der vorgestellte Antrieb ist ein Beispiel für eine Bahnsteuerung eines Schrittantriebs. Einer vorgegebenen variablen Bewegung hat der Schrittantrieb synchron zu folgen. Dieser Anwendungsfall ist auch eine Demonstration für ein elektronisches Getriebe. Es herrscht absoluter Synchronismus zwischen zwei drehenden Wellen, wobei beide Wellen räumlich getrennt und beliebig in ihrer Lage zueinander sind.

8.12.10 Antrieb einer Trommel

In einem Gerät, das mit Kleinspannung arbeitet, ist eine Trommel anzutreiben. Die Lebensdauerforderung ist sehr hoch und die Drehzahl soll langzeitstabil sein. Die Besonderheit der Aufgabe besteht darin, dass zu speziellen Aspekten der Lösung der Aufgabe die digitale Systemsimulation eingesetzt wird.

Forderungen an den Antrieb
- Spannung $U = 24\,\text{V} \pm 10\,\%$;
- Frequenz $f = 50\,\text{Hz}$;
- Drehzahl der Trommel $n_T = 50\,\text{min}^{-1}$;
- Drehmoment an der Trommel $M_T = 3{,}3\,\text{cNm}$;

- Trägheitsmoment der Trommel $J_T = 150\,\mathrm{gcm^2}$;
- Betriebslebensdauer $L_B = 25000\,\mathrm{h}$;

Schritt 1: Untersuchung nach dem einzusetzenden Wirkprinzip
- *Motor*

Die hohe Lebensdauerforderung verlangt nach einem Motor mit geringen Verschleißteilen. Dafür sind am besten Wechselstrommotoren geeignet. Ein Synchronmotor erfüllt die Forderung nach einer langzeitstabilen Drehzahl, da seine Drehzahl direkt der Netzfrequenz proportional ist, unabhängig von Spannungsschwankungen im angegebenen Toleranzbereich der Spannung.

Die mechanische Leistung zum Antrieb der Trommel beträgt

$$P_T = M_T \cdot 2\pi \cdot n_T = 3{,}3\,\mathrm{cNm} \cdot \frac{2\pi \cdot 50\,\mathrm{min^{-1}}}{60} = 0{,}173\,\mathrm{W}. \tag{8.312}$$

In diesem Leistungsbereich werden typisch Klauenpol-Synchronmotoren eingesetzt. Sie haben den Vorzug, dass sie sehr preisgünstig sind. Klauenpol-Synchronmotoren werden nicht für so geringe Drehzahlen hergestellt, wie der Trommelantrieb sie verlangt. Üblich sind Drehzahlen ab $250\,\mathrm{min^{-1}}$ und höher bei Speisung aus einem 50-Hz-Netz. Gewählt wird deshalb ein Motor mit einer Drehzahl von $500\,\mathrm{min^{-1}}$ mit einem nachgeschalteten Getriebe.
- *Getriebe*

Die notwendige Getriebeübersetzung beträgt

$$i_r = \frac{n_T}{n} = \frac{50}{500} = 0{,}1. \tag{8.313}$$

Der Antrieb der Trommel über das zwischengeschaltete Getriebe hat zwei wesentliche Vorteile. Erstens reduziert es das Trägheitsmoment, das auf den Motor wirkt und zweitens erleichtert es durch das Getriebespiel den Anlauf. Klauenpol-Synchronmotoren dieser Leistungsklasse haben in der Regel keine Anlaufhilfen. Das bedeutet, sie müssen sich innerhalb einer Netzperiode mit dem speisenden Netz synchronisieren. Der Trägheitsfaktor sollte für einen problemlosen Start den Wert von $2{,}5\ldots3$ nicht überschreiten.

Für den Antrieb der Trommel wird ein Klauenpol-Synchronmotor gewählt. Dem Motor ist ein Getriebe mit der Übersetzung $i_r = 0{,}1$ nachgeschaltet. Auf der Ausgangswelle des Getriebes wird direkt die Trommel montiert. Mit diesem Antrieb können die Forderungen nach der langen Betriebslebensdauer und der langzeitstabilen Drehzahl erreicht werden.

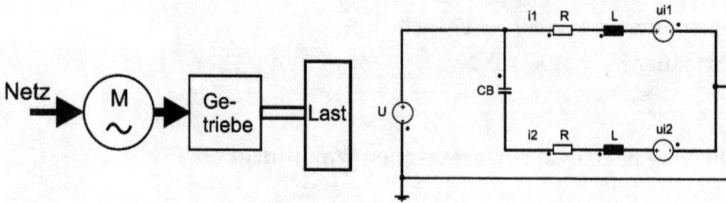

Abb. 8.38: a) Struktur des Antriebs mit Synchronmotor, Getriebe und Last (links), b) Schaltung des elektrischen Kreises im Computermodell des Programms SIMPLORER (rechts). (Vgl., Band 1, Kapitel 7 Synchronmotoren).

Schritt 2: Struktur des Antriebssystems

Die Struktur des Antriebs zeigt Abb. 8.38a.
– *Motor*

Der gewählte Klauenpol-Synchronmotor F wird gekennzeichnet durch folgende Parameter:
– Nennspannung $U = 24\,\text{V} \pm 10\,\%$;
– Nennfrequenz $f_N = 50\,\text{Hz}$;
– Nenndrehmoment $M_N = 0{,}5\,\text{cNm}$;
– Nenndrehzahl $n_N = 500\,\text{min}^{-1}$;
– Trägheitsmoment $J_r = 2{,}1\,\text{gcm}^2$;
– Betriebskondensator $C_B = 5{,}6\,\mu\text{F}$;

– *Getriebe*

Gewählt wird ein Getriebe mit der Übersetzung $i_r = 0{,}1$ und einem Wirkungsgrad $\eta_g = 0{,}95$.

Schritt 3: Nachrechnung des Antriebs
– *Reduziertes Trägheitsmoment der Trommel*

Das auf die Motorwelle reduzierte Trägheitsmoment der Trommel unter Berücksichtigung des Getriebewirkungsgrades errechnet sich wie folgt

$$J'_L = i_r^2 \cdot \frac{1}{\eta_g} \cdot J_T = 0{,}1^2 \cdot \frac{1}{0{,}95} \cdot 150\,\text{gcm}^2 = 1{,}58\,\text{gcm}^2. \tag{8.314}$$

Damit kann der Trägheitsfaktor bestimmt werden zu

$$F_I = \frac{J'_L + J_r}{J_r} = \frac{(1{,}58 + 2{,}1)\,\text{gcm}^2}{2{,}1\,\text{gcm}^2} = 1{,}75. \tag{8.315}$$

Der Trägheitsfaktor liegt im geforderten Bereich, damit wird es keine Schwierigkeiten beim Starten des Antriebs geben.

– *Drehmoment*

Das an der Trommel geforderte Drehmoment muss auf die Motorwelle umgerechnet werden. Es ergibt sich

$$M'_L = i_r^2 \cdot \frac{1}{\eta_g} \cdot M_T = 0{,}1^2 \cdot \frac{1}{0{,}95} \cdot 3{,}3 \,\text{cNm} = 0{,}347 \,\text{cNm}. \qquad (8.316)$$

Der Motor hat ein Nenndrehmoment von $M_N = 0{,}5$ cNm und kann daher die Trommel über das Getriebe wie gefordert bewegen.

– *Geräusche*

Der Einsatz eines Getriebes im Antrieb hat den Vorteil, dass das auf den Motor wirkende Drehmoment und auch das Trägheitsmoment reduziert werden. Damit kann ein sehr kleiner Motor verwendet werden. Gleichzeitig erleichtert das Spiel im Getriebe den Anlauf des Synchronmotors. Das Spiel hat aber gleichzeitig den Nachteil, dass es zu einer Geräuschentwicklung kommt, wenn der antreibende Motor zu Schwingungen neigt.

Klauenpol-Synchronmotoren haben zwei Stränge, die in zwei Teilen axial hintereinander montiert sind (Aufbau des Motors siehe Band 1, Abb. 7.5). Der eine Strang wird direkt aus dem Netz gespeist, der zweite über einen zwischen Netz und Strang geschalteten Kondensator (Schaltbild siehe Band 1, Abb. 7.32). Beide Stränge sind magnetisch nicht gekoppelt und verhalten sich daher wie einsträngige Wechselstrommotoren. Das je Strand aufgebaute Wechselfeld kann in seiner Wirkung in zwei invers rotierende Drehfelder zerlegt werden. Die Speisung des zweiten Strangs über einen Kondensator hat zum Ziel, durch die Phasenverschiebung der Ströme in beiden Strängen um annähernd $\pi/2$ die beiden Gegendrehfelder in ihrer Gesamtwirkung zu eliminieren. Bedingt durch Asymmetrien in den Strängen, nur gestuft verfügbare Kondensatoren und einen lastabhängigen Arbeitspunkt ist eine vollständige Kompensation der Drehmomentwirkung der Gegendrehfelder in der Realität nicht zu erreichen. Das bedeutet, man muss immer mit einem gewissen Schwingungsverhalten rechnen. Trotzdem werden diese Motoren in sehr großen Stückzahlen hergestellt, denn sie sind sehr einfach im Aufbau, robust und preisgünstig.

Das Schwingungsverhalten des Antriebs exakt zu untersuchen, ist nicht mit einer einfachen analytischen Rechnung möglich. Die Schwierigkeiten liegen im Spiel des Getriebes und den Steifigkeiten der Antriebsstrecke. Deshalb wird dafür die digitale Simulation des Antriebs eingesetzt.

Digitale Simulation

Der folgenden Rechnung liegt das Programm Simplorer [405] zugrunde. Die grundsätzliche Arbeitsweise ist aber bei allen Programmen zur digitalen Simulation vergleichbar. Hier soll an einem konkreten Beispiel der Lösungsweg aufgezeigt werden [453].

Jedes Programm enthält eine Modellbibliothek, in dem oft verwendete Elemente symbolisch dargestellt werden. Jedes dieser Elemente besitzt einen oder mehrere Ein- und Ausgänge. Die Parameter des Modells werden in ein zugehöriges Parameterfenster eingegeben. Einfache Modelle sind beispielsweise im elektrischen Kreis Widerstände, Induktivitäten und Spannungsquellen. Außerdem können Modelle frei definiert und der Zusammenhang zwischen Ein- und Ausgangsgrößen durch mathematische Gleichungen oder Kennlinien festgelegt werden. Im Rechner werden die Modelle und damit deren Beschreibung miteinander verknüpft, indem auf dem Bildschirm die Ein- und Ausgänge der verschiedenen Objekte miteinander verbunden werden.

In vielen Fällen empfiehlt sich bei der Lösung von Antriebsaufgaben, mit dem Hersteller der Antriebe zusammenzuarbeiten. Dafür sprechen zwei wesentliche Gründe. Zum Ersten sind die Programme zur digitalen Simulation sehr preisintensiv, zum Zweiten benötigt man oft spezifische Werte der Baugruppen, die normalen Produktunterlagen nicht entnommen werden können. Im folgenden Beispiel wird an entsprechenden Stellen darauf hingewiesen. Außerdem haben viele Hersteller bereits erprobte Modelle für verschiedene Antriebsstrukturen, so dass mit geringen Modifikationen schnell verlässliche Lösungen gefunden werden können.

Das Programm Simplorer arbeitet mit physikalischen Größen. Die Parameter sind mit SI-Einheiten einzugeben, z. B. der Strom in A, die Spannung in V, die Zeit in s.

– *Elektrisches Modell*

Abbildung 8.38b zeigt die elektrische Schaltung des Motors. Die Elemente Widerstand R, Induktivität L, Kondensator C_B und die Spannungsquelle U sind Standardelemente aus der Modellbibliothek. In Tabelle 8.20 sind die Parameter der einzelnen Elemente zusammengestellt.

Die Induktivität ist ein typischer Parameter, der in Produktunterlagen oft fehlt. Vielfach wird aber die elektrische Zeitkonstante τ_el angegeben. Sie beträgt für den gewählten Synchronmotor $\tau_\mathrm{el} = 1{,}7$ ms. Der Vorteil der Angabe der elektrischen Zeitkonstante besteht darin, dass diese unabhängig von den Wicklungsdaten des Motors ist. Die Induktivität des Motors errechnet sich nach

$$L = \tau_\mathrm{el} \cdot R = 1{,}7 \text{ ms} \cdot 230\,\Omega = 391 \text{ mH}. \tag{8.317}$$

Tab. 8.20: Eingabeparameter des elektrischen Kreises.

Element	Parameter	Eingabewert mit Einheit
Spannungsquelle	Spannung U	24 V
	Frequenz f	50 Hz
Widerstand	Widerstand R	230 Ω
Induktivität	Induktivität L	391 mH
Betriebskondensator	Kondensator C_B	5,6 μF

Für die induzierten Spannungen u_i werden frei definierte Elemente eingeführt. Dazu werden die Maschinenkonstante k und die Polpaarzahl p benötigt. Die Maschinenkonstante kann aus den Grundgleichungen des Gleichstrommotors bestimmt werden oder ist vom Hersteller zu erfragen.

$$k_M = \frac{M}{i} = \frac{U_i}{2\pi \cdot n} = 0{,}16 \, \text{Nm/A}. \tag{8.318}$$

Die Polpaarzahl des Synchronmotors errechnet sich aus der Drehzahl zu

$$p = \frac{f}{n} = \frac{50 \, \text{Hz}}{500 \, \text{min}^{-1}} = 6. \tag{8.319}$$

Damit können die beiden induzierten Spannungen in Abb. 8.38b in der Notation des Simulationsprogramms Simplorer beschrieben werden.

$$u_{i1} = -k_M \cdot \text{RotorOMEGA} \cdot \sin(p \cdot \text{RotorPHI}),$$

$$u_{i2} = -k_M \cdot \text{RotorOMEGA} \cdot \sin\left(p \cdot \text{RotorPHI} - \frac{pi}{2}\right). \tag{8.320}$$

Der Term $pi/2 = \pi/2$ berücksichtigt die räumliche Verdrehung der beiden Stränge/Ständteile um eine halbe Polteilung zueinander. RotorOMEGA ist die mechanische Winkelgeschwindigkeit des Rotors in s^{-1}, RotorPHI der Winkel in rad.

Damit ist der elektrische Kreis des Motors beschrieben und aus der Rechnung können die Ströme i_1 und i_2 für die Weiterberechnung verwendet werden.

– *Mechanisches Modell*

Abbildung 8.39 zeigt die Struktur des mechanischen Modells. Im Motor wird je Strang ein Drehmoment erzeugt, der Rotor hat das Trägheitsmoment $J_r = 2{,}1 \, \text{gcm}^2$ und ein Reibmoment von $M_R = 0{,}3 \, \text{cNm}$. Das Getriebe wird mit dem Übersetzungsverhältnis, dem Wirkungsgrad, der Steifigkeit und dem Getriebespiel modelliert.

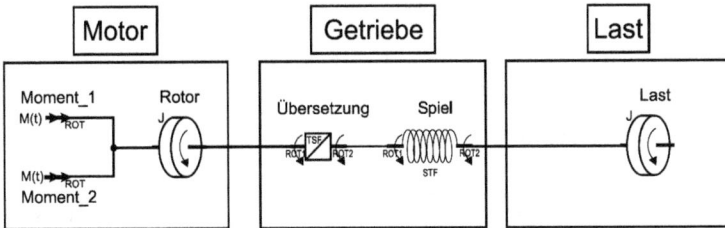

Abb. 8.39: Modell des mechanischen Systems in Simplorer.

Tab. 8.21: Eingabeparameter der mechanischen Modelle.

Element	Parameter	Eingabewert mit Einheit
Rotor	Trägheitsmoment J_r	$2{,}1\,E{-}7\,\text{kgm}^2$
	Reibmoment M_R	$3\,\text{mNm}$
Getriebe	Gesamtsteifigkeit	$10\,000\,\text{Nm/rad}$
	Übersetzung $1/i_r$	10
	Wirkungsgrad η_g	$0{,}95$
	Spiel	$\pm 1°$
	Steifigkeit im Spiel	$2{,}5\,\text{Nm/rad}$
Last	Trägheitsmoment J_T	$150\,E{-}7\,\text{kgm}^2$
	Drehmoment M_T	$33\,\text{mNm}$

Die beiden erzeugten Drehmomente werden durch Gleichungen in der Notation des Simulationsprograms Simplorer beschrieben [452].

$$m_1 = k_M \cdot i_1 - \sin(p \cdot \text{RotorPHI}),$$

$$m_2 = k_M \cdot i_2 - \sin\left(p \cdot \text{RotorPHI} - \frac{pi}{2}\right). \tag{8.321}$$

Das Getriebe ist ein Standardelement und verlangt die Eingabeparameter nach Tabelle 8.21. Die Gesamtsteifigkeit ergibt sich aus der Elastizität der Zähne der Zahnräder. Bei der Übersetzung muss beachtet werden, wie sie definiert ist. In diesem Fall ist sie genau umgekehrt festgelegt als in Gleichung (8.313). Die Steifigkeit im Spiel bedeutet eine Dämpfung, z. B. durch das Fett auf den Zahnflanken. Diese Parameter für das Getriebe sind wieder sehr spezielle Werte, die vom Hersteller zu beziehen sind oder sehr aufwendig ermittelt werden müssen.

Die Eingabeparameter der Last, das heißt der Trommel, zeigt ebenfalls Tabelle 8.21. Hierfür kann wieder ein Element aus der Modellbibliothek gewählt werden.

Für die Auswertung interessieren speziell die Drehzahlen vom Rotor des Motors und von der Last. Sie errechnen sich aus der Winkelgeschwindigkeit zu

$$n = \frac{\omega}{2\pi}. \tag{8.322}$$

und lauten in Notation des Simulationssystems

$$\text{nRotor} = \text{RotorOMEGA}/(2 \cdot pi) \cdot 60,$$

$$\text{nLast} = \text{LastOMEGA}/(2 \cdot pi) \cdot 60. \tag{8.323}$$

– *Ergebnisse der Berechnung*

In Abb. 8.40 ist links die Motordrehzahl und rechts die Drehzahl der Trommel bei dem vom Hersteller des Motors vorgegebenen Betriebskondensator von $C_B = 5{,}6\,\mu\text{F}$ als

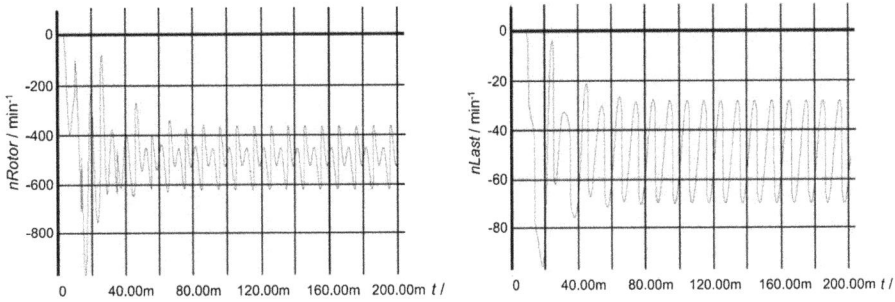

Abb. 8.40: Lauf mit Betriebskondensator C_B = 5,6 μF. a) Motordrehzahl (links), b) Lastdrehzahl (rechts).

Funktion der Zeit dargestellt. Nach dem Zuschalten der Spannung bleibt der Motor für ca. 4 ms in der Ruhestellung stehen. Zunächst muss ein elektrischer Strom aufgebaut werden, damit ein Drehmoment entwickelt werden kann. Danach erfolgt eine starke Beschleunigung, aber der Motor kann in der ersten halben Netzperiode noch nicht die synchrone Drehzahl von n_N = 500 min^{-1} erreichen. Das erfolgt erst in der zweiten halben Netzperiode. Das Rückprellen und die dann sehr hohe Beschleunigung werden durch das Spiel im Getriebe ermöglicht. Unter Schwingungen stellt sich der Motor auf eine mittlere Drehzahl von n_N = 500 min^{-1} ein.

Betrachtet man den eingeschwungenen Zustand ab einer Zeit t > 60 ms, so fällt der starke Oberwellengehalt der Drehzahlschwingungen auf. Das bedeutet, dass das Motorritzel mit verschieden hohen Frequenzen auf das erste Rad im Getriebe aufschlägt und Geräusche verursacht. Das führt dazu, dass die Drehzahl der Trommel ebenfalls starken Pendelungen ausgesetzt ist. In Abb. 8.40 kann man gut erkennen, dass die Beschleunigungsflanke der Drehzahl der Trommel deutlich steiler ist als die „Bremsflanke". Immer wenn das Motorritzel auf die Getrieberäder aufschlägt, gibt es einen deutlichen Impuls, anschließend läuft die Trommel „ohne" Antrieb und bremst ab. Die Drehzahlpendelungen an der Trommel erreichen einen Wert von n_T = (50 ± 20) min^{-1}.

Sowohl die starken Oberwellen in der Motordrehzahl, die Geräusche verursachen, als auch die starken Drehzahlpendelungen der Trommel sind inakzeptabel. Deshalb wird eine zweite Simulation ausgeführt, die sich von der ersten Rechnung nur dadurch unterscheidet, dass der Betriebskondensator auf den Wert C_B = 6,8 μF geändert wird.

In Abb. 8.41 erkennt man, dass die Motordrehzahl deutlich harmonischer geworden ist und die Trommeldrehzahl nur noch im Bereich n_T = (50 ± 9) min^{-1} pendelt. Damit ist eine wesentliche Verbesserung im Verhalten des Antriebs erzielt worden.

Stehen die Rechenergebnisse einmal auf dem Computer zur Verfügung, ist es sinnvoll, eine FFT-Analyse anzuschließen. Abbildung 8.42 stellt die Ergebnisse für die Motordrehzahl dar. Betrachtet wird der eingeschwungene Zustand im Zeitintervall t = (100 … 200) ms. Die Motordrehzahl interessiert besonders als Verursacher der mögli-

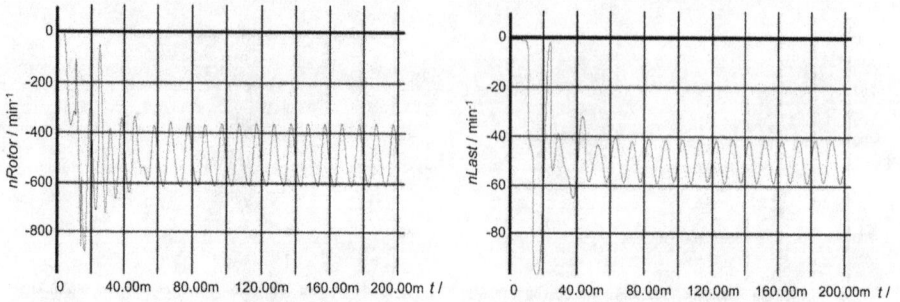

Abb. 8.41: Lauf mit Betriebskondensator C_B = 6,8 µF. a) Motordrehzahl (links), b) Lastdrehzahl (rechts).

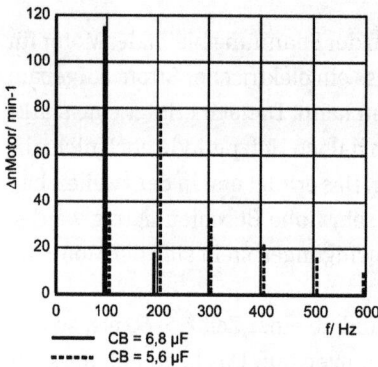

Abb. 8.42: FFT-Analyse der Motordrehzahl im Bereich (100...200) ms.

chen Geräusche. Für den vorgegebenen Betriebskondensator C_B = 5,6 µF erhält man ein breites Spektrum von Oberwellen der Motordrehzahl. Den größten Wert erreicht nicht die Grundwelle, sondern die Oberwelle mit f = 200 Hz. Bei der Rechnung mit dem Betriebskondensator C_B = 6,8 µF tritt außer der Grundwelle mit f = 100 Hz nur noch die Oberwelle mit f = 200 Hz deutlich abgeschwächt auf. Die Betrachtung von Abb. 8.41a zeigt bereits eine „sehr harmonische" Schwingung.

Die Grundwelle mit f = 100 Hz lässt sich in der Regel nicht ganz vermeiden, sie resultiert aus den Gegendrehfeldern der beiden magnetisch nicht gekoppelten Ständer des Klauenpol-Synchronmotors, wie bereits oben beschrieben.

Gesamteinschätzung

Der Klauenpol-Synchronmotor mit nachgeschaltetem Getriebe ist in der Lage, die Trommel entsprechend der Forderungen an den Antrieb anzutreiben und stellt eine kostengünstige Lösung dar.

Probleme kann es aus dem Zusammenspiel Klauenpol-Synchronmotor und Getriebe hinsichtlich generierter Schwingungen und Geräusche geben. Die digitale Simulation wurde genutzt um die Einflussgrößen zu variieren und eine geräuscharme

Lösung zu entwickeln. Die Veränderung des Betriebskondensators beeinflusste das Schwingungsverhalten des Antriebs positiv. Das dynamische Verhalten eines solchen Antriebsstrangs mit schwingungsfähigem Motor als Quelle der mechanischen Energie, dem Getriebe mit Spiel und Steifigkeiten und der Last lässt sich nicht geschlossen mit Differentialgleichungen lösen. Das Beispiel zeigt, welche speziellen Erkenntnisse sich gegenüber einer einfachen konventionellen Rechnung erzielen lassen. Aus der Variation einzelner Parameter kann abgeleitet werden, welche Parameter gravierenden Einfluss auf das System haben und gegenüber welchen Parametern das System unempfindlich ist. Eine derartige Lösung kann daher im Erprobungsstadium eines Antriebs den experimentellen Aufwand erheblich reduzieren bzw. Hinweise für gezielte Untersuchungen liefern. Den endgültigen Nachweis über die Lösung der Antriebsaufgabe bringt aber die experimentelle Erprobung.

Aus der Darstellung des Lösungswegs ist auch deutlich geworden, dass es sinnvoll erscheint, mit dem Hersteller der Antriebskomponenten eng zusammenzuarbeiten. Das betrifft einmal die Nachbildung der Antriebsstruktur im Rechner. Nicht alle Elemente sind in den Objektkatalogen verfügbar, einzelne müssen selbst definiert werden. Die Hersteller der Antriebe haben meistens bereits fertige Strukturen für ihre Erzeugnisse vorliegen. Außerdem werden im Detail einige spezifische Parameter benötigt, die in üblichen Produktdatenblättern nicht enthalten sind. Aus der Zusammenarbeit resultiert in der Regel die schnellste, effektivste und treffsicherste Lösung.

Formelzeichen und Formelschreibweise

Die Verwendung der Formelzeichen und die Schreibweise von Formeln in diesem Handbuch orientiert sich weitestgehend an den Festlegungen der DIN [460, 461, 462, 463]. Variablen und Indizes werden entsprechend den Normen für elektrische Maschinen [11, 12, 17, 23] verwendet.

Tab. 1: Formelzeichen

Konstanten	
e	Eulersche Zahl
π	Kreiszahl
μ_0	Permeabilität des Vakuums
c_0	Lichtgeschwindigkeit im Vakuum
ε_0	Permittivität des Vakuums

Formelzeichen elektrische Größen	
I	Strom allgemein, Gleichstrom, Effektivwert
$\hat{\imath}$	Scheitelwert Strom
$i, i(t)$	Augenblickswert Strom
U	Spannung allgemein, Gleichspannung, Effektivwert
$\hat{U}$	Scheitelwert Spannung
$u, u(t)$	Augenblickswert Spannung
S	Scheinleistung
P	Wirkleistung
Q	Blindleistung
$\cos\varphi$	Leistungsfaktor
η	Wirkungsgrad
Q, q	Ladung
$E, \vec{E}$	Feldstärke
$J, \vec{J}$	Stromdichte
R	Widerstand
G	Leitwert
C	Kapazität
L	Induktivität
M	Gegeninduktivität
X	Reaktanz, Blindwiderstand (induktiv und kapazitiv)
Z	Impedanz, Scheinwiderstand
f	Frequenz
ω	Kreisfrequenz
φ	Phasenwinkel

https://doi.org/10.1515/9783110441505-009

Tab. 1: (fortgesetzt).

ρ	spezifischer Widerstand
$\varkappa$	spezifischer Leitwert

Formelzeichen elektrisches Feld

Q, q	Ladung
ϱ	Raumladungsdichte
σ	Flächenladungsdichte
$E, \vec{E}$	Feldstärke
φ	elektrisches Potenzial
$D, \vec{D}$	Verschiebungsdichte, elektrische Erregung, elektrische Flussdichte
Ψ	elektrischer Fluss
σ	Flächenladungsdichte
ε	Permittivität, Dielektrizitätszahl
$P, \vec{P}$	Polarisation
C	Kapazität

Formelzeichen magnetisches Feld

Θ	Durchflutung
$H, \vec{H}$	Feldstärke
V	magnetische Spannung
$B, \vec{B}$	Flussdichte
$A, \vec{A}$	magnetisches Vektorpoential
Φ	magnetischer Fluss
μ	Permeabilität
$M, \vec{M}$	Magnetisierung
L	Induktivität
M	Gegeninduktivität
Ψ	Flussverkettung

Formelzeichen geometrische Größen

s, l, x	Länge, Weg
d	Dicke
δ, s	Luftspalt
h	Höhe

Tab. 1: (fortgesetzt).

d	Durchmesser
r	Radius
u	Umfang
A, q	Fläche

Formelzeichen Bewegungsgrößen

$s, \vec{s}, x, \vec{x}$	Weg
$v, \vec{v}$	Geschwindigkeit
$a, \vec{a}$	Beschleunigung
m	Masse
$F, \vec{F}$	Kraft
$P, \vec{P}$	Impuls
$\varphi, \vec{\varphi}$	Winkel
$\omega, \vec{\omega}$	Winkelgeschwindigkeit
$n, \vec{n}$	Drehzahl
$\alpha, \vec{\alpha}$	Winkelbeschleunigung
J	Massenträgheit
$L, \vec{L}$	Drehimpuls
$M, \vec{M}$	Drehmoment

Formelzeichen

p	Druck
σ	mechanische Spannung
ϑ	Temperatur mit Bezugspunkt 0 °C
T	absolute Temperatur

Formelzeichen Wicklungen

N	Nutzahl
p	Polpaarzahl
$2p$	Polzahl
s	Spulenzahl
m	Strangzahl
q	Nuten je Pol und Strang
w	Windungszahl
z	Leiterzahl
ξ	Wicklungsfaktor
ζ	Faktor Nutung u. a.

Tab. 1: (fortgesetzt).

Formelzeichen bezogene Größen, Per-Unit-Größen

u	Spannung auf eine Bezugsspannung bezogen, meistens Bemessungsspannung U_N oder Bemessungsstrangspannung U_{stN}, Einheit 1
i	Strom auf einen Bezugsstrom bezogen, meistens Bemessungsstrom I_N oder Bemessungsstrangstrom I_{stN}, Einheit 1
z	Impedanz auf eine Bezugsimpedanz bezogen, meistens bei Gleichstrom oder Einphasensystemen $\frac{U_N}{I_N}$ oder bei Drehstromsystemen $\frac{U_{stN}}{I_{stN}}$
r	Widerstand auf eine Bezugsimpedanz bezogen, meistens bei Gleichstrom oder Einphasensystemen $\frac{U_N}{I_N}$ oder bei Drehstromsystemen $\frac{U_{stN}}{I_{stN}}$
x	Reaktanz auf eine Bezugsimpedanz bezogen, meistens bei Gleichstrom oder Einphasensystemen $\frac{U_N}{I_N}$ oder bei Drehstromsystemen $\frac{U_{stN}}{I_{stN}}$

Indizes

S	Stator
R	Rotor, bewegter Teil einer Maschine
f	Erregerwicklung
L1, L2, L3	Leiter Drehstromsystem
U, V, W	Stränge Drehstromstatorwicklungen
st, strang	Stranggröße
l, leiter, keine Angabe	Leitergröße
eff oder keine Angabe	Effektivwert, effektive Windungszahl ...
=, DC	Gleichstrom
1 ~, 1AC	Einphasenwechselstrom
3 ~, 3AC	Drehstrom
m, mech	mechanisch, z. B. Leistung
e, el	elektrisch, z. B. Leistung
d, q	d-Achse, q-Achse
r	relativ, z. B. μ_r, ε_r
PU	bezogene Größen per unit
~	Wechselgröße mit dem linearen Mittelwert Null
th	thermisch
m, mag	magnetisch
fe	Eisen, z. B. Eisenverluste

Abbildungsverzeichnis

Tabellenverzeichnis

Die Autoren

Prof. Dipl.-Ing. Dr. Wolfgang Amrhein ist Leiter des Instituts für Elektrische Antriebe und Leistungselektronik und Leiter des JKU HOERBIGER Research Institute for Smart Actuators an der Johannes Kepler Universität Linz. Er studierte Elektrotechnik an der Technischen Hochschule Darmstadt und promovierte 1988 am Institut für Elektrische Entwicklungen und Konstruktionen der ETH Zürich. Von 1990 bis 1994 arbeitete er im Unternehmen Papst-Motoren GmbH, St. Georgen, und übernahm die Leitung der Motorenentwicklung. Weitere Funktionen waren die Leitung des Fachausschusses Elektrische Geräte und Stellantriebe im VDE/VDI (GMM), die wissenschaftliche Leitung des Kplus Centers Linz Center of Mechatronics (LCM) zusammen mit Prof. Dipl.-Ing. Dr. Rudolf Scheidl sowie die Area-Koordination des Bereiches Mechatronic Design of Machines and Components innerhalb des COMET-K2-Programms. Aktuell ist er Koordinator des Bereiches Actuators im gleichen Forschungsprogramm der LCM GmbH. Das K2-Programm wird von den österreichischen Bundesministerien BMVIT und BMDW sowie durch das Land Oberösterreich gefördert. Teile der Buchbeiträge, an denen der Autor beteiligt ist, sind hieraus entstanden.

Dr.-Ing. Thomas Bertolini ist Geschäftsführer der Dr. Fritz Faulhaber GmbH & Co. KG mit Sitz in Schönaich. Er studierte Elektrotechnik an der Universität Kaiserslautern und promovierte 1988 auf dem Gebiet der elektrischen Kleinantriebe. Seine industrielle Laufbahn begann bei der Robert Bosch GmbH mit der Entwicklung von elektrischen Kleinantrieben für den Automobilzulieferbereich. Anschließend war er acht Jahre als Technischer Leiter bei ebmpapst in Mulfingen tätig und gelangte 2005 zur Firma Faulhaber, wo er bis zu seinem altersbedingten Ausscheiden Ende 2021 die technischen Bereiche verantwortete. Als langjähriges VDE-Mitglied engagiert er sich in Fachausschüssen und einem Normenarbeitskreis.

Prof. Dr.-Ing. Carsten Fräger ist Vorstandsmitglied und stellvertretender Leiter des Instituts für Konstruktionselemente, Mechatronik und Elektromobilität IKME der Hochschule Hannover. Er vertritt die Mechatronik mit den Themen Elektrische Antriebe und Servoantriebe, Modellbildung technischer Systeme, sowie die Auslegung mechatronischer Systeme. Er studierte Elektrotechnik an der Universität Paderborn und an der Leibniz-Universität Hannover. 1994 promovierte er am Institut für Elektrische Maschinen und Antriebe der Leibniz-Universität Hannover. Bei der Fa. Lenze/Aerzen leitete er die Motorenentwicklung und das Produktmanagement Servoantriebe. Er engagiert sich aktiv als Mitglied im Fachbereich Antriebstechnik FBA1 und im Fachausschuss Elektrische Geräte- und Stellantriebe FA3.3 des VDE. Er arbeitet in den Programmausschüssen der Konferenz Innovative Klein- und Mikroantriebstechnik IKMT. Im IEEE ist er aktiv als Reviewer für Beiträge der Mechatronik tätig.

Dipl.-Ing. Thomas Fuchs arbeitet seit 2005 bei der Dr. Fritz Faulhaber GmbH & Co. KG. Er ist dort verantwortlich für Geräusch- und Schwingungstechnik. Sein Aufgabengebiet umfasst sowohl die entwicklungsbegleitende Optimierung von Kleinstantrieben als auch die Entwicklung von serientauglichen Prüfsystemen bei Geräusch- und Schwingungsthemen. Zuvor studierte er an der HS Heilbronn Mechatronik und Mikrosystemtechnik.

https://doi.org/10.1515/9783110441505-010

Prof. Dr.-Ing. habil. Hans-Jürgen Furchert lehrte an der Fachhochschule Gießen-Friedberg in den Fächern Elektrotechnik, Elektrische Kleinmotoren, Leiterplattentechnik, Optoelektronische Systeme sowie Angewandte Feinwerktechnik. Er studierte an der damaligen Hochschule für Elektrotechnik Ilmenau, Fakultät Feinmechanik und Optik, promovierte und habilitierte sich dort. Er arbeitete in der Firma Carl Zeiss Jena als Entwicklungsingenieur und Berater.

Prof. Dipl. Ing. Dr. Wolfgang Gruber studierte Mechatronik an der Johannes Kepler Universität (JKU) in Linz, Österreich. Anschließend war er wissenschaftlicher Mitarbeiter am Institut für Elektrische Antriebe und Leistungselektronik der JKU, wo er 2009 im Bereich der lagerlosen Motoren promovierte und sich 2018 im Fach „Elektrische Antriebstechnik" habilitierte. Ab 2004 war er zudem Projektleiter in der Linz Center of Mechatronics GmbH (LCM). Heute ist er als Universitätsprofessor für „Elektrische Kleinantriebe und Magnetlagertechnik" an der JKU tätig. Forschungsschwerpunkte sind u. a. Konzeption, Aufbau und Regelung von (lagerlosen) Kleinmotoren. Er ist Mitglied im IEEE und VDI/VDE.

Dr. Tobias Heidrich ist wissenschaftlicher Mitarbeiter im Fachgebiet Kleinmaschinen an der Technischen Universität Ilmenau. Dort studierte er Elektrotechnik und Informationstechnik und promovierte auf dem Gebiet der elektrischen Kleinantriebe. Zudem gründete und führt er die Firma Elektromotorentechnik Ilmenau GmbH, die sich mit der Entwicklung von Kleinmaschinen befasst.

Dr.-Ing. Marcus Herrmann ist seit 2014 Director Global Engineering bei Johnson Electric in der Geschäftseinheit Metering & Circuit Breaker Technology. Er studierte Elektrotechnik/Feinwerktechnik an der TU Dresden und promovierte 2008 an der TU München am Lehrstuhl für Angewandte Mechanik über elektromagnetische Aktoren. Im gleichen Jahr begann er bei Johnson Electric als Entwicklungsleiter der Geschäftseinheit Motor Actuators, die sowohl Schritt- und Synchronantriebe entwickelt und produziert als auch mechatronische Subsysteme mit Schritt- oder DC-Motoren, z. B. Stellantriebe, Wasserventile oder Gasventile.

Prof. Dr.-Ing. habil. Hartmut Janocha leitete von 1989 bis 2009 den Lehrstuhl für Prozessautomatisierung der Universität des Saarlandes (UdS) mit den Arbeitsschwerpunkten Machine Vision und Unkonventionelle Aktoren. Anschließend schloss er als Seniorprofessor der UdS bis Ende 2014 mehrere kooperative Forschungsprojekte auf dem Gebiet der Aktorik ab. Er studierte Elektrotechnik an der Universität Hannover, wo er auch promoviert wurde und sich habilitierte. Während seiner berufsaktiven Zeit erfolgten u. a. Aufbau und Leitung des VDE/VDI-Fachausschusses Mikroaktorik (GMM) und des VDI/VDE-Fachausschusses Unkonventionelle Aktorik (GMA), jetzige Bezeichnung: Smart Materials and Systems.

Dr. techn. Gerald Jungmayr schloss 2003 sein Mechatronik-Studium und 2008 sein Doktoratsstudium an der Johannes Kepler Universität (JKU) Linz ab. Von 2004 bis 2017 war er am Institut für elektrische Antriebe und Leistungselektronik an der JKU Linz tätig (Drittmittelforschung). Seit 2017 arbeitet er als Teamleiter an der Linz Center of Mechatronics GmbH (LCM). Seine Schwerpunkte in Forschung und Entwicklung umfassen aktive und passive Magnetlager, magnetische Getriebe und elektrische Antriebe.

Prof. Dr.-Ing. habil. Prof. h. c. Eberhard Kallenbach[†] war von 1992 bis 2016 Leiter des Steinbeis-Transferzentrums Mechatronik Ilmenau. Er studierte an der damaligen Hochschule für Elektrotechnik Ilmenau Theoretische Elektrotechnik und arbeitete nach seiner Promotion als Entwicklungsleiter bei der Firma Kern KG Schleusingen. Nach seiner Habilitation wurde er als Professor für Informationsgerätetechnik an die damalige TH Ilmenau berufen. Er war Ordentliches Mitglied der Sächsischen Akademie der Wissenschaften und der Deutschen Akademie der Technikwissenschaften (acatech).

Prof. Dr.-Ing. habil. Dr. h. c. Werner Krause ist Professor i. R. für Konstruktion der Feinwerktechnik an der Fakultät Elektrotechnik und Informationstechnik der Technischen Universität Dresden und war bis 2002 Direktor des Instituts für Feinwerktechnik. Zugleich leitete er an dieser Fakultät die Studienrichtung Feinwerk- und Mikrotechnik. Er ist Ordentliches Mitglied der Deutschen Akademie der Technikwissenschaften und der Sächsischen Akademie der Wissenschaften zu Leipzig sowie Ehrenmitglied der Deutschen Gesellschaft für Feinwerktechnik.

Dipl.-Ing. Dr. Edmund Marth studierte Mechatronik an der Johannes Kepler Universität Linz, wo er auch im Bereich der passiven Magnetlagertechnik promovierte. Er arbeitet am Institut für elektrische Antriebe und Leistungselektronik der Johannes Kepler Universität als Senior Researcher. Aktuelle Forschungsschwerpunkte behandeln die Auslegung elektromagnetischer Aktuatoren hoher Leistungsdichte, den Einsatz künstlicher Intelligenz zur Zustandsüberwachung elektrischer Antriebe sowie die Optimierung mechatronischer Systeme.

Prof. Dr.-Ing. Axel Mertens leitet das Fachgebiet Leistungselektronik und Antriebsregelung an der Leibniz Universität Hannover. Er ist gleichzeitig Leiter des Instituts für Antriebssysteme und Leistungselektronik. Er studierte an der RWTH Aachen und promovierte dort am Institut für Stromrichtertechnik und Elektrische Antriebe. Anschließend war er bis 2004 bei Siemens in der Entwicklung von Antriebsumrichtern und ihrer Steuerung und Regelung tätig.

apl. Prof. Dr.-Ing. habil. Andreas Möckel leitet seit 2006 kommissarisch das Fachgebiet Kleinmaschinen am Institut für Elektrische Energie- und Steuerungstechnik der Technischen Universität Ilmenau. Er studierte an der Technischen Universität Ilmenau Elektrotechnik, promovierte und habilitierte auf dem Gebiet der Kommutierung von Kommutatormotoren.

Dipl.-Ing. Gerald Puchner studierte Elektrotechnik mit der Vertiefungsrichtung Elektrische Maschinen an der TU Dresden. Danach arbeitete er an Forschungsprojekten zur numerischen Berechnung des Magnetfeldes und der Temperaturverteilung in Großtransformatoren. Seine Industrielaufbahn begann er als Entwicklungsingenieur für Elektromagnete bei Binder Magnete GmbH in Villingen. Später bekleidete er Positionen als Entwicklungsleiter für Niederspannungsschaltgeräte bei ABB Schweiz sowie R&D Manager Low Voltage Breakers and Systems bei ABB China Ltd. Von 2009 bis 2021 war er Entwicklungsleiter für magnetische Komponenten bei Kendrion (Donaueschingen/Engelswies).

Dr.-Ing. Thomas Roschke ist seit 2015 Präsident der Johnson Medtech LLC in Boston & Dayton, USA, die Antriebe für chirurgische Instrumente, Dosiersysteme, Pumpen und Ventile für die Medizintechnik und Sensorik für das Vital Signs Monitoring (EKG, EEG, EMG) entwickelt und produziert. Er studierte Elektrotechnik/Feinwerktechnik an der TU Dresden und promovierte dort zur Modellierung und dem Entwurf geregelter elektromagnetischer Antriebe von Schaltgeräten. Er arbeitete zunächst als Entwicklungsleiter und später als Geschäftsführer der Saia-Burgess Dresden GmbH. In Hongkong baute er ab 2009 das Medizintechnikgeschäft der Johnson Electric Group auf.

Dr.-Ing. Christoph Schäffel[†] war Leiter des Bereichs Mechatronik am Institut für Mikroelektronik- und Mechatronik-Systeme Ilmenau. Er studierte an der Technischen Universität Ilmenau und promovierte dort am Institut für Mikrosystemtechnik, Mechatronik und Mechanik.

Prof. Dr.-Ing. Wolfgang Schinköthe studierte Elektroingenieurwesen mit dem Schwerpunkt Feinwerktechnik an der Technischen Universität Dresden. Anschließend war er dort wissenschaftlicher Mitarbeiter am Institut für Elektronik-Technologie und Feingerätetechnik, wo er 1985 promovierte. Ab 1989 arbeitete er zunächst als Projektleiter bei Robotron-Elektronik Dresden und anschließend als Chefkonstrukteur bei Feinmess Dresden. 1993 erhielt er einen Ruf an die Universität Stuttgart, wo er bis zu seinem Ruhestand im Jahre 2018 Lehrstuhl- und Institutsleiter am Institut für Konstruktion und Fertigung in der Feinwerktechnik war. Forschungsschwerpunkte sind u. a. Aktorik, Lineardirektantriebe, Zuverlässigkeit feinwerktechnischer Antriebssysteme sowie ausgewählte Aspekte der Gerätekonstruktion.

Dr. Ing. Johannes Schmid leitet bei der Fa. Oberaigner Powertrain GmbH den Bereich Elektrik/Elektronik. Er studierte an der Johannes Kepler Universität in Linz Mechatronik und promovierte am dortigen Institut für elektrische Antriebe und Leistungselektronik zum Thema „Geschaltete Reluktanzmaschinen".

Prof. Dr.-Ing. Stefan Seelecke leitet den Lehrstuhl für Intelligente Materialsysteme an der Universität des Saarlandes mit den Themen Mechatronik, Systems Engineering, Materialwissenschaften und Werkstofftechnik. Er studierte Physikalische Ingenieurwissenschaft an der Technischen Universität Berlin, wo er 1995 promoviert wurde und sich 1999 habilitierte. Im Jahre 2000 folgte er einem Ruf an das Department of Mechanical & Aerospace Engineering der North Carolina State University in Raleigh, USA. Er war Editor-in-Chief der Zeitschrift Continuum Mechanics and Thermodynamics (Springer). Gegenwärtig ist er Associate Editor von Smart Materials & Structures, des Journals of Intelligent Material Systems and Structures, sowie Vorsitzender des VDI/VDE GMA Fachausschusses Smart Materials and Systems.

Dipl.-Ing. Dr. Siegfried Silber studierte an der Technischen Universität Graz Elektrotechnik und promovierte an der Johannes Kepler Universität Linz, Österreich, im Bereich elektrischer Antriebstechnik. Er war am Institut für Elektrische Antriebe und Leistungselektronik der Johannes Kepler Universität Linz als stellvertretender Institutsvorstand tätig. Derzeit arbeitet er in der Linz Center of Mechatronics GmbH (LCM) als Teamleiter im Bereich der Entwicklung von Simulationssoftware zur Berechnung elektrischer Maschinen.

Prof. Dr.-Ing. Hans-Dieter Stölting studierte Elektrische Energietechnik an der RWTH Aachen und an der Universität Stuttgart, wo er am Institut für Elektrische Maschinen und Antriebe promovierte. Anschließend war er Entwicklungsingenieur bei Siemens, Würzburg, und Oberingenieur am erwähnten Institut der Universität Stuttgart. Er vertrat an der Leibniz Universität Hannover das Lehrgebiet Elektrische Kleinmaschinen und war Mitglied mehrerer VDE- bzw. VDI-Fachausschüsse.

Dr. Andreas Wagener studierte Elektrotechnik mit dem Schwerpunkt elektrische Antriebe an der Universität Erlangen. Seine Promotion erfolgte im Themenbereich alternative Fahrzeugantriebe an der Universität Ulm. Nach einigen Jahren als Projektleiter für HIL-Testsysteme (Hardware in the loop) bei dSPACE arbeitet er seit 2007 bei der Dr. Fritz Faulhaber GmbH & Co KG in Schönaich. Seit 2016 leitet er dort die Elektronikentwicklung für Sensorik und Motoransteuerungen.

Prof. Dr.-Ing. Heinz Weißmantel lehrte am Institut für Elektromechanische Konstruktion der Technischen Universität Darmstadt. Er studierte Elektrische Energietechnik an der damaligen Technischen Hochschule Darmstadt und promovierte dort auf dem Gebiet der Elektrischen Kleinantriebe. Er war bei der Firma Hella, Lippstadt, und als Direktor bei der Firma Dr. Fritz Faulhaber, Schönaich, tätig. Im Ruhestand arbeitet er auf dem Gebiet der Elektrischen Kleinantriebe sowie in der Entwicklungsmethodik (Recycling (SFB), Benutzerfreundliches und Seniorengerechtes Design (DFG)).

Literatur

Alle Antriebsarten, Normen, Einleitung elektrische Kleinantriebe

[1] **Srb, Neven**: Tehnika Namatanja Elektromotora – Winding Technique of Electric Motors – Die Wicklungstechnik der Elektromotoren. Tehnička Knjiga, Zagreb, ISBN 86-7059-085-9 (1990).
[2] **Müller, Vogt, Ponick**: Grundlagen elektrischer Maschinen. Wiley-VCH (2006).
[3] **Müller, Vogt, Ponick**: Berechnung elektrischer Maschinen. Wiley-VCH (2008).
[4] **Müller, Vogt, Ponick**: Theorie elektrischer Maschinen. Wiley-VCH (2009).
[5] **Binder**: Elektrische Maschinen und Antriebe. Grundlagen, Betriebsverhalten. Springer (2012).
[6] **Fischer**: Elektrische Maschinen. Hanser (2013).
[7] **Bolte**: Elektrische Maschinen: Grundlagen Magnetfelder, Wicklungen, Asynchronmaschinen, Synchronmaschinen, Elektronisch kommutierte Gleichstrommaschinen. Springer (2012).
[8] **Stölting, Beisse**: Elektrische Kleinmaschinen. Stuttgart B. G. Teubner-Verlag (1987).
[9] **Huth**: Permanent-Magnet-Excited AC Servo Motors in Tooth-Coil Technology. IEEE Transactions on Energy Conversion bvolume20 (2005) 2, June.
[10] **Hofmann, W.**: Elektrische Maschinen – Lehr- und Übungsbuch. Kapitel 7: Kleinmaschinen. Pearson Deutschland (2013).
[11] **IEC 60034-1, DIN-EN 60034-1**: Drehende Elektrische Maschinen – Teil 1: Bemessung und Betriebsverhalten (02.2011).
[12] **IEC 60034-2-1, DIN-EN 60034-2-1**: Drehende Elektrische Maschinen – Teil 2-1: Standardverfahren zur Bestimmung der Verluste und des Wirkungsgrades aus Prüfungen (...) (02.2015).
[13] **IEC 60034-4, DIN-EN 60034-4**: Drehende Elektrische Maschinen – Teil 4: Verfahren zur Ermittlung der Kenngrößen von Synchronmaschinen durch Messungen (04.2009).
[14] **IEC 60034-5, DIN-EN 60034-5**: Drehende Elektrische Maschinen – Teil 5: Schutzarten aufgrund der Gesamtkonstruktion von dehenden elektrischen Mschinen (IP-Code) – Einteilung (09.2007).
[15] **IEC 60034-6, DIN-EN 60034-6**: Drehende Elektrische Maschinen – Teil 6: Einteilung der Kühlverfahren (IC-Code) (08.1996).
[16] **IEC 60034-7, DIN-EN 60034-7**: Drehende Elektrische Maschinen – Teil 7: Klassifizierung der Bauarten, der Aufstellungsarten und der Klemmkasten-Lage (IM-Code) (12.2001).
[17] **IEC 60034-8, DIN-EN 60034-8**: Drehende Elektrische Maschinen – Teil 8: Anschlussbezeichnungen und Drehsinn (10.2014),
[18] **IEC 60034-11, DIN-EN 60034-11**: Drehende Elektrische Maschinen – Teil 11: Thermischer Schutz (04.2005).
[19] **IEC 60034-12, DIN-EN 60034-12**: Drehende Elektrische Maschinen – Teil 12: Anlaufverhalten von Drehstrommotoren mit Käfigläufer ausgenommen polumschaltbare Motoren (04.2008).
[20] **IEC 60034-14, DIN-EN 60034-14**: Drehende Elektrische Maschinen – Teil 14: Mechanische Schwingungen von bestimmten Maschinen mit eienr Achshöhe von 56 mm und höher – Messung, Bewertung und Grenzwerte der Schwingstärke (03.2008).
[21] **IEC/TS 60034-17, DIN-VDE 0530-17**: Drehende Elektrische Maschinen – Teil 17: Umrichtergespeiste Induktionsmaschinen mit Käfigläufer – Anwendungsleitfaden (12.2007).
[22] **IEC/TS 60034-25, DIN-VDE 0530-25**: Drehende Elektrische Maschinen – Teil 25: Leitfaden für den Entwurf und das Betriebsverhalten von Drehstrommotoren, die speziell für Umrichterbegtrieb bemessen sind (08.2009).
[23] **IEC 60034-28, DIN EN 60034-28**: Drehende Elektrische Maschinen – Teil 28: Prüfverfahren zur Bestimmung der Ersatzschaltbildgrößen dreiphasiger Niederspannungs-Käfigläufer-Asynchronmotoren (11.2013).

https://doi.org/10.1515/9783110441505-011

[24] **IEC 60034-29, DIN EN 60034-29**: Drehende Elektrische Maschinen – Teil 29: Verfahren der äquivalenten Belastung und Überlagerung – Indirekte Prüfung zur Ermittlung der Übertemperatur (01.2009).

[25] **IEC 60072-1**: Dimensions and Output Series for Rotating Electrical Machines Part 1: Frame Numbers 56 to 400 and Flange Numbers 55 to 1080 (01.1991).

[26] **DIN 1320:2009-12**: Akustik und Begriffe [Acoustics – Terminology].

[27] **DIN 1495-1:1983-04**: Gleitlager aus Sintermetall mit besonderen Anforderungen für Elektro-Klein- und Kleinstmotoren; Kalottenlager, Maße [Sintered metal plain bearings which meet specific requirements for fractional and subfractional horsepower electric motors; Spherical bearings; Dimensions].

[28] **DIN EN 60404-8-6:2009-11 (DIN IEC 60404-8-6:2005-05)**: Magnetische Werkstoffe – Teil 8-6: Anforderungen an einzelne Werkstoffe – Weichmagnetische metallische Werkstoffe (IEC 60404-8-6:1999 + A1:2007); Deutsche Fassung EN 60404-8-6:2009 [Magnetic materials – Part 8-6: Specifications for individual materials – Soft magnetic metallic materials (IEC 60404-8-6:1999 + A1:2007); German version EN 60404-8-6:2009].

[29] **DIN EN 60529:2014-09; VDE 0470-1:2014-09**: Schutzarten durch Gehäuse (IP-Code) (IEC 60529:1989 + A1:1999 + A2:2013); Deutsche Fassung EN 60529:1991 + A1:2000 + A2:2013 [Degrees of protection provided by enclosures (IP Code) (IEC 60529:1989 + A1:1999 + A2:2013); German version EN 60529:1991 + A1:2000 + A2:2013].

[30] **DIN 42021-1:1976-10**: Schrittmotoren; Anbaumaße, Typschild, elektrische Anschlüsse [Step motors; mounting dimensions, type plate, electrical connection].

[31] **DIN 42026-1:1977-09**: Magnetsegmente für Kleinmotoren; Angaben zur Bemaßung [Permanent magnet segments; directives for selection of dimensions].

[32] **DIN 42027:1984-12**: Stellmotoren; Einteilung, Übersicht [Servo motors; classification, survey].

[33] **DIN 42028-1:1980-03**: Steckanschlüsse mit Flachsteckverbindungen für Kleinmotoren; Ausführung und Maße [Connectors with receptacles and tabs for small motors; forms and dimensions].

[34] **DIN 43021:1977-12**: Bahnen und Fahrzeuge; Kohlebürsten, Maße und Toleranzen [Carbon brushes for electric traction; dimensions, tolerances].

[35] **DIN 45631/A1:2010-03**: Berechnung des Lautstärkepegels und der Lautheit aus dem Geräuschspektrum – Verfahren nach E. Zwicker – Änderung 1: Berechnung der Lautheit zeitvarianter Geräusche; mit CD-ROM [Calculation of loudness level and loudness from the sound spectrum – Zwicker method – Amendment 1: Calculation of the loudness of time-variant sound; with CD-ROM].

[36] **DIN 45635-1:1984-04**: Geräuschmessung an Maschinen; Luftschallemission, Hüllflächen-Verfahren; Rahmenverfahren für 3 Genauigkeitsklassen [Measurement of noise emitted by machines; airborne noise emission; enveloping surface method; basic method, divided into 3 grades of accuracy].

[37] **DIN EN 10106:2016-03**: Kaltgewalztes nicht kornorientieres Elektroband und -blech im schlussgeglühten Zustand; Deutsche Fassung EN 10106:2015 [Cold rolled non-oriented electrical steel strip and sheet delivered in the fully processed state; German version EN 10106:2015].

[38] **DIN EN ISO 11197:2016-08; VDE 0750-211:2016-08**: Medizinische Versorgungseinheiten (ISO 11197:2016); Deutsche Fassung EN ISO 11197:2016 [Medical supply units (ISO 11197:2016); German version EN ISO 11197:2016].

[39] **DIN EN ISO 1680:2014-04**: Akustik – Verfahren zur Messung der Luftschallemission von drehenden elektrischen Maschinen (ISO 1680:2013); Deutsche Fassung EN ISO 1680:2013 [Acoustics – Test code for the measurement of airborne noise emitted by rotating electrical machines (ISO 1680:2013); German version EN ISO 1680:2013].

[40] **DIN EN 60068-1:2015-09; VDE 0468-1:2015-09**: Umgebungseinflüsse – Teil 1: Allgemeines und Leitfaden (IEC 60068-1:2013); Deutsche Fassung EN 60068-1:2014 [Environmental testing – Part 1: General and guidance (IEC 60068-1:2013); German version EN 60068-1:2014].

[41] **DIN EN 60335-1:2012-10; VDE 0700-1:2012-10**: Sicherheit elektrischer Geräte für den Hausgebrauch und ähnliche Zwecke – Teil 1: Allgemeine Anforderungen (IEC 60335-1:2010, modifiziert); Deutsche Fassung EN 60335-1:2012 [Household and similar electrical appliances – Safety – Part 1: General requirements (IEC 60335-1:2010, modified); German version EN 60335-1:2012].

[42] **DIN EN 62368-1:2016-05; VDE 0868-1:2016-05**: Einrichtungen für Audio/Video-, Informations- und Kommunikationstechnik – Teil 1: Sicherheitsanforderungen (IEC 62368-1:2014, modifiziert + Cor.:2015); Deutsche Fassung EN 62368-1:2014 + AC:2015 [Audio/video, information and communication technology equipment – Part 1: Safety requirements (IEC 62368-1:2014, modified + Cor.:2015); German version EN 62368-1:2014 + AC:2015].

[43] **DIN EN 60085:2008-08; VDE 0301-1:2008-08**: Elektrische Isolierung – Thermische Bewertung und Bezeichnung (IEC 60085:2007); Deutsche Fassung EN 60085:2008 [Electrical insulation – Thermal evaluation and designation (IEC 60085:2007); German version EN 60085:2008].

[44] **DIN EN 61000-1-2:2016-08; VDE 0839-1-2:2016-08**: Entwurf: Elektromagnetische Verträglichkeit (EMV) – Teil 1-2: Allgemeines – Verfahren zum Erreichen der funktionalen Sicherheit von elektrischen und elektronischen Systemen einschließlich Geräten und Einrichtungen im Hinblick auf elektromagnetische Phänomene (IEC 77/513/FDIS:2016); Deutsche Fassung FprEN 61000-1-2:2016 [Electromagnetic compatibility (EMC) – Part 1-2: General – Methodology for the achievement of functional safety of electrical and electronic systems including equipment with regard to electromagnetic phenomena (IEC 77/513/FDIS:2016); German version FprEN 61000-1-2:2016].

[45] **DIN EN 60146-1-1:2011-04; VDE 0558-11:2011-04**: Halbleiter-Stromrichter – Allgemeine Anforderungen und netzgeführte Stromrichter – Teil 1-1: Festlegung der Grundanforderungen (IEC 60146-1-1:2009); Deutsche Fassung EN 60146-1-1:2010 [Semiconductor converters – General requirements and line commutated converters – Part 1-1: Specification of basic requirements (IEC 60146-1-1:2009); German version EN 60146-1-1:2010].

[46] **DIN EN 60747-3:2010-11**: Entwurf: Halbleiterbauelemente – Teil 3: Signaldioden (einschließlich Schaltdioden) und Stabilisatordioden (IEC 47E/395/CD:2010) [Semiconductor devices – Part 3: Signal (including switching diodes) and regulator diodes (IEC 47E/395/CD:2010)].

[47] **DIN EN 61800-1:1999-08; VDE 0160-101:1999-08**: Drehzahlveränderbare elektrische Antriebe – Teil 1: Allgemeine Anforderungen; Festlegungen für die Bemessung von Niederspannungs-Gleichstrom-Antriebssystemen (IEC 61800-1:1997); Deutsche Fassung EN 61800-1:1998 [Adjustable speed electrical power drive systems – Part 1: General requirements; rating specifications for low voltage adjustable speed d.c. power drive systems (IEC 61800-1:1997); German version EN 61800-1:1998].

[48] **ZVEI**: Produktion von Elektromotoren von 2010 bis 2015 (2016).

Elektromagnete

[49] **Kallenbach, E.**: Der Gleichstrommagnet. Leipzig: Akademische Verlagsgesellschaft Geest & Portig KG (1969).

[50] **Kallenbach, E., Eick, R., Quendt, P.**: Elektromagnete. Stuttgart: Teubner (1994).

[51]   **Kallenbach, E., Eick, R., Quendt, P., Ströhla, T. Feindt, K., Kallenbach, M.**: Elektromagnetische
        Grundlagen, Berechnung, Entwurf und Anwendung. 3., überarbeitete und ergänzte Auflage.
        Vieweg + Teubner Wiesbaden (2008).

[52]   **Ljubcik, M. A.**: Optimal'noe projektirovanie silovych elektromagnitnych mechanizmov
        (Optimale Projektierung von elektromagnetischen Mechanismen). Moskau: Energija (1974).

[53]   **Kallenbach, E.**: Untersuchungen zur systematischen Projektierung nichtlinearer
        gleichstromerregter elektromagneto-mechanischer Antriebselemente mit translatorischer
        Ankerbewegung. Dissertation B TH Ilmenau (1978).

[54]   **Aldefeld, B.**: Felddiffusion in Elektromagneten. Feinwerktechnik und Meßtechnik 90 (1982) 5,
        S. 222–226.

[55]   **Kallenbach, E., Feindt, K., Hermann, R., Schneider, S.**: Auslegung von schnellwirkenden
        Elektromagneten unter Berücksichtigung von Wirbelströmen bei bewegtem Anker. 3.
        Magdeburger Maschinenbautage (1997), Tagungsband II, S. 59–68.

[56]   **Oesingmann, D.**: Systematisierung der Schwinganker. Berechnung und experimentelle
        Überprüfung elektromagnetischer Schwinganker. Wissenschaftliche Zeitschrift, TH Ilmenau
        20 (1974) 2, S. 51–62.

[57]   **Hermann, R.**: Untersuchungen zur Dynamik von wechselstromerregten elektro-mechanischen
        Antrieben. Dissertation A, TH Ilmenau (1983).

[58]   **Nikitenko, A. G. u. a.**: Matematiceskoj modelirovanije i avtomatisazija projektirovanija
        tjagovych electricesky apperatov (Mathematische Modellierung und Automatisierung der
        Projektierung elektrischer Apparate). Moskau: Vyssaja skola (1996).

[59]   **Hermann, R.**: Zum dynamischen Verhalten von wechselstromerregten Magnetsystemen.
        Feingerätetechnik 28 (1979) 12, S. 547.

[60]   **Habiger, E. u. a.**: Elektromagnetische Verträglichkeit, 2. Auflage. Berlin/München: Verlag
        Technik (1992).

[61]   **Kallenbach, E., Feindt, K., Hermann, R., Schneider, S., Nikitenko, A. G.**: Dynamische
        Leistungsgrenzen von Elektromagneten, DRIVES 97, Nürnberg (1997) Tagungsband,
        S. 462–471.

[62]   **Kallenbach, E., Bögelsack, G.**: Gerätetechnische Antriebe. Berlin: Verlag Technik (1991),
        München/Wien: Hanser Verlag 1991.

[63]   **Kallenbach, E., Birli, O., Dronsz, F., Feindt, K., Spiller, S., Walter, R.**: STURGEON – an existing
        software system for the completely CAD of electromagnets. ICED 97 Tampere Finnland
        Proceedings, Bd. I (1997).

[64]   **Ströhla, T.**: Ein Beitrag zur Simulation und zum Entwurf von elektromagnetischen Systemen
        mit Hilfe der Netzwerkmethode. Dissertation, TU-Ilmenau, Fakultät für Maschinenbau (2002).

[65]   **Birli, O., Kallenbach, E.**: Grobdimensionierung magnetischer Antriebssysteme mit dem
        Programmsystem SESAM. Tagungsband des Statusseminars Simulationswerkzeuge für
        schnelle magnetische Sensor- und Aktorelemente der Mikrosystemtechnik (SESAM),
        Ilmenau, Herausgeber: Technische Universität Ilmenau und VDI/VDE-Technologiezentrum
        Informationstechnik GmbH Teltow S. 35–42 (2001).

[66]   **Spiller, S.**: Untersuchungen zur Realisierung eines durchgängigen rechnergestützten
        Entwurfssystems für magnetische Aktoren unter Einbeziehung von thermischen
        Netzwerkmodellen. Dissertation, TU-Ilmenau, Fakultät für Maschinenbau (2001).

[67]   **Feindt, K.**: Untersuchungen zum Entwurf von Elektromagneten unter Berücksichtigung
        dynamischer Kenngrößen. Dissertation TU Illmenau (2002).

[68]   **Riethmüller, J.**: Eigenschaften polarisierter Elektromagnete und deren Dimensionierung
        anhand eines Entwurfsalgorithmus mit einem Optimierungsverfahren. Dissertation TU
        Illmenau (2004).

[69]   **Kleineberg, T.**: Modellierung nichtlinearer induktiver Bauelemente der Leistungselektronik.
        Dissertation TU Chemnitz 1994, VDI Fortschrittsberichte Reihe 20 Rechnerunterstützte
        Verfahren, Nr. 161, VDI Verlag Düsseldorf (1994).

[70] **Schweer, J. B.**: Berechnung kleiner Wechselstrom-Ventilmagnete mit massivem Eisenkreis. Dissertation Universität Hannover (1997).

[71] **VDI**: VDI 2206, Beuth-Verlag (2004).

[72] **Roschke, T.**: Entwurf geregelter elektromagnetischer Antriebe für Luftschütze. Dissertation, TU Dresden, VDI Verlag Reihe 21 Elektrotechnik Nr. 293 (1991).

[73] **Kallenbach, M.**: Entwurf von magnetischen Mini- und Mikroaktoren mit stark nichtlinearem Magnetkreis. Dissertation TU Ilmenau, Verlag ISLE Ilmenau (2005).

[74] **Beljajev, N.**: Entwurf schnellwirkender elektromagnetischer Antriebe mit wechselsinniger Ankerbewegung und steuerbaren Rasten unter Vorgabe dynamischer Parameter. Dissertation TU Ilmenau, Verlag ISLE Ilmenau (2010).

[75] **Philippow, Eugen**: Taschenbuch Elektrotechnik, Bd. 5. Carl Hanser Verlag, ISBN 3-446-12312-1, S. 737 ff. (1981).

[76] **Brauer, John R.**: Magnetic Actuators and Sensors, Second edition. IEEE Press, ISBN 978-1-118-50525-0, S. 289 ff. (2014).

[77] **Gomis-Bellmunt, Oriol, Campanile, Lucio Flavio**: Design Rules for Actuators in Active Mechanical Systems. Springer Verlag. ISBN 978-1-84882-613-7, S. 81, 101 (2010).

[78] **Boldea, I., Nasar, Syed A.**: Linear Electric Actuators and Generators. Cambridge University Press, ISBN 0-521-02032-8 (1997).

[79] **Pons, Jose L.**: Emerging Actuator Technologies – A micromechatronic approach. John Wiley & Sons Ltd., ISBN 0-470-09197-5 (2005).

[80] **Isermann, R.**: Mechatronische Systeme – Grundlagen, 2. Auflage. Springer Verlag, ISBN 978-3-540-32336-5 (2008).

[81] **Schmidt, R. M., Schitter, G., Rankers, A., van Eijk, J.**: The Design of High Performance Mechatronics – High-Tech Functionality by Multidisciplinary System Integration, 2-nd revised edition. Delft University Press, ISBN 978-1-61499-367-4 (2014).

[82] **Wang, Q.**: Practical Design of Magnetostatic Structure Using Numerical Simulation. Wiley & Sons, ISBN 978-1-118-39814-2 (2013).

[83] **Schröder, D.**: Leistungselektronische Schaltungen: Funktion, Auslegung und Anwendung. Springer-Verlag, ISBN 978-3-642-30104-9, S. 147–149 (2012).

[84] **DIN VDE**: DIN VDE 0580 Elektromagnetische Geräte und Komponenten – Allgemeine Bestimmungen, Beuth Verlag (2011).

[85] **Kallenbach, Eick, Quendt, Ströhla, Feindt, Kallenbach, Radler**: Elektromagnete Grundlagen, Berechnung, Entwurf und Anwendung. 4. Auflage. Vieweg+Teubner, ISBN 978-3-8348-0968-1 (2012).

[86] **Puchner, G.**: Wesentliche Verbesserung von Gleichstrommagneten durch aktive Beeinflussung der Magnetfeldverteilung; 41. Internationales Wissenschaftliches Kolloquium, TU Ilmenau, Tagungsband 2, S. 69 ff., Ilmenau (1996).

[87] **Payo, A.**: Untersuchung von Ansteuerstrategien für einen Linearaktor; Masterthesis, Kendrion (Donaueschingen/Engelswies) GmbH (2017).

[88] **Habiger, E.**: EMV-Lexikon 2011, 4. Auflage. WEKA Media GmbH, Kissing (2010) ISBN 978-3-8111-7895-3.

[89] **Benzing, R., Wieland, R.**: Elektromagnetische Bremsen und Kupplungen, Präzision und Sicherheit für die Welt von Morgen; Firmenschrift Kendrion (Villingen) GmbH (2019).

Linear- und Mehrkoordinatenantriebe

[90] **Draeger, J., Moczala, H.**: Gleichstrom-Linearmotoren kleiner Leistung ohne Kommutator. F&M 87 (1979) 4, S. 157–162.

[91]   **Moczala, H.**: Bürstenlose Gleichstrom-Linearmotoren kleiner Leistung mit gegenüber dem
        Ständer kurzem Läufer. F&M 88 (1980) 4, S. 177–182.
[92]   **Blank, G.**: Untersuchungen zur Steuerung inkremental geregelter linearer Ein- und
        Mehrkoordinatengleichstrommotoren für Positioniersysteme. Dissertation TH Ilmenau (1982).
[93]   **Würbel, J.**: Entwicklung kleiner elektronisch kommutierter Lineardirektantriebe in
        Flachbauweise. Dissertation TU Dresden (1984).
[94]   **Schinköthe, W.**: Dimensionierung permanenterregter Tauchspullinearantriebe für
        gerätetechnische Positioniersysteme. Dissertation TU Dresden (1985).
[95]   **Kühnel, A.**: Einsatzuntersuchungen zu Tauchspullinearantrieben in Magnetfolienspeichern.
        Dissertation TU Karl-Marx-Stadt (1986).
[96]   **Draeger, J., Moczala, H.**: Elektrische Linear-Kleinmotoren. München: Franzis-Verlag (1987).
[97]   **Krause, W., Schinköthe, W.**: Linearantriebe für die Feinwerktechnik. F&M 98 (1990) 7–8,
        S. 303–306.
[98]   **Voss, M., Schinköthe, W.**: Miniaturisierte Linearmotoren erschließen neue Anwendungen.
        Tagung Innovative Kleinantriebe, Mainz, 9.–10.05.1996. VDI-Berichte 1269, S. 105–119
        (1996).
[99]   **Boldea, I., Nasar, S. A.**: Linear Electric Actuators and Generators. Cambridge: University Press
        (2008).
[100]   **Schinköthe, W., Hartramph, R.**: Miniaturlinearantriebe mit integriertem Wegmesssystem.
        F&M 104 (1997) 9, S. 634–636.
[101]   **Hartramph, R.**: Integrierte Wegmessung in feinwerktechnischen elektrodynamischen
        Lineardirektantrieben. Dissertation Universität Stuttgart (2001).
[102]   **Boldea, I., Nasar, A.**: Linear Motion Electromagnetic Devices. Taylor and Francis (2001).
[103]   **Basak, A.**: Permanent-Magnet DC Linear Motors. New York: Oxford University Press (2002).
[104]   **Schmid, K.**: Hochdynamische elektrische Antriebe für Greifer. Dissertation ETH Zürich (2002).
[105]   **Lauzi, M.**: Lineardirektantriebe als innovative Komponente für den Sondermaschinenbau –
        ein Überblick zu verfügbaren Bauvarianten. Atp 44 (2002) 5, S. 30–39.
[106]   **Gundelsweiler, B.**: Dimensionierung und Konstruktion von feinwerktechnischen
        elektrodynamischen Lineardirektantrieben. Dissertation Universität Stuttgart (2003).
[107]   **Pröger-Mühleck, R.**: Lineardirektantriebe für die Stoßjustierung feinwerk- und
        mikrotechnischer Baugruppen. Dissertation Universität Stuttgart (2004).
[108]   **Röhrig, C.**: Linearmotoren sicher positioniert – Reduzierung der Kraftwelligkeit synchroner
        Linearmotoren. Antriebstechnik 43 (2004) 5, S. 50–56.
[109]   **Ausderau, D.**: Polysolenoid-Linearantrieb mit genutetem Stator. Dissertation ETH Zürich
        (2004).
[110]   **Welk, C.**: Detektion interner sensorischer Eigenschaften von elektrodynamischen
        Lineardirektantrieben. Dissertation Universität Stuttgart (2004).
[111]   **Schrader, S.**: Entwicklung von elektromagnetischen Linearantrieben und Autofocusoptiken
        für endoskopische Systeme. Dissertation TU Berlin (2005).
[112]   **Chen, B., Lee, T., Peng K.**: Hard Disk Drive Servo Systems. London: Springer (2010).
[113]   **Bose, B.**: Power Electronics and Motor Drives: Advances and Trends. Academic Press (2006).
[114]   **Clauß, C.**: Sensorische Eigenschaften elektrodynamischer Lineardirektantriebe mit
        Kurzspulsystemen. Dissertation Universität Stuttgart (2007).
[115]   **Clauß, C., Schinköthe, W.**: Integrierte Wegmessung in Lineardirektantrieben – Eine
        Zusammenfassung der Arbeiten am IKFF. Tagung Innovative Klein- und Mikroantriebstechnik,
        Augsburg 12./13.06.2007, GMM-Fachbericht Band 54, S. 75–80 (2007).
[116]   **Grotz, A.**: Vergleichende Untersuchungen hochdynamischer, feinwerktechnischer,
        elektrodynamischer Lineardirektantriebe mit bewegtem Spulensystem und bewegtem
        Magnetsystem. Dissertation Universität Stuttgart (2008).
[117]   **Kern, T. A. u. a.**: Entwicklung haptischer Geräte. Berlin: Springer Verlag (2008).

[118] **Tseng, W.-T.**: Theoretische und experimentelle Untersuchungen zu einem permanentmagneterregten Transversalfluss- Synchronlinearmotor in Sonderbauform. Dissertation TU Berlin (2008).

[119] **Dannemann, M.**: Dimensionierung und Optimierung feinwerktechnischer Lineardirektantriebe unter Beachtung parasitärer Effekte am Beispiel von Flach- und Tauchspulantrieben. Dissertation Universität Stuttgart (2008).

[120] **Zeiff, A.**: Der direkte Weg ist der kürzeste – Positionieren mit Klein-Linearantrieben. F&M 116 (2009) 9, S. 26–28.

[121] **Joerges, P., Schinköthe, W.**: Geometrisch optimierte Rastkräfte bei Lineardirektantrieben. Tagung Innovative Klein- und Mikroantriebstechnik, Würzburg 23.09.2010. ETG-Fachbericht 124 (2010).

[122] **Joerges, P.**: Rastkräfte und ihre Auswirkungen auf die Positioniergenauigkeit und die Dynamik in Lineardirektantrieben. Dissertation Universität Stuttgart (2011).

[123] **Ulmer, M.**: Einbeziehung des thermischen Teilsystems in die Dimensionierung feinwerktechnischer elektrodynamischer Lineardirektantriebe. Dissertation Universität Stuttgart (2014).

[124] **Engel, M.**: Untersuchungen von Wirbelstrom- und Hystereseverlusten an Lineardirektantrieben mit rotationssymmetrischem Querschnitt. Dissertation Universität Stuttgart (2014).

[125] **Voelz, K.**: Entwicklung und Untersuchung von Ovalstatormotoren mit multiplen Läufern. Dissertation Universität Stuttgart (2014).

[126] **Reutzsch, B.**: Entwicklung feinwerktechnischer Magnetschwebeantriebe. Dissertation Universität Stuttgart (2015).

[127] **Kreuzer, D.**: Entwurfsmethodik für applikationsspezifische Lineardirektantriebe kleiner Leistung. Dissertation Universität Stuttgart (2017).

[128] **Firmenschriften**: Fa. ANORAD Europe B. V., Valkenswaard, Niederlande (Stammhaus ANORAD Corporation, Hauppauge New York, USA); Fa. ETEL S. A., Motiers, Schweiz; Fa. NTI AG, Zürich, Schweiz; Fa. IDAM INA – Drives & Mechatronics GmbH & Co, Suhl; Fa. SKF Linearsysteme GmbH, Schweinfurt; Fa. Festo AG, Stuttgart; Fa. Dr. Fritz Faulhaber GmbH & Co. KG, Schönaich.

[129] **Blank, G., Löwe, B., Wendorff, E.**: Vorrichtung und Verfahren zur ebenen berührungslosen Mehrkoordinatenmessung. DD 215645.

[130] **CIS**: Sachbericht zur Entwicklung und Herstellung eines 2D-Meßsystems für hochdynamische Mehrkoordinatenantriebsmodule, CIS Institut für Mikrosensorik e. V. Erfurt.

[131] **Dettmann, J.**: Fullerene. Basel, Boston, Berlin: Birkhäuser Verlag (1994).

[132] **Do Quoc Chinh, Schinköthe, W.**: Elektrodynamischer Motor zur Erzeugung von Dreh- und Schubbewegungen. Wirtschaftspatent DD 253 331 (1986).

[133] **Do Quoc Chinh**: Elektromechanische Antriebselemente zur Erzeugung kombinierter Dreh-Schub-Bewegungen für die Gerätetechnik. Dissertation TU Dresden, Fakultät Elektrotechnik/Elektronik (1987).

[134] **LPKF**: Schneller, hochgenauer Zwei-Koordinaten-Antrieb. Firmenschrift LPKF CAD/CAM Systeme Thüringen GmbH, Suhl.

[135] **Heidenhain**: Offenes inkrementales Zwei-Koordinaten-Messgerät. Firmenschrift Heidenhain, Traunreut.

[136] **Zeiss**: Encoder Kit L, Firmenschrift Fa. Carl Zeiss Jena GmbH.

[137] **Freitag, H.-J.**: Neue Wege in der Längen- und Winkelmessung. F&M (1996) 4, S. 257–263.

[138] **Furchert, H.-J.**: Zweikoordinatenmotor. DE 30 37 648 (1980).

[139] **Furchert, H.-J.**: Oberflächenmotor. DD 205 330 (1982).

[140] **Furchert, H.-J.**: x-y-Flächenantrieb mit begrenzter φ-Drehung und z-Verschiebung. DD 222 747 A1.

[141] **Furchert H.-J.**: Zweikoordinatenschrittmotor DD 146 525 (1979).

[142] **Furchert, H.-J.**: Dimensionierung und
Strukturierung von integrierten Gleichstromflächenantrieben kleiner Leistung für minimale
Bauräume. Habilitation, TH Ilmenau (1990).

[143] **Furchert, H.-J.**: Stand und Perspektiven der Mehrkoordinatenantriebe. VDI Berichte Nr. 1269:
Innovative Kleinantriebe. S. 175–190, Düsseldorf: VDI Verlag (1996).

[144] **Furchert H.-J.**: Störkraftkompensation an Gleichstromlinearmotoren für geregelte
Flächenantriebe, Feingerätetechnik 4/91, S. 152–155 (1991).

[145] **Furchert H.-J.**: Optimierte Gleichstromlinearmotorbaugruppen für integrierte
Mehrkoordinatenantriebe. Quintessenz 1992, Leistungsspektrum des Fachbereiches
Maschinenbau- und Feinwerktechnik, FH Gießen-Friedberg, S. 8–21 (1992).

[146] **Halbach, K.**: Design of permanent multipole magnets with oriented rare earth cobalt material.
Nuclear Instruments and Methods 169 (1980) 1, pp. 1–10.

[147] **Holmes, M., Hocken, R., Trumper, D.**: A long-range scanning stage design (The LORS Projekt),
ASPE 1996 Annual Conference, Monterrey, Nov. 11–14 (1996).

[148] **Kallenbach, E., Furchert, H.-J., Löwe, B.**: Mehrkoordinatenantriebe für die Roboter- und
Automatisierungstechnik. 31. Int. Wiss. Koll. der TH Ilmenau 1986. Vortragsreihe B 1, H. 3,
S. 131–135 (1986).

[149] **Kallenbach, E.**: Systementwurf-Methoden zum systematischen Entwurf mechatronischer
Produkte des Maschinenbaus. Mechatronik Workshop, Braunschweig (1992).

[150] **Kalusa, U.**: Innovative und konventionelle Positioniersysteme aus der Sicht der
Laserbearbeitung und Mikrosystemtechnik, VDI-Berichte 1269: Innovative Kleinantriebe,
S. 435–444. Düsseldorf: VDI-Verlag (1996).

[151] **Kelby, E. (Jr.), Wallskog, A. J.**: Rotary & linear magnetomotive positioning mechanism. US
3745433 (1971).

[152] **Kim, W.-J., Trumper, D.**: Linear motor-leviated stage for photolithography, Annals of the CIRP
46 (1997) 1.

[153] **Kovalev, S., Gorbatenko, N., Nikitenko, J., Saffert, E., Kallenbach, E.**: Ein magnetisch
geführter Präzisionsantrieb mit 6 Freiheitsgraden. 2. Polnisch-Deutscher Workshop der TU
Warschau und der TU Ilmenau, Sept. (1998).

[154] **Krause, W. (Hrsg. u. Autor)**: Konstruktionselemente der Feinmechanik. München/Wien:
Carl-Hanser-Verlag (2004).

[155] **Löwe, B.**: Untersuchungen zum Einsatz von Wegmesseinrichtungen in
Zweikoordinatenantrieben ohne Bewegungswandler. Dissertation TH Ilmenau (1986).

[156] **Molenaar, L., Zaaijer, E., van Beek, F.**: A novel long stroke planar magnetic bearing actuator,
MOVIC '98, Zurich, Switzerland, Aug. 25–28, Vol. 3 (1998).

[157] **Saffert, E., Schäffel, Ch., Kallenbach, E.**:
Regelung eines integrierten Mehrkoordinatenantriebs. 41. Int. Wiss. Koll. der TU Ilmenau,
Sept. 1996. Steuerungssystem für integrierte Mehrkoordinatenantriebe. 42. Int. Wiss. Koll.
der TU Ilmenau, Sept. 1997. Planar multi-coordinate Drives. 2. Polnisch-Deutscher Workshop
der TU Warschau und der TU Ilmenau: Werkzeuge der Mechatronik, Sept. (1998).

[158] **Schäffel, Ch., Saffert, E., Kallenbach, E.**: Ein neuartiger integrierter Mehrkoordinatenantrieb
mit Verdrehsperre durch Feldkräfte. 40. Int. Wiss. Koll. der TH Ilmenau (1995).

[159] **Schäffel, Ch.**: Untersuchungen zur Gestaltung integrierter Mehrkoordinatenantriebe.
Dissertation TH Ilmenau (1996).

[160] **Schäffel, Ch., Glet, U.**: Absolutes Zweikoordinatenmesssystem mit Drehwinkelerfassung. DE
42 12 990 A1.

[161] **Sorber, J.**: Der Drehschubmotor – ein Antriebelement für kombinierte Dreh-Hubbewegungen.
VDI Berichte Nr. 1269: Innovative Kleinantriebe. S. 191–204. Düsseldorf: VDI-Verlag (1996).

[162] **Sprenger, B., Binzel, O., Siegwart, R.:** Control of an high performance 3 DOF linear direct drive operating with submicron precision, MOVIC '98, Zurich, Switzerland, August 25–28 (1998), Vol. 3.

[163] **Trumper, D. L., Williams, M. E., Nguyen, T. H.:** Magnet arrays for synchronous machines, IEEE 1993, Ind. Appl. Soc. Annual Mtg., Toronto, Canada, Oct. (1993).

[164] **TU Ilmenau:** Laserinterferometrisch geregeltes Mehrkoordinaten-Positioniersystem für Nanotechnologien. Institut für Mikrosystemtechnik, Mechatronik und Mechanik und Institut für Prozessmess- und Sensortechnik.

[165] **TU Ilmenau:** Feldgeführter High-Speed-Positioniertisch, Institut für Mikrosystemtechnik, Mechatronik und Mechanik.

[166] **TU Chemnitz:** Transformations-Meßsystem mit Auswertung von Strichkodestrukturen zur absoluten Weg- und Winkelmessung„ Institut für Fertigungsmesstechnik und Qualitätssicherung i. G.

[167] **Wendorff, E.:** Integriertes optoelektronisches Mehrkoordinatenmeßsystem für integrierte Mehrkoordinatenantriebssysteme der Gerätetechnik. Dissertation TH Ilmenau (1986).

[168] **Williams, M. E., Trumper, D. L., Hocken, R.:** Magnetic bearing stage for photolithography, Lineare und planare Hybridschrittantriebe. Annals of the CIRP 42 (1993) 1, pp. 607–610.

[169] **Mollenhauer, O., Spiller, F.:** A new XY linear stage for Nanotechnology – The stage can draw 3 diameter true circle. Advanced Photonic Technology Conference and Exhibition, Japan 11.(2003).

[170] **Schäffel, Ch.:** Planar Motion Systems and Magnetic Bearings. 4th Polish-German Mechatronic Workshop, Suhl (2003).

[171] **Schäffel, Ch.:** Feldgeführter planarer Präzisionsantrieb. DE 19511973.

[172] **Budig, P.-K.:** Drehstromlinearmotoren. Berlin: VEB Verlag Technik (1982).

[173] **Lindner, H. u. a.:** Taschenbuch der Elektrotechnik u. Elektronik. Leipzig: Fachbuchverlag (2008).

[174] **Berg, H.:** Zur Identifikation und Regelung von linearen Asynchronmotoren mit unstrukturiertem Sekundärteil, Dissertation TU Ilmenau (2010).

[175] **Dittrich, P. u. a.:** Planarantrieb aus Induktionsmotoren (Prototyp für robusten Dreikoordinatenmotor). F&M 110 (2002) 5, S. 14–18.

[176] **Dittrich, P.:** Offenlegungsschrift DE 19712893 A1, Mehrkoordinatenantrieb (1998).

[177] **Kovalev, S.:** Magnetisch geführter Mehrkoordinaten-Präzisionsantrieb, Dissertation TU Ilmenau, Verlag ISLE (2001).

[178] **Zentner, J.:** Modellierung von Mehrkoordinaten-Asynchronantrieben (MKAM) mittels magnetischer Ersatzschaltungen, 47. IWK der TU Ilmenau, Sept. (2002).

[179] **Kallenbach, E. u. a.:** Design of Integrated Multi-Koordinate-Drives Proceedings of the 4th International Conference on Machine Automation ICMA (2002).

[180] **Seung-Kook R. u. a.:** A linear air bearing stage with active magnetic preloads for ultraprecise straight motion, Precision Engineering 34 (2010), pp. 186–194.

[181] **Brower, D. u. a.:** Design and modeling of a six DOFs MEMS-based precision manipulator. Precision Engineering 34 (2010), pp. 307–319.

[182] **Yang, C. u. a.:** The study on precision positioning system of two-dimensional platform based on high speed and large range. Precision Engineering 34 (2010), pp. 640–646.

[183] **Hofer, K.:** Drehstromsynchron-Linearantriebe für Fahrzeuge. Berlin/Offenbach: VDE-Verlag (1993).

[184] **Dieras, J.:** Linear induction drives. Oxford University Press (1994).

[185] **Kleemann, D.:** Untersuchung stationärer Betriebsgrößen des Drehstromsynchron-Linearmotors für Synchrongeschwindigkeiten unter 3 m/s, Dissertation TU Berlin (2005).

[186] **Jansen, J.**: Magnetically levitated planar actuator with moving magnets: Electromechanical analysis and design, Dissertation TU Eindhoven (2007).

[187] **Hesse, S.**: Planarmotorkonzept für die Positionierung mit Nanometerpräzision, Jahresbericht (2008), Institut für Mikroelektronik- und Mechatronik-Systeme gemeinnützige GmbH.

[188] **IMMS**: http://www.imms.de/de/unternehmen/news/.

[189] **Pelta, E.**: Sawyer Motor Positioning Systems. Proceedings of Conference Applied Motor Control, University of Minnesota, Minneapolis (1986).

[190] **Kallenbach, E., Eick, R., Quendt, P.**: Elektromagnete. Stuttgart: Teubner (1994).

[191] **Wendorf, E., Kallenbach, E.**: Direct drives for positioning tasks based on hybrid steppermotor. Proceedings Intelligent Motion (1993), S. 38–52.

[192] **Räumschüssel, E., Lipfert, R.**: Nichtlineares Modell eines Linearschrittmotors auf der Basis von Daten aus der Magnetfeldberechnung. 45. IWK TU-Ilmenau (2000), Tagungsband S. 529–534.

[193] **Dreifke, L., Kallenbach, E.**: Direktantrieb mit interen Sensoren und Magnetflussregelung. 45. IWK TU-Ilmenau (2000), Tagungsband S. 545–550.

[194] **Balkovoi, A., Kallenbach, E.**: Linear Stepping Motor Model for Thrust Analysis and Control. 45. IWK TU-Ilmenau (2000), Tagungsband S. 571–576.

[195] **Kuhn, Ch.**: Ein nichtlineares Regelungskonzept für lineare Direktantriebe. 45. IWK TU-Ilmenau (2000), Tagungsband S. 541–544.

[196] **Kallenbach, E., Schilling, M.**: Antriebsmodule als Elemente der Geräte- und Automatisierungstechnik. Feingerätetechnik, Berlin 39 (1990) 4.

[197] **Büngener, W.**: Prüfung und Beurteilung der Positions- und Schrittwinkelabweichungen von Hybridschrittmotoren. Dissertation Universität Kaiserslautern (1995).

[198] **Dittrich, P.**: Untersuchungen des Bewegungsverhaltens linearer elektromagnetischer Schrittantriebe der Gerätetechnik. Dissertation TH-Ilmenau (1980).

[199] **Eissfeldt, H.**: Regelung von Hybridschrittmotoren durch Ausnutzung sensorischer Motoreigenschaften. Dissertation TU-München (1991).

[200] **Räumschüssel, E.**: Simulation mechatronischer Systeme in Vergangenheit und Gegenwart. Festschrift für Eberhard Kallenbach, TU-Ilmenau (2000), S. 65–74.

[201] **Dreifke, L.**: Untersuchungen an planaren Hybridschrittmotoren mit Hallsensoren zur Magnetflußregelung und Positionsbestimmung, Dissertation TU Ilmenau (2002).

Piezoelektrische Antriebe

[202] **Fleischer, M.**: Piezoelektrische Antriebe und Motoren. In: Technischer Einsatz Neuer Aktoren (Hrsg. D. J. Jendritza). Renningen-Malmsheim: Expert-Verlag (1995), S. 254–266.

[203] **Haug, J.**: Optimierung eines piezoelektrisch erregten linearen Wanderwellenmotors. Dissertation, Universität Stuttgart (2006).

[204] **Henderson, D., Fasick, J.**: The Inchworm® Piezoelectric Stepping Motor – Advances in Design, Performance and Application. Proc. 7th Int. Conf. New Actuators, Bremen (2000), S. 451–455.

[205] **Janocha, H.**: Unkonventionelle Aktoren – Eine Einführung. 2., ergänzte und aktualisierte Auflage. München: Oldenbourg-Verlag (2013).

[206] **Janocha, H., Pesotski, D., Kuhnen K.**: FPGA-Based Compensator of Hysteretic Actuator Nonlinearities for Highly Dynamic Applications. Proc. 10th Int. Conf. New Actuators, Bremen (2006), S. 1013–1016.

[207] **Kappel, A., Gottlieb, B., Wallenhauer, C.**: Piezoelektrischer Stellantrieb. Automatisierungstechnik 56 (2008) 3, S. 128–135.

[208] **Koch, J.**: Piezoxide (PXE) – Eigenschaften und Anwendungen. Heidelberg: Dr. Alfred Hüthig-Verlag (1988).

[209] **Kuhnen, K.**: Kompensation komplexer gedächtnisbehafteter Nichtlinearitäten in Systemen mit aktiven Materialien. Aachen: Shaker-Verlag (2008) (Habilitationsschrift).

[210] **Kuhnen, K., Janocha, H.**: Inverse feedforward controller for complex hysteretic nonlinearities in smart material systems. Control and Intelligent Systems 29 (2001) 3, S. 74–83.

[211] **Spanner, K., Koc, B.**: An Overview of Piezoelectric Motors. Proc. 12th Int. Conf. New Actuators, Bremen (2010), S. 167–176.

[212] **Uchino, K.**: Ferroelectric Devices. New York Basel: Marcel Dekker (2000).

[213] **Wischnewskiy, W., Kovaler, S., Vyshnevskyy, O.**: New Ultrasonic Piezoelectric Actuator for Nanopositioning. Proc. 9th Int. Conf. New Actuators, Bremen (2004), S. 118–122.

[214] **Cedrat Technologies**: www.cedrat-technologies.com, Cedrat Technologies SA, Meylan / Frankreich.

[215] **CeramTec**: www.ceramtec.com, CeramTec GmbH, Plochingen / Deutschland.

[216] **Nanomotion**: www.nanomotion.com, Nanomotion Ltd., Yoqueam / Israel.

[217] **Johnson Electric**: www.johnsonelectric.com, Johnson Electric Holdings Ltd., Hong Kong.

[218] **New Focus**: www.newfocus.com, New Focus Corp., Santa Clara CA / USA.

[219] **Newport**: www.newport.com, Newport Corp., Irvine CA / USA.

[220] **New Scale**: www.newscaletech.com, New Scale Technologies Inc., Victor NY / USA.

[221] **Noliac**: www.noliac.com, Noliac A/S, Kvistgaard / Dänemark.

[222] **CTS**: www.ctscorp.com, CTS Corp., Lisle IL / USA.

[223] **Physik Instrumente**: www.physikinstrumente.com, Physik Instrumente (PI) GmbH&Co. KG, Karlsruhe / Deutschland.

[224] **PiezoMotor**: www.piezomotor.com, PiezoMotor Uppsala AB, Uppsala / Schweden.

[225] **Piezosystem**: www.piezosystem.com, Piezosystem Jena GmbH, Jena / Deutschland.

[226] **Shinsei**: www.shinsei-motor.com, Shinsei Corp., Tokyo / Japan.

[227] **Thorlabs Elliptec**: www.thorlabs.com, Thorlabs Elliptec GmbH, Dortmund / Deutschland.

Servoantriebe

[228] **IEC 61800-4**: chapter 7.2 dynamic performance.

[229] **Fräger, C.**: Antriebsauslegung für hochdynamische Servoantriebe mit dem dynamischen Kennwert, Drive design for highly dynamic servo drives with the dynamic parameter. VDE Antriebssysteme 2021, München (2021).

[230] **Schulze, M.**: Elektrische Servoantriebe. München: Fachbuchverlag Leipzig im Carl Hanser Verlag, ISBN 978-3-446-41459-4 (2008).

[231] **Brosch, P.**: Drehzahlvariable Antriebe für die Automatisierung. Vogel Verlag Würzburg, ISBN 3-8259-1904-8 (1999).

[232] **Schönfeld, R., Hofmann, W.**: Elektrische Antriebe und Bewegungssteuerungen. VDE-Verlag (2005).

[233] **Riefenstahl, U.**: Elektrische Antriebssysteme. Vieweg+Teubner (2010).

[234] **Probst, U.**: Servoantriebe in der Automatisierungstechnik. Springer (2016).

[235] **Fräger, C.**: Einfluss von Spannungsoberschwingungen und Rastmomenten auf den Gleichlauf von Servoantrieben mit Permanentmagnet-Synchronmotoren – Influence of voltage harmonics and cogging on speed deviations of servo drives with permanent magnet synchronous motors. IKMT 2015 Köln S. 177–181, VDE-Verlag Berlin, ISBN 978.3-8007-4072-7 (2015).

[236] **Fräger, C.**: Was ist der richtige Servoantrieb für die Anwendung? ETG/GMM Fachtagung innovative Kleinantriebe 2010 in Würzburg (2010).

[237] **Fräger, C.**: Leistungsauslegung von Servoantrieben. [me] (2009).

[238] **Fräger, C.:** Dynamische Bewegung durch geringes Rastmoment. A& D-Kompendium (2009).

[239] **Fräger, C.:** Feldschwächung bei Synchron-Servoantrieben. Konstruktion 08.(2007).

[240] **Fräger, C.:** Leistungsauslegung Servogetriebeantriebe. Motion & Drives, Sonderausgabe zur SPS/IPC/Drives Nov. (2006).

[241] **Fräger, C.:** Permanentmagnet-Synchronantriebe im Feldschwächbetrieb am Spannungszwischenkreisumrichter. SEV Bulletin 03/(2006).

[242] **Fräger, C.:** Permanentmagnet-Synchronantriebe im Feldschwächbetrieb am Spannungszwischenkreiswechselrichter. Konstruktion S2/2005 Special Antriebstechnik, Seite 38–42, Springer-Verlag (2005).

[243] **Fräger, C.:** Bedeutung der Rastmomente in Synchron-Servomotoren für das Regelverhalten, Vortrag auf Kongress in Wernigerode, Technischer Tag VEM (2004).

[244] **Fräger, C.:** Kompaktservomotoren – höchste Dynamik und Leistungsdichte für moderne Antriebsaufgaben in der Handhabungstechnik. SPS/IPC/Drives 2003, VDE-Verlag ISBN 3-8007-2793-5, Kongress Robotik 2004, München (2004).

[245] **Fräger, C.:** Servomotoren: Viel Dynamik mit kleinem Volumen. ETZ H. 20 (2003).

[246] **Huth, G.:** Permanent-Magnet-Excited AC Servo Motors in Tooth-Coil Technology. IEEE Transactions on Energy Conversion 20 (2005) 2.

[247] **Pletschen, I., Rohr, S., Kennel, R.:** Intertia estimation of eervo drives with elastically attached masses. 6th IET International Conference on Power Electronics, Machines and Drives PEMD (2012).

[248] **Du, C., Zhang, Y., Kong, A., Yuan, Z.:** High-Precision and Fast Response Control for Complex Mechanical Systems – Servo Performance of Dedicated Servo Recording Systems. IEEE Transactions on Magnetics 53 (2017) 3.

[249] **Tahami, F., Moghadam, B. E.:** Speed Control of Servo Drives with a Flexible Couplings Using Fractional Order State Feedback. The 5th Power Electronics, Drive Systems and Technologies Conference (PEDSTC), Feb. 5–6, Teheran (2014).

[250] **Starikov, A. V., Lisin, S. L., Rokalo, D. Yu.:** (Increasing of the Response Speed of the Rotary Table Servo Drive. International Multi-Conference on Industrial Engineering and Modern Technologies, FarEastCon) (2018).

[251] **Zirn, O., Katthän, L., Olbrich, M., Freyhardt, S.:** Vibration damping and automatic commissioning of miniature servo drives with flexible load. 7th IET International Conference on Power Electronics, Machines and Drives, PEMD (2014).

[252] **Böker, J., Beineke, S., Bähr, A.:** On the Control Bandwidth of Servo Drives. 13th European Conference on Power Electronics and Applications (2009).

[253] **Datenblätter/Herstellerunterlagen:** Vollintegrierte Controller für 3-phasen BLDC- oder BLAC-Motoren: Texas Instruments, ST-Microelectronics, Toshiba, Rohm, Panasonic, ON Semiconductor, Infineon, Analog Devices, Maxim Integrated, Melexis, Microchip Technology, NXP, NJR, Vishay.

[254] **Datenblätter/Herstellerunterlagen:** Vollintegrierte Controller für Gleichstrom-Kommutatormotoren: Allegro, Panasonic, NJR, Infineon, ON Semiconductor, Analog Devices, NXP, Panasonic, Rohm, Texas Instruments, Toshiba, Vishay.

[255] **Datenblätter/Herstellerunterlagen:** Vollintegrierte Controller für Schrittmotoren: Allegro, Texas Instruments, STMicroelectronics, ON Semiconductor, Infineon, NXP, Toshiba, Trinamic.

[256] **Datenblätter/Herstellerunterlagen:** Vollintegrierte Controller für Asynchronmaschinen: International Rectifier, Infineon, ON Semiconductor.

Sensoren für Antriebe

[257] **Wildermuth, E.**: Der Resolver, ein moderner Analogierechenbaustein. Feinwerktechnik 63 (1959) 9, S. 307–316, 10, S. 369–373.

[258] **Arbinger, H.**: Betriebseigenschaften von Drehmeldern. Feinwerktechnik 65 (1961) 5.

[259] **Reichl, M.**: Der Drehmelder als Baustein der modernen Steuerungs- und Regelungstechnik. Siemens-Bauteile-Informationen 4 (1966) 4, S. 94–99.

[260] **Heidenhain**: Messgeräte für elektrische Antriebe. Dr. Johannes Heidenhain GmbH (2017).

[261] **Sick-Stegmann**: Motor-Feedback-Systeme rotativ. Kataloge Sick Deutschland (2018).

[262] **Tamagawa**: Smartsyn brushless resolver, Katalog Nr. T12-1507N17, Tamagawa Seiki Co. Ltd. (2018).

[263] **Tamagawa**: Singlesyn VR Type Resolver, Katalog Nr. T12-1570N14, Tamagawa Seiki Co. Ltd. (2018).

[264] **Tinebor, M., Krietemeier, J., Karl, H.-D.**: Method for the production of digital rotational rate and angle information using a resolver. EP000000369119B1 (1989).

[265] **Ismail, N., Kobayashi, F., Inoue, M.**: Integrally accurate resolver-to-digital converter (RDC) 10th Asian Control Conference, ASCC (2015).

[266] **Sun, J.-D., Cao, G.-Z., Huang, S.-D., Qiu, H.**: Software-based resolver-to-digital converter using the PLL tracking algorithm. 13th International Conference on Ubiquitous Robots and Ambient Intelligence, URAI (2016).

[267] **Kim, K.-C.**: Analysis on the Charateristics of Variable Reluctance Resolver Considering Uneven Magnetic Fields. IEEE Transactions on Magnetics 49 (2013) 7.

[268] **Tootoonchian, F.**: Proposal of a New Affordable 2-Pole Resolver and Comparing its Performance with Conventional Wound-Rotor and VR Resolvers. IEEE Sensors Journal 18 (2018) 13.

[269] **Basler, S.**: Encoder und Motor-Feedback-Systeme: Winkellage- und Drehzahlerfassung in der industriellen Automation. ISBN 978-3-658-12844-9 (Elektronische Ausgabe), 978-3-658-12843-2 (Printausgabe) Springer+Vieweg (2016).

[270] **Reif, K.**: Sensoren im Kraftfahrzeug. 978-3-8348-2208-6 (Elektronische Ausgabe) 978-3-8348-1778-5 (Printausgabe) Vieweg+Teubner Verlag (2012).

Magnetlagertechnik

[271] **Barrot, F., Bleuler, H.**: Application of diamagnetic levitation in mechatronic systems. In: Proceedings of the 11th International Symposium on Magnetic Bearings, pages 333–336, Nara, Japan (2008).

[272] **Berry, M. V., Geim, A. K.**: Of flying frogs and levitrons. European Journal of Physics 18 (1997) 307–313.

[273] **Bormann, A.**: Elastomerringe zur Schwingungsberuhigung in der Rotordynamik – Theorie, Messungen und optimierte Auslegung. PhD thesis, Technische Universität Berlin (2005).

[274] **Detoni, J. G.**: Developments on Electrodynamic Levitation of Rotors. PhD thesis, Politecnico di Torino (2012).

[275] **Earnshaw, S.**: On the nature of molecular forces wich regulate the constitution of luminiferous ether. Transactions of the Cambridge Philosophical Society 7 (1842) 1, 97–112.

[276] **Filatov, A., McMullen, P., Davery, K., Thompson, R.**: Flywheel energy storage system with homopolar electrodynamic magnetic bearing. In: Proceedings of the 10th International Symposium on Magnetic Bearings, Martigny, Switzerland (2006).

[277] **Fremerey, J. K**: Permanentmagnetische Lager. Forschungszentrunm Jülich, Germany (2000).

[278] **Gasch, R., Lang, M.:** Levitron – Ein Beispiel für die rein permanentmagnetische Lagerung eines Rotors. ZAMM – Journal of Applied Mathematics and Mechanics / Zeitschrift für Angewandte Mathematik und Mechanik 80 (2000) 2, 137–144.

[279] **Hering, E., Martin, R., Stohrer, M.:** Physik für Ingenieure, 10. Auflage. Springer-Verlag (2007).

[280] **Jungmayr, G., Marth, E., Panholzer, M., Amrhein, W., Jeske, F., Reisinger, M.:** Design of a highly reliable fan with magnetic bearings. Proceedings of the Institution of Mechanical Engineers, Part I: Journal of Systems and Control Engineering. 2016;230(4):361–369. doi:10.1177/0959651815602829.

[281] **Jungmayr, G.:** Der magnetisch gelagerte Lüfter. Number 29 in Advances in Mechatronics. Trauner Verlag (2015).

[282] **Lang, M.:** Berechnung und Optimierung von passiven permanentmagnetischen Lagern für rotierende Maschinen. PhD thesis, Technische Universität Berlin, Berlin, July (2003).

[283] **Marth, E.:** Beiträge zur Auslegung von Rotorsystemen mit permanentmagnetisch passiv stabilisierten Radial- und Kippfreiheitsgraden. PhD thesis, Johannes Kepler Universität Linz (2017).

[284] **Marth, E., Jungmayr, G., Amrhein, W.:** A 2-d-based analytical method for calculating permanent magnetic ring bearings with arbitrary magnetization and its application to optimal bearing design. Magnetics, IEEE Transactions on 50 (2014) 5, 1–8, May.

[285] **Marth, E., Jungmayr, G., Amrhein, W.:** Fundamental considerations on introducing damping to passively magnetically stabilized rotor systems. Advances in Mechanical Engineering. December 2016. doi:10.1177/1687814016682150.

[286] **Werfel, F. N., Floegel-Delor, U., Rothfeld, R., Riedel, T., Goebel, B., Wippich, D., Schirrmeister, P.:** Superconductor bearings, flywheels and transportation. Superconductor Science and Technology 25 (2012) 1, 014007.

[287] **Schweizer, G., Traxler, A., Bleuler, H.:** Magnetlager, 1. Auflage. Berlin/Heidelberg/New York: Springer Verlag (1993).

[288] **Schöb, R., Schneeberger, T.:** Theorie und Praxis der Magnetlagertechnik, Skriptum zu gleichnamigen Vorlesung an der Johannes Kepler Universität (2019).

[289] **Reisinger, M., Amrhein, W., Silber, S., Redemann, C., Jenckel, P.:** Development of a low cost permanent magnet biased bearing, International Symposium on Magnetic Bearings, Lexington, Kentucky, USA, 3.-6.August (2004), S. 113–118.

[290] **Sinha, P. K.:** Electromagnetic suspension: Dynamics and control, IEE control engineering series, Bd. 30. London: Peter Peregrinus Ltd. (1987).

[291] **Chiba, A., Fukao, T., Ichikawa, O., Oshima, M., Takemoto, M., Dorrell, D. G.:** Magnetic bearings and bearingless drives, 1. Auflage. Oxford: Elsevier Newnes (2005).

[292] **Meeks, C., Spencer, V.:** Development of a compact, light weight magnetic bearing, ASME International Gas Turbine and Aeroengine Congress and Exposition, Brussels, Belgien, 11.–14. Juni (1990).

[293] **Reisinger, M., Grabner, H., Silber, S., Amrhein, W., Redemann, C., Jenckel, P.:** A novel design of a five axes active magnetic bearing system, International Symposium on Magnetic Bearings, Wuhan, China, 22.–25. August (2010), S. 561–566.

[294] **Knopf, E., Aenis, M., Nordmann, R.:** Aktive Magnetlager – Ein Werkzeug zur Fehlererkennung, Kolloquium Aktoren in Mechatronischen Systemen, 11. März 1999, veranstaltet vom SFB 241, TU Darmstadt, Fortschritt Berichte VDI, Reihe 8 Nr. 743, Düsseldorf, VDI-Verlag (1999).

[295] **Schöb, R.:** Beiträge zu lagerlosen Asynchronmaschinen, Dissertation, Nr. 10417, Eidgenössische Technische Hochschule Zürich, Schweiz (1993).

[296] **Blickle, U.:** Die Auslegung lagerloser Induktionsmaschinen, Dissertation, Nr. 13180, Eidgenössische Technische Hochschule Zürich, Schweiz (1999).

[297] **Salazar A. O., Dunford, W., Stephan, R., Watanabe E.:** A magnetic bearing system using capacitive sensors for position measurement. IEEE Transactions on Magnetics 26 (1990) Band 5, S. 2541–2543, September.

[298] **Chiba, A., Deido, T., Fukao, T., Rahman, M. A.:** An analysis of bearingless AC motors. IEEE Transaction on Energy Conversion Band 9, Nr. 1 (1994), S. 61–68, März.

[299] **Higuchi, T., Horikoshi, A., Komori, T.:** Development of an actuator for super clean rooms and ultra-high vacuum, International Symposium on Magnetic Bearings, Tokyo, Japan, 12.–14. Juli (1990), S. 115–122.

[300] **Bosch, R.:** Development of a bearingless electric motor, International Conference on Electric Machines, Pisa, Italien, Bd. 3, 12.–14. September (1988), S. 373–375.

[301] **Bichsel, J.:** Beiträge zu lagerlosen elektrischen Motoren, Dissertation, Nr. 9303, Eidgenössische Technische Hochschule Zürich, Schweiz (1990).

[302] **Okada, Y., Miyamoto, S., Ohishi, T.:** Levitation and torque control of internal permanent magnet type bearingless motor. IEEE Transactions on Control Systems Technology Band 4, Nr. 5 (1996), S. 565–571, September.

[303] **Gruber, W., Amrhein, W., Silber, S., Grabner, H., Reisinger, M.:** Theoretical analysis of force and torque calculation in magnetic bearing systems with circular airgap, International Symposium on Magnetic Suspension Technology (2005), S. 167–171.

[304] **Gruber, W., Silber, S., Amrhein, W., Nussbaumer, T.:** Design variants of the bearingless segment motor, International Symposium on Power Electronics Electrical Drives, Automation and Motion (2010), S. 1448–1453.

[305] **Takenaga, T., Kubota, Y., Chiba, A., Fukao, T.:** A principle and a design of a consequent-pole bearingless motor, International Symposium on Magnetic Bearings (2002), S. 259–264.

[306] **Amrhein, W., Silber, S.:** Lagerlose Permanentmagnetmotoren, Buchbeitrag zu Elektrische Antriebe – Grundlagen, D. Schröder, Springer Verlag, Berlin/Heidelberg/New York, 2. Auflage, S. 357–384 (2000).

[307] **Amrhein, W., Silber, S.:** Bearingless single-phase motor with concentrated full pitch windings in interior rotor design, International Symposium on Magnetic Bearings, Cambridge, USA, 5.–7. August (1998), S. 486–496.

[308] **Silber, S., Amrhein, W.:** Bearingless single-phase motor with concentrated full pitch windings in exterior rotor design, International Symposium on Magnetic Bearings, Cambridge, USA, 5.–7. August (1998), S. 476–485.

[309] **Amrhein, W., Silber, S., Nenninger, K., Trauner, G., Reisinger, M.:** Developments on bearingless drive technology. JSME International Journal Series C 46 (2003) 2, S. 343–348, June.

[310] **Silber, S., Amrhein, W., Bösch, P., Schöb, R., Barletta, N.:** Design aspects of bearingless slice motors, International Symposium on Magnetic Bearings, Lexington, USA, 3.–6. August (2004).

[311] **Reichert, T.:** The bearingless mixer in exterior rotor construction, Dissertation, Nr. 20329, Eidgenössische Technische Hochschule Zürich, Schweiz (2012).

[312] **Steinert, D.:** Der nutenlose lagerlose Scheibenläufermotor, Dissertation, Nr. 22961, Eidgenössische Technische Hochschule Zürich, Schweiz (2015).

[313] **Raggl, K., Kolar, J. W., Nussbaumer, T.:** Comparison of winding concepts for bearingless pumps, International Conference on Power Electronics (2007), S. 1013–1020.

[314] **Ooshima, M., Gomi, Y.:** Evaluation of motor losses and efficiency in a d-q axis current control bearingless motor, International Symposium on Magnetic Bearings (2015), S. 193–200.

[315] **Silber, S., Amrhein, W.:** Power optimal current control scheme for bearingless PM motors, International Symposium on Magnetic Bearings (2000), S. 401–406.

[316] **Grabner, H., Amrhein, W., Silber, S., Gruber, W.:** Nonlinear feedback control of a bearingless brushless DC motor. IEEE/ASME Transactions on Mechatronics Band 15, Nr. 1 (2010), S. 40–47, Feb.

[317] **Bleuler, H., Kawakatsu, H., Tang, W., Hsieh, W., Miu, D. K., Tai, Y., Mösner, F., Rohner, M.:** Micromachined active magnetic bearings, International Symposium on Magnetic Bearings (1994), S. 349–352.

[318] **Barletta, N., Schöb, R.**: Design of a bearingless blood pump, International Symposium on Magnetic Suspension Technology (1995), S. 265–274.

[319] **Gruber, W., Rothböck, M., Schöb, R. T.**: Design of a novel homopolar bearingless slice motor with reluctance rotor. IEEE Transactions on Industry Applications Band 43, Nr. 3 (2015), S. 1456–1464, März–April.

[320] **Gruber, W., Radman, K., Schöb, R. T.**: Design of a bearingless flux-switching slice motor, International Power Electronics Conference (2014), S. 1691–1696.

[321] **Gruber, W., Silber, S.**: 20 years bearingless slice motor – its developments and applications, International Symposium on Magnetic Bearings (2016), S. 91–98.

[322] **Baumschlager, R., Schöb, R. T., Schmied, J.**: Bearingless hydrogen blower, International Symposium on Magnetic Bearings (2002), S. 277–282.

[323] **Mitterhofer, H.**: Towards high-speed bearingless disk drives, Dissertation, Johannes Kepler Universität Linz, Österreich (2017).

[324] **Zürcher, F.**: Der lagerlose Multipolarmotor, Dissertation, Nr. 19961, Eidgenössische Technische Hochschule Zürich, Schweiz (2012).

[325] **Miller, T. J. E.**: Brushless permanent-magnet and reluctance motor drives. Oxford Science Publications (1989).

Mechanische Übertragungselemente

[326] **Krause, W.**: Konstruktionselemente der Feinmechanik. 4. vollst. neu bearb. Aufl. München/Wien: Carl Hanser Verlag (2018) ISBN (Buch): 978-3-446-44796-7, ISBN (E-Book): 978-3-446-44992-3.

[327] **Krause, W.**: Grundlagen der Konstruktion. Elektronik – Elektrotechnik – Feinwerktechnik – Mechatronik; mit einem Anhang Technisches Zeichnen. 10. Aufl. München/Wien: Carl Hanser Verlag (2018).

[328] **Nagel, T.**: Zahnriemengetriebe – Eigenschaften, Normung, Berechnung, Gestaltung. München/ Wien: Carl Hanser Verlag (2008).

[329] **Hagedorn, L.**: Konstruktive Getriebelehre. 6. Aufl. Berlin/Heidelberg: Springer Verlag (2009).

[330] **Krause, W.**: Fertigung in der Feinwerk- und Mikrotechnik. Verfahren – Werkstoffe – Gestaltung. München/Wien: Carl Hanser Verlag (1996).

[331] **Krause, W.**: Gerätekonstruktion in Feinwerktechnik und Elektronik. 3. Aufl. München/Wien: Carl Hanser Verlag (2000).

[332] **Roloff, H., Matek, W.**: Maschinenelemente – Normung, Berechnung und Gestaltung, mit Tabellenbuch. 24. Aufl. Wiesbaden: Springer Vieweg (2019).

[333] **Decker, K.-H.**: Maschinenelemente – Gestaltung und Berechnung. 20. Aufl. München/Wien: Carl Hanser Verlag (2018).

[334] **Dresig, H., Holzweißig, F.**: Maschinendynamik. 12. Aufl. Berlin/Heidelberg: Springer-Verlag (2016).

[335] **Thürigen, Ch.**: Zahnradgetriebe für Mikromotoren. Disseration TU Dresden (1999) und Fortschr.-Ber. VDI Reihe 1 Nr. 326. Düsseldorf: VDI Verlag (2000).

[336] **Degen, R., Slatter, R.**: Spielfreie Mikroantriebe und Antriebe für präzise Positionieranwendungen. Jahrbuch für Optik und Feinmechanik 62 (2016) S. 179.

[337] **Krause, W.**: Feinstelleinrichtungen – einfache getriebetechnische Lösungen. Jahrbuch für Optik und Feinmechanik 58 (2012) S. 165.

[338] **Krause, W.**: Messung der Verlustleistung bei Klein- und Mikrogetrieben. Jahrbuch für Optik und Feinmechanik 59 (2013) S. 183.

[339] **Krause, W.**: Antriebe und Aktoren für Linearbewegungen – eine Übersicht für den Geräteentwickler. Jahrbuch für Optik und Feinmechanik 61 (2015) S. 181.

[340] **Krause, W.**: Feinmechanische Stirnradgetriebe – Optimierung des Übertragungsverhaltens. Jahrbuch für Optik und Feinmechanik 62 (2016) S. 179.

[341] **Firmenschriften (Auswahl)**: Faulhaber Antriebssysteme – www.faulhaber-group.com, Maxon Motor GmbH – www.maxonmotor.de, Sellmaier Feinwerktechnik GmbH – www.sellmaier.com, Reliance Gear Co. – www.reliance.co.uk, R+W Antriebselemente GmbH – www.rw-kupplungen.de, igidur Gleitlager – www.igus.de, SBN Wälzlager GmbH & Co. KG – www.sbn.de.

[342] **DIN 13, DIN 14**: Metrisches ISO-Gewinde (1999), (1987).

[343] **DIN 103**: Metrisches ISO-Trapezgewinde (1977).

[344] **DIN 111**: Antriebselemente. Flachriemenscheiben (1982).

[345] **DIN 380**: Flaches Metrisches Trapezgewinde (1985).

[346] **DIN 685**: Geprüfte Rundstahlketten (1981).

[347] **DIN 695**: Anschlagketten, Hakenketten, Ringketten (1986).

[348] **DIN 780**: Modulreihe für Zahnräder (1977).

[349] **DIN 867**: Bezugsprofil für Evolventenverzahnungen an Stirnrädern (Zylinderrädern) für den allgemeinen Maschinenbau (1986).

[350] **DIN 868**: Allgemeine Begriffe und Bestimmungsgrößen für Zahnräder, Zahnradpaare und Zahnradgetriebe (1976).

[351] **DIN 2215**: Endlose Keilriemen; Maße (1998).

[352] **DIN 3961 bis 3967**: Toleranzen für Stirnradverzahnungen (1978).

[353] **DIN 3966**: Angaben für Verzahnungen in Zeichnungen (1978), (1980), (2017).

[354] **DIN 3975**: Begriffe und Bestimmungsgrößen für Zylinderschneckengetriebe mit sich rechtwinklig kreuzenden Achsen (2017).

[355] **DIN 3990**: Tragfähigkeitsberechnung von Gerad- und Schrägstirnrädern (1987).

[356] **DIN 3992**: Profilverschiebung bei Stirnrädern mit Außenverzahnung (1964).

[357] **DIN 3998**: Benennung an Zahnrädern und Zahnradpaaren (1976).

[358] **DIN 7721**: Synchronriemengetriebe (Zahnriemengetriebe), metrische Teilung (1989).

[359] **DIN 58400**: Bezugsprofil für evolventenverzahnte Stirnräder der Feinwerktechnik (zurückgezogen, kein Nachfolgedokument).

[360] **DIN 58405**: Stirnradgetriebe der Feinwerktechnik (zurückgezogen, kein Nachfolgedokument).

[361] **DIN ISO 2203**: Technische Zeichnungen; Darstellung von Zahnrädern (1976).

[362] **DIN ISO 21771**: Zahnräder – Zylinderräder und Zylinderradpaare mit Evolventenverzahnung/ Begriffe und Geometrie (2014) (Ersatz für DIN 3960).

[363] **ISO 5288, 5294 bis 5296**: Synchronous belt drives. 2001, 1989, 1987, 1989 und ISO 13050 Curvilinear toothed synchronous belt drive systems (1999).

[364] **VDI 2125, 2126**: Ebene Gelenkgetriebe; Übertragungsgünstigste Umwandlung von Bewegungen (2016), (2017).

[365] **VDI 2127**: Getriebetechnische Grundlagen; Begriffsbestimmungen der Getriebe (2016).

[366] **VDI 2130**: Getriebe für Hub- und Schwingbewegungen; Konstruktion und Berechnung viergliedriger ebener Gelenkgetriebe für gegebene Totlagen (2016).

[367] **VDI 2142**: Auslegung ebener Kurvengetriebe; Bl. 1: Grundlagen, Profilberechnung und Konstruktion. (2017); Bl. 2: Berechnungsmodule für Kurven- und Koppelgetriebe (2014).

[368] **VDI 2143**: Bewegungsgesetze für Kurvengetriebe; Bl. 1: Theoretische Grundlagen (2002); Bl. 2: Praktische Anwendungen (2002).

[369] **VDI 2145**: Ebene viergliedrige Getriebe mit Dreh- und Schubgelenken; Begriffserklärungen und Systematik (2016).

[370] **VDI 2149**: Bl. 1: Getriebedynamik – Starrkörper-Mechanismen (2008).

[371] **VDI 2156**: Einfache räumliche Kurbelgetriebe; Systematik und Begriffsbestimmungen (2015).

[372] **VDI 2157**: Planetengetriebe; Begriffe, Symbole, Berechnungsgrundlagen (2012).

[373] **VDI 2158**: Selbsthemmende und selbstbremsende Getriebe (2016).

[374] **VDI 2727**: Konstruktionskataloge; Lösung von Bewegungsaufgaben mit Getrieben (2016).
[375] **VDI 2736**: Thermoplastische Zahnräder (2016).
[376] **VDI 2741**: Kurvengetriebe für Punkt- und Ebenenführung (2004).
[377] **VDI 2758**: Riemengetriebe (2015).
[378] **DIN 115**: Antriebselemente; Schalenkupplungen (1973).
[379] **DIN 116**: Antriebselemente; Scheibenkupplungen (1971).
[380] **DIN 740**: Nachgiebige Wellenkupplungen (1986).
[381] **VDI 2240**: Wellenkupplungen; systematische Einteilung nach ihren Eigenschaften (1971).
[382] **VDI 2241**: Schaltbare fremdbetätigte Reibkupplungen und -bremsen; Bl. 1: Begriffe, Bauarten, Kennwerte, Berechnungen (1982); Bl. 2: Eigenschaften, Auswahlkriterien (1984).
[383] **VDI/VDE 2254**: Bl. 1: Feinwerkelemente; Drehkupplungen; Dauerkupplungen (1990).
[384] **DIN 471**: Sicherungsringe (Halteringe) für Wellen (2011).
[385] **DIN 748**: Zylindrische Wellenenden für elektrische Maschinen (1970).
[386] **DIN 3760**: Radial-Wellendichtringe (1996).
[387] **DIN 6799**: Sicherungsscheiben (Haltescheiben) für Wellen (2017).
[388] **DIN 31698**: Gleitlager; Passungen (1979).
[389] **DIN 41591**: Wellenenden für elektrisch-mechanische Bauelemente (1976).
[390] **DIN 42020**: Wellenenden mit Toleranzring bei elektrischen Kleinmotoren (1982).
[391] **DIN 615**: Wälzlager; Radial-Schulterkugellager (2008).
[392] **DIN 620**: Wälzlager; Wälzlagertoleranzen, Lagerluft (1982), (2004).
[393] **DIN 625**: Wälzlager; Radial-Rillenkugellager (2011).
[394] **DIN 1495**: Gleitlager aus Sintermetall (1983), (1996).
[395] **DIN 1850**: Buchsen für Gleitlager (1998).
[396] **DIN 5418**: Wälzlager; Maße für den Einbau (1993).
[397] **DIN 31698**: Gleitlager; Passungen (1979).
[398] **DIN ISO 281**: Wälzlager; Dynamische Tragzahlen, nominelle Lebensdauer, Berechnungsverfahren (2010).
[399] **VDI 2204**: Bl. 1 bis 4: Auslegung von Gleitlagerungen (1992).
[400] **VDI/VDE 2252**: Bl. 1 bis 9: Feinwerkelemente; Führungen; Lager; Gelenke (1976) bis (2007).
[401] **VDI/VDE 2255**: Bl. 3: Kunststoff- und Elastomerfedern – Energiespeicherelemente – Feinwerkelemente (2016).
[402] **DIN EN 10027-2**: Bezeichnungssystem für Stähle (2015).
[403] **DIN 17100**: Allgemeine Baustähle (1987).
[404] **DIN EN 10025**: Baustähle (2019).

Auslegung und Projektierung von Antriebssystemen

[405] **SIMPLORER Simulationssoftware**: Ansoft Corporation, 225 West Stadion Square Drive, Pittsburgh PA 15219-1119.
[406] **Richtlinie 2014/34/EU** des europäischen Parlaments und des Rates vom 26. Februar 2014 zur Harmonisierung der Rechtsvorschriften der Mitgliedstaaten für Geräte und Schutzsysteme zur bestimmungsgemäßen Verwendung in explosionsgefährdeten Bereichen (ATEX Richtlinie), 2014.
[407] **Bertolini, T.**: Schwingungen und Geräusche elektrischer Antriebe: Messung, Analyse, Interpretation, Optimierung. München: Süddeutscher Verlag onpact, ISBN-13: 978-3862360178 (2011).
[408] **Braun, H., Rushmeyer, K.**: Polfühligkeit permanentmagnetisch erregter Gleichstrommotoren. F&M 104 (1996) 7–8, S. 562–566.

[409] **Brügger, T.**: Einfluss starker Lastwechseldynamik auf das Alterungsverhalten der Isolierung großer Hydrogeneratoren. Diss. ETH Zürich (2011).

[410] **DIN-Fachbericht 72**: Erfassung und Dokumentation der Geräuschqualität von Elektromotoren für Kfz-Zusatzantriebe. Beuth Verlag GmbH Berlin Wien Zürich (1998).

[411] **DIN EN 62061:2016-05**: Sicherheit von Maschinen – Funktionale Sicherheit sicherheitsbezogener elektrischer, elektronischer und programmierbarer elektronischer Steuerungssysteme, Norm 2016.

[412] **DIN 69901-5:2009-01**: Projektmanagement – Projektmanagementsysteme – Teil 5: Begriffe, Norm 2009.

[413] **Dodd-Frank Act**, Titel XV (Sec. 1502), https://de.wikipedia.org/wiki/Dodd%E2%80%93Frank_Act, 14.08.2018.

[414] **Eidam, J.**: Beurteilung und Simulation des Betriebsverhaltens von lagegeregelten Direktantrieben als „Elektronische Kurvenscheibe". Fortschrittsbericht VDI, Reihe 1, Nr. 279. Düsseldorf: VDI-Verlag (1997).

[415] **Richtlinie 2014/30/EU** des Europäischen Parlaments und des Rates vom 26. Februar 2014 zur Harmonisierung der Rechtsvorschriften der Mitgliedstaaten über die elektromagnetische Verträglichkeit, 2014.

[416] **DIN EN 60034-1:2011-02**: Drehende elektrische Maschinen – Teil 1: Bemessung und Betriebsverhalten, Norm 2011.

[417] **DIN EN 60079-0:2014-06**: Explosionsgefährdete Bereiche – Teil 0: Betriebsmittel – Allgemeine Anforderungen, Norm 2014.

[418] **DIN EN 60079-10-1:2016-10**: Explosionsgefährdete Bereiche – Teil 10-1: Einteilung der Bereiche – Gasexplosionsgefährdete Bereiche, Norm 2016.

[419] **DIN EN 60085:2008-08**: Elektrische Isolierung – Thermische Bewertung und Bezeichnung, Norm 2008.

[420] **DIN EN 60335-1:2012-10**: Sicherheit elektrischer Geräte für den Hausgebrauch und ähnliche Zwecke – Teil 1: Allgemeine Anforderungen (IEC 60335-1:2010, modifiziert), Norm 2012.

[421] **DIN EN 62368-1:2016-05**: Einrichtungen für Audio/Video-, Informations- und Kommunikationstechnik – Teil 1: Sicherheitsanforderungen, Norm 2016.

[422] **Endt, J., Bakhshi M., Ettrich T., Gassmann J.**: Elektromotorbetriebenes Ventil, EP000002559925 (B1), Johnson Electric, Dresden (2012).

[423] **Endt, J., Bakhshi M., Ettrich T., Gassmann J.**: Gasmesser mit integriertem Gasabsperrventil, Patentanmeldung EP000002559975 (A1), Johnson Electric, Dresden (2012).

[424] **Enzmann, B.**: Sonderverzahnungen aus Kunststoff für geräuscharme Getriebe. Antriebstechnik 5 (1990), S. 42–44.

[425] **Fraulob, S.**: Eingriffs- und Geräuschverhalten feinwerktechnischer Planetengetriebe aus Kunststoff. Dresden: TUDpress; ISBN-13: 978-3959080293 (2015).

[426] **Gospodaric, D. u. a.**: Parameterbestimmung von Schrittmotoren und SR-Motoren unter Zuhilfenahme der Komponenten- und Systemsimulation. VDI-Berichte 1269: Innovative Kleinantriebe. S. 133–150. Düsseldorf: VDI-Verlag (1996).

[427] **Hanitsch, R. u. a.**: Bürstenloser Gleichstrommotor digital geregelt. Elektronik 20 (1980), S. 67–71.

[428] **Hanumara, N. C., Walsh, C. J., Slocum, A. H., Gupta, R., Shepard, J.-A.**: Human Factors Design for Intuitive Operation of a Low-cost, Image-Guided, Tele-Robotic Biopsy Assistant. Proceedings of the 29th Annual International Conference of the IEEE EMBS Cité Internationale, Lyon, France August 23–26, (2007), pp. 1257–1260.

[429] **Hanumara, N. C.**: Efficient Design of precision medical Robotics. PhD Thesis MIT (2012).

[430] **Holl, E.**: Mathematische Modellierung von Kraftfahrzeug-Servoantrieben zum Zwecke der Entwurfsoptimierung. Fortschrittsbericht VDI, Reihe 21, Nr. 246. Düsseldorf: VDI-Verlag (1998).

[431] **DIN EN ISO 12100:2011-03**: Sicherheit von Maschinen – Allgemeine Gestaltungsleitsätze – Risikobeurteilung und Risikominderung (ISO 12100:2010); Deutsche Fassung EN ISO 12100:2010, Norm 2011.

[432] **ISO 26262**: Straßenfahrzeuge – Funktionale Sicherheit, Normenreihe 2011.

[433] **Joneit, D.**: Der Drehschubmotor – rechnergestützte Simulation des kompletten Antriebs für die Projektierung. VDI-Berichte 1269: Innovative Kleinantriebe. S. 205–210. Düsseldorf: VDI Verlag (1996).

[434] **Kalender, T.**: Neue Wege bei der Steifigkeitsmodellierung und Diagnose von spielfreien Präzisionsgetrieben. Tagungsband SPS/IPC/DRIVES 93, S. 451–460, Offenbach: VDE Verlag (1993).

[435] **Kiemele, M. J., Schmidt, S. R., Berdine, R. J.**: Basic Statistics: Tools for Continuous Improvement, 4th ed. Colorado Springs: Air Academy Press (1997).

[436] **Krause, W.**: Wirkungsgrad feinwerktechnischer Schneckengetriebe. Antriebstechnik 41 (2002) 11, S. 59.

[437] **Krause, W.**: Gleitschraubengetriebe für Positionierantriebe. Jahrbuch für Optik und Feinmechanik 50 (2003), S. 49.

[438] **Kulke, M., Roschke, T.**: Magnetauslöser. Patent EP000002446450 (B1), Johnson Electric, Dresden (2010).

[439] **Kulke, M., Gassmann, J., Müller, T.**: Auslösevorrichtung, insbesondere für Leistungsschalter. Patent EP000002394286 (B1), Siemens AG, Dresden (2010).

[440] **Maas, S. u. a.**: Auslegung eines Schrittmotorantriebs mit einem Modell hoher Ordnung. Antriebstechnik 7 (1996), S. 52–54 und H. 8, S. 57–60.

[441] **Richtlinie 2006/42/EG** des europäischen Parlaments und des Rates vom 17. Mai 2006 über Maschinen und zur Änderung der Richtlinie 95/16/EG (Maschinenrichtlinie) (2006).

[442] **Richtlinie 2014/35/EU** des Europäischen Parlaments und des Rates vom 26. Februar 2014 zur Harmonisierung der Rechtsvorschriften der Mitgliedstaaten über die Bereitstellung elektrischer Betriebsmittel zur Verwendung innerhalb bestimmter Spannungsgrenzen auf dem Markt (Niederspannungsrichtlinie) (2014).

[443] **Gesetz** über die Bereitstellung von Produkten auf dem Markt (Produktsicherheitsgesetz – ProdSG), Gesetz (2011).

[444] **Verordnung (EG) Nr. 1907/2006** des Europäischen Parlaments und des Rates vom 18. Dezember 2006 zur Registrierung, Bewertung, Zulassung und Beschränkung chemischer Stoffe (REACH) (2006).

[445] **Richter, C.**: Servoantriebe kleiner Leistung, VCH Verlag, Weinheim (1993).

[446] **Richter, C.**: Gleichstrom- oder Schrittantrieb – wer hat wo seine Stärken? Tagungsband SPS/IPC/Drives 93, S. 407–416, Offenbach: VDE Verlag (1993).

[447] **Richtlinie 2011/65/EU** des Europäischen Parlaments und des Rates vom 8. Juni 2011 zur Beschränkung der Verwendung bestimmter gefährlicher Stoffe in Elektro- und Elektronikgeräten (2011).

[448] **SJ/T 11363-2006**: https://de.wikipedia.org/wiki/China_RoHS, 14.08.2018.

[449] **Roschke, Th.**: Entwurf geregelter elektromagnetischer Antriebe für Luftschütze. Fortschritt-Bericht VDI Reihe 21 Nr. 293, Düsseldorf: VDI-Verlag (2000).

[450] **Roschke, Th.**: Miniaturised Bipolar Electromagnetic Actuators for Space Applications. Proceedings of the ACTUATOR 02, 10–12 June 2002, Bremen, S. 664–667.

[451] **Roschke, Th., S. Fraulob, R. Seiler, Th. Bödrich**: Bipolar Magnetic Actuators and Approaches for their Design. Proceedings of the 10th European Space Mechanisms and Tribology Symposium ESMATS 03 (ESA SP-524), San Sebastián, Spain, 24.–26. September (2003), S. 209–215.

[452] **Schnitter, S.**: Dynamische Simulation von Schrittmotoren auf Grundlage gemessener Motorparameter. ETG-/GMM-Fachtagung Innovative Klein- und Mikroantriebstechnik. Darmstadt 03./04.03.2004.

[453] **Schnitter, S.**: Nutzung von Systemsimulation in der industriellen Produktentwicklung. 12. Tagung „Feinwerktechnische Konstruktion" Dresden, 27./28.09.2018.

[454] **Schönfeld, R**: Elektrische Antriebe. Berlin/Heidelberg/New York: Springer-Verlag (1995).

[455] **ESE ITI GmbH**, Internetauftritt https://www.simulationx.de/, 14.08.2018.

[456] **Schröder, D.**: Elektrische Antriebe – Regelung von Antriebssystemen, 4. Aufl. Springer (2015).

[457] **The-Quan Pham**: Modellierung, Simulation und Optimierung toleranzbehafteter Mechanismen der Feinwerktechnik. Diss. TU Dresden (1998).

[458] **Walsh, C. J.**: Image-Guided Robots for Dot-Matrix Tumor Ablation. PhD Thesis MIT (2010).

[459] **Walsh, C. J., Sapkota, B. H., Kalra M. K., Hanumara, N. C., Liu, B., Shepard, J.-A., Gupta, R.**: Smaller and Deeper Lesions Increase the Number of Acquired Scan Series in Computed Tomography-Guided Lung Biopsy. J Thorac Imaging 26 (2011) 3, 196–203, Aug.

Formelzeichen, Formelschreibweise

[460] **DIN 1338**, Formelschreibweise und Formelsatz (2011).

[461] **DIN-Taschenbuch 22**: Einheiten und Begriffe für physikalische Größen. Beuth (2009).

[462] **DIN Taschenbuch 153**: Publikation und Dokumentation 1 – Gestaltung von Veröffentlichungen, Terminologische Grundsätze, Drucktechnik, Alterungsbeständigkeit von Datenträgern, Beuth (1996).

[463] **DIN Taschenbuch 202**: Formelzeichen, Formelsatz, mathematische Zeichen und Begriffe. Beuth (2009).

Stichwortverzeichnis